Christof Rohrbach (Hrsg.) · Handbuch für experimentelle Spannungsanalyse

Handbuch für experimentelle Spannungsanalyse

Prof. Dr.-Ing. Christof Rohrbach (Hrsg.)

unter Mitwirkung folgender Autoren:

K. Ahrensdorf, I. Altpeter, M. Biermann, W. Brocks, N. Czaika,
E. Dorrer, F. X. Elfinger, H. H. Emschermann †, A. Felske,
E. Ficker, K. Goebbels, H. Heidt, P. Hofstötter, J. F. Kalthoff,
J. Knapp, M. Kreuzer, G. Magiera, N. Mayer, J. Munschau,
D. E. Oliver, J. Peipe, C. Peters, F. Pilny, I. Richter, R. Ritter,
J. Rödelmeier, Chr. Rohrbach, E. Schneider, B. Scholtes,
G. Schönebeck, H.-J. Schöpf, W. A. Theiner, P. Wolf

VDI-Verlag GmbH

Verlag des Vereins Deutscher Ingenieure · Düsseldorf

CIP-Titelaufnahme der Deutschen Bibliothek

Handbuch für experimentelle Spannungsanalyse / Christof
Rohrbach (Hrsg.). Unter Mitw. folgender Autoren: K.
Ahrensdorf . . . – Düsseldorf : VDI-Verlag, 1989
   ISBN 3-18-400347-7
NE: Rohrbach, Christof [Hrsg.]; Ahrensdorf Karl [Mitverf.]

Printed in Germany

ISBN 3-18-400347-7

Vorwort

Als im Jahre 1958 das „Handbuch der Spannungs- und Dehnungsmessung" im VDI-Verlag erschien, war die experimentelle Spannungsanalyse bereits eine Technik, die sich auf viele gut eingeführte Verfahren stützen konnte. Die steigenden Anforderungen an die experimentelle Spannungsanalyse, die besonders aus dem Zwang zum Leichtbau und zur Werkstoffeinsparung resultieren, sowie die rasche Weiterentwicklung im Bereich der Elektronik und der Optik führten in den folgenden Jahrzehnten zu einer Revolution fast aller ihrer Verfahren. Demnach war kein Abschnitt des obigen Handbuches in die jetzt vorliegende neue Auflage zu übernehmen; es mußten alle Abschnitte neu verfaßt und viele Abschnitte neu aufgenommen werden. Hierzu konnte ich 32 Autoren aus Wissenschaft und Industrie gewinnen, die auf ihren Arbeitsgebieten als führend gelten; ihnen gilt mein herzlicher Dank für ihre schwierige Arbeit und ihre Sorgfalt. Ganz besonderen Dank spreche ich Herrn Prof. *N. Czaika,* Bundesanstalt für Materialforschung und -prüfung (BAM) aus, der wesentlichen Einfluß auf die Konzeption des Werkes genommen hat und mich durch viele sehr anregende Diskussionen unterstützte.

Die Vielzahl der beteiligten Persönlichkeiten und die Breite des Gebietes erforderten eine lange Bearbeitungszeit. Für die dabei aufgebrachte Geduld danke ich den Autoren und dem Verlag. Ich danke dem Verlag außerdem für die sorgfältige Drucklegung und die sehr gute Ausstattung des Handbuches, dem Referatedienst „Messen mechanischer Größen" der BAM für seine zahlreichen Recherchen, ohne die manche Arbeit nicht möglich gewesen wäre, und besonders dem Präsidenten der BAM, Herrn Prof. Dr. *G. W. Becker,* für die stete Förderung dieses Werkes.

Ich hoffe, daß dieses Handbuch der Wissenschaft und Industrie von Nutzen ist.

Deuerling, im April 1989   *Christof Rohrbach*

Inhaltsübersicht

Inhalt

Inhalt

Inhalt

Inhalt

Inhalt

Inhalt

Inhalt

E Hilfsverfahren und Hilfsmittel

Inhalt

Inhalt

XXIV

A Spannungen, Dehnungen und Verschiebungen

M. Biermann

A 1 Formelzeichen

B	Fingerscher Verstreckungstensor
C	Federkonstante
C	Greenscher Verstreckungstensor
E	E-Modul = Eulerscher (Dehn-)Elastizitätsmodul
E	Linearverzerrungstensor
F	Kraftvektor
G	Schub-(Scherelastizitäts-)Modul
G	Greenscher Verzerrungstensor
H	Dämpferkonstante
H	Almansischer Verzerrungstensor
K	Kompressions-(Volumenelastizitäts-)Modul
S	Spannungstensor
T	Drängungstensor
X	Körperpunktvektor
e_p	Einsvektoren der Hauptrichtungen ($p = 1, 2, 3$)
f	verallgemeinerter Volumenelastizitätsmodul
g	verallgemeinerter Scherelastizitätsmodul
h	verallgemeinerter Dehnelastizitätsmodul
m, n	Einsvektoren von Flächennormalen
p	hydrostatischer Druck
q	Querempfindlichkeitsfaktor
s	Spannungsvektor
t	Zeit
t°	Relaxationszeit
$t^\times$	Retardationszeit
x	Ortspunktvektor
x, y, z	kartesische (rechtwinklige geradlinige) Ortskoordinaten
α	thermischer Längenausdehnungskoeffizient
γ	Schiebung
ε	Dehnung (in erweitertem Sinne)
ε_+	Mitteldehnung (in erweitertem Sinne)
ε_-	Maximalscherung (in erweitertem Sinne)
$\bar{\varepsilon}$	übertragene Dehnungsgröße
ε_q	Querdehnung
ϑ	Temperatur

1

λ	Streckung (in erweitertem Sinne)
μ	Poisson-Zahl
ν	Frequenz
σ	Normalspannung (in erweitertem Sinne)
τ	Schubspannung (in erweitertem Sinne)
φ	Azimut
ψ	Winkel zwischen Bezugs- und Extremalrichtung
ω	Büschelspreizwinkel
I, II, III	normierte Hauptinvarianten

A 2 Spannungsbegriff und tensorielle Darstellung

A 2.1 Von der Kraft abgeleitete Größen

Die Kraft ist als ein Urbegriff zu verstehen. Jede Einzelkraft greift in einem Punkt an und wirkt längs einer Richtung. In mehreren Punkten angreifende, sog. verteilte Kräfte, die in gleicher Richtung wirken, addieren und integrieren sich algebraisch. Je nach der Art des Angriffsortes unterscheidet man gemäß Tabelle A 2.1-1 Punkt-, Linien-, Flächen- und Volumenkräfte. An einer einzigen Stelle angreifende Kräfte verschiedener Richtung setzen sich geometrisch wie Vektoren im dreidimensionalen Ortsraum zusammen. Alle diese Merkmale sind Inbegriff der Additivität der Kräfte.

Tabelle A 2.1-1   Gattungen mechanischer Kräfte.

		SI-Einheit	Äußere Kräfte	Innere Kräfte
Einzelkräfte	Punktkräfte	N		Schnitt-
	Linienkräfte	N/m	Lastkräfte	(Kontakt-)
verteilte Kräfte	Flächenkräfte	N/m^2		kräfte
	Volumenkräfte	N/m^3	Massenkräfte	

Bei den Volumenkräften gibt es nur äußere, auf Fernwirkungen beruhende *Massenkräfte*, insbesondere das Eigengewicht eines Körpers. Bei den übrigen Kräften hat man äußere und innere zu unterscheiden. Lasten, denen ein Körper widersteht, sind äußere Kräfte. Kontaktkräfte, die auf Nahwirkungen zwischen benachbarten Körperpunkten beruhen, sind innere Kräfte.

Die letztgenannten Kräfte können Reaktionen auf Bindungen bezüglich der Bewegungsfreiheit des Körpers sein und heißen dann *Zwangkräfte*. Die dem Körper eingeprägten Kräfte seien *Drangkräfte* genannt. Das Unterscheiden zwischen Zwang und Drang erweist sich auch als wichtig für die Materialverfassung, also insbesondere für den Zusammenhang zwischen Dehnungen und Spannungen (Abschn. A 4).

Da jeder Körper ein Gebiet des dreidimensionalen Ortsraumes einnimmt, lassen sich seine Teile zweidimensional voneinander abgrenzen und gedanklich durch geschlossene Flächen freischneiden, so daß alle inneren Kräfte in scheinbar äußere verwandelt werden. Dies ist als das *Schnittprinzip* von *L. Euler* und *A.-L. Cauchy* bekannt.

Schlüssig übertragene Flächenkräfte nennt man *Spannungen* (genauer: mechanische Spannungen). Um darauf hinzuweisen, daß die Schnittfläche ortsfest genommen werden soll, spricht man von *Cauchyschen* Spannungen, andernfalls zumeist von *Nennspannungen*.

Wenn die Kraftrichtung und die Schnittfläche aufeinander senkrecht stehen, werden die Spannungen nach DIN 13 316, Abschnitt 4.2.1 [A 2.1-1, S. 217], *Normalspannungen* genannt und mit σ bezeichnet. Wenn die Kraftrichtungen in der Schnittfläche liegen, werden die Spannungen nach DIN 13 316, Abschnitt 4.2.2 [A 2.1-1, S. 217], *Schubspannungen* genannt und mit τ bezeichnet (vgl. auch [A 2.1-2, S. 213/21]).

Man kann ein Bezugssystem für die analytische Beschreibung so wählen, daß keine Schubspannungen erscheinen, und nennt dann die betreffenden Spannungen Hauptnormalspannungen oder nach DIN 13 316, Abschnitt 4.2.4 [A 2.1-1, S. 217], kurz *Hauptspannungen* und die zueinander rechtwinkligen Achsen des betreffenden Bezugssystems *Hauptachsen* (Abschn. A 2.4).

A 2.2 Spannungen als Tensorkomponenten

Wenn das Teilstück d$\boldsymbol{F}$ eines Kraftvektors $\boldsymbol{F}$ senkrecht auf das Teilstück da einer Schnittfläche a wirkt, ist

$$s = \mathrm{d}\boldsymbol{F}/\mathrm{d}a \qquad\qquad\text{(A 2.2-1)}$$

als Spannungsvektor definiert. In Komponenten geschrieben lautet diese Gleichung

$$s_i = \mathrm{d}F_i/\mathrm{d}a \qquad\qquad\text{(A 2.2-2)}.$$

Der Index i betrifft drei zueinander senkrechte Dimensionen des Ortsraumes.

Man kann aber auch eine Schnittfläche beliebiger Richtung wählen. In diesem Fall ist es zweckmäßig, die Richtung der Schnittflächennormale durch einen Einsvektor $\boldsymbol{n}$ senkrecht zum Schnittflächenteilstück anzugeben. Die Komponenten n_j von $\boldsymbol{n}$ nennt man auch Richtungscosinus. Nach dem pythagoreischen Lehrsatz gilt definitionsgemäß

$$\boldsymbol{n}^2 = \sum_j n_j^2 = 1 \qquad\qquad\text{(A 2.2-3)}.$$

Der Index j durchläuft wie i dieselben drei Dimensionen des Ortsraumes.

Nach *Cauchy* soll es nun an jeder Stelle eines Körpers Funktionen s_i von $\boldsymbol{n}$ mit der Eigenschaft

$$s_i(-\boldsymbol{n}) = -s_i(\boldsymbol{n}) \qquad\qquad\text{(A 2.2-4)}$$

geben, damit das Kräftesystem paarweise abgeglichen sein kann. Eine dem Additivitätsgesetz (Abschn. A 2.1) genügende Lösung dieser Funktionalgleichung ist

$$s_i = s_i(\boldsymbol{n}) = \sum_j S_{ij} n_j \qquad\qquad\text{(A 2.2-5)}.$$

Die Größen S_{ij} bedeuten die kartesischen Komponenten eines *Cauchyschen Spannungstensors* S. Nach DIN 13 316, Abschnitt 4.2.3 [A 2.1-1, S. 217], kann man statt S_{ij} entweder σ_{ij} oder τ_{ij} schreiben. Der Index i kennzeichnet nach der Definition Gl. (A 2.2-5) eine Komponente des ortsfest dargestellten Spannungsvektors und der Index j eine Komponente des ortsfest dargestellten Normalenvektors der Schnittfläche. Diese Zuordnung ist nicht genormt; im Schrifttum trifft man etwa ebenso oft die umgekehrte Zuordnung an.

Allgemein heißen Tensorkomponenten mit $j = i$ Normalkomponenten (im Fall des Spannungstensors Normalspannungen) und Tensorkomponenten mit $j \neq i$ Tangentialkomponenten (im Falle des Spannungstensors Schubspannungen). Im technischen Schrifttum schreibt man zumeist σ_i statt S_{ii} und τ_{ij} statt $S_{ij}\,(j \neq i)$, abweichend von dem in sich logisch geschlossenen Tensorformalismus.

3

A 2.3 Gleichgewicht im Spannungsfeld

Nach dem Euler-Cauchyschen Prinzip (Abschn. A 2.2) werde ein beliebiger Teil eines Körpers freigeschnitten. Ein solcher Körperteil befindet sich im Kräftegleichgewicht, wenn die Resultante aller an ihm angreifenden Last- und Massenkräfte verschwindet (Tabelle A 2.1-1). Trifft dies für jeden Teil eines Körpers zu, so spricht man von lokalem, sonst von globalem Gleichgewicht des Körpers.

Die Forderung, daß darüber hinaus lokales *Momentengleichgewicht* bestehen soll, bedeutet, daß keine Kraftmomente vorkommen dürfen, die sich nicht durch Kräftepaare beschreiben lassen. Daraus folgt für zwei zueinander senkrechte Schnittflächennormalen *n* und *m* die Gleichung

$$\sum_i m_i\, s_i(\boldsymbol{n}) = \sum_j n_j\, s_j(\boldsymbol{m}) \tag{A 2.3-1}.$$

Sie besagt, daß die Projektion des Spannungsvektors $s(\boldsymbol{n})$ auf *m* und die Projektion des Spannungsvektors $s(\boldsymbol{m})$ auf *n* gleichen Betrag haben. Bild A 2.3-1 veranschaulicht dies in Verbindung mit Gl. (A 2.2-4) an einem rechteckigen Körperausschnitt, den man sich verschwindend klein vorzustellen hat. (Dort haben die dick gezeichneten Pfeile gleiche Länge.)

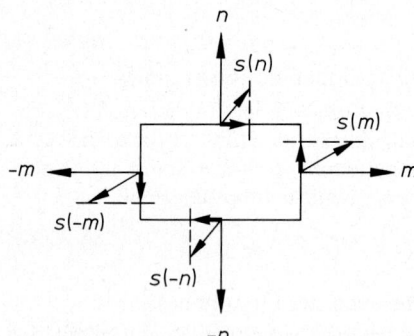

Bild A 2.3-1. Ebenes Gleichgewichtssystem von Spannungsvektoren.

Die erwähnten Projektionen sind vermöge Gl. (A 2.2-5) gleich den Schubspannungen S_{ij} und S_{ji}. Daher läßt sich die Beziehung Gl. (A 2.3-1) auch in der Form

$$S_{ji} = S_{ij} \tag{A 2.3-2}$$

schreiben und allgemein als Gleichheit beigeordneter Schubkomponenten aussprechen.

Man nennt einen Tensor, dessen beigeordnete Schubkomponenten einander gleich sind, symmetrisch und die durch Gl. (A 2.2-2) ausgedrückte Transpositionsinvarianz *Tensorsymmetrie*. Im dreidimensionalen Raum hat jeder symmetrische Tensor dementsprechend nur sechs statt neun unabhängige, als Bestimmungselemente dienende Komponenten, nämlich drei Normal- und drei Schubkomponenten (Abschn. A 2.2).

A 2.4 Orthogonaltransformationen

Eine im euklidischen Vektorraum erklärte Lineartransformation, bei der sich lediglich die Richtungen der Vektoren, aber nicht ihre Beträge ändern, heißt Orthogonaltransformation. Wichtigstes Beispiel ist die *Hauptachsentransformation*.

Jeder symmetrische Tensor läßt sich aufgrund des Ansatzes

$$\sum_j S_{ij} e_{pj} = S_p e_{pi} \qquad \text{(A 2.4-1)}$$

auf Hauptachsen transformieren. Die Einsvektoren e_p ($p = 1, 2, 3$ im dreidimensionalen Raum) sollen die Richtungen der zueinander senkrechten Hauptachsen – die sog. Hauptrichtungen – haben, in denen S_p die Hauptnormalkomponenten sind. Je zwei Hauptachsen spannen eine Hauptebene auf. Im Fall des Spannungstensors nennt man S_p Hauptspannungen. Im mathematischen Schrifttum werden e_p Eigenvektoren und S_p Eigenwerte des Tensors genannt.

Die Tensorkomponenten S_{ij} seien in kartesischen Koordinaten x, y, z gegeben. In Tabelle A 2.4-1 sind die normierten Hauptinvarianten I, II und III eines solchen Tensors definiert. Das Dreifache der ersten normierten Hauptinvariante ($3\,I$) heißt auch Spur und die dritte Hauptinvariante (III) Determinante des Tensors. Die in Tabelle A 2.4-1 verwendete Schreibweise für die zyklische Summation ist allgemein durch die Gleichung

$$\sum_{(x, y, z)} [f(x, y, z) + c] = f(x, y, z) + f(y, z, x) + f(z, x, y) + 3c \qquad \text{(A 2.4-2)}$$

erklärt und wird sich auch an späteren Stellen als nützlich erweisen. Die Invarianzeigenschaft der Hauptinvarianten unter Orthogonaltransformationen äußert sich übrigens darin, daß sich die Werte von I, II und III nicht ändern, wenn man $S_{xy} = S_{yz} = S_{zx} = 0$ und beispielsweise $S_{xx} = S_1$, $S_{yy} = S_2$, $S_{zz} = S_3$ setzt.

Tabelle A 2.4-1 Normierte Hauptinvarianten eines beliebigen zweistufigen Tensors S im dreidimensionalen Raum.

$$I \;\;= I(S) \;\;\;= \sum_{(x, y, z)} S_{xx}/3$$

$$II \;\;= II(S) \;\;= \sum_{(x, y, z)} (S_{xx} S_{yy} - S_{xy} S_{yx})/3$$

$$III = III(S) = S_{xx} S_{yy} S_{zz} + S_{xy} S_{yz} S_{zx} + S_{zy} S_{yx} S_{xz} - \sum_{(x, y, z)} S_{xx} S_{yz} S_{zy}$$

Die oben verwendete zyklische Summation ist durch Gl. (A 2.4-2) erklärt.

Der allgemeinen Hauptachsentransformation liegt die Lösung einer algebraischen Gleichung dritten Grades mit drei reellen Wurzeln zu Grunde. Man berechne nach Tabelle A 2.4-2 zunächst die Hilfsgröße θ_p und dann mit dieser die Hauptnormalkomponenten S_p. Die Hauptrichtungen sind durch die Richtungskosinus e_{px}, e_{py}, e_{pz} gemäß Tabelle A 2.4-2 gegeben. Für jede der drei Hauptrichtungen braucht man zwei Gleichungen, während jeweils eine dritte Gleichung lediglich die zugehörige Hauptnormalkomponente bestätigt, die bereits nach der Formel für S_p berechnet worden ist.

Ein symmetrischer Tensor im dreidimensionalen Raum heißt *ellipsoidisch*, wenn alle drei Hauptnormalkomponenten voneinander verschieden sind, *sphäroidisch*, wenn zwei Hauptnormalkomponenten einander gleich sind, und *sphärisch*, wenn alle drei gleich sind. Beim ellipsoidischen Tensor sind alle drei Hauptrichtungen eindeutig bestimmbar. Beim sphäroidischen Tensor kann man eine Hauptrichtung und damit eine Hauptebene eindeutig bestimmen, während in dieser Hauptebene die Hauptrichtungen willkürlich bleiben. Beim sphärischen Tensor lassen sich weder Hauptrichtungen noch Hauptebenen eindeutig bestimmen.

Tabelle A 2.4-2 Formeln zur Hauptachsentransformation eines zweitstufigen Tensors S im dreidimensionalen Raum.

Hauptnormalkomponenten: $\quad S_p = I + 2(I^2 - II)^{1/2} \cos \theta_p$

Ähnlichkeitswinkel: $\qquad \theta_p = \dfrac{1}{3} 2\pi(p+k) + \arccos \dfrac{2\,I^3 - 3\,I\,II + III}{2(I^2 - II)^{3/2}}$

$p = 1, 2, 3;\quad k \gtreqless 0,\quad$ reell und ganzzahlig

$I = I(S),\quad II = II(S),\quad III = III(S)\quad$ (s. Tabelle A 2.4-1)

Verhältnisse der Hauptrichtungscosinus (zyklisch in den kartesischen Koordinaten x, y, z):

$$\frac{e_{py}}{e_{px}} = \frac{S_{yx} S_{xz} + S_{yz}(S_p - S_{xx})}{S_{xy} S_{yz} + S_{xz}(S_p - S_{yy})} = \frac{S_{yz} S_{zx} + S_{yx}(S_p - S_{zz})}{(S_p - S_{yy})(S_p - S_{zz}) - S_{yz} S_{zy}} = \frac{S_{xz} S_{zx} + S_{xy}(S_p - S_{zz})}{(S_p - S_{zz})(S_p - S_{xx}) - S_{xz} S_{zy}}$$

Ein sphärischer Tensor hat definitionsgemäß die Form

$$S_{ij} = \sigma_m \delta_{ij} \tag{A 2.4-3}$$

mit dem Kronecker-Symbol

$$\delta_{ij} = \begin{cases} 1 & \text{für } j = i \\ 0 & \text{für } j \neq i \end{cases} \tag{A 2.4-4}.$$

Die in Tabelle A 2.4-1 definierten Hauptinvarianten nehmen im Fall eines sphärischen Tensors die besonderen Werte $I = \sigma_m$, $II = \sigma_m^2$, $III = \sigma_m^3$ an und heißen demnach normiert, weil hier – im Gegensatz zu sonst gebräuchlichen Definitionen von Hauptinvarianten – keine Zahlenfaktoren außer 1 auftreten.

Von jedem Tensor läßt sich ein sphärischer Teil subtrahieren, so daß ein sog. *Deviator* mit den kartesischen Komponenten

$$|\mathrm{Dev}\,S|_{ij} = S_{ij} - \tfrac{1}{3}\delta_{ij} \sum_k S_{kk} = S_{ij} - I\,\delta_{ij} \tag{A 2.4-5}$$

nach DIN 13 316, Abschnitt 4.2.5 [A 2.1-1, S. 217], verbleibt. Er enthält i. a. nicht nur die Schubkomponenten, sondern auch Normalkomponenten, deren Summe allerdings null ist. Man kann aber alle Normalkomponenten eines symmetrischen Deviators durch eine Orthogonaltransformation zum Verschwinden bringen. Diese Tatsache rechtfertigt, den Spannungsdeviator auch *Scherspannungstensor* zu nennen.

Von den sechs Komponenten eines symmetrischen Tensors im dreidimensionalen Raum lassen sich drei als Richtungsparameter und drei als Zustandsparameter auffassen. Wenn $3-n$ Hauptnormalkomponenten null sind, spricht man von einem n-achsigen Zustand ($n = 1$, 2 oder 3). Ein zweiachsiges Zustandsfeld heißt auch eben (Abschn. A 4.6.1), sofern die Angriffsrichtung der verschwindenden Hauptnormalkomponente örtlich konstant ist.

A 2.5 Culmann-Mohrsches Kreisdiagramm

Der zuvor beschriebene Formalismus einer dreidimensionalen Hauptachsentransformation vereinfacht sich erheblich, wenn man die Extremalgrößen S_{max} und S_{min} des Tensors bezüglich einer gegebenen Ebene sucht, also eine Extremalachsentransformation vornimmt. Die Extremalgrößen müssen nicht, können aber mit Hauptnormalkomponenten – zum Beispiel mit Hauptnormalspannungen S_p ($p = 1$, 2, 3) – übereinstimmen und tun es, wenn die gegebene Ebene eine Hauptebene ist (Tabelle A 2.5-1).

Tabelle A 2.5-1 Formeln zur Extremalachsentransformation eines symmetrischen zweistufigen Tensors S im zweidimensionalen Raum.

Extremale Normalkomponenten:	$\left.\begin{array}{c}S_{max}\\S_{min}\end{array}\right\}$	$= S_+ \pm S_-$
Mittlere Normalkomponente:	S_+	$= (S_{xx} + S_{yy})/2$
Maximale Schubkomponente:	S_-	$= [(S_{xx} - S_{yy})^2/4 + S_{xy}^2]^{1/2}$
Winkel zwischen Bezugs- und Extremalrichtung:	ψ	$= \dfrac{1}{2} \arctan \dfrac{2\,S_{xy}}{S_{xx} - S_{yy}}$

Die erwähnte Vereinfachung entsteht daraus, daß die zu lösende Gleichung nur vom zweiten Grad und demzufolge eine Konstruktion mit Lineal und Zirkel möglich ist. Das beste und am meisten verwendete graphische Verfahren wurde zuerst 1866 von *K. Culmann* angegeben und durch *O. C. Mohr* 1882 weithin bekannt [A 2.5-1, 2]. Es ist in Bild A 2.5-1 dargestellt. Hinsichtlich der Vorzeichen der Schubkomponente sei auf [A 2.5-3, insbes. S. 80] verwiesen.

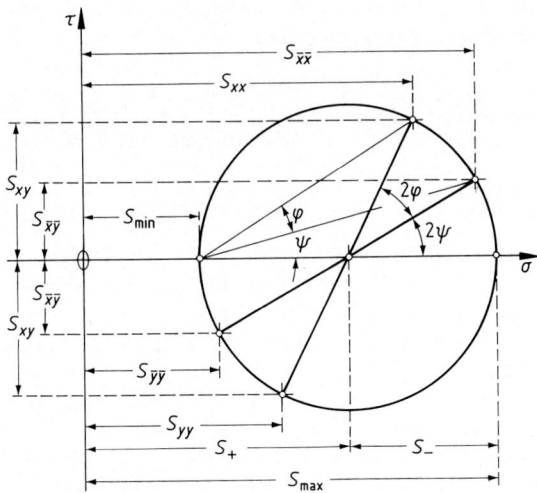

Bild A 2.5-1. Culmann-Mohrsches Kreisdiagramm eines Spannungszustandes in bezug auf zwei Richtungen.

Gegeben seien die Komponenten $S_{\bar{x}\bar{x}}$, $S_{\bar{y}\bar{y}}$, $S_{\bar{x}\bar{y}}$ eines symmetrischen Tensors in bezug auf ein kartesisches Koordinatensystem $(\bar{x}, \bar{y})$. Sie legen die Punkte $(\sigma, \tau) = (S_{\bar{x}\bar{x}}, S_{\bar{x}\bar{y}})$ und $(S_{\bar{y}\bar{y}}, S_{\bar{x}\bar{y}})$ eines Ortskreises mit dem Mittelpunkt $(S_+, 0)$ im σ, τ-Diagramm und mit dem Radius S_- fest. Dieser Kreis wird gewöhnlich „Mohrscher" Kreis genannt, ist aber – wegen der soeben erwähnten historischen Tatsache – *Culmann-Mohr-Kreis* zu nennen. Er wird durch die Gleichung

$$(\sigma - S_+)^2 + \tau^2 = S_-^2 \tag{A 2.5-1}$$

mit den Hilfsgrößen

$$2\,S_+ = S_{max} + S_{min} = S_{\bar{x}\bar{x}} + S_{\bar{y}\bar{y}} \tag{A 2.5-2}$$

und

$$2\,S_- = S_{max} - S_{min} = [(S_{\bar{x}\bar{x}} - S_{\bar{y}\bar{y}})^2 + 4\,S_{\bar{x}\bar{y}}^2]^{1/2} \tag{A 2.5-3}$$

beschrieben. S_+ bedeutet die mittlere Normalkomponente und S_- die maximale Schubkomponente. Für den Richtungswinkel ψ zwischen der Schnittflächennormale und der

Richtung von S_{max} gilt

$$\tan 2\,\psi = \frac{2\,S_{\bar{y}\bar{y}}}{S_{\bar{x}\bar{x}} - S_{\bar{y}\bar{y}}}$$

(A 2.5-4).

Im Schrifttum wird etwa ebenso häufig auch der entgegengesetzte Drehsinn von ψ vereinbart.

In entsprechender Weise findet man, wenn S_+, S_- oder S_{max}, S_{min} und ψ gegeben sind, die Tensorkomponenten in bezug auf das $\bar{x}$, $\bar{y}$-System

$$\left.\begin{array}{c} S_{\bar{x}\bar{x}} \\ S_{\bar{y}\bar{y}} \end{array}\right\} = S_+ \pm S_- \cos 2\,\psi$$

(A 2.5-5),

$$S_{\bar{x}\bar{y}} = S_- \sin 2\,\psi$$

(A 2.5-6).

Außerdem ist der Culmann-Mohr-Kreis hilfreich beim Transformieren von Tensorkomponenten unter einem Wechsel des gegebenen Bezugssystems $\bar{x}$, $\bar{y}$ zu einem willkürlichen kartesischen Koordinatensystem x, y durch Drehen über den Winkel φ (Bild A 2.5-1). Der beliebige Winkel φ wird *Azimut* genannt. Es zeigt sich, daß man in den Ausdrücken Gl. (A 2.5-2) und (A 2.5-3) allgemein x, y statt $\bar{x}$, $\bar{y}$ schreiben kann. Daraus folgt, daß S_+ und S_- unter Orthogonaltransformationen invariant sind; sie heißen deshalb *Orthogonalinvarianten*. Tabelle A 2.5-2 enthält die betreffenden Transformationsformeln mit Winkelfunktionen, deren Argumente wahlweise $2\,\varphi$ oder φ sind.

Tabelle A 2.5-2   Formeln zur Komponententransformation eines symmetrischen zweistufigen Tensors S in der Ebene unter Drehung eines kartesischen Koordinatensystems über den Winkel φ.

$$S_{\bar{x}\bar{x}} = \frac{S_{xx} + S_{yy}}{2} + \frac{S_{xx} - S_{yy}}{2}\cos 2\,\varphi + S_{xy}\sin 2\,\varphi = S_{xx}(\cos\varphi)^2 + S_{yy}(\sin\varphi)^2 + 2\,S_{xy}\cos\varphi \cdot \sin\varphi$$

$$S_{\bar{y}\bar{y}} = \frac{S_{xx} + S_{yy}}{2} - \frac{S_{xx} - S_{yy}}{2}\cos 2\,\varphi - S_{xy}\sin 2\,\varphi = S_{yy}(\cos\varphi)^2 + S_{xx}(\sin\varphi)^2 - 2\,S_{xy}\cos\varphi \cdot \sin\varphi$$

$$S_{\bar{x}\bar{y}} = S_{xy}\cos 2\,\varphi - \frac{S_{xx} - S_{yy}}{2}\sin 2\,\varphi \qquad = S_{xy}[(\cos\varphi)^2 - (\sin\varphi)^2] - (S_{xx} - S_{yy})\cos\varphi \cdot \sin\varphi$$

Liegt andererseits ein Ausdruck in bezug auf ein beliebiges kartesisches Koordinatensystem dargestellt vor, so bekommt man den entsprechenden Ausdruck für die Extremalachsen, indem man $S_{xy} = 0$ setzt sowie statt S_{xx} und S_{yy} in einer bestimmten Zuordnung S_{max} oder S_{min} schreibt.

A 2.6 Elementare Lastfälle

Den Hauptnormalspannungen S_p, für die man üblicherweise σ_1, σ_2, σ_3 unter der Vereinbarung $\sigma_3 \leqq \sigma_2 \leqq \sigma_1$ schreibt, stehen die Hauptschubspannungen

$$\tau_1 = (\sigma_2 - \sigma_3)/2\,, \qquad \tau_2 = (\sigma_3 - \sigma_1)/2\,, \qquad \tau_3 = (\sigma_1 - \sigma_2)/2$$

(A 2.6-1)

zur Seite. Man ersieht aus dem Culmann-Mohrschen Kreisdiagramm (Bild A 2.5-1), daß die Hauptschubkomponenten immer längs der Winkelhalbierenden zwischen den Hauptachsen angreifen.

Bild A 2.6-1 veranschaulicht die drei einfachsten Sonderfälle von Spannungszuständen in einer – bestimmten oder unbestimmten – Hauptebene:

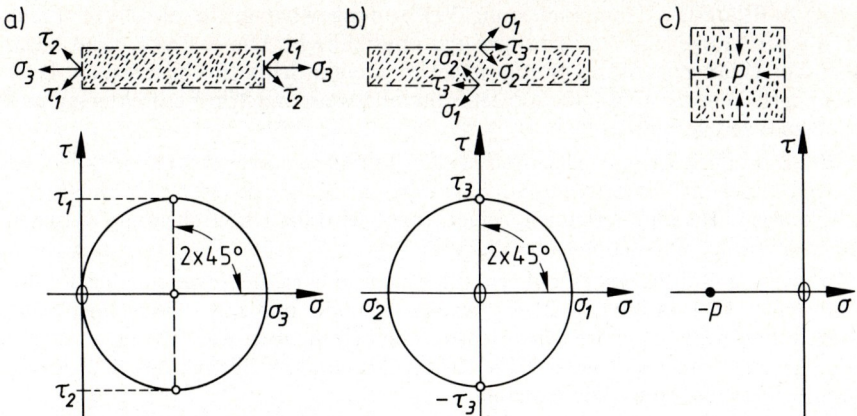

Bild A 2.6-1. Elementare Lastfälle.
a) Einfacher Zug.
b) Einfache Scherung.
c) Hydrostatischer Druck.

a) *Einfache Zug-* (oder bei entgegengesetzten Vorzeichen: *Druck-) Belastung*. Der Spannungszustand ist einachsig, der Spannungstensor sphäroidisch. Der Hauptnormalspannung σ_3 gleichwertig sind die Hauptschubspannungen $\tau_1 = \sigma_3/2$ und $\tau_2 = -\tau_1$, die unter $45°$ bzw. $-45°$ zur Zug-(Druck-)Richtung geneigt angreifen.

b) *Einfache Scherbelastung*. Der Spannungszustand ist zweiachsig und wird als eben betrachtet. Der Schubspannung τ_3 gleichwertig sind die Hauptnormalspannungen $\sigma_1 = \tau_3$ und $\sigma_2 = -\sigma_1$, die unter $45°$ bzw. $-45°$ zur Schubrichtung geneigt angreifen.

c) *Allseitige (hydrostatische) Druckbelastung*. Der Spannungszustand ist dreiachsig, aber der Spannungstensor zu einem sphärischen Tensor entartet, so daß sich der Culmann-Mohr-Kreis in einem einzigen Punkt ($\sigma = -p$, $\tau = 0$) verbirgt.

A 3 Begriff und Aufnahme von Verformungen

A 3.1 Vom Weg abgeleitete Größen

Wie die Kraft, so ist auch der Weg ein Urbegriff. Nach DIN 13 316, Abschnitt 3.1.1/2 [A 2.1-1, S. 213/214], heißt ein aus einem Weg herausgeschnittenes Stück *Verrückung* und dient als Oberbegriff für die Bewegungsarten *Verschiebung* (Translation) und *Verdrehung* (Rotation). Nach DIN 13 317, Abschnitt 4.2.1.1 [A 2.1-1, S. 223], versteht man unter Verschiebung die geradlinige Verbindung zwischen Anfang und Ende einer Verrückung und unter Verdrehung die längs des Weges stattfindende Richtungsänderung. Wenn das Feld stetig ist (Abschn. A 3.3), fällt die Verrückung, sofern sie verschwindend klein, sozusagen infinitesimal bleibt, mit der Verschiebung zusammen.

Eine *Verformung* (Deformation) ist eine Verrückungsdifferenz zwischen benachbarten Körperpunkten gemäß DIN 13 316, Abschnitt 3.1.3 [A 2.1-1, S. 214]. Ein Teilstück einer eindimensionalen Folge benachbarter Körperpunkte wird im abstrakten Sinne *Faser* genannt. Nach DIN 13 316, Abschnitt 3.2 [A 2.1-1, S. 215], heißt das Verhältnis von

9

Verformung zu Bezugsfaserlänge *Verzerrung*. Verformungen haben also die physikalische Dimension einer Länge und Verzerrungen die physikalische Dimension 1. Eine Faser dient beim Verzerrungsbegriff als Bezugsmittel so wie ein Schnittflächenteilstück beim Spannungsbegriff. Verzerrungsmaße werden sinnvollerweise frei von Verdrehungen und Starrverschiebungen vereinbart.

Man kann die Bezugsfaser entweder ortsfest oder körperfest nehmen. (Die verbreiteten Benennungen „eulersch" für ortsfest und „lagrangesch" für körperfest lassen sich historisch nicht belegen.) Bei infinitesimalen Verzerrungen wird die Unterscheidung zwischen orts- und körperfester Darstellung überflüssig.

Haben Verformung und Bezugsfaser gleiche Richtung, so wird die Verzerrung nach DIN 13 316, Abschnitt 3.2.1 [A 2.1-1, S. 215], *Dehnung* genannt und mit ε bezeichnet. Eine negative Dehnung heißt auch *Stauchung*. Wenn die betreffenden Richtungen senkrecht zueinander liegen, nennt man nach DIN 13 316, Abschnitt 3.2.2 [A 2.1-1, S. 215], die Verzerrung Schubverzerrung oder *Scherung*.

Verzerrungen lassen sich – wie der Spannungstensor (Abschn. A 2.2) – zu einem symmetrischen Tensor E mit den kartesischen Komponenten E_{ij} (zumeist ε_{ij} geschrieben) zusammenfassen. Ein gewöhnlich mit γ bezeichneter Verschiebungsgradient senkrecht zur Bezugsfaserrichtung wird häufig und auch in Übereinstimmung mit DIN 13 316, Abschnitt 3.2.2 [A 2.1-1, S. 215], kurz „Schiebung" genannt. Der zuweilen sinngleich verwendete Begriff „Gleitung" bleibt besser für Verformungsfelder mit Unstetigkeiten (Abschn. A 3.3) vorbehalten. Die Größe γ läßt sich auch als gesamte Winkeländerung eines verscherten rechten Winkels definieren. Die entsprechenden richtungsbezogenen Größen γ_{ij} ($j \neq i$) gleichen nicht den Tangentialkomponenten des Verzerrungstensors E, sondern deren zweifachem und bilden folglich in Verbindung mit den Normalkomponenten E_{ii} keinen Tensor, da sie der tensoriellen Transformationsvorschrift widersprechen.

Gemäß Abschnitt A 2.2 kann man jeden symmetrischen Tensor auf Hauptachsen transformieren und damit alle Tangentialkomponenten verschwinden lassen. Die so erhaltenen Hauptdehnungen E_p oder ε_p und die Hauptstreckungen

$$\lambda_p = 1 + \varepsilon_p \qquad \text{(A 3.1-1)}$$

($p = 1, 2, 3$) beziehen sich auf dieselben Hauptachsen.

Das sog. *natürliche Dehnungsmaß*, das die logarithmischen Streckungen $\ln \lambda_p$ als Hauptkomponenten enthält, wurde schon von vielen Autoren – wohl zuerst von *W. C. Röntgen* – vorgeschlagen, bevor *H. Hencky* es 1929 systematisch untersuchte [A 3.1-1]. Es zeichnet sich dadurch aus, daß sich nicht nur infinitesimale, sondern auch endliche Verformungen – sofern diese koaxial, also nicht gegeneinander verdreht sind – linear addieren. Im Gegensatz zu dem vorher erklärten konventionellen Dehnungsmaß hat es den Nachteil, daß Orthogonaltransformationen (Abschn. A 2.4) umständlich und mithin Scherungen schwer darstellbar sind.

A 3.2 Maßtensoren für endliche Verformungen

Ein durch den Vektor X beschriebener Körperpunkt befinde sich nach einer Verformung des Körpers an einer durch den Vektor x beschriebenen Stelle. Die Differenz $x - X$ ist der Verschiebungsvektor (Abschn. A 3.1).

Man betrachtet in der körperfesten Darstellung X als glatte Funktion von x und in der ortsfesten Darstellung x als glatte Funktion von X. Während für die Dehnungsaufnahmen (Abschn. A 3.4 bis 6) die körperfeste Darstellung naheliegt, ist es für die Spannungsanalyse wegen der Gleichgewichtsbedingungen (Abschn. A 2.3) geboten, zur ortsfesten Darstellung überzugehen.

Erfahrungsgemäß genügt es für die Zwecke der Kontinuumsmechanik, die ersten Ableitungen von X nach x oder von x nach X zu berücksichtigen. Dies geschieht in der körperfesten Darstellung durch den zuerst 1839 von *G. Green* betrachteten *Verstreckungstensor* C und in der ortsfesten Darstellung durch den von *J. Finger* 1894 eingeführten Verstreckungstensor B mit den kartesischen Komponenten

$$C_{KL} = \sum_m \frac{\partial x_m}{\partial X_K} \frac{\partial x_m}{\partial X_L}, \qquad B_{kl} = \sum_M \frac{\partial x_k}{\partial X_M} \frac{\partial x_l}{\partial X_M} \qquad \text{(A 3.2-1)}.$$

Die Hauptkomponenten von C und B sind gleich λ_p^2 (Abschn. A 3.1).

Der von *Green* 1841 eingeführte, körperfest dargestellte *Verzerrungstensor* G und der von *E. Almansi* 1911 bevorzugte, ortsfest dargestellte Verzerrungstensor H haben die kartesischen Komponenten

$$G_{KL} = \frac{1}{2}(C_{KL} - \delta_{KL}), \qquad H_{kl} = \frac{1}{2}\left(\delta_{kl} - \sum_M \frac{\partial X_M}{\partial x_k} \frac{\partial X_M}{\partial x_l}\right) \qquad \text{(A 3.2-2)}$$

mit dem Kronecker-Symbol gemäß Gl. (A 2.4-4). Man vermerke, daß in dem Ausdruck für H der zu B inverse Verstreckungstensor B^{-1} auftritt, der auf *Cauchy* (1827) zurückgeht.

Um sich in den Umgang mit diesen Maßtensoren gründlich einzuarbeiten, muß der Leser auf Lehrbücher (z. B. [A 3.2-1, 2, 3]) oder auf das Forschungsheft [A 3.2-4, Abschn. 4] verwiesen werden. Wichtig ist übrigens die Feststellung, daß diese Tensoren reine Verformungsmaße darstellen, also keine Verdrehungen erfassen, die mit dem Materialverhalten nichts zu tun haben. Die Verdrehungsfreiheit kommt aber nicht den *Linearverzerrungstensoren* zu, deren kartesische Komponenten

$$E_{KL} = \frac{1}{2}\left(\frac{\partial x_K}{\partial X_L} + \frac{\partial x_L}{\partial X_K}\right) - \delta_{KL}, \qquad E_{kl} = \delta_{kl} - \frac{1}{2}\left(\frac{\partial X_k}{\partial x_l} + \frac{\partial X_l}{\partial x_k}\right) \qquad \text{(A 3.2-3)}$$

in körper- bzw. ortsfester Darstellung aus Gl. (A 3.2-2) durch Linearisierung bezüglich der Gradienten hervorgehen. Lediglich im Grenzfall verschwindender Verzerrungen ergibt sich $E \approx G \approx H \approx \varepsilon$.

Dabei kann man ε auch stellvertretend für irgendeinen anderen, aber äquivalenten Maßtensor [A 3.2-4] verwenden. Diese Tensoren sind alle – wie der Cauchysche Spannungstensor – symmetrisch, d. h., es besteht Gleichheit beigeordneter Schubkomponenten. Sie lassen sich gemäß Abschnitt A 2.4 und A 2.5 auf gleiche Weise transformieren und daher auch durch Culmann-Mohr-Kreise darstellen.

A 3.3 Stetigkeit eines Verzerrungsfeldes

Bei willkürlicher Vorgabe der sechs Komponenten eines Verzerrungstensors gewinnt man durch Integration ein Verrückungsfeld, das Unstetigkeiten enthalten kann und dann möglicherweise nicht eindeutig integrabel ist. Die Stetigkeit eines Verzerrungsfeldes entspricht dem Gleichgewicht eines Spannungsfeldes (Abschn. A 2.3). Stetigkeits- und Gleichgewichtsbedingungen faßt man unter dem Oberbegriff *Verträglichkeits-*(Kompatibilitäts-)*Bedingungen* nach DIN 13 316, Abschnitt 4.1 [A 2.1-1, S. 216], zusammen.

Die Stetigkeitsbedingungen sind i. a. verwickelt (vgl. [A. 3.2-4, Abschn. 4.11]), vereinfachen sich aber bei infinitesimalen Verzerrungen und lauten nach *A. Barré de Saint-Venant*

$$\frac{\partial^2 E_{ij}}{\partial x_k\,\partial x_l} + \frac{\partial^2 E_{kl}}{\partial x_i\,\partial x_j} - \frac{\partial^2 E_{ik}}{\partial x_j\,\partial x_l} - \frac{\partial^2 E_{jl}}{\partial x_i\,\partial x_k} = 0 \qquad \text{(A 3.3-1)}.$$

Sie sind notwendig und für jedes einfach zusammenhängende Gebiet hinreichend. Im dreidimensionalen Raum ergibt sich demnach ein System von 3^4 partiellen Differentialgleichungen. Von ihnen bleiben aber nur sechs übrig, wenn man jene aussondert, die wegen der Symmetrie des Tensors und der zweiten Ableitungen identisch erfüllt sind. Diese Gleichungen gibt Tabelle A 3.3-1 bezüglich kartesischer Koordinaten x, y, z wieder. Bei ebenen Verzerrungen hat man nur eine einzige Bedingungsgleichung (z. B. die erste Gleichung in Tabelle A 3.3-1, falls $x =$ const die betreffende Ebene ist).

Tabelle A 3.3-1   Stetigkeitsbedingungen für das Feld des Linearverzerrungstensors *E*.

$$\frac{\partial^2}{\partial z^2} E_{yy} + \frac{\partial^2}{\partial y^2} E_{zz} - 2\frac{\partial^2}{\partial y\,\partial z} E_{xy} = 0 \qquad\qquad \frac{\partial^2}{\partial y\cdot\partial z} E_{xx} + \frac{\partial}{\partial x}\left(\frac{\partial}{\partial x} E_{yz} - \frac{\partial}{\partial y} E_{zx} - \frac{\partial}{\partial z} E_{xy}\right) = 0$$

$$\frac{\partial^2}{\partial x^2} E_{zz} + \frac{\partial^2}{\partial z^2} E_{xx} - 2\frac{\partial^2}{\partial z\,\partial x} E_{zx} = 0 \qquad\qquad \frac{\partial^2}{\partial z\cdot\partial x} E_{yy} + \frac{\partial}{\partial y}\left(\frac{\partial}{\partial y} E_{zx} - \frac{\partial}{\partial z} E_{xy} - \frac{\partial}{\partial x} E_{yz}\right) = 0$$

$$\frac{\partial^2}{\partial y^2} E_{xx} + \frac{\partial^2}{\partial x^2} E_{yy} - 2\frac{\partial^2}{\partial x\,\partial y} E_{xy} = 0 \qquad\qquad \frac{\partial^2}{\partial x\cdot\partial y} E_{zz} + \frac{\partial}{\partial z}\left(\frac{\partial}{\partial z} E_{xy} - \frac{\partial}{\partial x} E_{yz} - \frac{\partial}{\partial y} E_{zx}\right) = 0$$

Homogene Felder sind dadurch gekennzeichnet, daß die Feldveränderliche an einer gegebenen Stelle den gleichen Gradienten wie in der Nachbarschaft hat, und erfüllen demnach die Verträglichkeitsbedingungen auf triviale Weise. Falls ein aufgenommenes Feld tatsächlich homogen ist und man dennoch die Verträglichkeit verletzt findet, darf man Meßfehler vermuten.

Um sich das Ausmessen eines Feldes nicht zu erschweren, muß man danach trachten, daß das Feld im Meßgebiet wenigstens angenähert homogen erscheint. Ein inhomogenes stetiges Feld gleicht einem lokal homogenen um so mehr, je kleiner das Meßgebiet ist. Dies trifft jedoch nur unter der Voraussetzung zu, daß weder Versetzungen, vermöge derer sich ein Körper plastisch verformen kann, noch materielle Inhomogenitäten anderer Art zum Vorschein kommen und echte Unverträglichkeiten erzeugen.

A 3.4 Grundbegriffe der Aufnahme

Nach DIN 1319, Teil 2, Abschnitt 2 [A 2.1-2, S. 77], wird – abweichend vom früheren Gebrauch [A 3.4-1] – das erste Glied einer Meßeinrichtung, die einen Meßwert der Meßgröße in ein Meßsignal verwandelt, Aufnehmer genannt. Die gebräuchlichsten Aufnehmer zum Messen von Verformungen sind von der Art der Streckenaufnehmer, die der Aufnahme von Längenstreckungen λ dienen. Ist diese Aufnahme eindimensional, so spricht man auch von Längenaufnehmern. Andere Aufnahmeformen (vgl. [A 3.2-4]) werden selten angewendet und darum hier nicht eigens betrachtet.

Da die zu messenden Verformungen oft sehr klein sind und die Werte von λ immer nahe bei eins liegen, ist es bequemer, statt λ gemäß der Definition von Gl. (A 3.1-1) die Dehnung $\varepsilon = \lambda - 1$ als Meßgröße zu verwenden.

Man kann für die Dehnungsgröße $\bar\varepsilon$, die von den üblichen Dehnungsmeßstreifen (Abschn. D 6.3, 4) übertragen wird, näherungsweise den Summenansatz

$$\bar\varepsilon = \varepsilon + q\,\varepsilon_{\mathrm{q}} \qquad\qquad\qquad \text{(A 3.4-1)}$$

benutzen und dabei den Scherungseinfluß, der lediglich auf kleine Größen zweiter Ordnung zurückzuführen ist, vernachlässigen. Hier bedeutet ε die Dehnung, die in der Längsrichtung des Aufnehmers auftritt, und $q\,\varepsilon_q$ eine Störgröße, in die nach Maßgabe der *Querempfindlichkeitszahl* q die Querdehnung eingeht. Zufolge der Vereinbarung in Abschnitt A 3.2 bezeichnet ε verschiedene Verzerrungsmaße. Daher hängt q in dem Ansatz von Gl. (A 3.4-1) auch von der Wahl des Verzerrungsmaßes ab. Dies bedeutet jedoch für die Praxis wenig, da q einen Korrekturfaktor darstellt, dessen Betrag als sehr klein gegen eins vorausgesetzt wird.

Einzelaufnehmer gestatten lediglich eindimensionale Messungen. Für zweidimensionale Messungen in einer Ebene oder abwickelbaren Fläche (Torse) fertigt die Industrie Aufnehmerverbunde, deren Glieder geometrisch in Büscheln angeordnet sind (Abschn. A 3.5). Für solche Verbunde hat sich der bildhafte Name „Rosetten" eingebürgert. Dreidimensionale Messungen erfordern besondere geometrische Anordnungen der Aufnehmerglieder in Bündeln (Abschn. A 3.6).

A 3.5 Dehnungen aus Messungen mit Aufnehmerbüscheln (Rosetten)

A 3.5.1 Bestimmen eines Zustands allein

Schreibt man in Gl. (A 2.5-5) ε statt $S_{\bar{x}\bar{x}}$, ε_q statt $S_{\bar{y}\bar{y}}$ und $\varepsilon_\pm$ statt $S_\pm$, dann erhält man die Beziehung

$$\left.\begin{array}{c}\varepsilon\\\varepsilon_q\end{array}\right\} = \varepsilon_+ \pm \varepsilon_- \cos 2\psi \qquad (A\ 3.5\text{-}1)$$

für die Dehnung ε unter dem Richtungswinkel ψ und für die Querdehnung ε_q unter dem Richtungswinkel $\psi + 90°$.

Hierin bedeutet ε_+ die zweidimensionale *Mitteldehnung*. Diese ist eine Orthogonalinvariante des zweidimensionalen Verzerrungszustands, während ε_-^2 oder $|\varepsilon_-|$ ein zweiter Zustandsparameter ist, der zusammen mit dem ersten den Zustand einer ebenen Verzerrung (Abschn. A 4.6.1) vollständig bestimmt.

Die Bedeutung von ε_- geht aus dem Culmann-Mohrschen Kreisdiagramm gemäß Bild A 2.5-1 hervor. Die Gl. (A 2.5-6) entsprechende Scherung verschwindet in den Fällen $\psi = 0$ oder 90° (wenn die Faser in einer Extremalrichtung liegt), erreicht aber in den Fällen $\psi = \pm 45°$ (wenn die Faserrichtung die Winkelhalbierende zwischen den Extremaldehnrichtungen ist) den größtmöglichen Betrag ε_-, der deshalb *Maximalscherung* genannt wird.

Durch Einsetzen der Ausdrücke von Gl. (A 3.5-1) in Gl. (A 3.4-1) bekommt man

$$\bar{\varepsilon} = (1+q)\,\varepsilon_+ + (1-q)\,\varepsilon_- \cos 2\psi \qquad (A\ 3.5\text{-}2).$$

Um daraus die beiden Zustandsparameter ε_- und ε_+ bestimmen zu können, muß man wenigstens zwei Messungen vornehmen. Dazu braucht man einen zweigliedrigen Aufnehmerverbund von der geometrischen Form eines Zweierbüschels. Das eine Glied liefere z. B. unter dem Richtungswinkel ψ_a die Dehnungsgröße $\bar{\varepsilon}_a$, das zweite Glied unter dem Richtungswinkel ψ_b die Dehnungsgröße $\bar{\varepsilon}_b$. Dann ergibt sich vermöge Gl. (A 3.5-2)

$$\varepsilon_+ = \frac{\bar{\varepsilon}_b \cos 2\psi_a - \bar{\varepsilon}_a \cos 2\psi_b}{(1-q)(\cos 2\psi_a - \cos 2\psi_b)} \qquad (A\ 3.5\text{-}3),$$

$$\varepsilon_- = \frac{\bar{\varepsilon}_a - \bar{\varepsilon}_b}{(1-q)(\cos 2\psi_a - \cos 2\psi_b)} \qquad (A\ 3.5\text{-}4).$$

13

Meßrichtungen längs der Winkelhalbierenden zwischen den Extremaldehnrichtungen (beispielsweise unter den Richtungswinkeln $\psi_a = 45°$, $\psi_b = 135°$) sind unbrauchbar, weil die Determinante der Bestimmungsgleichungen (A 3.5-3, 4) null wird, mit anderen Worten, weil eine Singularität vorliegt. Hingegen sind die Extremaldehnrichtungen als Meßrichtungen des Zweierbüschels am günstigsten. Außerdem vereinfachen sich in diesem Sonderfall – nämlich für das rechtwinklige Zweierbüschel – Gl. (A 3.5-3) und (A 3.5-4) mit $\psi_a = 0$ und $\psi_b = 90°$, wie in Tabelle A 3.5-1 angegeben.

Tabelle A 3.5-1   Umrechnungsgleichungen für das rechtwinklige Zweierbüschel.

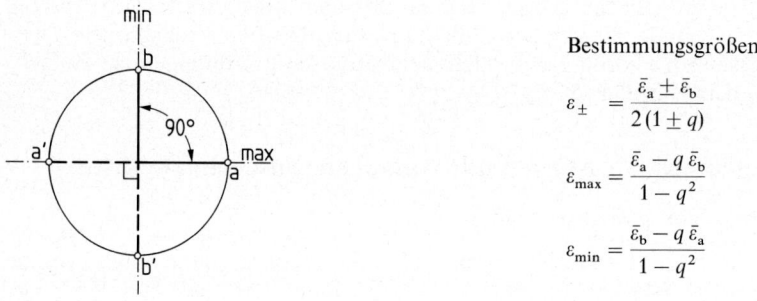

Bestimmungsgrößen:

$$\varepsilon_\pm = \frac{\bar{\varepsilon}_a \pm \bar{\varepsilon}_b}{2(1 \pm q)}$$

$$\varepsilon_{max} = \frac{\bar{\varepsilon}_a - q\,\bar{\varepsilon}_b}{1 - q^2}$$

$$\varepsilon_{min} = \frac{\bar{\varepsilon}_b - q\,\bar{\varepsilon}_a}{1 - q^2}$$

Mit ε_+ und ε_- ist der Verformungszustand bestimmt. Diesen beschreibt man üblicherweise durch die Extremaldehnungen

$$\left.\begin{array}{c}\varepsilon_{max}\\[4pt]\varepsilon_{min}\end{array}\right\} = \varepsilon_+ \pm \varepsilon_- \tag{A 3.5-5},$$

die ein äquivalentes Paar von Zustandsparametern bilden. Eine vollständige Zustandsbestimmung mittels eines Zweierbüschels ist jedoch nur unter der Voraussetzung möglich, daß die Extremaldehnrichtungen genau genug bekannt sind, so daß man die Richtungswinkel ψ_a und ψ_b bewerten kann. Andernfalls gehe man gemäß den Darlegungen des folgenden Unterabschnitts vor.

A 3.5.2 Bestimmen eines Zustands samt Richtung

Es empfiehlt sich, ein bestimmtes Bezugssystem kartesischer Koordinaten x, y einzuführen und statt des Richtungswinkels ψ das Azimut φ zu verwenden. Aus dem Culmann-Mohrschen Kreisdiagramm von Bild A 2.5-1 (mit ε statt σ) findet man auf Grund planimetrischer Überlegungen oder unter Zuhilfenahme des goniometrischen Additionstheorems

$$\cos 2\psi = \cos 2(\varphi + \psi) \cdot \cos 2\varphi + \sin 2(\varphi + \psi) \cdot \sin 2\varphi \tag{A 3.5-6}$$

die Beziehung

$$\varepsilon_- \cos 2\psi = \frac{\varepsilon_{xx} - \varepsilon_{yy}}{2} \cos 2\varphi + \varepsilon_{xy} \sin 2\varphi \tag{A 3.5-7}.$$

Mit diesem und dem orthogonalinvarianten Ausdruck

$$\varepsilon_+ = (\varepsilon_{xx} + \varepsilon_{yy})/2 \tag{A 3.5-8}$$

ergibt sich aus Gl. (A 3.5-2)

$$\bar{\varepsilon} = \frac{1+q}{2} (\varepsilon_{xx} + \varepsilon_{yy}) + \frac{1-q}{2} (\varepsilon_{xx} - \varepsilon_{yy}) \cos 2\varphi + (1-q)\, \varepsilon_{xy} \sin 2\varphi \qquad \text{(A 3.5-9)}.$$

Man muß demnach in drei verschiedenen Richtungen messen, um ε_{xx}, ε_{yy} und ε_{xy} oder – für koordinatenunabhängige Darstellungen – sowohl den Richtungsparameter als auch die zwei Zustandsparameter der Verzerrung in der Meßebene bestimmen zu können.

Wenn ein dreigliedriger Aufnehmerverbund von der geometrischen Form eines Dreierbüschels mit den Azimuten $\varphi = \varphi_a$, φ_b, φ_c in bezug auf die x-Achse die zugeordneten Dehnungsgrößen $\bar{\varepsilon} = \varepsilon_a$, $\bar{\varepsilon}_b$, $\bar{\varepsilon}_c$ gemäß Gl. (A 3.5-9) liefert, hat man für die drei Bestimmungsgrößen ε_{xx}, ε_{yy} und ε_{xy} ein Tripel linearer Gleichungen. Dessen Determinante ist

$$D = \frac{1+q}{2}(1-q^2) \sum_{(a,\,b,\,c)} (\cos 2\varphi_a - \cos 2\varphi_b)\sin 2\varphi_c =$$

$$= \frac{1+q}{2}(1-q^2) \sum_{(a,\,b,\,c)} \sin 2(\varphi_a - \varphi_b) \qquad \text{(A 3.5-10)},$$

als zyklische Summe gemäß der Definition von Gl. (A 2.4-2) geschrieben. Unter Ausschluß der Singularität ($D=0$) hat das Gleichungstripel die Lösung

$$\left.\begin{array}{c} \varepsilon_{xx} \\ \varepsilon_{yy} \end{array}\right\} = \frac{1-q}{2D} \sum_{(a,\,b,\,c)} \bar{\varepsilon}_a \left[(1-q)\sin 2(\varphi_b - \varphi_c) \mp (1+q)(\sin 2\varphi_b - \sin 2\varphi_c)\right]$$

$$\text{(A 3.5-11)},$$

$$\varepsilon_{xy} = \frac{1-q^2}{2D} \sum_{(a,\,b,\,c)} \bar{\varepsilon}_a (\cos 2\varphi_b - \cos 2\varphi_c) \qquad \text{(A 3.5-12)}$$

(wieder in der zyklischen Schreibweise).

Die handelsüblichen Standardrosetten sind symmetrische Dreierbüschel; d. h., sie weisen gleiche Azimutdifferenzen, sog. *Spreizwinkel*

$$\omega = \varphi_b - \varphi_a = \varphi_c - \varphi_b \qquad \text{(A 3.5-13)}$$

auf. Die Umrechnungsformeln, die man aus Gl. (A 3.5-10), (A 3.5-11) und (A 3.5-12) durch Einsetzen von $\varphi_b = \varphi_a + \omega$ und $\varphi_c = \varphi_a + 2\omega$ gewinnt, sind in Tabelle A 3.5-2 (s. auch [A 3.5-1, Teil 2]) zusammengestellt. Das halbrechtwinklige Dreierbüschel wird nach [A 3.5-1, Teil 2] als $0°/45°/90°$-Rosette bezeichnet und ist durch $\omega = 45°$ gekennzeichnet. Das gleichwinklige Dreierbüschel wird nach [A 3.5-1, Teil 2] als $0°/60°/120°$-Rosette bezeichnet und ist durch $\omega = 60°$ gekennzeichnet.

Außerdem sind in Tabelle A 3.5-2 die betreffenden Ausdrücke für den Richtungswinkel ψ, der durch

$$\tan 2(\varphi_a + \psi) = \frac{2\varepsilon_{xy}}{\varepsilon_{xx} - \varepsilon_{yy}} \qquad \text{(A 3.5-14)}$$

gegeben ist, sowie für die Mitteldehnung ε_+ und die Maximalscherung ε_- eingetragen. Mit ε_+ und ε_- erhält man vermöge Gl. (A 3.5-5) zugleich die Extremaldehnungen ε_{max} und ε_{min} für koordinatenunabhängige Darstellungen.

Um die Zweideutigkeit in Ausdrücken der Form von Gl. (A 3.5-14) zu beheben, vereinbart man üblicherweise Zuordnungen gemäß Tabelle A 3.5-3 (vgl. [A 3.5-2, S. 43] u. [A 3.5-1, Teil 2]).

15

Tabelle A 3.5-2   Umrechnungsgleichungen für die Standardrosetten.

	halbrechtwinkliges Dreierbüschel	gleichwinkliges Dreierbüschel

Bestimmungs-größen	halbrechtwinkliges Dreierbüschel	gleichwinkliges Dreierbüschel
$\left.\begin{array}{c}\varepsilon_{xx}\\[4pt]\varepsilon_{yy}\end{array}\right\}$	$= \dfrac{\bar{\varepsilon}_a}{2}\left(\dfrac{1}{1+q} \pm \dfrac{\cos 2\varphi_a + \sin 2\varphi_a}{1-q}\right) \mp$ $\mp\, \bar{\varepsilon}_b\dfrac{\sin 2\varphi_a}{1-q} +$ $+\, \dfrac{\bar{\varepsilon}_c}{2}\left(\dfrac{1}{1+q} \mp \dfrac{\cos 2\varphi_a - \sin 2\varphi_a}{1-q}\right)$	$= \dfrac{\bar{\varepsilon}_a}{3}\left(\dfrac{1}{1+q} \pm \dfrac{2\cos\varphi_a}{1-q}\right) +$ $+\, \dfrac{\bar{\varepsilon}_b}{3}\left(\dfrac{1}{1+q} \mp \dfrac{\cos 2\varphi_a + \sqrt{3}\sin 2\varphi_a}{1-q}\right) +$ $+\, \dfrac{\bar{\varepsilon}_c}{3}\left(\dfrac{1}{1+q} \mp \dfrac{\cos 2\varphi_a - \sqrt{3}\sin 2\varphi_a}{1-q}\right)$
ε_{xy}	$= \dfrac{1}{1-q}\left[-\dfrac{\bar{\varepsilon}_a}{2}\left(\cos 2\varphi_a - \sin 2\varphi_a\right) +\right.$ $+\, \bar{\varepsilon}_b \cos 2\varphi_a -$ $\left. -\dfrac{\bar{\varepsilon}_c}{2}\left(\cos 2\varphi_a + \sin 2\varphi_a\right)\right]$	$= \dfrac{1}{3(1-q)}\left[\bar{\varepsilon}_a\, 2\sin 2\varphi_a +\right.$ $+\, \bar{\varepsilon}_b\left(\sqrt{3}\cos 2\varphi_a - \sin 2\varphi_a\right) -$ $\left. -\bar{\varepsilon}_c\left(\sqrt{3}\cos 2\varphi_a + \sin 2\varphi_a\right)\right]$
$\tan 2\psi$	$= \dfrac{\bar{\varepsilon}_a - 2\bar{\varepsilon}_b + \bar{\varepsilon}_c}{\bar{\varepsilon}_c - \bar{\varepsilon}_a}$	$= \sqrt{3}\,\dfrac{\bar{\varepsilon}_b - \bar{\varepsilon}_c}{2\bar{\varepsilon}_a - \bar{\varepsilon}_b - \bar{\varepsilon}_c}$
$\varepsilon_+ = \dfrac{\varepsilon_{max} + \varepsilon_{min}}{2} = \dfrac{\bar{\varepsilon}_a + \bar{\varepsilon}_b}{2(1+q)}$		$= \dfrac{\bar{\varepsilon}_a + \bar{\varepsilon}_b + \bar{\varepsilon}_c}{3(1+q)}$
$\varepsilon_- = \dfrac{\varepsilon_{max} - \varepsilon_{min}}{2} = \dfrac{[(\bar{\varepsilon}_a - 2\bar{\varepsilon}_b + \bar{\varepsilon}_c)^2 + (\bar{\varepsilon}_c - \bar{\varepsilon}_a)^2]^{1/2}}{2(1-q)} =$ $= \dfrac{[(\bar{\varepsilon}_a - \bar{\varepsilon}_b)^2 + (\bar{\varepsilon}_b - \bar{\varepsilon}_c)^2]^{1/2}}{\sqrt{2}(1-q)}$		$= \dfrac{[(2\bar{\varepsilon}_a - \bar{\varepsilon}_b - \bar{\varepsilon}_c)^2 + 3(\bar{\varepsilon}_b - \bar{\varepsilon}_c)]^{1/2}}{3(1-q)}$

Tabelle A 3.5-3   Wertezuordnungen der Funktion $\tan\alpha = n/d$.

Winkel	Zähler	Nenner
$0 \leqq \alpha < \pi/2$	$n \geqq 0$	$d > 0$
$\pi/2 \leqq \alpha < \pi$	$n > 0$	$d \leqq 0$
$\pi \leqq \alpha < 3\pi/2$	$n \leqq 0$	$d < 0$
$3\pi/2 \leqq \alpha < 2\pi$	$n < 0$	$d \geqq 0$

Da Richtung und Gegenrichtung bei der Dehnung nicht unterscheidbar sind, bleiben die Formeln unverändert, wenn man bei der technischen Ausführung ein Aufnehmerglied oder mehrere nicht wie dargestellt auf den Schenkeln a, b, c, sondern auf den zugehörigen Gegenschenkeln a′, b′, c′ anordnet, ohne den Zyklus umzukehren. So gibt es 24 äquivalente Anordnungen, zum Beispiel a b c, b c a, c a b, a b′c, ..., a′b c′, ..., a′b′c′.

Das gleichschenklige Dreierbüschel zeichnet sich dadurch aus, daß die Ausrichtung der Rosette auf dem Meßgegenstand keinen Einfluß auf die Unsicherheit der Bestimmungsgrößen hat [A 3.5-3]. Zur Optimierung des Spreizwinkels sei auf [A 3.5-4] verwiesen.

A 3.5.3 Graphisches Verfahren

Falls die Aufnehmerglieder nicht querempfindlich sind, gilt zufolge Gl. (A 3.4-1) mit $q = 0$, daß die übertragenen Dehnungsgrößen mit den aufzunehmenden Dehnungen identisch sind, also $\bar{\varepsilon}_a = \varepsilon_a$, $\bar{\varepsilon}_b = \varepsilon_b$, $\bar{\varepsilon}_c = \varepsilon_c$. Daher kann man sich der Culmann-Mohrschen Kreiskonstruktion gemäß Bild A 3.5-1 bedienen, um die Bestimmungsgrößen aus ε_a, ε_b, ε_c bei beliebigen Spreizwinkeln folgendermaßen graphisch zu gewinnen.

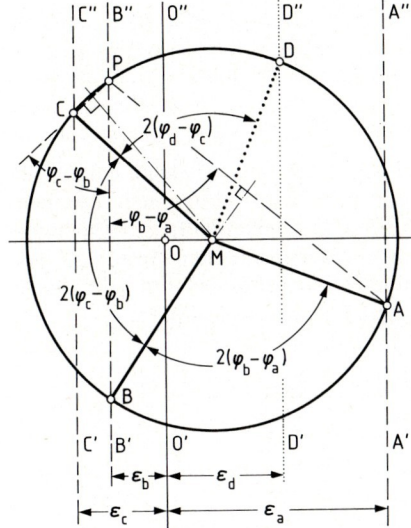

Bild A 3.5-1. Culmann-Mohrsches Kreisdiagramm für Dehnungen in Rosetten mit querunempfindlichen Aufnehmergliedern.

Es werde $\varepsilon_a > \varepsilon_b > \varepsilon_c$ vorausgesetzt. Zunächst ziehe man zur Ordinatenachse $O'O''$ maßstabs- und vorzeichentreu parallele Geraden $A'A''$, $B'B''$, $C'C''$ in den Abständen ε_a, ε_b, ε_c, rechts bzw. links von $O'O''$. (Dem in Bild A 3.5-1 gezeigten Beispiel liegt die Annahme $\varepsilon_a > 0 > \varepsilon_b > \varepsilon_c$ zu Grunde.) Man markiere auf der Geraden $B'B''$, die zwischen den Geraden $A'A''$ und $C'C''$ liegt, einen Punkt P und trage beiderseits der Geraden $B'B''$ die von den Aufnehmergliedern gebildeten Spreizwinkel mit P als Scheitelpunkt an, nämlich $\sphericalangle APB' = \varphi_b - \varphi_a$ und $B'PC = \varphi_c - \varphi_b$. Die Schenkel der beiden Geraden schneiden die Gerade $A'A''$ im Punkt A und die Gerade $C'C''$ im Punkt C. Die Punkte P, A und C legen den Culmann-Mohr-Kreis fest; denn nach einem Lehrsatz der Planimetrie sind die angetragenen Winkel als Kreisumfangswinkel halb so groß wie die zugehörigen Mittelpunktswinkel, nämlich $\sphericalangle AMB = 2(\varphi_b - \varphi_a)$ und $\sphericalangle BMC = 2(\varphi_c - \varphi_b)$. Der Kreismittelpunkt M ergibt sich beispielsweise als Schnittpunkt der auf den Geraden PA und PC errichteten Mittellote. Man ziehe nun mit dem Radius MP den gesuchten Kreis, der die Gerade $B'B''$ in B schneidet. Schließlich ist das von M auf $O'O''$ gefällte Lot mit dem Fußpunkt O die Abszissenachse und O der Ursprung des Ortskreisdiagramms, dem man die Bestimmungsgrößen nach der Lehre von Abschnitt A 2.5 entnehmen kann.

Enthält die Rosette in derselben Ebene unter dem Azimut φ_d ein viertes querunempfindliches Aufnehmerglied und überträgt dieses Glied die Dehnungsgröße ε_d, so muß die zugehörige, zur Achse $O'O''$ parallele Gerade $D'D''$ den bereits konstruierten Culmann-Mohr-Kreis im Punkt D schneiden. Die betreffende Zusatzkonstruktion ist in Bild A 3.5-1 punktiert eingezeichnet. Unstimmigkeiten dürfen nicht auftreten, andernfalls haben sich Fehler eingeschlichen. Aufnehmerverbunde mit mehr als drei Gliedern in der Meßebene liefern außer der Möglichkeit, Werte der Bestimmungsgrößen zu überprüfen, keine weitere Information.

Hinsichtlich anderer einschlägiger Verfahren sei auf das Schrifttum verwiesen [A 3.5-2].

A 3.6 Dehnungen aus Messungen mit Aufnehmerbündeln (dreidimensionale Anordnungen)

Die in Abschnitt A 3.5 beschriebenen zweidimensionalen Messungen gestatten nicht, den Verzerrungs- oder Verstreckungstensor am Meßort dreidimensional vollständig zu bestimmen. Mithin ist dies auch nicht ohne Hilfsannahmen für den Drängungstensor (Abschn. A 4) möglich. Das kann nur mit einem Verbund von sechs dreidimensional verteilten Aufnehmergliedern – einem sog. Sechserbündel – gelingen [A 3.6-1].

Fehlt es an Vorwissen über die zu bestimmenden Feldgrößen oder will man ein solches nicht benutzen, so läßt sich die größte Information mittels des Aufnehmerverbundes genau dann gewinnen, wenn man die Glieder des Verbunds nach dem Gleichverteilungsprinzip anordnet [A 3.5-4, A 3.6-1]. Dies führt beim zweidimensionalen Messen zu dem schon in Abschnitt A 3.5.2 beschriebenen gleichwinkligen Dreierbüschel und beim dreidimensionalen Messen im Körperinnern zum gleichwinkligen Sechserbündel.

Tabelle A 3.6-1   Umrechnungsgleichungen für das gleichwinklige Sechserbündel.

Projektionsebene:

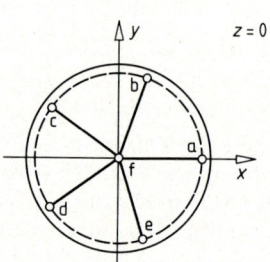

Bestimmungsgrößen:

$$\varepsilon_{xx} = \frac{3}{4}\varepsilon_a + \frac{1-\sqrt{5}}{8}(\varepsilon_b + \varepsilon_e) + \frac{1+\sqrt{5}}{8}(\varepsilon_c + \varepsilon_d) - \frac{1}{4}\varepsilon_f$$

$$\varepsilon_{yy} = -\frac{1}{4}\varepsilon_a + \frac{3+\sqrt{5}}{8}(\varepsilon_b + \varepsilon_e) + \frac{3-\sqrt{5}}{8}(\varepsilon_c + \varepsilon_d) - \frac{1}{4}\varepsilon_f$$

$$\varepsilon_{zz} = \varepsilon_f$$

$$\left.\begin{array}{l}\varepsilon_{xy}\\\varepsilon_{yz}\end{array}\right\} = \frac{\sqrt{10\mp2\sqrt{5}}}{8}(\varepsilon_b - \varepsilon_e) \mp \frac{\sqrt{10\pm2\sqrt{5}}}{8}(\varepsilon_c - \varepsilon_d)$$

$$\varepsilon_{zx} = \frac{1}{2}\varepsilon_a - \frac{1-\sqrt{5}}{8}(\varepsilon_b + \varepsilon_e) - \frac{1+\sqrt{5}}{8}(\varepsilon_c + \varepsilon_d)$$

Ein gleichwinkliges Sechserbündel erhält man, indem man fünf Aufnehmerglieder (z. B. jene mit den Marken a, b, c, d und e) in gleichen Winkelabständen auf dem ganzen Mantel eines Kreiskegels und das sechste Aufnehmerglied (jenes mit der Marke f) längs der Achse dieses Kegels anordnet. Der halbe Öffnungswinkel des Kegel muß $\arctan 2 \approx 63{,}435°$ betragen. Hat die x-Achse des Koordinatensystems die Richtung von a und die zugehörige z-Achse die Richtung von f, so gelten – unter der Voraussetzung, daß die Aufnehmer querunempfindlich sind – die in Tabelle A 3.6-1 angegebenen Umrechnungsformeln.

Hinsichtlich sonstiger Anordnungsmöglichkeiten von Sechserbündeln sei auf [A 3.6-1] verwiesen.

A 4 Zusammenhänge zwischen Dehnungen und Spannungen

A 4.1 Hauptmerkmale der Materialstruktur

Interferogramme mittels Röntgen- oder Korpuskularstrahlen bekunden einen dreidimensional periodischen Aufbau aller Festkörper zumindest in kleinen Teilbereichen. Demnach bilden ungestört aufgebaute Körper Kristalle. Monokristalle sind *einheitliche*, aber eigentlich nichthomogene *Diskontinua*. Polykristalline Körper, die aus vielen kleinen Kristallen (Kristalliten) völlig regellos zusammengefügt sind, können als *quasihomogene Kontinua* betrachtet werden. Von Quasihomogenität darf man sprechen, wenn man über elementare Bereiche hinausgeht, deren Größenordnung bei anorganischen Stoffen mindestens 10^{-10} m beträgt, bei makromolekularen Stoffen jedoch erheblich höher liegt. Amorphe Festkörper (z. B. unterkühltes Glas, Wachs, Pech) sowie chemisch einheitliche Fluide (Gase, Dämpfe, Flüssigkeiten) können als statistisch homogen gelten, wenn man über die thermische Bewegung der Korpuskeln, aus denen die Körper bestehen, örtlich und zeitlich mittelt.

Nur Kontinua können in strengem Sinne isotrop, d. h. richtungsunabhängig, sein. Erfahrungsgemäß sind alle kristallisierten Körper *anisotrope Diskontinua*. Dazu gehören sowohl Monokristalle als auch geordnete Haufwerke von Kristalliten (z. B. Gußeisenstücke, elektrolytische Niederschläge, bildsam geformte Werkstücke wie kalt gezogene Metalldrähte und kalt gewalzte Bleche, ferner Natur- und Kunstfasern). Polykristalline Körper können als *quasiisotrope Kontinua* betrachtet werden. Von Quasiisotropie darf man sprechen, wenn man über elementare Bereiche hinausgeht, in denen Richtungsunterschiede auftreten. Amorphe Festkörper sowie chemisch einheitliche Fluide können bei örtlicher und zeitlicher Mittelung über die thermischen Richtungsänderungen als statistisch isotrop gelten.

Jeder Körper wird als Kontinuum oder Diskontinuum im erläuterten Sinne abgebildet. Die kleinsten Teile des Körpers, die noch die Materialstruktur des ganzen aufweisen, heißen *Körperpunkte*. Ihr Verhalten bei Vorgängen wird in den folgenden Unterabschnitten hinsichtlich der praktisch bedeutsamen Grundzüge behandelt.

A 4.2 Materialgesetzlichkeit der Vorgänge

Ein Körperpunkt weist in einem gegebenen Zustand zugleich Spannung, Verformung, Temperatur und andere Kenngrößen auf, die irgendwie miteinander zusammenhängen. Die Zusammenhänge sind als Gesetze zu formulieren. Diese Gesetze unterscheiden sich von Naturgesetzen, denen man eine umfassende einheitliche Gültigkeit unterstellt, dadurch, daß sie die Mannigfaltigkeit der Stoffarten (Materialien) beschreiben sollen, und heißen deswegen *Materialgesetze*. Sie bilden in ihrer Gesamtheit sozusagen die *Verfassung von Materialien* [A 4.2-1]. In [A 4.2-2, Abschn. 3.1] wird die Bezeichnung „Satzungen" für diese besondere Gattung von Gesetzen eingeführt.

Der Verfassung liegen wohlbedachte Annahmen zugrunde, die sich aus den äußeren Erscheinungen des inneren Kräftespiels der Materie ergeben. Das Kräftegleichgewicht (Abschn. A 2.3) läßt sehr verschiedene – oft als statische Unbestimmtheiten bezeichnete – Möglichkeiten der materiellen Verwirklichung zu.

Das lokale Gleichgewicht der Kraftmomente ist eine Verfassungsannahme, die bereits in Abschnitt A 2.3 eingeführt wurde. Sie drückt sich in Gl. (A 2.3-2) aus, überträgt sich verfassungsgemäß auf die Verzerrungen (Abschn. A 3.2) und ist gemeinhin als Gleichheit beigeordneter Schubkomponenten bekannt (Abschn. A 2.3).

Auf Verfassungsannahmen beruhen auch sog. *Zwanggesetze*. Spannungsanteile, die durch Zwang entstehen, heißen Zwangspannungen oder kurz *Zwängungen*.

Unter *Zwängen erster Art* sollen zwischen den Körperpunkten bestehende innere Bindungen (Abschn. A 2.1) verstanden werden, und zwar vornehmlich solche, die bestimmte Verformungen verhindern und dabei in der Regel keine Arbeit verrichten. So folgt Starrheit aus dem Zwanggesetz, das alle isothermen Verformungen (sowohl Volumen- als auch Gestaltänderungen) verbietet, so daß der Körper zum statisch bestimmten System entartet. Bei anderen Zwanggesetzen gibt es Undehnbarkeiten in einigen Richtungen oder in einer einzigen Richtung. Inkompressibilität folgt aus dem Zwanggesetz, das alle isothermen Volumenänderungen verbietet.

Man kennt außerdem *Zwänge zweiter Art*, die auf Gedanken von *J. Bernoulli d. Ä.* zurückgehen und in der Balken- und Plattenbiegelehre unter dem Namen Verformungshypothesen durch Näherungen, die auf die Geometrie des Körpers zugeschnitten sind, Zugang zu analytischen Lösungsverfahren (Abschn. C 4.4) verschaffen. Das Bernoullische Zwanggesetz verbietet alle Scherungen, gestattet aber reine Biegedehnungen. In diesem Falle greifen die Verfassungsannahmen bemerkenswerterweise so weit, daß die lokalen Gleichgewichtsbedingungen teilweise verletzt und durch globale ersetzt werden müssen, die sich auf resultierende Schnittlasten beziehen (vgl. auch Abschn. A 4.3.1). Ähnlich geht man allgemein in der Festigkeitslehre vor, wo man zweckmäßige Näherungsannahmen macht, um der lästigen Notwendigkeit zu entgehen, Randwertaufgaben zu lösen.

Auf Verfassungsannahmen beruhen ferner sog. *Dranggesetze*. Durch Drang entstehende Spannungsanteile werden Drangspannungen oder kurz *Drängungen* genannt. Sie gelten als verfassungsmäßig bestimmt, wenn sie dem Prinzip der Bestimmtheit des Dranges zufolge eindeutig von der Geschichte der Verformung, der Temperatur und anderen Einflußgrößen abhängen (vgl. [A 4.2-2, Abschn. 3]). Manchmal (häufig bei Plastizierungsvorgängen) heißen sie auch Überspannungen. Insbesondere seien die von Verformungen abhängigen Drängungen *Formdrängungen* und die temperaturabhängigen *Temperaturdrängungen* genannt. Alle Drängungen und Zwängungen eines Körperpunktes werden unter dem Oberbegriff der Spannungen des Körperpunktes zusammengefaßt.

Zu dem vorerwähnten Drangbestimmtheitsprinzip sei bemerkt, daß umgekehrt die Verformungen oft, aber keineswegs immer durch die Spannungen eindeutig bestimmt sind. Eine für die Strömungslehre grundlegende Unbestimmtheit zeigt beispielsweise das elastische Fluid (insbesondere das ideale Gas), dessen Scherungen definitionsgemäß spannungsfrei sind, so daß demselben Scherspannungszustand unendlich viele Verformungszustände zugeordnet werden können.

Die einfachsten und gebräuchlichsten Zwanggesetze werden im folgenden vorgestellt. Ein *starres* Material ist das ungezwängte Material, in dem keine Formdrängungen, jedoch

Temperaturdrängungen auftreten können. Die Spannungen *inkompressibler* Materialien setzen sich nach der Gleichung

$$S_{kl} = T_{kl} - p\,\delta_{kl} \qquad\qquad (A\,4.2\text{-}1)$$

mit δ_{kl} als dem Kronecker-Symbol gemäß Gl. (A 2.4-4) aus den Drängungen T_{kl} und den Zwängungen $-p\,\delta_{kl}$ (mit p als hydrostatischem Druck, vgl. Abschn. A 2.6, C) additiv zusammen. In diesem Fall ist der Zwang isotrop, also der Zwängungstensor sphärisch. Im allgemeinen haben gezwängte Materialien anisotropen Zwang, so daß die Zwängungen Komponenten eines nichtsphärischen Tensors sind. Beispiele dafür liefern vor allem in einer Richtung oder in mehreren Richtungen verstärkte Stoffe. Selbstverständlich gilt für ungezwängte Materialien $S_{kl} = T_{kl}$, so daß es dann überflüssig ist, zwischen Spannungen und Drängungen zu unterscheiden. Trifft dieser Fall nachweislich zu, so darf man gemeinhin von Spannungen sprechen. Im technischen Schrifttum wie auch nach DIN 13316, Abschnitt 4.2 [A 2.1-1, S. 217], schreibt man statt S_{kl} und T_{kl} unterschiedslos σ_{kl} oder τ_{kl}.

Obwohl der Ausdruck „Drang" im Schrifttum kaum verbreitet ist, kann man diesen Begriff, vor allem auch in der experimentellen Spannungsanalyse, nicht entbehren. Dehnungs- und Temperaturmessungen ermöglichen nämlich keine Aussagen über Zwängungen, sondern – unter der Voraussetzung, daß man das Dranggesetz des jeweils untersuchten Körpers hinreichend kennt – lediglich Aussagen über die Drängungen. Bei gezwängten Materialien mag es durchaus vorkommen, daß man durch solche Messungen nur kleine oder gar keine Drängungen entdeckt, obgleich sehr große Spannungen im Körper herrschen und entscheidenden Einfluß auf das Festigkeitsverhalten haben können.

A 4.3 Lokale Wirkung

A 4.3.1 Das De-Saint-Venantsche Prinzip

Beim Behandeln von Randwertaufgaben sowie in der experimentellen Spannungsanalyse wendet man – oft unbewußt – das von *A. Barré de Saint-Venant* stammende Prinzip der elastostatischen Äquivalenz stereostatisch äquipollenter Lastverteilungen an. Die Äquivalenz bedeutet die Existenz einer Klasse fast nicht unterscheidbarer Spannungsfelder. Jedes Feld dieser Klasse entspricht besonderen Randbedingungen, denen bestimmte Lastverteilungen zugrunde liegen. Deren stereostatische Äquipollenz bedeutet die Existenz einer für die betreffende Klasse gemeinsamen Kräfte- und Kraftmomentenresultante entsprechend der Statik starrer Körper. Man behauptet, daß es so beschaffene Lastsysteme gibt, falls sie an kleinen Teilen der Randfläche eines großen Körpers angreifen, und unterstellt, daß das Ersatzfeld eine um so bessere Näherung liefert, je weiter der betrachtete Ort von jenen Randflächen entfernt ist.

Wichtige Voraussetzungen für die Gültigkeit des De-Saint-Venantschen Prinzips bestehen darin, daß sich das von den Lasten eingeleitete Drängungsfeld in genügend kurzer Entfernung von den Lastangriffsstellen homogenisiert und Zwängungen dies nicht beeinträchtigen. Die Voraussetzungen hängen u. a. von der äußeren und der inneren Struktur des Körpers ab. Bedenklich sind weitreichende Kraftkonzentrationen, die z. B. längs faden- oder schichtförmiger Einlagen verhältnismäßig großer Steifigkeit den Körper durchziehen.

Das De-Saint-Venantsche Prinzip hat sich im Rahmen der linearen Elastizitätstheorie (Abschn. A 4.5.2), vermöge derer man Lösungsfelder für bestimmte Randwertaufgaben leicht auffinden kann, bestens bewährt, eignet sich aber – im Gegensatz zu dem nachstehend besprochenen Nollschen Prinzip – nicht ohne weiteres als ein Axiom der Verfassungslehre.

A 4.3.2 Nollsches Prinzip

Das zuvor erklärte De-Saint-Venantsche Prinzip beruht auf der Vorstellung, daß sich eine Wirkung lokalisiert. Es läßt sich nun von ganzen Körpern auf Körperpunkte (Abschn. A 4.1) übertragen, sofern das Material einheitlich ist, und somit für die Materialverfassung nutzen. Die Wirkung bleibt nämlich auch unter endlichen Verformungen lokalisiert, wenn die Verträglichkeitsbedingungen (Abschn. A 3.3) erfüllt bleiben. Dann verweilen benachbarte Körperpunkte irgendwo in ihrer Nachbarschaft und endlich voneinander entfernte Körperpunkte in irgendeiner endlichen Entfernung. Folglich sieht man ein, daß die Reichweite der auf jeden Körperpunkt wirkenden Schnittkräfte (Tabelle A 2.1.-1) örtlich beschränkt sein muß.

Nach *W. Noll* (1958) besagt das Prinzip der lokalen Wirkung in Verbindung mit dem Prinzip der Drangbestimmtheit (Abschn. A 4.2): Zum eindeutigen und vollständigen Bestimmen der Drängungen eines Körperpunktes genügt es, die Verzerrungs- und Temperaturgeschichten in einer beliebig kleinen Umgebung des Körperpunktes zu berücksichtigen. Körperpunkte, die sich so verhalten, und Materialien, zu denen solche Körperpunkte gehören, heißen simpel. Sie zeichnen sich durch keine charakteristische Länge, jedoch möglicherweise durch charakteristische Zeiten aus [A 4.2-1]; [A 4.2-2, Abschn. 3.6.1].

A 4.4 Vorgeschichtliche Wirkung

A 4.4.1 Grundsätzliches

Zeiteinflüsse können explizit oder implizit sein, je nachdem ob sie sich als Veränderungen der Materialeigenschaften äußern oder ob sie ein bestimmtes Materialgesetz befolgen. Im ersten Fall handelt es sich um umweltbedingte Erscheinungen wie Altern, Verwittern, Radioaktivität oder dergleichen. Nur der zweite Fall wird hier weiter erörtert. Er bildet das zeitliche Gegenstück zu der in Abschnitt A 4.3.2 betrachteten lokalen Wirkung.

Für sehr viele Stoffe trifft nämlich die Vorstellung zu, daß die Wirkung von Vorgeschichten auf das gegenwärtige Verhalten eines Körperpunktes um so schwächer ist, je weiter die Ereignisse in der Vergangenheit liegen; man sagt, der Körperpunkt vergißt allmählich seine Vorgeschichte. Auf dieser Erfahrung fußt das von *B. D. Coleman* und *Noll* 1960 formulierte *Prinzip des Gedächtnisschwundes* [A 4.2-1].

Obwohl wirklichkeitsnahe Beschreibungen von Materialien nur im dreidimensionalen Raum möglich sind, benutzt man masselose eindimensionale Modelle gemäß Bild A 4.4-1, um einige Wesenszüge des vorgeschichtlich bedingten Verhaltens mehr qualitativ als quantitativ zu veranschaulichen (Abschn. A 4.4.2, 3). Der Dehnung des Modells entspricht eine Verzerrungskomponente und der Kraft des Modells eine Drängungskomponente oder in dem bei den folgenden Modelldarstellungen stets angenommen Fall, daß dem Körper kein Zwang (Abschn. A 4.2) innewohnt, eine Spannungskomponente. Dabei gehören i. a. nicht nur zu den einzelnen Tensorkomponenten, sondern auch zum sphärischen und zum deviatorischen Teil des Tensors (Abschn. A 2.4) jeweils verschiedene Modelle. Bei den Modelldarstellungen wird jede Spannungskomponente als eine Spannung σ und jede ihr zugeordnete Verzerrungskomponente als eine Dehnung ε bezeichnet.

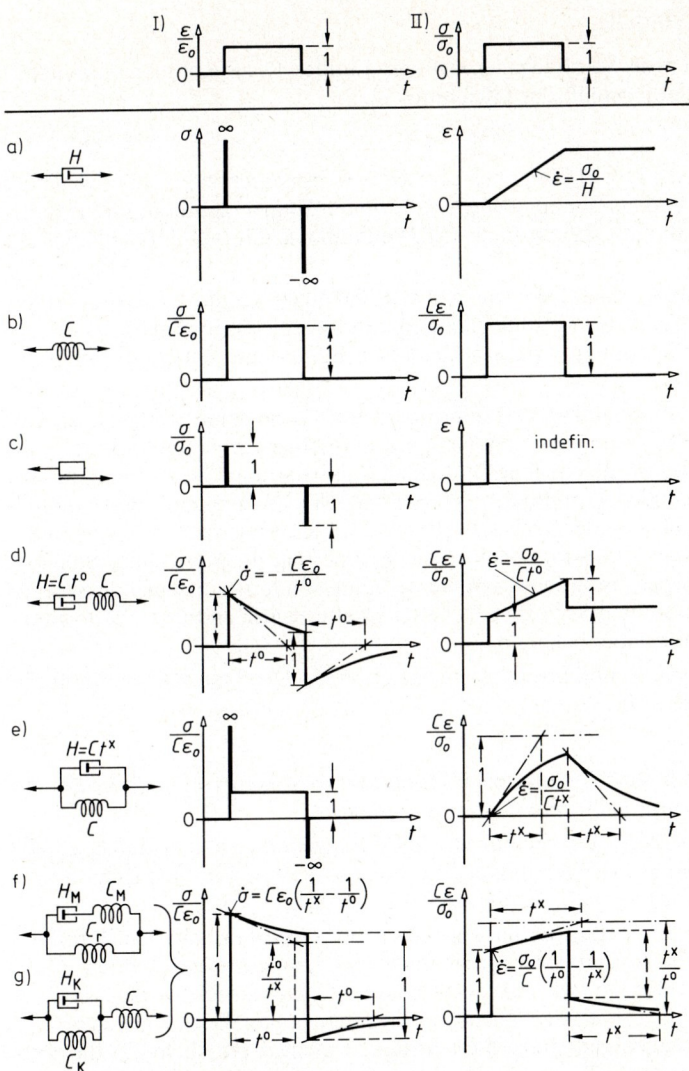

Bild A 4.4-1. Rheologische Modelle. a) Newton-Körper. b) Hooke-Körper. c) De-Saint-Venant-Körper. d) Maxwell-Körper. e) Kelvin-Voigt-Körper. f) und g) Linearer Standardkörper. I) Entspannkurven. II) Kriechkurven.

Man bedenke, daß solche Modelle lediglich einen heuristischen Zweck haben und keineswegs wörtlich genommen werden dürfen (s. z. B. [A 3.1-1]; eine weiterführende Abhandlung ist [A 4.4-1]).

Das von *L. Boltzmann* 1876 ausgesprochene *Prinzip der linearen Überlagerung* (Superposition) besagt: Sind eine Dehnung ε_A mit einer Spannung σ_A und eine Dehnung ε_B mit einer Spannung σ_B nach dem gleichen Gesetz verknüpft, so besteht dieselbe Verknüpfung für die Linearkombinationen $\varepsilon_A + \varepsilon_B$ und $\sigma_A + \sigma_B$. Dieses Prinzip gilt allerdings nur angenähert bei sehr kleinen Verformungen, vereinfacht aber die Theorie erheblich und liegt insbesondere der linearen Viskoelastizitätstheorie (Abschn. A 4.4.3) zugrunde.

A 4.4.2 Elementare Modelle

● *Dämpfer* (Bild A 4.4-1 a) als Sinnbild eines viskosen Fluides. Die Spannung σ nimmt mit der Dehngeschwindigkeit $\dot{\varepsilon}$ gemäß der Gleichung

$$\sigma = H\dot{\varepsilon} \tag{A 4.4-1}$$

zu. Der Proportionalitätsfaktor H hängt beim Newton-Körper nicht von $\dot{\varepsilon}$, aber vielleicht von der Temperatur ab und heißt dann *Dämpferkonstante*. Wenn $\dot{\varepsilon}^2$ zunimmt und H dabei als Funktion von $\dot{e}^2$ abnimmt, spricht man von Pseudoplastizität (vgl. DIN 1342, Teil 1 [A 2.1-1, S. 114–123]).

Die Differentialgleichung (A 4.4-1) liefert als Antwort auf einen Rechteckstoß der Verzerrung (Spalte I von Bild A 4.4-1) augenblickliche Spannungsspitzen und als Antwort auf einen Rechteckstoß der Spannung (Spalte II desselben Bildes) eine zeitproportional ansteigende Verzerrung.

Die Erscheinungen der Viskosität sind insofern entartet, als sie einem beständigen Gedächtnis bezüglich der Verformungs- und Temperaturgeschichten entsprechen. Die innere Reibung des Körpers ist die Ursache der Gedächtniserhaltung. Sie allein beherrscht den Drang eines viskosen Körperpunktes, tilgt aber bei jeder Verformung – bei volumentreuer Gestaltänderung im Fall der Scherviskosität oder bei gestalttreuer Volumenänderung im Fall der Volumenviskosität – sofort die Erinnerung an die frühere Stellung. Demzufolge hat der Körperpunkt keine Vorzugsstellung, sondern nur laufende Stellungen; er fließt im wahren Sinne des Wortes. Der verwickelte Begriff endlicher Verformungen (Abschn. A 3.2) bleibt dabei belanglos.

● *Feder* (Bild A 4.4-1 b) als Sinnbild eines elastischen Solides. Die Spannung σ nimmt mit der Dehnung ε gemäß der Gleichung

$$\sigma = C\varepsilon \tag{A 4.4-2}$$

zu. Der Proportionalitätsfaktor C hängt beim Hooke-Körper nicht von $\dot{\varepsilon}$, aber vielleicht von der Temperatur ab und heißt dann *Federkonstante*.

Die Differentialgleichung (A 4.4-2) schließt zeitliche Abhängigkeiten aus, so daß beispielsweise einem Rechteckstoß der Verzerrung ein Rechteckstoß der Spannung (oder umgekehrt) als Antwort zugeordnet ist (s. Spalte I und II von Bild A 4.4-1).

Die Elastizität zeigt die Entartung im entgegengesetzten Grenzfall, nämlich durch ein versagendes Gedächtnis bezüglich der Verformungs- und Temperaturgeschichten. Mangels innerer Reibung hat der Körperpunkt jedoch keine Ursache, seine Vorzugsstellung zu vergessen. Zum Beispiel erfolgt das Zurückspringen einer plötzlich entlasteten Gas- oder Stahlfeder mit vernachlässigbarer Massenträgheit ebenso plötzlich wie die Entlastung; d.h., die Nachwirkungsdauer (Relaxationszeit) ist null. Durch Beobachtungen lassen sich die vergangenen Verformungen ebenso wenig entdecken wie die zukünftigen.

● *Riegel* (Bild A 4.4-1 c) als Sinnbild des De-Saint-Venant-Körpers zur Beschreibung idealer Plastizität. Die Spannung erreicht höchstens eine vielleicht noch temperaturabhängige, sonst aber konstante „Fließgrenze". Während ein aufgeprägter Rechteckstoß der Verzerrung augenblickliche Spannungen vom Betrag der Fließgrenze erzeugt (Spalte I von Bild A 4.4-1), ist die Antwort auf einen Rechteckstoß der Spannung vom Betrag der Fließgrenze eine plötzlich einsetzende und bleibende (irreversible) Dehnung (Spalte II desselben Bildes), die von Randbedingungen abhängt.

Dieses Modell unterwirft sich also nicht ganz den bisher besprochenen Verfassungsprinzipien simpler Materialien (Abschn. A 4.3.2 und A 4.4.1) und greift auf die Beschreibung diskreter Körpereigenschaften über. Darin steckt ein grundlegendes Verfassungsproblem der Plastizität. (Näheres siehe z.B. [A 3.1-1; A 3.2-2, 3; A 4.4-2, Teil 4; A 4.4-1].)

Ein De-Saint-Venant-Körper wird im plastizierten Zustand als inkompressibel (Abschn. A 4.2) angesehen. Dies bedeutet das Vorhandensein eines Zwanges, infolge dessen die betreffenden Spannungen durch Dehnungsmessungen allein nicht bestimmbar sind.

A 4.4.3 Zusammengesetzte Modelle

● *Maxwell-Körper* (Bild A 4.4-1 d). Er wird durch die Reihenschaltung eines Dämpfers und einer Feder versinnbildlicht. Die Dehngeschwindigkeiten der beiden Elemente gemäß Gl. (A 4.4-1, 2) addieren sich, während die Spannung σ beiden Elementen gemeinsam ist. Daraus ergibt sich mit der Spanngeschwindigkeit $\dot{\sigma}$ die schon von *J. C. Maxwell* 1868 aufgestellte Differentialgleichung

$$\dot{\sigma} + \sigma/t^\circ = C\,\dot{\varepsilon} \qquad\qquad (\text{A }4.4\text{-}3).$$

Wenn sie linear ist, also ihre Koeffizienten konstant sind, bedeutet der Ausdruck

$$t^\circ = H/C \qquad\qquad (\text{A }4.4\text{-}4)$$

die Dauer, nach der σ bei einem Entspann-(Relaxations-)Vorgang auf den Bruchteil $1/e$ des Anfangswertes (mit $e \approx 2{,}7183$ als der Ludolphschen Zahl) gesunken ist. Nach DIN 1342, Teil 1 [A 2.1-1, S 114/123], und DIN 13342 [A 2.1-1, S. 243] wird t° *Relaxationszeit* genannt. Während die Spannungsantwort (Spalte I von Bild A 4.4-1 d) die Relaxation wiedergibt, offenbart die resultierende Dehnung (Spalte II desselben Bildes) ein durch Irreversibilität geprägtes Fließvermögen. Der Körperpunkt ist sich weder einer Vorzugsspannung noch einer Vorzugsstellung bewußt. Derartige Erscheinungen zeigen sich in Wirklichkeit jedoch stationär nur bei Gestaltänderungen oder äußern sich bei periodischen Volumenänderungen durch Wärmeentbindung (Dissipation).

Die betreffenden Materialeigenschaften kann man dem Begriff Hypoelastizität unterordnen. Statt der ganzen Vorgeschichte muß lediglich eine Anfangsspannung zur Materialkennung gegeben sein. Jedoch erfordert die dreidimensionale Erweiterung besondere Definitionen der Geschwindigkeiten $\dot{\sigma}$ und $\dot{\varepsilon}$ mit Rücksicht auf den allgemeinen Materialbegriff. (Näheres siehe z. B. [A 3.2-1, 2].)

● *Kelvin-Voigt-Körper* (Bild A 4.4-1 e). Er wird durch die Parallelschaltung eines Dämpfers und einer Feder versinnbildlicht. Die Spannung der beiden Elemente gemäß Gl. (A 4.4-1, 2) addieren sich, während die Dehnung ε beiden Elementen gemeinsam ist. Daraus ergibt sich die Differentialgleichung

$$\dot{\varepsilon} + \varepsilon/t^{\times} = \sigma/H \qquad\qquad (\text{A }4.4\text{-}5)$$

mit $t^{\times}$ formal gleich t° gemäß der Definition Gl. (A 4.4-4). Wenn diese Differentialgleichung linear ist, also ihre Koeffizienten konstant sind, bedeutet $t^{\times}$ die Dauer, nach der ε bei einem Kriech-(Retardations-)Vorgang den Endwert bis auf den Bruchteil $1/e$ erreicht hat. Nach DIN 1342, Teil 1 [A 2.1-1, S. 114/123] und DIN 13342 [A 2.1-1, S. 243] wird $t^{\times}$ *Retardationszeit* genannt. Während die resultierenden Spannungsänderungen (Spalte I von Bild A 4.4-1 e) augenblicklich vom Verhalten des Dämpfers beherrscht werden, offenbart die Dehnungsantwort (Spalte II desselben Bildes) elastische Nachwirkung. Man spricht deswegen von verzögerter Elastizität.

Unter dem Begriff Viskoelastizität faßt man alle Erscheinungen zusammen, die zwischen den Grenzfällen der Viskosität und der Elastizität vermöge eines mehr oder weniger schwindenden Gedächtnisses vorkommen. Eine behelfsmäßige Skalierung viskoelastischen Verhaltens fußt auf der dimensionsanalytischen Notwendigkeit, zum Bewerten des Materialgedächtnisses mindestens eine Konstante mit der Dimension einer Zeit einzuführen. *M. Reiner* nannte 1963 das Verhältnis dieser Zeitkonstante zu einer Bezugszeitspanne

– wie etwa der Beobachtungs-, Versuchs- oder Betriebsdauer – *Deborazahl* (nach einer alttestamentlichen Prophetin namens Debora, die in der Ewigkeit Berge fließen sah) [A 4.4-3]. Diese Kennzahl hat die physikalische Dimension 1 und ist im Grenzfall reiner Viskosität null, im Grenzfall reiner Elastizität unendlich. Je nachdem, ob man die viskosen oder die elastischen Eigenschaften eines viskoelastischen Materials bevorzugt untersuchen will, müssen die Verformungsvorgänge verhältnismäßig langsam bzw. schnell erscheinen.

Eine einzige Kennzahl genügt kaum zur wirklichkeitsgetreuen Beschreibung [A 4.2-1]. Zur Abhilfe wurden mehrfach zusammengesetzte Modelle vorgeschlagen, die durch Spektren von Relaxations- und Retardationszeiten gekennzeichnet sind.

● *Linearer Standardkörper* (Bild A 4.4-1 f und g). Seine Differentialgleichung

$$\dot{\sigma} + \sigma/t^\circ = C(\dot{\varepsilon} + \varepsilon/t^\times) \qquad (A\ 4.4\text{-}6)$$

enthält die Zeitableitungen von σ und ε in gleicher, nämlich erster Ordnung und demzufolge nur zwei Zeitkonstanten, nämlich die bei konstanter Dehnung ε bestimmte Relaxationszeit t° und die bei konstanter Spannung σ bestimmte Zeitkonstante $t^\times$, die zumeist den eigenen Namen Retardationszeit hat. C bedeutet den *Kurzzeitmodul,* der sich als Quotient $\dot{\sigma}/\dot{\varepsilon}$ im Grenzfall sehr schneller Vorgänge ergibt und besonders den niedertemperierten Glaszustand amorpher Polymerer betrifft. Im entgegengesetzten Grenzfall sehr langsamer Vorgänge ergibt sich als Quotient σ/ε

$$C_r = C\,t^\circ/t^\times \qquad (A\ 4.4\text{-}7).$$

Er heißt *Langzeitmodul* und betrifft besonders den Zustand vernetzter amorpher Polymerer oberhalb der Glastemperatur. Bei hohen Temperaturen zeigen jedoch viele Stoffe bleibende Verformungen, die der Standardkörper nicht, hingegen der Maxwell-Körper aufweist.

Der positive Bruch

$$\Delta = C/C_r - 1 = t^\times/t^\circ - 1 \qquad (A\ 4.4\text{-}8)$$

wird *Moduldefekt* genannt und nach *C. Zener* (1948) als Grad der Anelastizität [A 4.4-4] gedeutet. In Bild A 4.4-1 f und g wurde $\Delta = 2/5$ gewählt. Der Grenzfall $t^\times = \infty$ bedeutet Entartung zum Maxwell-Körper, der Grenzfall $C = \infty$ und $t^\circ = 0$ Entartung zum Kelvin-Voigt-Körper; in beiden Fällen ergibt sich $\Delta = \infty$. Man erhält $\Delta = 0$ im Sonderfall $t^\times = t^\circ$. Die Annahme $t^\times < t^\circ$ führt zu $\Delta < 0$; sie läßt sich nicht physikalisch deuten.

Den Standardkörper kann man durch zwei äquivalente Modelle versinnbildlichen. Das eine wurde von *J. H. Poynting* und *J. J. Thomson* (1902), die als erste überhaupt rheologische Modelle zu Veranschaulichungszwecken verwendeten, für die Beschreibung des Verhaltens von Glasfasern vorgeschlagen. Es besteht in der Parallelschaltung eines Maxwell-Körpers, der die Dämpferkonstante H_M und die Federkonstante C_M hat, und eines Hooke-Körpers, dessen Federkonstante gleich dem Langzeitmodul C_r ist (Bild A 4.4-1 f). Das andere Modell besteht in der Reihenschaltung eines Kelvin-Voigt-Körpers, der die Dämpferkonstante H_K und die Federkonstante C_K hat, und eines Hooke-Körpers, dessen Federkonstante gleich dem Kurzzeitmodul C ist (Bild A 4.4-1 g). Man findet die Beziehungen

$$t^\circ \quad = H_M/C_M = H_K/(C + C_K) \qquad (A\ 4.4\text{-}9),$$

$$t^\times \quad = H_M(1/C_r + 1/C_M) = H_K/C_K \qquad (A\ 4.4\text{-}10),$$

$$C \quad = C_r + C_M \qquad (A\ 4.4\text{-}11),$$

$$1/C_r = 1/C + 1/C_K \qquad (A\ 4.4\text{-}12).$$

Daraus leiten sich die in Tabelle A 4.4-1 zusammengestellten Ausdrücke ab.

Tabelle A 4.4-1   Konstanten des linearen Standardkörpers.

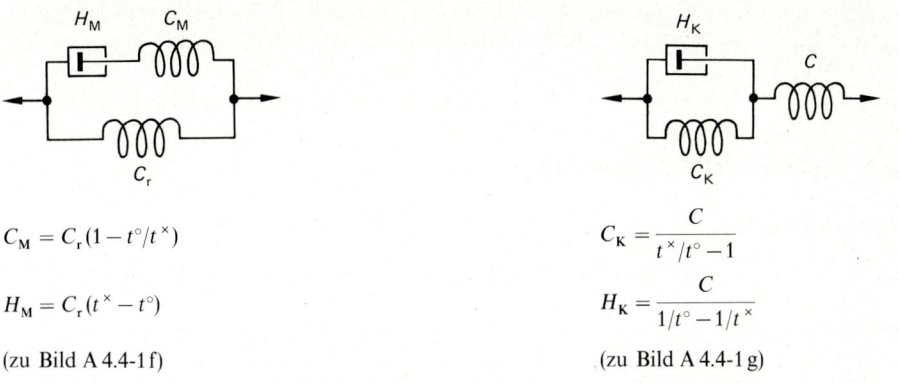

$$C_M = C_r(1 - t^\circ/t^\times)$$

$$H_M = C_r(t^\times - t^\circ)$$

(zu Bild A 4.4-1 f)

$$C_K = \frac{C}{t^\times/t^\circ - 1}$$

$$H_K = \frac{C}{1/t^\circ - 1/t^\times}$$

(zu Bild A 4.4-1 g)

A 4.4.4 Besonderheiten

Man kann den Einfluß bestimmter Vorgeschichten auf ein viskoelastisches Material durch ein explizites Zeitargument beschreiben und damit klassifizieren. Dann verhält sich der Körperpunkt *quasielastisch* bezüglich einer gegebenen Klasse von Vorgeschichten. Man beachte aber, daß die Quasielastizität wegen der expliziten Zeitabhängigkeit keine Materialeigenschaft in dem durch die Verfassungsprinzipien (Abschn. A 4.4.1) erklärten Sinn ist.

Sonderfälle sind stationäre *periodische* Vorgänge eines masselosen Körpers. Mit v als der Schwingungsfrequenz und mit den Ansätzen $\sigma = \sigma_0 \exp i\, 2\,\pi\, v\, t$, $\varepsilon = \varepsilon_0 \exp i\, 2\,\pi\, v\, t$ bekommt man aus Gl. (A 4.4-6) den komplexen Modul

$$\sigma_0/\varepsilon_0 = C_r(1 + i\, 2\,\pi\, v\, t^\times)/(1 + i\, 2\,\pi\, v\, t^\circ) \tag{A 4.4-13}.$$

Demnach erscheint der lineare Standardkörper quasielastisch bei sehr niedrigen Frequenzen gemäß dem Langzeitmodul C_r und bei sehr hohen Frequenzen gemäß dem größeren oder mindestens gleichgroßen Modul C in Übereinstimmung mit der Definition Gl. (A 4.4-7). Im übrigen Frequenzbereich gibt es jedoch Phasenverschiebung und somit Dämpfung entsprechend dem imaginären Teil des komplexen Moduls. Das betreffende Maximum liegt bei $v = 1/2\,\pi\sqrt{t^\times t^\circ}$, im Entartungsfall des Maxwell-Körpers bei $v = 0$ und im Entartungsfall des Kelvin-Voigt-Körpers bei $v = \infty$, also in beiden Entartungsfällen genau da, wo sich der Standardkörper dämpfungsfrei, mithin quasielastisch zeigt.

Wird der Körperpunkt nur *statisch* beansprucht, so ist – in bezug auf ein ausgezeichnetes Inertialsystem – gar keine Abhängigkeit von der Zeit zu entdecken. Nach einem *Coleman* und *Noll* (1962) zu verdankenden Lehrsatz über die Drangrelaxation verhält sich jeder simple Körperpunkt im statischen Gleichgewicht wie ein elastischer. Infolgedessen ist kein simples Material vermöge statischer Versuche allein von einem elastischen zu unterscheiden. Zusammenfassend kann man sagen: Die Elastostatik ist die Statik der simplen Materialien überhaupt (vgl. [A 4.2-2, Abschn. 3.6.2]).

Ist der Gedächtnisschwund eines simplen Materials für die Vorgeschichten der Beanspruchung stark genug, so erweist sich die Unterscheidbarkeit vom elastischen Material praktisch auch dann als unmöglich, wenn die Beanspruchung – nach Maßgabe des

27

Gedächtnisschwundes – nicht erheblich von einer statischen abweicht und als *quasistatisch* angenommen werden kann. Dies nutzt man in der experimentellen Spannungsanalyse. Denn sonst müßte man nachweisen, daß die Ansprechzeit des Dehnungsmessers im Vergleich zu den Relaxations- und Retardationszeiten des Meßgegenstands vernachlässigbar klein ist.

A 4.5 Isotrope Thermoelastizität

A 4.5.1 Materialisotropie

Jeder wirkliche Festkörper vermag nur in kristalliner Form zu existieren und ist daher von Natur aus anisotrop (Abschn. A 4.1) [A 4.2-2, Abschn. 2]. Viele Werkstoffe bestehen aber aus Kristalliten, die zueinander völlig unregelmäßig ausgerichtet sind, so daß – abgesehen von Texturen, die sich über größere Bereiche hinweg bemerkbar machen – Quasiisotropie vorliegt. Dann darf das Material wenigstens angenähert als isotrop betrachtet werden.

A 4.5.2 Dranggesetz bei endlichen Verformungen

Eine Folge der Annahme von Materialisotropie und Elastizität (Abschn. A 4.4.2 b) ist die *Koaxialität* der einander verfassungsgemäß zugeordneten Tensoren. Mit anderen Worten: Drängungs- und Verstreckungs- oder Verzerrungstensor eines isotropen elastischen Körperpunktes haben gemeinsame Hauptachsen. Es ist daher bequem und ohne Beschränkung der Allgemeinheit möglich, das Dranggesetz mittels der Hauptnormaldrängungen T_p und der Hauptnormalverstreckungen B_p auszudrücken.

Von *J. Finger* 1894 begonnene Überlegungen führen – unter der Voraussetzung, daß das Feld homotherm ist (d. h., die Temperatur ist örtlich konstant) – zu der Verfassungsgleichung

$$T_p = f + \frac{g}{2}(B_p - B_p^{-1}) + \frac{h}{2}(B_p + B_p^{-1}) \qquad\qquad (A\,4.5\text{-}1).$$

Die Koeffizienten f, g, h sind Materialkennfunktionen. Sie hängen nur von den Hauptnormalverstreckungen B_p in bezüglich der Hauptrichtungen ($p = 1, 2, 3$) vertauschbaren Kombinationen oder von den Hauptinvarianten (Abschn. A 2.4) des Verstreckungstensors B und von der Temperatur ab. B ist durch Gl. (A 3.2-1) definiert. Man kann statt B auch einen äquivalenten Maßtensor verwenden, z. B. den Almansischen Verzerrungstensor H gemäß Gl. (A 3.2-1). Ferner kann man auf Grund des Hamilton-Cayleyschen Lehrsatzes die Maßtensoren statt in den Potenzen 1 und -1 auch in zwei anderen Potenzen wählen; oft benutzt man die Potenzen 1 und 2. Dementsprechend sind die drei Materialkennfunktionen verschieden (vgl. [A 4.2-2, Abschn. 4.2]).

Gl. (A 4.5-1) ist so formuliert, daß unter einfacher Scherung (Abschn. A 2.6 b) eine Schubspannung gleich $g\gamma$ mit γ als der Schiebung (Abschn. A 3.1) auftritt und daß demnach g einen verallgemeinerten Scherelastizitätsmodul (Abschn. A 4.5.3) bedeutet. Allerdings sind mit der einfachen Scherung Effekte zweiter Ordnung verknüpft, die sich in zusätzlichen Normalspannungen äußern (näheres siehe z. B. [A 3.1-1, Abschn. 21] u. [A 4.2-2, Abschn. 6.4]).

Die Veranschaulichung der Funktionen f und h erweist sich als verwickelter. Bisher gelang es nicht, die drei Kennfunktionen, die ein isotropes elastisches Material kennzeichnen, experimentell vollständig und verläßlich zu bestimmen.

Aus dem von *Coleman* und *Noll* 1963 aufgestellten *Prinzip der universellen Dissipation* folgt, daß bei isothermen (zeitlich temperaturunabhängigen) oder bei isentropen (reversibel adiabaten) Zustandsänderungen wie im homothermen Fall die Verfassungsgleichung gilt, die also auch Quasielastizität (Abschn. A 4.4.4) beschreibt. Allerdings gibt es – vor allem bei elastischen Fluiden und Körpern, die großer Verformungen fähig sind – i. a. Unterschiede zwischen isothermen und isentropen Materialkenngrößen (siehe z. B. DIN 13 316, Abschn. 6.5 [A 2.1-1, S. 220/21]).

A 4.5.3 Linearisiertes Dranggesetz

Unter einschlägigen Stetigkeitsvoraussetzungen kann man eine Taylor-Entwicklung um einen natürlichen Zustand als Bezugsstellung des isotropen thermoelastischen Körperpunktes bei der Temperatur $\vartheta = \vartheta_0$ vornehmen. Im Zuge der Linearisierung werden alle nichtlinearen Glieder vernachlässigt (vgl. [A 4.2-2, Abschn. 7.2]). Dann erhält man aus Gl. (A 4.5-1) unter Verwendung des durch Gl. (A 3.2-3) definierten Linearverzerrungstensors E, der normierten ersten Hauptinvariante von E

$$I(E) = \sum_p E_p/3 \qquad\qquad (A\,4.5\text{-}2)$$

und der deviatorischen Hauptnormalverzerrung

$$|\operatorname{Dev} E|_p = E_p - I(E) \qquad\qquad (A\,4.5\text{-}3)$$

die linearisierte Verfassungsgleichung

$$T_p = 2\,G\,|\operatorname{Dev} E|_p + 3\,K\,[I(E) - \alpha(\vartheta - \vartheta_0)] \qquad\qquad (A\,4.5\text{-}4).$$

Die Drängungen zerfallen demnach in Formdrängungen, die den Koeffizienten G und K proportional sind, aber den Koeffizienten α nicht enthalten, und in die zu $K\,\alpha$ proportionalen Temperaturdrängungen (Abschn. A 4.2).

Diese Gleichung läßt sich dank ihrer Linearität umkehren. Mit Hilfe des aus Gl. (A 4.5-2), (A 4.5-3) und (A 4.5-4) folgenden Ausdrucks

$$I(T) = 3\,K\,[I(E) - \alpha(\vartheta - \vartheta_0)] \qquad\qquad (A\,4.5\text{-}5)$$

für die dreidimensionale Mitteldrängung und unter Verwendung der deviatorischen Hauptnormaldrängungen

$$|\operatorname{Dev} T|_p = T_p - I(T) \qquad\qquad (A\,4.5\text{-}6)$$

bekommt man

$$E_p = \frac{|\operatorname{Dev} T|_p}{2\,G} + \frac{I(T)}{3\,K} + \alpha(\vartheta - \vartheta_0) \qquad\qquad (A\,4.5\text{-}7).$$

Während G und K allein die Formverzerrungen kennzeichnen, kennzeichnet α allein die Temperaturverzerrungen, die man gewöhnlich thermische Längenausdehnungen oder kurz Ausdehnungen nennt.

Beziehungen der Art von Gl. (A 4.5-4) oder (A 4.5-7) werden insoweit, als sie lediglich die Formänderungen betreffen, gewöhnlich, auch nach DIN 13 316, Abschnitt 6.3 [A 2.1-1, S. 220], als *Hookesches Gesetz* bezeichnet. Sie stellen jedoch eine dreidimensionale Verallgemeinerung des von *R. Hooke* (1678) stammenden Ansatzes Gl. (A 4.4-2) dar. Diese ist *C.-L.-M. Navier* (1821), *S.-D. Poisson* (1828) und nicht zuletzt *Cauchy* (1823/30) zu verdanken. Den thermischen Ausdehnungsteil fügten *J.-M.-C. Duhamel* (1838) und *F. E. Neumann* (1841) hinzu.

Der Koeffizient G ist als Grenzwert der in Abschnitt A 4.5.2 eingeführten Funktion g für infinitesimale Verformungen anzusehen. Die unverwickelte Deutbarkeit von g überträgt sich auf G und hat zur Folge, daß sich G durch gleiche Werte bei isothermen und isentropen Vorgängen auszeichnet. Bei volumentreuen Vorgängen, also reinen Gestaltänderungen, die durch $I(E) = 0$ und $\alpha = 0$ gekennzeichnet sind, erweist sich G als *Scherelastizitätsmodul*; er wird nach DIN 13 316, Abschnitt 6.2.4 [A 2.1-1, S. 219], kurz *Schubmodul* (oder auch *Gestaltmodul*) genannt.

Die durch Gl. (A 4.5-2) definierte Größe $I(E)$ ist die dreidimensionale Mitteldehnung. Bei infinitesimalen Verformungen bedeutet $3\,I(E)$ die Volumendehnung. Das Glied $\alpha(\vartheta - \vartheta_0)$ in Gl. (A 4.5-4) drückt die lineare Dehnung aus, die durch eine Temperaturänderung entsteht. Folgerichtig heißt α nach DIN 13 316, Abschnitt 6.2.5 [A 2.1-1, S. 220], *thermischer Längenausdehnungskoeffizient* oder bloß *Ausdehnungskoeffizient*.

Vermöge dieser Deutungen läßt sich nun der Koeffizient K als *Volumenelastizitätsmodul* erkennen. Er wird – vor allem bei reibungsfreien Fluiden – auch *Kompressionsmodul* genannt (siehe DIN 13 316, Abschnitt 6.2.3 [A 2.1-1, S. 219]).

Unter den teilweise genormten Versuchstypen, durch die sich die Materialkenngrößen bestimmen lassen (siehe z. B. [A 4.5-1]), ragen die Stabdehnversuche heraus. Bei ihnen bietet sich jedoch in der Regel nicht das Größenpaar G und K an, sondern ein anderes Paar von Materialkenngrößen der Elastizität, nämlich E und μ. Mit ihnen hat Gl. (A 4.5-4) die äquivalente Form

$$T_p = \frac{E}{1-2\,\mu}\left[\frac{(1-2\,\mu)\,E_p + 3\,\mu\,I(E)}{1+\mu} - \alpha(\vartheta - \vartheta_0)\right] \qquad \text{(A 4.5-8)}$$

und Gl. (A 4.5-7) die äquivalente Form

$$E_p = [(1+\mu)\,T_p - 3\,\mu\,I(T)]/E + \alpha(\vartheta - \vartheta_0) \qquad \text{(A 4.5-9)}.$$

Tabelle A 4.5-1 gibt die Komponentendarstellung dieser Gleichungen in kartesischen Koordinaten x, y, z. Selbstverständlich kann man noch andere äquivalente Formen hinschreiben, indem man jeweils ein belie-biges Paar aus der Liste G, K, E, μ wählt und die in Tabelle A 4.5-2 zusammengestellten Verknüpfungen zwischen den Elementen dieser Liste beachtet. (Warnung: Die Tabelle A 4.5-2 entsprechende Tabelle 3 des Normblattes DIN 13 316 [A 2.1-1, S. 220] enthält zwei Zahlenfehler!) Die Liste durch Aufnehmen ge-

Tabelle A 4.5-1   Verfassungsgleichungen der isotropen linearen Thermoelastizität.

$$T_{xx} = \frac{E}{1-2\,\mu}\left[\frac{(1-\mu)\,E_{xx} + \mu(E_{yy} + E_{zz})}{1+\mu} - \alpha(\vartheta - \vartheta_0)\right]$$

$$T_{yy} = \frac{E}{1-2\,\mu}\left[\frac{(1-\mu)\,E_{yy} + \mu(E_{zz} + E_{xx})}{1+\mu} - \alpha(\vartheta - \vartheta_0)\right]$$

$$T_{zz} = \frac{E}{1-2\,\mu}\left[\frac{(1-\mu)\,E_{zz} + \mu(E_{xx} + E_{yy})}{1+\mu} - \alpha(\vartheta - \vartheta_0)\right]$$

$$\left.\begin{matrix} T_{yz} \\ T_{zx} \\ T_{xy} \end{matrix}\right\} = \frac{E}{1+\mu}\left\{\begin{matrix} E_{yz} \\ E_{zx} \\ E_{xy} \end{matrix}\right.$$

$$E_{xx} = [T_{xx} - \mu(T_{yy} + T_{zz})]/E + \alpha(\vartheta - \vartheta_0)$$

$$E_{yy} = [T_{yy} - \mu(T_{zz} + T_{xx})]/E + \alpha(\vartheta - \vartheta_0)$$

$$E_{zz} = [T_{zz} - \mu(T_{xx} - T_{yy})]/E + \alpha(\vartheta - \vartheta_0)$$

$$\left.\begin{matrix} E_{yz} \\ E_{zx} \\ E_{xy} \end{matrix}\right\} = \frac{1+\mu}{E}\left\{\begin{matrix} T_{yz} \\ T_{zx} \\ T_{xy} \end{matrix}\right.$$

Tabelle A 4.5-2   Verknüpfungen zwischen den Kenngrößen der isotropen linearen Elastizität.

$$E = \frac{9\,K\,G}{3\,K+G} = 2\,G\,(1+\mu) = 3\,K\,(1-2\,\mu)$$

$$G = \frac{E}{2\,(1+\mu)} = \frac{3\,K\,E}{9\,K-E} = \frac{3}{2}\,K\,\frac{1-2\,\mu}{1+\mu}$$

$$K = \frac{E}{3\,(1-2\,\mu)} = \frac{E\,G}{3\,(3\,G-E)} = \frac{2}{3}\,G\,\frac{1+\mu}{1-2\,\mu}$$

$$\mu = \frac{E}{2\,G}-1 = \frac{1}{2} - \frac{E}{6\,K} = \frac{3\,K-2\,G}{2\,(3\,K+G)}$$

legentlich gebräuchlicher Moduln zu erweitern, die nur zu besonderen Vorgängen passen, lohnt sich gemeinhin nicht.

Der Koeffizient E bedeutet den *Dehnelastizitätsmodul,* wird aber gewöhnlich wie auch im Normblatt DIN 13 316, Abschnitt 6.2.1 [A 2.1-1, S. 219], schlichthin Elastizitätsmodul (abgekürzt: E-Modul) genannt. Das mag sich dadurch rechtfertigen lassen, daß dieser Modul in Gl. (A 4.5-8) als allgemeiner Proportionalitätsfaktor mit der physikalischen Dimension des Quotienten Kraft dividiert durch Fläche auftritt. Beiläufig bürgert sich für diesen Modul nach dem Vorbild der englischen Literatur die Benennung „Young-Modul" nach *T. Young* ein, obwohl schon *Euler* 1782 diesen Modul begrifflich klar verwendete [A 4.2-1] und deshalb historisch gerecht Eulerscher Elastizitätsmodul oder kurz *Euler-Modul* genannt werden sollte.

Der Koeffizient μ drückt das Verhältnis von Querstauchung zu Längsdehnung eines auf Längszug beanspruchten Versuchsstabes aus, hat also die physikalische Dimension 1 und heißt nach DIN 13 316, Abschnitt 6.2.2 [A 2.1-1, S. 219], *Poisson-Zahl* oder Querzahl.

Die vorstehenden Beziehungen bilden die Grundlage der technisch großzügig angewendeten Festigkeitslehre (siehe z. B. [A 2.5-3; A 4.4-2, Teil 3; A 4.5-2, 3]). Man bedenke aber, daß Gl. (A 4.5-4) und (A 4.5-7 bis 9) ein Material in strengem Sinne unter der Einschränkung beschreiben, daß die Verformungen infinitesimal bleiben; sonst mag man auf Widersprüche stoßen, die sich als scheinbare Verdrehungen äußern (siehe z. B. [A 3.2-5, Abschn. 4.5 u. 4.6]). Da nur endliche Verformungen meßbar sind, muß man beim Auswerten im Vertrauen auf stetiges Verhalten durch einen Grenzübergang nach $E_p = 0$ extrapolieren.

A 4.6 Einige Anwendungen

A 4.6.1 Ebene Zustände und Lévyscher Lehrsatz

Ein Zustand, in dem eine Hauptnormalkomponente der Drängung senkrecht zu einer Ebene null oder konstant ist und in dem die beiden anderen Hauptnormalkomponenten lediglich von den Koordinaten derselben Ebene abhängen können, heißt *ebener Drängungszustand.* Wenn keine Zwängungen vorhanden sind, also $T = S$ ist (Abschn. A 4.2), unterscheidet sich ein ebener Spannungszustand nicht vom ebenen Drängungszustand.

Einen *ebenen Verformungszustand* (Verstreckungs- oder Verzerrungszustand) definiert man in entsprechender Weise, aber mit der Maßgabe, daß eine Hauptnormalverstreckung eins beziehungsweise eine Hauptnormalverzerrung null ist.

Gleichzeitige Ebenheit sowohl des Drängungs- oder Spannungs- als auch des Verformungszustandes ist mit der in Abschnitt A 4.5 entwickelten Materialverfassung i. a. nicht vereinbar, wird aber unter Einführung resultierender Kräfte und Kraftmomente, sog. Schnittgrößen, die sich nur gemäß dem De-Saint-Venantschen Prinzip (Abschn. A 4.3.1) im Gleichgewicht befinden, in der Kirchhoffschen Plattenbiegelehre angenommen. (Diese

Annahme liefert ein wichtiges Beispiel zu dem in Abschnitt A 4.2 erwähnten Begriff einer Verformungshypothese.)

Bei allen ebenen Zuständen vereinfachen sich die Verfassungsgleichungen von Abschnitt A 4.5 teilweise, wie Tabelle A 4.6-1 und A 4.6-2 zeigen (siehe z. B. auch [A 3.5-1, Teil 1]). Insbesondere fällt bei ebenen Drängungszuständen die Kennfunktion f des isotropen elastischen Materials weg. Im Grenzfall des linear elastischen Materials überleben jedoch immer zwei wesentliche Kenngrößen (Elastizitätsmoduln in weiterem Sinne). Beide erscheinen auch in den Hauptnormalkomponenten (Extremalgrößen) $T_+ \pm T_-$ und $E_+ \pm E_-$ (Definition s. Tabelle A 2.5-1). Es ist außerdem bemerkenswert, daß sich die Ausdrücke für die maximalen Schubkomponenten T_-, E_- sowie für alle Schubkomponenten bei beiden Arten ebener Zustände nicht voneinander unterscheiden und daß sie nicht von der thermischen Ausdehnung abhängen. Im übrigen kann man die Ausdrücke für T_{ij} und E_{ij} (mit Ausnahme von T_{zz} und E_{zz}), die den ebenen Drängungszustand betreffen, in die entsprechenden, den ebenen Verformungszustand beschreibenden Ausdrücke – oder umgekehrt – durch Substitutionen an Hand von Tabelle A 4.6-3 umwandeln (Abschn. C 4.2). Von der Umwandlung bleibt einzig der Schubmodul G verschont.

Der Einfluß der Poisson-Zahl ist bei ebenen Zuständen an die Volumenkräfte (Abschn. A 2.1) unterschiedlich gebunden und verschwindet, falls die Volumenkräfte null sind. Dann tritt in einem linear elastischen, isotropen und homogenen Körper eine einzige Elastizitätskenngröße als Proportionalitätsfaktor bei den Feldvariablen auf. Darüber hinaus hat auch diese Materialkenngröße – nach *M. Lévy* (1898) – keinen Einfluß auf die Felder in einem begrenzten und einfach zusammenhängenden Gebiet, das unter einer bestimmten Belastung steht. In mehrfach zusammenhängenden Gebieten müssen außerdem die resultierenden Lastvektoren jedes einzelnen Umrisses null sein.

Aus diesem Satz folgt z. B. für spannungsoptische Untersuchungen (Abschn. D 2.2), daß unter den angegebenen Voraussetzungen der Zustand im Modellwerkstoff mit Zuständen in Materialien, die andere Elastizitätskenngrößen haben, übereinstimmt.

Tabelle A 4.6-1   Gleichungen der isotropen nichtlinearen Elastizität für ebene Zustände.

ebene Drängungszustände	ebene Verformungszustände
$T_{xx} = \dfrac{g+h}{2}(B_{xx}-B_{zz}) + \dfrac{h-g}{2}({B^{-1}}_{xx}-{B^{-1}}_{zz})$	$= f + \dfrac{g+h}{2}B_{xx} + \dfrac{h-g}{2}{B^{-1}}_{xx}$
$T_{yy} = \dfrac{g+h}{2}(B_{yy}-B_{zz}) + \dfrac{h-g}{2}({B^{-1}}_{yy}-{B^{-1}}_{zz})$	$= f + \dfrac{g+h}{2}B_{yy} + \dfrac{h-g}{2}{B^{-1}}_{yy}$
$T_{zz} = 0$	$= f + h + \dfrac{g+h}{2} + \dfrac{h-g}{2}{B^{-1}}_{zz}$
T_{yz}	$= \dfrac{g+h}{2}B_{yz} + \dfrac{h-g}{2}{B^{-1}}_{yz}$
T_{zx}	$= \dfrac{g+h}{2}B_{zx} + \dfrac{h-g}{2}{B^{-1}}_{zx}$
T_{xy}	$= \dfrac{g+h}{2}B_{xy} + \dfrac{h-g}{2}{B^{-1}}_{xy}$
$B_{zz} = \dfrac{(f^2+g^2-h^2)^{1/2}-f}{g+h}$	$= 1$

Tabelle A 4.6-2   Gleichungen der isotropen linearen Thermoelastizität für ebene Zustände.

	ebene Drängungszustände	ebene Verformungszustände

Drängungen

$$T_{xx} = \frac{E}{1-\mu}\left[\frac{E_{xx}+\mu\,E_{yy}}{1+\mu}-\alpha(\vartheta-\vartheta_0)\right] \qquad = \frac{E}{1-2\mu}\left[\frac{(1-\mu)\,E_{xx}+\mu\,E_{yy}}{1+\mu}-\alpha(\vartheta-\vartheta_0)\right]$$

$$T_{yy} = \frac{E}{1-\mu}\left[\frac{E_{yy}+\mu\,E_{xx}}{1+\mu}-\alpha(\vartheta-\vartheta_0)\right] \qquad = \frac{E}{1-2\mu}\left[\frac{(1-\mu)\,E_{yy}+\mu\,E_{xx}}{1+\mu}-\alpha(\vartheta-\vartheta_0)\right]$$

$$T_{zz} = 0 \qquad\qquad = \frac{E}{1-2\mu}\left[\frac{\mu}{1+\mu}(E_{xx}+E_{yy})-\alpha(\vartheta-\vartheta_0)\right]$$

$$= \mu(T_{xx}+T_{yy})+\frac{E\,\alpha}{1-2\mu}(\vartheta-\vartheta_0)$$

$$\left.\begin{array}{l}T_{yz}\\T_{zx}\\T_{xy}\end{array}\right\} = \frac{E}{1+\mu}\left\{\begin{array}{l}E_{yz}\\E_{zx}\\E_{xy}\end{array}\right.$$

$$T_{+} = \frac{E}{1-\mu}\left[\frac{E_{xx}+E_{yy}}{2}-\alpha(\vartheta-\vartheta_0)\right] \qquad = \frac{E}{1-2\mu}\left[\frac{E_{xx}+E_{yy}}{2(1+\mu)}-\alpha(\vartheta-\vartheta_0)\right]$$

$$T_{-} = \frac{E}{1+\mu}\left[\left(\frac{E_{xx}+E_{yy}}{2}\right)^2+E_{xy}^2\right]^{1/2}$$

$$\left.\begin{array}{l}T_{max}\\T_{min}\end{array}\right\} = T_{+}\pm T_{-} \qquad = \text{Hauptnormaldrängungen}\left\{\begin{array}{l}T_1\\T_2\end{array}\right.$$

Linearverzerrungen

$$E_{xx} = \frac{T_{xx}-\mu\,T_{yy}}{E}+\alpha(\vartheta-\vartheta_0) \qquad = (1+\mu)\left[\frac{(1-\mu)\,T_{xx}-\mu\,T_{yy}}{E}+\alpha(\vartheta-\vartheta_0)\right]$$

$$E_{yy} = \frac{T_{yy}-\mu\,T_{xx}}{E}+\alpha(\vartheta-\vartheta_0) \qquad = (1+\mu)\left[\frac{(1-\mu)\,T_{yy}-\mu\,T_{xx}}{E}+\alpha(\vartheta-\vartheta_0)\right]$$

$$E_{zz} = -\frac{\mu}{E}(T_{xx}+T_{yy})+\alpha(\vartheta-\vartheta_0) \qquad = 0$$

$$= \frac{-\mu(E_{xx}+E_{yy})+(1+\mu)\,\alpha(\vartheta-\vartheta_0)}{1-\mu}$$

$$\left.\begin{array}{l}E_{yz}\\E_{zx}\\E_{xy}\end{array}\right\} = \frac{1+\mu}{E}\left\{\begin{array}{l}T_{yz}\\T_{zx}\\T_{xy}\end{array}\right.$$

$$E_{+} = \frac{1-\mu}{2\,E}(T_{xx}+T_{yy})+\alpha(\vartheta-\vartheta_0) \qquad = (1+\mu)\left[\frac{1-2\mu}{2\,E}(T_{xx}+T_{yy})+\alpha(\vartheta-\vartheta_0)\right]$$

$$E_{-} = \frac{1+\mu}{E}\left[\left(\frac{T_{xx}-T_{yy}}{2}\right)^2+T_{xy}^2\right]^{1/2}$$

$$\left.\begin{array}{l}E_{max}\\E_{min}\end{array}\right\} = E_{+}\pm E_{-} \qquad = \text{Hauptdehnungen}\left\{\begin{array}{l}E_1\\E_2\end{array}\right.$$

Tabelle A 4.6-3   Formale Umwandlungen zwischen ebenem Drängungs- und Verformungszustand.

gegeben:	statt	setze	gefunden:
ebener Drängungszustand	μ	$\dfrac{\mu}{1-\mu}$	ebener Verformungszustand
	E	$\dfrac{E}{1-\mu^2}$	
	α	$(1+\mu)\,\alpha$	
ebener Verformungszustand	μ	$\dfrac{\mu}{1+\mu}$	ebener Drängungszustand
	E	$\dfrac{(1+2\,\mu)\,E}{(1+\mu)^2}$	
	α	$\dfrac{(1+\mu)\,\alpha}{1+2\,\mu}$	

A 4.6.2 Messungen mittels eines Dehnungsmeßstreifenpaares

Ein Zweierbüschel mit den Azimuten $\varphi_a = -\omega/2$ und $\varphi_b = \omega/2$ überträgt gemäß Gl. (A 3.5-9) die Summengröße

$$\bar{\varepsilon}_a + \bar{\varepsilon}_b = [1 + q + (1-q)\cos\omega]\,\varepsilon_{xx} + [1 + q - (1-q)\cos\omega]\,\varepsilon_{yy} \qquad \text{(A 4.6-1)}$$

und die Differenzgröße

$$\bar{\varepsilon}_b - \bar{\varepsilon}_a = 2\,(1-q)\,\varepsilon_{xy}\sin\omega \qquad \text{(A 4.6-2)}.$$

Es wird angenommen, daß der Meßgegenstand ein isotroper linear elastischer Körper ist und sich in einem ebenen Drängungszustand befindet. Dann lassen sich die Formeln anwenden, die in Tabelle A 4.6-2, linke Spalte, stehen. In den Ausdrücken für die Normaldrängungen T_{xx} und T_{yy} treten E_{xx} und E_{yy} im Verhältnis $1:\mu$ bzw. im umgekehrten Verhältnis auf. Man kann nun in Gl. (A 4.6-1) ε_{xx} mit E_{xx} bzw. E_{yy} und ε_{yy} mit E_{yy} bzw. E_{xx} identifizieren, so daß die Ausdrücke für T_{xx} und T_{yy} proportional zu $\varepsilon_{xx} + \mu\,\varepsilon_{yy}$ sind. Man wähle den Spreizwinkel des Zweierbüschels

$$\omega = \arccos\left(\frac{1+q}{1-q}\,\frac{1-\mu}{1+\mu}\right) = 2\arctan\left(\frac{\mu-q}{1-q\,\mu}\right)^{1/2} \qquad \text{(A 4.6-3)}$$

für einen gegebenen Querempfindlichkeitsfaktor q und eine Poisson-Zahl μ, die der jeweilige Meßgegenstand hat. Zum Beispiel ist $\omega = 60°$ im Fall $q = 0$, $\mu = 1/3$. Aus Gl. (A 4.6-1) erhält man somit

$$\varepsilon_{xx} + \mu\,\varepsilon_{yy} = \frac{\bar{\varepsilon}_a + \bar{\varepsilon}_b}{1 + q + (1-q)\cos\omega} \qquad \text{(A 4.6-4)}.$$

Infolgedessen kann das Dehnungsmeßstreifenpaar gewissermaßen als eindimensionaler Drängungsmesser dienen.

Wenn ein ebener Verformungszustand statt eines ebenen Drängungszustandes vorliegt, gelten entsprechende Beziehungen, aber mit der Maßgabe, zufolge Tabelle A 4.6-2, rechte

Spalte, μ durch $\mu/(1-\mu)$ zu ersetzen. Als Spreizwinkel ist dann in dem erwähnten Beispiel $\omega = 70,53°$ statt $60°$ zu wählen.

A 4.6.3 Spannungen aus Dehnungsmessungen an freier Oberfläche

An einer freien Oberfläche (z. B. in der Meßebene $z = \text{const}$) ist die Spannungskomponente $S_{zz} = 0$. Dasselbe gilt auch angenähert an der Meßstelle, wenn der Aufnehmer keine merkliche Rückwirkung auf den Meßgegenstand hat.

Der Meßgegenstand bestehe aus einem ungezwängten isotropen elastischen Material, das durch die Verfassungsgleichung (A 4.5-1) beschrieben wird. Dann ist $T_{zz} = S_{zz} = 0$, und es herrscht ein zweiachsiger, also ebener Spannungszustand mit $S_3 = S_{zz} = 0$. Für $B_3 = B_{zz}$ jedoch gilt der in Tabelle A 4.6-1, linke Spalte, angegebene Ausdruck. Er hängt von den Koeffizienten f, g und h ab, die wiederum von den Invarianten des Tensors $\boldsymbol{B}$ abhängen. Diese lassen sich mittels zweidimensionaler Dehnungsmessungen nur teilweise bestimmen. Den Wert von B_3 müßte man auf irgendeine Weise abschätzen, wenn sich der größere Aufwand dreidimensionalen Messens (Abschn. A 3.6) verbietet.

Dieser Umstand erledigt sich, wenn das isotrope elastische Material als linear behandelt, also Tabelle A 4.6-2 angewendet werden darf. Häufig gebrauchte Formeln, die sich vermöge Tabelle A 3.5-2 und A 4.6-2 ergeben, sind in Tabelle A 4.6-4 zusammengestellt (siehe auch [A 3.5-1, Teil 2]; ferner [A 2.5-3] u. [A 4.5-2; A 4.6-1]). Die in Tabelle A 3.5-2 angegebenen Ausdrücke für den Richtungswinkel ψ gelten unverändert sowohl für die Drängungen oder Spannungen wie für die Verzerrungen.

A 4.6.4 Kombinierte Culmann-Mohrsche Kreisdiagramme

Wegen der Koaxialität von Drängungs- und Verzerrungstensor im Fall der isotropen linearen Elastizität lassen sich die Culmann-Mohr-Kreise (Abschn. A 2.5) für zusammenhängende Verzerrungen und Drängungen in einem einzigen Diagramm (Bild A 4.6-1) vereinigen (siehe auch [A 3.5-2]).

● *Gemeinsamer Ortskreis* (Bild A 4.6-1a). Nach Tabelle A 4.6-1 gilt für ebene Zustände beider Arten

$$\frac{T_{xx} - T_{yy}}{E_{xx} - E_{yy}} = \frac{E}{1+\mu} = 2\,G \qquad\qquad (\text{A } 4.6\text{-}5).$$

Tabelle A 4.6-4   Spannungsgrößen aus Dehnungsmessungen mit Standardrosetten auf freier Oberfläche eines Meßgegenstandes aus ungezwängtem isotropem linear thermoelastischem Material.

	halbrechtwinkliges Dreierbüschel (Bild in Tabelle A 3.5-2, links)	gleichwinkliges Dreierbüschel (Bild in Tabelle A 3.5-2, rechts)
$S_+ = \dfrac{S_1 + S_2}{2} =$	$= \dfrac{E}{1-\mu}\left[\dfrac{\varepsilon_a + \varepsilon_c}{2(1+q)} - \alpha(\vartheta - \vartheta_0)\right]$	$= \dfrac{E}{1-\mu}\left[\dfrac{\varepsilon_a + \varepsilon_b + \varepsilon_c}{3(1+q)} - \alpha(\vartheta - \vartheta_0)\right]$
$\quad = \dfrac{E}{1-\mu}\left[E_+ - \alpha(\vartheta - \vartheta_0)\right]$		
$S_- = \dfrac{S_1 - S_2}{2} = \dfrac{E}{1+\mu}\,E_- $	$= \dfrac{E\,[(\varepsilon_a - \varepsilon_b)^2 + (\varepsilon_b - \varepsilon_c)^2]^{1/2}}{\sqrt{2}\,(1+\mu)(1-q)}$	$= \dfrac{E\,[(2\varepsilon_a - \varepsilon_b - \varepsilon_c)^2 + 3(\varepsilon_b - \varepsilon_c)^2]^{1/2}}{3(1+\mu)(1-q)}$

a)

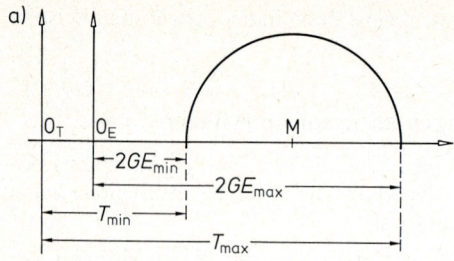

b)

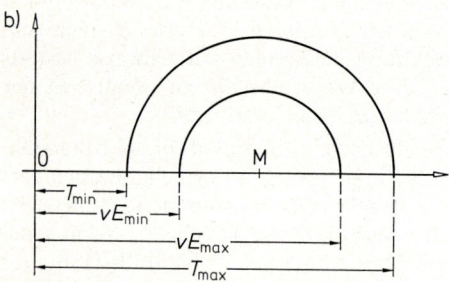

Bild A 4.6-1. Kombinierte Culmann-Mohr-sche Kreisdiagramme. a) Gemeinsamer Orts-kreis. b) Gemeinsamer Koordinatensprung.

Die Radien des Verzerrungs- und des Drängungskreises werden daher einander gleich, wenn man sie im Maßstab $1:2\,G$ in das Diagramm einträgt. Der Koordinatenursprung O_E der Verzerrungen und der Koordinatenursprung O_T der Drängungen haben vom Kreismittelpunkt M die i. a. verschiedenen Abstände

und

$$\overline{O_E M} = G(E_{\max} + E_{\min}) = G(E_{xx} + E_{yy}) \tag{A 4.6-6}$$

$$\overline{O_T M} = (T_{\max} + T_{\min})/2 = (T_{xx} + T_{yy})/2 \tag{A 4.6-7}.$$

An Hand von Tabelle A 4.6-1 findet man für ebene Drängungszustände das Abstandsver-hältnis

$$\overline{O_T M}/\overline{O_E M} = \frac{1+\mu}{1-\mu}\left[1 - \frac{2\alpha(\vartheta - \vartheta_0)}{E_{\max} + E_{\min}}\right] \tag{A 4.6-8}$$

und für ebene Verformungszustände das Abstandsverhältnis

$$\overline{O_T M}/\overline{O_E M} = \frac{1}{1-2\mu}\left[1 - (1+\mu)\frac{2\alpha(\vartheta - \vartheta_0)}{E_{\max} + E_{\min}}\right] \tag{A 4.6-9}.$$

• *Gemeinsamer Koordinatenursprung* (Bild A 4.6-1b). Das Verhältnis

$$v = \frac{T_{xx} + T_{yy}}{E_{xx} + E_{yy}} = \frac{T_{\max} + T_{\min}}{E_{\max} + E_{\min}} \tag{A 4.6-10}$$

sei bei ebenen Drängungszuständen gleich v_T und bei ebenen Verzerrungszuständen gleich v_E. An Hand Tabelle A 4.6-1 findet man

$$v_T = \frac{E}{1-\mu}\left[1 - \frac{2\alpha(\delta - \vartheta_0)}{E_{xx} + E_{yy}}\right] \tag{A 4.6-11}$$

36

und

$$v_E = \frac{E}{1 - 2\mu} \left[\frac{1}{1 + \mu} - \frac{2\alpha(\vartheta - \vartheta_0)}{E_{xx} + E_{yy}} \right] \qquad \text{(A 4.6-12)}.$$

Die beiden Culmann-Mohr-Kreise sollen einen gemeinsamen Mittelpunkt M und denselben Abstand $\overline{OM}$ von dem gemeinsamen Koordinatenursprung O haben. Daher müssen die Verzerrungen und die Drängungen im Maßstab 1:v in das Diagramm eingetragen werden. Die Radien der beiden Kreise stehen in dem durch den Ausdruck Gl. (A 4.6-5) gegebenen Verhältnis.

A 4.6.5 Erschließen dreidimensionaler Zustände

Bei einflächigen Dehnungsmessungen (Abschn. A 3.5) ist der Verzerrungstensor höchstens halb meßbar, da die Komponenten ε_{zz}, ε_{yz} und ε_{zx} nicht erfaßt werden (falls $z = \text{const}$ die Meßebene darstellt). In besonderen Fällen sind allerdings vermöge irgendwelchen Vorwissens, das Belastungsweise und Verfassungsannahmen betrifft, weitere Aussagen möglich.

Zum Beispiel sei es bekannt, daß die Meßebene unter einem hydrostatischen Druck p steht und das Material ungezwängt (Abschn. A 4.2) ist, so daß man $T_{zz} = S_{zz} = -p$ schreiben kann. Ferner werde das Dranggesetz der isotropen linearen Elastizität als gültig vorausgesetzt. Man findet dann mit Hilfe von Tabelle A 4.5-1

$$(1 - \mu)\, E_{zz} = (1 + \mu)\, [\alpha(\vartheta - \vartheta_0) - (1 - 2\mu)\, p/E] - \mu(E_{xx} + E_{yy}) \qquad \text{(A 4.6-13)}.$$

Man mache nun die Hauptachsen des Spannungs- und Verzerrungszustandes zu den Achsen des Koordinatensystems, so daß $E_{xx} = E_1$, $E_{yy} = E_2$ und $E_{zz} = E_3$ als Hauptnormalkomponenten aufgefaßt werden können. An Hand von Tabelle A 2.5-1 lassen sich $E_1 = E_{\max}$ und $E_2 = E_{\min}$ aus gemessenen Größen E_{xx} und E_{yy} berechnen. Man kennt nun vermöge Gl. (A 4.6-13) den Verzerrungstensor E ganz und ist schließlich imstande, mit Hilfe von Tabelle A 4.5-1 auch den Spannungstensor S ganz zu bestimmen.

37

B Auswahl von Verfahren der experimentellen Spannungsanalyse

N. Czaika, Chr. Rohrbach

B 1 Allgemeines

Eine bestimmte Meßaufgabe der experimentellen Spannungsanalyse wird man meist mit verschiedenen Verfahren lösen können. Immer aber gibt es ein bestimmtes Verfahren, das eine optimale Lösung verspricht; manchmal existieren jedoch noch weitere Verfahren, die akzeptabel erscheinen.

Wie findet man das optimale Verfahren? Die Auswahl ist meist nicht einfach, da viele verschiedene Gesichtspunkte zu berücksichtigen sind, sowohl technische als auch wirtschaftliche. Nicht richtig ist es jedenfalls, sich auf die augenblicklich vorliegende Kenntnis, auf die Intuition oder gar auf den Zufall zu verlassen.

Im folgenden soll ein systematischer Weg zur Auswahl geschlildert werden, der die wichtigsten Gesichtspunkte berücksichtigt, wenigstens aber Anregungen zu erweiterten Überlegungen liefert.

B 2 Problemanalyse

Entscheidend wichtig für die Messung ist es, sich zunächst den physikalisch-technischen Vorgang klarzumachen, der durch die Messung quantitativ beschrieben werden soll (Tabelle B 2-1). Hierbei stellt sich häufig heraus, daß die vom Auftraggeber zunächst genannte Meßgröße wenig aussagefähig ist; dann gilt es, die Meßgröße zu finden, die der gewünschten Aussage am besten dient. Dies sollte möglichst die Meßgröße sein, die unmittelbar die entscheidende Frage beantwortet.

Hat man diese Meßgröße gefunden, ist es oft hilfreich, ein wahrscheinliches Meßergebnis anzunehmen und es auf seine Aussagefähigkeit zu überprüfen.

Einige einfache Beispiele mögen diese Gedanken erläutern:

Beispiel 1: Es wird eine Dehnungsmessung an Beton verlangt. Die Analyse ergibt, daß geplant ist, aus den gemessenen Dehnungen über den (meist nur ungenau bekannten) E-Modul des Betons auf die Spannungen zu schließen, um hieraus die Sicherheit bei bekannten Belastungen abzuschätzen. Es wurde empfohlen, die Spannungen mit Spannungsaufnehmern direkt zu messen.

Beispiel 2: Es werden umfangreiche Dehnungsmessungen an einem (in der Form nicht veränderbaren) metallischen Bauteil gewünscht. Die Analyse ergibt, daß es lediglich auf die Bruchlast ankommt. Es wurde empfohlen, diese Bruchlast durch Überlasten des Bauteils direkt zu messen.

Tabelle B 2-1   Vorgehen bei der Auswahl von Verfahren der experimentellen Spannungsanalyse.

Problemanalyse

– Was ist der physikalisch-technische Hintergrund der Meßaufgabe?
– Welcher Aussage soll das Meßergebnis dienen?
– Welche Meßgröße liefert diese Aussage am besten?
– Wer interpretiert das Meßergebnis hinsichtlich seiner Aussage?

$$\downarrow$$

Auswahl des Verfahrens nach seinen allgemeinen Merkmalen

– Welches Verfahren liefert die gewünschte Meßgröße am besten?
  z.B.: Spannungsmeßverfahren – Dehnungsmeßverfahren – Objektmeßverfahren – Modellmeß-
  verfahren – Oberflächenmeßverfahren – Innenmeßverfahren – Übersichtsmeßverfahren – Einzel-
  stellenmeßverfahren – Fernmeßverfahren – Verfahren mit Informationsspeicherung usw.

$$\downarrow$$

Auswahl des Verfahrens im Hinblick auf besondere Meßbedingungen

– Ist das bisher gewählte Verfahren hinsichtlich der besonderen Meßbedingungen geeignet?
  Besonderheiten des Meßobjekts – Gegebenheiten der Meßgröße – Störgrößen und Umgebungsbedingungen – Zeitabhängigkeiten der Meß- und Störgrößen

$$\downarrow$$

Prüfen der Wirtschaftlichkeit des Verfahrens

– Welche Kosten sind zu erwarten?
  Kosten und Amortisation der Meßeinrichtung – Kosten der Messung einschließlich der Auswer-
  tung – Einarbeitungs- und Schulungskosten
– Ist die zu erwartende Aussage die Kosten wert?
– Kann man die Aussage durch Berechnen oder Literaturstudium billiger erhalten?

Beispiel 3: Es soll der Dehnungsverlauf an der Meßfeder eines sehr kleinen Aufnehmers mit Miniaturdehnungsmeßstreifen ermittelt werden, um die optimale Empfindlichkeit des Aufnehmers zu erhalten. Die Analyse ergibt, daß die Messungen an einem nach strenger Ähnlichkeit vergrößerten Modell mit üblich großen Dehnungsmeßstreifen einfacher, zuverlässiger und billiger sind.

Beispiel 4: Es soll das temperaturbedingte Ausbeulen metallischer Verkleidungsplatten für ein Bauwerk mit zahlreichen Wegaufnehmern gemessen werden. Die Analyse ergibt, daß ein einfaches Schatten-Moiréverfahren die gewünschte Aussage einfacher, umfangreicher, schneller und billiger liefert.

Wesentlich ist es, zum Abschluß der Problemanalyse verbindlich festzulegen, wer die Meßergebnisse interpretiert. Ist keine klare Abgrenzung der Verantwortlichkeiten zwischen Interpret und Meßtechniker vereinbart, muß man besonders bei schwierigen Messungen mit Mißhelligkeiten rechnen.

B 3 Auswahl des Verfahrens nach seinen allgemeinen Merkmalen

Nach Abschluß der Problemanalyse sollte als nächster Schritt ein Verfahren ausgewählt werden, das sich nach seinen allgemeinen Merkmalen als gut geeignet anbietet. So hängt es z. B. von der Zielsetzung der experimentellen Spannungsanalyse ab, ob Spannungen, Dehnungen oder Verformungen ermittelt werden müssen. Dementsprechend wird man ein Verfahren vorziehen, das primär spannungs-, dehnungs- oder verformungsempfindlich ist. Weiter hängt es von der Zielsetzung der Untersuchung ab, ob die absoluten Werte der Meßgrößen interessieren oder ob die Bestimmung der Änderung des Beanspruchungszustands ausreicht. Im ersten Fall wird man ein Verfahren vorziehen, das auf den absolut bestehenden Beanspruchungszustand des Objekts anspricht, also z. B. auf den Eigenspannungszustand bei der äußeren Belastung null. Im zweiten Fall genügt ein Verfahren, das nur auf die Differenz zwischen zwei Beanspruchungszuständen reagiert. In Tabelle B 3-1 sind zehn Gruppen wichtiger Verfahren, die durch solche vorwiegend qualitativen meßtechnischen Merkmale gekennzeichnet sind, mit ihren Bezeichnungen zusammengestellt und durch spezifische Anwendungsmöglichkeiten und allgemeine Merkmale erläutert. Dabei umfaßt eine Gruppe (Zeilen 1 bis 10) jeweils zwei bis drei Alternativen (Zeilen a bis c). In den letzten 14 Spalten der Tabelle B 3-1 ist für die in den folgenden Abschnitten beschriebenen, durch ihr physikalisches Prinzip gekennzeichneten Verfahren vermerkt, welche Verfahren die jeweiligen meßtechnischen Merkmale erfüllen. Nicht immer läßt sich ein Verfahren eindeutig einer der o. g. zwei oder drei Alternativen zuordnen. Besonderheiten der Klassifizierung sind durch Fußnoten vermerkt.

B 4 Auswahl des Verfahrens im Hinblick auf besondere Meßbedingungen

Ein Verfahren muß nicht nur entsprechend seinen allgemeinen Merkmalen den Anforderungen der Meßaufgabe genügen, sondern es muß auch geeignete meßtechnische Merkmale aufweisen, die im Hinblick auf besondere Meßbedingungen unabdingbar sind. Tabelle B 4-1 gibt eine Auswahlhilfe. Die Meßbedingungen sind in vier Gruppen eingeteilt; sie betreffen:

- das Meßobjekt und seine Eigenschaften,
- die zu bestimmenden Meßgrößen,
- die Störgrößen einschließlich Umgebungsbedingungen und
- die Zeitabhängigkeiten der Meß- und Störgrößen.

Die letzten 14 Spalten enthalten quantitative Angaben über diese Kenngrößen, soweit dies in so globaler Form überhaupt möglich ist. Teilweise sind nur Größenordnungen genannt, teilweise ist sogar nur angegeben, ob die Kenngröße vernachlässigbar (v.) ist, ob sie relativ klein (kl.), mittelgroß (mi.) oder relativ groß (gr.) ist. Die Kenngrößen sind so definiert, daß klein günstig und groß ungünstig ist. Die Meßfehler gelten als klein, wenn sie bei $\pm 10 \cdot 10^{-6}$ m/m $\pm 1\%$ des Meßwertes liegen und als mittelgroß, wenn sie rd. $\pm 50 \cdot 10^{-6} \pm 5\%$ des Meßwertes betragen. Für Spannungsmeßverfahren wurde dabei der absolute Fehler auf Dehnungen umgerechnet. Diese Angaben enthalten den nicht bestimmbaren systematischen Fehler und die unvermeidbaren Streuungen der Meßwerte. Mit einigen Verfahren sind bei entsprechendem Aufwand auch kleinere Meßfehler zu erreichen.

Holographie	DMS-Verfahren	Verfahren mit Halbleiter-Aufnehmern	kapazitive Verfahren	Verfahren mit induktiven u. Transformator-Aufnehmern	Verfahren mit Saitendehnungsaufnehmern	röntgengraphisches Verfahren
$(\times)$	$\times$	$\times$	$(\times)$	$(\times)$	$(\times)$	$\times$
$(\times)$			$\times$	$\times$	$\times$	
						$\times$
$\times$	$\times$	$\times$	$\times$	$\times$	$\times$	
$\times$	$\times$	$\times$	$\times$	$\times$	$\times$	$\times$
$\times^{00})$						
$\times$	$\times$	$\times$	$\times$	$\times$	$\times$	$\times$
$\times^{00})$	$(\times)$	$(\times)$	$(\times)$	$(\times)$	$(\times)$	
$\times$			$\times$	$\times$	$\times$	
	$\times$	$\times$				
				$\times$		$\times$
$\times$						
	$\times$	$\times$	$\times$	$\times$	$\times$	$\times$
$\times$	$(\times)$					
	$\times$	$\times$	$\times$	$\times$	$\times$	$\times$

Tabelle B 3.−1 (Fortsetzung)

Nr.		Bezeichnung	kennzeichnende Besonderheiten	
8	a	Verfahren mit kontinuierlichem Abgriff	Meßgröße wird über die gesamte Verbindungsfläche auf den Meßwertaufnehmer oder die z.B. dehnungsempfindliche Schicht übertragen	m⟨ ru⟨ än⟨ be of⟨
	b	Verfahren mit punktförmigem Abgriff	es wird der Verschiebungsweg zwischen den Enden der Meßstrecke gemessen; Ankopplung des Wegaufnehmers:	M⟨ in⟨
		Böckchen	über Böckchen	vo⟨ de⟨
		Spitzen u.ä.	über Spitzen, Schneiden, Kugeln usw.	M⟨ er⟨
9	a	Fernmeßverfahren	Signalgröße ist über größere Entfernungen übertragbar	se⟨ od⟨ an⟨ U⟨
	b	Meßverfahren mit Ablesung am Objekt	Meßgröße kann nur unmittelbar am Objekt angezeigt bzw. registriert werden	of⟨
10	a	Momentanwert anzeigende Verfahren	Meßsystem zeigt zu beliebigem Zeitpunkt den jeweiligen Momentanwert an	di⟨
	b	Verfahren mit Informationsspeicherung	Meßsystem zeigt zu beliebigem Zeitpunkt einen definierten Meßwert der vorhergehenden Zeit an, etwa den Maximalwert	be⟨ M⟨ B⟨

spezifische Anwendungen; Erläuterungen	mechanische und mechanisch-optische Dehnungsmesser	fluidische Dehnungs-meßverfahren	hydraulische Spannungs-meßverfahren
st besonders vorteilhaft bei hohen Frequenzen, Störbeschleunigungen, Erschütte-gen usw.; trotz der kontinuierlichen Meßwertübertragung verschleifen Dehnungs-erungen innerhalb der rd. zehnfachen Schichtdicke; kein Sekantenfehler; Fehler Biegung wegen endlicher Schichtdicke; ggf. Mittelwertbildung über Meßlänge; nur einmalig verwendbar und schwer kalibrierbar			(×)
Bsysteme stets mittelwertbildend, meist unbegrenzt wiederverwendbar und viduell kalibrierbar	×	×	
teilhaft bei dynamischen Vorgängen und Erschütterungen; Meßlänge nicht genau niert; Fehler bei Biegung			
Blänge gut definiert, kein Biegefehler; Sekantenfehler; nur statisch einsetzbar und chütterungsempfindlich			
r häufig verwendet, besonders vorteilhaft, wenn Ablesung am Objekt gefährlich r unzumutbar unangenehm ist, wenn Objekt schwer zugänglich ist und/oder wenn vielen Stellen gemessen und gemeinsam registriert werden soll; Meßzentrale und schaltung sind möglich; meist aufwendige Gerätetechnik		×	×
wenig aufwendig, Objekt muß hinreichend gut zugänglich und ungefährlich sein	×		
meisten Verfahren sind dieser Art	×	×	×
onders vorteilhaft zur Ermittlung eines definierten Wertes der Meßgröße, etwa des ximalwertes, des Momentanwertes zu bestimmten Zeitpunkt oder bei bestimmter astung usw.	(×)		

en; Erläuterungen	mechanische und mechanisch-optische Dehnungsmesser	fluidische Dehnungsmeßverfahren	hydraulische Spannungsmeßverfahren	Reißlack	Spannungsoptik	spannungsoptisches Oberflächenschichtverfahren	Moirétechnik
n.							
n Dehnungen mehrere andere Dehnungs-, Quellen und Schwinden, Kriechen, aus den Dehnungen schwer möglich ist,			×		×		
enden Spannungen müssen aus den	(×)	(×)		×	×		
Verformungswege, etwa Dicken-en; die ggf. interessierenden Dehnungen swegen ermittelt werden	×	×					×
gnet; bei Einsatz zur Messung von pannungen oft als störender Untergrund			×		×		
pannungen stören nicht; zur Messung t und es müssen die dabei ausgelösten	×	×	×		×	×	
Modelluntersuchungen einsetzbar, das Verfahren bestimmt	×	×	×	×		×	×
ne Modelluntersuchung erforderlich erkstoffeigenschaften sind z.B.					×		
verfahren sind dieser Art; besonders g an der Oberfläche auftritt. Der Schluß ch	×	×		×	×	×	×
len Beanspruchungen im Innern des üsse können das System unzulässig		(×)	×		×		
zelstellenverfahren ist für jede Meßstelle							
eist Aufspannvorrichtungen nötig	×	×			×		×
ch, nur einmal verwendbar;			×	×		×	
icht zu vielen, gut zugänglichen Meß- r Eigenspannungsmessungen, Langzeit- ngungen; billig in der Ausstattung, da	(×)						
nnungsverteilung zu erwarten ist, insbe- Optimierung der Gestalt; Haupt- swertung ablesbar				×	×	×	×
Originalobjekten; besonders vorteil- ie Spannungen interessieren	×	×	×				
ten der Meßgröße					(×)	×	×
omogenem Material werden bei diesem tzen ausgemittelt	×	×	×	×		(×)	

Tabelle B 3.−1. Zur Auswahl wichtiger Verfahren der experimentellen Spannungsanalyse nach ihren allgemeinen Merkmale

Nr.		Bezeichnung	kennzeichnende Besonderheiten	spezifische Anwendung
1	a	Spannungs-meßverfahren	primär spannungsempfindlich	Anwendung vor allem, wenn neben elastische komponenten auftreten (Temperaturdehnun Hystere) und die Berechnung der Spannunge z.B. bei Beton
	b	Dehnungs-meßverfahren	primär dehnungsempfindlich	verbreitetstes Verfahren; die meist interessie gemessenen Dehnungen ermittelt werden
	c	Verformungs-meßverfahren	primär empfindlich für Verformungswege	häufig angewandt; besonders geeignet, wenn änderungen, Durchbiegungen usw. interessie und Spannungen müssen aus den Verformung
2	a	absolute Meßverfahren	sprechen auf den absolut bestehenden Beanspruchungszustand an	besonders zur Eigenspannungsermittlung gee Betriebsbeanspruchungen machen sich Eigen bemerkbar
	b	Differenzen-meßverfahren	sprechen nur auf die Differenz zwischen zwei Beanspruchungszuständen an	die meisten Verfahren sind dieser Art; Eigens von Eigenspannungen muß das Objekt zerspa Eigenspannungen gemessen werden
3	a	Objektmeßverfahren	nicht an verfahrensbedingten Werkstoff gebunden	die meisten Verfahren sind dieser Art; auch f der Modellwerkstoff ist dann aber nicht durch
	b	Modellmeßverfahren	Objekt muß i.a. nachgebildet werden, etwa aus speziellem Werkstoff	Anwendung vor allem für Aufgaben, für die e oder zweckmäßig ist; verfahrensspezifische W spannungsoptisch aktiv, durchsichtig usw.
4	a	Oberflächen-meßverfahren	Messung nur an der Oberfläche	die meisten Dehnungs- und Verformungsmeß vorteilhaft, wenn die maximale Beanspruchu auf die Meßgröße im Innern ist oft problemati
	b	Innenmeßverfahren	Messung im Innern, auch in geeigneten Meßhohlräumen bzw. -einschlüssen	vor allem dann anzuwenden, wenn die maxim Bauteiles liegen, Meßhohlräume oder -einsch verändern
5		Meßverfahren mit ständiger Ankopplung	Meßsystem während des gesamten Belastungszyklus an das Meßobjekt mechanisch angekoppelt	die meisten Verfahren sind dieser Art, bei Ein ein Aufnehmer erforderlich
	a	reversibel	zerstörungsfrei vom Objekt lösbar	wiederverwendbar; individuell kalibrierbar;
		irreversibel	nicht zerstörungsfrei lösbar	meist keine Aufspannvorrichtungen erforder Kalibrierung problematisch
	b	Setzmeßverfahren	Ankopplung des Meßsystems nur zur Meßwertablesung, z.B. über Kugeln am Meßobjekt; bei einer Laststufe umsetzbar	Sonderverfahren, vorteilhaft zur Messung an stellen mit nicht zu häufiger Ablesung, z.B. fü messungen unter sehr rauhen Umgebungsbed nur ein Meßgerät für viele Meßstellen
6	a	Übersichts-meßverfahren	gesamtes Objekt oder größerer Bereich wird gleichzeitig erfaßt	besonders vorteilhaft, wenn komplizierte Spa sondere auch bei Modelluntersuchungen zur spannungsrichtungen i.a. ohne besondere Au
	b	Einzelstellen-meßverfahren	nur die einzelnen Meßstellen werden erfaßt	meist verwendetes Verfahren, insbesondere a haft, wenn nur an wenigen bekannten Stellen
7	a	Verfahren mit örtlicher Auflösung	erfassen in jedem Meßpunkt die Meß-größe mit sehr kleinen Meßlängen	besonders vorteilhaft bei sehr großen Gradie
	b	örtlich mittelnde Verfahren	erfassen nur den örtlichen Mittelwert der Meßgröße, etwa über Meßlänge oder Meßfläche	die meisten Verfahren sind dieser Art; bei inh Verfahren nicht interessierende Spannungss

( ) gilt nur unter besonderen Bedingungen oder in Ausnahmefällen oder analog
[0]) beim Erstarrungsverfahren
[00]) gilt meist für Durchlichtholographie

Reißlack	Spannungsoptik	spannungsoptisches Oberflächenschichtverfahren	Moirétechnik	Holographie	DMS-Verfahren	Verfahren mit Halbleiter-Aufnehmern	kapazitive Verfahren	Verfahren mit induktiven u. Transformator-Aufnehmern	Verfahren mit Saitendehnungsaufnehmern	röntgengraphisches Verfahren
×	×	×	×	×	×					×
						×	×	×	×	
				(×)	×	×	×	×	×	
×	×	×	×	×						×
	×	×	×	×	×	×	×	×	×	×
×	(×)^0)			×						

Tabelle B 4−1 (Fortsetzung)

	Nr.		Gegebenheiten durc
		a	Statische Meßgröße relativ lang dauernd
		b	dynamische Meßgrö
		c	dynamische Meßgrö
Zeitabhängig-keiten der Meß- und Störgrößen	4	d	statisch-dynamische
		e	erhöhte Störgröße, konstant
		f	erhöhte Störgröße, mit Meßgröße verän

v. = vernachlässigbar (günstig), kl. = relativ kl
( ) kann durch besondere Maßnahmen verbesse
*) Durchmesser der Meßfläche
+) klein, wenn E-Moduln weitgehend übereinst
0) bei impulsartiger Belichtung

kapazitive Verfahren	Verfahren mit induktiven u. Transformator-Aufnehmern	Verfahren mit Saitendehnungsaufnehmern	röntgengraphisches Verfahren
10 bis 50	1 bis 100	20 bis 100	0,2
kl.	kl.	gr.	0
mi.	mi.	mi.	gr.
mi.	kl.	kl.	gr.
10^{-2} m/m 10^{-3} m/m	10^{-1} m/m 10^{-3} m/m	$3 \cdot 10^{-3}$ m/m 10^{-3} m/m	10^{-3} m/m
(mi.)	(mi.)	kl.	kl.
		mi.	
(mi).	kl.	kl.	gr.
10^{-6} m/m	10^{-6} m/m	10^{-6} m/m	10^{-4} m/m
mi.	mi.	gr.	mi.
mi.	mi.	mi.	–
bis 800	bis 600	−20 bis 120	
kl.	kl.	kl.	kl.
gr.	kl.	kl.	kl.
(gr.)	(mi.)	kl.	kl.
gr.	kl.	kl.	kl.
(gr.)	kl.	kl.	kl.
kl.	(gr.)	mi.	kl.
kl.	gr.	kl.	kl.
kl.	kl.	kl.	kl.
mi.	kl.	kl.	kl.
(mi.)	(mi.)	(mi.)	gr.
	mi.		–

mechanische und mechanisch-optische Dehnungsmesser	fluidische Dehnungsmeßverfahren	hydraulische Spannungsmeßverfahren	Reißlack	Spannungsoptik	spannungsoptisches Oberflächenschichtverfahren	Moirétechnik	Holographie	DMS-Verfahren	Verfahren mit Halbleiter-Aufnehmern
2 bis 200	2 bis 200	80 bis 200*)	2	v.	5	v. bis 5	v.	0,3 bis 100	1,5 bis 2(
kl.	kl.	0^+)	mi.	0	mi.	0 bis mi.$^+$)	0	mi.	mi.
gr.	mi.	mi.	gr.	gr.	gr.	gr.	gr.	kl.	kl.
mi.	mi.	kl.	mi.	mi.	mi.	mi.		mi.	gr.
10^{-1} m/m 10^{-3} m/m	10^{-2} m/m 10^{-3} m/m	– 30 N/mm²	10^{-2} m/m 10^{-3} m/m	– 10 N/mm²	10^{-2} m/m 10^{-3} m/m	10 mm 10^{-1} mm	– 10^{-2} mm	10^{-1} m/m 10^{-3} m/m	$4 \cdot 10^{-3}$ m/ 10^{-3} m/n
kl.	kl.	kl.	mi.	kl.	kl.	kl.	kl.	kl.	mi.
kl.								kl.	kl.
mi.	kl.	kl.	gr.	kl.	mi.	kl.	kl.	kl.	(mi.)
10^{-6} m/m	10^{-6} m/m	10^{-2} N/mm²	10^{-5} m/m	10^{-1} N/mm²	10^{-4} m/m	10^{-3} mm	10^{-5} mm	10^{-6} m/m	10^{-8} m/n
gr.	mi.	kl.	kl.	(mi.)	mi.	mi.	gr.	kl.	kl.
–	(gr.)	–	(mi.)	–	–	–	–	mi.	mi.
	bis 800	−30 bis 120	bis 300	bis 150	bis 40	bis 800	bis 800	−270 bis 800	−20 bis 2(
kl.	kl.	mi.	gr.	kl.	kl.	kl.	(mi.)	kl.	kl.
kl.	kl.	kl.	(gr.)	(mi.)	mi.	kl.	kl.	(gr.)	mi.
kl.	kl.	kl.	kl.	kl.	kl.	kl.	kl.	(gr.)	(mi.)
kl.	kl.	kl.	kl.	kl.	kl.	kl.	kl.	(mi.)	kl.
kl.	kl.	kl.	kl.	mi.	mi.	kl.	(gr.)	kl.	kl.
kl.	kl.	kl.	kl.	kl.	kl.	kl.	kl.	(mi.)	kl.
kl.	kl.	kl.	kl.	kl.	kl.	kl.	kl.	kl.	kl.
kl.	kl.	kl.	kl.	(mi.)	(mi.)	(mi.)	(gr.)	kl.	kl.
mi. bis gr.	(gr.)	(gr.)	kl.	(mi.)	(mi.)	(mi.)	(mi.)	kl.	kl.
kl.	kl.	kl.	kl.	–	(mi.)	(mi.)	(mi.)	(mi.)	(mi.)
–	kl.		mi.	–	–	–	–	mi.	

die Aufgabenstellung	besonders zu beachtende Kenngrößen	mechanische und mechanisch-optische Dehnungsmesser	fluidische Dehnungs-meßverfahren	hydraulische Spannungs-meßverfahren
auch langsam veränderlich,	untere Grenzfrequenz	0	0	0
	Kriechen, Nullpunktdrift	kl.	kl.	kl.
ße, impulsartig	obere Grenzfrequenz in Hz	10^{-1}	10	10^{-1}
ße, relativ lang andauernd	Dauerbruchgefahr	kl.	kl.	kl.
	Lastwechselabhängigkeit der Empfindlichkeit	kl.	kl.	kl.
Meßgröße, relativ lang dauernd	Lastwechselabhängigkeit des Nullpunkts	kl.	kl.	kl.
twa Temperatur, zeitlich				
	zeitliche Empfindlichkeitsänderung infolge erhöhter Temperatur	kl.	kl.	kl.
twa Temperatur, derlich	zeitliche Nullpunktänderung infolge erhöhter Temperatur	kl.	kl.	mi.

in, mi. = mittelgroß, gr. = relativ groß (ungünstig)
t werden

mmen

Tabelle B 4−1. Zur Auswahl wichtiger Verfahren der experimentellen Spannungsanalyse im Hinblick auf besondere Meßbedingungen

	Nr.		Gegebenheiten durch die Aufgabenstellung	besonders zu beachtende Kenngrößen
Meßobjekt	1	a	Größe und Gestalt der für die örtliche Spannungsverteilung entscheidenden Bereiche einschließlich Inhomogenitäten des Materials	Meßlänge in mm
		b	Steifigkeit des Objektes einschließlich Werkstoff	Rückwirkung
		c	freier Raum in der Umgebung des Meßobjekts	Raumbedarf
		d	Installationsgegebenheiten, z.B. Baustelle	Handhabungsempfindlichkeit
Meßgröße	2	a	Größtwerte	Meßbereich, extrem / normal
				Nichtlinearität
		b	Kleinstwerte	Hysterese
				Meßfehler
				Auflösungsgrenze
Störgröße einschließlich Umgebungsbedingungen	3	a	Erschütterungen, sonstige Störbeschleunigungen (Fliehkräfte, Verformungsbeschleunigungen)	Beschleunigungseinfluß
		b	hydrostatischer Druck	Druckeinfluß bei Raumtemperatur
		c	Temperatur	zulässige Temperatur in °C
				Temperatureinfluß bei Raumtemperatur
		d	Feuchtigkeit	Feuchtigkeitseinfluß bei Raumtemperatur
		e	elektrisch-magnetische Störgrößen	Empfindlichkeit gegen leitende Medien
				Empfindlichkeit gegen elektr. Feld
				Empfindlichkeit gegen dielektr. Medien
				Empfindlichkeit gegen magnet. Feld
				Empfindlichkeit gegen magnetisierbare Medi
		f	optische Störgrößen	Lichtempfindlichkeit
		g	Staub	Staubempfindlichkeit
		h	explosive Umgebung	Explosionsgefährlichkeit
		i	Kernstrahlung	Kernstrahlungseinfluß

v. = vernachlässigbar (günstig), kl. = relativ klein, mi. = mittelgroß, gr. = relativ groß (ungünstig)
( ) kann durch besondere Maßnahmen verbessert werden
*) Durchmesser der Meßfläche
+) klein, wenn E-Moduln weitgehend übereinstimmen
0) bei impulsartiger Belichtung

Reißlack	Spannungsoptik	spannungsoptisches Oberflächenschicht-verfahren	Moirétechnik	Holographie	DMS-Verfahren	Verfahren mit Halbleiter-Aufnehmern	kapazitive Verfahren	Verfahren mit induktiven u. Transformator-Aufnehmern	Verfahren mit Saitendehnungs-aufnehmern	röntgen-graphisches Verfahren
0	0	0	0	0	0	0	0	0	0	0
gr.	mi.	mi.	kl.	mi.	(mi.)	(mi.)	kl.	kl.	kl.	kl.
10^5	10^{-1} 10^5 ^{0})	10^{-1} 10^5 ^{0})	10^{-1} 10^5 ^{0})	10^{-1} 10^5 ^{0})	10^5	10^5	10^2	10^2	10^2	10^{-2}
gr.	mi.	mi.	kl.	kl.	(mi.)	mi.	kl.	kl.	kl.	–
gr.			kl.	kl.	kl.	kl.	kl.	kl.	kl.	kl.
			kl.	kl.	(mi.)	mi.	kl.	kl.	kl.	
gr.	mi.	gr.	kl.	kl.	mi.	mi.	mi.	mi.	mi.	kl.
gr.	kl.	gr.	kl.	kl.	mi.	mi.	kl.	mi.	kl.	kl.

B 5 Prüfen der Wirtschaftlichkeit des Verfahrens

Wie in Tabelle B 2-1 im letzten Kasten ausgeführt, sollte zum Abschluß der Auswahl die Wirtschaftlichkeit des zunächst gewählten Verfahrens geprüft werden. Es kann sich hierbei leicht herausstellen, daß ein technisch optimales Verfahren hinsichtlich Wirtschaftlichkeit einem anderen, etwas ungenaueren Verfahren weit unterlegen ist. Eine Entscheidung hängt weitgehend von den jeweiligen komplexen Bedingungen ab, die in tabellarischer Form schwer erfaßbar sind. Auch psychologische Gesichtspunkte können eine große Rolle spielen, etwa ob das Verfahren selbst entwickelt wurde oder als besonders eindrucksvoll gilt.

Als oberster Grundsatz sollte gelten, niemals die Kosten einer Messung zu Lasten der Meßsicherheit zu senken. Ist die Messung nämlich mißlungen, werden gesparte Kosten nie als Entschuldigung akzeptiert; ist die Messung gelungen, wird über die Kosten kaum diskutiert.

Ergibt sich keine akzeptable wirtschaftliche Lösung, sollte die Auswahl nach Tabelle B 2-1 wiederholt werden.

C Allgemeine Verfahren

C 1 Messen von Spannungen und Dehnungen mit Aufnehmern

Chr. Rohrbach

C 1.1 Formelzeichen

E	Empfindlichkeit
E_A	E-Modul des Aufnehmers
E_B	E-Modul des Bauteiles
F_{max}	maximaler Fehler
F_A	Meßkraft im Aufnehmer
F_B	Meßkraft im Bauteil
F_N	Normalkraft
F_T	Tangentialkraft
M_B	Biegemoment
R	Radius
T	absolute Temperatur
U	Spannung
U_D	Diagonalspannung
d	Dicke
d_A	Dicke des Aufnehmers
d_B	Dicke des Bauteiles
e	Abstand
f	Durchbiegung
h, h_0	Höhe, Dicke
l	Meßlänge, Länge
p	Druck
r	Radius
s	Weg, Standardabweichung
α_A	thermischer Längenausdehnungskoeffizient des Aufnehmers
α_B	thermischer Längenausdehnungskoeffizient des Bauteiles
α'_A	Temperaturkoeffizient des auf das Bauteil montierten Aufnehmers
ε	Dehnung
$\bar{\varepsilon}$	mittlere Dehnung
$\varepsilon_{1,2,3}$	Dehnungen bei der Biegung von Platten
ε_l	Längsdehnung
ε_q	Querdehnung
ε_A	Dehnung des Aufnehmers
ε_B	Dehnung des Bauteiles, Biegedehnung
ε_M	gemessene Dehnung
ε_N	Normaldehnung

ε_T	durch Temperaturänderungen hervorgerufene Dehnung
ε_σ	durch äußere Belastung hervorgerufene Dehnung
ν	Querkontraktionszahl
ν_A	Querkontraktionszahl des Aufnehmers
ν_B	Querkontraktionszahl des Bauteiles
σ	Normalspannung
σ_1	Hauptnormalspannung
σ_A	Spannung im Aufnehmer
σ_B	Spannung im Bauteil
τ	Schubspannung

C 1.2 Allgemeines

Beim Messen von Spannungen und Dehnungen mit Aufnehmern gibt es – unabhängig vom physikalischen Prinzip des Aufnehmers – eine Reihe allgemein gültiger Gesichtspunkte, die Gegenstand dieses Abschnittes sein sollen.

Die experimentelle Spannungsanalyse hat immer zum Ziel, bestimmte Spannungen σ oder Dehnungen ε zu messen (vgl. Abschn. F 02). Handelt es sich um einen Werkstoff, bei dem σ und ε durch bekannte Beziehungen miteinander verknüpft sind (vgl. Abschnitt A), ist es gleichgültig, ob man σ oder ε mißt, da beide Größen leicht ineinander umgerechnet werden können. Sind diese Beziehungen nicht bekannt, wie dies z. B. meist bei Beton oder auch bei Kunststoffen der Fall ist (vgl. Abschn. F 08 u. 09), wird man möglichst die interessierende Größe, also σ oder ε, direkt messen.

Setzt sich die Dehnung ε aus mehreren Komponenten zusammen, ist aber nur die Komponente von Interesse, die mit einer Spannung σ verbunden ist, kann man diese Komponente über die Messung von σ und den bekannten rechnerischen Zusammenhang zwischen σ und ε ermitteln. Ein Beispiel möge dies verdeutlichen: Beton ist häufig verschiedenen Dehnungen unterworfen, die vor allem durch die Belastung, durch Schwinden oder Quellen, durch thermische Ausdehnung und durch Kriechen verursacht sind [C 1.2-1 bis 4]. Treten keine Spannungen durch Zwängungen auf, dann ruft nur die Belastungsdehnung eine Spannung hervor. Durch Messen dieser Spannung kann man deshalb auf die Belastungsdehnung schließen.

Die wichtigsten Prinzipien der *Spannungsmessung auf der Oberfläche von Bauteilen* sind in Bild C 1.2-1 dargestellt:

– Im einfachsten Fall (Bild C 1.2-1 a) wird die Oberfläche des Bauteiles von einer Flüssigkeit oder einem Gas belastet, in der bzw. in dem ein hydrostatischer Spannungszustand herrscht. Es genügt, mittels eines Aufnehmers a den Druck p zu messen, welcher der Spannung σ im Bauteil gleich ist.

– Verwendet man einen auf der Oberfläche aufliegenden Spannungsaufnehmer b (Bild C 1.2-1 b), wäre er ohne Einfluß auf den ursprünglichen Spannungszustand, wenn er die gleichen mechanischen Eigenschaften wie das unter dem Druck p stehende Medium aufwiese. Praktisch muß man sich darauf beschränken, den E-Modul des Aufnehmers b im Verhältnis zum E-Modul des Bauteiles möglichst klein und die Dicke h des Aufnehmers möglichst gering zu halten.

– Baut man den Spannungsaufnehmer b so ein, daß er bündig mit der Oberfläche des Bauteiles abschließt (Bild C 1.2-1 c), etwa aus strömungstechnischen Gründen, wäre er ohne Einfluß auf den ursprünglichen Spannungszustand im Bauteil, wenn er die gleichen mechanischen Eigenschaften wie das Bauteil aufwiese. Insbesondere sollte er den

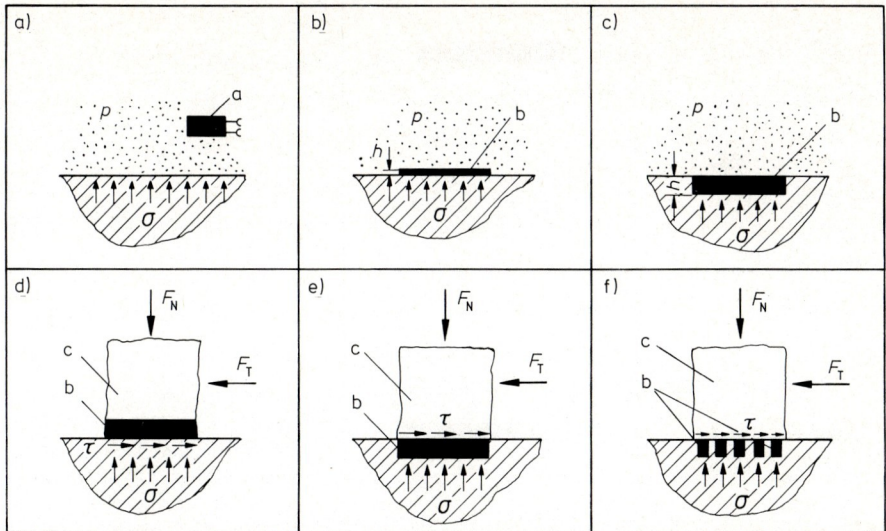

Bild C 1.2-1. Die wichtigsten Prinzipien der Spannungsmessung auf der Oberfläche von Bauteilen (Erläuterungen im Text).

gleichen E-Modul und die gleiche Querkontraktionszahl wie das Bauteil haben. Da man dies jedoch nur näherungsweise erreicht, sollen wenigstens seine Abmessungen, etwa seine Dicke h, klein sein.

– Wird das Bauteil mit Normalkräften F_N und Tangentialkräften F_T belastet (Bild C 1.2-1 d), wie dies häufig bei festen Medien c der Fall ist, muß der Aufnehmer b die Spannungen σ und τ gleichzeitig erfassen können. Ist er, wie hier, in das Medium integriert, sollte er dessen mechanische Kennwerte aufweisen. Dies ist zwar bei metallischen Medien möglich, bei viskosen Medien wie z. B. Sand, aber nicht zu erreichen.

– Hat man viskose Medien c (Bild C 1.2-1 e), z. B. auf der Oberfläche strömendes Wasser oder fließenden Sand, die im Bauteil Spannungen σ und/oder τ erzeugen, dann integriert man den Spannungsaufnehmer in das Bauteil, um die Strömungsverhältnisse nicht zu ändern. Im übrigen gelten die Forderungen entsprechend c).

– Interessiert nicht nur der Mittelwert von σ und τ (Bild C 1.2-1 f), sondern ihr örtlicher Verlauf, löst man den Aufnehmer in viele kleine Aufnehmer auf. Für den einzelnen Aufnehmer b gelten die Verhältnisse entsprechend e).

Die wichtigsten Prinzipien der *Dehnungsmessung auf der Oberfläche von Bauteilen* zeigt Bild C 1.2-2.

– Am naheliegendsten ist es, im Abstand l voneinander zwei Markierungen a, etwa in Gestalt von Böckchen (vgl. Abschn. C 1.4.1.1), anzubringen und deren Abstandsänderung als Folge der Dehnung ε mittels des Wegaufnehmers b zu messen (Bild C 1.2-2 a). Den Abstand l bezeichnet man als Meßlänge. Die (mittlere) Dehnung $\bar{\varepsilon}$ erhält man als Verhältnis von Änderung Δl der Meßlänge l und Meßlänge l.

Die Empfindlichkeit E des Aufnehmers b ist proportional zu l. Sie kann also insbesondere dann groß gemacht werden, wenn man l groß wählt. Um das ursprüngliche Dehnungsfeld möglichst wenig zu beeinflussen, sollten die Markierungen a immer einen möglichst kleinen E-Modul haben, klein und leicht sein, der Aufnehmer b leicht und seine Meßkraft möglichst klein sein. Grundsätzlich läßt sich die Meßkraft durch

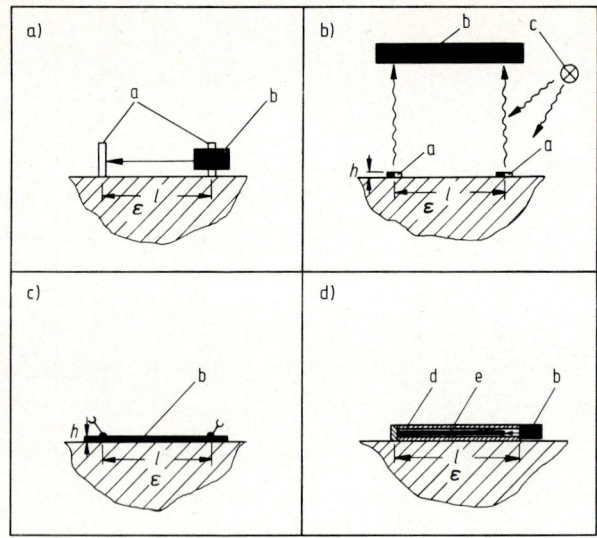

Bild C1.2-2. Die wichtigsten Prinzipien der Dehnungsmessung auf der Oberfläche von Bauteilen (Erläuterungen im Text).

Kompensation [C1.2-5, S. 498, und C1.2-6] zwar beliebig klein machen, bei praktischen Ausführungen von Dehnungsaufnehmern ist sie jedoch fast immer klein genug.

Die physikalischen Prinzipien der Wegaufnehmer sind den Abschnitten D5 und D6 zu entnehmen.

– „Berührungslos" kann man messen (Bild C1.2-2b), wenn man die Markierungen optisch erkennbar macht, z. B. als Schwarzweißstufen. Dann können die Markierungen a mit der Lichtquelle c sichtbar gemacht und ihre gegenseitige Lage z. B. mit einem optoelektrischen Aufnehmer b gemessen werden (vgl. Abschn. D3).

Da man die Markierungen sehr leicht ausführen kann, ist ihre Rückwirkung auf das Bauteil meist vernachlässigbar. Vorteilhaft ist ferner die mögliche geringe Dicke h der Markierungen, die im Gegensatz zu Bild C1.2-2a keine Fehler bei Biegung des Bauteils verursacht (vgl. auch Abschn. C1.4.1).

– Bringt man einen langgestreckten Aufnehmer b längs einer körperfesten Linie auf (Bild C1.2-2c), nimmt er längs dieser Linie die örtliche Dehnung ε auf; ändert er dabei seine physikalischen Eigenschaften, z. B. seine Geometrie oder seinen spezifischen elektrischen Widerstand, proportional zu ε, ist die Änderung dieser physikalischen Eigenschaften proportional zur mittleren Dehnung $\bar{\varepsilon}$. Die Empfindlichkeit E des Aufnehmers b ist grundsätzlich unabhängig von der Meßlänge l, da die relative Änderung seiner physikalischen Eigenschaften gemessen wird.

Vorteilhaft ist die mögliche geringe Dicke h, die Fehler bei Biegungen des Bauteils klein hält; nachteilig ist die meist große Meßkraft, besonders bei Bauteilen mit kleinem E-Modul.

Praktische Beispiele sind fluidische (vgl. Abschn. D5.2) oder elektrische (vgl. Abschn. D6.3 und D6.4) Dehnungsmeßstreifen.

– Ebenfalls kontinuierlich längs körperfester Linien wird die Dehnung ε in ein auf der Oberfläche des Bauteils befestigtes Rohr d eingeleitet (Bild C1.2-2d), in dessen Innerem sich ein Draht e, dessen eines Ende fest mit dem Rohr d verbunden ist, nach Art eines Bowdenzuges bewegen kann. Die Verlagerung des freien Endes des Drahtes relativ zum Rohr wird von einem Wegaufnehmer b gemessen [C1.2-7].

Vorteilhaft ist die Möglichkeit, die mittlere Dehnung $\bar{\varepsilon}$ auch über sehr große Meßlängen *l* messen zu können und die Möglichkeit, durch Meßwegübertragung den Wegaufnehmer b von Zonen ungünstiger Umgebungsbedingungen, z. B. Zonen hoher Temperatur und/oder Kernstrahlungsintensität, fernzuhalten.

Die wichtigsten Prinzipien der *Spannungs- und Dehnungsmessung im Inneren von Bauteilen* sind in Bild C 1.2-3 erläutert.

– Im Inneren von Bauteilen (Bild C 1.2-3 a) lassen sich Spannungen und Dehnungen mit Aufnehmern nur messen, wenn diese beim Herstellen des Bauteiles im Inneren eingefügt werden können oder wenn im Bauteil nach dem Herstellen entsprechender Raum geschaffen werden kann. Das erstere ist bei Beton [C 1.2-7] und Kunststoffen [C 1.2-8; 9] ein mögliches Verfahren, das letztere aber auch möglich [C 1.2-10].

Gelingt es, dem Aufnehmer a die gleichen mechanischen Eigenschaften zu geben wie dem Werkstoff des Bauteiles a, also insbesondere die E-Moduln, Querkontraktionszahlen und thermischen Längenausdehnungskoeffizienten gleichzumachen, spielt die Form des Aufnehmers keine Rolle. Einzige Bedingung ist völliger Form- und Kraftschluß. Praktisch läßt sich diese ideale Auslegung des Aufnehmers nur angenähert erreichen, z. B. in einer Richtung. Ein fast idealer Sonderfall ist in [C 1.2-8] geschildert.

– Da die ideale Auslegung des Aufnehmers gemäß Bild C 1.2-3 a nicht möglich ist, bemüht man sich, praktische Ausführungen von Spannungsaufnehmern mit möglichst kleinem Verhältnis von Dicke *h* und Durchmesser *d* auszuführen (Bild C 1.2-3 b). Wäre *h*/*d* sehr klein, wären die Rückwirkungen des Aufnehmers a auf das Bauteil b vernachlässigbar. Dies bedeutete, daß die Hauptnormalspannung σ_1 bei entsprechender Orientierung des Aufnehmers unverfälscht auf dessen Oberfläche wirkt.

Schwierig wird das Messen von Zugspannungen, da bei ungenügender Haftung des Werkstoffes von Bauteil b auf der Oberfläche des Aufnehmers a der Kraftschluß zwischen beiden aufgehoben wird.

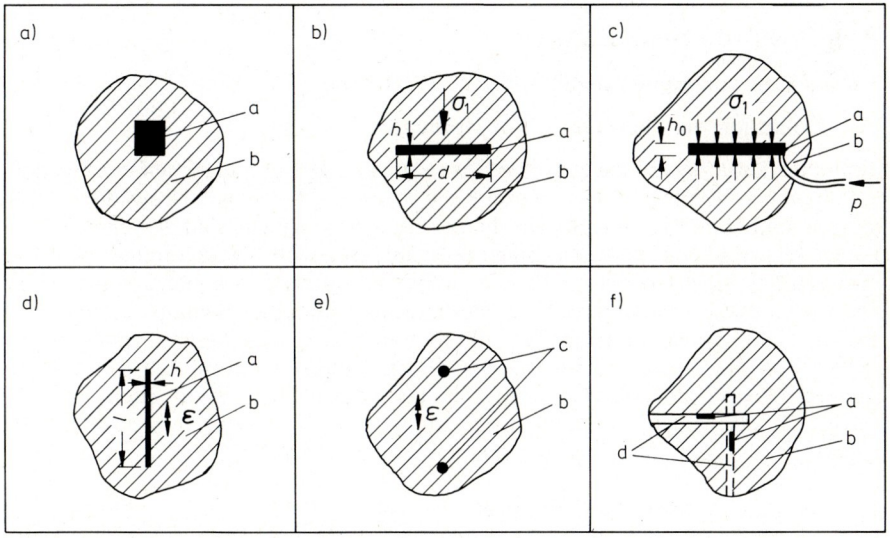

Bild C 1.2-3. Die wichtigsten Prinzipien der Spannungs- und Dehnungsmessung im Inneren von Bauteilen (Erläuterungen im Text).

- Genauer als mit dem Verfahren nach Bild C 2.1-3 b kann man die Spannung messen, wenn man ein Kompensationsverfahren (Bild C 2.1-3 c) benutzt [C 1.2-4; C 1.3-7]. Ändert sich die Dicke h_0, die der schlaffe Spannungsaufnehmer bei $\sigma_1 = 0$ hat, unter dem Einfluß von σ_1, dann variiert man den Druck p im Innern des Aufnehmers a so lange, bis h wieder gleich h_0 wird. Dann ist $p = \sigma_1$. Da h_0 nicht beliebig klein gemacht werden kann und der Aufnehmer a in Querrichtung meist andere mechanische Eigenschaften als der Werkstoff des Bauteiles b aufweist, ist auch das Kompensationsverfahren nicht fehlerfrei.

- Dehnungsaufnehmer, welche die Idealauslegung gemäß Bild C 2.1-3 a erfüllen, sind nicht realisierbar. Führt man sie jedoch in Form prismatischer Stäbe mit kleinem Verhältnis von Dicke h zu Länge l aus (Bild C 2.1-3 d), wird die Dehnung ε schon nach dem etwa zehnfachen der Dicke h vollständig in den Aufnehmer a eingeleitet und so sicher meßbar, wenn der E-Modul des Aufnehmers etwa 50mal größer ist als der des Bauteiles b [C 1.2-11].

Dehnungsmessungen im Inneren von Bauteilen sind leichter als Spannungsmessungen auszuführen, weil langgestreckte prismatische Stäbe bei Belastungen weniger leicht Anlaß zu Werkstofftrennungen geben als möglichst normal zu den Hauptspannungen liegende tellerförmige, flächige Gebilde.

- In Sonderfällen (Bild C 1.2-3 e) lassen sich Markierungen c im Inneren des Bauteiles b anbringen, deren Abstandsänderungen unter Belastung ein Maß für die Dehnung ε sind. In optisch durchsichtigen Bauteilen, wie z. B. einigen Kunststoffen, kann man die Lage der Markierungen optisch feststellen; in optisch undurchsichtigen Bauteilen mittels Röntgenstrahlen.

- Unter Beachtung bestimmter geometrischer Bedingungen kann man in das Bauteil b Bohrungen d einbringen, an deren Oberfläche Dehnungsaufnehmer a fest oder auch verschiebbar angebracht sind (Bild C 1.2-3 f). Richtige Meßwerte erhält man, wenn das ursprünglich ohne Bohrungen vorhandene Dehnungsfeld durch die Bohrung nicht verändert wird [C 1.2-10].

C 1.3 Messen von Spannungen

C 1.3.1 Messen von Spannungen auf der Oberfläche

C 1.3.1.1 Ermittlung von Spannungen aus Dehnungen

Bei bekanntem Zusammenhang zwischen Spannungen und Dehnungen auf der Oberfläche mißt man meist die Dehnungen in drei Richtungen und berechnet daraus die Hauptspannungen und ihre Richtungen. Die hierzu nötigen Formeln sind Abschn. A 2 zu entnehmen. Die rechnerische Auswertung erfolgt mit Hilfe von Nomogrammen [C 1.3-1] oder meist mittels Digitalrechnern, für die die nötige Software kommerziell angeboten wird. Bei dynamischen Messungen sind Digitalrechner mit einer Signalbandbreite von z. B. 200 Hz [C 1.3-2] oft zu langsam; hier hilft man sich durch elektrisches Speichern und anschließendes Aufarbeiten mit verringerter Geschwindigkeit oder durch den Einsatz von Analogrechnern, mit denen man im On-Line-Betrieb Signalbandbreiten von z. B. 2000 Hz [C 1.3-3] erreichen kann. Ist den Spannungen in der Oberfläche noch eine Normalspannung überlagert, mißt man sie entsprechend Bild C 1.2-1.

C 1.3.1.2 Ausgeführte Spannungsaufnehmer

Druckaufnehmer entsprechend Bild C 1.2-1 a sind in zahlreichen Varianten erhältlich. Einzelheiten entnehme man dem Schrifttum [C 1.2-5, S. 523–541]. Sollen Flächenpressungen entsprechend Bild C 1.2-1 d, jedoch ohne Tangentialspannungen, ermittelt werden, steht eine Reihe von Verfahren zur Verfügung, die auf bleibenden Änderungen druckempfindlicher Folien beruhen; Einzelheiten entnehme man Abschn. D 7.1.

Besonders für dynamische Messungen verwendet man Aufnehmer, die wie Foliendehnungsmeßstreifen (Abschn. D 6.3) aufgebaut sind, deren Meßgitter aber aus Manganin besteht. Ändert sich der Druck normal auf den Aufnehmer, beobachtet man druckproportionale Widerstandsänderungen des Meßgitters [C 1.3-4; 5]. Es sind Messungen bis zu sehr hohen Frequenzen möglich, wie sie z. B. beim Auftreten von Stoßwellen beobachtet werden.

Ein Aufnehmer zum gleichzeitigen Messen von Normal- und Schubspannungen entsprechend Bild C 1.2-1 e ist in Bild C 1.3-1 dargestellt.

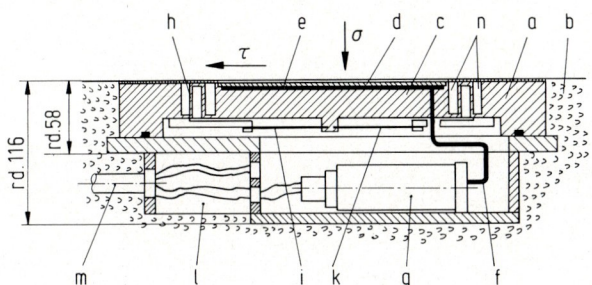

Bild C 1.3-1. Aufnehmer zum gleichzeitigen Messen von Normalspannung σ und Schubspannung τ, vereinfachte Darstellung.

(Hersteller: H. Maihak AG) a Gehäuse, b Bauteil, c Teller, d elastische Platte, e Flüssigkeit, f Leitung, g Druckaufnehmer, h Gelenke, i, k Saite, l Kasten, m Kabel, n Weichgummi

Das Gehäuse a des Aufnehmers ist bündig im Bauteil b gelagert. Die Normalspannung σ, bei Anwendung im Bauwesen z. B. aus dem Baugrund übertragen, wirkt auf den Teller c, der eine elastische Platte d trägt. Unter der Platte d befindet sich ein Hohlraum, der mit einer Flüssigkeit e gefüllt ist. Der in der Flüssigkeit erzeugte Druck ist proportional σ. Er wird über die Leitung f in den Druckaufnehmer g übertragen und dort mittels einer schwingenden Saite (vgl. Abschn. D 6.13) gemessen.

Der Teller c ist in den Gelenken h elastisch gelagert und kann so Querbewegungen unter dem Einfluß einer äußeren Schubspannung τ auf die Saiten i und k übertragen. Bei der eingezeichneten Laufrichtung von τ wird die Frequenz der Saite i verkleinert und die der Saite k vergrößert und damit τ meßbar gemacht. Die um 90° gegen τ versetzte Schubspannung wird mit zwei weiteren, um 90° versetzten Saiten gemessen. Die elektrischen Signale werden über das im Kasten l feuchtigkeitsfest vergossene Kabel m dem Meßgerät zugeführt. Die durch die Gestalt der Gelenke h bedingten Hohlräume sind mit Weichgummi n gefüllt, um ein Zusetzen (z. B. mit Baugrund) zu verhindern, da dies zur Versteifung der Gelenke h und damit zu Meßfehlern führen würde.

C 1.3.2 Messen von Spannungen im Inneren

C 1.3.2.1 Ermittlung von Spannungen aus Dehnungen

Kann man entsprechend Bild C 1.2-3 d, e oder f Dehnungen im Inneren messen und besteht ein bekannter Zusammenhang zwischen diesen Dehnungen und den zu messenden Spannungen, dann ist die Ermittlung der Spannungen aus den Dehnungen relativ einfach möglich (s. Abschn. C 1.4).

C 1.3.2.2 Dimensionierung von Spannungsaufnehmern

Beim direkten Messen der Spannungen entsprechend Bild C 1.2-3 b und c ist zum Erzielen kleiner Meßfehler die richtige Dimensionierung der Spannungsaufnehmer wesentlich. Bild C 1.3-2 zeigt das berechnete Verhältnis der Spannungen σ_A im Aufnehmer a zu den Spannungen σ_B im Bauteil b.

– Aus dem Teilbild C 1.3-2 a sind die Bezeichnungen und Randbedingungen zu entnehmen. Der Aufnehmer a ist homogen und hat zylindrische Gestalt.

– Das Teilbild C 1.3-2 b gilt für den einachsigen Spannungszustand, wobei σ_B senkrecht auf der Stirnfläche des Aufnehmers steht. Wie ersichtlich, nähert sich σ_A um so mehr σ_B, je näher E_A/E_B bei eins liegt und je kleiner h/R wird.

– Tritt eine Dehnung ε_B auf, die nicht mit einer Spannung σ_B verbunden ist (Bild C 1.3-2 c), z. B. infolge einer Temperaturdehnung des Bauteiles, dann wird eine Span-

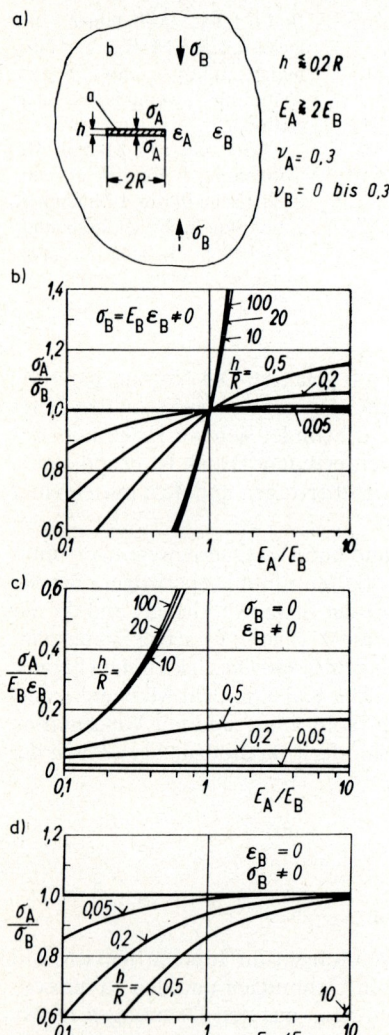

Bild C1.3-2. Anzeigefehler von Spannungsaufnehmern im Inneren von Bauteilen nach *Y. C. Loh* [C1.2-3] sowie *G. Magiera* und *N. Czaika* [C 1.2-4].

nung σ_A generiert, wenn h/R und E_A/E_B nicht klein genug sind. Es genügt also nicht, wenn $E_A/E_B = 1$ ist, wie man nach Bild C 1.3-2 b vermuten könnte. $\varepsilon_B E_B$ ist eine fiktive Bezugsspannung.

– Ist trotz einer Spannung σ_B die Dehnung ε_B gleich null (Bild C 1.3-2 d), z. B. weil das Bauteil werkstoffbedingt eine Volumenänderung erfährt, aber starr eingespannt ist, dann muß E_A/E_B groß und wiederum h/R klein sein, um $\sigma_A = \sigma_B$ zu erhalten. Die Forderungen an das Verhältnis E_A/E_B widersprechen sich also je nach Belastungsfall. Bei allen Belastungsfällen mißt man also nur richtig, wenn h/R sehr klein ist.

Wie Berechnungen mittels der Methode der finiten Elemente gezeigt haben, geben die Kurvenscharen von Bild C 1.3-2 die tatsächlichen Verhältnisse nur in erster Näherung wieder. Folgt man den Angaben trotzdem, erhält man als Regel, daß für $h/R \lesssim 0,2$ und $E_A/E_B \gtrsim 2$ Anzeigefehler zwischen $+7$ und -4% zu erwarten sind.

C 1.3.2.3 Ausgeführte Spannungsaufnehmer

Einen ausgeführten Spannungsaufnehmer für das Innere von Beton zeigt Bild C 1.3-3. Die beiden elastischen Stahlplatten a und b umschließen einen scheibenförmigen Hohlraum c, der mit einer Flüssigkeit, z. B. Quecksilber oder Öl, gefüllt ist. Wird der Spannungsaufnehmer belastet, verkleinert sich der Hohlraum c und der dabei entstehende Flüssigkeitsdruck wirkt auf die Biegeplatte d. Diese deformiert ihrerseits mittels der Stange e den elastischen Metallkorb f derart, daß sich der Umfang seines rechten Teiles vergrößert und der des linken Teiles verkleinert. Entsprechend auf den Metallkorb aufgewickelte Widerstandsdrähte verändern hierbei ihren Widerstand und machen so die Spannung im Beton meßbar.

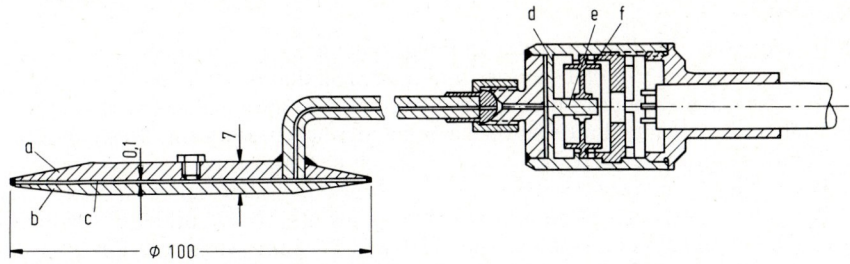

Bild C 1.3-3. Spannungsaufnehmer für das Innere von Beton nach *Brosa*.
a, b Stahlplatten, c Hohlraum, d Biegeplatte, e Stange, f Metallkorb

Der Aufnehmer hat einen h/R-Wert von etwa 0,14 und ist deshalb gemäß Bild C 1.3-2 für Spannungsmessungen gut geeignet, sofern der unbekannte Wert von E_A/E_B nicht wesentlich unter eins liegt. Weitere Aufnehmer sind im Schrifttum [C 1.2-1] erläutert.

Eine größere Freiheit in der Dimensionierung von Spannungsaufnehmern und damit kleinere Meßfehler erhält man mit dem Kompensationsverfahren. Bild C 1.3-4 verdeutlicht das Meßprinzip.

– Auf einem prismatischen, homogenen Bauteil a, das unbelastet ist, ist ein Rechteck b der Höhe h aufgezeichnet (Bild C 1.3-4 a).

– Das Bauteil a in Bild C 1.3-4 b wird durch gleichverteilte Druckspannungen σ belastet, d. h., die Hauptspannungslinien sind parallel. Das aufgezeichnete Rechteck b bleibt ein Rechteck, seine Höhe h wird jedoch kleiner.

– Schneidet man nun in Bild C 1.3-4 c einen Quader, dessen Seitenflächen dem Rechteck b nach Bild C 1.3-4 a entsprechen, aus dem unbelasteten Bauteil entsprechend heraus

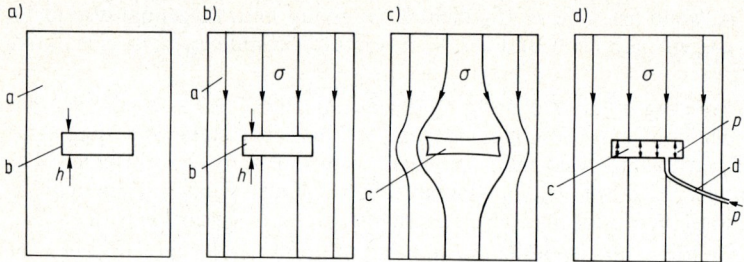

Bild C 1.3-4. Wirkprinzip eines Kompensationsspannungsaufnehmers (Erläuterungen im Text).

und belastet wieder, dann wird das Rechteck bzw. der Quader c deformiert, insbesondere seine waagerechten Flächen, und die Hauptspannungslinien weichen von der Geraden ab.

– Bringt man nun durch ein genügend kleines Rohr d einen Druck p in den Quader c (Bild C 1.3-4 d) und erhöht p so lange, bis die waagerechten Flächen wieder eben sind, dann wird unter Vernachlässigung der Querverformungen wieder der Zustand nach Bild C 1.3-4 b erreicht und die Hauptspannungslinien verlaufen wieder parallel zueinander. Dann ist aber auch $p = \sigma$. Der Druck p ist mittels Manometer über das Rohr d leicht zu messen.

Die Ebenheit der waagerechten Flächen ist aber kein technisch auswertbares Kriterium für $p = \sigma$. Dies sowie die hier nicht berücksichtigten Querverformungen bedeuten, daß man auch bei Kompensationsspannungsaufnehmern auf die Dimensionierung h/R zu achten hat.

Das Wirkprinzip eines Kompensationsspannungsaufnehmers für Beton [C 1.3-7] zeigt Bild C 1.3-5. Der Aufnehmer besteht aus zwei dünnen, metallischen, rechteckigen Scheiben a und b, die an den Rändern miteinander verschweißt sind. Die Scheibe b ist innen aufgerauht. Da beide Scheiben kraftschlüssig aufeinander liegen, kann eine Normalspannung ohne Durchbiegung der Scheiben a bzw. b durch den Aufnehmer geleitet werden. Die Scheibe b hat in ihrer Mitte ein Rohr c mit der Mündung d, die zunächst durch die Scheibe a verschlossen ist. Pumpt man nun eine Flüssigkeit, z. B. Öl, durch das Rohr e in die durch die Rauhigkeit der Scheibe b gebildeten Hohlräume, steigt der Druck p so lange, bis sich das aus Mündung d und Scheibe a gebildete Ventil öffnet; dann fließt das Öl so lange ab, bis das Ventil sich wieder schließt usw. Hält man die Fördermenge genügend klein und konstant, stellt sich ein bleibender kleiner Ventilspalt ein, und es wird $p = \sigma$. Näheres entnehme man Abschnitt D 5.3.

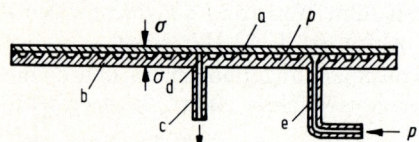

Bild C 1.3-5. Kompensationsspannungsaufnehmer für das Innere von Beton nach *F. Glötzl* [C 1.3-7]. a, b Scheiben, c Rohr, d Mündung, e Rohr, p Druck

C 1.3.3 Mögliche Fehlerquellen

C 1.3.3.1 Fehler durch ungeeignete geometrische und elastische Dimensionierung

Diese Fehler verdienen größte Beachtung. Für das Innere von Bauteilen lassen sie sich aus den Kurvenscharen des Bildes C 1.3-2 abschätzen. Für Messungen auf der Oberfläche sind entsprechende Untersuchungen nicht bekannt; grobe Abschätzungen können durch sinngemäßes Anwenden von Bild C 1.3-2 gewonnen werden. Tendenzen sind den Erläuterungen zu Bild C 1.2-1 zu entnehmen.

C 1.3.3.2 Fehler durch zu kleine oder zu große Meßflächen

Häufig hat man Spannungen in inhomogenen Werkstoffen zu messen, z. B. in Verbundwerkstoffen oder Beton. Bei Beton weichen die E-Moduln der Zuschlagstoffe z. B. um -50 bis $+500\%$ vom E-Modul des sie umschließenden Zementsteines ab [C 1.3-8]. Entsprechend inhomogen wird die Spannungsverteilung. Verkleinert man den Durchmesser des Spannungsaufnehmers bis in die Größenordnung des mittleren Durchmessers der Zuschlagstoffe, dann muß man deshalb mit beträchtlichen Fehlern rechnen. Abschätzungen der Größe der Fehler lassen sich aus [C 1.3-6] entnehmen. Sie liegen in der Größe, wie sie für Dehnungsmessungen in Beton auftreten [C 1.2-2; C 1.3-8]; näheres s. Abschn. C 1.4.3.4.

Zu große Durchmesser von Spannungsaufnehmern führen dann zu Meßfehlern, wenn die zu messenden Spannungen sich in Form von Stoßwellen [C 1.3-9] mit steilen Flanken ausbreiten, wie dies z. B. bei Druckwellen auf der Oberfläche von Bauteilen häufig der Fall ist.

C 1.3.3.3 Fehler durch Querempfindlichkeit

Treten quer zur Meßrichtung von Spannungsaufnehmern Spannungen auf, wirkt der Spannungsaufnehmer als Störstelle und bewirkt so auch Spannungen in Meßrichtung. Weitere Fehler sind durch Einwirkung von Querspannungen auf den Aufnehmer selbst zu erwarten. Abhilfe kann ein weicher Ring bringen, der den Rand des Aufnehmers vom umgebenden Werkstoff, z. B. Beton [C 1.3-10], trennt. Angaben über zu erwartende Fehler kann man [C 1.3-6] entnehmen.

C 1.4 Messen von Dehnungen

Die Ausführungen in Abschn. C 1.4 stimmen z. T. mit denen überein, die im Schrifttum [C 1.2-5, S. 459–472] niedergelegt sind; einige Wiederholungen waren nötig, um die Geschlossenheit des vorliegenden Buches zu erhalten.

C 1.4.1 Messen von Dehnungen auf der Oberfläche

C 1.4.1.1 Dehnungsabgriff

Verformt man einen festen Körper, so wird sich eine körperfeste Gerade der Länge l zwischen zwei körperfesten Punkten a und b gemäß Bild C 1.4-1 a etwa entsprechend Bild C 1.4-1 b deformieren; die körperfesten Punkte nach der Deformation seien a′ und b′. Als örtliche Dehnung ε bezeichnet man das Verhältnis der Längenänderung Δl der Linie zwischen a′ und b′ und der ursprünglichen Länge l, und zwar für den Fall, daß l und damit Δl im Grenzfall unendlich klein werden:

$$\varepsilon = \frac{\mathrm{d}\Delta l}{\mathrm{d}l} \qquad \text{(C 1.4-1)}.$$

Leider gibt es kein technisches Verfahren mit so kleiner Meßlänge l, daß man die wahre örtliche Dehnung ε messen könnte. Man ist vielmehr gezwungen, mit endlichen Meßlängen l zu arbeiten, kann also nur mittlere Dehnungen $\bar{\varepsilon}$ messen.

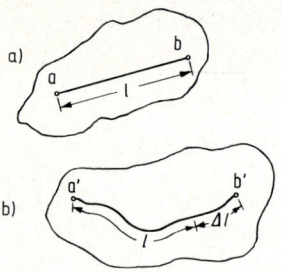

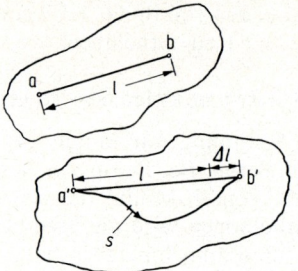

Bild C 1.4-1. Definition der Dehnung.   Bild C 1.4-2. Dehnungsmessung mit Meßspitzen.

Mißt man $\bar{\varepsilon}$ etwa mittels eines dehnungsempfindlichen Widerstandsdrahtes (Dehnungs-meßstreifen, Abschn. D 6.3), der längs einer Linie aufgeklebt ist, dann wird die mittlere Dehnung längs der Linie zwischen a und b ohne weitere Voraussetzung:

$$\bar{\varepsilon} = \frac{\Delta l}{l} \qquad\qquad (C\ 1.4\text{-}2).$$

Ermittelt man $\bar{\varepsilon}$ aus dem kürzesten Abstand der Punkte a und b in Bild C 1.4-2 a, etwa indem man die Meßspitzen eines Wegmessers in die Punkte a und b bzw. a' und b' einsetzt, dann ist noch die Zusatzbedingung zu erfüllen, daß die Gerade $\overline{a\,b}$ nicht zu stark gekrümmt werden darf. Denn die aus $\overline{a\,b}$ durch die Deformation entstandene Kurve zwischen a' und b' muß ungefähr gleich lang sein, wie die kürzeste Verbindung zwischen a' und b':

$$l + \Delta l \approx \int\limits_{a'}^{b'} \mathrm{d}s \qquad\qquad (C\ 1.4\text{-}3).$$

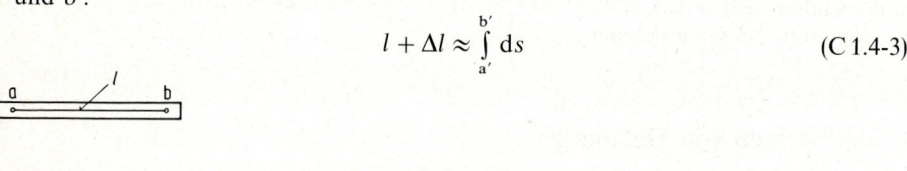

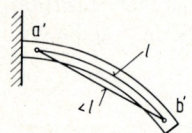

Bild C 1.4-3. Dehnungsmessung mit Meßspitzen.

In Bild C 1.4-3 ist die Notwendigkeit dieser Bedingung an einem Beispiel verdeutlicht. Es soll die Dehnung längs einer körperfesten Linie zwischen den Punkten a und b, die beide in der neutralen Faser eines Biegebalkens liegen, gemessen werden. Wird der Balken gebogen, bleibt die Linie zwischen a und b gleich lang. Ein zwischen a und b aufgeklebter dünner Meßdraht würde also keine Dehnung erfahren. Ein Dehnungsmesser mit Meß-spitzen jedoch, der auf eine Längenänderung der kürzesten Verbindung zwischen a' und b' anspricht, zeigt eine (in diesem Fall negative) Dehnung an, obgleich längs der Linie zwischen a und b tatsächlich keine Dehnung auftritt. Die wichtigsten Verfahren zum Abgriff von Dehnungen sind schematisch in Bild C 1.4-4 zusammengestellt.

– Dehnungsabgriff mit Meßspitzen (Bild C 1.4-4 a)

Der Dehnungsaufnehmer (z. B. ein induktiver Differentialtauchankeraufnehmer) ist mit einer festen Meßspitze a und einer beweglichen Meßspitze b versehen; beide begrenzen die Meßlänge *l*. Sie werden mittels des Federbügels c fest in die Oberfläche des Bauteiles

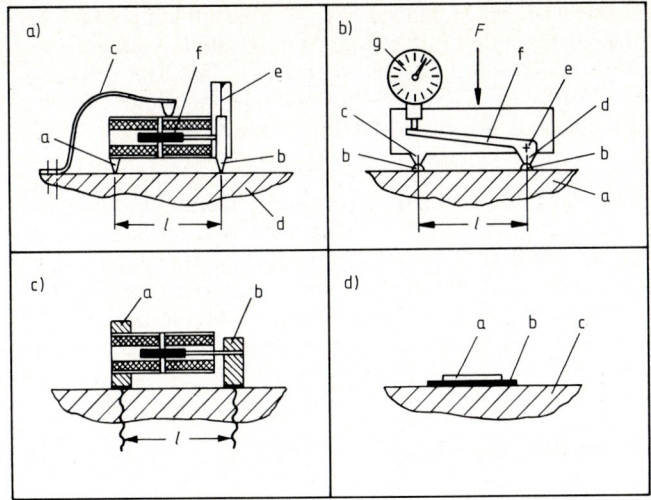

Bild C 1.4-4. Die wichtigsten Verfahren zum Abgriff von Dehnungen, schematische Darstellung.

d gepreßt. Bei einer Dehnung des Bauteiles d wird die Änderung der Meßlänge *l* über die Meßspitze b, deren Beweglichkeit durch eine Blattfeder e gewährleistet ist, dem Kern f mitgeteilt und so meßbar gemacht. An Stelle der Meßspitzen verwendet man auch Meßschneiden, insbesondere, wenn der Dehnungsaufnehmer größere Meßkräfte aufweist und deshalb mit einem Kriechen des Werkstoffes in der Umgebung der Spitzen zu rechnen wäre. Die Meßspitzen oder -schneiden müssen so hart sein, daß sie etwas in die Bauteiloberfläche eindringen können; anderenfalls hat man mit undefiniertem Rutschen des Dehnungsaufnehmers schon bei den geringsten Erschütterungen zu rechnen. Bewährt haben sich für Sonderfälle Schneiden aus Hartmetall oder Diamant [C 1.4-1], die auch eine große Verschleißfestigkeit aufweisen. Für die Breite der Meßschneiden quer zur Meßrichtung wählt man höchstens etwa 10% der Meßlänge; dann sind erfahrungsgemäß keine wesentlichen Störungen des Dehnungsfeldes zu erwarten. Die nötige Anpreßkraft schwankt je nach Art des Dehnungsaufnehmers zwischen etwa 10 und 1000 N. Bei großen Anpreßkräften und dünnen Bauteilen sind deshalb die Anpreßkräfte so zu führen, daß sie ihrerseits keine Bauteildehnungen verursachen.

An Stelle des Federbügels c verwendet man auch andere Aufspannvorrichtungen [C 1.4-2 ; 3], z. B. solche mit Magneten oder Saugnäpfen. Man kann den Dehnungsaufnehmer aber auch von Hand mit zwischengeschalteter Feder [C 1.4-4] anpressen. Dies erlaubt ein schnelles Abtasten ausgedehnter Dehnungsfelder.

Die Hauptvorteile des Dehnungsabgriffs mit Meßspitzen sind die sehr gut definierte Meßlänge und ein rasches Auf- und Umspannen des Dehnungsaufnehmers ohne besonderes Bearbeiten der Meßfläche. Nachteilig sind vor allem die Erschütterungsempfindlichkeit und eine eventuelle Lageempfindlichkeit des Aufnehmers, Raumschwierigkeiten mit der Spannvorrichtung und bei dynamischen Messungen eine mögliche Kontaktresonanz [C 1.4-5]. Ferner ist bei Präzisionsmessungen der Drehpunkt der Schneiden nicht genügend sicher definiert.

– Dehnungsabgriff mit Kugeln (Bild C 1.4-4 b)

Beim Dehnungsabgriff mit Meßspitzen oder Meßschneiden geht der Nullpunkt des Dehnungsaufnehmers verloren, wenn man ihn vom Bauteil entfernt. Man kann diesen Nachteil vermeiden, indem man die Meßlänge *l* mit in das Bauteil a eingeschlagenen Kugeln b begrenzt. Der feste und der bewegliche Meßfuß c bzw. d des Dehnungsaufnehmers enden in konischen Vertiefungen und ändern unter der Anpreßkraft F auch nach vielmaligem Auf- und Absetzen ihre Meßposition nur um wenige 10^{-3} mm. Der bewegliche Meßfuß d ist im Gelenk e drehbeweglich gelagert und sorgt so für einen dehnungsproportionalen Weg des Hebels f, den man z. B. mit einer Meßuhr g messen kann (vgl. Abschn. D 1.3).

Der beschriebene Aufnehmertyp wird der Setzdehnungsmesser genannt. Die Hauptvorteile sind die Möglichkeiten, mit einem Aufnehmer beliebig viele Meßstellen nacheinander auszumessen und zwischen den Meßzeiten schwierige Umgebungsbedingungen, wie z. B. hohe Temperaturen, Feuchtigkeit oder Erschütterungen, tolerieren zu können. Ein anderer Typ des Setzdehnungsmessers arbeitet mit kegelförmigen Meßspitzen, die definiert in kegelförmige Eindrücke in der Bauteiloberfläche eingesetzt werden können [C 1.4-6].

– Dehnungsabgriff mit Böckchen (Bild C 1.4-4 c)

Verwendet man aufgeklebte, aufgelötete oder ähnlich befestigte Böckchen a und b an Stelle von Meßspitzen – in diesem Fall wieder am Beispiel eines induktiven Differential-tauchankeraufnehmers gezeigt –, spart man die Aufspannvorrichtung und verhindert jedes Rutschen des Dehnungsaufnehmers bei Erschütterungen. Von erheblichem Nachteil ist jedoch, daß bei Krümmungen der Meßfläche mit einem Verklemmen des Aufnehmers sowie daraus resultierend mit Fehlmessungen zu rechnen ist, weil die Meßlänge nicht mehr in der Oberfläche des Bauteiles liegt. Weitere Fehler [C 1.4-7] in Höhe von z. B. $\pm 10\%$ hat man zu erwarten, weil die Meßlänge l nicht genau definiert ist. Schließlich muß man mit einer beträchtlichen Rückwirkung der Böckchen auf das Dehnungsfeld des Bauteiles rechnen.

Größere Bedeutung hat der beschriebene Dehnungsabgriff, wenn man die Böckchen, die auch in Schneiden enden können, mit dem Bauteil verschraubt. Solche Dehnungsaufnehmer verwendet man z. B. zur Überwachung von Maschinen, wie Pressen oder Krane; vgl. Abschn. D 1, D 5 u. D 6.

– Dehnungsabgriff längs körperfester Linien (Bild C 1.4-4 d)

Klebt man Dehnungsstreifen oder Halbleiteraufnehmer a (Abschn. D 6.3 u. D 6.4) mittels Klebstoff b auf das Bauteil c, dann mißt man in guter Näherung die mittlere Dehnung längs körperfester Linien. Da der Meßdraht nur einen kleinen Abstand zur Bauteiloberfläche hat, z. B. $< 0,1$ mm, und da außerdem dieser Abstand gut definiert ist, ergeben sich bei Krümmungen des Bauteiles nur kleine und zudem rechnerisch leicht zu korrigierende Meßfehler. Neben dem Wegfall von Aufspannvorrichtungen ist die völlige Unempfindlichkeit des Aufnehmers gegen Erschütterungen als Hauptvorteil dieses Meßverfahrens anzusehen. Als Nachteile sind das zeitraubende Vorbereiten der Oberfläche für ein einwandfreies Kleben, meist der Verlust des Aufnehmers wegen Unlösbarkeit der Klebverbindung und eine beträchtliche Rückwirkung des Aufnehmers auf Bauteile mit kleinem E-Modul und/oder kleiner Dicke zu nennen.

Gelegentlich preßt man Dehnungsmeßstreifen oder Halbleiteraufnehmer auch ohne Klebstoff über eine hochelastische Zwischenlage so stark auf das Bauteil, daß Reibkräfte die Dehnungsübertragung ermöglichen. Man kann auf diese Weise auch größere Dehnungsfelder rasch abtasten [C 1.2-10].

58

C 1.4.1.2 Sonderverfahren

Ermittlung der Dehnung aus Verschiebungen

Oft ändert sich die örtliche Dehnung innerhalb kurzer Strecken so stark, daß die mit technischen Dehnungsaufnehmern auch sehr kurzer Meßlänge gemessenen mittleren Dehnungen von der örtlichen Dehnung erheblich abweichen. Dies ist besonders in der Umgebung kleiner Kerben oder Bohrungen der Fall. Dann hilft ein von *Rühl* und *Fischer* [C 1.4-8] angegebenes Verfahren, das in Bild C 1.4-5 schematisch erläutert ist. Es soll z. B. die wahre örtliche Dehnung eines gekerbten Biegebalkens, der mit konstantem Moment belastet ist, längs der Linie $\overline{0\,l}$ ermittelt werden. Dazu mißt man zunächst mit der Meßlänge $\overline{01}$ die Verlängerung Δl_1, dann mit der Meßlänge $\overline{02}$ die Verlängerung Δl_2 usw. und trägt die jeweiligen Δl über l auf. Die wahre örtliche Dehnung ε ergibt sich dann durch graphisches – oder besser – rechnerisches Differenzieren der Kurve $\Delta l = f(l)$ gemäß Gl. (C 1.4-1).

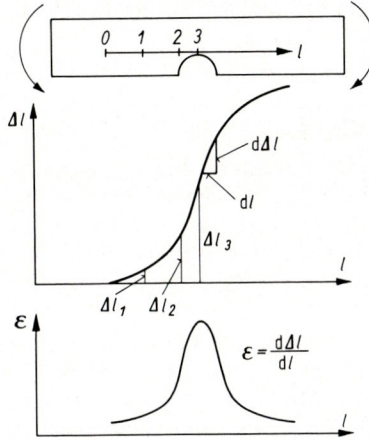

Bild C 1.4-5. Ermittlung der örtlichen wahren Dehnungen aus Verschiebungen nach *Rühl* und *Fischer* [C 1.4-7].

Die Messung ist zwar grundsätzlich z. B. mit Dehnungsmeßstreifen durchführbar, doch verwendet man besser einen Dehnungsaufnehmer mit Meßspitzen, dessen Meßlänge verstellbar ist. Das beschriebene Verfahren hat an Bedeutung verloren, nachdem man heute sog. Meßstreifenketten zur Verfügung hat, bei denen mehrere Dehnungsmeßstreifen kurzer Meßlänge, z. B. 1 mm, in kleinem Abstand voneinander längs einer Linie auf einem gemeinsamen Träger aufgebracht sind.

Ermittlung von Biegedehnungen

Bei Dehnungsmessungen an Platten, z. B. im Behälter-, Fahrzeug- oder Flugzeugbau, beobachtet man außer Zug- und Druckdehnungen ε_N, die durch in der Plattenebene wirkende Normalkräfte F_N hervorgerufen werden, meist auch Biegedehnungen ε_B, die von Biegemomenten M_B herrühren, Bild C 1.4-6 a. Da die Biegedehnungen ε_B sich meist linear über den Plattenquerschnitt verteilen und dabei in der Plattenmitte ihre Vorzeichen wechseln, die Dehnungen ε_N jedoch über den Plattenquerschnitt konstant sind, ergeben sich aus der Überlagerung von ε_B und ε_N auf der Oberseite der Platte andere Dehnungen (ε_2) als auf ihrer Unterseite (ε_3). Aus ε_2 und ε_3 lassen sich ε_N und ε_B leicht bestimmen:

$$\varepsilon_N = \frac{\varepsilon_2 + \varepsilon_3}{2} \qquad \text{(C 1.4-4)},$$

$$\varepsilon_B = \frac{\varepsilon_2 - \varepsilon_3}{2} \qquad \text{(C 1.4-5)}.$$

Häufig ist jedoch die eine Seite der Platte nicht zugänglich, z. B. bei einem kleinen oder gefüllten Behälter, oder es ist schwierig, die Lagen von zwei sich genau gegenüberliegenden Meßstellen überhaupt zu bestimmen, z. B. bei sehr großen Behältern. In diesen Fällen bestimmt man den Dehnungszustand durch Messen von einer Seite aus, und zwar durch Messen von ε_2 und der Dehnung ε_1, die sich auf der Oberfläche einer Schicht mit verschwindend kleinem E-Modul ergeben würde, die formschlüssig auf die Oberseite der Platte aufgebracht wäre. Wie sich aus Bild C 1.4-6 a unter Voraussetzung von Gl. (C 1.4-3) leicht ableiten läßt, wird

$$\varepsilon_N = \varepsilon_2 + \frac{d}{2h}(\varepsilon_2 - \varepsilon_1) \qquad (C\,1.4\text{-}6)$$

und

$$\varepsilon_B = \frac{d}{2h}(\varepsilon_1 - \varepsilon_2) \qquad (C\,1.4\text{-}7).$$

Darin ist h der Abstand zwischen den Meßorten für ε_1 und ε_2 und d die Dicke der Platte. Praktisch mißt man nach zwei Verfahren:

Entsprechend Bild C 1.4-6 b befestigt man zwei Böckchen a und b der Höhe h auf der Platte c der Dicke d und mißt ε_1 mit einem Dehnungsaufnehmer e mit Meßspitzen und ε_2 auf der Plattenoberfläche mit einem beliebigen Dehnungsaufnehmer.

Einfacher mißt man entsprechend Bild C 1.4-6 c die Dehnungen ε_1 und ε_2 mit einem speziellen Dehnungsmeßstreifen, der auf der Ober- und der Unterseite seines Trägers der Dicke h je ein Meßgitter trägt. Bei technischen Ausführungen [C 1.3-10] ist der E-Modul des Trägers so klein, daß bei metallischen Platten mit einem Meßfehler infolge der Versteifung der Platte durch den Meßstreifen von höchstens 2% zu rechnen ist. Übliche Trägerdicken liegen zwischen 0,5 bis 2 mm.

Die Biegedehnung ε_B allein kann man auch aus der Änderung der Durchbiegung der Platte, Δf, gemäß Bild C 1.4-6 d, bestimmen [C 1.4-2, 9]. Man setzt einen steifen Meßbügel b an zwei Punkten im Abstand l auf die Platte und mißt Δf mit einem beliebigen Wegaufnehmer a, der fest mit dem Meßbügel b verbunden ist. Man erhält unter Voraussetzung von Gl. (C 1.4-3) die Biegedehnung zu

$$\varepsilon_B = \frac{4d}{l^2}\Delta f \qquad (C\,1.4\text{-}8).$$

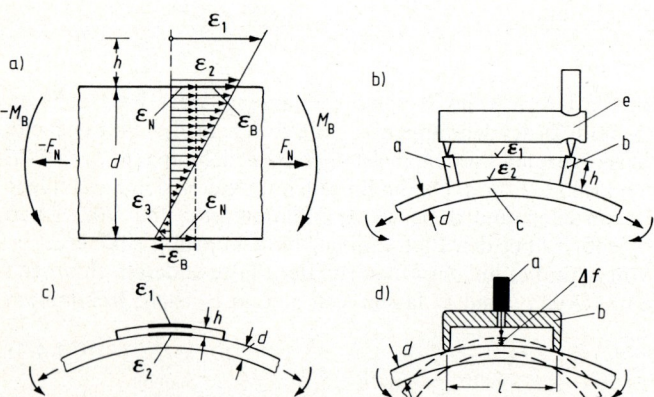

a) Dehnungszustand einer durch Normalkräfte F_N und Biegemomente M_B beanspruchten Platte.

b) Ermittlung der Biegedehnung mit Hilfe von Böckchen; a, b Böckchen, c Platte, d Dehnungsaufnehmer mit Meßspitzen.

c) Ermittlung der Biegedehnung mittels eines speziellen Dehnungsmeßstreifens.

d) Ermittlung der Biegedehnung aus der Durchbiegung; a Meßbügel, b Wegaufnehmer.

Bild C 1.4-6. Ermittlung von Biegedehnungen, schematisch.

C 1.4.1.3 Ausgeführte Dehnungsaufnehmer

Die ausgeführten Dehnungsaufnehmer sind so vielfältig gestaltet, daß in diesem Abschnitt auf die Beschreibung typischer Aufnehmer verzichtet wird. Es sei vielmehr auf Abschn. D 1.3, D 5.2 u. D 6 verwiesen.

C 1.4.2 Messen von Dehnungen im Inneren

C 1.4.2.1 Ermittlung von Dehnungen aus Spannungen

Kann man entsprechend Bild C 1.2-3 b oder c Spannungen im Inneren messen und besteht ein bekannter Zusammenhang zwischen diesen Spannungen und den zu messenden Dehnungen, ist die Ermittlung der Dehnungen möglich (vgl. Abschn. C 1.3). Insbesondere kann man also mit diesem Verfahren bei einander überlagerten Dehnungen diejenigen herausfinden, die mit Spannungen verbunden sind.

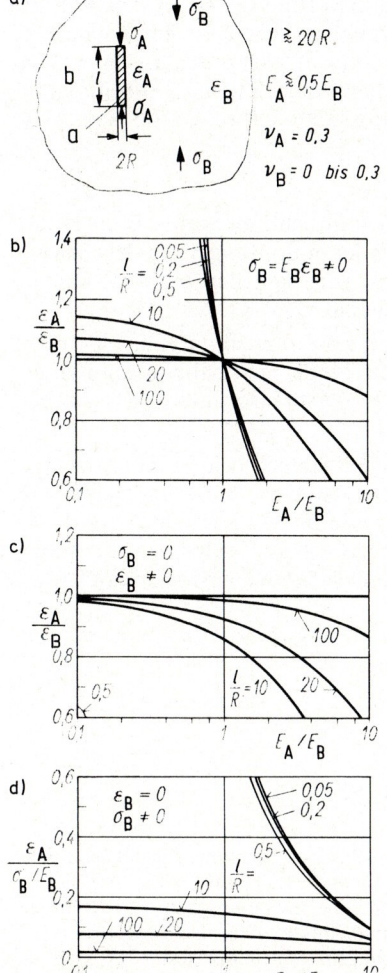

Bild C 1.4-7. Anzeigefehler von Dehnungsaufnehmern im Inneren von Bauteilen nach *Loh* [C 1.2-3] sowie *Magiera* und *Czaika* [C 1.2-4].

C 1.4.2.2 Dimensionierung von Dehnungsaufnehmern

Beim Messen der Dehnungen entsprechend Bild C 1.2-3 d ist die richtige Dimensionierung der Dehnungsaufnehmer zum Erzielen kleiner Meßfehler wesentlich. Bild C 1.4-7 zeigt das berechnete Verhältnis der Dehnungen ε_A im Aufnehmer a zu den Dehnungen ε_B im Bauteil b.

- Aus dem Teilbild C 1.4-7 a sind die Bezeichnungen und Randbedingungen zu entnehmen. Der Aufnehmer a ist homogen und hat eine zylindrische Gestalt.
- Das Teilbild C 1.4-7 b gilt für den einachsigen Dehnungszustand, wobei ε_B parallel zur Längsachse des Aufnehmers liegt. Wie ersichtlich, nähert sich ε_A um so mehr ε_B, je näher E_A/E_B bei eins liegt und je größer l/R wird.
- Tritt eine Dehnung ε_B auf (Bild C 1.4-7 c), die nicht mit einer Spannung σ_B verbunden ist, z. B. infolge einer Temperaturdehnung des Bauteiles, dann bleibt ε_A kleiner als ε_B, wenn nicht E_A/E_B klein und l/R sehr groß ist. Es genügt also nicht, wenn $E_A/E_B = 1$ ist, wie man nach Bild C 1.4-7 b vermuten könnte.
- Ist trotz einer Spannung σ_B die Dehnung ε_B gleich null (Bild C 1.4-7 d), z. B. weil das Bauteil werkstoffbedingt eine Volumenänderung erfährt, aber starr eingespannt ist, dann müssen E_A/E_B und wiederum l/R groß sein, um ε_A gleich null zu halten. Die Forderungen an das Verhältnis von E_A/E_B widersprechen sich je nach Belastungsfall. Bei allen Belastungsfällen mißt man also nur richtig, wenn l/R sehr groß ist.

C 1.4.2.3 Ausgeführte Dehnungsaufnehmer

Wenn man von Dehnungsmeßstreifen (Abschn. D 6.3) absieht, die sich z. B. in Kunststoffmodelle vor deren Erstarren einbringen [C 1.2-9] oder in Bohrungen einkleben lassen [C 1.2-10], haben Dehnungsaufnehmer für das Innere von Bauteilen praktisch nur für Beton Bedeutung. Zwei typische Ausführungen zeigt Bild C 1.4-8.

- Der Typ des robusten Dehnungsaufnehmers (Bild C 1.4-8 a) greift die Bauteildehnung mittels der Flansche a und b ab und definiert so die Meßlänge l näherungsweise. Die Bauteildehnung wird so auf die frei gespannten Widerstandsdrähte c (vgl. Abschn. D 6.3) übertragen.

Das elastische Rohr d dient lediglich dazu, den Aufnehmer beim Einbau in einer bestimmten Lage zu halten und das Meßsystem zu schützen. Aufnehmer dieser Art verwendet man vor allem für Dehnungsmessungen in Beton [C 1.2-1; 2 und C 1.4-2]. Sie sind so robust, daß sie der rauhen Behandlung beim Gießen des Betons widerstehen, haben aber erhebliche Nachteile; die Meßlänge ist schlecht definiert, und man hat mit

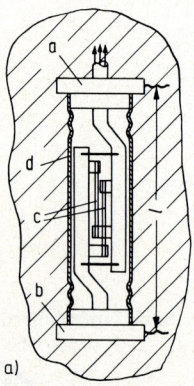 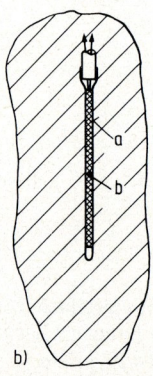

Bild C 1.4-8. Dehnungsaufnehmer für das Innere von Beton, vereinfachte Darstellung.
a) Dehnungsabgriff mit Flanschen; a, b Flansche, c Widerstandsdrähte, d elastisches Rohr.
b) Dehnungsabgriff längs körperfester Linien; a Metallhülse, b Dehnungsmeßstreifen.

Störungen der Dehnungsverteilung, nicht zuletzt durch mögliches Reißen des Betons in der Gegend der Flansche a und b, zu rechnen.

– Der Dehnungsaufnehmer in Bild C 1.4-8 b greift die Dehnung längs körperfester Linien ab. Für Beton [C 1.2-2] kann er z. B. aus einer dünnen Metallhülse a bestehen, in die ein Dehnungsmeßstreifen b eingeklebt ist. Der Vorteil dieses Aufnehmers ist eine verhältnismäßig kleine Veränderung des Dehnungsfeldes. Sein Nachteil ist, besonders beim Einbau in Beton, daß er sich leicht biegen kann. Dies ergibt eine undefinierte Meßrichtung.

C 1.4.3 Mögliche Fehlerquellen

C 1.4.3.1 Fehler bei nicht homogener Dehnung

Ändert sich die Dehnung senkrecht zur Oberfläche eines Bauteiles, etwa bei der Biegung einer Platte entsprechend Bild C 1.4-9, muß man zur Ermittlung der Oberflächendehnung ε_2 direkt auf der Oberfläche messen oder, wenn man im Abstand e ober- oder unterhalb der Oberfläche die Dehnung ε_1 gemessen hat, diese Dehnung entsprechend korrigieren. Für den Fall der Biegedehnung entsprechend Bild C 1.4-9 wird

$$\varepsilon_2 = \varepsilon_1 \frac{1}{1 + \dfrac{2e}{d}}$$
(C 1.4-9).

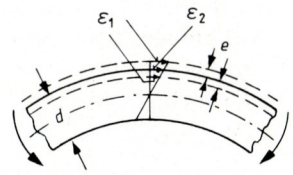

Bild C 1.4-9. Fehler bei Dehnungsmessungen bei über den Querschnitt nicht homogener Dehnung.

Bei Dehnungsaufnehmern mit Spitzen oder Schneiden wird e negativ, weil sich die Spitzen oder Schneiden etwas in das Bauteil eingraben; $-e$ dürfte bei etwa 0,1 mm liegen. Bei Dehnungsaufnehmern nach Art der Dehnungsmeßstreifen ist e infolge der Dicke von Träger und Klebstoffschicht positiv; man hat für e mit Werten $\leq 0,1$ mm zu rechnen. Daß Träger und Klebstoff unter dem Einfluß einer Spannung ihre Dicke verändern, ist in Gl. (C 1.4-9) vernachlässigt.

C 1.4.3.2 Fehler durch gekrümmte Flächen des Bauteiles

Bei Dehnungsmessungen auf gekrümmten Flächen mit Spitzen oder Schneiden tritt ein Fehler gemäß Bild C 1.4-10 auf, weil die Meßlänge l kleiner als die entsprechende Länge l' auf der Bauteiloberfläche ist. Der Fehler wird kleiner als 1%, wenn man wählt:

$$l \leq \frac{1}{3} r$$
(C 1.4-10).

Darin ist r der über die Meßlänge l näherungsweise konstante Krümmungsradius der Bauteiloberfläche. Bei Dehnungsaufnehmern nach Art der Dehnungsmeßstreifen tritt dieser Fehler nicht auf.

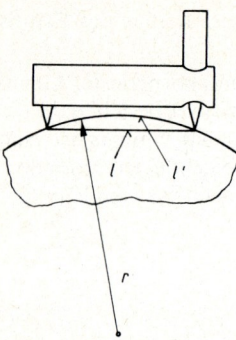

Bild C 1.4-10. Fehler bei Dehnungsmessungen auf gekrümmten Flächen.

C 1.4.3.3 Fehler durch Rückwirkung des Aufnehmers auf das Bauteil

Passive Aufnehmer, die eine Hilfsenergie benötigen [C 1.2-5, S. 113–115], erwärmen das Bauteil und verursachen so Temperaturdehnungen sowie Änderungen des E-Moduls des Bauteiles. Beide Erscheinungen sind besonders bei Kunststoffen wegen ihres großen thermischen Längenausdehnungskoeffizienten und wegen der großen Abhängigkeit ihres E-Moduls von der Temperatur [C 1.2-5, S. 8–14] von technischem Interesse. Vor Dehnungsmessungen an Kunststoffen – besonders mit Dehnungsmeßstreifen, deren Stromwärme sehr gut auf das Bauteil übergeht – sollte man durch Verändern der Hilfsenergie die Größe dieses Fehlers abschätzen.

Alle Dehnungsaufnehmer weisen eine bestimmte Meßkraft auf, die den Dehnungszustand des Bauteiles verändert. Dieser Fehler wird klein sein, wenn die Meßkraft sehr klein gegen die Kraft ist, die die Bauteildehnung in der Umgebung des Dehnungsaufnehmers bewirkt.

Für Dehnungsaufnehmer mit Spitzen oder Schneiden gelangt man somit zu einer sehr groben geschätzten Beziehung, die erfüllt sein muß:

$$F_A \ll \varepsilon \, d_B \cdot 5 \, \text{mm} \cdot E_B \qquad (\text{C} \, 1.4\text{-}11);$$

darin ist F_A die bei der Dehnung ε des Bauteiles im Aufnehmer auftretende Meßkraft, d_B die Dicke des Bauteils und E_B der E-Modul des Bauteiles.

Für Dehnungsaufnehmer nach Art der Dehnungsmeßstreifen kommt man aus der gleichen Überlegung zu einer ebenfalls sehr groben Beziehung, die bei vernachlässigbarer Rückwirkung erfüllt sein muß:

$$\frac{E_A}{E_B} \ll \frac{d_B}{d_A} \qquad (\text{C} \, 1.4\text{-}12).$$

Hierin ist E_A der E-Modul des Aufnehmers, E_B der E-Modul des Bauteiles, d_B die Dicke des Bauteiles und d_A die Dicke des Aufnehmers.

C 1.4.3.4 Fehler durch zu kleine Meßlänge

Bauteile mit örtlich sehr verschiedenen elastischen Konstanten, z. B. aus Beton oder polykristallinen Metallen, weisen unabhängig von der Gestalt und Belastungsart immer örtlich stark verschiedene Dehnungen auf. Interessiert nicht die örtliche, sondern die mittlere Dehnung, dies ist meist bei der Beurteilung der Festigkeit der Fall, dann muß man deshalb die Meßlänge genügend groß wählen. Bei Beton erhält man die Standardabweichung s als Funktion des Verhältnisses von Meßlänge l und größtem Durchmesser

d_{max} der Zuschlagstoffe [C 1.3-8] aus

$$s = \frac{d_{max}}{5\,l}$$ (C 1.4-13).

Bei Metallen dürfte ein ähnlicher Zusammenhang gelten. Die Forderung nach genügend großer Meßlänge ist hier jedoch leichter zu erfüllen, da der mittlere Durchmesser der Körner meist unter 0,1 bis 0,5 mm liegt.

Bei Dehnungsaufnehmern nach Art der Dehnungsmeßstreifen muß die Dehnung des Bauteiles erst in den Träger und dann in den Meßdraht eingeleitet werden. Die dazu nötige Länge, die sog. Übergangslänge [C 1.2-11], liegt für Kunststoffträger der üblichen Dicken von 0,1 mm bei 2 mm und im Kunststoffträger beim zehnfachen des Meßdrahtdurchmessers (übliche Dicke 0,02 mm). Damit sind Meßstreifen mit Drahtlängen unter etwa 1 mm nur schwer ausführbar. Bei Folienmeßstreifen erreicht man Meßlängen bis etwa $\geqq 0,3$ mm.

C 1.4.3.5 Fehler durch zu große Meßlänge

Wie schon in Abschn. C 1.4.1.1 geschildert, mißt man mit größeren Meßlängen die über die Meßlänge gemittelte und nicht die wahre örtliche Dehnung. Dies ist sowohl bei ortsabhängiger statischer als auch bei orts- und zeitabhängiger Dehnung, etwa bei der Messung von Stoßwellen [C 1.3-9], zu beachten (vgl. Abschn. D 6.3.4.1.3).

C 1.4.3.6 Fehler durch Querempfindlichkeit des Dehnungsaufnehmers

Viele Dehnungsaufnehmer sprechen nicht nur auf Dehnungen in ihrer Längsrichtung, sondern auch auf Dehnungen quer dazu an. Bei großen Querdehnungen und großer Querempfindlichkeit kann dies zu erheblichen Fehlern führen. Man vermeidet sie durch rechnerische Berücksichtigung oder durch Kalibrierung des Dehnungsaufnehmers in einem Dehnungsfeld gleichen Verhältnisses aus Längs- und Querdehnung $\varepsilon_l/\varepsilon_q$, wie es bei der Messung vorliegt. So kalibriert man z. B. Dehnungsmeßstreifen, die immer eine gewisse Querempfindlichkeit aufweisen, in einem Dehnungsfeld mit $\varepsilon_l/\varepsilon_q \approx -1/0,3$; tritt das gleiche Dehnungsfeld bei praktischen Messungen auf, was häufiger der Fall ist, so bleibt die Querempfindlichkeit ohne Einfluß auf das Meßergebnis.

C 1.4.3.7 Fehler durch mechanische Resonanzen

Besonders bei Dehnungsaufnehmern mit Meßspitzen oder Meßschneiden hat man bei dynamischen Dehnungsmessungen mit Kontaktresonanzen [C 1.4-5] zu rechnen, bei fast allen Dehnungsaufnehmern ferner mit Resonanzfrequenzen im Aufnehmer selbst. Vor dynamischen Dehnungsmessungen ist deshalb eine dynamische Kalibrierung des Dehnungsaufnehmers [C 1.4-5] ratsam. Lediglich bei Dehnungsaufnehmern nach Art der Dehnungsmeßstreifen sind Resonanzerscheinungen kaum zu erwarten. Diese Aufnehmer sind deshalb bei dynamischen Dehnungsmessungen bevorzugt zu verwenden.

C 1.4.3.8 Fehler durch Temperaturdehnungen des Bauteiles

Die an einem Bauteil gemessene Dehnung ε_M setzt sich meist aus einer Dehnung ε_σ, die durch die äußere Belastung verursacht wird, und einer Dehnung ε_T zusammen, die bei Temperaturänderungen ΔT des Bauteiles entsprechend seinem thermischen Längenausdehnungskoeffizienten α_B auftritt:

$$\varepsilon_M = \varepsilon_\sigma + \varepsilon_T = \varepsilon_\sigma + \alpha_B \Delta T$$ (C 1.4-14).

Meist interessiert allein ε_σ; bei Temperaturänderungen während der Dehnungsmessung ist deshalb ε_T zu eliminieren.

Eine einfache Möglichkeit besteht darin, α_B und ΔT zu messen und ε_σ aus Gl. (C 1.4-14) zu berechnen. Weist der Aufnehmer selbst einen Temperaturkoeffizienten auf, wie es z. B. bei Dehnungsmeßstreifen der Fall ist, mißt man den Temperaturkoeffizienten α_A' des auf das Bauteil montierten Aufnehmers und berechnet ε_σ in gleicher Weise aus Gl. (C 1.4-14).

Will man diese Rechnung und Temperaturmessung vermeiden, werden die Temperatur- koeffizienten von Bauteil und Aufnehmer so aufeinander abgestimmt, daß α_A' in einem bestimmten Temperaturbereich genügend klein wird. Dieses Verfahren ist besonders bei Dehnungsmeßstreifen üblich. Das geschilderte Verfahren versagt meist, wenn der wäh- rend der Messung durchfahrene Temperaturbereich groß ist oder wenn ein sehr genaues Eliminieren von ε_T gefordert wird. Hier hilft das in Bild C 1.4-11 als Beispiel für Deh- nungsmeßstreifen dargestellte Verfahren. Auf dem Bauteil a, das ε_T und ε_σ ausgesetzt ist, befindet sich ein Dehnungsmeßstreifen b. Mit dem Bauteil ist ein Kompensationsstück c mit gleichem α derart verbunden, daß es die gleiche Temperatur aufweist, wie sie im Bauteil a auftritt, es aber keiner Dehnung ε_σ unterworfen ist. Auf dem Kompensations- stück befindet sich ein Dehnungsmeßstreifen d mit gleichen Eigenschaften, wie sie der Dehnungsmeßstreifen b aufweist. Schaltet man die Meßstreifen b und d in eine Wheat- stonesche Brücke, ändern die gleichen Dehnungen ε_T das Brückengleichgewicht nicht; lediglich ε_σ ruft, wie gewünscht, eine Änderung der Diagonalspannung U_D hervor. Man erreicht auf diese Weise z. B. im Temperaturbereich von 0 bis 100 °C leicht eine angezeigte Temperaturdehnung $\leq \pm 5 \cdot 10^{-6}$. Auch für Aufnehmer mit Spitzen oder Schneiden ist dieses Verfahren anwendbar, doch ist es bei solchen Aufnehmern oft nicht einfach, eine Temperaturgleichheit zwischen Aufnehmer und Bauteil zu erreichen.

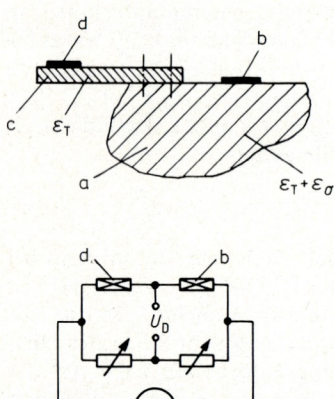

Bild C 1.4-11. Kompensation von Temperaturdehnungen ε_T. a Bauteil, b Dehnungsmeßstreifen, c Kompensationsstück, d Dehnungsmeßstreifen

Das in Bild C 1.4-11 dargestellte Verfahren arbeitet mit Dehnungsmeßstreifen nur fehler- frei, wenn das Bauteil a und das Kompensationsstück c den gleichen Krümmungsradius r ihrer Oberflächen aufweisen. Gegenüber einem auf ein Bauteil mit ebener Oberfläche geklebten Meßstreifen erhält man bei einem Meßstreifen, der auf eine Fläche mit dem Krümmungsradius r geklebt ist, eine zusätzliche Dehnung ε_S; Näheres entnehme man Abschn. D 6.3.4.1.3.

Bei Beton führt das in Bild C 1.4-11 dargestellte Verfahren zu Meßfehlern, weil das Kompensationsstück c andere Dehnungen als das Bauteil a aufweisen kann, wenn es gesondert hergestellt wird. Gute Ergebnisse erzielt man, wenn man das Kompensationsstück so ausbildet, daß es ein Teil des Bauteils ist, wegen seiner Form aber nicht belastet wird [C 1.2-2].

C 2 Messen von Eigenspannungen

F. X. Elfinger

C 2.0 Formelzeichen

A	Fläche
E	Elastizitätsmodul
R	DMS-Rosettenradius
R_0	Bohrungsradius
d	Gitterabstand
θ	Bragg-Winkel
α	Hauptspannungsrichtung
ε	Dehnung
$\varepsilon_a, \varepsilon_b, \varepsilon_c$	Dehnungskomponenten in Meßrichtung
$\sigma_a, \sigma_b, \sigma_c$	Spannungskomponenten in Meßrichtung
$\sigma^I, \sigma^{II}, \sigma^{III}$	Eigenspannungen erster, zweiter, dritter Art
σ_I, σ_{II}	Hauptspannungen
σ^E	Eigenspannung
μ, ν	Querkontraktionszahl
Ψ	Einstrahlwinkel

C 2.1 Einleitung

Unter Eigen-, Rest-, inneren oder bleibenden Spannungen wird, trotz unterschiedlicher Bezeichnungen, immer dasselbe verstanden:

Eigenspannungen im allgemeinen Sinn sind Spannungen in einem abgeschlossenen stoffschlüssigen System, das keinerlei äußeren Einwirkungen ausgesetzt ist. Die mit den Eigenspannungen verbundenen Kräfte und Momente befinden sich im mechanischen Gleichgewicht.

Eigenspannungen sind unabdingbare Begleiterscheinungen der Fertigungsverfahren, vom Ur- und Umformen über Trennen, Fügen oder Beschichten bis zum Ändern von Stoffeigenschaften. Aufgrund der weiten Verbreitung von Eigenspannungen und ihrer oftmals schwerwiegenden Folgen versucht man seit rund 100 Jahren, Eigenspannungen experimentell zu bestimmen, und seit rund 50 Jahren, sie theoretisch vorherzusagen, und immer noch ist diese Entwicklung im Fluß. Vielleicht liegt dies an den verschiedenartigen Verfahren, Zielsetzungen und Näherungen, an experimentellen und theoretischen Schwierigkeiten oder auch an dem schwierigen Begriff „Eigenspannungen" selbst.

Die folgenden Darstellungen sollen eine Einführung in Entstehung, Besonderheiten, Meßverfahren und Bewertung von Eigenspannungen geben und somit auch dazu beitragen, den Begriff „Eigenspannungen" zu verdeutlichen.

C 2.2 Eigenspannungen

C 2.2.1 Entstehung von Eigenspannungen

Ursachen von Eigenspannungen können sein: thermische Vorgänge beim Schweißen, Härten, allgemeine Wärmebehandlungen, mechanische Verformungen durch Richten, Recken, Ziehen usw. und Oberflächenbearbeitungen wie Schleifen, Strahlen, Fräsen, Drehen. Daraus folgt, daß Eigenspannungen in praktisch jedem Bauteil auftreten können. Sie überlagern sich den Betriebsbeanspruchungen und führen in den meisten Fällen zu einer Verminderung der Gestaltfestigkeit, zu Störungen oder zu Schäden. Es sollte jedoch nicht unerwähnt bleiben, daß hinsichtlich Vorzeichen und Verteilung Eigenspannungen auch technische Vorteile bringen können und deshalb auch gewollt erzeugt werden.

Die Entstehung von Eigenspannungen folgt immer den gleichen Gesetzmäßigkeiten: Betrachtet man z. B. die Fertigung von Werkstücken, so ist ihre Formgebung nur durch örtlich oder zeitlich unterschiedliche plastische Verformung möglich. Solche örtlichen Verformungen sind fast immer unverträglich mit denjenigen benachbarter Werkstückteilchen, was zu einer gegenseitigen Formbehinderung und damit zu Eigenspannungen führt. Diese örtliche Inhomogenität der bleibenden Verformungen ist die Ursache aller Eigenspannungen. Ähnliches gilt auch für thermische Vorgänge. Je nach Größe und Verteilung der damit verbundenen Volumenänderungen im Makro- und Mikrobereich spricht man von Eigenspannungen erster, zweiter und dritter Art [C 2.2-1] (vgl. Abschnitt D 4.2.2).

1. Eigenspannungen erster Art sind über große Werkstoffbereiche (mehrere Körner) nahezu gleich, d. h. konstant in Größe und Richtung. Bei Eingriff in das Kräfte- und Momentengleichgewicht von Körpern, in denen Eigenspannungen erster Art vorliegen, treten immer makroskopische Maßänderungen auf.

2. Eigenspannungen zweiter Art sind nur über kleine Werkstoffbereiche (ein Korn oder Kornbereich) nahezu homogen. Ein Eingriff in dieses Gleichgewicht kann makroskopische Maßänderungen auslösen.

3. Eigenspannungen dritter Art sind über kleinste Werkstoffbereiche (mehrere Atomabstände) homogen. Bei Eingriff in dieses Gleichgewicht treten keine makroskopischen Maßänderungen auf.

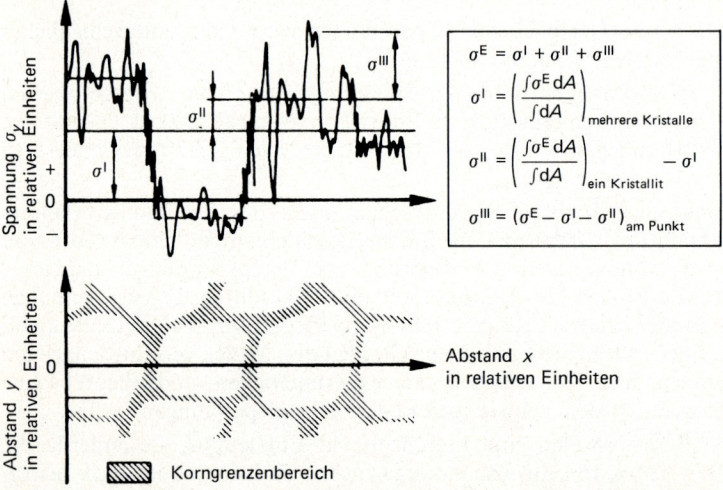

Bild C 2.2-1. Definition der Eigenspannungen erster, zweiter und dritter Art [C 2.2-1].

Wie Bild C 2.2-1 zeigt, setzt sich die wirksame örtliche Eigenspannung σ^E aus Mittelwerten von Eigenspannungen erster, zweiter und dritter Art zusammen, so daß eine vollständige Eigenspannungsanalyse, d. h. eine exakte getrennte Bestimmung der einzelnen Arten i. a. ein sehr kompliziertes Problem darstellt. Aus diesem Grund wird in der Praxis fast ausschließlich zwischen Makro- und Mikroeigenspannungen unterschieden. Im wesentlichen ordnet man den Makroeigenspannungen die Spannungen erster Art zu, während man unter den Mikroeigenspannungen die Spannungen höherer Art versteht.

C 2.2.2 Besonderheiten

Auch Eigenspannungen sind genau wie Lastspannungen Vektoren, d. h., sie werden durch eine Wirklinie, eine Richtung auf ihr und einen Zahlenwert festgelegt. Es sind Normal- oder Schubspannungen, die in bekannter Weise mit den entsprechenden Komponenten senkrecht zu oder in Flächen wirken. Es ergeben sich somit in jedem Werkstoff sechs mögliche, elastisch getragene Spannungen und entsprechend sechs Verformungen. In der Praxis werden meist nur die größten Eigenspannungen verlangt, die sich nach Größe und Richtung den Lastspannungen überlagern. Eine Beanspruchungsanalyse erfordert daher die Ermittlung der resultierenden Hauptspannungen und ihrer Richtung. Im Gegensatz zu den Lastspannungen kann man bei Eigenspannungen schon a priori Angaben über ihre Verteilung machen: In jeder gewählten Raumrichtung muß Kräfte- und Momentengleichgewicht herrschen, denn Eigenspannungen sind lastunabhängig und nicht durch äußere mechanische Einflüsse bedingt. Man darf daher ansetzen:

$$\sum \text{Kräfte} = 0 = \sum \sigma^E A = 0 \qquad \text{(C 2.2-1)},$$

wie in Bild C 2.2-2 dargestellt. Ermittelt man danach die Eigenspannungen über die ganze Querschnittsfläche A eines Werkstückes, so muß das Produkt aus σ und A ober- und unterhalb der 0-Linie gleich sein, d. h., die schraffierten Flächen auf der Zug- und Druckseite müssen gleich sein. Außerdem gelten Randbedingungen: An freien Flächen, z. B. am Mantel und an der Stirnseite eines Zylinders, müssen die Normalspannungen σ_R bzw. $\sigma_L = 0$ sein.

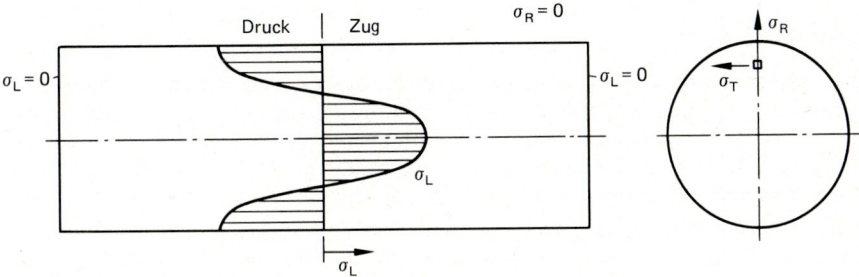

Bild C 2.2-2. Längseigenspannungen in einem Stab [C 2.2-2].

Über die Größe von Eigenspannungen kann man sagen, daß sie an keiner Stelle die Fließspannungen bzw. bei mehrachsiger Verteilung die Vergleichsspannungen überschreiten können. Weil sie aus Volumeneffekten entstehen, sind sie meist dreiachsig, so daß nur an der Oberfläche der wahre Spannungszustand zweiachsig ist, da ja die Tiefenkomponente an der Oberfläche gleich null zu setzen ist.

C 2.2.3 Bewertung

Da Eigenspannungen zum einen zur Verminderung der Gestaltfestigkeit und somit zu Schäden führen, zum anderen jedoch, gezielt eingebracht, lebensdauererhöhend sein können, ist die Bewertung von Eigenspannungen für die Festigkeitsberechnung, Qualitätssicherung, optimale Werkstoffausnutzung sowie in der Schadenanalyse von großer Bedeutung. Dabei zeigt sich oft die große Schwierigkeit, daß geringste Veränderungen der Parameter des technologischen Herstellungsprozesses sowie der Bauteilabmessungen oft zu starken Veränderungen der sich ausbildenden Eigenspannungszustände führen und daß in den meisten Fällen eine Überlagerung von Eigenspannungszuständen vorliegt, die mehreren nacheinander erfolgten technologischen Prozessen entspricht. Die in der Praxis vorliegenden Eigenspannungszustände sind also parameterempfindlich. Damit existieren nur selten hinreichend genaue Kenntnisse über Größe und Verteilung der im betrachteten Bauteil vorhandenen Eigenspannungen. Vollständig unübersichtlich werden die Eigenspannungsverhältnisse, wenn z. T. undefinierbare Betriebseinflüsse zu Änderungen der herstellungsbedingten Eigenspannungzustände führen, die schließlich schadenursächlich sein können. Will man jedoch zu einer quantitativen und objektiven Bewertung eines Bauteiles gelangen, so ist die genaue Kenntnis des im Bauteil zum Betrachtungszeitpunkt vorliegenden Eigenspannungszustands eine unbedingte Voraussetzung. Man steht deshalb auch heute noch meist vor der Situation, daß die Eigenspannungen nach Größe und Richtung unbekannt sind und deshalb eine rechnerische oder experimentelle Bestimmung notwendig wird.

Eine ausreichend sichere rechnerische Bestimmung von Eigenspannungszuständen in realen Bauteilen ist heute noch nicht möglich und in naher Zukunft auch nicht zu erwarten. Nur in Ausnahmefällen wurden Berechnungen an idealisierten Versuchsproben bekannt. Die erwähnte Parameterempfindlichkeit, lückenhafte Kenntnisse über das temperatur- und zeitabhängige Verhalten der Werkstoffkennwerte sowie die ungelösten Probleme der mathematischen Beschreibung von Randbedingungen sind hierbei die größten Schwierigkeiten. Man ist deshalb fast ausschließlich auf die experimentellen Methoden angewiesen.

C 2.3 Meßverfahren

Eigenspannungen mißt man durchweg über die Ermittlung des eigenspannungserzeugenden Verformungszustandes nach Betrag und Richtung, aus dem unter Zuhilfenahme der elastischen Konstanten der Eigenspannungszustand berechnet wird. Zur Ermittlung dieses elastischen Verformungszustandes wurde eine Reihe von Meßmethoden entwickelt, die sich der verschiedensten physikalischen Grundprinzipien bedienen.

Die mechanisch-elektrischen Verfahren bilden hierbei die Gruppe der zerstörenden Verfahren. Eine Ausnahme sind dabei die Bohrloch- und Ringkernverfahren, die als quasizerstörungsfrei betrachtet werden können, da in vielen Fällen der Eingriff in das Werkstück zu vernachlässigen ist. Zum Messen der ausgelösten Dehnungen verwendet man meist mechanische oder elektrische Verfahren, wobei die Anordnung der Aufnehmer, z. B. in Rosettenform, oft dem Auslöseverfahren angepaßt ist. Neben Setzdehnungsmessern (Abschnitt D 1.3.4) verwendet man meist Dehnungsmeßstreifen (Abschnitt D 6.3). Anders das Röntgenverfahren, das für die Oberfläche eines Werkstückes verwendet wird, sowie die Ultraschall- und Magnetverfahren, die sowohl für die Oberfläche als auch für das Volumen als zerstörungsfreie Methoden angesehen werden können.

C 2.3.1 Mechanisch-elektrische Verfahren

C 2.3.1.1 Zerlegeverfahren, Biegepfeilverfahren

Erste Hinweise auf Möglichkeiten zur Messung von Eigenspannungen wurden zu Beginn dieses Jahrhunderts aufgezeigt [C 2.3-1]. Man bediente sich dabei ausschließlich der Zerlegeverfahren wie schichtweises Zerspanen, Einschneiden und Aufschlitzen [C 2.3-2; 3]. Bei diesen Zerlegeverfahren wird die Probe oder das Werkstück schrittweise zerstört und die dadurch hervorgerufene Rückfederung bzw. Verformungsänderung am Restbauteil gemessen. Daraus berechnet man die ursprünglich vorhandenen und durch die Zerlegung ausgelösten Eigenspannungen. Die Art der Zerlegung sowie die zugehörige Auswertung hängen besonders von der geometrischen Ausgangsform ab [C 2.3-4]. Meßtechnisch wird die Verformungsgröße vorwiegend mit mechanischen oder optischen Längenmeßgeräten erfaßt [C 2.3-5], mit dem Aufkommen der Dehnungsmeßstreifen (DMS) jedoch in zunehmendem Maße auf elektrischem Wege [C 2.3-6].

Die wichtigsten Zerlegeverfahren, die besonders für Bleche, Platten und Stäbe Anwendung finden, wie das schichtweise Zerspanen, Einschneiden und Aufschlitzen, sind in Tabelle C 2.3-1 zusammengestellt.

Tabelle C 2.3-1   Zerlegeverfahren für Platten und Stäbe [C 2.2-2].

	Annahme der Spannungsverteilung	Meßgrößen	Eigenspannungen
schichtweises Zerspanen	zweiachsig	Biegepfeile f	σ_y
		Krümmungen	σ_z
	beliebig	reduzierte Krümmungen	τ_{zy}
Einschneiden	einachsig, örtlich verschieden, linear; oben Zug-, unten Druck- eigenspannungen	Aufklaffung f	teilweiser Spannungs- abbau um $\Delta\sigma_z$
schichtweises Zerspanen	einachsig	Biegepfeil f	
	beliebig		σ_z
Aufschlitzen	einachsig, linear, symmetrisch in bezug auf die Stabachse	Aufklaffung f	teilweiser Spannungs- abbau um $\Delta\sigma_z$

Durch das einseitige Abtragen der Werkstoffschichten an stabförmigen Proben entstehen merkliche Ausbiegungen. Ermittelt man Punkt für Punkt die einzelnen Biegelinien beim stufenweisen Zerspanen, so läßt sich örtlich der gemessene Eigenspannungszustand ermitteln. Bei der Meßauswertung muß beachtet werden, daß der Dehnungsmesser infolge der einseitigen Zerspanung die Überlagerung von Gerade- und Biegeformänderungen mißt. Diese müssen zur Spannungsberechnung getrennt werden [C 2.3-4]. Vorteile des Biegepfeilverfahrens sind die großen sichtbaren Rückfederungen, Nachteile, daß zumeist nur gerade Teile untersucht werden können. Es eignet sich daher für gewalzte, gerichtete, plattierte und auch verschweißte Bleche, Stäbe, Schienen und Rohre. In diese Kategorie des Zerlegeverfahrens ist auch noch das Nocken- oder Stegverfahren einzuordnen [C 2.2.-2]. Dieses Verfahren unterscheidet sich von den beschriebenen Verfahren nur dadurch, daß durch Abtrag oder Einschlitzen Nocken oder Stege belassen werden, deren Rückfederung gemessen wird. Der Einsatz dieses Verfahrens ist vor allem bei Rohlingen vor der Endbearbeitung gegeben.

C 2.3.1.2 Ausbohr- und Abdrehverfahren

Die Ausbohr- und Abdrehverfahren, Tabelle C 2.3-2, werden entweder einzeln oder kombiniert bei zylindrischen Körpern mit kreisförmigen Querschnitten eingesetzt, wie z. B. bei Ringen, Scheiben, Voll- und Hohlwellen, Rohren, Stangen und Drähten. Diese Verfahren haben den Vorteil, daß sich die vier Eigenspannungen σ_L, σ_T, σ_R, τ_{LT} von insgesamt sechs möglichen über den Durchmesser bestimmen lassen. Applziert man DMS längs der Mantellinie, so läßt sich auch ihre Längsverteilung ermitteln. Der Nachteil ist, daß Fertigteile oft nicht die geforderte einfache Form haben, sondern meist zusätzliche Boh-

Tabelle C 2.3-2 Ausbohr- und Abdrehverfahren für zylindrische Bauteile [C 2.2-2].

	Ausbohren		Abdrehen	
Bezeichnungen L Länge T Umfang (Tangential) R Radial				
Annahme Spannungs- verteilung	dreiachsig, unabhängig von der Probenlänge σ_L, σ_T, σ_R	einachsig σ_L	dreiachsig, unabhängig von der Probenlänge σ_L, σ_T, σ_R	einachsig σ_L
Meßgrößen	Längenänderung ε_L, Umfangsänderung ε_T	Längen- änderung ε_L	Längenänderung ε_L, Umfangsänderung ε_T	Längen- änderung ε_L
Ergebnis Eigen- spannungen	σ_L σ_T σ_R	σ_L $(\sigma_T = 0)$ $(\sigma_R = 0)$	σ_L σ_T σ_R	σ_L $(\sigma_T = 0)$ $(\sigma_R = 0)$

rungen, Nuten, Kerben und Querschnittsübergänge aufweisen. Die Ausbohr-Abdreh-methode eignet sich vor allem zum Nachweis von Eigenspannungen bedingt durch technologische Verfahren (wie Warm- und Kaltformen, Wärmebehandlungen, Schwei-ßen, Zerspanen und Fügen).

C 2.3.1.3 Bohrlochverfahren

Das von den mechanischen Verfahren zur Qualitätskontrolle und zur Abnahme von Guß- und Schmiedestücken großer Abmessung am häufigsten verwendete Verfahren, das Bohrlochverfahren, stammt aus dem Jahre 1932 [C 2.3-7]. Es kann auf Grund der relativ zu den Werkstückabmessungen kleinen Verletzungen, die nach der Messung abgedreht, ausgeschliffen oder belassen werden können, als bedingt zerstörungsfrei angesehen wer-den.

Das Meßprinzip, Bild C 2.3-1, beruht auf einer Teilentlastung der Oberfläche durch das Bohren eines Loches und damit auf Teilauslösung der dort vorhandenen Eigenspannun-gen. Die resultierenden Oberflächendehnungen werden in verschiedenen Richtungen gemessen, wobei heute fast ausschließlich Dehnungsmeßstreifen verwendet werden. Speziell für das Bohrlochverfahren entwickelte DMS-Rosetten mit drei DMS, unter $0°/45°/90°$ versetzt zueinander angeordnet, erleichtern dabei die genaue Justierung der Meßgitter um die Bohrung. Die Bohrung hat nur wenige Millimeter (1 bis 5 mm) Durch-

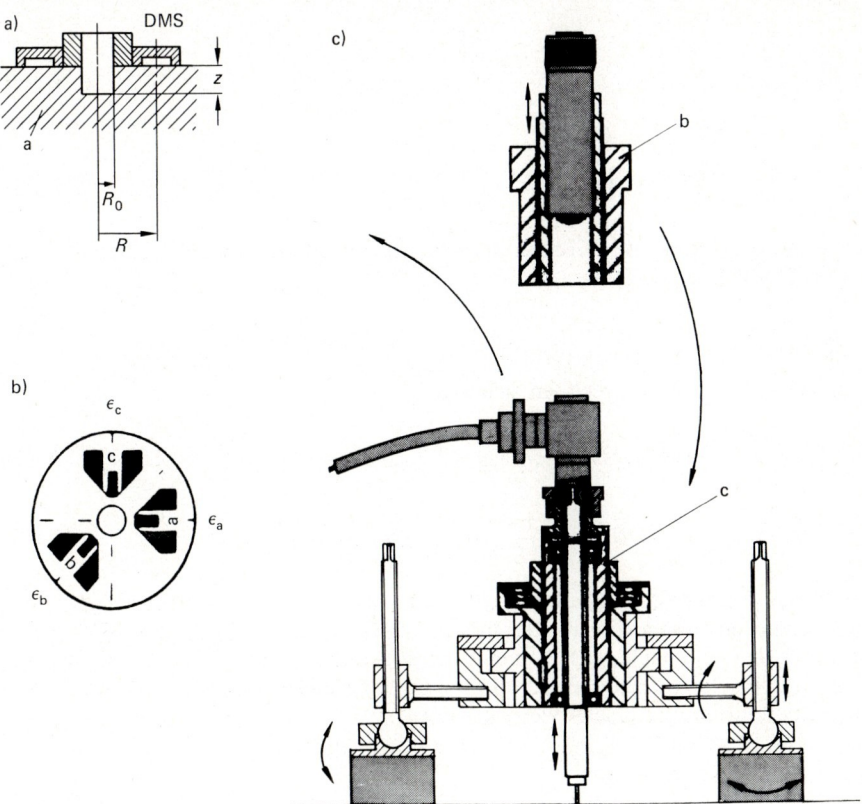

Bild C 2.3-1. Bohrlochverfahren [C 2.2-2].
a) Schnitt. b) Draufsicht. c) Bohrvorrichtung; a Werkstück, b Optikeinsatz, c Bohreinheit

73

messer, wobei bei dickwandigen Bauteilen eine Bohrtiefe vom ein- bis zweifachen Bohrdurchmesser benötigt wird, um die Eigenspannungen der Oberfläche vollkommen auszulösen. Eigenspannungen über die Werkstoffdicke sind nur selten konstant, so daß meist in der Regel nur ein zweiachsiger Spannungszustand parallel zur Oberfläche als Mittelwert über die Bohrtiefe gemessen werden kann. Mittels gezielter Kalibrierversuche ist auch die Ermittlung der Eigenspannungsverteilung über die Tiefe z möglich.

Bei dünnwandigen Bauteilen kann der nach dem Bohrlochverfahren bestimmte Eigenspannungszustand aus zweiachsigen Zug- oder Druckspannungen und zweiachsigen Biegespannungen zusammengesetzt sein. Zur Ermittlung dieser vier Hauptspannungen ist für ein Bohrloch je eine DMS-Rosette auf beiden Oberflächen notwendig. Bei dickwandigen Bauteilen kann der durch das Einbohren freigesetzte Biegeanteil vernachlässigt werden, so daß zur Bestimmung der beiden Hauptspannungen σ_I und σ_{II} und der Hauptspannungsrichtung α als Mittelwert über die Tiefe nur eine DMS-Rosette notwendig ist.

Die von den drei Meßgittern registrierten Dehnungen ε_a, ε_b, ε_c, wie in Bild C 2.3-1 dargestellt, lassen sich in die beiden Hauptspannungen σ_I und σ_{II} und die Hauptspannungsrichtung α, bezogen auf die Meßrichtung des DMS, nach folgendem Formalismus umrechnen:

$$\sigma_{I/II} = \frac{S}{4\,A} \pm \frac{D}{4\,B\,\cos 2\,\beta} \qquad \text{(C 2.3-1)},$$

mit

$$S = \varepsilon_a + \varepsilon_c$$
$$D = \varepsilon_a - \varepsilon_c \qquad \text{(C 2.3-2)},$$

und

$$\tan 2\,\alpha = \frac{S - 2\,\varepsilon_b}{D} \qquad \text{(C 2.3-3)}.$$

Das Verhältnis des Radius des Kreises, auf dem die Rosettenelemente sitzen, zum Bohrungsradius ergibt sich wie folgt:

$$\frac{R}{R_0} = r \qquad \text{(C 2.3-4)}.$$

Die Koeffizienten A und B errechnen sich aus:

$$A = -\frac{1+\mu}{2\,E}\frac{1}{r^2} \qquad \text{(C 2.3-5)},$$

$$B = -\frac{1+\mu}{2\,E}\left(-\frac{3}{r^4} + \frac{4}{(1+\mu)\,r^2}\right) \qquad \text{(C 2.3-6)}.$$

Werkzeuge und Versuchstechnik der Methode in der vorliegenden Form sind relativ einfach und zum portablen Einsatz geeignet [C 2.2-2]. In Bild C 2.3-1 ist ein Bohrgerät wiedergegeben, bei dem nach Aufsetzen und Befestigen des Geräts über drei Magnetfüße an das zu untersuchende Bauteil der Bohreinsatz herausgenommen und durch eine optische Justiereinrichtung ersetzt werden kann.

C 2.3.1.4 Ringkernverfahren

Beim Ringkernverfahren oder auch Ringfugenverfahren wird nach [C 2.3-8] mit einem Kronenfräser eine Ringnut in die Oberfläche eines Bauteiles eingearbeitet. Der verbleibende Kern ist weitgehend aus dem Kräftezusammenhang gelöst und entspannt. Das Verfahren nutzt die Rückfederung des Kerns zur Messung der Eigenspannungen und erlaubt die Messung der Eigenspannungsverteilung auch über die Tiefe. Es ist damit also möglich, die reinen Oberflächeneigenspannungen (z. B. in Bereichen einiger Zehntel Millimeter) zu messen und rechnerisch zu berücksichtigen oder zu eliminieren für den Fall, daß nur die globale Eigenspannungsverteilung ohne ausgesprochenen Oberflächeneffekt gesucht ist. Die Grundlagen des Verfahrens sind in Bild C 2.3-2 dargestellt. An der Meßstelle wird um einen dreiachsigen Dehnungsmeßstreifen mit einem sog. Ringkerngerät und einem Kronenfräser eine Ringnut gefräst. Die dabei ausgelösten Eigenspannungen erzeugen als Funktion der Frästiefe z im DMS Dehnungen ε. Eine Theorie kombiniert nun die Meßwerte ε_a, ε_b, ε_c mit einer einmalig vorausgegangenen Kalibrierung und liefert unmittelbar die Eigenspannungen σ in den gemessenen Richtungen als Funktion der Tiefe z:

$$\sigma_a = \frac{E}{K_1^2 - \mu^2 K_2^2}\left[K_1 \frac{d\varepsilon_a}{dz} + \mu K_2 \frac{d\varepsilon_b}{dz}\right] \qquad \text{(C 2.3-7)},$$

$$\sigma_b = \frac{E}{K_1^2 - \mu^2 K_2^2}\left[K_1 \frac{d\varepsilon_a}{dz} + \mu K_2 \frac{d\varepsilon_a}{dz}\right] \qquad \text{(C 2.3-8)},$$

$$\sigma_c = \frac{E}{K_1^2 - \mu^2 K_2^2}\left[K_1 \frac{d\varepsilon_c}{dz} + \mu K_2 \left(\frac{d\varepsilon_a}{dz} + \frac{d\varepsilon_b}{dz} + \frac{d\varepsilon_c}{dz}\right)\right] \qquad \text{(C 2.3-9)},$$

$$\sigma_{I/II} = \frac{\sigma_a + \sigma_b}{2} \pm \frac{1}{\sqrt{2}}\sqrt{(\sigma_a - \sigma_c)^2 + (\sigma_c - \sigma_b)^2} \qquad \text{(C 2.3-10)},$$

$$\tan 2\alpha = \frac{2\sigma_c - (\sigma_a + \sigma_b)}{\sigma_a - \sigma_b} \qquad \text{(C 2.3-11)}.$$

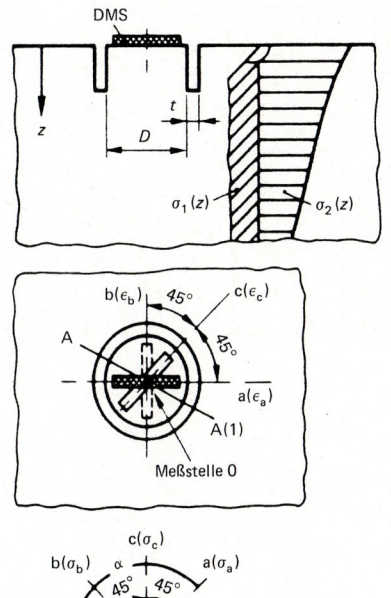

Bild C 2.3-2. Schematische Darstellung des Ringkernverfahrens [C 2.3-8].

75

Die „Eichgrößen" $K_1(z)$ und $K_2(z)$ werden in einem Kalibrierversuch bei einer vorgegebenen Spannung in einer Biege- oder Zugapparatur für eine bestimmte Kern- und DMS-Konfiguration und einen bestimmten Werkstoff ermittelt.

Bei dem oft verwendeten Kerndurchmesser von rd. 14 mm ist der Meßbereich auf rd. 5 mm Tiefe beschränkt.

C 2.3.2 Zerstörungsfreie Verfahren

C 2.3.2.1 Röntgenverfahren (s. Abschnitt D 4)

Im Gegensatz zu den bisher beschriebenen Verfahren, bei denen mikroskopische Abmessungsänderungen – hervorgerufen durch einen mechanischen Eingriff – mit Dehnungsmessern wie z.B. Dehnungsmeßstreifen erfaßt werden, werden bei der röntgenographischen Spannungsmessung submikroskopische Abmessungsänderungen der Atomabstände bzw. Meßebenenabstände im Kristallgitter der Körner eines vielkristallinen Werkstoffes erfaßt. Das Verfahren arbeitet vollständig zerstörungsfrei. Wegen der geringen Eindringtiefe der Röntgenstrahlung, die in Stahl eine Größe von $\leq 20\,\mu m$ aufweist, wird nur der Spannungszustand unmittelbar an der Oberfläche erfaßt. Das $\sin^2\psi$-Verfahren [C 2.3-9; 10; 11] erlaubt zunächst nur die Bestimmung von zweiachsigen, oberflächenparallelen Eigenspannungen. Die Bestimmung der Verteilung über die Tiefe ist deshalb nur über schrittweises Abätzen und Messen nach jeder Stufe möglich. Wegen der kleinen Ätztiefe ist das Verfahren als quasi-zerstörungsfrei anzusehen. Andererseits kön-

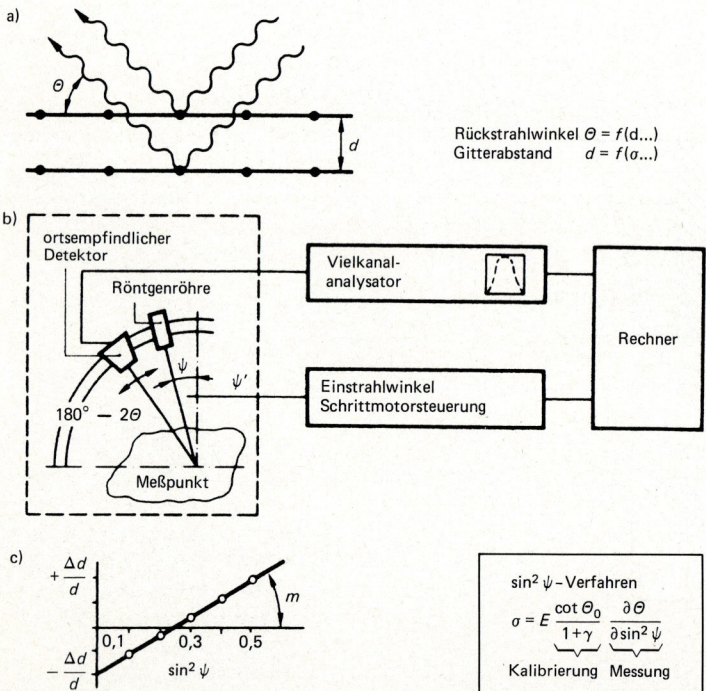

Bild C2.3-3. Schematische Darstellung des Röntgenverfahrens [C 2.2-2].
a) Physikalische Grundlage. b) Spannungsmeßgoniometer. c) Auswertung.

nen jedoch auf Grund der geringen Eindringtiefe der Röntgenstrahlen gerade Spannungszustände, hervorgerufen durch Oberflächenbearbeitung, erfaßt werden.

Bild C 2.3-3 zeigt schematisch und stark vereinfacht die physikalische Grundlage des Verfahrens sowie den prinzipiellen Aufbau eines Spannungsmeßgoniometers mit der Röntgenröhre und einem ortsempfindlichen Detektor auf einer halbkreisförmigen Führungsbahn, den „Einstrahlwinkel" ψ, „Rückstrahlwinkel" θ, Vielkanalanalysator, Schrittmotorsteuerung und Rechner, einschließlich Auswertung nach dem bekannten $\sin^2\psi$-Verfahren. Das angedeutete Meß- und Auswertesystem ist auch für den mobilen Einsatz, d. h. für Messungen vor Ort an Originalbauteilen in der Produktion oder auf Baustellen geeignet. Dank der schnellen Informationsverarbeitung, besonders in Verbindung mit dem ortsempfindlichen Detektor, liegt das Ergebnis je Meßstelle bereits nach einigen Minuten vor [C 2.2-2].

Unter bestimmten Bedingungen, wie Textur, extrem hohe Spannungsgradienten und extrem hohe Gefügegradienten, kann es zu Abweichungen von der geforderten Linearität bei der $\sin^2\psi$-Verteilung kommen. An der meßtechnischen Erfassung und theoretischen Beschreibung dieser Erscheinung wird an verschiedenen Orten intensiv gearbeitet.

C 2.3.2.2 Ultraschall- und magnetische Verfahren

Der Vollständigkeit halber sind auch die Ultraschall- und magnetischen Verfahren zu nennen, die in den letzten Jahren durch den Einsatz der Computertechnik weiterentwickelt wurden, jedoch bisher noch weniger eingesetzt werden.

C 2.3.2.2.1 Ultraschallverfahren

Die Ultraschalltechnik (s. Abschn. D 7.2) ermöglicht die Bestimmung von Eigenspannungen in oberflächennahen Bereichen und im Volumen, wenn die elastischen Konstanten des zu untersuchenden Werkstoffes bekannt und das Werkstück „durchschallbar" ist. Als Meßgrößen werden die Ultraschallgeschwindigkeit von Longitudinal- bzw. Transversalwellen und auch die Ultraschallabsorption genutzt. Dabei treten große Geschwindigkeitsänderungen auf, wenn die Schwingungsrichtung der Ultraschallwellen mit der Hauptspannungsrichtung zusammenfällt. Die Geschwindigkeiten ändern sich linear mit den Spannungen, solange die Elastizitätsgrenze des Materials nicht überschritten wird. Quantitative Beschreibungen dieser Geschwindigkeitsänderungen sind auf der Grundlage der nichtlinearen Elastizitätstheorie in den letzten Jahren entwickelt worden.

C 2.3.2.2.2 Magnetische Verfahren

Dehnungs- und Eigenspannungsänderungen verursachen bei den meisten ferromagnetischen Werkstoffen eine Veränderung der magnetischen Bereichsstruktur. Da jedoch alle magnetischen und magnetoelastischen Meßgrößen außer vom Eigenspannungszustand auch von Gefüge- (Mikrogefüge-) und Texturzustand abhängig sind, ist eine Trennung dieser unterschiedlichen Einflußgrößen nur durch parallelen Einsatz mehrerer voneinander unabhängiger Meßgrößen mit unterschiedlichem Informationsinhalt bei einer Prüfung möglich. In Tabelle C 2.3-3 sind diese magnetischen und magnetoelastischen Meßgrößen und Prüfverfahren sowie eine schematisch eingetragene Spannungsabhängigkeit der einzelnen Meßgrößen zusammengefaßt (s. Abschn. D 7.3).

Auf Grund der starken Gefügeabhängigkeit ist für jeden Werkstoffzustand eine Kalibrierung nötig.

Tabelle C 2.3-3 Ferromagnetische bzw. magnetoelastische Verfahren zur Spannungsmessung [C 2.2-2].

Zerstörungsfreie Prüfverfahren	Spannungsabhängigkeit einzelner Meßgrößen (schematisierter Kurvenverlauf)	
magnetisches Barkhausen-Rauschen	M_{max}, H_{CM} — Kurven über $-\sigma$, 0, $+\sigma$	M_{max} Maximum der Barkhausen-Rauschamplitude H_{CM} Koerzitivfeldstärke $\triangleq H$-Wert bei M_{max}
akustisches Barkhausen-Rauschen	A^2_{max} — Kurve über $-\sigma$, 0, $+\sigma$	A^2_{max} Maximum der akustischen Barkhausen-Rauschamplitude
Wirbelstrom, Überlagerungs-permeabilität	$\Delta\mu_\Delta$ — Kurve über $-\sigma$, 0, $+\sigma$	$\Delta\mu_\Delta$ Aufweitung der $\mu_\Delta(H)$-Kurve bei einem festen μ_Δ-Wert
Magneto-striktion	λ_L über H; Kurven $-\sigma$, $\sigma=0$, $+\sigma$	λ_L Längsmagnetostriktion mit DMS gemessen

C 2.3.2.3 Zusammenfassende Beurteilung

Fast alle Werkstücke weisen Eigenspannungen auf, die deren Festigkeit wesentlich beeinflussen können.

Die mechanisch-elektrischen Verfahren sind vergleichsweise leicht anzuwenden und in der Praxis weit verbreitet.

Die zerstörungsfreien Verfahren erfordern größeren Aufwand und besondere Erfahrungen bei der Interpretation der Meßergebnisse. Ihre wichtigsten Kennzeichen sind in Tabelle C 2.3-4 [C 2.3-12] zusammengestellt. Das Röntgenverfahren ist technisch ausgereift, das Ultraschallverfahren sowie die magnetischen Verfahren bedürfen zum breiten Einsatz in der Praxis noch einer Weiterentwicklung.

Tabelle C 2.3-4 Kennzeichnende Eigenschaften der Spannungsermittlung mit zerstörungsfreien Verfahren [C2.3-12].

Verfahren	Meßgröße	Meßtiefe und -fläche (größenordnungsmäßig)	erfaßbare Eigenspannungen	erforderliche Kennwerte
Beugungsverfahren				
Röntgenstrahlung Synchrotronstrahlung Neutronenstrahlung	$\theta/d/\varepsilon$ in φ, ψ-Richtungen	1, 10 µm, $\geqq 0{,}1$ mm² Tiefe wählbar $\geqq 10$ mm²	erster und zweiter Art, teilweise trennbar, in einzelnen Phasen meßbar	röntgenographische Elastizitätskonstanten (d_0, Wellenlänge)
Ultraschallverfahren				
Geschwindigkeit	Schallgeschwindigkeit von L- und/oder T-Wellen (laufwegabhängig)	gesamte Probendicke	erster, zweiter und dritter Art, nicht in einzelnen Phasen meßbar	Probendicke, elastische Konstanten zweiter und dritter Ordnung, elastische Konstanten G und v, Frequenz
Laufzeit	Schallaufzeit von T-Wellen (laufwegunabhängig)	$\geqq 2$ mm²		
Absorption	Schallabsorption von T-Wellen zur Trennung der Textureinflüsse (laufwegunabhängig)	$\geqq 30$ mm²		
magnetische Verfahren				
magnetinduktiv	180°-90°-Blochwände und Drehprozesse Überlagerungspermeabilität Fkt. H_t (tangentiale Feldstärke)	$\geqq 1$ mm²	erster und zweiter Art, nur in ferromagnetischer Phase mit endlicher Magnetostriktion meßbar	Zur quantitativen Eigenspannungsmessung muß die Meßgröße in Abhängigkeit von der Dehnung oder röntgenographisch am Objekt eingeeicht werden
magnetoelastisch	90°-Blochwände und Drehprozesse, Amplitude der magnetostriktiv angeregten US-Welle Fkt. H_t, Amplitude des akustischen Barkhausenrauschens Fkt. H_t	$\geqq 50$ mm² Tiefe wählbar, $\leqq 1$ mm $\leqq 10$ mm		
ferromagnetisch	180°-(90°)-Blochwände, Barkhausen-Amplitude Fkt. H_t	$\geqq 0{,}1$ mm²		

C 3 Analyse von Spannungen, Dehnungen und Verformungen mittels Modellen

J. Munschau

C 3.1 Formelzeichen

A	Fläche, Querschnitt
Ca	Cauchy-Zahl
E	Elastizitätsmodul
Eu	Euler-Zahl
F	Kraft
F_A	Auftriebskraft, Reaktionskraft im Punkt A
F_G	Gewichtskraft
F_r	Reibungskraft
F_W	Widerstandskraft
Fo	Fourier-Zahl
Fr	Froude-Zahl
G	Schubmodul
Ho	Hooke-Zahl
I	Flächenmoment zweiten Grades
M	Moment
Ma	Mach-Zahl
M_b	Biegemoment
Ne	Newton-Zahl
Nu	Nußelt-Zahl
Q	Wärmemenge
Re	Reynolds-Zahl
R_m	Zugfestigkeit
$R_{p\,0,2}$	Streckgrenze
T	Temperatur
V	Volumen
W	Energie, Arbeit
W	Widerstandsmoment
W'	Verformungswiderstand
X	allgemeine Materialeigenschaft, unabhängige Größe
a	Temperaturleitfähigkeit
a	Beschleunigung
b	Breite
c	Schallgeschwindigkeit
c	spezifische Wärmekapazität
d	Durchmesser
f	Frequenz
f_b	Biegepfeil (maximale Durchbiegung)
g	Fallbeschleunigung
h	Höhe, Tiefe, Dicke
h	Wärmeübergangskoeffizient
i, j, k	natürliche Zahlen, Laufzahlen
k	Konstante
l	Länge
m	Masse

n	natürliche Zahl, Anzahl
p	Druck
q	v-Einflußfunktion (Einflußfunktion der Poisson-Zahl)
r	Radius
s	Weg
t	Zeit
u, v, w	kartesische Koordinaten der Verschiebung
v	Geschwindigkeit
w	Durchbiegung
w	Strömungsgeschwindigkeit
x, y, z	kartesische Koordinaten, Ortskoordinaten
α	thermischer Längenausdehnungskoeffizient
γ	Schiebung
ε	Dehnung
ε_q	Querdehnung
ϑ	Dämpfungsgrad
ζ	Widerstandszahl
ζ_A	Auftriebsbeiwert
ζ_W	Widerstandsbeiwert
η	dynamische Viskosität
λ	Wärmeleitfähigkeit
v	Poisson-Zahl (Querdehnungszahl)
v_k	kinematische Viskosität
ϱ	Dichte
σ	Normalspannung
σ_{dB}	Druckfestigkeit
$\sigma_{d\,zul}$	zulässige Druckspannung (in etwa $\sigma_{d\,0,2}$)
τ	Schubspannung
ω	Winkelgeschwindigkeit

C 3.2 Allgemeines

Im Rahmen der experimentellen Spannungsanalyse hat die Modelltechnik die Aufgabe, Beanspruchungen von Bauteilen durch die Untersuchung physikalisch ähnlicher Beanspruchungen an Modellen experimentell zu ermitteln. Experimentelle Verfahren sind immer dann erforderlich, wenn für ein technisches Problem keine analytische Lösung existiert oder theoretisch ermittelte Werte experimentell bestätigt werden müssen. Trotz der Entwicklung moderner Rechenverfahren sind in der Regel nur relativ einfache Bauteile einer exakten Berechnung zugänglich. Bei komplexen Konstruktionen sind experimentelle Untersuchungen zumeist unerläßlich. Modellverfahren werden dabei häufig angewandt, weil sie im Vergleich zu anderen Verfahren schneller und kostengünstiger durchzuführen sind und gleichzeitig unmittelbar anschauliche Ergebnisse liefern. Modelle sind insbesondere dann notwendig, wenn das Original zu groß oder zu klein, zu gefährlich oder nicht verfügbar ist.

Die Modelltechnik beinhaltet sowohl die Lehre von der geometrischen und physikalischen Ähnlichkeit (Ähnlichkeitstheorie) als auch die Anwendung dieser Ähnlichkeitstheorie in Hinblick auf die Modellherstellung, Versuchsdurchführung und Versuchsauswertung. In den folgenden Abschnitten werden die theoretischen Grundlagen der Modelltechnik kurz dargelegt und für technisch wichtige Bereiche die aus der Theorie resultierenden wesentlichsten Modellgesetze entwickelt. Modellgesetze sind die Regeln, nach denen man einerseits ein dem Original physikalisch ähnliches Modell herstellen, andererseits die Bedingungen der Versuchsdurchführung festlegen und die Versuchsergebnisse auf das Original übertragen kann. Weiterhin werden die Auswirkungen der durch unvermeidliche Abweichungen von der Ähnlichkeit bedingten Fehler auf die Übertragbarkeit der Versuchsergebnisse erörtert sowie zum Abschluß einige Angaben zu häufig verwendeten Modellwerkstoffen gemacht.

In die Physik eingeführt wurde das Ähnlichkeitsprinzip bereits 1687 von *I. Newton*. Theoretisch einheitlich begründet wurde es von *J. Fourier* 1822 mit seinen Arbeiten über die Wärmeleitung, weiterentwickelt von *A. L. Cauchy* 1829 bei seinen elastizitätstheoretischen Arbeiten und von *H. v. Helmholtz* 1873 mit seinen Arbeiten über Strömungen von Fluiden. Zur Lösung technischer Probleme wurde die Ähnlichkeitstheorie erstmalig von *W. Froude* 1869 und O. Reynolds 1883 angewandt. Die heutige Fassung im Hinblick auf die Anwendung in der Technik erhielt die Ähnlichkeitstheorie u. a. durch die Arbeiten von *M. Weber* [C 3.2-1; 2] und *H. Weber* [C 3.2-3] in der ersten Hälfte dieses Jahrhunderts. Eine ausführliche Darstellung der Modellgesetze für den Bereich der experimentellen Spannungsanalyse findet sich bei *W. Feucht* [C 3.2-4] und für den speziellen Bereich der Baustatik bei *R. K. Müller* [C 3.2-5]. Grundlegende theoretische Betrachtungen des Ähnlichkeitsprinzips, insbesondere in Hinblick auf strömungstechnische Probleme, finden sich bei *M. Hackeschmidt* [C 3.2-6]. Für den speziellen Bereich der Spannungsoptik wird eine ausführliche Darstellung bei *H. Wolf* [C 3.2-7] gegeben.

C 3.3 Theorie der Ähnlichkeit

In der Modelltechnik soll aus den am Modell gemessenen Spannungen, Dehnungen und Verformungen auf die entsprechenden interessierenden Größen des Originals geschlossen werden, d. h., die Meßergebnisse des Modellversuchs müssen auf die Vorgänge am Original übertragbar sein. Voraussetzung für die Übertragbarkeit des Modellversuchs ist, daß ein eindeutiger Zusammenhang zwischen den physikalischen Vorgängen am Modell (System M) und den entsprechenden Vorgängen am Original (System O) besteht, d. h., es muß eine eindeutige Verknüpfung der die physikalischen Vorgänge in beiden Systemen beschreibenden Größen vorliegen. Diese Verknüpfung drückt das sog. allgemeine Gesetz der Ähnlichkeitstheorie aus, das nach *M. Weber* [C 3.2-1; 2] besagt, daß physikalische Vorgänge in geometrisch ähnlichen Systemen unter dem Einfluß gleicher physikalischer Ursachen, die sich wiederum mit den gleichen allgemeinen mathematischen Gleichungen beschreiben lassen, physikalisch vollkommen ähnlich ablaufen (Kausalitätsprinzip).

Zur Bestimmung der exakten physikalischen Ähnlichkeit müssen daher in der Regel alle geometrischen und physikalischen Größen, die zur vollständigen Beschreibung der zu untersuchenden Vorgänge notwendig sind, bekannt sein. Erst die Kenntnis aller an einem interessierenden Prozeß im System O beteiligten Größen macht es möglich, ein physikalisch ähnliches System M, d. h. ein Modell, zu entwickeln, und wiederum aus der Beobachtung der entsprechenden physikalischen Vorgänge im System M Aussagen über physikalisch ähnliche Prozesse im System O zu gewinnen. Das allgemeine Gesetz der Ähnlichkeitstheorie gilt i. a. jedoch nur für den makrophysikalischen Bereich, d. h. nicht bei Systemen, bei denen atomare Vorgänge oder Gefügestrukturen der beteiligten Werkstoffe einen nicht zu vernachlässigenden Einfluß ausüben. Für die praktische Anwendung der Ähnlichkeitstheorie im Rahmen der Modelltechnik ergeben sich daraus wesentliche Bedingungen, die im Hinblick auf die Forderung nach vollkommener physikalischer Ähnlichkeit von Prozessen in O und M erfüllt sein müssen:

a) Die Werkstoffe in O und M müssen homogen und isotrop sein.

b) Die geometrischen Dimensionen der betrachteten Systeme müssen groß gegenüber den Werkstoff- und Oberflächenstrukturen der Systeme sein.

c) Es werden nur stetig veränderliche Vorgänge betrachtet.

d) Anfangs- und Randbedingungen müssen in den betrachteten Systemen ähnlich sein.

e) Es werden i. a. nur Spannungen im Geltungsbereich des Hookeschen Gesetzes betrachtet (Ausnahmen s. Abschn. C 3.5.3).

f) Die auftretenden Spannungen hängen bezüglich der Werkstoffe nur von den Materialkonstanten E und v ab.

g) Die Materialkonstanten E und v sind i. a. nicht spannungsabhängig.

Die Gegebenheiten technischer Systeme erfordern jedoch häufig Abweichungen von diesen Bedingungen, so daß bei den meisten praktischen Fällen nur von einer angenäherten Ähnlichkeit ausgegangen werden kann (vgl. Abschn. C 3.3.4).

C 3.3.1 Physikalische Ähnlichkeit

Die physikalische Ähnlichkeit fordert die eindeutige Verknüpfung aller physikalischen Größen in den betrachteten Systemen. Diese Verknüpfung leisten die Modell- oder Ähnlichkeitsgesetze. In der Regel wird ein physikalischer Prozeß durch eine mathematische Beziehung zwischen einer Anzahl dimensionsbehafteter Größen beschrieben, wobei definitionsgemäß für physikalisch ähnliche Vorgänge in M und O die gleichen mathematischen Beziehungen gelten müssen. Voraussetzung der physikalischen Ähnlichkeit ist immer die vollkommene geometrische Ähnlichkeit, d. h. die formtreue Abbildung. Zwei Körper M und O werden als geometrisch vollkommen ähnlich bezeichnet, wenn alle ihre homologen Strecken l in demselben Verhältnis (Relation) zueinander stehen:

$$\frac{l_{i,M}}{l_{i,O}} = l_R = \text{konst}; \quad i = 1, 2, 3, \ldots, n \qquad \text{(C 3.3-1)}.$$

Mathematisch ist die Ähnlichkeit eine homogene lineare Transformation zwischen den Größen $l_{i,M}$ und $l_{i,O}$ mit $l_{i,M} = l_R\, l_{i,O}$, wobei der Proportionalitätsfaktor l_R in der Ähnlichkeitstheorie als Ähnlichkeitsmaßstab oder Übertragungsmaßstab, speziell bei geometrischen Größen auch als Modellmaßstab bezeichnet wird. Nach *L. Euler* wird eine derartige Transformation als „lineare Affinität" bezeichnet.

Die im Rahmen der experimentellen Spannungsanalyse in Betracht kommenden physikalischen Größen sind grundsätzlich immer auf die vier Basisgrößen Länge l, Masse m, Zeit t und Temperatur T zurückzuführen. Werden in den Systemen M und O gleichartige physikalische Prozesse beobachtet, so haben in der Regel homologe Basisgrößen in den beiden Systemen unterschiedliche Zahlenwerte. Die Basisgrößen im System M seien

$$l_M, \; m_M, \; t_M, \; T_M,$$

die im System O seien

$$l_O, \; m_O, \; t_O, \; T_O.$$

Das Verhältnis (Relation) je zweier homologer Basisgrößen der beiden Systeme bilden dimensionslose Zahlen

$$l_R = \frac{l_M}{l_O}, \quad m_R = \frac{m_M}{m_O}, \quad t_R = \frac{t_M}{t_O}, \quad T_R = \frac{T_M}{T_O} \qquad \text{(C 3.3-2)},$$

wobei i. a. die verschiedenen Basisgrößenrelationen unterschiedliche Zahlenwerte haben. Sind die Basisgrößenrelationen homologer Größen während der in M und O beobachteten Prozesse konstant, so bezeichnet man derartige Prozesse als physikalisch ähnlich. Die dabei ermittelten Relationen werden dann als Ähnlichkeitsmaßstäbe bezeichnet. Bei einem physikalischen Prozeß bestehen i. a. Abhängigkeiten zwischen den verschiedenen

Basisgrößen, die durch mathematische Beziehungen ausgedrückt werden. Infolgedessen sind in der Regel auch die Ähnlichkeitsmaßstäbe der interessierenden Größen nicht unabhängig voneinander. Die Bestimmung der gegenseitigen Abhängigkeit der Ähnlichkeitsmaßstäbe bei bestimmten physikalischen Vorgängen ist die Aufgabe der sog. Modellgesetze.

Grundsätzlich werden zur Beschreibung der physikalischen Ähnlichkeit nur die Ähnlichkeitsmaßstäbe der Basisgrößen benötigt. In der praktischen Anwendung der Ähnlichkeitstheorie, der Modelltechnik, werden jedoch aus Gründen der technisch einfacheren Handhabung sowohl Ähnlichkeitsmaßstäbe der Basisgrößen (Grundmaßstäbe) als auch Ähnlichkeitsmaßstäbe für Materialkonstanten (Stoffwertmaßstäbe) und für häufig auftretende, aus den Basisgrößen abgeleitete physikalische Größen (abgeleitete Ähnlichkeitsmaßstäbe) verwendet.

Zu den hier bei den Ähnlichkeitsmaßstäben benutzten Indizes sei bemerkt, daß die auf das Original bezogenen Größen mit dem Index O, die auf das Modell bezogenen mit dem

Tabelle C 3.3-1   Grundmaßstäbe bei strenger Ähnlichkeit.

Physikalische Größe	Symbol	Maßstabsgleichung	Bemerkung
Länge	l	$l_R = \dfrac{l_M}{l_O}$	geometrische Ähnlichkeit: Längenmaßstab, Modellmaßstab
Weg	s	$s_R = \dfrac{s_M}{s_O} = l_R$	
Längendifferenz	Δl	$\Delta l_R = \dfrac{\Delta l_M}{\Delta l_O} = l_R$	Formänderungsmaßstab = Längenmaßstab
Verschiebung	u	$u_R = \dfrac{u_M}{u_O} = l_R$	Verschiebungsmaßstab = Längenmaßstab
Masse	m	$m_R = \dfrac{m_M}{m_O}$	Massenähnlichkeit: Massenmaßstab
Massendifferenz	Δm	$\Delta m_R = \dfrac{\Delta m_M}{\Delta m_O} = m_R$	Massenänderungsmaßstab = Massenmaßstab
Kraft	F	$F_R = \dfrac{F_M}{F_O}$	Kraftähnlichkeit: Kraftmaßstab
Kraftdifferenz	ΔF	$\Delta F_R = \dfrac{\Delta F_M}{\Delta F_O} = F_R$	Kraftänderungsmaßstab = Kraftmaßstab
Zeit	t	$t_R = \dfrac{t_M}{t_O}$	Zeitähnlichkeit: Zeitmaßstab
Zeitdifferenz	Δt	$\Delta t_R = \dfrac{\Delta t_M}{\Delta t_O} = t_R$	Zeitänderungsmaßstab = Zeitmaßstab
Temperatur	T	$T_R = \dfrac{T_M}{T_O}$	Temperaturähnlichkeit: Temperaturmaßstab
Temperaturdifferenz	ΔT	$\Delta T_R = \dfrac{\Delta T_M}{\Delta T_O} = T_R$	Temperaturänderungsmaßstab = Temperaturmaßstab

Index M, und die das Verhältnis (Relation) dieser Größen bezeichneten Ähnlichkeitsmaßstäbe mit dem Index R gekennzeichnet sind. Diese Indexierung ermöglicht eine international einheitliche Bezeichnung.

C 3.3.1.1 Grundmaßstäbe

Die Grundmaßstäbe sind in Tabelle C 3.3-1 aufgeführt. In der Modelltechnik werden zu den Grundmaßstäben nicht nur die Ähnlichkeitsmaßstäbe der physikalischen Basisgrößen gerechnet, sondern auch die Größen, die bei technischen Anwendungen eine wesentliche Rolle spielen, wie z. B. die differentiellen Größen der Basisgrößen und die Kraft. Aus der Forderung, daß bei physikalischer Ähnlichkeit die Ähnlichkeitsmaßstäbe homologer Größen konstant sein müssen, folgt, daß differentielle Größen den gleichen Ähnlichkeitsmaßstab haben müssen wie ihre Ausgangsgrößen. So gilt z. B. für die Längenänderung $\Delta l = l_1 - l_2$

$$\Delta l_R = \frac{\Delta l_M}{\Delta l_O} = \frac{l_{1,M} - l_{2,M}}{l_{1,O} - l_{2,O}} = \frac{l_R(l_{1,O} - l_{2,O})}{l_{1,O} - l_{2,O}} = l_R \qquad \text{(C 3.3-3)}.$$

Die Relation $\Delta l_R = \Delta l_M / \Delta l_O$ wird als Formänderungsmaßstab bezeichnet und ist im Zusammenhang mit den Modellgesetzen der Elastizitätstheorie von besonderer Bedeutung.

Tabelle C 3.3-2   Stoffwertmaßstäbe bei strenger Ähnlichkeit.

Physikalische Größe	Symbol	Maßstabsgleichung	Bemerkung
Dichte	ϱ	$\varrho_R = \dfrac{\varrho_M}{\varrho_O} = m_R\, l_R^{-3}$	$\varrho = \dfrac{m}{V}$
Elastizitätsmodul	E	$E_R = \dfrac{E_M}{E_O} = \sigma_R$	$E = \dfrac{\sigma}{\varepsilon}$
Schubmodul	G	$G_R = \dfrac{G_M}{G_O} = E_R$	$G = \dfrac{\tau}{\gamma} = \dfrac{E}{2(1+\nu)}$
Poisson-Zahl	ν	$\nu_R = \dfrac{\nu_M}{\nu_O} = 1$	$\nu = -\dfrac{\varepsilon_q}{\varepsilon}$
thermischer Längenausdehnungskoeffizient	α	$\alpha_R = \dfrac{\alpha_M}{\alpha_O}$	$\alpha = \dfrac{\Delta l}{l\,\Delta T}$
Wärmeleitfähigkeit	λ	$\lambda_R = \dfrac{\lambda_M}{\lambda_O}$	$\lambda = -\dfrac{dQ}{dt}\dfrac{\Delta l}{A\,\Delta T}$
spezifische Wärmekapazität	c	$c_R = \dfrac{c_M}{c_O}$	$c = \dfrac{\Delta Q}{m\,\Delta T}$
Temperaturleitfähigkeit	a	$a_R = \dfrac{a_M}{a_O}$	$a = \dfrac{\lambda}{\varrho\, c}$
Wärmeübergangskoeffizient	h	$h_R = \dfrac{h_M}{h_O}$	
dynamische Viskosität	η	$\eta_R = \dfrac{\eta_M}{\eta_O}$	
kinematische Viskosität	ν_k	$\nu_{k,R} = \dfrac{\nu_{k,M}}{\nu_{k,O}} = \dfrac{\eta_R}{m_R}\, l_R^3$	$\nu_k = \dfrac{\eta}{\varrho}$

C 3.3.1.2 Stoffwertmaßstäbe und Mehrstoffparametergesetz

Die meistverwendeten Stoffwertmaßstäbe sind in Tabelle C 3.3-2 aufgeführt. Sind bei den in M und O interessierenden Vorgängen mehrere Werkstoffe oder auch Werkstoffe mit örtlich unterschiedlichen Materialeigenschaften X_i beteiligt, so gilt das Mehrstoffparametergesetz

$$X_{1,\mathrm{M}} : X_{2,\mathrm{M}} : X_{3,\mathrm{M}} : \ldots : X_{n,\mathrm{M}} = X_{1,\mathrm{O}} : X_{2,\mathrm{O}} : X_{3,\mathrm{O}} : \ldots : X_{n,\mathrm{O}} \qquad (\text{C 3.3-4}).$$

Tabelle C 3.3-3   Abgeleitete Ähnlichkeitsmaßstäbe bei strenger Ähnlichkeit.

Physikalische Größe	Symbol	Maßstabsgleichung	Bemerkung
Fläche	A	$A_{\mathrm{R}} = \dfrac{A_{\mathrm{M}}}{A_{\mathrm{O}}} = l_{\mathrm{R}}^2$	
Volumen	V	$V_{\mathrm{R}} = \dfrac{V_{\mathrm{M}}}{V_{\mathrm{O}}} = l_{\mathrm{R}}^3$	geometrische Ähnlichkeit
Flächenmoment zweiten Grades	I	$I_{\mathrm{R}} = \dfrac{I_{\mathrm{M}}}{I_{\mathrm{O}}} = l_{\mathrm{R}}^4$	$I = \int l^2\, dA$
Widerstandsmoment	W	$W_{\mathrm{R}} = \dfrac{W_{\mathrm{M}}}{W_{\mathrm{O}}} = \dfrac{I_{\mathrm{R}}}{l_{\mathrm{R}}} = l_{\mathrm{R}}^3$	$W = \dfrac{\text{Flächenmoment zweiten Grades}}{\text{Randfaserabstand}}$
Moment	M	$M_{\mathrm{R}} = \dfrac{M_{\mathrm{M}}}{M_{\mathrm{O}}} = F_{\mathrm{R}}\, l_{\mathrm{R}}$	Momentenähnlichkeit
Normalspannung	σ	$\sigma_{\mathrm{R}} = \dfrac{\sigma_{\mathrm{M}}}{\sigma_{\mathrm{O}}} = \dfrac{F_{\mathrm{R}}}{A_{\mathrm{R}}} = \dfrac{F_{\mathrm{R}}}{l_{\mathrm{R}}^2}$	
Schubspannung	τ	$\tau_{\mathrm{R}} = \dfrac{\tau_{\mathrm{M}}}{\tau_{\mathrm{O}}} = \dfrac{F_{\mathrm{R}}}{A_{\mathrm{R}}} = \dfrac{F_{\mathrm{R}}}{l_{\mathrm{R}}^2}$	Spannungsähnlichkeit
Druck	p	$p_{\mathrm{R}} = \dfrac{p_{\mathrm{M}}}{p_{\mathrm{O}}} = \dfrac{F_{\mathrm{R}}}{A_{\mathrm{R}}} = \dfrac{F_{\mathrm{R}}}{l_{\mathrm{R}}^2}$	Druckähnlichkeit
Geschwindigkeit	v	$v_{\mathrm{R}} = \dfrac{v_{\mathrm{M}}}{v_{\mathrm{O}}} = \dfrac{l_{\mathrm{R}}}{t_{\mathrm{R}}}$	
Winkelgeschwindigkeit	ω	$\omega_{\mathrm{R}} = \dfrac{\omega_{\mathrm{M}}}{\omega_{\mathrm{O}}}$	kinematische Ähnlichkeit
Frequenz	f	$f_{\mathrm{R}} = \dfrac{f_{\mathrm{M}}}{f_{\mathrm{O}}}$	
Beschleunigung	a	$a_{\mathrm{R}} = \dfrac{a_{\mathrm{M}}}{a_{\mathrm{O}}} = \dfrac{v_{\mathrm{R}}}{t_{\mathrm{R}}} = \dfrac{l_{\mathrm{R}}}{t_{\mathrm{R}}^2}$	
Fallbeschleunigung	g	$g_{\mathrm{R}} = \dfrac{g_{\mathrm{M}}}{g_{\mathrm{O}}}$	dynamische Ähnlichkeit
Energie, Arbeit	W	$W_{\mathrm{R}} = \dfrac{W_{\mathrm{M}}}{W_{\mathrm{O}}} = F_{\mathrm{r}}\, l_{\mathrm{R}}$	Energieähnlichkeit

Treten z. B. bei einer Verbundkonstruktion drei Werkstoffe mit unterschiedlichen E-Moduln auf, so muß bei vollkommener Ähnlichkeit der Systeme M und O gelten:

$$E_{1,\mathrm{M}} : E_{2,\mathrm{M}} : E_{3,\mathrm{M}} = E_{1,\mathrm{O}} : E_{2,\mathrm{O}} : E_{3,\mathrm{O}} \qquad \text{(C 3.3-5)}.$$

Bedingung für die Gültigkeit des Mehrstoffparametergesetzes bei Verbundkonstruktionen ist, daß die Werkstoffe längs ihrer Berührungsflächen kontinuierlich und kraftschlüssig verbunden sind.

C 3.3.1.3 Abgeleitete Ähnlichkeitsmaßstäbe und Maßstabsregel

Die Ähnlichkeitsmaßstäbe der aus den Basisgrößen abgeleiteten Größen können nach der sog. Maßstabsregel bestimmt werden. Die Maßstabsregel besagt, daß sich der Ähnlichkeitsmaßstab einer abgeleiteten Größe rein formal durch Einsetzen der Grundmaßstäbe in die Definitionsgleichung der abgeleiteten Größe ergibt. So gilt für das Moment M die Definitionsgleichung $M = F l$ und somit nach der Maßstabsregel der Momentenähnlichkeitsmaßstab $M_{\mathrm{R}} = F_{\mathrm{R}} l_{\mathrm{R}}$. Die Richtigkeit dieser Regel läßt sich durch Einsetzen der vollständigen Ähnlichkeitsmaßstäbe in die Maßstabsgleichung leicht zeigen. Die Maßstabsregel gilt auch für differentielle Größen in Definitionsgleichungen gemäß den Ausführungen in Abschn. C 3.3.1.1. Einige wichtige abgeleitete Ähnlichkeitsmaßstäbe sind in Tabelle C 3.3-3 aufgeführt.

C 3.3.2 Modellgesetze

Bei einem physikalischen Prozeß besteht i. a. ein funktionaler Zusammenhang zwischen den am Prozeß beteiligten Größen, der in der Regel durch eine mathematische Beziehung (physikalische Gleichung) ausgedrückt wird. Ein funktionaler Zusammenhang besteht i. a. auch zwischen den Ähnlichkeitsmaßstäben bei physikalisch ähnlichen Prozessen. Dieser funktionale Zusammenhang wird durch die Modellgesetze beschrieben. Modellgesetze sind Verknüpfungsgesetze der bei einem physikalisch ähnlichen Prozeß maßgeblich beteiligten Größen, aber auch die Berechnungsgrundlage für die Zahlenwerte der Ähnlichkeitsmaßstäbe dieser Größen. Die Modellgesetze ermöglichen einerseits, ausgehend von einem interessierenden System O, ein geometrisch und physikalisch ähnliches System M, das Modell, herzustellen, und andererseits die am Modell ermittelten Erkenntnisse auf das Original zu übertragen.

Zur Herleitung der Modellgesetze existieren verschiedene Verfahren. Die zwei wichtigsten Verfahren, die Bestimmung der Modellgesetze aus den physikalischen Gleichungen des interessierenden Problems und die Herleitung durch eine Dimensionsanalyse des Problems, werden im folgenden an Hand eines Beispiels näher erläutert.

C 3.3.2.1 Herleitung von Modellgesetzen mittels physikalischer Gleichung

Mit einer physikalischen Gleichung wird ein physikalischer Prozeß in mathematischer Form dargestellt. Nach dem Ähnlichkeitsprinzip muß für ein interessierendes Problem in O und M dieselbe physikalische Gleichung gelten, d. h., sie kann für das System O mit den O-Größen, für das System M mit den M-Größen aufgestellt werden. Die Verknüpfung dieser Gleichungen, z. B. durch geeignete Division, ergibt eine Gleichung mit Ähnlichkeitsmaßstäben, die in der Regel bereits eine einfache Form des gesuchten Modellgesetzes darstellt.

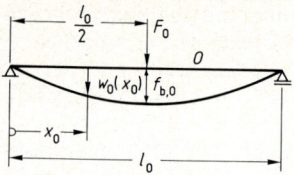 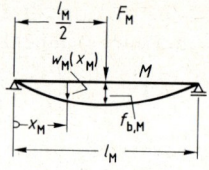

Bild C 3.3-1. Beidseitig frei gelagerter Träger unter Mittellast.
links: Original (System O),
rechts: Modell (System M).

Beispiel: Durchbiegung eines beidseitig frei aufliegenden Trägers unter Mittellast

Die maximale Durchbiegung f_b (Biegepfeil) eines frei aufliegenden Trägers O soll durch die Durchbiegung eines geometrisch ähnlichen Trägers M bestimmt werden, Bild C 3.3-1. Bei nicht zu großer Durchbiegung und unter Vernachlässigung von Schubspannungen gilt für diesen Fall die bekannte Gleichung

$$f_b = \frac{F\,l^3}{48\,E\,I} \tag{C 3.3-6}$$

mit der Kraft F, der Länge l, dem E-Modul E und dem Flächenmoment zweiten Grades I. Auf O und M angewandt, lautet diese Gleichung

$$f_{b,O} = \frac{F_O\,l_O^3}{48\,E_O\,I_O} \qquad \text{bzw.} \qquad f_{b,M} = \frac{F_M\,l_M^3}{48\,E_M\,I_M} \tag{C 3.3-7}.$$

Eine allgemeine Verknüpfung der beteiligten Größen ergibt sich durch Division der beiden Gleichungen

$$\frac{f_{b,M}}{f_{b,O}} = \frac{(F_M F_O)(l_M/l_O)^3}{(E_M/E_O)(I_M/I_O)} = \frac{F_R\,l_R^3}{E_R\,I_R} \tag{C 3.3-8}.$$

Dies ist bereits ein allgemeines Modellgesetz für den hier betrachteten Fall. Bei einem Modellgesetz, das n Ähnlichkeitsmaßstäbe enthält, sind i. a. $(n-1)$ Maßstäbe frei wähl-bar, ein Maßstab wird durch die Wahl der übrigen festgelegt. Man ist i. a. bestrebt, die Anzahl der beteiligten Maßstäbe möglichst klein zu halten, einerseits um bei den Modell-versuchen den meßtechnischen Aufwand zu verringern, andererseits um versuchstech-nisch bedingte Fehler zu vermeiden. Bei dem vorliegenden Problem sind die Größen f_b, I und l geometrische Größen, die sich alle durch den Längenmaßstab l_R ausdrücken lassen. Aus der geometrischen Ähnlichkeit und gemäß Gl. (C 3.3-1) folgt

$$\frac{f_{b,M}}{f_{b,O}} = \frac{l_M}{l_O} = l_R \tag{C 3.3-9}.$$

Für das Flächenmoment zweiten Grades I eines Trägers mit z. B. rechteckigem Quer-schnitt der Höhe h und Breite b gilt

$$I = \frac{b\,h^3}{12} \tag{C 3.3-10}.$$

Die geometrische Ähnlichkeit fordert wiederum

$$\frac{b_M}{b_O} = \frac{h_M}{h_O} = \frac{l_M}{l_O} = l_R \tag{C 3.3-11}$$

und damit

$$\frac{I_M}{I_O} = \frac{b_M\,h_M^3}{b_O\,h_O^3} = \frac{l_M^4}{l_O^4} = l_R^4 \tag{C 3.3-12}.$$

Tabelle 3.3-4   Kennzahlen.

Bezeichnung	Symbol	Gleichung	Anwendung	Bemerkung
Cauchy-Zahl	Ca	$Ca = \dfrac{v}{\sqrt{E/\varrho}}$	Festigkeitslehre	$Ca \sim \dfrac{\text{Trägheitskraft}}{\text{elastische Kraft}}$
Euler-Zahl	Eu	$Eu = \dfrac{p}{\varrho\, w^2}$	Hydrodynamik, Verfahrenstechnik	$Eu \sim \dfrac{\text{Druckkraft}}{\text{Trägheitskraft}}$ w Strömungsgeschwindigkeit $Eu \sim Ne \sim$ Widerstandsbeiwerte
Fourier-Zahl	Fo	$Fo = \dfrac{a\,t}{l^2}$	Wärmeleitung	$a = \dfrac{\lambda}{c\,\varrho}$: Temperaturleitfähigkeit c spezifische Wärmekapazität
Froude-Zahl	Fr	$Fr = \dfrac{v^2}{l\,g}$	Hydrodynamik	$Fr \sim \dfrac{\text{Trägheitskraft}}{\text{Gewichtskraft}}$
Hooke-Zahl	Ho	$Ho = \dfrac{F}{E\,l^2}$	Festigkeitslehre	
Mach-Zahl	Ma	$Ma = \dfrac{v}{c}$	Fluiddynamik	c Schallgeschwindigkeit v Momentangeschwindigkeit
Newton-Zahl	Ne	$Ne = \dfrac{F}{\varrho\, v\, l^2}$	Mechanik, Trägheit	
Nußelt-Zahl	Nu	$Nu = \dfrac{h\,l}{\lambda}$	Wärmeübertragung	h Wärmeübergangskoeffizient λ Wärmeleitfähigkeit
Reynolds-Zahl	Re	$Re = \dfrac{v\,l}{v_k}$	Hydrodynamik	$Re \sim \dfrac{\text{Trägheitskraft}}{\text{Reibungskraft}}$ v_k kinematische Viskosität

Die Maßstabsgleichung $I_R = l_R^4$ gilt, wie sich leicht nachweisen läßt, für Träger beliebiger Querschnittsform.

Durch Einsetzen dieser Beziehungen und Division durch l_M/l_O ergibt sich das Modellgesetz in seiner endgültigen Form

$$1 = \frac{F_M/F_O}{(E_M/E_O)\,(l_M/l_O)^2} = \frac{F_R}{E_R\, l_R^2} \qquad (C\,3.3\text{-}13).$$

Dieses Modellgesetz kann aber auch geschrieben werden

$$1 = \frac{Ho_M}{Ho_O} = Ho_R \qquad \text{bzw.} \qquad Ho_M = Ho_O \qquad (C\,3.3\text{-}14)$$

mit der dimensionslosen „Hookeschen Kennzahl"

$$\mathrm{Ho} = \frac{F}{E\,l^2} \qquad\qquad \text{(C 3.3-15)}.$$

Die Hookesche Kennzahl ist somit die einfachste Verknüpfung der an dem hier betrachteten physikalischen Vorgang beteiligten Größen. Der Zusammenhang zwischen Ähnlichkeit und Kennzahl wird durch das „Newtonsche Ähnlichkeitstheorem" zum Ausdruck gebracht: Einander ähnliche Vorgänge zeichnen sich durch gleiche Ähnlichkeitskriterien aus, d. h., daß zwischen verschiedenen physikalischen Vorgängen dann Ähnlichkeit besteht, wenn die Ähnlichkeitsinvarianten – die Kennzahlen – für alle betrachteten Systeme den gleichen Zahlenwert haben. Wie später noch gezeigt wird, gibt es für eine Vielzahl von physikalischen Prozessen derartige Kennzahlen. Eine Zusammenstellung der in der experimentellen Spannungsanalyse wichtigsten Kennzahlen gibt Tabelle C 3.3-4.

Rein formal, aber in Übereinstimmung mit den allgemeinen Ähnlichkeitsprinzipien, kann nach der Maßstabsregel (Abschn. C 3.3.1.3) das Modellgesetz auch durch Einsetzen der Ähnlichkeitsmaßstäbe aus den Tabellen C 3.3-1 bis 3 in die Ausgangsgleichung (C 3.3-6) gebildet werden. Mit diesen Maßstäben ergibt sich Gl. (C 3.3-6) zu

$$l_\mathrm{R} = \frac{F_\mathrm{R}\,l_\mathrm{R}^3}{E_\mathrm{R}\,l_\mathrm{R}^4} \qquad \text{bzw.} \qquad 1 = \frac{F_\mathrm{R}}{E_\mathrm{R}\,l_\mathrm{R}^2} = \mathrm{Ho_R} \qquad\qquad \text{(C 3.3-16)}$$

entsprechend Gl. (C 3.3-13) bzw. Gl. (C 3.3-14).

C 3.3.2.2 Herleitung von Modellgesetzen mittels Dimensionsanalyse (Buckinghamsches Theorem)

Wenn bei einem physikalischen Prozeß die beschreibende mathematische Beziehung (physikalische Gleichung) unbekannt ist, können die benötigten Modellgesetze mit Hilfe der sog. Dimensionsanalyse ermittelt werden. Bei diesem Verfahren sind zunächst alle den Prozeß beeinflussenden Größen zu bestimmen. Diese Größen müssen voneinander unabhängig sein, jedoch kann durchaus ein unbekannter funktionaler Zusammenhang bestehen. Aus diesen, in der Regel dimensionsbehafteten Größen werden dimensionslose Potenzprodukte in der Art von Kennzahlen gebildet. Ein Verfahren zur Ermittlung des vollständigen Satzes von Kennzahlen eines interessierenden Problems ist die Analyse der Dimensionen mit Hilfe des Buckinghamschen Π-Theorems [C 3.3-1]. Es besagt:
Gilt für n dimensionsbehaftete unabhängige Größen X_i eines Prozesses die Beziehung

$$f(X_1, X_2, .., X_n) = 0 \qquad\qquad \text{(C 3.3-17)},$$

so läßt sie sich stets in der Form

$$f^*(\Pi_1, \Pi_2, \ldots, \Pi_m) = 0 \qquad\qquad \text{(C 3.3-18)}$$

ausdrücken, wobei Π_j die m dimensionslosen Kennzahlen sind. Dabei gilt $m = n - g$, wobei g die Anzahl der für das jeweilige Problem gewählten Grundeinheiten gemäß den Tabellen C 3.3-1 bis 3 ist. Die Kennzahlen werden mit dem Produktansatz

$$\Pi = X_1^\alpha\,X_2^\beta\,X_3^\gamma\,X_4^\delta\ldots \qquad\qquad \text{(C 3.3-19)}$$

und durch Einsetzen der Einheiten der X_i in den Produktansatz bestimmt. Die Summe der zunächst noch unbekannten Exponenten α, β, γ ... der Grundeinheiten muß jeweils null ergeben, da definitionsgemäß Π dimensionslos ist. Unabhängig, d. h. in ihrem

Zahlenwert beliebig festlegbar, sind m der n Exponenten. Die mit festgelegten Exponenten gekennzeichneten Größen bezeichnet man als Leitgrößen. Durch Berechnung der übrigen Exponenten und Zusammenfassen der Größen mit gleichem Exponenten werden die gesuchten Kennzahlen ermittelt.

Beispiel: Frei aufliegender Träger unter Mittellast (entsprechend Abschn. C 3.3.2.1)

Für die Durchbiegung des Trägers gemäß Bild C 3.3-1 sind die Kraft F, die Länge l, der Elastizitätsmodul E und das Flächenmoment zweiten Grades I die den Prozeß beeinflussenden Größen. Der funktionale Zusammenhang dieser Größen sei unbekannt. Wie bereits in Abschn. C 3.3.2.1 gezeigt wurde, ist jedoch I keine unabhängige Größe, sondern als geometrische Größe von l abhängig. Die allgemeine Funktion der unabhängigen Größen lautet somit:

$$f(X_1, X_2, X_3) = f(F, l, E) = 0 \qquad \text{(C 3.3-20)}.$$

Dies sind $n = 3$ unabhängige Größen mit $g = 2$ Grundeinheiten (N und m). Damit ergibt sich $m = n - g = 1$, d.h. *eine* Kennzahl und *ein* frei wählbarer Exponent. Der Produktansatz lautet:

$$\Pi = F^\alpha \, l^\beta \, E^\gamma \qquad \text{(C 3.3-21)}.$$

Einsetzen der Einheiten für die jeweiligen Größen ergibt

$$\Pi = [\text{N}]^\alpha \, [\text{m}]^\beta \, [\text{N/m}^2]^\gamma =$$
$$= [\text{N}]^{\alpha+\gamma} \, [\text{m}]^{\beta-2\gamma} \qquad \text{(C 3.3-22)}$$

und somit

$$0 = \alpha + \gamma$$
$$0 = \beta - 2\gamma \qquad \text{(C 3.3-23)}.$$

Der Exponent α wird als frei festlegbar und damit die Kraft F als Leitgröße gewählt. Somit wird $\gamma = -\alpha$, $\beta = 2\alpha$ und

$$\Pi = F^\alpha \, l^{-2\alpha} \, E^{-\alpha} = \left(\frac{F}{E\,l^2}\right)^\alpha \qquad \text{(C 3.3-24)}.$$

Mit $\alpha = 1$ (frei wählbar!) ergibt dies die Kennzahl

$$\text{Ho} = \frac{F}{E\,l^2} \qquad \text{(C 3.3-25)},$$

die, wie bereits in Abschn. C 3.3.2.1 erwähnt, die einfachste dimensionsfreie Verknüpfung der an dem hier betrachteten Prozeß beteiligten Größen ist. Aus dieser Kennzahl kann dann das Modellgesetz $\text{Ho}_M = \text{Ho}_O$ gebildet werden. Die Wahl einer anderen Leitgröße oder eines anderen Zahlenwertes des Leitgrößenexponenten ergibt i.a. andere Kennzahlen, die jedoch grundsätzlich ineinander überführbar sind. Zu beachten ist jedoch, daß die Anwendung der Dimensionsanalyse auf einen unbekannten physikalischen Prozeß i.a. nicht zur Aufstellung physikalischer Gleichungen führen kann.

C 3.3.3 Strenge Ähnlichkeit

In der Modelltechnik gelten grundsätzlich die allgemeinen Prinzipien der physikalischen Ähnlichkeit. Die besondere technische Problematik bedingt jedoch, daß einigen Ähnlichkeitskriterien eine besondere Bedeutung zukommt. Aus der geometrischen Ähnlichkeit ergeben sich z. B. einige besondere Modellbedingungen. Nach Gl. (C 3.3-3) gilt

$$\frac{\Delta l_M}{\Delta l_O} = \frac{l_M}{l_O} \qquad \text{(C 3.3-26)},$$

d. h., der Formänderungsmaßstab ist gleich dem Längen- bzw. Modellmaßstab. Dies führt zu weitreichenden Forderungen bezüglich der bei Modellversuchen auftretenden Dehnung. Für die Dehnung ε in M und O gilt definitionsgemäß

$$\varepsilon_M = \frac{\Delta l_M}{l_M} \quad \text{bzw.} \quad \varepsilon_O = \frac{\Delta l_O}{l_O} \tag{C 3.3-27}.$$

Der Ähnlichkeitsmaßstab der Dehnung ergibt sich somit zu

$$\varepsilon_R = \frac{\varepsilon_M}{\varepsilon_O} = \frac{\Delta l_M}{l_M} \bigg/ \frac{\Delta l_O}{l_O} = \frac{\Delta l_M}{\Delta l_O} \bigg/ \frac{l_M}{l_O} = 1 \tag{C 3.3-28}$$

oder

$$\varepsilon_M = \varepsilon_O \tag{C 3.3-29},$$

d. h., die Dehnungen in M und O müssen bei vollkommener Ähnlichkeit gleich sein. Dies gilt für alle Dehnungen, somit auch für die Querdehnung ε_q. Das Verhältnis von Querdehnung zu Dehnung wird durch die Poisson-Zahl $\nu = -\varepsilon_q/\varepsilon$, einer Materialkonstanten, ausgedrückt. Für das System M und O gilt demnach

$$\nu_M = -\frac{\varepsilon_{q,M}}{\varepsilon_M} \quad \text{bzw.} \quad \nu_O = -\frac{\varepsilon_{q,O}}{\varepsilon_O} \tag{C 3.3-30},$$

und der Ähnlichkeitsmaßstab der Poisson-Zahl folgt daraus zu

$$\nu_R = \frac{\nu_M}{\nu_O} = \frac{\varepsilon_{q,M}}{\varepsilon_M} \bigg/ \frac{\varepsilon_{q,O}}{\varepsilon_O} = \frac{\varepsilon_{q,M}}{\varepsilon_{q,O}} \bigg/ \frac{\varepsilon_M}{\varepsilon_O} = 1 \tag{C 3.3-31}$$

oder

$$\nu_M = \nu_O \tag{C 3.3-32}.$$

Bei vollkommener Ähnlichkeit muß die Poisson-Zahl demnach in M und O gleich sein. Diese Ähnlichkeitsbedingung wird als „Poissonsches Modellgesetz" bezeichnet. Das Poissonsche Modellgesetz kann in der Regel nur durch gleichen Werkstoff in M und O erfüllt werden, eine Einschränkung, die erhebliche Auswirkungen auf die Modelltechnik hat. Die Einhaltung der Bedingungen $\varepsilon_R = 1$ und $\nu_R = 1$ sowie aller weiteren für das jeweilige Problem erforderlichen Ähnlichkeitskriterien wird in der Modelltechnik als „strenge Ähnlichkeit" bezeichnet.

C 3.3.4 Erweiterte Ähnlichkeit

Die Bedingungen der strengen Ähnlichkeit lassen sich in der Praxis häufig nicht im geforderten Maße erfüllen, oder aber sie erschweren die Versuchsdurchführung erheblich, ohne eine höhere Genauigkeit zu bewirken. Daher wird strenge Ähnlichkeit nur bei den Modellversuchen gefordert, bei denen sie zur Erzielung eines hinreichend genauen Ergebnisses unbedingt erforderlich ist. Die Kriterien dafür werden bei der Abhandlung der spezifischen Modellgesetze in den folgenden Abschnitten gegeben.

Eine Vereinfachung der Modellversuche ergibt sich durch die sog. erweiterte Ähnlichkeit. Dabei wird für Größen gleicher Dimension, z. B. geometrische Größen, im Gegensatz zur Forderung vollkommener Ähnlichkeit ein unterschiedlicher Maßstab verwendet, d. h., das Modellgesetz der strengen Ähnlichkeit wird um zusätzliche Maßstäbe „erweitert". Bedingung ist, daß eine analytische Gleichung existiert, aus der ein alle Maßstäbe eindeutig verknüpfendes Modellgesetz entwickelt werden kann. Dabei sind die für den Gültigkeitsbereich der analytischen Gleichung geltenden Einschränkungen zu berücksichtigen.

An Hand des bereits in den vorigen Abschnitten aufgeführten Beispiels (frei aufliegender Träger unter Mittellast) soll dies verdeutlicht werden:

Bei der Herleitung des Modellgesetzes Gl. (C 3.3-13) wurden mit der Forderung nach vollkommener geometrischer Ähnlichkeit gemäß Gl. (C 3.3-9, 11 und 12) die Ähnlichkeitsmaßstäbe aller geometrischen Größen festgelegt. Da das Ziel des Modellversuches jedoch allein die Untersuchung der Durchbiegung eines Trägers war, ist die Forderung nach vollkommener geometrischer Ähnlichkeit sehr weitgehend. Ausgehend von der analytischen Gleichung (C 3.3-6) kann durch die Einbeziehung eines allgemeinen Maßstabes I_R für das Flächenmoment ein erweitertes Modellgesetz

$$\frac{F_R \, l_R}{E_R \, I_R} = 1 \qquad\qquad (C\ 3.3\text{-}33)$$

aufgestellt werden, in dem der Maßstab I_R völlig unabhängig vom Längenmaßstab l_R gewählt werden kann. Dies bedeutet, daß nicht nur die Maßstäbe für Breite und Höhe des Trägers vom Längenmaßstab abweichen dürfen, sondern daß das Modell gegenüber dem Original eine völlig andere Querschnittsform aufweisen kann, z. B. ein rechteckiger Modellträger an Stelle eines Originalträgers mit rundem oder elliptischem Querschnitt. Voraussetzung ist allein, daß Gl. (C 3.3-33) immer erfüllt ist. Die Biegelinie des Modells ist dann der des Originals weiterhin geometrisch ähnlich, und die Modellergebnisse sind auf das Original übertragbar. Diese Erweiterung der Ähnlichkeit vereinfacht wesentlich sowohl die Modellherstellung als auch die Versuchsdurchführung.

Jedoch müssen, wie bereits erwähnt, Einschränkungen des Geltungsbereichs der analytischen Gleichungen bei der Anwendung erweiterter Ähnlichkeit besonders beachtet werden. Bei dem hier betrachteten Beispiel wurde bei Gl. (C 3.3-6) vorausgesetzt, daß die Durchbiegung klein ist und die Schubspannungen vernachlässigt werden können. Bei unterschiedlichen Querschnittsformen von Modell und Original muß man i. a. von einem unterschiedlichen Schubspannungszustand in M und O ausgehen. Ob dies die Übertragbarkeit des Modellversuchs beeinflußt, muß im Prinzip in jedem Einzelfall überprüft werden, jedoch ist bei den i. a. in der Praxis vorkommenden Fällen (z. B. bei schlanken Trägern) der Einfluß so klein, daß er vernachlässigbar ist.

Allgemein ist darauf hinzuweisen, daß analytische Lösungsgleichungen technischer Probleme sehr häufig in Tabellen aufgeführt werden, wobei Einschränkungen des Geltungsbereichs häufig nicht explizit angegeben sind. Eine unkritische Anwendung derartiger Gleichungen führt bei der Aufstellung erweiterter Modellgesetze möglicherweise zu fehlerhaften Modellversuchen. Demgegenüber können analytische Näherungen bei Modellversuchen mit strenger Ähnlichkeit unberücksichtigt bleiben, da der Einfluß der beim Gleichungsansatz vernachlässigten Größen als streng ähnliche, implizite Größe im Versuchsergebnis enthalten ist. So würde im obigen Beispiel bei einem streng ähnlichen Modellversuch der Einfluß der im Modellgesetz nicht berücksichtigten Schubspannung im Versuchsergebnis enthalten sein. Die Übertragung der Versuchsergebnisse auf das Original würde damit den interessierenden Biegezustand richtig beschreiben, ohne daß der Schubspannungszustand im einzelnen bekannt ist.

Eine weitere, häufig angewandte Form der erweiterten Ähnlichkeit ist die sog. Dehnungsübertreibung. Die strenge Ähnlichkeit fordert für den Formänderungsmaßstab $\Delta l_R = l_R$ und den Dehnungsmaßstab $\varepsilon_R = 1$, vgl. Gl. (C 3.3-26 u. 28). Die bei Modellversuchen mit verkleinerten Modellen auftretenden Verformungen sind bei Einhaltung dieser Bedingung oftmals so gering, daß sie mit den gegebenen meßtechnischen Verfahren nicht hinreichend genau erfaßt werden können. Um zu meßbaren Ergebnissen zu gelangen, muß man daher beim Modell eine größere Verformung erzeugen, als es die strenge

Ähnlichkeit vorschreibt. Dies ist nur möglich, wenn ein Formänderungsmaßstab $\Delta l_R > l_R$ bzw. ein Dehnungsmaßstab $\varepsilon_R > 1$ eingeführt wird (s. Abschn. C 3.5.2.1). Durch diese Erweiterung darf jedoch die Übertragbarkeit des Modellversuchs nicht beeinträchtigt werden. Voraussetzung dafür ist, daß Proportionalität zwischen Kraft (Spannung) und Verformung (Dehnung) besteht, d. h., der betrachtete Vorgang im Geltungsbereich des Hookeschen Gesetzes bleibt. Dies ist in jedem Einzelfall zu überprüfen. Besonders kritisch ist der Einfluß der Dehnungsübertreibung bei Modellversuchen, bei denen der Spannungszustand von der Formänderung abhängt, wie z. B. bei Lagerreaktionen, Plattenbiegung, Berührungsproblemen usw. Ausgeschlossen ist die Dehnungsübertreibung bei Problemen mit nichtlinearem Zusammenhang von äußeren Kräften und Verformung, wie z. B. bei Stabilitätsproblemen [C 3.3-2].

Bei zweiachsigen Spannungszuständen, insbesondere bei spannungsoptischen Untersuchungen ebener Modelle, werden die Modellgesetze zumeist durch die Einführung eines unabhängigen „Dickenmaßstabes" erweitert. Der zweiachsige Spannungszustand ist dadurch gekennzeichnet, daß die äußeren Kräfte in einer Ebene angreifen und die daraus resultierenden Spannungen ebenfalls in dieser Ebene liegen, während die Spannung senkrecht zu dieser Ebene null ist (Scheibenproblem). Das bedeutet, daß der Spannungszustand unabhängig von der Dicke d des Körpers ist und somit ein vom Längenmaßstab l_R unabhängiger Dickenmaßstab $d_M/d_O = d_R \neq l_R$ eingeführt werden kann (vgl. Abschn. C 3.5.2.2).

Grundsätzlich ist zu beachten, daß alle Modellgesetze mit erweiterter Ähnlichkeit nur für die Lösung spezieller Probleme gültig sind und keinen Anspruch auf Allgemeingültigkeit erheben können. Daher ist bei jeder Anwendung von erweiterter Ähnlichkeit zu prüfen, ob die Voraussetzungen für die Gültigkeit der erweiterten Modellgesetze gegeben sind, d. h., die Übertragbarkeit der Modellergebnisse auf das Original gewährleistet ist (vgl. Abschn. C 3.8.3 Maßstabsfehler).

C 3.3.5 Angenäherte Ähnlichkeit

Um Modellversuche mit vertretbarem Aufwand durchführen zu können, müssen innerhalb gewisser Grenzen Abweichungen von der vollkommenen physikalischen Ähnlichkeit hingenommen werden. Eine nur näherungsweise erfüllte Ähnlichkeit wird „angenäherte Ähnlichkeit" genannt. Bereits die im vorigen Abschnitt beschriebene erweiterte Ähnlichkeit ist zumeist nur eine angenäherte Ähnlichkeit, da sie die Forderungen der strengen Ähnlichkeit nur in bestimmten, eng begrenzten Bereichen erfüllt. Streng genommen kann eine theoretisch mögliche vollkommene physikalische Ähnlichkeit in der Praxis nie erreicht werden. Dies ist allein schon durch die zumeist nicht eindeutig bestimmbaren Bezugsgrößen des Originals gegeben, z. B. infolge von Maßtoleranzen, Bearbeitungseinflüssen (z. B. Riefen), Oberflächenbehandlung (z. B. Härten), Werkstoffinhomogenitäten und -anisotropie (z. B. Textur), Eigenspannungen, Kriecherscheinungen, mangelnder Konstanz oder Zustandsabhängigkeit der Werkstoffwerte und vielem anderen mehr. Dazu kommen unvermeidbare Ungenauigkeiten bei der Modellherstellung und bei der Versuchsdurchführung (z. B. Abweichungen bei der Lasteinleitung) sowie meßtechnisch bedingte Fehler bei der Versuchsmessung. Die Gesamtheit dieser Abweichungen von den idealisierten Bezugsgrößen werden als versuchstechnische Fehler bezeichnet (vgl. Abschn. C 3.8.2). Ihr Einfluß läßt sich i. a. gering halten und zumeist durch Korrekturgrößen bzw. Vertrauensgrenzen erfassen.

Der bei weitem häufigste und wichtigste Bereich der angenäherten Ähnlichkeit ist die Abweichung vom Poissonschen Modellgesetz. Die Forderung $v_R = 1$ bzw. $v_M = v_O$ ist praktisch nie zu erfüllen, da streng genommen selbst bei gleichen Werkstoffen in M und

O zumeist keine völlig identischen Poisson-Zahlen vorliegen. Dies gilt um so mehr bei der Mehrzahl der Modellversuche, bei denen man unterschiedliche Werkstoffe in M und O verwendet. Die dadurch bedingten Abweichungen von der strengen Ähnlichkeit werden als Maßstabsfehler bezeichnet und sind bei der Übertragung der Modellergebnisse auf das Original zu berücksichtigen. In der Regel sind derartige Maßstabsfehler jedoch vernachlässigbar gering oder aber als Korrekturgrößen hinreichend genau bestimmbar (vgl. Abschn. C 3.8.3). Dies ermöglicht die Durchführung von Modellversuchen auch dann, wenn keine vollkommene physikalische Ähnlichkeit erreichbar ist.

C 3.3.6 Das De-Saint-Venantsche Prinzip

Eine der wesentlichen Forderungen bei Modellversuchen der experimentellen Spannungsanalyse ist die Ähnlichkeit des Spannungszustands. Bedingung dafür ist die Ähnlichkeit des Belastungszustands in M und O. Häufig muß jedoch bei Modellversuchen aus versuchstechnischen Gründen eine vom Original abweichende Belastungsart verwendet werden, z. B. an Stelle einer kontinuierlichen Flächenlast eine Belastung durch eine Anzahl diskreter Kräfte. Bei derartigen Problemen ist ein von *De-Saint-Venant* formuliertes empirisches Prinzip sehr hilfreich. Es besagt: Die Wirkung eines Kräftesystems auf deformierbare Körper kann mit der Wirkung einer Einzelkraft oder jeder anderen statisch äquivalenten Kräftegruppe gleich gesetzt werden, wenn der Einflußbereich der Kraftangriffspunkte klein ist gegenüber den wesentlichen geometrischen Dimensionen des Körpers und wenn der Spannungs- und Verformungszustand nur in solchen Bereichen betrachtet wird, die hinreichend weit von den Kraftangriffspunkten entfernt sind.

Die anschauliche Darstellung dieses Prinzips zeigt Bild C 3.3-2. Es zeigt die spannungsoptische Aufnahme [C 3.3-3] eines rechteckigen Stabes mit einer Einzelkraft in Richtung der

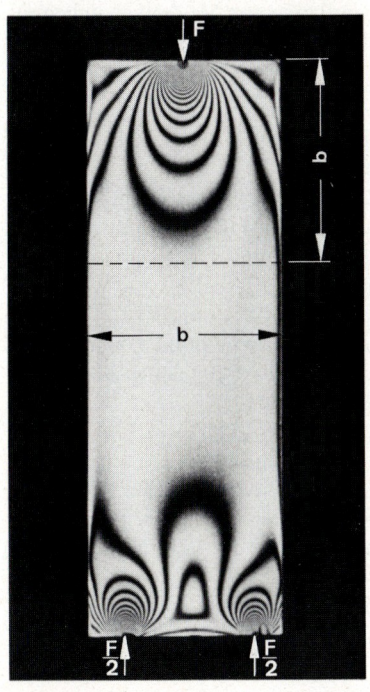

Bild C 3.3-2. Spannungsoptische Aufnahme eines Stabes mit rechteckigem Querschnitt, der durch statisch äquivalente Kräfte beansprucht wird [C 3.3-3].

Stabachse und zwei in der Summe gleich großen, entgegengerichteten Kräften, die symmetrisch zur Stabmitte angreifen. Die Spannung ist in einigem Abstand von den Kraftangriffspunkten gleichmäßig über den Querschnitt verteilt, wie man an der einheitlichen Aufhellung des Stabes erkennen kann. Das spannungsoptische Bild zeigt auch, daß der gleichmäßige Spannungszustand in einer Entfernung von den Kraftangriffspunkten erreicht ist, die in etwa der Breite des Stabes entspricht. Dies ist auch die allgemeine Aussage einer empirisch ermittelten Regel, nach der in einer Entfernung, die gleich der Größe der linearen Ausdehnung der Krafteinleitungsfläche ist, der Spannungszustand im wesentlichen gleichmäßig ist.

Das De-Saint-Venantsche Prinzip beschreibt somit, unter welchen Bedingungen ein interessierender Spannungszustand durch vereinfachte Krafteinleitung zu verwirklichen ist.

C 3.4 Modellgesetze der Statik starrer Körper

In der Statik werden Probleme des Kräftegleichgewichts am starren Körper oder an Systemen von starren Körpern untersucht. Starre Körper im Sinne der Statik sind Körper, die unter dem Einfluß äußerer Kräfte keine Verformung aufweisen. Undeformierbare Körper sind eine Idealisierung; praktisch bedeutet dies, daß die durch Krafteinwirkung verursachten Verformungen so klein sind, daß die dadurch bedingten Verschiebungen der Kraftangriffspunkte vernachlässigbar klein werden. Modelluntersuchungen in der Statik beschränken sich daher auf die Bestimmung des Kräftegleichgewichts und auf Gleichgewichtslageänderungen, die nicht auf Werkstoffverformungen beruhen.

Derartige Probleme sind heute einfach und hinreichend genau mit modernen Rechenverfahren zu lösen, so daß Modellversuche in der Statik nur noch in Ausnahmefällen durchgeführt werden. Wegen der Bedeutung für die Grundlagen von Modellversuchen sei jedoch ein Beispiel statischer Modelluntersuchung erläutert.

Beispiel: Gelenkkette

Gegeben: Geometrische Größen und äußere Kräfte einschließlich Gewichtskräften.
Gesucht: Gleichgewichtslagen, Lagerkräfte und Stabkräfte.
Modellversuche in der Statik werden in der Regel mit erweiterter Ähnlichkeit ausgeführt. Dies ergibt sich bereits aus der Definition des starren Körpers. Da Verformungen und somit auch Dehnungen unberücksichtigt bleiben, bedeutet dies, daß $\varepsilon_R \neq 1$ sein kann. Die Wahl unterschiedlicher Werkstoffe in M und O bedingt in der Regel $\nu_R \neq 1$. Weiterhin kann zumeist die geometrische Ähnlichkeit auf einachsige Längenähnlichkeit mit einem beliebig wählbaren Längenmaßstab l_R beschränkt werden. Einbeziehung von Massenkräften, z. B. Eigengewichtskräfte, erfordern jedoch die Berücksichtigung eines zumindest integralen Flächenmaßstabes A_R für den Querschnitt der Stäbe.

Das Beispiel der statisch belasteten Gelenkkette, Bild C 3.4-1, entspricht einem stark vereinfachten Montagemodell einer Hängebrücke. In den Knotenpunkten x_i, y_i sind die stabförmigen Glieder gelenkig verbunden. Die Gelenke seien reibungsfrei und können nur Kräfte in Stabrichtung übertragen. Die äußeren Kräfte greifen in den Knotenpunkten an oder werden nach dem Hebelgesetz auf diese verteilt. Ohne Berücksichtigung von Eigengewichtskräften kann einachsige Längenähnlichkeit mit einem beliebigen Längenmaßstab

$$l_R = \frac{l_M}{l_O} \qquad\qquad (C\,3.4\text{-}1)$$

96

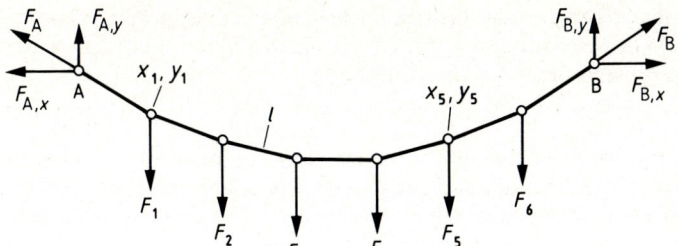

Bild C 3.4-1. Statisch belastete Gelenkkette mit starren Gliedern.

gewählt werden. Davon unabhängig läßt sich ein ebenfalls beliebiger Kräftemaßstab

$$F_R = \frac{F_M}{F_O} \tag{C 3.4-2}$$

festlegen. Die beiden Ähnlichkeitsmaßstäbe können so gewählt werden, daß sich einfache Bedingungen hinsichtlich Herstellung und Belastung des Modells ergeben.

Zur Bestimmung der Lagekoordinaten x_i, y_i der Knotenpunkte können sowohl die Querschnitte der Glieder in M und O als auch die Werkstoffwerte unberücksichtigt bleiben. Trotz dieser nur noch angenäherten Ähnlichkeit ergibt sich mit den Gleichgewichtsbedingungen der Statik,

$$\sum F = 0 \quad \text{und} \quad \sum M = 0 \tag{C 3.4-3},$$

eine hinreichend genaue Ähnlichkeit der Gelenkkoordinaten zu

$$x_{i,R} = y_{i,R} = l_R . \tag{C 3.4-4}.$$

Die Lagerkräfte in A und B lassen sich mit geeigneten Kraftaufnehmern messen. Auf gleiche Weise können auch die Stabkräfte bestimmt werden, indem das interessierende Glied durch einen Kraftaufnehmer gleicher Länge ersetzt wird. Zu beachten ist, daß sich durch die Verformung des Kraftaufnehmers die Lagekoordinaten nicht wesentlich ändern. Um dies zu gewährleisten, können die Stabkräfte auch durch Einsetzen eines Modellstabes mit definiertem Verformungsverhalten ermittelt werden. Durch Dehnungsmessung mit Kraftkalibrierung kann man so die Kräfte ohne wesentliche Beeinflussung der übrigen Größen bestimmen. Dieses Verfahren empfiehlt sich insbesondere bei der im folgenden beschriebenen Erweiterung des Beispiels der Gelenkkette durch Einbeziehung der Gewichtskräfte F_G in das Untersuchungsproblem.

Grundlage für dieses Problem ist die Bestimmungsgleichung für Gewichtskräfte

$$F_G = g \varrho V \tag{C 3.4-5}$$

mit der Fallbeschleunigung g, der Dichte ϱ und dem Volumen V. Unter Berücksichtigung der Maßstabsregel (vgl. Abschn. C 3.3.1.3) und der Ähnlichkeitsbeziehung $g_M = g_O$ ergibt sich die Maßstabsgleichung für Gewichtskräfte zu

$$F_{G,R} = \varrho_R V_R \tag{C 3.4-6}.$$

Bei strenger geometrischer Ähnlichkeit folgt aus Tabelle C 3.3-3 für den Volumenmaßstab $V_R = l_R^3$ und somit für die Maßstabsgleichung

$$F_{G,R} = \varrho_R l_R^3 \tag{C 3.4-7}.$$

Strenge geometrische Ähnlichkeit ist hier jedoch nicht zwingend gefordert. Um die Forderung von Gl. (C 3.4-6) zu gewährleisten, genügt es, für den Querschnitt der Stäbe einen Flächenmaßstab A_R einzuführen, der die Bedingung

$$A_R = l_R^2 \qquad \text{(C 3.4-8)}$$

erfüllt. Dies besagt, daß die Modellstäbe jede beliebige Querschnittsform abweichend vom Original haben dürfen, unter der Voraussetzung, daß Gl. (C 3.4-8) stets erfüllt ist. Bei einem rechteckigen Querschnitt der Stäbe mit der Fläche $A = b\,h$ bedeutet dies z. B. $b_R \neq l_R$ und $h_R \neq l_R$, aber $b_R\,h_R = l_R^2$. Grundsätzlich können somit einfache Modellstabquerschnitte an Stelle komplizierter Originalstabquerschnitte gewählt werden, was den Modellversuch wesentlich vereinfacht. Die Bedingung nach Gl. (C 3.4-8) wird als „strenge integrale Flächenähnlichkeit" bezeichnet. Die erweiterte Maßstabsgleichung für Gewichtskräfte wird damit zu

$$F_{G,R} = \varrho_R\, l_R\, A_R \qquad \text{(C 3.4-9)}.$$

Eine weitere Bedingung des betrachteten Beispiels ist die Forderung nach Kräfteähnlichkeit aller wirkenden Kräfte im System. Für die Kräftemaßstäbe der äußeren Kräfte F_R bzw. der Gewichtskräfte $F_{G,R}$ muß also gelten

$$F_R = F_{G,R} \qquad \text{(C 3.4-10)}.$$

Unter Berücksichtigung von Gl. (C 3.4-7) bzw. Gl. (C 3.4-9), in Verbindung mit Gl. (C 3.4-8), ergibt sich für den Kräftemaßstab der äußeren Kräfte

$$F_R = \varrho_R\, l_R^3 \qquad \text{(C 3.4-11)}.$$

Das heißt, durch die Werkstoffe in M und O (Dichtemaßstab ϱ_R) und durch die Wahl des Modellmaßstabes l_R ist der Kräftemaßstab festgelegt. Bei stark verkleinerten Modellen führt dies wegen $F_R^{1/3} \sim l_R$ zu so kleinen Modellkräften, daß deren Messung auf erhebliche Schwierigkeiten stoßen kann.

Die grundsätzlichen Überlegungen des obigen Beispiels gelten für eine Vielzahl von statischen Problemen, z. B. statisch bestimmte Fachwerke usw. Eine ausführliche Darstellung von Modelluntersuchungen in der Statik wird bei *R. K. Müller* [C 3.2-5] gegeben.

C 3.5 Modellgesetze der Elastizitätstheorie

C 3.5.1 Modellgesetze der Elastizitätstheorie bei strenger Ähnlichkeit

Die im folgenden aufgeführten Modellgesetze der Elastizitätstheorie gelten für statische Kräfte, d. h., die wirkenden Kräfte sind zeitlich konstant und erfüllen die Gleichgewichtsbedingung. Die durch Einwirkung der Kräfte verursachten Verformungen können durch linear-elastische Gesetze beschrieben werden, d. h., die betrachteten Probleme liegen im Geltungsbereich des Hookeschen Gesetzes.

Unter diesen Voraussetzungen gilt für die Hauptdehnungen ε_i in Richtung der Hauptspannungen σ_i das Hookesche Gesetz in seiner allgemeinen dreidimensionalen Form:

$$\varepsilon_1 = \frac{1}{E}\left[\sigma_1 - v(\sigma_2 + \sigma_3)\right]$$

$$\varepsilon_2 = \frac{1}{E}\left[\sigma_2 - v(\sigma_1 + \sigma_3)\right] \qquad \text{(C 3.5-1)},$$

$$\varepsilon_3 = \frac{1}{E}\left[\sigma_3 - v(\sigma_1 + \sigma_2)\right]$$

wobei v die Poisson-Zahl ist. Bei Anwendung auf streng ähnliche elastische Vorgänge in M und O erhält man mit $\varepsilon = \Delta l / l$ aus der ersten der obigen Gleichungen die allgemeine Maßstabsgleichung

$$\frac{\varepsilon_{1,M}}{\varepsilon_{1,O}} = \frac{\Delta l_{1,M}\, l_{1,O}}{\Delta l_{1,O}\, l_{1,M}} = \frac{E_O}{E_M}\, \frac{\sigma_{1,M} - v_M(\sigma_{2,M} + \sigma_{3,M})}{\sigma_{1,O} - v_O(\sigma_{2,O} + \sigma_{3,O})} \qquad (C\,3.5\text{-}2)$$

sowie zwei entsprechende Gleichungen aus Gl. (C 3.5-1).

Strenge Ähnlichkeit fordert einen für alle homologe Strecken gleichen Ähnlichkeitsmaßstab l_R und den daraus abgeleiteten Formänderungsmaßstab $\Delta l_R = l_R$ (vgl. Abschn. C 3.3.3). Daraus folgt für den Ähnlichkeitsmaßstab der Dehnung

$$\frac{\varepsilon_{1,M}}{\varepsilon_{1,O}} = \varepsilon_R = 1 \qquad (C\,3.5\text{-}3).$$

Die strenge Ähnlichkeit fordert ebenfalls einen einheitlichen, richtungsunabhängigen Kräftemaßstab $F_M/F_O = F_R$, woraus ein ebenso einheitlicher, richtungsunabhängiger Spannungsmaßstab

$$\frac{\sigma_M}{\sigma_O} = \frac{\sigma_{1,M}}{\sigma_{1,O}} = \frac{\sigma_{2,M}}{\sigma_{2,O}} = \frac{\sigma_{2,M}}{\sigma_{3,O}} = \sigma_R \qquad (C\,3.5\text{-}4)$$

folgt mit

$$\sigma_R = \frac{F_R}{l_R^2} \qquad (C\,3.5\text{-}5).$$

Mit diesen Ähnlichkeitsmaßstäben und dem Ähnlichkeitsmaßstab $E_M/E_O = E_R$ ergibt sich Gl. (C 3.5-2) zu

$$1 = \frac{\sigma_R}{E_R}\, \frac{\sigma_{1,O} - v_M(\sigma_{2,O} + \sigma_{3,O})}{\sigma_{1,O} - v_O(\sigma_{2,O} + \sigma_{3,O})} \qquad (C\,3.5\text{-}6).$$

Diese Gleichung hat für beliebige Wertetripel $(\sigma_{1,O}, \sigma_{2,O}, \sigma_{3,O})$ nur dann eine Lösung, wenn mindestens eine der drei folgenden Bedingungen erfüllt ist:

a) $\sigma_{2,O} = \sigma_{3,O} = 0$, d. h. einachsiger Spannungszustand,
b) $\sigma_{3,O} = -\sigma_{2,O}$, d. h. reine Torsion,
c) $v_M = v_O$, d. h. gleiche Poisson-Zahl in M und O.

Die dritte Bedingung führt zu dem bereits in Abschn. C 3.3.3 abgeleiteten Poissonschen Modellgesetz

$$\frac{v_M}{v_O} = v_R = 1 \qquad (C\,3.5\text{-}7).$$

Als Lösung von Gl. (C 3.5-6) ergibt sich somit bei jeder der drei Bedingungen das „Hookesche Modellgesetz"

$$\frac{\sigma_R}{E_R} = 1 \qquad \text{bzw.} \qquad \frac{\sigma_M}{\sigma_O} = \frac{E_M}{E_O} \qquad (C\,3.5\text{-}8).$$

Dies gilt grundsätzlich für alle drei Gleichungen aus Gl. (C 3.5-1), woraus folgt, daß für den allgemeinen dreiachsigen Spannungszustand allein unter der Bedingung $v_R = 1$ eine Lösung existiert.

Mit Gl. (C 3.5-5) ergibt sich das Hookesche Modellgesetz zu

$$1 = \frac{F_R}{E\, l_R^2} = Ho_R = \frac{Ho_M}{Ho_O} \qquad (C\,3.5\text{-}9)$$

mit der bereits in Abschn. C 3.3.3.1 hergeleiteten dimensionsfreien „Hookeschen Kennzahl"

$$Ho = \frac{F}{E\,l^2} \qquad (C\,3.5\text{-}10).$$

Strenge Ähnlichkeit liegt somit bei elastischen Modellversuchen vor, wenn die Hookesche Kennzahl und die Poisson-Zahl in M und O gleich sind. Dies gewährleistet die eindeutige Übertragung der Modellergebnisse auf das Original.

C 3.5.2 Modellgesetze der Elastizitätstheorie bei angenäherter Ähnlichkeit

Die Forderung $v_R = 1$ des Poissonschen Modellgesetzes stößt bei der praktischen Durchführung von Modellversuchen zumeist auf erhebliche Schwierigkeiten. In den meisten Fällen ist Gleichheit der Poisson-Zahlen in M und O entweder nur durch Werkstoffgleichheit zu erreichen oder aber durch Werkstoffe, die für Modellversuche wenig geeignet sind. Aus versuchstechnischen Gründen ist es daher häufig erforderlich, von einer angenäherten Ähnlichkeit $v_R \neq 1$ auszugehen. In vielen Fällen bedeutet dies keine wesentliche Einschränkung der Übertragbarkeit, da der dadurch bedingte Fehler vernachlässigbar klein ist. Dies ist jedoch bei jedem Modellversuch vorab zu prüfen (vgl. Abschn. C 3.8.3).

Die erweiterte Ähnlichkeit als Sonderfall der angenäherten Ähnlichkeit wurde bereits in Abschn. C 3.3.4 allgemein beschrieben. Für elastische Modellversuche bedarf dies der Ergänzung für technisch wichtige Bereiche. Einige Maßstabsgleichungen für häufig auftretende Modellversuche sind in Tabelle C 3.5-1 aufgeführt.

C 3.5.2.1 Dehnungsübertreibung

Aus meßtechnischen Gründen wird bei Modellversuchen häufig eine im Vergleich zum Original größere Dehnung verlangt, d. h., $\varepsilon_R > 1$ oder allgemein $\varepsilon_R \neq 1$. Die dadurch bedingten Fehler sind vernachlässigbar, sofern die Dehnungen bzw. Formänderungen insgesamt so klein bleiben, daß sich die Kraftangriffspunkte nicht wesentlich verschieben. Dies bedeutet, daß die Gleichgewichtsbedingungen der Statik auch für das verformte Modellelement gültig bleiben müssen. In diesem Fall besteht Proportionalität zwischen den äußeren Kräften und der Verformung so, daß für zwei homologe Punkte in M und O gilt:

$$\frac{\varepsilon_{1,M}}{\varepsilon_{2,M}} = \frac{\varepsilon_{1,O}}{\varepsilon_{2,O}} \qquad \text{bzw.} \qquad \varepsilon_R = \text{konst} \neq 1 \qquad (C\,3.5\text{-}11).$$

Für das Hookesche Modellgesetz Gl. (C 3.5-8) bzw. Gl. (C 3.5-9) ergibt sich somit

$$\sigma_R = \varepsilon_R\,E_R \qquad \text{bzw.} \qquad F_R = \varepsilon_R\,l_R^2\,E_R \qquad (C\,3.5\text{-}12).$$

C 3.5.2.2 Beschränkte geometrische Ähnlichkeit in nichtinteressierenden Achsrichtungen

a) Einachsige geometrische Ähnlichkeit

Beschränkung auf einachsige geometrische Ähnlichkeit ist möglich, wenn es allein auf die Untersuchung von Lage- und Längenänderungen, Bestimmung von Nennspannungen oder auf die Ermittlung von Biegelinien ankommt. Für die interessierende Achsrichtung wird dann ein frei gewählter Längenmaßstab l_R vorgegeben. Die Querschnittsform der Modellelemente ist beliebig, jedoch müssen die Querschnittsflächen bestimmten, im folgenden angegebenen Bedingungen genügen (vgl. Tabelle C 3.5-1).

Tabelle C 3.5-1   Maßstabsgleichungen einiger Tragelemente bei erweiterter Ähnlichkeit.

Tragelement	Maßstäbe			Bemerkungen
	frei wählbare	erweiterte	gebundene	
1. ebene Stabwerke. Träger, reine Längskraft. Fachwerk, statisch bestimmt mit Gelenkknotenpunkten	l_R A_R F_R E_R ν_R	$\varepsilon_R \neq 1$ $\nu_R \neq 1$ $u_R \neq l_R$ $A_R \neq l_R^2$ $\sigma_R \neq E_R$	$\varepsilon_R = \dfrac{F_R}{E_R A_R}$ $u_R = \varepsilon_R l_R$ $\sigma_R = \dfrac{F_R}{A_R}$	einachsige geometrische Ähnlichkeit mit integraler Flächenähnlichkeit aller Teilelemente
2. Träger, Rahmen mit biegesteifen Knotenpunkten 2.1. reine Biegung, geometrisch unähnliche Querschnitte	l_R I_R W_R F_R E_R ν_R	$\varepsilon_R \neq 1$ $\nu_R \neq 1$ $h_R \neq l_R$ $f_{b,R} \neq l_R$ $A_R \neq l_R^2$ $W_R \neq l_R^3$ $I_R \neq l_R^4$ $\sigma_R \neq E_R$	$\varepsilon_R = \dfrac{F_R l_R}{E_R W_R}$ $\sigma_R = \dfrac{F_R l_R}{W_R}$ $M_{b,R} = F_R l_R$ $f_{b,R} = \dfrac{F_R l_R^3}{E_R I_R}$	einachsige geometrische Ähnlichkeit mit integraler Ähnlichkeit der Flächenmomente zweiten Grades aller Teilelemente; h steht für alle die Querschnittsfläche charakterisierenden Größen (Höhe, Breite, Ellipsenachsen, Radien usw.)
2.2. Träger, Rahmen; reine Biegung, geometrisch affine Querschnitte	l_R h_R F_R E_R ν_R	$\varepsilon_R \neq 1$ $\nu_R \neq 1$ $h_R \neq l_R$ $f_{b,R} \neq l_R$ $\sigma_R \neq E_R$	$\varepsilon_R = \dfrac{F_R l_R}{E_R h_R^3}$ $h_R = k l_R$ $A_R = h_R^2$ $W_R = h_R^3$ $I_R = h_R^4$ $\sigma_R = \dfrac{F_R l_R}{h_R^3}$ $M_{b,R} = F_R l_R$ $f_{b,R} = \dfrac{F_R l_R^3}{E_R h_R^4}$	einachsige geometrische Ähnlichkeit mit affinähnlichen Querschnitten aller Teilelemente, h entsprechend 2.1; k Konstante
2.3. Träger, Rahmen; Biegung und Längskraft	l_R h_R F_R E_R ν_R	$\varepsilon_R \neq 1$ $\nu_R \neq 1$ $h_R \neq l_R$ $f_{b,R} \neq l_R$ $A_R \neq l_R^2$ $\sigma_R \neq E_R$	$\varepsilon_R = \dfrac{F_R}{E_R h_R l_R}$ $b_R = l_R$ $A_R = h_R l_R$ $W_R = h_R l_R^2$ $I_R = h_R l_R^3$ $\sigma_R = \dfrac{F_R}{h_R l_R}$ $M_{b,R} = F_R l_R$ $f_{b,R} = \dfrac{F_R}{E_R h_R}$	zweiachsige geometrische Ähnlichkeit; b und h stehen für entsprechende, die Querschnittsfläche charakterisierende Größen, z. B. $A = b\,h$

Tabelle 3.5-1   (Fortsetzung)

Tragelement	Maßstäbe			Bemerkungen
	frei wählbare	erweiterte	gebundene	
3. Scheiben	l_R h_R F_R E_R v_R	$\varepsilon_R \neq 1$ $v_R \neq 1$ $h_R \neq l_R$ $u_R \neq l_R$ $\sigma_R \neq E_R$	$\varepsilon_R = \dfrac{F_R}{E_R\,h_R\,l_R}$ $b_R = l_R$ $u_R = \dfrac{F_R}{E_R\,h_R}$ $\sigma_R = \dfrac{F_R}{h_R\,l_R}$	zweiachsige geometrische Ähnlichkeit; l und b stehen für entsprechende, die Scheibenfläche charakterisiesierende Größen, h für die Scheibendicke; $v_R \neq 1$ nur dann, wenn v-unabhängiger Spannungszustand vorliegt (Michellsche Bedingung, s. Abschnitt C 3.8.3.2)
4. Platten, reine Biegung	l_R h_R F_R E_R	$\varepsilon_R \neq 1$ $h_R \neq l_R$ $w_R \neq l_R$ $\sigma_R \neq E_R$	$v_R = 1$ $\varepsilon_R = \dfrac{F_R}{E_R\,h_R^2}$ $b_R = l_R$ $\sigma_R = \dfrac{F_R}{h_R^2}$ $M_{b,R} = F_R\,l_R$ $w_R = \dfrac{F_R\,l_R^2}{F_R\,h_R^3}$	zweiachsige geometrische Ähnlichkeit; l, b und h entsprechend Pkt. 3, w Plattendurchbiegung; Kirchhoffsche Bedingungen müssen erfüllt sein: $w \ll h \ll l, b$; $v_R \neq 1$ möglich bei v-freier Lagerung
5. Tragelemente mit dreiachsigem Spannungszustand; Theorie erster Ordnung, Platten mit Biegung und Längskraft, Schalen	l_R F_R E_R	$\varepsilon_R \neq 1$ $w_R \neq l_R$ $\sigma_R \neq E_R$	$v_R = 1$ $\varepsilon_R = \dfrac{F_R}{E_R\,l_R^2}$ $h_R = b_R = l_R$ $\sigma_R = \dfrac{F_R}{l_R^2} = \varepsilon_R\,E_R$	dreiachsige geometrische Ähnlichkeit = strenge geometrische Ähnlichkeit; bei Platten und Schalen muß Kirchhoffsche Bedingung erfüllt sein; $v_R \neq 1$ in Sonderfällen möglich
6. Tragelemente mit dreiachsigem Spannungszustand; Theorie zweiter Ordnung, Stabilitätsprobleme	l_R E_R		$v_R = 1$ $\varepsilon_R = 1$ $h_R = b_R = l_R$ $\sigma_R = E_R = \dfrac{F_R}{l_R^2}$ $F_R = E_R\,l_R^2$ $M_{b,R} = E_R\,l_R^3$	strenge Ähnlichkeit

Träger mit reiner Längskraft

Sofern im Bauteil nur Längskräfte (Zug/Druck) interessieren, ist es zur Erreichung eines einheitlichen Spannungsmaßstabes σ_R notwendig, daß für alle Elemente des Modells ein einheitlicher „integraler Flächenmaßstab" A_R eingehalten wird, wobei i. a. $A_R \neq l_R^2$ ist. Die Modellquerschnittsflächen stehen damit in einem beliebigen, aber festen Verhältnis A_R zu den Originalquerschnitten. Der Sonderfall $A_R = l_R^2$ wird als „strenger integraler Flächenmaßstab" bezeichnet und tritt bei Massenkraftproblemen auf (vgl. Abschn. C 3.4).

Träger mit reiner Biegung

Bei Biegeproblemen mit allein interessierender Biegelinienähnlichkeit in M und O (vgl. Abschn. C 3.3.2.1 und C 3.3.4) muß an Stelle des integralen Flächenmaßstabes A_R ein „integraler Flächenmomentenmaßstab" I_R eingeführt werden, wobei i. a. $I_R \neq l_R^4$ ist. Der Sonderfall $I_R = l_R^4$, d. h. ein „strenger integraler Flächenmomentenmaßstab", führt bei Biegeproblemen in den Grenzen der Theorie erster Ordnung zu gleichen Ergebnissen wie die vollkommene dreiachsige geometrische Ähnlichkeit. Die Querschnittsformen in M und O können jedoch weiterhin unterschiedlich sein, d. h., für beliebige, die Querschnittsform charakterisierende Größen h (Höhe, Breite, Radius usw.) gilt $h_R \neq l_R$ (einachsige Modellähnlichkeit). Biegeuntersuchungen unter Berücksichtigung von Biegemomenten und Längskraft erfordern dagegen zweiachsige geometrische Ähnlichkeit. Ein Sonderfall der einachsigen geometrischen Ähnlichkeit liegt vor, wenn in den drei Achsrichtungen definierte, aber unterschiedliche Längenmaßstäbe bestehen mit $h_{i,R} = k_i \, l_R$, wobei k_i beliebige Konstanten sind. Damit ergeben sich im Vergleich zum Original „affin ähnliche" Modellquerschnitte. Affin ähnliche Modelle werden häufig in der Spannungsoptik verwendet.

b) Zweiachsige geometrische Ähnlichkeit

Zur Untersuchung zweiachsiger, d. h. ebener Spannungszustände ($\sigma_3 = 0$), genügt zumeist auch zweiachsige geometrische Ähnlichkeit. Für die allgemeinen, die Querschnittsfläche charakterisierenden Größen, Breitenmaßstab b_R und Tiefen- bzw. Dickenmaßstab h_R, folgt daraus $l_R = b_R \neq h_R$. Beispiele für zweiachsige geometrische Ähnlichkeit (vgl. Tabelle C 3.5-1) sind:

Träger mit Biegung und Längskraft

Bei Biegeproblemen mit Biegemoment M_b und Längskraft F (Zug/Druck) ergibt sich im Geltungsbereich der Theorie erster Ordnung die Spannung zu

$$\sigma = \frac{F}{A} + \frac{M_b}{W} \qquad \text{(C 3.5-13)},$$

wobei W das Widerstandsmoment ist. Daraus ergeben sich die Maßstabsgleichungen

$$\frac{F_R}{E_R A_R} = \varepsilon_R \quad \text{und} \quad \frac{F_R \, l_R}{E_R W_R} = \varepsilon_R \qquad \text{(C 3.5-14)},$$

die mit $A_R = b_R \, h_R$ und $W_R = b_R^2 \, h_R$ nur widerspruchsfrei zu erfüllen sind, wenn $b_R = l_R$ gilt, d. h., zweiachsige geometrische Ähnlichkeit vorliegt.

Scheiben

Scheiben sind ebene Flächentragwerke, die in ihrer Ebene belastet werden. Bei Scheiben mit geringer Dicke h liegt i. a. ein zweiachsiger Spannungszustand vor, so daß der Dickenmaßstab h_R innerhalb von versuchstechnisch bedingten Grenzen frei wählbar ist. Auch Dehnungsübertreibung $\varepsilon_R > 1$ ist i. a. zulässig, sofern man die zu Beginn dieses Abschnitts genannten Bedingungen einhält. Die Forderung des Poissonschen Modellgesetzes $\nu_R = 1$ kann vernachlässigt werden, wenn der ebene Körper einfach zusammenhängend ist oder wenn bei mehrfach zusammenhängenden Körpern die an geschlossenen Begrenzungen angreifenden äußeren Kräfte im Gleichgewicht stehen (Michellsche Bedingungen, vgl. Abschn. C 3.8.3). Unter diesen Bedingungen ist der Spannungszustand einer Scheibe ν-unabhängig, und $\nu_R \neq 1$ ist zulässig. Sind die Bedingungen nicht erfüllt, muß eine Fehlerabschätzung gemäß Abschn. C 3.8.3 durchgeführt werden.

Scheibenprobleme sind, bedingt durch die spezielle Versuchstechnik, insbesondere bei Modelluntersuchungen in der ebenen Spannungsoptik vorherrschend. Weitergehende Angaben zur Modelltechnik bei diesem Verfahren finden sich in Abschn. D 2.2 und bei *H. Wolf* [C 3.2-7].

Platten, reine Biegung

Platten sind biegesteife ebene Flächentragwerke, die senkrecht zu ihrer Ebene belastet werden. Voraussetzung für Modelluntersuchungen ist die Einhaltung der Kirchhoffschen Bedingungen (vgl. z. B. [C 3.5-1]), d. h., die Plattendicke h muß sehr klein sein gegenüber den lateralen Größen l und b der Platten, und die unter Last auftretende Durchbiegung w muß klein sein gegenüber der Plattendicke h. Dies bedeutet, daß die Normalspannung σ_z senkrecht zur Plattenebene vernachlässigbar klein ist gegenüber den Spannungen σ_x und σ_y in der Ebene. Bei den geforderten sehr kleinen Durchbiegungen treten im wesentlichen nur Biegespannungen auf, so daß der Maßstab h_R für die Plattendicke unabhängig vom Längenmaßstab l_R gewählt werden kann. Unter diesen Bedingungen ist auch Dehnungserweiterung $\varepsilon_R > 1$ möglich (Modellgesetze in Tabelle C 3.5-1).

c) Dreiachsige geometrische Ähnlichkeit

Bei allgemeinen räumlichen Spannungszuständen ist mit Ausnahme der Dehnungserweiterung $\varepsilon_R \neq 1$ keine in ihren Wirkungen vernachlässigbare Erweiterung der Ähnlichkeit möglich. Dehnungserweiterung ist jedoch auch nur zulässig, wenn die in Zusammenhang mit Gl. (C 3.5-11) genannten Bedingungen eingehalten werden (Theorie erster Ordnung). Bei großen Verformungen, die analytisch nur nach der Theorie zweiter Ordnung beschrieben werden können, sind die Forderungen der strengen Ähnlichkeit einzuhalten. Bei Abweichungen von der strengen Ähnlichkeit müssen die Versuchsergebnisse gemäß den Ausführungen in Abschn. C 3.8 korrigiert werden. Beispiele für dreiachsige geometrische Ähnlichkeit sind (vgl. Tabelle C 3.5-1):

Platten mit Biegung und Längskraft

Treten bei Platten zusätzlich zu den senkrecht zur Plattenebene wirkenden Kräften auch größere Kräfte in der Plattenebene auf oder bewirken die senkrechten Kräfte größere Durchbiegungen, so können die neben den Biegespannungen auftretenden zusätzlichen Normalspannungen in der Plattenebene nicht mehr unberücksichtigt bleiben. Voraussetzung ist jedoch weiterhin, daß die Kirchhoffschen Bedingungen erfüllt sind. Bei Modelluntersuchungen muß in diesem Fall strenge geometrische Ähnlichkeit gefordert werden, d. h., $h_R = b_R = l_R$. Dehnungserweiterung $\varepsilon_R \neq 1$ ist jedoch noch in begrenztem Maße möglich. In der Regel muß dagegen das Poissonsche Modellgesetz $\nu_R = 1$ eingehalten werden. Die Erweiterung $\nu_R \neq 1$ ist nur bei nicht sehr großen Durchbiegungen und ν-freier Lagerung zulässig (vgl. Abschn. C 3.8.3). Bei sehr großen Durchbiegungen müssen alle

Forderungen der strengen Ähnlichkeit eingehalten werden. Weitergehende Ausführungen zu Plattenproblemen finden sich bei *R. K. Müller* [C 3.2-5] und *K.-H. Laermann* [C 3.5-2; 3 u. 4].

Schalen und Membranen

Schalen sind räumlich gekrümmte Flächentragwerke mit beliebiger Belastungsrichtung. Die Wanddicke ist i. a. gering im Verhältnis zu den Flächenabmessungen. Schalen mit relativ dicker Wandung können Biege- und Normalspannungen aufnehmen (biegesteife Schalen). Für sie gelten die Maßstabsgleichungen des erweiterten dreiachsigen Spannungszustands entsprechend denen für Platten mit Biegung und Längskraft. Sehr dünnwandige Schalen können Belastungen nur als Normalspannungen und Schubspannungen in der Schalenebene aufnehmen (Membranspannungszustand, biegeschlaffe Schalen bzw. Membranen). Modelluntersuchungen sind hier nur in sehr eingeschränktem Maße möglich.

C 3.5.2.3 Gewichtsübertreibung bei Eigengewichtsproblemen

Soll bei Modellversuchen der Einfluß des Eigengewichtes F_G berücksichtigt werden, so gelten bei strenger Ähnlichkeit Gl. (C 3.4-7) und Gl. (C 3.5-9). Aus der Forderung nach Kräfteähnlichkeit ergibt sich damit

$$\frac{\varrho_R}{E_R} l_R = 1 \tag{C 3.5-15}.$$

Bei Werkstoffgleichheit in M und O ist $\varrho_R / E_R = 1$ und somit $l_R = 1$, d. h., ein Modellversuch im eigentlichen Sinne ist unter diesen Bedingungen nicht möglich.

Da einerseits auch die Wahl unterschiedlicher Werkstoffe in M und O keinen beliebig kleinen Längenmaßstab ermöglicht und andererseits bei verkleinerten Modellen großer Bauwerke (Staudämme, Brücken usw.) häufig die Originalwerkstoffe verwendet werden sollen, muß der Gewichtseinfluß durch zusätzlich am Modell angebrachte Gewichte erzielt werden.

Die Größe dieses Zusatzgewichts $\Delta F_{G,M}$ ergibt sich aus

$$\Delta F_{G,M} = F_{G,M}^* - F_{G,M} \tag{C 3.5-16},$$

wobei $F_{G,M}^*$ das theoretisch benötigte und $F_{G,M}$ das wirklich vorhandene Eigengewicht des Modells ist.

Mit der theoretisch benötigten Dichte ϱ_M^* des Modells ist

$$F_{G,M}^* = \varrho_M^* g_M V_M \tag{C 3.5-17}.$$

Aus $\varrho_M^* = \varrho_R^* \varrho_O$ und $\varrho_R^* = E_R / l_R$ gemäß Bedingung Gl. (C 3.5-15) wird

$$\varrho_M^* = \frac{E_R}{l_R} \varrho_O . \tag{C 3.5-18}$$

Damit wird

$$\Delta F_{G,M} = \left(\frac{E_R}{\varrho_R \, l_R} - 1 \right) F_{G,M} . \tag{C 3.5-19}.$$

Ist Dehnungserweiterung, d. h., $\varepsilon_R \neq 1$, gefordert, ergibt sich Gl. (C 3.5-19) zu

$$\Delta F_{G,M} = \left(\frac{E_R \, \varepsilon_R}{\varrho_R \, l_R} - 1 \right) F_{G,M} \tag{C 3.5-20}.$$

Die dimensionslose Größe

$$\frac{E_R\, \varepsilon_R}{\varrho_R\, l_R}$$

wird als „Gewichtsübertreibungsmaßstab" bezeichnet.

Das Zusatzgewicht $\Delta F_{G,M}$ wird in der Regel, auf mehrere Einzelgewichte verteilt, in den Schwerpunkten von Teilbereichen des Modells angebracht oder als zusätzliche äußere Kraft aufgebracht. Dies ergibt nur eine näherungsweise Ähnlichkeit, jedoch kann durch geeignete Verteilung der Zusatzgewichte zumindest die interessierende Spannungsverteilung in wichtigen Punkten und nahezu vollständig die Ähnlichkeit der Makroverformung bestimmt werden.

C 3.5.2.4 Initiale Modellunähnlichkeit und indirekte Modellspannungsanalyse

Bei vielen Modelluntersuchungen sind neben den äußeren Kräften bestimmte Formänderungen vorgegeben. Dies ist z. B. bei statisch unbestimmten Tragwerken der Fall, bei denen sich einzelne Lager unter Belastung setzen können. Im Modellversuch kann dies berücksichtigt werden, indem die betreffende Lagerstelle bezüglich der Lage justierbar gemacht wird. Durch Nachjustieren lassen sich dann bei einer vorgegebenen Last die interessierenden Verhältnisse einstellen. Dabei hat das Tragwerk im Anfangszustand und bei nicht interessierenden Lastbereichen eine dem Originalzustand unähnliche Auflagekraftverteilung („initiale Modellunähnlichkeit"). Hierzu gehört auch das Verfahren, zwischen Tragwerk und Lager zunächst eine Lücke zu lassen, die sich erst bei Belastung schließt. Dabei ist zu beachten, daß der Lückenschluß durch Formänderung bewirkt wird und somit der Zwischenraum nach dem Formänderungsmaßstab Δl_R bemessen werden muß.

Das Prinzip der initialen Modellunähnlichkeit ist jedoch nicht auf statisch unbestimmte Systeme beschränkt. Besonders in der räumlichen Spannungsoptik, bei der man auf sehr große Dehnungsübertreibung angewiesen ist, wird dieses Verfahren sehr häufig angewandt. So wird z. B. bei besonderen Biegeproblemen den Modellen von Balken und Platten bereits bei der Modellherstellung eine der späteren Biegung entgegengerichtete Anfangskrümmung gegeben, die erst unter entsprechender Last in den zu untersuchenden Biegezustand übergeht. Auch hierbei ist zu beachten, daß der Krümmungsbereich durch den Formänderungsmaßstab Δl_R bestimmt wird.

Ein weiteres spezielles Verfahren ist die sog. indirekte Modellspannungsanalyse. Hierbei werden am Modell Belastungen untersucht, die in dieser Weise beim Original nicht möglich wären. Dies dient z. B. dem Zweck, an statisch unbestimmten Systemen Einflußlinien zu ermitteln. So kann man an einem Modell des Biegebalkens nach Bild C 3.5-1 a oder eines Rahmens nach Bild C 3.5-1 b die Einflußlinien für die Reaktionskraft F_A an der Stütze A nach den bekannten Sätzen von *Müller-Breslau* dadurch als effektive Biegelinie erzeugen, indem man die Modelle bei A um einen beliebigen Betrag y_A nach A′ verschiebt. Die Verschieberichtung entspricht der Richtung der interessierenden Kraft, ohne jedoch diese Kraft F_x einwirken zu lassen. Die anderen Stützpunkte bleiben dabei fest. Die relativen Größen y_x/y_A der so entstandenen Biegelinie sind dann den Reaktionskräften $F_A = F_x\, y_x/y_A$ proportional, die sonst durch eine wandernde Kraft F_x hervorgerufen würden. Die Versuchsdurchführung besteht somit darin, die Stütze A des Modells nach einem Punkt A′ zu verschieben und die entstehende Biegelinie, z. B. mit Hilfe von Photos, auszumessen. Dabei kann man in der Regel mit einem vergleichsweise geringen apparativen Aufwand auskommen.

a)

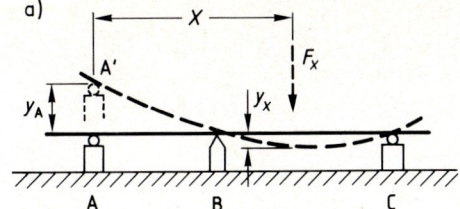

b)

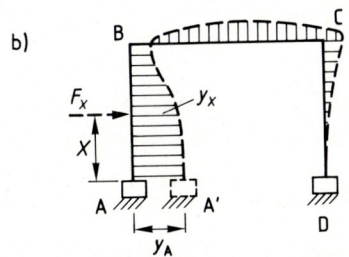

Bild C 3.5-1. Indirekte Modellspannungsanalyse. Erzeugung von Einflußlinien durch Verschiebung der Stütze A und A′ ohne Einwirkung der Kraft F_x.
a) Balken. b) Rahmen.

Die Einflußlinie für Vertikallastreaktionen an einem Rahmen nach Bild C 3.5-1 b erhält man durch Verschieben des interessierenden Fußes in vertikaler Richtung. Momenteneinflußlinien ergeben sich durch Verdrehen des betreffenden Fußes. Sollen Einflußlinien für eine beliebige Stelle des Modells untersucht werden, so kann man das Modell zerschneiden, um dann bei unveränderter Lage der Fußpunkte die Schnittenden gegeneinander bzw. auseinander zu schieben oder zu verdrehen.

C 3.5.3 Modellgesetze bei nichtlinearen Spannungs-Dehnungs-Zuständen

C 3.5.3.1 Berührungsprobleme (Hertzsche Pressung)

Berühren sich gewölbte Körper unter Last, so ist auf Grund der Verformungen die Größe der Berührungsfläche abhängig von der einwirkenden Kraft. Damit ergibt sich trotz linearelastischem Verhalten der Werkstoffe ein nichtlinearer Zusammenhang zwischen Kraft und Verformung.

Erweiterte Ähnlichkeit mit $\varepsilon_R \neq 1$ bedingt einen vom Längenmaßstab l_R abweichenden Formänderungsmaßstab $\Delta l_R \neq l_R$. Dies bedeutet u. a., daß bei Dehnungserweiterung Berührungsprobleme am Modell nicht geometrisch ähnlich zum Original ausgeführt werden dürfen, sondern dem Formänderungsmaßstab entsprechend anzupassen sind. Bei Bolzen in Bohrungen z. B. müßten Bolzen und Bohrung elliptisch ausgeführt werden, wobei beim Bolzen die große Ellipsenachse in Richtung der Kraft, bei der Bohrung quer dazu liegen müßte. Üblicherweise legt man jedoch aus modelltechnischen Gründen die Passungskorrektur nur in eines der Teile, z. B. in den Bolzen, und läßt die Bohrung rund.

Ein technisch wichtiges Beispiel für derartige Modelluntersuchungen ist das Hertzsche Berührungsproblem. Bild C 3.5-2 zeigt als eine der Möglichkeiten Hertzscher Pressung den Andruck einer Walze auf eine Ebene. Nach bekannten geometrischen Regeln gilt für den Abstand y in Abhängigkeit vom Radius r und der Ortskoordinate x die Beziehung

$$y = r - \sqrt{r^2 - x^2} \qquad\qquad \text{(C 3.5-21)}.$$

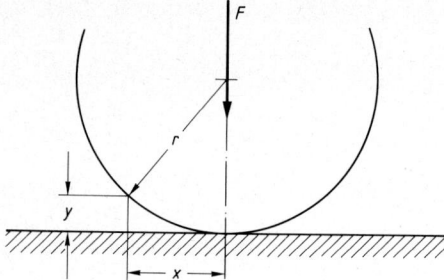

Bild C 3.5-2. Berührungsproblem: Walze auf Ebene.

In praktisch wichtigen Fällen ist x klein gegen r, so daß Gl. (C 3.5-21) durch eine Taylor-Entwicklung angenähert werden kann:

$$y = \frac{1}{2} \frac{x^2}{r} \qquad \text{(C 3.5-22).}$$

Für den Abstand y gilt der Formänderungsmaßstab Δl_R, für die Ortskoordinate x der Längenmaßstab l_R, so daß sich für den Maßstab der Krümmungsradien ergibt:

$$r_R = \frac{r_M}{r_O} = \frac{l_R^2}{\Delta l_R} \qquad \text{(C 3.5-23),}$$

d. h. ein unabhängiger Krümmungsmaßstab mit $r_R \neq l_R$ und $r_R \neq \Delta l_R$ bei $\varepsilon_R \neq 1$.

Die Forderung von Gl. (C 3.5-23) bedeutet einen erheblichen Eingriff in die geometrische Ähnlichkeit. Dies ist bei einer Reihe von Modelluntersuchungen nicht immer möglich, z. B. bei Zahnraduntersuchungen im Eingriff, wobei zwar Hertzsche Pressung vorliegt, sich aber die Krümmung der Zahnflanken aus den vorgegebenen Konstruktionsbedingungen zwangsweise ergibt. In diesen und ähnlichen Fällen ist die geometrische Ähnlichkeit des Modells vorrangig, wobei dann die Berührungsfläche entsprechend der Dehnungsübertreibung ε_R unähnlich vergrößert ist. Diese Unähnlichkeit der Berührungsflächen kann jedoch häufig vernachlässigt werden, da einerseits die Berührungsflächen sehr klein sind, andererseits in unmittelbarer Nähe der Berührungspunkte eine definierte Messung ohnehin kaum möglich ist. Demgegenüber haben nach dem De-St.-Venantschen Prinzip (vgl. Abschn. C 3.3.6) lokale Spannungsveränderungen geringe Wirkung auf entfernter liegende Bereiche.

C 3.5.3.2 Stabilitätsprobleme

Auch bei Stabilitätsproblemen (Knickung, Beulung) gelten grundsätzlich die Modellgesetze der Elastizitätstheorie. Da das Spannungs-Dehnungs-Verhalten bei Erreichen der Knick- bzw. Beullast einen plötzlichen Übergang in den nichtlinearen Bereich aufweist, muß bei derartigen Untersuchungen strenge Ähnlichkeit eingehalten werden. Aus versuchstechnischen Gründen liegt jedoch bei Stabilitätsuntersuchungen i. a. nur angenäherte Ähnlichkeit vor, bedingt z. B. durch Abweichungen von der ideal-geraden Stabachse, unzentrische Krafteinleitung und Auftreten plastischer Verformungen. Dies führt zu Unterschieden im Knick- bzw. Beulverhalten des Modells im Vergleich zu dem des Originals. Daher sind Modellversuche nur bedingt verwertbar. Weitergehende Angaben dazu finden sich bei *R. K. Müller* [C 3.2-5].

C 3.5.3.3 Große Formänderungen und nichtlineares Elastizitätsgesetz

Die Gl. (C 3.5-8 bzw. 9) gelten gemäß den Voraussetzungen zunächst nur bei linear-elastischem Verhalten der Werkstoffe und bei kleinen Formänderungen und Dehnungen. *W. Feucht* [C 3.2-4] zeigte jedoch, daß diese Maßstabsgleichungen auch für große Form-änderungen verwendet werden können. Dies wurde bereits bei dem Beispiel in Abschn. C 3.3.2.1 (Durchbiegen eines freiaufliegenden Trägers) angewandt, wo das Verhältnis des Biegepfeils f_b zur Trägerlänge l sehr groß im Vergleich zur örtlichen Dehnung ε sein kann ($f_b/l \gg \varepsilon$). Jedoch gilt auf Grund von Gl. (C 3.3-8) und Gl. (C 3.5-9)

$$\left(\frac{f_b}{l}\right)_R = \varepsilon_R \qquad\qquad (C\,3.5\text{-}24),$$

d. h., auch bei großen Verformungen kann das Hookesche Gesetz angewandt werden.

Auch die Dehnung ε kann große Werte annehmen, wenn man bei der analytischen Ansatzgleichung des Problems entweder Dehnungsglieder höherer Ordnung einbezieht (Theorie zweiter Ordnung) oder an Stelle des Elastizitätsmodul E einen variablen Plasti-zitätsmodul E' einsetzt. Auch in diesen Fällen gilt weiterhin $\varepsilon_R = 1$.

Die Maßstabsgleichung (C 3.5-8) gilt auch dann noch, wenn an Stelle des linearen Hooke-schen Gesetzes ein nichtlineares, z. B. ein exponentielles Gesetz

$$\sigma = \varepsilon^n E \qquad\qquad (C\,3.5\text{-}25)$$

angewandt werden muß. Bei strenger Ähnlichkeit, die $v_R = 1$ einschließt, gilt dann die Forderung

$$\varepsilon_R^n = 1 \qquad\qquad (C\,3.5\text{-}26)$$

und damit wieder die Maßstabsgleichung $\sigma_R = E_R$ gemäß Gl. (C 3.5-8).

Jedes Problem, das auf dimensionsmäßig richtigen Ansatzgleichungen beruht, wird bei dreiachsiger geometrischer Ähnlichkeit und $v_R = 1$ durch Maßstabsgleichungen beschrie-ben, die aus der Hookeschen Kennzahl $Ho = F/E\,l^2$ hervorgehen. Es gibt keine andere Kombinationsmöglichkeit der Kräfte, Längen, Verschiebungen, Dehnungen, Torsionen, Spannungen, E- bzw. G-Moduln als diese Maßstabsgleichungen.

C 3.5.3.4 Elastoplastischer und plastischer Modellversuch und Modellbruchversuch

In den bisherigen Abschnitten wurden rein elastische, d. h. reversible Formänderungen vorausgesetzt. Dies ist jedoch in vielen Problembereichen nicht ausreichend. Bereits *H. Weber* hat in seiner grundlegenden Arbeit zur Modelltheorie [C 3.2-3] ausführliche Betrachtungen über Modellversuche im plastischen Bereich angestellt. Danach läßt sich zusammenfassend sagen: Bei Modellversuchen, bei denen das Fließ- und Bruchverhalten von Bauteilen untersucht werden soll, ist strenge Ähnlichkeit einzuhalten. Im Gegensatz zu Untersuchungen im elastischen Bereich sind jedoch die Stoffwerte E und v nicht mehr die allein entscheidenden Größen der Modellwerkstoffe. Es treten weitere Stoffwerte hinzu, wie z. B. Fließgrenze, Zug- und Druckfestigkeit, Scherfestigkeit, Bruchfestigkeit usw., die ebenfalls die Modellgesetze erfüllen müssen. Modelluntersuchungen im elasto-plastischen Bereich erfordern zumindest eine affine Ähnlichkeit des Spannungs-Dehnungs-Verhaltens, d. h. affine Ähnlichkeit der $\sigma - \varepsilon$-Linien von Modell- und Original-werkstoff.

Diese Bedingungen führen dazu, daß in der Regel für das Modell der gleiche Werkstoff wie beim Original verwendet werden muß. Bei metallischen Originalwerkstoffen bereitet dies keine wesentlichen Schwierigkeiten, problematisch ist es jedoch bei mineralischen

Werkstoffen, z. B. Beton, oder Verbundwerkstoffen. Bei den letzteren Materialien ist einerseits eine Voraussetzung der Modelltechnik – homogener und isotroper Werkstoff – nicht mehr erfüllt, andererseits läßt sich die geforderte strenge geometrische Ähnlichkeit nicht immer auch auf die Struktur der Modelle, z. B. Körnung, Bewehrung usw., übertragen. Eine weiterführende Darstellung dieses Problembereichs wird bei *R. K. Müller* [C 3.2-5] gegeben.

Bestehen Modell und Original aus demselben metallischen Werkstoff, so sind gleichen Dehnungen in O und M auch gleiche Spannungen zugeordnet. Anderenfalls muß wegen der Dehnungsgleichheit $\sigma_R = E_R$ eingehalten werden, wobei σ allgemein die Fließ- bzw. Bruchspannung bedeutet und E den „totalen" Elastizitätsmodul. Im Idealfall besteht kein Maßstabseinfluß auf die Fließ- und Bruchspannung. Praktisch neigen jedoch kleine Metallmodelle zu höheren Fließ- bzw. Bruchspannungswerten, da z. B. Kaltverformungen an dünnen Teilen oft eine relativ größere Tiefenausdehnung haben. Beträchtlich kann im Sinne höherer Festigkeiten der Maßstabseinfluß bei Dauerversuchen sein. Durch entsprechende Werkstoffprüfungen lassen sich jedoch solche Einflüsse erfassen. Wesentlich ist auch, Unterschiede im Eigenspannungszustand bei Modell und Original als Fehlermöglichkeit zu berücksichtigen bzw. auszuschalten.

Das Fließen von Metallen durch Kunststoffe als M-Werkstoff nachzubilden, z. B. für hohe Metalltemperaturen, ist verschiedentlich vorgeschlagen worden. Die speziellen Kriecheigenschaften der Kunststoffe entsprechen bereits bei normaler Temperatur denen der Metalle bei hohen Temperaturen [C 3.5-5]. Mit der spannungsoptischen Untersuchung der plastischen Verformung von Polystyrol befaßte sich *R. Hiltscher* [C 3.5-6]. Dieser Werkstoff hat ähnliche Fließeigenschaften wie Metalle bei normalen Temperaturen. Für dynamisch-plastische Untersuchungen empfiehlt *E. Mönch* den Werkstoff Cellidor B [C 3.5-7].

Spröde Brüche wie z. B. von Gußeisen mittels spröder Kunststoffe als M-Werkstoff nachzubilden, ist im Rahmen von Untersuchungen über Kerbwirkungen durchgeführt worden [C 3.5-8]. Hierfür eignen sich hochgehärtete spannungsoptische Kunststoffe, so daß sich auch spannungsoptische Ergebnisse mit den erzielten Bruchnennspannungen vergleichen lassen.

Auf dem Gebiet der bildsamen Formgebung hat der billige M-Versuch ebenfalls Bedeutung. Ist der Verformungswiderstand W' eine Funktion der Verformungsgeschwindigkeit v, so sind Beziehungen vom Typ $v_R^n = W_R'$ einzuhalten. Kommt es bei v-unabhängigem Formänderungswiderstand auf Trägheitskräfte an, so gilt das Cauchysche Gesetz (vgl. Abschn. C 3.7.2). Für gleiche Werkstoffe ist dann $v_R = 1$ und die Einhaltung gleicher Temperaturen bei O und M erforderlich. Häufig wird auch von der einfachen Möglichkeit Gebrauch gemacht, die Bildsamkeit heißer O-Werkstoffe durch bildsamere kalte M-Werkstoffe nachzubilden.

C 3.6 Modellgesetze der Thermoelastizität

C 3.6.1 Erweitertes Hookesches Gesetz der Thermoelastizität

Durch Temperaturänderungen ΔT können in einem Körper Wärmedehnungen und Wärmespannungen erzeugt werden. Aus der Thermodynamik ergibt sich für einen Körper mit der Länge l und dem thermischen Längenausdehnungskoeffizienten α die lineare Wärmeausdehnung Δl zu

$$\Delta l = l \, \alpha \, \Delta T \qquad \text{(C 3.6-1)}.$$

Die Temperatur ist als skalare Größe auf einen Ort mit den Ortskoordinaten x, y, z bezogen. Bei einem homogenen und isotropen Werkstoff ist die Stoffkonstante α und damit auch die Wärmeausdehnung richtungsunabhängig, so daß sich für die somit ebenfalls richtungsunabhängige Wärmedehnung ε_{th} ergibt:

$$\varepsilon_{th, xyz} = \alpha \Delta T \tag{C 3.6-2}.$$

Im allgemeinen dreidimensionalen Spannungs- bzw. Verformungszustand überlagern sich die Wärmedehnungen ε_{th} mit den nach dem Hookeschen Gesetz Gl. (C 3.5-1) erzeugten richtungsabhängigen elastischen Dehnungen ε_{el},

$$\varepsilon_x = \varepsilon_{el, x} + \varepsilon_{th, xyz}$$

$$\varepsilon_y = \varepsilon_{el, y} + \varepsilon_{th, xyz} \tag{C 3.6-3}.$$

$$\varepsilon_z = \varepsilon_{el, z} + \varepsilon_{th, xyz}$$

Damit ergibt sich das erweiterte Hookesche Gesetz:

$$\varepsilon_x = \frac{1}{E} [\sigma_x - v(\sigma_y + \sigma_z)] + \alpha \Delta T$$

$$\varepsilon_y = \frac{1}{E} [\sigma_y - v(\sigma_x + \sigma_z)] + \alpha \Delta T \tag{C 3.6-4}.$$

$$\varepsilon_z = \frac{1}{E} [\sigma_z - v(\sigma_x + \sigma_y)] + \alpha \Delta T$$

Die entsprechenden Gesetze für die Normal- und Schubspannungen sind:

$$\sigma_x = \frac{E}{(1 + v)(1 - 2v)} [(1 - v)\varepsilon_x + v(\varepsilon_y + \varepsilon_z) - (1 + v)\alpha \Delta T]$$

$$\sigma_y = \frac{E}{(1 + v)(1 - 2v)} [(1 - v)\varepsilon_y + v(\varepsilon_x + \varepsilon_z) - (1 + v)\alpha \Delta T] \tag{C 3.6-5}$$

$$\sigma_z = \frac{E}{(1 + v)(1 - 2v)} [(1 - v)\varepsilon_z + v(\varepsilon_x + \varepsilon_y) - (1 + v)\alpha \Delta T]$$

$$\tau_{xy} = \frac{E}{2(1 + v)} \gamma_{xy}$$

$$\tau_{yz} = \frac{E}{2(1 + v)} \gamma_{yz}$$

$$\tau_{zx} = \frac{E}{2(1 + v)} \gamma_{zx}$$

mit den Schiebungen γ_{xy}, γ_{yz} und γ_{zx}.

Instationäre Wärmeströmung

Im allgemeinen ist die Temperatur sowohl örtlich als auch zeitlich veränderlich, d. h., es liegt eine instationäre Wärmeströmung vor. Die zeitliche und räumliche Änderung der Temperatur wird durch folgende Differentialgleichung beschrieben:

$$\frac{\partial T}{\partial t} = \frac{\lambda}{c \varrho} \left(\frac{\partial^2 T}{\partial x^2} + \frac{\partial^2 T}{\partial y^2} + \frac{\partial^2 T}{\partial z^2} \right) \tag{C 3.6-6}$$

111

mit der Wärmeleitfähigkeit λ, der spezifischen Wärmekapazität c und der Dichte ϱ des jeweiligen Werkstoffes. Diese Stoffkonstanten können zu einer einzigen Stoffkonstante, der Temperaturleitfähigkeit a, zusammengefaßt werden, mit

$$a = \frac{\lambda}{c\,\varrho} \qquad\qquad \text{(C 3.6-7)}.$$

Bei sehr kurzzeitigen großen Temperaturveränderungen (z. B. Thermoschocks) treten ebenfalls kurzzeitig veränderliche Spannungen auf, die wie Stoßprobleme als dynamische Vorgänge zu betrachten sind (vgl. Abschn. C 3.7.2.2). In derartigen Fällen müssen die Massenkräfte berücksichtigt werden:

$$\frac{\partial \sigma_x}{\partial x} + \frac{\partial \tau_{xy}}{\partial y} + \frac{\partial \tau_{xz}}{\partial z} = \varrho\,\frac{\partial^2 u}{\partial t^2}$$

$$\frac{\partial \sigma_y}{\partial y} + \frac{\partial \tau_{xy}}{\partial x} + \frac{\partial \tau_{yz}}{\partial z} = \varrho\,\frac{\partial^2 v}{\partial t^2} \qquad\qquad \text{(C 3.6-8)}.$$

$$\frac{\partial \sigma_z}{\partial z} + \frac{\partial \tau_{xz}}{\partial x} + \frac{\partial \tau_{yz}}{\partial y} = \varrho\,\frac{\partial^2 w}{\partial t^2}$$

Darin sind u, v und w die Verschiebungen in x-, y- und z-Richtung.

Kurzzeitig verlaufende, große Temperaturänderungen sind jedoch bei thermoelastischen Untersuchungen relativ selten. Zumeist ändern sich die Temperaturen so langsam, daß man von einem „quasistatischen Spannungszustand" ausgehen kann, d. h. einer zeitlichen Folge statischer Gleichgewichtszustände. In diesen Fällen werden die Massenkräfte nicht berücksichtigt, d. h., die rechten Seiten der Gl. (C 3.6-8) werden zu null, während Gl. (C 3.6-6) weiterhin gilt.

Stationäre Wärmeströmung

Ist die Temperaturänderung nur vom Ort, aber nicht von der Zeit abhängig, liegt eine stationäre Wärmeströmung vor, d. h., es gilt

$$\frac{\partial T}{\partial t} = 0 \qquad\qquad \text{(C 3.6-9)}$$

und damit nach Gl. (C 3.6-6) auch

$$\frac{\partial^2 T}{\partial x^2} + \frac{\partial^2 T}{\partial y^2} + \frac{\partial^2 T}{\partial z^2} = 0 \qquad\qquad \text{(C 3.6-10)}.$$

Dieser Zustand wird i. a. durch eine zeitlich konstante Wärmezufuhr und -abfuhr erzeugt, wobei die Wärmeaufnahme und -abgabe über die Oberfläche des Körpers eine wesentliche Rolle spielt. Dieser Wärmeübergang wird durch die Nußeltsche Kennzahl Nu beschrieben,

$$\mathrm{Nu} = \frac{h\,l}{\lambda} \qquad\qquad \text{(C 3.6-11)}$$

mit dem Wärmeübergangskoeffizienten h, der Wärmeleitfähigkeit λ und der Wegstrecke l im Innern des Körpers.

Kann sich ein Körper bei einer Temperaturänderung nicht unbehindert ausdehnen, so entstehen allein durch diese Dehnungsbehinderung Spannungen, die teilweise die Größenordnung der zulässigen Spannungen überschreiten können. Wegen des örtlich und möglicherweise auch zeitlich veränderlichen Temperaturfeldes und des dadurch erzeugten komplexen Spannungszustands ist eine geschlossene analytische Lösung nur in wenigen einfachen Fällen möglich. Daraus ergibt sich die große Bedeutung des thermoelastischen Modellversuchs.

C 3.6.2 Modellgesetze der Thermoelastizität bei strenger Ähnlichkeit

Stationäre Wärmeströmung

Bei strenger Ähnlichkeit mit $\varepsilon_R = 1$ und $v_R = 1$ und ausschließlich örtlicher Temperaturverteilung ergeben sich aus Gl. (C 3.6-4) bzw. Gl. (C 3.6-5) analog zu den Ausführungen im Abschn. C 3.5 die Ähnlichkeitsmaßstäbe zu

$$\sigma_R = E_R \tag{C 3.6-12},$$

$$\Delta T_R = \frac{1}{\alpha_R} \tag{C 3.6-13}.$$

Die Stoffwertmaßstäbe v_R, E_R und α_R sind durch die Wahl der Werkstoffe festgelegt, der Modellmaßstab l_R könnte danach unabhängig gewählt werden. Wenn jedoch in M und O Wärmeaustausch an der Oberfläche der Körper vorliegt, muß als weitere Bedingung die im vorigen Abschnitt eingeführte Nußeltsche Kennzahl Nu in M und O gleich sein, d. h.,

$$\mathrm{Nu}_R = \frac{h_R\,l_R}{\lambda_R} = 1 \tag{C 3.6-14}$$

und somit

$$l_R = \frac{\lambda_R}{h_R} \tag{C 3.6-15}.$$

Bei Werkstoffgleichheit im M und O wird somit $l_R = 1$, d. h., ein Modellversuch im eigentlichen Sinne ist nicht mehr möglich. Jedoch kann durch geeignete Oberflächenbehandlung des M und/oder durch Änderung des umgebenden Mediums (Gas/Flüssigkeit) der Wärmeübergangskoeffizient h_M beeinflußt und damit in gewissen Grenzen l_R verändert werden. Gl. (C 3.6-14 bzw. 15) und somit die Einschränkung bezüglich l_R entfällt ganz, wenn bei Scheiben und Platten eine ebene Wärmeströmung durch Wärmeisolierung der Oberflächen und definierte Temperaturverteilung an den Rändern vorliegt [C 3.6-1; 2].

Instationäre Wärmeströmung

Bei instationärer Wärmeströmung und strenger Ähnlichkeit gelten grundsätzlich auch die aus den erweiterten Hookeschen Gleichungen entwickelten Modellgesetze, Gl. (C 3.6-12, 13 und 14). Aus Gl. (C 3.6-6) und Gl. (C 3.6-7) ergibt sich die weitere Maßstabsgleichung

$$\frac{\lambda_R\,t_R}{c_R\,\varrho_R\,l_R^2} = \frac{a_R\,t_R}{l_R^2} = \mathrm{Fo}_R = 1 \tag{C 3.6-16}$$

mit der Fourier-Zahl

$$\mathrm{Fo} = \frac{a\,t}{l^2} \tag{C 3.6-17}.$$

Gl. (C 3.6-16) ist das Fouriersche Ähnlichkeitsgesetz: Zwei Wärmeleitungsvorgänge sind ähnlich, wenn sie in ihren Kennzahlen Fo übereinstimmen. Daraus ist zu ersehen, daß bei

113

Werkstoffgleichheit mit $a_R = 1$ im verkleinerten Modell die Temperaturänderungen schneller ablaufen müssen als im Original. Bei quasistatischen Vorgängen genügen diese Maßstabsgleichungen den Übertragbarkeitsbedingungen, wobei die Einschränkungen des vorigen Abschnitts zu beachten sind. Bei nichtquasistatischen Vorgängen ergibt sich aus Gl. (C 3.6-8) die weitere Maßstabsgleichung

$$\frac{l_R^2 \, \varrho_R}{t_R^2 \, \sigma_R} = 1 \qquad\qquad (C\,3.6\text{-}18)$$

oder mit Gl. (C 3.6-5) und (C 3.6-16)

$$t_R = \frac{\lambda_R}{c_R \, E_R} \qquad\qquad (C\,3.6\text{-}19).$$

Daraus ergibt sich, daß wegen Gl. (C 3.6-19, 16 und 15) bei instationärer, zeitlich schnell veränderlicher und nichtebener Wärmeströmung ein Modellversuch nicht möglich ist, da einerseits bei Werkstoffgleichheit $l_R = 1$ sein muß, andererseits bei ungleichen Werkstoffen die obige Gleichung nicht zugleich erfüllbar ist. Modellversuche mit instationären, dynamischen Wärmeströmungen sind daher auf ebene Modelle mit vernachlässigbarer Temperaturveränderung quer zur Ebene beschränkt oder müssen mit angenäherter Ähnlichkeit durchgeführt werden.

C 3.6.3 Modellgesetze der Thermoelastizität bei erweiterter Ähnlichkeit

Ziel der im Rahmen dieses Buches interessierenden Modelluntersuchungen ist die Bestimmung von Spannungen, so daß bei erweiterter Ähnlichkeit anzustreben ist, einen einheitlichen, richtungsunabhängigen Spannungsmaßstab beizubehalten. Bei anderen Größen kann dagegen auf maßstäbliche Ähnlichkeit verzichtet werden, wobei jedoch von Fall zu Fall zu prüfen ist, wie weit diese Einschränkung die Übertragbarkeit der Spannungsmessung beeinflußt. Zum Beispiel führt die Erweiterung der Formänderung, d. h., $\varepsilon_R \neq 1$, bei gleichzeitiger Gültigkeit des Poissonschen Modellgesetzes $v_R = 1$ zu folgenden erweiterten thermoelastischen Modellgesetzen:

$$\sigma_R = \varepsilon_R \, E_R$$
$$\Delta T_R = \frac{\varepsilon_R}{\alpha_R} \qquad\qquad (C\,3.6\text{-}20)$$

und somit

$$\sigma_R = \alpha_R \, E_R \, \Delta T_R \qquad\qquad (C\,3.6\text{-}21).$$

Die durch das jeweilige Untersuchungsproblem bedingten weiteren thermoelastischen Modellgesetze des vorhergehenden Abschnitts werden durch die Erweiterung $\varepsilon_R \neq 1$ nicht berührt und behalten ihre Gültigkeit. Eine Veränderung auch dieser Maßstäbe führt zu Fehlern, deren Auswirkungen auf das Meßergebnis man in Ausnahmefällen näherungsweise ermitteln kann oder durch Versuche mit Modellen bekannten thermoelastischen Verhaltens bestimmt.

Bei Erweiterung des Poissonschen Modellgesetzes, d. h. $v_R \neq 1$, ist ein einheitlicher Spannungsmaßstab bereits nur in Sonderfällen möglich, z. B. beim ebenen Spannungszustand, beim ebenen Formänderungszustand oder bei stationärer Wärmeströmung in Platten; weitergehende Ausführungen dazu in [C 3.2-5].

114

C 3.7 Modellgesetze dynamischer Vorgänge

C 3.7.1 Allgemeines dynamisches Ähnlichkeitsgesetz

Bei Modellversuchen mit alleiniger Berücksichtigung von Trägheitskräften ergeben sich die interessierenden Ähnlichkeitsmaßstäbe aus dem Newtonschen Grundgesetz $F = m\,a$ mit der Masse m und der Beschleunigung a des betrachteten Körpers. Mit den Ähnlichkeitsmaßstäben für Masse, Dichte, Volumen, Geschwindigkeit und Beschleunigung aus den Tabellen C 3.3-1, 2 und 3 ergibt sich bei strenger Ähnlichkeit der Kräftemaßstab F_R zu

$$F_R = m_R\,a_R = \varrho_R\,l_R^3\,a_R = \frac{\varrho_R\,l_R^4}{t_R^2} = \varrho_R\,v_R^2\,l_R^2 \qquad \text{(C 3.7-1).}$$

Daraus folgt das „Newtonsche Modellgesetz"

$$\frac{F_R}{\varrho_R\,v_R^2\,l_R^2} = Ne_R = 1 \qquad \text{(C 3.7-2)}$$

mit der Newton-Zahl

$$Ne = \frac{F}{\varrho\,v^2\,l^2} \qquad \text{(C 3.7-3).}$$

Das allgemeine dynamische Ähnlichkeitsgesetz besagt somit: Zwei Vorgänge sind bezüglich der Trägheitskräfte ähnlich, wenn die Newton-Zahlen Ne in den betrachteten Systemen übereinstimmen. In der Maßstabsgleichung (C 3.7-1) sind jeweils drei der vier Ähnlichkeitsmaßstäbe frei wählbar, wodurch ein hohes Maß an Variabilität entsteht.

Im speziellen Fall von Rotationsproblemen ergibt sich mit dem Bahnradius r und der Winkelgeschwindigkeit ω der Kräftemaßstab

$$F_R = \varrho_R\,l_R^3\,r_R\,\omega_R^2 = \varrho_R\,l_R^4\,\omega_R^2 \qquad \text{(C 3.7-4),}$$

da der Maßstab des Bahnradius r_R dem allgemeinen Längenmaßstab l_R entsprechen muß $(r_R = l_R)$.

Breite Anwendung findet das allgemeine dynamische Ähnlichkeitsprinzip bei Modellversuchen in der Hydro- und Aerodynamik. Flüssigkeit und Gase werden hier als inkompressibel betrachtet. Der Gewichts- und Zähigkeitseinfluß entfällt bei dieser vereinfachten Betrachtungsweise. Die Kennzahlen bei hydro- und aerodynamischen Untersuchungen haben z. T. andere Bezeichnungen, entsprechen aber im wesentlichen der Newton-Zahl Ne. So gilt zur Beschreibung von Strömungsvorgängen, bei denen Druck- und Trägheitskräfte überwiegen, die Euler-Zahl

$$Eu = \frac{p}{\varrho\,w^2} \,\hat{=}\, Ne \qquad \text{(C 3.7-5)}$$

mit dem Druck p, der Dichte ϱ und der Strömungsgeschwindigkeit w des Fluids. Das entsprechende Modellgesetz lautet

$$Eu_R = 1 \qquad \text{(C 3.7-6),}$$

d. h., bei Strömungsproblemen liegt mechanische Ähnlichkeit dann vor, wenn die Eulerschen Kennzahlen in M und O gleich sind.

Bei einer Reihe von strömungstechnischen Modelluntersuchungen ist die Anwendung der Newton-Zahl als „Strömungsbeiwert" gebräuchlich. Diese Strömungsbeiwerte sind dimensionslos und haben den Charakter von Kennzahlen. So verwendet man z. B. bei Staudruckbestimmungen mit dem Staudruck p oder der Widerstandskraft F_w die

Widerstandszahl
$$\zeta = 2\,\frac{p}{\varrho\,w^2} \stackrel{\wedge}{=} 2\,\mathrm{Ne} \qquad\qquad (\mathrm{C}\,3.7\text{-}7)$$

bzw. den

Widerstandsbeiwert
$$\zeta_{\mathrm{w}} = 2\,\frac{F_{\mathrm{w}}}{\varrho\,w^2\,A} \stackrel{\wedge}{=} 2\,\mathrm{Ne} \qquad\qquad (\mathrm{C}\,3.7\text{-}8)$$

oder bei Auftriebsmessungen mit der Auftriebskraft F_{A} den

Auftriebsbeiwert
$$\zeta_{\mathrm{A}} = 2\,\frac{F_{\mathrm{A}}}{\varrho\,w^2\,A} \stackrel{\wedge}{=} 2\,\mathrm{Ne} \qquad\qquad (\mathrm{C}\,3.7\text{-}9).$$

Die Fläche A ist bei Widerstandsuntersuchungen die Projektion der angeströmten Stirnfläche, während bei Auftriebsuntersuchungen A die Projektion der in Strömungsrichtung liegenden umströmten Fläche ist (z. B. Fahrbahnfläche bei Brücken). Die Beiwerte ζ sind innerhalb verhältnismäßig weiter Grenzen unabhängig von w und A, so daß die Ähnlichkeitsmaßstäbe w_{R} und A_{R} innerhalb dieser Grenzen frei wählbar sind. Allerdings muß in jedem Einzelfall ein möglicher Zähigkeitseinfluß des Fluids mittels der Reynolds-Zahl (vgl. Abschn. C 3.7.4), z. B. aus einschlägigen Tabellenwerken, abgeschätzt werden. Die – wenn auch eingeschränkte – Unabhängigkeit von der Zähigkeit ist die Grundlage der üblichen Windkanalversuche. Derartige Modellversuche werden u. a. zur Bestimmung der Windkraftwirkung bei Bauwerken (z. B. Hochbau, Brücken usw.) angewendet.

C 3.7.2 Elastisch-dynamisches Ähnlichkeitsgesetz

Elastodynamische Vorgänge treten auf bei elastischen Körpern unter Einwirkung äußerer stationärer oder instationärer Kräfte und gleichzeitiger Einwirkung von Massenkräften. Die Massenkräfte sind zumeist Trägheitskräfte, z. B. bei rotierenden Körpern, Schwingungen, Wellen und Stoßvorgängen.

Sind bei einem Vorgang elastische Kräfte und Trägheitskräfte beteiligt, so verlangt die Ähnlichkeit, daß der Kräftemaßstab beider Kräfte gleich ist, d. h., nach Gl. (C 3.5-9) und Gl. (C 3.7-1) und den Bedingungen $\varepsilon_{\mathrm{R}} = 1$ und $v_{\mathrm{R}} = 1$ folgt

$$E_{\mathrm{R}}\,l_{\mathrm{R}}^2 = \frac{\varrho_{\mathrm{R}}\,l_{\mathrm{R}}^4}{t_{\mathrm{R}}^2} \qquad\qquad (\mathrm{C}\,3.7\text{-}10).$$

Unter Zusammenfassung der Stoffkonstanten zu einer einzigen, den Werkstoff charakterisierenden Stoffkonstante E/ϱ ergibt sich aus Gl. (C 3.7-10) das „Cauchysche Modellgesetz":

$$\frac{l_{\mathrm{R}}}{t_{\mathrm{R}}\,\sqrt{(E/\varrho)_{\mathrm{R}}}} = \frac{v_{\mathrm{R}}}{\sqrt{(E/\varrho)_{\mathrm{R}}}} = \mathrm{Ca}_{\mathrm{R}} = 1 \qquad\qquad (\mathrm{C}\,3.7\text{-}11)$$

mit der Cauchy-Zahl

$$\mathrm{Ca} = \frac{v}{\sqrt{(E/\varrho)}} = \sqrt{\frac{\mathrm{Ho}}{\mathrm{Ne}}} \qquad\qquad (\mathrm{C}\,3.7\text{-}12).$$

Das Cauchysche Modellgesetz besagt, daß Vorgänge in M und O, die im wesentlichen durch elastische Kräfte und Trägheitskräfte beeinflußt werden, nur dann mechanisch ähnlich sind, wenn ihre Cauchy-Zahlen gleich sind ($\mathrm{Ca}_{\mathrm{M}} = \mathrm{Ca}_{\mathrm{O}}$).

Bei freier Wahl des Modellwerkstoffes ist nur noch ein weiterer Maßstab, i. a. l_{R}, frei wählbar; der Geschwindigkeitsmaßstab ist durch die Werkstoffwahl festgelegt.

Erweiterte Ähnlichkeit mittels Dehnungserweiterung $\varepsilon_R \neq 1$ ist möglich. Gl. (3.7-11) wird dann zu

$$\frac{l_R}{t_R \sqrt{\varepsilon_R (E/\varrho)_R}} = 1 \qquad \text{(C 3.7-13)}.$$

Für die Erweiterung des Poissonschen Modellgesetzes, d.h., $v_R \neq 1$, gelten die Ausführungen des Abschn. C 3.5.2 bzw. C 3.8.3.

C 3.7.2.1 Schwingungen

Modelluntersuchungen von Schwingungsvorgängen sind ein wesentliches Anwendungsgebiet des Cauchyschen Modellgesetzes. Dieses Gesetz gilt grundsätzlich sowohl für erzwungene Schwingungen beliebiger Frequenz und Amplitude als auch für Eigenschwingungen jeder Art, Ordnung und Überlagerung.

Ebenso erstreckt sich die Gültigkeit auf die niederfrequenten Biege- und Torsionsschwingungen und auf die Eigenschwingungen federungsweicher, aus zahlreichen Teilen bestehender Konstruktionen bzw. Feder-Masse-Systeme.

Die Maßstabsgleichung für die Schwingungsfrequenz f ergibt sich mit der bekannten Beziehung $f = 1/t_s$ (t_s Schwingungsdauer) aus Gl. (C 3.7-11) zu

$$f_R = \frac{\sqrt{(E/\varrho)_R}}{l_R} \qquad \text{(C 3.7-14)}.$$

Zu berücksichtigen ist jedoch, daß die für Modelle häufig benutzten Kunststoffe in der Regel einen frequenzabhängigen E-Modul aufweisen.

Bei gedämpften Schwingungen muß für die Dämpfung ebenfalls strenge Ähnlichkeit gelten. Da die verschiedenartigen Dämpfungsmechanismen im allgemeinen komplizierter Natur sind, kann kein für alle Dämpfungsarten geltendes Modellgesetz existieren. Die Ähnlichkeitsbedingungen müssen daher von Fall zu Fall gesondert ermittelt werden. Vereinfachend kann man jedoch davon ausgehen, daß die die Dämpfung bewirkende Kraft dem allgemeinen Kräftemaßstab F_R entsprechen muß. Daraus ergibt sich bei Dämpfung durch eine konstante Reibungskraft F_r der Ähnlichkeitsmaßstab $F_{r,R} = F_R$; bei geschwindigkeitsproportionaler Dämpfung ist der Ähnlichkeitsmaßstab für den Dämpfungsgrad $\vartheta_R = 1$ und bei v^2-Dämpfung ist die Ähnlichkeitsbedingung $k_R = \varrho_R$ für die Dämpfungskonstante k.

Dies zeigt, daß für den allgemeinen Schwingungsfall keine einfache Ähnlichkeitsbeziehung existiert. Insbesondere bei Bauteilschwingungen mit Werkstoffdämpfung treten z. T. so verwickelte Abhängigkeiten auf, daß man z. B. für geometrisch ähnliche Systeme verschiedenen Maßstabs nicht ohne weiteres, auch bei Einhaltung des Cauchyschen Gesetzes, stets gleiches Verhalten erwarten darf. Die Werkstoffdämpfung zeigt teilweise Anomalien bei bestimmten Lastspielzahlen und Temperaturen, die unter- bzw. oberhalb dieser kritischen Werte nicht erkennbar sind. Diese Dämpfungen und ihre Änderungen sind aber von erheblichem Einfluß u. a. auf das Verhalten angefachter Schwingungen, z. B. bei Turbinenschaufeln, Brücken und Tragflächen. Bei angefachten Schwingungen steht die Schwingungserregung zur Schwingung selbst in einem Rückkopplungsverhältnis, was im kritischen Bereich zu einer erheblichen Steigerung der Schwingungsamplitude führen kann. Bekannt sind z. B. windangefachte Schwingungen, die zum Einsturz von Brücken bzw. gefährlichen Flatterschwingungen bei Tragflächen führten.

C 3.7.2.2 Wellen und Stoßprobleme

Durch kurzzeitig oder periodisch einwirkende Kräfte werden in festen Körpern Spannungswellen erzeugt. Dabei können sowohl Longitudinal-, Transversal- als auch Biegewellen entstehen. Bei Stoßvorgängen treten außerdem häufig Oberflächenwellen (Rayleigh-Wellen) auf. Unter der Bedingung, daß es sich bei Modell und Original um homogene und isotrope Werkstoffe handelt, nur rein elastische Vorgänge berücksichtigt werden und unter Vernachlässigung von Dämpfung, gilt hier ebenfalls das Cauchysche Modellgesetz Gl. (C 3.7-11) und der Frequenzmaßstab Gl. (C 3.7-14).

Für die Geschwindigkeit der zumeist interessierenden Longitudinalwellen (Schallwellengeschwindigkeit c) gilt in erster Näherung

$$c = \sqrt{\frac{E}{\varrho}} \qquad\qquad\qquad\qquad (C\,3.7\text{-}15)$$

mit der entsprechenden Maßstabsgleichung

$$c_R = \sqrt{(E/\varrho)_R} \qquad\qquad\qquad\qquad (C\,3.7\text{-}16).$$

Zu beachten ist, daß die Poisson-Zahl v einen wesentlichen Einfluß auf die Ausbreitung und Reflexion von Spannungswellen hat. Die Einhaltung des Poissonschen Modellgesetzes $v_R = 1$ ist daher anzustreben.

Bei Stoßuntersuchungen ist die Wahl des Modellwerkstoffs besonders wichtig. Einerseits muß die Bedingung $v_R = 1$ möglichst gut eingehalten werden, andererseits darf der „dynamische" E-Modul nicht wesentlich von der Frequenz abhängen, und die Dämpfung der Wellen darf nicht zu groß sein. Die Art der Stoßwellen hängt im wesentlichen von den Werkstoffeigenschaften, der Bauteilform und der Stoßdauer ab. Ist die Stoßdauer kurz im Vergleich zur Laufzeit der Wellen zu den Grenzflächen, so gehen von der Stoßstelle Wellen aus, die an den Grenzflächen reflektiert und dabei teilweise in andere Wellenarten umgewandelt werden. Die primären und die reflektierten Wellen überlagern sich so, daß eine komplexe und sich rasch ändernde Spannungsverteilung entsteht. Ist die Stoßdauer dagegen wesentlich länger als die Laufzeit der Wellen, überlagern sich die direkt erzeugten und die reflektierten Wellen so, daß sich ein Spannungszustand ergibt, der in etwa mit dem bei statischer Belastung übereinstimmt (quasistatischer Stoß) [C 3.5-1; C 3.7-1].

Mit der Maßstabsgleichung der Schallgeschwindigkeit, Gl. (C 3.7-16), ergibt sich aus dem Cauchyschen Modellgesetz, Gl. (C 3.7-11), ein weiteres Modellgesetz:

$$\frac{v_R}{c_R} = \mathrm{Ma}_R = 1 \qquad\qquad\qquad\qquad (C\,3.7\text{-}17)$$

mit der Mach-Zahl

$$\mathrm{Ma} = \frac{v}{c} \qquad\qquad\qquad\qquad (C\,3.7\text{-}18).$$

Die Mach-Zahl gibt das Verhältnis der Geschwindigkeit v eines Körpers oder Fluids (z. B. Momentan-, Umlauf- oder Strömungsgeschwindigkeit) zu der Schallgeschwindigkeit c in dem betreffenden Medium an. Dabei gilt diese Kennzahl nicht nur für den speziellen Fall longitudinaler Schallwellen in festen Körpern, sondern für Schallgeschwindigkeiten aller Art in allen Medien. Das Modellgesetz besagt, daß zwei Systeme, die im wesentlichen durch Trägheitskräfte und Spannungswellen beeinflußt werden, mechanisch ähnlich sind, wenn ihre Mach-Zahlen übereinstimmen. Es ist anzuwenden z. B. bei der modellmäßigen Untersuchung von Eigenfrequenzen und Biegeschwingungen.

C 3.7.3 Dynamische Ähnlichkeitsgesetze bei Schwerkrafteinfluß

Sind bei einem Modellversuch neben Trägheitskräften überwiegend noch Gewichtskräfte beteiligt, so folgt aus der Ähnlichkeit der Kräftemaßstäbe nach Gl. (C 3.7-1) und Gl. (C 3.4-5),

$$\frac{\varrho_R \, l_R^4}{t_R^2} = g_R \, \varrho_R \, l_R^3 \qquad\qquad \text{(C 3.7-19)},$$

das „Froudesche Modellgesetz"

$$\frac{l_R}{g_R \, t_R^2} = \frac{v_R^2}{l_R \, g_R} = \text{Fr}_R = 1 \qquad\qquad \text{(C 3.7-20)}$$

mit der Froude-Zahl

$$\text{Fr} = \frac{v^2}{l \, g} \qquad\qquad \text{(C 3.7-21)}.$$

Bewegungsprobleme, bei denen die Gewichtskräfte in M und O berücksichtigt werden müssen, sind dann ähnlich, wenn die Froude-Zahlen in beiden Systemen gleich sind. Im Normalfall ist $g_R = 1$, so daß nur ein Maßstab, i. a. l_R, frei wählbar ist.

Das Froudesche Modellgesetz findet Anwendung z. B. beim Brückenbau und beim Fahrzeug- und Luftfahrzeugbau. Die bekannteste Anwendung findet es jedoch im Schiffbau bei Schiffschleppversuchen mit Modellen. Hierbei ist jedoch zu berücksichtigen, daß es sich um ein Zweistoffproblem handelt, d. h., die Ähnlichkeitsmaßstäbe müssen dem Mehrstoffparametergesetz genügen (vgl. Abschn. C 3.3.1.2).

C 3.7.4 Dynamisches Ähnlichkeitsgesetz bei Reibungskräften newtonscher Flüssigkeiten

Der Kräftemaßstab für Reibungskräfte F_r newtonscher Flüssigkeiten ergibt sich aus der bekannten Definitionsgleichung für die dynamische Viskosität η zu

$$F_{r,R} = \eta_R \, \frac{l_R^2}{t_R} \qquad\qquad \text{(C 3.7-22)}.$$

Sind bei einem Modellversuch überwiegend Trägheitskräfte und Reibungskräfte newtonscher Flüssigkeiten beteiligt, so ergibt sich aus der Ähnlichkeit der Kräftemaßstäbe nach Gl. (C 3.7-1) und Gl. (C 3.7-22)

$$\frac{\varrho_R \, l_R^4}{t_R^2} = \eta_R \, \frac{l_R^2}{t_R} \qquad\qquad \text{(C 3.7-23)}.$$

Mit dem Ähnlichkeitsmaßstab der kinematischen Viskosität v_K

$$v_{k,R} = \frac{\eta_R}{\varrho_R} \qquad\qquad \text{(C 3.7-24)}$$

folgt das „Reynoldssche Modellgesetz"

$$\frac{\varrho_R \, l_R^2}{\eta_R \, t_R} = \frac{v_R \, l_R}{v_{k,R}} = \text{Re}_R = 1 \qquad\qquad \text{(C 3.7-25)}$$

mit der Reynolds-Zahl

$$\text{Re} = \frac{v \, l}{v_k} \qquad\qquad \text{(C 3.7-26)}.$$

Bewegungsvorgänge im System M und O, bei denen der Einfluß von Reibungskräften newtonscher Flüssigkeiten nicht vernachlässigbar ist, sind dann mechanisch ähnlich, wenn die Reynolds-Zahlen in beiden Systemen gleich sind.

Das Reynoldssche Modellgesetz findet Anwendung bei Modelluntersuchungen, die mit strömenden Fluiden (Luft, Wasser) verbunden sind, z. B. im Fahrzeug- und Luftfahrzeugbau, Schiffbau, Wasserbau und bei der Bautechnik (Windlast und windangefachte Schwingungen bei Brücken usw.).

C 3.8 Übertragungsfehler

C 3.8.1 Überblick

Modelluntersuchungen sollen Aussagen über das Verhalten eines Bauteils unter Einfluß bestimmter physikalischer Vorgänge durch Messungen an einem Modell ermöglichen. Die am Modell ermittelten Meßwerte werden mit Hilfe der Maßstabsgleichungen auf das Original übertragen. Grundsätzlich ist jede Messung mit Fehlern behaftet, bei Modelluntersuchungen kommen jedoch zu den meßtechnisch bedingten Fehlern noch Fehler infolge Unvollkommenheit des Meßobjekts Modell und des Zielobjekts Original sowie die nicht immer exakt erfaßbaren Abweichungen von den Ähnlichkeitsbedingungen hinzu. Diese Fehler werden zusammenfassend als „Übertragungsfehler" bezeichnet und nach den Entstehungsursachen in die Bereiche „versuchstechnische Fehler" und „Maßstabsfehler" unterteilt.

Versuchstechnische Fehler haben vielfältige Ursachen; sie ergeben sich z. B. durch Meßfehler bei der Versuchsmessung, Ungenauigkeiten bei der Modellherstellung, Unvollkommenheit der Werkstoffe in M und O, Unterschiede bei der Art und Aufbringung der Belastung und durch Einflüsse des Meßverfahrens auf das Modell.

Maßstabsfehler entstehen durch Abweichungen von der strengen physikalischen Ähnlichkeit. Bei einem nach der strengen Ähnlichkeitstheorie hergestellten und belasteten Modell werden alle physikalischen Größen richtig und vollständig erfaßt und können ohne Einschränkungen auf das Original übertragen werden. Aus versuchstechnischen Gründen sind jedoch häufig Abweichungen von der strengen Ähnlichkeit hinzunehmen, insbesondere im Zusammenhang mit der angenäherten Ähnlichkeit, z. B. bei ungleichen Poisson-Zahlen in M und O ($\nu_R \neq 1$), bei Erweiterung des Formänderungsmaßstabs ($\varepsilon_R \neq 1$) und bei Vernachlässigung von Einflüssen untergeordneter Bedeutung. Versuchstechnische und Maßstabsfehler zusammen bewirken, daß das Ziel, exakte Aussagen über physikalische Vorgänge beim Original zu erhalten, nicht völlig erreicht werden kann. Einige Fehler lassen sich als bekannte oder berechenbare Korrekturgrößen in das Meßergebnis einbeziehen und beeinflussen somit die Genauigkeit des Versuchsergebnisses nicht oder nur geringfügig. Unbekannte bzw. nicht exakt bestimmbare Fehler können dagegen nur abgeschätzt werden. Der Gesamtfehler einer auf das Original bezogenen Größe ergibt Grenzen, die sog. Vertrauensgrenzen, innerhalb deren mit einer gewissen Wahrscheinlichkeit der wahre Wert der interessierenden Größe liegt. Die Vertrauensgrenzen werden zumeist als relativer Fehler in Prozent angegeben. Die relativen Fehler bei Modelluntersuchungen liegen im günstigen Fall ungefähr bei $\pm 3\%$, können aber auch $\pm 20\%$ erreichen und in ungünstigen Fällen noch darüber hinausgehen. Bei komplexen technischen Problemen ist dies jedoch ein durchaus noch vertretbarer Unsicherheitsbereich, der immerhin eine hinreichend fundierte Aussage z. B. über das Versagen einer Konstruktion zuläßt. Demgegenüber beinhalten rein analytische Berechnungen zwar meist geringere Vertrauensgrenzen, aber auch häufig die Unsicherheit, daß die der Rechnung zugrunde liegenden Annahmen möglicherweise nicht mit den in der Realität vorhandenen Einflüssen übereinstimmen.

C 3.8.2 Versuchstechnische Fehler

Jede Messung und damit jeder Meßwert einer physikalischen Größe wird beeinflußt durch Unvollkommenheiten des Meßobjekts, des Meßverfahrens, der Meßgeräte, des Meßbeobachters und durch Umweltbedingungen. Als Folge dieser Einflüsse treten Abweichungen des gemessenen Wertes von dem wahren Wert der zu bestimmenden Größe auf, die gemäß DIN 1319 nach den Ursachen in systematische und zufällige Abweichungen unterteilt werden.

Systematische Abweichungen ergeben sich z. B. durch Meßgerätefehler, Ungenauigkeiten bei der Modellherstellung, fehlerhafte Belastungseinrichtungen und Auflager, Einwirkung des Meßverfahrens auf das Meßobjekt (z. B. Versteifung durch DMS) und durch Werkstoffe in M und O, die nicht den Forderungen nach Homogenität, Isotropie und linearem elastischen Verhalten entsprechen. Die dadurch bedingten Abweichungen haben zumeist einen konstanten Betrag und ein bestimmtes Vorzeichen und können daher auch durch mehrfach wiederholte Messungen nicht erkannt und in ihrer Größe bestimmt werden. Einige dieser Abweichungen können jedoch ermittelt werden durch:

a) Methode der Symmetrie, d. h. Wiederholung des Versuches mit entgegengesetzten Versuchsbedingungen (z. B. Druck- und Zugversuch),

b) Methode der Substitution, d. h. Ersetzen des Untersuchungsobjektes durch ein „bekanntes" Objekt (Kalibrierobjekt) oder Verwendung eines anderen Meßgeräts bzw. Meßverfahrens.

Eine andere Gruppe systematischer Abweichungen sind zeitlich veränderlich, hervorgerufen durch Ursachen, die eine Änderung der Meßgröße in einer bestimmten Richtung bewirken. Dazu gehören z. B. Umwelteinflüsse, aber auch Werkstoffeigenschaften wie Kriechen und temperatur-, alterungs- und belastungsabhängige Stoffkonstanten.

Systematische Abweichungen, soweit sie bekannt oder rechnerisch bestimmbar sind, werden durch Korrekturgrößen im Meßergebnis berücksichtigt (berichtigter Meßwert). Unbekannte systematische Abweichungen müssen auf der Basis experimenteller Erfahrungen oder vergleichbarer gesicherter Versuchsergebnisse abgeschätzt und durch Erweiterung des Vertrauensbereiches berücksichtigt werden.

Zufällige Abweichungen ergeben sich durch statistische, nicht beherrschbare und nicht gerichtete Einflüsse, z. B. Meßgeräte-, Umwelt- und Beobachtereinflüsse. Bei mehrfach wiederholten Messungen führt dies zu einer Streuung der Meßwerte um einen Mittelwert. Diese Abweichungen behandelt man nach den Regeln der mathematischen Statistik im Rahmen der Fehlertheorie (s. DIN 1319 „Grundbegriffe der Meßtechnik").

C 3.8.3 Maßstabsfehler

C 3.8.3.1 Abweichungen vom Längen-, Formänderungs- und Kräftemaßstab

Die Auswirkungen unterschiedlicher Maßstabsfehler auf die Übertragbarkeit der Modellversuche hängen naturgemäß von dem Einfluß der jeweiligen physikalischen Größe auf das Versuchsergebnis ab. Von grundlegender Bedeutung bei Modellversuchen ist die geometrische Ähnlichkeit und somit der *Längenmaßstab* $l_R = l_M/l_O$. Im allgemeinen kann eine exakte Einhaltung des Längenmaßstabes für alle geometrischen Größen vorausgesetzt werden, jedoch ergeben sich häufig Maßstabsfehler bei stark verkleinerten Modellen. Dies gilt insbesondere für Kerben mit kleinem Originalkerbradius, die bei sehr kleinem Modellmaßstab zumeist nicht maßstabsgetreu nachgebildet werden können. Der Einfluß nicht maßstabsgetreuer Kerben auf den allgemeinen Spannungszustand ist in der Regel nicht exakt erfaßbar, wirkt sich aber nach dem De-Saint-Venantschen Prinzip (vgl. Abschn. C 3.3.6) nur in unmittelbarer Umgebung der Kerbe aus. Wenn allein der Gesamtspannungszustand des Modells interessiert, kann man einen derartigen Kerbeinfluß zumeist vernachlässigen, anderenfalls muß eine rechnerische Näherungslösung gefunden oder der kritische Bereich durch ein vergrößertes Teilmodell gesondert untersucht werden. Ähnliche Probleme können auftreten durch nicht maßstabsgetreue Oberflächenbeschaffenheit oder konstruktionsbedingte Inhomogenitäten stark verkleinerter Modelle (z. B. Korngröße bei Beton).

Ein Sonderfall ist die Erweiterung der geometrischen Ähnlichkeit bezüglich nichtinteressierender Achsrichtungen, z. B. ein vom Längenmaßstab abweichender Dickenmaßstab bei Scheiben- und Plattenproblemen. Voraussetzung dafür ist bekanntlich ein ein- bzw. zweiachsiger Spannungszustand, der jedoch im praktischen Modellversuch nicht immer exakt zu erreichen ist (z. B. infolge unvollkommener Lasteinleitung). Die dadurch bedingten Maßstabsfehler können zumeist nur abgeschätzt werden, sind jedoch in der Regel nicht sehr groß.

Von erheblicher Bedeutung ist die Erweiterung des *Formänderungsmaßstabs* Δl_R bzw. *Dehnungsmaßstabs* ε_R. Bei strenger Ähnlichkeit gilt $\Delta l_R = l_R$ und somit $\varepsilon_R = 1$, bei Formänderungs- bzw. Dehnungserweiterung gilt $\Delta l_R \neq l_R$ und $\varepsilon_R \neq 1$, d. h. Abweichung von der geometrischen Ähnlichkeit. Dadurch ergibt sich grundsätzlich ein Maßstabsfehler, der nur dann vernachlässigbar klein ist, wenn die Formänderungen klein und den äußeren Kräften proportional sind (vgl. Abschn. C 3.5.2). Ob diese Voraussetzungen erfüllt sind, muß im Einzelfall geprüft werden, z. B. durch Messungen am Modell bei unterschiedlichen Laststufen. In diesem Bereich muß Linearität zwischen Last und Verformung bestehen, zu große Dehnungserweiterung führt zu meßbaren Abweichungen von der Linearität.

Bei sehr großer Dehnungsübertreibung und dadurch bedingter großer Formänderung kann dem Modell eine dem vorgesehenen Endzustand entgegengerichtete Anfangsverformung gegeben werden. Das Modell wird z. B. mit einer Kraft $-F/2$ vorbelastet, dies als Ausgangszustand definiert und die interessierenden Größen gemessen. Danach wird eine Kraft $+F$ aufgebracht und eine Messung bei der somit resultierenden Last $+F/2$ durchgeführt. Die Differenz der Meßergebnisse im Zustand $-F/2$ und $+F/2$ entspricht einer Messung mit der Kraft $+F$, bei der sich jedoch die durch sehr große Verformung entstehenden störenden Einflüsse zweiter Ordnung gegenseitig aufheben. Ein vergleichbares, aber herstellungstechnisch schwieriges Verfahren ist, dem Modell eine vom Original abweichende Form zu geben, die dem durch eine Vorlast verformten Zustand entspricht (z. B. ein gekrümmter Biegebalken, der durch Belastung in die der Krümmung entgegengesetzte Richtung verformt wird).

Der *Kräftemaßstab* $F_R = F_M/F_O$ ist i. a. problemlos einzuhalten, wobei jedoch auch hier gilt, daß Maßstabsfehler mit Verkleinerung des Modells zunehmen. Maßstabsfehler ergeben sich immer, wenn die am Modell wirkenden Kräfte nicht dem Originalzustand entsprechend aufgebracht sind, z. B. bei Ersatz von Linien-, Flächen- oder Massenkräften durch Einzelkräfte (z. B. Ersatz der Eigengewichtskräfte durch Zusatzlasten, vgl. Abschn. C 3.5.2.3). In derartigen Fällen ist nur eine punktweise Ähnlichkeit zu erreichen, aber hinreichend genau die geforderte Ähnlichkeit der Makroverformung. Sofern erforderlich, muß die Größe der durch Ersatzlasten verursachten Maßstabsfehler in jedem Einzelfall abgeschätzt oder aber in Vorversuchen, z. B. an Teilmodellen, experimentell ermittelt werden.

C 3.8.3.2 Abweichungen vom Poissonschen Modellgesetz

Die Forderung des Poissonschen Modellgesetzes $v_R = 1$ ist von allen Ähnlichkeitsbedingungen zumeist am schwierigsten zu erfüllen, da Werkstoffgleichheit in M und O nur selten möglich ist, andererseits die für Modelle verwendeten Werkstoffe in der Regel eine vom Originalwerkstoff abweichende Poisson-Zahl haben.

Die Poisson-Zahlen der gebräuchlichen M- und O-Werkstoffe liegen im Bereich von 0,1 bis 0,5. Die niedrigsten Werte von 0,1 bis 0,25 haben mineralische Werkstoffe wie z. B. Gips, Beton usw. Für Metalle liegen die Poisson-Zahlen im Bereich von 0,25 bis 0,35, und bei den für Modelle häufig verwendeten Kunststoffen liegen die Poisson-Zahlen im Bereich von 0,30 bis 0,36 (Raumtemperatur). Poisson-Zahlen im Bereich von 0,4 bis 0,5 haben Stahl im plastischen Zustand, Gummi, die in der Spannungsoptik für spezielle Probleme gelegentlich benutzte Gelatine und besonders Kunststoffe bei Temperaturen von 80 bis 150 °C. Letzteres ist von Bedeutung bei der Bestimmung dreidimensionaler Spannungszustände mit Hilfe des spannungsoptischen „Einfrierverfahrens" (vgl. Abschn. D 2.2.4.5).

Der Einfluß unterschiedlicher Poisson-Zahlen in M und O auf die Spannungs- und Dehnungsmaßstäbe und damit auf die Übertragbarkeit der Modellergebnisse folgt aus dem Hookeschen Gesetz, Gl. (C 3.5-1). Für die verschiedenen Spannungszustände ergibt dies:

a) Einachsiger Spannungszustand
Aus Gl. (C 3.5-1) ergibt sich mit $v_R \neq 1$ und $\sigma_1 \neq 0$, $\sigma_2 = \sigma_3 = 0$ für die Hauptdehnungen

$$\varepsilon_{1,R} = \frac{\sigma_{1,R}}{E_R} \quad \text{und} \quad \varepsilon_{2,R} = \varepsilon_{3,R} = v_R \frac{\sigma_{1,R}}{E_R} \neq \varepsilon_{1,R} \qquad \text{(C 3.8-1)},$$

d. h. unähnliche Verformung in den zur Hauptspannungsachse senkrechten Achsen.

b) Zweiachsiger Spannungszustand
Aus Gl. (C 3.5-1) ergibt sich mit $\sigma_1 \neq 0$, $\sigma_2 \neq 0$ und $\sigma_3 = 0$

$$\varepsilon_{1,R} = \frac{\sigma_{1,R}}{E_R} \left(1 - v \frac{\sigma_2}{\sigma_1} \right)_R$$

$$\varepsilon_{2,R} = \frac{\sigma_{2,R}}{E_R} \left(1 - v \frac{\sigma_1}{\sigma_2} \right)_R \qquad \text{(C 3.8-2)}.$$

$$\varepsilon_{3,R} = v_R \frac{\sigma_{1,R}}{E_R} \left(1 + \frac{\sigma_2}{\sigma_1} \right)_R$$

Bei einheitlichem Spannungsmaßstab für beide Achsrichtungen, $\sigma_{1,R} = \sigma_{2,R}$, ergibt sich mit $v_R \neq 1$

$$\varepsilon_{1,R} \neq 1 \neq \varepsilon_{2,R} \neq \varepsilon_{3,R} \qquad \text{(C 3.8-3)},$$

d. h. unähnliche dreiachsige Verformung.

Im allgemeinen wird der Spannungsmaßstab so festgelegt, daß $\sigma_{1,R} = \sigma_{2,R} = E_R$ ist. Damit ergeben sich die Gl. (C 3.8-2) zu

$$\varepsilon_{1,R} = \left(1 - v\frac{\sigma_2}{\sigma_1}\right)_R$$

$$\varepsilon_{2,R} = \left(1 - v\frac{\sigma_1}{\sigma_2}\right)_R \tag{C 3.8-4}.$$

$$\varepsilon_{3,R} = v_R$$

Bei praktischen Modellversuchen wird aus versuchstechnischen Gründen zumeist ein einheitlicher Kräftemaßstab F_R und nicht ein einheitlicher Spannungsmaßstab σ_R vorgegeben. Wie später noch gezeigt wird, ist bei $v_R \neq 1$ ein einheitlicher Kräfte- *und* Spannungsmaßstab nur dann möglich, wenn ein v-unabhängiger Spannungszustand vorliegt.

c) Dreiachsiger Spannungszustand

Bei einem dreiachsigen Spannungszustand mit einheitlichem Spannungsmaßstab $\sigma_{1,R} = \sigma_{2,R} = \sigma_{3,R}$ ist mit $v_R \neq 1$ nur noch möglich:

$$\varepsilon_{1,R} \neq \varepsilon_{2,R} \neq \varepsilon_{3,R} \neq 1 \tag{C 3.8-5}.$$

Dreiachsige Spannungszustände sind i. a. immer v-abhängig, so daß bei einem einheitlichen Spannungsmaßstab die Kräftemaßstäbe in den drei Achsrichtungen nicht einheitlich gewählt werden können.

d) Spannungsdifferenzen und Schubspannungen

Beim zwei- und dreiachsigen Spannungszustand gelten mit den Hauptschubspannungen τ_{ik} bzw. den Hauptschiebungen γ_{ik}

$$\varepsilon_1 - \varepsilon_2 = \frac{1-v}{E}(\sigma_1 - \sigma_2) = \frac{\tau_{12}}{G} = \gamma_{12} \tag{C 3.8-6}$$

und entsprechende Gleichungen durch zyklisches Vertauschen.
Bei $v_R \neq 1$ und der Festlegung

$$(\sigma_1 - \sigma_2)_R = \tau_{12,R} = G_R = \frac{E_R}{(1-v)_R} \tag{C 3.8-7}$$

ergibt sich

$$(\varepsilon_1 - \varepsilon_2)_R = 1 = \gamma_{12,R} \tag{C 3.8-8},$$

d. h. gleiche Schiebung trotz ungleicher Dehnung $\varepsilon_{1,R} \neq \varepsilon_{2,R}$. Bei einem v-unabhängigen zweiachsigen Spannungszustand ist dann

$$(\sigma_1 - \sigma_2)_R = \sigma_{1,R} = \sigma_{2,R} = \sigma_R = \tau_R = G_R \tag{C 3.8-9}$$

mit

$$(\varepsilon_1 - \varepsilon_2) = 1 = \gamma_R \tag{C 3.8-10}$$

erreichbar, d. h. ein einheitlicher Spannungs-, Schubspannungs- und Schiebungsmaßstab bei ungleichem Dehnungsmaßstab. Diese Beziehungen sind insbesondere für das spannungsoptische Modellverfahren von Bedeutung, da dabei als Meßgrößen die Linien gleicher Hauptspannungsdifferenz (Isochromaten) auftreten (vgl. Abschn. D 2.2.4.1).

e) Torsion

Reine Torsion mit $\sigma_2 = -\sigma_3$, $\sigma_1 = 0$ und $\varepsilon_1 = 0$ ergibt den einheitlichen Dehnungsmaßstab

$$\varepsilon_{2,R} = \varepsilon_{3,R} = \sigma_R \frac{(1-v)_R}{E_R} \qquad\qquad \text{(C 3.8-11).}$$

Hier ist mit der Festlegung

$$\sigma_R = \frac{E_R}{(1+v)_R} \qquad\qquad \text{(C 3.8-12)}$$

auch bei $v_R \neq 1$ vollständige Dehnungsähnlichkeit

$$\varepsilon_R = \varepsilon_{2,R} = \varepsilon_{3,R} = 1 \qquad\qquad \text{(C 3.8-13)}$$

möglich. Bei Torsion mit $\sigma_2 = -\sigma_3$ und überlagertem Axialzug bzw. -druck $\sigma_1 \neq 0$ ergibt sich mit $v_R \neq 1$ und der Festlegung $\sigma_R = E_R$ zwar $\varepsilon_{1,R} = 1$, insgesamt jedoch nur

$$1 = \varepsilon_{1,R} \neq \varepsilon_{2,R} \neq \varepsilon_{3,R} \qquad\qquad \text{(C 3.8-14).}$$

Der Einfluß ungleicher Poisson-Zahlen in M und O auf die Ähnlichkeitsmaßstäbe zeigt, daß es normalerweise nicht möglich ist, bei $v_R \neq 1$ einen einheitlichen Spannungs- *und* Dehnungsmaßstab zu erreichen. Während ein-, zwei- und einige wenige dreiachsige Spannungszustände mit E- und v-Unabhängigkeit existieren, sind die zugehörigen Verformungszustände stets E- und v-abhängig. Dies erschwert Modelluntersuchungen, deren primäres Ziel die Bestimmung der Verformung ist.

Sofern nur Verformungen interessieren, die auf einen einachsigen Spannungszustand zurückgeführt werden können, z. B. die Durchbiegung von Trägern, ist $v_R \neq 1$ ohne Einschränkung zulässig. Ergibt sich dagegen die interessierende Verformung aus einem zwei- oder dreiachsigen Spannungszustand, so beeinflußt v und damit auch $v_R \neq 1$ den Verformungszustand meist beträchtlich. Im allgemeinen ist dieser v-Einfluß schwer abschätzbar. In einigen Fällen kann er unter Berücksichtigung bekannter, das Untersuchungsproblem beschreibender analytischer Gleichungen durch sog. „v-Einflußfunktionen" ermittelt werden, vgl. Tabelle C 3.8-1. Einige weitergehende Angaben zur Bestimmung von Verformungen bei $v_R \neq 1$ finden sich in [C 3.2-4].

Im technischen Bereich ist jedoch i. a. die Bestimmung von Spannungszuständen das wesentliche Ziel von Modelluntersuchungen, da damit Beanspruchung und Versagenskriterien eines Bauteils einfacher ermittelt werden können. Insofern interessieren i. a. nicht die Ähnlichkeitsbedingungen der Spannungs-Dehnungs-Beziehungen, sondern allein der *Zusammenhang von Spannungen und äußeren Kräften* in M und O. Für diesen Zweck ist jedoch ein einheitlicher, orts- und richtungsunabhängiger Spannungsmaßstab von wesentlicher Bedeutung. Selbst wenn die Modellspannungen durch Dehnungsmessungen ermittelt werden, kann man auf einen einheitlichen Dehnungsmaßstab verzichten. Voraussetzung ist, daß eine Größengleichung vorliegt, z. B. das Hookesche Gesetz, die eine Umrechnung der gemessenen Modelldehnungen auf die Modellspannungen erlaubt, wobei allein die Stoffkonstanten v_M und E_M zu berücksichtigen sind. Die Ergebnisse des Modellversuchs überträgt man dann mit Hilfe des Spannungsmaßstabs σ_R auf das Original. Nach *R. K. Müller* [C 3.2-5] kann dieser Vorgang folgendermaßen dargestellt werden:

$$F_M \xrightarrow{v_M\,E_M} \underset{\text{gemessen}}{\varepsilon_M} \xrightarrow[\text{Hooke}]{v_M\,E_M} \underset{\text{berechnet}}{\sigma_M} \xrightarrow{\sigma_R} \underset{\text{berechnet}}{\sigma_O}\;.$$

Dabei ist allein der Einfluß von $v_R \neq 1$ auf den Spannungsmaßstab σ_R von Bedeutung.

Tabelle C 3.8-1 v-Einflußfunktion $q(v)$ und auf $v_{\text{Stahl}} = 0{,}3$ bezogene Einflußmaßstäbe q_R.

v	0,15	0,20	0,25	0,30	0,35	0,40	0,50	Anwendungsbereiche (Beispiele)
Funktion Maßstab								
$q_1 = 1 + v$	1,15	1,20	1,25	1,30	1,35	1,40	1,50	Biegespannungen bei
$q_{1,R} = \dfrac{1+v}{1+0{,}3}$	0,88	0,92	0,96	1,00	1,04	1,08	1,15	Flächentragwerken
$q_2 = \dfrac{1}{1+v}$	0,87	0,83	0,80	0,77	0,74	0,71	0,67	thermoelastische Probleme
$q_{2,R} = \dfrac{1+0{,}3}{1+v}$	1,13	1,08	1,04	1,00	0,96	0,93	0,87	
$q_3 = 1 - v$	0,85	0,80	0,75	0,70	0,65	0,60	0,50	Rotations- und Eigengewichts-
$q_{3,R} = \dfrac{1-v}{1-0{,}3}$	1,21	1,14	1,07	1,00	0,93	0,86	0,71	probleme
$q_4 = \dfrac{1}{1-v}$	1,18	1,25	1,33	1,43	1,54	1,67	2,00	Längsspannungen bei
$q_{4,R} = \dfrac{1-0{,}3}{1-v}$	0,82	0,87	0,93	1,00	1,08	1,17	1,40	Flächentragwerken
$q_5 = 1 - v^2$	0,98	0,96	0,94	0,91	0,88	0,84	0,75	Formänderung bei
$q_{5,R} = \dfrac{1-v^2}{1-0{,}3^2}$	1,08	1,05	1,03	1,00	0,97	0,92	0,82	Flächentragwerken
$q_6 = \dfrac{1}{1-v^2}$	1,02	1,04	1,06	1,10	1,14	1,19	1,33	Berührungs- probleme
$q_{6,R} = \dfrac{1-0{,}3^2}{1-v^2}$	0,93	0,95	0,97	1,00	1,03	1,08	1,21	

Einachsige Spannungszustände sind i. a. v-unabhängig und haben somit einen einheitlichen Spannungsmaßstab. Zwei- und dreiachsige Spannungszustände sind immer dann v-unabhängig, wenn die Airysche Spannungsfunktion [C 3.8-1] des gegebenen Problems v nicht enthält. Es muß jedoch nicht eine geschlossene analytische Lösung des Problems bekannt sein, sondern es genügt ein allgemeiner funktionaler Zusammenhang der Form $\sigma = f(F, x, y, z)$, wobei F für die gesamten äußeren Kräfte steht. Bei einer Reihe von Problemen besteht eine strenge Proportionalität zwischen Spannung und äußeren Kräften (Theorie erster Ordnung), d. h., es gilt

$$\sigma = f(F, x, y, z) = F\, g(x, y, z) \qquad (\text{C } 3.8\text{-}15),$$

wobei $g(x, y, z)$ eine reine Ortsfunktion ist. Der Spannungsmaßstab ergibt sich dann zu

$$\sigma_R = F_R\,[g(x, y, z)]_R = F_R \qquad (\text{C } 3.8\text{-}16),$$

da bei geometrischer Ähnlichkeit $[g(x, y, z)]_R = 1$ ist. Diese Beziehung gilt für die meisten ein- und zweiachsigen (jedoch nur einige wenige dreiachsige) Spannungszustände. In den

Fällen, bei denen Gl. (C 3.8-16) gilt, hat das Modell auch bei $v_R \neq 1$ einen zum Original streng ähnlichen Spannungszustand und erlaubt so die Übertragung der Modellergebnisse auf das Original. Ein Kriterium für einen E- und v-unabhängigen Spannungszustand ist in der Regel das Fehlen von Formänderungsbehinderungen (z. B. Querdehnungsbehinderung, statisch unbestimmte Lagerung usw.) oder Formänderungsvorgaben (z. B. Stützensenkung, Hertzsche Pressung o. ä.). In einigen Fällen ist jedoch grundsätzlich, auch bei zweiachsigen Spannungszuständen, eine v-Abhängigkeit vorhanden, und zwar:

a) bei versuchsbedingten großen Verformungen des Modells (Theorie zweiter Ordnung),
b) bei Spannungen, erzeugt durch Massenkräfte, z. B. bei Rotations- und Eigengewichtsproblemen,
c) bei mehrfach zusammenhängenden Scheiben, wenn die „Michellsche Bedingung" nicht erfüllt ist.

Die *Michellsche Bedingung* besagt: Ein ebener Spannungszustand ist von E und v unabhängig, wenn auf jeder geschlossenen Kontur einer mehrfach zusammenhängenden Scheibe die äußeren Kräfte im Gleichgewicht sind und höchstens ein resultierendes Moment ergeben (Bild C 3.8-1 a und b). Ist die Michellsche Bedingung nicht erfüllt, kann der Einfluß von v mit Hilfe des sog. Dislokationsverfahrens bestimmt werden. Dabei wird der Zusammenhang der Scheibe durch einen Schnitt aufgelöst (Bild C 3.8-1 c) und die durch Belastung verschobenen Schnittränder wieder zusammengeklebt. Der dann ohne Belastung auftretende Spannungszustand wird als v-abhängiger Spannungsanteil bei der Auswertung berücksichtigt. Das Dislokationsverfahren wird jedoch nur in Ausnahmefällen angewandt, da es einerseits experimentell schwierig durchzuführen ist, andererseits die damit ermittelbaren Maßstabsfehler das Versuchsergebnis zumeist nicht wesentlich beeinflussen. Nach *L. Föppl* u. *H. Neuber* [C 3.8-2] ist bei Nichterfüllung der Michellschen Bedingung und des Poissonschen Modellgesetzes bei einer mehrfach zusammenhängenden Scheibe die obere Grenze des dadurch verursachten Maßstabsfehlers

$$\text{maximaler Fehler} = \pm \, |v_O - v_M| \, 100\% \qquad \text{(C 3.8-17)}.$$

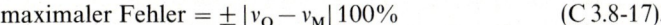

a) F_1 b)   c)

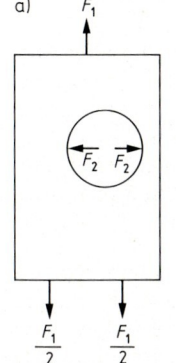 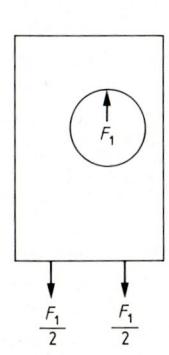 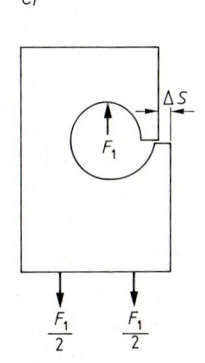

Bild C 3.8-1. Michellsche Bedingung bei einer zweifach zusammenhängenden Scheibe.
a) Erfüllte Michellsche Bedingung.
b) Nicht erfüllte Michellsche Bedingung.
c) Dislokationsverfahren.

Bei den meistverwendeten M- und O-Werkstoffen liegt somit der maximale Fehler unter 10%. Hinzu kommt, bestätigt durch theoretische und experimentelle Untersuchungen, daß Bereiche maximaler Spannung nur wenig durch v beeinflußt werden und somit die Übertragungsfehler für die i. a. besonders interessierenden Bereiche höchster Beanspruchung noch unterhalb der in Gl. (C 3.8-16) angegebenen maximalen Grenze liegen. Ein großer Aufwand zur Ermittlung des v-Einflusses steht daher zumeist in keinem vernünftigen Verhältnis zum Gewinn an Genauigkeit.

Bei Platten liegt i. a. eine dreiachsige Spannungsverteilung vor, die v-abhängig ist. Nur in wenigen einfachen Fällen kann hier der v-Einfluß eindeutig ermittelt werden, und zwar bei der sog. v-freien Lagerung. Bei den analytischen Gleichungen dieser Probleme tritt v in den Randbedingungen nicht auf, z. B. bei Platten mit frei aufliegenden geraden Rändern (Naviersche Randbedingungen) oder Platten mit volleingespannten, geraden oder gekrümmten Rändern. Dagegen sind z. B. Brückenmodelle Platten mit zweiseitig freien und zweiseitig eingespannten Rändern, d. h., es liegt keine v-freie Lagerung vor, und $v_R \neq 1$ führt zu Maßstabsfehlern.

Bei einigen zwei- bzw. dreidimensionalen Problemen ist der Spannungszustand zwar v-abhängig, jedoch läßt sich der v-Einfluß in der analytischen Gleichung des Problems so separieren, daß ein funktionaler Zusammenhang der Form

$$\sigma = f(F, v, x, y, z) = F\, q(v)\, g(x, y, z) \tag{C 3.8-18}$$

aufgestellt werden kann. Dabei steht F für die gesamten äußeren Kräfte, $q(v)$ ist die sog. v-Einflußfunktion und $g(x, y, z)$ eine reine Ortsfunktion. Die Maßstabsgleichung wird dann mit $[g(x, y, z)]_R = 1$ zu

$$\sigma_R = F_R \frac{q(v_M)}{q(v_O)} [g(x, y, z)_R = F_R\, q_R \tag{C 3.8-19}.$$

Trotz v-Abhängigkeit des Spannungszustands ergibt sich somit ein einheitlicher, orts- und richtungsunabhängiger Spannungsmaßstab σ_R, der eine einfache Übertragung der Modellergebnisse auf das Original ermöglicht. Beispiele für häufig auftretende v-Einflußfunktionen $q(v)$ und deren auf Stahl ($v = 0{,}3$) bezogene v-Einflußmaßstäbe $q_R(v)$ sind in Tabelle C 3.8-1 aufgeführt.

An Hand dieser Tabelle lassen sich Maßstabsfehler abschätzen, die durch Vernachlässigung des Einflusses ungleicher Poisson-Zahlen in M und O auftreten. So ergibt sich z. B. bei einem Plattenmodell aus Kunststoff ($v = 0{,}35$) an Stelle des Originalwerkstoffs Stahl ($v = 0{,}3$) bei der Bestimmung der Biegespannung der relativ geringe Maßstabsfehler von 4%. Dagegen ist bei der Bestimmung der Längsspannung für eine Betonplatte ($v \approx 0{,}2$) durch Modelluntersuchungen an einer Kunststoffplatte mit Hilfe des spannungsoptischen Einfrierverfahrens ($v = 0{,}5$) der Maßstabsfehler bereits 60%. Beim Einfrierverfahren addiert sich dieser Maßstabsfehler zu dem durch die zumeist unumgänglich große Dehnungsübertreibung ($\varepsilon_R > 1$) bedingten Maßstabsfehler, so daß die mit diesem Verfahren ermittelten Ergebnisse nur mit größter Vorsicht auf das Original zu übertragen sind. Zuweilen lassen sich daher nur qualitative Erkenntnisse aus diesem Verfahren gewinnen, die jedoch auch von hohem Nutzen sein können.

Die v-Einflußfunktionen können häufig auch in ähnlicher Form bei der Bestimmung von Verformungszuständen mit bekanntem v- und E-Einfluß angewandt werden. Bedingung ist auch hier, daß in den analytischen Gleichungen bzw. dem allgemeinen funktionalen Zusammenhang des Problems der Einfluß von v und E separierbar ist. Beispielsweise ergibt sich bei der Bestimmung der Durchbiegung einer gleichmäßig belasteten, an den Rändern frei gelagerten Platte die Einflußfunktion zu $q(v, E) = (1 - v^2)/E$. Bei thermoelastischen Problemen sind die Spannungszustände grundsätzlich von E abhängig. Bei gleichzeitiger v-Abhängigkeit können häufig auch in diesen Fällen Einflußfunktionen $q = q(v, E)$ gefunden werden, die eine einfache Übertragung ermöglichen.

Bei den meisten dreidimensionalen, aber auch einigen zweidimensionalen Untersuchungsproblemen liegt eine komplexe v-abhängige Spannungsverteilung vor, bei der eine

Separierung des v-Einflusses gemäß Gl. (C 3.8-18) nicht möglich ist, d. h., es besteht ein funktionaler Zusammenhang der Form

$$\sigma = f\,(F, v, x, y, z) = F\,h\,(v, x, y, z) \tag{C 3.8-20}.$$

Wegen $v_R \neq 1$ ist auch

$$[h\,(v, x, y, z)]_R \neq 1 \tag{C 3.8-21},$$

so daß der Spannungsmaßstab

$$\sigma_R = F_R\,[h\,(v, x, y, z)]_R \tag{C 3.8-22}$$

nicht exakt bestimmbar ist. In diesen Fällen kann nur von einer angenäherten Ähnlichkeit ausgegangen werden, d. h., die Meßergebnisse überträgt man zunächst unter der Annahme $v_R = 1$. Die dadurch bedingten Fehler können nur dann näherungsweise bestimmt werden, wenn die analytische Gleichung des Problems bekannt ist oder die Abschätzung sich auf ein ähnliches theoretisches Problem zurückführen läßt. Es ist anzustreben, in derartigen Fällen zur Vermeidung erheblicher Maßstabsfehler Modellwerkstoffe zu benutzen, deren Poisson-Zahl der des Originalwerkstoffs möglichst nahe kommt. Dies ist z. B. weitgehend der Fall, wenn für Originalbauteile aus Metall Modelle aus geeignetem Kunststoff verwendet werden. In allen anderen Fällen ist der Fehler nur grob abschätzbar, z. B. durch Vergleich mit bereits bekannten Fehlern ähnlicher Probleme oder durch ergänzende Messungen mit unterschiedlichen Verfahren.

C 3.9 Modellwerkstoffe

Die Wahl des geeigneten Modellwerkstoffs ist eine wesentliche Voraussetzung für erfolgreiche Modellversuche. Wichtigstes Kriterium für die Auswahl ist, daß die bei dem jeweiligen Untersuchungsproblem geforderten Ähnlichkeitsbedingungen möglichst gut erfüllt werden können. Daher kommt der Wahl eines Werkstoffs mit für den Versuch geeigneten Materialkonstanten, wie z. B. Poisson-Zahl, E-Modul, Zug- und Druckfestigkeit usw., besondere Bedeutung zu. Hinzu kommen wichtige Materialeigenschaften wie z. B. Homogenität, Isotropie, linear-elastisches Verhalten, Kriechen, Schwinden, Schrumpfen usw. Desweiteren sind durch das Versuchsverfahren bedingte Eigenschaften zu berücksichtigen, z. B. Transparenz, Spannungsdoppelbrechung usw. Auch die Untersuchungsziele sind für die Auswahl des Modellwerkstoffs wesentlich. Sollen z. B. nur Spannungen und Verformungen im Geltungsbereich des Hookeschen Gesetzes ermittelt werden (elastische Modelle), so ist eine Vielzahl von Modellwerkstoffen möglich, während bei Modellversuchen, bei denen Versagenskriterien bis hin zum Bruch untersucht werden sollen (Realmodelle), i. a. nur die Originalwerkstoffe oder diesen sehr ähnliche verwendet werden können. Aus diesen Gründen ist es nicht möglich, für alle Modellversuche verbindliche Kriterien zur Auswahl geeigneter Werkstoffe aufzustellen, so daß lediglich einige wesentliche Eigenschaften allgemeiner Art und eine Zusammenstellung der wichtigsten Modellwerkstoffarten gegeben werden können.

C 3.9.1 Allgemeine Eigenschaften von Modellwerkstoffen

Bei *elastischen Modellen* sollen die Werkstoffe homogen, isotrop und, im Rahmen des für den Versuch notwendigen Bereiches, linear-elastisch sein. Ein weiteres Kriterium ist ein niedriger E-Modul, um die notwendigen Spannungen und Verformungen mit geringen Modellbelastungen zu erreichen. Andererseits sollte, insbesondere bei v-abhängigen Spannungs- und Verformungszuständen, die Poisson-Zahl des M-Werkstoffs möglichst gleich oder annähernd gleich der des Originals sein. Eine Möglichkeit zur Anpassung von Stoffkonstanten an das jeweilige Versuchsproblem ergibt sich bei einer Reihe von Modellwerkstoffen durch unterschiedliche Mischungsverhältnisse der beteiligten Komponenten, z. B. des Verhältnisses Wasser/Zement/Zuschläge bei Beton, des Wasser/Gips-Verhältnisses bei Gips, des Härter/Harz-Verhältnisses bei Kunststoffen. Ein weiteres Auswahlkriterium ist die einfache Bearbeitbarkeit des Werkstoffs mit herkömmlichen Werkzeugen bzw. Bearbeitungsmaschinen und die problemlose Handhabung während des Versuchs. Zu beachten sind Materialeigenschaften wie Schwinden, Schrumpfen, Kriechen und Fließen. Mit Schwinden wird die Volumenänderung beim Erstarren eines Werkstoffes bezeichnet, Schrumpfen ergibt sich durch chemische Veränderungen, aber auch durch Verdunsten von Wasser oder Lösungsmittel, z. B. bei mineralischen Werkstoffen und Kunststoffen (Alterung). Zur Vermeidung von Schrumpfvorgängen empfiehlt es sich bei einigen Werkstoffen, das Modell zu konservieren, d. h. mit einem wasser- bzw. gasundurchlässigen Lack zu überziehen. Mit Kriechen wird die Erscheinung bezeichnet, daß bei einigen Werkstoffen, insbesondere Kunststoffen, die Dehnung bei gleichbleibender Belastung mit der Zeit zunimmt. Eng damit verknüpft ist die Relaxation, d. h. eine zeitliche Abnahme der Spannung, die zur Aufrechterhaltung einer konstanten Dehnung erforderlich ist. Eine vereinfachte Darstellung des Kriechvorgangs, d. h. der zeitabhängigen Dehnung bei konstanter Spannung, zeigt Bild C 3.9-1. Zur Zeit $t = 0$ wurde der Werkstoff mit konstanter Spannung σ_0 belastet. Daraus ergibt sich unmittelbar die Dehnung ε_0, die sog. Belastungsdehnung. Danach nimmt bei gleichbleibender Spannung σ_0 die Dehnung zeitabhängig zu. Nach nicht zu langer Belastungszeit t_b erfolgt bei Entlastung zunächst ein sofortiger Rückgang der Dehnung um den Wert der Belastungsdehnung ε_0, und erst nach einer Zeit $t_e \geq t_b$ ist i. a. ein vollständiger Rückgang der Dehnung auf null zu beobachten (elastische Nachwirkung). Diese Effekte sind bei Modellversuchen zu berücksichtigen. Insbesondere bei langen Belastungszeiten kann durch irreversible Veränderungen im Werkstoff eine plastische Verformung entstehen, die zu einer Nullpunktverschiebung der Dehnung führt. Werden kurzzeitig aufeinanderfolgende Belastungs- und Entlastungszyklen durchlaufen und ist die Entlastungszeit kürzer als die Belastungszeit, so tritt infolge fehlendem vollständigen Dehnungsrückgang eine Nullpunktdrift der Dehnung auf. Sie verschwindet jedoch in der Regel nach einer längeren Entlastungszeit wieder. Bei einer Reihe in der Modelltechnik verwendeter Kunststoffe kann das Kriechen näherungsweise als spannungsproportional betrachtet werden. Dies bedeutet, daß der E-Modul als Proportionalitätsfaktor zwar zeitabhängig ist, aber zu einem bestimmten Zeitpunkt t_x nach Aufbringen der Last für beliebige Kräfte und den daraus resultierenden Spannungen und Dehnungen den gleichen Wert hat, d. h., unter dieser Voraussetzung gilt

$$E_{t_x} = \frac{\sigma_1}{\varepsilon_{1,t_x}} = \frac{\sigma_2}{\varepsilon_{2,t_x}} = \frac{\sigma_3}{\varepsilon_{3,t_x}} = \ldots = E(t)_{t=t_x} = \text{konst} \qquad (C\,3.9\text{-}1).$$

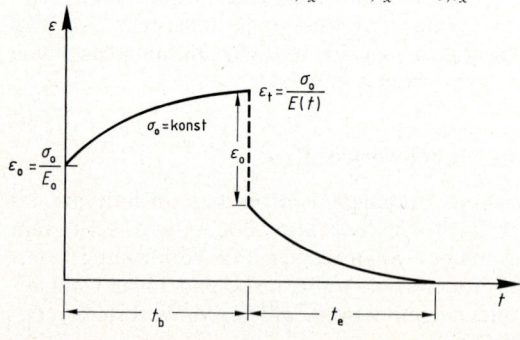

Bild C 3.9-1. Kriechen bei konstanter Spannung und elastische Nachwirkung bei Entlastung.
t_b Belastungszeit,
t_e Zeitdauer der elastischen Nachwirkung.

Diese Eigenschaft und der i. a. vollständige Rückgang der Dehnungen nach längerer Entlastungszeit ermöglicht es, Werkstoffe trotz zeitabhängiger Dehnung für Modellversuche zu verwenden. Zu diesem Zweck müssen Messungen bei unterschiedlichen Laststufen jeweils zum gleichen Zeitpunkt t_x nach Aufbringen der Last durchgeführt werden, und nach jeder Laststufe ist eine bestimmte Entlastungszeit einzuhalten. Der E-Modul $E(t_x)$ muß durch eine Kalibrier-Messung bestimmt werden. Weitere Möglichkeiten der Kompensation des Kriecheinflusses sind Messungen bei periodischer Belastung oder bei Messungen mit DMS teilweise durch elektrische Kompensation [C 3.2-5]. Zu beachten ist, daß das Kriechen ebenso wie die Dehnung temperaturabhängig ist, d. h., bei den Messungen ist eine möglichst konstante Temperatur einzuhalten. Eine weiterführende Darstellung der Theorie des Kriechens wird in [C 3.9-1] und in [C 3.9-2] gegeben.

Bei spannungsoptischen Untersuchungen tritt zu dem beschriebenen „mechanischen" Kriechen noch ein „optisches" Kriechen hinzu, d. h. eine kontinuierliche Veränderung der Doppelbrechung bei konstanter Belastung. Das mechanische und optische Kriechen summiert sich und bewirkt eine Veränderung der Isochromatenordnung, jedoch verändert sich bei spannungsproportionalem Kriechen die Verteilung der Isochromaten und Isoklinen nicht. Auch hier gilt, daß Messungen immer zum gleichen Belastungszeitpunkt t_x durchgeführt werden sollten.

Die Anforderungen an Modellwerkstoffe für Realmodelle ergeben sich im wesentlichen aus der Bedingung, daß das Modell in allen Belastungsphasen bis hin zum Bruch ein dem Original streng ähnliches Verhalten zeigen soll. Dies ist i. a. nur durch Werkstoffgleichheit in M und O erreichbar. Im begrenzten Maße können auch Werkstoffe verwendet werden, die ein zum Originalwerkstoff affines Verhalten aufweisen [C 3.2-5]. Erhebliche Schwierigkeiten ergeben sich bei Realmodellen, wenn bei kleinen Modellmaßstäben strenge Ähnlichkeit auch für Verbindungen (Nieten, Schweißen), Strukturen (Textur, Korn) und Verbundprobleme (Bewehrung) gefordert wird.

C 3.9.2 Eigenschaften wichtiger Modellwerkstoffe

C 3.9.2.1 Kunststoffe

Kunststoffe jeder Art sind die heute meist verwendeten Modellwerkstoffe, insbesondere für elastische Modelle (vgl. Abschn. D 2.2.4.2 und D 2.2.5.3). Sie sind relativ gut zu bearbeiten und weisen weitgehend die geforderten Eigenschaften der Homogenität und Isotropie auf und sind über weite Spannungsbereiche linearelastisch. Ihr niedriger E-Modul ermöglicht leicht handhabbare Belastungseinrichtungen, und die annähernd im Bereich der Metalle liegende Poisson-Zahl einiger Kunststoffe vereinfacht den Einsatz bei v-abhängigen Metallkonstruktionen. Groß ist dagegen die Differenz der Poisson-Zahl zu den mineralischen Werkstoffen, z. B. Beton, so daß der Einsatz von Kunststoffen bei v-abhängigen baustatischen Problemen auf Schwierigkeiten stößt. Ein wesentlicher Nachteil der Kunststoffe ist ihr ausgeprägtes Kriechen bei Belastung und die erhebliche Temperaturabhängigkeit der Stoffkonstanten. Kriechen und Temperaturabhängigkeit der Stoffkonstanten sowie allgemein das mechanische, thermische und optische Verhalten der Kunststoffe kann im wesentlichen durch die Mehrstofftheorie erklärt werden. Diese Theorie geht von der vereinfachenden Annahme aus, daß die Kunststoffe aus einem elastischen Gerüst (Skelett) und einer plastischen Füllung (Matrix) bestehen. Das elastische Skelett ist bei nicht zu hohen Temperaturen im wesentlichen temperaturunabhängig und fest, während die plastische Matrix bei Raumtemperatur einer sehr zähen Flüssigkeit entspricht, die mit steigender Temperatur immer viskoser wird mit dem Grenzzustand nahezu flüssig bei Temperaturen über 90 bis 180 °C je nach Werkstoff. Daraus ergibt sich eine qualitative Erklärung des Kriechens als sofortige Verformung des elastischen

Tabelle C 3.9-1   Stoffwerte wichtiger Werkstoffe.

Werkstoff	ϱ $10^3\,\mathrm{kg/m^3}$	E $10^3\,\mathrm{N/mm^2}$
metallische Werkstoffe		
Aluminium, rein	2,7	69
Al-Legierung: AlCuMg	2,8	70 … 74
Bronze: CuSn 8	8,7	… 115 …
Kupfer	8,9	120 … 125
Gußeisen: GG 20	7,25	90 … 115
GG 30	7,3	110 … 140
GGG 40	7,4	170 … 185
Messing: CuZn 37	8,5	… 120 …
CuZn 39 Pb 3	8,4	… 100 …
Stahl: St 50-2	7,85	… 206 …
X 5 CrNi 18 10	7,9	… 196 …
Titan	4,5	100 … 130
mineralische Werkstoffe		
Granit	2,6 … 2,9	38 … 76
Sandstein	1,9 … 2,65 … 2,8	4 … 50
Mauerziegel	1,4 … 1,8	5 … 28
Leichtbeton	1,0 … 1,9	1 … 20
Schwerbeton (bauüblich)	2,2 … 2,5	20 … 40 … 50
Stuckgips (Modellgips)	0,8 … 1,1 … 1,6	3 … 12
Stuckgips mit Sand	1,0 … 1,8	5 … 10 … 4
Stuckgips mit Kieselgur und Bims	0,7 … 1,2	1 … 4
Estrichgips	1,2 … 1,6	10 … 20
Estrichgips mit Sand	1,2 … 1,75 … 2,3	10 … 15 … 5
Porzellan	2,3 … 2,5	50 … 90
sonstige Werkstoffe		
Glas (technisch)	… 2,5 …	60 … 80
Quarzglas	… 2,2 …	… 75 …
Gummi	0,9 … 1,8	$(0,01 … 5)\cdot10^{-3}$
Hartgummi	1,2 … 2,1	$… 25\cdot10^{-3} …$
Gelatine (10−20% Trockenmasse)	… 1 …	$… (0,02-0,3)\cdot10^{-3} …$
Rotbuche ∥ z. Faser	0,5 … 0,7 … 0,9	… 15 …
Rotbuche ⊥ z. Faser	0,5 … 0,7 … 0,9	… 1,5 …
Fichte ∥ z. Faser	0,3 … 0,5 … 0,7	… 11 …
Fichte ⊥ z. Faser	0,3 … 0,5 … 0,7	… 1 …
Kunststoffe		
Epoxid: Araldit B (Raumtemperatur)	1,1 … 1,2	3,2 … 3,8
bei Einfriertemperatur $t_e = 140$ bis $160\,°C$	–	$(10 … 20)\cdot10^{-3}$
Araldit D (Raumtemperatur)	1,15 … 1,2	2,5 … 4,2
bei Einfriertemperatur $t_e = 95$ bis $150\,°C$	–	$(12 … 18)\cdot10^{-3}$
Araldit F (Raumtemperatur)	1,2 … 1,25	3 … 4
bei Einfriertemperatur $t_e = 150$ bis $170\,°C$	–	$(30 … 50)\cdot10^{-3}$
Polyester: Palatal (Raumtemperatur)	… 1,2 …	2,5 … 3,5
bei Einfriertemperatur $t_e = 80$ bis $120\,°C$	–	$(0,1 … 15)\cdot10^{-3}$
Acryl: Plexiglas (Raumtemperatur)	1,15 … 1,2	2,8 … 3,2
bei Einfriertemperatur $t_e = 100$ bis $130\,°C$	–	$(15 … 35)\cdot10^{-3}$
Phenolformaldehyd: Dekorit (Raumtemperatur)	1,27 … 1,35	2,5 … 3,8
bei Einfriertemperatur $t_e = 100$ bis $120\,°C$	–	$(120 … 140)\cdot10^{-3}$
Polycarbonat: Makrolon (Raumtemperatur)	2,1 … 2,4	2,6 … 3,0
Polystyrol (Raumtemperatur)	1 … 1,2	3 … 7
Polyurethan: Vulkollan (Raumtemperatur)	… 1,25 …	0,2 … 1
Zelluloid (Raumtemperatur)	… 1,38 …	1,4 … 2,7

Die angegebenen Werkstoffwerte sind z. T. sehr stark von der Herstellung, Zusammensetzung und vom
sind daher nur als Richtgrößen aufzufassen.

v	α $10^{-6}/\text{K}$	$R_{p\,0,2}$ N/mm^2	R_m N/mm^2	$\sigma_{d\text{B}}$ N/mm^2	$\sigma_{d\,\text{zul}}$ N/mm^2
0,3	24	10...150	40...180		
0,33...0,34	23	120...300	200...420		
...0,35...	18	280...650	370...750		
0,34...0,35	17	50...330	210...370		
0,25...0,26	...9...	...110...	...200...		
0,24...0,26	...9...	...170...	...300...		
0,28...0,29	9...12	...250...	...400...		
...0,36...	...19...	160...500	290...560		
...0,37...	...19...	240...400	360...560		
...0,3 ...	11...12	280...300	490...600		
0,29...0,31	16...17	...200...	500...700		
0,32...0,38	...9...	180...400	290...800		
0,15...0,26	4...8			80...350	8...35
0,12...0,17	9...12			15...200	1,5...20
—	8...10			8...30	0,8...3
...0,17...	...12...			2...45	0,4...3
...0,17...0,20...	...9...12...			16...60	4...15
0,08...0,12...0,30	...14...			1...8...15	0,2...2...4
...0,2...	...14...			8...1,3	1,6...0,3
...0,2...	...14...			0,9...5,6	0,2...1
...0,2...	...14...			5...25...35	1...5...7
...0,2...	...14...			16...1	3,2...0,2
...0,23...	3,5...5		30...50	350...550	40...60
0,19...0,28	...10...	15...30	30...90	...850...	
0,17	...0,5...	...40...	...90...	...2000...	
...0,5	150...200	...0,05...	...2...50...		
...0,5	75...100	...13...	...60...		
...0,5	—	—	—		
...0,28...	...5...	...10...	60...140...180		
—	...50...	—	...7...		
...0,21...	...3,5...	...9...	40...90...240		
—	...35...	—	...3...		
0,36...0,40	...60...	40...50	50...80		
...0,48...	—	0,7...1	1...1,6		
...0,36...	...90...	30...40	55...80		
...0,48...	—	0,6...0,8	0,9...1,5		
0,35...0,4	...35...	35...70	50...80		
...0,48...	...50...	0,5...1	1...1,8		
...0,33...	110...150	20...30	50...80		
...0,49...	—	0,5...0,7	0,9...1,6		
0,34...0,37	...80...	15...20	70...80		
...0,48...	—	...1...	1...1,9		
...0,36...	...60...	20...40	30...60		
...0,49...	—	0,5...0,7	0,8...1,4		
...0,43	...65...	—	...65...		
...0,33...	60...100	...20...	45...65		
...0,46...	110...210	0,1...0,3	40...70		
0,33...0,38	...100...	...15...	30...60		

Gefügezustand des Werkstoffs sowie von der Probengeometrie und vom Meßverfahren abhängig. Sie

Skeletts bei Belastungsbeginn und einer mit Dauer der Belastung zunehmenden Verformung der plastischen Matrix. Bei Entlastung ist der Vorgang ähnlich, das elastische Skelett federt zurück, während die plastische Matrix sich langsamer zurückverformt und so eine zeitliche Verzögerung des Dehnungsrückgangs bewirkt. Mit diesem theoretischen Modell kann auch das spezifische Verhalten der Kunststoffe bei dem sog. spannungsoptischen Einfrierverfahren erklärt werden (vgl. Abschn. D 2.2.4.5).

Die wichtigsten in der Modelltechnik verwendeten Kunststoffe (Stoffkonstanten s. Tabelle C 3.9-1) sind:

Epoxidharze

Epoxidharze sind z. Z. die bevorzugten Modellwerkstoffe, insbesondere bei spannungsoptischen Verfahren. Gemeinsame Merkmale der unterschiedlichen Epoxidharze sind

a) gutes linear-elastisches und spannungsoptisches Verhalten über weite Spannungsbereiche,
b) geringes mechanisches und optisches Kriechen,
c) einfache Bearbeitbarkeit,
d) geringer Schwund beim Gießen,
e) hohe Haftfestigkeit bei Verbundmodellen,
f) gute Haltbarkeit und geringe Randeffekte,
g) niedrige Kosten.

Epoxidharze können in Verbindung mit bestimmten Zusätzen (Weichmachern) auch gummiähnliches Verhalten zeigen (z. B. Araldit D). Eine weitere Ergänzung sind gefüllte Epoxidharze, die für Modelluntersuchungen mit DMS besonders geeignet sind, u. a. wegen der guten Wärmeleitfähigkeit metallgefüllter Harze. Einige als Modellwerkstoff geeignete und im Handel befindliche Epoxidharze sind z. B. Araldit B, F und D der Fa. Ciba AG/Schweiz (in GB: Araldite CT 200, MY 750 und MY 753, in USA: Araldite 6060, 6020 und 502), Bakelite ERL 2774 und ERL 2772 der Fa. Union Carbide/USA, Photolastik PLM 4 und PLM 4B der Fa. Vishay/USA, Lekutherm X30, X18 und X20 der Fa. Bayer AG/BRD und Epilox EG 1 bzw. EG 34 der VEB Leunawerke/DDR.

Polyesterharze

Polyesterharze sind die nach Epoxid meist verwendeten Modellwerkstoffe. Die Eigenschaften gleichen im wesentlichen denen der Epoxidharze. Polyesterharze können ebenfalls wie Epoxid durch Weichmacherzusätze ein gummiähnliches Verhalten aufweisen (z. B. Palatal PF).

Geeignete Polyesterharze sind z. B. Leguval der Fa. Bayer AG/BRD, Palatal der Fa. BASF/BRD, Homalite der Fa. Homalite Corp./USA und Photolastic PSM-1 der Fa. Vishay/USA.

Acrylharze

Acrylharze (Plexiglas) sind ebenfalls ein häufig verwendeter Modellwerkstoff, jedoch auf Grund des geringen spannungsoptischen Effekts für spannungsoptische Untersuchungen weniger geeignet (außer für reine Isoklinen- bzw. Isopachenbestimmung). Die wesentlichen Vorteile von Acrylharz sind:

a) gutes linear-elastisches Verhalten,
b) geringes Kriechen, sehr geringe elastische Nachwirkung,
c) einfache Bearbeitbarkeit,
d) in vielen Formen und Größen vorspannungsfrei erhältlich,

e) praktisch unbegrenzt haltbar.

f) bei höheren Temperaturen gut formbar.

Bekannte Acrylharze sind z. B. Plexiglas und Plexidur der Fa. Röhm und Haas/BRD, Lucite der Fa. DuPont/USA und Perspex/GB.

Polycarbonate

Polycarbonat ist ein gut zu bearbeitender Kunststoff mit sehr geringem mechanischen und optischen Kriechen. Die spannungsoptische Empfindlichkeit ist sehr hoch, der Werkstoff ist gut für photoplastische Versuche geeignet, aber nicht für das spannungsoptische Einfrierverfahren. Die Herstellung spannungsoptischer Modelle erfordert jedoch einige Erfahrung mit diesem Werkstoff. Ein bekanntes Polycarbonat ist Makrolon der Fa. Bayer/BRD.

Polystyrol

Polystyrol ist ein transparenter, glasklarer Kunststoff und wegen seiner günstigen mechanischen Eigenschaften besonders für elastoplastische Untersuchungen geeignet.

Polyurethan

Polyurethan ist ein gummielastischer Werkstoff, der für spezielle Untersuchungen, z. B. dynamische Probleme, interessant sein kann. Er wird i. a. in Plattenform geliefert. Bekannte Polyurethane sind z. B. Vulkollan der Fa. Bayer AG/BRD, Hysol 4485 der Fa. Hysol Corp./USA und Photoflex der Fa. Sharples/GB.

Phenolformaldehydharze

Phenolformaldehydharze waren früher sehr häufig verwendete Modellwerkstoffe; heute sind sie von Epoxid- und Polyesterharzen auf Grund der besseren Eigenschaften fast verdrängt. Bekannte Phenolformaldehydharze sind z. B. Trolon/BRD, Bakelite BT 48-306/USA und Catalin 800/GB u. USA.

Siliconkautschuk

Siliconkautschuk gehört als metallorganische Verbindung zum Grenzbereich der Kunststoffe. Der Werkstoff ist gut gießbar und bleibt elastisch in einem Temperaturbereich von $-60°$ bis $+250°$. Es werden Siliconkautschuke verschiedener Härte angeboten (siehe z. B. [C 3.9-3]). Bekannte Handelsnamen sind u. a. Silopren der Fa. Bayer AG/BRD und Silicon der Fa. Wacker Chemie/BRD.

Zelluloid

Auch Zelluloid war ein früher häufig verwendeter Modellwerkstoff, der seine Bedeutung durch die neueren Kunstharze jedoch fast völlig verloren hat. Nur für einige Sonderfälle, z. B. plastische Verformungen, ist dieser Werkstoff noch interessant. Geeignet dafür ist z. B. Cellidor B, ein Celluloseacetobutyrat.

C 3.9.2.2 Metalle

Metallische Werkstoffe werden bei Modelluntersuchungen ebenfalls häufig verwendet. Sie haben den großen Vorteil, daß sie im Gegensatz zu den Kunststoffen und mineralischen Werkstoffen keine nennenswerten Kriecherscheinungen aufweisen und erfüllen weitgehend die Forderungen nach Homogenität und Isotropie. Über weite Spannungsbereiche zeigen sie ein linear-elastisches Verhalten. Der E-Modul ist nahezu belastungsunab-hängig, jedoch relativ hoch, so daß zur Erzeugung gleicher Dehnungen z. B. ein Stahl-modell rund 60mal, ein Aluminiummodell rund 20mal so stark belastet werden muß wie ein geometrisch gleiches Kunststoffmodell. Vorteilhaft ist die gute Bearbeitbarkeit, die von den Mechanikern keine zusätzliche Werkstoffkenntnis erfordert. Ein weiterer Vorteil sind die für komplexe Modelle häufig benötigten guten Verbindungsmöglichkeiten eini-ger Metalle, z. B. Schweißen, Löten usw. Metallmodelle in verkleinertem Maßstab wer-den zumeist für Originale aus dem gleichen Werkstoff verwendet (Realmodelle). Die meist verwendeten metallischen Modellwerkstoffe sind Aluminium und Stahl, für einige spe-zielle Probleme, z. B. Mehrstoffsysteme, auch Legierungen wie Messing und Bronze. Legierungen haben den Vorteil, daß durch unterschiedliche Legierungsverhältnisse der E-Modul variiert werden kann. Stoffwerte einiger wichtiger Metalle sind in Tabelle C 3.9-1 aufgeführt. (Vgl. auch Abschn. F 1.5.)

C 3.9.2.3 Mineralische Werkstoffe

Zur Herstellung elastischer Modelle wird von den mineralischen Werkstoffen (vgl. Abschn. F 1.5) im wesentlichen nur Gips verwendet, insbesondere bei Modellen für Betonbauwerke, da die Poisson-Zahl von Gips weitgehend mit der des Betons überein-stimmt. Bei Realmodellen ist dagegen Beton auf Grund seiner spezifischen Eigenschaften kaum durch ein anderes Modellmaterial zu ersetzen, so daß für diese Anwendungen Beton bzw. Mörtel unterschiedlichster Zusammensetzung eine erhebliche Bedeutung als Modellwerkstoff haben. Eigenschaften und Anwendungsbereich der wichtigsten mine-ralischen Modellwerkstoffe sind im folgenden aufgeführt (Stoffkonstanten s. Tabelle C 3.9-1).

Gips

Gips im erhärteten, ausgetrockneten Zustand weist das für elastische Modelle geforderte linear-elastische Verhalten auf. Bei sorgfältiger Verarbeitung ist Gips homogen und iso-trop. Gips zeigt kein Schwinden, das Kriechen ist nur gering. Der E-Modul ist in weiten Grenzen durch das Wasser-Gips-Verhältnis und durch Zusätze variierbar und liegt im Bereich von $1 \cdot 10^3$ bis $18 \cdot 10^3$ N/mm². Er ist nach vollständiger Austrocknung des Gips konstant und alterungsbeständig. Durch Feuchtigkeitsaufnahme ändert sich jedoch der E-Modul, ebenso wie die anderen Stoffkonstanten, so daß eine Konservierung der Gips-modelle durch einen wasserundurchlässigen Lacküberzug empfehlenswert ist. Die Poisson-Zahl ist ebenfalls stark vom Wasser-Gips-Verhältnis und von den Zusätzen abhängig und liegt im Bereich von $v = 0,1$ bis $0,3$ (Normalzusammensetzung $v = 0,18$ bis $0,20$). Sie entspricht damit, auch in ihrer großen Varianz, der Poisson-Zahl des Betons. Gips ist ein spröder Werkstoff, seine Bruchdehnung ist gering, so daß die beim Modellver-such erzeugten Dehnungen nicht zu groß sein dürfen. Als Zusätze zu Gips wird zumeist Kieselgur oder Blähschiefer verwendet. Durch unterschiedliche Anteile dieser Zusätze lassen sich sowohl der E-Modul als auch die Festigkeit in weiten Bereichen variieren. Zur Herstellung von Gipsmodellen hoher Dichte können Zuschläge mit hohem spezifischen Gewicht, z. B. Schwerspat (Baryt), verwendet werden.

Hinzuweisen ist hier auch auf den gipsähnlichen Kunststoff Porcelin (vgl. Abschn. D 2.6.4.3), der besonders als Modellwerkstoff für dynamische Untersuchungen geeignet ist. Porcelin wird u. a. von der Fa. Reiff/BRD vertrieben.

Als Realmodelle für Betonbauwerke sind Gipsmodelle nur in begrenztem Maße anwend-bar. Zwar kann die zum Beton affine gekrümmte $\sigma - \varepsilon$-Linie erreicht werden (z. B. im feuchten Zustand des Gipsmodells oder durch Kieselgur- bzw. Blähschiefer-Zuschläge),

136

aber das spezifische Tragverhalten von Beton ist in der Regel nicht durch ein Gipsmodell hinreichend ähnlich ersetzbar.

Beton

Beton (vgl. Abschn. F 1.5.2) erfüllt auf Grund seiner Kornstruktur nicht die für Modellverfahren üblicherweise erhobenen Forderungen nach Homogenität und Isotropie. Daher läßt sich für Realmodelle von Betonbauwerken nur Beton selbst als Modellwerkstoff verwenden, während für elastische Modelle innerhalb gewisser Grenzen auch Gips und Kunststoffe als Modellwerkstoffe benutzt werden können. Auch bei der Versuchsdurchführung, d. h. der Messung interessierender Größen, ist die Struktur des Betons zu berücksichtigen [C 3.9-4]. Dies kann z. B. geschehen, indem durch entsprechend große Meßlängen die Inhomogenität des Werkstoffs ausgeglichen wird.

Für Realmodelle wird zumeist ein sog. Mikrobeton verwendet, bei dem die Korngröße der Kieszuschläge entsprechend dem Modellmaßstab l_R berücksichtigt ist. Bei sehr kleinem Modellmaßstab kommt wegen der geringen Korngröße nur noch Sand als Zuschlag in Frage, so daß es sich dann bei dem Modellmaterial um Zementmörtel handelt. Beton hat grundsätzlich die Eigenschaft zu schwinden und unter Last zu kriechen; dieses Verhalten tritt um so stärker auf, je feiner das Korn ist. Bei Modellversuchen mit Mikrobeton bzw. Zementmörtel ist das zu berücksichtigen. Mikrobeton eignet sich gut für Modelluntersuchungen von Wärmespannungen, die beim Abbinden großer Betonmassen (z. B. Staumauern) auftreten und die analytisch schwer erfaßbar sind. Gelegentlich werden für Modellversuche auch spezielle Betone mit Leichtzuschlägen, z. B. Bimsstein oder Blähschiefer, verwendet. Bei diesen Leichtbetonen kann durch geeignete Zusammensetzung der E-Modul und damit der Spannungsmaßstab variiert werden.

Mörtel

Mörtel, insbesondere Zementmörtel, ist in seiner Zusammensetzung und in seinen Eigenschaften dem Beton sehr ähnlich. Verwendet wird Mörtel ausschließlich für Realmodelle. Seine Eigenschaften entsprechen denen von Mikrobeton, so daß die dort gegebenen Hinweise im wesentlichen auch hier zutreffen. Für spezielle Aufgabenstellungen läßt sich ein Mörtel verwenden, bei dem man an Stelle von Zement einen Kunststoff (z. B. Epoxidharz) als Bindemittel benutzt (Kunststoffmörtel). Entsprechend dem Kunststoffanteil kann so das elastische Verhalten in weiten Bereichen beeinflußt werden.

C 3.9.2.4 Sonstige Modellwerkstoffe

Für Sondergebiete der Modelltechnik werden gelegentlich Werkstoffe verwendet, die i. a. bei Modellversuchen keine wesentliche Rolle spielen. Der Vollständigkeit halber sollen sie jedoch kurz angeführt werden.

Gelatine

Bei spannungsoptischen Untersuchungen von Eigengewichtsproblemen großer Bauwerke, z. B. Staudämmen, Fundamenten, Tunneln usw., wird gelegentlich Gelatine als Modellwerkstoff verwendet. Gelatine hat eine sehr hohe spannungsoptische Empfindlichkeit, so daß bereits das Eigengewicht eines Gelatinemodells ausreicht, auswertbare Ergebnisse zu liefern. Eine weitere wesentliche Eigenschaft ist, daß Gelatine ein ähnliches Sprödbruchverhalten aufweist wie Beton und Fels.

Für Modellversuche geeignete Gelatine besteht zumeist aus Gelatine, Glyzerin und Wasser. Die Eigenschaften hängen sehr stark von der Zusammensetzung ab, insbesondere der

Feuchtigkeitsgehalt ist entscheidend. Eine häufig für Modellversuche verwendete Gelatine besteht aus 15% Gelatine, 25% Glyzerin und 60% Wasser. Wird der Gelatineanteil vergrößert, steigen die spannungsoptische Empfindlichkeit und der E-Modul.

Gummi

Für die Untersuchung von Massenkraftproblemen oder bei Modellversuchen mit großen Formänderungen wird gelegentlich Naturgummi ohne Zusätze verwendet. Bei der Versuchsauswertung ist besonders das nichtlineare Spannungs-Dehnungs-Verhalten zu berücksichtigen. Gummi wird heute zunehmend durch gummielastische Kunststoffe wie Araldit D oder Palatal PF ersetzt.

Glas

Glas war einer der ersten Modellwerkstoffe in der Spannungsoptik. Heute wird es nur noch gelegentlich für Präzisionsuntersuchungen verwendet, da es auf Grund hervorragend schleifbarer Oberflächen, streng linearer Spannungs-Dehnungs-Beziehung, geringer Temperaturempfindlichkeit und großer zeitlicher Konstanz der Materialkonstanten (auch unter Belastung) sehr genaue Untersuchungen ermöglicht. Die Herstellung der Modelle ist jedoch äußerst schwierig und teuer, so daß es kaum noch verwendet wird.

C 4 Rechenverfahren

W. Brocks

C 4.1 Formelzeichen

A	Fläche, Oberfläche
B	Bereich, Gebiet
$\overset{\langle 4 \rangle}{C}$	Elastizitätstensor 4. Stufe
E	linearer Verzerrungstensor
E_{ij}	Komponenten des linearen Verzerrungstensors
F	Airysche Spannungsfunktion
F_n	Vektor der generalisierten Volumenkräfte im n-ten Knotenpunkt des finite Elemente Modells
G	Schubmodul
$L^{(n)}[.]$	linearer Differentialoperator n-ter Ordnung
P_n	Vektor der generalisierten Oberflächenkräfte im n-ten Knotenpunkt des finite Elemente Modells
$R[.]$	Differentialoperator für die Randbedingungen
S	Spannungstensor
S_{ij}	Komponenten des Spannungstensors
S_n	Vektor der generalisierten Schnittlasten im n-ten Knotenpunkt des finite Elemente Modells
U	potentielle Energie der äußeren Kräfte
V	Volumen
W	elastische Verzerrungsenergie
X	Ortsvektor eines materiellen Punktes in der undeformierten Ausgangskonfiguration des Körpers

a, b, c	Längengrößen
$\boldsymbol{f}$	Vektor der Massenkraftdichte
h	Gitterweite bei finiten Differenzen
$\boldsymbol{n}$	Normaleneinheitsvektor
$\boldsymbol{p}$	Flächenlastvektor
r, φ, z	Zylinderkoordinaten
t	Zeit
u	skalares Verschiebungsfeld
$\boldsymbol{u}$	Verschiebungsvektor
$\boldsymbol{x}$	Ortsvektor
x, y, z	kartesische Koordinaten
z	komplexe Zahl $(x + \mathrm{i}\,y)$
Δ	Laplace-Operator
Γ	Kontur, Berandung einer Fläche
Π	Potential, gesamte potentielle Energie
Φ, Ψ	komplexe Spannungsfunktionen
α_i, α_{ij}	freie Parameter bei Ansatzfunktionen
$\hat{\alpha}_k$	Kerbformzahl
δ	Variation
ζ	komplexe Zahl $(\xi + \mathrm{i}\,\eta)$
ε	Fehlerfunktion, Abweichung zwischen exakter Lösung und Näherung
ξ, η	krummlinige Koordinaten in der Ebene
$\boldsymbol{\xi}$	Ortsvektor in einem lokalen Basissystem
v	Poissonzahl, Querzahl
ϱ	Dichte
$\hat{\varrho}$	Krümmungsradius
σ	Normalspannung
σ_∞	Normalspannung im Fernfeld
φ_i, ψ_i	Ansatzfunktionen
$\boldsymbol{1}$	Einstensor

C 4.2 Rechnung und Experiment

Jeder Spannungsanalyse liegt eine physikalische Theorie über das Verhalten von Festkörpern unter Belastung zugrunde, mit deren Hilfe von meßbaren Veränderungen (Deformationen, vgl. Abschn. A 3) auf den verursachenden Beanspruchungszustand (Spannungen, vgl. Abschn. A 2) geschlossen wird. Unter Theorie werde dabei die Gesamtheit der Begriffsdefinitionen aller relevanten physikalischen Größen, der als mathematische Gleichungen formulierten gesetzmäßigen Zusammenhänge dieser Größen sowie der Anwendungsregeln verstanden. Der für die Spannungsanalyse verwendete theoretische Rahmen ist die *Kontinuumsmechanik*. Das von ihr zur Verfügung gestellte begriffliche und mathematische Instrumentarium ermöglicht das Aufstellen eines abstrakten (mathematischen) Modells für ein reales (mechanisches) Problem, d. h. für das zu untersuchende Bauteil oder Tragwerk unter äußerer Belastung. Für die *Modellbildung* werden zum einen allgemeine, d. h. problemunabhängige Gesetzmäßigkeiten (Gleichgewicht der Spannungen, Kompatibilität der Deformationen), zum anderen problemspezifische Zusammenhänge und Aussagen (Materialgesetz als Verknüpfung von Spannungen und Deformationen, vgl. Abschn. A 4, geometrische und physikalische Randbedingungen) herangezogen.

Zur Untersuchung der mathematischen Modelle müssen geeignete Lösungsmethoden ausgewählt oder neu gefunden werden. Vor der Entwicklung elektronischer Datenverarbeitungsanlagen (Computer) war man – neben auf eine Anzahl leistungsfähiger *graphischer Verfahren* (z. B. graphische Integration) – vorwiegend auf *analytische Methoden* angewiesen, die eine „geschlossene", d. h. formelmäßig darstellbare Lösung des Problems erlauben. In die Lösungsformeln können dann aktuelle Zahlenwerte für die darin auftretenden Parameter (z. B. Materialkennwerte, geometrische Abmessungen des Bauteils etc.) eingesetzt werden. Die analytische Lösung ist in der Regel eine *exakte Lösung* (bezüglich des mathematischen Modells, nicht jedoch zwangsläufig für das technische Problem); es gibt aber auch eine Vielzahl analytischer *Näherungslösungen* für mathematische Probleme, deren exakte Lösungen nicht oder nur sehr schwierig bestimmbar sind.

Viele technische Problemstellungen führen jedoch zu mathematischen Modellen, bei denen analytische Methoden versagen. Daher haben *numerische Methoden* immer größere Bedeutung gewonnen. Abweichungen einer numerischen Lösung von der (zwar unbekannten, aber als prinzipiell existierend vorausgesetzten) „exakten" Lösung können ihre Ursache in der Aufsummierung von Rundungsfehlern infolge einer großen Anzahl durchgeführter Rechenschritte mit begrenzter Stellenanzahl, in der zwangsläufig endlichen Anzahl durchgeführter Rechenschritte oder in einem grundsätzlich begrenzten Leistungsvermögen des verwendeten Verfahrens haben. Abschätzungen der erreichbaren oder erreichten Genauigkeit sind deshalb unumgänglich. Ebenso wichtig ist die Untersuchung, ob das mathematische Problem überhaupt eine Lösung besitzt (*Existenzbeweis*), weil andernfalls eine numerische Rechnung – auch wenn sie ein „Ergebnis" liefert – wenig sinnvoll ist. Die Argumentation, daß eine mathematische Aufgabe, die das Modell eines physikalischen Vorgangs darstellt, auch eine Lösung besitzen müsse, da das physikalische Problem schließlich der Realität entstammt, genügt nicht. Denn wegen der Modellbildung (Idealisierung) sind beide Probleme keineswegs äquivalent, und die Existenz der Lösung des einen zieht die Existenz der Lösung des anderen nicht zwangsläufig nach sich. Umgekehrt darf aus dem „Versagen" eines numerischen Verfahrens (z. B. Divergenz einer Iteration) nicht automatisch auf das Versagen eines Tragwerkes (z. B. infolge Instabilität) geschlossen werden.

Numerische Verfahren sind schon lange vor dem Einsatz elektronischer Rechenanlagen verwendet worden. Die gewaltige Steigerung der Speicherkapazität und der Rechengeschwindigkeit moderner Computer hat zu einer ebensolchen Zunahme der Bedeutung numerischer Verfahren in Wissenschaft und Technik geführt. Anwendungsgebiete wurden erschlossen und Problemlösungen ermöglicht, die bis dahin nicht bearbeitet werden konnten.

Rechenverfahren zur Spannungsanalyse sind eine unverzichtbare Ergänzung und Erweiterung der Aussagefähigkeit experimenteller Verfahren, indem sie vor allem

- eine Prognose des Verhaltens von Körpern unter Belastung,
- eine Untersuchung auch großer und komplexer Strukturen,
- eine vergleichsweise einfache Variation von Parametern,
- eine definierte und reproduzierbare Vorgabe von Randbedingungen,
- eine Ermittlung des Spannungs- und Verformungszustandes im (experimentell nicht zugänglichen) Inneren des Körpers

ermöglichen. Andererseits sind Rechenverfahren auf die Ergebnisse experimenteller Untersuchungen angewiesen, insbesondere für

- die Bestimmung von Werkstoffkennwerten und
- die Beurteilung der „Güte" eines mathematischen Modells.

Prinzipiell ist also festzustellen, daß Rechenverfahren und experimentelle Verfahren nicht ohne einander auskommen.

Der begleitende Einsatz von Rechenverfahren beginnt mit der formelmäßigen Abschätzung der Auslegung einer Prüfmaschine und endet bei der Auswertung und Interpretation der Meßergebnisse. Die Entscheidung, darüber hinaus eine ggf. aufwendige numerische Spannungsanalyse, etwa nach der Methode der finiten Elemente, durchzuführen, ist eine Frage von Kosten und Nutzen. Rechnerische Analysen sind dann unumgänglich, wenn Experimente an realen Bauteilen auf Grund ihrer Größe und/oder komplizierten Belastungsbedingungen nicht oder nur mit unvertretbar hohem Aufwand oder Sicherheitsrisiko möglich sind, wenn Parameterstudien (z. B. Variation von Materialkennwerten, Lastannahmen usw.) durchzuführen sind und wenn ggf. erhöhte Anforderungen an die Betriebssicherheit bei gleichzeitiger optimaler Ausnutzung des Werkstoffs gestellt werden.

Einige Bereiche moderner Meß- und Prüftechnik, etwa die elastisch-plastische Bruchmechanik oder die Untersuchung neuer Materialien, sind ohne das enge Zusammenwirken experimenteller und numerischer Verfahren gar nicht mehr denkbar. Der Interaktionsprozeß von Messung, physikalischer Modellbildung und numerischer Simulation, unter dem Begriff *hybride Spannungsanalyse* bekannt geworden [C 4.2-1], dient der Weiterentwicklung von einfachen zu komplexen Modellen physikalischer Realität, deren Behandlung wiederum ausgefeiltere Methoden sowohl der Meß- als auch der Rechentechnik erfordert. Die Materialkennwerte in den „klassischen" elastischen und elastisch-plastischen Materialmodellen (Hooke, Prandtl-Reuß) können aus einfachen bekannten Versuchen (Zug/Druck, Torsion) bestimmt werden. Dagegen wirft die Identifikation [C 4.2-2] der relevanten Parameter zur Beschreibung spezieller Phänomene inelastischen Verhaltens, z. B. zyklische Ver- und Entfestigung, Kriechen, Anisotropien, Materialschädigung usw., wie sie im Hochtemperaturbereich von Metallen oder bei einigen nichtmetallischen Materialien (Mineralien, Keramiken) auftreten, erhebliche theoretische und praktische Probleme auf. Diese sind nur durch eine enge Verzahnung theoretischer, experimenteller und rechnerischer Analysen zu lösen.

C 4.3 Mathematische Modelle der Kontinuumsmechanik

Das zu behandelnde mechanische Problem kann alternativ als Randwert/Anfangswert-Aufgabe oder als Variationsaufgabe formuliert und behandelt werden. Beide Formulierungen sind gleichwertig und ineinander überführbar.

Die *Randwert/Anfangswert-Aufgabe* umfaßt

a) die Cauchyschen Bewegungsgleichungen oder die lokale Impuls- und Drehimpulsbilanz, die für statische Probleme das Kräfte- und Momentengleichgewicht für das Spannungsfeld beschreiben (Abschn. A 2.3),

b) die Beschreibung der Deformationsgeometrie durch ein Deformationsmaß wie z. B. den Greenschen Verzerrungstensor G, Gl. (A 3.2-2), bzw. seine linearisierte Form E, Gl. (A 3.2-3), oder ggf. die Bedingungsgleichung (A 3.3-1) für die Verträglichkeit (Kompatibilität) des Verformungsfeldes, sofern die sechs Verzerrungskomponenten nicht aus den drei Komponenten eines glatten Verschiebungsfeldes $u(X)$ abgeleitet wurden,

c) ein Materialgesetz (vgl. Abschn. A 4) als „objektiver", d. h. gegenüber einem Wechsel des Bezugssystems invarianter Zusammenhang zwischen dem Spannungs- und dem Deformationsmaß,

d) die physikalischen und geometrischen Randbedingungen des Problems, also vorgegebene äußere Belastungen und Verformungen an der Oberfläche A des Körpers sowie ggf. Anfangsbedingungen im Falle zeitlich veränderlicher (kinetischer) Vorgänge.

Bei Berücksichtigung der Symmetrie des Spannungstensors, Gl. (A 2-7), als Bedingung für das lokale Momentengleichgewicht umfaßt damit die Randwert/Anfangswert-Aufgabe neun partielle Differentialgleichungen für lokales Kräftegleichgewicht und Kompatibilität sowie sechs i. a. nichtlineare Stoffgleichungen zur Bestimmung von insgesamt 15 unbekannten skalaren Feldgrößen, nämlich sechs Spannungs-, sechs Verzerrungs- und drei Verschiebungskomponenten. Hinzu kommen problemspezifische Rand- und Anfangsbedingungen. Unter der Voraussetzung kleiner Verzerrungen und Verschiebungen lautet das Gleichungssystem für Probleme der Elastokinetik:

$$\text{div}\, \boldsymbol{S} + \varrho\, \boldsymbol{f} = \varrho\, \boldsymbol{\ddot{u}} \qquad\qquad (C\,4.3\text{-}1),$$

$$\boldsymbol{E} = \tfrac{1}{2}\,[\text{grad}\, \boldsymbol{u} + (\text{grad}\, \boldsymbol{u})^{\mathrm{T}}] \qquad\qquad (C\,4.3\text{-}2),$$

$$\boldsymbol{S} = \overset{\langle 4 \rangle}{\boldsymbol{C}} \cdot\cdot\, \boldsymbol{E} \qquad\qquad (C\,4.3\text{-}3),$$

$$\boldsymbol{n} \cdot \boldsymbol{S} = \boldsymbol{p} \quad \text{auf} \quad A_p \qquad\qquad (C\,4.3\text{-}4),$$

$$\boldsymbol{u} = \boldsymbol{\hat{u}} \quad \text{auf} \quad A_u \qquad\qquad (C\,4.3\text{-}5),$$

$$\left.\begin{array}{l} \boldsymbol{u}\,(\boldsymbol{X},0) = \boldsymbol{u}_0\,(\boldsymbol{X}) \\ \boldsymbol{\dot{u}}\,(\boldsymbol{X},0) = \boldsymbol{\hat{u}}_0\,(\boldsymbol{X}) \end{array}\right\} \text{zur Zeit } t_0 \qquad\qquad (C\,4.3\text{-}6).$$

Variationsverfahren ersetzen die Integration der Differentialgleichungen durch die Lösung einer zugeordneten Extremalforderung [C 4.3-1].

Das *Prinzip der virtuellen Arbeiten*, bei Berücksichtigung der Massenträgheit auch Prinzip von d'Alembert genannt, postuliert: Wenn die Felder der Spannungen $\boldsymbol{S}$, Massenkräfte $\boldsymbol{f}$ und Oberflächenkräfte $\boldsymbol{p}$ im gesamten Körpervolumen V die Bewegungsgleichung (C 4.3-1) sowie die physikalische Randbedingung (C 4.3-4) auf seiner Oberfläche A erfüllen, dann ist die Summe der an beliebigen virtuellen, kompatiblen Verschiebungsfeldern $\delta\boldsymbol{u}$ verrichteten Arbeiten der inneren und äußeren Kräfte gleich der virtuellen Arbeit der Trägheitskräfte

$$-\int_V \boldsymbol{S} \cdot\cdot\, \delta\,(\text{grad}\, \boldsymbol{u})\, \mathrm{d}V + \int_V \varrho\, \boldsymbol{f} \cdot \delta\boldsymbol{u}\, \mathrm{d}V + \int_A \boldsymbol{p} \cdot \delta\boldsymbol{u}\, \mathrm{d}A = \int_V \varrho\, \boldsymbol{\ddot{u}} \cdot \delta\boldsymbol{u}\, \mathrm{d}V \quad (C\,4.3\text{-}7).$$

Virtuelle Verschiebungen sind gedachte, zeitunabhängige, infinitesimale Größen. Sie müssen mit der geometrischen Randbedingung, Gl. (C 4.3-5), verträglich sein. Aus der Definition des Verschiebungsvektors $\boldsymbol{u}$ (Abschn. A 3.1) folgt dann $\delta\boldsymbol{u} = \delta\boldsymbol{x}$, und mit Gl. (C 4.3-2) kann das Prinzip auch in der Form

$$-\int_V \boldsymbol{S} \cdot\cdot\, \delta\boldsymbol{E}\, \mathrm{d}V + \int_V \varrho\, \boldsymbol{f} \cdot \delta\boldsymbol{x}\, \mathrm{d}V + \int_A \boldsymbol{p} \cdot \delta\boldsymbol{x}\, \mathrm{d}A = \int_V \varrho\, \boldsymbol{\ddot{x}} \cdot \delta\boldsymbol{x}\, \mathrm{d}V \qquad (C\,4.3\text{-}8)$$

geschrieben werden, wobei $\delta\boldsymbol{E}$ die Kompatibilitätsbedingung Gl. (A 3.3-1) bzw. (C 4.3-2) erfüllen muß. Da in Gl. (C 4.3-7) die tatsächlichen Spannungen und Kräfte in der Momentankonfiguration an virtuellen Verschiebungen Arbeit verrichten, spricht man auch vom *Prinzip der virtuellen Verschiebungen*. Für ein kompatibles Verschiebungsfeld $\delta\boldsymbol{u}$ ist es äquivalent der Cauchyschen Bewegungsgleichung (C 4.3-1) und der physikalischen Randbedingung (C 4.3-4).

Komplementär hierzu kann man auch ein *Prinzip der virtuellen Kräfte* formulieren, bei dem analog zu Gl. (C 4.3-7) die Arbeitsbilanz eines beliebigen virtuellen, zulässigen Spannungs- und Kraftfeldes am tatsächlichen Verschiebungsfeld gebildet wird. Der Ansatz für die virtuellen Spannungs- und Kraftfelder muß die Bedingung für das lokale Gleichgewicht, Gl. (C 4.3-1), und die physikalische Randbedingung, Gl. (C 4.3-4), erfüllen

(Zulässigkeit). Dann ist das Prinzip der virtuellen Kräfte äquivalent der Kompatibilitäts-bedingung Gl. (A 3.3-1) und geometrischen Randbedingung Gl. (C 4.3-5).

Sind in den zugrunde gelegten Ansätzen weder die Kompatibilitäts- noch die Gleich-gewichtsbedingungen erfüllt, führen entsprechende Überlegungen zu gemischten Varia-tionsproblemen, wie das Funktional nach *Hellinger* und *Reißner* [C 4.3-1].

Für *hyperelastisches Material* existiert ein Potential, die Verzerrungsenergiedichte $\bar{W}$:

$$\int_V \boldsymbol{S} \cdot\cdot \delta\,(\text{grad}\,\boldsymbol{u})\,\mathrm{d}V = \delta W \qquad\qquad (\text{C 4.3-9})$$

mit

$$W = \int_V \varrho\,\bar{W}\,\mathrm{d}V \qquad\qquad (\text{C 4.3-10}).$$

Setzt man außerdem *konservative äußere Kraftfelder*, d. h.

$$\boldsymbol{f} = -\,\text{grad}\,\bar{U}_V$$
$$\boldsymbol{p} = -\,\text{grad}\,\bar{U}_A \qquad\qquad (\text{C 4.3-11}),$$

mit der potentiellen Energie

$$U = \int_V \varrho\,\bar{U}_V\,\mathrm{d}V + \int_A \bar{U}_A\,\mathrm{d}A \qquad\qquad (\text{C 4.3-12})$$

voraus, dann führt das Prinzip der virtuellen Verschiebungen auf

$$-\,\delta\Pi \equiv -\,\delta(W + U) = \int_V \varrho\,\ddot{\boldsymbol{x}} \cdot \delta\boldsymbol{x}\,\mathrm{d}V \qquad\qquad (\text{C 4.3-13}).$$

Für statische Probleme, also $\ddot{\boldsymbol{x}} = \boldsymbol{0}$, erhält man das *Prinzip vom Minimum der gesamten potentiellen Energie* des Körpers:

$$\Pi \equiv W + U \;\Rightarrow\; \text{Min} \qquad\qquad (\text{C 4.3-14}).$$

Komplementär hierzu folgt aus dem Prinzip der virtuellen Kräfte das *Prinzip vom Mini-mum der gesamten Ergänzungsenergie*.

C 4.4 Analytische Verfahren

Analytische Verfahren stehen vorwiegend nur für lineares Materialverhalten zur Verfügung; die folgenden Darstellungen beschränken sich deshalb auf die Elastostatik für infinitesimale Deformationen.

C 4.4.1 Lösung des Randwertproblems der linearen Elastostatik

In der linearen Elastizitätstheorie werden zwei alternative Wege zur Lösung des Rand-wertproblems beschritten: Mit Hilfe des Materialgesetzes können entweder in der Gleich-gewichtsbedingung die Spannungen oder in der Kompatibilitätsbedingung die Verschie-bungen eliminiert werden. Bei der Elimination der Spannungen erhält man die drei Lamé-Navierschen Verschiebungsgleichungen

$$\Delta\boldsymbol{u} + \frac{1}{1 - 2\nu}\,\text{grad div}\,\boldsymbol{u} + \frac{\varrho}{G}\boldsymbol{f} = \boldsymbol{0} \qquad\qquad (\text{C 4.4-1})$$

und bei der Elimination der Verschiebungen die sechs Beltrami-Michellschen Spannungs-gleichungen

$$\Delta\boldsymbol{S} + \frac{1}{1 + \nu}\,\text{grad grad}\,(\boldsymbol{1}\cdot\cdot\boldsymbol{S}) + \varrho\left[\text{grad}\,\boldsymbol{f} + (\text{grad}\,\boldsymbol{f})^{\mathrm{T}} + \frac{\nu}{1 - \nu}\,(\text{div}\,\boldsymbol{f}\,\boldsymbol{1})\right] = 0 \quad (\text{C 4.4-2}).$$

143

Darin wurde der Laplace-Operator

$$\Delta = \text{grad} \cdot \text{grad} \qquad (C\,4.4\text{-}3)$$

und das Formelzeichen **1** für den Einstensor verwendet.

Trotz der physikalischen und geometrischen Linearisierung (elastisches Material und infinitesimale Verzerrungen) existieren keine allgemeinen Lösungen von Gl. (C 4.4-1) bzw. Gl. (C 4.4-2). Für spezielle Klassen von Problemen sind Lösungsansätze mit Hilfe von Verschiebungs- bzw. Spannungsfunktionen (Potential- und Bipotentialfunktionen) bekannt. Die Verschiebungsfunktionen (Galerkin-Westergaard, Papkowitsch-Neuber, Boussinesq, Love) erfüllen die Kompatibilitätsbedingungen, die Spannungsfunktionen (Maxwell, Morera, Finzi, Airy) die Gleichgewichtsbedingungen jeweils identisch [C 4.4-1].

In vielen Fällen läßt sich das Spannungs-Verzerrungs-Problem dadurch vereinfachen, daß auf Grund der speziellen Konfiguration und Belastung eines Bauteiles Abhängigkeiten von einzelnen Ortskoordinaten verschwinden bzw. vernachlässigbar sind und/oder einzelne Spannungs- oder Verzerrungskomponenten zu null angenommen werden können. So liegt im mittleren Teil eines sehr langen prismatischen Stabes, der nur durch Kräfte senkrecht zur Prismenachse (z. B. z-Koordinate) belastet wird, die längs dieser Achse konstant sind, näherungsweise ein ebener Verzerrungszustand vor mit

$$E_{xz} = 0 \;\rightarrow\; S_{xz} = 0,$$
$$E_{yz} = 0 \;\rightarrow\; S_{yz} = 0,$$
$$E_{zz} = 0 \;\rightarrow\; S_{zz} = v(S_{xx} + S_{yy}) \qquad (C\,4.4\text{-}4).$$

Demgegenüber besteht in dünnen, in ihrer Ebene (x, y) belasteten Scheiben näherungsweise ein ebener Spannungszustand mit

$$S_{xz} = 0 \;\rightarrow\; E_{xz} = 0,$$
$$S_{yz} = 0 \;\rightarrow\; E_{yz} = 0,$$
$$S_{zz} = 0 \;\rightarrow\; E_{zz} = -\frac{v}{1-v}(E_{xx} + E_{yy}) \qquad (C\,4.4\text{-}5).$$

Sind die geometrische Konfiguration und die Belastung eines Bauteiles rotationssymmetrisch (z. B. druckbelastete Kreiszylinderschalen), entfällt bei Darstellung in Zylinderkoordinaten (r, φ, z) eine Abhängigkeit von φ, und es ist

$$E_{r\varphi} = 0 \;\rightarrow\; S_{r\varphi} = 0$$
$$E_{\varphi z} = 0 \;\rightarrow\; S_{\varphi z} = 0 \qquad (C\,4.4\text{-}6).$$

Zusätzlich kann bei sehr langen Druckzylindern oder Rohren im mittleren Teil ein ebener Verzerrungszustand, bei dünnen Kreisscheiben ein ebener Spannungszustand angenommen werden, so daß sich das Problem auf die Behandlung einer gewöhnlichen Differentialgleichung in r reduziert.

Alle ebenen Probleme können mit Hilfe der *Airyschen Spannungsfunktionen* $F(x, y)$ bzw. $F(r, \varphi)$ behandelt werden, die der sog. Bipotentialgleichung

$$\Delta\Delta F = 0 \qquad (C\,4.4\text{-}7)$$

genügen muß. Aus den Lösungen dieser partiellen Differentialgleichung, den sog. biharmonischen Funktionen, ergeben sich die Spannungen durch zweifache partielle Ableitungen, und zwar in kartesischen Koordinaten

$$S_{xx} = \frac{\partial^2 F}{\partial y^2}$$

$$S_{yy} = \frac{\partial^2 F}{\partial x^2}$$

$$S_{xy} = -\frac{\partial^2 F}{\partial x\,\partial y}$$

(C 4.4-8)

oder in Polarkoordinaten

$$S_{rr} = \frac{1}{r}\frac{\partial F}{\partial r} + \frac{1}{r^2}\frac{\partial^2 F}{\partial \varphi^2}$$

$$S_{\varphi\varphi} = \frac{\partial^2 F}{\partial r^2}$$

$$S_{r\varphi} = \frac{1}{r^2}\frac{\partial F}{\partial \varphi} - \frac{1}{r}\frac{\partial^2 F}{\partial r\,\partial \varphi}$$

(C 4.4-9).

Das so ermittelte Spannungsfeld erfüllt die Gleichgewichtsbedingungen, und seine zugehörigen elastischen Verzerrungen sind kompatibel. Die freien Integrationskonstanten werden über die problemspezifischen Randbedingungen bestimmt.

Nach *Kolosov* ist jeder Ausdruck

$$F = \mathrm{Re}\,(\bar{z}\,\Phi + \Psi)$$

(C 4.4-10)

eine biharmonische Funktion, wenn Φ und Ψ beliebige komplexe Funktionen der komplexen Variablen

$$z = x + \mathrm{i}\,y = r\,e^{\mathrm{i}\varphi}$$

(C 4.4-11)

sind. Die Spannungen werden dann mit der sog. *Methode der komplexen Spannungsfunktionen* [C 4.4-2] aus

$$\left.\begin{aligned}
S_{xx} + S_{yy} &= 4\,\mathrm{Re}\,\Phi' \\
S_{yy} - S_{xx} + 2\,\mathrm{i}\,S_{xy} &= 2\,(\bar{z}\,\Phi'' + \Psi'')
\end{aligned}\right\}$$

(C 4.4-12)

bestimmt. Gl. (C 4.4-12) ist im Schrifttum als erste und zweite *Kolosovsche Gleichung* bekannt.

Auf die Behandlung dreidimensionaler Elastizitätsprobleme mit Hilfe von Integraltransformationen (Fourier, Laplace, Hankel) kann an dieser Stelle nur hingewiesen werden [C 4.4-3].

Als Überleitung zu den Variationsaufgaben sei noch ein allgemeines Approximationsverfahren erwähnt. Angenommen, ein ebenes Randwertproblem lasse sich (z. B. durch Elimination der Spannungen) zurückführen auf einen linearen Differentialausdruck n-ter Ordnung einer skalaren Funktion $u(x, y)$ (z. B. einer Verschiebung) im Gebiet A

$$\mathbf{L}^{(n)}[u] = 0 \quad \text{in } A$$

(C 4.4-13)

sowie n lineare zugehörige Randausdrücke zur Bestimmung der n Integrationskonstanten

$$\mathbf{R}_\mu[u] = 0 \quad \text{auf} \quad \Gamma_\mu(A); \qquad \mu = 1, \ldots, n$$

(C 4.4-14).

Ein Ansatz $\tilde{u}(x, y)$, der allen n Randbedingungen (C 4.4-14) genügt, wird i. a. aber nicht die Differentialgleichung (C 4.4-13) erfüllen. Nach der Methode von *Gauß* kann man nun versuchen, das mittlere Fehlerquadrat im Definitionsbereich A der Funktion $\tilde{u}(x, y)$ zum Minimum zu machen

$$\int\limits_A (L^{(n)} [\tilde{u}])^2 \, \mathrm{d}x \, \mathrm{d}y \Rightarrow \text{Min} \tag{C 4.4-15}.$$

Man erhält so ein Variationsproblem, das z. B. mit einem Ritzschen Ansatz, Gl. (C 4.4-22), behandelt werden kann. Statt der Erfüllung der Randbedingungen durch $\tilde{u}$ kann insbesondere bei komplizierten Randausdrücken, Gl. (C 4.4-14), auch der umgekehrte Weg zum Erfolg führen, bei dem die Ansatzfunktion $\tilde{u}(x, y)$ die Differentialgleichung (C 4.4-13) erfüllt und das mittlere Fehlerquadrat auf dem Rande zum Minimum gemacht wird (Verfahren von *Trefftz*).

C 4.4.2 Lösung des Variationsproblems der linearen Elastostatik

Konservative äußere Kräfte vorausgesetzt, Gl. (C 4.3-11), lassen sich alle Probleme der Elastostatik (und durch geeignete separierende Produktansätze für Orts- und Zeitabhängigkeiten vielfach auch Probleme der Elastokinetik) als Minimalprinzip, Gl. (C 4.3-14), schreiben, und damit wird die Lösung der Randwertaufgabe durch die Bestimmung des Minimums eines Integralausdruckes, der physikalisch die gesamte potentielle Energie des Körpers darstellt, ersetzt. In vielen Fällen ist auch die (näherungsweise) Ermittlung der elastischen Energie einfacher als das Aufstellen des Differentialgleichungssystems. Das mathematische Instrumentarium für die Lösung stellt die Variationsrechnung [C 4.4-4] zur Verfügung, die als Verallgemeinerung der elementaren Theorie der Extremwerte von Funktionen aufgefaßt werden kann.

Zunächst seien Integralausdrücke betrachtet, die wieder auf bekannte Differentialgleichungen mit geschlossenen Lösungen führen, so daß der Weg über das Energieprinzip nur eine Methode zur Aufstellung der Differentialgleichung ist. Zur Veranschaulichung des Prinzips werde der einfachste Fall betrachtet, bei dem $u(x)$ die gesuchte unbekannte Funktion (z. B. eine Verschiebung) einer einzigen Variablen, der Ortskoordinate x, ist, und die Energie des Körpers durch

$$\Pi(u) = \int\limits_a^b [\sigma(x) \, u'^2 + \varrho(x) \, u^2 + 2 f(x) \, u] \, \mathrm{d}x \tag{C 4.4-16}$$

gegeben ist. Beispielsweise wird hierdurch die Schwingungsform $u(x)$ einer mit σ gespannten elastischen Saite der Massenbelegung ϱ unter äußerer Belastung oder Eigengewicht $f(x)$ beschrieben. Gesucht ist nun die Funktion $u(x)$ durch die Punkte $\{a, u(a)\}$ und $\{b, u(b)\}$, die das Integral $\Pi(u)$ zum Minimum macht. Man variiert $u(x)$ mit Hilfe einer Funktion $\eta(x)$, wobei die variierte Funktion $u(x) + \varepsilon \eta(x)$ die geometrischen Randbedingungen, Gl. (C 4.3-5), erfüllen soll, d. h., es muß $\eta(a) = \eta(b) = 0$ sein. Wegen der Extremalbedingung (C 4.3-14) ist

$$\Pi(u + \varepsilon \eta) \geqq \Pi(u) \tag{C 4.4-17}$$

und demgemäß

$$\frac{\mathrm{d}\Pi(u + \varepsilon \eta)}{\mathrm{d}\varepsilon}\bigg|_{\varepsilon = 0} = 0 \tag{C 4.4-18}.$$

Für $\varepsilon \ll 1$ ist damit die Taylor-Entwicklung von Π in der Umgebung von u beschrieben, und man nennt

$$\delta\Pi = \Pi(u + \varepsilon \eta) - \Pi(u) = \frac{\mathrm{d}\Pi}{\mathrm{d}\varepsilon}\bigg|_{\varepsilon = 0} \varepsilon \tag{C 4.4-19}$$

die Variation von Π. Partielle Integration unter Beachtung der Randbedingungen führt schließlich auf die Eulersche Differentialgleichung des Variationsproblems

$$[\sigma(x)\,u'(x)]' - \varrho(x)\,u(x) - f(x) = 0 \qquad \text{(C 4.4-20)}$$

für das unbekannte Verschiebungsfeld $u(x)$ im Bereich $[a, b]$.

In gleicher Weise führt das Variationsproblem für eine elastische Membran unter Belastung $p(x, y)$ auf eine Laplacesche Differentialgleichung und das Variationsproblem für eine ebene Platte auf eine Bipotentialgleichung für $u(x, y)$.

Ist der Verschiebungszustand im Körper bekannt, können daraus der Dehnungszustand und mit Hilfe des Materialgesetzes der Spannungszustand berechnet werden.

Führt das Variationsproblem nicht in der dargestellten Weise auf eine geschlossen lösbare Differentialgleichung, gibt es verschiedene Näherungsverfahren, in denen man für die unbekannte Funktion Ansätze entwickelt. Die wichtigsten dieser Verfahren sind die von *Ritz*, *Galerkin* und *Kantorowitsch*. Nach *Ritz* wird für die gesuchte Funktion $u(x, y)$ ein Ansatz $\tilde{u}_m(x, y; \alpha_1, \ldots, \alpha_m)$ mit m freien Parametern α_k gemacht, der die geometrischen Randbedingungen erfüllt. Aus der Extremalforderung

$$\frac{\partial \Pi(\tilde{u}_m)}{\partial \alpha_k} = 0; \qquad k = 1, \ldots, m \qquad \text{(C 4.4-21)}$$

folgen m Gleichungen zur Bestimmung der α_k. Der Ritzsche Ansatz hat meist lineare Form

$$\tilde{u}_m(x, y) = \sum_{i=1}^{m_1} \sum_{j=1}^{m_2} \alpha_{ij}\,\varphi_i(x)\,\psi_j(y); \qquad m_1 m_2 = m \qquad \text{(C 4.4-22)},$$

mit Koordinatenfunktionen φ_i und ψ_j, die die geometrischen Randbedingungen erfüllen. Eine Vereinfachung des Gleichungssystems (C 4.4-21) wird erzielt, wenn die Koordinatenfunktionen im Intervall $[a, b]$ ein Orthogonalsystem bilden, d. h., wenn

$$\int_a^b \varphi_i(x)\,\varphi_j(x)\,\mathrm{d}x = 0 \qquad \text{für} \qquad i \neq j \qquad \text{(C 4.4-23)}.$$

Das bekannteste Orthogonalsystem ist das der trigonometrischen Funktionen $\sin(i\,x)$, $\cos(i\,x)$ im Intervall $[0, 2\pi]$. Es läßt sich auch jedes andere vorgegebene endliche oder unendliche System von linear unabhängigen Funktionen orthogonalisieren. Auf diese Weise wurde eine Anzahl orthogonaler Polynomsysteme, wie die Legendreschen Kugelfunktionen im Intervall $[-1, +1]$, die Tschebyscheff-Polynome im Intervall $[-1, +1]$, die Jakobi-Polynome im Intervall $[a, b]$ und die Hermite-Polynome im Intervall $[-\infty, +\infty]$ erzeugt, die als Ansätze im Ritzschen Verfahren verwendet werden können [C 4.4-5].

Galerkin wählte einen linearen Ansatz der Form

$$\tilde{u}_m(x, y) = \sum_{k=1}^m \alpha_k\,\varphi_k(x, y) \qquad \text{(C 4.4-24)},$$

der sämtliche Randbedingungen erfüllen muß. Durch Einsetzen dieses Ansatzes in die Variationsaufgabe entstehen die n Galerkinschen Gleichungen

$$\int_A \mathrm{L}^{(n)}[\tilde{u}_m]\,\varphi_k(x, y)\,\mathrm{d}x\,\mathrm{d}y = 0 \qquad \text{(C 4.4-25)},$$

die als Orthogonalitätsbeziehung zwischen dem linearen Differentialausdruck $\mathrm{L}^{(n)}[u]$ und den Ansatzfunktionen φ_k gedeutet werden kann.

Kantorowitsch reduziert bei Variationsproblemen von zwei Veränderlichen das Doppelintegral auf ein einfaches Integral durch den Produktansatz

$$\tilde{u}(x, y) = g(x)\, \varphi(y) \tag{C 4.4-26}.$$

Dabei wird $\varphi(y)$ fest gewählt und diejenige „beste" Funktion $g(x)$ bestimmt, die das Variationsintegral zum Minimum macht. An Stelle der algebraischen Gleichungssysteme beim Ritzschen und Galerkinschen Verfahren ist hierbei also eine gewöhnliche Differentialgleichung zu lösen.

C 4.4.3 Anwendung analytischer Lösungen

Der experimentell oder konstruktiv tätige Ingenieur wird in der Regel weder die mathematischen Detailkenntnisse noch die Zeit haben, für ein vorliegendes Spannungsproblem selbst eine analytische Lösung zu suchen. Seine Aufgabe besteht vielmehr darin, die komplexe Realität so weit zu idealisieren und zu vereinfachen, bis er ggf. auf bekannte Lösungen zurückgreifen kann. Dieser Prozeß der Komplexitätsreduktion bedarf z. T. ingenieurtechnischer Erfahrung, z. T. ist er auch für bestimmte Problemklassen (Baustatik, Auslegung von Druckkesseln usw.) in technischen Normen und Richtlinien operationalisiert und standardisiert.

Für die „elementaren" Festigkeitsprobleme, wie Zug und Druck von Stäben, Biegung von Balken, Torsion von Wellen, Druckbelastung dünnwandiger Zylinder usw., können einfache, unter bestimmten Näherungsannahmen (z. B. Ebenbleiben der Querschnitte) gewonnene Spannungsformeln aus einschlägigen Handbüchern, etwa [C 4.4-6] oder [C 4.4-7], entnommen werden. Umfangreiches Schrifttum existiert auch über Flächentragwerke (Platten und Schalen), siehe z. B. [C 4.4-8] und [C 4.4-9].

Von großer praktischer Relevanz ist das Problem der sog. *Spannungskonzentratoren*, also die Berechnung der Spannungsverteilungen an Lasteinleitungsstellen, Löchern, Hohlräumen, Einschlüssen, Kerben, Rissen usw. Mit Hilfe von Spannungsfunktionen konnte eine Vielzahl ebener Elastizitätsprobleme dieser Art gelöst werden. Auch für einige räumliche Spannungskonzentrationsprobleme, wie elliptische Hohlräume, pfennigförmige Innenrisse und zylindrische Umfangsrisse, ließen sich mit Integraltransformationen Lösungen finden. Die wohl umfassendste Darstellung des Kerbspannungsproblems gibt *H. Neuber* [C 4.4-10]. Daneben hat sich die „Bruchmechanik" [C 4.4-11] als eigenständiges Fachgebiet entwickelt, das sich schwerpunktmäßig mit dem Problem von Spannungssingularitäten an Rissen und deren Auswirkungen auf die Bauteilsicherheit beschäftigt. In beiden Büchern [C 4.4-10] und [C 4.4-11] oder in anderen einschlägigen Handbüchern, z. B. [4.4-12], findet man eine Vielzahl analytischer Lösungen des Spannungsproblems an Kerben und Rissen, deren Darstellung den hier vorgegebenen Rahmen sprengen würde.

Beispiel:

Zur Illustration der Anwendung von Spannungsfunktionen sei im folgenden das Beispiel eines elliptischen Loches in einer mit σ_∞ gezogenen *unendlichen Scheibe*, Bild C 4.4-1 behandelt. Dieses Problem wurde 1910 von *Kolosov* und unabhängig davon 1913 von *Inglis* gelöst. Es stellt zusammen mit dem von *Kirsch* 1898 behandelten Problem der Zugscheibe mit Kreisloch das für die Kerbspannungslehre und die später entwickelte Bruchmechanik grundlegende elastizitätstheoretische Randwertproblem dar. Gesucht wird eine Spannungsfunktion $F(x, y)$, die die Bipotentialgleichung, Gl. (C 4.4-7) und die Spannungsrandbedingungen erfüllt. Zunächst ist es angebracht, sich ein der Randgeometrie angepaßtes Koordinatensystem zu suchen. Zweckmäßigerweise sucht man sich ein sog. orthogonal-isometrisches Koordinatennetz, dessen eine Koordinatenlinienschar aus

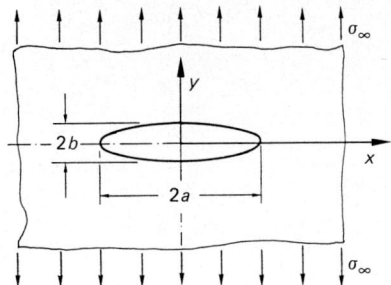

Bild C4.4-1. Gezogene Scheibe mit elliptischem Loch.

konfokalen Ellipsen besteht. Das Auffinden solcher Koordinatennetze ist mit Hilfe komplex analytischer Funktionen möglich, die ein kartesisches ξ, η-Raster auf die x, y-Ebene abbilden (Methode der konformen Abbildung). Ein Netz, das den Ellipsenrand als Koordinatenlinie liefert, ist durch die Abbildung

$$z = x + i\,y = c \cosh \zeta = c \cosh (\xi + i\,\eta)$$

gegeben, Bild C4.4-2. Den Zusammenhang zwischen den x, y-Koordinaten und den ξ, η-Koordinaten erhält man durch Vergleich der Real- und Imaginärteile

$$x = c \cosh \xi \cos \eta\,,$$

$$y = c \sinh \xi \sin \eta\,.$$

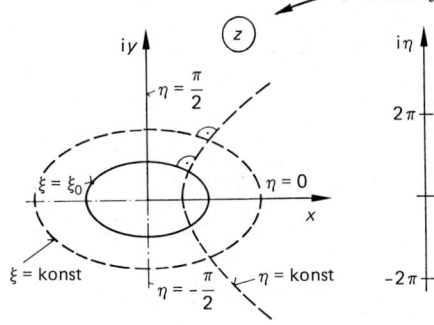 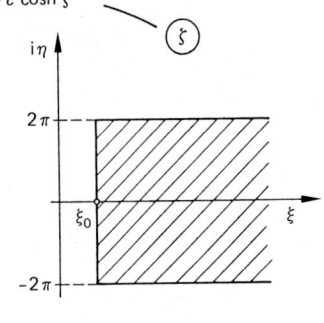

Bild C4.4-2. Konforme Abbildung von kartesischen auf elliptisch-hyperbolische Koordinaten.

Damit sind die η-Linien (Linien $\xi = $ konst) als Ellipsen

$$\left(\frac{x}{c \cosh \xi}\right)^2 + \left(\frac{y}{c \sinh \xi}\right)^2 = 1$$

und die ξ-Linien (Linien $\eta = $ konst) als Hyperbeln

$$\left(\frac{x}{c \cos \eta}\right)^2 - \left(\frac{y}{c \sin \eta}\right)^2 = 1$$

erkannt. Der Parameter der inneren Randkurve (Ellipse) ξ_0 und die Abbildungskonstante c folgen aus den Ellipsenachsen a und b

$$a = c \cosh \xi_0\,,$$

$$b = c \sinh \xi_0\,,$$

149

d. h.,

$$c = \sqrt{a^2 - b^2}$$

und

$$\xi_0 = \operatorname{arc\,tanh} \frac{b}{a}.$$

Der Krümmungsradius der Ellipse bei $y = 0$, $x = \pm a$ ist

$$\hat{\varrho} = \frac{b^2}{a} = c\,\frac{\sinh^2 \xi_0}{\cosh^2 \xi_0} = \frac{a}{\coth^2 \xi_0}.$$

Als Randbedingungen sind zu fordern:
– Spannungsfreiheit am Innenrand $\xi = \xi_0$

$$S_{\xi\xi}(\xi_0, \eta) = 0,$$
$$S_{\xi\eta}(\xi_0, \eta) = 0,$$

– im Fernfeld $\xi \to \infty$

$$S_{yy} = \sigma_\infty,$$
$$S_{xx} = 0,$$
$$S_{xy} = 0.$$

Die Spannungsfunktion F wird auf Grund der Randwertproblematik sinnvollerweise in Ellipsenkoordinaten aufgebaut. Dazu setzt man F zusammen aus einer *Grundlösung* F_0, die eine konstante Zugspannung σ_∞ im ungelochten Stab erzeugt,

$$S_{yy}^{(0)} = \frac{\partial^2 F_0}{\partial x^2} = \sigma_\infty,$$

d. h.,

$$F_0 = \frac{\sigma_\infty}{2} x^2 = \frac{\sigma_\infty}{2}(a^2 - b^2)\cosh^2 \xi \cosh^2 \eta,$$

und einer *Zusatzlösung* F_1, die ausreichend viele Konstanten enthält, um die Randwertaussage am Innenrand $\xi = \xi_0$ zu erfüllen, und die in großer Entfernung vom Loch rasch abklingt:

$$F_1 = \frac{\sigma_\infty}{4}(a^2 - b^2)[A_1 \xi + A_2 e^{-2\xi}\cos 2\eta + A_3 e^{-\xi}\sinh \xi (1 + \cos 2\eta)].$$

Aus der superponierten Spannungsfunktion $F = F_0 + F_1$ können die Spannungen nun durch einfache Differentationsprozesse nach Gl. (C 4.4-8) gewonnen und dann die Konstanten A_1, A_2, A_3 aus den Randbedingungen bestimmt werden.

Wichtig ist vor allem die Kenntnis der Spannungen am Lochrand ($\xi = \xi_0$). Dort verschwinden $S_{\xi\xi}$ und $S_{\xi\eta}$, während die tangentiale Normalspannung $S_{\eta\eta}$ den folgenden Verlauf hat:

$$S_{\eta\eta}(\xi = \xi_0, \eta) = \frac{\sigma_\infty}{2}\,\frac{\sinh 2\xi_0 - 1 + e^{2\xi_0}\cos 2\eta}{\sinh^2 \xi_0 + \sin^2 \eta}.$$

Der Verlauf der sog. *Kerböffnungsspannung* $S_{yy}(x, 0)$ ist für die Beurteilung des Kerbes von Bedeutung:

$$S_{yy}(x, 0) = S_{\eta\eta}(\xi, \eta = 0) =$$
$$= \frac{\sigma_\infty}{2}\left\{2 + \frac{\cosh \xi_0}{\sinh^2 \xi}[e^{\xi_0}(e^{2\xi_0} - 3)(1 + \tfrac{1}{2}\coth \xi)e^{-2\xi} + \cosh \xi_0 \coth \xi]\right\}.$$

Daraus läßt sich die im Kerbgrund wirkende Höchstspannung

$$\sigma_{max} = S_{\eta\eta}(\xi = \xi_0, \eta = 0) = \sigma_\infty(1 + 2\coth\xi_0) = \sigma_\infty\left(1 + 2\sqrt{\frac{a}{\hat\varrho}}\right)$$

ablesen. Die *Kerbformzahl* beträgt damit

$$\alpha_k = \frac{\sigma_{max}}{\sigma_\infty} = 1 + 2\sqrt{\frac{a}{\hat\varrho}}.$$

In Bild C 4.4-3 ist die Spannungsverteilung am Lochrand und im „geschwächten" Querschnitt skizziert.

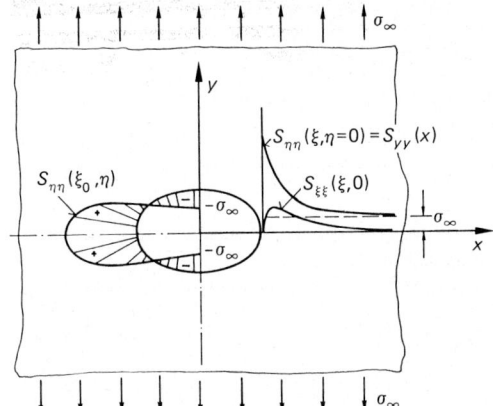

Bild C 4.4-3. Spannungsverteilung in der Zugscheibe mit elliptischem Loch.

Das Beispiel hat deutlich gemacht, daß das mathematische Instrumentarium trotz der stark idealisierenden Annahme einer „unendlichen" Scheibe sehr aufwendig ist. Die Berücksichtigung von Randeinflüssen bei einer endlich breiten Scheibe ist bereits nicht mehr geschlossen, sondern nur näherungsweise mit Reihenansätzen lösbar.

Das Beispiel hat aber auch gezeigt, daß ein wesentlicher Vorteil der linearen Elastizitätstheorie in der Superponierbarkeit von Teillösungen besteht, d. h., komplizierte Belastungssituationen können durch Überlagerung einfacher Grundbelastungsfälle aufgebaut werden. Die Bestimmung von Einflußlinien in der Baustatik und die Methode der Greenschen Funktionen beruhen auf diesem Prinzip.

Lösungen des Randwertproblems für inelastisches Materialverhalten gibt es aus leicht einsichtigen Gründen deutlich weniger. Abgesehen von elastisch-plastischen Lösungen der eingangs genannten „elementaren" Festigkeitsprobleme ist insbesondere auf die unter der Annahme ideal-plastischen Materials für ebene Spannungs- oder Verzerrungszustände entwickelte *Fließlinientheorie* [C 4.4-13; 14] hinzuweisen, die vorwiegend in der Umformtechnik Anwendung findet.

Die Notwendigkeit stark idealisierender Annahmen, wie

– linear elastisches oder ideal-plastisches Materialverhalten,
– ebener Spannungs- oder Verzerrungszustand,
– unendliche oder halb-unendliche Gebiete,
– mathematisch einfach beschreibbare Berandungen des Körpers mit einfachen Randbedingungen,

setzt der Anwendbarkeit analytischer Lösungen zunehmend Grenzen, sobald es um die Behandlung von dreidimensionalen, auch nichtlinearen Festigkeitsproblemen komplizierter Bauteile unter sehr komplexen und/oder extremen Beanspruchungsbedingungen bei erhöhten Sicherheitsanforderungen geht. Hier ist der Einsatz computerorientierter numerischer Verfahren zwingend erforderlich.

C 4.5 Numerische Verfahren

Die rasante technische Entwicklung zu immer schnelleren und leistungsfähigeren Rechenanlagen hat nicht zuletzt zu einer ebensolchen Expansion auf dem Gebiet numerischer Verfahren geführt, die jeden Versuch einer vollständigen und umfassenden Darstellung aussichtslos erscheinen läßt. Es kann deshalb nur ein grober Überblick über einige zentral wichtige Lösungsprinzipien gegeben und im übrigen auf das einschlägige Schrifttum verwiesen werden [C 4.5-1; 2; 3]. Die Verfahren lassen sich wiederum danach klassifizieren, ob sie das Randwertproblem oder das Variationsproblem (vgl. Abschn. C 4.3) behandeln. In den folgenden vier Abschnitten werden für jede der beiden Problemformulierungen jeweils zwei Klassen von Verfahren behandelt:

- die Methode der finiten Differenzen (FDM) und Fehlerabgleichverfahren zur Lösung des Randwertproblems,
- die Methode der finiten Elemente (FEM) und die Randintegralmethode (BIM), die auf der Formulierung von Variationsprinzipien aufbauen.

C 4.5.1 Methode der finiten Differenzen (FDM)

Die wohl älteste Vorgehensweise zur Lösung gewöhnlicher Differentialgleichungen ist das Ersetzen der auftretenden Differentialquotienten durch Differenzenquotienten. Gegeben seien z. B. die Lamé-Navierschen Verschiebungsgleichungen (C 4.4-1) in einem ebenen, beliebig beranderten Bereich A. Über diesen Bereich werde ein quadratisches Netz der Gitterweite h gelegt. In einem Gitterpunkt (j, k) gilt dann für die Ableitungen der Verschiebungskomponenten u_1

$$\left(\frac{\partial^2 u_1}{\partial x_1^2} + \frac{\partial^2 u_1}{\partial x_2^2}\right)_{j,k} = \frac{1}{h^2}\{(u_1)_{j+1,k} + (u_1)_{j-1,k} + (u_1)_{j,k+1} + (u_1)_{j,k-1} - 4(u_1)_{j,k}\} + O(h^2)$$

$$\left(\frac{\partial^2 u_1}{\partial x_1^2}\right)_{j,k} = \frac{1}{h^2}\{(u_1)_{j+1,k} + (u_1)_{j-1,k} - 2(u_1)_{j,k}\} + O(h^2) \qquad (C\,4.5\text{-}1).$$

$$\left(\frac{\partial^2 u_1}{\partial x_1\,\partial x_2}\right)_{j,k} = \frac{1}{4h^2}\{(u_1)_{j-1,k+1} + (u_1)_{j-1,k-1} + (u_1)_{j+1,k+1} + (u_1)_{j+1,k-1}\} + O(h^2)$$

Entsprechendes gilt für die Komponente u_2. Werden diese Differenzengleichungen in Gl. (C 4.4-1) eingesetzt, so entsteht ein lineares Gleichungssystem in den unbekannten Funktionswerten u_1, u_2 an den Gitterpunkten $(x_1)_i$, $(x_2)_j$. Für Punkte auf dem Rand müssen mangels existierender Nachbarpunkte aus den Randbedingungen besondere Randausdrücke konstruiert werden.

Für die wichtigsten gewöhnlichen und partiellen Differentialgleichungen liegen Differenzenschemata und Lösungsalgorithmen im Schrifttum vor [C 4.5-4; 5], die teilweise bereits als kommerzielle Computerprogramme angeboten werden. Nachteile der FDM ergeben sich insbesondere aus den Schwierigkeiten bei der Behandlung krummliniger Berandungen und der Einbeziehung physikalischer Randbedingungen.

C 4.5.2 Fehlerabgleichverfahren

Eine zweite Klasse von Verfahren beruht auf dem *Fehlerabgleichprinzip*, wie es bereits im Abschnitt C 4.4.1 beschrieben wurde. Die Randwertaufgabe sei durch Gleichungen der Form von Gl. (C 4.4-13) und Gl. (C 4.4-14) gegeben, z. B. die Eulersche Differentialgleichung der elastischen Saite, Gl. (C 4.4-20), oder der elastischen Membran. Für die unbekannte Funktion $u(x, y)$ wird ein Näherungsansatz $\tilde{u}_m(x, y; \alpha_1, \ldots, \alpha_m)$ benutzt, der für beliebige freie Parameter α_j entweder der Differentialgleichung (C 4.4-13) oder den Randbedingungen, Gl. (C 4.4-14), oder auch keiner dieser Gleichungen genügt. Die Parameter werden dann so bestimmt, daß im ersten Fall die Randbedingungen, im zweiten die Differentialgleichung, im dritten beide Forderungen möglichst gut erfüllt werden, d. h., die Fehlerfunktionen

$$\varepsilon(x, y; \alpha_j) = \mathrm{L}^{(n)}[\tilde{u}_m] \text{ in } A \qquad (\text{C } 4.5\text{-}2)$$

bzw.

$$\varepsilon_\mu(x, y; \alpha_j) = \mathrm{R}_\mu[\tilde{u}_m] \text{ auf } \Gamma_\mu(A); \qquad \mu = 1, \ldots, n \qquad (\text{C } 4.5\text{-}3)$$

möglichst klein sind. Hierfür werden verschiedene Wege benutzt.

Bei der *Kollokationsmethode* wird gefordert, daß die Fehlerfunktion in m Kollokationspunkten verschwindet; statt dessen kann auch eine geringere Anzahl $m_1 < m$ von Punkten genügen, wenn die Kollokationsforderung zusätzlich auch für $m_2 = m - m_1$ Ableitungswerte aufgestellt wird.

Bei der *Fehlerquadratmethode* soll das Integral

$$I(\alpha_m) = \int\limits_A \varepsilon^2 \, \mathrm{d}A + \sum_{\mu=1}^{m} \int\limits_{\Gamma_\mu} \varepsilon_\mu^2 \, \mathrm{d}\Gamma \Rightarrow \text{Min} \qquad (\text{C } 4.5\text{-}4)$$

ein Minimum annehmen.

Die *Orthogonalitätsmethode* (*Galerkin*) fordert die Orthogonalität zwischen der Fehlerfunktion und m linear unabhängigen Funktionen $\varphi_j(x, y)$:

$$\int\limits_A \varepsilon \, \varphi_j \, \mathrm{d}A = 0; \qquad j = 1, \ldots, m \qquad (\text{C } 4.5\text{-}5).$$

In der *Teilgebietsmethode* wird das Fehlerintegral in m Teilbereichen $A_j \subset A$ zu null gemacht:

$$\int\limits_{A_j} \varepsilon \, \mathrm{d}A = 0; \qquad j = 1, \ldots, m \qquad (\text{C } 4.5\text{-}6).$$

Relaxationsverfahren betrachten schließlich die Fehleränderung $\varepsilon + \delta\varepsilon$ bei einer Variation der Parameter $a_j + \delta a_j$ und minimieren eine geeignete Norm von ε, z. B.

$$\int\limits_A |\varepsilon| \, \mathrm{d}A + \sum_{\mu=1}^{m} \int\limits_{\Gamma_\mu} |\varepsilon_\mu| \, \mathrm{d}\Gamma \Rightarrow \text{Min} \qquad (\text{C } 4.5\text{-}7)$$

oder

$$\underset{(A, \Gamma_\mu)}{\text{Max}} (|\varepsilon|, |\varepsilon_\mu|) \Rightarrow \text{Min} \qquad (\text{C } 4.5\text{-}8).$$

In allen Fällen ist der Ansatz eines Orthogonalsystems für $\tilde{u}_m$ entsprechend Gl. (C 4.4-22) und Gl. (C 4.4-23) von Vorteil.

C 4.5.3 Methode der finiten Elemente (FEM)

Das für Spannungsanalysen derzeit wohl am häufigsten eingesetzte Verfahren ist das der „finiten Elemente", da sein Anwendungsbereich sehr weit und vielseitig ist und die darauf basierenden Programmsysteme wie ABAQUS, ADINA, ASKA, MARC, NASTRAN, SAP sehr leistungsfähig und flexibel sind [C 4.5-6]. Mit der FEM können die verschiedenartigsten Probleme der Statik und Dynamik deformierbarer fester Körper mit unterschiedlichen linearen und nichtlinearen, isotropen und anisotropen, inkrementellen, temperatur- und zeitabhängigen Materialmodellen, aber auch Probleme der Fluiddynamik, Wärmeleitung und -transport, Elektrodynamik usw. behandelt werden. Seit ihrer Entwicklung zu einem professionellen Analyseinstrument, die ganz wesentlich durch die Arbeiten von *O. C. Zienkiewicz* [C 4.5-7] gefördert wurde, sind die Verfahren der finiten Differenzen (Abschn. C 4.5.1) stark in den Hintergrund gedrängt worden. Das zur FEM vorliegende Schrifttum ist umfangreich und wächst jeden Monat um Dutzende von Beiträgen über neue Anwendungen, Verfeinerungen und Rechentechniken. Nur die wichtigsten Arbeiten können hier zitiert [C 4.5-8 bis 10] sowie ein knapper Einblick in die grundlegende Methodik gegeben werden.

Das Grundprinzip, dem diese Methode ihren Namen verdankt, ist die Diskretisierung, d. h. die Zerlegung des durch die geometrische Konfiguration des Körpers (Bauteil, Tragwerk) definierten Grundgebietes B (Volumen V) in einfache Teilgebiete B_k ($k = 1, \ldots, K$), die *finiten Elemente* (FE), die in den *Knotenpunkten* x_n ($n = 1, \ldots, N$) miteinander verbunden sind. Die Vereinigung

$$\tilde{B} = \bigcup_{k=1}^{K} B_k \qquad (C\,4.5\text{-}9)$$

ist das finite Modell des Körpers. Im Fall zweidimensionaler Probleme wird die Gebietsfläche in gerad- und krummlinig berandete Drei- oder Vierecke eingeteilt. Bei räumlichen Problemen diskretisiert man das Gebietsvolumen in Tetraeder-, Quader- oder andere, dem Problem angepaßte, auch krummlinig berandete Elemente.

Das der FEM zugrunde liegende mathematische Modell ist die Variationsaufgabe (Abschn. C 4.3). Neben der auf dem Prinzip der virtuellen Arbeiten, Gl. (C 4.3-8), aufbauenden *Deformationsmethode* gibt es Verfahren, in denen im verwendeten Variationsfunktional neben den Verschiebungsunbekannten auch noch Spannungsunbekannte auftreten, die sog. *gemischten Modelle*. Ausgangspunkt für die verschiedenen Klassen möglicher Variationsfunktionale bildet das Variationsprinzip nach *Hellinger* und *Reißner* [C 4.3-1]. Die folgende Darstellung beschränkt sich auf die Deformationsmethode.

In jedem der Elemente werden für die das Problem beschreibenden Feldgrößen, z. B. die Verschiebungen $u(x)$, Ansatzfunktionen $\tilde{u}^{(k)}(\xi)$ gewählt, die an den Rändern bestimmte Übergangsbedingungen erfüllen müssen. Hierzu legt man je Element k eine Anzahl N_k von lokalen Knotenpunkten $\xi_i^{(k)}$ fest, wobei ξ den Ortsvektor im lokalen Koordinatensystem des Elementes bezeichnet. Man beschreibt den Verschiebungszustand im Element mit Hilfe von Formfunktionen $\varphi_i^{(k)}(\xi)$ in Abhängigkeit von den Knotenverschiebungen $u_i^{(k)}$

$$\tilde{u}^{(k)}(\xi) = \sum_{i=1}^{N_k} \varphi_i^{(k)}(\xi)\, u_i^{(k)} \qquad (C\,4.5\text{-}10)$$

mit

$$u_i^{(k)} = u^{(k)}(\xi_i^{(k)}), \qquad \varphi_i^{(k)}(\xi_j^{(k)}) = \delta_{ij} \qquad (C\,4.5\text{-}11).$$

Die lokalen Knotenpunkte $\xi_i^{(k)}$ der einzelnen Elemente werden über sog. *Inzidenztafeln* $A_{in}^{(k)}$ den globalen Knotenpunkten x_n ($n = 1, \ldots, N$) des Systems zugeordnet, so daß der globale Näherungsansatz für die Verschiebungen durch

$$\tilde{u}(x) = \sum_{n=1}^{N} \psi_n(x)\, u_n \qquad (C\,4.5\text{-}12)$$

mit

$$\psi_n(x) = \bigcup_{k=1}^{K} \sum_{i=1}^{N_k} \varphi_i^{(k)}(\xi)\, A_{in}^{(k)} \qquad (C\,4.5\text{-}13)$$

gegeben ist. Die Knotenverschiebungen

$$u_n = u(x_n)$$ (C 4.5-14)

stellen die unbekannten Parameter des Problems dar. Die Verschiebungsfunktionen Gl. (C 4.5-10) bzw. Gl. (C 4.5-12) definieren eindeutig den lokalen bzw. globalen Verzerrungszustand (vgl. Abschn. A 3) in Abhängigkeit von den Knotenverschiebungen $u_i^{(k)}$ bzw. u_n. Steht ein Variationsprinzip, Gl. (C 4.3-7), oder ein Extremalprinzip, Gl. (C 4.3-13), zur Verfügung, werden die Verschiebungs- und Verzerrungsansätze in das Funktional eingesetzt, und nach Einführung lokaler Stoffgesetze sowie Ausrechnen der Gebiets- und Randintegrale entsteht ein System von M algebraischen Gleichungen in den Knotenverschiebungen u_n als mathematisches Modell des zwei- bzw. dreidimensionalen Kontinuums:

$$S_n - F_n - P_n = 0, \qquad n = 1, \ldots, N$$ (C 4.5-15).

Dabei sind

$$S_n = \int_{\bar{V}} S \operatorname{grad} \psi_n \, dV$$

$$F_n = \int_{\bar{V}} \varrho f \psi_n \, dV$$ (C 4.5-16)

$$P_n = \int_{A(\bar{V})} p \, \psi_n \, dA$$

als globale generalisierte Knotenkräfte zu interpretieren. Gl. (C 4.5-15) kann, sofern sie nicht-linear in u_n ist, mit den bekannten Verfahren (z. B. Newton/Raphson) iterativ gelöst werden.

Um ein konkretes Problem zu lösen, ist zunächst zu entscheiden, welche Art von Elementen verwendet werden soll. Bei den auf dem Markt vertriebenen FE-Programmen (siehe z. B. Übersichten in [C 4.5-6]) stehen dem Anwender verschiedene Elementtypen hinsichtlich des Grades der Ansatzfunktionen und der zugehörigen Knotenvariablen zur Verfügung. Die Entscheidung für den Elementtyp beeinflußt die Elementierung des Grundgebiets, da ein Ansatz niedrigeren Grades eine feinere Diskretisierung notwendig macht als ein Ansatz höheren Grades, will man in beiden Fällen eine gleichgute Approximation erhalten. Die Feinheit der Elementierung richtet sich nach der gewünschten Genauigkeit und nach Besonderheiten des Problems. So muß in Bereichen erwarteter starker Spannungsgradienten (z. B. Kerben, Lasteinleitungen – vgl. späteres Beispiel) zwecks Erhöhung des Auflösungsvermögens feiner diskretisiert werden. Andererseits steigt mit der Anzahl der Elemente die Anzahl der Freiheitsgrade, wodurch Rechenzeit und -kosten erheblich steigen können, evtl. sogar die zur Verfügung stehende Rechnerkapazität überfordert sein kann. Neben problemspezifischen Gesichtspunkten bestimmen deshalb auch ökonomische Überlegungen die Wahl des FE-Modells.

Nach der Elementeinteilung werden sämtliche Knotenpunkte geeignet numeriert und durch Angabe ihrer globalen Koordinaten und Freiheitsgrade festgelegt. Bei isoparametrischen Elementen – das sind Elemente, die die gleichen Ansatzfunktionen sowohl zur Beschreibung der Geometrie als auch zur Beschreibung des Verschiebungsfeldes verwenden – werden je nach dem Grad des Ansatzes neben den Eckknoten auch die Koordinaten von Zwischenpunkten benötigt.

Aus den Knotennummern, den geometrischen Randbedingungen (Fesselungen) und ggf. inneren Zwängungsbedingungen (lineare Abhängigkeiten zwischen Knotenvariablen) bestimmt das Programm die Anzahl der Systemfreiheitsgrade (= Anzahl der Unbekannten und der Gleichungen) und ordnet den Knotenvariablen Gleichungsnummern zu. Ist N die Gesamtanzahl der Knoten, R die Anzahl der Fesselungen (jeweils eine Verschiebungskomponente eines Knotens) und Z die Anzahl der Zwängungsbedingungen, dann ergibt sich die Anzahl M der Freiheitsgrade für 3D-Probleme zu $M = 3N - R - Z$ und für 2D-Probleme zu $M = 2N - R - Z$. Sie bestimmt neben anderen, später zu erörternden Faktoren den Speicherbedarf und die Rechenzeit. Um die Anzahl der Freiheitsgrade zu verringern, können einfache Elemente zusammengelegt und innere Knoten eliminiert werden (Kondensation). Die Weiterführung dieser Idee führt zum Verfahren der *Substrukturierung*, bei der man komplexe Strukturen in Teile zerlegt, die dann einzeln diskretisiert werden. In jeder dieser Substrukturen lassen sich die inneren Knoten eliminieren, und man erhält „Hyperelemente", die man über ihre Randknoten zur Gesamtstruktur zusammensetzt. Substrukturierung erlaubt in manchen Fällen die Behandlung von Problemen, deren Komplexität ansonsten eine numerische Behandlung ausgeschlossen hätte.

Schließlich sind für sämtliche Elemente die sie beschreibenden Daten zusammenzustellen. Das sind in jedem Fall die Nummern der beteiligten Knoten bzw. Knotenvariablen sowie Materialeigenschaften und ggf. Belastungen. Zusammen mit den Knotenkoordinaten kann das FE-Programm hieraus die Elementmatrizen und -vektoren in Form quadratischer und linearer Ausdrücke in den Knotenvariablen berechnen.

Die Beiträge der einzelnen Elemente (Steifigkeiten, Lasten) werden danach über das Gesamtsystem aufsummiert. Die Elementmatrizen und -vektoren ordnet man über die oben erwähnten Inzidenztafeln in die Systemmatrix und die Systemvektoren ein. Die *Systemsteifigkeitsmatrix* weist Bandstruktur auf und ist meist nur schwach mit von null verschiedenen Zahlen besetzt. Ihre Bandbreite, also die Anzahl der Nebendiagonalen außerhalb der Hauptdiagonalen mit von null verschiedenen Elementen, ist durch die maximale Indexdifferenz der Knotenvariablen je Element gegeben. Bandstruktur und Symmetrie gestatten eine ökonomische Speicherung der Systemmatrix unter Fortfall der

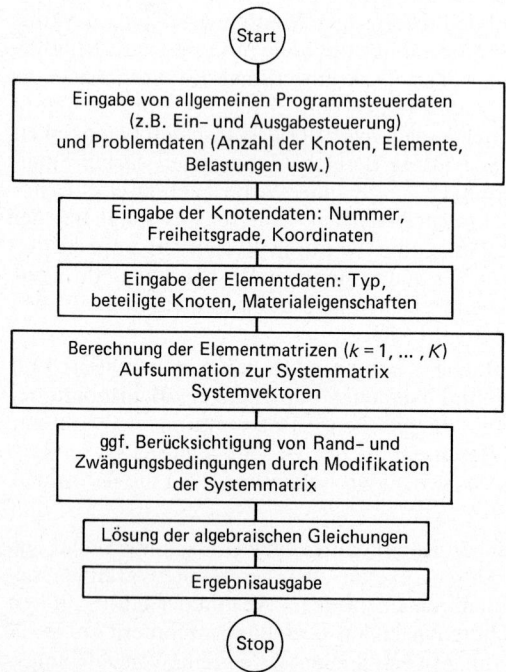

Bild C 4.5-1. Ablaufschema einer FE-Rechnung.

nur mit Nullen besetzten Bereiche (Skyline). Die Bandbreite der Systemsteifigkeitsmatrix hängt von der Numerierungsreihenfolge der Knotenpunkte ab. Da sie sowohl den Speicherbedarf als auch den Rechenaufwand bestimmt, ist es wichtig, eine möglichst optimale Knotennumerierung zu finden, für die die Bandbreite bzw. das Profil der „Skyline" minimal wird. Neben einigen Faustregeln bei einfachen Strukturen (z. B. Zählrichtung immer entlang der Koordinate parallel zur kleinsten räumlichen Ausdehnung des Körpers) sind eine Reihe von Algorithmen zur Bandbreiten- bzw. Profiloptimierung entwickelt worden (*Rosen, Cuthill, McKee, Collins*), vgl. [C 4.5-8].

Der Ablauf eines FE-Programms folgt im Grundsatz dem in Bild C 4.5-1 dargestellten Schema [C 4.5-8].

Beispiel:

Das folgende Beispiel zeigt die Anwendung der FEM auf die elastisch-plastische Spannungsanalyse einer gekerbten, zweifach gelagerten Probe unter Biegung, Bild C 4.5-2. Auf Grund der Symmetriebedingungen für Geometrie und Belastung wird nur die eine Probenhälfte im FE-Modell, Bild C 4.5-3 a, untersucht, was den Speicher- und Rechenaufwand auf die Hälfte reduziert. Das Modell besteht dann aus 56 isoparametrischen Elementen mit 205 Knoten. Die Symmetriebedingung wird durch Fesselung der in der Symmetrieebene liegenden Knoten in y-Richtung realisiert, so daß das Rechenmodell noch über 390 Freiheitsgrade verfügt. Im Bereich der Kerbe ist die Elementierung wegen Spannungskonzentrationen besonders fein (Bild C 4.5-3 b). Für das Modell wurde ein ebener Verzerrungszustand angenommen, Gl. (C 4.4-4). Als Stoffgesetz wurde das Prandtl-Reuß-Gesetz mit Misesscher Fließbedingung und isotroper Verfestigung verwendet. Die Materialdaten sind die eines StE 460 mit $R_{eL} = 440$ MPa. Die Rechnung erfolgte mit dem FE-Programm ADINA [C 4.5-10].

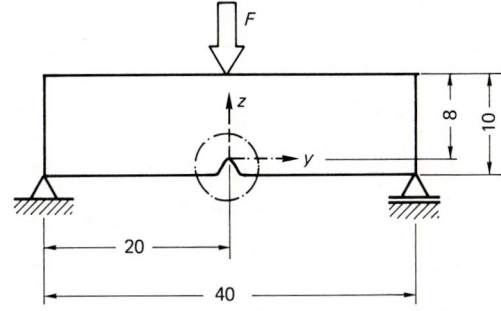

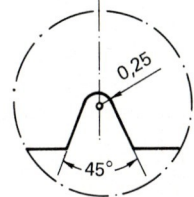

Bild C 4.5-2. Gekerbte Biegeprobe (ISO-V-Probe).

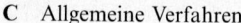

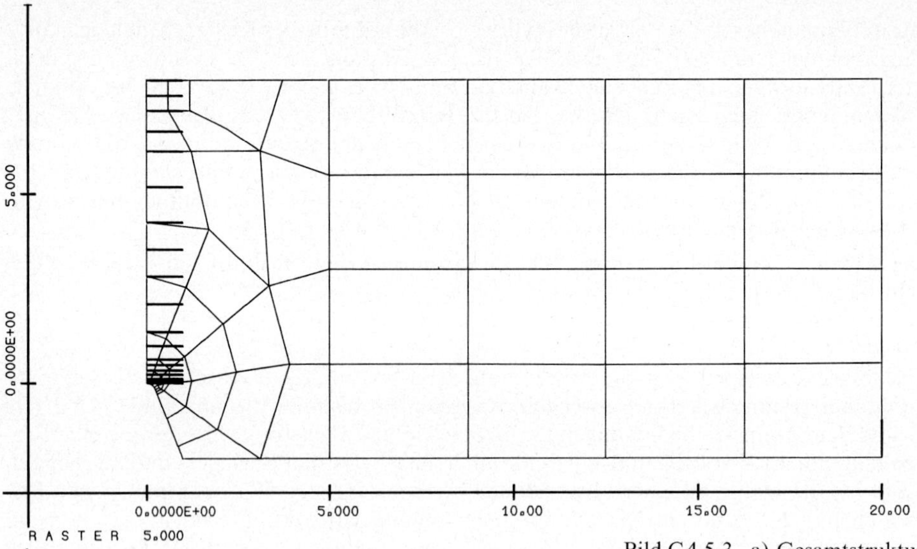

RASTER 5.000

Bild C4.5-3. a) Gesamtstruktur
mit Randbedingungen.

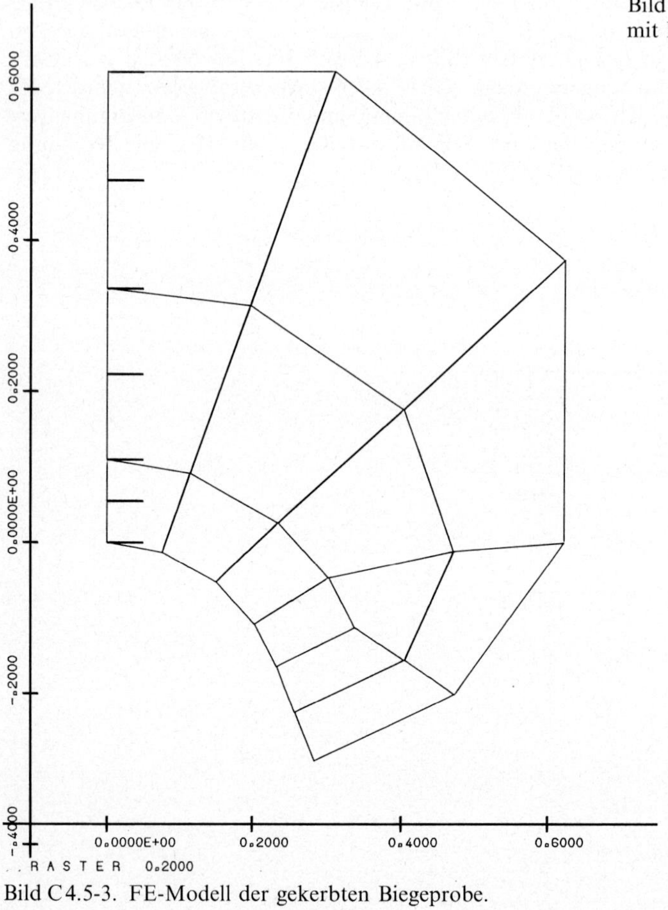

Bild C4.5-3. b) Ausschnitt
aus der Kerbumgebung.

.. RASTER 0.2000

Bild C4.5-3. FE-Modell der gekerbten Biegeprobe.

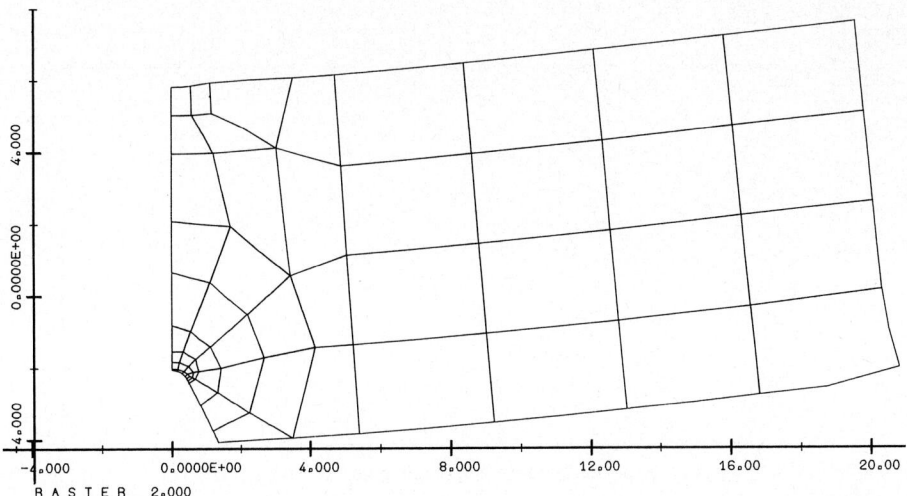

Bild C4.5-4. Verformung der gekerbten Biegeprobe im FE-Modell bei $F = F_{pl}$.

Bild C4.5-4 zeigt zunächst die Verformung der Probe unter einer Last von $F = F_{pl} = 11,25\,\text{kN}$, bei der der Kerbquerschnitt durchplastiziert ist (plastische Grenzlast). Die Darstellung des Verschiebungszustands ist besonders für eine qualitative Überprüfung der Rechnung geeignet, mit der eventuelle Fehler bei den Eingabedaten (z. B. falsche Randbedingungen) entdeckt werden können. Der Kraftfluß im System ist aus Bild C4.5-5 zu erkennen, in das die Hauptspannungen in den Elementen nach Größe und Richtung eingezeichnet sind. Die Lage des Spannungskreuzes gibt die Hauptrichtungen an, die Längen seiner Schenkel sind ein Maß für die Größe der Spannungen. Durchgezogene Linien bedeuten Zug-, gestrichelte Linien Druckspannungen. Der Beanspruchungszustand der Probe kann auch durch Linien gleicher Spannungswerte (Isolinien) sichtbar gemacht werden. Dies ist in Bild C4.5-6 für die Misessche Vergleichsspannung dargestellt, aus dem man insbesondere die Spannungskonzentrationen im Bereich des Kerbes und der Lasteinleitungsstelle sowie den Verlauf der plastischen Zone (Linie 4) bei F_{pl} erkennt.

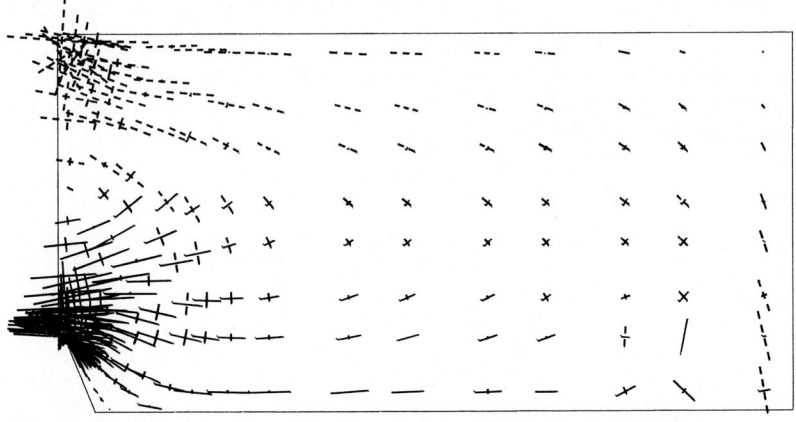

Bild C4.5-5. Hauptspannungen in der gekerbten Biegeprobe bei $F = F_{pl}$.

159

1 =110.00
2 =220.00
3 =330.00
4 =440.00
5 =550.00
6 =660.00

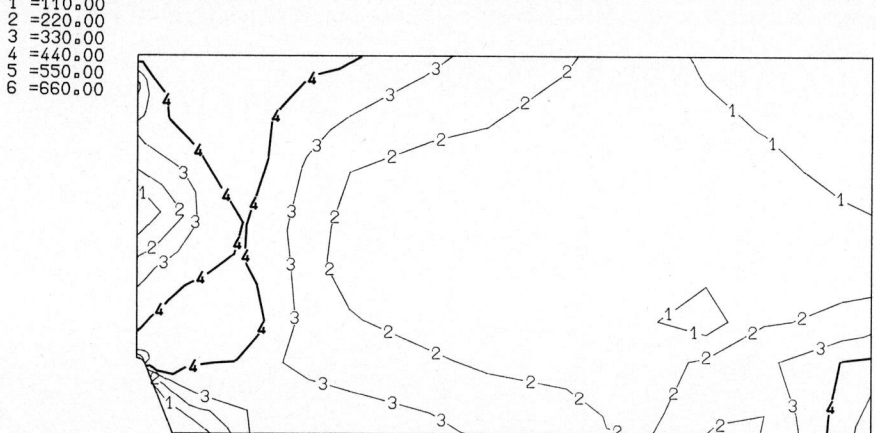

Bild C 4.5-6. Linien gleicher Vergleichsspannungen in der gekerbten Biegeprobe bei $F = F_{pl}$ (Linie 4: R_{eL} = 440 MPa).

C 4.5.4 Randintegralmethode (BIM)

Bei der Methode der finiten Elemente wird ein materieller Körper in eine endliche Anzahl von Elementen zerlegt, für die lokale Ansatzfunktionen für einen Teil der Zustandsgrößen (Verschiebungen, Spannungen) aufgestellt werden. Das Gleichgewicht im Inneren des Körpers wird über ein Variationsprinzip lediglich an den Knotenpunkten des FE-Netzes hergestellt. Die Stetigkeit derjenigen Zustandsgrößen, die nicht als Unbekannte explizit aufgenommen sind, ist an den Grenzen zwischen den Elementen in der Regel nicht gewährleistet. Hat man demgegenüber Ansatzfunktionen, die die jeweils zu erfüllende Differentialgleichung, also die Kompatibilität bei Verschiebungsansätzen bzw. die lokale Gleichgewichtsbedingung bei Spannungsansätzen, im gesamten Bereich exakt erfüllen, so verschwindet der Diskretisierungsfehler im Inneren des Körpers. Es sind dann nur noch die Randbedingungen näherungsweise zu erfüllen, d. h., daß in diesem Falle prinzipiell nicht mehr der gesamte Körper, sondern lediglich seine Oberfläche diskretisiert werden muß. Derartige Verfahren faßt man unter dem Begriff Randintegralmethode zusammen, die nach der englischen Bezeichnung „boundary integral method" üblicherweise BIM abgekürzt wird.

Die lokale Gleichgewichtsbedingung, Gl. (C 4.3-1), sowie die physikalischen und geometrischen Randbedingungen, Gl. (C 4.3-4) und (C 4.3-5), des Randwertproblems lauten im gewichteten Mittel über den gesamten Körper

$$\int\limits_{V} (\operatorname{div} S + \varrho f) \cdot u^* \, dV = 0 \qquad\qquad (\text{C } 4.5\text{-}17),$$

$$\int\limits_{A_p} (p - n \cdot S) \cdot u^* \, dV = 0 \qquad\qquad (\text{C } 4.5\text{-}18),$$

$$\int\limits_{A_u} (u - \hat{u}) \cdot p^* \, dA = 0 \qquad\qquad (\text{C } 4.5\text{-}19),$$

wobei u und u^* das gesuchte Verschiebungsfeld bzw. ein variiertes Verschiebungsfeld bezeichnen, die beide nach Gl. (C 4.3-2) a priori auf kompatible Verzerrungsfelder E bzw. E^* führen. Die zum Verschiebungszustand u^* gehörenden äußeren Lasten sind mit p^*

bezeichnet. Unter der Voraussetzung von linear-elastischem Material, Gl. (C 4.3-3), gilt

$$S \cdot\cdot E^* = E \cdot\cdot \overset{\langle 4 \rangle}{C} \cdot\cdot E^* = S^* \cdot\cdot E \qquad\qquad \text{(C 4.5-20)}.$$

Nach Anwendung des Gaußschen Satzes erhält man durch Addition der Gl. (C 4.5-17, 18, 19) ein Variationsfunktional der Form

$$\int\limits_{V} [(\operatorname{div} S) \cdot u + \varrho\, f \cdot u^*]\, \mathrm{d}V + \int\limits_{A} (p \cdot u^* - p^* \cdot u)\, \mathrm{d}A = 0 \qquad \text{(C 4.5-21)}.$$

Der zentrale Gedanke zur Lösung der Integralgleichung (C 4.5-21) besteht in einer speziellen Wahl des Verschiebungsfeldes u^*, nämlich der singulären Lösung des Problems einer Einzellast an einer Stelle $x = \xi$ in einem unendlichen Gebiet. Läßt man im Grenzfall ξ gegen einen Punkt R des Randes streben, folgt mit diesem $u^*(x, \xi_R)$ aus Gl. (C 4.5-21) die Randintegralgleichung, bei der die gesuchte Lösung u nicht mehr im Volumenintegral, sondern nur noch in den Oberflächenintegralen auftaucht. Infolgedessen ist nur noch eine Diskretisierung der Oberfläche erforderlich. Die geometrischen und physikalischen Randbedingungen auf A_u bzw. A_p werden in den Knotenpunkten der Randelemente erfüllt.

Die BIM ist besonders effektiv bei linear-elastischem isotropen Material einsetzbar, besonders dann, wenn das Verhältnis von Volumen zu Oberfläche sehr groß ist und, wie im Falle der Berechnung von Kerbfaktoren oder Spannungsintensitätsfaktoren bei Kerb- bzw. Rißproblemen, nur der Spannungszustand an der Oberfläche, nicht aber im Inneren des Bauteiles von Interesse ist. Für anisotropes und für inelastisches Material liegt dagegen i. a. die benötigte singuläre Lösung des Problems einer Einzellast im unendlichen Gebiet nicht vor.

Im Gegensatz zu FE-Verfahren sind die Randintegralverfahren gegenwärtig noch kaum in Form universeller Computerprogramme zugänglich. Der Grund hierfür ist – neben der grundsätzlichen Beschränkung der hiermit zu behandelnden Materialmodelle – sicher auch darin zu sehen, daß diese Methode wesentlich jünger als die FEM ist. Die Anwendungsmöglichkeiten werden deshalb noch weiter zunehmen [C 4.5-11].

D Besondere Verfahren

D 1 Mechanische, mechanisch-optische und geometrisch-optische Verfahren

D 1.1 Einleitung

Das Meßprinzip des Reißlacks wie der mechanischen bzw. mechanisch-optischen Dehnungsaufnehmer ist mechanisch: Beim Reißlack dient der mechanische Riß im Lack als Maß für die Dehnung, bei den mechanischen bzw. mechanisch-optischen Dehnungsaufnehmern wird die dehnungsproportionale Änderung der Meßlänge mechanisch vergrößert und direkt oder mit Hilfe optischer Einrichtungen abgelesen. Da fluidische wie elektrische Übertragungskanäle fehlen, sind beide Verfahren Nahmeßverfahren, was eine zentrale Meßwarte mit Datenverarbeitung ausschließt. Das Fehlen elektrischer Energie macht die Verfahren prinzipiell für Messungen bei Explosionsgefahr geeignet.

Der Hauptvorteil des *Reißlackverfahrens* liegt in der Möglichkeit, ein ganzes Dehnungsfeld gleichzeitig auszumessen, auch an Bauteilen mit komplizierter Gestalt. Da es vor allem qualitative Ergebnisse liefert, wird es häufig nur zum Messen der Hauptdehnungsrichtungen und zum Aufsuchen von Stellen vergleichsweise hoher Dehnungen verwendet, an denen dann in einem zweiten Schritt mit genauen Dehnungsaufnehmern, z. B. Dehnungsmeßstreifen, weitergemessen wird. Eine oft sehr wertvolle Eigenschaft des Reißlackverfahrens ist die Speicherung der Meßwerte, denn die Risse können nach dem Versuch bzw. nach der Belastung in Ruhe ausgewertet werden. Auch dynamische Messungen sind so möglich. Die geschilderten Eigenschaften machen das Reißlackverfahren zu einem der bedeutendsten Verfahren der experimentellen Spannungsanalyse. Die Bedeutung der *mechanischen* und *mechanisch-optischen Dehnungsaufnehmer* ist mit der Entwicklung der elektrischen Verfahren stark zurückgegangen. Größere Bedeutung haben jedoch die Setzdehnungsaufnehmer behalten, deren Meßfüße auf bauteilfeste Marken gesetzt werden können und die so das punktweise Abtasten ganzer Dehnungsfelder mit kleinem finanziellen Aufwand gestatten. Auch ihre unübertroffene Langzeitkonstanz, sogar bei zwischen den einzelnen Messungen sehr rauhem Betrieb und hohen Temperaturen, machen sie für manche Anwendungen unersetzlich. Auch der Ritzdehnungsschreiber, der ohne Energiezufuhr über längere Zeiten das Registrieren von Dehnungsamplituden möglich macht, behält in speziellen Fällen seine Bedeutung.

D 1.2 Reißlackverfahren

I. Richter

D 1.2.1 Formelzeichen

σ Normalspannung
$\sigma_1, \sigma_2, \sigma_3$ Hauptnormalspannungen
τ Schubspannung

D 1.2.2 Allgemeines

Der rechnerische Nachweis der Tragfähigkeit eines Bauteiles erfordert eine mathematische Darstellung seiner Geometrie. Das ist bei verwickelten Formen oft nur näherungsweise möglich. Zwar hilft hier heute oft das Verfahren der finiten Elemente (FE) weiter, insbesondere wenn ebene oder rotationssymmetrische Körper vorliegen. Muß jedoch dreidimensional gerechnet werden, so steigt der Aufwand ganz erheblich an und verlangt große Rechenanlagen. Außerdem müssen auch beim FE-Verfahren Lastannahmen getroffen werden, was sich oft als der schwierigste Teil der Aufgabe erweist.

Ist das Bauteil körperlich vorhanden und kann man es seiner Verwendung gemäß belasten, so gibt eine Messung der Dehnungen exakten Aufschluß über die Höhe der Spannungen. Zur Abschätzung der Sicherheit muß allerdings am Ort der höchsten Spannung gemessen werden, der nicht immer leicht zu erkennen ist. Außerdem muß man von Dehnungen auf Spannungen über die Hauptspannungen umrechnen; die Dehnungen müssen daher in deren Richtung gemessen werden, sofern man nicht in mindestens drei Richtungen am gleichen Ort messen will. Dies macht meist eine sehr große Anzahl von Dehnungsmessungen erforderlich.

Hier bietet sich nun das Reißlack- oder Dehnungslinienverfahren an, das bereits im Jahre 1924 in der Firma Maybach-Motorenbau GmbH in Friedrichshafen entwickelt und 1926 patentiert wurde [D 1.2-1, 2, 3]. Es beruht auf der Erkenntnis, daß spröde Oberflächenschichten bei der Dehnung eines Bauteiles einreißen können. Schon vorher hat man das Einreißen der Oxidschichten bei z. B. Walzprofilen als Nachweis dafür gehalten, daß das Bauteil an dieser Stelle überbeansprucht wurde. Allerdings wird damit nur eine Beanspruchung über die Streckgrenze hinaus, also in den plastischen Bereich hinein, angezeigt. Die meisten Brüche im Maschinenbau entstehen jedoch nicht durch Beanspruchungen oberhalb der Streckgrenze, sondern infolge wechselnder Beanspruchungen durch Dauerbrüche, die bereits wesentlich unterhalb der Streckgrenze auftreten. Es galt daher Überzüge zu finden, die so spröde sind, daß sie schon bei sehr kleinen Dehnungen zuverlässig einreißen.

Beim Maybach-Verfahren wird dies durch Naturharze auf Kolophoniumbasis erreicht, die außerordentlich empfindlich ansprechen. Sie werden auf das erwärmte Bauteil aufgetragen, das nach Abkühlung dem Belastungsversuch unterworfen werden kann. Die natürliche Streuung in den Eigenschaften der Harze erfordert jedoch bei der Herstellung der Lackstangen und in der Durchführung des Versuchs einiges Geschick.

Dies führte zur Entwicklung von Lacken, die kalt aufgespritzt werden können. Unter der Bezeichnung „Stresscoat" wurden solche Lacke 1938 erstmals von der Magnaflux Corporation in Chicago herausgebracht [D 1.2-4, 5]. Der Vorteil liegt in der Gleichmäßigkeit der Erzeugnisse, wobei es möglich ist, für eine bestimmte Temperatur, bei der der Belastungsversuch geplant ist, die richtige Lacksorte auszuwählen. Für kalt aufgespritzte Lacke ist das „Stresscoat-Verfahren" zum Gattungsbegriff geworden.

D 1.2.3 Physikalisches Prinzip

D 1.2.3.1 Grundsätzliche Wirkungsweise

Ein auf einem Bauteil fest haftender lackartiger Überzug muß den Dehnungen seines Untergrundes folgen. Wird dabei seine Reißdehnung überschritten, so wird er mit einem Sprödbruch senkrecht zur größten positiven Dehnung einreißen. Die Richtung der größten positiven Dehnung ist identisch mit der Richtung der ersten Hauptspannung σ_1, wenn vereinbart wird, daß $\sigma_1 > \sigma_2 > \sigma_3$.

Wird die Reißdehnung gleichzeitig in einem größeren Bereich erreicht, wie z. B. beim Zugversuch an einem prismatischen Stab, so wird ein Netz annähernd äquidistanter Rißlinien entstehen. Andernfalls entsteht bei stufenweiser Steigerung der Belastung zunächst nur eine Rißlinie an der Stelle, an der die Reißdehnung gerade überschritten wurde. Bei weiterer Laststeigerung treten weitere Rißlinien hinzu; bereits vorhandene werden sich verlängern. Die Endpunkte dieser Linien, jedenfalls bei gespritzten Lacken, und neu aufgetretene Linien liegen auf einem Ort gleicher Dehnung – der Reißdehnung. Sie liegen damit auf einem Ort gleicher Spannung, die in einem bestimmten Verhältnis zur Last steht, das im Elastizitätsbereich konstant bleibt. Damit geben diese Dehnungslinien ein sehr anschauliches Bild des Spannungsverlaufs.

Ferner sieht der Geübte, wo Zug und wo Druck an der Oberfläche auftreten und ob Zug-, Druck- oder Torsionsbelastung die Ursache bilden. Die Dichte der Linienfolge gibt ferner einen Hinweis auf die Höhe des Spannungsgradienten. Mit dieser Kenntnis können die nachfolgenden Dehnungsmessungen auf die wichtigen Stellen beschränkt werden, und es ist eindeutig die Richtung gegeben, in der die Dehnungsmesser angesetzt werden müssen.

Die hohe Empfindlichkeit der warm aufgetragenen Lacke entsteht durch die unterschiedlichen Wärmeausdehnungskoeffizienten des Lackes und des Werkstücks. Bei der Abkühlung erstarrt der Lack, und bei weiterer Abkühlung treten Zugeigenspannungen auf. Höchste Empfindlichkeit wird erreicht, wenn diese Eigenspannungen vor Belastungsbeginn dicht unterhalb der Reißdehnung liegen. Bei den kalt aufgespritzten Lacken entstehen diese Eigenspannungen durch die (verhinderte) Schrumpfung des Lackes beim Trocknen.

D 1.2.3.2 Qualitative Analyse

Die qualitative Analyse solcher Dehnungslinienbilder wird erleichtert, wenn die einfachen Fälle bekannt sind. Am klarsten ist der Linienverlauf bei einachsiger Zugbelastung, wie sie am Schaft einer Gabelpleuelstange auftritt, Bild D 1.2-1. Die Rißlinien verlaufen senkrecht zur Stangenachse und damit senkrecht zur ersten Hauptspannung, die hier die einzige ist. Zur Gabel hin laufen die Linien nicht mehr parallel, und wenn man in Gedanken die Senkrechten dazu zieht, erkennt man, wie der Kraftfluß in die beiden Schenkel der Gabel umbiegt. Man sieht auch, daß die Linienfolge dichter wird. Die Spannungen werden hier also höher sein, was sich ja auch schon aus der Querschnittsänderung abschätzen läßt. Außerdem ist die Beanspruchung hier sicher nicht mehr einachsig, was bei der Auswertung der Dehnungsmessungen zu beachten ist.

Bei Druckbelastung in Richtung der Stangenachse, Bild D 1.2-2, verlaufen die Dehnungslinien parallel zur Achse. Sie entstehen ja nicht durch Stauchungen in der Lackschicht, sondern durch die Querdehnung. Diese Dehnung ist aber nicht auch das Anzeichen einer Zugspannung in dieser Richtung. Der Spannungszustand ist einachsig, und es treten nur Druckspannungen in Achsrichtung auf. Senkrecht zur Rißlinie muß keine Zugspannung herrschen. Immer aber liegt in dieser Richtung die erste Hauptspannung, die wie hier gleich null oder auch negativ sein kann. Zur Gabel hin ist der Spannungszustand nicht mehr einachsig. Der Kraftlinienverlauf biegt um, und auch die Liniendichte ändert sich. Hier liegt sicherlich Biegung in den Gabelschenkeln vor, und senkrecht zu den Rißlinien können durchaus Zugspannungen auftreten.

Ein so klares Dehnungslinienbild unter Druckbelastung bekommt man nur bei sehr empfindlichem Dehnungslinienlack. Unempfindlicher Lack spricht unter Druck wenig oder gar nicht an. Denn die Größe der Querdehnung richtet sich nach der Größe der Poisson-Zahl, die für Stahl 0,3 beträgt. Die Querdehnung beträgt also nur etwa 1/3 der Verkürzung durch die Druckspannung. Bei weniger empfindlichem Lack kann man

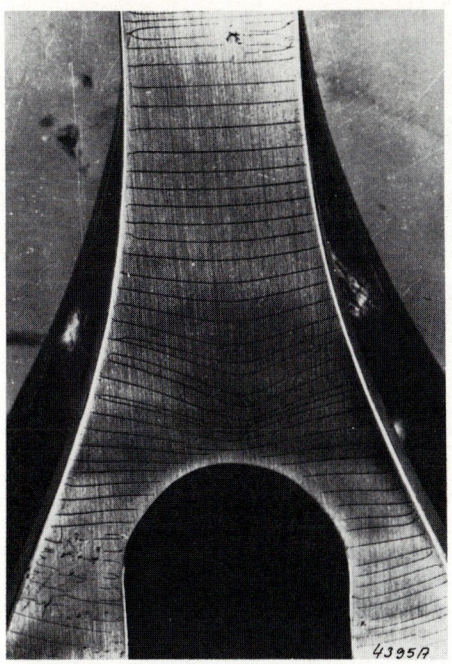
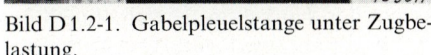

Bild D 1.2-1. Gabelpleuelstange unter Zugbelastung.

Bild D 1.2-2. Gabelpleuelstange unter Druckbelastung.

Druckspannungen dadurch analysieren, daß man zunächst die Last aufbringt, dann den
Reißlack aufträgt und nach Trocknung oder Abkühlung den Prüfling entlastet (Ent-
lastungsverfahren). Die Linien reißen dann in Richtung der vorher vorhandenen ersten
Hauptspannung.

Ganz anders erscheint das Dehnungslinienbild bei der Biegung eines Stabes, Bild D 1.2-3.
Auf der unteren Stabhälfte herrscht Zug; die Linien münden senkrecht zur Stabachse. Auf
der oberen Hälfte herrscht Druck, und die Linien verlaufen achsparallel. Im Falle einer
Querkraftbiegung, wie hier, ist bei warm aufgeschmolzenen Lacken in der neutralen
Faser ein geschwungener Übergang vorhanden. Je kleiner der Übergangsradius, um so
größer ist die Biegespannung. In Stabmitte ist der Übergangsradius null. Diese Stelle
größter Biegespannung wird von den anderen Linien förmlich eingerahmt. Daran kann
man immer das Biegespannungsmaximum erkennen.

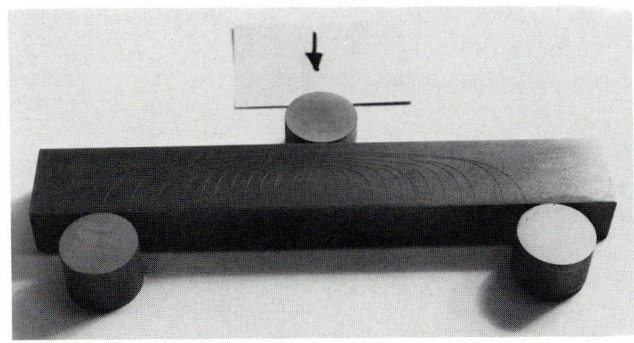

Bild D 1.2-3. Querkraft-
biegung.
Die Dehnungslinien
umschließen die Stelle
der höchsten Biegespan-
nung.

165

Bild D 1.2-4. Reine Biegung.
Im Mittelteil ist das Biegemoment konstant. Die Dehnungslinien verlaufen auf der Zugseite senkrecht, auf der Druckseite parallel zur Stabachse.

In einem Bereich konstanten Biegemoments tritt dieser Übergangsbogen nicht auf, wie Bild D 1.2-4 zeigt. Hier laufen im mittleren Stabteil auf der Zugseite alle Dehnungslinien senkrecht und auf der Druckseite parallel zur Stabachse.

Bei Torsion liegen die beiden Hauptspannungen unter 45° zur Stabachse. Das gleiche gilt natürlich auch für die Dehnungslinien, wie das durch einen gelagerten Hebel querkraftfrei tordierte Rohr in Bild D 1.2-5 zeigt. Die eingebrachten Löcher zeigen ferner, wie feinfühlig das Linienbild auf solche Störstellen reagiert. Weicht der Winkel im Bereich ohne Störstellen von 45° ab, so sind Zug oder Druck in Achsrichtung überlagert. Das Verhältnis zueinander liefert die Beziehung $\tan 2\alpha = 2\tau/\sigma$, wobei der Winkel α von einer Senkrechten zur Stabachse aus gemessen wird.

Die Dehnungslinien zeigen auch an, welche Drehrichtung das erzeugende Moment gehabt hat. In Bild D 1.2-5 folgen die Linien einem Rechtsgewinde, und das erzeugende Moment hat die gleiche Richtung, mit der man die entsprechende Mutter anziehen würde. Treten unter dieser Drehrichtung Torsionsbrüche auf, so haben sie die gleiche Richtung wie die Dehnungslinien. Dies kann man sich veranschaulichen, wenn man sich ein Rohr aus schraubenförmig gewickeltem Band denkt. Entspricht die Wickelrichtung einer Rechtsschraube, so wird ein rechtsschraubendes Moment die noch nicht verschweißte Naht öffnen, da dann senkrecht zur Naht – ebenso wie senkrecht zur Dehnungslinie – Zugkräfte wirken.

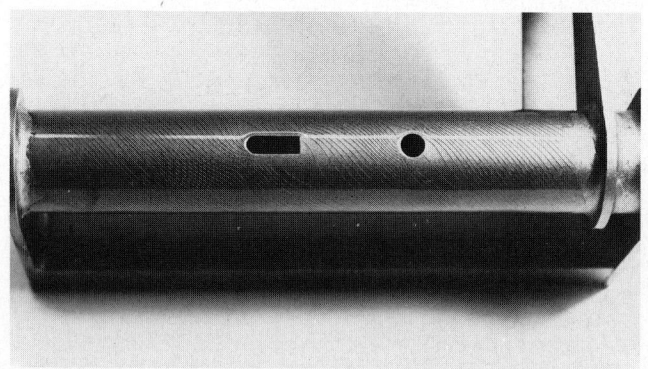

Bild D 1.2-5. Torsion.
Die Dehnungslinien verlaufen unter 45° zur Stabachse.

Bei Bauteilen überlagern sich meist mehrere Spannungsarten. Dies zeigt sehr anschaulich ein Schwinghebel für die Steuerung von zwei Motorventilen, Bild D 1.2-6. Rechts greift die vom Nocken kommende Stoßstange an, links wird die Kraft auf beide Ventile weitergeleitet. Alle drei Schenkel sind deutlich auf Biegung beansprucht. Oben befindet sich die Druckzone, unten die Zugzone. Der linke vordere Schenkel zeigt deutlich ein von den Dehnungslinien umschlossenes Biegespannungsmaximum. Hier ist der Dehnungsmeßstreifen anzusetzen. Das verbindende Rohr ist überwiegend auf Torsion beansprucht, wie die Ansicht von unten, Bild D 1.2-7, noch besser zeigt. Nochmals wird das Biegespannungsmaximum des linken vorderen Schenkels deutlich, das den anderen Schenkeln fehlt. An diesen zeigt das Umbiegen der Dehnungslinien aber, daß die Biegespannung zum freien Ende hin trotz des abnehmenden Querschnitts schwächer wird.

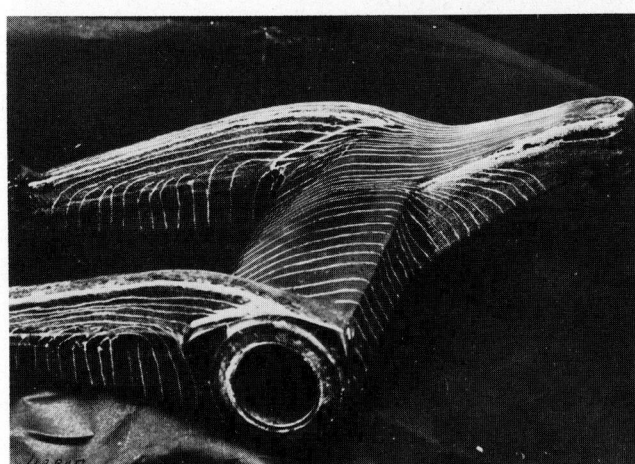

Bild D 1.2-6. Ventilschwinghebel.
Alle drei Schenkel sind auf Biegung belastet, die Verbindungshülse auf Torsion.

Bild D 1.2-7. Ventilschwinghebel, Ansicht von unten.
Der Schenkel vorn links hat ein deutliches Spannungsmaximum. Bei den beiden anderen Schenkeln fällt die Spannung vom Anschluß weg zu den Enden hin ab.

Bei dem Schwinghebel ist der Kraftfluß noch leicht vorstellbar. Oft sind die Bauteile oder ganze Baugruppen wesentlich verwickelter. Bild D 1.2-8 zeigt als Beispiel ein Getriebe. Das Differenzmoment zwischen Eingang und Ausgang muß über die Lagerung der Wellen, die Gehäusewand und die Füße auf das Fundament abgestützt werden. Der Spannungsverlauf im Gehäuse mit seinen ganz unterschiedlichen Wandstärken und in

Bild D 1.2-8. Dehnungs-
linien an einem kom-
pletten Schiffsgetriebe.

den Füßen ist nur mit sehr großer Erfahrung abzuschätzen. Eine Berechnung mittels finiter Elemente, die echt dreidimensional zu erfolgen hätte, würde unverhältnismäßig hohen Aufwand an Computerkapazität und Kosten erfordern. Hier ist eine Dehnungslinienanalyse mit nachfolgenden Dehnungsmessungen an den als hoch beansprucht erkannten Stellen die entschieden günstigere Lösung. Das Beispiel zeigt auch, daß große Baugruppen für das Dehnungslinienverfahren kein Hindernis sind.

Bei den gezeigten Beispielen kann man die Last abschätzen und die Analyse in einem statischen Versuch durchführen. Oft ist aber gerade die Last, die auf ein Bauteil entfällt, nach Größe und Richtung nur ungenau bekannt. Dann kann das Dehnungslinienverfahren auch bei laufender Maschine angewendet werden. Zwar läßt sich das Nacheinander des Auftretens einzelner Linien und deren lastabhängige Ausdehnung nicht mehr verfolgen, aber der Geübte sieht, wo Spannungsspitzen liegen und in welcher Richtung die Dehnungsmesser anzusetzen sind, die ja bei Verwendung von elektrischen Dehnungsmeßstreifen ebenfalls bei laufender Maschine anwendbar sind und die auch die Dynamik der Arbeitsspiele anzeigen können.

Wechseln die Spannungen dabei über den Nullpunkt hinweg, so können sich überkreuzende Scharen von Dehnungslinien auftreten. Ein statischer Versuch kann dann zeigen, welche Linienschar zu welchem Teil des Arbeitsspiels gehört.

Das Dehnungslinienverfahren ist geeignet, Lastfälle besonders anschaulich darzustellen. In Bild D 1.2-9 sind nochmals Ausschnitte eines Versuchs am Druckstab gezeigt. Der Stab ist gelocht, und im oberen Bildteil ist die Umlenkung der Dehnungslinien durch die Spannungserhöhung im Querschnitt mit dem Loch deutlich zu erkennen. Paßt man in das Loch einen Bolzen ein, so kann dieser die Drucklast übertragen. Die Dehnungslinien biegen dann nicht um. Auch unter Zuglast wird der Kraftfluß unter Spannungserhöhung um das Loch herumgelenkt, Bild D 1.2-10 (oben). Der Paßbolzen kann bei Zug jedoch nur wenig stützen, da er nur die Querkontraktion behindern kann, nicht aber die Aufweitung des Loches in Zugrichtung. Dieser Versuch macht deutlich, warum Gußeisen auf Druck höhere Spannungen erträgt als auf Zug. Die Graphitlamellen spielen die Rolle der Paßbolzen im tragenden Ferritnetz: bei Druck können sie die Kräfte direkt übertragen, bei Zug ist ihre Stützwirkung nur gering. Und so wird auch klar, warum sich die neutrale Faser bei Biegung zur Druckseite hin verschiebt. Der auf Druck beanspruchte Teil der

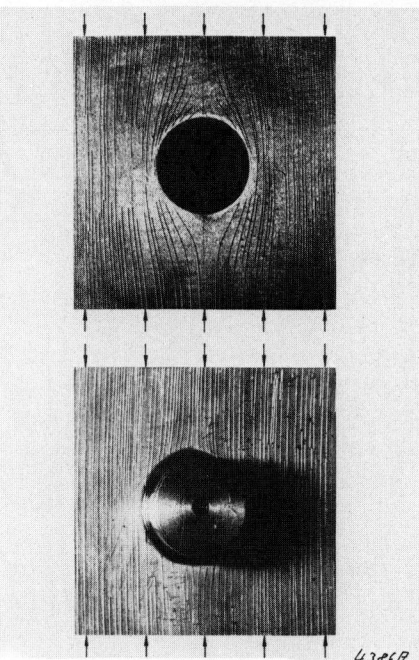
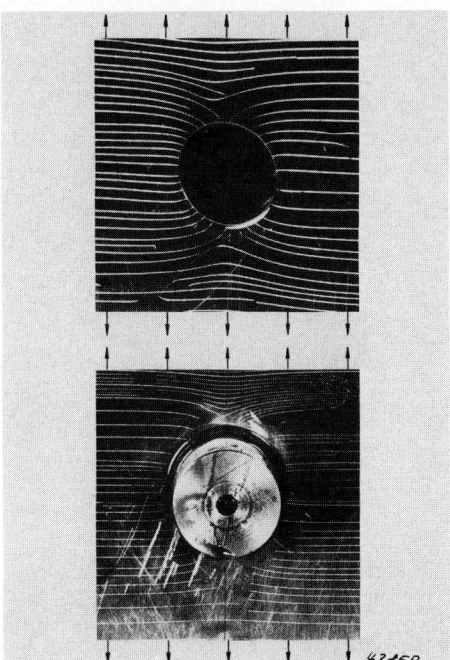

Bild D1.2-9. Gelochter Druckstab ohne und mit Paßbolzen.
Ohne Bolzen wird der Kraftfluß unter Spannungsanhäufung umgelenkt; der Paßbolzen kann die Drucklast dagegen voll übertragen.

Bild D1.2-10. Gelochter Zugstab ohne und mit Paßbolzen.
Die Zuglast kann der Bolzen nicht übertragen; der Kraftfluß wird in beiden Fällen umgelenkt.

Querschnittsfläche ist quasi ungelocht und der auf Zug beanspruchte Teil gelocht. Daher ist die Achse des Flächenträgheitsmoments zur Druckseite hin verschoben.

Weiterführendes Schrifttum entnehme man [D1.2-6 bis 9].

D 1.2.3.3 Quantitative Analyse

Bisher wurde das Dehnungslinienverfahren als ein Hilfsmittel zur qualitativen Spannungsanalyse eines Bauteiles vorgestellt. Es zeigt weitgehendst, ob unter der Belastung Zug, Druck, Biegung oder Torsion vorliegen, läßt Stellen höherer Beanspruchung erkennen, gibt an allen Stellen die Richtung der beiden Hauptnormalspannungen an und ermöglicht so die rationelle Durchführung von Dehnungsmessungen und damit einer quantitativen Spannungsanalyse. In diesem Sinne wird es auch in den meisten Fällen angewendet. Aber das Verfahren kann noch mehr. Es kann unter bestimmten Voraussetzungen selbst zur quantitativen Dehnungsmessung benutzt werden. Dies ist dann vorteilhaft, wenn man für nachfolgende Dehnungsmessungen nicht eingerichtet ist, oder wenn die Bauteile so klein sind, daß man Dehnungsmesser nicht mehr anbringen kann, wie z. B. in der Feinmechanik, der Meßgeräte- oder der Uhrenindustrie.

Die quantitative Auswertung beruht darauf, daß man die Dehnung bestimmt, bei der die Reißfestigkeit des Lackes überschritten wird. Dazu benutzt man einen Eichstab, den man mit einem bekannten Biegemomentenverlauf belastet. Wählt man z. B. einen Freiträger, Bild D1.2-11, so steigt das Moment linear zur Einspannstelle hin. An der von der

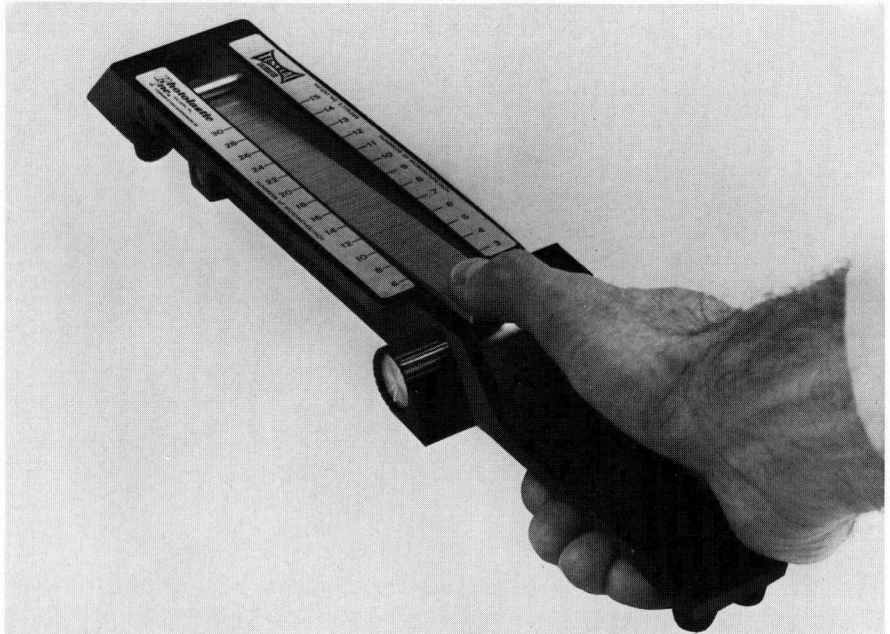

Bild D 1.2-11. Eichvorrichtung zur Bestimmung der Reißspannung.
(Werkphoto Measurements Group, Inc.)

Einspannstelle am weitesten entfernten Rißlinie liegt also gerade die Reißdehnung vor. Sie läßt sich leicht errechnen oder an einer Eichskala für die durch Anschlag oder Nocken stets gleich groß gemachte Durchbiegung bestimmen.

Die Liniendichte nimmt zur Einspannstelle hin zu. Zu einem bestimmten Linienabstand gehört eine bestimmte Dehnung, die ebenfalls an der Eichskala abgelesen werden kann.

Gespritzte Lacke enthalten Lufteinschlüsse in den Poren. Diese bewirken, daß die Rißlinien nur soweit laufen, wie die Reißdehnung im Lack überschritten ist. Die Rißenden auf dem Prüfling zeigen also die Stellen an, an denen gerade die vom Eichstab her bekannte Reißdehnung vorliegt. Verbindet man bei gegebener äußerer Last die Endpunkte der Rißlinien, so erhält man die sog. Isoentaten. Die Schar der Isoentaten bei verschieden hoher äußerer Last gibt ein sehr klares Bild der Spannungsverteilung.

Die Reißdehnung des Lackes ist von seiner Zusammensetzung, Temperatur, Feuchtigkeit, Schichtdicke und Eigenspannung abhängig. Daher muß der Eichstab genau die gleiche Behandlung erfahren wie der Prüfling. Er muß mit dem Prüfling zusammen auf gleiche Weise gespritzt und getrocknet werden. Auch die Belastung muß möglichst gleichzeitig und unter gleichen klimatischen Bedingungen erfolgen. Bei sorgfältiger Arbeit beträgt der Meßfehler etwa $\pm 10\%$.

Es muß ausdrücklich darauf hingewiesen werden, daß die quantitative Auswertung nur für einen einachsigen Spannungszustand gilt. Einmal wird ja nur die erste Hauptdehnung ermittelt; die Größe der zweiten Hauptdehnung bleibt unbekannt. Außerdem wird die erste Hauptdehnung am Eichstab bei einachsigem Spannungszustand bestimmt. Die Schwierigkeit liegt darin, daß der einachsige Spannungszustand am Eichstab nur für den Stab selbst vorliegt, nicht jedoch für den Lack. Dieser hat eine andere Poisson-Zahl als das Stabmaterial, und damit wäre seine Querdehnung eine andere – meist größere –, falls er frei wäre.

Ferner muß beachtet werden, daß der Lack unter Belastung kriecht, also die Spannungen abbaut. Daher sollte die Belastung nicht länger als drei Minuten dauern, damit die Eichwerte noch Gültigkeit haben. Nach einer etwa vierfachen Erholungszeit kann erneut belastet werden.

D 1.2.4 Meßeinrichtungen und Handhabung

Es soll nun dargestellt werden, welche Reißlacke verwendet werden, wie man sie handhabt und welche Vorbereitungen dafür erforderlich sind. Die Ausführungen dazu können natürlich nur allgemeiner Natur sein, denn im einzelnen sind die Vorschriften der Lackhersteller maßgebend. Die Oberfläche des Prüflings muß sauber und fettfrei, wenn auch nicht metallisch blank sein. Gegebenenfalls sind Drahtbürste oder Schleifhexe zu verwenden. Anschließend ist mit den üblichen Lösungsmitteln zu entfetten. Dann kann eine reflektierende Aluminiumfarbe aufgebracht werden, die die Rißlinien besser sichtbar macht.

D 1.2.4.1 Maybach-Verfahren

Hauptbestandteil des Lackes für das Maybach-Verfahren ist Kolophonium, dem etwa 30% Dammarharz, dem Harz einer indischen Fichte, zugegeben werden. Die Mischung wird bei 120 bis 180 °C erschmolzen und zur besseren Handhabung in Stangen abgegossen. Die Empfindlichkeit des Lackes ist sehr hoch; die Reißdehnung liegt bei etwa 0,1 mm/m.

Die Beschaffung von Dammarharz kann Schwierigkeiten bereiten. Gleichgute Ergebnisse lassen sich erzielen, wenn das Kolophonium allein 40 bis 50 Stunden lang bei 120 °C ausgekocht und dann ebenfalls in Stangen abgegossen wird. Für längere Lagerzeiten sollten die Lackstangen in Kunstoffolie verpackt werden.

Nach der Reinigung wird der Prüfling im Ofen oder mit einer weichen Gasflamme auf die Schmelztemperatur des Lackes vorgewärmt. Die richtige Temperatur kann durch Auftupfen mit der Lackstange geprüft werden. Der Lack muß zähflüssig aufschmelzen und wird mit kreisenden Bewegungen verteilt. Mit der Flamme läßt man ihn dann vorsichtig noch weiter verlaufen, bis er eine gleichmäßig glatte Oberfläche von etwa 0,2 mm Dicke bildet.

Danach läßt man das Bauteil möglichst gleichmäßig abkühlen. Die richtige Belastungstemperatur liegt je nach Lackzusammensetzung bei 15 bis 30 °C. Bei zu tiefer Temperatur reißt der Lack auch ohne Belastung ungeregelt durch seine Eigenspannungen, die ja mit sinkender Temperatur steigen. Ist die Temperatur noch zu hoch, so verformt sich der Lack bei Belastung plastisch ohne zu reißen. Entlastet man dann nach dem Abkühlen, so können Entlastungsrisse entstehen, die senkrecht zu den eigentlichen Dehnungslinien verlaufen.

Man ist also auf einen bestimmten Temperaturbereich angewiesen. Die Luftfeuchtigkeit hingegen spielt nur eine geringe Rolle. Da gleich nach der Abkühlung belastet werden kann, fehlt dem Lack die Zeit, größere Mengen Feuchtigkeit aufzunehmen. Erst wenn längere Zeit bis zur Belastung vergeht, macht sich ein Einfluß der Luftfeuchtigkeit bemerkbar. Kommen die Risse nur zögernd, so kann man sie durch leichtes Berühren mit dem Finger oder durch Streichen mit einer Bürste auslösen. Auch kann man durch

Anblasen mit Kaltluft die Empfindlichkeit weiter steigern. Unterkühlt man dabei jedoch zu stark, so krakeliert der Lack und der Versuch ist verdorben.

Der Vorteil des Maybach-Verfahrens beruht auf seiner großen Empfindlichkeit, durch die auch Druckspannungen sichtbar werden. Ferner ist es relativ billig; Hilfseinrichtungen sind kaum notwendig. Die Versuchsdauer ist kurz, da nur die Abkühlzeit abgewartet werden muß. Demzufolge ist auch ein mißlungener Versuch schnell wiederholt.

Quantitative Auswertung ist nicht möglich. Auch kann man sich nicht darauf verlassen, daß die ersten Linien an der höchstbeanspruchten Stelle erscheinen. Dies gilt natürlich insbesondere dann, wenn man das Auftreten der Risse durch Berühren unterstützt hat. Ferner kann das Maybach-Verfahren nicht bei wärmeempfindlichen Teilen verwendet werden.

In Abwandlung des Verfahrens kann dem Kolophonium statt des Dammar-Harzes auch 1 bis 3% Bariumhydroxyd oder 1 bis 3% Kaliumhydroxyd zugesetzt werden. Es wird dann pulverisiert und auf den auf etwa 100 °C vorgewärmten Prüfling aufgespritzt [D 1.2-10].

D 1.2.4.2 Stresscoat-Verfahren

Da der Lack beim Maybach-Verfahren auf den warmen Prüfling aufgebracht wird, ist die Reißdehnung von den Abkühlbedingungen abhängig. Diese können nicht über den ganzen Prüfling hinreichend gleich gehalten werden, um quantitativ auswerten zu können. Die Magnaflux-Corporation und andere Hersteller [D 1.2-11, 12] haben daher Dehnungslinienlacke entwickelt, die gelöst sind und sich kalt aufspritzen lassen. Sie werden dann bei Arbeitstemperatur oder etwas darüber getrocknet.

Für die verschiedenen Arbeitstemperaturen, die zwischen −20 und +50 °C gewählt werden können, und für die vorhandene Luftfeuchtigkeit, die ebenfalls berücksichtigt wird, steht eine breite Skala von Lacksorten zur Verfügung. Für quantitative Auswertung müssen diese Daten auf wenige Grad genau eingehalten werden [D 1.2-13].

Der Versuch beginnt mit der Messung von Arbeitstemperatur und Luftfeuchtigkeit, wozu ein Psychrometer mitgeliefert wird. Danach wählt man aus einer Tabelle die Lacksorte aus. Nach dem Reinigen des Prüflings, Aufspritzen des Aluminiumunterzuges und des Dehnungslinienlackes muß der Prüfling 8 bis 18 Stunden trocknen; dann kann belastet werden. Zur Sichtbarmachung der Risse stehen die passenden Ätzmittel zur Verfügung. Das Kriechen des Lackes unter der Belastung kann nach einem Korrekturdiagramm berücksichtigt werden.

Die Empfindlichkeit beim Stresscoat-Verfahren ist erheblich geringer als beim Maybach-Verfahren. Je nach Lacksorte liegt die Reißdehnung bei 0,3 bis 1,2 mm/m. Dies hat zur Folge, daß in Gebieten mit Druckspannungen meist keine Dehnungslinien auftreten. Auch bei Biegung treten nur zugseitig von der neutralen Faser Dehnungslinien auf.

Bei der Verwendung solcher Lacke sind die gleichen Vorsichtsmaßnahmen bez. Brandgefahr, Einatmen der Dämpfe, Aufbewahren der Lackdosen usw. wie beim entsprechenden Farbspritzen zu beachten. Die Lackhersteller liefern neben ausführlichem Informationsmaterial alles Erforderliche mit, von der Spritzpistole und dem Kompressor bis zur Atemmaske.

Der Vorteil des Stresscoat-Verfahrens liegt in der Möglichkeit zur quantitativen Analyse. Außerdem wird dem Bearbeiter alles geliefert, was er zur Untersuchung braucht. Nachteilig sind die geringe Empfindlichkeit, die relativ hohen Anschaffungskosten und die längere Versuchsdauer durch die Trocknungszeiten.

172

D 1.2.5 Zusammenfassende Beurteilung

Das *Reißlack- oder Dehnungslinienverfahren* ist ein vorzügliches Hilfsmittel zur Bestimmung der Spannungen eines Bauteiles. Es liefert eine großflächige Übersicht über den Kraftfluß und die Spannungsverteilung im gesamten Bauteil oder zumindest seiner hoch beanspruchten Teile. Für nachfolgende Dehnungsmessungen liefert es Ort und Richtung für die Anbringung der Dehnungsmesser. Dem Konstrukteur gibt es wichtige Hinweise für seine Überlegungen, gerade bei sehr verwickelten Bauteilen oder Baugruppen. Da die Möglichkeit besteht, die Untersuchung auch bei veränderlichen Lasten durchzuführen, sind Lastannahmen nicht unbedingt erforderlich. Oft kann sogar über eine solche Analyse erst auf die auf ein Bauteil aufgebrachte Last geschlossen werden.

Überwiegend wird das Dehnungslinienverfahren wohl zur qualitativen Analyse für nachfolgende Dehnungsmessungen verwendet. Bei Anwendung des Stresscoat-Verfahrens und Beachtung der vorstehend genannten Einschränkungen ermöglicht es jedoch auch eine direkte Bestimmung der Spannungen.

Das *Maybach-Verfahren* hat eine sehr hohe Empfindlichkeit. Es liefert dadurch Anzeigen auch im Druckgebiet und in niedrig belasteten Bereichen. Die Zeiten für die Durchführung sind kurz, mißglückte Versuche sind schnell wiederholt. Für quantitative Analyse ist es nicht geeignet. Die Kosten sind sehr gering. Allerdings ist die Lackherstellung von so geringem wirtschaftlichem Interesse, daß man da auf sich selbst angewiesen ist, was beim Einstieg doch einige Schwierigkeiten bereiten kann.

Das *Stresscoat-Verfahren* verlangt zwar beim Einstieg einen gewissen finanziellen Aufwand, bereitet in der Durchführung dann aber keine prinzipiellen Schwierigkeiten. Eine quantitative Spannungsermittlung ist möglich. Nachteilig ist lediglich, daß es meist nur in den höher beanspruchten Gebieten eines Bauteiles anzeigt.

D 1.3 Mechanische und mechanisch-optische Dehnungsmesser

N. Mayer

D 1.3.1 Formelzeichen

A	Anzeige
ΔA	Anzeigenänderung, Anzeigendifferenz
K	Übertragungsfaktor
N	Anzahl
T	Temperatur
b	Breite
l	Länge
Δl	Längenänderung
s	Abstand
α	linearer Wärmeausdehnungskoeffizient
ε	Dehnung
φ	Winkel

Indizes:

G	Meßgerät
K	Kontrollstrecke
M	Meßobjekt, Meßstrecke
0	bei Bezugstemperatur

D 1.3.2 Allgemeines

Die ersten Dehnungsmesser waren mechanische Geräte ohne Übersetzung, und zwar Anlegemaßstäbe zur Beobachtung der Abstandsänderung von Meßmarken. Bevor dann später elektrische Geräte fast beliebige Auflösungen erlaubten, wurde mit Hebelübersetzungen und Lichtstrahlen bzw. Lichtzeigern versucht, sie den steigenden Anforderungen, insbesondere an die Empfindlichkeit, anzupassen, um möglichst alle Dehnungsmeßprobleme mit ihrer Hilfe zu lösen. Heute sind diese Verfahren eine Möglichkeit unter vielen anderen, und sie werden nur noch in einem relativ eng begrenzten Anwendungsbereich vorteilhaft eingesetzt.

In der Regel ist der Einsatz mechanischer Dehnungsmesser auf statische bzw. quasistatische Messungen beschränkt. Eine Ausnahme sind die registrierenden Ritzdehnungsschreiber, die auch noch Vorgänge im Millisekundenbereich aufzeichnen können. Mechanisch-optische Dehnungsmesser erlauben auch die Messung dynamischer Vorgänge, wozu allerdings meist eine photographische Aufzeichnung oder photoelektrische Signalerfassung notwendig ist.

Je kleiner die Meßstrecke, desto schwieriger wird die Handhabung und um so größer muß die Übersetzung sein, damit man noch eine befriedigende Empfindlichkeit erzielt. Dies ist mit ein Grund dafür, weshalb mechanische und mechanisch-optische Dehnungsmesser für kleine Meßstrecken praktisch kaum noch verwendet werden.

D 1.3.3 Physikalisches Prinzip

D 1.3.3.1 Übersicht

Mechanische und mechanisch-optische Dehnungsmesser wandeln die Dehnung eines Meßobjekts mit mechanischen und optischen Mitteln in eine ablesbare Dehnungsanzeige um. Diese Mittel sind

– bei mechanischen Dehnungsmessern: Meßfüße, Meßspitzen und -schneiden, Längsführungen, Hebel, Zeiger und Skalen, und

– bei mechanisch-optischen Dehnungsmessern zusätzlich: Spiegel, Prismen, Beobachtungsfernrohre, Lichtquellen und Lichtzeiger.

Die wesentlichen physikalischen Grundprinzipien werden anschließend in Abschn. D 1.3.3.2 ausführlicher erläutert.

Bei allen mechanischen und mechanisch-optischen Dehnungsmessern wird – genau genommen – nicht die Dehnung, sondern die Abstandsänderung zwischen zwei Punkten an der Oberfläche des Meßobjekts gemessen. Bei stärker gekrümmten Meßobjekten weicht das Meßergebnis von der wahren Dehnung längs körperfester Linien oft erheblich ab, vgl. Abschn. C 1.4.1.

Die Meßstrecken können recht klein gewählt werden – bis zu rd. 2 mm –, so daß sich auch sehr inhomogene Dehnungsverteilungen ausmessen lassen. In der Regel werden heute jedoch Meßstrecken größer als 10 mm verwendet; meist liegen sie zwischen 100 und 500 mm.

Der Dehnungsabgriff auf dem Meßobjekt wird an den Endpunkten der Meßstrecke über sog. Meßfüße oder Meßböckchen durchgeführt. Dehnungsmesser mit Meßböckchen befestigt man direkt auf dem Meßobjekt; Dehnungsmesser mit Meßfüßen setzt man mit diesen auf spezielle Meßmarken auf. Meßfüße und Meßmarken bzw. Meßböckchen sind die Koppelglieder zwischen Dehnungsmesser und Meßobjekt; sie greifen die Längenänderung der Meßstrecke ab und wandeln diese in eine meßbare Bewegung am Dehnungsmesser um. Bei Dehnungsmessern ohne Übersetzung entspricht diese Bewegung der Meßstreckenlängenänderung, bei Dehnungsmessern mit Übersetzung wird sie erst übersetzt (verstärkt) und dann angezeigt.

Die folgenden beiden Abschnitte D 1.3.3.2 und D 1.3.3.3 gehen auf Dehnungsabgriff und Übersetzung ausführlicher ein.

D 1.3.3.2 Dehnungsabgriff

Die mechanischen und mechanisch-optischen Dehnungsmesser sind an den beiden End-punkten der Meßstrecke *l* mit dem Meßobjekt verbunden; sie sind dort angekoppelt und greifen die Dehnung ab. Die gebräuchlichsten Ausführungen dieser Ankopplungsstellen bzw. dieser Kombinationen aus Meßfuß und Meßmarke werden in Bild D 1.3-1 darge-stellt, vgl. Abschn. C 1.3.1.1 und [D 1.3-1; 2].

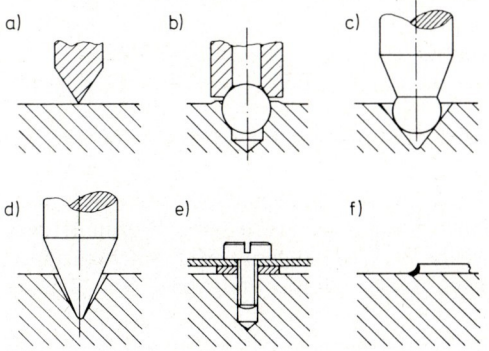

Bild D 1.3-1. Dehnungsabgriff am Meß-objekt.
a) Aufgesetzte Spitze oder Schneide.
b) Röhrchenmeßfluß – Kugelmarke.
c) Kugelmeßfuß – Kegelbohrung.
d) Kegelmeßfuß – Kegelbohrung.
e) Anschrauben des Dehnungsmessers.
f) Anschweißen des Dehnungsmessers.

Bild D 1.3-1 a zeigt eine Meßspitze oder -schneide, die auf die Oberfläche des Meßobjekts aufgesetzt wird. Ein leichtes Eindrücken des Meßfußes in die Oberfläche ist möglich, jedoch nicht unbedingte Voraussetzung der richtigen Funktionsweise. Dehnungsmesser mit diesem Dehnungsabgriff sollten nur geringe Massen haben, damit die Meßfüße bei Erschütterungen nicht so leicht verrutschen.

Die Kombination Röhrchenmeßfuß mit Innenkonus und Kugelmeßmarke zeigt Bild D 1.3-1 b. Sie erlaubt eine sehr genaue und preiswerte Ankopplung, besonders, weil sich Kugeln mit großer Präzision billig herstellen lassen. Die Kugeln werden mit Spezialwerk-zeugen in die Oberfläche des Meßobjekts oder in vorgefertigte Markierungen eingepreßt, die man aufklebt oder einkittet.

Die Kombination nach Bild D 1.3-1 c entspricht der eben beschriebenen, nur daß hier Kugel und Konus vertauscht sind. Hier wird der Konus in das Meßobjekt direkt oder in aufklebbare oder einzusetzende Meßmarken eingebohrt oder mit Spezialwerkzeugen eingetrieben. Es ist jedoch meist schwieriger, Meßmarken mit der gleichen Oberflächen-güte und Verschleißfestigkeit herzustellen, wie sie bei den Kugelmarken gegeben sind.

Bei der Kombination nach Bild D 1.3-1 d haben Meßfuß und Meßmarke einen Konus mit verschiedenen Winkeln, deren Spitzen mit etwas unterschiedlichen Radien verrundet sind. Dadurch erreicht man nicht nur bei kleinen, sondern auch bei größeren Dehnungen des Meßobjekts noch eine gute Übertragung der Dehnung auf das Meßgerät [D 1.3-3].

Schließlich lassen sich die Dehnungsmesser auch auf dem Meßobjekt anschrauben oder festschweißen, s. Bild D 1.3-1 e und f. Diese Methoden sind vor allem dann anzuwenden, wenn ein Meßgerät längere Zeit an einer Meßstelle verbleiben soll und Schwingungen oder Erschütterungen stark wechselnde Kräfte an den Meßfüßen verursachen. Der Deh-nungsabgriff entsprechend den Bildern D 1.3-1 b, c und d eignet sich besonders für sog.

Setzdehnungsmessungen (vgl. [D 1.3-1; 2]), bei denen mit einem Meßgerät viele Meßstrecken nacheinander abgefragt werden müssen, wobei man das Meßgerät jeweils neu
auf die Meßmarken der entsprechenden Meßstrecke aufsetzt. Beim Dehnungsabgriff
nach den Bildern D 1.3-1a bis d benötigt man eine Andruckkraft, mit der man die
Meßfüße bzw. das Meßgerät auf das Meßobjekt bzw. die Meßmarken drückt. Sie kann
vom Messenden manuell aufgebracht oder von Andruckfedern oder Klemmen erzeugt
werden. Die zweite Methode wird insbesondere bei kleinen massearmen Geräten mit
mechanisch-optischer Übersetzung angewendet.

D 1.3.3.3 Übersetzung

Zur Gliederung der verschiedenen Dehnungsmesser in übersichtliche Gruppen sind hier
in Abschn. D 1.3 die Dehnungsmesser je nach Art der Übersetzung der abgegriffenen
Dehnung in eine Dehnungsanzeige wie folgt eingeteilt:

- Dehnungsmesser ohne Übersetzung, s. Bild D 1.3-2a und Abschn. D 1.3.4.2,
- Dehnungsmesser mit mechanischer Übersetzung, s. Bild D 1.3-2b und Abschn.
  D 1.3.4.3,
- Dehnungsmesser mit mechanisch-optischer Übersetzung, s. Bild D 1.3-2c und Abschn.
  D 1.3.4.4.

Häufig wird die Bewegung des beweglichen Meßfußes mit einer Meßuhr oder einem
Feinzeiger gemessen. Beide können auch leicht durch einen elektrischen Wegaufnehmer
ersetzt werden, vgl. Abschn. D 6. Hier wird dieses Wegmeßgerät (Meßuhr, Feinzeiger,
Wegaufnehmer) als ein Hilfsgerät angesehen, dessen Übersetzung bzw. Verstärkung
außer Betracht gelassen wird.

Bild D 1.3-2a zeigt schematisch einen Dehnungsmesser ohne Übersetzung. Ein Meßfuß
ist fest mit dem Hauptteil a verbunden. Der bewegliche Meßfuß befindet sich an einer

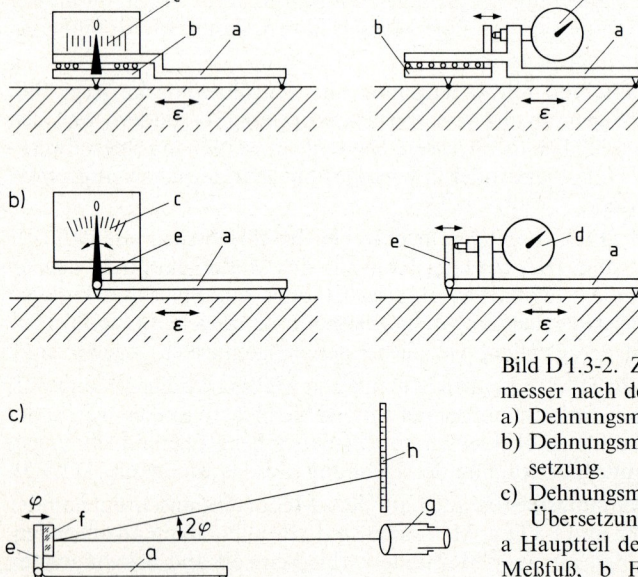

Bild D 1.3-2. Zur Einteilung der Dehnungsmesser nach der Art der Übersetzung.
a) Dehnungsmesser ohne Übersetzung.
b) Dehnungsmesser mit mechanischer Übersetzung.
c) Dehnungsmesser mit mechanisch-optischer
Übersetzung.
a Hauptteil des Dehnungsmessers mit festem
Meßfuß, b Führungsteil mit beweglichem
Meßfuß, c Skala, d Meßuhr, e Hebel, f Spiegel, g Fernrohr, h Maßstab

Parallelführung b, z. B. einem kleinen Rolltisch. Seine Bewegung wird entweder auf einer fest mit dem Hauptteil a verbundenen Skale c direkt oder mit einer Meßuhr d vergrößert angezeigt. Der Längenänderungsmeßbereich dieser Art von Dehnungsmessern reicht bis über 10 mm.

Einen Dehnungsmesser mit mechanischer Übersetzung zeigt Bild D 1.3-2 b. Hier ist der bewegliche Meßfuß an einem Hebel e befestigt, der am Hauptteil a drehbar gelagert ist und einen Zeiger trägt, der die Bewegung des Meßfußes übersetzt (vergrößert) auf der Skale c anzeigt. Auch hier kann eine Meßuhr d benutzt werden, um die Hebelbewegung mit vergrößerter Empfindlichkeit anzuzeigen. Einige Dehnungsmesser dieser Gruppe erreichen mit mehrfachen Hebelübersetzungen sehr große Übersetzungen. Bedingt durch die begrenzte Hebelbewegung beträgt hier der Längenänderungsmeßbereich maximal rund 1 mm.

Bei Dehnungsmessern mit mechanisch-optischer Übersetzung werden die Vorteile von Lichtstrahlen, die praktisch trägheitslose optische Hebel oder Lichtzeiger darstellen, zur Vergrößerung der Empfindlichkeit bzw. der Übersetzung ausgenutzt, s. Bild D 1.3-2 c. Der mechanische Hebel e trägt einen Spiegel f, über den mit einem Fernrohr g ein Maßstab h beobachtet wird. Bei einer Bewegung des Spiegels f wandert das Bild des Maßstabs h durch das Blickfeld im Fernrohr g. Bei bekanntem Abstand s zwischen Spiegel und Maßstab läßt sich die Anzahl der durchlaufenden Skalenteile des Maßstabes je Mikrometer der Längenänderung der Meßstrecke bzw. je Dehnungseinheit berechnen. Von der Stelle des Fernrohrs g aus kann man auch einen Lichtstrahl auf den Spiegel f fallen lassen, der dann als Lichtpunkt auf dem Maßstab h erscheint und dort als Lichtzeiger die Dehnung anzeigt. Bei Beobachtung des Spiegels f mit einem Autokollimationsfernrohr läßt sich dessen Winkelbewegung φ auch unabhängig vom Abstand s messen, vgl. Abschn. D 1.3.4.4.4. Der Längenänderungsmeßbereich der mechanisch-optischen Dehnungsmesser beträgt maximal einige Zehntel Millimeter.

D 1.3.4 Meßeinrichtungen und ihre Handhabung

D 1.3.4.1 Allgemeines

Eine Übersicht über die verschiedenen Dehnungsmesser gibt Bild D 1.3-2 in Abschn. D 1.3.3.3. Die Dehnungsmesser ohne Übersetzung sind auf Grund ihres einfachen Aufbaus robust und zuverlässig und besonders für Setzdehnungsmessungen in der Bautechnik weit verbreitet. Die Dehnungsmesser mit Übersetzung verdanken ihre Entstehung vor allem dem Wunsch nach größerer Empfindlichkeit bzw. Auflösung. Diese Forderung kann heute in den meisten Fällen von elektrischen Dehnungsmessern weitaus einfacher erfüllt werden, so daß die Anwendung der Dehnungsmesser mit mechanischer oder mit mechanisch-optischer Übersetzung heute zumeist auf Sonderfälle beschränkt ist.

D 1.3.4.2 Dehnungsmesser ohne Übersetzung

D 1.3.4.2.1 Allgemeiner Aufbau

Der grundsätzliche Aufbau mechanischer Dehnungsmesser ohne Übersetzung ist in Bild D 1.3-3 dargestellt. Bei der Ausführung mit einer Parallelfederführung (Bild D 1.3-3 a) ist ein Meßfuß mit dem Hauptteil a verbunden. Der bewegliche Meßfuß sitzt an einem Führungsteil b, das über zwei Blattfedern c mit dem Hauptteil a verbunden ist. Es kann daher gegen die Federkraft der Blattfedern ohne Spiel und Reibung relativ zum Hauptteil bewegt werden. Die gegenseitige Verschiebung beider Teile zeigt eine Meßuhr e an.

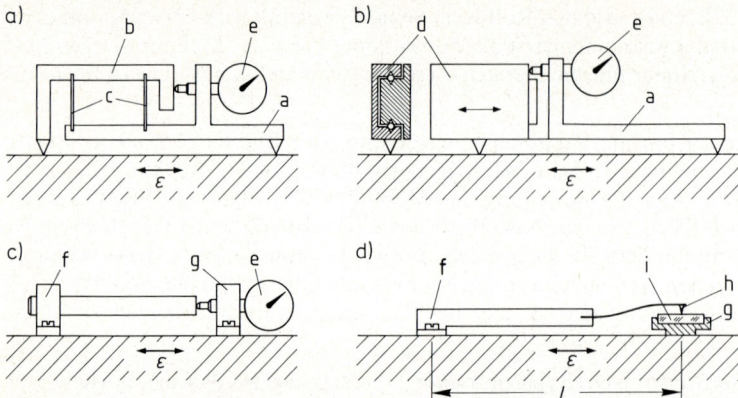

Bild D 1.3-3. Dehnungsmesser ohne Übersetzung, schematisch.
a) Dehnungsmesser mit Parallelfederführung.
b) Dehnungsmesser mit Rolltischführung.
c) Dehnungsmesser mit Meßböckchen und Meßuhr.
d) Dehnungsmesser mit Meßböckchen und Registrierscheibe.
a Hauptteil, b Führungsteil mit Blattfedern c, d Rolltisch, e Meßuhr, f, g Meßböckchen, h Nadel,
i Registrierscheibe

Beim Dehnungsmesser mit Rolltisch nach Bild D 1.3-3 b wird der bewegliche Meßfuß von einem Rolltisch d getragen. Die Verschiebung des beweglichen Meßfußes relativ zum Gehäuse zeigt wieder eine Meßuhr e an.

Der Dehnungsmesser in Bild D 1.3-3 c kommt ohne zusätzliche Führungselemente aus. Hier befestigt man zwei Meßböckchen f und g auf dem Meßobjekt, z. B. mit Schrauben. Die Relativbewegung dieser Böckchen gegeneinander und damit die Längenänderung der Meßstrecke zwischen den Befestigungspunkten kann auch hier z. B. mit einer Meßuhr e gemessen oder, wie es das Bild D 1.3-3 d darstellt, mit einer Nadel h in eine Registrierscheibe i geritzt werden. Die eingeritzte Aufzeichnung läßt sich später unter einem Mikroskop auswerten. Die Anordnung nach Bild D 1.3-3 d bezeichnet man als Ritzdehnungsschreiber. Die verschiedenen Ausführungsvarianten dieser Dehnungsmesser werden in den folgenden Abschnitten ausführlicher beschrieben.

D 1.3.4.2.2 Setzdehnungsmesser

Setzdehnungsmesser sind Meßgeräte, die manuell auf die Meßmarken am Meßobjekt aufgesetzt werden und deren Abstand auszumessen gestatten, meist im Vergleich zu einer Referenzmeßstrecke. Sie sind nur für statische Messungen geeignet. Mit einem Meßgerät können viele Meßstrecken nacheinander „abgefragt" bzw. ausgemessen werden.

Einen einfach aufgebauten Dehnungsmesser entsprechend Bild D 1.3-3 a zeigt das Bild D 1.3-4. Er wurde von *Whittemore* und *Huggenberger* [D 1.3-1; 2; 4; 5] für Setzdehnungsmessungen an Bauwerken entwickelt. Er besteht aus den beiden Geräteteilen a und b, die über Blattfedern c miteinander verbunden sind. Dadurch sind beide Teile in einem kleinen Wegbereich gegeneinander parallel geführt. Die Meßfüße d werden in Markierungen auf dem Meßobjekt eingesetzt. Die gegenseitige Verschiebung der Meßmarken läßt sich an der Meßuhr e mit einer Empfindlichkeit von 1 µm/Skalenteil ablesen. Die Meßlänge beträgt 250, 500 oder 750 mm.

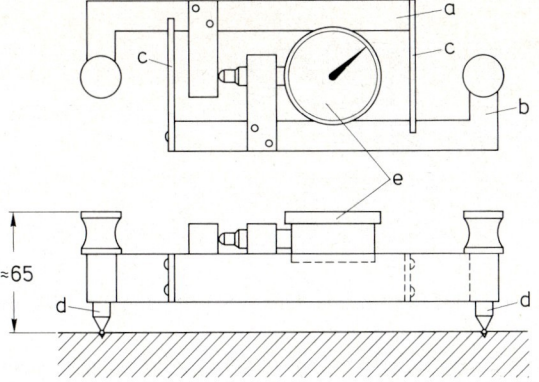

Bild D 1.3-4. Dehnungsmesser mit Parallelfederführung nach *Whittemore* und *Huggenberger* [D 1.3-4]. a, b Geräteteile, c Blattfedern, d Meßfüße, e Meßuhr

Das gleiche Prinzip wird in etwas anderer Bauweise bei dem Setzdehnungsmesser nach Bild D 1.3-5 verwendet. Er wurde im Otto-Graf-Institut für Messungen in der Bautechnik entwickelt [D 1.3-1; 2; 6]. Der eine Meßfuß a ist fest mit dem Gehäuse b verbunden. Der andere Meßfuß c sitzt an einem kleinen Tisch d, der über zwei Blattfedern e mit dem Gehäuse b verbunden und damit in diesem parallel geführt ist. Die Verschiebung des beweglichen Meßfußes c mißt man mit der Meßuhr f, deren Empfindlichkeit 1 μm/Skalenteil beträgt. Dazu wird das Gerät an den Handgriffen g und h gefaßt und auf die Meßstrecke aufgesetzt. Die Schraube i dient zur Einstellung des Nullpunktes an der Meßuhr f. Dazu wird der Setzdehnungsmesser auf eine Referenzmeßstrecke, meist Kontrollstrecke genannt, aufgesetzt. Das ist ein stabiler Balken mit zwei Meßmarken. Häufig benutzt man dafür den gleichen Werkstoff, aus dem auch das Meßobjekt besteht. Bei gleicher Temperatur von Meßstrecke und Kontrollstrecke kompensieren sich dann die thermischen Dehnungen beider Strecken. Die Kontrollstrecke gehört zum Setzdehnungsmesser dazu. Sie stellt eine praktisch unveränderliche Bezugsstrecke dar, wenn man einmal von Alterung und thermischen Längenänderungen absieht, die in Abschn. D 1.3.4.5 behandelt werden.

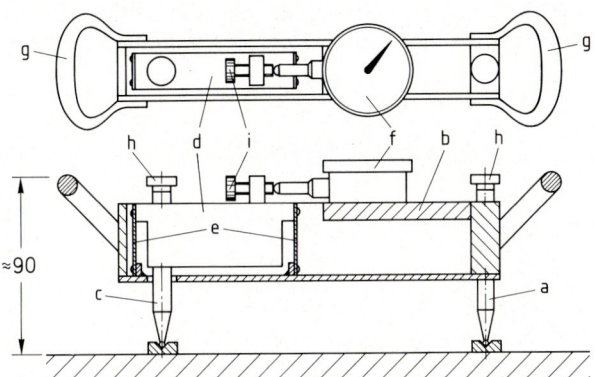

Bild D 1.3-5. Dehnungsmesser mit Parallelfederführung des Otto-Graf-Institutes [D 1.3-6]. a fester Meßfuß, b Gehäuse, c beweglicher Meßfuß, d Meßtisch, e Blattfedern, f Meßuhr, g, h Handgriffe, i Nullpunkteinstellung

Einen Setzdehnungsmesser mit einem kleinen Rolltisch entsprechend Bild D 1.3-3 b zeigt Bild D 1.3-6. Auch er wurde für Setzdehnungsmessungen an Bauwerken entwickelt [D 1.3-7]. Er arbeitet mit Röhrchenmeßfüßen, die auf Kugelmarken aufgesetzt werden. Der feste Meßfuß a ist am Gehäuse b, einem Rechteckprofil, festgeschraubt. Der bewegliche Meßfuß c sitzt an einem kleinen Rolltisch d, dessen feststehendes Teil im Gehäuse

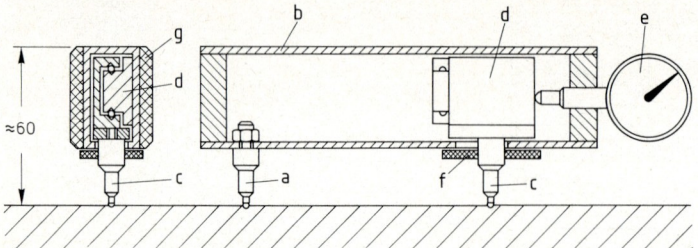

Bild D 1.3-6. Dehnungsmesser mit Rolltisch.
a fester Meßfuß, b Gehäuse, c beweglicher Meßfuß, d Rolltisch, e Meßuhr, f Abdeckung, g Griffteile

b befestigt ist. Die Bewegung des beweglichen Teiles wird mit einer Meßuhr e gemessen. Eine Abdeckung f schützt den Rolltisch vor Verschmutzung. Zur Messung wird das Gerät an den Kunststoffgriffteilen g gefaßt und auf die Markierungen aufgesetzt. Auch hier wird eine Kontrollstrecke benutzt. Bei einer Empfindlichkeit der Meßuhr von 1 µm/Skalenteil und einer Meßlänge von 500 mm können die Dehnungen mit einer Empfindlichkeit von 2 (µm/m)/Skalenteil gemessen werden. Ähnlich aufgebaute Setzdehnungsmesser mit elektrischen Wegaufnehmern an Stelle der Meßuhr und mit Rolltisch- oder Kugelführung sind in [D 1.3-8; 9; 10] beschrieben. Meist können dort auch die Wegaufnehmer durch Meßuhren ersetzt werden, vgl. insbesondere [D 1.3-10].

Bild D 1.3-7 zeigt eine Möglichkeit, gut geschützte und genau positionierte Meßbolzen an Bauwerken aus Stein oder Beton anzubringen [D 1.3-7]. Nach dem Bohren der Löcher für die Meßbolzen a mit Hilfe von Bohrschablonen werden die Meßbolzen mit einer Teflonkappe b versehen und mit einem Schnellklebstoff (s. z. B. [D 1.3-11]) in die Bohrlöcher eingekittet. Über die Teflonkappe läßt sich eine Klebeschablone c legen, die die Meßbolzen während der Erhärtung des Klebers d im richtigen Abstand voneinander fixiert. Ist der Kleber ausgehärtet, wird die Teflonkappe abgeschraubt und jeweils nach der Messung durch eine Schutzkappe f ersetzt. Sie schließt fast bündig mit der Oberfläche ab und kann mit einem einfachen Spezialwerkzeug gegriffen und entfernt werden. Sie schützt die Kugelmarken e auf den Meßbolzen vor Verschmutzung und erschwert mutwillige oder auch unbeabsichtigte Beschädigungen. Eine kleine Fettfüllung hilft gegen Korrosion.

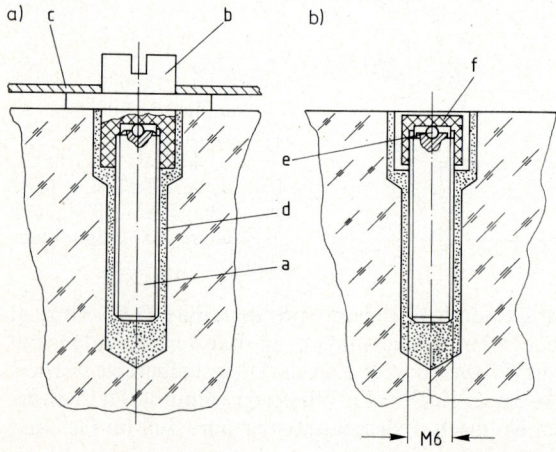

Bild D 1.3-7. Kugelmeßmarken zum Einkitten.
a) Beim Einkitten.
b) Zwischen den Messungen.
a Meßbolzen, b Teflonkappe, c Klebeschablone, d Kitt, e Kugel, f Schutzkappe

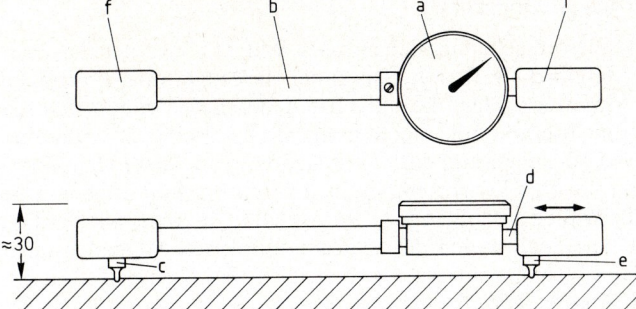

Bild D 1.3-8. Einfacher Setzdehnungsmesser mit Meßuhr.
a Meßuhr, b Verlängerung, c fester Meßfuß, d Meßbolzen, e beweglicher Meßfuß, f Griffe

Einen weiteren Setzdehnungsmesser zeigt Bild D 1.3-8. Einziges Führungselement ist hier die Meßbolzenführung der Meßuhr a, an deren Einspannschaft eine Verlängerung b angeklemmt ist, die den festen Meßfuß c trägt. Der üblicherweise oben aus der Meßuhr herausragende Teil des Meßbolzens d trägt den beweglichen Meßfuß e. An den Kunststoffgriffen f wird der Dehnungsmesser auf die Meßmarken aufgesetzt. Er kann wahlweise mit Röhrchenmeßfüßen oder mit Kugelmeßfüßen versehen werden, die entweder für Kugelmarken oder für Ankörnungen geeignet sind (vgl. Bild D 1.3-1). Die Meßuhr a hat eine Empfindlichkeit von 0,01 mm/Skalenteil. Größere Empfindlichkeiten sind hier wegen der relativ einfachen Führung nicht sinnvoll. Der Dehnungsmesser ist für Meßstrecken von 100 und 200 mm vorgesehen [D 1.3-12].

Auch mit sog. Anlegemaßstäben läßt sich der Abstand von Meßmarken auf einem Meßobjekt ausmessen. Mit einem Noniusschieber läßt sich die Auflösung von etwa 0,1 mm auf bis zu 0,02 mm verbessern, vgl. [D 1.3-1]. Ein üblicher Werkstattmeßschieber kann in vergleichbarer Weise zur Dehnungsmessung verwendet werden.

Für große Meßlängen von bis zu 2 m wurde von *A. U. Huggenberger* der Setzdehnungsmeßstab nach Bild D 1.3-9 entwickelt [D 1.3-1; 2; 5]. Da er nur zur Messung auf die Meßmarken aufgesetzt wird, ist er als Setzdehnungsmesser anzusehen. Ein Rohrprofil a setzt man einerseits mit dem Klemmkopf b und der Halteklinke c an einer der beiden kugelförmigen Meßmarken d auf und klemmt es andererseits gegen einen V-förmigen Anschlag fest. Der Meßkopf e wird an die zweite Meßmarke gedrückt und deren Position mit einer Meßschraube f ausgemessen. Die Kugelmarken d sind in eine Hülse aus Bronze eingepreßt und in das Bauwerk mit einbetoniert. Sie können durch eine aufschraubbare Kappe geschützt werden. Auch mit diesem Gerät ermittelt man die Dehnungen vorzugsweise im Vergleich zu einer unbelasteten Kontrollstrecke aus Beton. Das Zeigerthermometer g erleichtert die Berücksichtigung der thermischen Dehnungen des Geräts, vgl. Abschn. D 1.3.4.5.

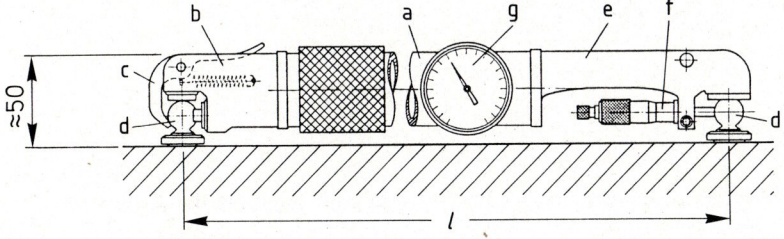

Bild D 1.3-9. Setzdehnungsmeßstab für große Meßlängen nach *Huggenberger* [D 1.3-5].
a Rohrprofil, b Klemmkopf, c Halteklinke, d Kugelmarken, e Meßkopf, f Meßschraube, g Zeigerthermometer

D 1.3.4.2.3 Dehnungsmesser mit Meßböckchen

Der Aufbau dieser Dehnungsmesser geht hinreichend aus Bild D 1.3-3 c hervor. Zwei Meßböckchen werden am Meßobjekt z. B. mit Schrauben befestigt. Ihre Positionen stellen die Endpunkte der Meßstrecke dar, die auf Grund der Befestigungsart meist relativ ungenau definiert ist. Eine Meßuhr mit einer Teilung von 0,001 oder 0,01 mm zeigt die Abstandsänderung der Meßböckchen und damit die Dehnung an. Diese Dehnungsmesser sind relativ preiswert, robust und wenig empfindlich gegen Erschütterungen. Ihre Empfindlichkeit kann über die Wahl der Meßlänge an die Meßaufgabe angepaßt werden; für kurze Meßstrecken sind sie jedoch wegen der schlecht definierten Meßlänge nicht geeignet. Die Grundform dieses Dehnungsmessers ist bei vielen elektrischen Dehnungsmessern wiederzufinden, vgl. Abschn. D 6.

D 1.3.4.2.4 Ritzdehnungsschreiber

Bei vielen Dehnungsmessungen ist es ausreichend, die Extremwerte der Dehnungen des Meßobjekts zu ermitteln. Für diese Aufgabe sind sog. Ritzdehnungsschreiber entwickelt worden, vgl. Bild D 1.3-3 d. Bei diesen Geräten ritzt man die Längenänderung der Meßstrecke in eine Registrierscheibe ein. Ein interessantes Gerät dieser Art, bei dem die Registrierscheibe ohne zusätzliche Hilfsenergie selbsttätig weitertransportiert wird, zeigt Bild D 1.3-10. Die beiden dünnen Grundplatten a und b aus rostfreiem Stahlblech werden auf dem Meßobjekt c z. B. mit Schrauben befestigt; dafür sind die Bohrungen d vorgese-

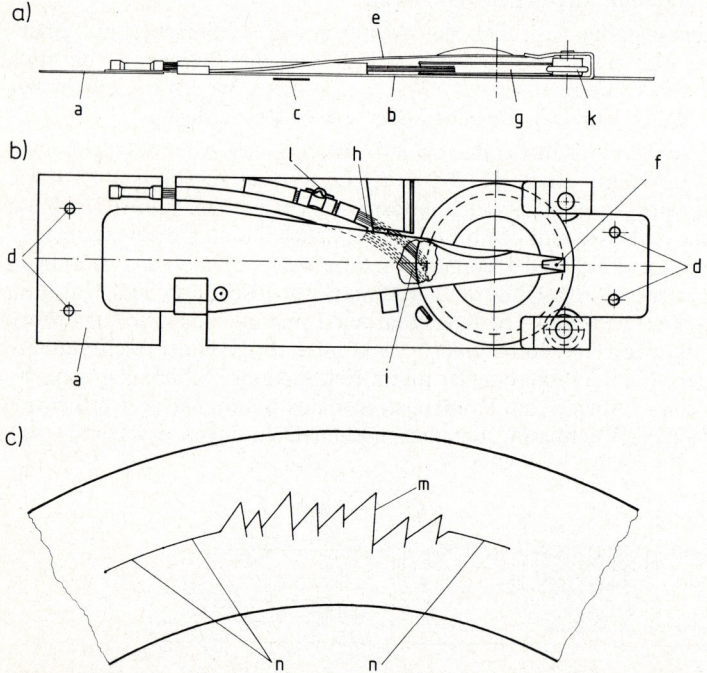

Bild D 1.3-10. Prewitt-Ritzdehnungsschreiber mit selbsttätigem Transport der Registrierscheibe [D 1.3-13, 14].
a Grundplatte mit Schreibarm e, b Grundplatte mit Registrierscheibe g, c Meßobjekt, d Bohrungen für Befestigungsschrauben, f Schreibspitze, h, i Drahtbürsten, k Rollen, l Hebel an der Bürste h zum manuellen Transport der Platte g, m Meßschrieb, n Bezugslinien.

hen. Mit der Grundplatte a ist der Schreibarm e verbunden. Er trägt am freien Ende eine harte Schreibspitze f, die den Meßschrieb in die Registrierscheibe g aus poliertem Messing ritzt. Diese Scheibe wird durch die Drahtbürsten h und i gegen die Rollen k auf der Grundplatte b gedrückt. Bewegen sich die beiden Grundplatten aufeinander zu, so transportiert die Bürste i die Registrierscheibe weiter, und ein schräger Strich wird eingeritzt. Bei einer gegensätzlichen Bewegung der Grundplatten gleitet die Bürste i zurück, während die Bürste h die Scheibe festhält. Dabei entsteht ein radialer Strich auf der Scheibe. So werden die Extremwerte der Längenänderung der Meßstrecke im Meßschrieb m lückenlos aufgezeichnet. Zur Erleichterung zeitlicher Zuordnungen kann man zu bestimmten Zeitpunkten die Registrierscheibe mit dem Hebel l an der Bürste h definiert weiterbewegen. Dadurch entstehen kreisbogenförmige Bezugslinien n auf der Scheibe. Die Schriebe können z. B. unter einem Meßmikroskop ausgewertet werden. Es empfiehlt sich, nach der Anbringung des Dehnungsmessers auf dem Meßobjekt die Scheibe von Hand um eine Umdrehung weiterzubewegen, wozu man auch den Hebel l benutzen kann. Dadurch erhält man eine Nullinie, die die Auswertung erleichtert.

Der Transportmechanismus des Ritzdehnungsschreibers benötigt einen Mindesthub von 0,05 mm. Die Längenänderungen Δl bei den kleinsten Dehnungsschwankungen $\Delta \varepsilon_{Min}$, die man noch beobachten möchte, müssen demnach größer als 0,05 mm sein. Die Meßlänge l ist demzufolge

$$l \geqq \frac{0,05 \text{ mm}}{\Delta \varepsilon_{Min}} \qquad \text{(D 1.3-1)}$$

zu wählen, um noch einen Weitertransport zu erzielen. Beispielsweise ist für $\Delta \varepsilon_{Min}$ = 100 µm/m eine Meßlänge von mindestens 500 mm zu wählen, damit die Scheibe bei diesen Dehnungsschwankungen noch transportiert wird. Kleinere Dehnungsschwankungen werden übereinander geschrieben und sind dann nicht mehr als Einzelereignisse zu erkennen. Bei gut polierten Registrierscheiben beträgt die Ritzbreite rund 10 bis 20 µm. Bei verstärkter Korrosionsgefahr sollte die Scheibe leicht gefettet und evtl. das gesamte Gerät mit einer Schutzabdeckung versehen werden.

Die Anzahl N der Belastungszyklen, die je Scheibenumdrehung aufgezeichnet werden können, läßt sich abschätzen, wenn die Längenänderung Δl der Meßstrecke je Zyklus im Mittel etwa bekannt ist [D 1.3-15]:

$$N = \frac{l_s}{\Delta l - 0,05 \text{ mm}} \qquad \text{(D 1.3-2)}.$$

Hierbei ist l_s die Schreiblänge bei einer Scheibenumdrehung, die rund 60 mm beträgt.

Der Vorteil des Antriebs der Registrierscheibe durch den Dehnungshub liegt darin, daß nur dann registriert wird, wenn ein bestimmter Schwellwert überschritten ist. Dadurch läßt sich die Schreiblänge optimal ausnutzen. Eine zeitliche Zuordnung der registrierten Ereignisse ist nur dann möglich, wenn die Scheibe während der Messungen stückweise manuell transportiert wird.

Ein schon früher in der Deutschen Versuchsanstalt für Luftfahrt entwickelter Ritzdehnungsschreiber arbeitet mit einem kontinuierlichen Vorschub der Registrierscheibe durch einen kleinen Gleichstrommotor [D 1.3-16 bis 19]. Dabei wird der Schrieb durch eine Diamantspitze in eine Glasscheibe eingeritzt, wobei sich Ritzbreiten von nur 2 µm erreichen lassen. Das Vorschub- und Registriersystem läßt sich auch an Meßanordnungen für Wege, Kräfte und Spannungen ankoppeln, wobei auch schnell veränderliche Vorgänge aufgezeichnet werden können [D 1.3-16; 17].

Für besonders lange Registrierzeiten ist ein Ritzdehnungsschreiber entwickelt worden, dessen Schrieb mittels einer elektrischen Steuerung in regelmäßigen Zeitabständen ein

Stück weitertransportiert wird. Auf dem Schrieb sind dann in gleichmäßigem Abstand nur verschieden lange Striche zu sehen, deren Enden die jeweiligen Extremwerte der Dehnung im zugehörigen Zeitintervall darstellen. Man verwendet ihn z. B. zur Untersuchung und Überwachung der Ermüdung an Schiffsbauteilen [D 1.3-20].

Ein Ritzdehnungsschreiber ohne Transport der Schreibplatte ist in [D 1.3-21] angegeben. Er wird benutzt, um die Extremwerte langzeitiger Brückenbewegungen zu messen.

D 1.3.4.3 Dehnungsmesser mit mechanischer Übersetzung

D 1.3.4.3.1 Allgemeines

Bei den Dehnungsmessern mit mechanischer Übersetzung wird die Längenänderung der Meßstrecke über ein Gelenk übertragen und am Dehnungsmesser auf einer Skale angezeigt, vgl. Bild D 1.3-2 b. Für eine genaue und reproduzierbare Dehnungsmessung ist eine spielfreie und reibungsarme Hebelbewegung wichtig. In Bild D 1.3-11 sind die gebräuchlichsten Gelenke wiedergegeben, die bei mechanischen Dehnungsmessern verwendet werden. Die Schneidenlagerung nach Bild D 1.3-11 a wird für Präzisionsgelenke sehr häufig verwendet. Durch das Abrollen der Schneide in der Pfanne hat sie eine sehr geringe Reibung; weiteres s. z. B. [D 1.3-22]. Ein Gleitlager, bei dem eine zylindrische Achse in einer prismatischen Führung läuft, zeigt Bild D 1.3-11 b. Beide Teile müssen leicht gegeneinander gedrückt werden. Dann arbeitet es spielfrei. Es läßt sich leicht herstellen. Die Federgelenke in Bild D 1.3-11 c und d arbeiten reibungs- und spielfrei. Bei Auslenkungen aus der Ruhelage treten Rückstellkräfte auf, die jedoch meist nicht stören. Für kleine Schwenkbewegungen reicht die Führungsgenauigkeit des Gelenks mit einer Blattfeder meist aus. Bei größeren Schwenkwinkeln und wechselnden Kräften auf das Gelenk ist der Drehpunkt des Kreuzfedergelenks besser definiert. Weitere Angaben zu Federgelenken findet man z. B. in [D 1.3-23].

Die Übertragung der Längenänderung über einen Hebelmechanismus hat zur Folge, daß der Anzeigebereich meist erheblich kleiner ist als bei Geräten ohne Übersetzung. Deswegen werden auch meist kürzere Meßlängen zwischen rund 3 und 100 mm verwendet.

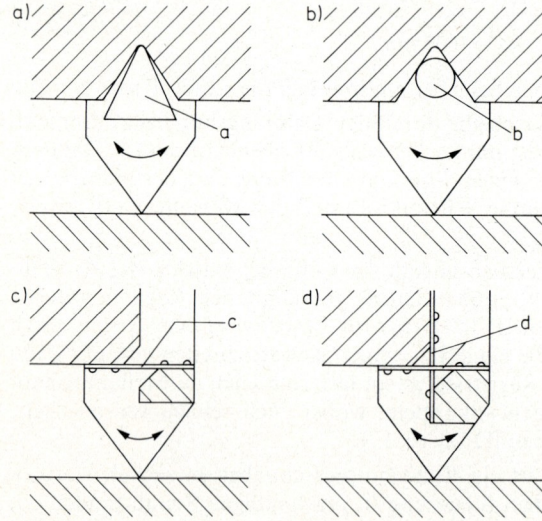

Bild D 1.3-11. Gelenke für Dehnungsmesser mit Übersetzung.
a) Schneidenlager.
b) Gleitlager (Kombination Zylinder und Prisma).
c) Einfaches Blattfedergelenk.
d) Kreuzfedergelenk.
a Schneide, b zylindrische Achse, c einfache Blattfeder, d senkrecht zueinander stehende Blattfedern

D 1.3.4.3.2 Dehnungsmesser zum Aufspannen

Die Dehnungsmesser zum Aufspannen werden mit besonderen Andruckfedern oder Klemmen gegen das Meßobjekt gepreßt. Ihre Lage darf man während der Messung nicht verändern, da es sonst zu Fehlmessungen kommt. In der Regel sind auf dem Bauteil keine besonderen Meßmarken vorhanden. Die Meßspitzen oder -schneiden werden leicht in die Oberfläche eingedrückt und in dieser Lage belassen.

Ein typischer Dehnungsmesser dieser Art mit doppelter Hebelübersetzung ist in Bild D 1.3-12 gezeigt. Am Hauptkörper a befindet sich der feste Meßfuß b und eine Schneiden-lagerung für den Meßhebel c mit dem beweglichen Meßfuß d. Über einen Zwischenhebel e wird die Bewegung des Meßhebels c auf den Zeigerhebel f übertragen, der bei g gelagert ist und die Dehnung ε auf der Skale h anzeigt. Er ist für eine Meßstrecke von 10 mm vorgesehen, wiegt nur 28 g und hat die Abmessungen 175 mm $\times$ 48 mm $\times$ 12 mm. Die Übersetzung beträgt 2000. Dementsprechend wird eine Dehnung von 50 µm/m auf der Skale mit einem Zeigerausschlag von 1 mm angezeigt [D 1.3-1; 2; 5]. Um einen sicheren Sitz auf dem Meßobjekt zu gewährleisten, sind Aufspannkräfte von einigen 10 N erforderlich. Dennoch erweisen sich diese Dehnungsmesser als relativ empfindlich gegen Erschütterungen.

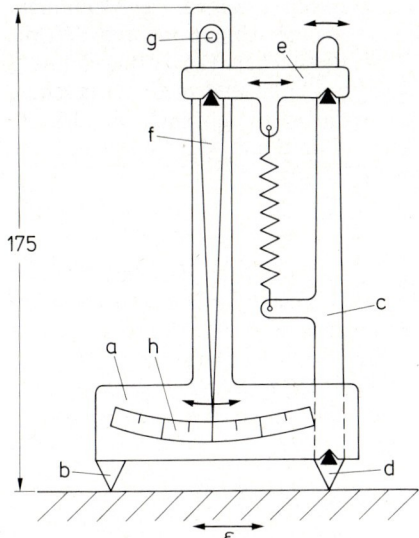

Bild D 1.3-12. Doppelhebeldehnungsmesser nach *Huggenberger* [D 1.3-1; 2].
a Hauptkörper, b fester Meßfuß, c Meßhebel, d beweglicher Meßfuß, e Zwischenhebel, f Zeiger-hebel, g Zeigerlager, h Skale

Dehnungsmesser mit Hebelübersetzung sind in den verschiedensten Varianten entwickelt worden, vgl. [D 1.3-1; 2]. Ziel der Entwicklung war es meistens, zwischen den Anforderungen geringe Meßkraft, kleine Eigenmasse, kleine Abmessungen und große Übersetzung einen für die jeweilige Meßaufgabe optimalen Kompromiß auszuhandeln.

Ein im wesentlichen reibungsfreies Übersetzungsprinzip ist im Dehnungsmesser der Firma C. E. Johansson nach Bild D 1.3-13 verwirklicht [D 1.3-1; 2]. Am Gehäuse a sitzt der feste Meßfuß b; der bewegliche Meßfuß c ist mit einer Blattfeder d spielfrei gelagert. Zwischen dem Befestigungsteil e und der Blattfeder f wurde ein dünnes Metallbändchen g gespannt, das von der Mitte aus nach einer Seite hin rechtsgängig und zur anderen Seite hin linksgängig verdrillt ist. Der bewegliche Meßfuß c ist kraftschlüssig mit der Blatt-feder f verbunden, die das verdrillte Bändchen g spannt. Die Spannung wird durch die Bewegung des Meßfußes c geändert; dadurch dreht sich der Zeiger h vor der Skale i. Der

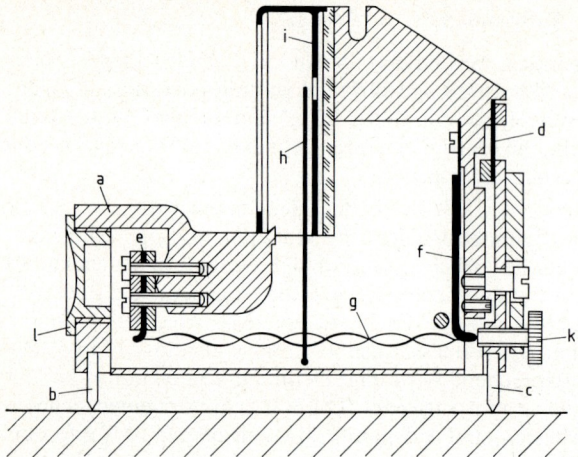

Bild D 1.3-13. Dehnungsmesser mit verdrilltem Metallband.
a Gehäuse, b fester Meßfuß, c beweglicher Meßfuß, d Blattfeder, e justierbare Befestigung, f Blattfeder, g verdrilltes Metallband, h Zeiger, i Skale, k Schraube zur Nullpunkteinstellung, l Deckel

Nullpunkt der Anzeige kann mit der Schraube k eingestellt werden. Für größere Meßstrecken läßt sich anstelle des Deckels l eine Verlängerung einschrauben. Der Dehnungsmesser ist relativ robust und dennoch sehr empfindlich. Je nach Abmessung und Verdrillung des Bändchens sind Übersetzungen bis über 5000 zu erreichen. Der in Bild D 1.3-13 dargestellte Dehnungsmesser ist für eine Meßlänge von 50 mm und mehr vorgesehen. Das Prinzip des verdrillten Bändchens („Mikrokatorprinzip") kann auch für kleinere Dehnungsmesser eingesetzt werden. Ein Dehnungsmesser für 3 mm Meßlänge wiegt z. B. nur 13 g und hat die Abmessungen 53 mm × 20 mm × 20 mm.

D 1.3.4.3.3 Setzdehnungsmesser

Ein Gerät, das auf Grund seiner guten Auflösung auch bei robuster Handhabung eine relativ weite Verbreitung gefunden hat, ist der in der Bundesanstalt für Materialforschung und -prüfung (BAM) entwickelte Setzdehnungsmesser nach Bild D 1.3-14. Konzeption und Bauart stammen von *M. Pfender* [D 1.3-24; 25; 26]. Weitere Verbesserungen wurden insbesondere von *W. Feucht* [D 1.3-27] durchgeführt. Das Gehäuse a des Geräts trägt an der Grundschiene b den festen Meßfuß c. Ein 1 : 5 übersetzender beweglich gelagerter

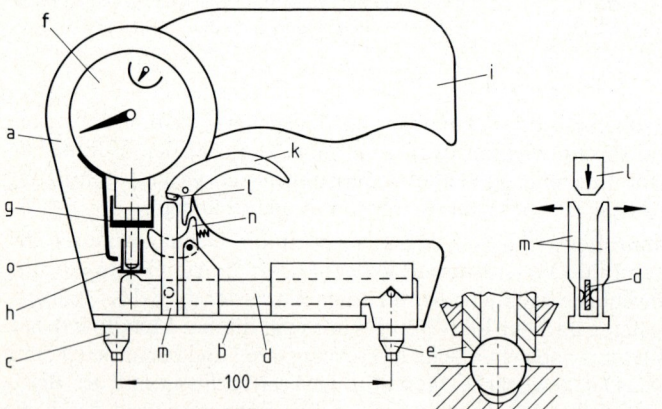

a Gehäuse, b Grundschiene, c fester Meßfuß, d Winkelhebel, e beweglicher Meßfuß, f Meßuhr, g Bremszylinder, h Dämpfungszylinder, i Holzgriff, k Abzugshebel, l Spreiznase, m federnde Gabel, n Zwischenhebel, o Abstreifer

Bild D 1.3-14. Setzdehnungsmesser mit Hebelübersetzung nach *Pfender* [D 1.3-24 bis 27].

Winkelhebel d trägt den zweiten Meßfuß e. Die Abstandsänderung zwischen beiden
Meßfüßen wird von der Meßuhr f angezeigt, wobei der Bremszylinder g die Geschwindigkeit des Tastbolzens der Meßuhr bremst und der Dämpfungszylinder h den Stoß beim
Aufsetzen auf den Hebel d verringert. Zur Messung wird das Gerät am Holzgriff i gefaßt
und der Abzugshebel k angezogen. Dabei spreizt die Nase l des Abzugshebels die
federnde Gabel m, die normalerweise den Winkelhebel d festklemmt. Nun läßt sich der
Winkelhebel frei bewegen und das Gerät mit seinen Röhrchenmeßfüßen auf die Kugelmarken der Meßstrecke aufsetzen. Mit der Betätigung des Abzugshebels k wird gleichzeitig über den Zwischenhebel n der Meßuhrtastbolzen angehoben, wobei der Abstreifer o
den Dämpfungszylinder h etwas zurückzieht, damit er für das nächste Aufsetzen wirksam
wird. Ist das Gerät richtig aufgesetzt, läßt man den Abzugshebel k los. Daraufhin arretiert
die Gabel m den Winkelhebel d, dessen Position durch den weich aufsetzenden Tastbolzen der Meßuhr angetastet und auf der Meßuhr angezeigt wird. Nun kann der Setzdehnungsmesser von der Meßstrecke abgehoben und die Meßuhranzeige in beliebiger Lage
abgelesen werden, was bei ungünstig gelegenen Meßstrecken oft eine große Erleichterung
für den Messenden ist.

Der feste Meßfuß c läßt sich in verschiedene Gewindebohrungen der Grundschiene b
einschrauben. Außerdem gibt es Verlängerungsstücke, so daß auf Meßstrecken von 20 bis
300 mm Meßlänge gemessen werden kann. Ein Skalenteil der Meßuhranzeige entspricht
einer Längenänderung der Meßstrecke von 1 µm; der Meßbereich beträgt ± 0,5 mm.
Größere Meßbereiche erhält man mit längeren Meßfüßen, allerdings verbunden mit
etwas vergrößerten Unsicherheiten in der Handhabung.

Bei einiger Übung können 20-mm-Meßstrecken zwar noch gut ausgemessen werden,
jedoch nur, wenn die räumlichen Verhältnisse an der Meßstelle nicht zu beengt sind. Zur
Vereinfachung dieser Messungen und um Dehnungsmessungen an 10-mm-Meßstrecken
mit dem Setzdehnungsmesser überhaupt erst zu ermöglichen, wurden sog. Dehnungs-
übertrager entwickelt [D 1.3-27]. Das sind sehr kleine und handliche Geräte, bei denen
eine Klemmechanik dafür sorgt, daß die Meßlänge nach dem Abheben von der Meßstrecke gespeichert bleibt und mit dem Grundgerät nach Bild D 1.3-14 ausgemessen
werden kann. Bild D 1.3-15 zeigt einen solchen Übertrager für eine Meßlänge von 10 mm.
Das Gehäuse a ist als federnde Gabel ausgebildet. Zwischen den Gabelteilen h ist das
Mittelteil b befestigt, an dem der feste Meßfuß c sitzt. Der bewegliche Meßfuß d sitzt an
einem Schlitten e, der auf drei Kugeln gelagert ist. Sie sind in einer Kugelführungsplatte

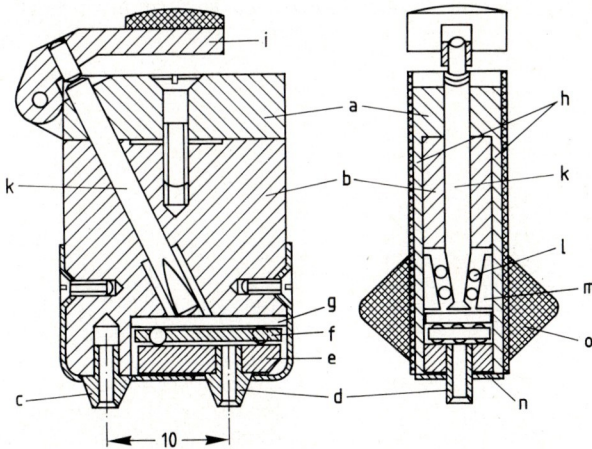

Bild D 1.3-15. Meßlängenüber-
trager nach *Feucht* [D 1.3-27].
a Gehäuse, b Mittelteil, c fester
Meßfuß, d beweglicher Meßfuß, e Schlitten für d, f Kugelführungsplatte, g gehärtete
Laufbahn, h Gabelseitenteile,
i Betätigungshebel, k keilförmi-
ger Stößel, l Kugeln, m keilför-
mige Laufbahnen, n Abdeckblech, o Griffteile

f gehalten und rollen auf der gehärteten Laufbahn g ab. Normalerweise ist der Schlitten e von den beiden Seitenteilen h des Gehäuses a festgeklemmt. Vor dem Aufsetzen auf die Meßstrecke drückt man über den Betätigungshebel i auf einen keilförmigen Stößel k, der über die Kugeln l und die keilförmigen Kugelbahnen m die Seitenteile h aufspreizt, wodurch der Schlitten e freigegeben, aber durch das Abdeckblech n noch gehalten wird. Den Übertrager setzt man in diesem Zustand mit den beiden hölzernen Griffteilen o auf die Meßstrecke auf und klappt dann den Betätigungshebel i ab, so daß er seitlich herunterhängt. Dann ist der Schlitten e wieder arretiert, und der Abstand der beiden Meßfüße kann mit dem Grundgerät nach Bild D 1.3-14 ausgemessen werden. Dazu wird in den beweglichen Meßfuß des Setzdehnungsmessers eine Kugel mit einer kleinen Haltefeder eingesetzt und eine Hilfsschiene mit einer zweiten Kugel in 10 mm Abstand aufgeschraubt. Bei einiger Übung sind die Übertragungsfehler nicht größer als 0,2 µm.

Zwischen den Messungen wird auch hier jeweils eine Kontrollstrecke entsprechender Länge mitgemessen, wodurch die Messungen auf eine feste Basis bezogen bleiben, auch wenn der feste Meßfuß am Grundgerät zwischenzeitlich umgesetzt wurde.

Ähnliche Übertrager sind von *S. Schwaigerer* entwickelt worden [D 1.3-1; 28; 29]. Sie werden ebenfalls wie ein Setzdehnungsmesser auf die Meßstrecke aufgesetzt. Die mit Hilfe einer Klemmung gespeicherte Meßlänge läßt sich mit einer Meßuhr in einem geeigneten Stativ ausmessen.

Für die Markierung der Meßstrecken werden Kugelmarken verwendet, vgl. Abschn. D 1.3.3.2 und D 1.3.4.2.2. Ihre Befestigung in metallischen Oberflächen zeigt Bild D 1.3-16. Zuerst wird mit einem Körner a – meist einem Doppelkörner – die Meßstrecke angekörnt. Die kegelförmigen Vertiefungen weitet man dann mit einem Kugelkörner b zu einer kugelförmigen Vertiefung auf, in die eine Kugel mit einem Durchmesser von 1,6 mm eingelegt und mit dem Döpper c befestigt wird. Die beim Körnen entstandene Wulst drückt man dabei oberhalb des größten Kugeldurchmessers an. Die Kugeln sitzen sehr fest und lockern sich meist erst bei Dehnungen von über 1%. Bei festeren Werkstoffen empfiehlt sich ein Vorbohren mit einem Bohrer von 1,3 mm Durchmesser. Die Kugeln lassen sich auch in aufklebbare Messingplättchen [D 1.3-27] oder in Meßbolzen zum Einkitten in Beton einsetzen, s. Abschn. D 1.3.4.2.2. Weitere Möglichkeiten zur Verwendung von Kugelmeßmarken findet man in [D 1.3-27]. Bei erhöhter Korrosionsgefahr sind rostfreie Stahlkugeln zu empfehlen. An Meßobjekten, die hohen Temperaturen von z. B. 800 °C ausgesetzt waren, sind auch schon Rubinkugeln erfolgreich verwendet worden, um die bei Hochtemperaturbelastungszyklen auftretenden bleibenden Verformungen nachträglich auszumessen.

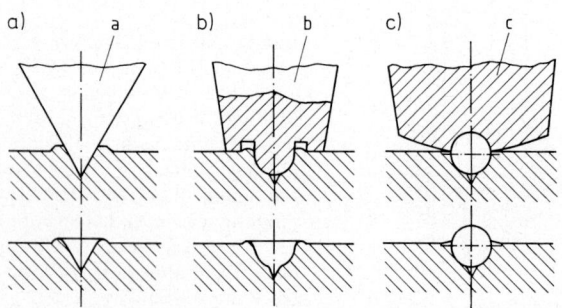

Bild D 1.3-16. Befestigung von Kugelmarken nach [D 1.3-1].
a) Ankörnen der Meßstrecke.
b) Aufweiten.
c) Fixieren der Kugel.
a Kegelkörner, b Kugelkörner, c Döpper

D 1.3.4.4 Dehnungsmesser mit mechanisch-optischer Übersetzung

D 1.3.4.4.1 Allgemeiner Aufbau

Die Dehnungsmesser mit mechanisch-optischer Übersetzung sind in Aufbau und Wirkungsweise den Dehnungsmessern mit mechanischer Übersetzung sehr ähnlich, vgl. Bild D 1.3-2. Der wesentliche Unterschied liegt darin, daß der Hebel mit dem beweglichen Meßfuß mit einem Spiegel gekoppelt ist. Bei einer Änderung der Meßstreckenlänge verdreht man den Spiegel um einen bestimmten Winkel, der mit optischen Hilfsmitteln gemessen wird. Dehnungsmesser mit mechanisch-optischer Übersetzung erzielen von allen mechanischen und mechanisch-optischen Dehnungsmessern die größten Empfindlichkeiten bei z. T. sehr kleinem Gewicht und hoher Grenzfrequenz. Sie sind nur als Geräte zum Aufspannen bekannt geworden; Setzdehnungsmesser dieser Art gibt es nicht.

D 1.3.4.4.2 Dehnungsmesser mit Fernrohrablesung

Der Dehnungsmesser nach *Martens* in Bild D 1.3-17 ist in der Materialprüfung bei der Dehnungsmessung an Zugproben vielfach als Standardverfahren verwendet worden [D 1.3-30]. Er wird auf das Meßobjekt aufgespannt. Dabei sitzt die Meßschiene a einerseits mit einer festen Schneide auf dem Meßobjekt b, auf der anderen Seite stützt sie sich auf einer Doppelschneide c ab. Änderungen der Meßlänge l um Δl bewirken eine Drehung der Doppelschneide c um den Winkel $\Delta\varphi$. Mit der Doppelschneide c ist ein Spiegel d verbunden. Über ihn wird mit einem Fernrohr e ein Maßstab f beobachtet. Bei Meßlängenänderungen Δl wandert das Bild des Ablesemaßstabes f um den Betrag ΔA am Fadenkreuz des Fernrohrs vorbei. Für die Dehnung folgt:

$$\varepsilon = \frac{b}{2\,l\,s}\Delta A \qquad\qquad \text{(D 1.3-3)}.$$

Hierbei ist b die Breite der Doppelschneide c, l die Meßlänge, s der Abstand zwischen Spiegel d und Fernrohr e und ΔA die Verschiebung des Maßstabbildes im Fernrohr. Meist wird die Übersetzung $\Delta A/\Delta l = 2\,s/b$ auf 500 eingestellt; bei einer üblichen Schneidenbreite von $b = 4,5$ mm ist dann ein Abstand s von 1125 mm zu wählen. Mit diesem Gerät lassen sich sehr genaue Messungen durchführen, allerdings sind Aufbau und Justage recht aufwendig, und die ganze Anordnung ist relativ empfindlich gegen Erschütterungen. Weitere Geräte dieser Art findet man in [D 1.3-1; 2].

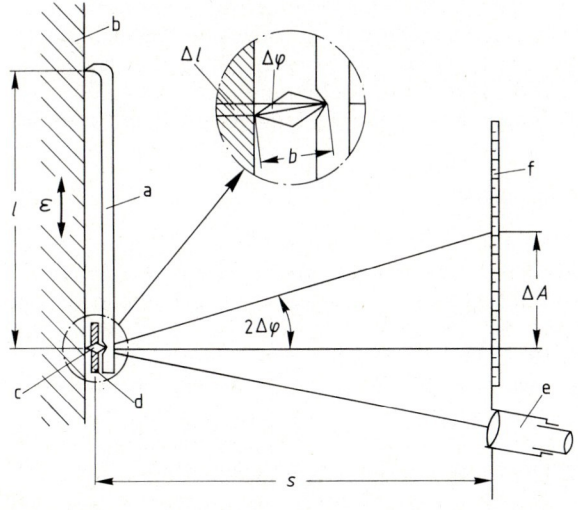

Bild D 1.3-17. Dehnungsmesser mit Doppelschneide nach *Martens,* vgl. [D 1.3-30].
a Meßschiene, b Meßobjekt,
c Doppelschneide, d Spiegel,
e Fernrohr, f Maßstab mit Skale.
ΔA Anzeige auf dem Maßstab,
b Breite der Doppelschneide,
l Meßlänge,
Δl Meßlängenänderung,
s Meßabstand,
$\Delta\varphi$ Drehwinkel der Doppelschneide.

D 1.3.4.4.3 Dehnungsmesser mit Lichtzeigerablesung

Wirft man aus der Position des Fernrohrs e in Bild D 1.3-17 einen Lichtstrahl auf den Spiegel d, so wird er reflektiert und fällt auf den Maßstab f. Es gelten dann die gleichen Beziehungen wie bei der Fernrohrablesung, insbesondere ist dann auch Gl. (D 1.3-3) gültig. Die Dehnung ε läßt sich dann auf dem Maßstab f über den Ausschlag ΔA des „Lichtzeigers" verfolgen.

Ein weiterer Spiegeldehnungsmesser ist in Bild D 1.3-18 dargestellt. Er wird vor allem im Zusammenhang mit der Lichtzeigerablesung verwendet [D 1.3-31]. Der Grundkörper a mit dem festen Meßfuß b trägt zwischen zwei Armen den beweglichen Meßfuß c, der von zwei Blattfedern d gehalten ist. Ein Spiegel e sitzt auf einer kleinen zylindrischen Walze f, die mit der einstellbaren Andruckfeder g gegen eine Abrollfläche am beweglichen Meß- fuß c gedrückt wird. Eine Dehnung des Meßobjekts bewirkt eine Drehung des beweg- lichen Meßfußes c um das Blattfedergelenk d und eine durch den Abrollvorgang ver- stärkte Drehung des Spiegels e. Auf den Spiegel e wird ein Lichtstrahl gerichtet, dessen Auslenkung sich auf einem Schirm beobachten läßt. Bewegungen des Gerätes selbst können über einen Lichtstrahl verfolgt werden, der am festen Spiegel h reflektiert wird. Das Gerät mit einem Gewicht von 2 g wurde für Meßlängen von 5 bis 20 mm gebaut. Bei einem Abstand von rund 1,5 m zwischen Spiegel und Schirm lassen sich Übersetzungen $\Delta A/\Delta l$ von bis zu 10 000 erzielen.

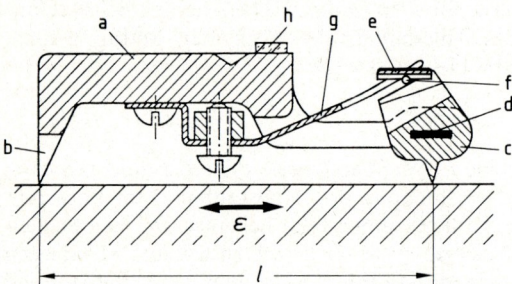

Bild D 1.3-18. Spiegeldehnungsmesser nach *S. Berg* [D 1.3-31]. a Grundkörper, b fester Meßfuß, c beweg- licher Meßfuß, d Blattfedern, e Spiegel, f Walze, g Andruckfeder, h fester Spiegel

Werden Dehnungsamplituden von Schwingungsvorgängen beobachtet, so kann man die Ausschläge des Lichtzeigers auch bei hohen Frequenzen sehen, wenngleich auch nur als Strich, dessen Endpunkte die Extremwerte darstellen. Auf einem vorbeigezogenen Film lassen sich bei ausreichender Transportgeschwindigkeit die einzelnen Ausschläge auf- zeichnen, vgl. z.B. [D 1.3-32]. Die Eigenfrequenz des Dehnungsmessers nach Bild D 1.3-18 beträgt etwa 2200 Hz. In [D 1.3-31] sind auch Dehnungsmesser beschrieben, bei denen sich der Spiegel in einer Ölfüllung bewegt, um das Frequenzverhalten zu verbes- sern.

D 1.3.4.4.4 Autokollimationsdehnungsmesser

Die Übersetzung der in Abschn. D 1.3.4.4.2 und D 1.3.4.4.3 beschriebenen Dehnungsmes- ser hängt vom Abstand zwischen Ablesemaßstab bzw. Schirm und Dehnungsmesser ab. Der Drehwinkel des Spiegels am Dehnungsmesser läßt sich jedoch auch unabhängig vom Abstand nach dem sog. Autokollimationsprinzip ermitteln, dessen Wirkungsweise nun an Hand des Dehnungsmessers in Bild D 1.3-19 erläutert wird. Verschiedene Geräte dieser Art sind von *H. Freise* gebaut worden, vgl. [D 1.3-1; 2; 33; 34; 35]. Im Gehäuse a des Dehnungsmessers befinden sich wie bei einem Fernrohr ein Objektiv b und ein Okular c. Über den Spiegel d beobachtet man einen Ablesemaßstab e, der über ein Prisma f von außen beleuchtet wird. Die Glasplatte mit dem Ablesemaßstab e trägt auch

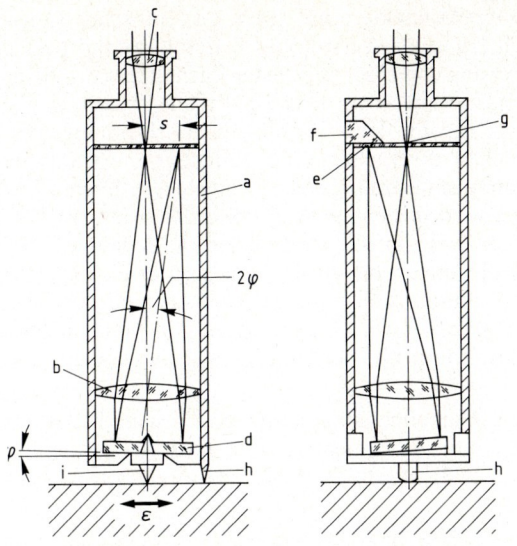

Bild D 1.3-19. Autokollimationsdehnungsmesser nach *H. Freise* [D 1.3-33]. a Gehäuse, b Objektiv, c Okular, d Spiegel, e Ablesemaßstab, f Beleuchtungsprisma, g Markierung, h fester Meßfuß, i Doppelschneide

eine Marke g, an der bei einer Kippbewegung des Spiegels d das vom Objektiv b erzeugte Bild des Maßstabs e vorbeiwandert. Es wird mit dem Okular c betrachtet. Maßstab e und Marke g liegen in der Brennweite des Objektivs. Im Bereich zwischen Objektiv b und Spiegel d ist der Strahlengang daher parallel. Der Kippwinkel $\Delta\varphi$ wird über die Verschiebung des Maßstabbildes ermittelt. Dabei ist – wegen des parallelen Strahlenganges – die Anzeigeempfindlichkeit unabhängig vom Abstand zwischen Objektiv b und Spiegel d. Allerdings ist der beobachtbare Ausschnitt des Maßstabes e von diesem Abstand und von der Öffnung des Objektivs b abhängig; bei zunehmendem Abstand wird der Meßbereich kleiner. In Bild D 1.3-19 sind Dehnungsmesser und Autokollimationsfernrohr in einer Einheit zusammengefaßt. Das Gerät hat eine feste Schneide h. Der Spiegel d ist wie beim Gerät nach Bild D 1.3-17 mit einer Doppelschneide i verbunden, die einerseits am Dehnungsmessergehäuse a und andererseits auf dem Meßobjekt aufliegt. Man erreicht mit diesem Gerät eine Übersetzung von rund 1250. Ein Gerät mit Doppelhebel bringt es auf Übersetzungen von über 10 000 [D 1.3-35].

Dehnungsmesser und Autokollimationsfernrohr können auch räumlich voneinander getrennt werden. So können z. B. auch die Dehnungsmesser nach Bild D 1.3-17 und D 1.3-18 mit einem Autokollimationsfernrohr abgelesen werden, das ja nichts anderes ist, als ein Gerät zur Messung kleiner Winkelbewegungen.

Speziell für die Verwendung zusammen mit einem Autokollimationsfernrohr ist der Dehnungsmesser nach Bild D 1.3-20 vorgesehen. Der Grundkörper a wird mit einer Aufspannvorrichtung mit der festen Schneide b und der beweglichen Doppelschneide c

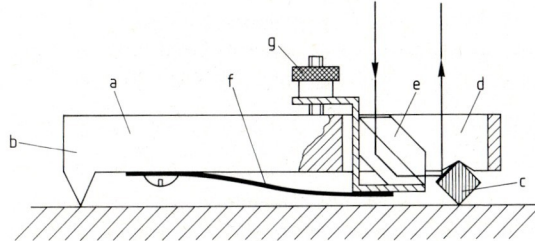

Bild D 1.3-20. Dehnungsmesser nach *Tuckerman*, vgl. [D 1.3-1; 36]. a Grundkörper, b fester Meßfuß, c einseitig verspiegelte Doppelschneide, d Aussparung, e Reflektionsprisma, f Blattfeder, g Einstellschraube

gegen das Meßobjekt gedrückt. Die Doppelschneide c hat einen quadratischen Querschnitt; eine Außenfläche ist verspiegelt. In einer Aussparung d des Grundkörpers a befindet sich ein 90°-Reflektionsprisma e, das von einer Blattfeder f gehalten wird. Seine Lage kann mit der Einstellschraube g justiert werden. Das 90°-Prisma erleichtert die Beobachtung mit dem Autokollimationsfernrohr, denn Drehungen des Dehnungsmessers um seine Längsachse ändern hier nicht die Richtung des reflektierten Strahls: er bleibt in der durch Fernrohr und Dehnungsmesserlängsachse festgelegten Ebene. Der Drehwinkel der verspiegelten Schneide c wird mit einem Autokollimationsfernrohr gemessen. Der Dehnungsmesser wiegt 15 g. Er kann mit verschiedenen Meßlängen und Schneidenbreiten hergestellt werden. Auflösungen bis zu 0,05 μm sind erreichbar. Bei 25 mm Meßlänge entspricht das einer Dehnung von 2 μm/m. Der Abstand zwischen Dehnungsmesser und Fernrohr kann maximal etwa 1 m betragen. Zur vereinfachten Beobachtung läßt sich das Autokollimationsfernrohr auch mit einer Videokamera und einem Monitor koppeln [D 1.3-36].

Mit Autokollimationsfernrohren können Winkelmessungen mit Meßunsicherheiten bis unter 0,1″ durchgeführt werden, wobei man zunehmend elektrooptische Geräte mit automatischem Stricheinfang verwendet, s. z. B. [D 1.3-37]. Weitere Hinweise zur Anwendung findet man in [D 1.3-38].

D 1.3.4.5 Temperatureinflüsse und deren Kompensation

Dehnungsmessungen werden oft durch überlagerte thermische Ausdehnungen verfälscht. So können z. B. an Bauwerken an sonnigen Tagen nach kalten Nächten leicht Temperaturunterschiede von 30 K auftreten, die bei Stahl und Beton zu thermischen Dehnungsunterschieden von rund 300 μm/m führen. Deswegen ist es wichtig, diese Ausdehnungen bei Dehnungsmessungen zu berücksichtigen.

Bild D 1.3-21 stellt schematisch einen Dehnungsmesser dar, der auf ein Meßobjekt mit der Temperatur T_M und dem linearen thermischen Ausdehnungskoeffizienten α_M aufgesetzt ist. Er selbst hat die Temperatur T_{GM} angenommen und besitzt den Wärmeausdehnungskoeffizienten α_G. Auf der Anzeigeskale b wird die Differenz zwischen der Gerätebasislänge l_G (dem Meßfußabstand bei der Anzeige null) und der Meßlänge l_M in irgendeiner Skalenteilung angezeigt. Die Anzeige auf der Meßstrecke ist also:

$$A_M = K\,[l_M(T_M) - l_G(T_{GM})] \qquad \text{(D 1.3-4)}.$$

Hierbei ist K ein Übertragungsfaktor. Für die Längen l_M und l_G gilt:

$$l_M(T_M) = l_M(T_0)\,[1 + \alpha_M(T_M - T_0) + \varepsilon_M] \qquad \text{(D 1.3-5)},$$

$$l_G(T_{GM}) = l_G(T_0)\,[1 + \alpha_G(T_{GM} - T_0)] \qquad \text{(D 1.3-6)}.$$

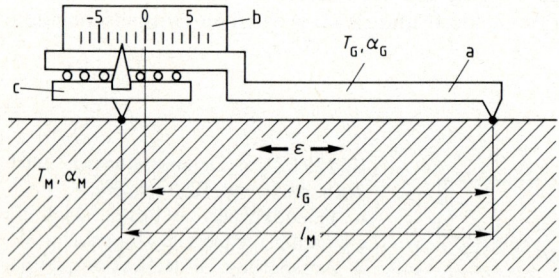

a Grundkörper, b Anzeigeskale, c Schlitten mit beweglichem Meßfuß.
l_G Gerätebasislänge,
l_M Meßstreckenlänge,
T_G Gerätetemperatur,
T_M Meßobjekttemperatur,
α_G, α_M lineare thermische Ausdehnungskoeffizienten von Gerät und Meßobjekt,
ε Dehnung.

Bild D 1.3-21. Zum thermischen Verhalten mechanischer Dehnungsmesser.

T_0 ist eine beliebige Bezugstemperatur (z. B. 0 °C) und ε_M die temperaturkompensierte Dehnung des Meßobjekts. Für $l_M(T_0) \approx l_G(T_0) \approx l_0$ ist mit Gl. (D 1.3-4):

$$A_M = K \left[l_0 \, \varepsilon_M + l_0 \, \alpha_M (T_M - T_0) - l_0 \, \alpha_G (T_{GM} - T_0)\right] \qquad \text{(D 1.3-7)},$$

$$A_M = K \left[l_0 \, \varepsilon_M + \Delta l_{MG}\right] \qquad \text{(D 1.3-8)}.$$

Neben der zu messenden Dehnung ε_M ist also auch noch ein Term Δl_{MG} vorhanden, der die thermischen Dehnungen des Geräts und der Meßstrecke enthält. Er läßt sich berechnen, wenn die Temperaturen und Wärmeausdehnungskoeffizienten des Geräts und der Meßstrecke bekannt sind. Ohne diese Informationen sind Kompensationen der thermischen Dehnungen nicht möglich, es sei denn, man erreicht durch zusätzliche Einschränkungen, daß Δl_{MG} zu null wird, beispielsweise für $\alpha_M = \alpha_G$ und $T_{GM} = T_M$.

Bei Setzdehnungsmessern (s. Abschn. D 1.3.4.2.2 und D 1.3.4.3.3) ist die Möglichkeit gegeben, die Anzeige auf einer Referenz- oder Kontrollstrecke zu kontrollieren. Sie läßt sich robust, stabil und transportabel ausführen und dient als feste Bezugslänge für die Setzdehnungsmessungen. Allerdings hängt auch ihre Länge von der Temperatur ab, vgl. Gl. (D 1.3-5; 6):

$$l_K(T_K) = l_K(T_0) \left[1 + \alpha_K (T_K - T_0)\right] \qquad \text{(D 1.3-9)}.$$

Die Anzeige des Dehnungsmessers auf der Kontrollstrecke ist, vgl. (D 1.3-4):

$$A_K = K \left[l_K(T_K) - l_G(T_{GK})\right] \qquad \text{(D 1.3-10)}.$$

Hierbei ist T_{GK} die Temperatur des Dehnungsmessers bei der Messung der Kontrollstrecke. Die Differenz ΔA_{MK} der Geräteanzeigen A_M auf der Meßstrecke und A_K auf der Kontrollstrecke beträgt

$$\Delta A_{MK} = A_M - A_K = K \left[l_M(T_M) - l_K(T_K) + l_G(T_{GK}) - l_G(T_{GM})\right] \qquad \text{(D 1.3-11)}.$$

Werden beide Messungen kurz hintereinander ausgeführt, so ist $T_{GM} = T_{GK}$. Dann gilt

$$\Delta A_{MK} = K \left[l_M(T_M) - l_K(T_K)\right] \qquad \text{für} \qquad T_{GM} = T_{GK} \qquad \text{(D 1.3-12)}.$$

Die Gerätebasislänge l_G ist in diesem Ausdruck nicht mehr enthalten. Ihre Änderung zwischen verschiedenen Messungen am Meßobjekt spielt demnach keine Rolle. Diese Möglichkeit, ein empfindliches Meßgerät mit einer stabilen Referenzstrecke zu koppeln, trägt besonders dazu bei, daß Setzdehnungsmesser zu den langzeitstabilsten Dehnungsmessern gehören.

Für genaue temperaturkompensierte Dehnungsmessungen ist jedoch auch hier die Kenntnis der Temperaturen und thermischen Ausdehnungskoeffizienten von Kontroll- und Meßstrecke erforderlich. Mit Gl. (D 1.3-5) und Gl. (D 1.3-9) und mit $l_M(T_0) \approx l_K(T_0) \approx l_0$ folgt aus Gl. (D 1.3-12):

$$\Delta A_{MK} = K \left[l_0 \, \varepsilon_M + \Delta l_{MK0} + \Delta l_{MK}\right] \qquad \text{(D 1.3-13)},$$

mit

$$\Delta l_{MK0} = l_M(T_0) - l_K(T_0) \qquad \text{(D 1.3-14)}$$

und

$$\Delta l_{MK} = l_0 \left[\alpha_M (T_M - T_0) - \alpha_K (T_K - T_0)\right] \qquad \text{(D 1.3-15)}.$$

Der Term Δl_{MK} ist für jede Messung mit den Temperaturen T_M und T_K neu zu ermitteln, während der Term Δl_{MK0} für jede Meßstrecke eine Konstante ist, wenn man immer mit der gleichen Kontrollstrecke vergleicht. Diese Konstante wird bei der Nullmessung (hochgestellter Index 0), für die in der Regel $\varepsilon_M = 0$ ist, aus Gl. (D 1.3-13) ermittelt:

$$\Delta l_{MK0} = \frac{1}{K} \Delta A_{MK}^0 - \Delta l_{MK}^0 \qquad \text{(D 1.3-16)}.$$

193

Für die *n*. Messung (hochgestellter Index *n*) ist die temperaturkompensierte Dehnung:

$$\varepsilon_\mathrm{M}^n = \frac{1}{l_0}\left[\frac{1}{K}\,\Delta A_\mathrm{MK}^n - \Delta l_\mathrm{MK}^n - \Delta l_\mathrm{MK0}\right] \tag{D 1.3-17}.$$

Für ihre Bestimmung sind die Anzeigen des Dehnungsmessers A_M^n auf der Meßstrecke und A_K^n auf der Kontrollstrecke sowie der aus der Nullmessung berechnete Wert von Δl_MK0, die Temperaturen T_M der Meßstrecke und T_K der Kontrollstrecke für jede Einzelmessung erforderlich. Die hier angegebenen Gleichungen lassen sich in einfache Rechenprogramme umsetzen, die die Auswertung erheblich erleichtern.

D 1.3.5 Kennzeichnende Anwendungsbeispiele

Im folgenden wird an Hand einiger Anwendungsbeispiele auf die anwendungsbezogenen Besonderheiten der einzelnen Dehnungsmesser hingewiesen, wobei die häufig verwendeten Geräte zuerst behandelt werden, und sich die übrigen in der Reihenfolge ihrer Bedeutung anschließen.

Die *Setzdehnungsmesser* (s. Abschn. D 1.3.4.2.2 und D 1.3.4.3.3) sind die derzeit noch am meisten verwendeten mechanischen Dehnungsmesser. Ein wesentlicher Vorzug gegenüber vielen anderen Meßverfahren ist ihre besonders gute Langzeitstabilität, vorausgesetzt, in die Messungen werden Referenzstrecken mit einbezogen. Dieses Meßverfahren ist auch dann vorteilhaft einzusetzen, wenn bei statischen Messungen an größeren Meßobjekten wenige leicht zugängliche Meßstrecken mit geringer Häufigkeit abgefragt werden müssen. Insbesondere an Betonbauwerken setzt man meist Geräte ohne Übersetzung nach Abschn. D 1.3.4.2.2 mit einer Meßlänge von 500 mm ein, bei Messungen an Stahlkonstruktionen und größeren Modellen meist Geräte mit 100 mm Meßlänge nach Abschn. D 1.3.4.3.3 [D 1.3-39; 40]. Bei jahrelangen Messungen ist ein guter Korrosionsschutz der Meßmarken erforderlich. Setzdehnungsmesser mit 10 und 20 mm Meßlänge werden häufig für die Bestimmung von Schweißeigenspannungen benutzt [D 1.3-41, 42]. Die Rückwirkungskraft mehrerer Setzdehnungsmesser ist sehr klein, so daß sie sich z. B. auch für Dehnungsmessungen an Papier verwenden lassen [D 1.3-43].

Häufig interessieren bei Dehnungsmessern nur Extremwerte. Dann empfiehlt sich der Einsatz der *Ritzdehnungsschreiber* (s. Abschn. D 1.3.4.2.4). Sie erlauben insbesondere an Meßobjekten mit langsamen Dehnungsschwankungen die Registrierung der Dehnungsextremwerte auch über längere Zeiträume, vgl. [D 1.3-21; 44]. Das Spiel in der Schreibplattenlagerung und die Ritzbreite von rd. 10 bis 20 µm erlauben jedoch nicht die gleiche Genauigkeit wie beim Setzdehnungsmesser. Ritzdehnungsschreiber mit fester Schreibplatte lassen sich mit relativ einfachen Mitteln herstellen.

Weil elektrische Verfahren mit großer Empfindlichkeit zur Aufzeichnung und Auswertung der Meßdaten meist besser geeignet sind, hat die Bedeutung aller übrigen mechanischen und mechanisch-optischen Dehnungsmesser sehr abgenommen. Deswegen werden sie nur in Sonderfällen angewendet, z. B. wenn eine ständige Ablesung der Meßwerte am Meßobjekt möglich und erwünscht ist. Vorteilhaft bei den meisten mechanischen und mechanisch-optischen Dehnungsmessern ist ihre übersichtliche und leicht verständliche Funktionsweise.

D 1.3.6 Zusammenfassende Beurteilung

Mechanische und mechanisch-optische Dehnungsmesser können prinzipiell für ein sehr breites Anwendungsspektrum eingesetzt werden. Ihre Bedeutung ist jedoch auf Grund der starken Entwicklung der elektrischen Dehnungsmeßverfahren und deren Möglichkeiten bei der automatischen Datenerfassung sehr zurückgegangen. Im Bereich der Langzeit-Dehnungsmessungen an größeren Bauteilen und an Bauwerken werden Setzdehnungsmesser und weniger häufig auch Ritzdehnungsschreiber jedoch insbesondere wegen ihrer Langzeitstabilität, der vergleichsweise geringen Kosten und der einfachen und übersichtlichen Handhabung weiterhin aus guten Gründen eingesetzt.

D 2 Optische Flächenverfahren

D 2.1 Allgemeines und Überblick

E. Ficker

D 2.1.1 Formelzeichen

E	Elektrischer Feldstärkevektor
$\ddot{E}$	zweite Ableitung nach der Zeit
H	magnetischer Feldstärkevektor
I, I_1, I_2	Intensität des Lichts
$K_{\mathrm{I}}, K_{\mathrm{II}}$	Spannungsintensitätsfaktor
N	Lastspielzahl
T	Temperatur
$\boldsymbol{a}$	Vektoramplitude
a, a_1, a_2	Betrag der Amplituden
c	Lichtgeschwindigkeit im Vakuum
f	Frequenz einer Schwingung
n	Brechungsindex
$\boldsymbol{r}$	Ortsvektor
Δs	optischer Gangunterschied
t	Zeit
u, v, w	Komponenten der Verschiebung in x, y, z-Richtung
$\boldsymbol{v}$	Geschwindigkeit (bei Licht: in Ausbreitungsrichtung)
x, y, z	kartesische Koordinaten
α	Winkel der Hauptspannung oder Hauptdehnung
β	Neigungswinkel bei Platten
ε	Dehnung
$\varepsilon_1, \varepsilon_2$	Hauptdehnungen
ε_{q}	Querdehnung
ε_{p}	plastische Dehnung
φ	Phasenwinkel
λ	Wellenlänge des Lichts
σ	Spannung allgemein
σ_1, σ_2	Hauptnormalspannungen
$(\sigma_1 + \sigma_2)_{\mathrm{a}}$	Ausschlagsspannung (Summe) bei schwingender Beanspruchung
$\boldsymbol{\sigma}'$	Deviator des Spannungstensors
ω	Kreisfrequenz der Lichtschwingung
Δ	$= \dfrac{\partial^2}{\partial x^2} + \dfrac{\partial^2}{\partial y^2} + \dfrac{\partial^2}{\partial z^2}$ Laplace-Operator

D 2.1.2 Allgemeines

Die Bewegungen der Körper und die dabei zwischen ihnen wirkenden Kräfte bewirken eine Änderung der physikalischen Eigenschaften ihrer Materie. Viele Eigenschaften sind bekannt, quantitativ beschrieben und werden als Meßgröße für den mechanischen Zustand verwendet. Die Meßverfahren teilt man meist nach der primären Meßgröße ein, unabhängig davon, ob direkt an dem Material oder über einen Transmitter (Aufnehmer) gemessen wird. Die elektrischen Verfahren z. B. benutzen nur jene Eigenschaftsänderungen der Materie, die mit dem primären Meßmittel „elektrischer Strom oder Spannung" angezeigt werden (Beispiele: direkt: Wirbelstromverfahren; über Transmitter: DMS). Analog dazu läßt sich formulieren: optische Verfahren in der Mechanik sind jene, bei denen als primäres Meßmittel elektromagnetische Schwingung im Frequenzbereich der optischen Strahlung verwendet wird.

Beispiele für direkte Messung sind: Spannungsoptik, Interferometrie; Beispiele mit Transmitter sind Oberflächenverfahren, optischer Ermüdungsmeßstreifen.

Die Beschäftigung mit der Frage nach der Natur des Lichtes hat schon immer, insbesondere aber im vorigen Jahrhundert, zu ganz wesentlichen Erkenntissen der Physik geführt. Bereits zur Zeit *I. Newtons* und *Ch. Huygens'* wurde die Frage, ob das Licht Wellencharakter hat oder aus kleinen Partikelchen besteht (Korpuskulartheorie), heftig diskutiert, die *Newton* nicht auf Grund einer schlüssigen Beweisführung, sondern nur durch seine in der Physik anerkannte Autorität für die Korpuskulartheorie entschied. Erst *J. C. Maxwell* hat um 1850 das Licht als elektromagnetische Schwingung beschrieben. Jedoch führten die Arbeiten in der Quantenphysik in unserem Jahrundert zu der Erkenntnis, daß manche Erscheinungen in der Physik des Lichtes nur mit Photonen (letztendlich wäre das Korpuskulartheorie) erklärbar sind. Heute wird das Licht je nach Fragestellung als elektromagnetische Welle oder als aus Elementarteilchen bestehend beschrieben.

Als Meßmittel wird Licht in Naturwissenschaft und Technik seit langem verwendet, vor allem in der Vermessungskunde zur Bestimmung von Längen und Winkeln. Die in diesem Rahmen hoch entwickelte Stereophotogrammetrie hat erstaunlicherweise aber erst relativ spät in die Bauingenieurpraxis und noch später in die Maschinenbauindustrie Eingang gefunden. Andere optische Feldmethoden wurden zunächst für den Einsatz in der Thermodynamik und Fluidmechanik entwickelt und dann, mit einer teilweise erheblichen Zeitverzögerung, bei Problemen der Festkörpermechanik eingesetzt. Klassische Beispiele sind hier die Interferometrie (Mach-Zehnder-Interferometer), das schattenoptische Verfahren (in der Festkörpermechanik „Kaustikenverfahren" genannt) und die holographische Interferometrie.

Wenn auch die gegenwärtige wirtschaftliche Bedeutung der optischen Verfahren, gemessen am Umsatz, wesentlich geringer ist als die anderer Verfahren, so sind sie doch bei den Aufgaben in Entwicklung und Qualitätssicherung nicht mehr wegzudenken. Durch die Einführung des Lasers in die Meßtechnik sowie die intensive Entwicklung der elektronischen Bildverarbeitung werden sie in Zukunft erheblich an Bedeutung gewinnen.

Aber auch wenn die elektronische Bildverarbeitung weitgehend die quantitativen Auswertearbeiten übernehmen wird, bleibt doch für den Ingenieur ein ganz wesentlicher Vorteil der optischen Flächenmethoden erhalten: der schnelle Überlick über einen ganzen Bereich, das Auffinden neuer oder unerwarteter Effekte und damit die Förderung der Phantasie. Und echte Ingenieuraufgaben erfordern neben Kenntnis der Grundlagen der Ingenieurwissenschaft auch sehr viel Phantasie. Es ist nicht verwunderlich, daß damit auch ein intensiver Lerneffekt verbunden ist: Nimmt doch der Mensch über rund 150 Millionen Einzelsensoren (Stäbchen und Zäpfchen im Auge) die optische Information auf und verarbeitet diese Fülle von Daten in rund 180 ms; er verbraucht dabei rund 80% der Gesamtleistung des Gehirns.

Deshalb sind die optischen Flächenverfahren auch bei der Aus- und Weiterbildung in Naturwissenschaft und Technik von großem Wert – nicht nur, weil man schnell und umfassend Information weitergeben kann, sondern weil diese Information auch besser verarbeitet und länger behalten wird.

D 2.1.3 Physik des Lichtes

D 2.1.3.1 Grundlagen

Die quantitative Interpretation des optischen Meßsignals erfordert bei manchen Verfahren eine mathematische Beschreibung des Lichtes. In der Meßtechnik erscheint es zweckmäßig, Licht als elektromagnetische Schwingung – also nicht quantenmechanisch – zu betrachten, weil sich damit Erscheinungen wie Interferenz und Polarisation einfacher beschreiben lassen.

In Bild D 2.1-1 ist der Zusammenhang zwischen elektrischem Feldstärkevektor E, magnetischem Feldstärkevektor H und der Ausbreitung des Lichtes (Geschwindigkeit v oder Ausbreitungsrichtung z) gezeigt. In Medien, die keine allzu große Anisotropie aufweisen, gilt: E und H schwingen in Phase; $E \perp H \perp v$.

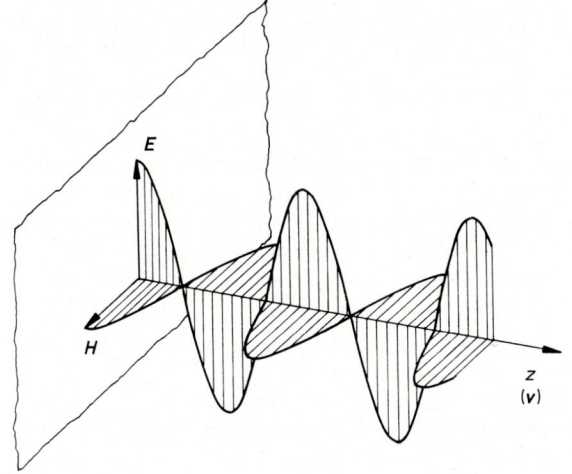

Bild D 2.1-1. Darstellung des Lichts als elektromagnetische Welle.
E Elektrischer Feldstärkevektor, H magnetischer Feldstärkevektor, z Ausbreitungsrichtung, in der geometrischen Optik gleichbedeutend mit „Lichtstrahl", v Geschwindigkeit

Es genügt deshalb, zur Beschreibung nur den elektrischen Feldstärkevektor E zu verwenden, und zwar mit der Maxwellschen Gleichung

$$\Delta E - \frac{1}{v^2} \ddot{E} = 0 \tag{D 2.1-1}.$$

Die allgemeine Lösung lautet in komplexer Schreibweise:

$$E = a\, e^{i\,[\varphi(r,\,\omega)\,-\,\omega t]} \tag{D 2.1-2}.$$

Es gilt die Vereinbarung, daß für die physikalischen Größen jeweils nur der Realteil verwendet wird.

Die Kreisfrequenz ω beträgt rund 10^{15} Hz. So hohe Frequenzen lassen sich nicht mehr direkt messen; es läßt sich nur der Zeitmittelwert der abgestrahlten Energie erfassen. In der Optik ist dies die Intensität I. Sie ist proportional dem Quadrat der Amplitude a, Gl. (D 2.1-2).

Läßt man konstante Faktoren außer Betracht, so gilt

$$I \sim a^2 \qquad \text{(D 2.1-3)}.$$

Die Empfänger optischer Strahlung (Auge, optoelektrischer Sensor, Filmmaterial, TV-Kamera) nennt man deshalb „quadratische Empfänger".

Die Phasenlage des Lichtes läßt sich aber mit einer speziellen physikalischen Anordnung bestimmen, dem Interferometer. Hierbei wird das Licht aufgespalten, die Teilstrahlen auf unterschiedlichen Wegen weitergeführt und am Ende wieder vereint. Erfährt einer der Teilstrahlen eine Veränderung, so wirkt sich dies bei der Überlagerung aus.

Die resultierende Energie I zweier Strahlen errechnet sich mit Hilfe von Gl. (D 2.1-2) zu

$$I = I_1 + I_2 + 2\sqrt{I_1 I_2} \cos \Delta\varphi \qquad \text{(D 2.1-4)},$$

mit $\Delta\varphi$ Phasendifferenz.

Scheinbar scheint hier der Energieerhaltungssatz verletzt. Aber die Energie ist nur räumlich anders verteilt; sie schwankt zwischen dem Maximum $I_{max} = I_1 + I_2 + 2\sqrt{I_1 I_2}$ und dem Minimum $I_{min} = I_1 + I_2 - 2\sqrt{I_1 I_2}$.

Wenn $a_1 = a_2$ ist, dann wird $I_1 = I_2 = I_0$ und die resultierende Intensität schwankt zwischen $I_{max} = 4 I_0$ und $I_{min} = 0$.

Legt man im Raum eine Fläche fest (z. B. Photoplatte), so werden die Intensitätsmaxima und -minima auf dieser Fläche in Form von hellen und dunklen Linien sichtbar.

Diese Erscheinung nennt man *Interferenz*. Sie läßt sich physikalisch folgendermaßen definieren: Interferenz ist die Abweichung von der örtlichen Additivität der Intensitäten. Nach dieser strengen Definition sind die Hell-Dunkel-Linien z. B. bei der Moirétechnik keine Interferenzlinien. Sie werden über die Addition der Einzelintensitäten abgeleitet. In der Praxis wird jedoch auch für die Moirélinien häufig der Ausdruck „Interferenzlinien" gebraucht.

Bei der quantitativen Interpretation interferometrischer Bilder (auch der holographischen Interferometrie) ist zu beachten, daß als primäre Meßgröße nur der optische Wegunterschied der beiden Teilstrahlen zur Verfügung steht. Für die weitere Behandlung dieser Meßgröße müssen dann diejenigen physikalischen Größen herangezogen werden, die im jeweiligen Fall die Weglängenänderung hervorrufen, z. B. in der Fluidmechanik Druck- und/oder Temperaturunterschiede, im Festkörper die Verschiebung der Oberflächenpunkte oder bei transparenten Körpern die Dickenänderungen.

Die Wellenlänge λ ist eine weitere quantitative Größe des Lichtes. Sie erscheint dem menschlichen Auge als Farbe. Bei der mathematischen Ableitung muß man jedoch konstante Wellenlänge voraussetzen, denn nur dann kann Gl. (D 2.1-1) als homogene Differentialgleichung behandelt werden. Quantitative Auswertungen in der Optik gelten daher nur für monochromatisches Licht ($\lambda = $ const.), es sei denn, man benutzt nur die Intensität als Information, wie bei allen densitometrischen Verfahren (z. B. Druckmeßfolie).

Die Polarisation des Lichtes wird in Abschnitt D 2.2 erörtert.

Für ein intensives Studium der Grundlagen der Optik sei auf das Schrifttum verwiesen, z. B. [D 2.1-2].

D 2.1.3.2 Wichtige Eigenschaften des Lichtes

Grundsätzlich ist das Licht in hohem Maß für Aufgaben in der Meßtechnik geeignet:
- Es ist trägheitslos.
- Es ermöglicht eine sehr hohe zeitliche Auflösung; man könnte auch formulieren, Licht mißt mit einer Trägerfrequenz von 10^{15} Hz.
- Es beeinflußt die Vorgänge am Objekt nicht.
- Es bietet flächenhafte, sogar räumliche Information.
- Die Meßdaten können häufig sehr einfach gespeichert werden, z. B. mit Filmmaterial.
- Das primäre Meßergebnis und – mit Hilfe elektronischer Bildverarbeitungssysteme – das Endergebnis sowie die bei der Auswertung erforderlichen Zwischenschritte lassen sich anschaulich darstellen.

In Tabelle D 2.1-1 sind die Möglichkeiten zu quantitativen Messungen mit Licht zusammengestellt.

Tabelle D 2.1-1   Physikalische Eigenschaften des Lichtes, die zu quantitativen Messungen herangezogen werden.

Physikalische Eigenschaft	Direkt erfaßbar mit Sensoren (Auge, Filmmaterial, optoelektronisch)	Erfaßbar mit zusätzlichem Aufbau (Interferometer, Polariskop)
Intensität	+	+
Wellenlänge	+	+
Polarisation	−	+
Phasenlage	−	+

D 2.1.3.3 Definitionen und Begriffe

Für quantitative Messungen benötigt man korrekte Definitionen. Andererseits ist es in der Physik häufig üblich, individuelle Definitionen zu verwenden, weil sich dann komplizierte Zusammenhänge leichter erklären lassen. Im folgenden sind nun einige Begriffe mit der in der Physik am häufigsten verwendeten Definition erläutert.

Amplitude a: Größe des elektrischen Feldstärkevektors der elektromagnetischen Schwingung; die vom Licht übertragene Energie (Intensität) ist proportional dem Quadrat der Amplitude bei konstant gehaltener Frequenz bzw. Wellenlänge.

Brechungsindex n: Verhältnis der Lichtgeschwindigkeit c im Vakuum zur Geschwindigkeit v im Medium: $n = c/v$; oder geometrisch, wenn ein Lichtstrahl vom optisch dünneren Medium ins optisch dichtere eintritt (Strahl wird an der Grenzfläche geknickt), gilt $n = \sin\alpha/\sin\beta$, mit α Einfallswinkel, β Ausfallswinkel im optisch dichteren Medium.

Elliptisch polarisiertes Licht: Der Lichtstärkevektor einer polarisierten Welle wird gedanklich auf eine Ebene senkrecht zur Ausbreitungsrichtung projiziert; seine Spitze beschreibt eine Ellipse (siehe auch D 2.2).

Frequenz f: Sie gibt die Anzahl der Schwingungen je Sekunde an (rd. 10^{15} Hz) und ist unabhängig vom Medium, in dem sich das Licht ausbreitet.

Geometrische Optik: Teilgebiet der Optik, das durch Vernachlässigung der Endlichkeit der Wellenlänge λ gekennzeichnet ist. Das Licht wird als Strahl senkrecht zur Wellenfläche, also parallel zur Ausbreitungsrichtung, betrachtet. Verluste durch Beugung und Interferenz werden vernachlässigt.

Geschwindigkeit des Lichtes: Lichtgeschwindigkeit im Vakuum $c = 299{,}79 \cdot 10^6 \, \text{m/s}$; in Luft um 0,03% kleiner.

Halbwellenplatte: Optisch anisotroper Körper, in dem die beim Eintritt in zwei Teilstrahlen aufgespaltenen Lichtstrahlen eine Phasendifferenz von $\lambda/2$ erhalten. Mit Halbwellenplatten kann man die Schwingungsebene von linear polarisiertem Licht beliebig drehen (siehe auch D 2.2).

Intensität: Die vom Licht übertragene Energie wird meist als Intensität bezeichnet. Sie ist proportional dem Quadrat der Amplitude a.

Interferenz: Entsteht dann, wenn die interferierenden Wellen gleichzeitig durch das gemeinsame Medium laufen, wenn sie gleiche Wellenlänge haben und wenn ihr Gangunterschied während des Beobachtungszeitraums konstant bleibt. Der Gangunterschied kann verursacht sein durch unterschiedliche Wege (z. B. bei holographischer Interferometrie an Festkörpern), durch unterschiedliche Geschwindigkeiten (z. B. in der Spannungsoptik, Interferometrie mit Fluiden) oder durch Temperaturänderungen (Änderung des Brechungsindex n). Zur Erzeugung des Gangunterschieds muß der Lichtstrahl zunächst geteilt und anschließend wieder zusammengeführt werden (siehe auch D 2.1.3.1).

Kohärenz: Lichtquellen senden nur Wellenzüge begrenzter Länge aus. Zwei oder mehrere Wellen sind in zeitlicher Kohärenz, wenn sie eine konstante Phasendifferenz während einer festen Zeit einhalten. Die Kohärenz wird auch durch die Bandbreite (Schwankungsbreite der Frequenz) eingeengt. Laser senden Licht mit großer Kohärenzlänge aus. Kohärenz ist Voraussetzung für die Interferenz.

Kontrast: Der auf ihre Summe normierte Unterschied zwischen maximaler und minimaler Intensität: $C = (I_{max} - I_{min})/(I_{max} + I_{min})$.
Bei der Interferenz zweier ebener Wellen ergibt sich mit Gl. D 2.1-4: $C = 2\sqrt{I_1 I_2}/(I_1 + I_2)$. Der Kontrast wird optimal, d. h. gleich 1, wenn $I_1 = I_2$ bzw. wenn die Amplituden der sich überlagernden Wellen gleich sind.

Licht: Elektromagnetische Schwingung in jenem Wellenlängenbereich, für den die Sensoren (Stäbchen und Zäpfchen) im menschlichen Auge empfindlich sind; etwa zwischen 380 nm und 780 nm Wellenlänge.

Lichtstrahl: Der Lichtstrahl gibt die Ausbreitungsrichtung der Wellenfront (auch Ausbreitungsrichtung des Lichtes genannt) an und steht senkrecht auf der Wellenfront.

Linear polarisiertes Licht: Licht, dessen Feldstärkevektor nur in einer Ebene schwingt.

Monochromatisches Licht: Licht einer einzigen Wellenlänge. Das menschliche Auge empfindet dies als einfarbiges Licht.

Monochromator: Filter zur Erzeugung einfarbigen Lichts aus mehrfarbigem Licht. Es ist nur für wenige Wellenlängen durchlässig.

Optik: Die Lehre von der elektromagnetischen Schwingung im optischen Wellenlängenbereich, der meist größer definiert wird als der sichtbare Bereich. Wegen der Gleichheit der mathematischen Beschreibung spricht man z. B. von Röntgenoptik, Elektronenoptik, Ionenoptik (im kurzen Wellenlängenbereich) sowie von Infrarotoptik (Wellenlängenbereich bis rd. 10 000 nm).

Phase: Sie definiert den momentanen Zustand der Schwingung. Sie kann bei einer einzelnen Lichtwelle nicht gemessen werden. Bei zwei Lichtquellen, die in derselben Ebene schwingen und sich kreuzen oder parallel zueinander laufen, ist die Differenz ihrer Phasenlage von Bedeutung, denn von ihr hängt das Phänomen der Interferenz ab.

Polarisation: Nur Transversalwellen können polarisiert sein, d. h. in einer Schwingungsebene schwingen. Von den natürlichen und den meisten künstlichen Lichtquellen ausgesandtes Licht schwingt in verschiedenen Ebenen. Schwingt der Lichtvektor in einer einzigen Ebene, so bezeichnet man dieses Licht als vollständig linear polarisiert (viele Laser-Typen senden solches Licht aus). Zwischen diesen beiden Grenzwerten liegt der allgemeinste Fall des teilweise polarisierten Lichtes.

Polychromatisches Licht: Ist im Gegensatz zum monochromatischen Licht aus mehreren Wellenlängen zusammengesetzt. Das Auge empfindet Licht, das alle Wellenlängen enthält, als weißes (= polychromatisches) Licht.

Reflexion: Man unterscheidet zwischen gerichteter und diffuser Reflexion. Die Reflexion ist „gerichtet", wenn ein Lichtstrahl an der Grenzfläche von zwei Materialien so zurückgestrahlt wird, daß Einfallswinkel gleich Ausfallswinkel ist. Bei diffuser Reflexion wird das Licht in alle Richtungen reflektiert. Bei technischen Oberflächen treten beide Arten auf: beim Spiegel überwiegt die gerichtete, bei einer matten Oberfläche die diffuse Reflexion.

Reflexionsgrad: Das Verhältnis von reflektiertem Lichtstrom zu auffallendem Lichtstrom nennt man Reflexionsgrad $R = \left(\dfrac{n-1}{n+1}\right)^2$.

Transmissionsgrad: Verhältnis des transmittierten (durchgelassenen) zum einfallenden Lichtstrom: Transmissionsgrad $D = 4n/(n+1)^2$ mit n Brechungsindex. Die angegebenen Formeln für R und D gelten, wenn der einfallende Lichtstrahl sich im Vakuum oder in Luft bewegt. Es gilt $R + D = 1$.

Viertelwellenplatte: Optisch anisotroper (doppeltbrechender) Körper, in dem das beim Eintritt in zwei Teilstrahlen aufgespaltene Licht eine Phasendifferenz von $\lambda/4$ erhält (siehe auch D 2.2). Deshalb nennt man die Viertelwellenplatte auch $\lambda/4$-Platte. Beim Verlassen dieses Körpers ist das Licht zirkular polarisiert.

Virtuelles Bild: Virtuell oder scheinbar ist ein Bild, das als gedachte rückwärtige Verlängerung von divergenten Strahlen entsteht. Im Gegensatz dazu kommt ein reelles Bild durch Schnitte von konvergenten Strahlen eines Bündels zustande.

Wellenfront: Ort aller Punkte im Raum, in denen die Welle gleiche Phase hat. Bei einer Punktlichtquelle ist die Wellenfront kugelförmig mit der Lichtquelle im Zentrum. In großer Entfernung von der Lichtquelle kann die Wellenfront für eine kleine Fläche als Ebene betrachtet werden. Mit Abbildungselementen (Linsen, Spiegel) kann eine Kugelwelle in eine ebene Welle abgebildet werden. Der „Lichtvektor" liegt in der Wellenfront, der „Lichtstrahl" steht senkrecht darauf.

Wellenlänge λ: Die Wellenlänge der elektromagnetischen Schwingung in Luft definiert die Farbe und wird gemessen in nm. Für das menschliche Auge sichtbar ist der Bereich 380 nm bis 780 nm.

Zirkular polarisiertes Licht: Wenn die Spitze des Feldstärkevektors, gedanklich auf eine Ebene senkrecht zur Ausbreitungsrichtung projiziert, einen Kreis beschreibt, spricht man von zirkular polarisiertem Licht. Räumlich betrachtet, dreht sich der Feldstärkevektor bei Fortschreiten um eine Wellenlänge um den Winkel 2π. Zirkular polarisiertes Licht wird technisch meist aus linear polarisiertem durch Einschalten einer Viertelwellenplatte erzeugt.

D 2.1.4 Meßeinrichtungen

a) *Lichtquellen.* In Tabelle D 2.1-2 sind die in der Technik gebräuchlichsten Lichtquellen und ihre für die Meßtechnik wichtigen Eigenschaften zusammengestellt. Lichtquellen mit Kurzzeitemission liefern Blitze mit sehr kurzer Dauer bis in den Bereich von Nanosekunden (Pulslaser, Ultrakurzzeit-Blitzanlagen). Mit diesen Blitzen können auch relativ große Flächen (m²-Bereich) beleuchtet werden.

Tabelle D 2.1-2 Zusammenstellung der gebräuchlichsten Lichtquellen, die sich für optische Flächenverfahren eignen.

Prinzip	Punkt-förmig	Flächen-förmig	Mono-chroma-tisches Licht	Poly-chroma-tisches (weißes) Licht	Polychroma-tisches Licht mit einzelnen Spektrallinien hoher Energie *)	Dauer-emission	Kurzzeit-emission	Beispiel (handelsübliche Bezeichnung)
Gasentladungslampen								
mit Beschichtung		×		×	×	×		Leuchtstoffröhre
Spektrallampen	×	×	×			×		Na-Dampflampe
Blitzlampen	×	×		×			×	Photoblitz
Glühfadenlampen								
mit Gasfüllung	×	×		×	×	×		Halogenlampe
ohne Gasfüllung	×	×		×		×		Glühlampe
Blitzlampen	×			×			×	Photoblitz
Lichtbogenlampen								
mit Gasfüllung	×			×	×		×	Ultrakurzzeitlampe (Stroboskop)
Hochdrucklampen	×			×	×	×		Hg-Höchstdrucklampe
ohne Gasfüllung	×			×			×	Bogenlampe, Cranz-Schardin-Anlage
Laser								
Gaslaser	×		×			×		Argonlaser, He-Ne-Laser
Festkörperlaser	×		×				×	Rubinlaser (Pulslaser)

*) gut geeignet zur Erzeugung monochromatischen Lichts mit Farbfiltern (Monochromatoren)

Tabelle D 2.1-3   Zusammenstellung der gebräuchlichsten Bauelemente beim Einsatz optischer Flächenverfahren.

Bezeichnung	Physikalisches Prinzip	Anwendung
Linsen	Brechung an gekrümmten Grenzflächen	Abbildung von Objekten; Bündelung oder Aufweitung von Strahlenbüscheln
Linsensysteme	Aufbau aus Einzellinsen unterschiedlicher Geometrie und Brechzahl	wie bei Linsen, jedoch mit verringerten Linsenfehlern
Spiegel (Strahlteiler)	gerichtete Reflexion an ebenen Flächen	Strahlumlenkung, Strahlteilung bei teildurchlässigen Spiegeln (vielfach „Strahlteiler" genannt)
	gerichtete Reflexion an gekrümmten Flächen	Abbildung, Bündelung (wie Linsen)
Prismen	Totalreflexion	Strahlumlenkung
	Brechung an Grenzflächen	Trennung von Wellenlängen
	Doppelbrechung	Aufspaltung von Lichtstrahlen, Polarisation
Gitter	Erzeugung linienförmiger Hell-Dunkel-Felder	Rasterlinienverfahren, Moirétechnik
	Erzeugung punktförmiger Hell-Dunkel-Felder	Punktrasterverfahren, Moirétechnik
	Beugung am Mehrfachspalt	Aufspaltung von Strahlen; Abbildung wie Linsen
Polarisatoren	Folien: Orientierungseffekt	Polarisieren von unpolarisiertem Licht
	Kristalle (Prismen): Doppelbrechung	Polarisieren von unpolarisiertem Licht
Verzögerungsplatten	Doppelbrechung mit unterschiedlichen Laufzeiten der Teilstrahlen (z. B. λ, $\lambda/2$ oder $\lambda/4$-Platte)	Einstellen einer definierten Doppelbrechung, häufig zur Änderung des Polarisationszustandes
optoelektrische Zellen (Kerr-Zelle, Pockels-Zelle)	Änderung der Molekülorientierung von Fluiden bzw. des Brechungsindex von Kristallen durch elektrostatische Felder	ultraschnelle Lichtschalter; bis in den Nanosekundenbereich

b) *Optische Bauelemente.* Die wichtigsten Bauelemente, ihr physikalisches Prinzip und die jeweilige Hauptanwendung sind in Tabelle D 2.1-3 zusammengestellt. Im Detail werden sie von den Herstell- und Vertriebsfirmen ausführlich beschrieben, so daß hier darauf verzichtet werden kann.

c) *Aufnahmesysteme.* Bei Meßaufgaben, bei denen die quantitative Auswertung von Zwischenergebnissen nicht erforderlich ist (z. B. Gestaltoptimierung bei Festigkeitsproblemen) wird das Meßsignal häufig ohne Registrierung aufgenommen, d. h. mit dem menschlichen Auge einschließlich angeschlossenem Bildverarbeitungssystem „Gehirn". Meist ist jedoch Registrierung erforderlich, insbesondere bei dynamischen Vorgängen. Die Aufnahmesysteme sind in Tabelle D 2.1-4 aufgelistet. Die wichtigste Registriermethode ist die mittels chemisch entwickelter Filme. Filme ermöglichen auch eine anschauliche Dokumentation. Sie werden aber in vielen Bereichen von Bildverarbeitungssystemen abgelöst.

In Tabelle D 2.1-5 sind die zum chemischen Film gehörenden Aufnahmesysteme zusammengestellt.

Tabelle D 2.1-4 Aufnahmesysteme für optische Verfahren.

Aufnahmesystem	Sensor	Hilfsmittel
1. ohne Registrierung	menschliches Auge	Fernrohr, Lupe, Mikroskop
2. Registrierung mit chemischem Film	photoempfindliche Schicht, chemisch entwickelt	Objektiv – Kamera (in der Holographie: keine)
3. Registrierung mit Thermoplastfilm	photoresistive Schicht, im elektrostatischen Feld verformt	keine; nur in der Holographie als Phasenhologramm einsetzbar
4. elektronische Kamera, Diodenarray	optoelektrische Sensoren	Objektiv – Kamera

Tabelle D 2.1-5 Aufnahmesysteme bei Verwendung lichtempfindlicher, chemisch entwickelter Filmschichten.

Bezeichnung	Übliches Format	Bildfolge Bilder/s	Lichtquelle Dauer-emission	Kurzzeit-emission
Kleinbildkamera	24 mm × 36 mm bis 6 cm × 6 cm	bis rd. 10	×	×
Großbildkamera *)	9 cm × 12 cm	–	×	×
Filmkamera				
Film diskontinuierlich transportiert oder/und Drehprisma	24 mm × 36 mm	bis 10^6	×	× [+]
mit kontinuierlich transportiertem Film (Trommelkamera)	h × 36 mm **)	bis 10^5		×
Cranz-Schardin-Kamera ***)	9 cm × 12 cm oder größer	bis 10^6		×

*) in der Photogrammetrie „Meßkammer" genannt
**) Bildhöhe h je nach Blitzfolge der Stroboskopanlage (Dauerblitz erforderlich) und Trommel-drehzahl
***) getrennte Lichtquellen (meist in Matrix 4 × 6 angeordnet) ergeben über ebensoviele Optiken einzelne Bilder auf einer großen Negativ-Platte, Bildanzahl meist 24
[+]) Synchronisation Kamera – Lichtquelle erforderlich, auch Einzelbildtechnik möglich

Eine Sonderstellung bei den Registriereinrichtungen nimmt der Thermoplastfilm ein, der in Verbindung mit kohärentem Licht (Laser) verwendet wird. Er ist aus einer Trägerfolie mit einer dünnen photoresistiven Schicht aufgebaut. Der Film wird zunächst im Dunkeln mit rund 10 kV elektrostatisch aufgeladen („sensibilisiert") und dann belichtet. Dabei ändert sich je nach örtlicher Helligkeit des einfallenden Lichtes der Widerstand der photoresistiven Schicht und entsprechend unterschiedlich fließt die elektrostatische Ladung ab. Wird nun der Film über seinen Erweichungspunkt erwärmt, so paßt sich die Oberfläche den Kräften an, die der elektrostatischen Ladungsverteilung entsprechen: es entsteht ein Relief (in der Holographie „Frost" genannt). Nach dem Abkühlen („Fixieren") bleibt dieses Relief erhalten. Die erreichbare Liniendichte liegt bei rd. 800 Linien/mm.

Durchstrahlung mit kohärentem Licht ergibt infolge der von der jeweiligen Dicke abhängigen Interferenz ein Hologramm (Phasenhologramm) wie der chemische Film, dessen Auflösung jedoch über 2000 Linien/mm liegt. Der chemische Film ändert bei der Reproduktion infolge unterschiedlicher Schwärzung die Amplitude des Lichtes und wird deshalb „Amplitudenhologramm" genannt.

Der gesamte Vorgang vom Sensibilisieren bis zum Fixieren dauert beim Thermoplastfilm nur wenige Sekunden. Wird der fixierte Film erneut über den Erweichungspunkt hinaus erwärmt, so glättet sich die Oberfläche wieder, d. h., der Film ist für mehrere Aufnahmen verwendbar.

D 2.1.5 Zusammenfassende Beschreibung

In Tabelle D 2.1-6 sind die optischen Flächenverfahren aufgeführt. Die Zuordnung der Verfahren erfolgt in der technischen Praxis nicht immer nach der Definition von Abschn. D 2.1.2; hier ist eine Einigung bezüglich der Definition auch schwierig. In die Tabelle sind auch Verfahren aufgenommen, die nicht den optischen Verfahren zugeordnet werden, um so den Vergleich verschiedener Flächenverfahren miteinander zu erleichtern. Gemeinsam ist allen Verfahren die optische Auswertung (z. B. bei der Druckmeßfolie Densitometrie, beim thermoelastischen Verfahren Infrarotoptik).

Zur Tabelle noch einige Bemerkungen, insbesondere zu den Verfahren, die im vorliegenden Handbuch nicht in eigenen Abschnitten behandelt werden:

Zu 3. Interferometrie. In der Fluidmechanik und Thermodynamik wird das Mach-Zehnder-Interferometer z. B. wegen der hohen Genauigkeit verwendet, in der Festkörpermechanik kaum. Es ist sehr empfindlich gegen Erschütterungen, und gute Kenntnisse der Physik sind erforderlich.

Zu 4. Die Speckle-Interferometrie wird manchmal zur Interferometrie gezählt, manchmal bei den Speckle-Methoden behandelt.

Zu 7. Speckle-Verfahren. Die „Shearographie" wird manchmal als eigenständige Methode behandelt. Sie ist jedoch eine spezielle Auswertemethode der Speckle-Verfahren. Siehe Abschn. D 2.8 und Schrifttum [D 2.1-3].

Zu 8. Die angegebene hohe Auflösung läßt sich durch Einsatz photogrammetrischer Verfahren im REM (Rasterelektronenmikroskop) erreichen.

Zu 12. Chromoplastizität. Sie benutzt die Farbänderung, im wesentlichen den Weißeffekt, von Kunststoffen, wenn sie über ihre Plastizitätsgrenze hinaus belastet werden. Im Modellversuch kann man hiermit z. B. das plastische Verhalten von Rahmenteilen (Traglastverfahren) gut sichtbar machen, oder am Originalkunststoff die Ausbreitung plastischer Zonen verfolgen; siehe [D 2.1-7].

Zu 14. Die Thermoelastizität ist über die Verwendung eines Scanners zum Flächenverfahren entwickelt worden; der Grundaufbau besteht aus einem einzelnen hochempfindlichen Sensor.

Zu 15. Die Thermographie wird bei dynamischer Lastfolge auch Vibrothermographie genannt. Das in Spalte 2 der Tabelle D 2.1-6 angegebene Symbol des Spannungsdeviators steht für die in Wärme umgesetzte dissipierte Energie (Hysterese).

Zu 16. Vibrographie basiert auf dem physikalischen Prinzip des in der Fluidmechanik mit Erfolg eingesetzten Laser-Doppler-Anemometers. Sie ist erst in jüngster Zeit über die Verwendung eines Scanners zum Flächenverfahren geworden. Der angegebene Meßbereich ist nur ein Anhaltswert; er hängt weitgehend von der Art der verwendeten Auswerteelektronik ab und ist deshalb einem starken Wandel unterworfen.

Tabelle D 2.1-6   Zusammenstellung der Flächenverfahren.

Verfahren	Direkt gemessene Größe	Meßbereich	Fehler (%)	Für statische Messung	Für dynamische Messung	Für hohe Temperatur
1. spannungsoptisches Modellverfahren	$(\sigma_1 - \sigma_2), \alpha$ $(\varepsilon_1 - \varepsilon_2), \alpha$	0,1 bis 30 N/mm², 1° 0,3‰ bis 10%, 1°	3	+ +	+ +	−
2. spannungsoptisches Oberflächenverfahren	$(\varepsilon_1 - \varepsilon_2), \alpha$	0,03 bis 20%	10	+ +	+ +	−
3. Interferometrie (Mach-Zehnder, Michelson)	$\Delta s, w$	0,1 bis 100 µm	2	+ +	+	+
4. holographische Interferometrie	$\Delta s, x, y, z,$ u, v, w	0,1 bis 100 µm	2	+ +	+ +	+
5. Rasterverfahren	$x, y, z,$ $u, v, w; \beta$	> 10 µm $\approx 0,0005\,G$	2	+ +	+ +	+ +
6. Moiréverfahren	x, y, z $u, v, w; \beta$	> 10 µm $\approx 0,0005\,G$	5	+ +	+ +	+ +
7. Speckle-Verfahren	$u, v, w; \beta$	> 2 µm $\approx 0,0001\,G$	2	+ +	+ +	+ +
8. photogrammetrische Verfahren	x, y, z u, v, w	> 0,1 µm bis ∞ $\approx 0,0001\,G$	2	+ +	+	+ +
9. Kaustikenverfahren	$\varepsilon_q \to K_I, K_{II}$ $\to \sigma_{max}$	–	3	+ +	+ +	+
10. Druckmeßfolie	Druck p	0,4 bis 70 N/mm²	10	+ +	+	−
11. Reißlack	α $\varepsilon_1, \varepsilon_2$	– > 0,1‰	15 ≤ 50	+ +	+	−
12. Chromoplastizität	ε_p	–	20	+ +	−	−
13. optischer Ermüdungs-meßstreifen	N ε	> 100 0,1 bis 10‰	5 25	−	+ +	
14. Thermoelastizität	ΔT $\Rightarrow (\sigma_1 + \sigma_2)$	0,001 K 1 bis 500 N/mm²	5	−	+ +	+
15. Thermographie	ΔT $\Rightarrow \sigma'$	0,1 K –	10	+ +	+ +	−
16. Vibrographie	f v	1 bis 10^5 Hz 0,1 bis 1000 mm/s	5	−	+ +	+

G = Objektgröße bzw. Ausschnitt

+ + gut geeignet
+ geeignet
− nicht geeignet

Rück-wirkung auf Meß-objekt	Geräte-aufwand	Meß- und Aus-werte-aufwand	Häufig-keit der Anwen-dung	Hauptvorteil	Hauptnachteil	Beschrieben in Abschnitt ... bzw. Schrifttum
○	+	+ +	+ +	schneller Überblick über Spannungsfeld	Modellverfahren außer Rheologie von Kunst-stoffen	D 2.2
+ +	+	+ +	+ +	schneller Überblick am Original	Auswertung nicht immer eindeutig	D 2.3
○	+ + +	+ + +	+	hohe Genauigkeit	Einarbeitung schwer	–
○	+ + +	+ +	+ +	Messung am Original und Qualitätssicherung	teuer	D 2.6 D 2.7
○ (+)	+	+ +	+ +	Messung am Original, einfacher Aufbau	automatische Aus-wertung noch nicht ausgereift	D 2.4
○ (+)	+	+ +	+ +	schneller Überblick am Original	automatische Aus-wertung noch nicht ausgereift	D 2.5
○	+ + +	+ +	+	einfache Aufnahme bei rauher Umgebung	aufwendige Auswertung	D 2.8
○	+ +	+ + +	+	beliebige Größe des Objekts	aufwendige Auswertung	D 2.10
○	+	+	+	Messung von Span-nungsspitzen	nur bei Spannungs-gradienten	D 2.9
+ (+ +)	○	+	+ +	schnelle einfache Messung	nur Druckspitze über die Zeit	D 7.1
+	+	+	+ +	schneller Überblick am Original	Dehnung nur qualitativ	D 1.2
○	+	+	○/+	einfacher Versuch	nur plastischer Bereich	[D 2.1-7]
+	+	+	+	Aufsummierung über Ausschlagsspannung	Auswertung unsicher	[D 2.1-5] u. D 6.5
○	+ + +	+	+	schnelle Messung am Original	teuer; nur $(\sigma_1 + \sigma_2)$	D 7.4
○	+ + +	+	+	Messung am Original-werkstoff	nur dissipierte Energie	[D 2.1-1] [D 2.1-4]
○	+ + +	+	+	berührungslos, großer Meßbereich	teuer	[D 2.1-6]

○ keine(r)
+ gering
+ + mittel
+ + + hoch

D 2.2 Spannungsoptische Modellverfahren

E. Ficker

D 2.2.1 Formelzeichen

C, C_1, C_2, C_3, C_4	Materialkonstante
C_D	Konzentration eines diffundierenden Stoffes
D	Diffusionskoeffizient
E	E-Modul
EP	Epoxidzahl (Epoxidwert)
G	Schubmodul
H	Härtergehalt
I, I_0	Intensität
K	Faktor
M	Molekulargewicht
N	Materialkonstante bei Diffusion
T	Absoluttemperatur
$a_0, a_1, a_2, \ldots, a_i$	Koeffizienten
$b_0, b_1, b_2, \ldots, b_j$	Koeffizienten
c	Lichtgeschwindigkeit im Vakuum
d	Modelldicke, Schnittdicke
Δd	Dickenänderung
f_σ	spannungsoptische Konstante
f_ε	dehnungsoptische Konstante
i, j, m, n	ganze Zahlen
n_0, n_1, n_2	Brechungsindizes
s	absoluter Gangunterschied, Spannungssumme
t, t_1, t_2	Zeit
v_1, v_2	Lichtgeschwindigkeit im Medium
v_L	Lichtgeschwindigkeit in Luft
α	Winkel
γ	Winkel bei schiefer Durchstrahlung
δ	Isochromatenordnung (relativer Gangunterschied)
δ_0, δ_γ	Isochromatenordnung bei schiefer Durchstrahlung
δ_A, δ_B	Isochromatenordnung bei Durchstrahlung A bzw. B
δ_{ik}	Kronecker-Symbol
ε_{ij}	Dehnungen
$\varepsilon_1, \varepsilon_2$	Hauptdehnungen
λ	Wellenlänge des Lichtes
v	Querkontraktionszahl
σ_{ik}	Spannungen
$\sigma_1, \sigma_2, \sigma_3$	Hauptnormalspannungen
σ_1^s, σ_2^s	sekundäre Hauptnormalspannungen
σ_x, σ_y	Normalspannungen
σ_a, σ_i	Normalspannungen an Außen- bzw. Innenseite von Schalen oder Platten
τ, τ_{xy}	Schubspannung
τ_a, τ_b	Schubspannung am Hilfsschnitt $a-a$ bzw. $b-b$
φ	Winkel
χ	Quellkoeffizient bei Diffusion

D 2.2.2 Allgemeines

Mit Hilfe der Spannungsoptik kann man die Verteilung von Spannungen direkt sichtbar machen. Sie wird deshalb sowohl zum quantitativen Messen als auch zur Demonstration verwickelter Spannungszustände eingesetzt.

Das Wort „Spannungsoptik" wurde von *Mesmer* geprägt als Übersetzung des englischen Begriffs „Photoelasticity". Unter diesem Begriff versteht man die Verwendung der spannungsdoppelbrechenden (Doppelbrechung auf Grund mechanischer Spannung) Eigenschaften von durchsichtigen Stoffen zur Bestimmung von Spannungen und Dehnungen. Gemessen wird die relative Phasenverschiebung auf Grund dieser Doppelbrechung mit Hilfe von polarisiertem Licht. Deshalb bezeichnet man diese Methode auch als polarisationsoptische Methode.

Die physikalischen Grundlagen wurden im 19. Jahrhundert von Physikern geschaffen, die sich mit der Natur des Lichtes beschäftigten, weil zu dieser Zeit der Streit zwischen den Anhängern der Newtonschen Korpusculartheorie und der Huygensschen Wellentheorie noch heftig im Gange war.

Im Jahre 1816 entdeckte *Brewster*, daß eine Glasplatte, die unter Spannung gesetzt wurde, ähnliche Doppelbrechungserscheinungen zeigte wie ein einachsiger Kristall. Er fand jedoch keinen quantitativen Ansatz für die Beziehung zwischen Spannung und optischem Effekt. Vier Jahre später demonstrierte *Biot*, daß ein Glasstreifen Doppelbrechung zeigt, wenn er in Längsschwingungen versetzt wird.

Aber erst 1841 erstellte *Neumann* eine Theorie dieses Effekts. Er drückte die Geschwindigkeit der zwei Lichtwellen als Funktion der drei Hauptdehnungen im Material aus. Unabhängig davon stellte *Maxwell* zwölf Jahre später eine Theorie auf, in der die Geschwindigkeit mit den Hauptspannungen in Beziehung gesetzt wurde. Beide Theorien ergaben Beziehungen ähnlicher Form und bildeten die Grundlage aller folgenden Arbeiten.

Die ersten spannungsoptischen Materialkonstanten wurden quantitativ von *Wertheim* im Jahre 1854 bestimmt. In den Jahren 1902–1912 beschäftigte sich *Filon* intensiv mit dem Effekt der Spannungsdoppelbrechung einschließlich der Dispersion, die später von *Mönch* als Maß für die plastische Verformung eingeführt wurde. In seinem mit *Coker* verfaßten Werk [D 2.2-6] sind die physikalischen Grundlagen des Phänomens der künstlichen Doppelbrechung eingehend behandelt.

Vermutlich war *Mesnager* der erste, der 1912 den ersten erfolgreichen Versuch zur Bestimmung von Spannungen bei einem praktischen Ingenieurproblem, einer Brückenkonstruktion, durchführte.

Einen wesentlichen Fortschritt brachte die Entdeckung des „Einfrierverfahrens" durch *Oppel* (1936), mit dem der räumliche Spannungszustand untersucht werden kann. Diese Methode wird seit der Einführung der Epoxidharze in die Spannungsoptik mit großem Erfolg in der Ingenieurpraxis angewandt.

Eine ausführliche Darstellung der Spannungsoptik findet man z. B. in den im Schrifttum aufgeführten Büchern [D 2.2-1 bis D 2.2-20].

Als Ergänzung zu den rechnerischen Methoden läßt sich die Spannungsoptik in vielen Fällen mit guter Effizienz einsetzen. Ihre Vorteile sind:
- einfache Erfassung des gesamten Spannungsfeldes mit den Linien gleicher Hauptschubspannung als direkte Meßgröße; es lassen sich komplexe Zusammenhänge übersichtlich demonstrieren; im Bereich der Gestaltfestigkeit kann die Form sehr schnell auch von weniger geübten Ingenieuren optimiert werden,
- einfacher Überblick über die Hauptspannungsrichtungen aus den Isoklinen,

– Ergänzung und Überprüfung rechnerischer Methoden bei schwierigen Randbedingungen (z. B. Reibung, Kontaktprobleme) und bei nichtlinearem Verformungsverhalten,
– Sichtbarmachen physikalischer Zusammenhänge bei dynamischer Beanspruchung, z. B. Stoßwellenausbreitung, und damit Überprüfung theoretischer Ansätze zur Lösung dynamischer Probleme,
– Einblick in das Verhalten von Verbundkonstruktionen einschließlich der Grenzschichten zwischen unterschiedlichen Materialien,
– einfaches und anschauliches Bestimmen von Verformungen auch an Innenteilen von Konstruktionen, weil sich diese ebenso wie die Spannungen fixieren lassen,
– beim Oberflächenschichtverfahren (s. Abschn. D 2.3) läßt sich ein qualitativer Überblick mit einer sehr einfachen Meßapparatur erzielen; ermöglicht werden auch Messungen an Originalbauteilen im Betrieb.

Als Nachteil muß man in Kauf nehmen, daß – außer beim Oberflächenschichtverfahren – die Spannungen i. a. am Modell ermittelt werden müssen.

Die Möglichkeit, auch die Grenzgebiete der Mechanik mit einem anschaulichen Verfahren untersuchen zu können, erfordert die Kenntnis der grundlegenden physikalischen Zusammenhänge und eine zumindest kurze Beschreibung von Sonderverfahren. Dieser Aspekt ist bei den folgenden Ausführungen berücksichtigt.

D 2.2.3 Begriffe aus der Mechanik

a) Spannungen am räumlichen Element

Bei spannungsoptischen Versuchen erleichtert die Darstellung der Spannungen nach Bild D 2.2-1 die Auswertung.

Es gilt (s. z. B. Abschn. A 2.3): $\tau_{xy} = \tau_{yx}$; $\tau_{xz} = \tau_{zx}$ und $\tau_{yz} = \tau_{zy}$. Für die Indizierung von τ wird deshalb normalerweise nur verwendet: τ_{xy}, τ_{xz}, τ_{yz}.

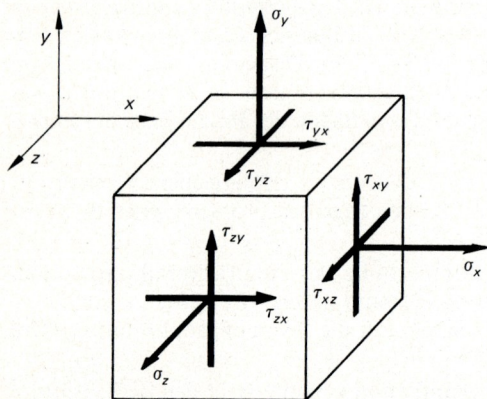

Bild D 2.2-1. Bezeichnung der Spannungen an einem Quader.

b) Ebener Spannungszustand

Er ist definiert durch $\sigma_z = \tau_{xz} = \tau_{yz} = 0$, d. h., es existieren nur Spannungen in der x, y-Ebene. Ihre Abhängigkeit von der Richtung läßt sich bequem mit dem Mohrschen Spannungskreis darstellen (s. Abschn. A 2.5).

An lastfreien Oberflächen herrscht immer ein ebener Spannungszustand. Er wird auch zweidimensionaler oder im amerikanischen Schrifttum „2-D"-Spannungszustand genannt.

c) Regeln zur praktischen Anwendung des Mohrschen Spannungskreises

– Der Mohrsche Spannungskreis beschreibt den ebenen Spannungszustand in einem Punkt für beliebige Schnittrichtungen.

– Jeder Punkt auf dem Spannungskreis gibt den Spannungszustand in *einer* Schnittrichtung vollständig an.

– Spannungskreis und Lageplan (Lage der Schnittrichtungen) sind getrennt zu zeichnen, wie in der Statik der Kräfte- und Lageplan.

– Die Schubspannungen sind gemäß Bild D 2.2-2 einzutragen: diejenigen, die das Schnittufer im Uhrzeigersinn drehen, auf der positiven Ordinate, die gegen den Uhrzeigersinn drehenden auf der negativen Ordinate.

– Die Normalspannungen sind wie üblich aufzutragen: Zugspannungen auf der positiven, Druckspannungen auf der negativen Abszisse.

– Der Winkel zwischen zwei Schnittrichtungen im Lageplan erscheint im Spannungskreis als Zentriwinkel in doppelter Größe.

– Beim Übergang von einem bekannten Spannungszustand zu einem unbekannten bleiben Drehrichtung in Lageplan und Spannungskreis gleich.

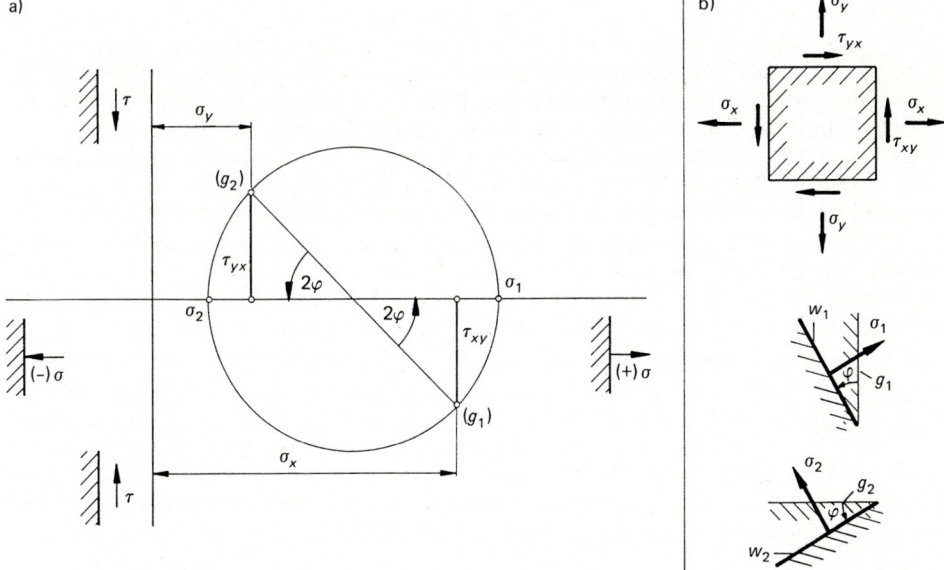

Bild D 2.2-2. Bezeichnungen beim Mohrschen Spannungskreis.
a) „Spannungsplan" mit Normalspannungen σ als Abszisse und Schubspannungen τ als Ordinate.
b) „Lageplan"; Element mit den gegebenen Spannungen (oben), aus dem Mohrschen Kreis gefundene Richtungen von σ_1 bzw. der Schnittkante w_1 (Mitte) und σ_2 bzw. der Schnittkante w_2 (unten).
g_1, g_2 Schnittkanten mit dem gegebenen Spannungszustand

Beim Beispiel in Bild D 2.2-2 ist der Spannungszustand in Schnittrichtungen parallel zur x- und y-Richtung gegeben. Die Hauptnormalspannung σ_1 findet man z. B., indem man den Punkt mit σ_x und τ_{xy} entgegen dem Uhrzeigersinn um den Winkel 2φ bis zum Schnittpunkt mit der Abszisse wandern läßt. Das Schnittufer mit den gegebenen Spannungen ist dann ebenfalls entgegen dem Uhrzeigersinn um den Winkel φ zu drehen. In Richtung der Flächennormalen dieser Schnittrichtung greift dann σ_1 an.

211

Die für Auswertungen erforderlichen Gleichungen lassen sich leicht aus dem Spannungskreis ableiten.

Beispiel

σ_x und τ_{xy} sind gegeben. Wie groß ist σ_y?

$$\sigma_y = \sigma_x - (\sigma_1 - \sigma_2)\cos 2\varphi \quad \text{oder} \quad \sigma_y = (\sigma_1 + \sigma_2)/2 - \sqrt{(\sigma_1 - \sigma_2)^2 - 4\tau_{xy}^2}/2 \qquad \text{(D 2.2-1)}.$$

Die Größe $(\sigma_1 - \sigma_2)$ ergibt sich direkt aus der Isochromatenordnung δ, der Winkel φ aus der Isokline (vgl. Abschn. D 2.2.4).

Aus dem Spannungskreis ist auch sofort abzulesen, daß es zwei Extremalwerte der Normalspannungen gibt: die Schnittpunkte mit der Abszisse ergeben σ_1 und σ_2. In den Schnittrichtungen, in denen sie wirken, gibt es keine Schubspannung. Außerdem ergibt sich die maximale Schubspannung zu $(\sigma_1 - \sigma_2)/2$, dem oberen und unteren Scheitelpunkt des Kreises. Der Zentriwinkel zwischen einer der Hauptnormalspannungen und der maximalen Schubspannung beträgt $\varphi = 90°$, d.h., die Schnittrichtungen, in denen die maximale Schubspannung auftritt, liegen unter $45°$ zur Schnittrichtung, in der σ_1 bzw. σ_2 wirkt.

Der allgemeine räumliche bzw. dreidimensionale Spannungszustand läßt sich in einem Mohrschen Kreis*system* darstellen. Diese Art der Darstellung erleichtert aber das Arbeiten nur, wenn die dann vorhandenen *drei* Hauptnormalspannungen in Richtung der gewählten kartesischen Koordinaten liegen. Dies ist i. a. nicht der Fall, d. h., zum Beispiel die Hauptnormalspannungen σ_1 und σ_2 liegen gar nicht in der x, y-Ebene, wenn σ_x, τ_{xy} und σ_y bekannt sind. Man kann also die wirklichen Hauptnormalspannungen nicht mit den aus einer Ebene gewonnenen Meßdaten bestimmen. Man kann aber den Spannungszustand in einer Ebene (z. B. x, y-Ebene) so behandeln, als läge in ihr ein ebener Spannungszustand vor, und in dieser Ebene *fiktive* Hauptnormalspannungen und die zugehörige maximale Schubspannung über den Mohrschen Kreis bestimmen. Diese fiktiven Spannungen nennt man „sekundäre Hauptspannungen". Zur Unterscheidung von den wirklichen Hauptspannungen werden sie mit einem hochgestellten s versehen: σ_1^s und σ_2^s.

Die sekundären Hauptspannungen spielen in der Spannungsoptik eine große Rolle, weil beim Zerschneiden eines räumlichen Modells die Schnittrichtung i. a. nicht in Hauptspannungsrichtung liegt (sofern diese nicht bekannt ist); durchstrahlt werden muß aber in einer definierten Richtung. Und nur der Spannungszustand in der Ebene senkrecht zur Durchstrahlungsrichtung liefert einen Beitrag zum optischen Effekt. Man kann diese Ebene dann jeweils wie einen ebenen Spannungszustand behandeln und alle über den Mohrschen Kreis abgeleiteten Beziehungen verwenden.

D 2.2.4 Spannungsoptische Grundlagen

D 2.2.4.1 Isochromaten und Isoklinen

Alle Vorgänge in der Spannungsoptik lassen sich beschreiben, wenn das Licht als elektromagnetische Welle betrachtet wird (Wellentheorie). Zur Beschreibung dienen der elektrische und der magnetische Feldstärkevektor, die beide senkrecht aufeinander und jeweils senkrecht zur Ausbreitungsrichtung des Lichts stehen und in gleicher Phase schwingen.

Im Bereich der technischen Anwendung der Spannungsoptik bleibt die Beziehung zwischen elektrischem und magnetischem Feldstärkevektor konstant, so daß es genügt, allein den elektrischen Feldstärkevektor für die Beschreibung der Vorgänge zu verwenden. Licht, dessen Feldstärkevektor in *einer* Ebene schwingt, nennt man polarisiert. Diese den Transversalwellen innewohnende Eigenschaft hat im vorigen Jahrhundert entscheidend zur Erkenntnis der physikalischen Natur des Lichts beigetragen. Aus historischen Gründen wird in der Physik die Ebene senkrecht zur Schwingungsebene des elektrischen Feldstärkevektors als Polarisationsebene bezeichnet. Da aber diese Definition ohne praktische Bedeutung ist, kann man auch Polarisationsrichtung und Schwingungsebene des elektrischen Feldes gleichsetzen.

In Bild D 2.2-3 ist der Weg eines polarisierten monochromatischen Lichtstrahls der Wellenlänge λ durch ein Modell dargestellt. Der Polarisator p_1 lasse nur in der Vertikalen schwingendes Licht A_0 durch; dies nennt man linear polarisiertes Licht. Dieser Lichtstrahl wird nun beim Eintritt in das belastete, aus spannungsdoppelbrechendem Material bestehende Modell m in zwei senkrecht aufeinanderstehende, in Richtung der Hauptspannungen schwingende Komponenten A_1 und A_2 zerlegt. Für die Fortpflanzung dieser Komponenten im Modell gelten verschiedene Brechungsindizes n_1 und n_2; für deren Abweichung gegenüber dem Brechungsindex n_0 des unverspannten Modells gilt

Maxwell

$$n_1 = n_0 + C_1 \sigma_1 + C_2 \sigma_2 , \quad n_2 = n_0 + C_1 \sigma_2 + C_2 \sigma_1 \qquad \text{(D 2.2-2)},$$

oder

Neumann

$$n_1 = n_0 + C_3 \varepsilon_1 + C_4 \varepsilon_2 , \quad n_2 = n_0 + C_3 \varepsilon_2 + C_4 \varepsilon_1 \qquad \text{(D 2.2-3)}.$$

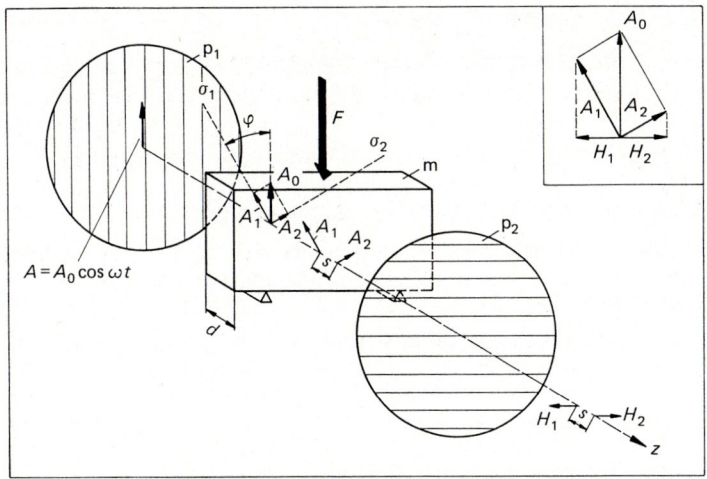

Bild D 2.2-3. Modell im linear polarisierten Licht.
p_1 Polarisator 1, p_2 Polarisator 2 (meist Analysator genannt), m Modell; A_1, A_2 Komponenten der Lichtamplitude A_0 nach Zerlegung im Modell; H_1, H_2 vom Analysator durchgelassene Horizontalkomponenten, s Gangunterschied, d Modelldicke

C_i sind Materialkonstanten. Im elastischen Bereich, in dem das Hookesche Gesetz gültig ist, können die zwei Ansätze ineinander übergeführt werden. Hier sei der Ansatz mit den Spannungen weiterverfolgt.

Nach dem Maxwell-Ansatz tritt also eine Doppelbrechung infolge der Spannungen auf, die sog. Spannungsdoppelbrechung. Die Geschwindigkeiten v_1 und v_2 der beiden Lichtkomponenten sind $v_1 = c/n_1$, $v_2 = c/n_2$ mit der Lichtgeschwindigkeit c im Vakuum.

Der Unterschied der Laufzeiten t_1 und t_2 der beiden Wellen im Modell für die Dicke d berechnet sich zu:

$$t_1 - t_2 = d/v_1 - d/v_2 = d(n_1 - n_2)/c \qquad \text{(D 2.2-4)}.$$

Daraus ergibt sich durch Multiplikation mit der Lichtgeschwindigkeit v_L in Luft der Gangunterschied s, den die beiden Wellen nach Verlassen des Modells gegeneinander haben, zu

$$s = d\,(n_1 - n_2)\,v_L/c \qquad (D\,2.2\text{-}5).$$

Wenn s durch die Wellenlänge λ dividiert wird, erhält man die *relative* Phasenverschiebung δ zu

$$\delta = s/\lambda = d\,(n_1 - n_2)\,v_L/(c\,\lambda) \qquad (D\,2.2\text{-}6).$$

Die Doppelbrechung $(n_1 - n_2)$ ergibt sich aus den Gl. (D 2.2-2) zu

$$n_1 - n_2 = (C_1 - C_2)\,(\sigma_1 - \sigma_2) \qquad (D\,2.2\text{-}7).$$

Gl. (D 2.2-6) und (D 2.2-7) ergeben schließlich mit $(C_1 - C_2)\,v_L/c = C$:

$$\delta = (\sigma_1 - \sigma_2)\,C\,d/\lambda \qquad (D\,2.2\text{-}8).$$

Diese Beziehung heißt *Hauptgleichung der Spannungsoptik*, oder auch *spannungsoptische Grundgleichung*.

Faßt man die Materialkonstante C und die Wellenlänge λ zu einer einzigen Konstante $f_\sigma = \lambda/C$ zusammen (das wäre dann sozusagen die Konstante der gesamten Versuchsanordnung), so erhält man

$$\delta = (\sigma_1 - \sigma_2)\,d/f_\sigma \qquad (D\,2.2\text{-}9).$$

Häufig bezeichnet man auch diese Gleichung als „Spannungsoptische Grundgleichung".

Führt man die Ableitung mit dem Ansatz nach Gl. (D 2.2-3) durch, so erhält man analog

$$\delta = (\varepsilon_1 - \varepsilon_2)\,d/f_\varepsilon \qquad (D\,2.2\text{-}10).$$

Diese Gleichung kann als *dehnungsoptische Grundgleichung* bezeichnet werden. Sie wird meist beim Oberflächenschichtverfahren verwendet (s. Abschn. D 2.3).

Die in der spannungsoptischen Grundgleichung auftretende Konstante f_σ nennt man „spannungsoptische Konstante", die Konstante f_ε in der dehnungsoptischen Grundgleichung heißt „dehnungsoptische Konstante".

Im Gültigkeitsbereich des Hookeschen Gesetzes lassen sich diese beiden Konstanten aus den beiden Grundgleichungen und dem Hookeschen Gesetz ineinander umrechnen. Es ergibt sich:

$$f_\varepsilon = f_\sigma\,(1 + v)/E \qquad (D\,2.2\text{-}11).$$

Hierin ist v die Querkontraktionszahl und E der E-Modul.

Herrscht im Modell kein ebener Spannungszustand, sondern besteht es z. B. aus einer Scheibe, die einem Modell mit fixiertem Spannungszustand entnommen wurde, so treten in der spannungsoptischen Grundgleichung an Stelle der Hauptnormalspannungen die sekundären Hauptspannungen auf:

$$\delta = (\sigma_1^s - \sigma_2^s)\,d/f_\sigma \qquad (D\,2.2\text{-}12).$$

Liegt die herausgeschnittene Scheibe in der $x;y$-Ebene und breitet sich der Lichtstrahl in z-Richtung aus, so liefern die Spannungen σ_z, τ_{xz} und τ_{yz} (alle Komponenten, bei denen im Index z vorkommt) keinen Beitrag zum optischen Effekt. Die Scheibe kann wie ein ebenes Modell mit zweidimensionalem Spannungszustand ausgewertet werden.

Die beiden linear polarisierten Wellen A_1 und A_2 in Bild D 2.2-3 passieren bei ihrem Weitergang schließlich den Analysator p_2. Dieser steht gekreuzt zum Polarisator p_1 und läßt daher nur die horizontalen Komponenten H_1 und H_2 durch. An Hand des Parallelogramms in Bild D 2.2-3 stellt man fest, daß die Amplituden von H_1 und H_2 gleich sind. Ob vom Analysator Licht durchgelassen wird oder nicht, hängt also nur von der Phasendifferenz δ ab, also von $(\sigma_1 - \sigma_2)$ bzw. $(\varepsilon_1 - \varepsilon_2)$. Ist $\delta = 0$, so löschen sich H_1 und H_2 aus, der Punkt erscheint schwarz. Ist $\delta = 1/2$, so addieren sich die beiden Schwingungen, und es entsteht ein Helligkeitsmaximum. Steigt δ weiter an und erreicht den Wert eins, so löschen sich beide Schwingungen wieder aus. Dieser Vorgang wiederholt sich bei weiterer Steigerung von δ in gleicher Weise, so daß bei ganzzahligem δ immer völlige Auslöschung und dazwischen Aufhellung auftritt. Dies gilt in gleicher Weise für alle Punkte des Modells, so daß alle Punkte, an denen δ gleich einer ganzen Zahl ist, durch dunkle Linien verbunden sind. Diese dunklen Linien nennt man *Isochromaten* der Ordnung δ. Bei quantitativer Auswertung werden auch Punkte, an denen δ nicht ganzzahlig ist, als Isochromaten bezeichnet, die Ordnungszahl ist dann nicht ganzzahlig. Man spricht also z. B. von der Isochromate 1,6ter Ordnung oder kurz von der 1,6ten Isochromatenordnung.

Besteht der polarisierte Lichtstrahl nicht aus monochromatischem (einfarbigem) Licht, sondern aus weißem, d. h. aus Licht mit verschiedenen Wellenlängen, so tritt die geschilderte Wirkung für jede Lichtschwingung entsprechend ihrer Wellenlänge ein. Da in der Grundgleichung die Wellenlänge λ im Nenner auftritt, folgt für die Isochromaten, daß mit steigendem $(\sigma_1 - \sigma_2)$ die ganzzahligen Phasenverschiebungen δ für die kürzeren Wellenlängen früher erreicht werden als für die längeren. Da immer nur derjenige Lichtanteil ganz ausgelöscht wird, für dessen Wellenlänge δ gerade ganzzahlig ist, erscheinen die Isochromaten nicht dunkel, sondern in der Komplementärfarbe der ausgelöschten Wellenlänge und sind somit Linien gleicher Farbe, was auch ihr Name besagt.

Nur die Isochromate nullter Ordnung erscheint immer schwarz: eine für die Festlegung des Nullpunktes bei der quantitativen Auswertung (erfolgt meist im monochromatischen Licht) wichtige Eigenschaft.

Die Farben der Isochromaten hängen stark von der Art der verwendeten Lichtquelle ab (Glühfadenlampen, Sonnenlicht, Entladungslampen, Lichtbogenlampen). Je nach spektraler Verteilung der Leuchtstärke dominiert die eine oder andere Farbe, z. B. ist in Quecksilberlampen der Anteil der blauen Hg-Linie sehr hoch, die Isochromaten haben einen „Blaustich". Da es keine Lichtquellen mit konstanter spektraler Helligkeitsverteilung gibt, wird in Tabelle D 2.2-1 die Farbe bei Verwendung normaler Glühlampen angegeben. Die Farbangabe ist naturgemäß subjektiv. Die Daten in der Tabelle sind deshalb nur als Anhaltswerte zu verstehen.

Die Farben werden mit steigender Isochromatenordnung immer verwaschener, ab der fünften Ordnung überwiegt grau. Bei noch höheren Ordnungen erscheinen keine Farben mehr. Wenn sich bei Schnitten aus räumlichen Modellen der absolute Wert der Isochromatenordnung aus der Farbe nicht feststellen läßt, muß man entweder einen Kompensator überlagern (s. „Methoden zur Bestimmung von Bruchteilen der Isochromatenordnung") oder den Schnitt an einer weniger wichtigen Stelle keilförmig abflachen, bis niedrigere Ordnungen erscheinen (s. auch den Unterschnitt in Bild D 2.2-31).

Bei Verwendung von Lichtquellen mit kontinuierlichem Spektrum und zusätzlichen ausgeprägten Spektrallinien (z. B. Hg-Höchstdrucklampe) sind die Verhältnisse anders. Hier lassen sich die Ordnungen bis zu sehr hohen Werten auch ohne zusätzliche Monochromatfilter bestimmen.

Im weißen Licht kann man neben den Nullpunkten auch feststellen, in welcher Richtung die Isochromaten ansteigen oder fallen.

Bei linear polarisiertem Licht tritt noch eine Besonderheit auf. Fällt die Schwingungsebene des Lichtvektors mit einer der beiden Hauptspannungsrichtungen zusammen, so

Tabelle D 2.2-1 Farbe der Isochromaten bei Verwendung von Glühlampen als Lichtquelle in Abhängigkeit vom absoluten Gangunterschied s (die Farbangaben sind naturgemäß subjektiv).

absoluter Gangunterschied s nm	relativer Gangunterschied $\delta = \dfrac{s}{\lambda_{Na}}$ (Phasendifferenz) bezogen auf $\lambda_{Na} = 589$ nm (Natriumlicht)	Farbe bei Verwendung von Glühlampen
0	0	schwarz
147	0,25	grau
294	0,5	weiß
		gelb
442	0,75	orange
		purpur
589	1,0	purpur/blau
		blau
738	1,25	türkis
883	1,5	gelb
1031	1,75	helles purpur
1178	2,0	purpur/grün
1325	2,25	grün
1472	2,5	grüngelb
1625	2,75	rosa
1767	3,0	rosa/grün
1914	3,25	helles grün
2061	3,5	helles grüngelb
2208	3,75	helles rosa
2356	4,0	rosa/grün
2503	4,25	grün, verwaschen
2650	4,5	grüngrau
2797	4,75	rosa, verwaschen
2945	5,0	blaßrosa/blaßgrün

geht er unzerlegt durch das Modell – in Querrichtung ist ja keine Komponente vorhanden. Der Analysator löscht deshalb den Lichtstrahl vollkommen aus, unabhängig von der Höhe der Spannungen bzw. der Hauptspannungsdifferenz. Alle Punkte des Modells, in denen die Hauptspannungen die gleiche Richtung, und zwar die Polarisationsrichtung haben, erscheinen durch schwarze Linien verbunden: die sog. *Isoklinen* oder *Richtungsgleichen*.

Die Isoklinen werden normalerweise im weißen Licht aufgenommen, weil sie sich dabei gut von den farbigen Isochromaten unterscheiden lassen. Aber auch beim Photographieren mit Schwarzweißfilm ist die Verwendung von mehrfarbigem (weißem) Licht meist günstiger, s. Bild D 2.2-6.

D 2.2.4.2 Wirkung von Scheiben mit definierter Doppelbrechung

In der Spannungsoptik werden Begriffe wie $\lambda/4$-Platten, $\lambda/2$-Platten, λ-Platten usw. verwendet. Es handelt sich dabei um Scheiben mit definierter, in der Regel zeitlich konstanter Phasenverschiebung. Ob diese natürlich vorhanden ist (Kristalle) oder künstlich erzeugt wird (Spannungsdoppelbrechung bzw. Orientierungsdoppelbrechung bei linear vernetzten Kunststoffen) spielt in bezug auf die Wirkung keine Rolle.

Der Effekt dieser Platten läßt sich an Hand von Bild D 2.2-3 ableiten, wenn man sich statt des Analysators p_2 die resultierende Schwingung der beiden Lichtkomponenten A_1 und

A_2 nach Austritt aus dem Modell vorstellt. Die beiden Komponenten werden nach den Regeln der Vektoraddition zusammengesetzt. Im allgemeinen Fall entsteht wegen der beliebigen Phasendifferenz und dem beliebigen Winkel zwischen einfallendem Lichtstrahl und den Hauptachsen der Doppelbrechung eine Erscheinung, die man „elliptisch polarisiertes Licht" nennt. Wenn man sich nämlich den Lichtstrahl zeitlich festgehalten denkt und ihn dann in Ausbreitungsrichtung verschiebt, beschreibt die Spitze des Feldstärkevektors auf einer Ebene senkrecht zur Ausbreitungsrichtung eine Ellipse, Ansicht in Bild D 2.2-4 b. Je nachdem, ob die Spur dieser Spitze linken oder rechten Umlaufsinn hat, spricht man von links- oder rechtselliptisch polarisiertem Licht.

Sonderfälle:

a) Der Lichtstrahl fällt genau unter 45° zu den Hauptachsen der doppelbrechenden Scheibe ein und der Gangunterschied beträgt genau $s = \lambda/4$: Dann ergibt sich als Spur auf der gedachten Ebene senkrecht zum Lichtstrahl ein Kreis; das Licht ist „zirkular polarisiert". Je nach Vorzeichen der Phasendifferenz dreht die Spur links oder rechts. Man spricht von links und rechts zirkular polarisiertem Licht (Bild D 2.2-4 c).

b) Der Gangunterschied in der Scheibe beträgt genau $s = \lambda/2$, die Richtung zwischen der Ebene der einfallenden Schwingung und den Hauptachsen der Scheibe sei beliebig. Aus Bild D 2.2-4 d liest man ab, daß die resultierende Welle nach Verlassen der Scheibe wieder eine linear polarisierte Schwingung ist; die Schwingungsebene ist jedoch um den Winkel 2φ gegenüber derjenigen des einfallenden Lichtstrahls geneigt. $\lambda/2$-Platten werden deshalb auch als *Polarisationsdreher* verwendet.

c) Der Gangunterschied in der Scheibe sei genau $s = \lambda$. Die resultierende Schwingung nach Verlassen der Scheibe ist dann gleich derjenigen beim Eintritt. Im monochromatischen Licht zeigt sich also keine Wirkung. Im weißen Licht hingegen zeigt sich ein Unterschied, weil ja die Phasendifferenz nur für eine einzige Wellenlänge genau gleich der Wellenlänge λ ist.

Die in Bild D 2.2-4 dargestellten Erscheinungsformen von polarisiertem Licht treten auch beim Durchgang des Lichtes durch ein spannungsoptisches Modell auf. Die Auswertung über die Schwingungsform des Lichts nennt man Ellipsometrie. In der Ingenieurpraxis hat sie noch keine größere Bedeutung erlangt, weil dabei eine gründliche Beschäftigung mit der Physik des polarisierten Lichts erforderlich ist.

D 2.2.4.3 Modell im zirkular polarisierten Licht

Bei Verwendung von zirkular polarisiertem Licht, praktisch erzeugt mit $\lambda/4$-Platten (Bild D 2.2-4 c), können die Isoklinen ausgeschaltet werden.

Die mathematische Ableitung erfolgt am einfachsten an Hand der Komponenten x und y nach Verlassen der ersten $\lambda/4$-Platte, Bild D 2.2-5, analog der Ableitung mit linear polarisiertem Licht. Es ist etwas aufwendiger, weil insgesamt drei doppeltbrechende Scheiben vorhanden und jeweils zwei Komponenten zu berücksichtigen sind (siehe z. B. [D 2.2-9] oder [D 2.2-20]). Es zeigt sich, daß der Gangunterschied s den gleichen Betrag hat wie im linear polarisierten Licht. Die üblicherweise verwendeten Anordnungen sind:

– *Dunkelfeld* (Bild D 2.2-5 a): Erste $\lambda/4$-Platte unter 45° zur Polarisationsrichtung, z. B. mit der „schnellen Achse" parallel zur x-Richtung (d. h., die in x-Richtung schwingende Komponente eilt derjenigen in y-Richtung um $\lambda/4$ voraus). Das Modell steht beliebig. Die zweite $\lambda/4$-Platte steht ebenfalls unter 45°, aber mit der „schnellen Achse" nun in η-Richtung, d. h., zur ersten $\lambda/4$-Platte unter 90° verdreht. Der Analysator ist senkrecht zum Polarisator. Der Hintergrund erscheint dunkel, deshalb „Dunkelfeld". Die dunklen Interferenzlinien sind Isochromaten ganzzahliger Ordnung ($\delta = 1, 2, 3, \ldots$).

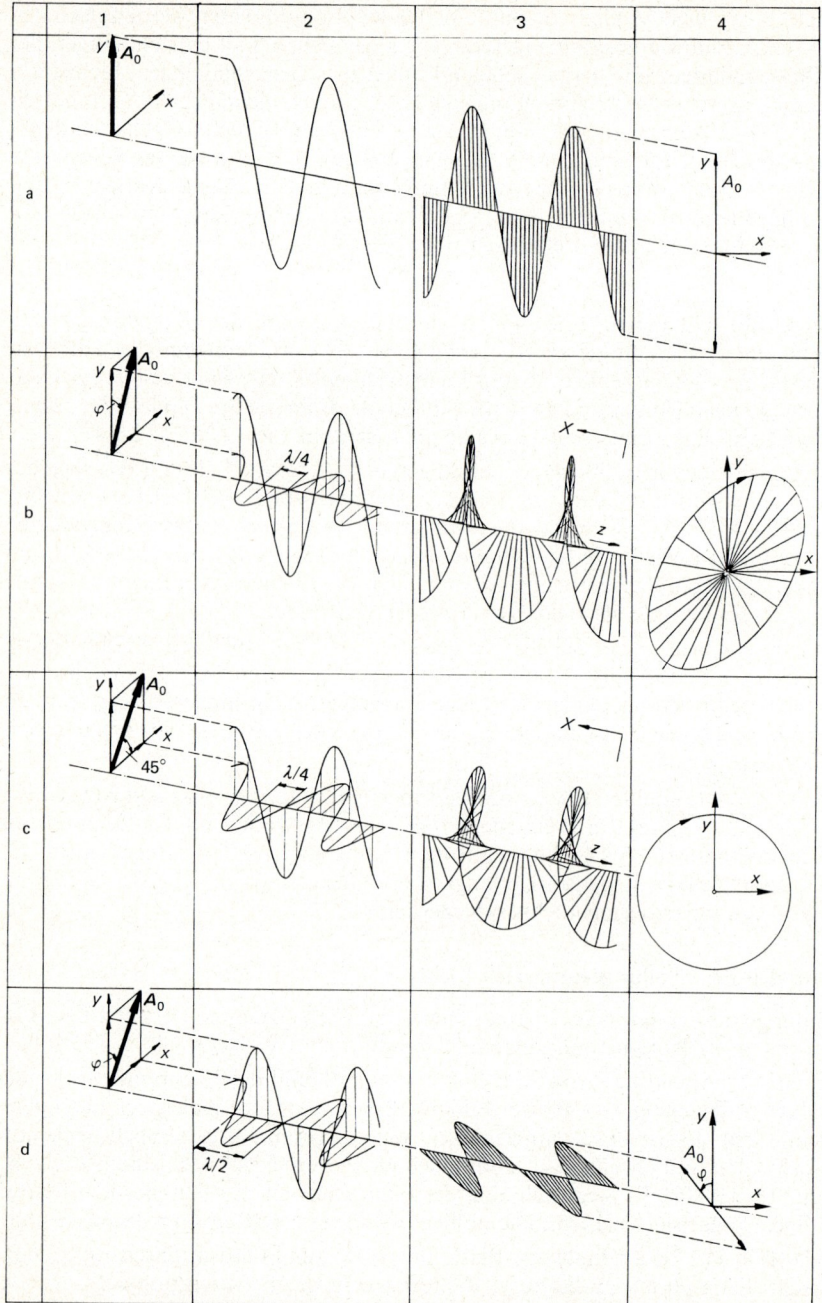

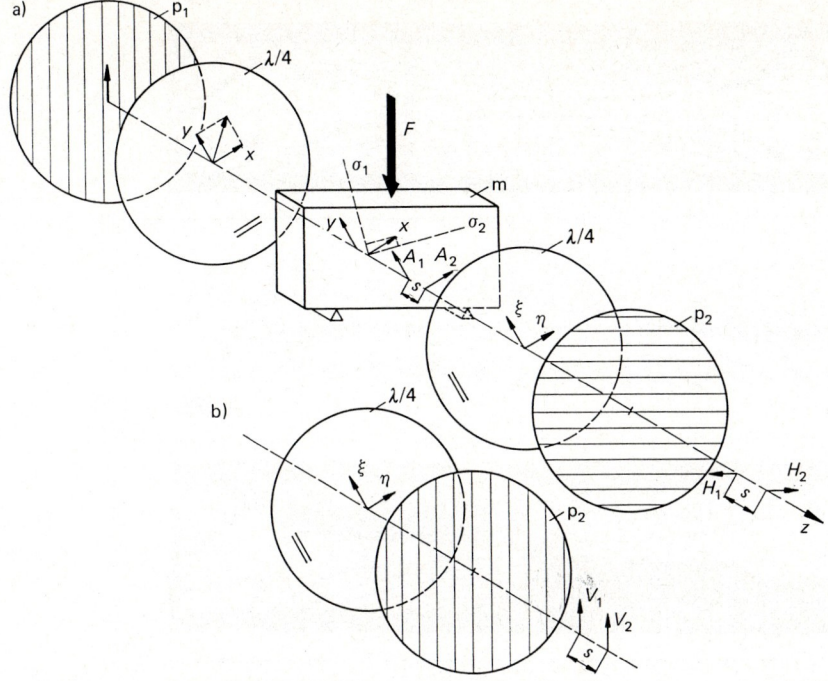

Bild D 2.2-5. Modell im zirkular polarisierten Licht (Bezeichnungen wie in Bild D 2.2-3).
a) Dunkelfeldanordnung, Polarisatoren gekreuzt.
b) Hellfeldanordnung, Polarisatoren parallel.
V_1, V_2 vom Analysator durchgelassene Vertikalkomponenten. Die Doppelstriche in den $\lambda/4$-Platten sollen jeweils die Richtung der Lichtkomponente mit der höheren Geschwindigkeit angeben. Die $\lambda/4$-Platten können auch gegenüber der gezeichneten Anordnung um 90° gedreht sein. Sie müssen nur senkrecht aufeinander und unter 45° zur Polarisationsrichtung stehen.

◄ Bild D 2.2-4. Wirkung von Scheiben gegebener Doppelbrechung in polarisiertem Licht.
Spalte 1: Richtung der Amplitude A_0 der ursprünglichen Schwingung in bezug auf die Hauptachsen (hier in x- und y-Richtung gewählt) der doppeltbrechenden Scheiben;
Spalte 2: Darstellung der Lichtschwingung nach Verlassen der doppeltbrechenden Scheibe in Komponenten;
Spalte 3: wie Spalte 2, aber als resultierende Schwingung dargestellt;
Spalte 4: Spur der Spitze der Amplitude der resultierenden Schwingung in einer Ebene senkrecht zur Ausbreitungsrichtung z des Lichtes. Blickrichtung auf den ankommenden Strahl (Ansicht X).
a) A_0 schwingt in Richtung einer der beiden Hauptachsen, keine Änderung;
b) A_0 um den beliebigen Winkel φ zur Hauptachse y geneigt, Phasendifferenz $\lambda/4$, ergibt elliptisch polarisiertes Licht;
c) A_0 unter 45° zur y-Achse, Phasendifferenz $\lambda/4$, ergibt zirkular polarisiertes Licht;
d) A_0 unter beliebigem Winkel φ zur y-Achse, Phasendifferenz $\lambda/2$, ergibt linearpolarisiertes Licht φ (= Drehung um 2φ).

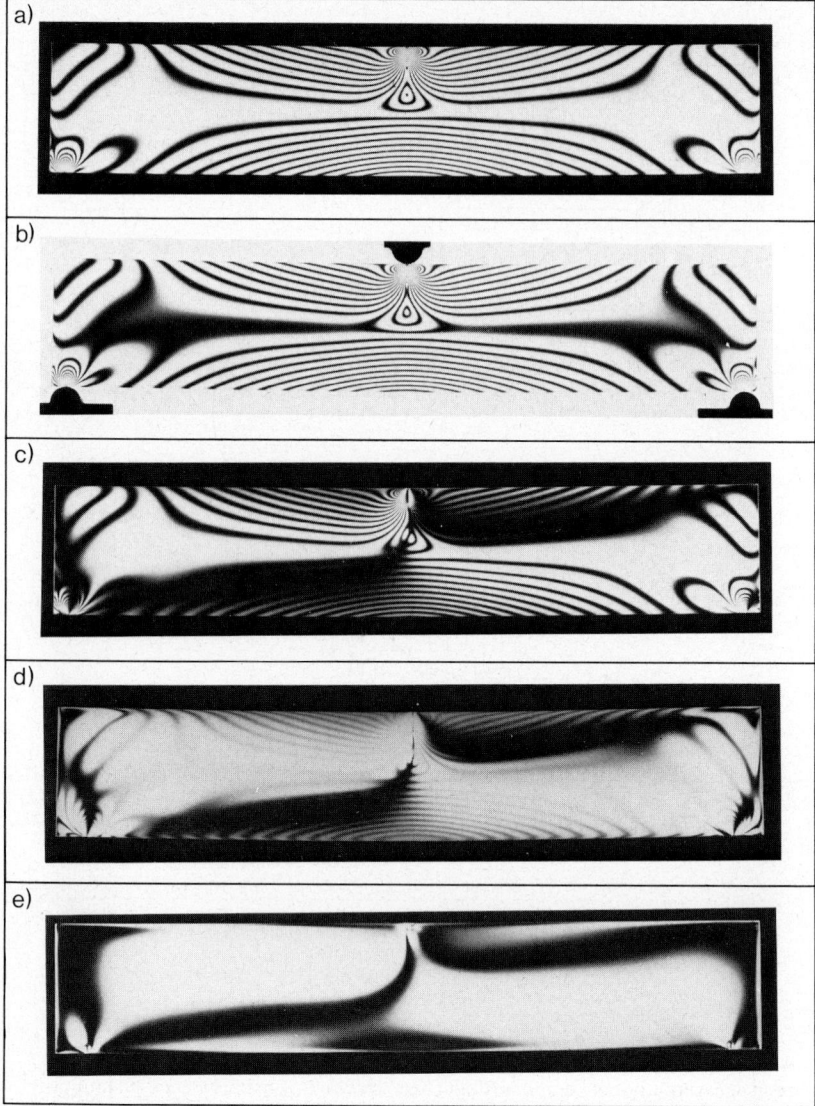

Bild D 2.2-6. Isochromaten und Isoklinen eines Balkens mit Dreipunktbiegung in unterschiedlich polarisiertem Licht.
a) Zirkular polarisiertes, monochromatisches Licht, Dunkelfeld.
b) Zirkular polarisiertes, monochromatisches Licht, Hellfeld.
c) Linear polarisiertes, monochromatisches Licht, Polarisationsfilter um 15° im Uhrzeigersinn gegen die Horizontale gedreht: „15°-Isokline".
d) Linear polarisiertes, weißes Licht, sonst wie c.
e) Wie d, aber Modell 20 Stunden unter Last stehengelassen und dann entlastet („Einkriechen"); in der Schwarzweißaufnahme ist die verbleibende erste Isochromatenordnung in Balkenmitte unten schwer von der 15°-Isokline zu unterscheiden, im Original aber sehr gut.

– *Hellfeld* (Bild D 2.2-5 b): Wie vorher, nur der Analysator steht parallel zum Polarisator. Interferenz entsteht mit den Vertikalkomponenten V_1 und V_2, deshalb sind die dunklen Linien nun Isochromaten halbzahliger Ordnung ($\delta = 0{,}5$; $1{,}5$; $2{,}5$; ...). Der Hintergrund erscheint hell, deshalb „Hellfeld".

Die Wirkung der $\lambda/4$-Platten läßt sich auch an Hand der resultierenden Schwingung beschreiben: Die erste $\lambda/4$-Platte erzeugt z. B. links zirkular polarisiertes Licht, die zweite rechts zirkular polarisiertes und hebt so die Drehung der ersten wieder auf. Die Schwingungsebene wird „mit Lichtgeschwindigkeit" gedreht, d. h., beim Fortschreiten um eine Wellenlänge hat sich die Schwingungsebene um 2π gedreht – eine bevorzugte Richtung ist nicht mehr aufzulösen, die Isoklinen erscheinen nicht.

Bei Reflexion von zirkular polarisiertem Licht dreht sich die Drehrichtung um, deshalb genügt beim Reflexionsverfahren (s. auch Abschn. D 2.3) die Anordnung mit *einem* Polarisator und *einer* $\lambda/4$-Platte.

Die Isochromaten und Isoklinen in einem mittig belasteten Balken („Dreipunktbiegung") bei Verwendung von unterschiedlichem Licht sind in Bild D 2.2-6 dargestellt. Es sind die folgenden Begriffe üblich: monochromatisches Licht (Licht nur einer Wellenlänge), polychromatisches Licht („mehrfarbig", meist als weißes Licht bezeichnet).

Die Schwarzweißphotographie gibt nur Hell-Dunkel-Werte (Grauwerte genannt), unabhängig davon, ob die Aufnahme mit weißem oder monochromatischem Licht gemacht wurde.

Die Begriffe „weißes Licht" und „Schwarzweißphotographie" haben physikalisch nichts miteinander zu tun.

D 2.2.4.4 Bedeutung der Interferenzlinien beim Streulichtverfahren

Fällt ein Lichtstrahl durch ein durchsichtiges Medium, so wird auch seitlich zur Strahlrichtung Licht abgestrahlt. Diese Erscheinung wird Tyndall-Effekt genannt. Das seitlich abgestrahlte Licht ist auch bei unpolarisiertem Primärstrahl polarisiert, am stärksten das senkrecht zum Primärstrahl abgestrahlte, mit dem sich die folgenden kurzen Ausführungen beschäftigen.

Zunächst sei ein Körper ohne Doppelbrechung betrachtet. In Bild D 2.2-7 a und b ist dargestellt, wie das seitlich gestreute Licht bei unpolarisiertem und polarisiertem Primärstrahl sich ausbildet. Infolge des Tyndall-Effekts hat man im Inneren eines Körpers (in Bild D 2.2-7 aufgeschnitten gezeichnet) längs des Primärstrahles Quellen polarisierten Lichts. Im Falle eines polarisierten Primärstrahls wirken diese Quellen wie ein Analysator.

Besteht der Körper aus optisch aktivem Material, zeigt also Spannungsdoppelbrechung, so ist zu unterscheiden zwischen dem Effekt bei unpolarisiertem und bei polarisiertem Primärstrahl. Die Zusammenhänge sind am einfachsten, wenn die Hauptrichtungen der Doppelbrechung (z. B. sekundäre Hauptspannungen) unter 45° zur Beobachtungsrichtung und bei polarisiertem Primärstrahl auch unter 45° zu seiner Schwingungsebene verlaufen.

Bei der Anordnung nach Bild D 2.2-7 c benötigt man einen Analysator, der optische Effekt δ_{S_0} rührt von der Summe der Veränderungen her, die das am streuenden Punkt polarisierte Licht zwischen S und S_0 erfährt.

Ist der Primärstrahl linear polarisiert, so wird das Licht in Komponenten zerlegt, die entstehende Phasendifferenz δ_S hängt (wie bei ebenen Modellen) vom Weg des Primärstrahles und der dort herrschenden Differenz der (sekundären) Hauptspannungen ab. Die „Quellen" wirken wie ein Analysator. Ausgewertet wird nicht mehr über die Isochromatenordnung, sondern über das Abzählen einer Differenz, wie in Bild D 2.2-7 d gezeigt.

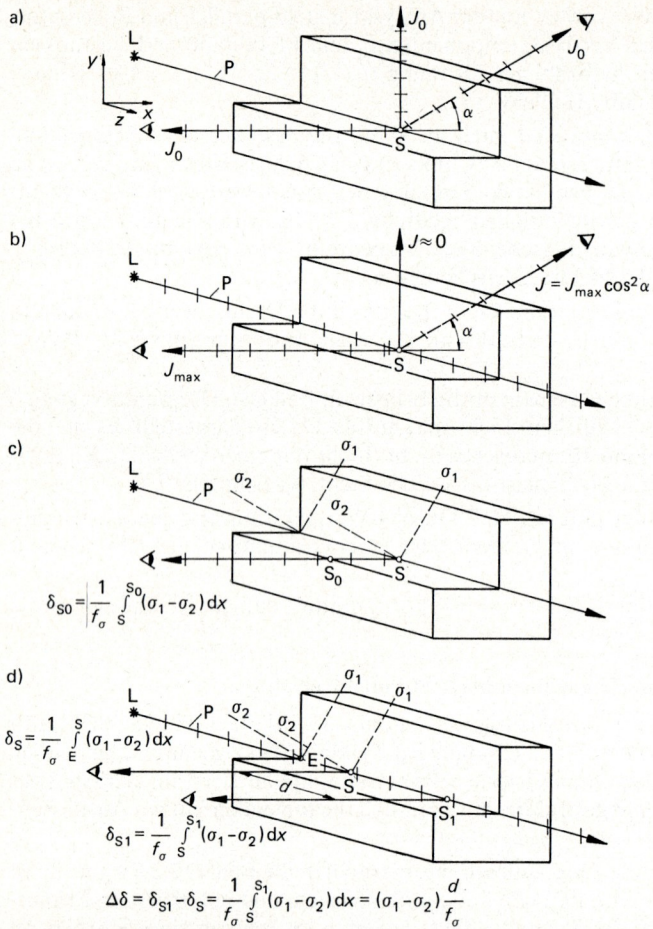

a) Unpolarisierter Primärstrahl, im Körper keine Doppelbrechung; Polarisation und Abstrahlung nach allen Richtungen gleich.

$$\delta_{S0} = \left|\frac{1}{f_\sigma} \int_{S}^{S_0} (\sigma_1 - \sigma_2)\, dx\right|$$

$$\delta_S = \frac{1}{f_\sigma} \int_{E}^{S} (\sigma_1 - \sigma_2)\, dx$$

$$\delta_{S1} = \frac{1}{f_\sigma} \int_{S}^{S_1} (\sigma_1 - \sigma_2)\, dx$$

$$\Delta\delta = \delta_{S1} - \delta_S = \frac{1}{f_\sigma} \int_{S}^{S_1} (\sigma_1 - \sigma_2)\, dx = (\sigma_1 - \sigma_2)\frac{d}{f_\sigma}$$

Bild D 2.2-7. Streulichtverfahren.

a) Unpolarisierter Primärstrahl, im Körper keine Doppelbrechung; Polarisation und Abstrahlung nach allen Richtungen gleich.

b) Polarisierter Primärstrahl. Die Intensität ist nun abhängig vom Winkel relativ zur Schwingungsebene des Primärstrahls.

c) Unpolarisierter Primärstrahl; Körper mit Doppelbrechung, z. B. infoge σ_1 und σ_2. Der streuende Punkt S wirkt als Polarisator, man muß durch einen Analysator beobachten. Der optische Effekt beschreibt den Zustand zwischen S und S_1 integral.

d) Primärstrahl polarisiert, Doppelbrechung im Körper.

Die streuenden Punkte S und S_1 wirken als Analysator, der optische Effekt beschreibt den Zustand zwischen diesen beiden Punkten.

L Lichtquelle; P Primärstrahl; die kurzen Striche geben die Schwingungsebene des polarisierten Lichts an

Praktisch wird das Streulichtverfahren hauptsächlich zur Bestimmung von Eigenspannungen an Schichten nahe der Oberfläche von durchsichtigen Körpern (z. B. Glas) angewandt.

Es wurde vielfach versucht, die streuenden Eigenschaften von Modellmaterialien durch Zusatz kleiner Partikelchen zu verbessern. Optimale Streueigenschaften ergeben sich aber immer noch bei reinem Epoxidharz, mit Phthalsäureanhydrid heiß gehärtet, ohne jegliche Zusätze. Damit konnten Streutiefen bis 100 mm erreicht werden.

Da sich im allgemeinen Fall die Richtung der (sekundären) Hauptachsen längs des Primärstrahls ändert – „Rotation der Hauptachsen" genannt – werden die theoretischen Ableitungen recht kompliziert. Eine gründliche Darstellung findet sich in [D 2.2-1]. In [D 2.2-20] ist ein ausführlicher Abschnitt über das Streulichtverfahren mit Betonung der praktischen Seite zu finden.

D 2.2.4.5 Physikalische Grundlagen des Fixierens von Spannungen und Deformationen

Das Fixieren der Spannungen hat den Vorteil, daß das Modell nach Wegnahme der Belastung in einzelne Scheiben – in der Spannungsoptik „Schnitte" genannt – zerlegt werden kann, die sich bequem auswerten lassen. Die Verfahren beruhen auf der Lösung von chemisch-physikalischen Bindungen durch Energiezufuhr und anschließende Neubindung im verformten Zustand. Als Modellvorstellung dient ein Schwamm, mit Paraffin getränkt, der im flüssigen Zustand des Paraffins verformt und dann abgekühlt wird. Das erstarrte Paraffin hält das nach wie vor elastische Netz des Schwamms fest, auch wenn man den Schwamm zerschneidet. Die Energie kann zugeführt werden durch

– hochenergetische Strahlung (γ-Strahlen); wegen der erforderlichen Schutzmaßnahmen wird das Verfahren jedoch in der Ingenieurpraxis kaum angewandt, nur für Sonderprobleme, z. B. in der UdSSR zum Fixieren von Wärmespannungen,

– Wärmezufuhr, entweder bei hoher Temperatur (kurze Zeiten) oder bei niedriger Temperatur (längere Zeiten); ersteres heißt „Einfrierverfahren", letzteres „Einkriechverfahren"; das *Einfrierverfahren* ist in der Spannungsoptik am gebräuchlichsten, verwendet werden Duroplaste, die sich in Abhängigkeit von der Temperatur wie in Bild D 2.2-8 verhalten; die „Einfriertemperatur" T_e kann je nach verwendetem Duroplast unter 0 °C bis über 200 °C liegen; normalerweise wird $T_e > 100$ °C gewählt, damit beim Zerschneiden nach dem Einfrieren die Spannungen unverändert bleiben.

Die Kräfte bzw. Verformungen werden bei Temperaturen oberhalb T_e aufgebracht, der Endzustand der Deformation wird in kurzer Zeit erreicht. Nach dem langamen Abkühlen

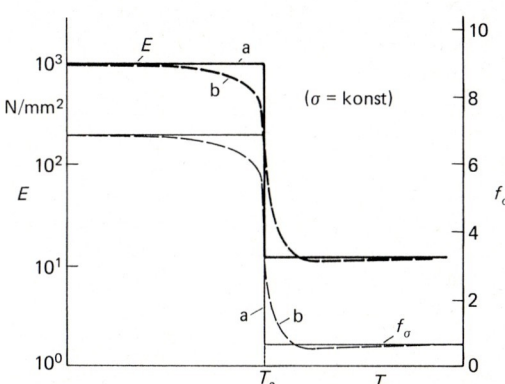

Bild D 2.2-8. Verhalten von Duroplasten in Abhängigkeit von der Temperatur T, beschrieben mit dem E-Modul (stark ausgezogene Kurven) und der spannungsoptischen Konstanten f_σ (schwach ausgezogene Kurven).
a idealisierter Verlauf,
b wirkliches Verhalten,
T_e Erweichungs- bzw. Einfriertemperatur (second order transition point).

(um die Entstehung von unerwünschten Wärmespannungen zu vermeiden; als Anhaltswert gilt $T = 50/d$ [K/h], mit d größte Modelldicke in mm) wird das Modell entlastet, die Verformungen bleiben praktisch so groß, wie bei $T > T_e$ aufgebracht. Dieser Zustand wird mit dem „effektiven" E-Modul beschrieben, der immer an Hand eines begleitenden Eichversuchs bestimmt werden muß.

Wird das Modell jedoch nicht oberhalb, sondern etwas unterhalb (z. B. 20 K) der Einfriertemperatur belastet, so kriecht das Material ähnlich den bei Zimmertemperaturen bekannten Kriechkurven. Die sich einstellende Verformung ist zeitabhängig. Wird nun unter Last langsam abgekühlt und entlastet, so tritt merkliches Rückfedern auf, das wiederum zeitabhängig ist. Der Eichversuch muß hier noch sorgfältiger parallel zum Hauptversuch geführt werden. Der Vorteil des Einkriechens liegt darin, daß zum Erreichen eines gewünschten optischen Effekts geringere Deformationen bzw. Dehnungen erforderlich sind als beim normalen Einfrierverfahren. Die Deformationen können bis um den Faktor drei kleiner sein – ein Vorteil bei Versuchen, die nur geringe Verformungen erlauben, z. B. bei Kontaktproblemen.

Das Einkriechen läßt sich auch beim Modellieren von Verbundkörpern anwenden, besonders, wenn die einzelnen Teile aus unterschiedlichem Material fest miteinander verbunden werden, z. B. durch Verkleben oder Eingießen. Verbunden wird hier bei der Einkriechtemperatur, so daß keine unerwünschten Wärmespannungen infolge ungleicher Wärmedehnzahlen entstehen. Zur Auswertung muß man die Verbindungen trennen.

D 2.2.4.6 Methoden zur Bestimmung von Bruchteilen der Isochromatenordnung

Methoden punktweiser Messung, Bild D 2.2-9, nennt man auch „Kompensationsmethoden", weil dabei die Phasenlage der einzelnen Lichtkomponenten solange verändert wird, bis sich als resultierender Effekt eine ganze Ordnung oder, was noch bequemer ist, die nullte Ordnung ergibt.

Dies ist bei den Methoden mit Überlagerung einer bekannten Phasendifferenz δ_k möglich. In Bild D 2.2-9 a ist die Anordnung in linear polarisiertem Licht gezeigt. Die Hauptspannungsrichtung im zu untersuchenden Punkt ist dabei um 45° zur Polarisationsrichtung geneigt, damit die Isokline nicht stört. Gemessen werden kann auch in zirkular polarisiertem Licht. In beiden Fällen müssen die Hauptspannungsrichtung im Modell und die Hauptachsenrichtung des Kompensators k (z. B. Zugstab–Längsachse) parallel sein. Welche der beiden Hauptspannungsrichtungen zu wählen ist, ergibt sich aus dem jeweiligen Problem. Nimmt die resultierende Isochromatenordnung beim Kompensieren ab, dann ist die Anordnung richtig; nimmt sie zu, so ist der Kompensator um 90° zu drehen. Der Absolutwert wird in weißem Licht gemessen: Man verändert den Kompensator solange, bis die resultierende Isochromatenordnung schwarz ist. Die gebräuchlichsten Ausführungen sind in Tabelle D 2.2-2 aufgelistet.

Bei den Methoden unter Verwendung einer zusätzlichen $\lambda/4$-Platte (Bild 2.2-9 b und c) spricht man auch von „goniometrischer Kompensation", weil dabei die erwünschte Phasenänderung durch Verdrehen des Analysators p_2 eingestellt wird. Da aber die Wirkung der Analysatorverdrehung für alle $\varphi = n\pi$ (n ganze Zahl) gleich ist, kann bei der goniometrischen Kompensation nur der jeweilige Bruchteil, dagegen nicht der Absolutwert der Ordnung gemessen werden. Es müssen die ganzzahligen Isochromatenordnungen im Modell bekannt sein. Der Wert am zu messenden Punkt liegt dann zwischen der ganzzahligen Isochromate $\delta = n$ und $\delta = (n+1)$. Wandert die Ordnung n in den zu messenden Punkt, dann ist dort die Ordnung

$$\delta = n + \varphi/\pi \qquad\qquad (D\,2.2\text{-}13).$$

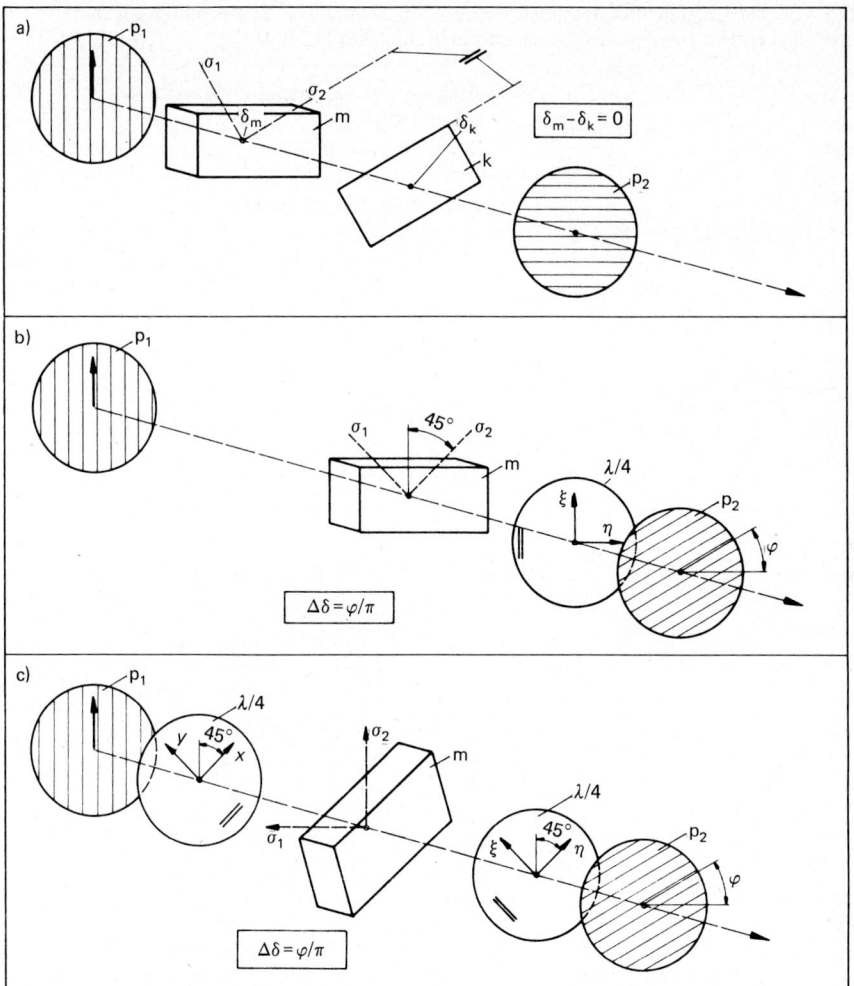

Bild D 2.2-9. Kompensationsmethoden zur Bestimmung von Bruchteilen der Isochromatenordnung δ_m in einen Punkt des Modells.

a) Überlagerung einer bekannten Doppelbrechung δ_k des Kompensators k.

b) Kompensation nach *Senarmont;* linear polarisiertes Licht im Modell, zusätzliche $\lambda/4$-Platte parallel zur Polarisationsrichtung, beides um 45° gegen Hauptspannungsrichtung σ_1 bzw. σ_2 verdreht.

c) Kompensation nach *Tardy,* zirkular polarisiertes Licht im Modell, zweite $\lambda/4$-Platte um 45° zur Hauptspannungsrichtung und um 90° zur ersten $\lambda/4$-Platte verdreht.

Beginn der Ablesung (Nullpunkt) in Aufbau a und c bei $\varphi = 0°$, d.h. jeweils Dunkelfeld, Bezeichnungen wie in Bild D 2.2-5.

Tabelle D 2.2-2   Die gebräuchlichsten Ausführungen von Kompensationsverfahren zur punktweisen Messung von Bruchteilen der Isochromatenordnung nach Bild D 2.2-9 a.

konstant	Verteilung des Kompensationswertes δ_k im Kompensator
	linear in einer Richtung, senkrecht dazu konstant

ganzes Feld gleichmäßige Helligkeit	Erscheinungsbild im Polariskop
	parallele Streifen (in den hier gezeichneten Anordnungen senkrecht)

Babinet-Soleil   *Babinet*

Zugstab-   Quarzkeil
kompensator

Druckstab-   Biegestab,
kompensator   Spannungen fixiert mit
                                                  Einfrierverfahren

Wandert dagegen die Ordnung $(n+1)$ in den Punkt, dann ist

$$\delta = (n+1) - \varphi/\pi \qquad\qquad \text{(D 2.2-14)}.$$

Die in den Bildern D 2.2-9 b und c gezeichnete Winkelstellung der einzelnen Komponenten der Anordnung ist beim Aufbau (Nullstellung) einzuhalten. Von dieser Stellung aus wird der Analysator zum Kompensieren verdreht.

Bei vielen spannungsoptischen Geräten ist neben einer Winkelteilung auch eine Skale mit den Werten φ/π (Kompensationswert) angebracht.

Zu den *Methoden zur gleichzeitigen Erfassung des gesamten Isochromatenfeldes* gehören:

a) *Densitometrie*. Die Intensität des aus dem Analysator austretenden Lichts ist im linear polarisierten Licht („Linearpolariskop")

$$I = I_0 \sin^2 2\varphi \sin^2 \pi \delta \qquad \text{(D 2.2-15)}$$

(φ Winkel zwischen Polarisations- und Hauptspannungsrichtung, s. D 2.2-3) und im zirkular polarisierten Licht („Zirkularpolariskop")

$$I = I_0 \sin^2 \pi \delta \qquad \text{(D 2.2-16)}.$$

Densitometrische Messungen werden normalerweise im Zirkularpolariskop durchgeführt, entweder direkt oder am Photonegativ. Bei letzterem muß die Schwärzungskurve des Photomaterials bekannt sein. Die Auswertung erfolgt an Hand der Gl. (D 2.2-16).

Übliche Densitometer messen entweder punktweise oder entlang vorzugebender Linien. Bildverarbeitungssysteme mit entsprechender Software erfassen das gesamte Feld und haben den Vorteil, daß die Ergebnisse in digitaler Form vorliegen.

Da die densitometrischen Methoden Absolutwerte der Helligkeit messen, ist darauf zu achten, daß die Modelle gleichmäßig ausgeleuchtet werden und wenig optische Inhomogenität aufweisen. Das Abbildungssystem darf keine Lichtverluste erzeugen, die über das Gesichtsfeld ungleichmäßig verteilt sind. Diese Forderungen entfallen bei Bildverarbeitungssystemen, die die Subtraktion einer Nullaufnahme (optischer Aufbau einschließlich unbelastetem Modell) erlauben. (Vgl. Abschn. E 5.3.)

b) *Äquidensitenfilm*. Dieses Fimmaterial spricht auf ganz bestimmte Grauwerte an. Durch geeignete Kopierverfahren oder entsprechende Aufnahmetechnik (Mehrfachbelichtungen) können damit die Isochromatenbruchteile als dunkle Linien dargestellt werden, wobei aber die einzelnen Werte nicht vorherbestimmbar sind und deshalb ein Eichversuch mit bekanntem Verlauf der Isochromaten (z. B. Biegestab) auf demselben Bild sein muß (dies empfiehlt sich auch beim Arbeiten mit Bildverarbeitungssystemen).

Wegen der Weiterentwicklung der Bildverarbeitungssysteme, mit denen mehr als 250 Grauwerte (ein Grauwert entspräche dann $^1/_{250}$ Ordnung) auflösbar sind, wird der Äquidensitenfilm nur wenig verwendet.

c) *Isochromatenvervielfachung*. Damit lassen sich definierte Bruchteile der Isochromatenordnung darstellen. Das physikalische Prinzip ähnelt dem beim Mehrfachinterferometer angewandten und ist in Bild D 2.2-10 dargestellt. Da der Effekt der Doppelbrechung direkt proportional der durchstrahlten Modelldicke d ist, entspricht die Vervielfachung der Anzahl der Durchstrahlungen: im durchfallenden Licht die ungeradzahligen, im reflektierten Licht die geradzahligen Vervielfachungsstufen q. So ergibt sich z. B. für $q = 7$ an jeder Stelle, an der im Modell der Isochromatenwert $\sigma = 0,143\,n$ war (n ganze Zahl), eine Isochromatenlinie. Fehler entstehen in erster Linie dadurch, daß die Mehrfachdurchstrahlung nicht an derselben Stelle erfolgt. Es ergibt sich der „Schrittweitenfehler" Δx. Er ist klein, wenn

– der Neigungswinkel $\varphi_0 = \varphi_1 + \varphi_2$ der beiden Spiegel klein ist, günstig ist $\varphi \leq 0,5°$,
– die Dicke d des Modells bzw. des Schnittes klein ist, nach Möglichkeit sollte $d < 2$ mm sein,
– der Abstand d_1 der beiden Spiegel möglichst klein ist, d. h., $d_1 \approx d$,
– die Vervielfachungsstufe nicht zu hoch ist; in der Regel bedeutet dies $q < 10$,
– der Spannungsgradient klein ist; andernfalls muß die Dicke d sehr klein gemacht werden,

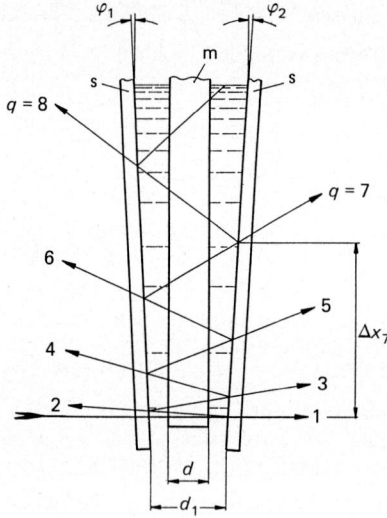

Bild D 2.2-10. Isochromatenvervielfachung; im durchfallenden Licht ergeben sich ungeradzahlige Vervielfachungsstufen q, im reflektierten die geradzahligen. s teildurchlässige Spiegel, m Modell, d Modelldicke, d_1 engster Abstand der Spiegel in Höhe der Modellkante, φ_1, φ_2 Neigung der beiden Teilspiegel, günstig ist $\varphi_1 = \varphi_2$ und $\varphi_1 + \varphi_2 < 0,5°$, Δx Schrittweitenfehler (er gibt an, wie groß der durchstrahlte Bereich für ein bestimmtes q ist, die beobachtete Isochromatenordnung ist dann der integrale Wert über diesen Bereich)

– der Spannungsgradient senkrecht zur x-Richtung verläuft (Bild 2.2-10),
– der Brechungsindex n_f der Immersionsflüssigkeit *kleiner* als derjenige des Modellmaterials n_m ist.

Als Beispiel ist in Bild D 2.2-11 die Abhängigkeit der Schrittweitenfehler in Reflexionsanordnung von den Parametern d_1 und n_f/n_m dargestellt. Der Wert $n_f/n_m = 0,63$ ergibt sich bei der Kombination Luft/Epoxidharz. Wegen der großen Streuung an der Oberfläche des Modells bei Verwendung von Luft als „Immersionsfluid" ist meist eine Flüssigkeit mit größerem Brechungsindex als eins erforderlich.

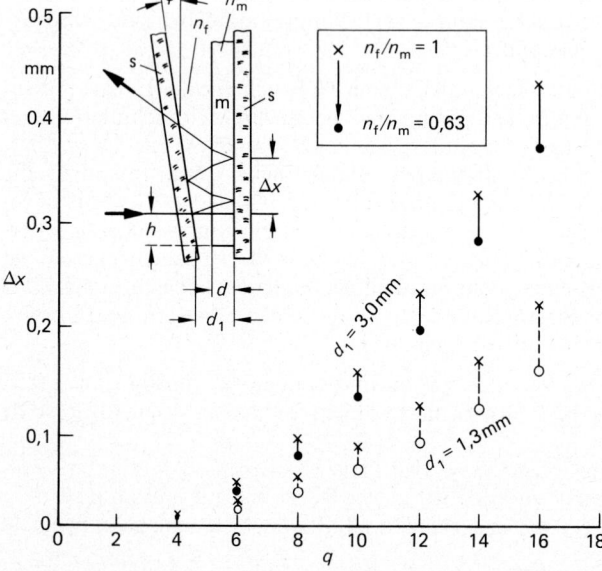

Bild D 2.2-11. Beispiel für den Schrittweitenfehler Δx als Funktion der Anzahl der Vervielfachungsstufen q bei Isochromatenvervielfachung in Reflexionsanordnung.
$h = 10$ mm Entfernung des durchstrahlten „Punktes" von der Modellkante, $d = 1$ mm, $\varphi = 0,3°$, n_f Brechungsindex des Immersionsfluids, n_m Brechungsindex des Modells, sonstige Bezeichnungen wie in Bild D 2.2-10

D 2.2.4.7 Schiefe Durchstrahlung

Zur vollständigen Bestimmung des Spannungszustands sind im räumlichen Fall sechs Größen erforderlich. Im ebenen Spannungszustand, der auch an der lastfreien Oberfläche räumlicher Körper herrscht, genügen drei Bestimmungsgrößen. Die Spannungsoptik liefert aber nur zwei Meßgrößen: Isochromatenordnung $\delta \sim (\sigma_1 - \sigma_2)$ und Isoklinenwinkel α, der die Hauptspannungsrichtung angibt.

Einen dritten Meßwert kann man durch eine geeignete Anordnung des zu untersuchenden Modells im Polariskop erhalten. Da diese Methode in der Praxis nur zur Untersuchung von Schnitten an dreidimensionalen Modellen (mit fixiertem Spannungszustand) angewendet wird, sei dies hier am Beispiel solcher Schnitte erläutert.

Schnitte senkrecht zur lastfreien Oberfläche

In Bild D 2.2-12 ist ein solcher Schnitt skizziert. Die unbekannten Hauptspannungen σ_1 und σ_2 auf der Oberfläche mögen mit der Schnittebene bzw. ihrer Normalen den unbekannten Winkel α einschließen. Ein polarisierter Strahl 1 durchdringe nun den Schnitt tangential zur Oberfläche unter dem Winkel γ zur Schnittnormalen. Die sich ergebende Isochromatenordnung δ_γ hängt nur von den Spannungen ab, die in der Ebene senkrecht zur Strahlrichtung liegen: das sind die sekundären Hauptspannungen. Die eine davon steht senkrecht zur Oberfläche und ist null, die andere, σ_1^s, errechnet sich nach der Festigkeitslehre zu

$$\sigma_1^s = \sigma_1 \cos^2(\alpha - \gamma) + \sigma_2 \sin^2(\alpha - \gamma) \qquad \text{(D 2.2-17)}.$$

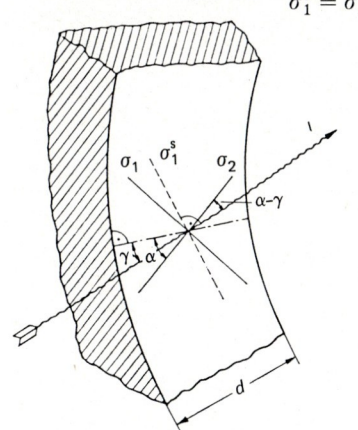

Bild D 2.2-12. Element an der Oberfläche eines Schnittes, der senkrecht zur Oberfläche des Modells entnommen wurde.
α Winkel zwischen Hauptspannung σ_2 und Schnittnormale, γ Winkel zwischen Lichtstrahl l und Schnittnormale, d Schnittdicke, σ_1^s sekundäre Hauptspannung in der Ebene senkrecht zur Durchleuchtungsrichtung

Unter Berücksichtigung des um $d/\cos\gamma$ verlängerten Weges des Lichtstrahles ergibt sich die Isochromatenordnung δ_γ für den Strahl in Richtung von γ zu

$$\delta_\gamma = \frac{d}{f_\sigma \cos\gamma} [\sigma_1 \cos^2(\alpha - \gamma) + \sigma_2 \sin^2(\alpha - \gamma)] \qquad \text{(D 2.2-18)}.$$

Mißt man unter drei unterschiedlichen Winkeln γ, so hat man drei Gleichungen, aus denen sich die drei Unbekannten σ_1, σ_2 und α berechnen lassen. Die Berechnungen werden einfacher, wenn man eine Durchstrahlung mit $\gamma = 0$ ($\Rightarrow \delta_0$) und zwei gleichgroße Winkel $+\gamma$ und $-\gamma$ ($\Rightarrow \delta_{\pm\gamma}$) wählt. Dann ergeben sich die Gl. (D 2.2-19 bis 21).

Eine Bestimmung der einzelnen Größen σ_1, σ_2 und α ergäbe recht komplizierte Formeln. Einfacher läßt sich das Ergebnis als Summe und Differenz der Hauptspannungen darstellen, zu

$$\sigma_1 + \sigma_2 = \frac{f_\sigma}{2\,d\,\sin^2\gamma} [(\delta_{+\gamma} + \delta_{-\gamma}) \cos\gamma - 2\,\delta_0 \cos 2\gamma] \qquad \text{(D 2.2-19)}$$

und

$$\sigma_1 - \sigma_2 = \frac{f_\sigma}{2\,d\,\sin^2\gamma}\sqrt{(\delta_{+\gamma}-\delta_{-\gamma})^2\sin^2\gamma + [2\,\delta_0 - (\delta_{+\gamma}+\delta_{-\gamma})\cos\gamma]^2}\quad\text{(D 2.2-20)}.$$

Die Richtung der Hauptspannungen läßt sich berechnen aus

$$\cos 2\alpha = \frac{2\,\delta_0\,f_\sigma/d - (\sigma_1 + \sigma_2)}{\sigma_1 - \sigma_2}\qquad\text{(D 2.2-21)}.$$

Wenn eine der beiden Hauptspannungen in der Schnittebene liegt – das ist bei einem Symmetrieschnitt der Fall, aber auch z. B. in der Kerbe von dicken Zahnrädern, wenn die Schnitte senkrecht zur Zahnflanke herausgesägt werden – wird bei Durchstrahlung unter $+\gamma$ und $-\gamma$ dieselbe Ordnung δ_γ beobachtet.

Schnitte längs der lastfreien Oberfläche

In manchen Fällen erfordert die Aufgabenstellung die Auswertung über einen größeren Bereich der lastfreien Oberfläche. Hier empfiehlt es sich, einen Schnitt der lastfreien Oberfläche nach Bild D 2.2-13 vorzunehmen. Die Auswertung mittels schiefer Durchstrahlung wird einfach, wenn man in diesem Schnitt zunächst über die Isoklinen die Hauptspannungsrichtung bestimmt. Dann kann man eine der Hauptspannungsrichtungen als Drehachse verwenden; in unserem Beispiel sei dies σ_2, die senkrecht zur Zeichenebene von Bild D 2.2-13 steht. Dann gilt: $\sigma_1^s = \sigma_1 \cos^2\gamma$ und $\sigma_2^s = \sigma_2$.

Es ergibt sich die Isochromatenordnung δ_γ zu

$$\delta_\gamma = \frac{d}{f_\sigma\cos\gamma}(\sigma_1\cos^2\gamma - \sigma_2)\qquad\text{(D 2.2-22)}$$

und

$$\delta_0 = \frac{d}{f_\sigma}(\sigma_1 - \sigma_2)\qquad\text{(D 2.2-23)}.$$

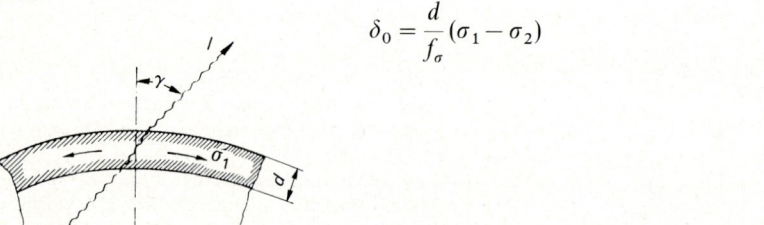

Bild D 2.2-13. Schiefe Durchstrahlung eines Schnittes parallel zur lastfreien Oberfläche; Bezeichnungen wie in Bild D 2.2-12.

Damit lassen sich die beiden Unbekannten σ_1 und σ_2 bestimmen. Die beiden Gl. (D 2.2-22) und (D 2.2-23) können auch in der ebenen Spannungsoptik zur vollständigen Auswertung benutzt werden.

Grundsätzlich ist bei Schnitten parallel zur lastfreien Oberfläche der Einfluß eines evtl. vorhandenen Spannungsgradienten senkrecht zur Oberfläche von großem Einfluß auf die Genauigkeit. Notfalls müssen sehr dünne Schnitte hergestellt werden.

Der Brechungsindex des Modellmaterials ist meist nicht genau bekannt. Wie man den korrekten Schiefdurchstrahlungswinkel γ dann trotzdem bestimmen kann, ist in Bild D 2.2-14 dargestellt. Hierbei muß nicht einmal der Brechungsindex der Immersionsflüssigkeit bekannt sein; es muß nur der Neigungswinkel des verwendeten Geräts bei Eichversuch und Auswertung gleich groß sein.

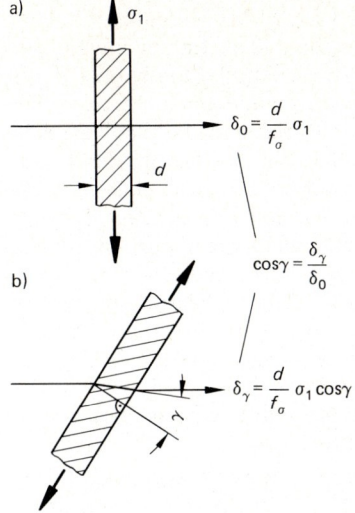

a)

b)

$$\delta_0 = \frac{d}{f_\sigma}\,\sigma_1$$

$$\cos\gamma = \frac{\delta_\gamma}{\delta_0}$$

$$\delta_\gamma = \frac{d}{f_\sigma}\,\sigma_1\cos\gamma$$

Bild D 2.2-14. Eichung des Durchstrahlungswinkels γ für die schiefe Durchstrahlung bei unbekannten Brechungsindizes n_m des Modells und n_f der Immersionsflüssigkeit an Hand eines mit dem Modell eingefrorenen Zugstabes der Dicke d.
a) Senkrechte Durchstrahlung.
b) Schiefe Durchstrahlung.

D 2.2.4.8 Immersionsflüssigkeiten

Immersionsflüssigkeiten werden in erster Linie dazu verwendet, bei optischen Aufbauten Lichtverluste an optisch nicht einwandfreien Oberflächen zu verringern, den Strahlengang an Phasengrenzflächen nicht in unerwünschter Richtung abzulenken und bei polarisiertem Licht eine Änderung des Polarisationszustands zu vermeiden. In der Spannungsoptik ist eine Immersionsflüssigkeit in der Regel erforderlich bei den Verfahren: Isochromatenvervielfachung, Streulichtmethode, schiefe Durchstrahlung und Auswertung mittels holographischer Interferometrie.

Die erwähnten Verfahren werden hauptsächlich an Schnitten aus räumlichen Modellen angewandt, deren Oberflächen je nach Bearbeitungsmethode eine mehr oder weniger gute optische Qualität aufweisen. Gefräste Oberflächen haben z. B. eine diffus wirkende Oberfläche, die nicht nur Lichtstreuung bewirkt, sondern das Licht auch teilweise depolarisiert. Dadurch wird der Kontrast zwischen den hellen und dunklen Linien im Isochromatenfeld geringer und macht in Extremfällen, z. B. bei hohem Spannungsgradienten, eine korrekte Auflösung des Isochromatenbildes unmöglich. In solchen Fällen werden die Schnitte in eine Immersionsflüssigkeit getaucht, von der üblicherweise gefordert wird, daß sie den gleichen Brechungsindex wie das Modellmaterial aufweist. Wegen der hohen Brechungsindizes der verwendeten Modellmaterialien (z. B. $n = 1{,}59$ bei Epoxidharz) führt diese Forderung häufig zur Empfehlung von chlorierten Kohlenwasserstoffen als Immersionsflüssigkeit. Diese sind jedoch sehr giftig und sollten im spannungsoptischen Labor, in dem entsprechende Entsorgungseinrichtungen fehlen, nicht verwendet werden.

Glücklicherweise ist in der Spannungsoptik die Forderung nach gleichem Brechungsindex von Immersionsflüssigkeit und Modellmaterial nicht zwingend. Nur beim Streulichtverfahren im allgemeinsten Fall bei sehr unterschiedlich gekrümmten Oberflächen des zu untersuchenden Körpers ist die Auswertung einfacher, wenn die Brechungsindizes gleich sind. Auf die Auswirkung unterschiedlicher Brechungsindizes auf die Meßergebnisse wird bei den Verfahren Isochromatenvervielfachung und schiefe Durchstrahlung hingewiesen.

Bei der Anwendung der holographischen Interferometrie im Durchlicht und des Streulichtverfahrens läßt sich der Effekt der Oberflächenrauhigkeit, der die diffuse Streuung des Lichts bewirkt, am besten dadurch aufheben, daß man anstatt Luft ein Fluid verwendet. Dieses muß nicht nur den gleichen Brechungsindex wie das Modellmaterial haben, sondern auch einen ähnlichen chemischen Aufbau. Das heißt, daß als Immersionsflüssigkeit das unvernetzte Kunstharz die besten Ergebnisse aufweisen muß. Man kann z. B. bei Epoxidharzen mit Erfolg flüssige, unvernetzte Harze verwenden oder auch Harze, die bei Zimmertemperatur eine feste Konsistenz haben (in der Regel sind das heißhärtende Harze). Dazu ist allerdings erforderlich, daß man das Modell oder den Schnitt daraus auf eine Temperatur erwärmt, die mindestens so hoch ist wie der Schmelzpunkt des Rohharzes. Die Einbettung in ein unvernetztes Festharz hat jedoch den Vorteil, daß nach der Abkühlung die Handhabung sehr einfach wird, weil man nicht mehr auf die flüssige Komponente achten muß. So hat sich z. B. speziell bei der holographischen Interferometrie, aber auch bei hohen Anforderungen an die Auflösung in Schnitten folgende Vorgehensweise bewährt: Als Modellmaterial wird ein Harz verwendet, dessen Erweichungspunkt um mindestens 20 °C höher liegt als der Schmelzpunkt des Rohharzes; erforderlichenfalls kann diesem Rohharz eine geringe Menge Flüssigharz beigemischt werden. Der Schnitt wird dann mit dem Rohharz zwischen zwei dünnen Glasplatten (z. B. Objektträger) warm verklebt und anschließend abgekühlt.

Zum Verkleben zwischen den Glasplatten kann man auch mit Härter versetztes Flüssigharz benutzen, doch besteht hierbei die Gefahr, daß bei Temperaturänderung unerwünschte Wärmespannungen entstehen, weil das ausgehärtete Harz nicht mehr die unterschiedlichen Wärmedehnungen von Glas und Harz ausgleicht.

In der Spannungsoptik ist also die Forderung nach gleichem Brechungsindex in der Regel nicht zu stellen. Es läßt sich praktisch jedes Fluid, das die optische Qualität bei der Durchstrahlung verbessert, verwenden, z. B. Paraffinöl. Die Eignung stellt man am besten im Versuch fest, wenn die Oberfläche, das jeweilige Gerät und ein vorhandenes Fluid gegeben sind.

D 2.2.5 Meßeinrichtungen und ihre Handhabung

D 2.2.5.1 Geräte

Polarisatoren

Als Polarisatoren werden in der Spannungsoptik meist sog. Großflächenpolarisatoren verwendet, das sind Folien mit weniger als 1 mm Dicke, die nur in einer Richtung schwingendes Licht durchlassen.

Für spezielle Aufbauten sind auch noch Kristalle im Handel (z. B. Nicolsches Prisma), die einen sehr hohen Grad an Polarisation zeigen, aber nur für Lichtstrahlen mit kleinem Durchmesser geeignet sind.

Polariskope

Hier unterscheidet man zwischen Diffuslichtpolariskop und Linsenpolariskop bzw. Polariskop mit gerichtetem Strahlengang. In Bild D 2.2-15 sind die beiden Ausführungen einander gegenübergestellt. Das Diffuslicht zeichnet sich durch einfache Handhabung aus und hat sich für normale Untersuchungen bestens bewährt. Den Nachteil, nämlich die nicht genau senkrechte Durchstrahlung des Modells (Winkel β in Bild D 2.2-15 b) kann man vermeiden, wenn man den Abstand e zwischen Modell und Kamera sehr groß wählt. Dazu ist meist ein Teleobjektiv erforderlich. Mit der Anordnung nach Bild D 2.2-16 läßt sich ebenfalls eine recht genaue senkrechte Durchstrahlung des Modells erzielen. Das Objektiv der Kamera muß dabei im Brennpunkt der Hilfslinse l_3 stehen.

Reflexionspolariskop

(s. D 2.3)

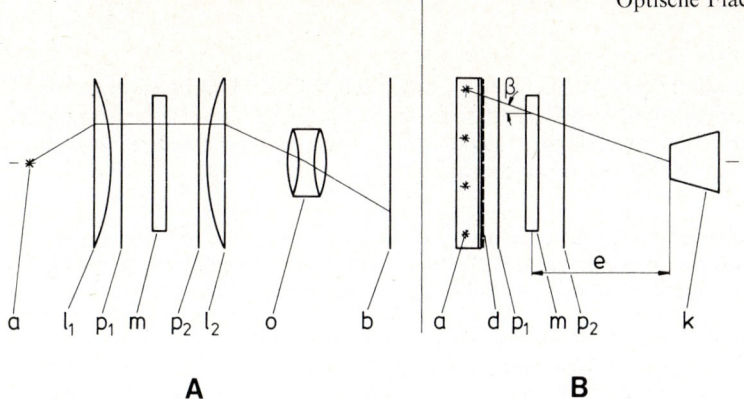

A   **B**

Bild D 2.2-15. Polariskope. a) Linsenpolariskop. b) Diffuslichtpolariskop.
a Lichtquelle, l_1, l_2 Linsen, p_1, p_2 Polarisatoren, m Modell, o Objektiv, b Bildschirm; d Diffusor
(z. B. Opalglas), k Kamera, e Abstand Modell–Kamera, β Winkel, der infolge schiefer Durchstrahlung Meßfehler verursacht.

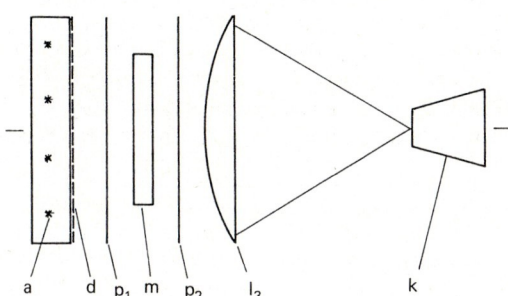

Bild D 2.2-16. Diffuslichtpolariskop mit zusätzlicher Hilfslinse l_3, übrige Bezeichnungen wie Bild D 2.2-15.

Streulichtapparatur

Für Streulichtuntersuchungen wird am besten Laserlicht verwendet; damit ist der Effekt der Lichtstreuung in Kunstharzen bereits so groß, daß man ohne Beimengungen auskommt. Bei Verwendung eines normalen Laserstrahls erhält man die Information längs einer Linie. Will man ein ganzes Feld aufnehmen, dann ist die einfachste Methode die Verwendung eines beweglichen Spiegels nach Bild D 2.2-17.

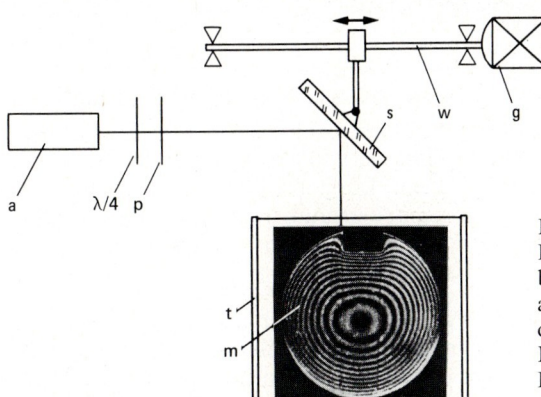

Bild D 2.2-17. Einfachste Anordnung zur Erzeugung eines Streulicht-Isochromatenbildes.
a Laser, p Polarisator, s Spiegel, w Gewindespindel, g Motor, t Immersionstank, m Modell, hier tordierte Welle mit Keilnut. Das Isochromatenbild ist mit der gezeigten Anordnung erzeugt.

Lichtquellen

In Tabelle D 2.2-3 sind die gebräuchlichsten Lichtquellen für die Spannungsoptik zusammengestellt. Es empfiehlt sich, vom Gerätehersteller jeweils eine genaue Beschreibung der verwendeten Lichtquellen zu verlangen. Dann ist die Auswahl von eventuell zusätzlich gewünschten Farbfiltern (Monochromatoren) einfacher.

Tabelle D 2.2-3   Zusammenstellung der gebräuchlichsten Lichtquellen in der Spannungsoptik; die punktförmigen Lichtquellen (p in der letzten Spalte) werden meist im Linsenpolariskop verwendet, die flächenförmigen (f in der letzten Spalte) im Diffuslichtpolariskop mit zusätzlichem Diffusor d in Bild D 2.2-16.

monochromatische Lichtquellen – einfarbiges Licht

	Wellenlänge	Farbe	p: punktförmig f: flächig
Spektrallampen			f
z. B. Natriumlampen	589 nm	gelb	
Quecksilberlampen	z. B. 546 nm	grün	
	435 nm	blau	
LASER			
z. B. Argon	514 nm	grün	p
Helium-Neon	633 nm	rot	p
Rubin	694 nm	rot	p

polychromatische Lichtquellen – mehrfarbiges bzw. weißes Licht

	Spektralverteilung	
Glühlampen	gleichmäßig	f
Gasentladungslampen	gleichmäßig +	f
	einzelne Spektrallinien	f
Halogenlampen	gleichmäßig +	f + p
	einzelne Spektrallinien	
Blitzlampen	gleichmäßig, teilweise mit	f + p
	einzelnen Spektrallinien	
Höchstdrucklampen	gleichmäßig +	p
z. B. Hg-Höchstdrucklampe	einzelne Spektrallinien	

Mit Metallinterferenzfiltern lassen sich sehr genau die gewünschten Wellenlängen aus weißem Licht herausfiltern. Dabei haben die Linienfilter einen relativ geringen Transmissionsgrad, aber die Halbwertsbreite (= durchgelassene Wellenlängen mit der Hälfte des maximalen Transmissionsgrades) ist ebenfalls klein. Die günstigste Lichtausbeute ergeben die sog. Breitbandfilter mit hohem Transmissionsgrad in Verbindung mit einer Lichtquelle, die zusätzlich einzelne Spektrallinien hoher Energie ausstrahlt.

Aufnahmesysteme

a) Das menschliche Auge ist bei Verwendung von Kompensationsmethoden und zum Zeichnen der Isoklinen das einfachste System, auch zur Bestimmung der Nullpunkte und des Gradienten der Isochromaten aus der Farbfolge. Bei „interaktiven elektronischen Bildauswerteverfahren" muß der Ingenieur teilweise auch die Maxima und

Minima der Ordnung in den Rechner eingeben, nachdem er sie vorher direkt bestimmt hat.

Parallaxenfehler lassen sich durch Einsatz von Fernrohren vermeiden.

b) Kameras mit photochemischen Filmen sind zur Dokumentation stets erforderlich, aber auch zur Auswertung bei genügender Anzahl von Isochromaten. Für Isochromatenaufnahmen im monochromatischen Licht ist orthochromatischer Film nur bis $\lambda = 546$ nm (grüne Hg-Linie) brauchbar, weil seine Empfindlichkeit bei rd. 570 nm steil abfällt. Bei Na-Licht ($\lambda = 589$ nm) muß man panchromatischen Film verwenden.

Farbaufnahmen sollten mit Positivfilm gemacht und am Original nach Entwicklung überprüft werden, damit bei Farbabzügen oder Farbdruck die Farben richtig eingestellt werden können.

c) Mit punkt- und zeilenförmigen Photosensoren und TV-Kameras können die Meßdaten im Rechner direkt weiterverarbeitet werden. Die punktweise Messung ist relativ einfach, auch zur Bestimmung des Isoklinenwinkels: Man läßt die beiden Polarisatoren rotieren und vom Aufnahmesystem das Minimum der Lichtintensität bestimmen. Dabei muß der Winkel der Polarisationsebene bzw. der Polarisatorstellung miterfaßt werden.

Für die Auswertung des gesamten Feldes ist die erforderliche Software bei verschiedenen Geräteherstellern erhältlich, s. Abschnitt E 5.

D 2.2.5.2 Modellmaterial

Die wichtigsten Materialkonstanten für spannungsoptisches Modellmaterial sind der E-Modul, die spannungsoptische Konstante f_σ und die Querkontraktionszahl v. Sie können mit den in Bild D 2.2-18 gezeigten *Eichversuchen* bestimmt werden. In der Formel zur Berechnung des E-Moduls aus dem Biegeversuch (Zeile 2 in Bild D 2.2-18) ist die Korrektur mit der Querkontraktionszahl v nur erforderlich, wenn der Meßbügel in der neutralen Schicht des Biegestabs befestigt und die Durchbiegung an der Oberkante gemessen wird. Beim Einfrierversuch gibt eine Mittelwertbildung der Messung aus Zug- und Druckseite eine genügend hohe Genauigkeit.

In der Tabelle D 2.2-4 sind die z. Z. gebräuchlichsten Modellmaterialien mit ihren Eigenschaften zusammengestellt. Wenn im spannungsoptischen Versuch ein Bauteil aus metallischem Werkstoff modelliert werden soll, das unter Beanspruchung relativ geringe Verformungen zeigt, so ist aus Gründen der Ähnlichkeit (möglichst gleiche Verformung in Original und Modell) und einer guten Auswertbarkeit (hoher spannungsoptischer Effekt) eine möglichst hohe „spannungsoptische Gütezahl" $D = E/f_\sigma$ erwünscht. Sie gibt an, wie groß die Verformungen des Modells zum Erreichen einer bestimmten Isochromatenordnung sein müssen. Die Gütezahl läßt sich aus den Werten von E und f_σ in der Tabelle D 2.2-4 errechnen. Sie liegt bei Raumtemperatur in der Größenordnung von 350 für die besten Materialien Epoxidharz und Polycarbonat. Beim Einfrierverfahren erreicht man bestenfalls den Wert 100 für Epoxidharz.

Zur Modellierung nichtlinearer, elastischplastischer und viskoser Probleme ist eine möglichst große Ähnlichkeit der Spannungs-Dehnungs-Linie und der Versagenshypothese von Original- und Modellwerkstoff zu fordern; es sei denn, man untersucht mit spannungsoptischen Methoden direkt das rheologische Verhalten durchsichtiger Kunststoffe; näheres s. im Schrifttum z. B. [D 2.2-14] und [D 2.2-30].

Zum Modellieren von Verbundkörpern benötigt man in der Regel Teile mit unterschiedlicher Steifigkeit, weil der E-Modul der Einzelteile verschieden ist. Ist ein Teil nur auf Zug oder Druck beansprucht, so läßt sich die Steifigkeit auch durch Querschnittsänderung

Prinzip	Berechnung		
	E-Modul	Spannungsopt. Konstante f_σ	Querkontraktionszahl ν
Zugstab 	$E = \dfrac{\sigma}{\epsilon_{\text{längs}}}$ $E = \dfrac{Fl}{bd\,\Delta l}$	$f_\sigma = \dfrac{F}{B\,\delta}$	$\nu = \dfrac{\epsilon_{\text{längs}}}{\epsilon_{\text{quer}}}$ $\nu = \dfrac{\Delta l\,b}{l\,\Delta b}$
Biegestab 	$E = \dfrac{3Fa}{2dhf}\left(\dfrac{l^2}{h^2} - \nu\right)$ 	$f_\sigma = \dfrac{6aF}{h^2\delta_R}$ $\delta_R = \delta_i\,\dfrac{h}{h'}$ $h' \approx 0,75h$	
Kreisscheibe 	—	$f_\sigma = \dfrac{8F}{\pi D\delta_M}$ $\delta_M : \delta$ in Scheibenmittelpunkt	—
Halbebene, Einzellast 	—	$f_\sigma = \dfrac{2F}{\pi y\,\delta}$	—
Halbebene, Schub 	Zusammenhang zwischen y und ν 	y/a	1,04	0,999	0,981	0,965	0,948	0,935	 	ν	0,2	0,3	0,35	0,4	0,45	0,5		$\nu = f\,(y,a)$ y: Lage der Nullisochromaten

Bild D 2.2-18. Zusammenstellung der gebräuchlichsten Eichversuche zur Bestimmung der Materialkonstanten.

Zum Biegeversuch ist zu bemerken: Bei der Berechnung des E-Moduls ist die Korrektur mit ν nur erforderlich, wenn der Meßbügel in der neutralen Achse befestigt und die Durchbiegung an der Oberkante gemessen wird. Beim Einfrierverfahren gibt eine Mittelwertbildung der Messung aus

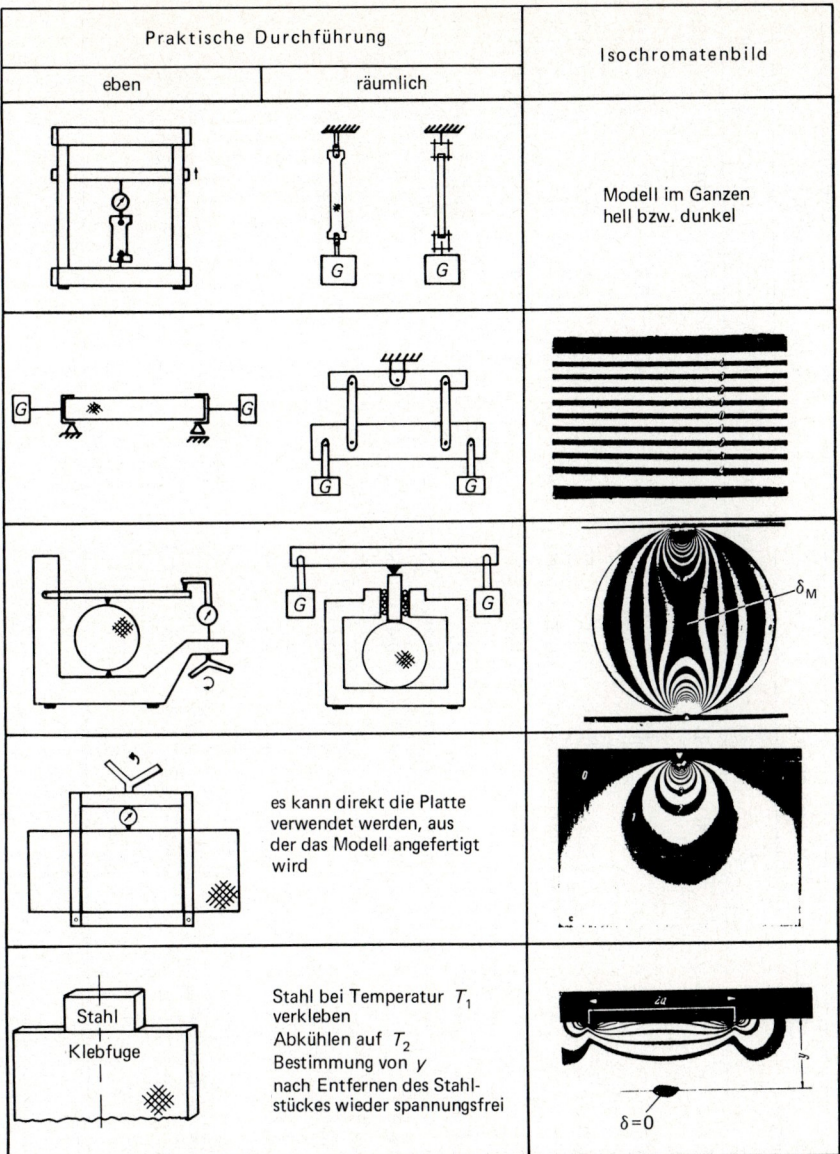

Praktische Durchführung		Isochromatenbild
eben	räumlich	
		Modell im Ganzen hell bzw. dunkel
	es kann direkt die Platte verwendet werden, aus der das Modell angefertigt wird	
	Stahl bei Temperatur T_1 verkleben Abkühlen auf T_2 Bestimmung von γ nach Entfernen des Stahlstückes wieder spannungsfrei	

Zug- und Druckseite eine genügend hohe Genauigkeit. Die Randisochromate σ_R läßt sich sehr genau über die skizzierte lineare Extrapolation bestimmen. Der Fehler infolge großer Verformungen wird vernachlässigbar klein, wenn man $h' \approx 0{,}75\,h$ wählt, weil in diesem Abstand der Wert von $(\sigma_1 - \sigma_2)$ des gekrümmten Balkens gleich dem Wert von σ_1 des geraden Balkens ist.

Tabelle D 2.2-4 Die gebräuchlichsten Modellmaterialien in der Spannungsoptik und ihre Eigenschaften; die erste Gruppe ist für Versuche bei Raumtemperatur und für das Einfrierverfahren geeignet (Epoxidharze) (Modellmaterial für Versuche im plastischen und viskosen Bereich s. z. B. [D 2.2-14] und [D 2.2-30]. E E-Modul in N/mm², f_σ spannungsoptische Konstante, v Querkontraktionszahl, σ_{zul} zulässige Spannung in N/mm², α thermischer Längenausdehnungskoeffizient in 10^{-6}/K.

Bezeichnung	chemische Zugehörigkeit	Härter	Raumtemperatur					Einfriertemperatur				
			E	f_σ	v	σ_{zul}	α	E	f_σ	v	σ_{zul}	α
Araldit B	Epoxidharz $EP = 2,5$	PSA	3400	10,5	0,37	60	60	20	0,27	0,49	1	180
Araldit F	Epoxidharz $EP = 5,6$	PSA	3300	11	0,37	50	60	40	0,4	0,49	0,8	180
PSM 9	Epoxidharz	–	3300	10,5	0,36	50	70	41	0,5	0,5	1	170
PLM 1	Epoxidharz	Amin	2900	14	0,36	60	70	14	0,35	0,5	1,5	170
Rütapox 0163/0162	Epoxidharz	PSA modifiziert	3500	12	0,37	–	60	45	0,4	0,5	0,8	180
RTN Glas	Epoxidharz	Amin	–	–	–	–	–	30	0,24	0,5	0,8	170
Palatal P6	Polyester	–	4000	27	0,36	20	–	–	–	–	–	–
PC	Polycarbonat	–	2700	7	0,4	60	–	–	–	–	–	–
PSM 1	Polycarbonat	–	2500	7	0,38	60	–	–	–	–	–	–
	Polyurethan	–	4	0,17	0,5	–	–	–	–	–	–	–
CR 39	Allylharz	–	2100	17,5	0,37	20	–	–	–	–	–	–
Plexiglas	Akrylharz	–	3000	230	0,36	20	–	–	–	–	–	–
Glas	–	–	70000	200	–	–	–	–	–	–	–	–
Gelatine	10 bis 22% Trockenmasse + Wasser	–	0,25 bis 1,7	0,035 0,065	0,5	0,1	–	–	–	–	–	–
Silberchlorid, Kristallin	–	–	200 bis 4500	32	–	–	–	–	–	–	–	–

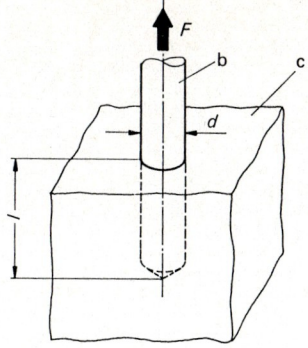

Bild D 2.2-19. Erweiterung der Ähnlichkeit bei Verbundkörpern, wenn ein Teil auf Zug beansprucht wird.
b zugbeanspruchter Teil, c Matrix.
Es gilt $\sigma/E = F/(EA)$, für ähnliches Verhalten muß d/l und $(E_b A_b)/(E_c A_c)$ in Original und Modell gleich sein. A_b kann durch Ausbohren bei konstantem d variiert werden, wenn E_b/E_c in Original und Modell nicht gleich sind.

nachbilden. Bild D 2.2-19 zeigt als Beispiel das Problem „Bewehrungsstab in Matrix" (z. B. Dübel in Beton, C-Faser in Kunststoff).

Für die Nachbildung von Verbundkörpern im Einfrierverfahren, bei denen beide Komponenten auszuwerten sind, läßt sich das gewünschte E-Modulverhältnis bei Epoxidharzen durch Variation des Härtergehalts und der Epoxidzahl einstellen. Bild D 2.2-20 zeigt den E-Modul und die spannungsoptische Konstante des Einfrierversuchs von Epoxidharz auf Biphenolbasis (z. B. Araldite der Ciba AG), gehärtet mit Phthalsäureanhydrid (PSA). Beim Einstellen eines hohen E-Moduls gibt es zwei Punkte zu beachten: Erstens fallen die Kurven im oberen Bereich wieder ab, d. h., man muß ggf. höhere Epoxidwerte *EP* wählen. Und zweitens entsteht bei zu hohem Härtergehalt der räumliche Randeffekt. Die Grenze läßt sich mit folgender Gleichung angeben:

$$H = EP \cdot M \cdot K \cdot 10^{-1} \tag{D 2.2-24}$$

H Härtergehalt in Gewichtsteilen, bezogen auf 100 Gewichtsteile Rohharz,
EP Epoxidzahl bzw. Epoxidwert,
M Molekulargewicht des Härters,
K Faktor.

Die Gl. (D 2.2-24) gilt, wenn der Härter die Wertigkeit eins hat. Bei höherer Wertigkeit *n* (d. h. *n* reaktive Gruppen pro Härtermolekül) muß *M* durch *n* dividiert werden.

Der Faktor *K* darf den Wert 0,8 nicht überschreiten, wenn der räumliche Randeffekt klein gehalten werden soll. Er ist eine maßgebliche Größe bei der Wahl des gewünschten E-Moduls.

Wie aus Bild D 2.2-20 hervorgeht, lassen sich die Eigenschaften der Epoxidharze allgemein beschreiben, unabhängig vom Hersteller. Geringe Abweichungen sind immer vorhanden, zumal die Eigenschaften auch stark von der Art der Verarbeitung abhängen. Wie bei metallischen Werkstoffen wäre auch hier eine Vereinheitlichung der Bezeichnung wünschenswert, um die Harze unterschiedlicher Hersteller und die im Schrifttum angegebenen Werte miteinander vergleichen zu können. Es genügt die Angabe der in Gl. (D 2.2-24) verwendeten Größen.

Auch die Art des verwendeten Härters spielt eine große Rolle. So läßt sich z. B. der Beanspruchungszustand in Epoxidharzen mit γ-Strahlen recht gut fixieren, wenn Maleinsäureanhydrid als Härter verwendet wird. Mit PSA dagegen ist der erzielbare Effekt nur sehr gering.

a)

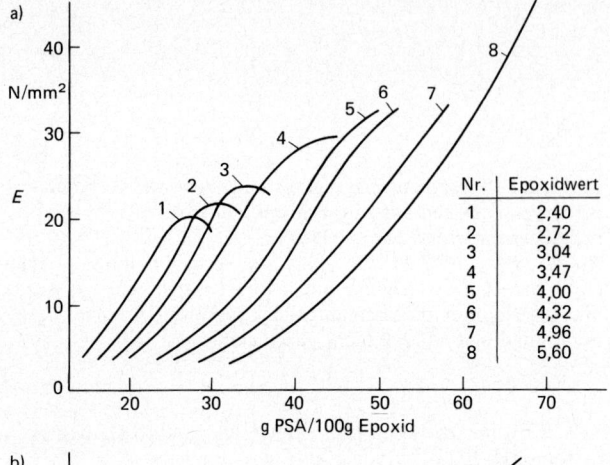

Nr.	Epoxidwert
1	2,40
2	2,72
3	3,04
4	3,47
5	4,00
6	4,32
7	4,96
8	5,60

b)

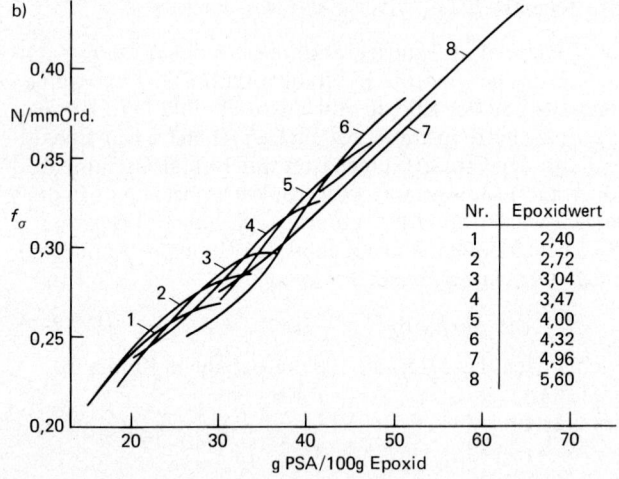

Nr.	Epoxidwert
1	2,40
2	2,72
3	3,04
4	3,47
5	4,00
6	4,32
7	4,96
8	5,60

Bild D 2.2-20. Einfluß von Epoxidwert und Härtergehalt heißhärtender Epoxidharze beim Einfrierverfahren.
a) Variation des effektiven E-Moduls.
b) Variation der spannungsoptischen Konstante f_σ.

D 2.2.5.3 Modellherstellung und Zerlegen in Schnitte

Mechanische Bearbeitung

Die folgenden Angaben sind als Anhaltswerte zu verstehen; sie sind abhängig von der Art des Modellmaterials. Als Grundsatz gilt, daß bei der mechanischen Bearbeitung die Wärmeentwicklung so gering zu halten ist, daß der Erweichungspunkt des Materials nicht erreicht wird, und daß die Werkzeuge so scharf sind, daß die Oberfläche nicht verdrückt, d.h. plastisch verformt, wird. Es sollen nach Möglichkeit Hartmetallwerkzeuge eingesetzt werden; auch Keramik- und Diamantwerkzeuge sind gut geeignet.

Feilen ist ohne besondere Schwierigkeiten mit normalen Feilen möglich. Sie sollten möglichst neu sein.

Beim *Drehen* soll der Span lang sein und fließen. Künstliche Kühlung ist nicht erforderlich. Als Schneidwinkel haben sich bewährt: Freiwinkel 6°, Spanwinkel 0 bis 8°, Schnittgeschwindigkeit 80 bis 120 m/min und Vorschub 0,05 bis 0,2 mm/U.

Bohren erzeugt am meisten Wärme. Kühlen mit Bohrwasser oder Druckluft ist in der Regel von Vorteil. Man sollte häufig absetzen und Späne entfernen. Am besten ist

Ausprobieren an einem nicht benötigten Stück und Kontrollieren im Polariskop. Dabei muß man warten, bis das Werkstück im Bereich der Bohrung wieder abgekühlt ist.

Sägen kann man von Hand oder mit Bandsäge mit einem Sägeblatt für Metallbearbeitung; Zähnezahl 18 bis 24 Zähne/Zoll bis ca. 30 mm Werkstückdicke, darüber 8 bis 12 Zähne/Zoll; Vorschub langsam von Hand. Künstliche Kühlung ist nicht erforderlich, wenn Absaugung vorhanden ist.

Beim *Fräsen* benutzt man Hartmetall- oder zumindest HSS-Fräser. Stirnen eignet sich besser als Walzen, da die Späne die Nuten verstopfen können und dann Reibungswärme entsteht. Künstliche Kühlung ist bei Bedarf, insbesondere bei Thermoplasten wie Polycarbonat, nötig. Für große Flächen bei räumlichen Modellen und bei Schnitten aus solchen empfiehlt sich ein hartmetallbestückter Messerkopf, Winkel wie beim Drehmeißel, Schnittgeschwindigkeiten 200 bis 300 m/min.

Gravieren erzeugt leicht Wärme; die Stichel müssen sehr scharf sein. Bohrwasser oder Spiritus als Kühlmittel hat sich bewährt, manchmal genügt auch direktes Absaugen der Späne am Stichel mit einem Staubsauger; dies dient gleichzeitig zur Kühlung. Mit einer stark vergrößerten Schablone lassen sich sehr genaue Konturen herstellen. Sehr bequem, aber teuer ist eine optische Nachführeinheit, mit der direkt von der Zeichnung kopiert werden kann. Natürlich wird man bei Vorhandensein einer NC-Maschine diese verwenden.

Schleifen ist nur in besonderen Fällen erforderlich, z. B. für Isochromatenvervielfachung. Es können die in der Metallographie üblichen Schleifeinrichtungen verwendet werden. Bei kleinen Modellen und zur Vermeidung von Schnittverlusten läßt sich eine Innenlochsäge mit diamantbesetzter Scheibe einsetzen, wie sie in der Medizin zur Herstellung von Präparaten verwendet wird. Die Oberfläche braucht nicht mehr nachbearbeitet zu werden. Die im Abschnitt D 2.2.4.8 über Immersionsflüssigkeiten erwähnte Methode des Verklebens zwischen Glasplatten ersetzt bei gefrästen Schnitten das Schleifen; die optische Qualität ist mindestens so gut wie bei polierten Oberflächen.

Polieren kann man Schnitte ähnlich wie die eingebetteten Schliffe in der Metallographie. Schleifen und Polieren erfordern viel Kühlmittel. Übliche wäßrige Kühlmittel können verwendet werden. Das Kühlmittel verhindert – auch bei den anderen Bearbeitungsmethoden – die Staubentwicklung.

Gießen von Modellen

Halbzeug in Form von Platten, Stangen und Rohren ist im Handel erhältlich und wird mechanisch auf Endmaß bearbeitet. Bei räumlichen Modellen ist jedoch häufig die Herstellung des Rohlings bzw. des fertigen Modells im eigenen Labor durch Gießen erforderlich. Das in monomerer Form vorliegende Gießharz polymerisiert anschließend. Das Endprodukt sind duroplastische Werkstücke, die nur noch mechanisch bearbeitet werden können. Spanlose Formgebung ist nach der Polymerisation nicht mehr möglich.

Beim Gießen von Kunstharz sind gegenüber den Methoden des Metallgusses einige Besonderheiten zu beachten. Das zu vergießende Material ist viel zäher als flüssiges Metall und hat ein niedrigeres spezifisches Gewicht. Im Harz vorhandene oder von den Formwandungen an die Schmelze abgegebene Gasblasen können nicht schnell genug entweichen. Gießformen und Kerne aus Sand sind deshalb nur bei zusätzlicher sorgfältiger Versiegelung brauchbar, damit keine Gasblasen von der Form in die Schmelze gelangen können. Außerdem sind unpolymerisierte Harze sehr gute Kleber. Die Wandungen der Gießformen müssen daher möglichst glatt und mit Trennmittel überzogen sein.

Gießformen werden am besten aus Metall gefertigt. Es eignen sich auch die Original-kokillen für Metallguß. Für Rohlinge sind Blechformen gut geeignet. Als Trennmittel für Metallformen haben sich Silikonöl, -harz und -fett bzw. -paste bewährt. Das Silikon-trennmittel sollte 24 Stunden bei rd. 200 °C eingebrannt werden, dann braucht die Form nur noch mit einer dünnen Schicht Silikonöl bei jedem neuen Guß versehen werden, wozu sich Trennmittel in Spraydosen – auch ohne Treibmittel – recht gut eignet.

Werden für kleine Gießlinge ausnahmsweise kalthärtende Harze verwendet, dann ist Wachs das geeignete Trennmittel, z. B. flüssiges Wachs zur Bodenpflege.

Als Kernmaterial für Fertigguß hat sich eine eutektische Legierung aus 18% Kadmium, 32% Blei und 50% Zinn bewährt. Sie schmilzt bei 145 °C und kann aus dem fertig polymerisierten Modell bei 150 bis 160 °C ausgeschmolzen werden. Für einfache Kerne mit nicht zu großen Hinterschneidungen kann auch Silikonkautschuk Verwendung finden; er läßt sich entweder herausziehen, oder er wird notfalls mit einem Messer zerschnitten. Kerne aus Sand, wie sie im Metallguß verwendet werden und die sich mit Wasser ausspülen lassen, bedürfen einer sorgfältigen Oberflächenversiegelung mit Lack oder Silikonkautschuk und zusätzlichem Trennmittel.

Wenn ein Originalbauteil oder ein genau gearbeitetes Urmodell vorliegt, sollte das Modell gleich in der endgültigen Form fertig gegossen werden. Zum Abformen eignen sich Werkzeugharze, die mit Füllern versehen sind und deshalb formstabil bleiben, oder Silikonkautschuk. Dieser hat gleichzeitig trennende Eigenschaften, was insbesondere bei Verwendung kalthärtender Harze von Vorteil ist. Abgeformt wird zweckmäßigerweise, wie in Bild D 2.2-21 skizziert. Das Original und der Eichstab werden mit Trennwachs bestrichen und in einen Formkasten in Plastilin bis zur vorgesehenen Trennebene eingebettet. Dann wird eine rd. 3 mm dicke Schicht aus reinem Silikonkautschuk aufgebracht, meist durch Aufgießen mehrerer dünner Schichten. Ist diese Schicht angehärtet, so wird hinterfüttert mit Silikonkautschuk, der mit Füller versehen ist. Hierfür eignet sich sehr gut einfacher Sand, der vorgetrocknet sein muß.

Die Gießformen werden dadurch so steif, daß sie in der Regel keiner weiteren Versteifungen, etwa mit Blechplatten, bedürfen. Eingußtrichter, Eingußkanal, Steiger und Justierleisten zum gegenseitigen Fixieren der beiden Formhälften können bequem mit Plastilin in der Trennebene aufgeformt werden, oder es werden hierfür Holzleisten verwendet. Das

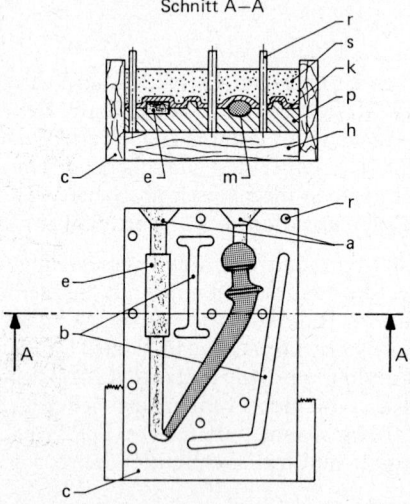

Bild D 2.2-21. Aufbau einer Gießform aus Silikonkautschuk, hinterfüttert mit sandgefülltem Kautschuk.
a Einguß bzw. Steiger, b Justierleisten, ebenfalls aus Kautschuk, zum gegenseitigen Fixieren der beiden Formhälften, c Rahmen für die Formherstellung, wird beim Guß entfernt, e in den Angußkanal eingeformter Eichstab, der dadurch genau gleiche Wärmebehandlung erfährt.
Im Schnitt A–A ist die obere Gießformhälfte fertig. h Unterlage, p Plastillin zum Einformen des Modells, k Schicht aus reinem Silikonkautschuk, rd. 3 mm dick; s mit Sand gefüllter Silikonkautschuk, ergibt große Steifigkeit der Form; r Rohre, durch die nach Fertigstellung der zweiten Formhälfte Schrauben gesteckt und damit beide Hälften fixiert werden

Zusammenfügen der beiden Formhälften zum Guß ist am einfachsten, wenn gleich in die Form lange Schrauben oder Bolzen eingegossen werden.

Nach Fertigstellen der zweiten Hälfte wird die Form voll ausgehärtet – meist bei Raumtemperatur – und bei rd. 60 °C nachgehärtet. Nach dem Zusammenbau erwärmt man auf rd. 120 °C und gießt mit Paraffin bzw. Wachs aus. Damit läßt sich einerseits die Dichtheit der Form einfach überprüfen, andererseits füllt das Wachs die Mikroporen und wirkt nachher als Trennmittel. Besser ist es, zweimal einen Wachsabguß zu machen. Wird die Form für mehrere Güsse benötigt, so wird sie vor dem endgültigen Zusammenbau mit Silikonöl eingesprüht. Abdichten der Trennebene mit einer dünnen Schicht Silikonpaste erhöht die Sicherheit gegen Auslaufen der Schmelze.

Um das Austreten von Gasblasen aus der immer etwas porösen Form in die Schmelze zu vermeiden, sollte die Form um rd. 10 °C wärmer sein als die Schmelze beim Vergießen. Eventuell vorhandene Gasblasen in der Form kühlen beim Eingießen der Schmelze ab und bleiben deshalb, da sich ihr Volumen verringert, im Kautschuk. Dies gilt für alle Formen und Kerne aus porösen Werkstoffen.

Zum Gießen wird z. Z. am häufigsten heißhärtendes Epoxidharz mit einer Epoxidzahl zwischen 2,4 und 5,6 verwendet. Typische Vertreter sind z. B. die Harze der Ciba AG: Araldit B mit $EP = 2,5$ und Araldit F mit $EP = 5,6$. Heißhärtende Harze empfehlen sich deshalb, weil dabei die exotherme Reaktion beim Aushärten leichter gesteuert werden kann; die entstehende Wärme läßt sich besser abführen. Kalthärtende Harze sind erstens reaktiver und müßten zweitens zur Verringerung der Reaktionsgeschwindigkeit weit unter 0 °C abgekühlt werden.

Für die heißhärtenden Harze finden hauptsächlich zwei Gruppen von Härtern Verwendung: Phthalsäureanhydrid und einige seiner Modifikationen sowie Maleinsäureanhydrid.

Maleinsäureanhydrid ist wesentlich unangenehmer beim Verarbeiten. Wegen des niedrigeren Molekulargewichts (98) verdampft es stärker und ist toxischer. In östlichen Ländern wird es häufig verwendet; darauf ist bei Literaturangaben über Materialeigenschaften zu achten.

Bei allen Kombinationen ist zu beachten: die Steuerung der exothermen Reaktion muß möglich sein, der chemische Schrumpf soll möglichst gering sein, Schlieren müssen weitgehend vermieden werden. Letztere entstehen durch Abdampfen von Härter an der Oberfläche beim Rühren und auch in der Gießform. Die Schichten mit Konzentrationsunterschieden gelangen dann durch Konvektion in die Schmelze. Die Inhomogenitäten sind als Schlieren im polarisierten Licht störend.

In Tabelle D 2.2-5 ist nun als exemplarisches Beispiel die Verarbeitung von heißhärtendem Epoxidharz „Araldit B" ($EP = 2,4$) mit PSA als Härter angegeben. Der Härteranteil von 27% errechnet sich mit $K = 0,75$ nach Gl. (D 2.2-24). Mit $K = 0,75$ wird der räumliche Randeffekt für normale Einfrierversuche sehr klein. Das längere Rühren, in Zeile 7 der Tabelle angegeben, hat mehrere Gründe:

a) Während des Rührens findet bereits Polymerisation statt, und zwar in erheblichem Umfang. Die entstehende Reaktionswärme läßt sich im Rührgefäß leicht abführen.

b) Durch das Vorpolymerisieren im Rührgefäß bei reltiv hohen Temperaturen findet der größte Teil des chemischen Schwindens in der flüssigen Phase statt.

c) Der Anteil an freiem Härter wird wesentlich geringer; er sollte bis auf etwa die Hälfte des ursprünglichen Anteils sinken. Dadurch wird das Verdampfen an der Oberfläche geringer und wegen der gleichzeitig größer werdenden Zähigkeit der Schmelze verringert dies die Gefahr der Schlierenbildung. Die in Zeile 7 angeführte Klebeprobe zeigt

Tabelle D 2.2-5 Checkliste für das Gießen spannungsoptischer Modelle aus dem heißhärtenden Epoxidharz Araldit B mit PSA als Härter; Aushärtung, Schwund usw. s. [D 2.2-24].

Vergießen von heißhärtendem Epoxidharz „Araldit B" mit PSA als Härter

	Rohharz	Härter	Gießform
1. Abwiegen	100 Gewichtsteile Araldit B	27 Gewichtsteile Härter HT 901	Vor Gießbeginn: Gieß- form mit Trennmittel behandeln. Teile aus
2. Rohharz möglichst rasch erwärmen (Gasbrenner, Elektro- platte)	G < 1 kg: 200 °C 1 kg < G < 5 kg: 190 °C G > 5 kg: 180 °C	Raumtemperatur	Metall dünn mit Silikon- fett einstreichen und bei 200 °C 20 Stunden lang einbrennen. Dickwandige Gießformen genügend lange vorheizen
3. Rohharz in Vorrühr- gefäß gießen, kalten Härter dazuschütten	Harz Gemisch rühren, bis Härter gelöst, Luftblasen dürfen dabei entstehen (Temperatur 130 °C bis 140 °C)		Gießformtemperatur bei Guß: 100 °C bis 125 °C
4. Gemisch über Sieb in Hauptrührgefäß gießen	Temperatur sollte jetzt zwischen 125 °C (große Mengen) und 135 °C (kleine Mengen) sein		
5. wenn Evakuiereinrich- tung vorhanden, Rest- druck nicht kleiner als rd. 1 mb	Gemisch im Hauptrührgefäß mit Rührer in Evakuiertopf stellen, rd. 5 min evakuie- ren, Topf wegen möglichen Schäumens groß genug wählen!		
6. im Hauptrührgefäß rühren	so stark rühren, daß das Harz auch an der Wandung bewegt wird; nicht *zu* stark, damit keine Luftblasen entstehen (Rührschirm!)		
7. Rührzeit: wird am einfachsten bestimmt mit „Klebeprobe"; schwankt, je nach Harzcharge, Alter des Härters und gewählter Temperatur zwischen 30 und 90 min ab Zu- fügen des Härters	mit Stab (Schraubenzieher usw.) vor- sichtig (damit keine Luftblasen entste- hen) Probe entnehmen; einen Tropfen auf Blech tropfen lassen; in rd. 1 min auf Raumtemperatur abkühlen lassen; mit Finger prüfen, ob die Oberfläche des Tropfens noch klebrig ist: wenn ja weiterrühren wenn nein vergießen	110 °C bis 120 °C (Gießformtemperatur)	
8. Vergießen, steigender Guß:	Eingußkanal bzw. -rohr so eng wählen (lichter Durchmesser rund 12 mm), daß der Querschnitt ganz mit Harz gefüllt wird; genügend große Eingußtrichter und Steiger vorsehen, damit Harz nachgesaugt werden kann, wenn es durch Abkühlen bzw. chemischen Schwund schrumpft		
normaler Guß:	Harz an der Gießformwand (evtl. schräg stellen!) nach unten laufen lassen, damit keine Luftblasen entstehen		
9. Abkühlen	Gießform bei Raumtemperatur stehen lassen bis rd. 80 °C im Gießling erreicht sind; bei großen Mengen notfalls im Wasserbad abkühlen, so daß exotherme Reaktion (Temperaturanstieg) auf jeden Fall vermieden wird		
10. Aushärten	siehe z. B. [D 2.2-24]		

in einfachster Weise an, wieweit der Härter sich schon mit den Harzmolekülen verbunden hat.

d) Nur bei entsprechendem Vorpolymerisieren läßt sich die anschließende Polymerisation in der Gießform bei sehr niedrigen Temperaturen durchführen – und der Härter kristallisiert nicht mehr aus (nicht anpolymerisiertes Harz-Härter-Gemisch wird bei Abkühlen auf Raumtemperatur weiß).

Bei ausreichender Vorpolymerisation und entsprechend niedriger Aushärtetemperatur, z. B. 70 °C für Araldit B, wird der chemische Schwund zu null; es braucht nur noch der thermische berücksichtigt zu werden.

Die Methode des Vorpolymerisierens mit anschließendem Härten bei niedrigen Temperaturen führt mit praktisch allen Harzsystemen, auch bei kalthärtenden, zu ähnlich guten Ergebnissen.

Das Ausformen beginnt, sobald der Gießling bei Polymerisationstemperatur hart ist. Kerne lassen sich leichter entfernen, wenn über den Erweichungspunkt des Harzes erwärmt wird, wenn der Wärmeausdehnungskoeffizient der Kunstharze größer ist als der des Kernmaterials. Meist läßt man den Gießling den ganzen Aushärtezyklus durchlaufen und formt dann bei geeigneter Temperatur aus. Prinzipiell lassen sich Außenformen leichter bei niedrigen Temperaturen, Kerne bei höheren entfernen.

Tempern des Gießlings empfiehlt sich auch dann in den meisten Fällen, wenn beim späteren Einfrierversuch evtl. entstandene Wärmespannungen wieder ausgeheizt werden. Dazu wird er entweder auf eine gerade Unterlage gelegt, mit Papier als reibungsmindernder Zwischenlage, oder bei komplexen Formen ins Glyzerinbad. Glyzerin und Epoxidharz haben praktisch gleiche Dichte. Störende Effekte an der Oberfläche des Gießlings treten nur auf, wenn der Härteranteil sehr hoch ist, Gl. (D 2.2-24), oder wenn noch nicht der gesamte Härter durch Polymerisation eingebunden ist. Dies ist der Fall, wenn sehr früh ausgeformt und dann sofort auf hohe Temperaturen erwärmt wird.

Bei kompliziert geformten Hohlräumen kann man räumliche Modelle auch aus ebenen Platten, in die entsprechende Aussparungen eingefräst sind, zusammenkleben. Als Kleber sollte möglichst der Plattenwerkstoff verwendet werden. Bei geeigneter Oberflächenbehandlung vor dem Kleben lassen sich die einzelnen Scheiben nach dem Einfrieren wieder trennen (spalten).

Nulleffekt

Unter Nulleffekt sei hier eine Doppelbrechung verstanden, die schon ohne äußere Belastung im Polariskop sichtbar ist. Sie ist hauptsächlich zurückzuführen auf Polymerisationsspannungen, Schlieren und den Randeffekt. Die ersten beiden sind oben behandelt. Der Randeffekt tritt als relativ hohe Doppelbrechung an den Rändern auf und ist auf Diffusionsvorgänge zurückzuführen. Generell ist zu bemerken, daß Thermoplaste, z. B. Polycarbonat, weniger Randeffekt zeigen als Duroplaste. Man kann zwischen reversiblem und irreversiblem Randeffekt unterscheiden. Der reversible Randeffekt ist in der Spannungsoptik meist auf Eindiffundieren von Wasser in den Kunststoff und die damit verbundene Quellung zurückzuführen. Mathematisch wird die Diffusion mit derselben Differentialgleichung wie die Wärmeleitung beschrieben, Gl. (D 2.2-25). Wenn man noch statt der Wärmedehnzahl einen Quellkoeffizienten χ einführt, ist die Analogie zwischen Wärme- und Diffusionsspannungen eindeutig, Gl. (D 2.2-26), und ermöglicht nicht nur ein besseres Verständnis des Randeffekts und seine Vermeidung, sondern auch die Untersuchung von Wärmespannungen im Diffusionsversuch. Das ist besonders bei sehr hohen Temperaturgradienten von Vorteil, weil der Zeitfaktor bei Diffusion gegenüber dem der Wärmeleitung um mehrere Zehnerpotenzen größer ist:

$$\frac{\partial C_\mathrm{D}}{\partial t} = \mathrm{div}\, D\,(\mathrm{grad}\, C_\mathrm{D}) \tag{D 2.2-25},$$

mit C_D Konzentration des diffundierenden Stoffes,
  D Diffusionskoeffizient,
  t Zeit;

$$\sigma_{ik} = 2\,G\left(\varepsilon_{ik} + \frac{v}{1+v}\frac{s}{2\,G}\,\delta_{ik} - \chi\,C_\mathrm{D}\,\delta_{ik}\right) \tag{D 2.2-26}$$

mit G Schubmodul,
  v Querkontraktionszahl,
  s Spannungssumme,
  δ_{ik} Kroneckersymbol,
  χ Quellkoeffizient.

Das eindiffundierte Wasser läßt sich durch Ausheizen wieder beseitigen. Wenn die Bearbeitung von ebenen Modellen ohne Bearbeitungsspannungen möglich ist, sollte man möglichst lange gelagertes Halbzeug verwenden (Platten einzeln bzw. mit Abstandshaltern lagern), weil sich darin die Feuchtigkeit gleichmäßig verteilt hat.

Kurzzeitige Einwirkung von Wasser, z. B. durch Kühlmittel während der Bearbeitung, stört nur wenig.

Von großem störenden Einfluß kann die Wasserdiffusion sein, wenn

– der Rohling oder das Modell vor dem Einfrieren längere Zeit der Luftfeuchte ausgesetzt war;
– das Modell aus Teilen zusammenklebt wird oder
– das Modell durch Umgießen von Innenteilen hergestellt wird (z. B. das Implantatmodell von Tabelle D 2.2-6).

Hier müssen alle Teile vor dem Kleben oder Umgießen sorgfältig getrocknet werden, weil sonst vorhandene Quellspannungen beim anschließenden Einfrierprozeß mit fixiert werden. Teile aus Epoxidharz werden vorteilhaft bei 120 °C getrocknet, z. B. bei 10 mm Dicke 10 Stunden. Trocknungszeiten bei Temperaturen unter 100 °C lassen sich über die Diffusionskonstante $D = D_0 \exp(-N/T)$ und die in Lehrbüchern zu findenden Lösungen von Gl. (D 2.2-25) abschätzen. Bei Diffusion von Wasser in Epoxidharz gilt

Araldit B + PSA, heißgehärtet: $D_0 = 13\,800$ mm²/h; $N = 5000$ K,
Araldit F + 10% Amin, kaltgehärtet: $D_0 = 5300$ mm²/h; $N = 5000$ K.

In allen Fällen empfiehlt es sich, das Modell im Polariskop zu überprüfen. Dabei ist zu beachten, daß bei ungenügender Trocknung an den Oberflächen Zugspannungen entstehen.

Beim Einfrierverfahren tritt auch der irreversible Randeffekt auf. Er ist zurückzuführen auf Abgabe von flüchtigen Bestandteilen, insbesondere Härter, während des Einfrierens.

Abhilfe schaffen:

– möglichst niedrige Einfriertemperatur,
– Faktor K in Gl. (D 2.2-24) kleiner als 0,8 wählen,
– bei extrem hohen Anforderungen an die Auflösung am Rand das Modell in geschlossenem Behälter, der mit Spänen des Modellmaterials gefüllt ist, einfrieren.

Bleibt das Modell nach dem Einfrieren einige Zeit liegen, so nimmt die Oberfläche Luftfeuchtigkeit auf. Deshalb muß man die Schnitte vor dem Auswerten mindestens 24 Stunden bei rd. 40 K unterhalb der Einfriertemperatur trocknen, z. B. für Araldit B ist 60 bis 70 °C gut als Trocknungstemperatur geeignet. Bei dieser Temperatur können die Schnitte auch längere Zeit gelagert werden, ohne daß sich am fixierten Spannungszustand etwas ändert.

D 2.2.5.4 Auswertung

Einfache Auswerteverfahren

Im ebenen Spannungszustand lassen sich die Isochromaten als Linien mit $(\sigma_1 - \sigma_2)$ = konst auch als Linien gleicher Beanspruchung $\tau_{max} = (\sigma_1 - \sigma_2)/2 = $ konst interpretieren, wenn σ_1 und σ_2 unterschiedliches Vorzeichen haben. Bei gleichem Vorzeichen ist $\sigma_3 = 0$ für die Bestimmung der maximalen Schubspannung zu berücksichtigen: $\tau_{max} = \sigma_1/2$. Dies läßt sich aus den Mohrschen Kreisen leicht ableiten.

Am lastfreien Rand ist die Spannung senkrecht zum Rand null, die Tangentialspannung ist dann direkt proportional δ. Auch Schnitte aus räumlichen Modellen senkrecht zur lastfreien Oberfläche kann man meist so legen, daß die Hauptspannungen in der Schnittebene liegen (z. B. Symmetrieschnitt). Dann ist wie beim ebenen Spannungszustand die Randspannung proportional der Randisochromate. Sie kann, wie im Abschn. D 2.2.4.2 „Methoden zur Bestimmung von Bruchteilen der Isochromatenordnung" angegeben, gemessen oder durch Extrapolation gewonnen werden. Letzteres ist bei Kerbuntersuchungen zu empfehlen, weil sich Randstörungen dabei ausgleichen lassen. Das Prinzip ist in Bild D 2.2-22 gezeigt. Bei der algebraischen Formulierung der Extrapolationskurve $\delta = \delta(x)$ in Bild D 2.2-22a mit einem Polynomansatz

$$\delta(x) = \sum_0^n a_i x^i = a_0 + a_1 x + a_2 x^2 + \ldots \qquad \text{(D 2.2-27)}$$

ist der gesuchte Maximalwert am Rand für $i > 2$ stark abhängig von der Bestimmung der genauen Lage der randnahen Isochromaten, die aber durch Randstörungen beeinflußt sind. Besser ist die Verwendung einer gebrochen rationalen Funktion

$$\delta(x) = \frac{\sum_0^n a_i x^i}{\sum_0^m b_j x^j} \qquad \text{(D 2.2-28)}.$$

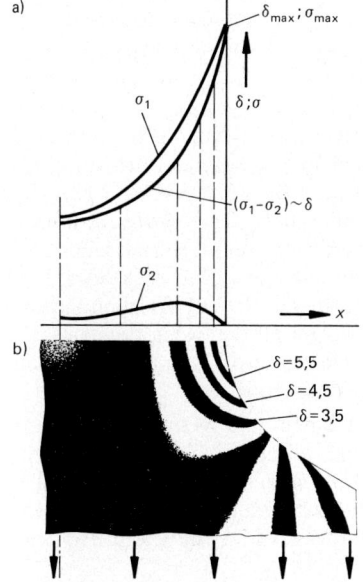

Bild D 2.2-22. Extrapolation bei Kerben.
a) Verlauf der Spannungen und der Isochromatenordnung δ in Abhängigkeit von x (als Abszisse senkrecht zum Rand gewählt).
b) Hellfeld-Isochromaten in der Kerbe, unterer Ausschnitt.

Der Hyperbelcharakter der Extrapolationskurve läßt sich schon mit $n = 0$, $m = 1$ recht gut beschreiben:

$$\delta(x) = \frac{a_0}{b_0 + b_1 x} = \frac{1}{c_0 + c_1 x} \qquad \text{(D 2.2-29)}.$$

Die beiden Konstanten c_0 und c_1 lassen sich an Hand der Isochromaten, die nicht direkt am Rand liegen, mit Ausgleichsrechnung recht genau bestimmen.

Bei Schnitten aus Modellen mit doppelt gekrümmten Kerben muß die Schnittdicke so gewählt werden, daß der theoretische Fehler möglichst klein wird. Bei sehr kleinen Krümmungsradien ϱ, z. B. in Gewinden, kann der Fehler bei zu großer Schnittdicke groß werden, wie aus Bild D 2.2-23 hervorgeht [D 2.2-29].

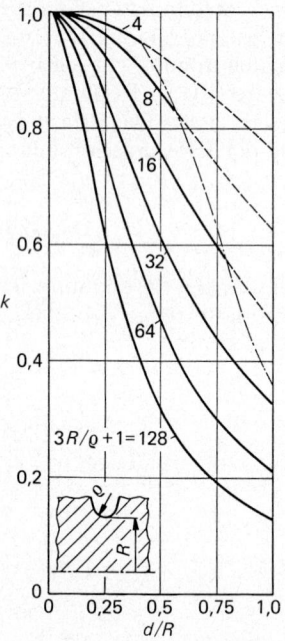 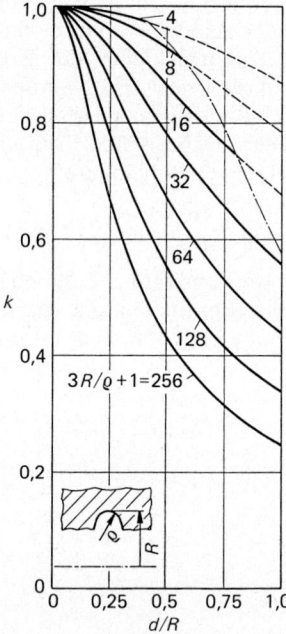

Bild D 2.2-23. Theoretischer Fehler bei der Auswertung von Schnitten aus Modellen mit doppelt gekrümmten Kerben (z. B. Umdrehungskerben) in Abhängigkeit von der relativen Schnittdicke d/R. d Schnittdicke, ϱ Kerbradius, R großer Radius bei Umdrehungskerben (Abstand Achse–Kerbgrund), k Korrekturfaktor

Bei gratförmigen Kerben, z. B. einer Verschneidung von zwei Bohrungen nach Bild D 2.2-24, tritt manchmal die maximale Spannung an einer Stelle auf, an der die Materialdicke gegen null geht und damit auch der spannungsoptische Effekt. Hier ergibt die Kombination mit der Moirétechnik (Abschn. D 2.5) oder dem Rasterlinienverfahren (Abschn. D 2.4) genauere Ergebnisse. Nach dem Einfrieren und dem Heraussägen des Schnittes wird die interessierende Stelle mit einem Raster versehen (Einritzen oder Aufkleben eines dünnen Rasterfilms). Dann wird der Schnitt wieder über Einfriertemperatur erwärmt, langsam abgekühlt und anschließend die Verformung des Rasters gemessen. Die Maximalspannung ergibt sich aus der gemessenen Dehnung und dem Hookeschen Gesetz, wobei der E-Modul der Einfriertemperatur einzusetzen ist.

Am lastfreien Rand von Platten und Schalen lassen sich Biege- und Membranspannungen trennen, wenn näherungsweise ein linearer Spannungsverlauf über die Dicke angenommen und eine Fläche parallel zur Schalenfläche, am einfachsten die Mittelfläche, verspiegelt wird, Bild D 2.2-25. Ist die Spiegelfläche halbdurchlässig, so erhält man einen zusätzlichen Kontrollwert über die dritte Durchstrahlung C, oder man kann auf die Beobachtung einer Seite verzichten.

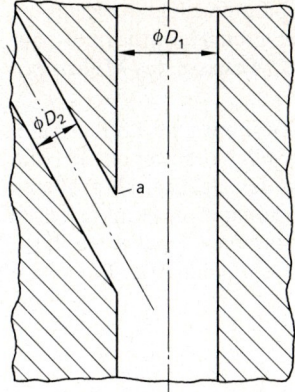

Bild D 2.2-24. Beispiel einer gratförmigen Kerbe a in einer schrägen Rohrverzeigung; eine Auswertung mit Kombination Einfrierverfahren-Moirétechnik ist hierbei genauer als über die Isochromaten.

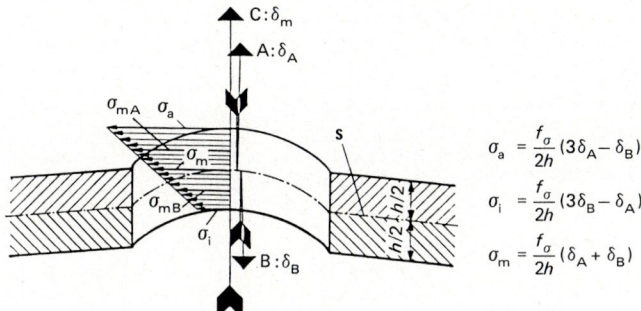

Bild D 2.2-25. Auswertung von Platten und Schalen mit Hilfe einer Spiegelschicht s; wenn diese halbdurchlässig ist, ergibt sich die zusätzliche Information C. (Die angegebenen Formeln gelten, wenn die Spiegelschicht in der Mittelfläche angebracht ist.)

$$\sigma_a = \frac{f_\sigma}{2h}(3\delta_A - \delta_B)$$

$$\sigma_i = \frac{f_\sigma}{2h}(3\delta_B - \delta_A)$$

$$\sigma_m = \frac{f_\sigma}{2h}(\delta_A + \delta_B)$$

Zeichnen der Hauptspannungslinien bzw. Hauptnormalspannungstrajektorien

Sie geben die Richtung der Hauptnormalspannungen an und lassen sich, wie in Bild D 2.2-26 gezeigt, konstruieren: In der Mitte zwischen zwei benachbarten Isoklinen, z. B. $\varphi = 30°$, $(\varphi + \Delta\varphi) = 40°$, zieht man von Hand eine Hilfslinie b. Die Hauptspannungsrichtung 30° zieht man bis zur Hilfslinie, von dort die zweite Richtung 40° bis zur nächsten Hilfslinie usw. In das so entstehende Tangentenpolygon wird die Hauptspannungslinie von Hand oder mit Kurvenlineal eingezeichnet. Die zweite Schar (senkrecht auf der ersten Schar stehend) wird auf gleiche Weise konstruiert. Am lastfreien Rand mündet eine Schar senkrecht, die zweite läuft parallel.

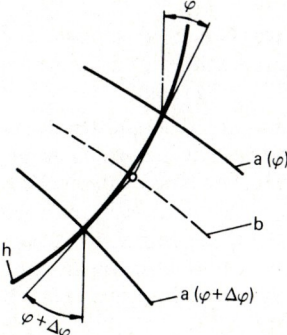

Bild D 2.2-26. Zeichnen der Hauptnormalspannungstrajektorien h (auch Hauptspannungslinien genannt) aus den Isoklinen a und den Hilfslinien b.

249

Eine Schar der Trajektorien repräsentiert dann im gesamten Spannungsfeld die Richtung der algebraisch größeren, die andere die der algebraisch kleineren Hauptnormalspannung. Algebraisch größer heißt, auf der Zahlengerade bzw. der Abszisse des Mohrschen Kreises rechts von der algebraisch kleineren liegend.

Hat man das Vorzeichen der Randspannung an einer Stelle bestimmt, so läßt sich mit obiger Regel das Vorzeichen der Randspannung an jeder Stelle bestimmen. In Bild D 2.2-27 geben z. B. die durchgezogenen Linien die Richtung der algebraisch größeren (Zug am lastfreien Rand), die gestrichelten die der algebraisch kleineren an. Punkte, durch die Isoklinen mit verschiedenen Winkeln laufen, nennt man singuläre Punkte. In ihnen ist die Hauptnormalspannungsrichtung nicht definiert. Liegt ein singulärer Punkt am Rand, so wechselt dort das Vorzeichen der Randspannung.

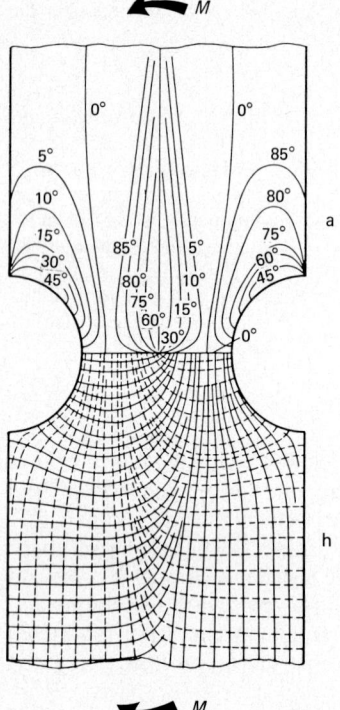

Bild D 2.2-27. Isoklinen a und Hauptnormalspannungstrajektorien h in einem zweiseitig gekerbten Biegestab.

Bestimmung des Vorzeichens der Randspannung

Sie läßt sich am einfachsten mit der Nagelprobe durchführen. Der Name rührt daher, daß man mit einem Nagel oder ähnlichem Gegenstand auf den Rand drückt und die Änderung der Isochromate beobachtet. Das Prinzip ist in Bild D 2.2-28 gezeigt.

Manchmal läßt sich das Vorzeichen auch durch Überlagerung einer bekannten Kraft (Zug, Druck) oder Biegung im Modell bzw. im Schnitt bestimmen. Die zusätzlich aufgebrachten Spannungen überlagern sich den vorhandenen und ergeben einen entsprechenden optischen Effekt. Ähnlich wirken Kompensatoren, bei denen bekannt sein muß, ob die Kompensationsspannung einer Zugspannung oder einer Druckspannung im Modell entspricht. Man überlagert so, daß die Isochromatenordnung zu null wird. Im Inneren von Scheiben kann durch Überlagerung mit einer Kompensationsordnung festgestellt werden, in welcher Richtung die algebraisch größere Spannung wirkt.

250

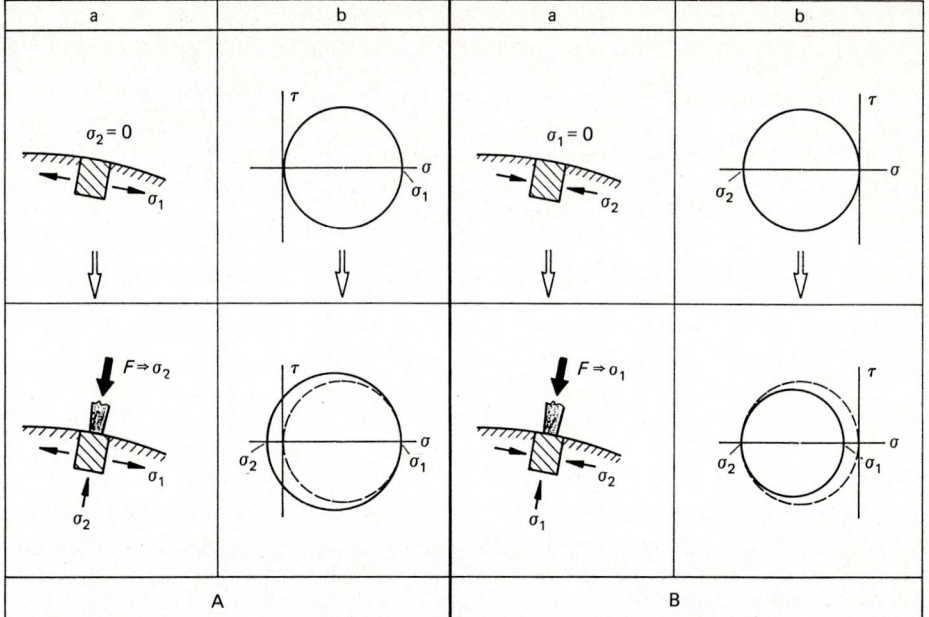

2.2-28. Bestimmung des Vorzeichens der Randspannung mit der Nagelprobe.
a) Randspannung Zug, die Isochromatenordnung nimmt zu, wenn man senkrecht auf den Rand drückt.
b) Druckspannung, die Ordnung nimmt ab, wenn Druck senkrecht zum Rand überlagert wird.
a Element mit den Spannungen, b Mohrscher Kreis

Vollständige Auswertung

Vollständige Auswertung bedeutet Bestimmung der einzelnen Spannungen auch im Inneren eines Spannungsfeldes. Für räumliche Probleme ist das Schubspannungsdifferenzenverfahren das einzige in der Ingenieurpraxis verwendete. Deshalb wird es hier näher erläutert, zunächst aber am ebenen Spannungszustand.

In Bild D 2.2-29 a ist das Prinzip an Hand des Gleichgewichts in x-Richtung an einem Element zwischen Punkt i und (i + 1) abgeleitet. Die Schubspannung in Gl. (2.2-30) in Bild D 2.2-29 a errechnet sich aus Isochromate δ und Isoklinenwinkel φ nach Gl. (D 2.2-31) und ist jeweils in der Mitte des Elements abzugreifen.

σ_y läßt sich dann mit den Beziehungen aus dem Mohrschen Kreis unter Beachtung der dort angegebenen Regeln bestimmen zu

$$\sigma_y = \sigma_x \pm \sqrt{(\sigma_1 - \sigma_2)^2 + 4\tau^2} \qquad \text{(D 2.2-32)}.$$

Am Punkt 1 ergibt sich σ_{x1} aus dem Randdreieck, wie in Bild D 2.2-29 c gezeigt. Die Richtung von τ bestimmt man an einem Dreieckselement, an dessen einer Schnittkante das unbekannte τ wirkt und an der anderen die vorzeichenrichtig bestimmte Randspannung, in Bild D 2.2-29 b als Zugspannung angenommen.

Beim räumlichen Spannungszustand wirken an allen Schnittkanten des Quaders Schubspannungen. Der Zuwachs in σ_x ergibt sich hier analog zum Vorgehen beim ebenen Spannungszustand, wobei eine zusätzliche Messung für τ_{zx} erforderlich ist. Dies kann durch Zerlegung der Hauptschnitte h (in Bild 2.2-30 ist nur einer gezeichnet) in Unter-

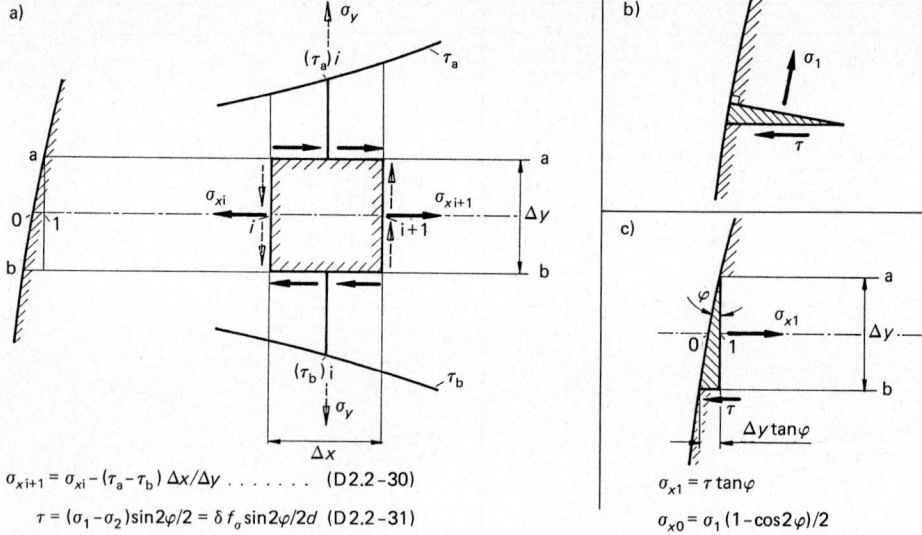

$$\sigma_{xi+1} = \sigma_{xi} - (\tau_a - \tau_b)\,\Delta x/\Delta y \quad \ldots \ldots \quad \text{(D 2.2-30)}$$

$$\tau = (\sigma_1 - \sigma_2)\sin 2\varphi/2 = \delta\,f_o\sin 2\varphi/2d \quad \text{(D 2.2-31)}$$

$$\sigma_{x1} = \tau\tan\varphi$$

$$\sigma_{x0} = \sigma_1(1 - \cos 2\varphi)/2$$

Bild D 2.2-29. Prinzip der vollständigen Auswertung des ebenen Spannungszustandes mit dem Schubspannungsdifferenzenverfahren aus dem Gleichgewicht in x-Richtung.
a) Gleichgewicht am Element.
b) Richtung von τ, graphisch aus dem Vorzeichen von σ_1 bestimmt.
c) σ_{x1} aus dem Gleichgewicht im Randdreieck.
a–a obere Hilfslinie, b–b untere Hilfslinie, d Modelldicke; ... i, i + 1, ... Stützpunkte der Auswertung.
Die in y-Richtung wirkenden Schub- und Normalspannungen tragen zum Gleichgewicht in x-Richtung nicht bei und sind deshalb gestrichelt gezeichnet.

schnitte u erfolgen, oder man arbeitet mit zwei Modellen, aus denen die Schnitte in unterschiedlicher Richtung entnommen werden. Ausgewertet wird dann mit Gl. (D 2.2-33) zu

$$\sigma_{x\,i+1} = \sigma_{xi} - \Delta\tau_{xy}\,\Delta x/\Delta y - \Delta\tau_{xz}\,\Delta x/\Delta z \qquad \text{(D 2.2-33)}.$$

Darin bedeutet $\Delta\tau_{xy} = \tau_a - \tau_b$ wie in Bild D 2.2-29 und $\Delta\tau_{xz}$ Differenz der Schubspannungen an Vorder- und Rückseite der in Bild D 2.2-30 gezeichneten Prismen, jeweils abzugreifen in der Mitte des betrachteten Quaders. Wenn man die Schrittweite Δx nach Berechnung des Verlaufs der Schubspannungen so wählt, daß τ über die Länge Δx als linear verteilt angesehen werden kann, so gelten Gl. (D 2.2-30) und (D 2.2-33) genau; die Schrittweite Δx läßt sich auch im Verlauf der Auswertung verändern, wenn die τ-Kurve stärker gekrümmt wird.

Weitere Methoden der vollständigen Auswertung

Die Grundlage für praktisch alle Verfahren ist die Verwendung der Dickenänderung als zusätzliche Information:

$$\Delta d = -\,v(\sigma_1 + \sigma_2)\,d/E \qquad \text{(D 2.2-34)}$$

Die Linien mit $(\sigma_1 + \sigma_2) = \text{konst}$ nennt man Isopachen.
Sie können bestimmt werden:

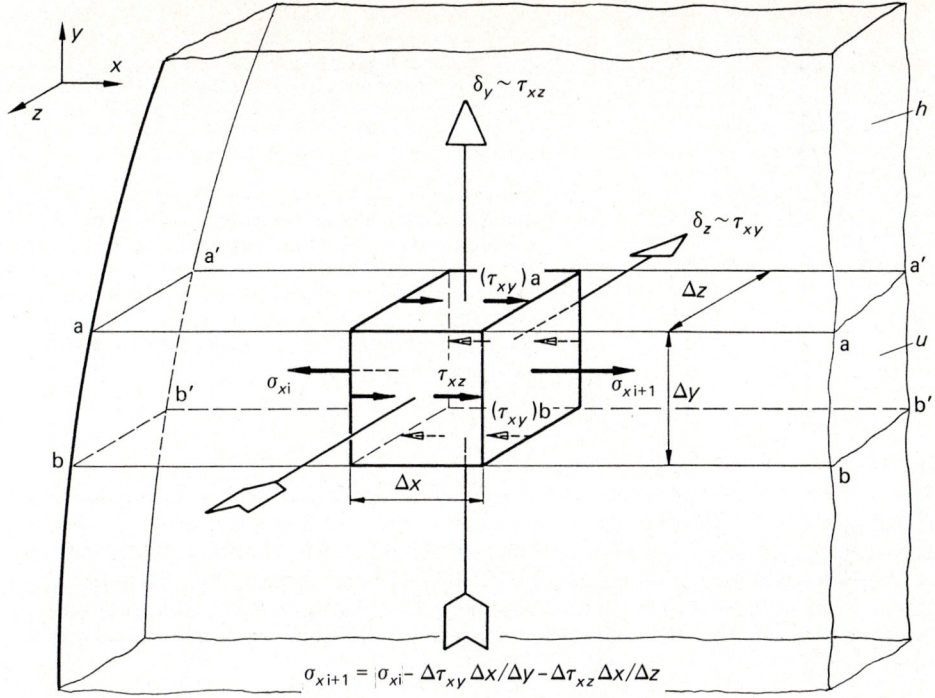

$$\sigma_{x\,i+1} = |\sigma_{x\,i}| - \Delta\tau_{xy}\,\Delta x/\Delta y - \Delta\tau_{xz}\,\Delta x/\Delta z$$

Bild D 2.2-30. Prinzip der vollständigen Auswertung des räumlichen Spannungszustandes mit dem Schubspannungsdifferenzenverfahren.
h Hauptschnitt zur Bestimmung von τ_{xy} aus δ_z, u Unterschnitt zur Bestimmung von τ_{xz} aus δ_y, Δz Schnittdicke von h, Δy Schnittdicke von u, jeweils einzusetzen statt d in Gl. D 2.2-31 (Bild D 2.2-29)

a) numerisch; dies wird einfach, wenn die Randspannungen im gesamten Spannungsfeld aus den Isochromaten bekannt sind; Näheres s. z. B. in [D 2.2-20],

b) mechanisch oder mechanisch-elektrisch mit dem „Lateralextensometer", s. [D 2.2-20],

c) interferometrisch, besonders einfach mittels der holographischen Interferometrie (s. Abschn. D 2.6.3); diese Methode wird bei der Untersuchung von Stoßvorgängen verwendet, weil man Isochromaten und Isopachen gleichzeitig messen kann,

d) mit Analogieverfahren, z. B. des elektrischen Feldes in einem ebenen Körper, an dessen Rand ein elektrisches Potential proportional den Randspannungen aufgebracht ist,

e) bei Schnitten aus räumlichen Modellen am lastfreien Rand durch den „Rückfederungseffekt", wenn man den Schnitt über den Erweichungspunkt erwärmt, wieder abkühlt und die Dickenänderung Δd mißt; wenn σ_1 in der Schnittebene liegt und σ_2 senkrecht dazu, so gilt

$$\sigma_2 = E \cdot \Delta d/d + v\,\sigma_1 \qquad\qquad (\text{D 2.2-35}).$$

Die Auswertung von Schnitten aus räumlichen Modellen wird genauer mit der Methode der „Unterschnitte", Bild D 2.2-31, wenn nur die Maximalspannung am lastfreien Rand interessiert. Die Auswertung des gesamten Spannungsfeldes im Schnitt läßt sich über die Messung der absoluten Phasenverschiebung mit Hilfe der holographischen Inteferometrie (s. Abschn. D 2.6.3) durchführen; Näheres s. [D 2.2-26].

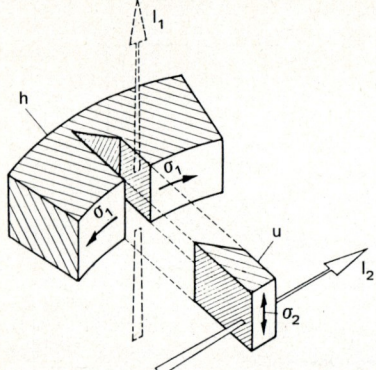

Bild D 2.2-31. Methode des „Unterschnitts" zur Bestimmung des Spannungszustandes am lastfreien Rand.
h Hauptschnitt, Durchstrahlung mit l_1 ergibt σ_1; u Unterschnitt, Durchstrahlung mit l_2 ergibt σ_2.
Der Unterschnitt ist am Ende keilförmig; von der Spitze aus – dort ist die Isochromatenordnung null wegen der gegen null gehenden Dicke – können die Isochromaten gezählt werden.

Auswertung spezieller Spannungszustände

Die in Tabelle D 2.2-4 aufgeführten Eichversuche können auch zur Messung der Kraft, insbesondere beim Einfrierversuch, verwendet werden. Die Grundlage dafür ist, wie beim Eichversuch, der Vergleich eines experimentell gefundenen Isochromatenbildes mit einer theoretisch bekannten Lösung. In Bild D 2.2-32 sind nun zwei weitere Beispiele aufgeführt, der Walzendruck (Hertzsche Pressung, z. B. bei Zahnflankenberührung) und die Isochromaten an einer Rißspitze. Die angegebenen Gleichungen wurden mit Hilfe der theoretischen Lösung abgeleitet.

Bei der Untersuchung dynamischer Beanspruchungen (z. B. Stoßwellenausbreitung) im spannungsoptischen Modellversuch ist zu beachten, daß viele Kunststoffe eine zeitliche Phasenverschiebung zwischen Spannung und Dehnung zeigen. Bei den heißhärtenden Epoxidharzen wurde eine solche Phasenverschiebung nicht festgestellt.

D 2.2.6 Kennzeichnende Anwendungsbeispiele

Die Spannungsoptik läßt sich in folgenden Fällen mit guter Effizienz einsetzen:

– in der Ingenieurausbildung zur Demonstration grundlegender Gesetzmäßigkeiten der Mechanik (als Beispiel ist in Zeile 1 von Tabelle D 2.2-6 das De-Saint-Venantsche Prinzip und die Druckverteilung an planen Kontaktflächen gezeigt);

– wirtschaftlichere Spannungsermittlung durch Kombination mit numerischen Methoden (Beispiel 2 in Tabelle D 2.2-6);

– Absicherung von rechnerischen Ansätzen bei schwierigen Problemstellungen (als Beispiel ist in Zeile 3 die Untersuchung eines Verbundkörpers – Stahlbetonträger – gezeigt);

– wirtschaftliche und zuverlässige Ermittlung der Beanspruchung mit Optimierung der Gestaltfestigkeit (Beispiel in Zeile 4);

– Sichtbarmachung physikalischer Zusammenhänge bei außergewöhnlichen Belastungen, wie z. B. Stoßwellenausbreitung. Das Beispiel in Zeile 5 der Tabelle zeigt die Beanspruchung in einer Kerbschlagprobe kurz nach dem Auftreffen des Hammers;

– Ermittlung von Spannung und Verformung in geometrisch komplexen Körpern, bei denen der Einsatz numerischer Methoden zu aufwendig wäre;

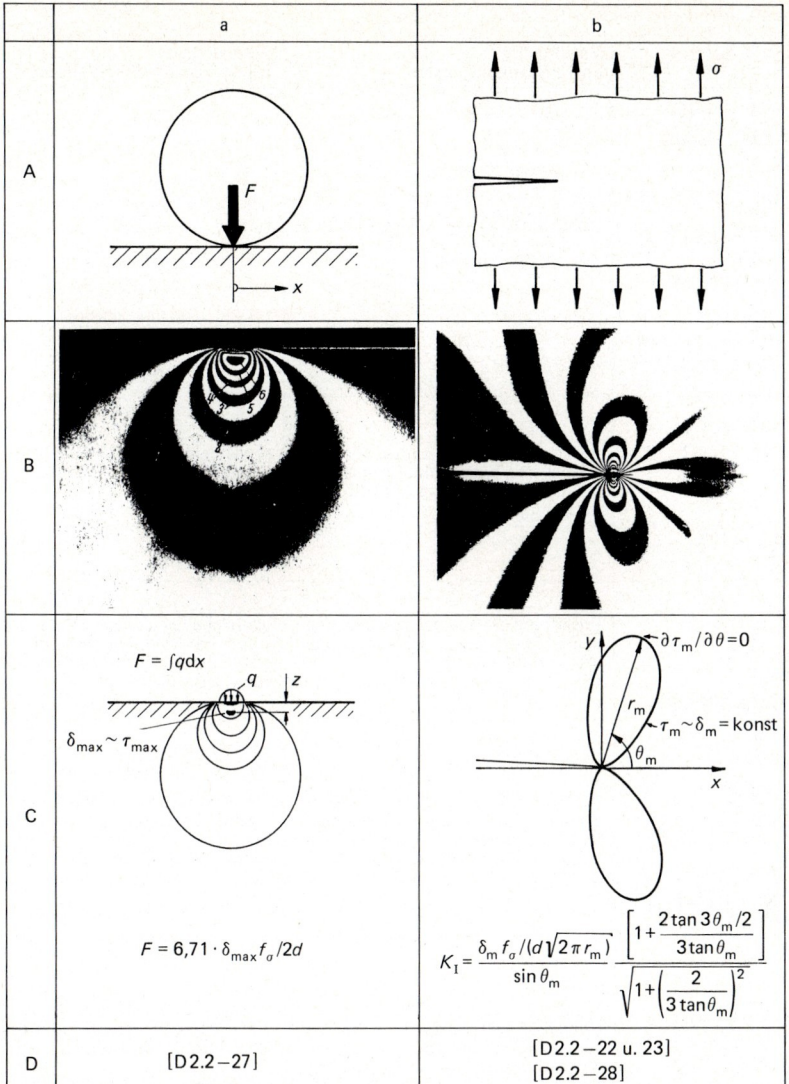

	a	b
A	F x	σ
B		
C	$F = \int q\,dx$ q z $\delta_{max} \sim \tau_{max}$ $F = 6{,}71 \cdot \delta_{max} f_\sigma / 2d$	y $\partial \tau_m / \partial \theta = 0$ r_m $\tau_m \sim \delta_m = konst$ θ_m x $K_I = \dfrac{\delta_m f_\sigma / (d\sqrt{2\pi r_m})}{\sin\theta_m} \cdot \dfrac{\left[1 + \dfrac{2\tan 3\theta_m / 2}{3\tan\theta_m} \right]}{\sqrt{1 + \left(\dfrac{2}{3\tan\theta_m}\right)^2}}$
D	[D2.2−27]	[D2.2−22 u. 23] [D2.2−28]

Bild D 2.2-32. Auswertung von Hertzscher Pressung (a) – dieses Isochromatenbild ergibt sich praktisch auch bei Einzellast wegen der endlich großen Verformungen – und der Beanspruchung an Rißspitzen (b).
A Skizze der Belastung, B Isochromatenbild, C Auswertegleichungen, D Schrifttumhinweis
δ Isochromatenordnung, f_σ spannungsoptische Konstante, d Modell- oder Schnittdicke, K_I Spannungsintensitätsfaktor bei Mode-I-Belastung

– Demonstration verwickelter Beanspruchungsverhältnisse und damit leichteres Verständnis für Nicht-Ingenieure. In Zeile 6 ist ein Beispiel aus einer interdisziplinären Forschungsarbeit (Ingenieure – Mediziner) gezeigt: der Schnitt aus einem Modell einer Endoprothese. Hier ist die Anschaulichkeit des Ergebnisses von großem Wert bei der Erklärung klinischer Erfahrungen.

Tabelle D 2.2-6 Anwendungsbeispiele zur Spannungsoptik.

Problem	Fragestellung an die Spannungsoptik	Besonderheiten bei der Versuchsdurchführung
$E_2 > E_1$ $E_2 > E_1$ $E_2 > E_1$ $E_2 \cdot E_1$ Lasteinleitung in stabförmige Körper: 1. Wo ist der Druck unabhängig von der Art der Lasteinleitung gleichmäßig? 2. Wie verteilt sich der Druck an der Kontaktfläche, wenn beide Körper plan sind, aber die Steifigkeit unterschiedlich?	Sichtbarmachen des Abklingverhaltens (St. Venantsches Prinzip) bei unterschiedlicher Form der Last	keine
ungewollter Kantenversatz in einem verschweißten Rohr unter Biegebelastung	Bestimmung der Spannungsüberhöhung im Übergang mit Krümmungsradius ρ als Ergänzung zu FEM-Berechnungen	ebene Versuche für Verlauf der Kerbspannungen über ρ; *ein* räumlicher Versuch. Versuch für die Bestimmung des Übertragungsfaktors eben–räumlich.
Bewehrungs-Stöße in Stahlbeton	Ermittlung der Spannungsverteilung in der Umgebung der Bewehrung aus Rippenstahl, qualitativ	räumliche Versuche mit Verbundkörpern; E-Modul der Bewehrung erhöht durch Beimengen von Eisenpulver als Füllstoff
Festigkeits-Auslegung von Drehkolbengebläsen	Ermittlung der Spannungen im Rotor eines Drehkolbengebläses unter Rotationsbeanspruchung (Zentrifugalkräfte); quasistatisches Problem	Verwendung einer Stroboskoplichtquelle in der spannungsoptischen Apparatur; monochromatisches Licht nur mit Filter erzeugbar
$F(t)$ Spannungen am laufenden Riß in Kerbschlagproben Korrelation Kraft-Rißspitzenbeanspruchung	Einblick in den Zusammenhang zwischen Stoßwellenausbreitung und Last bei schlagbeanspruchten gekerbten Biegeproben; dynamisches Problem	Einsatz der Ultra-Kurzzeitfotografie; hier mit einer Cranz-Schardin-Kamera mit definierter Blitzfolge
F E_1 E_2 $E_2 > E_1$ Lastübertragung Implantat-Knochen bei einer Hüftgelenkprothese	Demonstration der Lastverteilung in einem Verbundkörper komplexer Form, bei dem beide Komponenten untersucht werden müssen	Kombination von zwei Werkstoffen mit einem E-Modulverhältnis von rd. 1:10 im Einfrierversuch; beide Werkstoffe müssen durchsichtig bleiben, d. h. Verwendung von Füllstoff nicht möglich

Tabelle D 2.2-6 Anwendungsbeispiele zur Spannungsoptik.

Ergebnis	Isochromatenbild
1. Abklingverhalten 2. Druckverteilung unter Stempel	
$\delta_{max} = \delta_{max}(\rho)$	
Kraftverlauf an der Oberfläche der Bewehrung und im Beton qualitativ	
Ort und Größe von δ_{max} (vgl. [D 2.2-25])	 $\omega = 550\ 1/s$
An der Rißspitze gilt $\sigma \neq \sigma(F)$ bzw. $K_1 \neq K_1(F)$ (vgl. [D 2.2-21])	
$\tau_H = (\sigma_1 - \sigma_2)/2$ im Implantat und im Knochen	

D 2.3 Spannungsoptisches Oberflächenschichtverfahren

H.-J. Schöpf

D 2.3.1 Formelzeichen

E	E-Modul
F	Querkraft
K_1, K_2, K_3	Korrekturfaktoren
b	Breite
f	dehnungsoptische Konstante
h	Höhe
l	Länge
δ	Isochromatenordnung
$\varepsilon_1, \varepsilon_2$	Hauptdehnungen
λ	Wellenlänge
v	Querkontraktionszahl
σ_1, σ_2	Hauptnormalspannungen
σ_V	Vergleichsspannung
$\bar{\sigma}$	normierte Spannung

D 2.3.2 Allgemeines

Zur Anwendung des spannungsoptischen Oberflächenschichtverfahrens – auch bekannt unter dem geschützten Namen „Foto-Stress" – werden interessierende Oberflächen von Bauteilen mit einer optisch aktiven Schicht stoffschlüssig verbunden.

Da die großflächigen Dehnungsmessungen am Realteil „in situ" unter Betriebslasten erfolgen können, entfallen die aus der Modelltechnik bekannten Probleme, die aus den Ähnlichkeitsgesetzen resultieren; andererseits ist die Anwendung des Verfahrens durch erhöhte Temperatur sowie durch die Zugänglichkeit der Meßoberflächen für Applikation und gerichteten Lichteinfall begrenzt.

Die einprägsamen Erscheinungsbilder der optischen Signale, z. B. an komplexen Strukturen unter ruhender und pulsierender Last, sind für den Betrachter leicht „lesbar", kommen dem analogen und visuellen Vorstellungsvermögen des Menschen entgegen und fördern dadurch unmittelbar den Lösungs- und Entscheidungsprozeß. Mit geschultem und erfahrenem Personal ist es heute möglich, Messungen mit geringen Fehlern durchzuführen, was in einem gewissen Widerspruch zu den Ausführungen in [D 2.3-1] steht. Durch die in jüngerer Zeit sehr weite Verbreitung in viele technische Disziplinen hinein, vor allem im Fahrzeug-, Maschinen- und Apparatebau, in der Werkstoffprüfung und im Bauwesen, können mittlerweile vielfach die Anzahl der zu erprobenden Varianten reduziert und Entwicklungsintervalle erheblich verkürzt werden.

Entscheidend für die Weiterentwicklung dieses Verfahrens waren bisher vor allem
– die Applikation der Meßschichten auf stark gekrümmte Oberflächen [D 2.3-2],
– praxisnahe Trennungen der als Differenz gemessenen Hauptdehnungen voneinander [D 2.3-3],
– eine sinnvolle Erweiterung der Korrekturfaktoren für den Versteifungs- und Dickeneffekt,
– verstärkter Einsatz der Endoskopie für schwer zugängliche Oberflächenbereiche sowie

– die fortgesetzte Erforschung des Zeitfestigkeitsbereichs von Leichtbaukonstruktionen, deren gegenüber konventioneller Bauweise höhere Dehnungen die Anwendung begünstigen.

Erfahrungsgemäß wird die Einordnung des Oberflächenschichtverfahrens (OSV) erleichtert, wenn man es in wichtigen Kriterien dem Reißlackverfahren (RL) (s. Abschn. D 1.2) und der Dehnungsmeßstreifentechnik (DMS) (s. Abschn. D 6.3) gegenüberstellt, s. Tabelle D 2.3-1.

Tabelle D 2.3-1   Vergleich zwischen dem Oberflächenschichtverfahren (OSV), dem Reißlackverfahren (RL) und dem Dehnungsmeßstreifenverfahren (DMS). Die Bewertung der Eigenschaften gliedert sich in fünf Stufen von sehr gut, groß (+ +) über durchschnittlich (○) bis mangelhaft, nicht realisierbar, klein (− −).

Kriterien	OSV	RL	DMS
Kleinstmöglicher Krümmungsradius des Bauteils in mm	> 1,5	> 0,5	> 1
Zugänglichkeit für Applikation	+	+ +	+
Zugang zur Meßwertanzeige	+	+	+ +
Fähigkeit zu Belastungswiederholungen	+	− −	+ +
Qualitative Übersicht des Dehnungsgeschehens	+	+	−
Genauigkeit der Meßergebnisse	+(○)	−	+ +
Messungen im überelastischen Bereich	+	−	+ +
Messungen bei erhöhter Temperatur	−	− −	+
Messungen bei großer Umgebungsfeuchte	+	−	+ +
Dynamische Messungen	+(○)	− −	+ +
Investition für Grundausrüstung	+	−	○
Schulungsaufwand für Meßpersonal	+	○	○

D 2.3.3 Physikalisches Prinzip

Allen nachfolgenden Ausführungen liegt der Gedanke aus Bild C 1.2-2 c zu Grunde. Erweitert man den dort abgebildeten linienförmigen Körper in die Tiefe, so entsteht ein Aufnehmer, der einen frei wählbaren – ggf. gekrümmten – Oberflächenabschnitt bedecken kann. Eine Seitenlänge sollte wenigstens drei- bis fünfmal die Höhe h betragen; zunehmende Höhe erhöht die Empfindlichkeit, aber auch die Meßkraft. Die Änderung der physikalischen Eigenschaften im polarisierten Licht bei Aufnahme von Dehnungen wird in Abschn. D 2.2.4 behandelt.

D 2.3.3.1 Übertragung der Bauteildehnungen

Nach Bild D 2.3-1 bilden der spannungsoptisch aktive Aufnehmer c (Oberflächenschicht) und das diffus reflektierende Verbindungsmittel b eine Meßschicht auf der Bauteiloberfläche, deren Dehnungen der Meßschicht unter Last aufgezwungen werden. In Sonderfällen kann es genügen, wenn Oberflächenschichten in haftfähigem Zustand ohne die Verbindungsschicht b direkt auf diffus reflektierende Bauteiloberflächen appliziert werden, s. Abschn. D 2.3.4.3.

Betrachtet man, bezogen auf eine jeweils genügend kleine Oberfläche, nur den Dehnungsverbund, so könnte man auch von einem „spannungsoptischen Dehnungsmeßstreifen" sprechen. Allerdings ist das entstehende Meßsignal – die Isochromatenordnung, s.

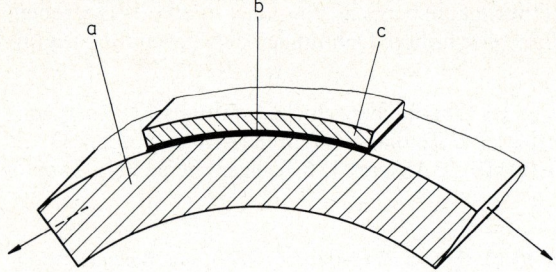

Bild D 2.3-1. Meßschicht auf gekrümmter Oberfläche.
a Bauteilwandung, b Verbindungsschicht, diffus reflektierend, c optisch aktive Schicht

Abschn. D 2.2.4 – an jeder Stelle der Hauptdehnungsdifferenz $\varepsilon_1 - \varepsilon_2$ proportional. Proportionalitätsfaktor ist das Produkt aus der doppelten örtlichen Schichtdicke und einer dehnungsoptischen Konstante. Dieser Sachverhalt bedeutet aber, daß z. B. bei reiner Schubbeanspruchung ($\varepsilon_1 = -\varepsilon_2$) die doppelte Signalgröße und bei rein hydrostatischer Beanspruchung ($\varepsilon_1 = \varepsilon_2$) die Signalgröße null beobachtet wird. Null liegt aber auch für den unbeanspruchten Zustand ($\varepsilon_1 = \varepsilon_2 = 0$) vor und ist von diesem nicht ohne weiteres zu unterscheiden.

Bild D 2.3-2 verdeutlicht durch die schraffierten Bereiche die Diskrepanz zwischen der tatsächlich wirkenden Vergleichsspannung $\bar{\sigma}_V$ bzw. der maximalen Hauptspannung $\bar{\sigma}_1$ und dem aus dem Meßsignal zu berechnenden Wert der Hauptspannungsdifferenz $\bar{\sigma}_1 - \bar{\sigma}_2$.

Für die auf den E-Modul E, die Hauptdehnung ε_1 und die Querkontraktionszahl v normierten Spannungen gilt:

$$\bar{\sigma}_1 = \frac{\sigma_1 (1 - v^2)}{E\,\varepsilon_1} = 1 + v\,\frac{\varepsilon_2}{\varepsilon_1}, \quad \bar{\sigma}_2 = \frac{\sigma_2 (1 - v^2)}{E\,\varepsilon_1} = \frac{\varepsilon_2}{\varepsilon_1} + v \qquad \text{(D 2.3-1)},$$

$$\bar{\sigma}_1 - \bar{\sigma}_2 = (1 - v)\left(1 - \frac{\varepsilon_2}{\varepsilon_1}\right), \qquad \text{(D 2.3-2)}$$

$$\bar{\sigma}_V = \frac{\sigma_V (1 - v^2)}{E\,\varepsilon_1} = (\bar{\sigma}_1^2 + \bar{\sigma}_2^2 - \bar{\sigma}_1\,\bar{\sigma}_2)^{1/2} =$$

$$= \left\{(1 - v + v^2)\left[1 + \left(\frac{\varepsilon_2}{\varepsilon_1}\right)^2\right] - \frac{\varepsilon_2}{\varepsilon_1}(1 - 4v + v^2)\right\}^{1/2} \qquad \text{(D 2.3-3)}.$$

Die Formeln sind den drei Hypothesen der größten Normalspannung, der größten Schubspannung bzw. der größten Gestaltänderungsarbeit angepaßt, die je nach Art des Werkstoffs zugrunde gelegt werden müssen.

Für Meßsicherheit, -genauigkeit und praktischen Einsatz deutet sich hier bereits die Forderung nach schnellem Erkennen des Dehnungszustands mit nachfolgender Trennung der Hauptdehnungen an.

Die Richtung der Hauptdehnungen kann bevorzugt mit Hilfe der Isoklinen (s. Abschn. D 2.2.4) oder der in Abschn. D 2.3.3.2.5 beschriebenen Bohrlochmethode bestimmt werden.

Generell wird die Genauigkeit der Meßergebnisse fallabhängig beeinflußt durch

– Störeinflüsse, die Meßschicht und Bauteil zusammen erzeugen, wie Dickenverhältnis von Schicht und Bauteil, unterschiedliche Wärmeausdehnungskoeffizienten und Quer-

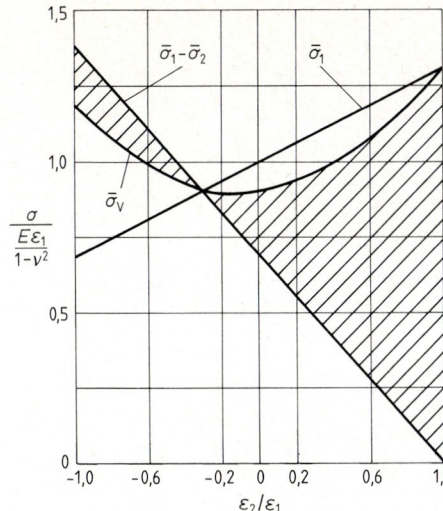

Bild D 2.3-2. Abweichung der Messung von der Wirklichkeit ohne Trennung der Hauptdehnungen.

$\varepsilon_1 = $ konst., $|\varepsilon_1| \geqq |\varepsilon_2|$, $v = 0,3$

kontraktionszahlen, Mängel der Dehnungsübertragung in die Schicht (z. B. senkrecht zum lastfreien Rand) und Gradienten über deren Dicke, sowie durch

– Effekte, die von der Meßschicht allein oder die durch die Messung erzeugt werden, wie Empfindlichkeitsgrenzen, variable Schichtdicke an gekrümmten Flächen und Beträge von Reflexions- und Beobachtungswinkeln relativ zur Oberflächennormalen.

Im Rahmen dieser Abhandlung werden nur die wichtigsten Störeinflüsse behandelt und Wege zu praxisnahen Korrekturen und Ergänzungsmessungen angegeben.

D 2.3.3.2 Trennung der Hauptdehnungen voneinander

D 2.3.3.2.1 Zur Verfahrensauswahl

Unabhängig von den Meßmethoden kann man die Hauptdehnungen nur an diskreten Stellen voneinander trennen. Dadurch reduziert sich die flächenhafte Erfassung von Dehnungen auf Punktmessungen. Deshalb ist es für die praktische Anwendung besonders wichtig, über solche Verfahren zu verfügen, die bei ausreichender Genauigkeit rasch und unkompliziert zu Ergebnissen führen. Die nachfolgenden Ausführungen zu den wichtigsten Trennverfahren auf ebenen und gekrümmten Oberflächen sollen deshalb eine problemorientierte Auswahl erleichtern.

D 2.3.3.2.2 Schiefe Durchstrahlung der Meßschicht

Die theoretischen Grundlagen der schiefen Durchstrahlung von spannungsoptischen Schnitten und Schichten sind in Abschn. D 2.2.4.7 beschrieben.

Bild D 2.3-3 a zeigt das Prinzip eines Geräts, das über einen Immersionsfilm e auf eine ebene Meßschicht d aufgesetzt wird [D 2.3-1]. Das Gerät wird dabei nach den vorher bestimmten Hauptrichtungen orientiert; die Schrägdurchstrahlung erfolgt nacheinander in zwei Ebenen, die aufeinander und auf der Schicht senkrecht stehen, unter 45° zur Schicht. Die Isochromatenordnungen für die beiden Durchstrahlrichtungen werden abgelesen und daraus die Dehnungen ε_1 und ε_2 ermittelt.

Für Messungen in situ und wegen der Nähe des Betrachters zum Objekt ist diese Anordnung weitgehend ungeeignet.

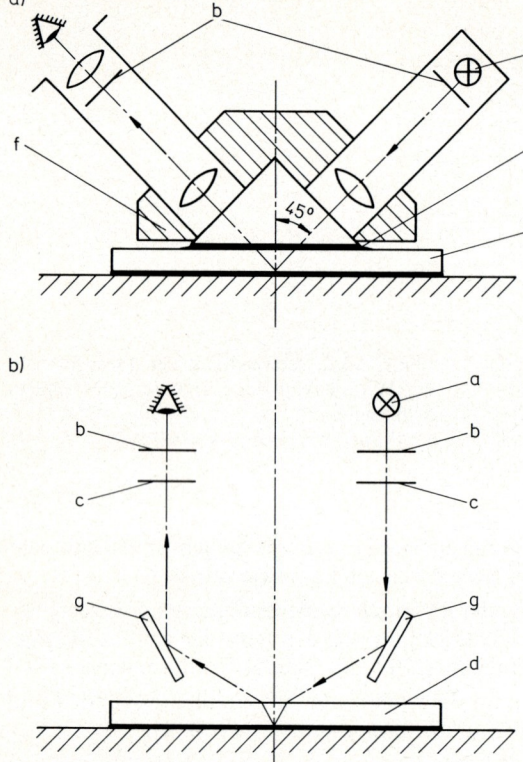

Bild D 2.3-3. Meßprinzipien für schiefe Durchstrahlung.
a) Immersionsfilm auf ebener Meßschicht.
b) Lichtstrahl über schräg angestellten Spiegel.
a Lichtquelle, b Analysator/Polarisator, c Viertelwellenplatte, d optisch aktive Schicht, e Immersionsflüssigkeit, f Prismenträger, g Spiegel

Bild D 2.3-3 b zeigt ein Meßprinzip, bei dem der Lichtstrahl über einen schräg angestellten Spiegel g den gewünschten Einfallswinkel in die Meßschicht d erhält. Hierbei wird der direkte Kontakt optischer Bauteile mit der Schichtoberfläche vermieden, und die gesamte Anordnung kann auf einfache Weise mit handelsüblichen Reflexionspolariskopen gekoppelt werden. Durch Messung der Isochromatenordnung an einer Stelle unter senkrechter und schiefer Durchstrahlung werden ε_1 und ε_2 getrennt ermittelt. Mathematische Beziehungen hierzu sowie Anwendungsgrenzen und Fehlerkorrektur sind in Abschn. D 2.3.4 und D 2.3.5 beschrieben.

Die Anwendung dieser Methode ist auch auf stärker gekrümmten Oberflächen möglich, bedarf jedoch einiger Erfahrung.

D 2.3.3.2.3 Streifenschichten

Der Aufbau von Streifenschichten zur Ermittlung von Dehnungskomponenten läßt sich am besten mit Dehnungsmeßstreifen vergleichen, da auch hierbei richtungsabhängig gemessen wird.

Bild D 2.3-4 a zeigt eine parallele Anordnung optisch aktiver Streifen a, die mit der Bauteiloberfläche verbunden sind. Bei genügend kleinem Verhältnis aus Schichtbreite b und Dicke h können die Streifen praktisch nur noch Längsdehnungen aufnehmen. Appliziert man z. B. auf eine Bauteiloberfläche nacheinander ortsgleich Streifenschichten mit unterschiedlicher Richtung, so können aus wenigstens zwei Isochromatenordnungen die

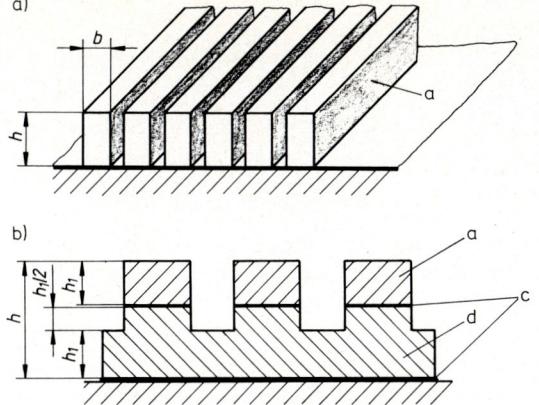

Bild D 2.3-4. Prinzip der Streifenschichtverfahren.
a) Parallele Streifen.
b) Streifen übereinander.
a Optisch aktiver Streifen, c reflektierende Klebschichten, d optisch aktive
Unterschicht

Hauptdehnungen berechnet werden. Dies entspricht dem Prinzip der DMS-Rosette,
s. Abschn. D 6.3.4.1.

Um die Trennung der Hauptdehnungen in nur einem Meßgang vorzunehmen, wird in
[D 2.3-1] ein integriertes Streifenschichtverfahren beschrieben, das herkömmliche Messung und Streifeneffekt miteinander verbindet.

Bild D 2.3-4 b zeigt dazu eine Anordnung, die aus einer unteren Schicht d mit Längsnuten
und aus oberen Streifen a besteht, die mit den erhabenen Flächen von d durch reflektierende Klebschichten c verbunden sind. In den oberen Streifen werden die Isochromatenordnungen gemessen, die näherungsweise deren Längsdehnung entsprechen, in den
unteren Streifen die Ordnung entsprechend $\varepsilon_1 - \varepsilon_2$. Aus beiden Meßwerten können die
Hauptdehnungen einzeln graphisch oder rechnerisch bestimmt werden.

Bei beiden Verfahren beträgt die gesamte Schichtdicke h maximal 3 bis 4 mm. Wegen des
Herstellungs- und Applikationsaufwandes sowie der Beschränkung auf ebene und wenig
gekrümmte Oberflächen haben diese Verfahren in der Praxis kaum Verbreitung gefunden.

D 2.3.3.2.4 Kombinierte Verfahren

Da die Hauptdehnungsrichtungen mit Isoklinen (s. Abschn. D 2.2.4.1) bestimmt werden
können, liegt es nahe, örtlich Dehnungsmeßstreifen (DMS) zur Trennung der Hauptdehnungen einzusetzen. Dazu können die DMS auf der Schicht oder nach deren Entfernung
auf der darunter markierten Bauteiloberfläche angebracht werden. Zum ersten Fall wird
zur Korrektur von Schichtversteifung und Dehnungsgradienten über die Schichtdicke
auf Abschn. D 2.3.3.3 verwiesen.

Das in der Praxis nicht seltene Verfahren hat den Nachteil, daß am gleichen Objekt
nacheinander zwei völlig verschiedene Meßtechniken angewendet werden müssen.

Um dem breiten Anwendungspotential des Oberflächenschichtverfahrens in der Praxis
zum Durchbruch zu verhelfen, war es nötig, eine umfassende Ergänzung zur Trennung
der Hauptdehnungen zu entwickeln.

D 2.3.3.2.5 Bohrlochverfahren

Bei dieser Methode [D 2.3-3] wird ausschließlich die Meßschicht unter Berücksichtigung
der in Bild D 2.3-5 angegebenen bevorzugten geometrischen Verhältnisse an beliebig

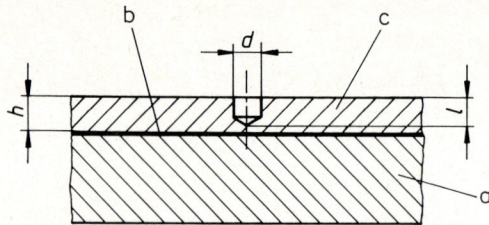

Bild D 2.3-5. Bohrloch in der Meßschicht.
a Bauteil, b Kleber, c optisch aktive
Schicht;
bevorzugte Verhältnisse: $l/h \approx 1$, $d/h \approx 1$

vielen Stellen teilweise oder ganz durchbohrt. Da die Bohrung genügend klein ist, breitet sich unter Last die Störung nur in einem Bereich aus, in dem der zu untersuchende Dehnungszustand als konstant angesehen werden kann.

Abhängig vom Dehnungszustand – dem Verhältnis $\varepsilon_2/\varepsilon_1$ – stellt sich ein charakteristisches Isochromatenbild um den Lochrand ein. Vergleicht man die während der Messung gefundenen Isochromatenbilder mit einem Kalibrierkatalog, wie er in Bild D 2.3-6 wiedergegeben ist, so läßt sich damit das Dehnungsverhältnis bestimmen. Die zugehörige Auswertegleichung ist zusammen mit den Gleichungen für den lastfreien Rand und den querdehnungsbehinderten Zustand im folgenden wiedergegeben:

beliebiger Flächenpunkt:

$$\varepsilon_1 - \varepsilon_2 = \delta f \qquad \text{(D 2.3-4)};$$

aus Kalibrierkatalog $\varepsilon_1/\varepsilon_2$:

$$\varepsilon_1 = \frac{\delta f}{1 - \dfrac{\varepsilon_2}{\varepsilon_1}}, \qquad \varepsilon_2 = \varepsilon_1 - \delta f \qquad \text{(D 2.3-5)};$$

$\varepsilon_2/\varepsilon_1 =$ -1 $-0,6$ $-0,3$

$\varepsilon_2/\varepsilon_1 =$ 0 $0,4$ 1

Bild D 2.3-6. Charakteristische Isochromatenbilder beim Bohrlochverfahren für ausgewählte Verhältnisse $\varepsilon_2/\varepsilon_1$.

lastfreier Rand:

$$\varepsilon_2 = -v\,\varepsilon_1, \qquad \varepsilon_1 = \frac{\delta f}{1+v} \qquad\qquad\qquad \text{(D 2.3-6);}$$

Randspannung:

$$\sigma = \frac{E}{1+v}\,\delta f \qquad\qquad\qquad\qquad \text{(D 2.3-7);}$$

behinderte Querdehnung mit GE-Hypothese:

$$\varepsilon_2 = 0, \qquad \sigma_\mathrm{v} = E\,\delta f(1 - v + v^2)^{1/2} \approx E\,\delta f \qquad\qquad \text{(D 2.3-8).}$$

Um die Auswertung einfach und den Kalibrierkatalog klein zu halten, hat es sich als zweckmäßig erwiesen, die Dehnungsverhältnisse für nur ein einziges Beanspruchungsniveau zu katalogisieren und die Belastung an das Kalibrierbild heranzuführen.

Unter der Voraussetzung, daß das Verhältnis $\varepsilon_2/\varepsilon_1$ mit einer Abweichung von $\pm 0{,}1$ bestimmt wird, ergibt sich für die berechnete Vergleichsspannung qualitativ der in Bild D 2.3-7 dargestellte Fehler. Dieser kann ohne weiteres dadurch reduziert werden, daß die Isochromatenordnung am Lochrand selbst gemessen und mit einer Kalibrierreihe ausgewertet wird.

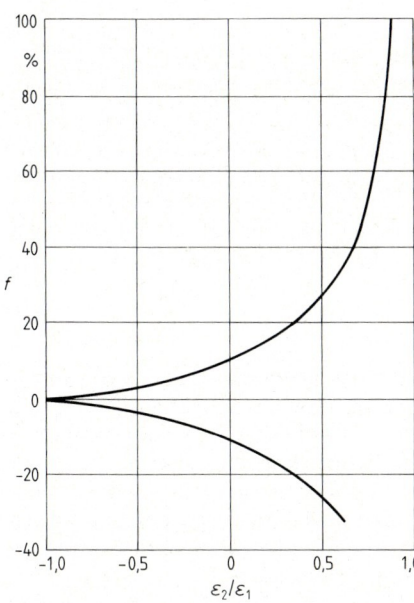

Bild D 2.3-7. Qualitativer Fehlerverlauf bei einer Ablesegenauigkeit des Kalibrierkatalogs von $\pm 0{,}1$.

Darüber hinaus ergeben sich durch das Bohrloch zwei weitere Effekte, deren Bedeutung fallweise über die Trennung der Hauptdehnungen hinausgeht. Da der Lochrand an der freien Schichtseite lastfrei ist, kann mit den bekannten Kompensationsverfahren – und besonders einfach mit dem Nullabgleich – das *Vorzeichen* der größeren Hauptdehnung bestimmt werden. Mit Isochromatenbild und Kompensation liegt aber auch ohne Verwendung von Isoklinen die *Richtung der betragsmäßig größeren Hauptspannung* fest.

D 2.3.3.3 Verfahrensbedingte Einflüsse auf das Meßergebnis

Die Beschichtung eines Objekts kann auch als „Struktur auf der Struktur" aufgefaßt werden und ist schon wegen deren Volumen, Masse, mechanischen und thermischen

Eigenschaften in ihrer Gesamt- und Wechselwirkung mit dem Objekt nicht mehr zu vernachlässigen. Im folgenden werden deshalb die wichtigsten verfahrensbedingten Störeinflüsse und deren Korrekturmöglichkeiten beschrieben, wobei besonders auf [D 2.3-2] verwiesen wird.

D 2.3.3.3.1 Versteifungs- und Dickeneffekt

Die aufgebrachte Schicht beeinflußt das zu untersuchende Bauteil dadurch, daß sie einen Teil der Belastung aufnimmt und die Spannungen und Dehnungen im Objekt herabsetzt. Dies wird als Versteifungseffekt bezeichnet, dessen Größe sich bei ebenen Spannungszuständen durch ein Kräftegleichgewicht am unbeschichteten und beschichteten Element bestimmen läßt. In Bild D 2.3-8 ist der entsprechende Korrekturfaktor K_1 über dem Dickenverhältnis aufgetragen, und es ergibt sich naturgemäß, daß ein kleiner E-Modul des Bauteiles bei gleicher Schichtdicke eine größere Korrektur erfordert. Die rechnerische Verarbeitung solcher Faktoren mit der gemessenen Isochromatenordnung erfolgt nach folgender Formel:

$$\varepsilon_1 - \varepsilon_2 = \frac{1}{K_{1,2,3}} \delta f \qquad (\text{D 2.3-9}).$$

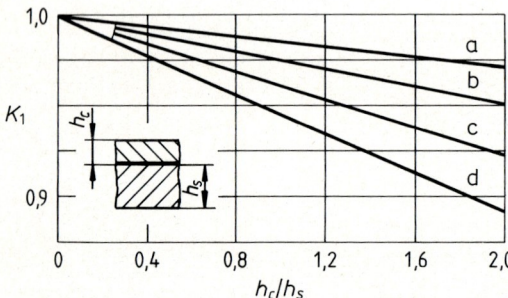

Bild D 2.3-8. Korrekturfaktor K_1 des Versteifungseffektes beim ebenen Spannungszustand für verschiedene Werkstoffe. a Stahl St, b Grauguß GG, c Aluminium Al, d Magnesium Mg

Liegt nun, wie bei der Biegung eines geraden Balkens, ein Dehnungsgradient vor, so tritt zusätzlich zur Versteifung ein Fehler auf, der als Dickeneffekt bezeichnet wird. Unter der Voraussetzung, daß ebene Querschnitte eben bleiben, ergibt sich ein linearer Dehnungsgradient durch das Bauteil *und* die Beschichtung, wobei sich die neutrale Faser zur Schicht hin verschiebt, s. Bild D 2.3-9. Der dargestellte Korrekturfaktor K_2 berücksichtigt Versteifungs- und Dickeneffekt. Man erkennt, daß beide Effekte gegenläufig wirken, weshalb es auch Punkte gibt, an denen sie sich gerade aufheben. Wegen des kleinen E-Moduls ist z. B. für Magnesium die Korrektur am geringsten.

An gewinkelten und versickten Blechen stellt sich unter Biegung i. a. eine nichtlineare Spannungsverteilung im Übergangsbereich ein, so daß sich für die Außen- und Innenseite unterschiedliche Korrekturfaktoren K_3 ergeben, s. Bild D 2.3-10.

Entwicklungspotential für die Zukunft steckt u. a. noch darin, Korrekturen für Radien < 1,5 mm zu erarbeiten und besonders den *Beanspruchungsfall* erkennbar zu machen, da die Auswahl der richtigen bzw. die richtige Kombination mehrerer Korrekturfaktoren davon unmittelbar abhängen.

Neben diesen „statischen" Korrekturfaktoren muß noch auf den dynamischen Dickeneffekt hingewiesen werden, der ggf. bei der dynamischen Messung eingeschwungener Zustände zu berücksichtigen ist. Dabei stören weniger die gegenüber der Masse des Schwingungssystems meist kleinen Massen der Beschichtung (Verstimmung des Ausgangs-

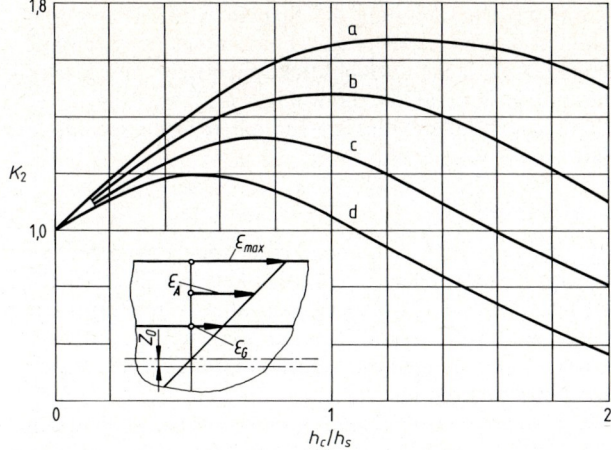

Bild D 2.3-9. Korrekturfaktor K_2 für die Biegung eines geraden Balkens mit
eingetragenen Dehnungsbe-
trägen.
a St, b GG, c Al, d Mg
ε_{max} Maximaldehnung,
ε_A angezeigte Dehnung,
ε_G Dehnung in der Grenz-
schicht zum Objekt,
Z_0 Verschiebung der neutralen Faser

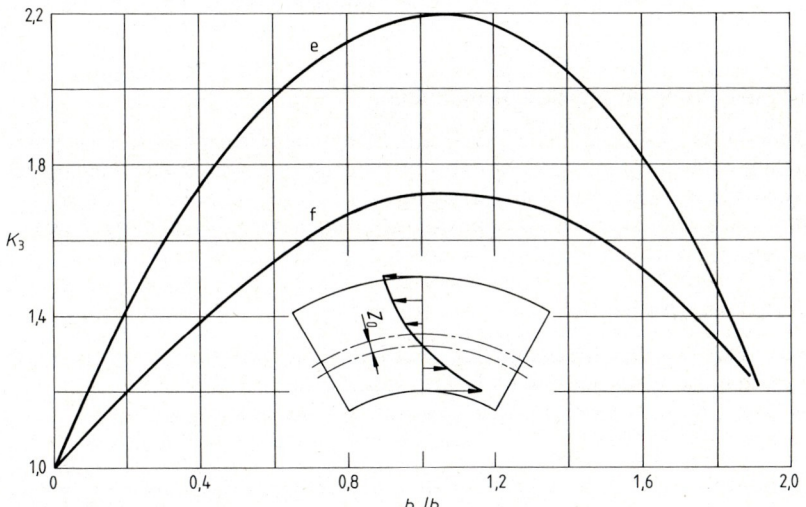

Bild D 2.3-10. Korrekturfaktor K_3 für Außen- und Innenradien mit nichtlinearem Spannungsverlauf.
e Innenradius, f Außenradius

systems), als vielmehr die Dämpfung durch die Schicht, wenn die Dämpfung des Systems
gering ist. Dies wirkt sich dann besonders im Bereich der Resonanzfrequenz auf die
Amplitudenüberhöhung aus. Korrekturmöglichkeiten bestehen hier in der Verbindung
von Modalanalyse ohne und mit Beschichtung mit einer anschließenden Dehnungsmessung. Der in der Schicht verzögerungsfrei angezeigte Dynamikbereich reicht bis rd.
40 kHz und nimmt mit abnehmender Schichtdicke linear zu.

D 2.3.3.3.2 Differenz der Querdehnungszahlen

Der Unterschied in den Querdehnungszahlen von Bauteil und Schicht erzeugt eine
Drehung der Hauptdehnungsrichtungen über die Schichtdicke. Dies rührt daher, daß das
Bauteil an der Verbindungsfläche der Schicht seine Querdehnung aufprägt, während an

267

der freien Oberfläche praktisch nur die Querdehnung der Schicht wirkt. Dieser Effekt macht sich vor allem an beschichteten Bauteilrändern bemerkbar und ist in einer Entfernung senkrecht zum Rand, die etwa der vierfachen Schichtdicke entspricht, abgeklungen. Für Differenzen der beiden Querkontraktionszahlen, die weniger als 0,1 betragen, kann eine Korrektur auch im Randbereich entfallen; dies ist für die meisten technischen Konstruktionswerkstoffe der Fall.

D 2.3.3.3.3 Temperatureinfluß

Schichttemperaturen bis rd. 60 °C bewirken praktisch noch keine Änderungen der Wärmeausdehnungszahl α und der dehnungsoptischen Empfindlichkeit. So läßt sich eine temperaturbedingte Isochromatenanzeige zwar korrigieren, da aber Temperatur- und Lastdehnungen i. a. nicht richtungsgleich wirken und da dann die Subtraktion zweier Isochromateneffekte unrichtig wäre, wendet man zur Korrektur am besten das in Abschn. D 2.3.5.1 beschriebene Laststeigerungsverfahren an.

Oberhalb der genannten Temperatur bis rd. 180 °C sind wegen der Bindefestigkeit, Wärmeleitung, Isolation und wegen der Änderung weiterer physikalischer Eigenschaften aufgabenbezogene Voruntersuchungen erforderlich, um den Einsatz des Verfahrens zu ermöglichen.

D 2.3.4 Meßeinrichtungen und ihre Handhabung

Über die in Abschn. D 2.2.4 behandelten Sachverhalte hinaus werden hier schwerpunktmäßig die Schichtherstellung für gekrümmte Oberflächen, die Dickenmessung, Reflexionspolariskope u. a. beschrieben. Die Grundlage dazu bildet eine in der Praxis bewährte Arbeits- und Prüfliste, deren Einzelpositionen je nach Aufgabenstellung reduziert oder ergänzt werden können.

D 2.3.4.1 Arbeits- und Prüfliste

– Auswahl von Schichtmaterial, Beschichtungsort und Objektmeßflächen, grobe Festlegung der Schichtdicke; Beachtung entlackter Oberflächen;
– Herstellung von Schicht- und Kalibrierstreifen mit Kennzeichnung;
– Anformen der Schicht am Objekt;
– Bewertung der optischen Qualität und Messung der Schichtdicke *nach* Aushärtung und *vor* Verklebung;
– Planung des Zeitpunktes der Verklebung (Trennung von statischen und überlagerten, nicht richtungsgleichen Lastanteilen, „rückwärts" messen);
– Anfertigung kopierfähiger Photographien zur Kennzeichnung von Meßfeldern, Meßpunkten und Besonderheiten;
– Anlegen eines rechnerunterstützten Meßprotokolls mit Objektphotographie und Spalten für Schichtempfindlichkeit, Isochromatenordnungen, Schichtdicken am Meßpunkt, Laststufe, Dehnungsverhältnis, Korrekturfaktoren und Einzelwerten von Dehnungen und Spannungen;
– Kalibrierung der Meßschichten;
– Auswahl von Versuchs- und Belastungseinrichtung unter Berücksichtigung der Zugänglichkeit von Meßstellen für den Lichteinfall und von Möglichkeiten zur Verdunklung sowie stufenweiser Lasterhöhung und -senkung;
– Beobachtung des Gesamtgeschehens unter mittlerer Last und Festlegung der Meßpunkte, bei Stroboskopmessungen Ermittlung der Resonanzfrequenzen;

- Nullmessung in den als relevant erkannten Meßzonen;
- Messung von Isochromatenordnungen durch Farbvergleich und Kompensation im Laststeigerungsverfahren mit wenigstens vier Stufen zur Ermittlung von $\varepsilon_1 - \varepsilon_2$ und mit Nullpunktkorrektur;
- Anwendung der Bohrlochmethode in der Nähe von Maxima und Nullstellen, Vorzeichen- und Richtungsbestimmung;
- Feststellung bleibender Dehnungen;
- schwerpunktmäßige Schichtdickenmessungen im applizierten Zustand oder nach Abschluß der Messungen an der gekennzeichneten und entfernten Schicht;
- Anfertigung von Farbisochromatenbildern für Dokumentation, Argumentation und „postprocessing"; beachte, daß gemessene und ausgewertete Unterschiede zwischen mehreren Varianten auch bildhaft belegbar sind;
- rechnerunterstützte Auswertung.

D 2.3.4.2 Schichtmaterial und Schichtherstellung

Modellwerkstoffe in Plattenform für die ebene und räumliche Spannungsoptik [D 2.3-4] sind zugleich auch Beschichtungsmaterial für Untersuchungen an ebenen Bauteilen (s. a. Abschn. D 2.2.4.2). Am häufigsten werden dafür heute Epoxidharze eingesetzt. In einigen Anwendungsfällen mit besonders geringem E-Modul oder Deformationsmodul werden aber auch Polyurethane verwendet, deren mechanisch-optische Eigenschaften in weiten Grenzen einstellbar sind, sowie Polycarbonate und Polysulfone.

Die grundsätzliche Vorgehensweise bei der Herstellung von Schichten für gekrümmte Oberflächen ist in [D 2.3-6] beschrieben. Im folgenden wird deshalb der Schwerpunkt auf die Grenzen für Verarbeitungszeit und erzielbare Schichtdicken gelegt.

Bei Epoxid- und Polyurethanwerkstoffen werden Flüssigharze und -härter nach handelsüblichen Verarbeitungsvorschriften gemischt und auf ebene, elastisch berandete Platten aufgegossen, die i. a. mit Teflonfolie beklebt und zur Schicht hin mit Trennmittel versehen sind. Zwischen Flüssigphase und Endaushärtung auf dem Objekt liegt die Zeitspanne für die Schichtverarbeitung, häufig auch Gelierphase genannt. Deren Beginn ist dadurch gekennzeichnet, daß die Schicht ohne wesentliche Dickenänderung von der Gießplatte abnehmbar ist und als biegeschlaffe Haut geschnitten und angeformt werden kann. Mit fortschreitender Polymerisation setzt der Doppelbrechungseffekt ein – im polarisierten Durchlicht unter Zug prüfbar und durch zunehmende Unnachgiebigkeit spürbar – und beendet diese Zeitspanne. Die praktisch nutzbare Gelierphase liegt zwischen 15 und 30 Minuten.

Die Flüssigphase ist abhängig von Umgebungs-, Aufguß- und Plattentemperatur, von der Luftfeuchtigkeit sowie vom Alter und von der Sauerstoffanreicherung des Härters. Um die Wirkung der Umgebungseinflüsse zu eliminieren, hat es sich bewährt, mit beheizten und temperaturgeregelten Gießplatten zu arbeiten. Damit entfällt z. B. die laborgebundene Beschichtung, was bei großen Objekten von Bedeutung ist. Bei Plattentemperaturen während des Aufgießens um 55 °C und Aushärtetemperaturen um 30 °C (variabel je nach Schichtdicke) werden schlierenfreie Schichten mit verläßlichen Zeitspannen von 20 bis 30 Minuten bis zum Beginn der Verarbeitung erreicht. Die Endaushärtung der Schichten am Objekt ist je nach Umgebungstemperatur nach 10 bis 15 Stunden abgeschlossen. Bei ausreichend reflektierender Objektoberfläche kann bereits nach kurzer Zeit die Vorspannfreiheit mit dem Reflexionspolariskop überprüft werden.

Unabhängig von den Vorgaben durch das Meßobjekt gibt es chemisch-physikalische Einflüsse, die die Schichtdicke beeinflussen. Durch die mit steigender Dicke zunehmende

Reaktionsgeschwindigkeit, die während des exothermen Verlaufs Polymerisationsspannungen begünstigt und die Verarbeitungszeit verkürzt, entsteht eine Begrenzung der Schichtdicke nach oben. Nach unten begrenzen die Fließfähigkeit der mittelviskosen Masse und Schwierigkeiten beim Abziehen allzu dünner Schichten von der Platte die Schichtdicke. In der Praxis haben sich Schichthöhen zwischen 0,7 und 3 mm bewährt.

Unter besonderen Umständen kann es nützlich sein, sich mit anformbaren Halbfertigplatten zu bevorraten. Dafür sind die Platten kurz vor der Gelierphase bei rd. −20 °C einzufrieren, wodurch die Polymerisation praktisch unterbunden wird.

D 2.3.4.3 Applikation und Versuchsplanung

Am Bauteil angeformte Schichten werden nach der Aushärtung als Schalen abgenommen. Nach der Entfettung aller Kontaktoberflächen folgen deren dünnes Bestreichen mit reflektierendem Bindemittel und anschließendes Verkleben. Eingeschlossen in diesen Ablauf ist die Anfertigung eines Kalibrierbalkens, s. Abschn. D 2.3.4.4.

Im allgemeinen bestehen die Bindemittel aus den gleichen Harz- und Härterkomponenten wie die Meßschicht und sind zusätzlich mit Aluminiumpulver vermischt. Dadurch ergibt sich bei der Messung die gewünschte diffuse Reflexion. Um die Bindeschicht dünn und dennoch geschlossen und frei von Lufteinschlüssen zu halten, ist es je nach Topographie des Bauteils empfehlenswert, große Meßschichten mit einer Vibrations- oder Bandsäge zu teilen. Die Dicke der Klebschicht beträgt i. a. zwischen 0,1 und 0,3 mm und ist bei der Bestimmung der Korrekturfaktoren nach Abschn. D 2.3.3.3.1 zu berücksichtigen.

Sind in einer Meßzone nichtrichtungsgleiche Überlagerungen, z. B. aus Montage- und Betriebslastdehnungen, zu erwarten, so kann folgende Vorgehensweise gewählt werden: Die angeformten und ausgehärteten Meßschichten werden entfernt und erst im montierten Zustand des Objekts mit diesem verklebt. Dadurch können nach Abschluß aller variablen Messungen unter Betriebslast die Montagedehnungen durch Lösen der Verspannung „rückwärts" – mit umzukehrendem Vorzeichen – bestimmt werden.

In Ausnahmefällen können die Klebeigenschaften des für die Meßschicht bestimmten Harz-/Härtergemischs genutzt werden, um Schichtherstellung und Applikation in einem Arbeitsgang vorzunehmen. Das ist dann der Fall, wenn z. B. metallische Oberflächen, die von Natur aus diffus reflektieren, direkt mit diesem Gemisch eingestrichen werden. Das setzt auch verringerte Fließfähigkeit durch ausreichende Tropfzeit voraus. Die Isochromatenordnungen fallen dabei i. a. blasser aus, und die entsprechende Dickenverteilung der Schicht ist nicht frei von Zufälligkeiten.

D 2.3.4.4 Kalibrierung der Meßschicht

Um die dehnungsoptische Konstante f einer Meßschicht zu bestimmen, führt man meist das Biegebalkenexperiment nach Bild D 2.3-11 durch. Dabei wird ein Flachstab c mit einem kleinen, von einer Meßschicht vor Anformung abgeschnittenen Streifen d beklebt und in die Vorrichtung a fest eingespannt. Unter der Last F wird im Abstand l die Isochromatenordnung im Meßpunkt e bestimmt.

Setzt man die Beziehungen für die einachsige Spannung aus Rechnung und Messung einander gleich, so ergibt sich als Bestimmungsgleichung für die dehnungsoptische Konstante f:

$$\sigma_1 = \frac{6Fl}{bh^2} = \frac{E}{1+v}\delta f \qquad (D\ 2.3\text{-}10).$$

270

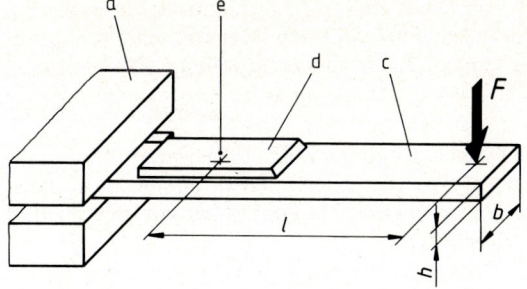

Bild D 2.3-11. Biegeversuch zur Bestimmung des dehnungsoptischen Wertes f.
a Einspannvorrichtung, c Biegebalken, d Meßschicht, e Meßpunkt

Die Querschnitts- und Materialwerte beziehen sich dabei auf den unbeschichteten Körper. Berücksichtigt man die Verschiebung der neutralen Faser mittels des Korrekturfaktors K_2 gemäß Abschn. D 2.3.3.3, so folgt:

$$f = \frac{6\,F\,l}{b\,h^2}\,\frac{1+v}{E}\,\frac{K_2}{\delta}$$ (D 2.3-11).

D 2.3.4.5 Messung der Schichtdicke

Je nach Aufgabenstellung kann die Messung der Schichtdicke zu unterschiedlichen Zeitpunkten sinnvoll sein.

Sind ausgewählte Meßstellen am Objekt bereits bekannt, so werden die ausgehärteten Meßschichten an den zugeordneten Stellen vor dem Verkleben, z. B. zwischen den Kugelköpfen einer Mikrometerschraube, gemessen und die Werte im Protokoll festgehalten. Auf diese Weise verschafft man sich häufig auch einen ersten Überblick über die Dickenverteilung in einer Schicht.

Im verklebten Zustand lassen sich die Schichtdicken mit handelsüblichen Aufsetzmikroskopen und Hohlglasdickenmessern bestimmen. Im ersten Fall wird der Verstellweg für die Scharfstellung auf Schichtober- und -unterseite als Ausgangsgröße benutzt. Im zweiten Fall dient die Differenz zwischen einer auf die Meßstelle aufgesetzten und von hinten beleuchteten Schneide und deren vom Brechungsindex der Schicht abhängige und vom Untergrund reflektierte Schattenkante als Meßgröße. Beide Methoden sind gut für ebene und konvexe Oberflächen geeignet, scheiden aber mit zunehmend konkaver Oberfläche und starken Krümmungen wegen der großen Aufsetzdurchmesser aus.

Da die Meßstellen anfangs häufig nicht bekannt sind, bietet sich in allen Fällen und auch bei geometrisch verwickelten Konturen die Messung der Schichtdicke *nach* Versuchsdurchführung an gekennzeichneten Stellen an. Dazu werden die betroffenen Schichten örtlich kurzzeitig auf 80 bis 100 °C erwärmt, woraufhin sie formstabil vom Objekt abgelöst und – wie eingangs beschrieben – mechanisch vermessen werden können.

D 2.3.4.6 Beobachtungs- und Meßeinrichtungen

D 2.3.4.6.1 Grundbauarten

Entsprechend dem zeitlichen Ablauf einer Untersuchung sollen nunmehr die Beobachtungs- und Meßgeräte beschrieben werden. Die folgenden Ausführungen konzentrieren sich auf Anordnungen, die heute noch von praktischer Bedeutung und ausreichend verbreitet sind.

Bild D 2.3-12 a zeigt eine Anordnung mit einem Zirkularfilter, das nur aus Polarisationsfolie und Viertelwellenplatte c – meist zu einem Filter laminiert – besteht. Da der Strahl auf dem Hin- und Rückweg die gleiche Viertelwellenplatte durchläuft, erfahren die zunächst um $\lambda/4$ auseinanderliegenden Vektoren eine Erhöhung ihrer Phasendifferenz auf $\lambda/2$ mit einem resultierenden Vektor, der senkrecht zum Lichtvektor hinter dem Polarisationsfilter auf dem Hinweg steht. Deshalb beobachtet man beim unbelasteten Objekt Dunkelheit.

Mit dieser einfachen Anordnung können weder Isoklinen noch Teilordnungen von Isochromaten gemessen werden. Bei Demonstrationsversuchen mit Verfolgung des Geschehens durch mehrere Teilnehmer ist diese Anordnung als Handfolie aber gut geeignet und in Verbindung mit der Endoskopie unentbehrlich.

Bild D 2.3-12 b zeigt das Funktionsprinzip eines Geräts, bei dem Analysator und Polarisator b konzentrisch angeordnet sind, wobei die Lichtquelle a z. B. eine Ringleuchte sein kann. Der Vorzug besteht darin, daß der reflektierte Strahl und die Oberflächennormale im Meßpunkt zusammenfallen, so daß auch aus geringer Entfernung ohne nennenswerten Schrägeinfallswinkel gemessen werden kann.

Am häufigsten in der Praxis angewendet wird das in Bild 2.3-12 c dargestellte Reflexionsprinzip, s. [D 2.3-5]. Analysator und Polarisator b sind getrennt, und durch gemeinsames

a)

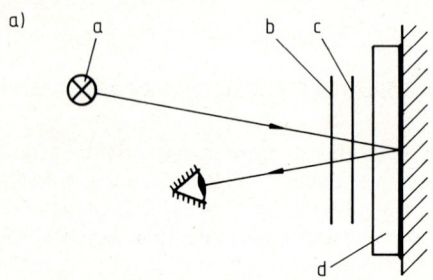

b)

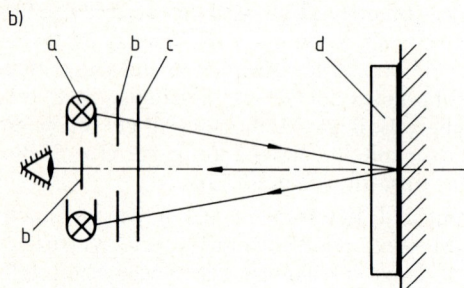

c)

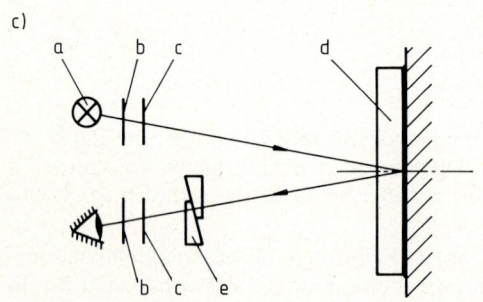

Bild D 2.3-12. Anordnungen von Reflexionspolariskopen.
a) Mit Zirkularfilter.
b) Konzentrisch angeordneter Analysator/Polarisator.
c) Getrennter Analysator bzw. Polarisator.
a Lichtquelle, b Analysator/Polarisator, c Viertelwellenplatte, d Meßschicht, e Kompensator

Verdrehen im linear polarisierten Licht können Isoklinenwinkel und Kompensationsrichtungen ermittelt werden. Durch eine gegenläufige Verdrehung der Viertelwellenplatten c wird auf zirkular polarisiertes Licht umgeschaltet. Der Kompensator e ermöglicht über die Kompensation nach *Tardy* hinaus einen schnellen Nullabgleich des Isochromatenbildes, s. Abschn. D 2.2.4.6. Der Nachteil einer leicht schiefen Einstrahlung wiegt nicht schwer, da ein Winkel von 5° einen Fehler von weit unter 1% verursacht. Diese „zweiäugige" Anordnung führt insbesondere in Verbindung mit Kaltlichtquellen in der Praxis zu leichten und handlichen Geräten.

Um gleichzeitig zur Beobachtung und Messung mit dem Auge auch die technische Registrierung des Meßbildes zu ermöglichen, gibt es – aufbauend auf diesem Prinzip – „dreiäugige" Geräteausführungen, die sich z. B. für den Einsatz im Labor eignen.

D 2.3.4.6.2 Beleuchtungs- und Registriereinrichtungen

Für die Messung dynamischer Vorgänge mit konstanter Amplitude setzt man Stroboskoplampen ein, deren Blitzfrequenz entweder von Hand nachgeregelt oder durch einen Impulsgeber synchronisiert wird.

Als Beobachtungs- und Registriergeräte zwischen Analysator und menschlichem Auge kommen am häufigsten in Betracht:

- Telemikroskope zur Vergrößerung des Meßfeldes,
- Kameras mit Colornegativfilm zur Dokumentation; wegen der Bildqualität sollte Fremdlicht weitgehend ausgeschaltet werden,
- Fernsehkameras und Monitore – z. T. mit Fernbedienung beweglicher Teile – zur Übertragung von Bildern aus gefährlichen Arbeitsräumen und zur Verfolgung von Endoskopbewegungen mit Isochromatenmessungen durch Farbvergleich,
- Hochgeschwindigkeitskameras für schnelle Vorgänge.

Weitere Ausführungen dazu sind in [D 2.3-2] zu finden.

D 2.3.5 Kennzeichnende Anwendungen

Schwerpunkte der modernen Anwendung in Industrie, Hochschule und Erprobungsstätten bilden heute

- flächenhafte und punktuelle Dehnungsmessungen zur Beanspruchungsanalyse, Lebensdauerabschätzung und Funktionsoptimierung sowie zur Ermittlung von Randbedingungen und zur Überprüfung von Berechnungsverfahren,
- die Bestimmung von Beanspruchungsrichtungen, Kraftfluß und Stützwirkungen,
- das Auffinden bruchverursachender Lastkombinationen und Frequenzen sowie
- die Messung von Eigenspannungen, Werkstoffverhalten, Homogenität und das Auffinden von oberflächenwirksamen Fehlstellen.

Während bei ebenen Problemen oftmals Kerbdehnungen im nichtlinearen und überelastischen Werkstoffbereich gemessen werden, umfassen Messungen auf gekrümmten Oberflächen vielfältige komplexe Gebilde, z. B. im Fahrzeug-, Kraft- und Arbeitsmaschinenbau, bis hin zu Schweißnahtübergängen, Rißspitzen und dynamischen Lastfällen.

Der in den letzten Jahren verstärkt zu beobachtende Einsatz ist auch auf den in Abschn. D 2.3.3 begründeten Zuwachs an Meßsicherheit und -genauigkeit sowie auf die Erfordernisse des sicherheitsrelevanten Leichtbaus zurückzuführen.

Im folgenden werden beispielhaft einige Anwendungen auf „äußeren" und „inneren" Oberflächen von Bauteilen unter statischer und dynamischer Belastung beschrieben. Last und Schichtdicke sollten dabei so gewählt werden können, daß mehr als eine halbe Isochromatenordnung gemessen werden kann. Als Faustregel gilt: 1‰ Dehnung der Bauteiloberfläche entspricht in einer Meßschicht von 2 mm Dicke etwa einer Isochromatenordnung.

D 2.3.5.1 Statisch belastete „äußere" Meßflächen

Darunter versteht man alle beschichteten Objektoberflächen, die vom Strahlengang eines Reflexionspolariskops direkt oder über Spiegel erreicht, ausgewählt, beobachtet und gemessen werden können. Winkelabweichungen zwischen der Oberflächennormalen im Meßpunkt und einfallendem bzw. reflektiertem Strahl von jeweils 15° nach beiden Seiten wirken sich auf die Höhe der Isochromatenordnung nur wenig aus. Deshalb kann auch in kurzer Entfernung vom Objekt beobachtet werden. Als typisches Beispiel eines statischen Lastfalls ist in Bild D 2.3-13 der Bodenbereich eines unter Innendruck stehenden dünnwandigen Behälters dargestellt. Man erkennt die vom äußeren Rand zu den austretenden Augen hin zunächst ansteigenden und dann wieder abfallenden Isochromaten, die zusammen mit den bewerteten Bohrlöchern in Einzeldehnungen umgesetzt werden müssen. Die Teilungen der Schicht – vorgenommen wegen luftblasenfreier Verklebung – stören den Linienverlauf praktisch nicht. Durch Variation des Druckes läßt sich das in Abschn. D 2.3.4.1 erwähnte Laststeigerungsverfahren zur Ermittlung des Last-/Dehnungsverlaufs und der Vorspannungskorrektur anwenden.

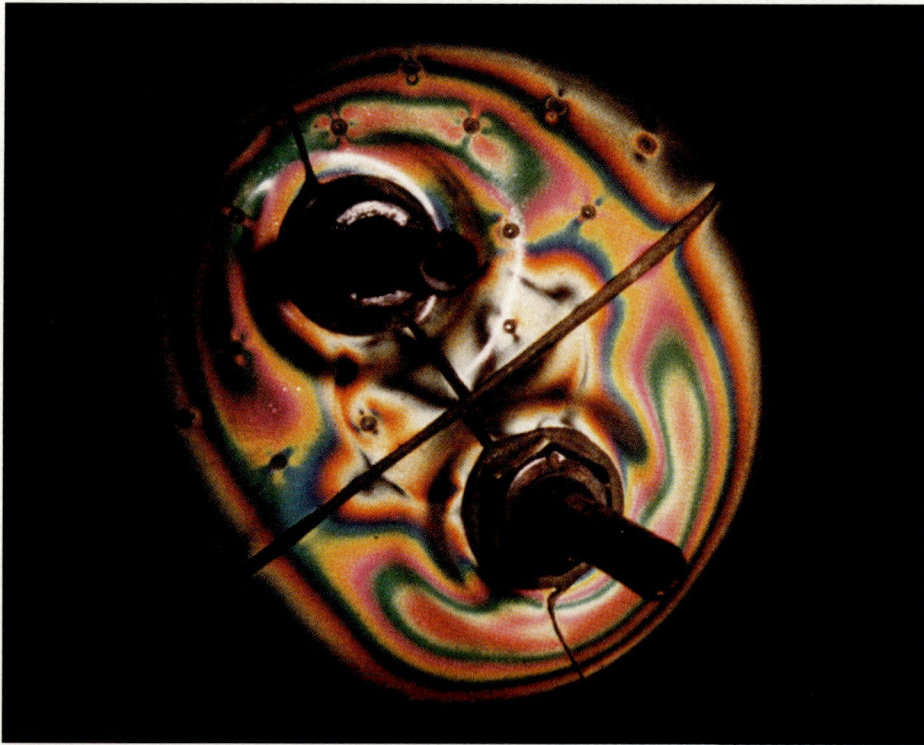

Bild D 2.3-13. Isochromatenaufnahme eines Behälters unter Innendruck – statische Belastung.

In der Praxis der Entwicklung von Serien- und Massenbauteilen hat sich ein enges Zusammenspiel von Trendrechnung und Messung an mehreren Varianten – mit anschließender Betriebserprobung weniger voroptimierter Varianten – bewährt. Reale Wandstärken-, Pressungs-, Montage- und Steifigkeitsverhältnisse, Schraubenkräfte und komplexe Lasteinleitungen werden ebenso erfaßt wie das reale Werkstoffverhalten.

D 2.3.5.2 Dynamisch belastete „äußere" Meßflächen

Auf geeigneten Prüfständen lassen sich beschichtete Objekte so langsam be- und entlasten, daß das menschliche Auge verschiedenen Veränderungen folgen kann. Unter Verwendung üblicher Reflexionspolariskope können dadurch Anschaulichkeit und Verständnis für Dehnungsverteilungen, Beanspruchungswechsel und Objektzusammenhänge deutlich gefördert werden. Die Wirkungen z. B. programmgesteuerter stochastischer Lasten sind so ebenfalls beobachtbar und ggf. mittels Filmkamera mit eingeblendetem Farbkeil zur späteren Auswertung registrierbar. Das gilt auch für fahrende Objekte bei mitgeführter Stromversorgung.

Eine der häufigsten Anwendungen der dynamischen Dehnungsanalyse eingeschwungener Zustände auf Prüfungsständen ist beispielhaft auf Bild D 2.3-14 dargestellt. Der Bildausschnitt zeigt einen im Flanschbereich axial angeregten Lüfter, dessen Metallblätter mit jeweils einem Schwert vierfach vernietet sind. Koppelt man die Erregerfrequenz mit der Blitzfrequenz einer an das Reflexionspolariskop adaptierten Stroboskoplampe, so erhält

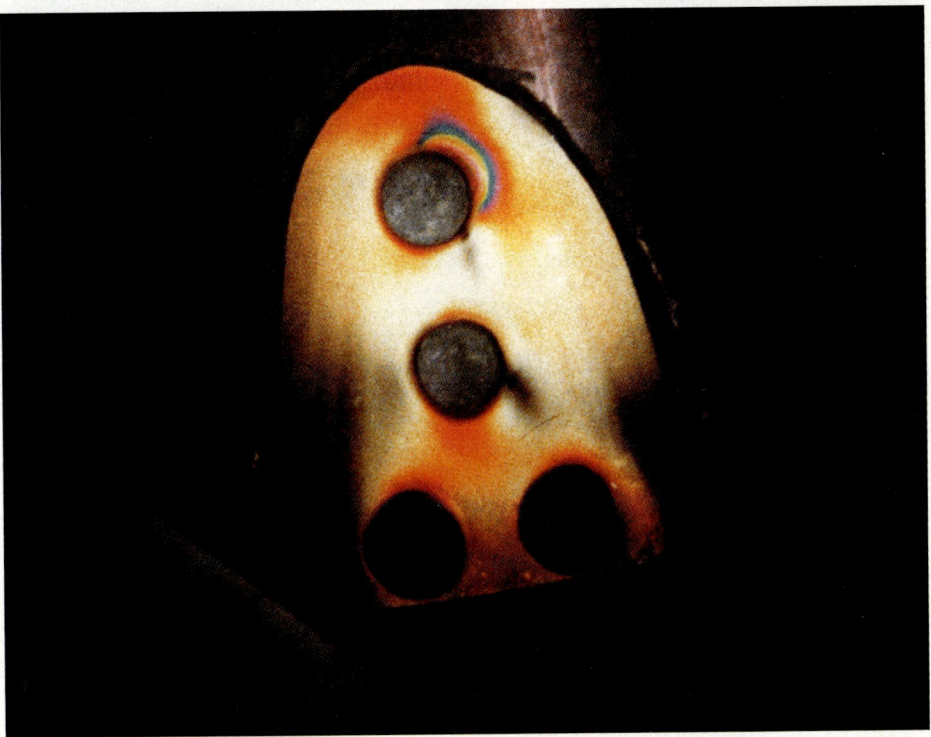

Bild D 2.3-14. Isochromatenaufnahme eines bei Resonanzfrequenz schwingenden Lüfterblattes.

man im gesamten Frequenzbereich, der in kleinen Schritten durchfahren wird, stehende Isochromatenbilder. Am oberen Niet ist die Wirkung einer kritischen Resonanzamplitude durch Biege- und Torsionsschwingungen des Blattes zu erkennen. Die Bilder werden auf üblichem Filmmaterial für Kunstlicht registriert.

D 2.3.5.3 „Innere" Meßflächen

In vielen Fällen in der Praxis können in Hohlkörpern liegende Flächen zwar beschichtet, aber nicht mehr direkt beobachtet werden. Dies gilt oft auch dann, wenn ursprünglich „äußere" Meßflächen nach der Montage mehrerer Komponenten „innen" zu liegen kommen. In solchen Fällen hat sich die Messung mit starren oder flexiblen Endoskopen – auch Fiberskope genannt – bewährt, deren Lichtaus- und -einfallsfläche man mit einer Zirkularfolie belegt. Die Meßfläche wird über Monokular oder TV-Schirm eingestellt und beobachtet. Bild D 2.3-15 zeigt den Isochromatenverlauf auf einer stark vernarbten Gußoberfläche eines mehrwandigen Bauteiles. Deutlich erkennbar ist die Rasterung durch das Glasfaserbündel, die um so stärker hervortritt, je kleiner der Durchmesser des Fiberskops ist; 6 mm bilden die Untergrenze.

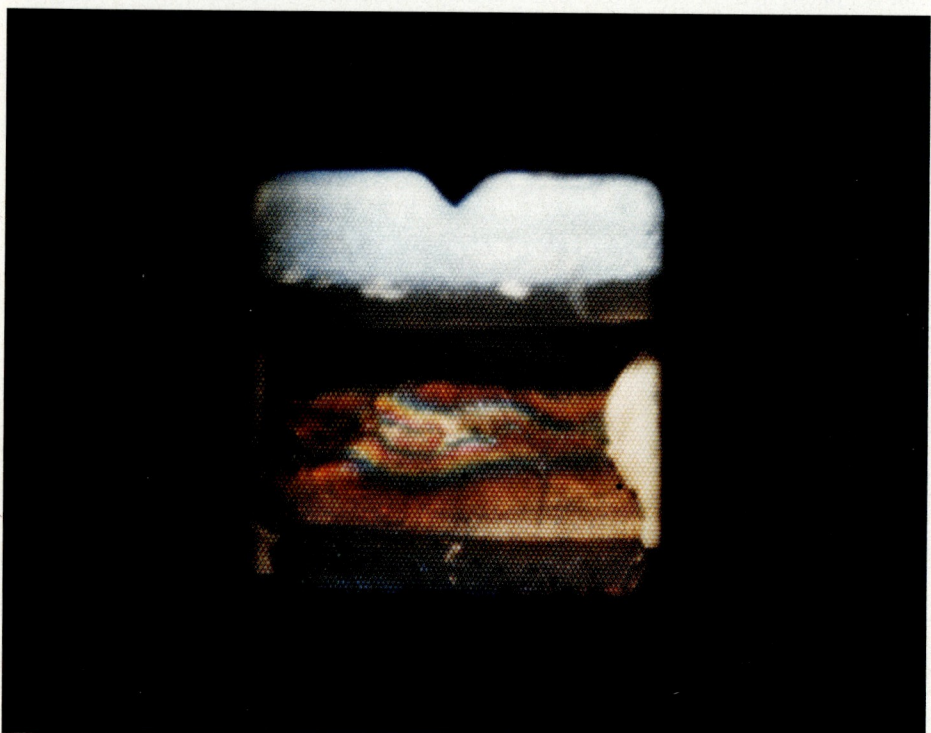

Bild D 2.3-15. Isochromatenaufnahme einer „inneren" Meßfläche mit Fiberskop und Zirkular-filter.

D 2.3.5.4 Eigenspannungsanalyse

Das Bohrlochverfahren zur Ermittlung von Eigenspannungszuständen im Material wird z. B. mit DMS-Rosetten (s. Abschn. C 2.3.1) in der Praxis oft angewendet und kann auch auf spannungsoptisch beschichtete Bauteiloberflächen ausgedehnt werden. Das Meßprinzip beruht darauf, daß man ein Loch durch Schicht und Objekt bohrt, das die Oberfläche teilentlastet und zu einer Teilauslösung der dort evtl. vorhandenen Eigenspannungen führt. Um randspannungsarme Schichtlochränder zu erhalten, bohrt man vorzugsweise luftgekühlt mit geringem Anpreßdruck bei Drehzahlen bis rd. 500/min.

Will man über eine qualitative Bewertung von Eigenspannungen hinaus, so sind die Dehnungsübertragung vom Objekt in die Schicht und deren Korrektur näher zu betrachten. Das Bohrloch stellt für die Schicht eine innere Berandung dar, vergleichbar mit der Dehnungsübertragung am äußeren Rand einer Schicht. Dadurch läßt sich näherungsweise davon ausgehen, daß zwar die Tangentialspannungen am Lochrand ungestört über die Schichthöhe, die Radialspannungen jedoch erst mit zunehmender Entfernung vom Lochrand voll übertragen werden.

Bild D 2.3-16 zeigt am Beispiel eines hydrostatischen Eigenspannungszustands die theoretisch (b) und experimentell (c) ermittelten normierten Spannungsverläufe vom Lochrand in die Schicht.

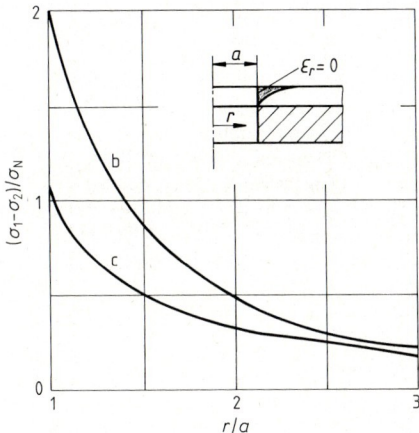

Bild D 2.3-16. Auf Nennlast normierter Spannungsverlauf über dem relativen Bohrungsabstand bei hydrostatischem Dehnungszustand.
b Theoretisch, c gemessen

Für eine umfassende Anwendung bei beliebigen Eigenspannungszuständen sind deshalb wenigstens zwei Voraussetzungen zu erfüllen:

- Erkennen des Dehnungszustands am Lochrand aus dem typischen Isochromatenbild in Anlehnung an Abschn. D 2.3.3.2.5 und
- Vorliegen von zugehörigen Korrekturverläufen oder -faktoren für die Extrapolation zum Lochrand, wenn z. B. in einer Entfernung von $r/a \approx 2$ gemessen wird.

Der signifikante Einfluß von Eigenspannungen, z. B. auf Verzüge und Lebensdauer von Bauteilen, setzt meist erhebliche Absolutbeträge voraus, was der Anwendung dieses Verfahrens in der Praxis entgegenkommt.

D 2.3.6 Zusammenfassende Beurteilung

Mit allgemein gültigen Kriterien sind in Tabelle D 2.3-2 die wesentlichen Vor- und Nachteile des spannungsoptischen Oberflächenschichtverfahrens zusammengestellt. Ausgefallene Sonderanwendungen, z. B. in der Biomechanik oder auf gummielastischen Elementen, bedürfen ggf. besonderer Applikationstechniken und Korrekturen. Es hat sich als wenig sinnvoll erwiesen, das Verfahren unter Gesamtfehlergrenzen von $\pm 5\%$ zu bringen. Im allgemeinen sind Gesamtfehler durch Montage- und Betriebseinflüsse, Form- und Lagetoleranzen, Werkstoffwerte und Umgebungseinflüsse deutlich größer.

D Besondere Verfahren

Tabelle D 2.3-2   Vorzüge und Nachteile des spannungsoptischen Oberflächenschichtverfahrens.

Nr.	Kriterien	Vorteile	Nachteile
1	Allgemeines	– handelsübliche Verfügbarkeit von Material und Gerät sowie professionelle Kontrolle der Materialkonstanz – Applikationen der Schichten nicht laborgebunden – keine mechanischen und elektrischen Verbindungen zwischen Objekt und Meßgerät – einfache Anpassung an Stroboskopie und Endoskopie – Messung am Realbauteil unter Betriebslasten – Messung von dynamischen Lastfällen und Eigenspannungen	– Zugänglichkeit der Meßstelle für Strahlengang muß sichergestellt sein – Oberflächentemperatur der Meßschicht < 60 °C – räumliche Radien > 1,5 mm
2	Anpassungsfähigkeit an Gestalt und Material des Meßobjektes und an die Dehnungsverteilung	– Meßschicht anpassungsfähig an fast alle Bauteilformen und Werkstoffe – bei nicht abwickelbaren Flächen ist Aufteilung in Teilschichten unproblematisch – Schichtdickenänderung bei Applikation kann durch Messung vor, während oder nach dem Versuch berücksichtigt werden – Verwendung einer Meßschicht für viele verschiedene Lastfälle mit beliebigen Dehnungsverteilungen ist möglich – gute Reproduzierbarkeit der Meßwerte bei Wiederholversuchen und -applikationen	– Versteifungs- und Dickeneffekt infolge Schichtdicken zwischen 0,7 und 3 mm – Erkennbarkeit des Lastfalls (Zug, Biegung, Verdrehung) u. U. schwierig; Wahl des richtigen Korrekturfaktors ist mit Unsicherheiten behaftet
3	Weiterverarbeitung der Meßgröße	– sehr gute Übersicht über das gesamte Dehnungsfeld – einfaches Auffinden bleibender Dehnungen – Hauptspannungstrajektorien flächenweise leicht bestimmbar – praxisgerechte Bestimmung von Vorzeichen, Dehnungsrichtung und Einzeldehnungen mittels Bohrlochmethode – Meßwertkorrekturen werden durch Einsatz von Kleinrechnern sehr erleichtert – Informationsspeicherung durch Photographie	– quantitative Auswertung bei zweiachsigen Spannungen im Bauteil ist nur mit Trennung der Hauptdehnungen möglich – Nullanzeige ist nicht eindeutig – Berücksichtigung von fallabhängigen Korrekturfaktoren – Automatisierbarkeit der Auswertung begrenzt – getrennte Messung nicht richtungsgleich überlagerter Dehnungen notwendig
4	Zeitabhängigkeit des Meßvorgangs	– keine Zeitverzögerung zwischen Dehnungsentstehung und -anzeige – Eignung für Belastungsfrequenzen bis rd. 40 kHz	– mechanisches und optisches Kriechen tritt bei statischen und quasistatischen Messungen über längere Zeit auf

278

Tabelle D 2.3-2   (Fortsetzung)

Nr.	Kriterien	Vorteile	Nachteile
5	Störgrößen-abhängig-keit	– Handhabung handelsüblicher Meßeinrichtungen ist sicher gegen ergebnisrelevante Fehlbedienungen – beschichtete Objekte relativ unempfindlich gegen Erschütterungen bei Transport – Empfindlichkeit und Chargeneinfluß des Schichtmaterials kalibrierbar durch einachsig belasteten Probestab	– Feuchtigkeitsaufnahme ist an ungeschützten Schichträndern bei einigen Schichtmaterialien nach > 10 h als zunehmende Druckdehnung erkennbar – Einfluß stark unterschiedlicher Querdehnzahlen von Schicht und Bauteil in Randnähe – volle Nutzung der Meßschicht ist nur durch „Anböschen" der Randbereiche mit Klebstoff möglich – Temperaturdifferenz vor und während der Messung soll $< 10\,°C$ betragen
6	Kosten	– Investitionsumfang für komplette Meßausrüstung ist relativ gering – Material- und Verarbeitungskosten gering gegenüber Gesamtkosten einer Entwicklung	– Zeitaufwand für quantitative Auswertung ist erst durch Rechnereinsatz für Korrekturverläufe reduzierbar – ingenieurmäßiges Denken des Meßpersonals ist wünschenswert

Weiteres Entwicklungspotential für dieses Verfahren steckt noch in der direkten Schichtdickenmessung im applizierten Zustand, im Erkennen des Lastfalls – zusammen mit einer Ergänzung der umfangreichen Korrekturfaktoren für den Versteifungs- und Dickeneffekt-, in der Eigenspannungsanalyse und in der Kompensation in Zusammenhang mit der Polarisationsendoskopie.

D 2.4 Rasterverfahren

R. Ritter

D 2.4.1 Formelzeichen

F	Deformationsgradient
I	Lichtintensität
R	Drehtensor
T	Transmission
U	Strecktensor
a, d	Längen im optischen System
g	Raster- bzw. Gitterkonstante
u, v, w	Verschiebungen
w_x, w_y	Neigungen
w_{xx}, w_{yy}	angenäherte Krümmungen
x, y, z	Ortskoordinaten
$\Delta x, \Delta y, \Delta z$	Relativverschiebungen
$\varepsilon_{xx}, \varepsilon_{xy}, \varepsilon_{yy}$	linearisierte Dehnungskomponenten

D 2.4.2 Allgemeines

Die Rasterverfahren gehören zu den ältesten optischen Meßmethoden der experimentellen Spannungs- und Verformungsanalyse.

Ihr Prinzip besteht darin, aus der Form und Position von Marken, die in einer vorgegebenen Weise mit der Prüffläche des betrachteten Objekts verknüpft sind, auf deren Kontur oder Verformung zu schließen.

Die Entwicklung dieser Verfahren begann damit, solche Marken – z. B. in Gestalt eines Linienrasters nach Bild D 2.4-1 – fest mit einer Objektoberfläche zu verbinden, so daß sich beide infolge einer Belastung gleich verformen. Dann erhält man durch die gemessenen Lagedifferenzen der Rasterkreuzungspunkte unmittelbar die Formänderung des Objekts an diesen Stellen. Die Ortskoordinaten derartiger Rasterkreuzungspunkte können verhältnismäßig einfach bestimmt werden, solange die Verformung eben ist.

a)
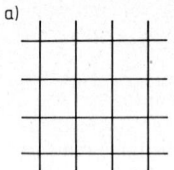
b)
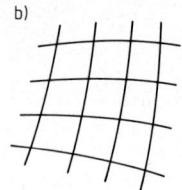

Bild D 2.4-1. Linienraster.
a) Unverzerrte Form.
b) Verzerrte Form.

Eine andere Form der Verknüpfung von Objekt und Raster besteht darin, beide getrennt voneinander anzuordnen und z. B. einen Rasterschirm über die reflektierende Oberfläche des Prüfteiles zu beobachten. Dann sind die Rasterspiegelbilder ein Maß für die Neigungen dieser Fläche.

Die Rasterverfahren liefern als Ganzfeldmethoden die gesuchten Verformungen in einem größeren Bereich des Objekts. Sie eignen sich zur Analyse statischer und dynamischer Probleme.

Der Versuchsaufwand ist verhältnismäßig klein, und die Messungen können i. a. am Originalprüfteil durchgeführt werden.

Wegen der durchweg einfachen Struktur der Raster und der vielfach benötigten hohen Liniendichte bei der Bestimmung kleiner Formänderungen wertet man die entstehenden Muster zweckmäßigerweise mit Hilfe der digitalen Bildverarbeitung aus.

D 2.4.3 Physikalisches Prinzip

D 2.4.3.1 Der Rastereffekt

Ein Raster oder Gitter ist eine geometrische Struktur, die vorwiegend aus periodisch angeordneten Marken besteht und die man optisch an Hand veränderlicher Grau- oder Farbwertverteilungen erkennen kann.

Bei solchen Marken handelt es sich z. B. um Linien vorgegebener Breite oder um Flächenelemente wie Kreise oder Quadrate.

Als Raster wird im folgenden eine Struktur bezeichnet, die mit Hilfe eines Trägers entsteht, z. B. in Form von Linien, die man auf Papier zeichnet oder Streifen, die in Glas eingeritzt sind. Dagegen stellt ein Gitter eine selbständige Struktur dar, z. B. ein Gitterrost.

In einem besonders einfachen Fall verlaufen gerade, lichtundurchlässige und transparente Streifen gleicher Breite in alternierender Zusammenstellung parallel zueinander, Bild D 2.4-2 a. Diese Struktur heißt Linienraster. Zwei solcher unter einem Schnittwinkel

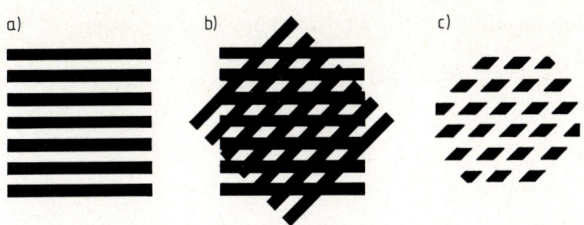

Bild D 2.4-2. Rasterstrukturen.
a) Linienraster.
b) Kreuzraster.
c) Punktraster.

ungleich null überlagerter Linienraster bilden einen Kreuzlinienraster oder kurz Kreuzraster, Bild D 2.4-2 b. Gleich viele Informationen wie letzterer enthalten prinzipiell die daraus abgeleiteten sog. Punktraster, die bezüglich der Intensitätsverteilung z. B. das Negativ eines Kreuzrasters darstellen, Bild D 2.4-2 c.

Bei der Verformung des Objekts ändert sich nicht nur die Orientierung der Rasterlinien, sondern auch deren Breite. Sie erscheinen verzerrt (s. Bild D 2.4-22).

Ein Maß für die Bestimmung dieser Formänderung kann die Kante einer Rasterlinie oder der Schnittpunkt zweier Kanten von überlagerten Streifen sein, wenn eine scharfe Trennung zwischen den lichtundurchlässigen und transparenten Streifen gelingt, Bild D 2.4-3 a. Andere Merkmale zur Ermittlung der gesuchten geometrischen Größen sind die Maxima und Minima der Grauwertverteilungen eines Rasters (s. Bild D 2.4-5).

D 2.4.3.2 Intensitätsverteilungen

Die Transmission eines Linienrasters nach Bild D 2.4-2 a mit der Teilung g entspricht für jeden Schnitt senkrecht zum Verlauf der Streifen einer Rechteckfunktion, Bild D 2.4-3 a. x bedeutet darin die Ortskoordinate in Schnittrichtung.

Praktisch läßt sich solch eine scharfe Abgrenzung zwischen lichtundurchlässigen und transparenten Bereichen kaum realisieren. Die Übergänge von einem zum anderen sind vielmehr i. a. gleitend, so daß die Transmission dieses Rasters durch eine trigonometrische Funktion approximiert werden kann, Bild D 2.4-3 b,

$$T(x) = \frac{1}{2}\left(1 - \cos\frac{2\pi}{g}x\right)$$

(D 2.4-1).

$T(x)$ ist häufig ein Gleichanteil T_M additiv überlagert.

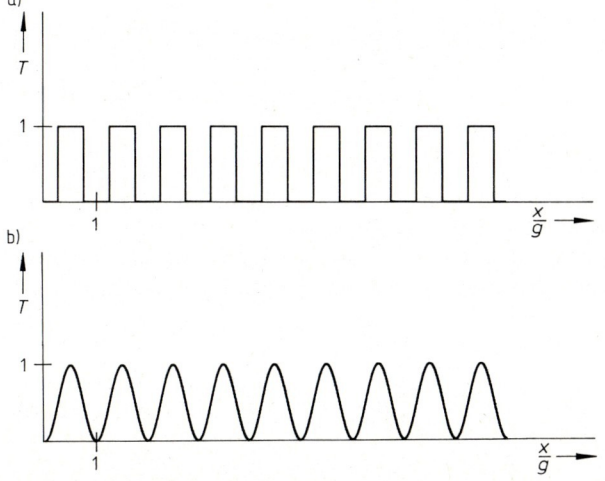

Bild D 2.4-3. Transmission eines Linienrasters nach Bild D 2.4-2 a.
a) Transmission als Rechteckfunktion.
b) Transmission als trigonometrische Funktion.

Geht man von einer konstanten Eingangsintensität I_E aus, dann beträgt die Ausgangsverteilung

$$I_A(x) = T(x)\, I_E \tag{D 2.4-2}$$

bzw. mit Gl. (D 2.4-1) ohne T_M

$$I_A(x) = \frac{1}{2}\left(1 - \cos\frac{2\pi}{g}x\right)I_E \tag{D 2.4-3}.$$

Im Fall der Verzerrung des erwähnten Rasters wandert der Rasterpunkt mit der Koordinate x z. B. in die neue Lage x'. Daraus folgt die Verschiebung

oder
$$\begin{aligned} u &= x' - x \\ x &= x' - u \end{aligned} \tag{D 2.4-4}.$$

Einsetzen von Gl. (D 2.4-4) in Gl. (D 2.4-3) führt auf die Intensitätsverteilung in Bild D 2.4-4:

$$I_A(x') = \frac{1}{2}\left(1 - \cos\frac{2\pi}{g}(x'-u)\right)I_E \tag{D 2.4-5}.$$

Aus der Bedingung

$$\cos\frac{2\pi}{g}(x'-u) = 0 \tag{D 2.4-6}$$

erhält man nach Gl. (D 2.4-5) die Intensität

$$I_A(x') = \frac{1}{2}I_E \tag{D 2.4-7},$$

welche die Übergänge zwischen den lichtundurchlässigen und lichtdurchlässigen Bereichen der verzerrten Rechteckfunktion in Bild D 2.4-4 markiert. Mit dem dort gemessenen Wert x'_F läßt sich u_F nach

$$x'_F - u_F = \frac{g}{4}(2n+1), \quad n \in \mathbb{N}, \tag{D 2.4-8}$$

ermitteln, denn Gl. (D 2.4-8) erfüllt die Bedingung Gl. (D 2.4-6).

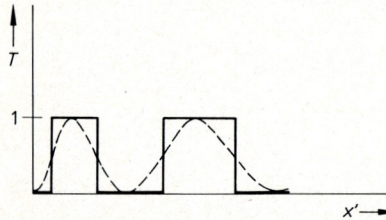

Bild D 2.4-4. Transmission eines verzerrten Linienrasters.

Ein Kreuzraster kann z. B. aus zwei um 90° gegeneinander gedrehten und überlagerten Linienrastern bestehen. Wenn beide die Struktur nach Bild D 2.4-2 a haben und die Streifen parallel zu den Achsen eines kartesischen x, y-Koordinatensystems verlaufen, dann sind zwei Linientransmissionen nach Gl. (D 2.4-1) mit den Rasterkonstanten g_x und g_y zu verknüpfen.

Man unterscheidet die multiplikative oder direkte Überlagerung T_m

$$T_m(x,y) = \frac{1}{4}\left(1 - \cos\frac{2\pi}{g_x}x\right)\left(1 - \cos\frac{2\pi}{g_y}y\right) \tag{D 2.4-9}$$

und die additive Zusammenfassung T_a

$$T_a(x, y) = \frac{1}{4}\left(1 - \cos\frac{2\pi}{g_x} x\right) + \frac{1}{4}\left(1 - \cos\frac{2\pi}{g_y} y\right) \qquad \text{(D 2.4-10)}.$$

Wenn z. B. zwei Raster in eine Ebene projiziert werden, folgt aus Gl. (D 2.4-10) mit einer konstanten Eingangsintensität I_E

$$I_{Aa}(x, y) = \frac{1}{4}\left(2 - \cos\frac{2\pi}{g_x} x - \cos\frac{2\pi}{g_y} y\right) I_E \qquad \text{(D 2.4-11)}.$$

Bild D 2.4-5 zeigt einen Ausschnitt einer so erzeugten Intensitätsverteilung.

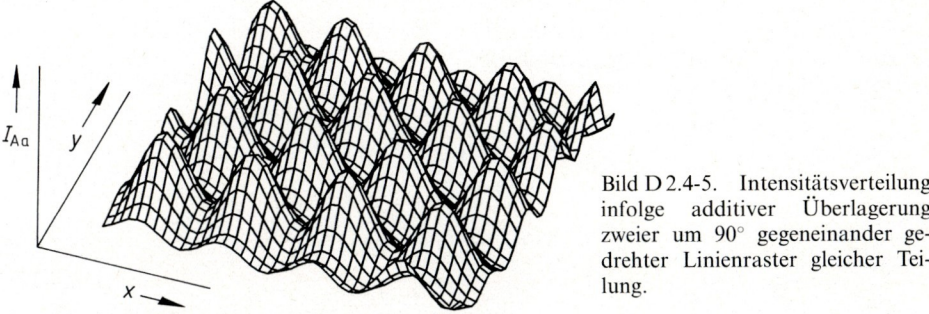

Bild D 2.4-5. Intensitätsverteilung infolge additiver Überlagerung zweier um 90° gegeneinander gedrehter Linienraster gleicher Teilung.

D 2.4.4 Rasterverfahren und ihre Möglichkeiten

D 2.4.4.1 Oberflächenrasterprinzip

D 2.4.4.1.1 Verschiebungsmessung

Zu den Verfahren, die auf dem Oberflächenrasterprinzip beruhen, gehören alle diejenigen Techniken, bei denen der Raster unmittelbar mit der betrachteten Objektfläche fest verbunden wird, so daß die Koordinaten der Rasterstruktur auch deren Kontur oder Formänderung liefern.

Im allgemeinen liegt eine beliebig gestaltete Prüfteilfläche vor. Dann benötigt man zur Lagebeschreibung eines Punktes auf dieser alle drei Komponenten des dazugehörigen Ortsvektors. Solch ein Punkt läßt sich auf zweidimensionalen Speichern, wie Photoplatten, mit Hilfe der Stereophotographie registrieren, die Anfang des 20. Jahrhunderts durch *C. Pulfrich* [D 2.4-1] in der Nahbereichsphotogrammetrie eingeführt worden ist.

Dabei photographiert man im einfachen Fall das Objekt O und den Raster mit zwei nebeneinander angeordneten Kameras K_1 und K_2, deren Position bezüglich eines Referenzsystems bekannt sein muß, Bild D 2.4-6. Die gleichzeitige Aufnahme des Prüfteiles eignet sich besonders auch zur Analyse zeitabhängiger Formänderungen.

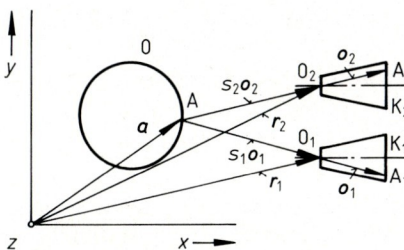

Bild D 2.4-6. Prinzip der Nahbereichsphotogrammetrie.

O Objekt, K_1 und K_2 registrierende Kameras

In einer Variante dazu ist lediglich eine Kamera vorgesehen, mit der das Objekt und der Raster aus zwei unterschiedlichen Positionen heraus nacheinander aufgezeichnet wird. Zweckmäßigerweise verschiebt man die Kamera zwischen den beiden Aufnahmen, senkrecht zu deren optischer Achse, um einen festgelegten Wert. In Abhängigkeit von den Daten des Versuchsaufbaus ist auf diese Weise der gesuchte Ortsvektor a bestimmbar.

Mit den bekannten Vektoren r_1 und r_2 zu den angenommenen Objektivzentren O_1 und O_2 der beiden Kameras sowie mit den ebenfalls bekannten Differenzvektoren o_1 und o_2 zwischen O_1 und dem ablesbaren Bildpunkt A_1 sowie O_2 und A_2 gilt für

und

$$a = r_1 - s_1 o_1 \qquad \text{(D 2.4-12)}$$

$$a = r_2 - s_2 o_2 \qquad \text{(D 2.4-13)}.$$

Aus diesen beiden Vektorgleichungen müssen die Skalare s_1 und s_2 bestimmt werden. Dazu dient die Komponentenschreibweise

$$x_A = x_{O_1} - s_1 (x_{A_1} - x_{O_1}) \qquad \text{(D 2.4-14)},$$

$$y_A = y_{O_1} - s_1 (y_{A_1} - y_{O_1}) \qquad \text{(D 2.4-15)},$$

$$z_A = z_{O_1} - s_1 (z_{A_1} - z_{O_1}) \qquad \text{(D 2.4-16)}$$

und

$$x_A = x_{O_2} - s_2 (x_{A_2} - x_{O_2}) \qquad \text{(D 2.4-17)},$$

$$y_A = y_{O_2} - s_2 (y_{A_2} - y_{O_2}) \qquad \text{(D 2.4-18)},$$

$$z_A = z_{O_2} - s_2 (z_{A_2} - z_{O_2}) \qquad \text{(D 2.4-19)}.$$

In dem hier angenommenen speziellen Fall der Kameraverschiebung parallel zur y, z-Ebene ist

und

$$x_{A_1} = x_{A_2} \qquad \text{(D 2.4-20)}$$

$$x_{O_1} = x_{O_2} \qquad \text{(D 2.4-21)}.$$

Setzt man die Gl. (D 2.4-20) und (D 2.4-21) in die Gl. (D 2.4-14) und (D 2.4-17) ein, so führt das auf

bzw.

$$x_{O_1} - s_1 (x_{A_1} - x_{O_1}) = x_{O_1} - s_2 (x_{A_1} - x_{O_1})$$

$$s_1 = s_2 \qquad \text{(D 2.4-22)}.$$

Durch Gleichsetzen der Gl. (D 2.4-15) und (D 2.4-18) folgt unter Berücksichtigung von Gl. (D 2.4-22):

$$s_1 = s_2 = \frac{y_{O_2} - y_{O_1}}{y_{A_2} - y_{A_1} - (y_{O_2} - y_{O_1})} \qquad \text{(D 2.4-23)}.$$

Damit kann der gesuchte Ortsvektor a nach Gl. (D 2.4-12) oder Gl. (D 2.4-13) ermittelt werden.

Wenn die Verformung eben ist und auch eine ebene Prüfteilfläche vorliegt, benötigt man nur eine der beiden Aufzeichnungen. Dann entspricht der Verlauf der Rasterlinien auf dem Bild unter Beachtung eines Maßstabfactors dem des Objekts, z. B., falls Prüfteil- und Bildebene parallel zueinander orientiert sind.

Die Formänderung folgt aus der Differenz der Koordinaten entsprechender Rasterpunkte.

D 2.4.4.1.2 Dehnungsmessung

Bei der Ermittlung der Dehnungen betrachtet man die Transformation eines Linienelements $d\xi$, das zwei infinitesimal benachbarte materielle Punkte miteinander verbindet, in eine neue Konfiguration dx. Diese Transformation erfolgt über den Deformationsgradienten F zu

$$\mathrm{d}x = F \, \mathrm{d}\xi \qquad (D\,2.4\text{-}24)$$

mit

$$F_{ik} = \frac{\partial x_i}{\partial \xi_k} \qquad (D\,2.4\text{-}25).$$

Wenn der Verschiebungsvektor

$$u = x - \xi \qquad (D\,2.4\text{-}26)$$

eingeführt wird, folgt

$$F_{ik} = \frac{\partial(\xi_i + u_i)}{\mathrm{d}\xi_k} = \delta_{ik} + \frac{\partial u_i}{\partial x_k} \qquad (D\,2.4\text{-}27).$$

Gl. (D 2.4-24) gilt für beliebig große Verformungen. Die Elemente von F gehen aus der Messung hervor. Der Gradient läßt sich in einen Drehtensor R und einen Strecktensor U aufspalten

$$F = R \, U \qquad (D\,2.4\text{-}28).$$

Im Fall ebener Formänderung erhält man den für die Dimensionierung benötigten Strecktensor nach *J. Stickforth* [D 2.4-2] zu

$$U = \frac{1}{\sqrt{\mathrm{tr}\,C + 2\sqrt{\det C}}} (\det C \, E + C) \qquad (D\,2.4\text{-}29).$$

Darin bedeutet $\qquad\qquad C = F^{\mathrm{T}} F$,
mit der Spur $\qquad\qquad \mathrm{tr}\,C = c_{11} + c_{22}$, $\qquad\qquad\qquad$ (D 2.4-30)
und der Determinante $\qquad \det C = c_{11} c_{22} - c_{12} c_{21}$

sowie E die Einheitsmatrix.

Bei kleinen Verzerrungen, aber durchaus größeren Drehungen, setzt sich U aus den bekannten Elementen ε_{xx}, ε_{xy} und ε_{yy} der Elastizitätslehre zusammen.

D 2.4.4.2 Projektions- und Schattenrasterprinzip (Konturmessung)

Das Projektionsrasterprinzip beruht darauf, einen Raster R mit einem Projektor P auf die unbekannte Oberfläche des Objekts O zu projizieren und das Bild B dieses Rasters mit einer registrierenden Kamera K aufzunehmen, Bild D 2.4-7. Dann läßt sich aus R und seinem Bild unter Berücksichtigung der Daten des optischen Systems die Kontur von O bestimmen. Dabei erscheint der auf O in A projizierte Rasterpunkt A_P in der Bildebene von K an der Stelle A_K. Mit den bekannten Ortsvektoren p und k zu den angenommenen Objektivzentren O_P von P und O_K von K sowie den ablesbaren Differenzvektoren o_P von O_P nach A_P und o_K von O_K nach A_K erhält man zwei Geradengleichungen

$$a_P = p - s_P \, o_P \qquad (D\,2.4\text{-}31)$$

und

$$a_K = k - s_K \, o_K \qquad (D\,2.4\text{-}32)$$

mit den unbekannten skalaren Größen s_P und s_K.

Das Gleichsetzen der Gl. (D 2.4-31) und (D 2.4-32) führt auf ein System von drei Gleichungen zur Berechnung von s_P sowie s_K und damit auf die Lage von A in Form des Ortsvektors a.

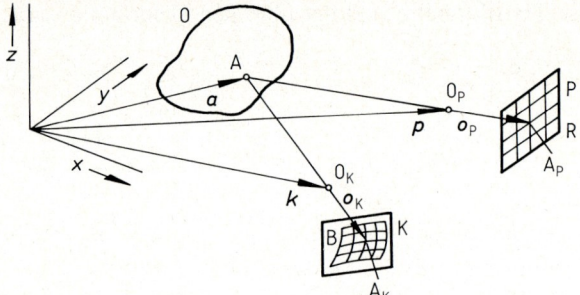

Bild D 2.4-7. Projektionsrasterprinzip.
O Objekt, P Projektor, K Kamera

Die Überbestimmtheit dieses Systems (drei Gleichungen und zwei Unbekannte) weist
darauf hin, daß sich Geraden im Raum, hier die Geraden durch O_P und A_P sowie O_K und
A_K, nicht notwendigerweise schneiden. Falls solch ein Schnittpunkt existiert, müssen alle
drei Skalargleichungen erfüllt sein.

Infolge von Meßfehlern läßt sich A oft nicht eindeutig ermitteln. Dann bestimmt man
nach *M. Müller* [D 2.4-3] den kleinsten Abstand der erwähnten Geraden und erklärt z. B.
den Mittelpunkt dieser Verbindung als Näherungswert für den gesuchten Objektpunkt.

In ähnlicher Weise ist eine Konturmessung auch dann möglich, wenn der Schatten eines
Rasters auf der Prüfteiloberfläche ausgewertet wird.

D 2.4.4.3 Reflexionsrasterprinzip

D 2.4.4.3.1 Neigungsmessung

Beim Reflexionsrasterverfahren beobachtet man einen Raster R über die reflektierende
Oberfläche des zu untersuchenden Objekts O und zeichnet das Rasterspiegelbild z. B. mit
einer registrierenden Kamera K auf, Bild D 2.4-8. Dann stellen die Linienverläufe solch
eines Bildes ein Maß für die Neigungen von O dar.

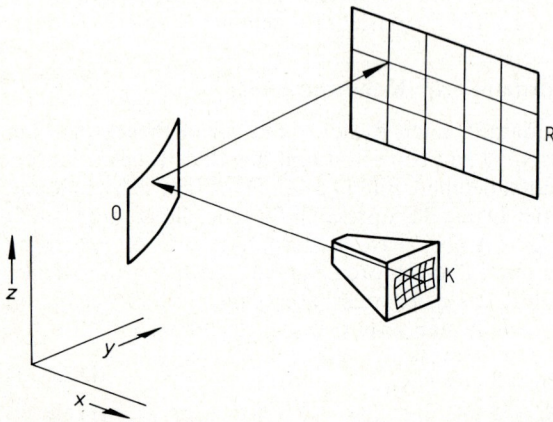

Bild D 2.4-8. Reflexionsrasterprinzip.
O Objekt, R Raster, K Kamera

Dieses Prinzip wurde von *P. Dantu* [D 2.4-4] zur Messung von Plattenneigungen und
-krümmungen eingesetzt. Unabhängig davon hat *W. Koepke* [D 2.4-5] den gleichen Effekt
angewandt, um ebenfalls über die Neigungen die Krümmungsgrößen und damit die
Beanspruchungen dünner Platten zu bestimmen. Schließlich entwickelten *R. Ritter* und
R. Hahn [D 2.4-6] einen Formalismus, der ganz allgemein die Zusammenhänge zwischen

Raster, Objekt und Rasterbild beschreibt und nach dem man die Neigungen beliebig geformter Prüfkörper ermitteln kann.

Für den vereinfachten Fall, daß die Bezugsebene von O, die Bildebene von K sowie ein ebener Rasterschirm R parallel zueinander angeordnet sind und sich die Neigung lediglich in einer Richtung ändern soll, zeigt Bild D 2.4-9 die Projektion eines dazugehörigen Strahlenganges. Dabei erscheint der Rasterpunkt $\bar{A}$ über den Objektpunkt A im Bildpunkt $\bar{\bar{A}}$. Die Neigung in A folgt dann aus

$$w_x(x_A, w_A) = \frac{\dfrac{x_A}{c_A} + \dfrac{x_A - \bar{x}_{\bar{A}}}{e_A}}{\dfrac{a - w_A}{c_A} + \dfrac{d - w_A}{e_A}} \qquad (D\,2.4\text{-}33)$$

mit
$$c_A = \sqrt{(-x_A)^2 + (a - w_A)^2} \qquad (D\,2.4\text{-}34)$$

und
$$e_A = \sqrt{(\bar{x}_{\bar{A}} - x_A)^2 + (d - w_A)^2} \qquad (D\,2.4\text{-}35).$$

c_A und e_A sind durch y_A und $\bar{y}_A$ zu erweitern, falls eine allgemeine Neigungsänderung vorliegt.

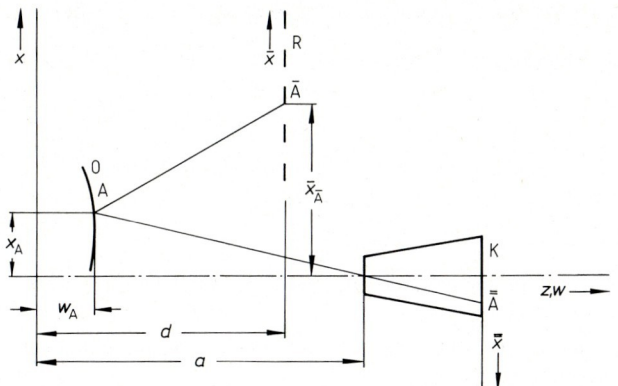

Bild D 2.4-9. Vereinfachter Reflexionsstrahlengang zur Neigungsbestimmung. O Objekt, R Raster, K Kamera

In Gl. (D 2.4-33) ist außer $w_x(x_A, w_A)$ auch w_A unbekannt. Deshalb empfiehlt sich ein iterativer Lösungsansatz mit gegebenem Anfangswert für w_A und einem Schätzwert für jeden weiteren Stützpunkt, der iterativ verbessert wird, falls man die Kontur nicht auf andere Weise ermittelt.

Entsprechendes gilt für $w_y(y_A, w_A)$.

D 2.4.4.3.2 Krümmungsmessung

Für die Krümmungsmessung nach dem Reflexionsrasterprinzip wird ebenfalls der vereinfachte Strahlengang nach Bild D 2.4-9 zugrunde gelegt. Außerdem möge die Verformungs- und Neigungsänderung des Objekts klein sein, Bild D 2.4-10. Jetzt beobachtet man in der Bildebene von K den Rasterpunkt $\bar{A}_1$ im unverformten Zustand von O über A_{1u} und im verformten über A_{1v}. Dann gilt nach G. *Subramanian* und R. *Arunagiri* [D 2.4-7] näherungsweise:

$$w_x(x_{A_{1v}}) = k\,\Delta x_1 \qquad (D\,2.4\text{-}36)$$

287

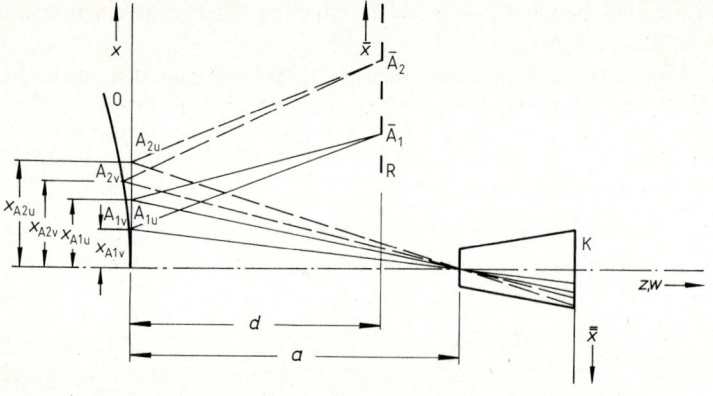

Bild D 2.4-10. Vereinfachter Reflexionsstrahlengang zur Krümmungsbestimmung.
O Objekt, R Raster, K Kamera

mit

$$k = \frac{1}{2}\left(\frac{1}{d} + \frac{1}{a}\right)$$ (D 2.4-37)

und

$$\Delta x_1 = x_{A_{1u}} - x_{A_{1v}}$$ (D 2.4-38).

Entsprechend führt die Registrierung des zu $\bar{A}_1$ benachbarten Rasterpunktes $\bar{A}_2$ über A_{2u} bzw. A_{2v} auf

$$w_x(x_{A_{2v}}) = k\,\Delta x_2$$ (D 2.4-39)

mit

$$\Delta x_2 = x_{A_{2u}} - x_{A_{2v}}$$ (D 2.4-40).

Jetzt kann die Krümmung für einen Punkt im Bereich zwischen A_{1v} und A_{2v} durch

$$w_{xx}(x_{A_{1v}} \leqq x \leqq x_{A_{2v}}) = \frac{w_x(x_{A_{1v}}) - w_x(x_{A_{2v}})}{x_{A_{2v}} - x_{A_{1v}}}$$ (D 2.4-41)

approximiert werden, wenn der Abstand der beiden benachbarten Objektpunkte hinreichend klein ist.

In der Praxis empfiehlt sich jedoch eher die numerische Differentiation der nach Abschnitt D 2.4.4.3.1 ermittelten Neigungswerte.

D 2.4.5 Meßeinrichtungen und ihre Handhabung

D 2.4.5.1 Aufbau rastertechnischer Meßeinrichtungen

Die Beschreibung der Meßprinzipien der Rasterverfahren läßt bereits erkennen, daß die dazugehörigen Meßeinrichtungen jeweils nur aus wenigen Elementen bestehen. Bei den Oberflächenrastermethoden sind es ein oder zwei registrierende Kameras sowie der mit dem Objekt fest verbundene Raster, während man sowohl für die Konturmessung nach dem Projektions- und Schattenrasterprinzip als auch zur Neigungs- und Krümmungsmessung mit Hilfe des Reflexionsrasterprinzips außer einer Kamera jeweils einen getrennt vom Objekt angeordneten Raster benötigt. Zum einen wird er auf die Prüffläche projiziert und zum anderen über deren reflektierende Struktur beobachtet, wobei sich z. B. bereits das Reflexionsvermögen eines dunklen Glanzlacküberzugs als hinreichend erwiesen hat.

Die quantitative Analyse von Rasterbildern erfordert zunächst eine bekannte Geometrie des Referenzrasters, ferner Marken auf dem Objekt, deren Positionen infolge einer Verformung desselben unverändert bleiben, und schließlich eine räumliche Zuordnung der einzelnen Elemente, die durch Justieren und Vermessen des Aufbaus erzielt wird.

Die Meßprinzipien können aber auch auf Strahlengänge führen, zu denen weitere optische Bauteile wie Linsen, Filter, Prismen oder Spiegel gehören.

D 2.4.5.2 Raster

Die Rasterherstellung für die Verformungsmessung nach dem Oberflächenrasterprinzip ist i. a. aufwendiger als bei den anderen Rastermethoden, weil man dort durchweg höhere Liniendichten benötigt und weil außerdem neben der Fertigung der Rasterstruktur auch die Technologie des Kontakts zwischen dieser und der betrachteten Objektoberfläche berücksichtigt werden muß. Nur im Fall größerer Verformungen liefert z. B. ein auf das Prüfteil gezeichneter Strichraster eine hinreichende Meßgenauigkeit. Sonst sind vielfach Raster mit Liniendichten von mehreren hundert Linien und auch von über eintausend Linien je Millimeter erforderlich, die sich interferenzoptisch erzeugen lassen. Grundlegende Untersuchungen dazu wurden von *J. M. Burch* und *D. A. Palmer* [D 2.4-8] durchgeführt. Sehr praktisch ist auch eine von *D. Rudolph* und *G. Schmahl* [D 2.4-9] vorgestellte Vorgehensweise, bei der zwei kohärente Strahlenbündel so überlagert werden, daß ein Interferenzstreifensystem entsteht. Die Abstände der Intensitätsmaxima bzw. -minima hängen in dem Fall lediglich von der Wellenlänge des benutzten Lichts sowie vom Winkel ab, den die beiden Bündel miteinander bilden. Bringt man in das Überlagerungsfeld z. B. eine Photoresistschicht, so kann das entstehende Streifensystem je nach Träger und Weiterverarbeitung als Transmissions- oder Reflexionsraster eingesetzt werden, Bild D 2.4-11.

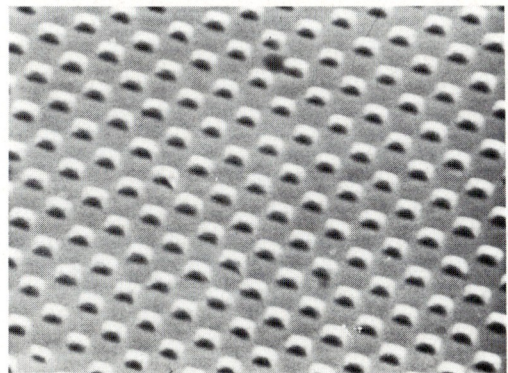

Bild D 2.4-11. Durch Zweistrahlinterferenz erzeugter Kreuzraster mit 3600 Punkten/mm^2 (nach *H.-Ch. Goetting, R. Ritter, R. Schütze* und *W. Wilke* [D 2.4-10]).

Ein Lackrelief entwickelt sich auch dann, wenn über der Photoresistschicht ein Originalraster geringerer Liniendichte liegt, so daß UV-Strahlung die nicht von den lichtundurchlässigen Rasterstreifen abgedeckten Bereiche aushärtet und ein chemisches Spülmittel den Lack an allen anderen Stellen auflöst. Über die Herstellung solcher Lackraster haben *R. C. Lussow* [D 2.4-11] sowie *E. Roßhaupter* und *D. Hundt* [D 2.4-12] berichtet.

Bild D 2.4-12 zeigt solch ein nach dem sog. Maskenprinzip entstandenes Lackrelief, wobei eine dünne Photolackschicht, auf metallischen Träger aufgebracht, mit UV-Licht durch eine Maske hindurch belichtet wurde.

Am flexibelsten ist die Rasterherstellung mit Hilfe des Prinzips der Lithographie.

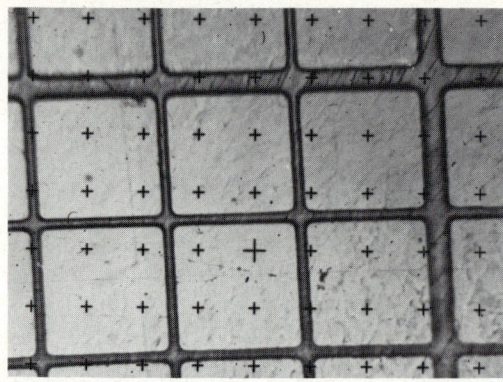

Bild D 2.4-12. Nach dem Maskenprinzip erzeugter Kreuzraster mit 10 Linien/mm bei Linienbreiten zwischen 5 µm und 15 µm (nach *K. Andresen, B. Kamp* und *R. Ritter* [D 2.4-13]).

Auch im Fall des Projektionsrasterprinzips verwendet man meistens einen Raster höherer Liniendichte – vielfach in Form eines Dias.

Dagegen bestehen die Raster bei den Schatten- und Reflexionsrasterverfahren vorzugsweise aus ebenen Schirmen, die nach dem Durchlichtprinzip beleuchtet werden. Für die Reflexionsrastermethode sind außerdem solche Raster geeignet, die keine lichtdurchlässigen Bereiche aufweisen, sondern sich z. B. aus schwarzen Streifen auf weißem Grund zusammensetzen. Beide Rastertypen lassen sich auch mit ebenem Planfilm und mit Hilfe eines handelsüblichen Vergrößerungsgeräts aus einem Originalraster kleiner Teilung anfertigen.

Je nach Beschaffenheit der reflektierenden Objektoberfläche können Liniendichten des Rasterschirms bis zu einer Linie je Millimeter beobachtet werden.

Für die Herstellung der Raster ist durchweg photographisches Material mit hohem Auflösungsvermögen, steiler Gradation und guter Maßhaltigkeit erforderlich.

D 2.4.5.3 Lichtquellen

Weil die Rasterprinzipien zu den Verfahren der inkohärenten Optik gehören und nur zur Erzeugung von Rastern hoher Liniendichte ggf. eine kohärente Lichtquelle benötigt wird, setzt man i. a. weißes Licht für die Beleuchtung der Raster ein. Dabei ist darauf zu achten, daß die betrachteten Flächen gleichmäßig ausgeleuchtet werden, um einen möglichst konstanten mittleren Pegel für die Intensitätsverteilung zu erzielen, der vor allem eine automatische Auswertung von Rasterstrukturen begünstigt.

Als flächenhafte Lichtquelle eignet sich z. B. der Lichtkasten einer spannungsoptischen Bank mit vorgesetzter Mattscheibe.

Im Fall einer punktförmigen Lichtquelle kann man eine Lochblende einsetzen, auf die mit einem Kondensor der Brennfleck einer Quecksilberhöchstdrucklampe abgebildet wird.

Bei zeitabhängigen Vorgängen hat sich der parabolische, diffuse Reflektor der Blitzlampe STROBOKIN [D 2.4-14] als praktische Lichtquelle bewährt, die – synchron zu einer Hochgeschwindigkeitsfilmkamera wirkend – die Raster kurzzeitig genügend beleuchtet.

D 2.4.5.4 Sonstige gerätetechnische Aspekte

Raster und Kamera gehören zur Grundausstattung jedes optischen Labors. Wegen des einfachen Aufbaus der Versuche ist es zweckmäßig, die wenigen Elemente jeweils an die gegebenen Randbedingungen anzupassen, die hauptsächlich durch die Form und Position des Objekts bestimmt werden. Die Versuche erweisen sich im Vergleich zu anderen optischen Methoden der experimentellen Spannungs- und Verformungsanalyse als verhältnismäßig unempfindlich gegenüber Umgebungseinflüssen. Auch die Justierung der verschiedenen Elemente bereitet nur relativ wenig Mühe. Zweckmäßigerweise geschieht dieses durch Weg- und Winkelmessungen.

Im Fall des Reflexionsrasterverfahrens ist es wegen der Lagezuordnung der Rasterlinien vorteilhaft, einen ebenen Rasterschirm zu verwenden. Bei stärker gekrümmten Objekten empfiehlt es sich, einen Schirm einzusetzen, der aus gegeneinandergedrehten ebenen Teilflächen besteht, so daß über jeden Punkt der Prüfteiloberfläche eine Rasterlinie des Schirms beobachtet werden kann und die Linien auf dem Rasterbild bezüglich einer zuverlässigen Auswertung der Aufzeichnung nicht zu verzerrt erscheinen.

Für das Oberflächenrasterverfahren muß vor allem die Position der beiden Kameras zueinander und in Abhängigkeit von Referenzmarken des Objekts bekannt sein, die ihre Lage nicht ändern.

Allgemein ist hinsichtlich der Registrierung der Rasterbilder eine Meßkamera vorteilhaft, weil damit z. B. eine Ermittlung der Objektivhauptebenen entfallen kann und auch kein Referenzraster benötigt wird, der eine Ortsbestimmung in der Bildebene ermöglicht, so wie es *W. Wilke* [D 2.4-15] erklärt hat.

Wenn man serienmäßige Prüfungen nur einer Art durchführen muß, ist dafür eine spezielle Apparatur zweckmäßig, andernfalls erweist sich ein zusammengestelltes System als vorteilhaft.

D 2.4.6 Kennzeichnende Anwendungsbeispiele

Da die mit den Rasterverfahren erzielte verhältnismäßig einfache Struktur der aufgezeichneten Raster für eine halb- oder vollautomatische Auswertung mit Hilfe der digitalen Bildverarbeitung besonders gut geeignet ist, enthält die folgende Zusammenstellung mehrere Beispiele, bei denen diese Art der Bestimmung der gesuchten Verformungsgrößen angewendet wurde.

Die ersten vier Beispiele beschreiben die Verschiebungsmessung bzw. Konturbestimmung nach dem Oberflächenrasterprinzip und die weiteren vier die Neigungsmessung nach dem Reflexionsrasterprinzip.

Bild D 2.4-13 zeigt eine gelochte Gummischeibe unter Zugbeanspruchung und Bild D 2.4-14 die darauf gedruckte Punktrasterstruktur in einer Parallelprojektion zum ebenen Ausgangszustand des Objekts, bezogen auf das unverformte sowie verformte Prüfteil

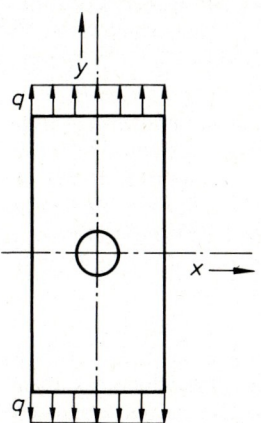

Bild D 2.4-13. Gelochte Gummischeibe unter Zugbeanspruchung nach *B. Morche* und *S. Schrammek* [D 2.4-16].

a)   b)

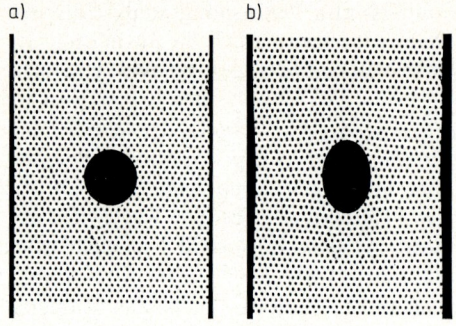

Bild D 2.4-14. Punktrasterstruktur auf der Gummischeibe in Bild D 2.4-13, bezogen auf den unverformten a) und den verformten Zustand b) des Objekts (0,55 Punkte/mm).

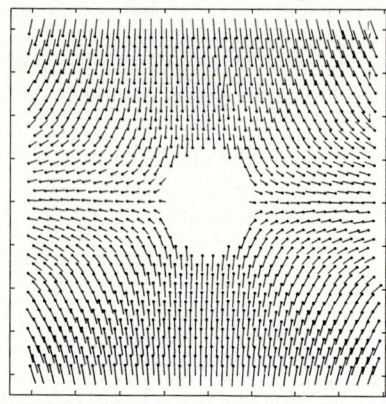

Bild D 2.4-15. Vektorfeld der Verschiebungen der Gummischeibe in Bild D 2.4-13 für die gewählte Punktrasterstruktur in Bild D 2.4-14.

(nach *B. Morche* und *S. Schrammek* [D 2.4-16]). Die Rasterbilder wurden automatisch ausgewertet. Aus der Differenz der Ortskoordinaten entsprechender Rasterpunkte erhielt man das Vektorfeld der Verschiebungen in dieser Projektion, Bild D 2.4-15.

Im zweiten Beispiel handelte es sich um ein Quadermodell aus Polyurethanschaum, dessen Formänderung durch die Einwirkung eines zylinderartigen Stempels zu ermitteln war, Bild D 2.4-16. Aus der halbautomatischen Auswertung der Rasterbilder folgten u. a. die Verschiebungen u und v in Richtung der x- und y-Achse eines kartesischen Koordinatensystems, dessen z-Achse senkrecht auf der unverformten Ebene der betrachteten Objektfläche und der Bildebene der registrierenden Kamera stand, Bild D 2.4-17. Wegen der Symmetrien zur x-Achse ist darin jeweils nur eine Hälfte des Feldes geplottet worden.

Die gleichen Verschiebungskomponenten haben *M. Obata*, *H. Shimada* und *A. Kawasaki* [D 2.4-17] im Bereich der Spitze einer abgerundeten Kerbe, die in eine auf Zug beanspruchte Flachprobe eingearbeitet war, mit der Oberflächenrastermethode bestimmt. Bild D 2.4-18 stellt den Verlauf der Rasterlinien im verformten Zustand des Objekts bei schräger Objektbeleuchtung dar. Die Liniendichte betrug in dem Fall rund 40 Linien je Millimeter. Die Veröffentlichung enthält außerdem eine Abschätzung über die Dickenänderung der Probe senkrecht zur u, v-Verschiebung in der Rasterebene.

In einem weiteren Beispiel wurde die dreidimensionale Verformung einer statisch belasteten Kunststoffflasche von *C. Schulze* [D 2.4-18] ermittelt. Bild D 2.4-19 zeigt die mit Hilfe der Stereophotographie aufgezeichneten Rasterbilder, wobei jeweils zwei den unverformten und zwei den verformten Zustand des Objekts darstellen. Die halbautomatische

a)

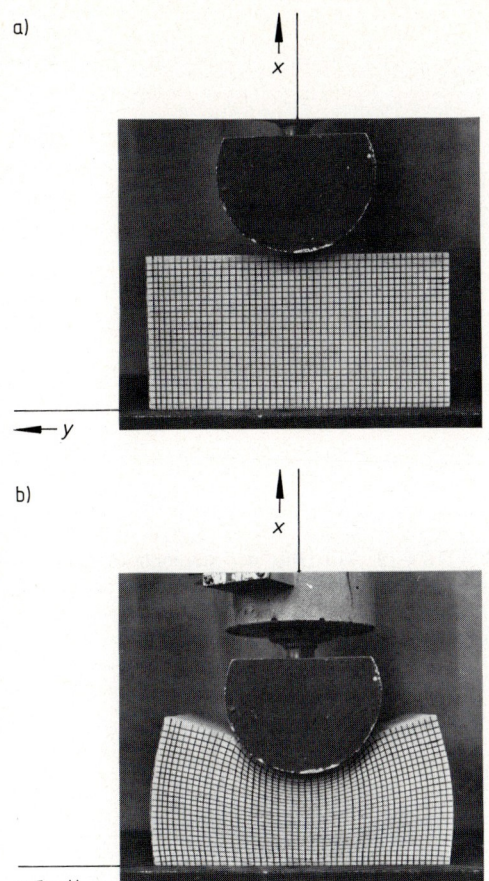

b)

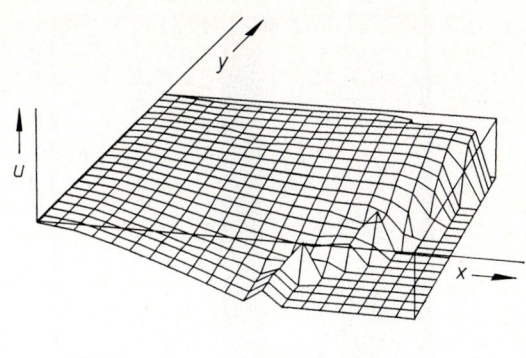

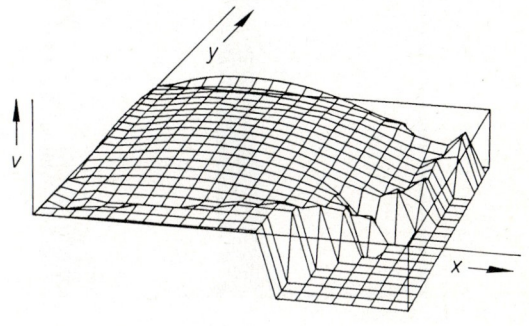

Bild D 2.4-17. Verschiebungen u und v in Richtung der x- und y-Achse eines kartesischen Bezugskoordinatensystems, dessen x, y-Ebene mit der unverformten Prüfebene des betrachteten Modells zusammenfällt und parallel zur Bildebene der registrierenden Kamera orientiert ist (wegen der Symmetrien enthält das Bild jeweils nur eine Hälfte des Feldes).

Bild D 2.4-16. Projektion der Verformung eines Quadermodells aus Polyurethanschaum infolge des Eindrucks eines zylinderartigen Stempels (Werkfoto BASF).
a) Unverformte Probe.
b) Verformte Probe.

0,1 mm

Bild D 2.4-18. Rasterlinienstruktur im Bereich der Spitze einer abgerundeten Kerbe einer auf Zug beanspruchten Flachprobe (nach *M. Obata, H. Shimada* und *A. Kawasaki* [D 2.4-17]).

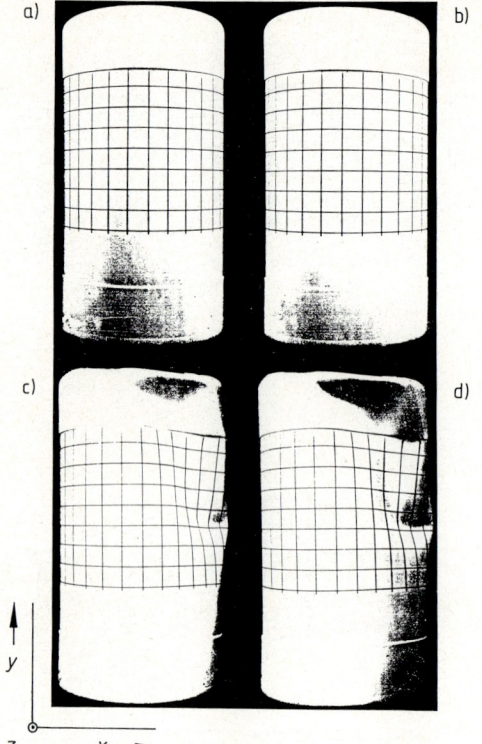

Bild D 2.4-19. Mit Hilfe der Stereophotographie aus zwei unterschiedlichen Positionen a) und b) bzw. c) und d) der registrierenden Kamera aufgezeichnete und auf zwei Verformungszustände einer statisch belasteten Kunststoffflasche bezogene Rasterbilder (nach *C. Schulze* [D 2.4-18]).

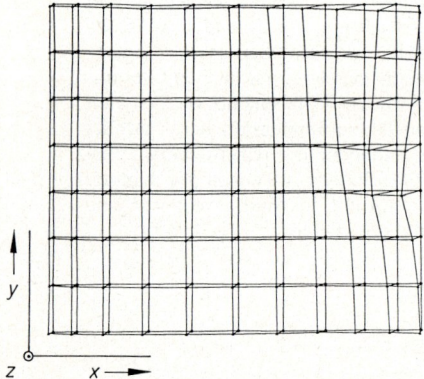

Bild D 2.4-20. Parallelprojektion der Verschiebungsvektoren zu Bild D 2.4-19.

Auswertung derselben lieferte die Parallelprojektion der Verschiebungsvektoren in den Schnittpunkten der auf die weiße Prüfteiloberfläche gezeichneten schwarzen Linien, Bild D 2.4-20, sowie die Vektorkomponenten der Verschiebung in den Schnittebenen durch die horizontalen Streifen des Rasters, Bild D 2.4-21.

Der Vorteil der Rasterverfahren als In-situ-Methoden wird im folgenden Beispiel deutlich. Dabei handelte es sich um Delaminationsmessungen an schwingbelasteten Proben aus kohlefaserverstärktem Verbundwerkstoff (CFK) von *R. Schütze* [D 2.4-19], *H. Tappe*

Bild D2.4-21. Vektor-
komponenten der Ver-
schiebung in den
Schnittebenen durch die
horizontalen Streifen
des Rasters nach Bild
D2.4-19.

[D 2.4-20] sowie *R. Schütze* und *H.-Ch. Goetting* [D 2.4-21]. Bild D 2.4-22 stellt die reflektierten Linien eines über die polierte Oberfläche solch eines Prüfstabes beobachteten Rasters dar. Infolge einer periodisch veränderlichen Last bildeten sich Risse, die, von den Seitenflächen der Proben ausgehend und in Längsrichtung verlaufend, mit zunehmender Lastwechselanzahl in deren Inneres wanderten. Diese Materialtrennung führte zu einer Neigungsänderung der ursprünglich ebenen Prüfteiloberfläche, die als Verzerrung der Rasterlinien auf dem Reflexionsbild erkennbar ist. Aus den auf zwei unterschiedliche Neigungszustände bezogenen Linienverläufen kann man die Kontur und außerdem die Öffnung der Risse am Probenrand sowie deren Tiefe ermitteln.

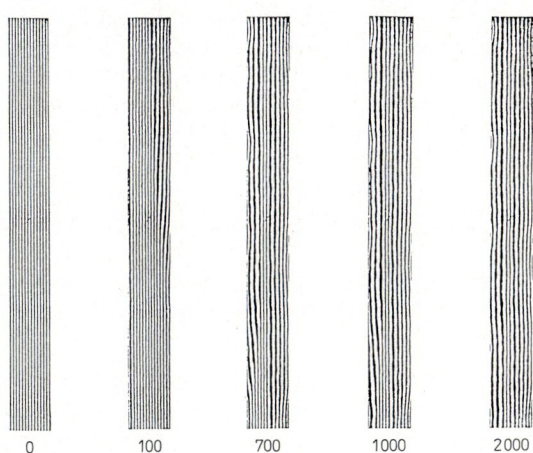

0   100   700   1000   2000

Bild D2.4-22. Rasterspiegelbilder einer
schwingbelasteten Flachprobe aus
kohlefaserverstärktem Verbundwerkstoff (CFK) als Maß für die Entstehung und Ausbreitung der Randdela-
mination in Abhängigkeit von der
Lastwechselanzahl nach *R. Schütze*
[D2.4-19], *H. Tappe* [D2.4-20] sowie
R. Schütze und *H.-Ch. Goetting*
[D2.4-21]).

Eine weitere Anwendungsmöglichkeit des Reflexionsrasterverfahrens haben *K. Andresen* und *B. Morche* [D 2.4-22] beschrieben. Ihr Objekt war eine am Rande fest eingespannte quadratische Platte mit einem quadratischen, freien Ausschnitt, Bild D 2.4-23, die sich infolge einer vertikal zur ebenen Prüfteilfläche in der einspringenden Ecke wirkenden Punktlast verformte. In Bild D 2.4-24 sind die über das verspiegelte Objekt reflektierten

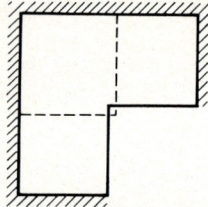

Bild D 2.4-23. Am Rande fest eingespannte quadratische Platte mit einem freien, quadratischen Ausschnitt und einer vertikal dazu (in der einspringenden Ecke) wirkenden Punktlast (nach *K. Andresen* und *B. Morche* [D 2.4-22]).

Bild D 2.4-24. Rasterspiegelbild für die Aufgabe nach Bild D 2.4-23.

Kreuzrasterlinien aufgezeichnet. Die Rasterstruktur wurde mit Hilfe der digitalen Bildverarbeitung vollautomatisch ausgewertet. Dadurch entstand unter anderem der Verlauf der Linien gleicher Neigungswerte w_x in dem auf Bild D 2.4-23 gestrichelt eingetragenen Bereich, Bild D 2.4-25.

Bild D 2.4-26 zeigt, daß ein auswertbares Rasterspiegelbild auch dann entsteht, wenn die Objektoberfläche nicht die Struktur eines Spiegels hat, sondern wie in diesem Fall mit einer schwarzen Glanzlackschicht überzogen war. Bei dem Prüfteil handelte es sich um einen Ausschnitt aus einem der Serienfertigung entnommenen Pkw-Kotflügel, für den *R. Hahn* [D 2.4-23] nach dem Reflexionsrasterprinzip verschiedene Verformungsgrößen bestimmt hat.

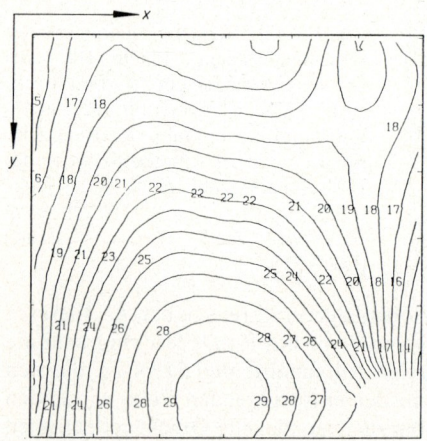

Bild D 2.4.-25. Vollautomatisch aus dem Rasterspiegelbild in Bild D 2.4-24 ermittelter Verlauf der Höhenlinien für die Plattenneigungen w_x; sie entsprechen dem in Bild D 2.4-23 durch gestrichelte Linien angedeuteten Bereich.

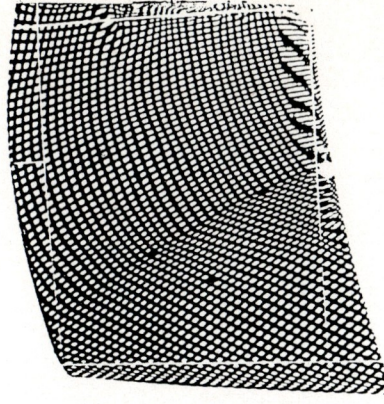

Bild D 2.4-26. Spiegelbild eines aus zwei ebenen Teilflächen zusammengesetzten Rasterschirms, aufgenommen über die schwarz lackierte Oberfläche eines PKW-Kotflügelausschnitts (nach *R. Hahn* [D 2.4-23]).

Um solch ein Objekt handelte es sich auch in einem Beispiel von *K. Andresen, R. Ritter* und *R. Schütze* [D 2.4-24], das die Anwendbarkeit des Reflexionsrasterprinzips in der Qualitätskontrolle deutlich macht. Die Qualität der Lackierung des Objekts kann an der Struktur der reflektierten Rasterlinien abgelesen werden, Bild D 2.4-27. Je glatter diese erscheinen, desto besser ist die Lackierung. Aus der Varianz des Abstandes benachbarter Streifen in Schnitten senkrecht zur Linienorientierung erhält man z. B. ein Maß für die Qualität.

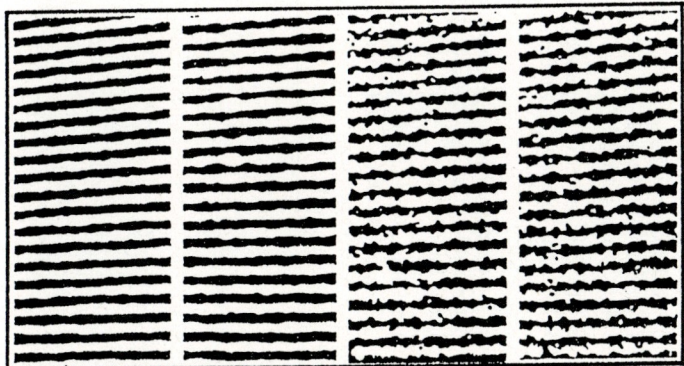

Bild D 2.4-27. Spiegelbilder von Rastern, aufgenommen über lackierte Objektoberflächen unterschiedlicher Qualität (nach *K. Andresen, R. Ritter* und *R. Schütze* [D 2.4-24]).

D 2.4.7 Zusammenfassende Beurteilung

Ein wesentlicher Vorteil der Rasterverfahren gegenüber anderen optischen Ganzfeldmethoden besteht in der verhältnismäßig einfachen Struktur der auszuwertenden Muster, die eine automatische Auswertung begünstigt. Natürlich ist diese nur dann rentabel, wenn eine größere Datenmenge vorliegt, z. B. bei der Analyse dynamischer Vorgänge oder im Fall von Serienmessungen auf dem Gebiet der Werkstoffprüfung und in der Qualitätskontrolle. Aber auch, wenn eine Rasterstruktur mit hoher Liniendichte gegeben ist, erweist sich solch eine Form der Meßdatenverarbeitung als zweckmäßig.

Die Rasterverfahren sind besonders zur Messung von Dehnungen geeignet, die bei einer Bezugslänge vom rund 50fachen der Rasterkonstanten mehr als etwa ein Promille betra-

Tabelle D 2.4-1 Merkmale der beschriebenen Rasterverfahren.

Meßgröße	Methode	Effekt	Vorteile	Nachteile
Verschiebung	Oberflächenrasterprinzip	Veränderung einer Rasterstruktur, die fest mit der betrachteten Objektoberfläche verbunden ist; diese Veränderung stellt ein Maß für deren Verformung dar	geringer Versuchsaufwand und einfacher Auswerteformalismus, vor allem bei ebenen Formänderungen	bei kleinen Verschiebungen in engbegrenzten Bereichen sind Raster hoher Liniendichte erforderlich
Dehnung	Oberflächenrasterprinzip	wie bei Verschiebungsmessung, wobei hier die Dehnung als bezogene Abstandsänderung zwischen zwei benachbarten Rasterpunkten bestimmt wird	geringer Versuchsaufwand	Bezugslängen dürfen nicht zu klein sein im Vergleich zur Abstandsänderung
Kontur	Projektions- und Schattenrasterprinzip	Abhängigkeit der Struktur der Projektion bzw. des Schattens eines Rasters von der Kontur des Objekts	geringer Versuchsaufwand und einfacher Auswerteformalismus	Daten des Projektors und der Kamera müssen genau bestimmt werden
Neigung	Reflexionsrasterprinzip	Abhängigkeit des Rasterspiegelbildes von der Neigung eines über das Objekt beobachteten Rasters	geringer Versuchsaufwand und einfacher Auswerteformalismus; geringe Rasterliniendichte erforderlich	Objektoberfläche reflektierend. Genaue Daten der optischen Elemente erforderlich
Krümmung	Reflexionsrasterprinzip	wie bei Neigungsmessung, wobei hier die Krümmung als bezogene Differenz der Neigungen in zwei benachbarten Punkten bestimmt wird	geringer Versuchsaufwand und einfacher Auswerteformalismus	Objektoberfläche reflektierend. Genaue Daten der optischen Elemente erforderlich.

gen. Bei kleineren Werten kann es vorteilhafter sein, den mit dem Objekt fest verbundenen Raster und einen dazu unabhängigen Referenzraster zu überlagern. Dann entsteht der Moiréeffekt, der die gesuchten Werte möglicherweise besser erkennen läßt. Dagegen ist die Neigungsmessung mit Hilfe des Reflexionsrasterprinzips i.a. einfacher als die Lösung dieser Aufgabe nach dem Reflexionsmoiréprinzip.

In Tabelle D 2.4-1 sind die charakteristischen Merkmale der Rasterverfahren zusammengefaßt.

D 2.5 Moiréverfahren

R. Ritter

D 2.5.1 Formelzeichen

I	Lichtintensität
T	Transmission
a, d, l	Längen im optischen System
g	Raster- bzw. Gitterkonstante
m, n	Ordnungszahl einer Raster- bzw. Gitterlinie
s	Abstand zweier benachbarter Moirélinien
u, v, w	Verschiebungen
w_x, w_y	Neigungen
w_{xx}, w_{yy}	angenäherte Krümmungen
x, y, z	Ortskoordinaten
$\Delta x, \Delta y, \Delta z$	Relativverschiebungen
α	der von Objekt- und Referenzrasterlinie eingeschlossene Winkel
$\beta, \gamma, \vartheta, \eta$	Winkel im optischen System
γ_{xy}	Schiebung
δ	Ordnungszahl einer Moirélinie
$\varepsilon_{xx}, \varepsilon_{yy}$	linearisierte Dehnungskomponenten
$\varkappa_x$	Krümmung
φ	der vom Moiréstreifen und von der Referenzrasterlinie eingeschlossene Winkel

D 2.5.2 Allgemeines

Soweit bekannt, ist das Phänomen des Moiréeffekts zum ersten Mal im Jahre 1874 von *Lord Rayleigh* [D 2.5-1] beschrieben worden. Schon wenig später entdeckte *A. Righi* [D 2.5-2] die Eignung dieses Prinzips zur Verformungsmessung. 1945 hat dann *D. Tollenaar* [D 2.5-3] die Entstehung von Moiréstreifen mit Hilfe der geometrischen Optik erklärt. Bald danach sind die ersten Arbeiten über die Anwendung des Moiréeffekts erschienen. So enthält z.B. ein 1948 veröffentlichter Aufsatz von *R. Weller* und *B. M. Shepard* [D 2.5-4] Ergebnisse von Messungen der Verschiebungskomponenten eines diametral belasteten Ringes. Auf Verbesserungen des dort eingesetzten Moiréverfahrens führten Untersuchungen von *P. Dantu* [D 2.5-5]. Etwa um die gleiche Zeit hat *F. K. Ligtenberg* [D 2.5-6] gezeigt, daß sich das Moiréprinzip auch zur Neigungsbestimmung von Flächen eignet und somit die Möglichkeit gegeben ist, über die daraus abgeleiteten Krümmungen auf die Beanspruchung von Bauteilen durch Biegemomente zu schließen.

Die Ergebnisse der weiteren Entwicklung der einzelnen Moiréverfahren sind dann in den folgenden Jahren nicht nur in vielen Aufsätzen dargestellt, sondern auch in mehreren Fachbüchern und Übersichtsarbeiten zusammengefaßt worden [D 2.5-7 bis 14].

Das gemeinsame Kennzeichen aller Moirémethoden besteht in der Überlagerung von mindestens zwei Rasterstrukturen, so wie sie in Abschnitt D 2.4.3.1 beschrieben worden sind. Sie heißen *Objekt-* und *Referenzraster.* Der Objektraster ist entweder direkt mit der Prüfteiloberfläche verbunden und verformt sich ebenso wie diese infolge einer Beanspruchung, oder er erscheint als Spiegelbild über den betrachteten, in dem Fall reflektierenden Gegenstand bzw. als Schatten oder Projektion auf ihm.

Der Referenzraster hat die Aufgabe einer Bezugsgröße mit vorgegebener Geometrie.

Die bei der Überlagerung der zwei Rasterstrukturen sichtbar werdenden Moiréstreifen sind i. a. die geometrischen Orte für alle damit zusammenhängenden Objektpunkte gleicher Verformung. Um diese Verformungen bestimmen zu können, benötigt man die Moiréstreifenordnung und die Daten des Meßsystems.

Die Moiréverfahren gehören ebenso wie die Rasterverfahren in die Reihe der Ganzfeldmethoden der experimentellen Spannungs- und Verformungsanalyse. Die daraus ermittelten Größen beziehen sich auf einen ausgedehnten Bereich der betrachteten Objektoberfläche. Die Verfahren sind zur Behandlung von statischen und dynamischen Problemen geeignet.

Der versuchstechnische Aufwand ist im Verhältnis zu anderen optischen Meßprinzipien klein. Die Experimente können durchweg am Originalbauteil durchgeführt werden.

Da man die gesuchten Verformungen nur jeweils in den Zentren der Moiréstreifen erhält, sind feine Raster oder Interpolationsverfahren erforderlich, wenn die Anzahl der auswertbaren Punkte möglichst groß sein soll.

D 2.5.3 Physikalisches Prinzip

D 2.5.3.1 Der Moiréeffekt

Die zur Erzeugung des Moiréeffekts überlagerten geometrischen Strukturen mögen gemäß Bild D 2.4-2 als Strichraster aus geraden, parallelen und lichtundurchlässigen Linien sowie transparenten Zwischenräumen gleicher Linien- und Zwischenraumbreite zusam-

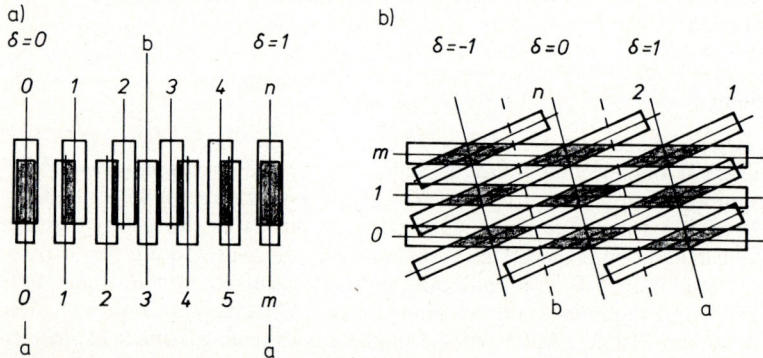

Bild D 2.5-1. Moiréstreifen als Interferenz zweier überlagerter Linienraster.
a) Parallele Raster unterschiedlicher Teilung.
b) Relativ zueinander gedrehte Raster gleicher Teilung.
a Zentrum eines hellen Moiréstreifens, b Zentrum eines dunklen Moiréstreifens, m, n Ordnungszahlen der schwarzen Rasterlinien, δ Ordnungszahl einer hellen Moirélinie

mengesetzt sein. Die beiden in Bild D 2.5-1 gezeigten Muster sind mit Hilfe solcher Raster entstanden. Einmal handelt es sich um die Überlagerung von zwei parallelen Linienrastern unterschiedlicher Teilung (Bild D 2.5-1 a) und zum anderen um überlagerte Raster mit gleicher Rasterkonstanten, die relativ zueinander gedreht sind (Bild D 2.5-1 b). Man erkennt jeweils helle und dunkle Moiréstreifen. Sie erscheinen ebenfalls als parallele Linien, wenn der Beobachter einen solchen Abstand zur Überlagerungsfigur einnimmt, daß die einzelnen Striche der erzeugenden Raster nicht mehr scharf auf der Netzhaut des Auges abgebildet werden, Bild D 2.5-2. Sowohl die hellen als auch die dunklen Streifen heißen Moirélinien.

Bild D 2.5-2. Moiréstreifen als Interferenz zweier übergelagerter und relativ zueinander gedrehter Linienraster gleicher Teilung.

Zur Identifizierung kennzeichnet man die lichtundurchlässigen Linien des Referenzrasters mit 0 bis m, die des Objektrasters von 0 bis n sowie die durch die Überlagerung der beiden entstehenden hellen Moiréstreifen mit 0 bis δ, Bild D 2.5-3. Dort sind die Skelette dieser drei Strukturen dargestellt.

Wenn beide Raster relativ zueinander mit $\alpha < 90°$ gedreht werden (Bild D 2.5-3 a), folgt die Moirélinienordnung aus

$$\delta = m - n \qquad\qquad (D\,2.5\text{-}1),$$

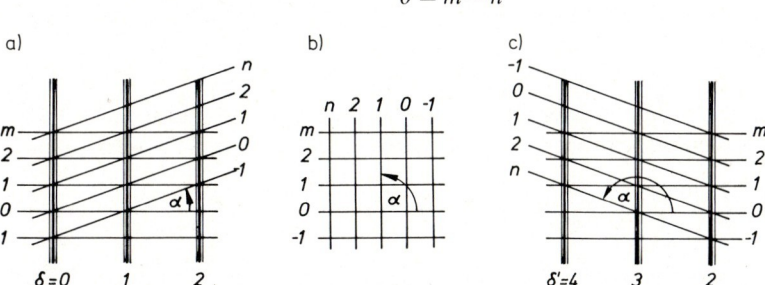

Bild D 2.5-3. Moirélinien in Abhängigkeit vom relativen Drehwinkel α der beiden überlagerten Raster.
a) Sichtbare subtraktive Moirélinien ($\alpha < 90°$).
b) Nicht sichtbare Moirélinien ($\alpha = 90°$).
c) Sichtbare additive Moirélinien ($\alpha > 90°$).

wobei zum Beispiel $\delta = 0$ durch die Schnittpunkte der Rasterlinien mit $m = n = 0, 1, 2 \ldots$ bestimmt ist.

Der Zusammenhang von Gl. (D 2.5-1) gilt auch bei zwei parallel orientierten Rasterlinienscharen mit Rasterkonstanten, die sich nur wenig voneinander unterscheiden. Im Fall $\alpha = 90°$ bilden die beiden überlagerten Raster ein orthogonales Netz (Bild D 2.5-3 b). Dann ist allerdings kein Moiréeffekt wahrnehmbar. Erst mit $\alpha > 90°$ kann man diesen wieder erkennen (Bild D 2.5-3 c). Jetzt handelt es sich um sog. additive Moréstreifen, deren Ordnung durch die Summe

$$\delta' = m + n \tag{D 2.5-2}$$

beschrieben wird.

In der Praxis ist jedoch i. a. nur der Fall $\alpha < 90°$ entsprechend Gl. (D 2.5-1) von Bedeutung.

Wenn die Skelettlinien der Raster die Kanten von Flächenelementen darstellen sollen, Bild D 2.5-4, so verlaufen die sichtbaren und subtraktiven Moréstreifen der Ordnung δ nach Gl. (D 2.5-1) entlang derjenigen Diagonalen, die dort den stumpfen Winkel ψ schneiden.

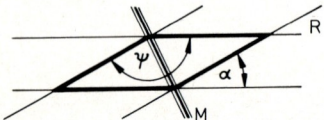

Bild D 2.5-4. Verlauf einer sichtbaren Moirélinie M entlang derjenigen Diagonalen, die den stumpfen Winkel ψ des durch die erzeugenden Raster R gebildeten Flächenelements schneidet.

Der Objektraster hat beim Moiréeffekt die gleiche Aufgabe wie die in Abschnitt D 2.4 beschriebene Rasterstruktur. Auch im verzerrten Zustand stimmen die Informationen der beiden überein. Die Funktion des Referenzrasters kann mit der eines Bezugskoordinatensystems hinsichtlich der Rasterverfahren verglichen werden. Demnach stellt der Moiréeffekt im Prinzip lediglich eine Erweiterung des Rastereffekts dar.

D 2.5.3.2 Intensitätsverteilungen

Moréstreifen lassen sich auch mit Hilfe der Lichtdurchlässigkeit eines Linienrasters erklären.

Im Falle konstanter Teilung sei dessen Transmission $T(x)$ entsprechend Gl. (D 2.4-1) sinusförmig (s. Bild D 2.4-3 b). Wenn man diese auf den Referenzraster bezieht und wenn für den Objektraster die Rasterkonstante g' beträgt, so daß seine Transmission die Form

$$T'(x) = \frac{1}{2}\left(1 - \cos\frac{2\pi}{g'}x\right) \tag{D 2.5-3}$$

annimmt, dann stellt sich bei paralleler Überlagerung der beiden Raster mit der Eingangs- und Ausgangsintensität I_E und I_A der resultierende Durchlässigkeitsfaktor

$$T_{\text{total}}(x) = \frac{I_A}{I_E} = T(x)\,T'(x) \tag{D 2.5-4}$$

ein. Durch Einsetzen von Gl. (D 2.4-1) und Gl. (D 2.5-3) in Gl. (D 2.5-4) folgt die Beziehung

$$T_{\text{total}}(x) = \frac{1}{4}\left(1 - \cos\frac{2\pi}{g}x - \cos\frac{2\pi}{g'}x + \cos\frac{2\pi}{g}x\cos\frac{2\pi}{g'}x\right) \tag{D 2.5-5}.$$

Die beiden Raster haben hier die Eigenschaft eines Filters.

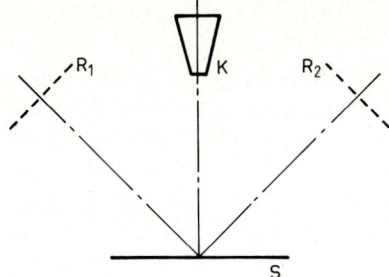

Bild D 2.5-5. Optisches System zur Erzeugung des Moiréeffekts durch Überlagern zweier auf einen Schirm S projizierter Raster R_1 und R_2.

Eine weitere Möglichkeit der Moirélinienerzeugung besteht darin, zwei Raster R_1 und R_2 mit den Rasterkonstanten g_1 und g_2 auf einen Bildschirm zu projizieren, Bild D 2.5-5. Dann betragen die Intensitäten in der Bildebene der registrierenden Kamera in Abhängigkeit von der Intensität I der Projektoren

$$I_1(x) = \frac{1}{4}\left(1 - \cos\frac{2\pi}{g_1}x\right)I \qquad (D\,2.5\text{-}6)$$

und

$$I_2(x) = \frac{1}{4}\left(1 - \cos\frac{2\pi}{g_2}x\right)I \qquad (D\,2.5\text{-}7).$$

Bei gleichzeitiger Aufzeichnung von $I_1(x)$ und $I_2(x)$ erhält man dort die resultierende Verteilung

$$I_{res}(x) = I_1(x) + I_2(x) \qquad (D\,2.5\text{-}8).$$

Durch Einsetzen von Gl. (D 2.5-6) und Gl. (D 2.5-7) in Gl. (D 2.5-8) entsteht die Abhängigkeit

$$I_{res}(x) = \frac{1}{4}\left(2 - \cos\frac{2\pi}{g_1}x - \cos\frac{2\pi}{g_2}x\right)I \qquad (D\,2.5\text{-}9).$$

a)

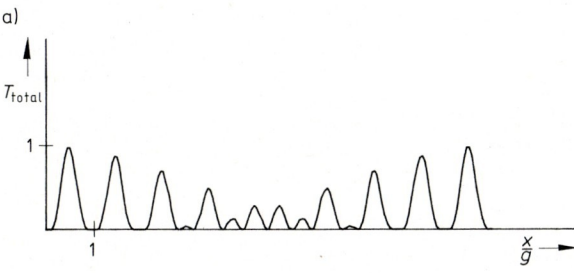

b)

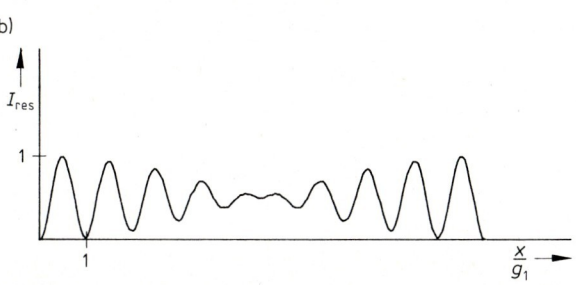

Bild D 2.5-6. Überlagerung zweier paralleler Linienraster mit sinusförmiger Transmission und unterschiedlicher Teilung.
a) Transmission der Überlagerungsstruktur mit $g' = 0{,}9\,g$ (multiplikative Überlagerung).
b) Resultierende Intensitätsverteilung in der Bildebene der registrierenden Kamera K des Systems nach Bild D 2.5-5 mit $g_2 = 0{,}9\,g_1$ (additive Überlagerung).

Für die Fälle $g' = 0,9\,g$ bzw. $g_2 = 0,9\,g_1$ zeigt Bild D 2.5-6 a und b je einen Ausschnitt aus den Funktionen nach Gl. (D 2.5-5) und Gl. (D 2.5-9).

Danach unterscheiden sich die mit Hilfe der beiden Überlagerungsprinzipien erzielten Intensitätsverteilungen. Während die erste Methode nach Gl. (D 2.5-5) sog. helle und nahezu dunkle Moirélinien liefert, erscheinen nach dem zweiten Verfahren entsprechend Gl. (D 2.5-9) neben kontrastreichen, gerasterten Streifen praktisch graue Bereiche.

Die Überlagerung nach Gl. (D 2.5-5) entspricht der multiplikativen Verknüpfung zweier sich kreuzender Linienraster bei der Erzeugung eines Kreuzrasters in Gl. (D 2.4-9) und die Vorgehensweise nach Gl. (D 2.5-9) der additiven Zusammenfassung in Gl. (D 2.4-10).

D 2.5.3.3 Geometrische Beziehungen zwischen Rasterlinien und Moiréstreifen

Sowohl die beiden Raster als auch die Moiréstreifen werden nun auf ein Referenzkoordinatensystem bezogen, in das man alle wesentlichen Längen und Winkel einträgt, Bild D 2.5-7. Die sog. Hauptrichtung steht senkrecht auf den Referenzrasterlinien und verläuft hier parallel zur y-Achse. g sei die Konstante des Referenzrasters und g' die des Objektrasters. α kennzeichne den Winkel zwischen den beiden Linienscharen. Die bei der Überlagerung entstehenden Moiréstreifen sollen den Abstand s zueinander haben und gegenüber dem Referenzraster um den Winkel φ geneigt sein. Dann gilt:

$$s = \frac{g\,g'}{\sqrt{g^2 \sin^2 \alpha + (g \cos \alpha - g')^2}} \qquad \text{(D 2.5-10)}$$

und

$$\tan \varphi = \frac{g \sin \alpha}{g \cos \alpha - g'} \qquad \text{(D 2.5-11)}.$$

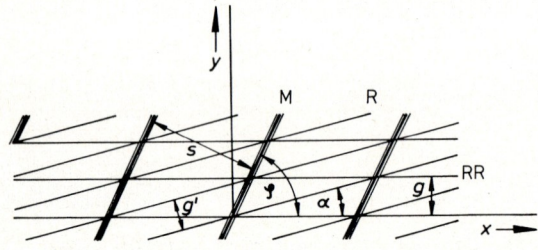

Bild D 2.5-7. Moiré- und Rasterlinienorientierung in einem Referenzkoordinatensystem.
R Objektraster, RR Referenzraster, M Moirélinien

Umgekehrt muß vielfach in der Praxis die Aufgabe gelöst werden, von einem gegebenen Moirélinienverlauf und bekanntem Referenzraster auf die geometrische Form des Objektrasters zu schließen. Dafür benötigt man dann die Beziehungen

$$\tan \alpha = \frac{\sin \varphi}{\dfrac{s}{g} + \cos \varphi} \qquad \text{(D 2.5-12)}$$

und

$$g' = \frac{s}{\sqrt{1 + \left(\dfrac{s}{g}\right)^2 + 2\,\dfrac{s}{g} \cos \varphi}} \qquad \text{(D 2.5-13)}.$$

D 2.5.4 Moiréverfahren und ihre Möglichkeiten

D 2.5.4.1 Oberflächenmoiréprinzip

D 2.5.4.1.1 Verschiebungsmessung

Die Oberflächenmoiréverfahren dienen zur Bestimmung von Verdrehungen, Verschiebungen und Dehnungen einer beliebig gestalteten Prüfteilfläche. Dabei wird der Objektraster fest mit dieser verbunden, so daß sich beide infolge einer Beanspruchung in gleicher Weise deformieren. Durch Überlagern des Objektrasters mit einem getrennt dazu angeordneten Referenzraster entsteht der Moiréeffekt.

Im folgenden soll die Prüfteilfläche und ihre Verformung eben sein. Außerdem möge auch ein ebener Referenzraster vorliegen, der diese berührt, ohne daß sich die Strukturen gegenseitig stören.

Wenn die beiden überlagerten Rasterlinienscharen parallel zueinander orientiert sind ($\alpha = 0°$) und gleiche Teilung aufweisen ($g = g'$), dann wird der Nenner in Gl. (2.5-10) null und der Moirélinienabstand unendlich groß. Bei einer relativen Drehung um einen kleinen Winkel α mit $\sin\alpha \approx \alpha$ und $\cos\alpha \approx 1$ stellt sich nach Gl. (D 2.5-10) ein Abstand benachbarter Moiréstreifen von

$$s = \frac{g}{\alpha} \qquad\qquad \text{(D 2.5-14)}$$

und nach Gl. (D 2.5-11) ein unendlich großer Tangens des Winkels φ zwischen Moiré- und Referenzrasterlinien ein. Die beiden Scharen stehen praktisch senkrecht aufeinander.

Im Fall einachsiger Verschiebungen ($\alpha = 0°$) beträgt der Moiréstreifenabstand nach Gl. (D 2.5-10)

$$s = \frac{g\,g'}{|g - g'|} \qquad\qquad \text{(D 2.5-15)}.$$

Die Moiré- und Rasterlinien verlaufen dann parallel. Die Moiréstreifen sind die geometrischen Orte für alle Objektpunkte gleicher Verschiebung und werden Isotheten genannt.

Aus der Ordnungszahl δ_V der im jeweiligen Meßpunkt beobachteten Moirélinie sowie der Gitterkonstanten g des Referenzrasters folgt die Verschiebung an dieser Stelle zu

$$u = \delta_V\, g \qquad\qquad \text{(D 2.5-16)}.$$

Bei einer zweidimensionalen Verschiebung in der Objektebene kann sich sowohl die Orientierung als auch die Teilung des Objektrasters ändern. Trotzdem gilt für die

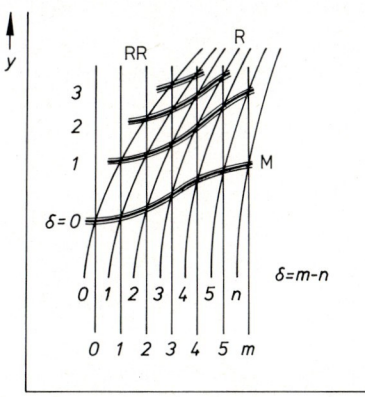

Bild D 2.5-8. Schematische Darstellung von Moirélinien bei ebenen Verformungen.
R Objektraster, RR Referenzraster, M Moirélinien

Berechnung der Verschiebungskomponenten längs der einzelnen Isotheten ebenfalls Gl. (D 2.5-16), die in einem kartesischen x, y-Koordinatensystem in x-Richtung mit u und in y-Richtung mit v bezeichnet werden. In Bild D 2.5-8 sind die Linien des Referenzrasters parallel zur y-Achse orientiert. Demnach kann man dort aus den Moiréstreifen die u-Komponenten der Verschiebung bestimmen. Zur Ermittlung der v-Komponenten müssen die Referenzrasterlinien in Richtung der x-Achse verlaufen.

D 2.5.4.1.2 Dehnungsmessung

Aus Gl. (D 2.5-16) lassen sich die partiellen Ableitungen

$$\frac{\partial u}{\partial x} = \frac{\partial \delta_{\mathrm{v}}}{\partial x} g \tag{D 2.5-17}$$

und

$$\frac{\partial u}{\partial y} = \frac{\partial \delta_{\mathrm{v}}}{\partial y} g \tag{D 2.5-18}$$

bilden.

Analog dazu folgt aus den v-Feldisotheten mit der Streifenordnung δ_{v}':

$$\frac{\partial v}{\partial x} = \frac{\partial \delta_{\mathrm{v}}'}{\partial x} g \tag{D 2.5-19}$$

und

$$\frac{\partial v}{\partial y} = \frac{\partial \delta_{\mathrm{v}}'}{\partial y} g \tag{D 2.5-20}.$$

Im Fall kleiner Dehnungen gilt sowohl nach der Lagrangeschen als auch Eulerschen Definition (vgl. Abschn. A 3.1) bekanntlich für

$$\varepsilon_{xx} = \frac{\partial u}{\partial x} \tag{D 2.5-21}$$

und

$$\varepsilon_{yy} = \frac{\partial v}{\partial y} \tag{D 2.5-22}.$$

Ferner beträgt die Schiebung

$$\gamma_{xy} = \frac{\partial u}{\partial y} + \frac{\partial v}{\partial x} \tag{D 2.5-23}.$$

Durch Einsetzen von Gl. (D 2.5-17) in Gl. (D 2.5-21), von Gl. (D 2.5-20) in Gl. (D 2.5-22) sowie von Gl. (D 2.5-18) und Gl. (D 2.5-19) in Gl. (D 2.5-23) erhält man die Beziehungen

$$\varepsilon_{xx} = \frac{\partial \delta_{\mathrm{v}}}{\partial x} g \tag{D 2.5-24},$$

$$\varepsilon_{yy} = \frac{\partial \delta_{\mathrm{v}}'}{\partial y} g \tag{D 2.5.25}$$

und

$$\gamma_{xy} = \left(\frac{\partial \delta_{\mathrm{v}}}{\partial y} + \frac{\partial \delta_{\mathrm{v}}'}{\partial x} \right) g \tag{D 2.5-26}.$$

Die Dehnungskomponenten können durch rechnerische oder experimentelle Differentiation aus den Verschiebungen bestimmt werden. Wenn z. B. die Verschiebungskomponen-

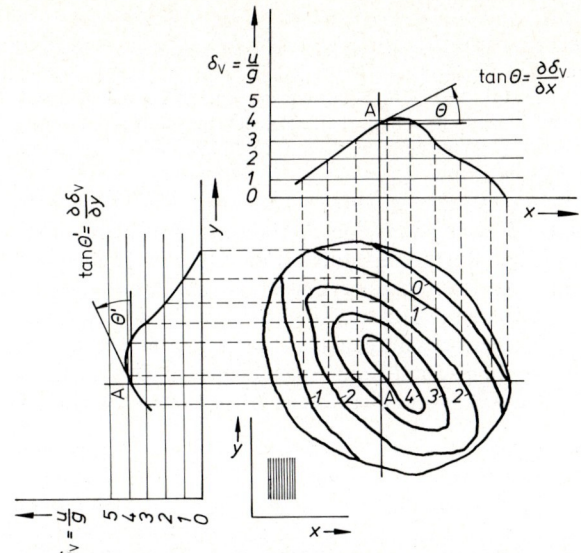

Bild D 2.5-9. Graphisches Verfahren zur Dehnungsanalyse bei gegebenem Isothetenfeld.

ten in x-Richtung durch die u-Feldisotheten gegeben sind, Bild D 2.5-9, dann liefern die Tangenten an den Verschiebungsfunktionen $\delta_V = \delta_V(x)$ und $\delta_V = \delta_V(y)$ in einem beliebigen Punkt A die Steigungen $\partial\delta_V/\partial x$ und $\partial\delta_V/\partial y$ als Ausgangsgrößen zur Berechnung der Dehnung ε_{xx} nach Gl. (D 2.5-24) bzw. der Schiebung γ_{xy} nach Gl. (D 2.5-26) an dieser Stelle. Entsprechendes gilt für die Verschiebungskomponenten in y-Richtung. Solch eine Prozedur der punktweisen Auswertung ist relativ zeitaufwendig. Deshalb wird man das Verfahren entweder automatisieren oder aber mit Hilfe optischer Ganzfeldmethoden differenzieren. Eine Möglichkeit der optischen Differentiation besteht z. B. darin, zwei Transparentkopien desselben verformten Objektrasterbildes (ohne Referenzraster), um einen kleinen Betrag relativ gegeneinander verschoben, zu überlagern. Die dabei entstehenden Moiréstreifen stellen je nach Orientierung der Raster- und Verschiebungsrichtung die Konturlinien der partiellen Ableitungen der Verschiebung dar.

Aus der ganzen Anzahl von Fachaufsätzen zu den Oberflächenmoirémethoden für den Fall ebener Prüffläche und Verformung seien einige wenige erwähnt, die sich vornehmlich auf die Entwicklung dieses Prinzips beziehen [D 2.5-15, 16, 17].

D 2.5.4.2 Projektions- und Schattenmoiréprinzip (Konturmessung)

Die Projektions- und Schattenmoiréverfahren sind zur Konturmessung einer Fläche geeignet. Dabei werden die Abstände der Objektpunkte zu einer Bezugsebene bestimmt.

Überlagert man z. B. das Bild der auf ein Prüfteil projizierten Rasterlinien mit einem Referenzraster, dann entsteht der Moiréeffekt, der diese Kontur liefert. Das gleiche Ergebnis folgt aus Moiréstreifen, die durch Überlagern eines i. a. ebenen Referenzrasters und seines auf der untersuchten Fläche beobachteten Schattens gebildet werden.

Bezüglich des Schattenmoireprinzips sollen die Lichtstrahlen zur Beleuchtung des Referenzrasters und Objekts zunächst parallel verlaufen. Außerdem möge der Abstand des Beobachters bzw. der registrierenden Kamera vom Aufbau unendlich groß sein, Bild D 2.5-10. Ferner sei β der Winkel zwischen den einfallenden Lichtstrahlen und der Senkrechten auf der Referenzrasterebene sowie γ der Winkel zwischen der Beobachtungs-

307

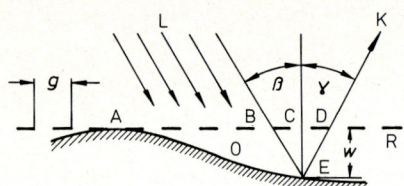

Bild D 2.5-10. Schattenmoiréverfahren zur Kontur-
messung bei paralleler Beleuchtung und Aufnahme.
L Lichtquelle, R Raster, O Objekt, K registrierende
Kamera

richtung und dem erwähnten Lot. Die Wirkungsweise des Verfahrens wird nicht eingeschränkt, wenn der Referenzraster mit der Rasterkonstanten g die Oberfläche in einem
Punkt A berührt. Nun werfen die Linien des Referenzrasters zwischen den Punkten A und
B Schatten auf die Objektoberfläche zwischen A und E. Da jedoch die Punkte E und D
als Bilder in der Aufnahmeebene der Kamera zusammenfallen, entsteht eine Interferenz
der Linien zwischen A und D sowie zwischen A und E oder gleichbedeutend zwischen A
und B. In der Annahme, daß die Strecke $\overline{AD}$ m und die Strecke $\overline{AB}$ n Linien einschließt,
erhält man

$$\overline{AD} = m\,g \qquad\qquad (D\,2.5\text{-}27)$$

und

$$\overline{AB} = n\,g \qquad\qquad (D\,2.5\text{-}28).$$

Daraus folgt

$$\overline{BD} = \overline{AD} - \overline{AB} = (m - n)\,g = \delta_S\,g \qquad\qquad (D\,2.5\text{-}29).$$

δ_S entspricht hier der Moirélinienordnung im Punkt D.

Durch Einsetzen von Gl. (D 2.5-29) in die Beziehung

$$w = \frac{\overline{BD}}{\tan\beta + \tan\gamma} \qquad\qquad (D\,2.5\text{-}30)$$

für den senkrechten Abstand der Objektoberfläche von der Rasterebene erhält man

$$w = \frac{\delta_S\,g}{\tan\beta + \tan\gamma} \qquad\qquad (D\,2.5\text{-}31).$$

Mit Gl. (D 2.5-31) ist gezeigt, daß die Moiréstreifen Konturlinien für alle Punkte gleichen
senkrechten Abstandes der Objektoberfläche von der Referenzrasterebene bzw. gleicher
Verschiebung w sind.

Bei senkrechter Beobachtungsrichtung ($\gamma = 0°$) geht Gl. (D 2.5-31) über in

$$w = \frac{\delta_S\,g}{\tan\beta} \qquad\qquad (D\,2.5\text{-}32).$$

Die Annahme eines unendlich großen Abstands der Kamera vom Aufbau ist natürlich
praktisch nicht zu verwirklichen. Trotzdem können mit der Beziehung Gl. (D 2.5-32) bei
genügend kleinem Objekt und hinreichend großem Kameraabstand brauchbare Näherungen erzielt werden.

Wenn eine punktförmige Lichtquelle vorliegt und ihr Abstand sowie der der Kamera zu
der Rasterebene gleich l ist, dann ändern sich β und γ in Abhängigkeit von der Kontur,
Bild D 2.5-11. Der Moiréeffekt beruht zwar auch jetzt auf den in Gl. (D 2.5-27), (D 2.5-28)
und (D 2.5-29) beschriebenen Zusammenhängen, doch tritt an Stelle von Gl. (D 2.5-31)
hier

$$w = \frac{\delta_S\,g}{\tan\beta' + \tan\gamma'} \qquad\qquad (D\,2.5\text{-}33)$$

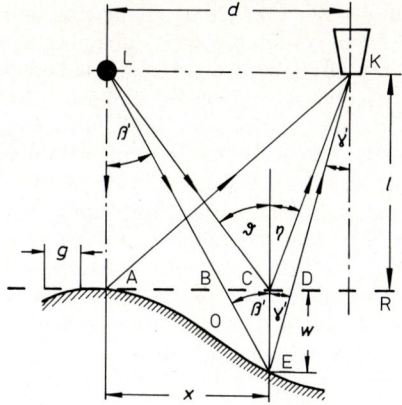

Bild D 2.5-11. Schattenmoiréverfahren zur Konturmessung bei punktförmiger Beleuchtung und Aufnahme.
L Lichtquelle, R Raster, O Objekt, K registrierende Kamera

oder

$$w = \frac{\delta_s g}{\dfrac{x}{l+w} + \dfrac{d-x}{l+w}} = \frac{\delta_s g(l+w)}{d} \qquad (D\,2.5\text{-}34).$$

In Gl. (D 2.5-34) kennzeichnet d den Abstand zwischen der Lichtquelle L und der Kamera K sowie x die horizontale Entfernung zwischen dem Berührungspunkt A des Referenzrasters mit der Objektfläche und dem beobachteten Punkt E. Gl. (D 2.5-34) kann umgeformt werden zu

$$w = \frac{\delta_s g}{\dfrac{d}{l} - \dfrac{\delta_s g}{l}} \qquad (D\,2.5\text{-}35).$$

Nun ist die Differenz zwischen zwei benachbarten Moirélinien nicht mehr konstant. Wenn sich jedoch $d \gg \delta_s g$ durch einen entsprechenden Aufbau realisieren läßt, geht Gl. (D 2.5-35) wieder über in Gl. (D 2.5-31).

Als Projektionsmoiréstrahlengang eignet sich das Projektionsrasterprinzip nach Bild D 2.4-7. Falls man dort das Bild der projizierten Rasterlinien in der Bildebene der registrierenden Kamera mit einem an gleicher Stelle angeordneten Referenzraster überlagert, entsteht der Projektionsmoiréeffekt. Die Moiréstreifen sind ebenfalls ein Maß für die gesuchte Kontur des Prüfteiles.

Eine Variante dieser Grundform bildet ein modifizierter Aufbau, bei dem aus zwei unterschiedlichen Positionen Raster auf die Objektoberfläche projiziert werden. Nun beobachtet man die Konturmoiréstreifen unmittelbar auf derselben.

Das Projektions- und Schattenmoiréprinzip wird verhältnismäßig häufig in der experimentellen Verformungsanalyse angewendet. Dementsprechend liegt eine größere Anzahl von Veröffentlichungen über diese Methode vor, u. a. [D 2.5-18 bis 26].

D 2.5.4.3 Reflexionsmoiréprinzip

D 2.5.4.3.1 Neigungsmessung

Das Reflexionsmoiréprinzip beruht auf der Überlagerung zweier Rasterspiegelbilder. Diese entstehen in der Bildebene einer registrierenden Kamera, von der aus ein Raster über die reflektierende Oberfläche des untersuchten Objekts beobachtet wird. Wenn sich die beiden Aufzeichnungen auf unterschiedliche Formen desselben beziehen, sind die Moiréstreifen ein Maß für deren Neigungsdifferenzen.

Der Anschaulichkeit wegen soll das optische System in einer Ebene darstellbar sein, Bild D 2.5-12. Der ursprünglich von *F. K. Ligtenberg* [D 2.5-6] vorgeschlagene Aufbau besteht aus einem gekrümmten Rasterschirm S, der von der Bildebene einer registrierenden Kamera K aus über die verspiegelte Oberfläche des Objektes O beobachtet wird. Im unverformten Zustand von O möge über den Punkt A die Rasterlinie 1 des Schirmes zu erkennen sein. Infolge einer Beanspruchung soll sich das Objekt in A so um einen Winkel φ_A neigen, daß nun im gleichen Beobachtungspunkt der Kamera das Bild der Rasterlinie 2 erscheint. Wenn beide Rasterspiegelbilder getrennt registriert, aber auf einer Aufnahme überlagert werden, entsteht der Moiréeffekt. Die Moirélinien sind hier der geometrische Ort für alle Objektpunkte gleicher Neigung. Von Moirélinie zu Moirélinie ändert sich diese um den konstanten Wert $\bar{g}/2\,d$, wenn $\bar{g}$ die Rasterkonstante des Rasterschirmes und d der Abstand zwischen Schirm und Objekt ist. Die beschriebene Vorgehensweise heißt Doppelbelichtungstechnik und eignet sich vornehmlich zur Lösung statischer Probleme.

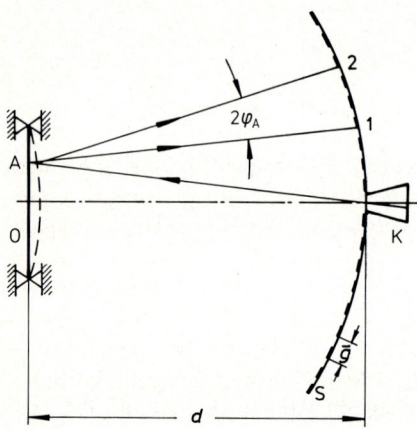

Bild D 2.5-12. Reflexionsmoiréverfahren zur Neigungsmessung (nach *F. K. Ligtenberg* [D 2.5-6]).
S Rasterschirm, O reflektierende Objektoberfläche, K registrierende Kamera

Die Nachteile des Aufbaus, der große gekrümmte Schirm und die Öffnung im Schirm für das Kameraobjektiv, die man auf dem Moirébild als Störung erkennt, sind vermeidbar, wenn zusätzlich zu den genannten Elementen nach [D 2.5-27] ein unter 45° zur optischen Achse gedrehter Halbspiegel in den Strahlengang eingefügt und eine Kamera mit langer Brennweite verwendet wird, Bild D 2.5-13 a.

Falls das Objekt klein ist und auch seine Durchbiegung w gering im Verhältnis zu den Abständen Raster–Objekt und Kameraobjektiv–Objekt, dann gilt für eine ebenfalls kleine Neigung $w_x = \partial w/\partial x$ im beliebigen Punkt A mit der Ortskoordinate x_A

$$w_x(x_A) = -\frac{\delta_N \bar{g}}{2\,d} \qquad (D\ 2.5\text{-}36).$$

Dabei verlaufen die erzeugenden Rasterlinien senkrecht zur Ebene des Systems. δ_N kennzeichnet die Ordnungszahl der auf A bezogenen Neigungsmoirélinie mit

$$\delta_N = m_N - n_N \qquad (D\ 2.5\text{-}37).$$

m_N und n_N sind die entsprechenden Werte der über diesen Punkt im verformten und unverformten Zustand des Objekts beobachteten Rasterlinie.

Auch bei einer Plattenaufgabe bleibt die Gl. (D 2.5-36) zur Bestimmung der Neigung unter denselben Bedingungen wie vorher im Prinzip gültig. Da der betrachtete Punkt A

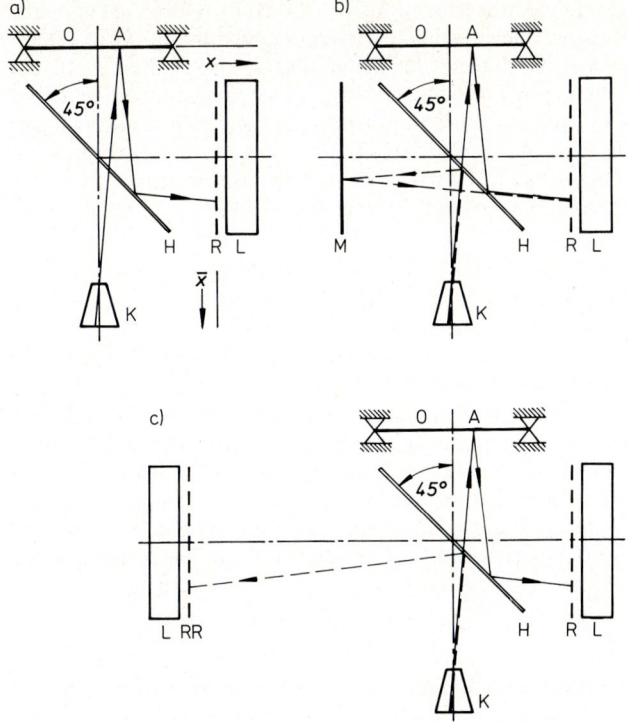

Bild D 2.5-13. Reflexionsmoiréverfahren zur Nei-
gungsmessung.
a) Allgemeine Anordnung
(nach *G. Rieder* und *R.
Ritter* [D 2.5-27]).
b) Gleichzeitige Aufnahme
zweier überlagerter
Rasterlinienbilder (nach
F. P. Chiang und *G. Jaisingh* [D 2.5-29]).
c) Gleichzeitige Aufnahme
zweier überlagerter
Rasterlinienbilder (nach
R. Ritter und *J. P.
Wobbe* [D 2.5-30]).
L Lichtquelle, R Raster,
H Halbspiegel, O reflek-
tierende Objektoberfläche,
M Normalspiegel, RR Re-
ferenzraster, K registrierende Kamera

nun die Koordinaten x_A und y_A hat, die in einem kartesischen x, y-Koordinatensystem
der Objektoberfläche abgelesen werden, schreibt man für Gl. (D 2.5-36) hier lediglich

$$w_x(x_A, y_A) = -\frac{\delta_N \bar{g}}{2\,d} \qquad\qquad \text{(D 2.5-38)}.$$

Der Neigungswert $w_y(x_A, y_A)$ folgt ebenfalls aus Gl. (D 2.5-38), allerdings dann mit Rasterlinien, die in Richtung der $\bar{x}$-Achse orientiert sind.

Im Fall einer Schalenaufgabe sind die Moirélinien nicht mehr die Konturen für alle
Punkte gleicher Neigung. Dann benötigt man vielmehr zur Ermittlung von $w_x(x_A, y_A)$
bzw. $w_y(x_A, y_A)$ nicht nur jeweils zwei Moirélinienfelder, die beide durch Überlagern von
zwei Rasterspiegelbildern entstehen, wobei die erzeugenden Rasterlinien in Richtung der
$\bar{x}$- und $\bar{y}$-Achse orientiert sein müssen, sondern auch noch die Funktion $w(x, y)$ [D 2.5-28].
Die gesuchten Werte können nun in den Schnittpunkten der sich schneidenden Moiré-
linienscharen bestimmt werden.

Für die praktische Auswertung des Feldes mit Neigungsmoirélinien muß die Ordnung
mindestens eines Moiréstreifens – bei Schalenaufgaben zweier Streifen, die aus unterschiedlichen Rasterorientierungen hervorgehen – auf Grund gegebener Randbedingungen bekannt sein. Außerdem ist festzustellen, ob die Neigung in dessen Umgebung zu-
oder abnimmt. Andererseits kann man die Neigungswerte aber auch ohne diese Information bestimmen, und zwar lediglich durch Auszählen von m_N und n_N, wenn die erzeugenden Rasterlinien bei dem beschriebenen Überlagerungsprinzip sichtbar bleiben.

Die Doppelbelichtungstechnik eignet sich ferner zur Lösung dynamischer Probleme, falls
die Lichtquelle aus einem Mikroblitz besteht, der eine Momentaufnahme der verzerrten

Rasterlinien während der zeitabhängigen Verformung von O liefert. Durch Überlagern mit dem Bild der unverzerrten Rasterlinien erscheint wieder der gewünschte Moiréeffekt. Um einen Überblick über die Formänderung der Objektfläche zu erhalten, muß die Momentaufnahme in verschiedenen Zeitpunkten des Vorgangs wiederholt werden. Dazu ist dieser jeweils neu auszulösen. Weil sich seine Reproduzierbarkeit nicht leicht realisieren läßt, wurden mehrere optische Systeme mit dem Ziel entwickelt, die zeitveränderlichen Moirélinien kontinuierlich zu filmen. Das ist jedoch nur dann möglich, wenn die Überlagerung der Bilder mit zeitabhängigen und verzerrten sowie unverzerrten Rasterlinien gleichzeitig erfolgt.

Ein System, das diese Bedingungen erfüllt [D 2.5-29], baut unmittelbar auf dem vorher gezeigten modifizierten Ligtenberg-Strahlengang auf, Bild D 2.5-13 b. Von der Kamera K aus beobachtet man dort gleichzeitig über den Halbspiegel H und den zusätzlichen Normalspiegel M sowie über die zeitveränderliche Objektoberfläche O und den Halbspiegel H den von der kontinuierlichen Lichtquelle L beleuchteten Linienraster R. Um einen Anfangszustand ohne Moirélinien zu erhalten, müssen O und M die gleiche Oberflächenform besitzen. Da diese Forderung nicht leicht erfüllbar ist, wurde nach [D 2.5-30] ein Überlagerungsprinzip erprobt, bei dem man den Referenzspiegel M in Bild D 2.5-13 b durch einen beleuchteten Referenzraster RR ersetzt, der die Transparentkopie des über die unverformte Objektfläche aufgezeichneten Bildes mit unverzerrten Rasterlinien darstellt, Bild D 2.5-13 c. Nun ist der Anfangszustand bei hinreichend genauer Justierung der Systemelemente frei von Moirélinien.

D 2.5.4.3.2 Krümmungsmessung

Bekanntlich kann man die Krümmung einer Fläche durch ihre Schnittkurven mit Ebenen beschreiben. Falls es sich bei den Normalen einer dieser Ebenen um die y-Achse eines kartesischen Koordinatensystems handelt, gilt für die Krümmung

$$\varkappa_x = \frac{w_{xx}}{(1 + w_x^2)^{3/2}} \qquad (D\ 2.5\text{-}39).$$

Wenn die Neigungen der Objektflächen klein gegenüber eins sind, wie z. B. vielfach bei Balken- und Plattenaufgaben, läßt sich die Krümmung durch die zweite Ableitung w_{xx} der Konturfunktion $w(x, y)$ nach einer der Ortskoordinaten approximieren. Diese Einschränkung bzw. Näherung soll im folgenden vorausgesetzt werden.

Dann sind daraus im Fall der genannten Aufgaben in Verbindung mit den Materialkennwerten unmittelbar die Biegemomente bestimmbar.

Analog zur angenäherten Berechnung der Dehnungen als Ableitungen der Verschiebungen in einer Ebene erhält man jetzt die vereinfachten Krümmungen auch durch einmaliges Differenzieren der Neigungen. Dieser Prozeß kann wieder rechnerisch oder experimentell durchgeführt werden. Es gibt verschiedene experimentelle Vorgehensweisen.

Ein Prinzip besteht darin, zwei relativ zueinander verschobene Felder mit Neigungsmoirélinien zu überlagern. Dabei werden zusätzliche Moirélinien mit Informationen über die Krümmungsgrößen sichtbar. Weil insgesamt vier erzeugende Rasterlinienscharen für die Entstehung solcher Krümmungsmoirélinien erforderlich sind, benötigt man i. a. optische Hilfsmittel wie Filter, um diese Moiréstreifen auswerten zu können [D 2.5-31].

Einfacher ist eine andere optische Differentiationsmethode [D 2.5-32]. Sie beruht auf der in Bild D 2.5-13 a beschriebenen Doppelbelichtungstechnik und geht davon aus, zwei Rasterspiegelbilder im gleichen Verformungszustand des Objekts O zu überlagern, wobei dieses zwischen den beiden Teilaufnahmen senkrecht zur optischen Achse verschoben werden muß. Durch Überlagern von nur zwei Rasterlinienfeldern sind die Krümmungs-moiréstreifen hier leichter erkennbar als in [D 2.5-31]. An Stelle der beiden Rasterspiegel-bilder braucht man den Raster R auch nur einmal im verformten Zustand von O zu photographieren und dann zwei als Transparentabzüge entwickelte Bilder dieses Photos – relativ gegeneinander verschoben – zu überlagern, [D 2.5-33].

Für die zusammenhängende Beschreibung der Krümmungszustände eines Objekts mit Hilfe des Moiréeffektes bei zeitabhängigen Verformungen müssen die relativ zueinander verschobenen sowie ebenfalls zeitveränderlichen und verzerrten Rasterlinien gleichzeitig überlagert werden. Die Erfüllung dieser Bedingung erfordert einen geteilten Strahlen-gang.

Ein besonders einfaches Teilerprinzip besteht aus einem Prismensystem, z. B. einem Wollaston-Prisma, das vor dem Kameraobjektiv im optischen Strahlengang nach Bild D 2.5-13 a montiert wird, [D 2.5-34]. Ein Nachteil dieses Teilers ist der durch die Prismen-maße festgelegte Betrag der Relativverschiebung. Will man dafür einen variablen Wert einstellen können, so empfiehlt sich als Strahlenteiler ein Spiegelsystem [D 2.5-35] wie in Bild D 2.5-14. Damit werden zwei Teilrasterspiegelbilder von der Kamera K aus über folgende Strahlengänge gleichzeitig beobachtet: Halbspiegel H_1, Normalspiegel M_1 und Halbspiegel H_2 sowie Halbspiegel H_1, Normalspiegel M_2 und Halbspiegel H_2. Bei gleichen Abständen zwischen den Teilerelementen sowie gleichen Oberflächen und Win-keln derselben von 45° zur optischen Achse sind die beiden überlagerten Rasterspiegelbil-der deckungsgleich, und es ist kein Moiréeffekt erkennbar. Verschiebt man jedoch einen oder mehrere Spiegel in der x, z-Ebene oder dreht sie um die y-Achse, dann stellen sich in der Kameraebene zwei relativ zueinander verschobene Rasterspiegelbilder ein. Die daraus folgenden Moiréstreifen sind Konturlinien für die Krümmungen der betrachteten Objektoberfläche, Bild D 2.5-15.

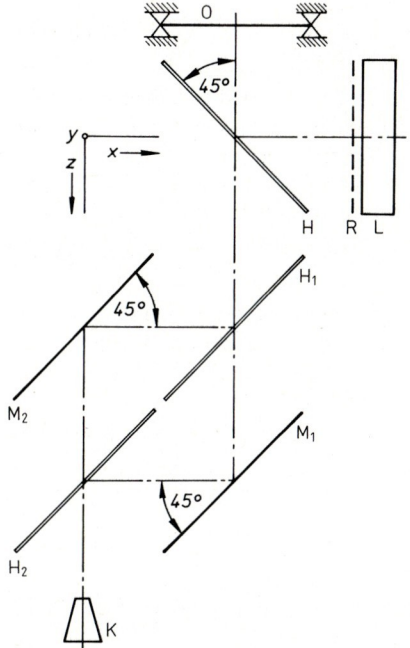

Bild D 2.5-14. Reflexionsmoiréverfahren zur Krüm-mungsmessung durch gleichzeitige Aufnahme zweier relativ zueinander verschobener, überlagerter Raster-linienbilder mit einem Spiegelsystem als Strahlentei-ler (nach *R. Ritter* und *W. Gonska* [D 2.5-35]).
L Lichtquelle, R Raster, H, H_1 und H_2 Halbspiegel, O reflektierende Objektoberfläche, M_1 und M_2 Nor-malspiegel, K registrierende Kamera

Bild D 2.5-15. Reflexionsmoiré-linien zur Bestimmung der Krümmungen einer am Rande fest eingespannten, quadratischen Platte mit einem freien, quadratischen Ausschnitt sowie einer in der einspringenden Ecke wirkenden Einzellast, aufgezeichnet an Hand des Systems nach Bild D 2.5-14, wenn dort ein Normalspiegel in Richtung der optischen Achse verschoben ist.

Zu jeder Methode der Relativverschiebung von zwei Feldern verzerrter Rasterlinien mit dem Ziel der Bildung von Krümmungsmoiréstreifen gehört i. a. auch ein spezieller Formalismus für deren Auswertung.

Nach [D 2.5-32] ist die zweite Ableitung $w_{xx} = \partial^2 w/\partial x^2$ in zwei benachbarten Punkten A und B mit den Koordinaten x_A und y sowie x_B und y näherungsweise durch

$$w_{xx}(x_A, y) = w_{xx}(x_B, y) = -\frac{\delta_K \bar{g}}{2 d \, \Delta x} \qquad \text{(D 2.5-40)}$$

bestimmbar, wenn die für die Neigungsberechnung genannten Bedingungen auch hier berücksichtigt werden und die erzeugenden Rasterlinien wieder senkrecht zur $\bar{x}$-Achse und zur optischen Achse der aufzeichnenden Kamera verlaufen. Gegenüber Gl. (D 2.5-38) kennzeichnet δ_K jetzt die Ordnungszahl der Krümmungsmoirélinie durch A beziehungsweise B. Die Relativverschiebung in der Objektebene ist als Differenz

$$\Delta x = x_B - x_A \qquad \text{(D 2.5-41)}$$

gegeben.

Im Fall der Überlagerung zweier als Transparentbilder entwickelter Abzüge derselben Aufnahme mit verzerrten Rasterlinien, die relativ zueinander verschoben werden, muß man nach [D 2.5-33] für die angenäherte Krümmungsberechnung Gl. (D 2.5-40) um die Konstante

$$C_1 = \frac{a + d}{2 a d} \qquad \text{(D 2.5-42)}$$

ergänzen. Dann gilt:

$$w_{xx}(x_A, y) = w_{xx}(x_B, y) = -\frac{\delta_K \bar{g}}{2 d \, \Delta x} + C_1 \qquad \text{(D 2.5-43)}.$$

Darin stellt a den Abstand zwischen der Objektivebene der Kamera und der Objektebene dar.

Während für die Auswertung der Krümmungsmoirélinien, die mit Hilfe des Wollaston-Prismas als Strahlenteiler erzielt werden, ebenfalls Gl. (D 2.5-43) anwendbar ist, erfordert das System nach Bild D 2.5-14 an Stelle von C_1 die additive Konstante

$$C_2 = \frac{1}{2d} \qquad \text{(D 2.5-44).}$$

Entsprechend lassen sich die vereinfachten Krümmungen w_{yy} bestimmen, nur daß dann die Rasterlinien wieder parallel zur $\bar{x}$-Achse verlaufen müssen und die Relativverschiebung Δy aus der Differenz der y-Werte von A und B folgt.

Wesentlich komplizierter ist die experimentelle Krümmungsermittlung mit Hilfe des Moiréeffekts, wenn eine Schalenaufgabe vorliegt. Unabhängig davon, daß dann ohnehin die Beziehung Gl. (D 2.5-39) gilt, führt bereits die Bestimmung der darin enthaltenen zweiten Ableitung w_{xx} auf Zusammenhänge, für die man zwei Moirélinienordnungen in einem Punkt benötigt und dort auch noch die Neigungen und die Funktion $w(x, y)$ [D 2.5-36]. Dabei ist z.B. im Fall w_{xx} zum einen eine Moirélinienschar zu entwickeln, die durch Relativverschiebung zweier verzerrter Rasterlinienfelder senkrecht zur Rasterorientierung entsteht, und zum anderen diejenige, welche aus der Relativverschiebung in Richtung der Rasterlinien folgt.

D 2.5.5 Meßeinrichtungen und ihre Handhabung

Die Moiréverfahren zeichnen sich genauso wie die Rastermethoden durch einen verhältnismäßig kleinen Versuchsaufwand aus. Dabei gehören die beiden überlagerten Raster, die, wie in Abschnitt D 2.4.5.2 beschrieben, hergestellt werden, zu den wichtigsten Bestandteilen des experimentellen Aufbaus. Im allgemeinen benötigt man für deren Beleuchtung eine Lichtquelle entsprechend Abschnitt D 2.4.5.3. Die erzeugten Moiréstreifen werden entweder mit einem Filmträger oder – je nach deren weiterer Verarbeitung – direkt mit einer Videokamera registriert. Außer diesen drei optischen Elementen sind in Abhängigkeit vom eingesetzten optischen Verfahren weitere Teile wie Linsen, Filter, Prismen und Spiegel erforderlich.

D 2.5.6 Kennzeichnende Anwendungsbeispiele

Weil die Moiréverfahren nicht nur die Verformungen des gesamten Prüffeldes liefern, sondern die meßbaren Krümmungen und Dehnungen auch die Ausgangsgrößen zur Bestimmung der Beanspruchungen und Spannungen sind, gibt es viele praktische Anwendungsmöglichkeiten für dieses optische Meßprinzip in der Technik, der Medizin, der Geographie und anderen Bereichen.

Die ersten drei Beispiele beziehen sich auf die Oberflächenmoiréverfahren und gehen von ebenen Formänderungen aus. Noch aus den Anfängen der Dehnungsmessung stammt eine Aufzeichnung mit Moiréstreifen als geometrische Orte für alle Punkte gleicher partielle Ableitung $\partial v/\partial x$ eines diametral durch zwei vertikale Einzelkräfte auf Druck beanspruchten Kreisringes. Bild D 2.5-16 zeigt einen Ausschnitt aus diesem Moirélinienfeld bei horizontaler Rasterorientierung und einer ebenfalls horizontalen Relativverschiebung Δx der beiden v-Feldmoiréstrukturen [D 2.5-37]. Das Bild D 2.5-17 stellt die Verschiebungsfelder eines starrplastischen Vorgangs dar, die beim Strangpressen durch eine konische Matrix entstehen, wenn man die Breite einer Bleiprobe mit Gußstruktur von 70 mm auf 40 mm vermindert [D 2.5-38]. Auch in Bild D 2.5-18 sind Isothetenfelder zu erkennen [D 2.5-39]. Sie beschreiben die orthogonalen Verschiebungen einer in horizon-

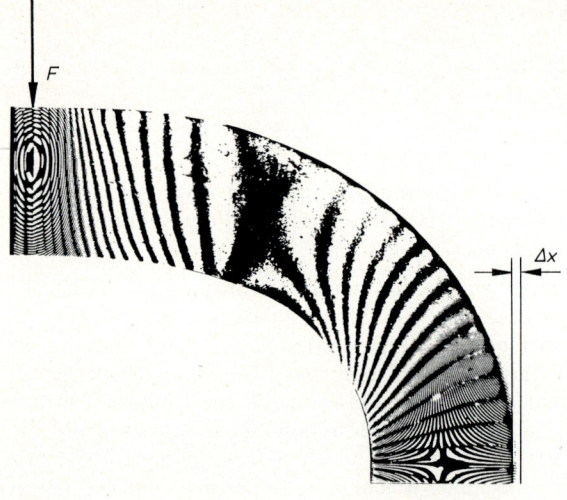

Bild D 2.5-16. In-plane-Moiréstreifen als geometrische Orte aller Punkte gleicher partieller Ableitung $\partial v/\partial x$ eines diametral durch zwei vertikale Einzelkräfte auf Druck beanspruchten Kreisrings bei horizontaler Rasterorientierung und Relativverschiebung Δx der überlagerten v-Feld-Moiréstrukturen (nach *V. J. Parks* und *A. J. Durelli* [D 2.5-37] (Ausschnitt)).

Bild D 2.5-17. Isothetenfelder im Falle des Strangpressens einer Bleiprobe durch eine konische Matrix als Beispiel der Darstellung eines starr plastischen Vorgangs (nach *J. Naumann* [D 2.5-38]).

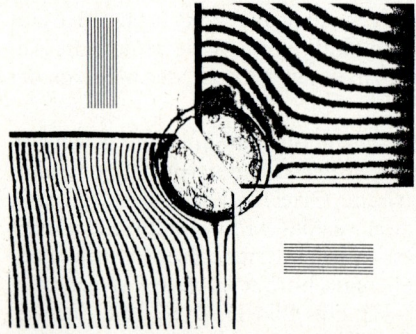 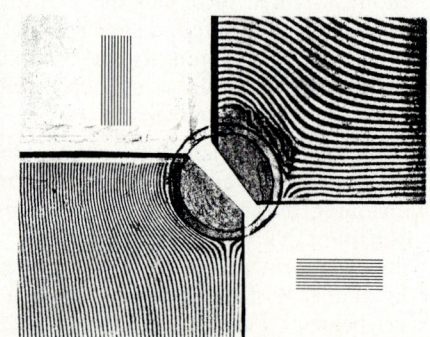

Bild D 2.5-18. Isotheten zur Ermittlung der orthogonalen Verschiebungen einer in horizontaler Richtung auf Zug beanspruchten viskoelastischen Scheibe mit einem starren, kreisförmigen Einschluß, wobei jeweils nur die beiden Bereiche links unten und rechts oben gerastert sind (nach *K. Ullmann* [D 2.5-39]).

taler Richtung auf Zug beanspruchten viskoelastischen Scheibe mit einem starren, kreis-förmigen Einschluß nach unterschiedlichen Belastungszeiten (Rasterkonstante 25 Linien je Millimeter).

Zum Aufgabenkreis der Deformationsmessung gehört ferner die Ermittlung der Topo-graphie oder ihr Vergleich mit einer gegebenen Form, wie er in der Qualitätskontrolle durchgeführt wird. Bild D 2.5-19 ist eine Beispiel für die Anwendung des Schattenmoiré-prinzips auf eine gebeulte Flasche [D 2.5-40]. Die photographierten Moiréstreifen weisen durch ihren unsymmetrischen Verlauf auf eine fehlerhafte Gestalt des Objekts hin.

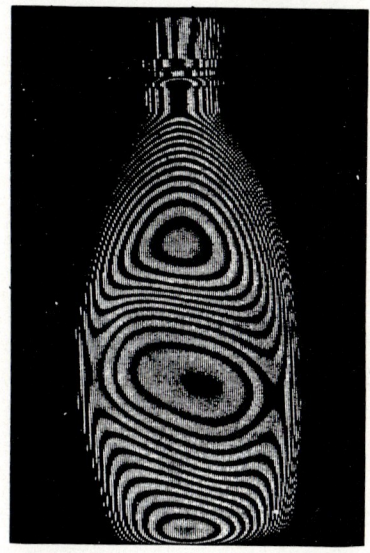

Bild D 2.5-19. Konturmessung an einer gebeulten Flasche mit Hilfe des Schat-tenmoiréprinzips (nach *G. Wutzke* [D 2.5-40]).

Bild D 2.5-20. Schattenmoirréstreifen zur Be-schreibung des Beulverhaltens eines auf Schub beanspruchten Flugzeugrumpfelements (nach *B. C. Dykes* [D 2.5-21]).

Auch Bild D 2.5-20 kennzeichnet einen Beulvorgang. Dabei wurde ein Element der Struktur eines Flugzeugrumpfes auf Schub beansprucht und sein Verhalten ebenfalls mit Hilfe der Schattenmoirémethode studiert [D 2.5-21].

Die Möglichkeit der Topographiebestimmung an Hand des Moiréeffekts nutzt man auch in der Medizin, um u. a. krankhafte Veränderungen im orthopädischen Bereich sichtbar zu machen [D 2.5-41].

Eine weitere Anwendung des Schattenmoiréprinzips besteht in der Behandlung von Torsionsproblemen auf der Grundlage der Membrananalogie [D 2.5-13]. Bild D 2.5-21 enthält mehrere Moirélinienverläufe, die infolge einer Druckbelastung von Membranen bei unterschiedlicher Berandung entstanden sind. Aus den Linien läßt sich zunächst recht einfach die Gestalt der Membranoberflächen ermitteln. Das Volumen unter jeweils solch einer Oberfläche ist dann bekanntlich proportional zur Torsionssteifigkeit.

Bild D 2.5-22 zeigt ein typisches Beispiel zur Verformungsmessung nach dem Reflexions-moiréprinzip. Dort sind die Moirélinien als Konturen für alle Punkte gleicher Neigung einer am Rande fest eingespannten Kreisplatte unter konstanter, vertikaler Flächenlast aufgezeichnet.

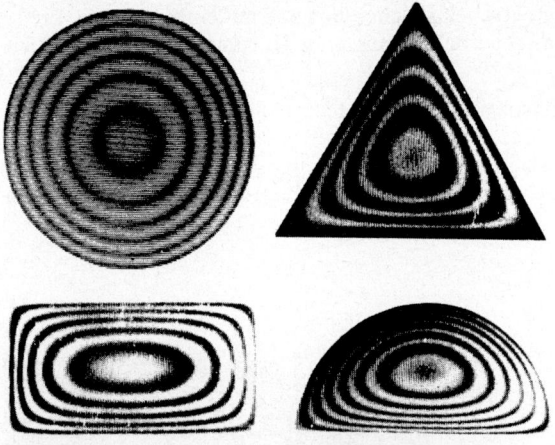

Bild D 2.5-21. Schattenmoiréstreifen als Linien gleicher Verschiebung druckbelasteter Membranen für die Ermittlung der Torsionssteifigkeit unterschiedlich beranderter Querschnitte (nach *F. P. Chiang* [D 2.5-13]).

Bild D 2.5-22. Reflexionsmoirélinien zur Neigungsmessung einer am Rande fest eingespannten Kreisplatte infolge konstanter Flächenbelastung.

Wegen der Abhängigkeit der Biegemomente von den Krümmungen ist das Interesse an der Bestimmung dieser Verformungsgröße mit Hilfe der Reflexionsmoiréverfahren besonders groß. In Bild D 2.5-23 erkennt man solche Krümmungsmoirélinien. Sie beziehen sich ebenfalls auf eine am Rande fest eingespannte Kreisplatte, die hier aber durch eine zentrische Einzelkraft vertikal zur unverformten Plattenebene beansprucht wurde.

Vielfach sind die Verformungsvorgänge zeitabhängig. Dazu gehören transiente und periodische Abläufe, wie beispielsweise die Formänderungen stoßartig belasteter Bauteile oder schwingende Systeme. Bild D 2.5-24 ist eine Zusammenstellung von vier Einzelaufnahmen aus einem 16-mm Film mit Neigungsmoiréfeldern. Sie kennzeichnen die zeitveränderliche Verformung einer am äußeren Rande fest eingespannten Kreisringplatte unter stoßartiger Last am gesamten freien Innenring zu unterschiedlichen Zeitpunkten des Vorgangs. Dieser wurde mit einer Hochgeschwindigkeitfilmkamera bei einer Bildfolge von 8000 Bildern je Sekunde registriert.

Bild D 2.5-23.   Reflexionsmoirélinien zur Bestimmung der Krümmungen einer am Rande fest eingespannten und zentrisch durch eine
vertikale Einzellast beanspruchten
Kreisplatte.

Bild D 2.5-24.   Einzelaufnahmen
aus einem 16-mm-Hochgeschwin-
digkeitsfilm mit Reflexionsmoiré-
linien, welche die zeitveränderlichen
Neigungen einer am Rande fest eingespannten Kreisringplatte unter
stoßartiger Belastung am gesamten
freien Innenring beschreiben.

Besonders einfach lassen sich Schwingungsformen periodisch erregter Platten darstellen.
Dazu dient wiederum das Reflexionsmoiréprinzip nach Bild D 2.5-13 a. Durch Öffnen des
Kameraverschlusses über mindestens eine Schwingungsperiode erhält man einen Inte-
gralwert der Intensitätsverteilungen aller unterschiedlichen Rasterspiegelbilder eines ein-
zigen Rasters, welche jeweils einen Momentanzustand der Verformung des schwingenden
Objekts kennzeichnen. Dieser Integralwert hat die Gestalt von Interferenzstreifen als
Maß für die Orte gleicher Plattenneigung bezüglich der Umkehrlagen der Bewegung

einschließlich der Knotenlinien [D 2.5-42, 43]. In Bild D 2.5-25 ist die Schwingungsform einer am Innenring fest eingespannten Kreisringplatte aufgenommen, die im oberen Punkt des freien Außenrings senkrecht zur Plattenebene harmonisch erregt wurde. Die Erregerfrequenz betrug 2260 Hz, und der Objektraster war sowohl horizontal als auch vertikal orientiert mit 9 Linien je Zentimeter. Die Platte bestand aus einer 0,4 mm dicken Hochglanzfolie mit 20 mm Innen- und 120 mm Außendurchmesser. Der Nachteil der hier sichtbaren Rasterlinien für eine mögliche weitere digitale Auswertung kann durch eine Art optischer Filterung vermieden werden [D 2.5-44, 45, 46]. Bild D 2.5-26 enthält zwei verschiedene Formen der so registrierten Plattenschwingung für das gleiche System wie vorher, lediglich mit anderen Plattenabmessungen (Außendurchmesser 175 mm, Dicke 1 mm) und verspiegeltem Plexiglas als Werkstoff. Die Liniendichte betrug nun 8 Linien je Zentimeter bei horizontaler Orientierung, und als Erregerfrequenz wurde 255 Hz sowie 365 Hz gewählt.

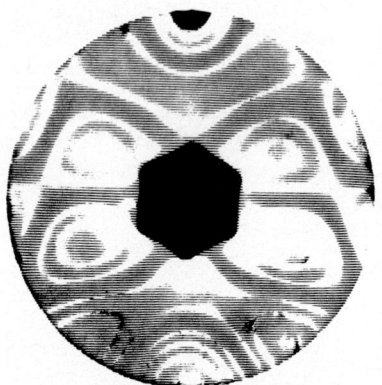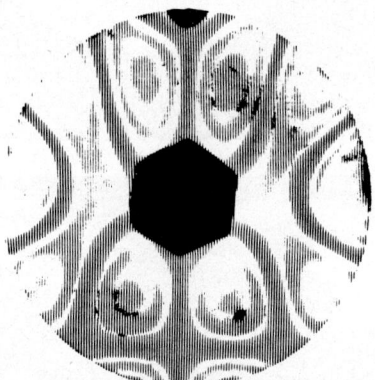

Bild D 2.5-25. Schwingungsform mit Linien gleicher Neigung in den Umkehrlagen der Bewegung einer am Innenring fest eingespannten und im oberen Punkt des freien Außenrandes harmonisch erregten Kreisringplatte bei horizontaler und vertikaler Rasterlinienorientierung und einer Erregerfrequenz von 2260 Hz (nach *H.-J. Meyer* [D 2.5-44]).

Bild D 2.5-26. Wie Bild D 2.5-25, allerdings ohne sichtbare und nur mit horizontal verlaufenden Rasterlinien sowie Erregerfrequenzen von 255 und 365 Hz (nach *H. Gertkemper* [D 2.5-46]).

Tabelle D 2.5-1   Merkmale der beschriebenen Moirémethoden.

Meßgröße	Methode	Effekt	Vorteile	Nachteile
Verschiebung	Oberflächenmoiréprinzip	Überlagerung eines mit dem Objekt fest verbundenen Rasters mit einem getrennt dazu angeordneten Referenzraster	geringer Versuchsaufwand und einfacher Auswerteformalismus, vor allem bei ebenen Formänderungen	bei kleinen Verschiebungen in eng begrenzten Bereichen ist eine hohe Liniendichte erforderlich
Dehnung	Oberflächenmoiréprinzip	Überlagerung zweier gleicher, relativ zueinander verschobener Objektrasterbilder	geringer Versuchsaufwand	je nach Formänderung sind hohe Liniendichten erforderlich
Kontur	Projektions- und Schattenmoiréprinzip	Überlagerung eines projizierten Rasters mit einem Referenzraster oder Überlagerung des Schattenbildes eines Rasters mit diesem selbst	geringer Versuchsaufwand	Daten des Projektors und Referenzrasters im System müssen genau bestimmt werden
Neigung	Reflexionsmoiréprinzip	Überlagerung zweier auf unterschiedliche Neigungszustände des Objekts bezogener Rasterspiegelbilder	geringer Versuchsaufwand und einfacher Auswerteformalismus bei Plattenproblemen, geringe Liniendichte erforderlich	Oberfläche des Objekts muß reflektierend sein, genaue Daten der optischen Elemente erforderlich
Krümmung	Reflexionsmoiréprinzip	Überlagerung zweier gleicher, relativ zueinander verschobener Rasterspiegelbilder	geringer Versuchsaufwand und einfacher Auswerteformalismus bei Plattenproblemen	Oberfläche des Objekts muß reflektierend sein

Im Fall periodisch schwingender Schalenbauteile läßt sich ebenfalls ein Lösungsansatz zur Bestimmung der Schwingungsformen nach dem Zeitmittelwertprinzip aufstellen [D 2.5-47, 48], der die Plattenaufgabe als Sonderfall enthält.

In Verbindung mit dem Schattenmoiréeffekt erhält man auf diese Weise die Amplitudenverteilung senkrecht zu einer Bezugsebene [D 2.5-49] und nach dem Oberflächenmoiréprinzip die Schwingungsformen in einer Ebene [D 2.5-50] und auf gekrümmten Objekten [D 2.5-51].

Natürlich ist es auch möglich, die Schwingung zu filmen und damit in einzelne Momentanzustände der Bewegung aufzulösen. Diese Praxis erweist sich z. B. dann als zweckmäßig, wenn der schwingende Prüfkörper zusätzlich rotiert.

D 2.5.7 Zusammenfassende Beurteilung

Nachfolgend sind die wichtigsten Eigenschaften der hier beschriebenen Moirémethoden in Tabelle D 2.5-1 zusammengestellt. Darüber hinaus gibt es weitere Verfahren, die auf dem Moiréeffekt beruhen, sich aber vielfach nur in speziellen Fällen anwenden lassen. Zum Beispiel kann es erforderlich werden, Strahlengänge an einzelne Objektflächen anzupassen, besonders dann, wenn diese – wie bei Schalen – gekrümmt sind.

Ferner ist man daran interessiert, daß die Größe der Prüffläche nicht durch Feldlinsen begrenzt wird, deren Aberration die Genauigkeit der Messung häufig einschränkt.

Die Verformungsgrößen werden i. a. manuell aus den Moiréstreifen bestimmt, wenn es sich um die Lösung von Einzelaufgaben handelt. Bei großen Datenmengen, wie bei der Analyse dynamischer Vorgänge mit vielen unterschiedlichen Moirélinienfeldern einer Art oder bei der automatischen Qualitätskontrolle, wo die Gestalt eines Produkts mit einem Originalmuster verglichen wird, bietet die digitale Bildverarbeitung Vorteile gegenüber der manuellen Auswertung. Dann kann es rentabel sein, einen Rechner einschl. spezieller Peripheriegeräte zu installieren und eine auf das jeweilige Problem zugeschnittene Software für die Berechnung der Verformungsgrößen zu entwickeln. Dabei erweist es sich als zweckmäßig, das Phasenshiftverfahren [D 2.5-52, 53, 54] einzusetzen. Das Verfahren liefert die gesuchte Verformungsgröße in jedem Punkt des Objekts aus drei Intensitätsverteilungen jeweils zweier überlagerter Rasterbilder, wenn man den Referenzraster in seiner Grundposition und zwei dazu geshifteten Lagen betrachtet.

Mit Hilfe der Moiréverfahren lassen sich im Vergleich zu den Rasterverfahren bei sonst gleichen Voraussetzungen um 50% kleinere Dehnungen ermitteln, vgl. Abschn. D 2.4.7.

D 2.6 Auflichtholographie

G. Schönebeck

D 2.6.1 Formelzeichen

$B\{x_B, y_B, z_B\}$	Beobachtungspunkt mit Koordinaten (zweiter Brennpunkt des Rotationsellipsoids)
E	Elastizitätsmodul
$\boldsymbol{F}$	Kraft, Belastung
J_0	Besselsche Funktionen
$L\{x_L, y_L, z_L\}$	Ort der Lichtquelle (Lichtursprung) mit Koordinaten (erster Brennpunkt des Rotationsellipsoids)
M	Umrechnungsmaßstab für Eigenfrequenzen
N, N_η	Ordnung der Interferenzlinien nach der Transformation zur Berechnung der Verschiebung s
$P_O\{x_O, y_O, z_O\}$	Objektpunkt vor der Verschiebung s mit Koordinaten
$P_s\{x_s, y_s, z_s\}$	Objektpunkt nach der Verschiebung s mit Koordinaten
T	Tangentialebene in P_s an das Rotationsellipsoid
$U\{0, 0, 0\}$	Koordinatenursprung, von dem die Ortsvektoren r ausgehen
i, i_η	Ordnung der hellen Interferenzlinien auf dem Photo bzw. Hologramm vor der Transformation
m	spez. Masse der verwendeten Werkstoffe
$\boldsymbol{n}\{n_x, n_y, n_z\}$	Normalenvektor in P_O an die Tangentialebene T
$\|\boldsymbol{n}\|$	Betrag des Normalenvektors
$\boldsymbol{n}^0\{n_x, n_y, n_x\}$	Einheitsvektor der Normalen n mit den Richtungskosinussen als Komponenten
$\boldsymbol{r}\{x, y, z\}$	Ortsvektor mit Komponenten
$\boldsymbol{s}\{s_x, s_y, s_z\}$	Verschiebevektor von P_O nach P_s mit Komponenten (auch mit $\bar{D}\{x, y, z\}$ bezeichnet)
t	Parameter, z. B. bei der vektoriellen Geradengleichung
α	Winkel zwischen den Brennstrahlen des Rotationsellipsoids
ε	Winkel zwischen Referenzstrahl und Hologrammplatte
η	Indexnummer der zum Brennpunktpaar L_η, B_η des Rotationsellipsoids gehörenden Größen
	$\eta = 1$ eindimensionale
	$\eta = 1$ und 2 zweidimensionale Verschiebung s
	$\eta = 1; 2$ und 3 dreidimensionale
λ	Wellenlänge des Laserlichtes

D 2.6.2 Allgemeines

Schon *E. Abbe* [D 2.6-1] hatte vor rund hundert Jahren das holographische Prinzip implizit ausgesprochen. Explizit wurden die Grundlagen der Holographie 1948 von *D. Gabor* [D 2.6-2] beschrieben. Aber erst nach der Herstellung leistungsfähiger örtlich und zeitlich kohärenter Lichtquellen mit einwelligem Licht in Form von Lasern konnten die ersten Hologramme 1962/64 in der jetzt bekannten Art von *E. N. Leith* und *I. Upatnieks* [D 2.6-3; 4; 5] hergestellt werden.

B. P. Hildebrand und *K. A. Haines* [D 2.6-6, 7, 8] zeigten 1965/66, daß man auf holographischem Wege statische Verschiebungen von Objekten untersuchen kann. *R. L. Powell* und *K. A. Stetson* [D 2.6-9] analysierten – ebenfalls 1965/66 – holographisch aufgenommene

Schwingungsformen. *H. Steinbichler* [D 2.6-10] hat einen Überblick über die Möglichkeiten der holographischen Interferometrie und ihre verschiedenen Auswertemethoden gegeben. Einige der dort erwähnten Verfahren konnten allerdings wegen ihrer Kompliziertheit, ihrer mangelnden Meßgenauigkeit oder ihrer zu speziellen Einsatzmöglichkeiten keinen Eingang in die Praxis finden. Gleichwohl sehr fruchtbringend in bezug auf die Auswertung waren die Arbeiten von *N. Abramson* (1969/72) [D 2.6-11 bis 15]. Weitere Bemühungen galten der Ermittlung des vollständigen räumlichen Verschiebungsvektors [D 2.9-10; D 2.6-16 bis 23]. Einen Überblick über 25 Jahre holographische Prüftechnik gibt *H. Rottenkolber* [D 2.6-24].

Über die mögliche automatische Auswertung der holographischen Interferogramme auf elektronischem Wege soll hier nicht berichtet werden, weil die Entwicklungen z. Z. noch zu stark in Bewegung sind. Erfolgversprechende Verfahren werden in [D 2.6-22; 25; 26; 27] beschrieben.

Die klassische Interferometrie an spiegelnden Oberflächen ist besonders auf den Bereich der Optik und auf die verwandten Präzisionstechniken beschränkt geblieben. Dies ist vor allem auf die sehr kleine Kohärenzlänge des Lichtes herkömmlicher Lichtquellen zurückzuführen. Das Aufkommen des Lasers, dessen Licht eine Kohärenzlänge von 1 m und mehr haben kann, ließ die holographische Interferometrie Eingang in den übrigen technischen Bereich finden: sie ist auch auf Objekte mit diffus reflektierenden Oberflächen anwendbar. Vor allem aber lassen sich mit Hilfe der Holographie durch photographische Speicherung Lichtwellenzüge zur Interferenz bringen, die zu verschiedenen Zeiten existiert haben, was die klassischen Interferenzmethoden nicht können. Gerade wegen dieser Eigenschaften ist es mit der Holographie möglich, z. B. statische oder periodisch sich ändernde Deformationen (Schwingungen [D 2.6-28]) oder – allgemein gesagt – Verschiebungen von Objekten interferometrisch zu vermessen, die naturgemäß nur zeitlich nacheinander auftreten können. Außerdem braucht man von den zu untersuchenden Objekten i. a. keine Modelle herzustellen. Viele Untersuchungen können direkt am Originalobjekt durchgeführt werden.

Die holographische Interferometrie hat folgende Besonderheiten: Es handelt sich um ein „Übersichtsverfahren" mit flächenhafter Information, bei dem die Verschiebung der Oberflächenpunkte erfaßt wird, und zwar im wesentlichen senkrecht zur Oberfläche und hochempfindlich mit einer Auflösung von rd. 0,01 bis 0,1 µm je nach Verfahren. Es werden also Deformationen, aber keine Dehnungen (Spannungen) bestimmt. – Bei Objekten mit spiegelnden Oberflächen kann die Empfindlichkeit noch verdoppelt werden [D 2.6-29]. – Eine bestimmte Verfahrensvariante, das Stufenhologramm [D 2.6-30; 31], erlaubt die Trennung der statischen Deformationen von thermischen, plastischen und zeitlich langsam veränderlichen Verformungen. Außerdem ist es möglich, zerstörungsfrei die Deformation im Innern von Bauteilen zu messen. Allerdings ist dazu ein Modell aus z. B. Plexiglas erforderlich [D 2.6-32, 33; 34].

Vorzüge:

Kleinste Deformationen sind bei statischen und dynamischen Beanspruchungen meßbar. Es können Originalteile oder auch Modelle verwendet werden. Wegen der flächenhaften Informationen läßt sich das Interferogramm wie eine Landkarte mit Niveaulinien „lesen": Die Interferenzlinien sind die Höhenschichtlinien der Deformation (Bild D 2.6-7), d. h., eine sofortige qualitative, flächenhafte Auswertung ist möglich. Die exakte quantitative punktweise Auswertung der z. B. dreidimensionalen Verschiebung *s* kann später durchgeführt werden. Bei Torsionsproblemen (s. Tabelle D 2.6-4) können Schubspannungen direkt bestimmt werden [D 2.6-35].

Nachteile:

Geschultes und besonders geschicktes Personal mit guten Kenntnissen auf den Gebieten Holographie und Kontinuumsmechanik ist bei wechselnden Problemstellungen nötig. Die Bildauswertung ist bisher nur in Sonderfällen automatisch ausführbar (Serienuntersuchungen). Während der Aufnahmen sollten Schwingungen aus der Umgebung möglichst klein gehalten werden. Licht muß abdunkelbar sein. In großen Hallen sollten holographische Aufnahmen nachts durchgeführt werden, falls eine Abdunklung nicht möglich ist.

D 2.6.3 Physikalisches Prinzip

D 2.6.3.1 Grundsätzliche Wirkungsweise

Holographie; Mikrointerferenzen

Den prinzipiellen Versuchsaufbau zur Aufnahme eines Hologramms zeigt Bild D 2.6-1. Der Laser La beleuchtet über die Spiegel Sp 1 und Sp 2 sowie den Strahlenteiler ST die Aufweitungsoptik AO_1 und den Spiegel Sp 3 mit dem Objektstrahl O das Objekt Ob. Vom Objekt Ob wird das Licht zur frei stehenden Hologrammplatte H gestreut. Im Strahlenteiler ST wird ein Teil des Laserlichtes ausgespiegelt zum sog. Referenzstrahl R. Dieser gelangt über die Aufweitungsoptik AO_2, den Spiegel Sp 4 und evtl. eine weitere Optik, die die divergenten Strahlen wieder parallel richtet, als ebene Welle W_R zur Hologrammplatte H (Feinstkornphotoplatte). Hier interferieren das Streulicht vom Objekt und der Referenzstrahl, und es entstehen „Mikrointerferenzen". Der Photoverschluß V unterbricht den Laserstrahl, wenn die Hologrammplatte ausreichend belichtet ist.

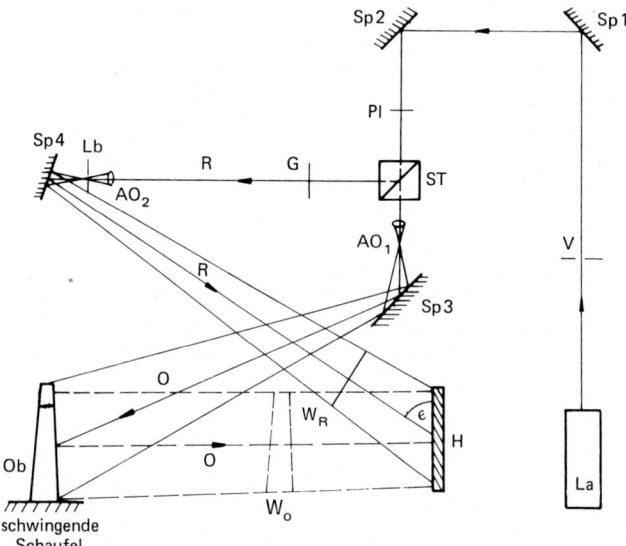

Bild D 2.6-1. Holographischer Aufbau zur Hologrammaufnahme, schematisch.
La Laser (Argon, $\lambda = 0{,}514$ nm), O Objektstrahl, R Referenzstrahl, Ob Objekt, Sp Spiegel, Pl $\lambda/4$-Plättchen, ST Strahlenteiler, H Hologrammplatte, G Graufilter, Lb Lochblende (20 µm Dmr.), V Verschluß, AO Aufweitungsoptiken, W_O Objektwellenfront, W_R Referenzwellenfront, ε Winkel zwischen R und H

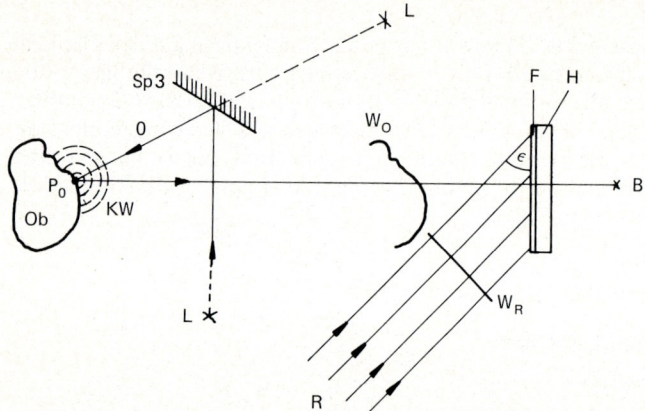

Bild D 2.6-2. Holographischer Aufbau zur Hologrammaufnahme, Ausschnitt, schematisch.
L Lichtquelle, Sp_3 Spiegel, O Objektstrahl, Ob Objekt, P_O Oberflächenpunkt des Objekts, KW Elementarkugelwelle von P_O, W_O deformierte Wellenfront des Objektstrahles, R Referenzstrahl, W_R Wellenfront des Referenzstrahles, H Hologrammplatte, F Photoschicht, B späterer Beobachtungspunkt, ε Winkel zwischen R und H

Das Entstehen der Mikrointerferenzen bei der Hologrammaufnahme wird in Bild D 2.6-2 mit einem Ausschnitt aus einem holographischen Aufbau zur Hologrammaufnahme im Auflicht näher erläutert: Die Lichtquelle L beleuchtet über den Spiegel Sp 3 das Objekt Ob mit dem Objektstrahl O. Die Objektfläche reflektiert diesen Objektstrahl O diffus. Dabei wird jeder Oberflächenpunkt (Elementarflächenelement mit beliebig kleiner Fläche), hier z. B. der Objektpunkt P_O des unbewegten, unverformten Objekts, Ursprung einer Huyghensschen Elementarkugelwelle KW. Die Summe der Elementarwellen der einzelnen Elementarflächen bzw. Objektpunkte P_O ergibt eine den Phasendifferenzen entsprechende deformierte Wellenfrontform W_O, die der Oberflächenform des Objektes entspricht. Zwischen dem betrachteten Objektpunkt P_O und dem später zur Auswertung benötigten Beobachtungspunkt B befindet sich die Hologrammplatte H mit der photoempfindlichen Schicht F. Auf diese Hologrammplatte trifft die diffus reflektierte Wellenfront W_O der Objektwelle. Unter einem Winkel ε wird die Hologrammplatte H außerdem mit der vorzugsweise ebenen, nicht deformierten Wellenfront W_R des Referenzstrahles R beleuchtet. Der Referenzstrahl R und der Objektstrahl O haben ihren gemeinsamen Ursprung im Strahl des Lasers (Bild D 2.6-1) und damit gleiche Anfangsbedingungen, d. h. gleiche Wellenlänge und ursprünglich gleichen Phasenwinkel, d. h., sie können miteinander interferieren und ein örtlich feststehendes Mikrointerferenzmuster bilden.

In der Photoschicht F der Hologrammplatte H (Feinstkornplatte), die mit rd. 5 bis 7 µm relativ zur Wellenlänge des Lichtes recht dick ist, interferiert die von der Objektoberfläche diffus reflektierte und deformierte Wellenfront W_O mit der vorzugsweise ebenen, nicht deformierten Wellenfront W_R des Referenzstrahles R. Die beiden Strahlen O und R sind auf unterschiedlichen Wegen zur Hologrammplatte gekommen und haben somit keine gemeinsame Phasenlage mehr. Die entsprechende Interferenz zwischen W_O und W_R in der Feinstkornschicht erzeugt hier Stellen maximaler Helligkeit und gegenseitiger Auslöschung, d. h., es bilden sich Mikrointerferenzen als Mikroelementargitter, die durch übliche photographische Entwicklungstechniken sichtbar und haltbar gemacht werden können. Sie heißen in ihrer Gesamtheit „Hologramm". Bild D 2.6-3 zeigt einen Ausschnitt aus einem solchen Hologramm. Die mit einem Elektronenrastermikroskop aufgenomme-

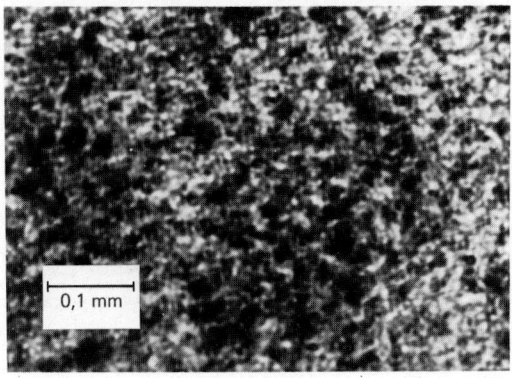

Bild D 2.6-3. Mikrointerferenzen eines Hologrammes (Vergrößerung).

nen Mikrointerferenzmuster sind deutlich zu sehen. Sie enthalten die räumliche Bildinformation des Objekts in verschlüsselter Form.

Zur „Rekonstruktion" des entwickelten Hologramms wird dieses gemäß Bild D 2.6-4 mit der z. B. ebenen Wellenfront W_R des Referenzstrahls R beleuchtet. Dabei ist zu beachten, daß der Winkel ε zwischen Referenzstrahl und Hologramm annähernd den gleichen Wert hat wie bei der Aufnahme des Hologramms. Ein Teil des Lichtes von R geht ungebeugt durch das Hologramm hindurch. Der andere Teil wird dagegen an den Mikrointerferenzmustern (Elementargittern) abgebeugt. Es entsteht die rekonstruierte Wellenfront W_O' hinter dem Hologramm, die identisch ist mit der Wellenfront W_O, die ursprünglich direkt vom Objekt her kam (vgl. Bild D 2.6-1). Ein Beobachter im Punkt B sieht deshalb hinter dem Hologramm das virtuelle Bild des Objekts. Das Hologramm hat die Funktion eines Fensters übernommen, durch das man das Objekt betrachten kann – auch aus unterschiedlichen Blickwinkeln, wenn der Beobachtungsort B relativ zum Hologramm geän-

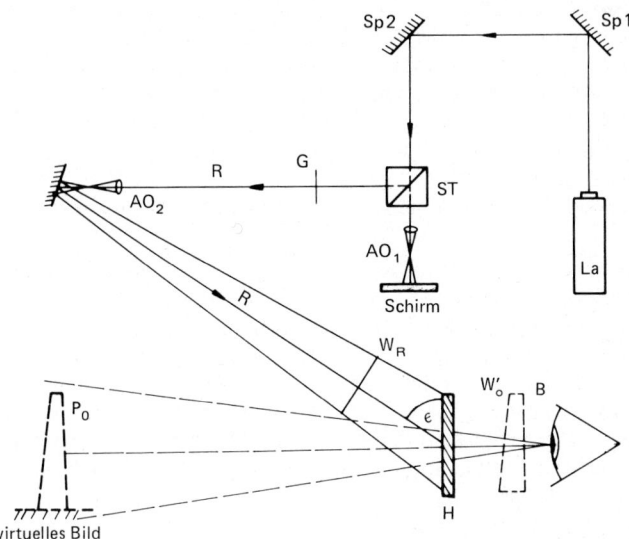

Bild D 2.6-4. Holographischer Aufbau zur Hologrammrekonstruktion, schematisch. Bezeichnungen entsprechend Bild D 2.6-1. Der Schirm unterbricht den Objektstrahl.

dert wird. Natürlich ist die Variation des Blickwinkels wie beim Fenster durch die geometrischen Abmessungen begrenzt. Das virtuelle Bild des Objekts kann auch photographiert werden wie das Objekt selbst; mit beiden Augen betrachtet erscheint es räumlich.

Holographische Interferometrie; Makrointerferenzen

Im Hologramm ist also ein Mikrointerferenzmuster gespeichert, welches kodiert, Bild D 2.6-5, die Wellenfront W_O der Objektoberfläche enthält, die zur Objektlage 1 zur Zeit t_1 gehört. Wird nun – z. B. durch äußere Einflüsse – die Objektoberfläche verändert, verschiebt sich also der ursprüngliche Objektpunkt P_0 um den Vektor s nach P_s, so geht von der verschobenen Objektfläche (Objektlage 2 zur Zeit t_2) die neue, reflektierte Wellenfront W_s aus.

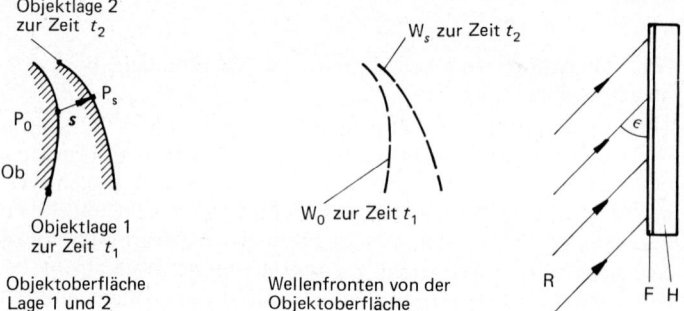

Bild D 2.6-5. Holographische Interferometrie; Entstehung der Wellenfronten W_O und W_s von der Objektoberfläche vor und nach der Verschiebung s, d. h. zeitlich nacheinander.
Ob Objekt, R Referenzstrahl, H Hologrammplatte, F Photoschicht

Es sei nun vorausgesetzt, daß die Hologrammplatte nach der ersten Belichtung unverändert am Aufnahmeort verbleibt und noch nicht entwickelt wird. Dann kann zum ersten Mikrointerferenzmuster durch eine zweite Belichtung ohne gegenseitige Störung ein zweites Mikrointerferenzmuster gespeichert werden, das durch Interferenz aus der Wellenfront W_s der verschobenen Objektoberfläche und der unverändert gebliebenen Referenzwelle W_R entstanden ist. Nach der Entwicklung der Hologrammplatte sind die beiden Wellenfronten W_O und W_s unabhängig voneinander durch für sie jeweils typische Mikrointerferenzmuster in der Photoschicht F dauerhaft gespeichert. Diese Art der Speicherung der beiden Verformungszustände des Objekts nennt man übrigens Doppelbelichtungstechnik (s. Abschn. D 2.6.3.3.1).

Wird nun wie in Bild D 2.6-4 der Referenzstrahl R mit der z. B. ebenen Wellenfront W_R auf die Hologrammplatte gerichtet, entstehen die beiden rekonstruierten Wellenfronten W_O' und W_s' gleichzeitig, Bild D 2.6-6, obgleich bei den Aufnahmen die zugehörigen Wellenfronten W_O und W_s zu den verschiedenen Zeiten t_1 und t_2 existiert haben. Das bedeutet, daß Wellenfronten miteinander interferieren, die zu völlig verschiedenen Zeitpunkten entstanden sind. Bisher war dies physikalisch unmöglich, mit der Holographie geht es fast problemlos. Das ist eine bemerkenswerte Eigenschaft dieser neuen Technik, die manchmal all zu selbstverständlich hingenommen wird und dabei die Grundvoraussetzung für die holographische Interferometrie ist.

Wenn die beiden rekonstruierten Wellenfronten W_O' und W_s' nur wenig voneinander abweichen, z. B. um einige µm, interferieren sie auch sichtbar miteinander. Es bildet sich bei der Rekonstruktion auf der virtuellen Objektoberfläche ein Makrointerferenzmuster,

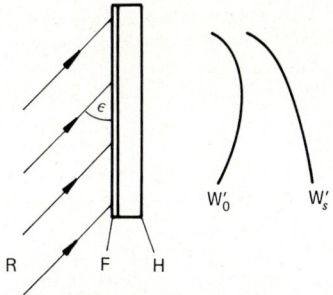

Bild D 2.6-6. Holographische Interferometrie; zum Entstehen der Makrointerferenzen durch gemeinsame, d. h. gleichzeitige Rekonstruktion der nur wenig verschiedenen Wellenfronten W_0' und W_s'.
R Referenzstrahl, H Hologrammplatte, F Photoschicht

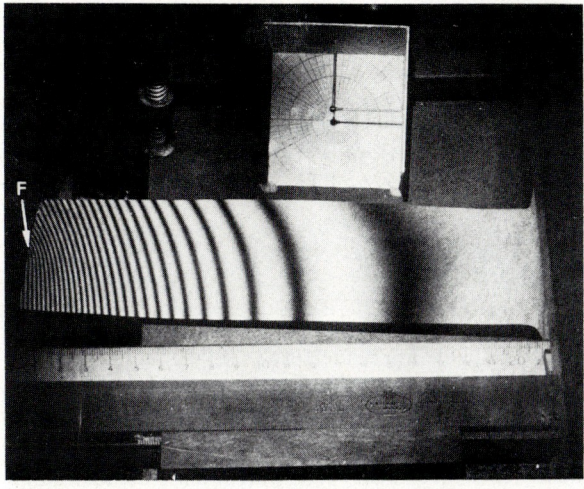

Bild D 2.6-7. Makrointerferenzmuster auf einer Turbinenschaufel, die infolge einer statischen Einzellast F von 200 N ausgelenkt wird (Doppelbelichtungshologramm).

Bild D 2.6-7, welches ein Maß für die Oberflächenverschiebung des Objekts in Strahlrichtung ist. Die Interferenzlinien geben Linien gleicher Verschiebungen an; sie sind gewissermaßen Höhenschichtlinien der Verschiebungen.

D 2.6.3.2 Grundsätzliches zur Auswertung

Eindimensionale Betrachtung, Ellipsoidenverfahren

In dem bereits beschriebenen holographischen Aufbau zur Hologrammaufnahme (Bild D 2.6-1 und D 2.6-2) seien der Ort der Lichtquelle L und der Beobachtungsort B unveränderlich in bezug auf das sinnvoll gewählte Koordinatensystem, Bild D 2.6-8. Die Koordinaten der zu betrachteten Punkte P_O auf der Objektoberfläche beschreiben die Gestalt der Oberfläche des Objekts vor einer Verschiebung in bezug auf das gewählte Koordinatensystem. Die Änderung der Länge der Lichtwegsumme vom Ort der Lichtquelle L zum freien Objektpunkt P_O bzw. P_s' und von dort zum festen Beobachtungspunkt B ist dann ein Maß für die Änderung der Oberflächengestalt infolge der Verschiebung s des Punktes P_O nach P_s'. Bleibt die Summe der Lichtstrahllängen $\overline{LP_O}$ und $\overline{P_OB}$ konstant, erhält man als geometrischen Ort die Oberfläche eines Rotationsellipsoids:

$$\overline{LP_O} + \overline{P_OB} = \text{konst}.$$

L und B bilden dabei die Brennpunkte, $\overline{LP_O}$ und $\overline{BP_O}$ die zugehörigen Brennstrahlen. Die Verbindungslinie $\overline{LB}$ ist die Drehachse des Rotationsellipsoids. Verschiebt sich der Punkt

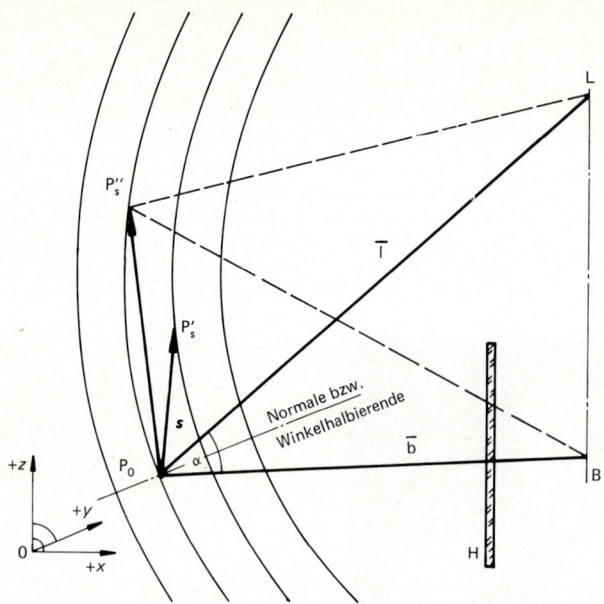

Bild D 2.6-8. Zum Prinzip
des Ellipsoidenverfahrens
(*N. Abramson* [D 2.6-11]).
B Beobachtungspunkt,
L Lichtquelle, H Holo-
gramm (weitere Bezeich-
nungen siehe Text)

P_O nach P_s'' und ändert sich dabei die Summe der Brennstrahllängen nicht, gehören beide
Punkte der gleichen Rotationsellipsoidenschale an. Ändert sich aber bei einer Verschie-
bung die Summe der Brennstrahllängen, gehören die Punkte P_O und P_s' verschiedenen
Schalen an (Bild D 2.6-8).

Der Wegunterschied (Gangunterschied) der Brennstrahlsummen kann eine oder mehrere
Wellenlängen λ des verwendeten Laserlichtes betragen. Man kann deshalb die Rotationsellipsoide als geometrische Orte von Interferenzflächen betrachten. Sie sind Flächen
gleichen Gangunterschieds und damit ein Maß für aufgetretene Verschiebungen (d. h.
Änderung der Summe der Brennstrahllängen).

Dreidimensionale Auswertung

Aus dem rekonstruierten Bild kann man die Ordnungen N bzw. i der Interferenzstreifen
auszählen. Aus der Geometrie des holographischen Aufbaus gewinnt man die Brennpunkte L und B und den Winkel α. Aus der Oberflächenform des Objekts sind auch die
Koordinaten der Objektpunkte P_O bekannt. Die weitere Betrachtung soll zunächst für
den ebenen Fall durchgeführt werden, d. h., der Verschiebevektor s soll in der $x; z$-Ebene
liegen.

Nach dem Ellipsoidenverfahren werden aus dem Gangunterschied der Lichtwegsummen
die Ellipsen E_1 und E_1' mit den gemeinsamen Brennpunkten L_1 und B_1 bestimmt, Bild
D 2.6-9 a. Die Endpunkte des ebenen Verschiebungsvektors s^* liegen auf den Ellipsen E_1
und E_1'. Eine Aussage über die Richtung und das Vorzeichen von s^* ist aus dieser
Betrachtung nicht zu machen. Erster geometrischer Ort für P_s^* ist E_1'. Jetzt wird ein
zweites Ellipsenpaar E_2 und E_2' mit neuen Brennpunkten L_2 und B_2 bestimmt. Diese
beiden Ellipsen sollen ebenfalls den ebenen Vektor s^* begrenzen. Zweiter geometrischer
Ort für P_s^* ist E_2'. Dann ist der Schnittpunkt P_O der Ellipsen E_1 und E_2 ein Endpunkt des
ebenen Vektors s^* (vor der Verschiebung). Der Schnittpunkt P_s^* von E_1' und E_2' muß dann
der andere Endpunkt von s^* sein (nach der Verschiebung). Damit sind der Betrag und die

a)

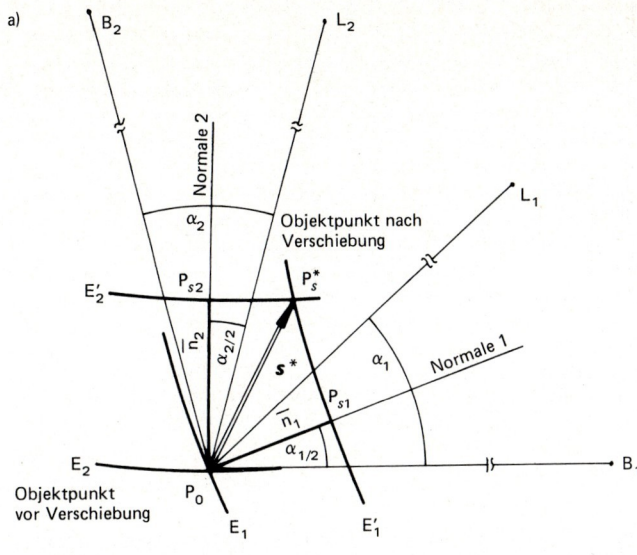

b)

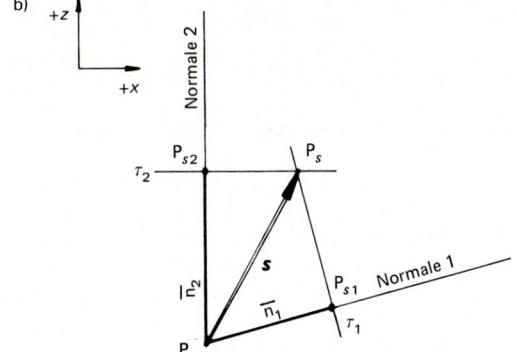

Bild D 2.6-9. Zur Ermittlung des allgemeinen Verschiebevektors s, dargestellt am Beispiel des ebenen Falles ($\eta = 1$ und 2, Bezeichnungen siehe Text).
a) Schnittpunkt der Ellipsen E_1' und E_2' als Endpunkt des Verschiebevektors s^*.
b) Schnittpunkt der Tangenten τ_1 und τ_2 des ebenen Verschiebevektors s^*.

Richtung des ebenen Vektors s^* festgelegt. Nur das Vorzeichen muß durch weitere Betrachtungen gefunden werden.

Wenn man zum räumlichen Problem übergeht, müssen die Ellipsen durch Rotationsellipsoide ersetzt werden, deren Rotationsachsen die Verbindungslinien der zugehörigen Brennpunkte sind. Außerdem ist noch ein weiteres Brennpunktpaar L_3 und B_3 mit den zugehörigen Rotationsellipsoiden E_3 und E_3' hinzuzufügen. Der Punkt P_O stellt den Schnittpunkt der drei Rotationsellipsoidenschalen E_1, E_2 und E_3 vor der Verschiebung dar. Der Punkt P_s^* ist der Schnittpunkt der Rotationsellipsoidenschalen E_1', E_2' und E_3' nach der räumlichen Verschiebung. Damit ist der räumliche Vektor s^* bis auf das Vorzeichen bestimmt. Die Rotationsellipsoidenschalen E_1', E_2' und E_3' sind die geometrischen Orte, auf denen der Endpunkt des Verschiebevektors s^* liegen muß.

In der Praxis können bei ebenen Vektoren (Bild D 2.6-9 b) die Ellipsen mit hoher mathematischer Genauigkeit durch Tangenten und bei räumlichen Verschiebungen, Bild D 2.6-10, die Rotationsellipsoide durch Tangentialebenen im betrachteten Punkt ersetzt werden.

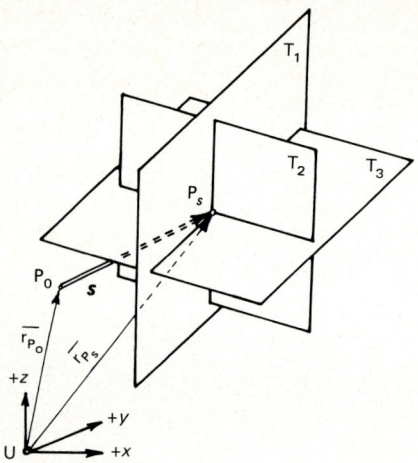

Bild D 2.6-10. Zur Annäherung der drei Rotationsellipsoiden durch die entsprechenden Tangentialebenen im Endpunkt P_s des Verschiebevektors s.

Der Verschiebevektor s ergibt sich aus der Grundgleichung der allgemeinen Verschiebung:

$$n_\eta^0\, s = |n_\eta|\,; \quad s\{s_x, s_y, s_z\} \quad \text{mit } \eta = 1,\, 2 \text{ und } 3 \qquad \text{(D 2.6-1)},$$

Aufgespalten in $\eta = 1$, $\eta = 2$ und $\eta = 3$ ergeben sich die Auswertegleichungen für s:

$$n_1^0\, s = |n_1|\,; \quad n_{1x}^0\, s_x + n_{1y}^0\, s_y + n_{1z}^0\, s_z = |n_1| \quad \text{mit} \quad |n_1| = \frac{\lambda}{2}\, \frac{1}{\cos\dfrac{\alpha_1}{2}}\, N_1,$$

$$n_2^0\, s = |n_2|\,; \quad n_{2x}^0\, s_x + n_{2y}^0\, s_y + n_{2z}^0\, s_z = |n_2| \quad \text{mit} \quad |n_2| = \frac{\lambda}{2}\, \frac{1}{\cos\dfrac{\alpha_2}{2}}\, N_2,$$

$$n_3^0\, s = |n_3|\,; \quad n_{3x}^0\, s_x + n_{3y}^0\, s_y + n_{3z}^0\, s_z = |n_3| \quad \text{mit} \quad |n_3| = \frac{\lambda}{2}\, \frac{1}{\cos\dfrac{\alpha_3}{2}}\, N_3 \qquad \text{(D 2.6-2)}$$

(Hologrammauswertung).

In Koordinaten ausgedrückt und mit Werten des Hologrammaufbaus ergeben sich die neun Richtungscosinus der drei Einheitsvektoren der drei Winkelhalbierenden n_η^0:

$$n_{\eta x}^0 = \frac{n_{\eta x}'}{|n_\eta'|} =$$

$$\frac{\frac{1}{2}\{(x_{L\eta} - x_O) + t_\eta'(x_{B\eta} - x_O)\}}{\sqrt{[\frac{1}{2}\{(x_{L\eta} - x_O) + t_\eta'(x_{B\eta} - x_O)\}]^2 + [\frac{1}{2}\{(y_{L\eta} - y_O) + t_\eta'(y_{B\eta} - y_O)\}]^2 + [\frac{1}{2}\{(z_{L\eta} - z_O) + t_\eta'(z_{B\eta} - z_O)\}]^2}}$$

$$n_{\eta y}^0 = \frac{n_{\eta y}'}{|n_\eta'|} =$$

$$\frac{\frac{1}{2}\{(y_{L\eta} - y_O) + t_\eta'(y_{B\eta} - y_O)\}}{\sqrt{[\frac{1}{2}\{(x_{L\eta} - x_O) + t_\eta'(x_{B\eta} - x_O)\}]^2 + [\frac{1}{2}\{(y_{L\eta} - y_O) + t_\eta'(y_{B\eta} - y_O)\}]^2 + [\frac{1}{2}\{(z_{L\eta} - z_O) + t_\eta'(z_{B\eta} - z_O)\}]^2}}$$

$$n_{\eta z}^0 = \frac{n'_{\eta z}}{|\boldsymbol{n}'_\eta|}\Bigg| =$$

$$\frac{\frac{1}{2}\{(z_{L\eta}-z_O)+t'_\eta(z_{B\eta}-z_O)\}}{\sqrt{[\frac{1}{2}\{(x_{L\eta}-x_O)+t'_\eta(x_{B\eta}-x_O)\}]^2+[\frac{1}{2}\{(y_{L\eta}-y_O)+t'_\eta(y_{B\eta}-y_O)\}]^2+[\frac{1}{2}\{(z_{L\eta}-z_O)+t'_\eta(z_{B\eta}-z_O)\}]^2}}$$

$$(\text{D }2.6\text{-}3)$$

mit $\eta = 1, 2, 3$. Ergeben sich neun Werte für $\boldsymbol{n}_\eta^0$ mit

$$t'_\eta = \frac{\sqrt{(x_{L\eta}-x_O)^2+(y_{L\eta}-y_O)^2+(z_{L\eta}-z_O)^2}}{\sqrt{(x_{B\eta}-x_O)^2+(y_{B\eta}-y_O)^2+(z_{B\eta}-z_O)^2}}\,.$$

Es gibt 3 Werte für t'_η.

λ ist die Wellenlänge des verwendeten Laserlichtes. Der noch fehlende $\cos\alpha_\eta$ ergibt sich u. a. aus den Aufbauabmessungen (eine Messung mit Gliedermaßstab genügt in den meisten Fällen der Praxis wegen $\cos\alpha \to 1$ für kleine α).

$$\cos\alpha_\eta = \frac{(x_{L\eta}-x_O)(x_{B\eta}-x_O)+(y_{L\eta}-y_O)(y_{B\eta}-y_O)+(z_{L\eta}-z_O)(z_{B\eta}-z_O)}{\sqrt{\{(x_{L\eta}-x_O)^2+(y_{L\eta}-y_O)^2+(z_{L\eta}-z_O)^2\}\{(x_{B\eta}-x_O)^2+(y_{B\eta}-y_O)^2+(z_{B\eta}-z_O)^2\}}}$$

$$(\text{D }2.6\text{-}4)$$

mit $\eta = 1; 2; 3$. Es ergeben sich die drei Winkel α_1, α_2 und α_3.

Die Zahl N ist die in die Berechnung einzusetzende Interferenzlinienzahl. Dabei ist die bei manchen Verfahren notwendige Transformationsgleichung zu beachten. Die im Interferogramm ausgezählten weißen Interferenzlinien ergeben (ganzzahlige) Ordnungsnummern i. Die später dargestellten Transformationsgleichungen geben an, wie i in N umzuwandeln ist. Wird nur ein ebenes Problem bearbeitet, werden die Werte, die nicht gebraucht werden, gleich null gesetzt. Die Rechnung ist natürlich mit elektronischen Rechnern auszuführen. Es ist zu beachten, daß i und N nicht ganzzahlig zu sein braucht.

Spiegelverfahren zur simultanen dreidimensionalen Verschiebungsmessung
mit nur einem Hologramm

Bei der Auswertung nach der allgemeinen Gleichung [D 2.6-21] kann der Schnittpunkt der drei Tangentialebenen (Bild D 2.6-10) mit größtmöglicher Genauigkeit dann bestimmt werden, wenn die Tangentialebenen senkrecht zueinander stehen. (Kein Schnittpunkt existiert, wenn zwei oder mehr Ebenen zueinander parallel verlaufen.) Der holographische Aufbau soll dementsprechend so realisiert werden, daß möglichst große Winkel zwischen den drei Einheitsvektoren der Winkelhalbierenden $\boldsymbol{n}_1^0$, $\boldsymbol{n}_2^0$ und $\boldsymbol{n}_3^0$ entstehen. Gleichzeitig sollen aber nur eine Hologrammplatte und nur eine holographische Anordnung verwendet werden, um den versuchstechnischen Aufwand klein zu halten. Diese Forderungen sind zu erfüllen, wenn man Spiegel in geeigneter Position in Objektnähe aufstellt. Bild D 2.6-11 zeigt eine solche Anordnung für Verschiebungen in einer Ebene ($\eta = 1$ und 2); für den allgemeinen räumlichen Fall sind mindestens zwei Spiegel erforderlich ($\eta = 1; 2$ und 3). Durch diese Spiegel werden die nötigen (virtuellen) Beobachtungspunkte B_η auseinandergerückt. Die reellen Beobachtungspunkte fallen aber trotzdem, z. B. in einem Beobachtungspunkt hinter dem Hologramm, zusammen. Beim Photographieren des rekonstruierten Hologrammbildes muß der Beobachtungspunkt B der Kamera bestimmt werden. Er ist bei der Photokamera gekennzeichnet durch den Punkt der „äquivalenten Lochkamera". Als gute Näherung für B kann der Schnittpunkt der Kameraachse mit der Blendenebene des Linsensystems gelten.

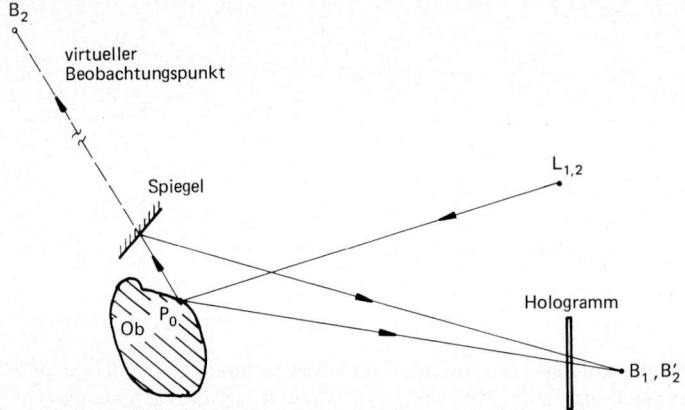

Bild D 2.6-11. Spiegelanordnung zur Ermittlung der allgemeinen Verschiebung s, dargestellt für Verschiebungen in einer Ebene; Spiegelmethode ($\eta = 1$ und 2). Bei räumlichen Verschiebungen sind mindestens zwei Spiegel notwendig ($\eta = 1$; 2 und 3).
Ob Objekt

Für die Beleuchtungsursprünge L gilt sinngemäß das Gleiche. Aber beim Beleuchten über Spiegel ist Vorsicht geboten, weil unerwünschte Interferenzen in den Bereichen des Objekts auftreten, wo sich die einzelnen Beleuchtungszonen überschneiden. Durch partielles Abdecken der Spiegel bzw. der entsprechenden Lichtquellen können diese Überschneidungszonen auf der Objektoberfläche beseitigt werden. Natürlich ist es auch möglich, nur mit einem Lichtursprung zu beleuchten, so daß

$$L_1 = L_2 = L_3 \qquad\qquad\qquad (D\,2.6\text{-}5)$$

gilt. Diese Anordnung sollte man bevorzugen, wenn man nicht nach [D 2.6-22] arbeiten kann. Hier entfallen wegen der Ausnutzung der Kohärenzlänge des Lasers die obigen Einschränkungen, d. h. $L_1 \neq L_2 \neq L_3$.

Setzt man voraus, daß sich das Objekt durch das Hologramm direkt beobachten läßt, werden höchstens zwei weitere Spiegel zur Bestimmung der räumlichen Verschiebung benötigt. In vielen Fällen reicht sogar ein Spiegel aus, wenn nämlich in einer Richtung (z. B. in der Stabachse eines Biegestabes) keine merklichen Verschiebungen auftreten können. Weil aber das Objekt i. a. dreidimensional ist, muß auch dreidimensional ausgewertet werden. In der Eingabe zum Auswerteprogramm ist dann sicherzustellen, daß in der Richtung, in der man nicht mißt, diese Verschiebung null gesetzt wird (d. h., $N_\eta = 0$).

Es können auch mehr als zwei Spiegel Verwendung finden, wenn z. B. die räumlichen Verschiebungen von nicht einzusehenden Teilen der Objektoberfläche ausgemessen werden sollen, Bild D 2.6-12. So ist es möglich, verschiedene Objektpartien, die nicht direkt einsehbar sind, gleichzeitig mit direkt einsehbaren Partien dreidimensional zu vermessen. – Derartige Probleme können z. B. in der Praxis auftreten, wenn holographisch gemessene Verschiebungen und Objektdeformationen voneinander getrennt werden müssen. Durch gleichzeitige Aufnahme von z. B. Vorder- und Rückseite des Objekts über Spiegel lassen sich Verschiebung und Deformation exakt voneinander trennen. – Bedenken, daß Spiegel die Genauigkeit der Messungen beeinträchtigen können, sind unnötig. Jede (unerwünschte) Spiegelbewegung während der holographischen Aufnahme würde sich auch auf dem Rahmen des Spiegels durch Interferenzstreifen bemerkbar machen. Bei randlosen Spiegeln werden z. B. diffusreflektierende Klebebänder an geeigneter Stelle auf dem

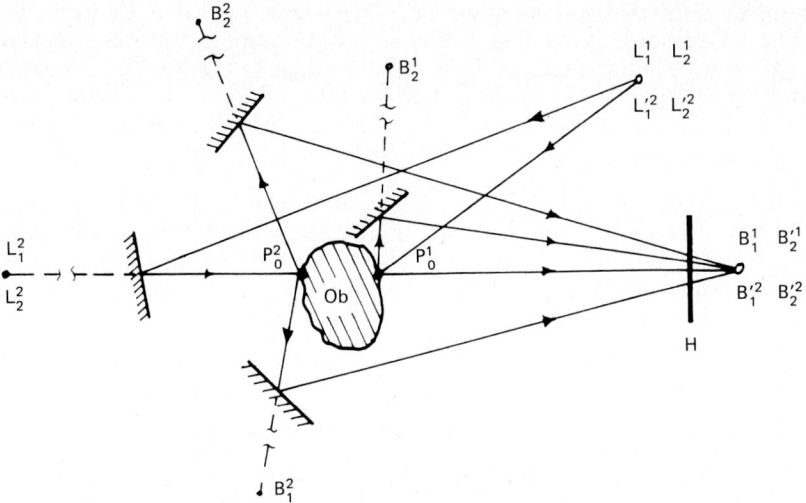

Bild D 2.6-12. Spiegelanordnung zur Ermittlung der Verschiebungen nicht einzusehender Oberflächenteile sowie zur Trennung der Verschiebungen von den Deformationen; Spiegelmethode ($\eta > 3$). Ob Objekt

Spiegel aufgebracht. So ist jederzeit eine Kontrolle etwa vorkommender Spiegelbewegungen möglich.

Diese Überwachung ist wichtig, wenn z. B. bei dynamischen Untersuchungen das Objekt zu Resonanzschwingungen angeregt wird und die Nachbarschaft mitschwingen kann. Durch geeignete Abstützung sind die Spiegel dann festzulegen. Bei den vielen bisherigen Messungen des Autors sind noch keine Schwierigkeiten durch unerwünschte Spiegelbewegungen aufgetreten. Sollten wirklich einmal solche Störungen durch die Spiegel auftreten, können diese Verschiebungen natürlich auch mit dem Auswerteverfahren für die allgemeine räumliche Verschiebung s bestimmt werden. Damit wäre eine Korrektur der Objektverschiebung möglich, wenn eine Messung mit verbesserter Spiegelhalterung z. B. nicht mehr wiederholt werden kann.

D 2.6.3.3 Holographische Verfahren

Für die verschiedenen Aufgabenstellungen stehen mehrere Verfahren der Auflichtholographie zur Verfügung. Dafür werden die verschiedensten Auswertegleichungen angegeben. Hier wird nur nach der Grundgleichung (D 2.6-1) gerechnet. Einfache Transformationsgleichungen genügen zur Anpassung an die verschiedenen Verfahren [D 2.6-23].

D 2.6.3.3.1 Doppelbelichtungsverfahren

Beim Doppelbelichtungsverfahren (vgl. Bild D 2.6-7) wird das Objekt nacheinander zweimal belichtet (Dauerstrich, stroboskopisch oder auch Pulslaser). Zwischen den Belichtungen wird die Änderung des Objekts quasistatisch, z. B. durch Belastung, vorgenommen. Das rekonstruierte Bild enthält die Interferenzlinien i der Verformung. Die Transformation für das in die Grundgleichung einzusetzende N lautet hier einfach:

$$N_\eta = i_\eta \qquad\qquad\qquad \text{(D 2.6-6)},$$

335

wobei *i* die aus dem Interferogramm zu zählende helle Linie ist. Es ist schwierig, die absolute Zahl der Linienordnung zu finden. Eine sog. Time-Average-Aufnahme Abschn. D 2.6.3.3.2) mit schwingender Belastung kann Abhilfe schaffen, ebenso dünne Streifen zwischen Objekt und Objekteinspannung (s. Bild 2.6-15).

D 2.6.3.3.2 Time-Average-Verfahren

Beim Time-Average-Verfahren, auch Zeitmittelungsverfahren (vgl. Bild D 2.6-16), wird das Objekt in Resonanzschwingungen versetzt und belichtet. Die Belichtungszeit muß sehr viel länger als die Schwingungszeit des Objekts sein. Wegen der Zeitmittelung während der Belichtung wird hier die folgende Transformation vorgenommen:

$$N_\eta = \frac{\arg(J_0^2)}{\pi} \qquad \text{(D 2.6-7)},$$

$i_\eta = f\left(\dfrac{\arg(J_0^2)}{\pi}\right)$ ist aus Tabelle D 2.6-1 zu entnehmen, wobei i_η aus dem Interferogramm auszuzählen ist. Die Knotenlinie (nullte Ordnung) ist als weiße Linie bzw. Fläche klar zu erkennen. Die nächsten hellen Interferenzstreifen höherer Ordnung sind dunkler. (Zur Schwingungsanregung s. Abschn. D 2.6.4.1.)

D 2.6.3.3.3 Real-Time-Verfahren

Beim Real-Time-Verfahren (Echtzeitverfahren) wird das Objekt belichtet, das Hologramm (Nullhologramm) entwickelt und an seinen Belichtungsort zurückgestellt. Besser ist die Verwendung einer Kamera für thermoplastischen Film, weil hier bei der Entwicklung das Hologramm seinen Aufnahmeort unverändert beibehält. Nun wird das Objekt z. B. belastet. Die sichtbar werdenden hellen Interferenzstreifen sind ein Maß für die Deformation.

Bei statischen bzw. quasistatischen Belastungen lautet die Transformationsgleichung wie bei der Doppelbelichtung gemäß Gl. (D 2.6-6):

$$N_\eta = i_\eta .$$

Bei schwingender Belastung des Objekts werden die Interferenzstreifen kontrastärmer. Die Transformationsgleichung lautet hier

$$N_\eta = \frac{\arg(1 + J_0)}{2\pi} \qquad \text{(D 2.6-8)}.$$

$i_\eta = f\left(\dfrac{\arg(1 + J_0)}{2\pi}\right)$ ist aus Tabelle D 2.6-2 zu entnehmen.

D 2.6.3.3.4 Spiegelnde Oberflächen

Beim spiegelnden Objekt [D 2.6-29] mit vorzugsweise ebenen spiegelnden (Teil-)Flächen wird über eine feste Referenzebene abgebildet. Wegen der verdoppelten Lichtwege ändern sich die Transformationsgleichungen, die Empfindlichkeit der Verschiebung wird verdoppelt. Für die verschiedenen Verfahrensvarianten gilt folgendes:

Doppelbelichtung (statisch, stroboskopisch) und Real-Time (statisch, quasistatisch):

$$N_\eta = \tfrac{1}{2} i_\eta \qquad \text{(D 2.6-9)};$$

Time-Average-Belichtung:

$$N_\eta = \frac{1}{2}\frac{\arg(J_0^2)}{\pi} \quad \left\{ \begin{array}{l} \text{Achtung, hier } \frac{1}{2}, \\ \text{d. h. Empfindlichkeit verdoppelt} \end{array} \right\} \qquad \text{(D 2.6-10)}$$

mit $i_\eta = f\left(\dfrac{\arg(J_0^2)}{\pi}\right)$ aus Tabelle D 2.6-1;

Real-Time-Belichtung (schwingend):

$$N_\eta = \frac{1}{2}\frac{\arg(1+J_0)}{2\pi} \quad \left\{ \begin{array}{l} \text{Achtung, hier } \frac{1}{2}, \\ \text{d. h. Empfindlichkeit verdoppelt} \end{array} \right\} \qquad \text{(D 2.6-11)}$$

mit $i_\eta = f\left(\dfrac{\arg(1+J_0)}{2\pi}\right)$ aus Tabelle D 2.6-2.

Tabelle D 2.6-1   Transformation $i_\eta \to N_\eta$ für Time-Average-Hologramme.

i_η [1]	N_η [1]	i_η [1]	N_η [1]	i_η [1]	N_η [1]	i_η [1]	N_η [1]	i_η [1]	N_η [1]
0	0	12	12,2469	24	24,2484	36	36,2489	48	48,2492
0,5	0,7655	12,5	12,7510	24,5	24,7505	36,5	36,7503	48,5	48,7503
1	1,2197	13	13,2471	25	25,2485	37	37,2490	49	49,2492
1,5	1,7571	13,5	13,7509	25,5	25,7505	37,5	37,7503	49,5	49,7502
2	2,2331	14	14,2473	26	26,2486	38	38,2490	50	50,2493
2,5	2,7546	14,5	14,7509	26,5	26,7505	38,5	38,7503	50,5	50,7502
3	3,2383	15	15,2475	27	27,2486	39	39,2490	51	51,2493
3,5	3,7534	15,5	15,7508	27,5	27,7504	39,5	39,7503	51,5	51,7502
4	4,2411	16	16,2477	28	28,2487	40	40,2490	52	52,2493
4,5	4,7527	16,5	16,7508	28,5	28,7504	40,5	40,7503	52,5	52,7503
5	5,2428	17	17,2478	29	29,2487	41	41,2491	53	53,2493
5,5	5,7522	17,5	17,7507	29,5	29,7504	41,5	41,7503	53,5	53,7503
6	6,2439	18	18,2479	30	30,2487	42	42,2491	54	54,2493
6,5	6,7519	18,5	18,7507	30,5	30,7504	42,5	42,7503	54,5	54,7502
7	7,2448	19	19,2480	31	31,2488	43	43,2491	55	55,2493
7,5	7,7516	19,5	19,7507	31,5	31,7504	43,5	43,7503	55,5	55,7502
8	8,2454	20	20,2481	32	32,2488	44	44,2491	56	56,2493
8,5	8,7515	20,5	20,7506	32,5	32,7504	44,5	44,7503	56,5	56,7502
9	9,2459	21	21,2482	33	33,2489	45	45,2492	57	57,2493
9,5	9,7513	21,5	21,7506	33,5	33,7504	45,5	45,7503	57,5	57,7502
10	10,2463	22	22,2483	34	34,2489	46	46,2492	58	58,2493
10,5	10,7512	22,5	22,7506	34,5	34,7504	46,5	46,7503	58,5	58,7502
11	11,2466	23	23,2484	35	35,2489	47	47,2492	59	59,2494
11,5	11,7511	23,5	23,7505	35,5	35,7504	47,5	47,7503	59,5	59,7502
								60	60,2494

i_η Ordnungsnummer, auf der Objektoberfläche ausgezählt
N_η Ordnungsnummer, für die Berechnung der Verschiebung s transformiert
$N_\eta = \dfrac{\arg(J_0^2)}{\pi}$

Tabelle D 2.6-2   Transformation $i_\eta \rightarrow N_\eta$ für Real-Time Schwingungshologramme.

i_η [1]	N_η [1]	i_η [1]	N_η [1]	i_η [1]	N_η [1]
0	0	7,5	7,6238	15	15,1244
0,5	0,6098	8	8,1238	15,5	15,6244
1	1,1166	8,5	8,6239	16	16,1244
1,5	1,6192	9	9,1240	16,5	16,6244
2	2,1205	9,5	9,6240	17	17,1244
2,5	2,6214	10	10,1241	17,5	17,6245
3	3,1220	10,5	10,6241	18	18,1245
3,5	3,6224	11	11,1241	18,5	18,6245
4	4,1227	11,5	11,6242	19	19,1245
4,5	4,6229	12	12,1242	19,5	19,6245
5	5,1231	12,5	12,6242	20	20,1245
5,5	5,6233	13	13,1243		
6	6,1234	13,5	13,6243		
6,5	6,6236	14	14,1243		
7	7,1237	14,5	14,6243		

i_η Ordnungsnummer, auf der Objektoberfläche ausgezählt
N_η Ordnungsnummer, für die Berechnung der Verschiebung s transformiert

$$N_\eta = \frac{\arg(1 + J_0)}{2\pi}$$

D 2.6.3.3.5 Stufenhologramm

Beim Stufenhologramm [D 2.6-30; 31] wird das Hologramm nacheinander streifenförmig überlappend belichtet, so daß sich – immer überlappend – Doppelbelichtungshologramme ergeben. Zwischen den Belichtungen wird das Objekt z. B. stufenförmig belastet oder auch thermisch beansprucht. Die Transformationsgleichung lautet wie bei der Doppelbelichtung, Gl. (D 2.6-6),

$$N_\eta = i_\eta .$$

Nach diesem Verfahren lassen sich sehr genau z. B. die Elastizitätsmodule E bestimmen und thermische bzw. elastische Nachwirkungen untersuchen, was besonders für Modellwerkstoffe wie Gips und Porcelin geeignet ist [D 2.6-28; 36].

D 2.6.4 Meßeinrichtungen und ihre Handhabung

D 2.6.4.1 Einrichtung zur Hologrammaufnahme

Laser
Als Beleuchtungsquelle werden Dauerstrich- und Pulslaser verwendet. Sie müssen örtlich und zeitlich kohärentes Licht aussenden, d. h. im TEM_{00}-Mode schwingen mit einer Intensitätsverteilung des Laserstrahls entsprechend einer Gaußschen Glockenkurve. Durch diese einschränkende Forderung ist die Auswahl von geeigneten Lasern stark eingegrenzt. Beim Kauf verlange man vom Laserhersteller entsprechende Garantien für die Tauglichkeit der Laser für die Holographie.

Die geringste noch verwendbare Leistung für die Dauerstrichholographie liegt bei etwa 5 mW Lichtleistung. Die nutzbar auszuleuchtende Fläche hat dabei rund 300 mm Dmr. Die Belichtungszeit liegt bei einigen Sekunden. Man sollte aber so beleuchten, daß die Belichtungszeit im Bereich von < 0,1 s liegt, d. h., die Leistung des Lasers muß vergrößert werden, um besser und sicherer arbeiten zu können. Für größere Flächen (einige m²) können Laserlichtleistungen bis zu mehreren Watt nötig werden. Mehrfachpulslaser sollten möglichst nicht unter 500 mJ/Puls liegen.

Optische Komponenten

Um Strahlinterferenzen zu vermeiden, sind nur oberflächenverspiegelte Spiegel zu verwenden. Bei Optiken und Strahlenteilern sind die Oberflächen den verwendeten Wellenlängen entsprechend zu beschichten, d. h. zu vergüten.

Schwingungsisolierung

Wegen der Mikrointerferenzmuster des Hologramms muß bei der Aufnahme der Holographieaufbau sehr stabil und erschütterungsfrei sein, mit Restbewegungen kleiner als rund $\lambda/10$ des Laserlichtes. Es gibt komfortable schwingungsisolierte Tische. Aber einfache Holz- bzw. Metallplatten und normale Tische tun es auch, besonders zum Einstieg in die Holographie, wenn man zwischen Tisch- und Holographieplatte normale aufgepumpte Fahrrad- oder Mopedschläuche zur Schwingungsisolierung legt.

Aufnahmematerial

Als Aufnahmematerial wird feinstkörnige Emulsion verwendet. Agfa und Kodak haben Platten und Filme für Grün (Argon) und Rot (He-Ne) im Programm. Dort sind auch die Empfindlichkeiten zu erfragen. Übliche Feinkornfilme sind nicht verwendbar. (Nur spezielle Holographieemulsionen verwenden.)

Ein anderes Verfahren nutzt den thermoplastischen Film. Eine thermoplastische Schicht auf dem Film wird kurz vor der Belichtung elektrostatisch aufgeladen (sensibilisiert). Durch die Belichtung werden Ladungen entfernt. Im Dunkelbereich verbleibende Ladungen ziehen die durch einen Thermoschock auf etwa 70 °C erwärmte thermoplastische Schicht örtlich zusammen. Anschließende Kühlung fixiert das Hologramm, das unter dem Mikroskop wie die Oberfläche eines Kathedralglases aussieht. In einer thermoplastischen Kamera laufen diese Prozesse automatisch ab.

Sonstige Hilfsmittel

Die Schwingungsanregung beim Time-Average-Verfahren sollte über Elektromagnete, Stößel oder durch Piezodehnungsmeßstreifen erfolgen. Die letzteren sind durch Spannungen um rd. 100 V anzuregen. Ein Mikrobeschleunigungsaufnehmer oder ein Dehnungsmeßstreifen zeigt die Resonanz bei einer zugehörigen Frequenz durch Maximalausschlag an. Dazu ist es zweckmäßig, einen digitalen Frequenzmesser und ein Zweistrahloszilloskop zu verwenden. Eine Schwingungsanregung über Lautsprecher ist möglichst zu vermeiden, weil auch Komponenten des holographischen Aufbaus in unerwünschte Schwingungen geraten können.

D 2.6.4.2 Einrichtung der Rekonstruktion

Grundsätzlich wird für die Rekonstruktion der gleiche Aufbau verwendet wie zur Aufnahme. Zur Speicherung des rekonstruierten Interferogramms dienen die üblichen Methoden: Kamera, Filmkamera, Videokamera, Rekorder und handelsübliches Filmmaterial. Hierbei ist zu bemerken, daß die Empfindlichkeit der Aufnahmefilme sich bei kohärentem Licht um einige DIN (rund 6 bis 8) erhöht und der Belichtungsspielraum stark ausgeweitet wird. Es ist eine mittlere Blende von rd. 8 einzustellen. Eine stärkere

Abblendung führt zu starker Granulation, die die Auswertung erschwert. (Probeaufnahmen machen!)

D 2.6.4.3 Vorbereitung des Prüfobjekts, Modellherstellung

Allgemeine Aspekte beim Prüfobjekt

– Oberflächenbehandlung

Grundsätzlich können alle Objekte mit festen oder quasifesten Oberflächen holographisch untersucht werden. Die Oberflächen sollen möglichst hell und diffus reflektieren. Glänzende Oberflächen werden mit matter, weißer Farbe (z. B. abwaschbar oder abblasbar) bedeckt. Auch weiße Reflexfarbe ist geeignet. Beim Spiegelverfahren muß ein Netz aufgezeichnet oder mittels dünner Klebebänder aufgebracht werden, damit auf den einzelnen Bildern der Spiegel die zusammengehörenden Punkte gefunden werden können (vgl. Bilder D 2.6-14, D 2.6-15 und D 2.6-16).

– Silicongummi als Modellwerkstoff

Bei Schadensklärungen muß manchmal die Stelle maximaler Dehnung bestimmt werden, was mittels Holographie nicht gut machbar ist. An diesen Stellen hat aber auch die Querdehnung ein Maximum, und diese ist holographisch gut erfaßbar. So ist ein Abguß des Objekts aus Silicongummi oft hilfreich zur Auffindung von Schwachstellen, weil bei Gummimodellen die Belastungen klein sind im Vergleich zu den Verformungen [D 2.6-28; 36].

– Gips und Porcelin als Modellwerkstoffe

Diese Werkstoffe eignen sich besonders gut z. B. für Entwicklungsarbeiten an Schaufeln von Turbinen und Kompressoren. Die Werkstoffe sind bis zum Bruch streng linear-elastisch. Der E-Modul von Gips beträgt $E = 5140\,\text{N/mm}^2$. Der gipsähnliche Kunststoff Porcelin hat einen E-Modul $E = 21\,050\,\text{N/mm}^2$. Bemerkenswert ist die feste Beziehung zwischen den Frequenzen von z. B. Stahl und Gips bzw. Porcelin. So lassen sich sehr genau Eigenfrequenzen an Stahlbauteilen vorhersagen. Auch Dauerbrüche infolge Schwingungen sind in rund 15 Minuten zu erzeugen. Dabei stimmen der Bruchverlauf im Porcelin- und Stahlbauteilen recht gut überein. Man sollte diese Eigenschaften besser ausnutzen. Zur Kontrolle der Frequenzumrechnungen gieße man einen Stahlprobestab in Porcelin (bzw. Gips) ab und prüfe die Resonanzfrequenzen der beiden in der Form gleichen aber im Material verschiedenen Stäbe. Der sich dabei ergebende Umrechnungsmaßstab M liegt für Gips rund bei 1:2,25 und für Porcelin bei 1:1,55 [D 2.6-28; 36]. Er errechnet sich auch aus: $M = \left(\sqrt{\dfrac{E}{m}}\right)_1 : \left(\sqrt{\dfrac{E}{m}}\right)_2$. Errechnete und gemessene Werte der Werkstoffe 1 und 2 stimmen gut überein.

D 2.6.5 Kennzeichnende Anwendungsbeispiele

D 2.6.5.1 Statische Verschiebungen

Beispiel 1: Fehler in einer Metall-Gummi-Klebeverbindung, Bild D 2.6-13. Die Fehler machen sich durch Blasen bemerkbar. Im Interferogramm werden sie durch örtlich begrenzte, konzentrierte Interferenzringe erkennbar, die die Höhenschichtlinien der Blasenhügel bedeuten. Die Deformation kann man durch Temperatur oder Druckänderungen erreichen. Bei Verbundwerkstoffen genügt z. B. eine Bestrahlung mit einer Infrarotlampe zur Erwärmung. Beim Abkühlungsvorgang wartet man zwischen der ersten und

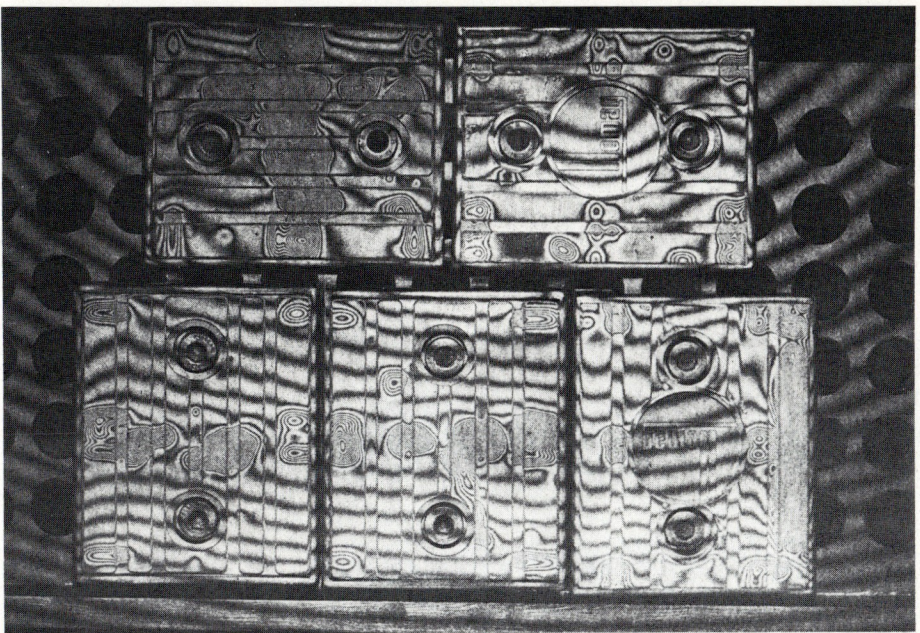

Bild D 2.6-13. Fehler in einer Metall-Gummi-Klebeverbindung; Doppelbelichtungsverfahren mittels Rottenkolber-Holo-System.
Klebefehler durch konzentrierte in sich geschlossene Interferenzlinien sind sichtbar.

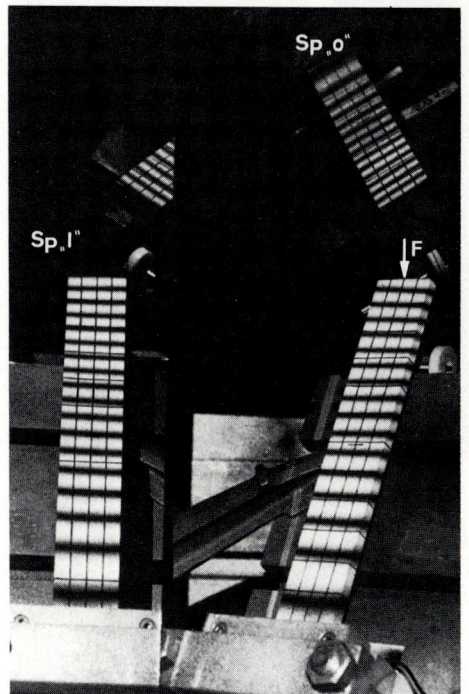

Bild D 2.6-14. Durchbiegung eines schräg im Raum stehenden Stabes unter einer Einzellast F. Doppelbelichtungsverfahren mit 3D-Auswertung und Spiegelmethode mittels zweier Spiegel und Hilfsliniennetz.
Linkes Spiegelbild im Spiegel Sp „l"; oberes Spiegelbild im Spiegel Sp „o"
$\eta = 1$; 2 und 3; $F = 0,49$ N

zweiten Belichtung einige Sekunden. Die optimale Zeitdifferenz findet man durch Probieren.

Beispiel 2: Durchbiegung eines schräg im Raum stehenden prismatischen Stabes aus Stahl (250 mm freie Länge) unter Einzellast *F* an der Spitze, Bild D 2.6-14; 3D-Auswertung mit zwei Spiegeln links und oben mit $\eta = 1; 2; 3$. Die Durchbiegung ist an den Interferenzstreifen erkennbar, ebenfalls das als Auswertehilfe aufgebrachte Liniennetz.

Beispiel 3: Ausdehnung eines Zylinders infolge Erwärmung, Bild D 2.6-15. Die Seiten und die obere Stirnwand sind über Spiegel sichtbar. Am unteren Teil sind biegeweiche Streifen S zu sehen, um die absolute Ordnung der Deformation zu bestimmen. Die Einspannung hat die nullte Ordnung (keine Interferenzstreifen).

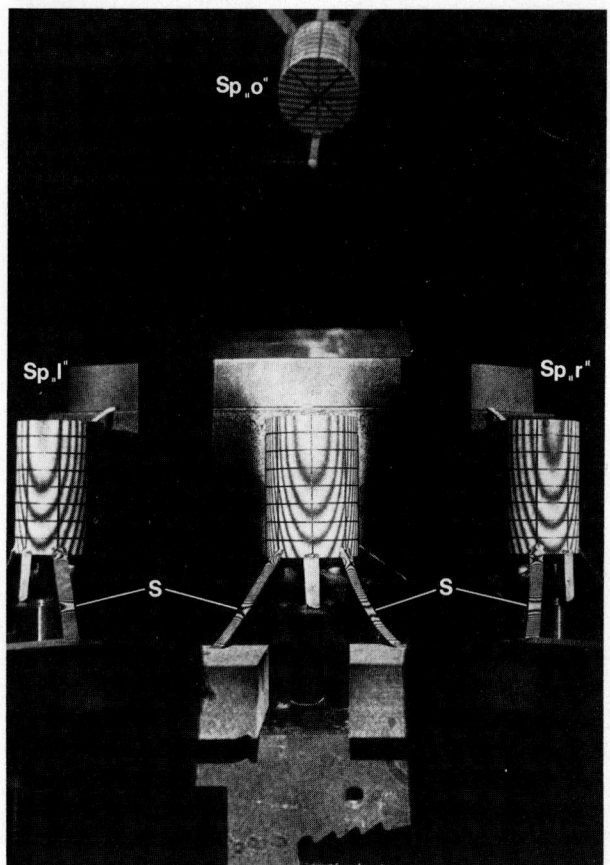

Bild D 2.6-15. Thermische Ausdehnung eines Zylinders, Doppelbelichtungsverfahren mit 3D-Auswertung und Spiegelmethode mittels dreier Spiegel, Hilfsliniennetz und biegeweicher Streifen S zwischen Objekt und Einspannung zur Bestimmung der nullten Ordnung.
Linkes Spiegelbild im Spiegel Sp„l"; rechtes Spiegelbild im Spiegel Sp„r"; oberes Spiegelbild im Spiegel Sp„o"

D 2.6.5.2 Schwingende Verschiebungen

Beispiel 1: Time-Average-Aufnahme einer Gasturbinenschaufel bei der ersten Oberschwingung der Torsion, Bild D 2.6-16. Die beiden Spiegel befinden sich links und oben. Sichtbar ist das Liniennetz auf der Objektoberfläche und rechts unten der Elektromagnet mit Stößel. An der Schaufelhinterseite ist ein Mikrobeschleunigungsaufnehmer angebracht. Der für das Time-Average-Verfahren typische breite, helle Knotenbereich ist sehr gut zu erkennen.

342

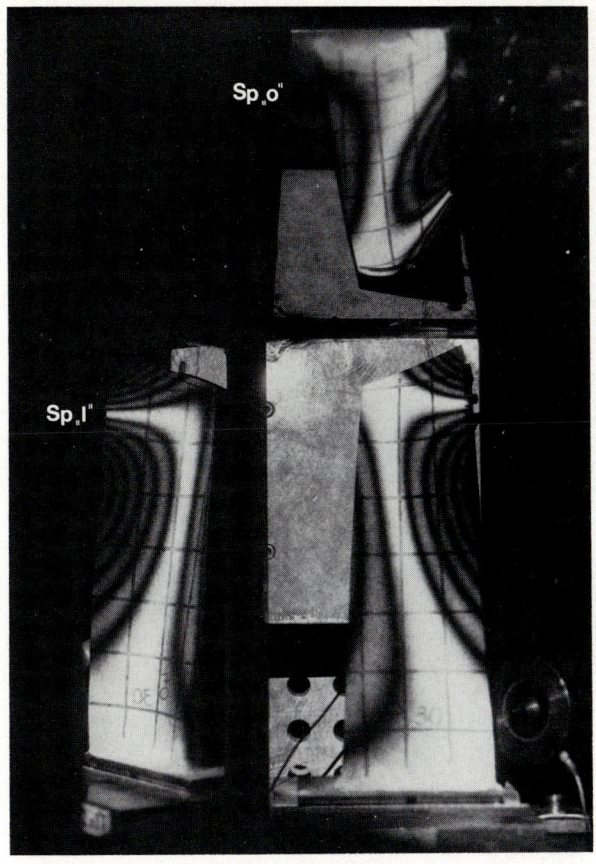

Bild D 2.6-16. Torsions-
schwingung einer Gasturbinenschaufel. Time-Average-
Aufnahmen der ersten
Oberschwingung mit 3D-
Auswertung und Spiegel-
methode mittels zweier
Spiegel und Hilfslinien-
netz.
Linkes Spiegelbild im Spiegel Sp „l"; oberes Spiegelbild im Spiegel Sp „o"
$\eta = 1$; 2 und 3

Beispiel 2: Pulshologramm einer schwingenden Asbestplatte mit Riß, Bild D 2.6-17. An
der Stelle a ist die 5 mm dicke Platte eingerissen. Man erkennt den Riß am unstetigen
Verlauf der Interferenzstreifen. Die Länge des Risses wird sichtbar. Im Gegensatz zur
Time-Average-Aufnahme ist hier die Helligkeit der hellen Interferenzlinien konstant. Die
Knotenlinien sind nicht sichtbar, weil die Belichtungszeit viel kürzer als die Schwingungs-
zeit des Objekts ist. Dies ist der Nachteil der Pulsholographie [D 2.6-37].

D 2.6.6 Zusammenfassende Beurteilung

Die vorstehenden Beispiele sollen einen Einblick in die Möglichkeiten der Holographie
geben und stehen für viele bereits erfolgreiche Anwendungen in der Praxis. Tabelle
D 2.6-3 gibt einen Überblick über die Verfahren. Für besonders genaue Auswertungen
eignet sich das Phasenshiftverfahren mit zwei Referenzstrahlen [D 2.6-38]. Es hat aber
nicht viel Sinn, in einer Richtung hochgenau auszuwerten, wenn die Verschiebungsrichtung nicht bekannt ist. Der auftretende Fehler kann dadurch sehr groß werden, ohne daß
man sich dessen bewußt ist. Durch Kombination mit der beschriebenen dreidimensionalen Auswertung mit der Spiegelmethode ist optimale Genauigkeit erreichbar.

Für Torsionsprobleme ist die holographische Aufarbeitung des Prandtlschen Membran-
gleichnisses [D 2.6-39] außerordentlich hilfreich. Tabelle D 2.6-4 gibt eine Übersicht über

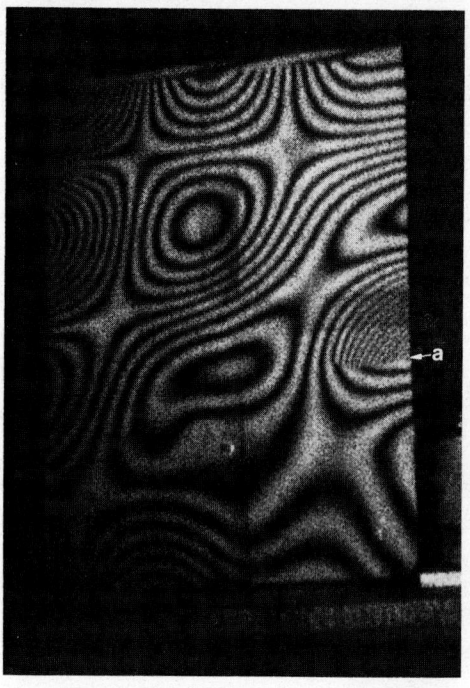

Bild D 2.6-17. Schwingende Asbestplatte
mit Riß bei a; Pulshologramm mittels Rottenkolber-Holo-System.

Tabelle D 2.6-3   Übersicht über die Grundverfahren der Holographie.

holographisches Verfahren	Beleuchtungsart durch Laser			Schwingungs-isolierung notwendig bei		Methode geeignet für
	Dauer-strich	strobo-skopisch	Puls	Dauer-strich	Puls	
Doppelbelichtung	×	×	×	ja	nein	(quasi-)statische Belastungen, (Dauerstrich) nichtkonstante Schwingungen (Puls)
Time-Average	×	(×)**)	(×)*)	ja		konstante Schwingungen
Real-Time	×	×	(×)	ja	(nein)	(quasi-)statische, schwingende Belastungen jeder Art, auch stochastisch

*) bei Vielfachpulsen
**) bei verschiedenen Phasenlagen stroboskopischer Belichtung

Tabelle D 2.6-4 Übersicht über die Torsionsprobleme, die mit holographischen Methoden lösbar oder berechenbar sind.

Nr.	Bezeichnung		Unterkategorien
1			Spalten 18 17 16 15 14 13 | 12 11 10 9 8 7 | 6 5 4 3 2 1
2	**Querschnittsform** (Beispiele)		beliebig) [I ■ ● (je dreifach wiederholt)
3		Querschnitt	kreissymmetrisch / 2 Symmetrieachsen / 1 Symmetrieachse / nicht symmetrisch
4	Querschnittsverwölbung		ja / nein
5	Stabform prismatisch		ja / nein
6	Schwerpunkte auf einer Geraden		ja / nein
7	Schwer- mit Schubmittelpunkt identisch		ja / nein
8	Schwer- mit elastischer Achse identisch		ja / nein
9	Schubmittelpunkt mit elastischer Achse identisch		ja / nein
10	Drillträgheitsmoment I_d		berechenbar / abschätzbar / holographisch meßbar
11	Schubspannung		berechenbar / abschätzbar / holographisch meßbar
12	Schubmittelpunkt		berechenbar / abschätzbar / holographisch meßbar
13	elastische Achse		berechenbar / abschätzbar / holographisch meßbar

die Möglichkeiten, die die Holographie gegenüber den Rechenmethoden für Torsion bietet. Mit der Holographie kann man sehr präzise die Drillsteifigkeiten von Wellensträngen mit unterschiedlichen Durchmessern und von Kurbelwellen bestimmen. Sie könnten als genauere Unterlagen für Torsionsschwingungsrechnungen dienen [D 2.6-33; 34, 40].

Eine weitere wirtschaftliche Anwendung erlauben die Modellmaterialien, vor allen Dingen bei Entwicklungsarbeiten in Verbindung mit den verschiedensten holographischen Verfahren [D 2.6-28; 36; 41].

Neuere Entwicklungen bei den Lichtleitfasern führten zur Entwicklung leichter und beweglicher Holographieköpfe, so daß auch sonst unzugängliche Bereiche von Objekten untersucht werden können [D 2.6-42].

Zur Einführung in die Auflichtholographie sei als kleines Buch [D 2.6-43] empfohlen. Als Begleitbuch für die Praxis ist [D 2.6-44] geeignet. Die VDI/VDE-Gemeinschaft Experimentelle Spannungsanalyse (GESA) hat holographische Kurzbeschreibungen herausgebracht, die komprimiert die verschiedensten Verfahren beschreiben [D 2.6-45]. Das aufgeführte Schrifttum wendet sich an den praxisbezogenen Leser und Anwender der Holographie.

D 2.7 Durchlichtholographie

J. Munschau

D 2.7.1 Formelzeichen

A	komplexe Amplitude des Lichtes
A^*	konjugiert komplexe Amplitude
$\boldsymbol{A}$	komplexe Vektoramplitude des Lichtes
$\boldsymbol{A}^*$	konjugiert komplexe Vektoramplitude
C	spannungsoptische Empfindlichkeit
$C_{1,2}$	spannungsoptische Materialkonstanten
E	Elastizitätsmodul
I	Intensität des Lichtes
R	Ortsfrequenz
S	spannungsoptische Konstante
T_A	Amplitudentransmission
a	Amplitude des Lichtes
$\boldsymbol{a}$	Vektoramplitude des Lichtes
d	Dicke
e	Einheitsvektor
g	Gitterkonstante
h	Emulsionsdicke
k	Wellenzahl
$\boldsymbol{k}$	Wellenzahlvektor
m	natürliche Zahl, Laufzahl
n	Brechzahl
$\boldsymbol{r}$	Ortsvektor
t	Zeit
t_B	Belichtungszeit
x, y, z	Koordinaten eines orthogonalen Koordinatensystems

Δ	Phasendifferenz
Θ	Einstrahlwinkel
φ	Phase
χ	holographisch-interferometrische Empfindlichkeit
ψ	holographisch-interferometrische Konstante
α	Isoklinenwinkel, Anstieg der T_A-Kennlinie
β	Phasenwinkel
γ	Gradation, Ordnungszahl
δ	Phasendifferenz, Anfangsphase, Ordnungszahl
δ_C	Isochromatenordnungszahl
δ_P	Isopachenordnungszahl
λ	Wellenlänge
ν	Poisson-Zahl
σ	Normalspannung

D 2.7.2 Allgemeines

Die Durchlichtholographie ist ein Teilgebiet der allgemeinen Holographie und umfaßt alle Anwendungen holographischer Verfahren bei der Durchstrahlung transparenter Objekte, z. B. in Bereichen der Optik, Mechanik, Strömungsmechanik, Plasmaphysik usw. Im Rahmen dieses Buches interessieren jedoch nur Anwendungen im Bereich der experimentellen Spannungsanalyse, d. h. das spezielle Gebiet der holographischen Spannungsoptik und damit verwandter Verfahren.

Die Grundlage der Durchlichtholographie ist – ebenso wie bei der Auflichtholographie – das von *Gabor* theoretisch begründete Prinzip der Holographie und deren technische Realisierung durch den Einsatz des Lasers als kohärente und monochromatische Lichtquelle. Erste Anwendungen in der experimentellen Mechanik fand die Holographie Mitte der 60er Jahre im Zusammenhang mit der interferometrischen Auflichtholographie (vgl. Abschn. D 2.6). Die Durchlichtholographie wurde erst ab 1968 durch *M. E. Fourney* [D 2.7-1], *J. D. Hovanesian* [D 2.7-2], *E. Hosp* und *G. Wutzke* [D 2.7-3] in die spannungsoptische Versuchtechnik eingeführt. Seit dieser Zeit sind zahlreiche Arbeiten zu diesem Anwendungsgebiet erschienen, so daß hier nur auf den zusammenfassenden Beitrag von *R. J. Sanford* [D 2.7-4] und auf die Monographien von *C. M. Vest* [D 2.7-5] sowie *F. Wernicke* und *W. Osten* [D 2.7-6] verwiesen werden soll. Für die zum Verständnis dieses Abschnitts benötigten Grundlagen der Spannungsoptik und Modelltechnik sei auf die Abschnitte C 3 und D 2.2 dieses Buches bzw. auf die Monographie von *H. Wolf* [D 2.7-7] hingewiesen.

Die Durchlichtholographie im Bereich der experimentellen Spannungsanalyse ist eng mit der konventionellen Spannungsoptik verknüpft. Das Ziel der experimentellen Spannungsanalyse ist die Bestimmung des vollständigen Spannungszustands, d. h. die Ermittlung der Hauptspannungen nach Größe und Richtung. Die Durchlichtholographie ist wie die konventionelle Spannungsoptik (vgl. Abschn. D 2.2) ein Modellverfahren und benutzt zur Spannungsanalyse ebenfalls den optischen Effekt der Doppelbrechung bei mechanisch oder thermisch beanspruchten transparenten Materialien.

Grundsätzlich können alle Verfahren der konventionellen Spannungsoptik (Hellfeld, Dunkelfeld; Untersuchungen bei linear bzw. zirkular polarisiertem Licht usw.) auch mit entsprechenden holographischen Verfahren durchgeführt werden, jedoch sind damit die Möglichkeiten der Durchlichtholographie noch keineswegs erschöpft. Die der Spannungsoptik am nächsten stehende Variante der Durchlichtholographie ermittelt die Hauptspannungen ebenso wie die konventionelle Spannungsoptik durch Auswertung von *Isoklinen* (Linien gleicher Hauptspannungsrichtung) und *Isochromaten* (Linien gleicher Hauptspannungsdifferenz). Diese Variante soll daher als „holographische Spannungsoptik" bezeichnet werden, der dafür benötigte holographische Aufbau in Analogie zum spannungsoptischen Polariskop als „holographisches Polariskop". Mit den Isoklinen und Isochromaten liegen jedoch nur zwei der zur Bestimmung des vollständigen Spannungszustands erforderlichen drei Bestimmungsgrößen vor. Die fehlende dritte Größe wird zumeist unter Anwendung der elastizitätstheoretischen Gleichgewichtsbedingungen rechnerisch bestimmt [D 2.7-7]. Dieses Verfahren ist aufwendig und nicht immer exakt, so daß bereits in der Vergangenheit versucht wurde, als dritte Größe die Hauptspannungssumme, die sog. *Isopachen,* mit konventionellen interferometrischen Verfahren zu bestimmen [D 2.7-7]. Die praktische Nutzung dieses Verfahrens blieb jedoch gering, da sowohl an die Meßanordnung als auch an die zu untersuchenden Objekte kaum zu erfüllende optische und mechanische Anforderungen gestellt werden mußten. Dies änderte sich grundlegend mit der Entwicklung des Lasers und den damit möglich gewordenen holographisch-interferometrischen Verfahren. Die holographische Interferometrie ermöglicht die einfache Bestimmung der Isopachen und somit die unmittelbare experimentelle Bestimmung des vollständigen Spannungszustands. Dieser Bereich der Durchlichtholographie soll daher „holographisch-interferometrische Spannungsoptik" genannt werden, die entsprechende Versuchsanordnung „holographisch-interferometrisches Polariskop".

D 2.7.3 Physikalisches Prinzip

D 2.7.3.1 Grundbeziehungen der Holographie

Die vollständigen optischen Informationen über ein beliebiges Objekt sind in Amplitude, Phase und Wellenlänge der von einzelnen Objektpunkten ausgehenden Lichtwellen enthalten. Herkömmliche Empfänger gestatten jedoch nur die Registrierung von Intensität und Wellenlänge, die Phaseninformation geht verloren. Demgegenüber ist die charakteristische Eigenschaft der Holographie die Registrierung der Phasen von Lichtwellen. Sie ermöglicht damit die dreidimensionale optische Rekonstruktion eines Objekts. Die für die Holographie wesentlichen physikalischen Grundlagen sollen hier kurz dargelegt werden.

Eine ebene, monochromatische Lichtwelle wird beschrieben durch

$$A(r) = a(r)\,\mathrm{e}^{\mathrm{i}\varphi(r)} \tag{D 2.7-1}$$

mit der komplexen Vektoramplitude $A(r)$ und der reellen Vektoramplitude $a(r)$ am Ort $r(x, y, z)$ sowie der Phase $\varphi(r)$. Für die Phase gilt

$$\varphi(r) = k\,r + \delta \tag{D 2.7-2}$$

mit dem Wellenzahlvektor $k = \dfrac{2\pi}{\lambda}\,e$ und der Anfangsphase δ. Der Einheitsvektor e gibt die Ausbreitungsrichtung der Lichtwelle an. Der Betrag der Vektoramplitude wird als (skalare) Amplitude $a(r) = |a(r)|$ bezeichnet.

Die in der Optik üblichen Meßverfahren können nur die Intensität, d. h. den zeitlichen Mittelwert einer großen Anzahl von Schwingungen, messen. Die Intensität ergibt sich aus dem Produkt der komplexen Vektoramplitude A mit ihrer konjugiert komplexen A^* zu

$$I(r) = A(r)\,A^*(r) = a^2(r) \tag{D 2.7-3}$$

Die auf Intensitätsregistrierung beruhenden optischen Empfänger, z. B. photochemische und photoelektronische Empfänger, werden wegen $I = a^2$ als *quadratische Empfänger* bezeichnet.

Die Überlagerung von Lichtwellen ist durch das lineare Superpositionsprinzip gekennzeichnet, d. h., die komplexen Vektoramplituden der beteiligten Lichtwellen überlagern sich additiv, sie interferieren. Bedingung für die *Interferenz* ist, daß die beteiligten Lichtwellen monochromatisch und kohärent sind und in ihren Schwingungsrichtungen zumindest partiell übereinstimmen. Mit *Kohärenz* wird das Bestehen einer festen Phasenbeziehung zwischen den beteiligten Lichtwellen bezeichnet, die Übereinstimmung der Schwingungsrichtung ergibt sich aus dem transversalen Wellencharakter des Lichtes. Die räumlichen Beziehungen zwischen Ausbreitungsrichtung und Schwingungsrichtung einer Lichtwelle wird *Polarisation* des Lichtes genannt. Entsprechend der Änderung der Schwingungsrichtung beim Fortschreiten der Lichtwelle wird unpolarisiertes und linear, zirkular bzw. elliptisch polarisiertes Licht unterschieden (vgl. Abschn. D 2.2.4.2, Bild D 2.2-4). Laserlicht ist bei geeigneter Konfiguration des Lasers monochromatisch, kohärent und nahezu vollständig linear polarisiert und damit im hohen Maße interferenzfähig.

Das Grundprinzip der Interferenz kann auf einfachste Weise durch die Überlagerung zweier Lichtwellen verdeutlicht werden (Zweistrahlinterferenz). Ohne Beschränkung der Allgemeingültigkeit seien im folgenden linearpolarisierte, parallel schwingende Lichtwellen vorausgesetzt (zirkular bzw. elliptisch polarisiertes Licht kann durch orthogonale, linear polarisierte Teilwellen beschrieben werden, vgl. Abschn. D 2.2.4.2). Unter dieser Voraussetzung können die Lichtwellen durch skalare, aber weiterhin komplexe Amplituden $A(r)$ dargestellt werden. Für zwei ebene monochromatische Lichtwellen gilt dann nach Gl. (D 2.7-1)

$$A_1(r) = a_1(r)\, e^{i(\boldsymbol{k}\boldsymbol{r} + \delta_1)} \qquad\qquad (\text{D 2.7-4}),$$

$$A_2(r) = a_2(r)\, e^{i(\boldsymbol{k}\boldsymbol{r} + \delta_2)} \qquad\qquad (\text{D 2.7-5}).$$

Die Überlagerung dieser Wellen am Ort $r(x, y, z)$ ergibt durch lineare Superposition die resultierende Amplitude:

$$A(r) = A_1(r) + A_2(r) \qquad\qquad (\text{D 2.7-6}).$$

Für die Intensität nach Gl. (D 2.7-3) erhält man

$$
\begin{aligned}
I(r) = A(r)\,A^*(r) &= \\
&= a_1^2 + a_2^2 + a_1\,a_2\,e^{i\Delta\varphi} + a_1\,a_2\,e^{-i\Delta\varphi} = \qquad (\text{D 2.7-7}) \\
&= a_1^2 + a_2^2 + 2\,a_1\,a_2\cos\Delta\varphi
\end{aligned}
$$

mit der Phasendifferenz

$$\Delta\varphi = (\boldsymbol{k}_1 - \boldsymbol{k}_2)\,\boldsymbol{r} + (\delta_1 - \delta_2) \qquad\qquad (\text{D 2.7-8}).$$

Bei einer Phasendifferenz $\Delta\varphi = \pm 2m\pi$ mit $m = 0, 1, 2, \ldots$ ergibt sich die maximale Intensität, Bild D 2.7-1,

$$I_{\max} = a_1^2 + a_2^2 + 2\,a_1\,a_2 \qquad\qquad (\text{D 2.7-9})$$

und bei der Phasendifferenz $\Delta\varphi = \pm (2m+1)\pi$ die minimale Intensität

$$I_{\min} = a_1^2 + a_2^2 - 2\,a_1\,a_2 \qquad\qquad (\text{D 2.7-10}).$$

Bei gleichen Amplituden $a_1 = a_2 = a$ der Ursprungwellen beträgt die Intensitätsverteilung

$$I(r) = 4\,a^2\cos^2\frac{\Delta\varphi}{2} \qquad\qquad (\text{D 2.7-11}),$$

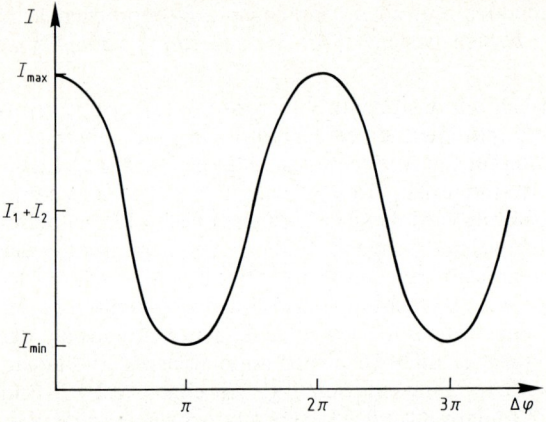

Bild D 2.7-1. Intensitätsverlauf bei Zweistrahlinterferenz von Lichtwellen mit unterschiedlicher Amplitude.

d. h., die Intensitätsverteilung zeigt eine $\cos^2$-Charakteristik. Die im Interferenzfeld periodisch auftretenden Bereiche maximaler und minimaler Intensität werden als *Interferenzlinien* bezeichnet, das dadurch bei Aufzeichnung auf einer Photoplatte entstehende Gitter als *Sinusgitter*.

Überlagerungen von Kugelwellen führen zu grundsätzlich gleichen Ergebnissen, jedoch besteht das Interferenzlinienfeld nicht – wie bei ebenen Wellen – aus äquidistanten, parallelen Linien, sondern je nach Lage der Empfängerebene aus Kreisen, Ellipsen, Hyperbeln und Geraden.

Die in Gl. (D 2.7-8) erkennbare Registrierung von Phasendifferenzen ist die Grundlage der Holographie. Mit unterschiedlichen Phaseninformationen behaftete *Objektwellen* werden mit einer zweiten Welle, der *Referenzwelle*, überlagert, deren Phase konstant ist. Die Überlagerung dieser Wellen führt nach Gl. (D 2.7-7) zu einer von der Phaseninformation abhängigen Intensitätsverteilung, die z. B. auf einer Photoplatte gespeichert werden kann. Die Photoplatte, das sog. *Hologramm*, enthält somit alle (hólos = vollständig) Informationen über das Objekt, jedoch in verschlüsselter Form (codiert) und nicht unmittelbar erkennbar. Die codierte Information muß daher in einem zweiten Schritt aus dem Hologramm herausgelesen werden. Dazu wird das Hologramm mit einem Lichtbündel durchstrahlt, das i. a. mit der Referenzwelle identisch ist. Das Hologramm wirkt dabei als Beugungsgitter und beugt das durchgehende Licht in Abhängigkeit von der gespeicherten Intensitätsverteilung. Die Beugungswellen haben die Struktur der ursprünglichen Objektwellen, d. h., es entsteht ein dreidimensionales Bild des Objekts an dessen Ursprungsort. Dieser zweite Schritt wird mit *Rekonstruktion* bezeichnet, die Holographie ist somit grundsätzlich ein 2-Stufen-Verfahren.

Den prinzipiellen Aufbau für die Durchlichtholographie zeigt Bild D 2.7-2 (s. auch Abschn. D 2.6, Bild D 2.6-1 bis 4). Der vom Laser 1 kommende Lichtstrahl wird von einem Objektiv 2 aufgeweitet und von einem teildurchlässigen Spiegel 3 in zwei Teilstrahlen aufgeteilt. Der Objektstrahl 0 tritt durch das mit der Kraft F belastbare Modell 5 auf den Empfänger 6 (z. B. Photoplatte). Der zweite Teilstrahl, der Referenzstrahl R, wird über einen Spiegel 4 ebenfalls auf den Empfänger geleitet. Der Objektstrahl erhält beim Durchgang durch das Modell eine vom Zustand des Modells abhängige Phaseninformation, während der Referenzstrahl unverändert zum Empfänger geführt wird. In der Empfängerebene interferieren Objektstrahl und Referenzstrahl und erzeugen ein von der Phase des Objektstrahls abhängiges Interferenzlinienfeld. Diese Grundanordnung wird beim holographischen bzw. holographisch-interferometrischen Polariskop durch weitere

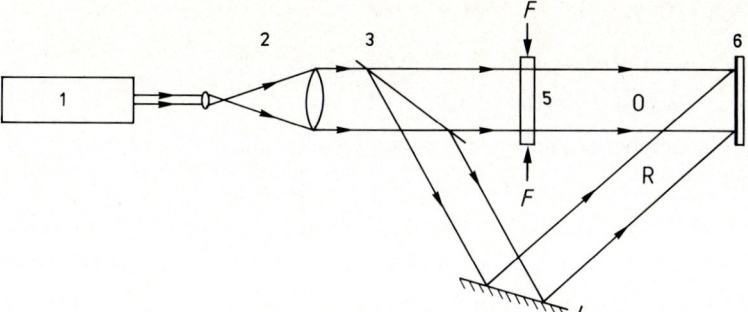

Bild D 2.7-2. Prinzip der Durchlichtholographie.
1 Laser, 2 Objektiv, 3 Teilerspiegel, 4 Spiegel, 5 Modell, F Kraft, 6 Empfänger (Hologramm),
O Objektstrahl, R Referenzstrahl

optische Elemente, z. B. $\lambda/4$-Platten, Depolarisatoren usw., ergänzt. Ausführungsformen entsprechender Polariskope werden im weiteren und in Abschn. D 2.7.4 beschrieben.

Die fundamentalen Beziehungen bei der holographischen Aufzeichnung und Rekonstruktion seien im folgenden am Beispiel *einer* Objektwelle dargelegt. Die ebene Objektwelle

$$A_O(\boldsymbol{r}) = a_O(\boldsymbol{r})\,e^{i\,\varphi_O(\boldsymbol{r})} \qquad\qquad (D\,2.7\text{-}12)$$

wird in der Ebene einer Photoplatte mit der Referenzwelle

$$A_R(\boldsymbol{r}) = a_R(\boldsymbol{r})\,e^{i\,\varphi_R(\boldsymbol{r})} \qquad\qquad (D\,2.7\text{-}13)$$

überlagert, Bild D 2.7-3 (Empfängerebene sei die xy-Ebene). Die Intensitätsverteilung

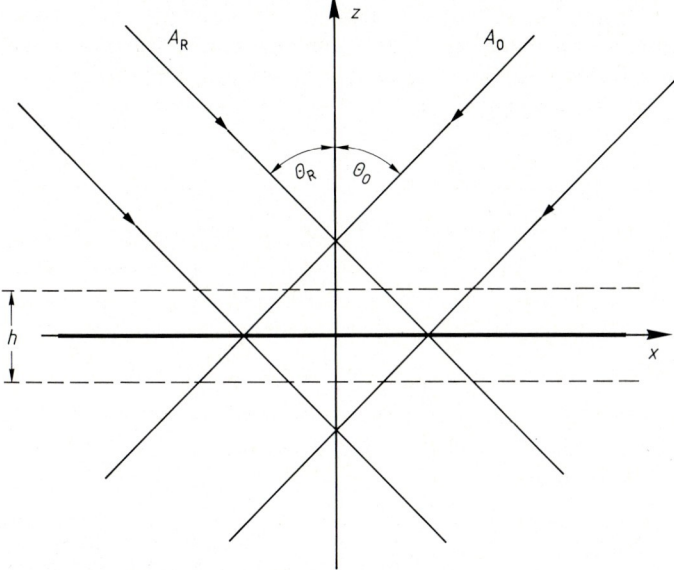

Bild D 2.7-3. Überlagerung von Objekt- und Referenzwelle bei schräger Durchstrahlung der Empfängerebene.

351

ergibt sich gemäß Gl. (D 2.7-7) zu

$$I = a_O^2 + a_R^2 + a_O\, a_R\, e^{i(\varphi_O - \varphi_R)} + a_O\, a_R\, e^{-i(\varphi_O - \varphi_R)} =$$
$$= a_O^2 + a_R^2 + 2\, a_O\, a_R \cos(\varphi_O - \varphi_R) \qquad \text{(D 2.7-14)}.$$

Bei schräg zur Empfängerebene einfallenden ebenen Objekt- und Referenzstrahlen mit den entsprechenden Winkeln Θ_O bzw. Θ_R ist die Phase der beiden Strahlen in x-Richtung gegeben durch

$$\varphi_O = k\, x \sin \Theta_O \qquad \text{(D 2.7-15)},$$

$$\varphi_R = k\, x \sin \Theta_R \qquad \text{(D 2.7-16)}.$$

Mit der Wellenzahl $k = 2\,\pi/\lambda$ wird Gl. (D 2.7-14) zu

$$I = a_O^2 + a_R^2 + 2\, a_O\, a_R \cos\left[\frac{2\,\pi}{\lambda}\, x (\sin \Theta_O - \sin \Theta_R)\right] \qquad \text{(D 2.7-17)}.$$

Diese Interferenzverteilung erzeugt auf der Photoplatte ein Interferenzlinienfeld, deren Intensitätsmaxima den Abstand

$$g = \frac{\lambda}{\sin \Theta_O - \sin \Theta_R} = \frac{1}{R} \qquad \text{(D 2.7-18)}$$

aufweisen, wobei dieser Abstand als *Gitterkonstante g* bzw. deren Kehrwert als *Ortsfrequenz R* bezeichnet wird. Übliche Hologramme weisen Ortsfrequenzen von $R = 500$ bis $2000\,\text{mm}^{-1}$ auf, so daß an das Auflösungsvermögen des Empfängers hohe Anforderungen gestellt werden (vgl. Abschn. D 2.7-4, Aufnahmematerialien).

Mit diesem ersten Schritt ist die Phaseninformation der Objektwelle in der Photoplatte, dem Hologramm, gespeichert. Das Auslesen dieser Information, d. h. die Rekonstruktion, erfolgt mittels Durchstrahlung des Hologramms mit einer weiteren Lichtwelle, der Rekonstruktionswelle A_W. Die Modulation der Rekonstruktionswelle nach der Durchstrahlung ist abhängig von der *Amplitudentransmission T_A* des Hologramms. Die Amplitudentransmission ist eine Funktion der Schwärzung der Photoplatte, d. h., sie ist abhängig von den Emulsionseigenschaften der Photoschicht und von der Lichtintensität und Belichtungszeit bei der Belichtung. Den allgemeinen Verlauf der Amplitudentransmission T_A eines photographischen Negativs zeigt Bild D 2.7-4. Der lineare Teil dieser Kennlinie (Arbeitsbereich) kann durch

$$T_A = T_0 + \alpha\, t_B\, I \qquad \text{(D 2.7-19)}$$

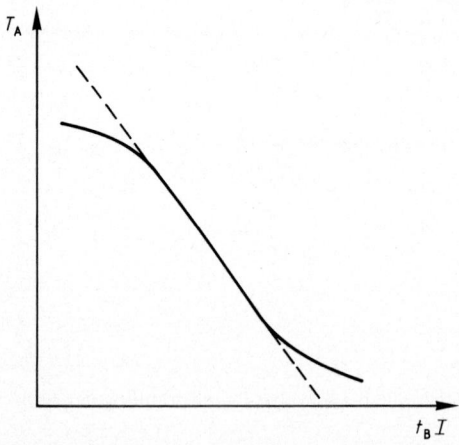

Bild D 2.7-4. Ampitudentransmission T_A einer Photoemulsion (photographisches Negativ) in Abhängigkeit von der Belichtung $t_B I$.

approximiert werden. Dabei ist T_0 die Grundtransmission ohne Belichtung, α der Anstieg des geradlinigen Teils, t_B die Belichtungszeit und I die Intensität des Lichtes bei der Belichtung. Ohne Beschränkung der Allgemeingültigkeit sei zur Vereinfachung der konstante Anteil T_0 vernachlässigt und der Faktor $\alpha\, t_B = 1$ gesetzt. Damit entspricht die Amplitudentransmission des Hologramms der Intensitätsverteilung nach Gl. (D 2.7-14), und bei Durchstrahlung des Hologramms mit der Rekonstruktionswelle A_W hat die austretende Welle, die *Bildwelle* A_B, die Amplitudenverteilung

$$A_B = A_W\, T_A = A_W\, I \qquad\qquad \text{(D 2.7-20)}.$$

Die Rekonstruktionswelle sei identisch mit der ursprünglichen Referenzwelle, d. h., $A_W = A_R$. Dann ergibt sich die Bildwelle zu

$$A_B = (a_O^2 + a_R^2)\, a_R\, e^{i\varphi_R} + a_R^2\, a_O\, e^{i\varphi_O} + (a_R\, e^{i\varphi_R})^2\, a_O\, e^{-i\varphi_O} =$$

$$= (a_O^2 + a_R^2)\, A_R + a_R^2\, A_O + A_R^2\, A_O^* \qquad\qquad \text{(D 2.7-21)}.$$

Der erste Summand der Bildwelle enthält keine Information über das ursprüngliche Objekt und wird als *Gleichlichtterm* bezeichnet. Der zweite Summand enthält die ursprüngliche Objektwelle A_O und erzeugt ein virtuelles Bild des Objekts an dessen Ursprungsort. Der dritte Summand enthält die konjugierte Objektwelle A_O^* und erzeugt ein reelles Bild des Objektes hinter dem Hologramm.

Die bisherigen Betrachtungen setzten voraus, daß das Bild durch die Amplitudentransmission des Hologramms erzeugt wird (*Amplitudenhologramm*). Das Bild kann aber auch durch Phasenmodulation der Rekonstruktionswelle entstehen (*Phasenhologramm*). Wird z. B. im Hologramm eine der Intensitätsverteilung proportionale Schichtdickenveränderung erzeugt, so führt dies bei der Rekonstruktion auf Grund der unterschiedlichen optischen Weglängen zu einer Phasenmodulation der Bildwelle, die eine der Gl. (D 2.7-21) entsprechende Intensitätsverteilung in der Bildwelle bewirkt. Phasenhologramme entstehen durch „Bleichen" photochemischer Amplitudenhologramme [D 2.7-6; 8] oder bei der Verwendung thermoplastischer Aufnahmematerialien (vgl. Abschn. D 2.7.4). Sie weisen gegenüber Amplitudenhologrammen einige Vorteile auf, so haben sie z. B. einen wesentlich höheren Beugungswirkungsgrad. Phasenhologramme und Amplitudenhologramme unterscheiden sich aber im Hinblick auf das Ergebnis des holographischen Prozesses nicht grundsätzlich, so daß zur Vereinfachung weiterhin von Amplitudenhologrammen ausgegangen wird.

Die Eigenschaft der Holographie, ein getreues Abbild des Objekts an dessen Ursprungsort zu erzeugen, kann zur interferometrischen Messung von Zustandsänderungen eines Objekts, z. B. lastabhängigen Verformungen, verwendet werden. Das Prinzip der holographischen Interferometrie ist folgendes: Von dem zu untersuchenden Objekt wird ein Hologramm des Ausgangszustands, z. B. des unbelasteten Objekts, angefertigt (Nullhologramm). In einem zweiten Schritt wird das rekonstruierte Bild des Ausgangszustands mit den Objektwellen des veränderten Zustands, z. B. des belasteten Objekts, überlagert. Beide Objektwellen interferieren und erzeugen sichtbare Interferenzen (Interferenzlinien) in Abhängigkeit von der Zustandsänderung. Somit werden Messungen von Objektzuständen möglich, die zeitlich nacheinander existieren. In der holographischen Interferometrie werden i. a. drei unterschiedliche Techniken angewandt:

a) Doppelbelichtungsverfahren (Double-Exposure-Technik)

Eine Photoplatte wird bei zwei unterschiedlichen Zuständen eines Objekts nacheinander belichtet (Doppelbelichtung) und damit die Phaseninformation über beide Objektzustände in einem gemeinsamen Hologramm gespeichert. Bei der Rekonstruktion wird ein dreidimensionales Bild des Objekts erzeugt, das mit den die Zustandsänderung charakterisierenden Interferenzlinien überzogen ist.

b) Echtzeitverfahren (Real-Time-Technik)

Bei diesem Verfahren wird ein Hologramm von einem definierten Grundzustand des Objekts angefertigt (Nullhologramm). Bei der Rekonstruktion entsteht das virtuelle Bild des Ausgangszustands am Ort des Objekts und überlagert sich dort mit den vom realen Objekt ausgehenden Wellen. Bei Veränderung des Objekts, z. B. bei veränderlicher Belastung, interferieren die Bildwellen und die vom veränderten Objekt ausgehenden Wellen, d. h., man kann ein mit belastungsabhängigen Interferenzlinien überzogenes Objekt beobachten. Im Gegensatz zum Doppelbelichtungsverfahren ermöglicht somit das Echtzeitverfahren die unmittelbare Beobachtung der Zustandsveränderungen eines Objekts in ihrem zeitlichen Ablauf.

c) Zeitmittelungsverfahren (Time-Average-Technik)

Von einem periodisch schwingenden Objekt wird ein Hologramm aufgenommen, wobei die Belichtungszeit wesentlich größer gewählt wird als eine Schwingungsperiode des Objekts. Es entsteht ein „verwaschenes" Bild der zeitlich veränderlichen Interferenzlinien. Maximale Intensität ergibt sich nur in Bereichen des schwingenden Objekts, die ständig in Ruhe sind, z. B. Knotenlinien. Diese Bereiche können damit unmittelbar identifiziert werden.

Unabhängig von diesen Aufnahmeverfahren ist die Durchlichtholographie in der experimentellen Spannungsanalyse durch zwei grundsätzlich unterschiedliche Verfahrenstechniken gekennzeichnet, die holographische Spannungsoptik und die holographisch-interferometrische Spannungsoptik. Beide Verfahren werden in den folgenden Abschnitten erläutert. Zum besseren Verständnis der Darstellung seien kurz die dabei verwendeten Beziehungen der Spannungsoptik aufgeführt (weitergehende Ausführungen dazu siehe Abschn. D 2.2).

Das zu untersuchende Objekt sei ein ebenes Modell aus einem transparenten Material, i. a. Kunststoff (z. B. Epoxyd). Es herrsche ein ebener Spannungszustand, gekennzeichnet durch die orthogonalen Hauptspannungen σ_1 und σ_2. Unter Voraussetzung der Spannungsdoppelbrechung wird eine auf das Modell auftreffende linearpolarisierte ebene und monochromatische Lichtwelle in zwei orthogonale Komponenten aufgespalten, die mit den Richtungen der Hauptspannungen übereinstimmen. Für die Brechzahlen n_1 und n_2 in diesen Richtungen gilt das *Maxwell-Wertheimsche Gesetz*

$$n_1 = n_0 + C_1\,\sigma_1 + C_2\,\sigma_2$$
$$n_2 = n_0 + C_1\,\sigma_2 + C_2\,\sigma_1$$

(D 2.7-22)

mit der Brechzahl n_0 des unbelasteten Modells und den Materialkonstanten C_1 und C_2. Daraus ergibt sich der von der Dicke d_0 des Modells abhängige und auf die Wellenlänge λ bezogene Gangunterschied zwischen den beiden Lichtwellenkomponenten zu

$$\frac{d_0}{\lambda}(n_1 - n_2) = \frac{d_0}{\lambda}(C_1 - C_2)(\sigma_1 - \sigma_2)$$

(D 2.7-23).

Mit der *spannungsoptischen Empfindlichkeit*

$$C = C_1 - C_2$$

(D 2.7-24)

354

und der Isochromatenordnungszahl δ_C ergibt sich daraus die sog. *Hauptgleichung der Spannungsoptik*

$$\delta_C = C \frac{d_0}{\lambda} (\sigma_1 - \sigma_2) \tag{D 2.7-25}.$$

Weiterhin gilt für die Dicke d des belasteten Modells im linear-elastischen Bereich nach dem *Hookeschen Gesetz* (vgl. Abschn. C 3)

$$d = d_0 \left[1 - \frac{v}{E} (\sigma_1 - \sigma_2) \right] \tag{D 2.7-26}$$

mit der Dicke d_0 des unbelasteten Modells, der Poissonzahl v und dem Elastizitäts-modul E.

D 2.7.3.2 Holographische Spannungsoptik

Bei der holographischen Spannungsoptik kann sowohl linear als auch zirkular polarisiertes Licht verwendet werden. Diese beiden Polarisationsformen führen zu unterschiedlichen Ergebnissen, die im folgenden getrennt dargestellt werden.

a) Holographische Spannungsoptik mit linear polarisiertem Licht
Eine linear polarisierte, ebene und monochromatische Lichtwelle

$$A_O = a_O \, e^{i \varphi_O} \tag{D 2.7-27}$$

falle auf ein transparentes, ebenes Modell. Das Modell sei belastet, d. h., es herrsche ein ebener Spannungszustand mit den orthogonalen Hauptspannungen σ_1 und σ_2. Der Winkel zwischen der Richtung von A_O und σ_1 sei α (Isoklinienwinkel).
Durch Doppelbrechung (vgl. Abschn. D 2.2, Bild D 2.2-3) wird die Lichtwelle in zwei zueinander senkrechte, linearpolarisierte Teilwellen in Richtung der Hauptspannungen zerlegt

$$\begin{aligned} A_{O1} &= a_O \, e^{i(\varphi_O + \delta_1)} \cos \alpha \\ A_{O2} &= a_O \, e^{i(\varphi_O + \delta_2)} \sin \alpha \end{aligned} \tag{D 2.7-28}$$

mit den durch Doppelbrechung bedingten Phasenänderungen δ_1 und δ_2.
Die Referenzwelle

$$A_R = a_R \, e^{i(\varphi_R + \beta)} \tag{D 2.7-29}$$

sei ebenfalls linear polarisiert, eben und monochromatisch. Die Schwingungsrichtung sei parallel zur Objektwelle. Der Phasenanteil $e^{i\beta}$ berücksichtigt die Phasenänderung durch den schrägen Einfall der Referenzwelle in die Empfängerebene (vgl. Bild D 2.7-2). Interferieren können nur gleichgerichtete Wellenanteile. Die Komponenten der Teilwellen A_{O1} und A_{O2} in Richtung der Referenzwelle sind

$$\begin{aligned} A_{O1R} &= a_O \cos^2 \alpha \, e^{i(\varphi_O + \delta_1)} \\ A_{O1R} &= a_O \sin^2 \alpha \, e^{i(\varphi_O + \delta_2)} \end{aligned} \tag{D 2.7-30}.$$

In der Empfängerebene überlagern sich somit zwei Wellenanteile

$$\begin{aligned} A_1 &= A_{O1R} + A_R \\ A_2 &= A_{O2R} + A_R \end{aligned} \tag{D 2.7-31}.$$

Die Gesamtintensität I ergibt sich durch inkohärente Überlagerung der Teilintensitäten

355

I_1 und I_2 zu

$$I = I_1 + I_2 = A_1 A_1^* + A_2 A_2^* = \qquad\qquad\qquad\qquad\qquad \text{(D 2.7-32)}$$

$$= 2\,a_R^2 + a_O^2\left(1 - \frac{1}{2}\sin^2 2\alpha\right) + 2\,a_O\,a_R\left[\cos\varDelta\cos\frac{\delta}{2} - \sin\varDelta\sin\frac{\delta}{2}\cos 2\alpha\right]$$

mit

$$\varDelta = \varphi_O - \varphi_R - \beta + \frac{\delta_1 + \delta_2}{2} \qquad\qquad\qquad \text{(D 2.7-33)}$$

und

$$\delta = \delta_1 - \delta_2 \qquad\qquad\qquad\qquad \text{(D 2.7-34)}.$$

Mit dieser Intensitätsverteilung werde eine Photoplatte belichtet (Hologramm). Die Amplitudentransmission T_A des Hologramms sei entsprechend Gl. (D 2.7-20) zu $T_A = I$ gesetzt. Dann ergibt sich bei der Rekonstruktion mit der Referenzwelle A_R die Bildwelle A_B zu

$$A_B = T_A A_R = (A_1 A_1^* + A_2 A_2^*)\,A_R =$$

$$= 2\,A_R A_R^* A_R + (A_{O1R} A_{O1R}^* + A_{O2R} A_{O2R}^*)\,A_R + (A_{O1R} + A_{O2R})\,A_R A_R^* +$$

$$+ (A_{O1R} + A_{O2R})^*\,A_R A_R \qquad\qquad\qquad \text{(D 2.7-35)}.$$

Die ersten beiden Summanden enthalten keine Information über das Modell (Gleichlichtterm), der dritte bzw. vierte Summand entspricht dem virtuellen bzw. reellen Bild des Modells (vgl. Abschn. D 2.7.3.1). Diese Terme enthalten den Bildwellenanteil

$$A_{OB} = (A_{O1R} + A_{O2R}) \qquad\qquad\qquad \text{(D 2.7-36)},$$

d. h., es werden die in die Ebene der Referenzwelle projizierten Objektwellen rekonstruiert. Die Referenzwelle übernimmt somit bei der holographischen Spannungsoptik die Funktion des Analysators in der konventionellen Spannungsoptik.

Für die Intensität des rekonstruierten Bildes gilt damit unter Vernachlässigung bildunwichtiger konstanter Faktoren

$$I_B = A_{OB} A_{OB}^* = (A_{O1R} + A_{O2R})(A_{O1R} + A_{O2R})^* = a_O^2\left(1 - \sin^2 2\alpha\,\sin^2\frac{\delta}{2}\right) \quad \text{(D 2.7-37)}.$$

Dies ist identisch mit der Intensitätsverteilung des Hellfeldes bei linear polarisiertem Licht in der konventionellen Spannungsoptik [D 2.7-7].

Bei Verwendung einer linearpolarisierten Referenzwelle mit Schwingungsrichtung senkrecht zur Objektwelle ergibt sich nach analoger Rechnung

$$I_B = a_O^2 \sin^2 2\alpha\,\sin^2\frac{\delta}{2} \qquad\qquad\qquad \text{(D 2.7-38)},$$

d. h. die Intensitätsverteilung der konventionellen Spannungsoptik für das Dunkelfeld bei linear polarisiertem Licht; vgl. Abschn. D 2.2, Gl. (D 2.2-15).

Wie in der konventionellen Spannungsoptik ergeben sich aus Gl. (D 2.7-37) bzw. Gl. (D 2.7-38) die Isoklinen bei $\sin^2 2\alpha = 0$, d. h. bei $\alpha = \pm 1/2\,\pi\,m$ mit $m = 0, 1, 2, \ldots$, und die Isochromaten bei $\sin^2(\delta/2) = 0$, d. h. bei $\delta = \pm 2\,\pi\,m$.

b) Holographische Spannungsoptik mit zirkularpolarisiertem Licht

Ebenso wie bei der konventionellen Spannungsoptik erschwert zumeist das Auftreten der Isoklinen die Auswertung der holographischen Bilder. Und ebenso wie in der konventionellen Spannungsoptik können die Isoklinen durch Verwendung zirkular polarisierten Lichtes eliminiert werden. Zirkular polarisiertes Licht läßt sich durch zwei linear polarisierte Teilwellen beschreiben, die gleiche Amplituden aber eine Phasendifferenz von $\pm\pi/2$ haben und deren Schwingungsrichtungen senkrecht zueinander stehen (vgl. Abschn. D 2.2.4.2). Das auf das Objekt fallende Licht habe somit die beiden Teilwellen

$$A_1 = a_O\, e^{i\varphi_O}$$
$$A_2 = a_O\, e^{i(\varphi_O + \pi/2)} \tag{D 2.7-39}.$$

Jede dieser Teilwellen wird analog zu Gl. (D 2.7-28) in die Richtungen der beiden Hauptspannungen aufgespalten und erhält eine dem Spannungszustand entsprechende Phasenverschiebung δ_1 bzw. δ_2. Somit ergeben sich die beiden Teilwellen

$$A_{O1} = a_O\,[e^{i(\varphi_O + \delta_1)}\cos\alpha + e^{i(\varphi_O + \pi/2 + \delta_1)}\sin\alpha]$$
$$A_{O2} = a_O\,[e^{i(\varphi_O + \delta_2)}\sin\alpha + e^{i(\varphi_O + \pi/2 + \delta_2)}\cos\alpha] \tag{D 2.7-40}.$$

Die zirkular polarisierte Referenzwelle kann ebenfalls durch entsprechende orthogonale Teilwellen beschrieben werden

$$A_{R1} = a_R\, e^{i(\varphi_R + \beta)}$$
$$A_{R2} = a_R\, e^{i(\varphi_R + \beta + \pi/2)} \tag{D 2.7-41},$$

wobei auch hier der Phasenwinkel β den Einfluß des Einfallwinkels zwischen Objektstrahl und Referenzstrahl berücksichtigt. Eine analoge Betrachtung wie im vorhergehenden Abschnitt ergibt für den bildwichtigen Anteil der rekonstruierten Bildwelle

$$A_{OB} = A_{O1}\,(\sin\alpha + \cos\alpha) + A_{O2}\,(\sin\alpha - \cos\alpha) \tag{D 2.7-42}$$

und die entsprechende Intensitätsverteilung

$$I_B = A_{OB}\,A_{OB}^{*} = a_O^2\cos^2\frac{\delta}{2} \tag{D 2.7-43}.$$

Dies entspricht dem Hellfeld bei zirkular polarisiertem Licht in der konventionellen Spannungsoptik.

Bei entgegengesetzt zirkular polarisiertem Objekt- und Referenzstrahl, z. B., wenn der Referenzteilstrahl A_{R2} aus Gl. (D 2.7-41) die Phasendifferenz $-\pi/2$ hat, ergibt sich nach analoger Rechnung die Intensität des rekonstruierten Bildes zu

$$I_B = a_O^2\sin^2\frac{\delta}{2} \tag{D 2.7-44},$$

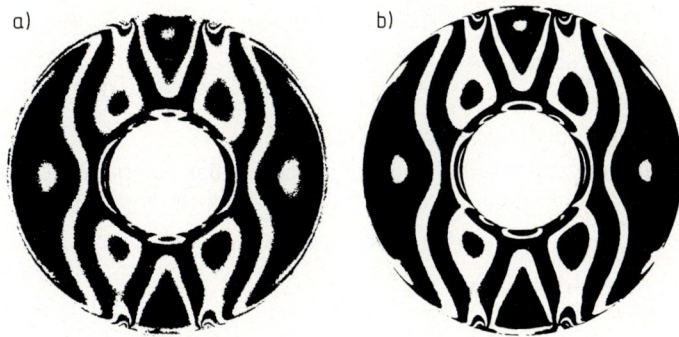

Bild D 2.7-5. Isochromaten bei einem diametral belasteten Kreisring [D 2.7-10].
a) Holographische Spannungsoptik.
b) Konventionelle Spannungsoptik.

d. h. eine Intensitätsverteilung entsprechend dem Dunkelfeld bei zirkular polarisiertem Licht in der konventionellen Spannungsoptik. In den letzten beiden Beziehungen tritt nur die relative Phasendifferenz δ auf, d. h., es werden nur Isochromaten aufgezeichnet. Die Hauptspannungen lassen sich aus den Isochromaten in gleicher Weise bestimmen wie in der konventionellen Spannungsoptik, was in Abschn. D 2.2.5.4 beschrieben ist.

Bild D 2.7-5 zeigt als Beispiel die Isochromaten eines diametral belasteten Kreisrings (Modellmaterial: Araldit B) im Hellfeld bei holographischer Spannungsoptik und konventioneller Spannungsoptik.

D 2.7.3.3 Holographisch-interferometrische Spannungsoptik

Im vorigen Abschnitt konnte gezeigt werden, daß die holographische Spannungsoptik zu gleichen Ergebnissen führt wie die konventionelle Spannungsoptik. Die holographisch-interferometrische Spannungsoptik führt weit darüber hinaus. Kennzeichnend für die holographische Spannungsoptik ist, daß sich die spannungsoptischen Bilder aus einer einzigen Belichtung des Hologramms ergeben. Für das holographisch-interferometrische Verfahren ist dagegen die Doppelbelichtung kennzeichnend oder – allgemein – die optische Überlagerung von zwei oder mehreren holographischen Bildern. Dies ermöglicht u. a. die interferometrische Bestimmung kleinster Dicken- bzw. Brechzahländerungen des untersuchten Objekts.

Im folgenden wird das Grundverfahren der holographisch-interferometrischen Spannungsoptik, das Doppelbelichtungsverfahren mit zirkular polarisiertem Licht (Hellfeld), näher erläutert. Daran schließen sich kurze Beschreibungen einiger für die Praxis wichtige Verfahrensvarianten an.

D 2.7.3.3.1 Doppelbelichtungsverfahren

Zur Erzeugung des Nullhologramms wird das unbelastete Modell mit einer zirkular polarisierten Welle durchstrahlt. Die zwei Teilwellen haben nach Durchgang durch das Modell die Komponenten

$$A_1 = a_O \, e^{i(\varphi_O + \delta_0)}$$
$$A_2 = a_O \, e^{i(\varphi_O + \pi/2 + \delta_0)} \tag{D 2.7-45}$$

mit der richtungsunabhängigen Phasenverschiebung δ_0, erzeugt durch das unbelastete Modell.

Die Referenzwelle habe die Komponenten entsprechend Gl. (D 2.7-41). Die Überlagerung in der Ebene der Photoplatte ergibt die Intensitätsverteilung

$$I_1 = (A_1 + A_{R1})(A_1 + A_{R1})^* + (A_2 + A_{R2})(A_2 + A_{R2})^* =$$
$$= 2a_O^2 + 2a_R^2 + 2a_O\,a_R\,[e^{i(\varphi_O - \varphi_R - \beta + \delta_0)} + e^{-i(\varphi_O - \varphi_R - \beta + \delta_0)}] \tag{D 2.7-46},$$

die durch Belichtung in der Photoplatte gespeichert wird.

Bei belastetem Modell erfolgt nun eine zweite Belichtung. Der zirkular polarisierte Objektstrahl hat nach Durchgang durch das doppelbrechende Modell die Komponenten

$$A_{11} = a_O \, e^{i(\varphi_0 + \delta_1)} \cos\alpha$$
$$A_{12} = a_O \, e^{i(\varphi_0 + \delta_2)} \sin\alpha$$
$$A_{21} = -a_O \, e^{i(\varphi_0 + \pi/2 + \delta_1)} \sin\alpha \tag{D 2.7-47}.$$
$$A_{22} = a_O \, e^{i(\varphi_0 + \pi/2 + \delta_2)} \cos\alpha$$

In der Hologrammebene überlagern sich die Teilwellen mit den in gleicher Richtung

358

schwingenden Komponenten der Referenzwelle. Die Intensitätsverteilung ergibt sich dann zu

$$I_2 = 2a_O^2 + 2a_R^2 +$$
$$+ a_O\, a_R\, [e^{i(\varphi_0 - \varphi_R - \beta + \delta_1)} + e^{-i(\varphi_0 - \varphi_R - \beta + \delta_1)} + e^{i(\varphi_0 - \varphi_R - \beta + \delta_2)} + e^{-i(\varphi_0 - \varphi_R - \beta + \delta_2)}]$$

(D 2.7-48).

Die Doppelbelichtung führt zu einer inkohärenten Überlagerung, d. h. zu Addition der Intensitäten:

$$I_g = I_1 + I_2 \qquad \text{(D 2.7-49)}.$$

Die Amplitudentransmission T_A des Hologramms sei wieder mit $T_A = I_g$ vorausgesetzt. Dann ist der für die Anwendung wesentliche virtuelle Bildanteil der rekonstruierten Bildwelle

$$A_{vB} = a_O\, a_R^2\, [2\, e^{i(2\varphi_0 - \varphi_R + \delta_0)} + e^{i(2\varphi_0 - \varphi_R + \delta_1)} + e^{i(2\varphi_0 - \varphi_R + \delta_2)}] \qquad \text{(D 2.7-50)},$$

und die Intensitätsverteilung des virtuellen Bildes ist

$$I_{vB} = I_0\left(1 + 2\cos\frac{2\delta_0 - \delta_1 - \delta_2}{2}\cos\frac{\delta_1 - \delta_2}{2} + \cos^2\frac{\delta_1 - \delta_2}{2}\right) \qquad \text{(D 2.7-51)}$$

mit

$$I_0 = 4a_O^2\, a_R^4 \qquad \text{(D 2.7-52)}.$$

Die Phasendifferenzen ergeben sich aus den optischen Weglängen [D 2.7-9] im Modell zu

$$\delta_0 = \frac{2\pi}{\lambda} n_0\, d_0$$

$$\delta_1 = \frac{2\pi}{\lambda}[n_1\, d - n(d - d_0)] \qquad \text{(D 2.7-53)},$$

$$\delta_2 = \frac{2\pi}{\lambda}[n_2\, d - n(d - d_0)]$$

wobei n_0, n_1, n_2 die Brechzahlen des unbelasteten bzw. belasteten Modells sind und n die Brechzahl des umgebenden Mediums (z. B. Luft mit $n = 1$). Mit Gl. (D 2.7-26) und Gl. (D 2.7-22) ergibt sich Gl. (D 2.7-51) zu

$$I_{vB} = I_0\left\{1 + 2\cos\left[2\pi\frac{d_0}{\lambda}\left(\frac{C_1 + C_2}{2} - \frac{v}{E}(n_0 - n)\right)(\sigma_1 + \sigma_2)\right]\cos\left[\pi\frac{d_0}{\lambda}(C_1 - C_2)(\sigma_1 - \sigma_2)\right] +\right.$$
$$\left. + \cos^2\left[\pi\frac{d_0}{\lambda}(C_1 - C_2)(\sigma_1 - \sigma_2)\right]\right\}$$

(D 2.7-54).

Diese Intensitätsverteilung ist im wesentlichen gekennzeichnet durch eine Kosinusfunktion der Hauptspannungssumme $\sigma_1 + \sigma_2$ (Isopachen), amplitudenmoduliert durch eine Kosinusfunktion der Hauptspannungsdifferenz $\sigma_1 - \sigma_2$ (Isochromaten) und einem weiteren Term mit einer reinen Kosinusfunktion der Hauptspannungsdifferenz. Nach Gl. (D 2.7-23) bzw. Gl. (D 2.7-25) ist das Argument der letzten Kosinusfunktion identisch mit der „Hauptgleichung der Spannungsoptik"

$$\delta_C = C\frac{d_0}{\lambda}(\sigma_1 - \sigma_2) = \frac{d_0}{\lambda}(C_1 - C_2)(\sigma_1 - \sigma_2) \qquad \text{(D 2.7-55)}$$

mit der Isochromatenordnungszahl δ_C und der spannungsoptischen Empfindlichkeit C.

Analog dazu sei eine *Hauptgleichung der holographisch-interferometrischen Spannungs-optik* definiert

$$\delta_P = \frac{d_0}{\lambda}\left[\frac{C_1+C_2}{2} - \frac{v}{E}(n_0-n)\right](\sigma_1+\sigma_2) = \chi\,\frac{d_0}{\lambda}(\sigma_1+\sigma_2) \qquad \text{(D 2.7-56)}$$

mit der *Isopachenordnungszahl* δ_P und der *holographisch-interferometrischen Empfindlich-keit* χ. Dabei ist

$$\chi = \frac{C_1+C_2}{2} - \frac{v}{E}(n_0-n) \qquad \text{(D 2.7-57)}.$$

Ebenso sei analog zur spannungsoptischen Konstanten $S = \lambda/C$ eine *holographisch-interferometrische Konstante* ψ mit

$$\psi = \frac{\lambda}{\chi} \qquad \text{(D 2.7-58)}$$

definiert. χ bzw. ψ können durch die bekannten Materialkonstanten bestimmt werden oder – analog zur konventionellen Spannungsoptik bei C bzw. S – durch einen Eichver-such mit einem analytisch bekannten Spannungszustand.

Mit diesen Größen ergibt sich Gl. (D 2.7-54) in vereinfachter Form zu

$$I_{vB} = I_0\,(1 + 2\cos 2\pi\,\delta_P \cos \pi\,\delta_C + \cos^2 \pi\,\delta_C) \qquad \text{(D 2.7-59)}.$$

Eine Analyse dieser Intensitätsverteilung führt zu folgenden Ergebnissen:

1. Bei Isochromatenordnungszahlen $\delta_C = \pm\,2\,m$ mit $m = 0, 1, 2 \ldots$ entstehen Isochroma-tenmaxima (helle Bereiche), und Gl. (2.7-59) wird zu

$$I_{vB1} = 4\,I_0 \cos^2 \pi\,\delta_P \qquad \text{(D 2.7-60)}.$$

In diesen Bereichen ergeben sich Isopachenmaxima mit $I_{vB1} = 4\,I_0$ bei $\delta_P = \pm\,m$ und Isopachenminima (dunkle Linien) mit $I_{vB1} = 0$ bei $\delta_P = \pm\,(m+1/2)$.

2. Bei Isochromatenordnungszahlen $\delta_C = \pm\,(2\,m+1)$ entstehen ebenfalls Isochromaten-maxima, aber Gl. (D 2.7-59) wird zu

$$I_{vB2} = 4\,I_0 \sin^2 \pi\,\delta_P \qquad \text{(D 2.7-61)}.$$

In diesen Bereichen ergeben sich Isopachenmaxima mit $I_{vB2} = 4\,I_0$ bei $\delta_P = \pm\,(m+1/2)$ und Isopachenminima mit $I_{vB2} = 0$ bei $\delta_P = \pm\,m$, d. h. entgegengesetzt zu den Verhält-nissen in Ergebnis 1.

3. Bei Isochromatenordnungszahlen $\delta_C = \pm\,(m+1/2)$ wird Gl. (D 2.7-59) zu

$$I_{vB3} = I_0 \qquad \text{(D 2.7-62)},$$

d. h., es ergeben sich allein Isochromatenminima (graue Linien) und keine Isopachen.

Eine schematische Darstellung dieser Intensitätsverteilung zeigen Bild D 2.7-6 und Bild D 2.7-7a für den Fall annähernd orthogonaler Isochromaten und Isopachen. Das sog. *Springen* der Isopachen tritt dabei deutlich in Erscheinung. *R. J. Sanford* [D 2.7-4] weist jedoch darauf hin, daß bei nichtorthogonaler Überschneidung der beiden Liniensysteme das Springen immer weniger in Erscheinung tritt (Bild D 2.7-7b, c und d) und völlig verschwindet bei annähernd parallelen Isochromaten und Isopachen. Dieser unterschied-liche Linienverlauf ist in Bild D 2.7-8 gut erkennbar, in dem sowohl orthogonale als auch annähernd parallele Linienscharen auftreten. Die Auswertung einer derartigen Überlage-

 ------ Intensitätsmaxima

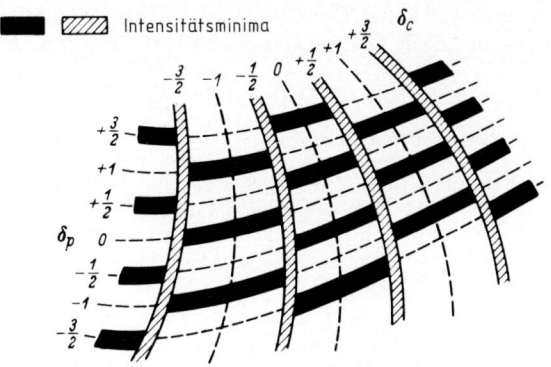

Bild D 2.7-6. Schematische Darstellung der Intensitätsverteilung bei annähernd orthogonalen Isochromaten δ_c und Isopachen δ_p (zirkular polarisiertes Licht, Hellfeld) [D 2.7-10].

Isochromaten   Isopachen   Interferenzhologramm

Bild D 2.7-7. Einfluß der gegenseitigen Orientierung von Isochromaten und Isopachen auf die Linienverschiebung bei der Überlagerung [D 2.7-4].
a) Winkel 90°.
b) Winkel 45°.
c) Winkel 22,5°.
d) Winkel 10°.

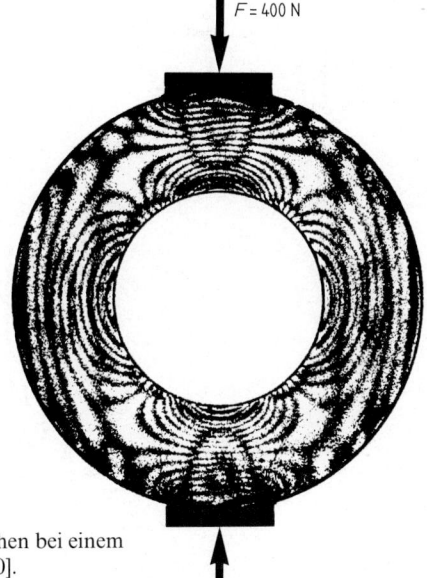

Bild D 2.7-8. Isochromaten und Isopachen bei einem diametral belasteten Kreisring [D 2.7-10].
Modellwerkstoff: Araldit B

rung von Isochromaten und Isopachen ist praktisch nicht möglich. Daher wurden unterschiedliche Verfahren entwickelt, um eine getrennte Erfassung der Isochromaten und Isopachen zu ermöglichen. Diese *Separation der Isopachen* genannten Verfahren seien im folgenden dargestellt.

a) Separation der Isopachen durch das 2-Modell-Verfahren

Bei einigen Modellwerkstoffen (z. B. Plexiglas), die keine oder nur eine sehr geringe spannungsoptische Empfindlichkeit aufweisen ($C \cong 0$), wird nach Gl. (D 2.7-55) $\delta_C = 0$. Damit ergibt sich Gl. (D 2.7-59) zu

$$I_{vB} = 4\,I_0\,\cos^2 \pi\,\delta_P \qquad\qquad (D\,2.7\text{-}63),$$

d. h., im rekonstruierten Bild treten nur Isopachen auf mit Maxima bei $\delta_P = \pm\, m$ ($m = 0, 1, 2, \ldots$) und Minima bei $\delta_P = \pm\,(m + 1/2)$. Bild D 2.7-9 zeigt das von Isochromaten befreite Isopachenfeld eines diametral belasteten Kreisrings aus Plexiglas, bei dem sowohl die Belastungs- als auch die geometrischen Verhältnisse mit denen des Kreisrings aus Araldit (Bild D 2.7-8) übereinstimmen. Die Hauptspannungssumme beträgt dabei nach Gl. (D 2.7-56) bzw. Gl. (D 2.7-58)

$$\sigma_1 + \sigma_2 = \delta_P\,\frac{\lambda}{\chi\,d_0} = \delta_P\,\frac{\psi}{d_0} \qquad\qquad (D\,2.7\text{-}64),$$

d. h., mit der abzählbaren Ordnungszahl δ_P und den i. a. bekannten Materialkonstanten χ und ψ (z. B. Plexiglas: $\psi = 6,5\ \text{N mm}^{-1}$/Ordnung bei $\lambda = 632,8$ nm) ist die Hauptspannungssumme eindeutig bestimmbar. Bei nicht bekannten Materialkonstanten werden die Größen χ bzw. ψ, ebenso wie die spannungsoptischen Größen C bzw. S, durch einen Eichversuch mit analytisch bekanntem Spannungszustand ermittelt.

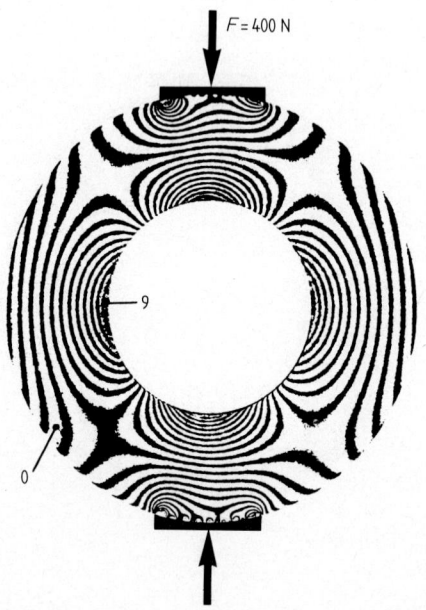

Bild D 2.7-9. Isopachen bei einem diametral belasteten Kreisring [D 2.7-10]. Modellwerkstoff: Plexiglas

Mit einem zweiten geometrisch ähnlichem Modell aus einem spannungsoptisch hochempfindlichen Material (z. B. Araldit) bestimmt man die Isochromaten mittels holographischer oder konventioneller Spannungsoptik (vgl. Abschn. D 2.7.3.2 bzw. D 2.2.4.1). Daraus ergibt sich die Hauptspannungsdifferenz nach Gl. (D 2.7-55) zu

$$\sigma_1 - \sigma_2 = \delta_C \, \frac{\lambda}{C \, d_0} = \delta_C \, \frac{S}{d_0} \tag{D 2.7-65}.$$

Aus Gl. (D 2.7-64) und Gl. (D 2.7-65) folgen für die Hauptspannungen

$$\sigma_1 = \frac{1}{2 \, d_0} \, (\delta_P \, \psi + \delta_C \, S) \tag{D 2.7-66},$$

$$\sigma_2 = \frac{1}{2 \, d_0} \, (\delta_P \, \psi - \delta_C \, S) \tag{D 2.7-67},$$

die somit durch Abzählen der Ordnungen einfach zu bestimmen sind. Die Hauptspannungsrichtungen ergeben sich auf übliche Weise durch Auswertung der Isoklinen (vgl. Abschn. D 2.2.4.1) mittels holographischer oder konventioneller Spannungsoptik.

Vorteilhaft beim 2-Modell-Verfahren ist die sehr einfache Bestimmung der Hauptspannungen nach Größe und Richtung, nachteilig ist die Herstellung von zwei Modellen und den daraus resultierenden Meßungenauigkeiten, die durch fertigungsbedingte Mängel, Unterschiede in der Lasteinleitung usw. auftreten können. In der Praxis werden die beiden Modelle in einem Arbeitsgang hergestellt und in der gleichen Belastungseinrichtung belastet, so daß die auftretenden Meßungenauigkeiten vernachlässigbar klein sind.

b) Separation der Isopachen durch optische Verfahren (1-Modell-Verfahren)

Die Nachteile des 2-Modell-Verfahrens werden bei Messungen an nur einem doppelbrechenden Modell vermieden, jedoch ist hierbei in der Regel der apparative Aufwand größer. Als versuchstechnisch bedeutsam haben sich zwei Verfahren erwiesen, bei denen ein reines Isopachenfeld durch optische Eliminierung der Isochromaten erzeugt wird.

Beim ersten Verfahren [D 2.7-11] wird ein *Depolarisator* (z. B. eine Opalglasscheibe) in den Objektstrahlengang vor das Modell gestellt. Das Modell wird somit mit unpolarisiertem Licht durchstrahlt, und in der Empfängerebene interferieren nur die Anteile der Objektwelle, die mit entsprechenden Komponenten der zirkular polarisierten Referenzwelle interferenzfähig sind. Dadurch wird nur der zeitliche Mittelwert der Phasenverschiebungen in den beiden Hauptspannungsrichtungen aufgezeichnet. Durch Überlagerung mit dem Interferenzfeld des unbelasteten Modells und Rekonstruktion mit der zirkular polarisierten Referenzwelle ergibt sich im virtuellen Bild eine Intensitätsverteilung, die der des 2-Modell-Verfahrens nach Gl. (D 2.7-63) entspricht und damit die separate Bestimmung der Isopachen ermöglicht. Im allgemeinen ist jedoch bei diesem Verfahren die Intensität der Interferenzlinien durch Verluste bei der Depolarisation klein, so daß eine längere Belichtungszeit mit den daraus resultierenden Nachteilen (Instabilität bei der Aufnahme usw.) in Kauf genommen werden muß. Vorteilhaft ist, daß mit dem gleichen Modell und der prinzipiell gleichen Anordnung sowohl die Isopachen als auch durch Entfernen des Depolarisators die Isochromaten – mit einem Verfahren gemäß Abschn. D 2.7.3.2 – in zwei aufeinanderfolgenden Arbeitsgängen ermittelt werden können und damit das Meßverfahren vereinfacht wird.

Das zweite Verfahren [D 2.7-12; 13] basiert auf der zweimaligen Durchstrahlung des Modells mit Wellen unterschiedlicher Polarisationsrichtung. Dabei wird das Modell mit zirkular polarisiertem Licht durchstrahlt, Bild D 2.7-10, und hinter dem Modell die

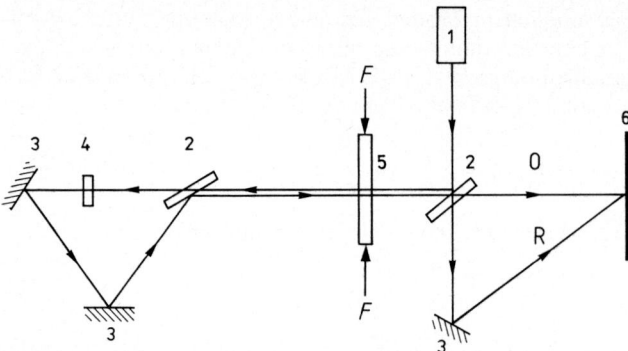

Bild D2.7-10. Holographisch-interferometrisches Polariskop mit Rotator zur Separation der Isopachen.
1 Laser, 2 Teilerspiegel, 3 Spiegel, 4 Rotator, 5 Modell, *F* Kraft, 6 Empfänger (Hologramm),
O Objektstrahl, R Referenzstrahl

Polarisationsrichtung des Lichts mit einem Rotator (z. B. $\lambda/2$-Platte, Faraday-Rotator
o. ä.) um 90° gedreht. Über Umlenkspiegel strahlt man dann das Licht in entgegengesetzter Richtung erneut durch das Modell. Dadurch werden die Phasenänderungen aufgehoben, die durch Doppelbrechung des belasteten Modells entstehen (Isochromaten), während die durch Dickenänderungen erzeugten Phasenänderungen (Isopachen) erhalten
bleiben. Der Referenzstrahl muß bei diesem Verfahren entgegengesetzt zirkular polarisiert zum Objektstrahl sein (Dunkelfeldbedingung). Nach Doppelbelichtung mit unbelastetem und belastetem Modell und Rekonstruktion mit der Referenzwelle erhält man im
virtuellen Bild ebenfalls eine Intensitätsverteilung nach Gl. (D 2.7-63), d. h. ein reines
Isopachenfeld. Auch bei diesem Verfahren kann durch Entfernen des Rotators mit der
prinzipiell gleichen Meßanordnung die Isochromatenverteilung gemäß Abschn. D 2.7.3.2
in einem zweiten Arbeitsgang ermittelt werden.

D 2.7.3.3.2 Bestimmung der Hauptspannungen in ausgezeichneten Richtungen
(1-Modell-Verfahren)

Bei den bisher beschriebenen holographisch-interferometrischen Verfahren wurde zur
Unterdrückung der unerwünschten Isoklinen zirkular polarisiertes Licht verwendet. Die
Anwendung von linear polarisiertem Licht kann jedoch unter bestimmten Versuchsbedingungen zur unmittelbaren Bestimmung der Hauptspannungen führen. Entsprechend
den bisherigen Betrachtungen werde mit linear polarisiertem Licht und paralleler
Schwingungsrichtung von Objekt- und Referenzstrahl (Hellfeldbedingung) eine Doppelbelichtung mit unbelastetem und belastetem Modell durchgeführt. Bei Rekonstruktion
mit dem linear polarisierten Referenzstrahl entsteht die Intensitätsverteilung des virtuellen Bildes:

$$I_{vB} = I_0 \{2 - \sin^2 2\alpha \sin^2 \pi \, \delta_C + 2 \sin^2 \alpha \cos [\pi (2 \, \delta_P + \delta_C)] + 2 \cos^2 \alpha \cos [\pi (2 \, \delta_P - \delta_C)]\}$$

$$(D \, 2.7\text{-}68),$$

d. h. eine Intensitätsverteilung, die Isoklinen, Isochromaten und Isopachen enthält.

Für den Isoklinenwinkel $\alpha = 0$, d. h. bei Schwingungsrichtung des Objektstrahles parallel
zu einer Hauptspannungsrichtung, wird Gl. (D 2.7-68) zu

$$I_{\alpha=0} = 4 \, I_0 \cos^2 \left[\pi \left(\delta_P - \frac{\delta_C}{2} \right) \right]$$

$$(D \, 2.7\text{-}69)$$

und für den Isoklinenwinkel $\alpha = \pi/2$

$$I_{\alpha = \pi/2} = 4 I_0 \cos^2 \left[\pi \left(\delta_P + \frac{\delta_C}{2} \right) \right]$$ (D 2.7-70).

Damit ergeben sich für diese ausgezeichneten Richtungen zwei neue Kategorien von Interferenzlinien mit den Ordnungszahlen

$$\delta_0 = \delta_P - \frac{\delta_C}{2}$$ (D 2.7-71)

und

$$\delta_{\pi/2} = \delta_P + \frac{\delta_C}{2}$$ (D 2.7-72)

mit Maxima bei δ_0, $\delta_{\pi/2} = \pm m$ ($m = 0, 1, 2, \ldots$) und Minima bei δ_0, $\delta_{\pi/2} = \pm (m + 1/2)$. Bild D 2.7-11 zeigt diese Interferenzlinien bei einem diametral belasteten Kreisring aus Araldit B, wobei für die linke Bildhälfte $\alpha = 0$ und die rechte Bildhälfte $\alpha = \pi/2$ gilt.

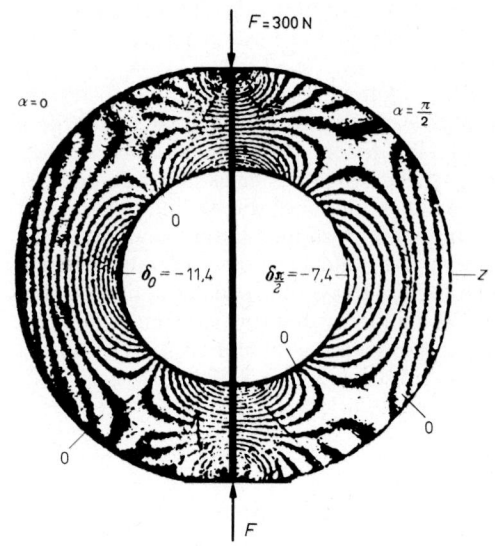

Bild D 2.7-11. Interferenzlinien δ_0 bzw. $\delta_{\pi/2}$ bei einem diametral belasteten Kreisring und linear polarisiertem Objekt- und Referenzstrahl bei unterschiedlichen Polarisationsrichtungen [D 2.7-10].
Modellmaterial: Araldit B

Aus Gl. (D 2.7-71) und Gl. (D 2.7-72) ergeben sich mit den bekannten Materialkonstanten unmittelbar die Hauptspannungen zu

$$\sigma_1 = \frac{\lambda}{d_0} \left(\frac{\gamma_1 \delta_{\pi/2} - \gamma_2 \delta_0}{\gamma_1^2 - \gamma_2^2} \right)$$ (D 2.7-73)

$$\sigma_2 = \frac{\lambda}{d_0} \left(\frac{\gamma_1 \delta_0 - \gamma_2 \delta_{\pi/2}}{\gamma_1^2 - \gamma_2^2} \right)$$ (D 2.7-74)

mit

$$\gamma_1 = C_1 - \frac{v}{E} (n_0 - n)$$ (D 2.7-75),

$$\gamma_2 = C_2 - \frac{v}{E} (n_0 - n)$$ (D 2.7-76).

365

Diese Beziehungen gelten nach Angaben von *E. Hosp* [D 2.7-14] und *R. J. Sanford* [D 2.7-4] näherungsweise in einem Bereich bis zu $\pm\,30°$ beiderseits der beiden ausgezeichneten Polarisationsrichtungen, so daß mit drei Hologrammen mit um jeweils 45° gedrehten Polarisationsrichtungen die vollständige Bestimmung der Hauptspannungen beliebiger Richtung möglich ist. In der praktischen Anwendung wird dies erleichtert, wenn statt des Doppelbelichtungsverfahrens das Echtzeitverfahren verwendet wird. Dabei müssen mit zirkular polarisiertem Licht nur zwei Nullhologramme mit um 45° versetzter Polarisationsrichtung angefertigt werden, die man dann bei quasistatisch veränderlicher Belastung nacheinander mit linear polarisierten Objekt- bzw. Referenzstrahlen der Polarisationsrichtung $\alpha = 0$, $\pi/4$ und $\pi/2$ auswerten kann. Die Auswertung wird dabei durch das von *E. Hosp* und *J. Knapp* [D 2.7-14] vorgeschlagene Shearing-Verfahren erleichtert, das eine halbautomatische Auswertung des Interferenzliniensystems ermöglicht.

D 2.7.3.3.3 Bestimmung der Interferenzlinien nullter Ordnung

Zur Auswertung der Interferenzliniensysteme der bisher beschriebenen Verfahren ist die Ermittlung der jeweiligen Ordnungszahlen erforderlich. Dies geschieht in einfachster Weise durch Bestimmung der Interferenzlinien nullter Ordnung und davon ausgehender Abzählung der weiteren Ordnungen. Interferenzlinien nullter Ordnung ergeben sich in analytisch bekannten spannungsfreien Bereichen, z. B. lastfreien Ecken ($\sigma_1 = \sigma_2 = 0$) mit $\delta_C = \delta_P = \delta_0 = \delta_{\pi/2} = 0$. Falls dies nicht möglich ist, kann ein von *E. Hosp* und *G. Wutzke* [D 2.7-15] vorgeschlagenes Verfahren angewandt werden, das vergleichbar ist mit dem Zeitmittelungsverfahren (vgl. Abschn. D 2.7.3.1). Bei diesem Verfahren wird von dem zu untersuchenden Modell ein Hologramm hergestellt, wobei die Belastung während der Belichtung stetig verändert wird. Die Interferenzlinien nullter Ordnung sind unabhängig von der Belastung ortsfest, während die Linien höherer Ordnung lastabhängig wandern und sich bei der Aufnahme „verwaschen" überlagern. Bild D 2.7-12 verdeutlicht diesen Zustand an Hand der Rekonstruktion eines Hologramms von einem diametral belasteten Kreisring aus Plexiglas (vgl. Bild D 2.7-6). Während der holographischen Aufnahme wurde der Ring mit einer annähernd linear ansteigenden Last von 0 bis 400 N belastet. Die nullte Ordnung erscheint als absolutes Intensitätsmaximum, während höhere Ordnungen nur schwach erkennbar sind.

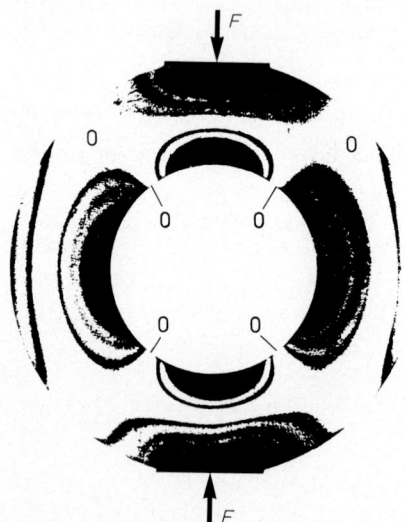

Bild D 2.7-12. Ermittlung der Interferenzlinien nullter Ordnung durch ein Zeitmittelungshologramm [D 2.7-15].
Modellmaterial: Plexiglas

D 2.7.3.3.4 Weitere Verfahren

Mit den angegebenen Verfahren sind die Möglichkeiten der holographisch-interfero-metrischen Spannungsoptik keineswegs erschöpft. Auf Grund der besonderen holographischen Technik sind Verfahren möglich, die weit über die Grenzen konventioneller Spannungsoptik hinausgehen. Eine detaillierte Beschreibung aller dieser Methoden würde den Rahmen dieses Beitrages sprengen, so daß hier nur einige weitere Verfahren kurz aufgeführt werden können.

Eine verbesserte Auswertung der Interferenzlinien ermöglicht laut *R. J. Sanford* [D 2.7-4] das Differenzlastverfahren (holographische Aufnahme bei zwei definierten Laststufen größer Null) und das Lastumkehrverfahren (holographische Aufnahme bei entgegenge-setzt gleichen Lasten, z. B. Zug und Druck). Ebenfalls eine verbesserte Auswertung er-möglicht das 2-Referenzstrahl-Verfahren, beschrieben von *A. Ajovalasit* und *C. Conigliaro* [D 2.7-16]. *H. Marwitz* [D 2.7-17] verwendet das 2-Referenzstrahl-Verfahren in Verbin-dung mit der Immersionstankmethode zur Untersuchung von Schnitten dreidimensiona-ler Modelle. Einige Autoren haben neue Verfahren zur Trennung von Isochromaten und Isopachen angegeben [D 2.7-18; 19]. Von *Hosp* [D 2.7-15] wird ein Verfahren zur Verfor-mungsmessung bei Plattenproblemen vorgestellt. Einige Autoren [D 2.7-17; 20] verwen-den zur Bestimmung des Spannungszustands die holographisch-interferometrisch ermit-telten Linien gleicher Hauptbrechzahl, die sog. *Isodromen.* Für Untersuchungen dynami-scher Spannungszustände, z. B. bei Stoßprozessen, wird die Anwendung von Impuls-lasern mit extrem kurzzeitigen Lichtimpulsen (rd. 20 ns) bei gleichzeitig hoher Lichtinten-sität beschrieben [D 2.7 − 21; 22]. Abschließend sei noch vermerkt, daß bei allen Verfah-ren erhebliche Fortschritte bezüglich einer vereinfachten und praxisnahen Auswertung durch den Einsatz digitaler Bildverarbeitungssysteme (vgl. Abschn. E 5) zu erwarten sind.

D 2.7.4 Meßeinrichtungen und ihre Handhabung

Die Meßeinrichtung für die Durchlichtholographie besteht im wesentlichen aus vier Systemgruppen:

- der kohärenten Lichtquelle,
- den optischen Komponenten zur Strahlführung und Strahlbeeinflussung,
- dem Aufzeichnungssystem für das Hologramm und
- der Belastungsvorrichtung mit dem zu untersuchenden Objekt.

Voraussetzung für eine hohe Meßgenauigkeit ist die Schwingungsfreiheit des Aufbaus und seiner Elemente, d. h., die Meßeinrichtung muß auf einem stabilen, möglichst schwin-gungsisolierten Experimentiertisch aufgebaut werden. Im allgemeinen muß man diesen Meßplatzaufbau selbst erstellen, da geeignete komplette Systeme bisher nicht komerziell verfügbar sind. Die zum Aufbau eines Meßplatzes benötigten Komponenten sind dage-gen bei den einschlägigen Herstellern optischer bzw. holographischer Geräte zu erhal-ten.

Wichtigster Bestandteil der Meßeinrichtung ist die kohärente Lichtquelle, d. h. ein geeig-neter Laser, der monochromatisches, räumlich und zeitlich kohärentes Licht möglichst hoher Intensität erzeugt. Dabei sollte die Konstanz dieser Eigenschaften über eine län-gere Zeit gewährleistet sein. Grundsätzlich können Laser nach dem zeitlichen Ablauf ihrer Strahlung in zwei Kategorien eingeteilt werden: kontinuierlich strahlende Laser (cw-Laser) und Impuls-Laser. Beide Laserarten werden für unterschiedliche Anwen-dungsbereiche in der Holographie genutzt. Im allgemeinen werden bei der Durchlichtho-lographie cw-Laser verwendet, da sie in der Handhabung einfach sind und bei der Echtzeitholographie die unmittelbare Beobachtung der Interferenzlinienveränderungen ermöglichen. Bei speziellen Untersuchungen, z. B. bei schnell ablaufenden Vorgängen oder bei Meßaufbauten ohne ausreichende Schwingungsisolierung, ist dagegen ein Impulslaser von großem Vorteil.

Für die Durchlichtholographie haben sich einige Lasertypen als besonders geeignet erwiesen, Tabelle D 2.7-1, deren Eigenschaften im folgenden kurz dargestellt werden sollen:

– He-Ne-Laser, ein cw-Laser mit sehr guten Kohärenzeigenschaften und hoher Lebensdauer ($5 \cdot 10^3$ bis 10^5 Betriebsstunden), technisch ausgereift, leicht handhabbar und preisgünstig. Der He-Ne-Laser ist der meist verwendete Lasertyp in der Durchlichtholographie. Nachteilig ist die relativ geringe Strahlleistung.

– He-Cd-Laser, ein cw-Laser mit sehr guten Kohärenzeigenschaften, aber z. Z. nur relativ geringer Lebensdauer (rd. 4000 Betriebsstunden).

– Argon-Laser, ein cw-Laser, der bei geeigneter Konfiguration (Modenselektion) sehr gute Kohärenzeigenschaften und eine sehr hohe Strahlungsleistung aufweist. Nachteilig ist der große technische Aufwand für den Betrieb, die aufwendige Handhabung, die relativ geringe Lebensdauer (2000 bis 4000 Betriebsstunden) und der hohe Preis dieses Lasers. Bei Meßeinrichtungen für große Untersuchungsobjekte und zur Erreichung sehr kurzer Belichtungszeiten bei der Hologrammaufnahme ist der Argon-Laser jedoch besonders gut geeignet.

– Rubin-Laser, ein Impuls-Laser, der bei geeigneter Konfiguration (Q-switch, Modenselektion) gute Kohärenzeigenschaften aufweist. Vorteilhaft ist die extrem kurze Impulsdauer bei gleichzeitig hoher Strahlungsintensität, wodurch sich der Rubin-Laser besonders für die Durchlichtholographie bei dynamischen Vorgängen eignet (z. B. Stoßprozesse).

– Neodym-Laser, ein Laser, der entsprechend seiner jeweiligen Konfiguration als cw-Laser oder als Impuls-Laser verwendet werden kann. Die Kohärenzeigenschaften sind bei geeigneten Maßnahmen (Modenselektion) gut, die Strahlleistung ist auch bei cw-Betrieb sehr hoch. Nachteilig ist, daß die emittierte Wellenlänge im Infrarotbereich liegt und damit spezielle Aufnahmetechniken erfordert.

Tabelle D 2.7-1   Laser für die Durchlichtholographie.

Lasertyp	Wellenlänge	Leistung bzw. Energie	Bemerkung
He-Ne (cw)	633 nm	0,5 bis 50 mW	häufigst verwendeter Lasertyp
He-Cd (cw)	442 nm	2 bis 75 mW	geringe Lebensdauer
Argon (cw)	488/514 nm (351 bis 528 nm)	2 mW bis 20 W	Laser höchster Leistung; geringe Lebensdauer; sehr teuer
Rubin (Puls)	694 nm	Pulsenergie: 0,01 bis 100 J Pulsdauer: 10 bis 10^4 ns Pulsleistung: 0,1 bis 10^3 MW	speziell geeignet für Impulsholographie bei dynamischen Vorgängen und nichtschwingungsisolierten Aufbauten
Neodym (cw) Neodym (Puls)	1064 nm 1064 nm	0,04 bis 600 W Pulsenergie: 0,01 bis 150 J Pulsdauer: 10 bis 10^4 ns Pulsleistung: 0,01 bis 10^3 MW	Laser hoher Leistung; sowohl für cw- als auch für Puls-Betrieb geeignet; ungünstiger Wellenlängenbereich

Zur Strahlführung, Strahlaufweitung und Beeinflussung der Strahleigenschaften wird eine Reihe optischer Komponenten benötigt, z. B. Spiegel, Linsen, Objektive, Raumfilter, Polarisatoren usw. Wesentlich ist die optisch gute Qualität dieser Komponenten und ein stabiler mechanischer Aufbau, der auch eine genau justierbare und gut reproduzierbare Positionierung ermöglichen muß. Die Notwendigkeit eines stabilen Aufbaus wird deutlich, wenn man bedenkt, daß eine Verschiebung um $\lambda/2$ (rd. 0,2 bis 0,4 µm) irgendeines Teiles des optischen Aufbaus während der Belichtung zu einer völligen Auslöschung des interferometrischen Liniensystems führen kann. Auch Phasenänderungen im Strahlengang, z. B. durch Luftströmungen, sind zu beachten.

Die Aufzeichnung der Hologramme und somit die Auswahl eines geeigneten Aufzeichnungsmaterials ist von erheblicher Bedeutung bei der Holographie. Prinzipiell sind verschiedene Aufzeichnungsverfahren möglich [D 2.7-8], hauptsächlich verwendet werden jedoch nur zwei Verfahren (vgl. Abschn. D 2.6.4.1): Das herkömmliche photochemische Verfahren mit Silberhalogenidemulsionen und das thermoplastische Verfahren, Tabelle D 2.7-2. Fundamentale Forderung an das Aufzeichnungsmaterial ist ein hohes Auflösungsvermögen bei gleichzeitig ausreichender Empfindlichkeit. Wie bereits in Abschn. D 2.7.3.1 gezeigt wurde, erfordern übliche Hologramme ein Auflösungsvermögen von 500 bis 2000 Linien/mm. Die Forderungen nach hohem Auflösungsvermögen und hoher Empfindlichkeit schließen sich jedoch gegenseitig aus, so daß speziell für die Holographie entwickelte Aufnahmematerialien zwar höchste Auflösung zeigen, aber nur eine geringe Empfindlichkeit (vgl. Tabelle D 2.7-2). Die Empfindlichkeit reicht jedoch i. a. aus, um mit geeigneten Lasern noch hinreichend kurze Belichtungszeiten zu erzielen. Wesentlich ist dabei auch die Auswahl eines Aufzeichnungsmaterials mit möglichst hoher spektraler Empfindlichkeit (Sensibilität) bei der Wellenlänge des verwendeten Lasers.

Photochemische und thermoplastische Aufnahmematerialien unterscheiden sich in einigen Eigenschaften erheblich. Photochemische Hologramme sind Amplitudenhologramme (vgl. Abschn. D 2.7.3.1), die nur durch einen weiteren chemischen Prozeß (Bleichen) in Phasenhologramme überführt werden können [D 2.7-6; 8]. Thermoplastische Hologramme sind dagegen auf Grund ihres spezifischen Speicherprozesses (vgl. Abschn. D 2.6.4.4) grundsätzlich Phasenhologramme. Die in thermoplastischen Hologrammen gespeicherten Informationen sind i. a. wieder löschbar, so daß thermoplastisches Aufzeichnungsmaterial prinzipiell mehrfach verwendbar ist. Bei einigen thermoplastischen Materialien wird jedoch aus Gründen der einfacheren und sicheren Handhabung auf die Löschbarkeit verzichtet, so daß dieses Material nur einmal verwendet werden kann. Im Gegensatz zum photochemischen Aufzeichnungsverfahren ist die Verwendung thermoplastischer Materialien nur in speziell dafür angefertigten Aufnahmesystemen möglich.

Vorteil der photochemischen Materialien ist das hohe Auflösungsvermögen, die einfache Verfügbarkeit ohne aufwendigen gerätetechnischen Aufbau und die allgemein bekannte Handhabung. Nachteilig ist die zeitaufwendige photochemische Behandlung und die problematische Repositionierung des Hologramms am ursprünglichen Aufnahmeort beim Echtzeitverfahren. Vorteil des thermoplastischen Verfahrens ist die kurze, chemikalienfreie Entwicklung am Aufnahmeort und der höhere Beugungswirkungsgrad des Phasenhologramms. Nachteilig ist das z. Z. noch geringere Auflösungsvermögen und die Notwendigkeit eines speziellen Aufnahmegeräts.

Für das zu untersuchende Objekt und die Belastungsvorrichtung gelten die allgemeinen Bedingungen der Modelltechnik (vgl. Abschn. C 3), der Spannungsoptik (vgl. Abschn. D 2.2) und der Auflichtholographie (vgl. Abschn. D 2.6) und sollen hier nicht näher erläutert werden. Grundsätzlich ist jedoch zu beachten, daß das Untersuchungsobjekt und die Belastungsvorrichtung mit den übrigen Meßaufbauten gemeinsam auf einem

Tabelle D 2.7-2 Aufzeichnungsmaterialien für die Durchlichtholographie.

Aufzeichnungsmaterial	Auflösungsvermögen Linien/mm	Sensibilitätsbereich nm	Empfindlichkeit µJ/cm²	Bemerkungen
normales photochemisches Aufzeichnungsmaterial:				
21 DIN (100 ASA)-Film	30 bis 50	350 bis 720	rd. 10^{-3}	sehr geringes Auflösungsvermögen, hohe Empfindlichkeit, relativ flache Gradation ($\gamma \leqq 1$)
12 DIN (12 ASA)-Film	rd. 200	350 bis 720	rd. 10^{-2}	nur sehr eingeschränkt für holographische Aufnahmen geeignet
spezielles photochemisches Aufzeichnungsmaterial:				sehr hohes Auflösungsvermögen, geringe Empfindlichkeit, sehr steile Gradation ($\gamma > 4$)
Agfa-Gevaert 8E56HD	5000	350 bis 560	25	speziell für Argonlaser geeignet
Agfa-Gevaert 10E56	3000	350 bis 560	1	speziell für Argonlaser geeignet
Agfa-Gevaert 8E75HD	5000	550 bis 750	10	speziell für He-Ne- und Rubinlaser geeignet
Agfa-Gevaert 10E75	3000	550 bis 750	0,5	speziell für He-Ne- und Rubinlaser geeignet
Kodak 649F	2000	400 bis 700	rd. 200	
ORWO LP 1	2500	400 bis 700	rd. 40	für Laser aller Wellenlängen geeignet; höchste Empfindlichkeit für He-Ne-Laser
ORWO LP 2	2800	400 bis 700	rd. 40	
ORWO LP 3	3000	400 bis 700	rd. 20	
ORWO LO 2	2800	350 bis 550	rd. 20	speziell für Argonlaser geeignet
thermoplastisches Aufzeichnungsmaterial:				spezielles Aufzeichnungsgerät erforderlich
Kalle-Hoechst HF-85	1100	350 bis 700	rd. 1 bis 5	Filme auf Polyesterträger; nicht löschbar, nur für einmalige Aufzeichnung geeignet
Kalle-Hoechst PT-1000-S	1500	350 bis 720	rd. 0,5 bis 2	
Kalle-Hoechst PT-1000-IR	800	350 bis 1100	rd. 10 bis 200	für nahes IR (Neodymlaser) geeignet
Newport HC-301	800	350 bis 700	rd. 5 bis 10	Quarzglas-Platten, löschbar, für mehrmalige Aufzeichnungen ($\geqq 300$) geeignet

schwingungsisolierten Holographietisch aufgebaut wird und der Kraftfluß in der Belastungsvorrichtung möglichst kurzgeschlossen auf das Untersuchungsobjekt einwirkt, insbesondere ohne Kraftfluß durch den Holographietisch.

Vorteilhaft sind holographische Meßeinrichtungen, die in prinzipiell gleichartigen Meßvorgängen und mit einem Modell unter identischen Belastungsverhältnissen sowohl Einfachbelichtungshologramme zur Bestimmung der Isoklinen und Isochromaten als auch Doppelbelichtungs- bzw. Echtzeithologramme zur Bestimmung der Isopachen ermöglichen. Derartige Meßaufbauten werden z. B. von *Hosp* und *Knapp* [D 2.7-14] als Real-Time-Shearing-Polariskop mit halbautomatisierter Auswertung und von *Sanford* [D 2.7-4] als Multi-Purpose-Real-Time-Holographic-Polariskop vorgestellt.

D 2.7.5 Zusammenfassende Beurteilung

Eine Anwendung der Durchlichtholographie nur für die holographische Spannungsoptik, d. h. allein zur Bestimmung von Isoklinen und Isochromaten, ist wegen der gegenüber der konventionellen Spannungsoptik aufwendigeren Versuchstechnik nicht sinnvoll. Ein völlig anderes Bild ergibt sich bei der holographisch-interferometrischen Spannungsoptik und der damit möglichen Bestimmung von Isopachen. Dies ermöglicht eine rein experimentelle Bestimmung des vollständigen Spannungszustands und vermeidet damit fehlerbehaftete Rechenverfahren, insbesondere bei komplizierten Geometrien der Untersuchungsobjekte. Gegenüber herkömmlichen interferometrischen Methoden oder mechanischen Verfahren (z. B. Lateralextensometer [D 2.7-7]) zur Bestimmung der Isopachen bietet die holographisch-interferometrische Spannungsoptik eine wesentliche Vereinfachung der Versuchstechnik, geringere Ansprüche an die Qualität der Komponenten der Meßeinrichtung und besonders auch wesentlich geringere Ansprüche an die Material- und Herstellungsqualität des Untersuchungsobjekts. Eine holographische Meßeinrichtung, die die Bestimmung von Isoklinen, Isochromaten und Isopachen in einer Meßprozedur ermöglicht, bietet somit erhebliche Vorteile gegenüber dem herkömmlichen Verfahren der konventionellen Spannungsoptik.

D 2.8 Speckle-Verfahren

A. Felske

D 2.8.1 Formelzeichen

A_B	Speckle-Verschiebung in der Beobachtungsebene
D	Linsendurchmesser
E_B	Beobachtungsebene
E_O	Objektebene
E^*	versetzte Objektebene
I	Intensitätsfunktion in Beobachtungsebene
J_y	Intensitätsfunktion der Young-Streifen
L	Entfernung zwischen Specklegramm und Beobachtungsschirm
L_0	Gegenstandsweite
L_0'	Bildweite
M	Abbildungsmaßstab
P	Pupillenfunktion
T	Transmissionsfunktion
U_B	Lichtamplitudenfunktion in Beobachtungsebene
d	Verschiebungsvektor in Specklegrammebene
f	Brennweite
l_O	Verschiebungsvektor in Richtung der optischen Achse
l_Q	Verschiebungsvektor in Richtung der Lichtquelle Q
m_O	Verschiebungsvektor in Objektraum
q	Ortsvektor in Beobachtungsebene
q_x, q_y, q_z	Ortskoordinaten in Beobachtungsebene
r_q	Ortsvektor in Objektebene
s	Verschiebungsvektor im Objektbereich
s_T	lateraler Verschiebungsvektor
s_Z	axialer Verschiebungsvektor
u, v, w	Verschiebungen, allgemein in Objektebene
x, y, z	Ortskoordinaten in Objektebene
$\varepsilon_{xx}, \varepsilon_{xy}, \varepsilon_{yy}$	linearisierte Dehnungskomponenten
λ	Wellenlänge
ϱ	Speckleradius
σ	Ortsvektor in Aperturebene
$\sigma_{xx}, \sigma_{xy}, \sigma_{yy}$	linearisierte Spannungskomponenten
φ	Phasenverschiebung von Lichtwellen
Δ	optischer Wegunterschied
ΔL	Versetzung zwischen fokussierter und nicht fokussierter Objektebene
$\Delta L'$	Versetzung zwischen fokussierter und nicht fokussierter Bildebene
Θ	Beleuchtungs- bzw. Beobachtungswinkel
Φ	Orientierung der Young-Streifen

D 2.8.2 Allgemeines

Das Phänomen des Speckle-Effekts, der entsteht, wenn ein Versuchsobjekt mit diffus streuender Oberfläche von Laserlicht beleuchtet wird, ist gekennzeichnet durch die auftretende unregelmäßige sog. granulare Intensitätsverteilung des reflektierten kohärenten Lichtes. Dieser Effekt beruht auf *Th. Youngs* grundlegendem Experiment zur Interferenz von Licht, das von zwei getrennten, jedoch kohärenten Lichtquellen ausgeht und schon

Anfang des 19. Jahrhunderts von ihm ausgeführt wurde. Mehr als 160 Jahre später hat sich mit der technischen Entwicklung ausgereifter Laserlichtquellen auf der Grundlage der Youngschen Arbeiten die Speckle-Meßtechnik entwickelt. Verfolgt man die historischen Arbeiten genauer, so hat das Speckle-Phänomen [D 2.8-1] auch schon *Newton* im Zusammenhang mit dem Funkeln der Fixsterne beschäftigt. Heute erklären wir diese Erscheinung durch die auftretende unterschiedliche räumliche Kohärenz von zwei getrennten Lichtquellen. *K. Exner* [D 2.8-2] beobachtete 1877 den Beugungseffekt einer streuenden, von einer Kerze beleuchteten Glasplatte. Hierbei hat er den sog. radialen granularen Speckle-Effekt innerhalb der ringförmigen Fraunhoferschen Beugungserscheinung beobachtet. *M. v. Laue* [D 2.8-3], [D 2.8-4] hat seit 1916 nahezu vollständig die statistischen Eigenschaften der heute auch als Speckle-Pattern bezeichneten Interferenzerscheinungen beschrieben.

In den 60er Jahren entstanden die ersten grundlegenden Arbeiten von *Schiffner* [D 2.8-5] und *Hariharan* [D 2.8-6]. Die Beschäftigung mit den Störeinflüssen des Speckle-Effekts, z. B. bei der Bildanalyse und der Holographie, hat sich in den letzten Jahren von den ungewünschten und störenden Aspekten der Speckles abgewandt und zu verschiedenen praktischen Anwendungen geführt, z. B. Messung der Oberflächenrauhigkeit, Bestimmung der Objektversetzung und Verformung zum Zweck des zerstörungsfreien Testens mechanischer Komponenten und Durchführung von Schwingungsanalysen sowohl durch photographische als auch durch elektronische Speicherung mittels Videokamera (sog. elektronische Speckle-Interferometrie [ESPI]).

Die grundlegenden Erkenntnisse zu den verschiedenen Speckle-Verfahren sind in vielen Einzelarbeiten dokumentiert und außerdem in mehreren Fachbüchern und Übersichtsartikeln zusammenfassend dargestellt; nur die bekanntesten seien hier zitiert [D 2.8-7 bis 13].

Die grundlegenden Arbeiten stammen im wesentlichen aus vier Laboratorien, dem National Physical Laboratory Teddington, Großbritannien, dem Laboratorium in Loughborough an der University of Technology [D 2.8-14 bis 22], von den Forschergruppen des Universitäts-College in Swansea [D 2.8-23; 24; 25] und aus der Illinois-Oakland Universisität [D 2.8-26 bis 32], die den Speckle-Effekt mit dem Shearing-Interferenzverfahren verknüpft haben.

Wesentliche Impulse für die Speckle-Meßtechnik gingen von den Autoren *Duffy* [D 2.8-33; 34], *Stetson* [D 2.8-10; 35; 36; 37], *Adams* und *Maddux* [D 2.8-38; 39], *Chiang* [D 2.8-40 bis 43], *Cloud* [D 2.8-44], *Barker* und *Fourney* [D 2.8-45] aus.

Das gemeinsame Kennzeichen aller Speckle-Verfahren besteht in der Überlagerung von mindestens zwei Speckle-Bildern, die zunächst für die Messung von sog. In-plane-Verformungen oder Verschiebungen verwendet wurden. Von zwei führenden Experimentatoren, *Stetson* [D 2.8-10] und später *Hung* [D 2.8-8], stammen die inzwischen allgemein verwendeten Verfahrensbezeichnungen: Speckle-Photographie und Speckle-Interferometrie. In der Speckle-Photographie wird mit einem einzigen divergenten Laserstrahl beleuchtet und das Objektfeld vor und nach der Beanspruchung photographiert. Die Speckle-Interferometrie unterscheidet sich dagegen durch eine interferometrische Strahlführung mit zwei Beleuchtungsstrahlen, die miteinander interferieren können. In beiden Fällen muß zweimal beobachtet oder photographiert werden, nämlich vor und nach der Belastung oder Beanspruchung. Den Spannungsanalytiker interessieren häufig nicht die Verschiebungsgrößen selbst, sondern die Dehnungen, die aus den ersten Ableitungen der Versetzungen gewonnen werden können. Die Mehrzahl der Auswerteverfahren hat daher diese Technik zum Ziel. Das sog. Speckle-Shearing-Verfahren gestattet allerdings, die Ableitungen der Verschiebungen direkt sichtbar zu machen. Im Rahmen dieses Übersichtsartikels wird noch das sog. Multiaperturverfahren erwähnt, das ebenfalls die Oberflächendehnung in bestimmten Vorzugsrichtungen zu beobachten gestattet.

In den letzten Jahren hat die elektronische Speckle-Pattern-Interferometrie (ESPI) besonders durch erste Arbeiten an der Universität Loughborough [D 2.8-46] und unabhängig davon im Standford Research Institute [D 2.8-47] an Bedeutung gewonnen. Heute sind viele andere Forschergruppen auf diesem Gebiet wissenschaftlich aktiv [D 2.8-48 bis 56] mit dem Ziel, eine einfache und schnelle Methode zur Messung von Verformungen und Schwingungen zur Fehlerdiagnostik technischer Bauteile zu bekommen, weil diese Methoden experimentell einfacher anzuwenden sind als z. B. die älteren und auch häufig benutzten holographischen Untersuchungsmethoden.

Die Speckle-Verfahren können zu den Ganzfeldmethoden der experimentellen Spannungs- und Verformungsanalyse gezählt werden. Die aus den Aufnahmen ermittelten Größen beziehen sich immer auf einen ausgedehnten Bereich der betrachteten Oberfläche, der durch die gewählten Abbildungsmaßstäbe frei gewählt werden kann. Meßbereich und Genauigkeit werden dadurch beeinflußt. Alle Verfahren sind zur Behandlung von statischen und dynamischen Problemen geeignet.

Die zugrunde liegende mathematische Prozedur ist zunächst eine optische Fourier-Transformation des doppelt belichteten Specklegramms, die durch eine wiederholte optisch ausgeführte Fourier-Transformation bei der Rekonstruktion mit einem Laserstrahl zu Youngschen Interferenzstreifen führt, aus deren Abstand und Orientierung Größe und Richtung des Verschiebevektors ermittelt werden können.

Vorteilhaft sind die gegenüber interferometrischen und holographischen Verfahren etwas reduzierten Anforderungen bezüglich Stabilität und Erschütterungen des Versuchsaufbaus, die berührungslose und hoch auflösende Registrierung von Verformungen und Dehnungen und die relativ einfache Speicherung der Aufnahmedaten (Photoplatte, Videoband). Nachteilig ist die bei geringerem experimentellen Aufwand geforderte Ebenheit der Versuchsobjekte und die Eliminierung der in der Praxis auftretenden und störend wirkenden Ganzkörperbewegungen. Nachteilig ist auch der relativ große Hardware-Aufwand bei den automatisierten Auswerteverfahren. Hierin liegt begründet, daß die Speckle-Methoden in den technischen Entwicklungslabors nur langsam Eingang finden. Es sei betont, daß die Bedienung nur einer ausgebildeten Fachkraft übertragen werden kann.

D 2.8.3 Physikalisches Prinzip

Deformationen von Objektoberflächen, die mit Laserlicht beleuchtet werden, erzeugen Speckle-Versetzungen; im allgemeinen Fall können jedoch infolge von Strukturveränderungen auch Dekorrelationen im Speckle-Bild entstehen.

Dieses Verhalten kann quantitativ beurteilt und mit Hilfe von Kreuzkorrelationsfunktionen der Intensitätsverteilungen jeweils vor und nach der Deformation beschrieben werden. Dabei lassen sich diese Intensitätsfunktionen unter der Annahme ableiten, daß die lokale Deformation jedes differentiellen Objektbereiches in Translation, Rotation und Oberflächendehnung zerlegt werden kann. Für die Beobachtung der Speckles ist dies besonders in der Bildebene von Bedeutung, wo das sog. Specklegramm zur Fixierung der Objektbewegungen registriert wird.

D 2.8.3.1 Der Speckle-Effekt

Das erste Bild D 2.8-1 zeigt eine photographierte und vergrößert wiedergegebene Speckle-Struktur. Der Effekt läßt sich nun folgendermaßen erklären:

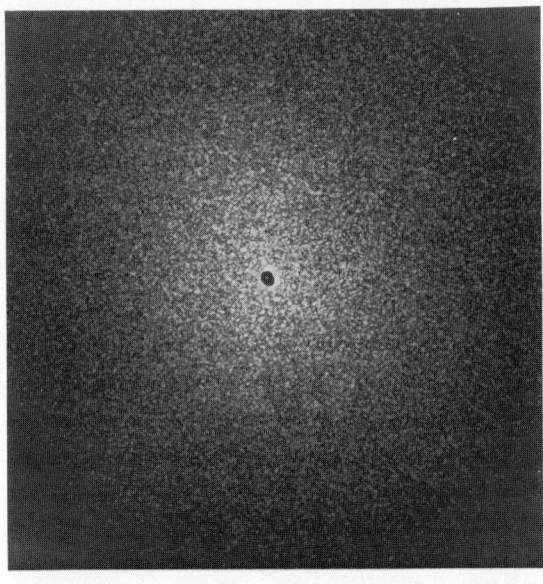

Bild D 2.8-1. Laser-Speckle-Bild.

Zunächst weist die Rauhigkeit der Meßoberfläche im Verhältnis zur kleinen Lichtwellenlänge von z. B. $\lambda = 5 \cdot 10^{-7}$ m eine relativ grobe Struktur auf. Bei kohärenter Beleuchtung bilden alle zurückgestreuten Lichtwellen eine komplexe Wellenfront, die sich im einzelnen aus vielen Teilkugelwellen der einzelnen Objektpunkte zusammensetzt. Die Struktur der entstehenden Wellenfront ist bestimmt durch die gegebene Mikrostruktur der Probenoberfläche. Da die Entfernungen der Einzelwellen zum Beobachtungspunkt um Wellenlängen differieren können, ist die Speckle-Erscheinung als Interferenz aller verschiedenphasigen, aber kohärenten Wellen zu interpretieren, s. Bild D 2.8-2. Dieses Interferenzfeld mit hellen und dunklen Punkten ist im gesamten Raum zwischen Objekt und Auge vorhanden, es fällt also auch auf die Netzhaut des Auges.

Wenn das Auge durch eine photographische Platte ersetzt wird, bleibt das Phänomen erhalten. Im Bild D 2.8-2 wird eine Speckle-Struktur registriert, die von der Apertur der

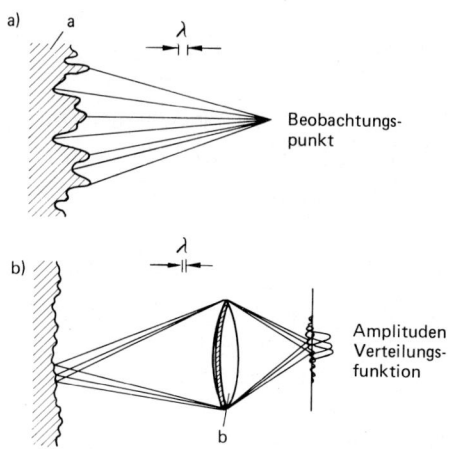

Bild D 2.8-2. Physikalische Herkunft der Speckles.
a) Ohne Abbildungslinse.
b) Mit Abbildungslinse.
a Oberfläche, b Linse

375

Linse und dem Abbildungsmaßstab abhängt. Nach der Beugungstheorie gilt für den mittleren Speckle-Durchmesser 2ϱ der Zusammenhang:

$$2\varrho \cong 1{,}2 \cdot (1 + M)\, \lambda\, \frac{f}{D} \tag{D 2.8-1}.$$

Darin bedeutet

M Abbildungsmaßstab $= \dfrac{\text{Bildgröße}}{\text{Gegenstandsgröße}}$,

D Durchmesser der Linse,
f Brennweite,
λ Wellenlänge.

Der Faktor 1,2 folgt aus der Annahme einer kreisrunden Apertur.

Der Speckle-Effekt ist Grundlage für verschiedenartige Verformungsmeßtechniken mit fokussierten und defokussierten Abbildungen. Zunächst soll der allgemeine Fall des in einer Abbildungsebene aufgezeichneten Specklegramms theoretisch behandelt werden.

D 2.8.3.2 Theoretische Grundlagen

D 2.8.3.2.1 Kreuzkorrelation der Intensitätsfunktionen

Im Bild D 2.8-3 ist das Koordinatensystem zur Abschätzung der Kreuzkorrelationsfunktion im Bildfeld wiedergegeben. Ein ebenes Objektfeld $E_O(x, y)$ wird durch eine Linse in die Bildebene E'_O abgebildet, die Gegenstandsweite ist L_0, die Bildweite L'_0.

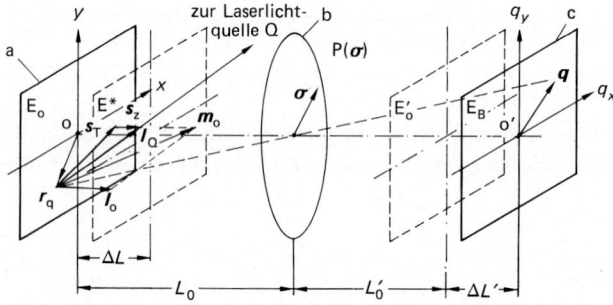

Bild D 2.8-3. Koordinatensystem und geometrische Bezeichnungen für den Ansatz der Kreuzkorrelationsfunktion zur Bestimmung der Intensitätsfunktion in der Beobachtungsebene.
a Objektebene, b Apertur der Abbildungslinse, c Beobachtungsebene

Bei Defokussierung wird die um ΔL versetzte Objektebene E^* in die Beobachtungsebene $E_B(q_x, q_y)$ mit der Bildweite $L'_0 + \Delta L'$ abgebildet.

Die Objektdeformation wird für jeden Beobachtungspunkt B (r_q) abhängig vom Ortsvektor r_q mit Index q in bezug auf die Koordinaten der Beobachtungsebene (Abbildungsmaßstab $M = (L'_0 + \Delta L')/L_0$) eingeführt. Der allgemeine Verschiebungsvektor m_O ist zerlegbar in

$$m_O = l_Q + l_O \tag{D 2.8-2},$$

mit l_Q als Einheitsvektor vom Ortsvektor r_q in Richtung auf das Zentrum der Laserlichtquelle Q und l_O als Einheitsvektor in Richtung der optischen Achse. Der Vektor l_Q wiederum kann in die Komponenten

$$l_Q = s_T + s_Z \qquad \text{(D 2.8-3)}$$

zerlegt werden; s_T ist die laterale Verschiebungs- und s_Z die axiale Verschiebungskomponente. Die Pupillenfunktion des Abbildungsobjektivs mit der Brennweite f wird mit $P(\sigma)$ bezeichnet.

Die Kreuzkorrelationsfunktionen können als Mittelwert über einem statistischen Ensemble von Reflexionsfunktionen unter zwei Annahmen aufgestellt werden:

a) das Korrelationsgebiet ist klein gegen das abgebildete Gebiet,
b) die Objektdeformation innerhalb des betrachteten Teilgebiets ist homogen und kann durch eine lineare Positionsfunktion angenähert werden.

Für die Kreuzkorrelationsfunktion der Intensitätsverteilungen $I_1(q, \Delta L')$ vor und nach der Verformung $I_2(q + \bar{q}, \Delta L')$ in der Beobachtungsebene E_B gilt den Ansätzen von *I. Yamaguchi* folgend [D 2.8-57; 58]:

$$\langle I_1(q, \Delta L')\, I_2(q + \bar{q}, \Delta L') \rangle = \qquad \text{(D 2.8-4)}$$

$$= \left| \int |P(\sigma)|^2 \, d^2\sigma \right|^2 + \left| \int P(\sigma)\, P^*(\sigma - A_p)\, \exp(i\,\psi)\, \exp\left[-i\,k\, \frac{\sigma}{L_0' + \Delta L'}\, (\bar{q} - A) \right] d^2\sigma \right|^2 .$$

Darin gilt für die Speckle-Verschiebung A_p in der Apertur der Abbildungslinse:

$$A_p = s_T - L_0\, \nabla m_0\, s - \frac{s_Z}{L_0}\, \sigma - \nabla \sigma\, s_T \qquad \text{(D 2.8-5)},$$

$$\psi = k \left\{ \frac{\Delta L'}{L_0'\,(L_0' + \Delta L')} \left[\frac{s_Z}{L_0}\, |\sigma|^2 + \sigma\, (\nabla \sigma\, s_T) \right] + \frac{s_Z\,|\sigma|^2}{2\, L_0^2} \right\} \qquad \text{(D 2.8-6)}$$

und für die Speckle-Verschiebung, die sich aus der Objektverformung ergibt:

$$A = -\frac{1}{M'} \left(s_T + \frac{s_Z}{L_0'}\, q \right) - \Delta L' \left[(1 + M')\, \frac{s_T}{L_0} - M'\, \nabla m_0\, s \right] \qquad \text{(D 2.8-7)}.$$

Verwendet werden – den Bezeichnungen *Yamaguchis* folgend – für den Abbildungsmaßstab

$$M' = \frac{L_0}{L_0'} = \frac{L_0 - f}{f} \quad \text{bzw.} \quad M = \frac{L_0'}{L_0} \qquad \text{(D 2.8-8)},$$

mit der Brennweite f der Abbildungsoptik und der geometrischen Beziehung für die achsennahe Abbildung

$$r = r_q = -\frac{L_0\, q}{L_0' + \Delta L'} \qquad \text{(D 2.8-9)}.$$

Die Kreuzkorrelationsfunktion bekommt einen maximalen Wert, wenn das Phasenglied den Wert 1 erhält, d. h., $\bar{q} = A$ ist.

Andererseits vermindert der Speckle-Dekorrelationseffekt den Maximalwert. Dies wird durch A_p, die Speckle-Verschiebung innerhalb der Linsenöffnung und durch den quadratischen Term ψ beeinflußt.

377

D 2.8.3.2.2 Speckle-Verschiebung

Durch Einführung von ΔL, des Betrages für die Defokussierung im Objektraum, kommt man zu einer vereinfachten Darstellung von Gl. (D 2.8-7).

Der Abbildungsmaßstab für die Abbildung in die Beobachtungsebene ist

$$M'_{\Delta L'} = \frac{L_0 - \Delta L}{L'_0 + \Delta L'} = \frac{\text{Gegenstandsweite}}{\text{Bildweite}} \qquad (\text{D } 2.8\text{-}10).$$

Die Umrechnung mit Hilfe der Brennweite f ergibt

$$M'_{\Delta L'} = \frac{L_0 - \Delta L}{f} - 1 \qquad (\text{D } 2.8\text{-}11).$$

Mit dieser Beziehung kann die Speckle-Verschiebung A in der Beobachtungsebene umgeschrieben werden in

$$A = -\frac{s_T}{M'_{\Delta L'}} - \frac{s_z}{M' L'_0} q + \frac{\Delta L}{M'_{\Delta L'}} \nabla m_0 \, s \qquad (\text{D } 2.8\text{-}12).$$

Mit den Verschiebungskomponenten in der Ebene E_0 um $r_q(s_x, s_y, s_z)$, mit den Komponenten $(\Omega_x, \Omega_y, \Omega_z)$ des Rotationsvektors und den Dehnungen $(\varepsilon_{xx}, \varepsilon_{xy}, \varepsilon_{yy})$ im mikroskopischen Beobachtungsfeld gelten für A_B folgende Komponentenzerlegungen:

$$A_{Bx} = -\frac{s_x}{M'_{\Delta L'}} \left[1 + \frac{\Delta L}{L_Q} (1 - l_{Qx}^2) \right] + \frac{s_y}{M'_{\Delta L'}} \frac{\Delta L}{L_Q} l_{Qx} \, l_{Qy} - \frac{s_z}{M'_{\Delta L'}} \left(\frac{M'_{\Delta L'} \, q_x}{L_0} - \frac{\Delta L}{L_Q} l_{Qx} \, l_{Qz} \right) +$$

$$+ \frac{\Delta L}{M'_{\Delta L'}} \{ \varepsilon_{xx} \, l_{Qx} + \varepsilon_{xy} \, l_{Qy} - \Omega_y (1 + l_{Qz}) + \Omega_z \, l_{Qy} \} \qquad (\text{D } 2.8\text{-}13),$$

$$A_{By} = \frac{s_x}{M'_{\Delta L'}} \frac{\Delta L}{L_Q} l_{Qx} \, l_{Qy} - \frac{s_y}{M'_{\Delta L'}} \left[1 + \frac{\Delta L}{L_Q} (1 - l_{Qy}^2) \right] - \frac{s_z}{M'_{\Delta L'}} \left(\frac{M'_{\Delta L'} \, q_y}{L_0} - \frac{\Delta L}{L_Q} l_{Qy} \, l_{Qz} \right) +$$

$$+ \frac{\Delta L}{M'_{\Delta L'}} \{ \varepsilon_{xy} \, l_{Qx} + \varepsilon_{yy} \, l_{Qy} + \Omega_x (1 + l_{Qz}) - \Omega_z \, l_{Qx} \} \qquad (\text{D } 2.8\text{-}14).$$

Aus den allgemeinen Formeln ist zu entnehmen, daß in der defokussierten Ebene die Speckle-Verschiebung nicht nur von der lateralen Verschiebung, sondern auch noch von Rotation und den Dehnungen, also den differentiellen Versetzensänderungen, abhängt. In der Praxis interessiert besonders der Fall der fokussierten Abbildung von E_0 auf E_B, d. h., $\Delta L = 0$. Dann folgt für Vektor A:

$$A_B = -M \left(s_T + \frac{s_z}{L'_0} q \right) \qquad (\text{D } 2.8\text{-}15).$$

Diese Formel läßt nun eine wichtige Aussage zu: Die Speckle-Verschiebung nahe der optischen Achse ist proportional der lateralen Verschiebung s_T und wird außerdem durch ein Störglied proportional zu s_z bestimmt; das Störglied reduziert sich proportional zu s_z und ist um so kleiner, je größer L'_0 ist. Der für die Praxis interessante Spezialfall $s_z = 0$ ist in Bild D 2.8-4 skizziert.

Die Intensitätsfunktion für die Beobachtung von A wird außerhalb der Abbildungsebenen proportional s_z dekorreliert.

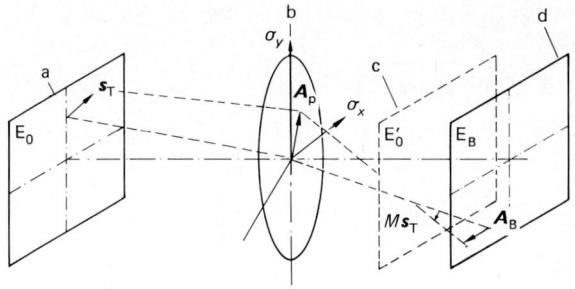

Bild D 2.8-4. Speckle-Verschiebung in Apertur- und Beobachtungsebene.
a Objektebene, b Apertur, c Abbildungsebene, d Beobachtungsebene

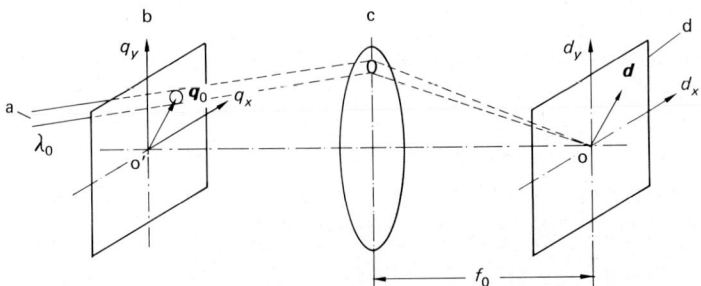

Bild D 2.8-5. Koordinatensystem zur Beobachtung von Youngschen Interferenzstreifen.
a Laser, b Specklegramm, c Linse, d Beobachtungsebene

D 2.8.3.2.3 Youngsche Interferenzstreifen

Zur Bestimmung der Speckle-Verschiebung wird mit Hilfe der Intensitätsfunktionen I_1 und I_2 – vor und nach der Versetzung – ein doppelt belichtetes sog. Specklegramm in der Ebene E_B aufgenommen. Das optische Ausleseprinzip ist in Bild D 2.8-5 schematisch dargestellt.

Das Specklegramm wird mit einem Laserstrahl der Wellenlänge λ_0 durchstrahlt. In der Fokalebene der Abbildungslinse (Brennweite f_0) entstehen durch Fraunhofer-Beugung Youngsche Interferenzstreifen mit dem Abstand d, gemessen senkrecht zur Streifenrichtung.

Die Transmissionsfunktion bei Durchstrahlung des Specklegramms (Doppelbelichtung) kann mit

$$T_{12}(q) = T_0 - \eta \left[I_1(q, \Delta L') + I_2(q + \bar{q}, \Delta L') \right] \tag{D 2.8-16}$$

angegeben werden, wobei T_0 und η einen konstanten Untergrund und die Schwärzung darstellen.

Die komplexe Amplitude des Auslesestrahles (q_0 Zentrum des Auslesestrahles) nach Durchtritt durch die Linse sei

$$U_B(q - q_0) \tag{D 2.8-17}.$$

Die Intensitätsverteilung in der Beobachtungsebene ist dann

$$I_F(d) = \left| \int u_B(q - q_0) \, T_1(q) \exp\left(-2\pi i \frac{q \, d}{\lambda_0 f_0} \right) d^2 q \right|^2 \tag{D 2.8-18}.$$

379

Um die Intensitätsfunktion des Youngschen Interferenzbildes zu bekommen, muß über den Beobachtungsquerschnitt gemittelt werden

$$J_y(\boldsymbol{d}) = \langle I_F(\boldsymbol{d}) \rangle \tag{D 2.8-19}.$$

Eine längere Rechnung (s. [D 2.8-58]) liefert schließlich die Intensitätsverteilung der Young-Streifen:

$$J_y(\boldsymbol{d}) = (I_0 - 2\,\eta\,\langle I \rangle)^2 \left| \int u_B(\boldsymbol{q}) \exp\left(-\mathrm{i}\,2\,\pi\,\frac{\boldsymbol{q}\,\boldsymbol{d}}{\lambda_0 f_0} \right) \mathrm{d}^2 q \right|^2$$

$$+ 2\,\eta^2 \int |u_B(\boldsymbol{q})|^2 \,\mathrm{d}^2 q \;\tilde{C}\left(\frac{\boldsymbol{d}}{\lambda_0 f_0} \right) \left[1 + \gamma \cos\left(2\,\pi\,\frac{\boldsymbol{d}\,A}{\lambda_0 f_0} \right) \right] \tag{D 2.8-20}.$$

Der zweite Term beschreibt die Intensitätsmodulation der Youngschen Interferenzstreifen. Aus den Nullstellen der cos-Funktion ergibt sich für den maximalen Abstand zweier Streifen mit der Bedingung

$$\frac{\boldsymbol{d}\,A}{\lambda_0 f_0} = 1 \tag{D 2.8-21}$$

mit $A = -M\,s_T$ die für die Praxis (keine Defokussierung, keine Rotation und Objektverkippung) wichtige Faustformel der In-plane-Objektverformung:

$$s_T = \frac{\lambda_0 f_0}{|\boldsymbol{d}|\,M} \tag{D 2.8-22}.$$

Darin bedeutet:

λ_0 Wellenlänge des verwendeten Lasers,
f_0 Brennweite des Abbildungsobjekts,
M Abbildungsmaßstab $= \dfrac{\text{Bildgröße}}{\text{Objektgröße}}$,
$|\boldsymbol{d}|$ Betrag des Verschiebungsvektors in der Specklegrammebene.

D 2.8.3.2.4 Verschiebungsmessung

Im allgemeinen Teil dieses Abschnitts soll die punktweise Auswertung von Specklegrammen erläutert werden. Besondere Auswertetechniken werden im Zusammenhang mit der Verfahrensbeschreibung erwähnt.

Bild D 2.8-6 zeigt das Prinzip der Auswertung von Youngschen Interferenzstreifenbildern und alle Bezeichnungen.

Man durchstrahlt das Specklegramm mit einem Laserstrahl kleinen Bündelquerschnitts. Dabei entsteht durch Beugung am gezeichneten Interferenzmuster je Auswertepunkt ein sog. Beugungshalo auf dem Beobachtungsschirm in Entfernung L vom Specklegramm. Die Youngschen Interferenzstreifen haben den Abstand d und den Orientierungswinkel Φ, der ausgehend von der Vertikalen gemessen wird. Damit ist eine Komponentenzerlegung $u = |\boldsymbol{s}| \sin\Phi$ und $v = |\boldsymbol{s}| \cos\Phi$ möglich. Der Verschiebungsvektor $\boldsymbol{s}$ ist immer senkrecht zu den Streifen orientiert.

Der Betrag des Verformungsvektors s_T ist

$$|\boldsymbol{s}_T| = \frac{\lambda\,L}{d\,M} \tag{D 2.8-23}.$$

Eine typische Aufnahme solcher Interferenzstreifen zeigt das nächste Bild D 2.8-7.

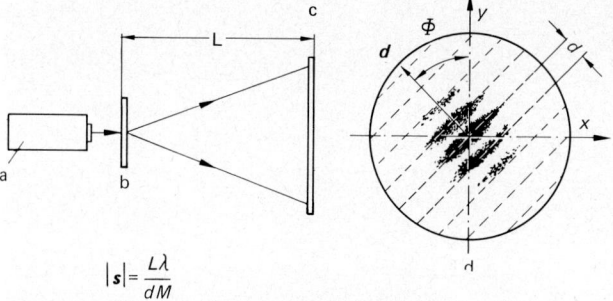

$$|s| = \frac{L\lambda}{dM}$$

Bild D 2.8-6. Auswertung eines Specklegramms und Bezeichnungen.
a Laser, b Specklegramm, c Beobachtungsebene, d Beugungshalo auf dem Schirm

Bild D 2.8-7. Youngsche Streifen als Ergebnis relativ großer Deformationen.

D 2.8.3.2.5 Specklegrammauswertung

Für die Verarbeitung der verschlüsselten Daten einer größeren Fläche müssen Specklegramme Punkt für Punkt ausgewertet werden. Bei einer 1:1-Abbildung des Prüflings auf einer herkömmlichen Photoplatte von 4 inch × 5 inch (10,2 cm × 12,7 cm) ist i. a. ein Meßpunktabstand von 1 mm realistisch. Bisher bekannte halbautomatisch arbeitende Auswerteverfahren [D 2.8-59 bis 65] benötigen rd. 10 bis 30 s für eine Einzelmessung. Für das oben genannte Beispiel – mit rd. 12 000 Meßpunkten – würde sich eine Gesamtauswertezeit von 33 bis 100 Stunden ergeben. Man sieht leicht, daß unrealistisch lange Zeiten entstehen. Diese nachteilige Situation wurde durch die Arbeiten [D 2.8-66] und [D 2.8-67] über ein vollautomatisch arbeitendes Verfahren mit rd. 100fach kürzerer Auswertezeit verbessert; die Auswertezeit je Meßpunkt beträgt weniger als 1/4 Sekunde. In diesem Zeitrahmen sind sowohl die Abtastzeit als auch die Umrechnungszeiten der Verformungswerte in Dehnungs- oder Spannungswerte enthalten. Moderne digitale Bildanalysesysteme können in Echtzeit Videobilder digitalisieren und abspeichern, um danach

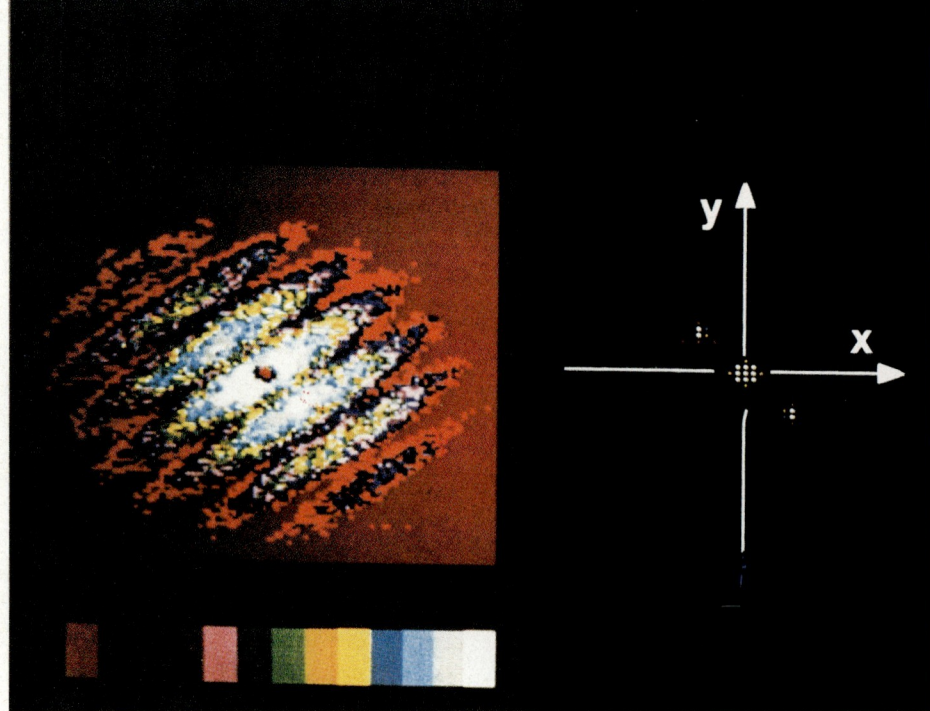

Bild D 2.8-8. Wiedergabe eines Beugungshalos mit Youngschen Interferenzstreifen (links). Auf der rechten Bildhälfte ist die rechnerisch ermittelte zweidimensionale Fourier-Transformation des Streifenmusters abgebildet. Der radiale Abstand zum Nullpunkt ist proportional zum Linienabstand der Youngschen Streifen im linken Teilbild.

diese Daten mit Hilfe schneller Rechner aufzubereiten und auszuwerten. Hieraus erwächst die Forderung an Specklegrammauswertesysteme, daß der gesamte Bildinhalt der Analyse unterzogen werden sollte.

Schrifttumrecherchen über digitale Bildanalysen mit Hilfe von Rechnern [D 2.8-68; 69] haben gezeigt, daß mit der zweidimensionalen Fourier-Transformationsfunktion (2D-FFT) sowohl der Abstand als auch die Richtung der Youngschen Interferenzstreifen ermittelt werden kann. Voruntersuchungen haben gezeigt, daß dies auch bei schlechtem Kontrast möglich ist. Bild D 2.8-8 zeigt auf der rechten Bildhälfte das Ergebnis einer ersten 2D-FFT, durchgeführt mit dem auf der linken Bildhälfte gezeigten Speckle-Bild. Da das Specklegramm links mit streifenförmigen und gleichabständigen Intensitätsminima durchzogen ist, führt eine rechnerische FFT-Analyse dieses Bildes wieder zurück in den Ortsbereich (x; y-Koordinatensystem). Der eingeprägte Streifenabstand im linken Teilbild ergibt im rechten Bild in Richtung senkrecht zu den Streifen im Abstand der Intensitätsminima eine Bildpunkthäufung. Der radiale Abstand vom Koordinatennullpunkt zum Schwerpunkt des Punkthaufens ist direkt dem Abstand der Streifen im Teilbild links proportional.

D 2.8.3.2.6 Darstellung von Dehnungen und Spannungen

Die in einem Specklegramm gespeicherten Deformationsdaten können wahlweise an einzelnen Meßpunkten oder im Block für ein größeres Meßfeld von n Auswertepunkten ermittelt werden, wobei als Ergebnis in beiden Fällen die Koordinaten der angesteuerten Punkte auf dem Specklegramm sowie die Verschiebevektoren $\boldsymbol{d}$ in Betrag und Richtung ϕ vorliegen.

Nach der Komponentenzerlegung lassen sich Matrizen für Verformungskomponenten in x- und y-Richtung aufstellen:

$$u_{(ij)} = u_{(mn)} \tag{D 2.8-24},$$

$$v_{(ij)} = v_{(mn)} \tag{D 2.8-25}.$$

Mit ihrer Hilfe ergeben sich dann folgende Matrixelemente für die Dehnung ε in den Schrittweiten Δx und Δy:

Aus

$$\varepsilon_{xx} = \frac{\partial u}{\partial x} \tag{D 2.8-26}$$

folgt für die x-Richtung

$$\varepsilon_{xx_{11}} = \frac{u_{11} - u_{12}}{\Delta x} \quad \text{bis} \quad \varepsilon_{xx_{i(j-1)}} = \frac{u_{i(j-1)} - u_{ij}}{\Delta x} \tag{D 2.8-27}.$$

Aus

$$\varepsilon_{yy} = \frac{\partial v}{\partial y} \tag{D 2.8-28}$$

folgt für die y-Richtung

$$\varepsilon_{yy_{11}} = \frac{v_{11} - v_{21}}{\Delta y} \quad \text{bis} \quad \varepsilon_{yy_{(i-1)j}} = \frac{v_{(i-1)j} - v_{ij}}{\Delta y} \tag{D 2.8-29}.$$

Für das gemischte Glied der Dehnung gilt der folgende allgemeingültige Zusammenhang:

$$\varepsilon_{xy} = \frac{1}{2}\left(\frac{\partial v}{\partial x} \pm \frac{\partial u}{\partial y}\right) \tag{D 2.8-30}.$$

Um für ein Datenfeld mit i Zeilen und j Spalten diese Dehnungen ermitteln zu können, ist in den unter Gl. (D 2.8-26) und Gl. (D 2.8-28) aufgestellten Bestimmungsgleichungen nur ein Vertauschen der Divisoren, d. h. der x- bzw. y-Inkremente, vorzunehmen. Es gilt folgende Festlegung:

$$\varepsilon_{xx}^{\Delta y} = \frac{\partial u}{\partial y} \tag{D 2.8-31},$$

$$\varepsilon_{yy}^{\Delta x} = \frac{\partial v}{\partial y} \tag{D 2.8-32}.$$

Hieraus läßt sich dann für die Dehnung ε_{xy} die folgende Matrix aufstellen:

$$\varepsilon_{xy_{11}} = \tfrac{1}{2}(\varepsilon_{yy_{11}}^{\Delta x} \pm \varepsilon_{xx}^{\Delta y}) \quad \text{bis} \quad \varepsilon_{xy_{(i-1)(j-1)}} = \tfrac{1}{2}(\varepsilon_{yy_{(i-1)(j-1)}}^{\Delta x} \pm \varepsilon_{xx_{(i-1)(j-1)}}^{\Delta y}) \tag{D 2.8-33}.$$

Für den zweiachsigen Spannungszustand bestehen zwischen der Dehnung ε und der Spannung σ die folgenden Beziehungen:

$$\sigma_{xx} = \frac{E}{(1+\mu)(1-2\mu)}[(1-\mu)\,\varepsilon_{xx} + \mu\,\varepsilon_{yy}] \tag{D 2.8-34},$$

$$\sigma_{yy} = \frac{E}{(1+\mu)(1-2\mu)}[(1-\mu)\,\varepsilon_{yy} + \mu\,\varepsilon_{xx}] \tag{D 2.8-35},$$

$$\sigma_{xy} = \frac{E}{1+\mu}\,\varepsilon_{xy} \tag{D 2.8-36},$$

wobei E der Elastizitätsmodul und μ die Querkontraktionszahl sind. Mit den vorher ermittelten Dehnungswerten lassen sich nun unter Anwendung der letzten drei Gleichungen die Spannungsmatrizen für die x-Richtung σ_{xx}, für die y-Richtung σ_{yy} und für das gemischte Glied σ_{xy} aufstellen.

Die so ermittelten Dehnungs- und Spannungswerte können als Linien gleicher Dehnung bzw. Spannung auf einem Graphikterminal in Form von differenzierten Klasseneinteilungen zwischen unterem und oberem Grenzwert dargestellt werden (Anwendungsbeispiele siehe Abschn. D 2.8.6).

D 2.8.4 Speckle-Aufnahmeverfahren

Im folgenden sollen vier Verfahren zur Aufnahme und Analyse von In-plane-Verformungen aufgeführt werden.

D 2.8.4.1 Zweistrahlverfahren (Speckle-Interferometrie)

Das Verfahren von *J. A. Leendertz* [D 2.8-15] für In-plane-Verformungsmessung, das unabhängig von normal zur Oberfläche auftretenden Verformungen ist, beruht auf der Grundanordnung eines Michelson-Interferometers. Bild D 2.8-9 zeigt das Prinzip.

Jeder kohärente Beleuchtungsstrahl erzeugt seine eigene Speckle-Struktur in der Abbildungsebene des Specklegramms, wobei die Einstrahlwinkel Θ_1 auf beiden Seiten zur Normalen gleich groß gewählt werden. Das rückgestreute Licht wird auf Photoplatte oder Film photographiert. Die Meßanordnung ist unempfindlich gegen Oberflächenversetzungen in Normalenrichtung z und in y-Richtung, wenn die Beleuchtungsstrahlen wie hier in der $x;z$-Ebene justiert sind.

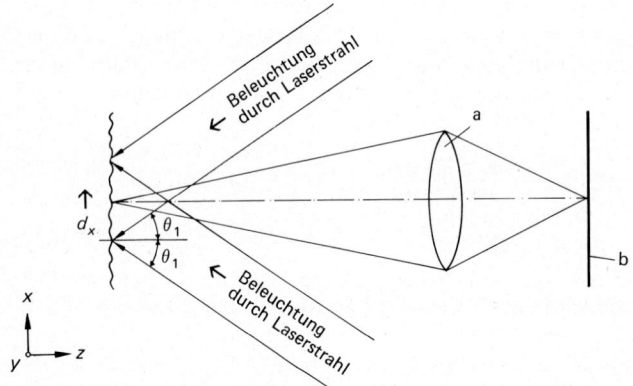

Bild D 2.8-9. Doppelt beleuchtendes Speckle-Interferometer zur Messung der In-plane-Verformung.
a Linse großer Apertur,
b Photoplatte

Wenn dagegen ein Oberflächenelement ein kleines Stück d_{1x} in x-Richtung versetzt wird, vergrößert sich für den einen Strahl der geometrische Weg, während der andere um den gleichen Betrag abnimmt, so daß die Wegdifferenz doppelt so groß ist. Eine Korrelation zwischen beiden Specklemustern vorher und nachher entsteht auf Grund der Interferenzbedingung:

$$2\,d_{1x}\sin\Theta_1 = n_1\,\lambda \tag{D 2.8-37},$$

wobei n_1 die Ordnung der auftretenden Interferenzstreifen ist. Der Abstand von Streifen zu Streifen entspricht der inkrementalen Verschiebung um den Betrag $\lambda/L\sin\Theta_1$, so daß die Empfindlichkeit der Interferometeranordnung durch Änderung des Beleuchtungswinkels variiert werden kann. Für 45° Einfallswinkel ist die Genauigkeit 0,36 µm, wenn mit $\lambda = 514$ nm gerechnet wird.

Diese Methode zählt zur Speckle-Interferometrie und ist genauer beschrieben in dem hier zitierten Schrifttum: [D 2.8-10], [D 2.8-14 bis 17], [D 2.8-20; 21; 22], [D 2.8-35; 36], [D 2.8-38], [D 2.8-70 bis 78].

D 2.8.4.2 Einstrahlverfahren (Speckle-Photographie)

Diese Methode verwendet nur einen Beleuchtungsstrahl; sie wurde von *E. Archbold* [D 2.8-71] und [D 2.8-79] beschrieben und später von *D. E. Duffy* [D 2.8-34] weiterentwickelt. Das Prinzip ist in Bild D 2.8-10 dargestellt, wobei die Oberfläche des Untersuchungsobjekts durch einen divergenten Laserstrahl unter irgendeinem Winkel Θ beleuchtet und mit dem Kameraobjekt abgebildet wird.

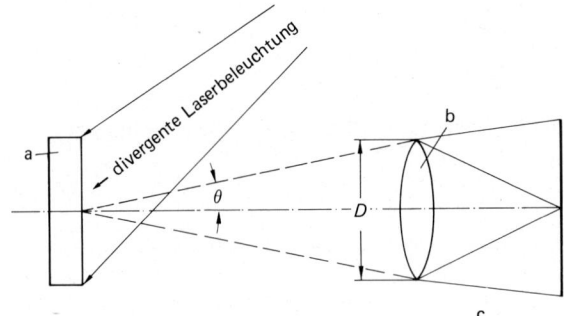

Bild D 2.8-10. Schematische Darstellung des Einstrahlverfahrens zur Ermittlung von In-plane-Verformungen.
a Objekt, b Apertur, c Kamera

Bei Doppelbelichtung und Deformation des Objektfeldes zwischen beiden Einzelbelichtungen werden Streifensysteme bei In-plane-Verschiebungen infolge des auftretenden Moiréeffekts sichtbar. Dabei kann man davon ausgehen, daß die Gesamtapertur der Linse aus einer Vielzahl von kleinen Doppelaperturen besteht mit unterschiedlichen Orientierungen und unterschiedlicher Entfernung vom Zentrum der Aperturöffnung, also praktisch mit Abständen von null bis $D/2$.

Jeder Bildpunkt erhält so zwei Lichtanteile von jeder Mikroapertur. Da die Probenoberfläche mit kohärentem Licht beleuchtet wird, werden im Bildfeld an jeweils einem Objektpunkt die beiden durch die Doppelapertur fallenden Lichtstrahlen interferieren und ein Streifensystem senkrecht zur Verbindungslinie zwischen beiden Teilaperturen erzeugen. Diese mikroskopischen Streifenbilder wirken so wie direkt auf der Oberfläche eingeprägte natürliche Gitter. Durch Doppelbelichtung aufgenommene undeformierte und deformierte Speckle-Bilder bewirken bei gleichzeitiger Wiedergabe einen durch Überlagerung entstehenden Moiréeffekt. Aus der Interferenzphysik ist die Formel bekannt, die hier für die Verschiebungskomponente in vertikaler Richtung anzusetzen ist:

$$d_{2x} = \frac{\lambda\, n_2}{2 \sin \Theta_2} \qquad (D\,2.8\text{-}38).$$

Einzelheiten zu diesem Verfahren sind dem Schrifttum zu entnehmen: [D 2.8-10], [D 2.8-13], [D 2.8-32], [D 2.8-34], [D 2.8-40; 41], [D 2.8-43], [D 2.8-73], [D 2.8-76; 77].

385

D 2.8.4.3 Doppel- und Multiaperturverfahren (Speckle-Photographie nach *Duffy*)

Eine alternative Methode zur Bestimmung des In-plane-Verschiebungsvektors durch
Beobachtung mit einer großen Apertur des Kameraobjektivs ist zunächst die Doppelaperturmethode von *D. E. Duffy* [D 2.8-33], die dann später von *F. P. Chiang* [D 2.8-43]
auf vier symmetrisch angeordnete Öffnungen auf einer größeren Apertur erweitert wurde,
so daß die Linien gleicher Versetzung in den Komponenten d_x und d_y beobachtet werden
können. Das Prinzip der Doppelaperturmethode zeigt Bild D 2.8-11.

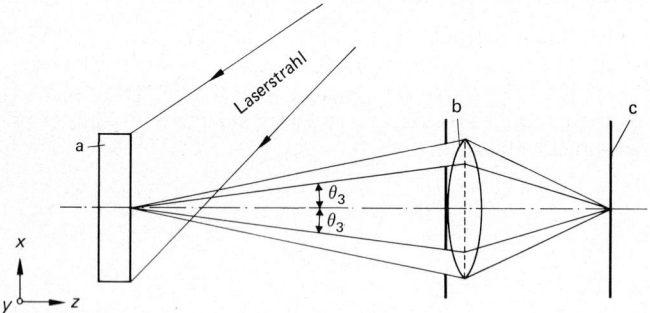

Bild D 2.8-11. Doppelapertur-Speckle-Interferometer für In-plane-Verschiebungsmessungen
[D 2.8-33].
a Objekt, b Doppelapertur, c Photoplatte

Anstatt die Oberfläche nacheinander aus zwei verschiedenen Richtungen zu beleuchten,
wird gleichzeitig in zwei Richtungen durch geeignet angebrachte Blenden beobachtet,
indem z. B. auf der Linsenöffnung zwei kreisrunde kleine gegenüberliegende Öffnungen
angebracht werden. In der Bildebene interferieren die übereinander liegenden Speckle-
Bilder der Probenoberfläche. Die Methode ist für Verschiebungen der Oberfläche in *z*-
oder in *y*-Richtung empfindlich. Die Gleichung für den Abstand der entstehenden Gitterstruktur ist

$$d_{3x} = \frac{\lambda\, n_3}{2 \sin \Theta_3} \tag{D 2.8-39}.$$

Weitere Informationen zu dieser Methode ist dem Schrifttum zu entnehmen: [D 2.8-10],
[D 2.8-29], [D 2.8-31 bis 34], [D 2.8-43], [D 2.8-77; 78].

D 2.8.4.4 Speckle-Shearing-Verfahren (Interferometrie)

Die sog. Speckle-Shearing-Methode gestattet, die Änderungen der Verschiebungen direkt
zu messen. Während die bisher aufgeführten Methoden die In-plane-Verschiebungen
meßbar machen, interessieren den Praktiker die Dehnungen in *x*-, *y*- und (*xy*)-Scher-
richtung. Die Definitionen lauten:

$$\varepsilon_x = \frac{\partial u}{\partial x}; \qquad \varepsilon_y = \frac{\partial v}{\partial y}; \qquad \varepsilon_{xy} = \frac{1}{2}\left(\frac{\partial u}{\partial y} + \frac{\partial v}{\partial x}\right) \tag{D 2.8-40}.$$

Die Methoden zur direkten Registrierung der ersten Ableitung der Verschiebungsfunk-
tion sind im Schrifttum vielfach beschrieben, wobei jeweils vom Verfahren her leichte
Unterschiede existieren. Hier soll das Prinzip erwähnt werden, wie es von *Hung* und
Mitautoren beschrieben wurde [D 2.8-19], [D 2.8-27; 28], [D 2.8-31].
Das Prinzip ist in Bild D 2.8-12 dargestellt.

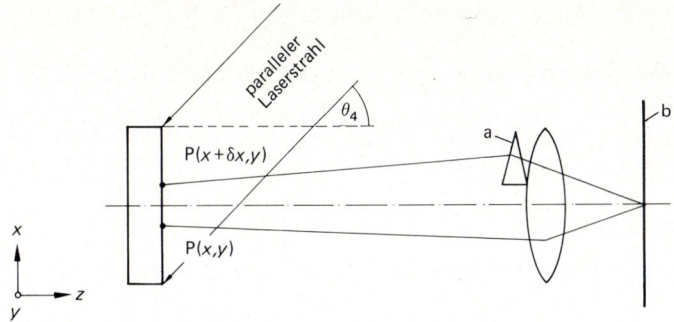

Bild D 2.8-12. Prinzip der Messung von Dehnungen mit Hilfe eines Shearing-Interferometers. a Shearing-Prisma, b Photoplatte

Gegenüber den bisher beschriebenen Aufnahmeverfahren ist vor einem Teil der Linsen-apertur ein brechendes strahlversetzendes Glasprisma eingesetzt. Dadurch werden in der Bildebene die rückgestreuten Strahlen nicht von einem einzigen Punkt P(x, y) überlagert, sondern die Überlagerung findet mit dem Speckle-Bild eines z. B. in x-Richtung um δx benachbarten Punktes P$(x + \delta x, y)$ statt.

Mit dem Prisma kann die Verschiebungsrichtung, hier dargestellt in x-Richtung, vorge-wählt werden. Bei Deformation des Objekts entsteht eine optische Phasenverschiebung beider Strahlen, die mit Δ ausgedrückt wird und mathematisch gegeben ist durch das Phasenglied

$$\Delta = \frac{2\pi}{\lambda} \left[(1 + \cos \Theta_4) \left[w(x + \delta x, y) - w(x, y) \right] + \right.$$
$$\left. + \sin \Theta_4 \left[u(x + \delta x, y) - u(x, y) \right] \right] \qquad \text{(D 2.8-41)},$$

wobei u und w die Verschiebekomponenten in x- und z-Richtung bedeuten. Für kleine Scherversetzungen δx kann die relative Verschiebung durch die Differentialquotienten ausgedrückt werden:

$$\Delta = \frac{2\pi}{\lambda} \left[(1 + \cos \Theta_4) \frac{\partial w}{\partial x} + \sin \Theta_4 \left(\frac{\partial u}{\partial} \right) \right] \delta x \qquad \text{(D 2.8-42)}.$$

Für die Ermittlung der Phasenverschiebung in y-Richtung wurden die Ableitungen auf y bezogen. Experimentell läßt sich dies z. B. durch eine 90°-Drehung des Kameraobjek-tivs erreichen.

Bei Doppelbelichtungsaufnahmen mit ausgeführter Verformung werden Streifensysteme entsprechend der Phasendifferenz Δ erzeugt. Moiréstreifen werden sichtbar, wenn Δ ungerade Vielfache von π annimmt:

$$\Delta = N \pi \quad \text{mit} \quad N = 1, 3, 5, 7 \ldots \qquad \text{(D 2.8-43)}.$$

Die grundlegende Gleichung zeigt auch, daß $\partial w / \partial x$ nur bei Wahl von $\Theta_4 = 0$ bestimmt werden kann, so daß es normalerweise mit einer Beleuchtungsrichtung nicht möglich ist, $\partial u / \partial x$ zu isolieren. Werden zwei Beleuchtungswinkel $\Theta_{4,1}$ *und* $\Theta_{4,2}$ gewählt, kann $\partial u / \partial x$ nach folgender Formel Punkt für Punkt von $\partial w / \partial x$ separiert werden. Nach [D 2.8-8, S. 63] gilt folgender Zusammenhang:

$$\frac{\partial u}{\partial x} = \frac{\lambda}{2\,\delta x} \left[\frac{N_1 (1 + \cos \Theta_{4,2}) - N_2 (1 + \cos \Theta_{4,1})}{\sin \Theta_{4,1} (1 + \cos \Theta_{4,2}) - \sin \Theta_{4,2} (1 + \cos \Theta_{4,1})} \right] \qquad \text{(D 2.8-44)},$$

wobei N_1 und N_2 den Streifenordnungen entsprechen, die den beiden Beleuchtungsrichtungen zugeordnet sind.

Ergebnisse und weitere Einzelheiten können dem zitierten Schrifttum [D 2.8-27; 28], [D 2.8-31] entnommen werden.

Die Methode ist experimentell recht aufwendig; begrenzt auf kleinere Objekte kann sie jedoch im Einzelfall interessante Details sichtbar machen.

D 2.8.4.5 Elektronische Verfahren

Hier ist besonders die sog. elektronische Speckle Pattern Interferometrie (ESPI) zu erwähnen.

Bei der ESPI wird das mit Laserlicht beleuchtete Objekt mit einem Objektiv mit variabler Apertur auf die Sensorfläche einer Kamera abgebildet. Für die Größe der dabei entstehenden Speckle-Körner gilt dann die bereits abgeleitete Beziehung (D 2.8-1), wobei die Blendenzahl f/D so groß zu wählen ist, daß der Speckle-Durchmesser 2ϱ von der Kamera aufgelöst werden kann.

Wird nun dem Bild auf der Kamera eine senkrecht auftreffende Referenzwelle überlagert, so kann das entstehende Interferenzbild von der Kamera aufgelöst werden; kontrastreiche Speckles, die für den momentanen Zustand des Meßobjektes charakteristisch sind, werden sichtbar.

Seien $A_s = a_s\,e^{i\varphi_s}$ und $A_{ref} = a_{ref}\,e^{i\varphi_{ref}}$ die Amplituden der Objekt- und Referenzwelle, so gilt für die Intensität in einem Punkt (x, y) der Sensorfläche

$$I = |A_s + A_{ref}|^2 = a_s^2 + a_{ref}^2 + 2\,a_s\,a_{ref}\cos\varphi = I_s + I_{ref} + 2\,(I_s\,I_{ref})^{1/2}\cos\varphi \qquad (\text{D 2.8-45}),$$

wobei φ die Phasendifferenz zwischen beiden Wellen ist und I_s bzw. I_{ref} die Intensitäten des Objekt- bzw. Referenzstrahles bezeichnen.

Verschiebt man das Objekt aus seiner Ruhelage um Vielfache von $\lambda/2$ senkrecht zur Beobachtungsrichtung, so ändert sich der optische Weg für den Objektstrahl um $n\,\lambda$. Wegen der longitudinalen Ausdehnung der Speckle-Körner erhält man für diesen Fall genau dasselbe Speckle-Bild wie im Ruhezustand, d. h., die Speckle-Muster vor und nach der Auslenkung sind korreliert.

Wird das Meßobjekt um $(2\,n + 1)\,\lambda/4$ in der optischen Achse verschoben, so ergibt sich auf Grund der Phasenänderung um $(2\,n + 1)\,\lambda/2$ ein völlig neues Speckle-Bild: Die Intensitätsverteilung der Speckles im Bild der Ruhelage ist zu der des verschobenen Objekts vollständig dekorreliert. Für alle Zwischenstufen der Auslenkung erhält man beim Vergleich der Speckle-Felder einen unterschiedlichen Korrelationsgrad.

In Bild D 2.8-13 ist der Aufbau eines ESPI-Systems schematisch wiedergegeben.

Der Lichtstrahl eines Lasers wird durch einen Strahlteiler in zwei Teilstrahlen, den Objekt- und den Referenzstrahl, aufgeteilt. Der Objektstrahl wird in einer Strahlaufweitung aufgeweitet und beleuchtet das Meßobjekt, das mit einem Objektiv mit variabler Apertur direkt auf die Sensorfläche der Kamera (Newvicon) abgebildet wird. Das Bild ist mit einem Speckle-Muster überzogen.

Der Referenzstrahl durchläuft zunächst eine Kombination aus zwei Polfiltern, die zur Abschwächung der Intensität dient. Es wird ebenfalls aufgeweitet und über einen halbdurchlässigen Spiegel senkrecht auf die Kamerasensorfläche geführt. Bei der Überlagerung mit der Objektwelle entsteht ein resultierendes neues Speckle-Muster.

Da das menschliche Auge verhältnismäßig unempfindlich gegenüber Kontrastschwankungen ist, dagegen aber auf Helligkeitsunterschiede viel sensibler reagiert, wandelt i. a.

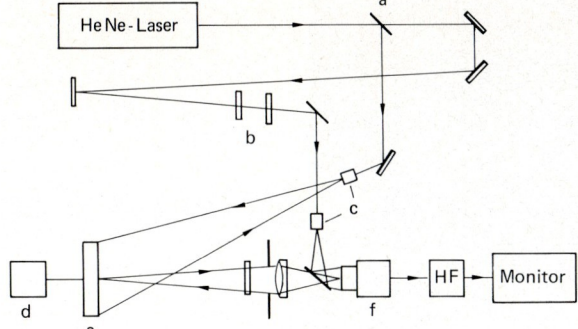

Bild D 2.8-13. Schematischer Aufbau eines ESPI-Systems.
a Strahlteiler, b Polarisationsfilter, c Modenblende, d Schwingungserreger, e Objekt, f Videokamera

eine Hochpaßfilterung (HF) die Information „Kontrast" in „Helligkeit" um, bevor das Bild auf dem Monitor ausgegeben wird. Dic durch Kontrastschwankungen verursachten Intensitätsänderungen sind von einem hohen Gleichanteil überlagert, der auf den sog. Selbstinterferenzterm zurückzuführen ist. Durch die nachfolgende Hochpaßfilterung wird dieser Gleichanteil eliminiert, so daß auch geringe Intensitätsänderungen sichtbar sind. Diese Technik wird für die Beobachtung von Schwingungsvorgängen bevorzugt eingesetzt.

D 2.8.5 Meßeinrichtungen und ihre Handhabung

Die Speckle-Verfahren zeichnen sich gegenüber anderen Methoden zur Verformungs- und Dehnungsmessung durch einen verhältnismäßig großen Versuchsaufwand aus. Man benötigt zur Aufnahme eine präzis arbeitende Plattenkamera mit unterschiedlichen Objektiven und einen leistungsstarken kontinuierlich oder im Pulsbetrieb arbeitenden Gas- bzw. Festkörperlaser (i. a. einen Argon-Ionen-Laser) mit einigen laseroptischen Komponenten wie Linsen, Spiegel und Modenblenden mit feinoptischer Verstellung. Weiterhin müssen Laboreinrichtungen zur naßchemischen Entwicklung von Specklegrammaufnahmen zur Verfügung stehen. Für die Auswertung sind ein mechanisch-optischer Aufbau mit $x; y$-Verschiebetisch, leistungsschwächerem He-Ne-Laser zur Erzeugung der Young-schen Interferenzbilder und eine Videomeßkamera erforderlich, alles zusammen angeordnet auf einer stabilen optischen Bank mit mehreren kleinen optischen Bauteilen wie Mattscheibe, Graufilter, Interferenzfilter, Spiegel. Mit einem besonderen Rechnersystem müssen Bildanalysen schnell und hochgenau ausgewertet werden. Hierzu folgt eine detaillierte Beschreibung.

D 2.8.5.1 Speckle-Aufnahmeanordnung

Das Bild D 2.8-14 zeigt einen typischen Aufbau für Speckle-Photographie mit einem montierten Versuchsteil links (1) und den dazu notwendigen stabilen Befestigungen (3) auf einem Spanntisch (2). Rechts im Bild ist die Plattenkamera (6) zu sehen. Für vergleichende Festigkeitsuntersuchungen ist immer eine praxisgerechte Halterung (3) des Versuchsteiles (5) mit der Simulation der Krafteinleitung (4) notwendig. Als Versuchsteil ist hier ein Karosserieausschnitt montiert.

D 2.8.5.2 Mechanisch-optischer Aufbau zur Specklegrammauswertung

Bild D 2.8-15 zeigt schematisch den Aufbau des mechanisch-optischen Teiles zur Ausmessung von Specklegrammen. Das Specklegramm befindet sich in einem speziellen Platten-

Bild D 2.8-14. Versuchsanordnung zur Deformationsmessung am Karosserieausschnitt B-Säule/ Dachlängsträger. Der Karosserieausschnitt ist hier kopfüber eingespannt.
1 Versuchsteil, 2 Spanntisch, 3 Befestigungen, 4 Krafteinleitung, 5 Versuchsteil, 6 Plattenkamera

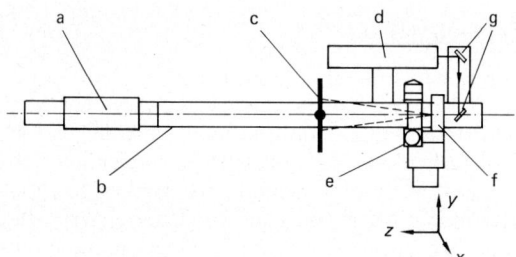

Bild D 2.8-15. Mechanisch-optische Anordnung zur Specklegrammauswertung.
a Videomeßkamera, b optische Bank, c Mattscheibe, d Leselaser, e Mikrometerverstellung, f x, y-Verschiebetisch, g Umlenkspiegel

halter, der an einem x; y-Verschiebetischsystem befestigt ist. Als Leselaser dient ein 5mW-He-Ne-Laser, der auf einer Mattscheibe im Abstand L vom Specklegramm das Beugungsbild mit den Youngschen Interferenzstreifen erzeugt. Der Beugungshalo wird dann von einer Videomeßkamera aufgenommen. Im Schrifttum sind verschiedene Techniken zur Specklegrammauswertung beschrieben, die sowohl Photodiodenzeilen als auch Videokameras einsetzen [D 2.9-59 bis 68].

D 2.8.5.3 Rechnersystem

Das Rechnersystem besteht i. a. aus mehreren Komponenten. Das nächste Bild D 2.8-16 zeigt das Blockschaltbild, wie es in [D 2.8-66] beschrieben wurde.

Für die Eingabe der Funktion ist ein Graphikterminal, für die Ausgabe der Daten ein Drucker vorgesehen. Die auszuwertenden Bilder werden am Farbmonitor (RGB = rot/grün/blau) aus dem Bildspeicher nach Wunsch schwarz/weiß oder in Falschfarben wiedergegeben.

In der unteren Zeile wird als Zentralprozessor (CPU) der Minirechner LSI 11/2 der Firma Digital Equipment Corporation (DEC) verwendet. Er ist der sog. Host-Rechner des Gesamtsystems, der außer der Koordination auch noch Detailaufgaben im Programmablauf übernimmt.

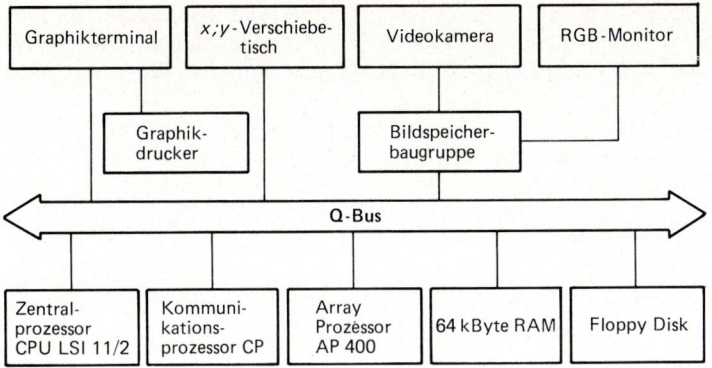

Bild D 2.8-16. Blockschaltbild des Specklegrammrechnersystems.

Der Kommunikationsprozessor CP hat im wesentlichen für einen schnellen Datentransfer und für die Bildvorverarbeitung zwischen Bild- und Hauptspeicher zu sorgen. Als Hauptspeicher des Systems dient ein 64K-Byte-RAM (Random Excess Memory), während ein Floppy-Disk-System als Massenspeicher eingesetzt ist. Der Array-Prozessor ist das eigentliche Kernstück des Gesamtsystems. Er besteht aus dem Analogic-Prozessor AP 400 als Rechner, einem 4K-Wort-RAM als zusätzlichen Speicher und einem Univerter zur Ankopplung des Array-Prozessors an den Q-Bus des Host-Rechners.

Mit dem Array-Prozessor wird die sehr schnelle arbeitsintensive Fourier-Transformation der Daten des Subarrays (64×64 Bildpunkte mit 16 Graustufen) des mit 256×256 Punkten gespeicherten Bildes mit hoher Rechnergeschwindigkeit von 100 ms durchgeführt. Das Bild wird also mit hoher Auflösung gespeichert. Für die Rechnung verwendet man wegen der zeitlichen Anforderung nur eine Untermenge. Erreicht wird diese hohe Leistungsfähigkeit durch den Einsatz eines besonderen arithmetischen Hardware-Elementes im Array-Prozessor.

Die Bildspeichergruppe besteht im wesentlichen aus dem sog. Frame-Grabber zur schnellen Analog-Digital-Wandlung des Videosignals, aus dem digitalen Bildspeicher mit einer Kapazität von 256×256 Bildpunkten und 4 bit Auflösung, d. h. $2^4 = 16$ Graustufen, und dem Color-Verstärker zur schnellen Digital-Analog-Wandlung.

Das Gesamtsystem bedient man über ein Datensichtgerät. Das Interferenzstreifenbild, das Spektrum der Fourier-Transformation und die errechneten Dehnungen und Spannungen werden auf einem Farbmonitor bzw. Graphikdisplay dargestellt.

D 2.8.5.4 Experimentelle Hilfsmittel

Gute experimentelle Erfahrungen konnte der Verfasser mit Argonionenlasern verschiedener Leistungsklassen von 1 bis 20 W sammeln, wobei die Objektgröße den Leistungsaufwand bestimmt. Bei Dehnungsmessungen unter realistischen Bedingungen, wie z. B. an Zugkraftmaschinen, eignen sich kleinere Festkörperlaser, die durch kurze Belichtungszeiten von rd. 50 ns ausreichend kontrastreiche Speckle-Bilder liefern. Die Aufnahmen können mit herkömmlichen Plattenkameras mit anpaßbaren Objektiven bis Blende 32 angefertigt werden. Gelegentlich sind Interferenzfilter für Arbeiten bei Raumlicht zu verwenden. Als Aufnahmematerial haben sich Agfa Scientia Photoplatten Typ 10 E 56 für Argonlaser bzw. Photoplatten des Typs 10 E 75 für Rubinlaser bewährt. Für die Strahlführung sind andere optische Komponenten wie Spiegel, Linsen und Prismen erforderlich. Auf einen kalibrierten Belichtungsmesser kann ebenfalls nicht verzichtet werden.

Komplette Auswerteapparaturen gibt es z. Z. nicht kommerziell. Sie werden i. a. aus x; y-Verschiebetisch mit Plattenhalter, aus Video- oder CCD-Meßkamera, aus 5 mW-Helium-Neon-Laser und diversen Spiegeln auf einer stabilen optischen Bank nach Bild D 2.8-15 zusammengestellt.

Für die automatische Auswertung der Youngschen Interferenzstreifen muß ein größeres Bildanalysesystem mit geeigneter Auswertesoftware zur Verfügung stehen.

D 2.8.6 Anwendungsbeispiele

Im zusammenfassenden Schrifttum [D 2.8-7; 8] sind zahllose Beispiele veröffentlicht, jedoch gibt es einen augenfälligen Mangel an technischen Beispielen aus der Praxis. Der Verfasser wählte daher drei Beispiele aus den Entwicklungslabors der Automobilindustrie aus.

An zwei LKW-Vorderachskörpern mit unterschiedlichen inneren Versteifungsmaßnahmen galt es, für verschiedene Belastungzustände das Deformationsverhalten zu vergleichen. Für die Untersuchung müssen alle Randbedingungen wie Radlast und Motorstützlast simuliert werden – denn in praxi trägt der Vorderachsträger einen Teil des Motorgewichtes. Dies geschah mit einem sehr massiven Versuchsaufbau auf einer Spannplatte, wobei z. B. mit Kettenzügen die tatsächlichen Belastungen simuliert und Kontrollmessungen mit mechanischen und elektrischen Kraftmeßdosen durchgeführt werden. Die erste Aufnahme erfolgte dann bei 5000 N Radlast und 940 N Motorlast an den Stützlagern. Das Versuchsobjekt „Vorderachsträger" hat eine Breite von 780 mm. Dieses Gesichtsfeld wurde jeweils in drei Kamerapositionen aufgenommen und das Bild später für die Gesamtauswertung zusammengesetzt.

Das Bild D 2.8-17 zeigt das Ergebnis für den Vorderachskörper (oben) und den auf Grund der Speckle-Messungen innen versteiften und verbesserten Vorderachskörper.

Der visuelle Vergleich der Vektorfelder zeigt deutlich die reduzierte Länge der Vektorpfeile im unteren Teilbild, besonders in der Mitte, wo auch in praxi die größten Deformationen auftreten. Die Auswertung der Specklegramme lieferte 50 bis 60% niedrigere Werte. An beiden äußeren Bereichen, dort wo der Querlenker und das Motorstützlager sich befinden, ist der Unterschied nicht so groß; er beträgt nur rd. 30%.

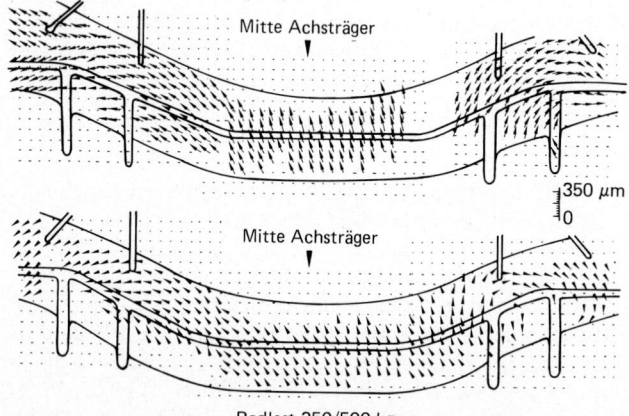

Bild D 2.8-17. Deformationsanalyse am Vorderachskörper vor (oben) und nach der Versteifung (unten) als Ergebnis der Speckle-Photographie. (Werkbild Volkswagen AG)

Interessant ist auch die Richtungsumkehr der Vektoren zwischen Mitte und Randbereich des Vorderachskörpers. Dies ist weitgehend konstruktiv bedingt, so daß sich die Drehpunkte, um die sich die Vektoren beim versteiften Körper mehr von den Enden weg zu bewegen scheinen, von außen nach innen verlagern.

Der so geänderte Vorderachskörper hat alle Beanspruchungstests bestanden, insbesondere das Überfahren einer Schwelle von 180 mm Länge und 100 mm Höhe mit 50 km/h, bei dem es vorher zu bleibenden Verformungen kam. Die auftretenden Beschleunigungsspitzen in der Mitte des Vorderachskörpers konnten am verbesserten Versuchsträger von 15 g auf 10 g bei der verbesserten Ausführung gesenkt werden.

Das zweite Beispiel zeigt Speckle-Meßergebnisse eines Karosserieteiles. Dort, wo die sog. B-Säule (die im Holm hinter dem Türausschnitt) mit dem Dachlängsträger verbunden ist, sollten vergleichende Festigkeitsuntersuchungen durchgeführt werden. Bild D 2.8-18 zeigt die Vektorverformungsfelder in der Problemzone vor (Bild D 2.8-18 a) und nach der Verbesserung durch ein zusätzliches Versteifungsblech im Inneren des B-Säulen- und Dachlängsträgerprofils (Bild D 2.8-18 b).

In den Vektordiagrammen (Bild D 2.8-18 a) ist zunächst die Kontur des Türeckausschnittes mit B-Holm (rechts) und Dachholm (oben) zu erkennen. In Verlängerung der oberen

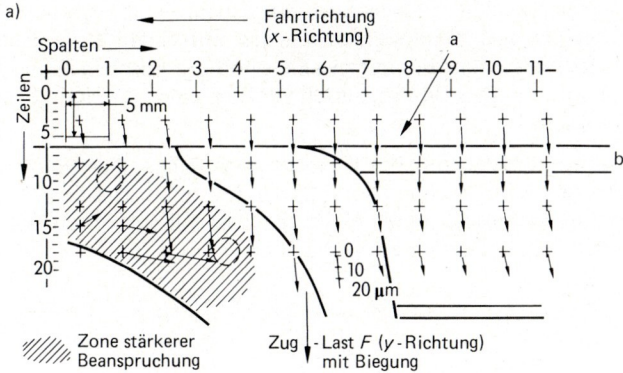

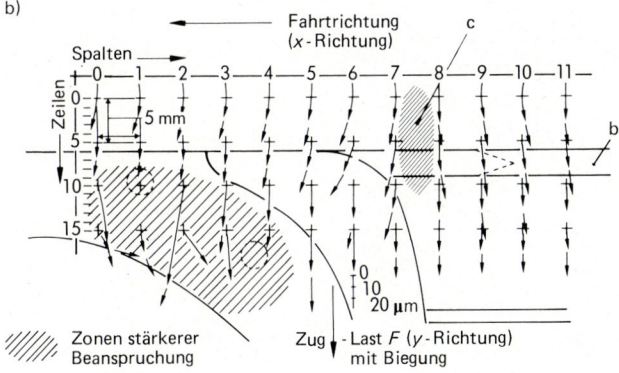

Bild D 2.8-18. Karosserieausschnitt B-Säule/Dachlängsträgerprofil. Verformungsvektorfelder mit zwei kritischen schraffiert gezeichneten Bereichen vor (a) und nach der Versteifung im Innern (b). (Werkbild Volkswagen AG)

Türöffnung horizontal nach rechts ist eine Sicke eingeprägt. Hier traten im praktischen Betrieb Risse auf. Das Verformungsvektorfeld zeigt im feinschraffierten Gebiet eine auffallende Richtungsumkehr der Verschiebevektoren. Das zweite, weiter links liegende schraffierte Gebiet befindet sich im Bereich von zwei Punktschweißungen, die durch zwei gestrichelte Kreise angedeutet sind. Hier sind von Punkt zu Punkt sowohl die Beträge der Verschiebevektoren als auch die Richtungen sehr verschieden.

Vergleicht man an beiden Bauteilen die nur für einige Punkte ermittelten Oberflächenspannungen oberhalb der Sicke im Dachlängsträger, z. B. zwischen den Auswertespalten 5 bis 8 und den Zeilen 3 bis 6, so ergeben sich nach Zerlegung des Verschiebevektors $s(x, y)$ in die Komponenten $u = |s| \sin \Phi$ und $v = |s| \cos \Phi$ in der Belastungsrichtung y etwa gleich große Spannungswerte von $v = 800 \, \text{N/mm}^2$. Dagegen ergaben sich in x-Richtung (Fahrtrichtung) im Bild D 2.8-18 a 550 N/mm², im Bild D 2.8-18 b nur noch 50 N/mm², also um den Faktor 11 niedrigere Werte. Die Risse traten daher nach der Änderung auch im realen Betrieb nicht mehr auf.

Als weiteres Beispiel soll die statische Deformationsuntersuchung an einer Pleuelstange angeführt werden [D 2.8-80]. Hierbei ging es darum festzustellen, ob bei bestimmten Zuglasten das Pleuellager auseinanderklafft, was letztlich im tatsächlichen Motorbetrieb zum Reißen des Schmierfilms zwischen Lagerschale und Kurbelwellenzapfen führen würde. Die Untersuchungen wurden an einer Pleuelstange, eingespannt in eine Zugkraftmaschine, durchgeführt; die Specklegrammaufnahmen wurden mit einem Rubinlaser beleuchtet. Bild D 2.8-19 zeigt die Darstellung des mit speckle-photographischen Aufnahmen vermessenen Verformungsvektors. Das Bild vermittelt zugleich einen anschaulichen Eindruck von dem Versuchsobjekt.

Deutlich erkennbar ist die homogene Bewegung des Kurbelwellenzapfens über den ganzen Querschnitt hinweg. Rechts und links, auch in der Nähe der Trennlinie zwischen dem oberen Stangenteil und der unteren angeschraubten Halbschale, ist auf den ersten Blick ebenfalls ein homogenes gleichartiges Verhalten zu beobachten.

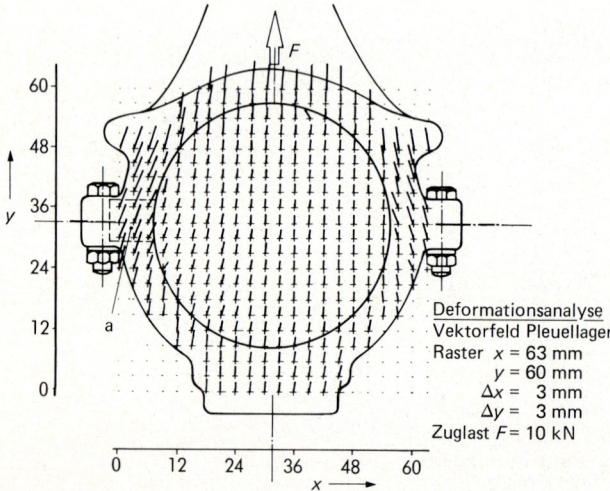

Bild D 2.8-19. Verformungsvektorfeld am großen Pleuelauge. Der markierte Ausschnitt links wird auf der Basis der gleichen Aufnahme mit höherer örtlicher Auflösung vermessen, s. Bild D 2.8-20. (Werkbild Volkswagen AG)

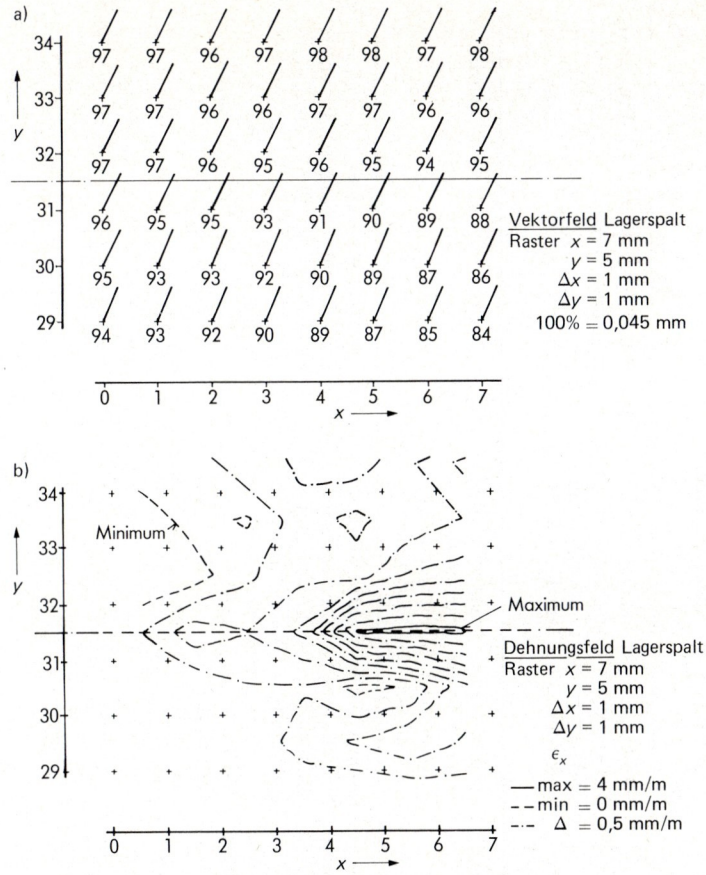

Bild D 2.8-20. Vektorfeld (oberes Teilbild a) und Dehnungsfeld (unteres Teilbild b) um die Lagerspaltzone des großen Pleuelauges herum. (Werkbild Volkswagen AG)

Dieser Eindruck bleibt auch noch erhalten, wenn das Gebiet der Trennfuge links (gestricheltes Viereck) mit größerer Meßpunktdichte von 6 × 8 Punkten aufgenommen wird. In diesem Bereich ist ein geringes Auseinanderklaffen, eine Spaltbildung, zu erwarten.

Das nächste Bild D 2.8-20 zeigt das Vektorfeld um den Lagerspalt und das ermittelte Dehnungsfeld um die Lagerspaltzone.

An die Vektorpfeile (Bild D 2.8-20 a) sind die gemessenen Beträge in %, bezogen auf einen Vektor der Länge 100% (entsprechend 45 µm Verschiebung), unmittelbar außerhalb dieses Meßfeldes geschrieben. Größter Wert ist 98% oben rechts, kleinster Wert 84% unten rechts. Aus dem Vektorfeld geht eine Klaffung am Spalt noch nicht eindeutig hervor; dies vermittelt erst die Analyse des Dehnungsfeldes in Bild D 2.8-20 b, in dem die Linien gleicher Dehnung in Schritten von 0,5 mm/m zwischen dem Minimum (0 mm/m neutrale Faser) und dem Maximum 4 mm/m gezeichnet sind.

Die ausgezogene Linie maximaler Dehnung (4 mm/m) liegt exakt parallel zu der Trennlinie auf beiden Bauteilen, wodurch die nicht kraftschlüssige Bewegung nachgewiesen ist. Das Minimum der Dehnung (gestrichelte Linie) befindet sich im Bildfeld oben links.

Tabelle D 2.8-1 Vergleich einiger Speckle-Auswerteverfahren.

Kenngröße / Verfahren	Scanner a) / Betätigung b)	Optoelektronische Einheit	Rechner	Auswertealgorithmus für Verschiebevektoren: Betrag s	Winkel Φ	Auswertezeit für s und Φ	Genauigkeit für s	Φ	Automatische Nachverarbeitung
MBS III [D 2.8-61]	a) xy-Tisch b) manuell über Keyboard	Videokamera	Mikroprozessor	Maxima-Abstände im Intensitätsprofil	mittels Cursor visuell definiert/Auswertegerade	~15 s	<1%	1°	möglich, nicht realisiert
Electro-optical Read-out System [D 2.8-62]	a) xy-Tisch b) manuell über Potentiometer	Photodiodenzeile (mit Zylinderlinse)	nein	1D-FFT, Abstand der Peaks im Spektrum	manuelles Ausrichten des Linienspektrums zur Fotozeile	36 s	0,2% (bei 50 µm)	0,5°	Ermittlung von s und φ auf externem Rechner
Hybrid Optical and Electronic Image Processing [D 2.8-63]	a) xy-Tisch b) automatisch durch Rechner	Videokamera	PDP 11/03	Maxima-Abstände in der Autokorrelationsfunktion	manuelles Ausrichten der Streifen zu den Videozeilen	~15 s	<1%	$\leqq 0{,}5°$	realisiert
Automated Data Reduction Device [D 2.8-64]	a) xy-Tisch b) automatisch durch Rechner	linearer Linien-Photodetektor	Mikroprozessor	Minima-Abstände des gesamten Intensitätsprofils	automatisches Ausrichten der Streifen zum Liniendetektor	6 s	1,1% (für 5 + 50 µm)	keine Angabe	möglich, aber nicht realisiert
Schnelle automatische Bildanalyse von Specklegrammen [D 2.8-66]	a) xy-Tisch b) automatisch durch Rechner	Videokamera	LSI 11/2	2D-FFT, Abstand der Peaks im 2D-Spektrum	2D-FFT, Lage der Peaks im 2D-Spektrum	0,3 s	0,5%	0,5°	realisiert

D 2.8.7 Zusammenfassende Beurteilung

In der experimentellen Spannungsanalyse ist mit der Speckle-Photographie ein neues Laserverfahren entwickelt worden, mit dem Materialverformungen direkt am Objekt ohne Oberflächenbehandlung gemessen werden können. Besonders vorteilhaft ist bei diesem Verfahren die Möglichkeit, Oberflächenverformungen von wenigen Mikrometern bis Millimetern berührungslos abzufragen. Hinsichtlich der Handhabung und der Empfindlichkeit stellt die Speckle-Photographie daher auch gegenüber der Moirétechnik eine Erweiterung dar. Der praktische Einsatz und die Verbreitung dieser Methode ist bisher allerdings unbedeutend geblieben, weil der experimentelle Aufwand sehr groß ist und die anfallende Datenmenge oft nicht schnell genug verarbeitet werden kann. Um hier einen Fortschritt zu erzielen, wurden im Laufe der Zeit zahlreiche Auswertemethoden entwickelt. Für die in [D 2.8-61 bis 64] und [D 2.8-66] veröffentlichten Auswerteverfahren konnte mit entnommenen Zahlenangaben ihre Leistungsfähigkeit verglichen werden. Die Ergebnisse sind in Tabelle D 2.8-1 zusammengestellt.

D 2.9 Schattenoptisches Kaustikverfahren

J. F. Kalthoff

D 2.9.1 Formelzeichen

A, B	Materialkonstanten im Maxwell-Neumann-Gesetz
D	charakteristischer Längenparameter für Kaustikauswertung
E	Elastizitätsmodul
K	Spannungsintensitätsfaktor
P	Schneidenlast
R	Kreislochradius
a	Rißlänge
c	schattenoptische Konstante
d	Probendicke
d_{eff}	effektive Probendicke
f	numerischer Faktor für Kaustikauswertung, $D = f r_0$
n	Brechungsindex
p, q	zweiaxiale Spannungen in y, x-Richtung
r, φ	Polarkoordinaten in Objekt-(Proben-)Ebene
r', φ'	Polarkoordinaten in Bild-(Referenz-)Ebene
r_0	Radius des Urkreises
r_{pl}	Radius des plastisch verformten Gebiets um die Rißspitze
r_{es}	kleinster Radius um das Zentrum der Spannungskonzentration, außerhalb dessen ein ebener Spannungszustand herrscht
s	optischer Weg
t	Zeit
x, y	kartesisches Koordinatensystem in Objekt-(Proben-)Ebene
x', y'	kartesisches Koordinatensystem in Bild-(Referenz-)Ebene
z	Richtung der optischen Achse
z_0	Abstand zwischen der Objekt-(Proben-)Ebene und Bild-(Referenz-)Ebene
λ	Anisotropiekoeffizient
v	Querkontraktionszahl
σ	Normalspannung
τ	Scherspannung

D 2.9.2 Allgemeines

Das schattenoptische Kaustikenverfahren ist ein relativ neues Verfahren der experimentellen Spannungsanalyse. Es wurde ursprünglich von *P. Manogg* [D 2.9-1] im Jahre 1964 zur Messung der Spannungsintensität an Rißspitzen eingeführt. Der schattenoptische Effekt beruht auf der Ablenkung von Lichtstrahlen durch Spannungsgradienten. Das Verfahren ist deshalb zur Untersuchung von Spannungskonzentrationsproblemen besonders gut geeignet. Die erzeugten schattenoptischen Bilder sind i. a. von sehr einfacher geometrischer Gestalt und demzufolge auch leicht auswertbar. Wegen dieser Einfachheit bietet sich das Verfahren insbesondere auch zur Untersuchung komplizierter Vorgänge an, wie sie z. B. bei dynamischen Problemen auftreten. In diesem Abschnitt werden die physikalischen Prinzipien der Meßmethodik und der Weg zur Ableitung quantitativer Beziehungen skizziert, praktische Hinweise zur experimentellen Erzeugung schattenoptischer Figuren gegeben und die Anwendbarkeit des Verfahrens an typischen Beispielen aufgezeigt.

D 2.9.3 Physikalisches Prinzip

Spannungszustände beeinflussen die optischen Eigenschaften fester Körper. Zugspannungen führen auf Grund des Querkontraktionseffekts zu einer Reduzierung der Dicke des Körpers und auf Grund der Änderung der Dichte des Materials zu einer Reduzierung des optischen Brechungsindex. Bei Druckspannungen stellt sich entsprechend das umgekehrte Verhalten ein. Das schattenoptische Verfahren nutzt diese Eigenschaftsänderungen aus, um Spannungszustände in Körpern optisch sichtbar zu machen.

D 2.9.3.1 Modellbetrachtungen zur schattenoptischen Abbildung

Das Prinzip des schattenoptischen Verfahrens ist in Bild D 2.9-1 dargestellt. Betrachtet wird eine Platte, die im mittleren Bereich einer stetig zunehmenden Druckspannung unterworfen sei. Entsprechend nimmt die Dicke der Platte und der lokale Brechungsindex des Materials in diesem Bereich stetig zu. Beide Effekte wirken sich in gleicher Weise auf die Ablenkung von Lichtstrahlen aus und seien hier zur Veranschaulichung der Vorgänge in einer Art Ersatzprismenmodell zusammengefaßt. Die Platte werde von links mit einem parallel einfallenden Lichtbündel bestrahlt. Die spannungsfreien Bereiche der

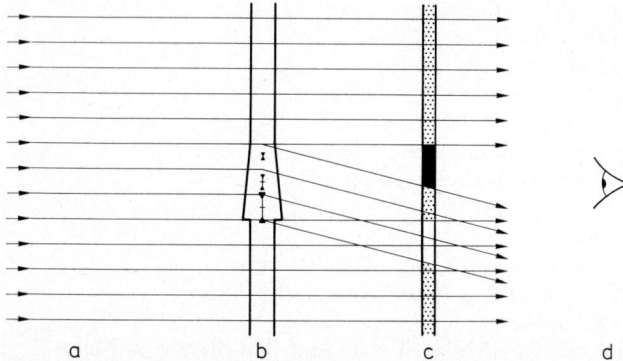

Bild D 2.9-1. Prinzip einer schattenoptischen Abbildung.
Der Mittelteil der Probe ist einer stetig zunehmenden Druckbeanspruchung ausgesetzt, Lichtstrahlablenkung entsprechend Ersatzprismenmodell.
a Lichteinfall, b Probe, c Bildebene, d Beobachtung

Platte werden von den Lichtstrahlen ohne Ablenkung passiert, im mittleren Bereich der Platte jedoch erfahren sie eine Ablenkung. Die Lichtverteilung in einer willkürlichen Ebene (Bild- oder Referenzebene) hinter der Probe ist dadurch nicht mehr gleichmäßig. Es ergeben sich Gebiete, die nicht von Licht getroffen werden (Dunkelheit) und Gebiete mit Lichtstrahlüberlagerungen (Aufhellung). Diese Lichtintensitätsverteilung stellt ein quantitatives Abbild der Spannungsverteilung in der Platte dar.

Es gibt verschiedene Möglichkeiten, schattenoptische Lichtverteilungen zu beobachten: in Transmission oder in Reflexion, in reeller oder in virtueller Abbildung. Die verschiedenen Beobachtungsmöglichkeiten, als Beobachtungsmethoden bezeichnet, werden in Bild D 2.9-2 an Hand zweier Beispiele in schematischen Darstellungen veranschaulicht. Betrachtet wird jeweils eine Platte mit stetig zunehmender und wieder abnehmender Druckspannungsverteilung (Bild D 2.9-2 a, b) bzw. einer entsprechenden Zugspannungsverteilung (Bild D 2.9-2 c, d). Die Proben werden wiederum von links mit einem parallelen Lichtbündel bestrahlt. Die Transmissionsanordnungen sind rechts (Bild D 2.9-2 b, d), die Reflexionsanordnungen links (Bild D 2.9-2 a, c) wiedergegeben.

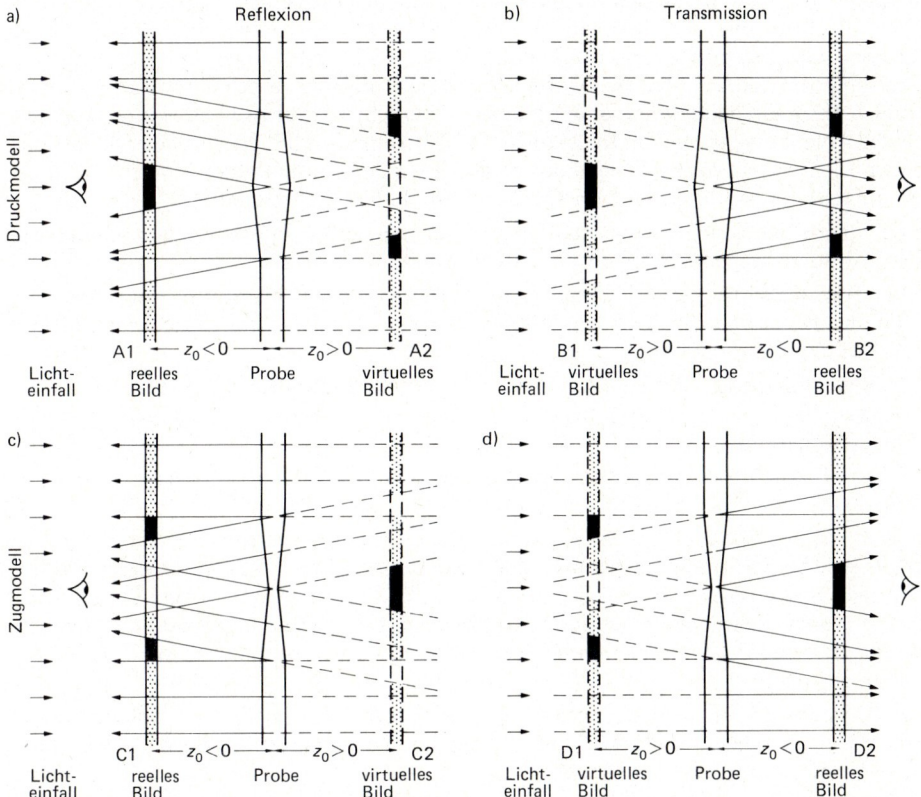

Bild D 2.9-2. Schattenoptische Lichtverteilungen (reelle und virtuelle Bilder) für unterschiedliche Belastungsfälle und Beobachtungsmoden (schematisch).
a) Druckmodell in Reflexionsanordnung.
b) Druckmodell in Transmissionsanordnung.
c) Zugmodell in Reflexionsanordnung.
d) Zugmodell in Transmissionsanordnung.

Die Lichtverteilungen B2 und D2 ergeben sich für den in Bild D 2.9-1 erläuterten einfachen Fall einer Transmissionsanordnung mit reellem Bild auf der rechten Seite hinter der Probe. Die Beobachtungsrichtung ist entgegengesetzt zur Beleuchtungsrichtung. Das Druckspannungsmodell führt auf Grund der zur Symmetrielinie hin erfolgenden Lichtablenkung zu einer bildmittigen Aufhellung und einem umgebenden Dunkelgebiet (B2), während das Zugspannungsmodell ein bildmittiges Dunkelgebiet mit einem umgebenden Helligkeitsfeld liefert (D2).

Nutzt man die Reflexion des Lichtes an der Frontseite der Probe aus, ergeben sich ebenfalls reelle Schattenbilder, die nunmehr auf der linken Seite der Probe erscheinen (Lichtverteilungen A1 und C1 in Bild D 2.9-2). Die Beobachtungsrichtung fällt nun mit der Beleuchtungsrichtung zusammen. Im Reflexionsfall führt das Druckspannungsmodell zu einem bildmittigen Dunkelgebiet (A1), während das Zugspannungsmodell eine Aufhellung in der Bildmitte liefert (C1). Die Aussagen über die Lichtintensitätsverteilungen kehren sich damit gegenüber denen für Transmissionsanordnung um.

Neben den reellen Schattenbildern, die auf einem Schirm direkt sichtbar gemacht werden können, ist es auch möglich, virtuelle Schattenbilder zu beobachten. Diese virtuellen Schattenbilder werden auf der jeweils anderen Seite der Probe beobachtet, d. h. links der Probe im Transmissionsfall (Lichtverteilungen B1 und D1) und rechts der Probe im Reflexionsfall (Lichtverteilungen A2 und C2). Die Lichtverteilungen im virtuellen Bildraum ergeben sich aus der rückwärtigen Verlängerung der abgelenkten reellen Lichtstrahlen. (Der Einfachheit halber wird dabei in den schematischen Skizzen angenommen, daß die Ablenkungswinkel im Reflexions- und Transmissionsfall gleich sind.) Die resultierenden Lichtverteilungen zeigen, daß sich die für reelle Schattenbilder gemachten Aussagen umkehren (Vertauschung von Dunkel- und Helligkeitsgebieten).

In der Praxis hat es sich als zweckmäßig erwiesen, bei der Interpretation von schattenoptischen Bildern folgende Merkregeln zu benutzen:

– In Transmission wirken Druck-(Zug-)Spannungskonzentrationen wie eine Art Sammel-(Zerstreuungs-)Linse und führen im reellen Schattenbild zu einer bildmittigen Aufhellung (Abdunkelung).

– In Reflexion wirken Druck-(Zug-)Spannungskonzentrationen wie eine Art Konkav-(Konvex-)Spiegel und führen im reellen Schattenbild zu einer bildmittigen Abdunkelung (Aufhellung).

– Bei der Betrachtung virtueller an Stelle reeller Schattenbilder kehren sich die Aussagen um.

Je nach Art der Beobachtung ist es also möglich, entweder verschiedene Schattenbilder für die gleiche Spannungsverteilung oder gleiche bzw. ähnliche Schattenbilder für verschiedene Spannungsverteilungen zu erhalten. Für die quantitative Auswertung ist es deshalb von wesentlicher Bedeutung, die Beobachtungsbedingungen exakt zu kennen. Für die mathematische Beschreibung der schattenoptischen Bilder wird folgende Vereinbarung getroffen:

– Referenzebenen, die in Beobachtungsrichtung vor (hinter) der Probe liegen und damit zu reellen (virtuellen) Bildern führen, werden durch einen negativen (positiven) Abstand z_0 von der Probe gekennzeichnet.

D 2.9.3.2 Kaustiken infolge von Spannungskonzentrationen

Die in den Beispielen diskutierten Modelle für Spannungskonzentrationsprobleme sind sehr vereinfacht. Die abgeleiteten Merkregeln können deshalb nur erste, pauschale Hinweise zur Interpretation schattenoptischer Bilder geben. In der Praxis sind die Span-

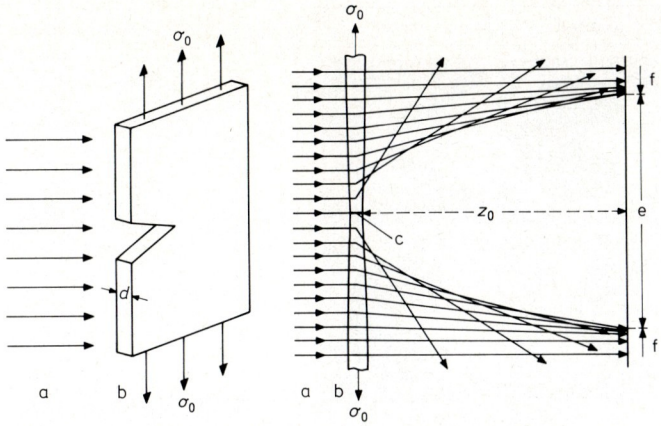

Bild D 2.9-3. Lichtstrahlablenkung für ein Spannungskonzentrationsproblem (schematisch).
Beobachtung einer reellen Schattenfigur in einer Transmissionsanordnung.
a einfallendes Licht, b Probe, c Kerbspitze, d Dicke der Probe, e Schattengebiet, f Lichtkonzentration

nungsverteilungen i. a. als kompliziertere Funktionen des Ortes gegeben. Insbesondere steigen die Spannungen bei Annäherung an den Spannungskonzentrationspunkt, z. B. die Spitze eines Kerbs, stärker als linear an. In Bild D 2.9-3 sind für das Beispiel einer Probe mit einem Kerb unter Zugbelastung die Lichtstrahlablenkungen realistischer dargestellt. Der Ablenkungswinkel der Lichtstrahlen wird um so größer, je stärker man sich der Kerbspitze nähert. Betrachtet man Lichtstrahlen, die die Probe in immer geringerer Entfernung zur Kerbspitze durchsetzen, so wandern die Auftreffpunkte dieser Lichtstrahlen in der Bildebene zunächst ebenfalls auf die Kerbspitze, bzw. besser das Bild der Kerbspitze, zu. Darauf kehrt sich die Tendenz jedoch um, und die Auftreffpunkte wandern wieder nach außen. Das Schattenbild zeigt deshalb ein scharf begrenztes Dunkelgebiet, das von einem Lichtkonzentrationsgebiet umgeben ist. Die Grenzlinie wird als Kaustikenkurve oder Kaustik (griechisch für Brennlinie) bezeichnet.

Derjenige Lichtstrahl, der direkt auf die Kaustikenkurve fällt, passiert das Objekt in einem Punkt, der als Urpunkt bezeichnet wird. Lichtstrahlen, die bezüglich dieses Urpunktes in größerer (geringerer) Entfernung von der Rißspitze die Objektebene passieren, werden weniger (stärker) abgelenkt als dieser spezielle Lichtstrahl. Die entsprechenden Bildpunkte liegen deshalb außerhalb der Kaustikenkurve. Der Ort aller Urpunkte in der Objektebene, die die komplette Kaustikenkurve in der Referenzebene bilden, wird als Urkurve bezeichnet. Im mathematischen Sinn ist die Abbildung der Urkurve auf die Kaustikenkurve nicht umkehrbar eindeutig.

Beispiele schattenoptischer Bilder sind in Bild D 2.9-4 für einen Kerb unter Druck- und Zugbeanspruchung (a), für eine Schneidenlast auf eine Halbebene (b) und für einen Riß unter Zugbeanspruchung (c) angegeben. Die Photos wurden unter verschiedenen Beobachtungsbedingungen an verschiedenen Materialien aufgenommen.

Die obigen Merkregeln finden sich an Hand dieser Beispiele bestätigt: Insbesondere ist das virtuelle Schattenbild des Druckkerbs mit dem reellen Schattenbild des Zugkerbs identisch. Das gleiche gilt für die reelle Druckkerbenkaustik und die virtuelle Zugkerbenkaustik (Bild D 2.9-4 a). In Transmission zeigt das reelle Schattenbild des Zugkerbs ein ausgeprägtes zentrales Dunkelgebiet, während die reellen Bilder des Druckkerbs sowie der Druckschneidenlast eine zentrale Aufhellung erkennen lassen (Bild

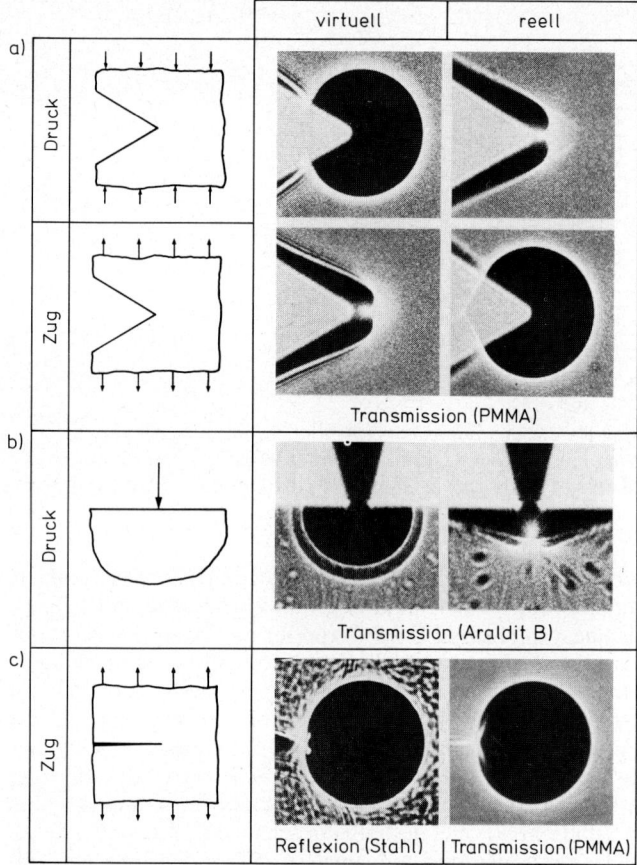

Bild D 2.9-4. Experimentell beobachtete Schattenfiguren für unterschiedliche Belastungsfälle (Zug-/Druckspannungskonzentrationen) und Beobachtungsmoden (reelle/virtuelle Bilder in Transmissions-/Reflexionsanordnungen).
a) Kerb.
b) Schneidenlast auf Halbebene.
c) Riß.

D 2.9-4 a und b, rechte Photos). Das umgekehrte Verhalten gilt für die virtuellen Bilder (Bild D 2.9-4 a und b, linke Photos). Die Form der reellen Rißspitzenkaustik in Transmission ist identisch mit der der virtuellen Rißspitzenkaustik in Reflexion (Bild D 2.9-4 c).

D 2.9.3.3 Quantitative Beschreibung

Um aus den Schattenfiguren die jeweilige sie erzeugende Beanspruchung bestimmen zu können, ist es erforderlich, die quantitative Beziehung zwischen beiden zu kennen.

In Bild D 2.9-5 wird die Abbildung der Objekt-(Proben-)Ebene E auf die schattenoptische Bild-(Referenz-)Ebene E' durch ein senkrecht zur Probenebene einfallendes, paralleles Lichtbündel a betrachtet. Die Darstellung gilt für eine transparente Probe mit Kerb und reeller Registrierung des Schattenbildes ($z_0 < 0$). Die Ausführungen gelten jedoch ganz allgemein für jedes Spannungskonzentrationsproblem bzw. für jeden Beobachtungs-

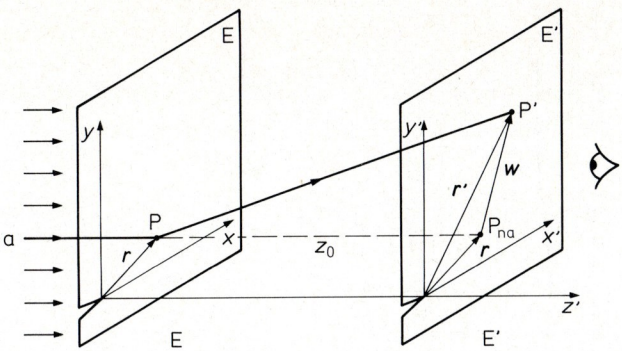

Bild D 2.9-5. Zur quantitativen Beschreibung der Lichtstrahlablenkung. Abbildung der Objektebene E auf Bildebene E′ durch ein paralleles Lichtbündel a; Betrachtung einer reellen Schattenfigur in Transmissionsanordnung.

modus, wenn die jeweiligen Vorzeichen entsprechend gewählt werden. Für die Objektebene werden ungestrichene (x, y und r, φ), für die Bildebene gestrichene Koordinatensysteme (x', y' und r', φ') gewählt. Zugspannungen werden als positiv definiert.

Ein Lichtstrahl, der die Objektebene E in einem Punkt P mit einem Abstand r vom Ursprung 0 (der Kerbspitze) durchsetzt, wird auf Grund des herrschenden Spannungszustands abgelenkt und trifft die Bildebene E′, um den Vektor w versetzt, in dem Punkt $P'(r')$, wobei

$$r' = r + w \qquad\qquad \text{(D 2.9-1).}$$

Richtung und Größe des Verschiebungsvektors w ergeben sich aus der Änderung des optischen Weges Δs, den der Lichtstrahl in der Objektebene erfährt. Es gilt (s. Lehrbücher der Optik, z. B. [D 2.9-2])

$$w = - z_0 \, \textbf{grad}\, \Delta s\,(r, \varphi) \qquad\qquad \text{(D 2.9-2),}$$

wobei $z_0 < 0$ für reelle Bilder bzw. $z_0 > 0$ für virtuelle Bilder gleichgültig ob Transmissions- oder Reflexionsanordnungen betrachtet werden.

Die optische Wegänderung Δs für eine planparallele Platte der Dicke d ergibt sich zu

$$\Delta s = (n - 1)\, \Delta d_{\text{eff}} + d_{\text{eff}}\, \Delta n \qquad\qquad \text{(D 2.9-3).}$$

wobei s = optischer Weg
d_{eff} = effektive Dicke der Probe
und n = Brechungsindex $\Big\}$ für transparente Proben
$d_{\text{eff}} = d$
oder $n = -1$ $\Big\}$ für nichttransparente Proben in Reflexion
$d_{\text{eff}} = d/2$
mit d = tatsächliche Dicke der Probe.

In Transmission trägt die Oberflächendeformation an beiden Seiten der Probe und die Brechungsindexänderung über die gesamte Dicke d der Probe zur optischen Wegänderung bei. In Reflexion dagegen bestimmt nur die Oberflächendeformation an der beleuchteten Frontseite der Probe die optische Wegänderung, Bild D 2.9-6. Damit ergibt sich der Reflexionsfall aus dem allgemeinen Transmissionsfall, indem formal für den Brechungsindex $n = -1$ gesetzt (Änderung der Lichtstrahlrichtung und $\Delta n = 0$) und eine effektive Probendicke $d_{\text{eff}} = d/2$ benutzt wird (Betrachtung der Oberflächendeformation nur einer Probenseite).

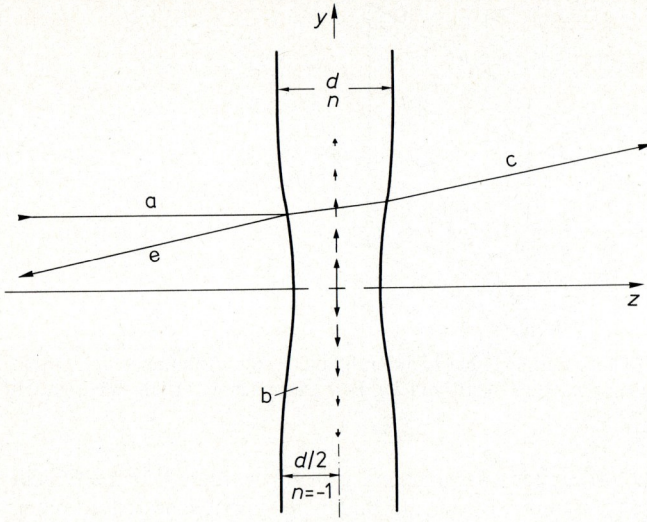

Bild D 2.9-6. Zur Ableitung der relevanten Parameter, die die Lichtstrahlablenkung in Transmissions- und Reflexionsanordnungen bestimmen.
a einfallender Lichtstrahl, b Probe, c durchgehender Lichtstrahl, d Probendicke, e reflektierter Lichtstrahl; d, n Transmissionsparameter; $d/2, n = -1$ Reflexionsparameter

Die Änderung des Brechungsindex Δn auf Grund der Belastung durch die drei Hauptspannungen σ_1, σ_2 und σ_3 wird beschrieben durch das Maxwell-Neumann-Gesetz, das für den allgemeinen Fall optisch doppelbrechender, transparenter Proben lautet (s. Lehrbücher der Optik, z. B. [D 2.9-2] u. Abschn. D 2.2.4.1):

$$\Delta n_1 = A\,\sigma_1 + B(\sigma_2 + \sigma_3)\,, \qquad \Delta n_2 = A\,\sigma_2 + B(\sigma_1 + \sigma_3) \qquad \text{(D 2.9-4)}.$$

A und B sind Materialkonstanten, wobei $A = B$ für optisch isotrope, nicht doppelbrechende Materialien und $A = B = 0$ für Reflexion gelten.

Die Dickenänderung Δd_{eff} der Probe auf Grund der herrschenden Belastung ergibt sich aus dem Hookeschen Gesetz

$$\Delta d_{\text{eff}} = \left[\frac{1}{E}\,\sigma_3 - \frac{v}{E}(\sigma_1 + \sigma_2) \right] d_{\text{eff}} \qquad \text{(D 2.9-5)},$$

mit $\qquad\qquad\qquad \sigma_3 = 0 \quad$ für den ebenen Spannungszustand

oder $\qquad\qquad\qquad \Delta d_{\text{eff}} = 0 \quad$ für den ebenen Dehnungszustand.

Mit den Gl. (D 2.9-4) und (D 2.9-5) folgt für die optische Wegdifferenz gemäß Gl. (D 2.9-3):
$$\Delta s_{1/2} = c\,d_{\text{eff}}\left[(\sigma_1 + \sigma_2) \pm \lambda(\sigma_1 - \sigma_2) \right] \qquad \text{(D 2.9-6)}$$
mit

$$c = \frac{A+B}{2} - (n-1)\,v/E\,, \qquad \lambda = \frac{A-B}{A+B-2(n-1)\,v/E} \qquad \begin{array}{l} \text{für den ebenen} \\ \text{Spannungszustand} \end{array}$$

bzw.

$$c = \frac{A+B}{2} + v\,B\,, \qquad\qquad \lambda = \frac{A-B}{A+B+2\,v\,B} \qquad \begin{array}{l} \text{für den ebenen} \\ \text{Dehnungszustand.} \end{array}$$

Tabelle D 2.9-1 Materialkonstanten für schattenoptische Auswertungen.

Material	Elastizitäts-konstanten		Allgemeine optische Konstanten			Schattenoptische Konstanten				Wirk-same Dicke
						für ebene Spannung		für ebene Dehnung		
	E MN/m²	ν	n	A m²/N	B m²/N	c m²/N	λ	c m²/N	λ	d_{eff}
TRANSMISSION:										
Optisch anisotrop:										
Araldit B	3 660*	0.392*	1.592	−0.056 ×10⁻¹⁰	−0.620×10⁻¹⁰	−0.970×10⁻¹⁰	−0.288	−0.580×10⁻¹⁰	−0.482	d
CR-39	2 580	0.443	1.504	−0.160 ×10⁻¹⁰	−0.520×10⁻¹⁰	−1.200×10⁻¹⁰	−0.148	−0.560×10⁻¹⁰	−0.317	d
Glasplatte	73 900	0.231	1.517	+0.0032×10⁻¹⁰	−0.025×10⁻¹⁰	−0.027×10⁻¹⁰	−0.519	−0.017×10⁻¹⁰	−0.849	d
Homalite 100	4 820*	0.310*	1.561	−0.444 ×10⁻¹⁰	−0.672×10⁻¹⁰	−0.920×10⁻¹⁰	−0.121	−0.767×10⁻¹⁰	−0.149	d
Optisch isotrop:										
PMMA	3 240	0.350	1.491	−0.530 ×10⁻¹⁰	−0.570×10⁻¹⁰	−1.080×10⁻¹⁰	~0	−0.750×10⁻¹⁰	~0	d
REFLEXION:										
Beliebiges Material	E	ν	−1	0	0	2ν/E	0	−	−	d/2

* dynamische Belastung

Zahlenwerte für die verwendeten Materialkonstanten, insbesondere für die schattenoptische Konstante c und den Anisotropiekoeffizienten λ sind in der Tabelle D 2.9-1 für verschiedene Materialien angegeben.

Die Gesamtheit aller abgelenkten Lichtstrahlen hüllt hinter der Objektebene einen Schattenraum ein. Die Oberfläche dieses Schattenraumes ist die Kaustikenfläche. Ihr Schnitt mit der Bildebene E' liefert die Kaustikenkurve. Diese Kaustikenkurve stellt eine mehrdeutige, singuläre Lösung der Abbildungsgleichungen dar, d. h., die Abbildung von Punkten längs der Kaustikenkurve ist nicht umkehrbar eindeutig. Eine notwendige und hinreichende Bedingung für die Existenz der Kaustikenkurve ist das Verschwinden der Determinante der Abbildungsgleichungen (D 2.9-1) und (D 2.9-2) (s. auch Lehrbücher der Mathematik, Abbildungstheorie)

$$\frac{\partial x'}{\partial r}\frac{\partial y'}{\partial \varphi} - \frac{\partial x'}{\partial \varphi}\frac{\partial y'}{\partial r} = 0 \qquad (D\ 2.9\text{-}7)$$

Die Koordinaten r, φ der Punkte, die Gl. (D 2.9-7) erfüllen, bilden die Urkurve in der Objektebene, deren Abbildung auf die Bildebene die Kaustikenkurve selbst darstellt.

D 2.9.3.4 Abbildungsgleichungen und Kaustiken für typische Beispiele

Die individuellen Abbildungsgleichungen für ein spezielles Spannungskonzentrationsproblem erhält man, indem in die allgemeine Gleichung für die optische Wegdifferenz, Gl. (D 2.9-6), die speziellen Formeln für die jeweilige Spannungsverteilung eingesetzt werden. Drei Spannungskonzentrationsprobleme sollen im folgenden im Vergleich behandelt werden, Bild D 2.9-7. Bild D 2.9-7a zeigt eine Schneidenlast P, die auf die Kante einer Halbplatte wirkt, Bild D 2.9-7b ein Kreisloch unter zweiachsiger Beanspruchung p, q und Bild D 2.9-7c einen Riß unter Zugbelastung mit einem Spannungsintensitätsfaktor K_1. (Zur Definition des Spannungsintensitätsfaktors K siehe Lehrbücher der Bruchmechanik, z. B. [D 2.9-3]). Die schattenoptischen Gleichungen für diese Fälle sind mit ihren Kennziffern in der Tabelle D 2.9-2 zusammengefaßt.

Die linear elastischen Spannungskonzentrationsfelder für die betrachteten drei Beispiele sind durch die Gl. (D 2.9-8) in Tabelle D 2.9-2 gegeben. Mit diesen Spannungsverteilungen und Gl. (D 2.9-6) für $\lambda = 0$ (der Einfachheit halber sei zunächst nur der isotrope Fall behandelt) ergeben sich als Abbildungsgleichungen gemäß Gl. (D 2.9-1, 2, 6) für die betrachteten drei Beispiele die Gl. (D 2.9-9). Die Anwendung der Jacobischen Determinan-

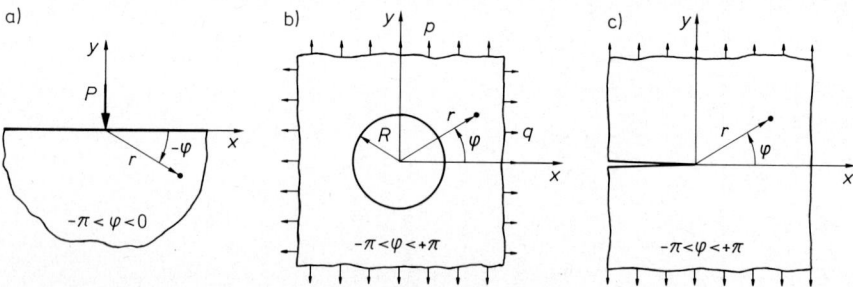

Bild D 2.9-7. Typische Spannungskonzentrationsprobleme.
a) Druckschneidenlast auf Halbebene.
b) Kreisloch unter zweiachsiger Beanspruchung p, q.
c) Riß unter Zug-(Modus-I-)Beanspruchung.

a) Schneidenlast	b) Kreisloch	c) Modus-I-Riß	Gleichung
Spannungen			(D 2.9-8)
$\sigma_r = \dfrac{2P}{\pi}\dfrac{\sin\varphi}{r}$	$\sigma_r = \dfrac{p+q}{2}\left(1-\dfrac{R^2}{r^2}\right) - \dfrac{p-q}{2}\left(1-4\dfrac{R^2}{r^2}+3\dfrac{R^4}{r^4}\right)\cos 2\varphi$	$\sigma_r = \dfrac{K_I}{\sqrt{2\pi r}}\,\tfrac{1}{4}(5\cos\tfrac{1}{2}\varphi - \cos\tfrac{3}{2}\varphi)$	
$\sigma_\varphi = 0$	$\sigma_\varphi = \dfrac{p+q}{2}\left(1+\dfrac{R^2}{r^2}\right) + \dfrac{p-q}{2}\left(1+3\dfrac{R^4}{r^4}\right)\cos 2\varphi$	$\sigma_\varphi = \dfrac{K_I}{\sqrt{2\pi r}}\,\tfrac{1}{4}(3\cos\tfrac{1}{2}\varphi + \cos\tfrac{3}{2}\varphi)$	
$\tau_{r\varphi} = 0$	$\tau_{r\varphi} = \dfrac{p-q}{2}\left(1+2\dfrac{R^2}{r^2}-3\dfrac{R^4}{r^4}\right)\sin 2\varphi$	$\tau_{r\varphi} = \dfrac{K_I}{\sqrt{2\pi r}}\,\tfrac{1}{4}(\sin\tfrac{1}{2}\varphi + \sin\tfrac{3}{2}\varphi)$	
Abbildungsgleichungen			(D 2.9-9)
$x' = r\cos\varphi + \dfrac{2P}{\pi}z_0\,c\,d_{eff}\,r^{-2}\sin 2\varphi$	$x' = r\cos\varphi + 4z_0\,c\,d_{eff}\,R^2(p-q)\,r^{-3}\cos 3\varphi$	$x' = r\cos\varphi + \dfrac{K_I}{\sqrt{2\pi}}z_0\,c\,d_{eff}\,r^{-3/2}\cos\tfrac{3}{2}\varphi$	
$y' = r\sin\varphi - \dfrac{2P}{\pi}z_0\,c\,d_{eff}\,r^{-2}\cos 2\varphi$	$y' = r\sin\varphi + 4z_0\,c\,d_{eff}\,R^2(p-q)\,r^{-3}\sin 3\varphi$	$y' = r\sin\varphi + \dfrac{K_I}{\sqrt{2\pi}}z_0\,c\,d_{eff}\,r^{-3/2}\sin\tfrac{3}{2}\varphi$	
Urkurven			(D 2.9-10)
$r = \left[\dfrac{4}{\pi}|z_0|\,|c|\,d_{eff}\,P\right]^{1/3} \equiv r_0$	$r = [12|z_0|\,|c|\,d_{eff}\,R^2(p-q)]^{1/4} \equiv r_0$	$r = \left[\dfrac{3}{2}\dfrac{K_I}{\sqrt{2\pi}}|z_0|\,|c|\,d_{eff}\right]^{2/5} \equiv r_0$	
Kaustiken			(D 2.9-11)
$x' = r_0(\cos\varphi + \operatorname{sgn}(z_0 c)\tfrac{1}{2}\sin 2\varphi)$	$x' = r_0(\cos\varphi + \operatorname{sgn}(z_0 c)\tfrac{1}{3}\cos 3\varphi)$	$x' = r_0(\cos\varphi + \operatorname{sgn}(z_0 c)\tfrac{2}{3}\cos\tfrac{3}{2}\varphi)$	
$y' = r_0(\sin\varphi - \operatorname{sgn}(z_0 c)\tfrac{1}{2}\cos 2\varphi)$	$y' = r_0(\sin\varphi + \operatorname{sgn}(z_0 c)\tfrac{1}{3}\sin 3\varphi)$	$y' = r_0(\sin\varphi + \operatorname{sgn}(z_0 c)\tfrac{2}{3}\sin\tfrac{3}{2}\varphi)$	
$D = 2{,}6\cdot r_0$	$D = 2{,}67\cdot r_0$	$D = 3{,}17\cdot r_0$	(D 2.9-12)
Auswerteformeln			
$P = \dfrac{\pi}{4(2{,}6)^3\,z_0\,c\,d_{eff}}D^3$	$p - q = \dfrac{1}{12(2{,}67)^4\,z_0\,c\,d_{eff}\,R^2}D^4$	$K_I = \dfrac{2\sqrt{2\pi}}{3(3{,}17)^{5/2}\,z_0\,c\,d_{eff}}D^{5/2}$	(D 2.9-13)
$P = \dfrac{1}{m^2}\dfrac{\pi}{4(2{,}6)^3\,z_0\,c\,d_{eff}}D^3$	$p - q = \dfrac{1}{m^3}\dfrac{1}{12(2{,}67)^4\,z_0\,c\,d_{eff}\,R^2}D^4$	$K_I = \dfrac{1}{m^{3/2}}\dfrac{2\sqrt{2\pi}}{3(3{,}17)^{5/2}\,z_0\,c\,d_{eff}}D^{5/2}$	(D 2.9-14)
$z_0 = \tfrac{1}{3}(z_0 + z_2)$	$z_0 = \tfrac{1}{4}(z_0 - z_2)$	$z_0 = \tfrac{2}{5}(z_0 - z_2)$	(D 2.9-15)

tengleichung (D 2.9-7) auf diese Abbildungsgleichungen liefert die notwendige und hinreichende Bedingung für die Existenz der Kaustikenkurve. Die resultierende Gleichung der Urkurve ist durch Gl. (D 2.9-10) gegeben. In allen drei Fällen sind die Urkurven Kreise mit dem Radius r_0 um den Koordinatenursprung. Die Kaustikenkurven erhält man schließlich als Bilder der Urkurven, Gl. (D 2.9-11). Mathematisch bilden die Kaustikenkurven verallgemeinerte Epizykloiden. Sie sind graphisch in der linken Hälfte des Bildes D 2.9-8 für verschiedene Beobachtungsmoden, d. h. Transmissions- bzw. Reflexionsanordnungen, und positive bzw. negative Referenzebenenabstände z_0 dargestellt. Die Gesamtlichtintensitätsverteilungen in den jeweiligen Referenzebenen werden in anschaulicher Weise durch die Bilder auf der rechten Seite von Bild D 2.9-8 wiedergegeben. Die dargestellten Linien sind der geometrische Ort der Bildpunkte von Lichtstrahlen, die die Objekt-(Proben-)Ebene längs Linien $\varphi = $ konst durchstrahlen. Die Kaustikenkurven werden als Einhüllende der Gesamtmenge der Bildlinien sichtbar.

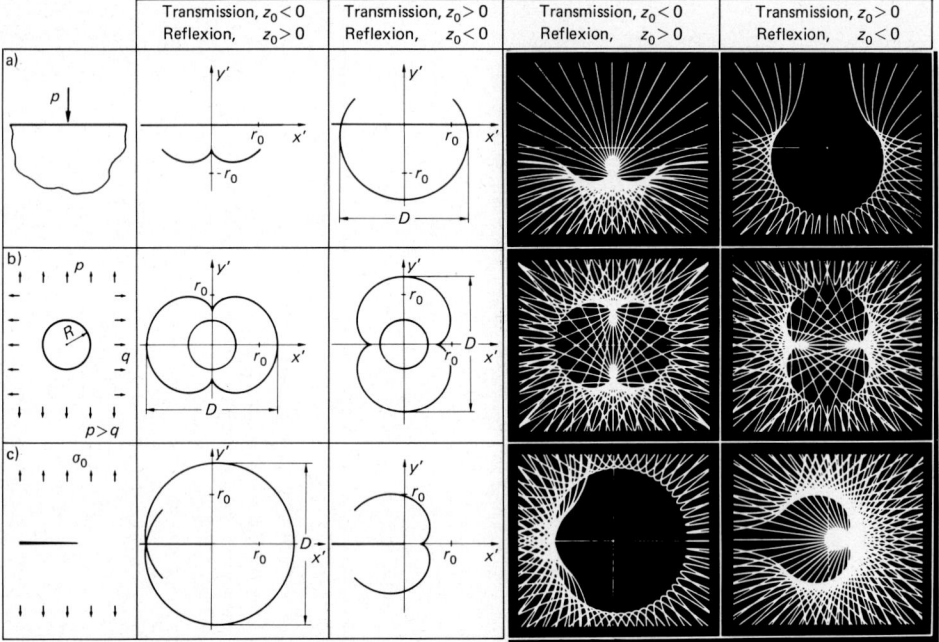

Bild D 2.9-8. Kaustiken (links) und Schattenfiguren (rechts) für typische Spannungskonzentrationsprobleme entsprechend Bild D 2.9-7 bei unterschiedlichen Beobachtungsmoden.
a) Druckschneidenlast auf Halbebene.
b) Kreisloch unter zweiachsiger Beanspruchung.
c) Riß unter Zug-(Modus-I-)Beanspruchung.

Zur quantitativen Auswertung von Kaustiken wird ein charakteristischer, leicht aus der Kaustikenkurve zu entnehmender Längenparameter gewählt, z. B. die in Bild D 2.9-8 (linke Diagramme) angegebenen Distanzen D. Diese Distanzen stehen mit den Urkreisradien r_0 durch die Gl. (D 2.9-12) in Beziehung. Mit Gl. (D 2.9-12) ergibt sich dann aus Gl. (D 2.9-10) der gesuchte quantitative Zusammenhang zwischen der jeweiligen Schattenfigur und der sie erzeugenden Beanspruchungsgröße, Gl. (D 2.9-13). Diese Beziehungen, Gl. (D 2.9-13), erlauben damit, aus der gemessenen Distanz D einer experimentell registrierten Kaustik auf die sie erzeugende Beanspruchungsgröße zu schließen. Für die betrachteten drei Spannungskonzentrationsprobleme sind das die Größe der Schneidenlast P, die Spannungsfelddifferenz $p-q$ bzw. der Spannungsintensitätsfaktor K_I.

Es ist prinzipiell auch möglich, die Auswertebeziehungen auf andere charakteristische Distanzen bzw. auf Kaustikenkurven mit Referenzebenenabständen des anderen Vorzeichens zu beziehen. Um in der Praxis eine Auswertung mit hinreichender Zuverlässigkeit und Genauigkeit zu gewährleisten, ist es jedoch zweckmäßig, die jeweils größte zwischen zwei markanten Punkten auftretende Distanz zu wählen. Beide Meßpunkte sollten der Schattenfigur selbst entnommen werden. Die Einbeziehung eines probenbezogenen Fixpunktes, z. B. ein Punkt der Probenberandung oder die Rißspitze, ist unzweckmäßig, da ein solcher Punkt auf Grund der Schattenabbildung nur unscharf wiedergegeben wird und keine genaue Lokalisierung zulassen würde. Bei alleiniger Betrachtung der Kaustikenkurve scheinen sich auch andere geeignete Meßpunkte anzubieten, wie z. B. die Spitzen der Kaustiken in den Bildern D 2.9-8, die Lichtverteilungslinien zeigen jedoch, daß sich diese Punkte wegen ihres Brennpunktcharakters experimentell nicht mit hinreichender Genauigkeit lokalisieren lassen und deshalb ebenfalls ungeeignet sind. Die in Bild D 2.9-8 gewählten Distanzen wurden entsprechend diesen Kriterien festgelegt.

Bei der Verwendung transparenter Materialien, die optisch anisotrop sind ($\lambda \neq 0$), spalten die Kaustiken in Doppelkaustiken auf. Bild D 2.9-9 zeigt Rißspitzenkaustiken, die für das optisch anisotrope Material Araldit B gelten, im Vergleich zu der entsprechenden Einfachkaustik. Da der Anisotropie-Koeffizient λ von der Art des Spannungszustandes abhängt ($|\lambda|$ ist für ebenen Dehnungszustand größer als für ebenen Spannungszustand, s. Tabelle D 2.9-1), ist dementsprechend auch die Aufspaltung der Doppelkaustik bei Vorliegen eines ebenen Dehnungszustandes größer als für einen ebenen Spannungszustand. Es kann sowohl die äußere als auch die innere Kaustik zur Bestimmung des Spannungsintensitätsfaktors herangezogen werden. Die Auswerteformeln sind dabei die gleichen wie für die entsprechenden Einfachkaustiken (D 2.9-13); an Stelle der numerischen Faktoren $f = 2,6$ (a), $2,67$ (b) bzw. $3,17$ (c) müssen jedoch leicht geänderte Werte f_a für die äußere bzw. f_i für die innere Kaustik verwendet werden (s. entsprechende Zahlenangaben für die Rißspitzenkaustik in Bild D 2.9-9).

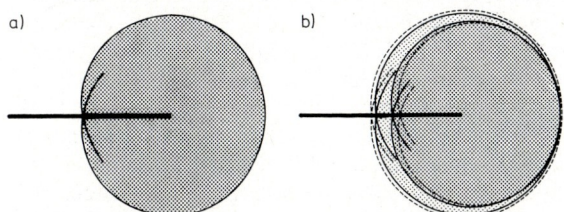

Bild D 2.9-9. Kaustik einer zugbeanspruchten Rißspitze.
a) Einfachkaustik $f = 3,17$.
b) Doppelkaustik —— $f_a = 3,32$, $f_i = 3,05$,
$\cdots f_a = 3,42$, $f_i = 2,99$.
Die dargestellte Aufspaltung der Kaustik für die Zustände ebener Spannung (——) und ebener Dehnung ($\cdots$) sowie die angegebenen Zahlenfaktoren f_a und f_i der Auswerteformel, Gl. (D 2.9-13c) und Gl. (D 2.9-14c), gelten für das Material Araldit B ($\lambda = -0,288$).

Das schattenoptische Kaustikenverfahren wurde bisher am häufigsten zur Lösung bruchmechanischer Probleme eingesetzt. Rißspitzenkaustiken sind deshalb auch am intensivsten untersucht worden. Einige Ergebnisse, die sich entsprechend auf andere Belastungsfälle übertragen lassen und damit von allgemeinerem Interesse sind, seien deshalb hier angegeben:

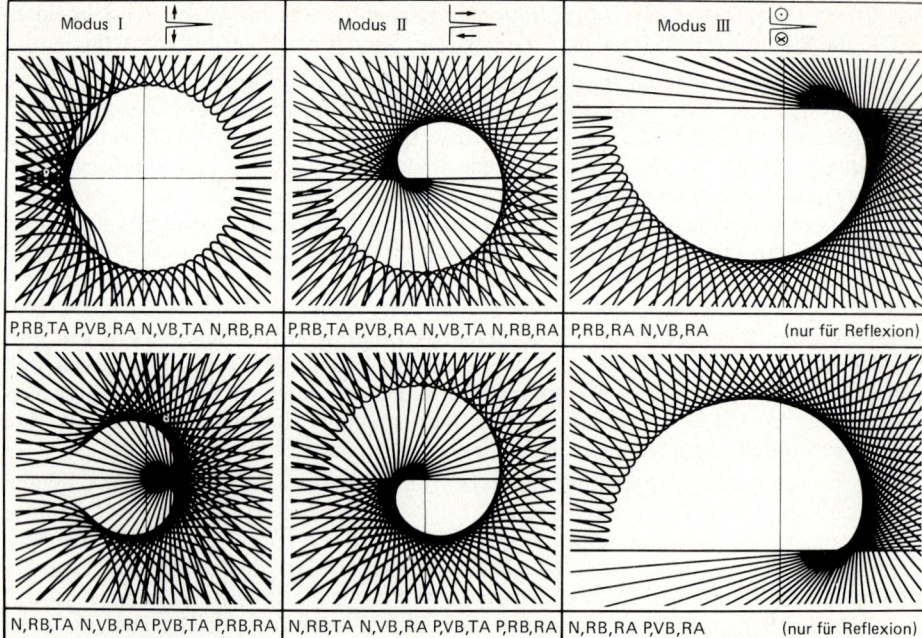

Modus I	Modus II	Modus III
P,RB,TA P,VB,RA N,VB,TA N,RB,RA	P,RB,TA P,VB,RA N,VB,TA N,RB,RA	P,RB,RA N,VB,RA (nur für Reflexion)
N,RB,TA N,VB,RA P,VB,TA P,RB,RA	N,RB,TA N,VB,RA P,VB,TA P,RB,RA	N,RB,RA P,VB,RA (nur für Reflexion)

Bild D 2.9-10. Rißspitzenkaustiken für Modus-I-, Modus-II- und Modus-III-Beanspruchung.
(P, N = positive, negative Belastung; RB, VB = reelles, virtuelles Bild; TA, RA = Transmissions-, Reflektionsverordnung).

Bild D 2.9-10 zeigt Rißspitzenkaustiken für die Beanspruchungsarten Modus-II (Belastung des Risses durch Scherung in Probenebene) und für Modus-III (Belastung des Risses durch Scherung senkrecht zur Probenebene). Die Schattenfiguren sind in Ergänzung zu den zuvor abgeleiteten Modus-I-(Zug-)Figuren dargestellt. Entsprechend der Asymmetrie der Belastung sind die Modus-II- und die Modus-III-Kaustiken ebenfalls asymmetrisch. Aber wie im Modus-I-Belastungsfall läßt sich aus einem charakteristischen Längenparameter der jeweiligen Kaustik der betreffende Spannungsintensitätsfaktor K_{II} oder K_{III} ermitteln. Für Risse, die unter gemischter Modus-I/Modus-II-Beanspruchung stehen, ergibt sich eine Mischkaustik, aus der sich zwei charakteristische Längenparameter entnehmen lassen, die die Bestimmung beider Spannungsintensitätsfaktoren K_I und K_{II} erlauben. Entsprechende quantitative Auswerteformeln, die Form und Größe der Kaustik mit den entsprechenden Beanspruchungsparametern korrelieren, hat *P. S. Theocaris* [D 2.9-5, 6] angegeben, siehe auch *J. F. Kalthoff* [D 2.9-4].

An Werkstoffen, die kein linearelastisches, sondern elastisch-plastisches Materialverhalten zeigen, wie z. B. viele Baustähle, lassen sich ebenfalls Kaustiken beobachten. Bild D 2.9-11 zeigt elastisch-plastische Kaustiken, die numerisch von *A. J. Rosakis* [D 2.9-7] für Materialien berechnet wurden, deren Spannungs-Dehnungs-Verhalten sich durch ein Potenzgesetz beschreiben läßt. Verschiedene Verfestigungsexponenten $n = 1, 3, 25$ werden betrachtet. Mit zunehmendem Einfluß plastischer Effekte ändert sich die Form der Kaustik vom Grenzfall $n = 1$, linearelastischem Verhalten, bis hin zum Grenzfall elastisch-idealplastischen Verhaltens $n = \infty$. In Analogie zu der im vorherigen Absatz angegebenen Analyse läßt sich in diesen Fällen zeigen, daß der Durchmesser der elastisch-plastischen Kaustik nun ein Maß für den entsprechenden elastisch-plastischen

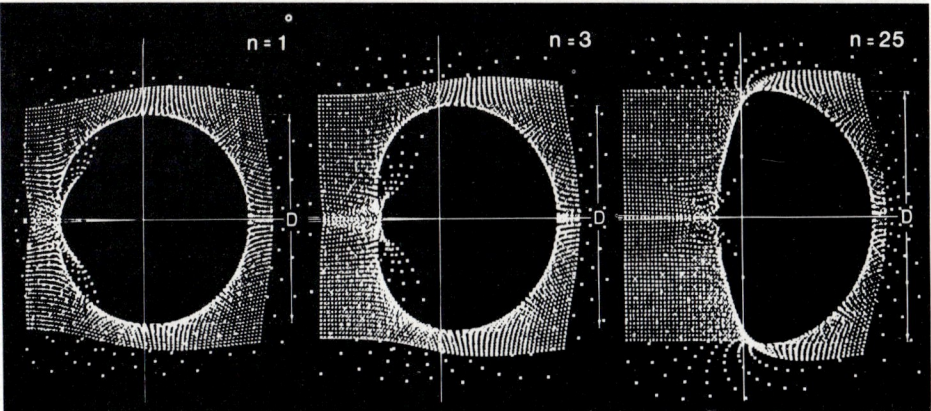

Bild D 2.9-11. Rißspitzenkaustiken bei elastisch-plastischem Materialverhalten.
n Verfestigungsexponent; elastische Kaustik: n = 1; elastische plastische Kaustiken: n = 3, n = 25

Bruchmechanikparameter, das J-Integral, darstellt. Quantitative Beziehungen sind in [D 2.9-7, 8], oder auch in [D 2.9-4] angegeben.

Weitere quantitative Beziehungen für Rißprobleme, z. B. für laufende Risse oder Risse unter Schlagbelastung, sowie über den Einfluß höherer Terme der Spannungsverteilung usw. sind in [D 2.9-4, 9] zusammengestellt.

D 2.9.4 Meßeinrichtungen und ihre Handhabung

Schattenoptische Meßeinrichtungen sind sehr einfach, und der Aufbau erfordert keine spezielle Ausrüstung. Lediglich ein geeigneter Beleuchtungsstrahlengang und eine Vorrichtung zur Registrierung der Schattenfiguren sind erforderlich.

D 2.9.4.1 Beleuchtung

Bei der Beschreibung des physikalischen Prinzips schattenoptischer Meßverfahren wurde der Einfachheit halber ein paralleler Strahlengang angenommen. Im Prinzip lassen sich jedoch schattenoptische Bilder auch in divergentem bzw. konvergentem Strahlengang erzeugen, Bild D 2.9-12. Der Beleuchtungsstrahlengang hat nur eine, dafür aber sehr wesentliche Bedingung zu erfüllen: die Lichtstrahlen müssen weitestgehend exakt parallel, divergent oder konvergent verlaufen. Die verwendete Lichtquelle muß dazu mit hinreichender Genauigkeit als punktförmig angesehen werden können, d. h. eine kleine Lichtaustrittsöffnung oder eine große Entfernung vom Objekt aufweisen. Ist dies nicht der Fall, ergeben sich verschwommene, „unscharfe" Schattenbilder, bei denen die Hell/Dunkel-Grenze der Kaustik nicht deutlich ausgeprägt ist. Die quantitative Auswertung der Schattenbilder wird dadurch erschwert oder gar fehlerhaft.

D 2.9.4.2 Registrierung der Schattenbilder

Reelle Kaustiken können direkt registriert werden, indem an die Stelle der Referenzebene eine photographische Schicht gebracht wird. Diese direkte Registrierung ist sowohl im Transmissions- als auch im Reflexionsstrahlengang möglich (im letzteren Fall durch leichte Schrägeinstrahlung des Lichtes zur Trennung des einfallenden und des reflektierten Strahlengangs). In der Praxis wird diese direkte Registrierung jedoch i. a. kaum

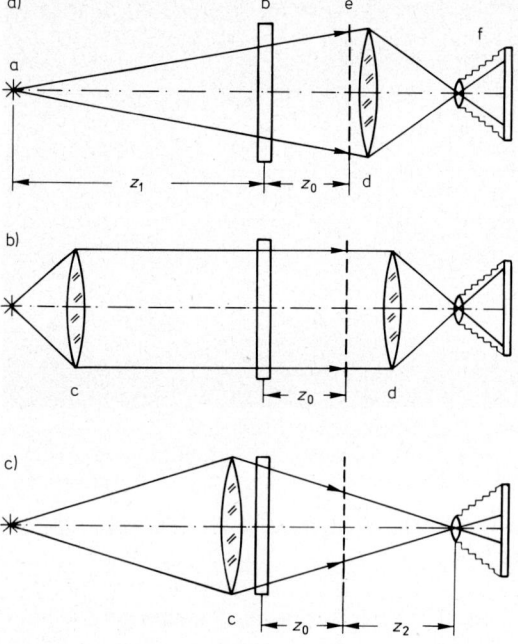

Bild D 2.9-12. Schattenoptische Meßanordnung.
a) Divergenter Strahlengang.
b) Paralleler Strahlengang.
c) Konvergenter Strahlengang.
Dargestellt ist die Registrierung eines
reellen Schattenbildes in einer Transmissionsanordnung. (Die Skizzen gelten entsprechend auch für die Registrierung virtueller Schattenbilder oder
für Reflexionsanordnungen.)
a Lichtquelle, b Probe, c, d Linsen,
e reelle Bildebene, f Kamera

angewandt, vielmehr werden die Schattenfiguren mit einer Kamera (z. B. einer herkömmlichen Kleinbildkamera) photographiert. Bei divergentem und bei parallelem Strahlengang ist dazu die Verwendung einer zusätzlichen Feldlinse erforderlich (s. Bild D 2.9-12),
die das Licht in das Kameraobjektiv bündelt. Bei konvergentem Strahlengang wird die
Kamera direkt in den Fokuspunkt des Strahlengangs gebracht. Zur Registrierung des
Schattenbildes stellt man die Kamera auf die Referenzebene scharf ein. Die Verwendung
eines Schirms an der Stelle der Referenzebene ist dabei nicht erforderlich. Die Registrierung von Schattenfiguren mit einer Kamera hat den Vorteil, daß virtuelle Schattenfiguren
ebenfalls registriert werden können. Dazu fokussiert man die Kamera auf die entsprechende virtuelle Bildebene (der Übersichtlichkeit halber in Bild D 2.9-12 nicht angegeben). Die in Bild D 2.9-12 skizzierten Verhältnisse lassen sich entsprechend auch auf den
Reflexionsfall übertragen. Zur Untersuchung schnell veränderlicher Vorgänge ist die
Registrierung der Schattenfiguren mit kurzzeitphotographischen Kameras erforderlich.

D 2.9.4.3 Maßstabsfaktor bei nichtparallelem Strahlengang

Bei Verwendung von divergentem bzw. konvergentem Strahlengang sind in den schattenoptischen Auswertegleichungen die geänderten Abbildungsverhältnisse zu berücksichtigen.

Dazu betrachtet man wie in Bild D 2.9-5 eine Transmissionsanordnung mit Registrierung
eines reellen Schattenbildes. Der Strahl eines nichtparallelen Lichtbündels, der das Objekt im Punkt $P(r)$ durchstrahlt und zunächst nicht abgelenkt werden soll, würde die
Bildebene in Punkt P'_{na} treffen (Bild D 2.9-5). Für diesen Punkt gilt aber nicht $r'_{na} = r$, wie
bei Verwendung eines parallelen Strahlengangs, sondern $r'_{na} = m\,r$, mit

$$m = \frac{z_1 - z_0}{z_1} \quad \text{bei divergentem Strahlengang}$$

bzw.

$$m = \frac{z_2}{z_2 - z_0} \quad \text{bei konvergentem Strahlengang.}$$

Die Entfernungen z_0, z_1 und z_2 sind in Bild D 2.9-12 definiert. Die Entfernung z_0 ist vorzeichenbehaftet, während die Entfernungen z_1 und z_2 stets positiv gezählt werden. Da für reelle Bilder $z_0 < 0$, ist für divergenten Strahlengang $m > 1$ und für konvergenten Strahlengang $m < 1$.

Mit der Ersetzung von r durch $m\,r$ in Gl. (D 2.9-1) und den daraus folgenden Modifikationen bei der Herleitung der Kaustikengleichungen ergeben sich als Auswerteformeln für die behandelten drei Spannungskonzentrationsprobleme nunmehr die Gl. (D 2.9-14) in Tabelle D 2.9-2.

Während bei divergentem und bei parallelem Strahlengang der Durchmesser D reeller Kaustiken bei vorgegebener Beanspruchung mit größer werdendem Referenzebenenabstand $|z_0|$ stetig zunimmt, gilt dies bei konvergentem Strahlengang für größere Referenzebenenabstände nicht mehr, da der Maßstabsfaktor m mit wachsendem $|z_0|$ abnimmt. Bei vorgegebener Entfernung $|z_0| + z_2$ zwischen Objekt und Kamera gibt es einen optimalen Referenzebenenabstand, für den sich die größte Kaustik ergibt. Die jeweiligen Werte sind durch die Gl. (D 2.9-15) in Tabelle D 2.9-2 gegeben. Bei Betrachtung virtueller an Stelle reeller Kaustiken gelten obige Gleichungen in derselben Form. Da aber für virtuelle Bilder $z_0 > 0$ gilt, nehmen die Maßstabsfaktoren m nunmehr andere Werte an; für divergenten Strahlengang wird $m < 1$ und für konvergenten Strahlengang $m > 1$. Vorsicht ist nun bei der Verwendung divergenter Anordnungen angezeigt, da in diesem Fall die Größe der Kaustik mit zunehmendem Referenzabstand z_0 abnimmt, falls große Werte z_0 verwendet werden.

D 2.9.4.4 Praktische Hinweise

In der Praxis werden i. a. schattenoptische Meßeinrichtungen mit konvergentem Strahlengang verwendet, da sie nur eine Linse benötigen und das damit größtmögliche Bildfeld liefern. Statt der Linse wird in einigen Meßeinrichtungen auch ein Konkav-(Hohl-)

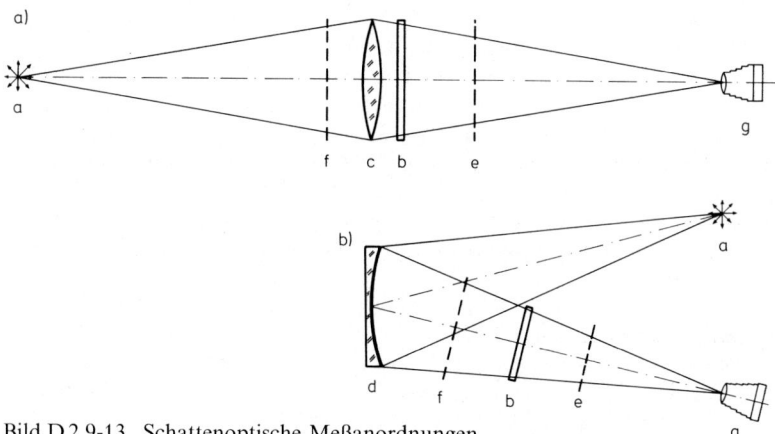

Bild D 2.9-13. Schattenoptische Meßanordnungen.
a) Meßanordnungen mit Feldlinse.
b) Meßanordnung mit Konkavspiegel.
a Lichtquelle, b Probe, c Feldlinse, d Konkavspiegel, e reelle Bildebene, f virtuelle Bildebene, g Kamera

Spiegel benutzt. Bild D 2.9-13 zeigt eine konvergente schattenoptische Meßeinrichtung unter Verwendung eines Hohlspiegels im Vergleich zu einer Anordnung mit einer Sammellinse. Hohlspiegel haben den prinzipiellen Vorteil, daß sie i. a. mit größeren Durchmessern und längeren Brennweiten als Linsen lieferbar sind. Sie ermöglichen dadurch die Realisierung größerer Gesichtsfelder und größerer Entfernungen zwischen Lichtquelle und Objekt und damit eine Verbesserung der Güte des Strahlengangs sowie eine größere Variationsbreite bei der Wahl des Referenzebenenabstandes z_0 (siehe dazu die folgenden Abschnitte).

Bei Spiegelanordnungen, aber auch bei der Schiefdurchstrahlung von Linsenanordnungen (etwa im Reflexionsstrahlengang zur Trennung von einfallendem und reflektiertem Strahlengang), ist der Einfluß des auftretenden Astigmatismus zu berücksichtigen. Auswertefehler werden minimalisiert, wenn man einen Aufbau wählt, bei dem die Richtung, in der man die Schattenfiguren quantitativ vermessen will, senkrecht zur Richtung einer der beiden Brennstriche steht und allein dieser Brennstrich mit der dazugehörigen Brennweite in der Auswerteformel betrachtet wird.

Zur genauen Bestimmung der Größe von Kaustikfiguren, die mit einer Kamera photographisch registriert werden, ist es zweckmäßig, zusammen mit der Kaustik einen Maßstab zu photographieren, der in der reellen oder der virtuellen Bildebene angebracht ist. Der Durchmesser D der Kaustik läßt sich dann in einfacher Weise durch Vergleich mit diesem Maßstab ermitteln. Der Maßstab kann auch auf der Probe selbst angebracht werden. Wegen der schattenoptischen Abbildung wird dieser Maßstab allerdings nicht scharf abgebildet. Das symmetrische Muster des schattenoptischen Bildes der Maßstabslinien erlaubt jedoch eine hinreichend genaue Auswertung. Bei konvergentem oder divergentem Strahlengang mit $m \neq 1$ muß man jedoch den Wert für den Durchmesser D der Kaustik, der durch Vergleich mit einem solchen Maßstab ermittelt wurde, korrigieren, da sich die Kaustik in der Referenzebene, der Maßstab aber in der Probenebene befindet. Die tatsächliche Größe der Kaustik ergibt sich durch Multiplikation mit dem entsprechenden Maßstabsfaktor m (s. dazu Bild D 2.9-12).

D 2.9.4.5 Modellmaterialien und Herstellung der Proben

An Modelle für schattenoptische Untersuchungen müssen relativ hohe optische Qualitätsanforderungen gestellt werden. Insbesondere müssen bei Transmissionsanordnungen die verwendeten Materialien frei von lokalen Dichteschwankungen und Dickeänderungen sein, bei Reflexionsanordnungen müssen die beleuchteten Oberflächen optisch plan sein, um Störeinflüsse soweit als möglich zu eliminieren.

Zur Herstellung transparenter Proben stehen verschiedene Materialien zur Verfügung (s. Tabelle D 2.9-1). Polymethylmethacrylat (PMMA) zeichnet sich durch eine hohe schattenoptische Empfindlichkeit c aus, es ist nahezu optisch isotrop ($\lambda \approx 0$) und liefert deshalb nur eine Einzelkaustik. Das Material ist jedoch stark viskoelastisch, d. h., bei Laständerungen ist das Zeitverhalten zu berücksichtigen. Zum Beispiel verbleiben nach Vorbelastung remanente Schattenflecken, die je nach Dauer der Vorbelastung erst nach Minuten durch Relaxationsprozesse abklingen. Die Materialien Homalite 100 und CR 39 zeigen ebenfalls hohe schattenoptische Empfindlichkeit bei relativ geringer optischer Anisotropie. Doppelkaustiken werden nur mit gut auflösenden schattenoptischen Anordnungen sichtbar. CR 39 ist jedoch ebenfalls sehr stark viskoelastisch, Homalite 100 dagegen zeigt deutlich geringere viskoelastische Effekte. Ein sehr gut geeignetes Material für schattenoptische Untersuchungen ist das Epoxydharz Araldit B. Die schattenoptische Empfindlichkeit dieses Materials ist hoch, die viskoelastischen Effekte sind verschwindend gering. Das Material ist stark optisch anisotrop und zeigt eine ausgeprägte Doppelkaustikbildung.

In Reflexion ist die schattenoptische Empfindlichkeit allein von den elastischen Eigenschaften des Materials, die die Oberflächendeformationen bestimmen, abhängig, d. h. von dem Elastizitätsmodul E und der Querkontraktionszahl v. Da das Deformationsverhalten an der rückwärtigen Probenseite sowie Dichteänderungen im Material selbst nicht erfaßt werden, sind Reflexionsanordnungen prinzipiell weniger empfindlich als Transmissionsanordnungen, die über all diese Effekte aufsummieren. Die beleuchtete Oberfläche von Proben in Reflexionsanordnungen muß im Meßbereich optisch plan und hochglänzend sein. Die besten Ergebnisse an Stahlproben lassen sich erzielen, wenn nacheinander die Bearbeitungsprozesse Schleifen, Läppen und Polieren angewandt werden.

D 2.9.4.6 Einfluß plastischer Effekte

Bei Spannungskonzentrationsproblemen treten häufig sehr hohe (theoretisch oft unbegrenzt hohe) Spannungen bzw. Verformungen auf, die bei realen Materialien zu plastischen Deformationen führen können. Bei der Untersuchung von Problemen der linearelastischen Elastizitätstheorie muß deshalb sichergestellt werden, daß diese Effekte keine Störungen in der Ausbildung der Kaustik hervorrufen. In der Praxis wird dies i. a. durch die Verwendung solcher schattenoptischen Anordnungen realisiert, bei denen die Urkurve, deren Abbildung die Kaustik darstellt, außerhalb des plastisch deformierten Gebiets und damit wieder im Gültigkeitsbereich der zugrundeliegenden elastischen Spannungs-Dehnungs-Beziehungen liegt. Der Referenzebenenabstand $|z_0|$ ist dazu so weit zu erhöhen, siehe Gl. (D 2.9-10), daß für den Urkreisradius gilt

$$r_0 > r_{pl} \qquad \text{(D 2.9-16)},$$

wobei r_{pl} die Größe des plastisch deformierten Gebietes darstellt.

D 2.9.4.7 Einfluß des Spannungszustands

Die Werte der schattenoptischen Konstanten c und des Anisotropiekoeffizienten λ sind für ebenen Spannungszustand und für ebenen Dehnungszustand unterschiedlich groß (s. Tabelle D 2.9-1). In den Auswerteformeln, Gl. (D 2.9-13), sind deshalb die Werte für denjenigen Spannungszustand zu verwenden, der längs der Urkurve r_0 herrscht. Im allgemeinen ist dies ein Zustand ebener Spannung. Bei sehr starken Spannungsgradienten kann sich jedoch auch in dünnen Platten in unmittelbarer Nähe des Spannungskonzentrationspunktes auf Grund der Dehnungsbehinderung kein ebener Spannungszustand ausbilden, vielmehr stellt sich ein Mischzustand ein. In diesen Fällen ist der Referenzebenenabstand $|z_0|$ so groß zu wählen, daß der Urkreis außerhalb dieses Mischgebiets liegt,

$$r_0 > r_{es} \qquad \text{(D 2.9-17)}.$$

Dabei bedeutet r_{es} die kleinste Entfernung vom Spannungskonzentrationspunkt, von der ab ebener Spannungszustand herrscht.

Bei Verwendung optisch anisotroper Materialien läßt sich die Wahl eines geeigneten Referenzebenenabstands im Experiment sehr leicht verifizieren. Entspricht die experimentell beobachtete Aufspaltung der Doppelkaustik $(D_a - D_i)/D_a$ der theoretischen Aufspaltung (s. z. B. für Rißspitzenkaustiken Bild D 2.9-9), so liegt ebener Spannungszustand vor. Ist die experimentell beobachtete Aufspaltung größer, befindet man sich in einem Mischzustand.

D 2.9.5 Kennzeichnende Anwendungsbeispiele

Verschiedene Anwendungsbeispiele des schattenoptischen Kaustikenverfahrens sind in Bild D 2.9-14 zusammengefaßt. Die schematischen Skizzen auf der linken Seite der Teilbilder veranschaulichen das zu untersuchende physikalische Problem, insbesondere zei-

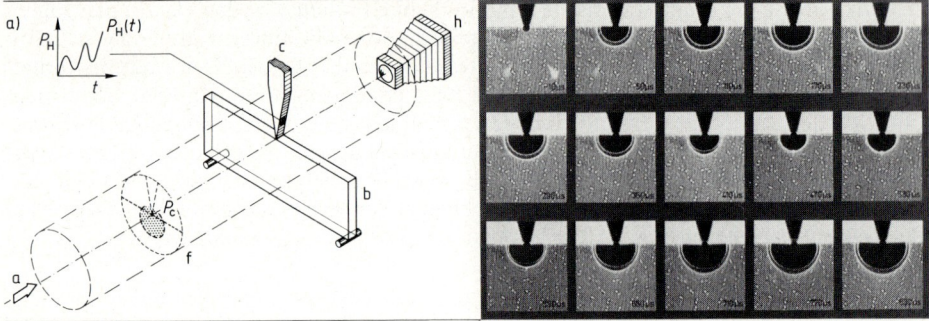

Bild D 2.9-14 a). Anwendungsbeispiele.
Schneidenstoß (Transmissionsanordnung, Registrierung virtueller Kaustiken in einer Referenzebene $z_0 > 0$), Probenmaterial: Araldit B

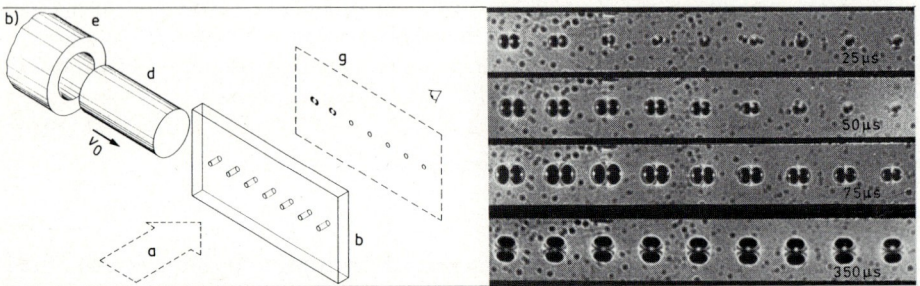

Bild D 2.9-14 b). Ausbreitung einer Druckwelle (Transmissionsanordnung, Registrierung reeller Kaustiken in einer Referenzebene $z_0 < 0$), Probenmaterial: Araldit B

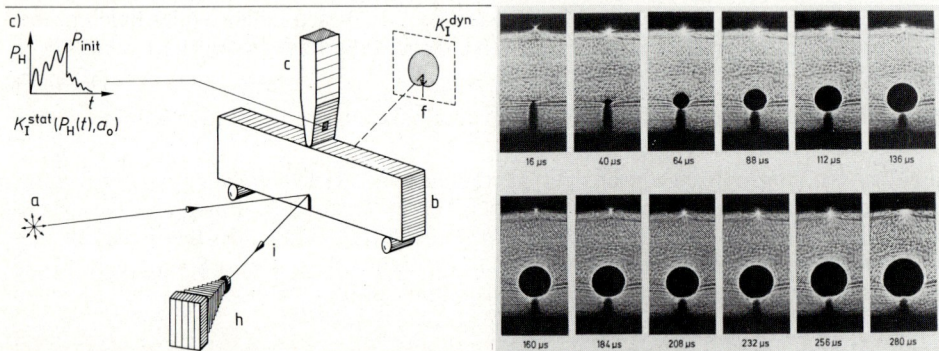

Bild D 2.9-14 c). Spannungsintensität an der Spitze eines Risses in einer schlagbelasteten Dreipunktbiegeprobe (Reflexionsanordnung, Registrierung virtueller Kaustiken in einer Referenzebene $z_0 > 0$), Probenmaterial: hochfester Stahl mit spiegelnder Oberfläche.
a einfallendes Licht, b Probe, c Stoßhammer, d Projektil, e Beschleunigungsvorrichtung, f virtuelle Bildebene, g reelle Bildebene, h Kamera, i reflektiertes Licht

gen sie den Versuchsaufbau und die schattenoptische Meßanordnung. Die resultierenden Kaustiken sind auf der rechten Seite der Teilbilder dargestellt. In allen Beispielen werden zeitabhängige Vorgänge betrachtet. Die schattenoptischen Bilder wurden mit einer 24-Funken-Hochgeschwindigkeitskamera nach *Cranz-Schardin* aufgenommen.

In Bild D 2.9-14 a wird die Lasteinleitung in eine Probe durch eine Schneidenkante untersucht, die die Probe mit einer Geschwindigkeit v_0 beaufschlagt [D 2.9-4]. Die Probe ist aus dem Modellmaterial Araldit B gefertigt. Die schattenoptische Meßanordnung dient hier in Transmission zur Registrierung virtueller Kaustiken in einer Referenzebene $z_0 > 0$. Die experimentell beobachteten Schattenfiguren sind in guter Übereinstimmung mit den theoretisch ermittelten. Wegen der gegebenen optischen Anisotropie des Materials wird jedoch an Stelle der Einfachkaustik eine Doppelkaustik (entsprechend Bild D 2.9-9) beobachtet. Die Serie der schattenoptischen Bilder erlaubt mit Gl. (D 2.9-13 a oder 14 a) quantitativ den zeitabhängigen Verlauf der Schneidendruckkraft auf die Probe zu bestimmen. Die Ergebnisse deuten einen oszillierenden Anstieg der Last mit der Zeit an.

Im Beispiel in Bild D 2.9-14 b wird der zeitliche Aufbau der Spannungsverteilung in einer dynamisch belasteten Probe untersucht [D 2.9-10]. Die Probe wird an einer Seitenkante von einem Projektil mit der Geschwindigkeit v_0 beaufschlagt. Die Spannungsverteilung macht Schattenfiguren sichtbar, die sich um eine Reihe zuvor in die Platte gebohrter kleiner Löcher ausbilden. Wie in Abschn. D 2.9.3 gezeigt, ist die Größe der sich ausbildenden Schattenfigur ein Maß für die Größe der Spannung am Orts des jeweiligen Bohrloches. Darüber hinaus gibt die Lage der Schattenfigur an, ob es sich bei der belastenden Spannung um Druck oder Zug handelt ($p < q$ oder $p > q$). Man benutzt eine Probe aus Araldit B und wendet das schattenoptische Verfahren in Transmission zur Registrierung reeller Schattenfiguren in einer Referenzebene $z_0 < 0$ an. Die kurzzeitphotographischen Aufnahmen zeigen die Ausbreitung der Druckspannungswelle in der Probe. Die letzte Aufnahme (zu einem sehr viel späteren Zeitpunkt) weist auf ein Zugspannungsfeld hin, das sich inzwischen infolge von Reflexionen der ursprünglichen Druckwellen an den endlichen Probenrändern aufgebaut hat.

In Bild D 2.9-14 c wird der Aufbau der Spannungsintensität an der Spitze eines Risses in einer Dreipunktbiegeprobe unter Schlagbelastung betrachtet [D 2.9-11, 12]. Bei den Untersuchungen wurde das schattenoptische Verfahren in Reflexion an einer Probe aus einem hochfesten Stahl eingesetzt. Man beobachtete virtuelle Schattenbilder in einer Referenzebene $z_0 > 0$. Die photographisch registrierten Kaustiken haben gute Übereinstimmung mit den theoretisch ermittelten Rißspitzenkaustiken. Eine quantitative Auswertung der Kaustiken mit Gl. (D 2.9-13 c) oder Gl. (D 2.9-14 c) in Tabelle D 2.9-2 zeigt, daß die schattenoptisch direkt an der Rißspitze gemessenen dynamischen Spannungsintensitätsfaktoren stark von denjenigen Werten abweichen können, die sich aus den an der Hammerfinne gemessenen Kraftwerten P_H unter Verwendung statischer Spannungsintensitätsfaktorformeln ergeben [D 2.9-11].

D 2.9.6 Zusammenfassende Beurteilung

Das schattenoptische Kaustikenverfahren beruht auf der Lichtablenkung durch Spannungsgradienten. Das Verfahren unterscheidet sich damit wesentlich von den meisten anderen Verfahren der experimentellen Spannungsanalyse, die i. a. Spannungen bzw. Dehnungen selbst messen. Das schattenoptische Kaustikenverfahren ist daher insbesondere zur Untersuchung von Problemen geeignet, bei denen ausgeprägte Spannungsgradienten auftreten, d. h. zur Untersuchung aller Arten von Spannungskonzentrationsproblemen an Löchern, Kerben, Rissen, Kontaktstellen usw. Die erzeugten Schattenfiguren

Bild D 2.9-15. Vergleich der Bilder einer Rißspitzenspannungsverteilung.
a) Schattenoptisches Bild.
b) Spannungsoptisches Bild.

sind einfach und leicht zu vermessen. Im allgemeinen genügt die Entnahme einer charakteristischen Länge, um die interessierende Beanspruchungsgröße zu ermitteln. Die Einfachheit des schattenoptischen Verfahrens im Vergleich zum spannungsoptischen Verfahren veranschaulicht Bild D 2.9-15. Gezeigt sind das schattenoptische und das spannungsoptische Bild der Spannungsverteilung um eine Rißspitze. Das spannungsoptische Bild ist wegen der Vielzahl der registrierten Isochromatenlinien relativ kompliziert, dementsprechend aufwendig ist die Auswertung. Insbesondere im Nahbereich um die Rißspitze ist die Vermessung der Isochromaten wegen geringer Auflösung erschwert und mit Ungenauigkeiten behaftet. Aussagen über die Beanspruchung in direkter Rißspitzennähe lassen sich nur durch Extrapolation von Meßwerten aus entfernteren Bereichen erzielen. Demgegenüber ist das schattenoptische Bild deutlich einfacher, und die Rißspitzenbeanspruchung ist direkt aus der Größe des Schattenflecks ablesbar. Der Einfachheit und Übersichtlichkeit des schattenoptischen Bildes steht jedoch der Nachteil gegenüber, daß Spannungsfelder mit geringen Spannungsänderungen schattenoptisch nicht erfaßt werden können. So wird das Spannungsfernfeld, das das Spannungskonzentrationsgebiet in direkter Nähe der Rißspitze umgibt, im schattenoptischen Bild nicht sichtbar gemacht. Das spannungsoptische Bild liefert jedoch gerade hier aussagekräftige Informationen. Das schattenoptische Kaustikenverfahren und das spannungsoptische Isochromatenverfahren sind demnach nicht konkurrierende Verfahren, vielmehr ergänzen sie sich gegenseitig. Je nach Anwendungsbereich und Problemstellung ist das eine oder das andere Verfahren vorzuziehen.

Wegen der Einfachheit und der leichten Auswertbarkeit schattenoptischer Bilder bietet sich das schattenoptische Kaustikenverfahren vor allem zur Untersuchung komplizierterer, z. B. zeitlich schnell veränderlicher Vorgänge an. Den größten Anwendungsbereich hat das schattenoptische Verfahren bisher in der Bruchdynamik gefunden [D 2.9-4, 10 bis 15].

Schattenoptische Auswerteformeln sind nicht nur für den wichtigsten Fall, Risse unter Zugbeanspruchung, entwickelt worden, sondern auch für Risse unter Scher- oder gemischter Zug-/Scher-Beanspruchung sowie für Risse in Werkstoffen mit elastisch plastischem Materialverhalten.

Anwendungen des schattenoptischen Kaustikenverfahrens zur Lösung praktischer Probleme sind an Hand von drei Beispielen aufgezeigt worden. Das Verfahren bietet sich für eine Vielzahl weiterer Probleme mit Spannungskonzentrationseffekten als Meßmethode an.

D 2.10 Photogrammetrie

J. Peipe, E. Dorrer

D 2.10.1 Zusammenstellung der Formelzeichen

A_i	Polynomkoeffizienten der radial-symmetrischen Verzeichnung ($i = 1, 2, \ldots$)
B	Abstand der Aufnahmeorte (Basis)
c_k	Kammerkonstante
c	Ortsvektor des Projektionszentrums im Bildkoordinatensystem
dr	radial-symmetrische Verzeichnung
dx, dy	Komponenten von dr in x- und y-Richtung
D	Drehmatrix
E	Aufnahmeentfernung
M_b	Bildmaßstab
r	radialer Abstand vom Bildhauptpunkt in der Bildebene
s	Standardabweichung
x_H, y_H	Koordinaten des Bildhauptpunkts im Bildkoordinatensystem
x	Ortsvektor im Bildkoordinatensystem
X	Ortsvektor im Objektkoordinatensystem
λ	Maßstabsfaktor

D 2.10.2 Allgemeines

Als Photogrammetrie oder Bildmessung bezeichnet man eine Meßmethode zur Bestimmung der Lage, Form und Größe von Objekten aus bildhaften Aufzeichnungen. Die direkte Vermessung eines Gegenstandes wird durch die Auswertung von Photographien desselben ersetzt. Sind mehrere – mindestens zwei – Bilder vorhanden, die von unterschiedlichen Standpunkten aufgenommen wurden, so ist eine dreidimensionale Objektrekonstruktion möglich. Deren Genauigkeit kann der Aufgabenstellung angepaßt werden und ist von der Aufnahmekonfiguration und vor allem vom Bildmaßstab abhängig. In der Regel werden Genauigkeiten von 1 : 10 000 bis 1 : 100 000 – bezogen auf die Objektdimensionen – erreicht. Ergebnis photogrammetrischer Auswertung sind in erster Linie die Koordinaten von Objektpunkten in einem dreidimensionalen Koordinatensystem, aber auch linien- oder bildhafte Darstellungen (Pläne bzw. entzerrte photographische Bilder).

Bald nach der Erfindung der Photographie durch *Niépce* und *Daguerre* (1839) wird die Photogrammetrie von Laussedat in Frankreich (1859) und etwa zur gleichen Zeit von *Meydenbauer* in Deutschland eingeführt. Mit speziellen Meßkammern hergestellte Aufnahmen werden punktweise ausgemessen; das photographierte Objekt wird durch graphische bzw. einfache rechnerische Methoden rekonstruiert. Als erstes Meßgerät benützt der 1901 von Pulfrich konstruierte Stereokomparator das stereoskopische Meßprinzip. Mit dem Stereoautographen (*v. Orel*, 1909) wird dann eine linienweise Auswertung von Stereobildpaaren möglich – bis heute eine wesentliche Aufgabe photogrammetrischer Technik. Optisch-mechanische (analoge) Auswertegeräte stehen ab 1920 auch für Luftbilder zur Verfügung, die mit Reihenmeßkammern von Flugzeugen aus hergestellt werden. Ausgelöst durch die Entwicklung elektronischer Rechner gewinnt ab etwa 1960 die numerische Verarbeitung der mit Mono- oder Stereokomparatoren erhaltenen Bilddaten an Bedeutung. Rechnergestützte und rechnergesteuerte Auswertesysteme ersetzen zunehmend die analogen Geräte. In den nächsten Jahren werden digitale Aufnahme- und Bildverarbeitungstechniken dem photogrammetrischen Verfahren neue Möglichkeiten eröffnen.

Ihre Hauptanwendung findet die Photogrammetrie bei der Herstellung von topographischen Karten aus Luftbildern. Zunehmend werden auch Aufgaben der Industrie- und Ingenieurvermessung photogrammetrisch gelöst. Auf diese Anwendungsbereiche bezieht sich der folgende knappe Überblick über das Fachgebiet. Weiterführende Angaben sind vor allem den Lehrbüchern zu entnehmen ([D 2.10-1] – [D 2.10-6]).

D 2.10.3 Physikalisches Prinzip

D 2.10.3.1 Das photogrammetrische Strahlenbündel (Zentralprojektion)

Ein Objekt wird von mehreren Standorten aus mit einer photographischen Kamera – im photogrammetrischen Sprachgebrauch als *Kammer* bezeichnet – aufgenommen (Bild D 2.10-1 und 2). Sind für jede Aufnahme die Lage des Projektionszentrums 0 und die Orientierung des Bildkoordinatensystems im Objektkoordinatensystem bekannt, so läßt sich das Objekt durch Rückprojektion aus Strahlenschnitten rekonstruieren (Bild

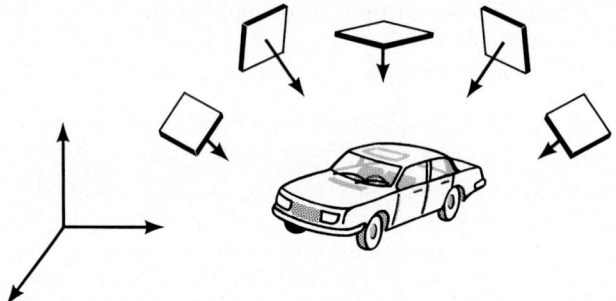

Bild D 2.10-1. Bildverband zur räumlichen Erfassung eines Objekts.

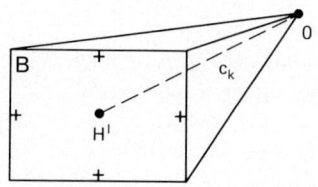

Bild D 2.10-2. Prinzip einer photogrammetrischen Aufnahmekammer.

0   Projektionszentrum
B   Bildebene
+   Rahmenmarken
H′ Bildhauptpunkt (Fußpunkt des Lotes von 0 auf B)
c_k Kammerkonstante (senkrechter Abstand des Projektionszentrums 0 von der Bildebene)

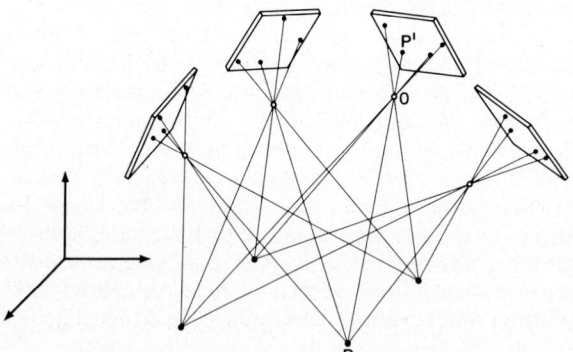

Bild D 2.10-3. Objektvermessung mit photogrammetrischen Strahlenbündeln.

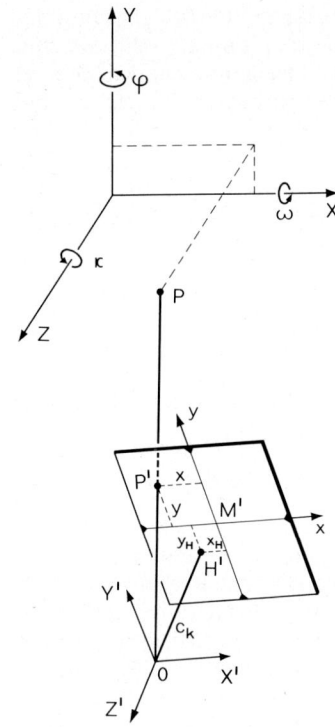

Bild D 2.10-4. Abbildung durch Zentralprojektion.

D 2.10-3). Dabei wird vorausgesetzt, daß ein Objektpunkt P und der zugehörige Bild-punkt P' auf einer Geraden durch das Projektionszentrum 0 liegen (Zentralprojektion; Bild D 2.10-4). Diese *Kollinearitätsbedingung* kann wie folgt formuliert werden:

$$X_i - X_0 = \lambda_i \, D \, (x_i - c) \qquad\qquad \text{(D 2.10-1)}$$

mit

$X_i = (X_i, Y_i, Z_i)^T$ Koordinaten eines Objektpunkts P_i im lokalen cartesischen Objekt-koordinatensystem X, Y, Z

$X_0 = (X_0, Y_0, Z_0)^T$ Koordinaten des Projektionszentrums 0 im System X, Y, Z

λ_i objektpunktvarianter Maßstabsfaktor (Verhältnis von Gegenstands-weite zur Bildweite für einen bestimmten Objektpunkt P_i)

D orthogonale Drehmatrix, deren 3×3 Elemente sich z. B. durch auf-einanderfolgende Drehungen um die Winkel ω, φ, $\varkappa$ ergeben

$x_i = (x_i, y_i, 0)^T$ Koordinaten der Abbildung P_i' des Objektpunkts P_i im Bildkoordi-natensystem

$c = (x_H, y_H, c_k)^T$ Koordinaten des Projektionszentrums im Bildraum (Lage des Haupt-punkts H' im Bildkoordinatensystem und Kammerkonstante c_k).

Ein Abbildungsstrahl ist rekonstruierbar, wenn die zum Objektpunkt P gehörenden Bildkoordinaten x, y in einem Koordinatensystem vorliegen, in dem auch das Projek-tionszentrum 0 im Bildraum bestimmt ist – durch die Lage des Bildhauptpunkts H' mit x_H, y_H und die Kammerkonstante c_k (*innere Orientierung*; s. auch Abschn. D 2.10.4.1). Dieses Bildkoordinatensystem wird durch *Rahmenmarken* definiert, die in einer photo-grammetrischen Kammer fest eingebaut sind und auf jeder Aufnahme mit abgebildet werden. Der Schnittpunkt der Rahmenmarkenverbindungslinien M' ist Ursprung des Bildkoordinatensystems. Die räumliche Lagerung der Aufnahmekammer bzw. des zum Bildkoordinatensystem parallelen Systems X', Y', Z' im Projektionszentrum 0 wird durch die *äußere Orientierung* im System X, Y, Z festgelegt (Koordinaten X_0, Y_0, Z_0 und drei voneinander unabhängige Winkel, z. B. ω, φ, $\varkappa$).

Die Umformung von Gl. (D 2.10-1) führt zu

$$x_i = c + \frac{1}{\lambda_i} D^T (X_i - X_0) \qquad \text{(D 2.10-2)}$$

bzw. explizit – nach Elimination von λ –

$$x_i = x_H - c_k \frac{(X_i - X_0)\,d_{11} + (Y_i - Y_0)\,d_{21} + (Z_i - Z_0)\,d_{31}}{(X_i - X_0)\,d_{13} + (Y_i - Y_0)\,d_{23} + (Z_i - Z_0)\,d_{33}}$$

$$\qquad \text{(D 2.10-3)}.$$

$$y_i = y_H - c_k \frac{(X_i - X_0)\,d_{12} + (Y_i - Y_0)\,d_{22} + (Z_i - Z_0)\,d_{32}}{(X_i - X_0)\,d_{13} + (Y_i - Y_0)\,d_{23} + (Z_i - Z_0)\,d_{33}}$$

Den gemessenen Bildkoordinaten x, y stehen also die unbekannten Objektkoordinaten X, Y, Z sowie die unbekannten Parameter der inneren und äußeren Orientierung gegenüber. Die sechs Parameter der äußeren Orientierung werden in der Regel nicht durch direkte Messung vor Ort, sondern indirekt mit Hilfe von Einpaßinformation ermittelt, die durch Messung im Objektraum bereitzustellen ist. Hierfür werden vor allem Paßpunkte verwendet, das sind im Bild eindeutig identifizierbare, auch markierte oder signalisierte Punkte, deren 3D-Koordinaten im System X, Y, Z bekannt sind. Ist die innere Orientierung der Aufnahmekammer vorgegeben (s. Abschn. D 2.10.4.2), so genügen – wie aus Gl. (D 2.10-3) erkennbar – drei Paßpunkte zur Ermittlung der äußeren Orientierung eines Einzelbildes durch *räumlichen Rückwärtsschnitt*. Eine Lösung wird durch Linearisierung der Abbildungsgleichungen (nach *Taylor*) und iterative Berechnung, ausgehend von Näherungswerten der Unbekannten, gefunden. Allerdings sind überbestimmte Lösungen anzustreben, d. h. die Zahl der Beobachtungen sollte größer sein als die Zahl der Unbekannten (hier: Zahl der Paßpunkte > 3). In diesem Fall erfolgt eine iterative Ausgleichung nach der Methode der kleinsten Quadrate.

Die Zentralprojektion ordnet den Objektpunkten eines dreidimensionalen Raumes Bildpunkte in einem zweidimensionalen Raum (Bildebene) eindeutig zu. Die Umkehrung des Abbildungsvorgangs (Rückprojektion in den Objektraum) erzeugt ein Strahlenbündel zu den Objektpunkten. Deren räumliche Bestimmung kann erst durch den Schnitt mit mindestens einem weiteren Strahlenbündel erfolgen, es sei denn, die Form der Objektoberfläche ist bekannt (z. B. Ebene).

D 2.10.3.2 Abweichungen vom mathematischen Modell der Zentralprojektion

Die physikalische Realität einer photographischen Aufnahme weicht vom Abbildungsmodell der Zentralprojektion ab. Systematische Bildfehler entstehen zum Beispiel durch die Verzeichnung des Objektivs der Aufnahmekammer und durch Veränderungen des Trägers der photographischen Schicht während und nach der Belichtung (Unebenheit, Verzug u. a.). Diese Modellabweichungen werden zum einen bei der Konstruktion der Aufnahmekammer (Abschn. D 2.10.4.2) bzw. beim Messen der Bildkoordinaten (Abschn. D 2.10.4.4) berücksichtigt, zum anderen können sie durch *zusätzliche Parameter* in einem erweiterten mathematischen Modell beschrieben werden.

Beispielsweise wird die Objektivverzeichnung durch den folgenden, in der Regel ausreichenden Ansatz erfaßt, der sich auf ihren radial-symmetrischen Anteil beschränkt:

$$\mathrm{d}r = A_1 r^3 + A_2 r^5 + \dots \tag{D 2.10-4}$$

mit

A_1, A_2 Koeffizienten der radial-symmetrischen Verzeichnung
r radialer Abstand des Bildpunktes P' vom Hauptpunkt im Bildkoordinatensystem.

Die Komponenten von $\mathrm{d}r$ in x- und y-Richtung lassen sich wie folgt angeben

$$\mathrm{d}x = \frac{x}{r}\,\mathrm{d}r \qquad \mathrm{d}y = \frac{y}{r}\,\mathrm{d}r \tag{D 2.10-5}.$$

D 2.10.3.3 Objektrekonstruktion durch Bündeltriangulation

Ein Bildverband, bestehend aus mindestens zwei Aufnahmen, die ein Objekt aus unterschiedlichen Richtungen zeigen (Bild D 2.10-1), ermöglicht dessen dreidimensionale Rekonstruktion. Im Gegensatz zu der in Abschn. D 2.10.3.1 angegebenen Vorgehensweise wird nun nicht jedes Bild für sich betrachtet und durch räumlichen Rückwärtsschnitt orientiert, sondern die Orientierungsaufgabe wird – ausgehend von Gl. (D 2.10-3) – für alle Bilder simultan gelöst. Dabei werden die photogrammetrischen Strahlenbündel über gemeinsame Objektpunkte miteinander verknüpft (Bild D 2.10-3). So entsteht ein räumliches Netzwerk allein aus der Bedingung, daß zusammengehörige (homologe) Strahlen sich nach der Rekonstruktion wieder in Objektpunkten schneiden müssen. Liegen mehr als zwei Strahlenschnitte pro Punkt vor, so erhöht dies die Genauigkeit und Zuverlässigkeit (z. B. Auffinden grober Fehler) der Bestimmung.

Mit Hilfe von Messungen im Objektraum (Einpaßinformation) wird das photogrammetrische Netz im System X, Y, Z *absolut orientiert*. Hierfür können nicht nur Paßpunkte, sondern auch Strecken, Höhenunterschiede, Richtungen etc. sowie Informationen über die Form des Objekts (Gestaltbedingungen) verwendet werden. Als Parameter der absoluten Orientierung treten drei Verschiebungen, drei Drehungen und der Maßstab auf. In der Regel genügt es, den Maßstab festzulegen und das Netz zu horizontieren (Drehung um die X- und Z-Achse in Bild D 2.10-4), während die Verschiebungen im Raum und die Drehung um die Y-Achse frei wählbar sind. Messungen im Objektraum können im übrigen auch zur Stabilisierung bzw. Versteifung eines photogrammetrischen Netzes eingeführt werden.

Alle Beobachtungen (Bildkoordinaten, Objektinformation und bekannte Daten der inneren Orientierung) werden mit einer ihrer Genauigkeit entsprechenden Gewichtung in einer *Bündelausgleichung* zusammengefaßt, aus der als Ergebnis die unbekannten Objektkoordinaten und Orientierungsparameter hervorgehen. Die Elemente der inneren Orientierung der Aufnahmekammer – inklusive der Verzeichnung und sonstiger, Bildfehler beschreibender Funktionen – können dabei mitberechnet werden (s. auch Abschn. D 2.10.4.1).

Für die Bündelausgleichung als Standardverfahren zur hochgenauen räumlichen Punktbestimmung stehen leistungsfähige Rechenprogramme zur Verfügung ([D 2.10-7] – [D 2.10-11]).

D 2.10.4 Meßeinrichtungen und ihre Handhabung

D 2.10.4.1 Kalibrierung der Aufnahmekammer

Zur photogrammetrischen Objektrekonstruktion ist die Kenntnis der inneren Orientierung der Aufnahmekammer erforderlich, wenn die Aufnahmestrahlenbündel unverzerrt wiederhergestellt werden sollen. Die Lage des Projektionszentrums im Bildraum (x_H, y_H, c_k) und die Verzeichnung des Objektivs lassen sich durch Kalibrierung ermitteln. Neben der *Laborkalibrierung*, die vom Hersteller der Kammer durchgeführt wird, steht eine Vielzahl von Verfahren für die Kalibrierung unter Einsatzbedingungen (*Feldkalibrierung*) zur Verfügung (z. B. [D 2.10-12]). So kann die innere Orientierung durch Einpassung eines photogrammetrischen Strahlenbündels auf ein räumliches Paßpunktfeld (mit bekannten Koordinaten im System *X, Y, Z*) durch räumlichen Rückwärtsschnitt (Abschn. D 2.10.3.1) bestimmt werden. Dies gelingt auch ohne Beobachtungen im Objektraum, also mit rein photogrammetrischer Information, wenn mehrere Aufnahmen einer Kammer geeignet im Raum angeordnet und in einer Bündelausgleichung gemeinsam orientiert werden (siehe z. B. den räumlichen Bildverband gegeneinander geneigter Aufnahmen in Bild D 2.10-1).

Die Kalibrierung kann vor der eigentlichen photogrammetrischen Objektvermessung an einem speziell eingerichteten *Testfeld* erfolgen. In diesem Fall muß gewährleistet sein, daß die innere Orientierung über einen längeren Zeitraum, zumindest bis zum Ende der Objektvermessung, konstant bleibt. Andernfalls ist die Kalibrierung zusammen mit der numerischen Objektrekonstruktion im Rahmen der Bündelausgleichung vorzunehmen. Eine solche, als *Simultan-Kalibrierung* bezeichnete Vorgehensweise empfiehlt sich generell bei den meist hohen Genauigkeitsanforderungen in der Ingenieurvermessung, insbesondere wenn der Bildverband konvergente Aufnahmen enthält bzw. das Objekt eine merkliche Tiefenausdehnung aufweist (s. auch Abschn. D 2.10.5).

D 2.10.4.2 Meßkammer, Nicht-Meßkammer, Teil-Meßkammer

Speziell für photogrammetrische Anwendungen konstruierte Aufnahmekammern (*Meßkammern*; Bild D 2.10-5 a) weisen einen stabilen mechanischen Aufbau, feste Fokussierung und geringe Objektivverzeichnung auf. Kammern unterschiedlicher Brennweite mit Bildformaten von $6 \times 9 \text{ cm}^2$ bis $23 \times 23 \text{ cm}^2$ sind verfügbar. Durch Filmansaugvorrichtungen oder Verwendung von Photoplatten wird eine ebene Bildfläche realisiert; Rahmenmarken definieren ein stets gleiches Bildraumbezugssystem. Die innere Orientierung bleibt über einen längeren Zeitraum konstant. Allerdings sind Meßkammern schwer, im Gebrauch unhandlich und unflexibel.

a) b) c)

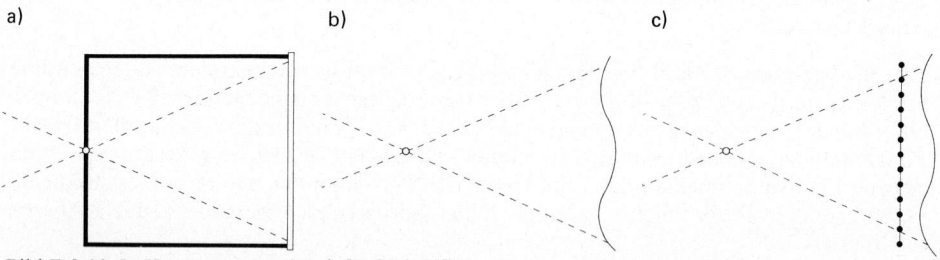

Bild D 2.10-5. Kammertypen (nach [D 2.10-13]).
a) Meßkammer.
b) Nicht-Meßkammer.
c) Teil-Meßkammer.

Handelsübliche Kleinbild- oder Mittelformatkameras – als *Nicht-Meßkammern* bezeichnet – bieten dagegen alle Vorteile moderner Phototechnik (automatische Kamerafunktionen, Wechselobjektive etc.), sind leicht und unkompliziert handhabbar. Ihre innere Orientierung ist jedoch nur mit geringer Genauigkeit reproduzierbar (instabile Bauweise, unterschiedliche Fokussierung, variable Lage der Filmfläche u. a.; Bild D 2.10-5 b). Installiert man nun in einer solchen Nicht-Meßkammer eine Glasgitterplatte vor der Filmfläche – z. B. mit 11×11 Réseaukreuzen beim Format $6 \times 6 \, cm^2$ –, so kann der Bildinhalt mit Hilfe der bekannten Koordinaten der Gitterkreuze numerisch in die Réseauebene projiziert und damit vom Einfluß der Filmdeformationen befreit werden (Bild D 2.10-5 c; *Teil-Meßkammer* [D 2.10-13]). Das Réseau definiert zudem ein Koordinatensystem im Bildraum, auf das bezogen die Lage des Projektionszentrums durch Kalibrierung zu ermitteln ist. Die Objektivverzeichnung wird für bestimmte Fokussierungen, die durch Rastung der Entfernungseinstellung wiederholbar fixiert werden, im voraus bestimmt. Für eine Serie aufeinanderfolgender Aufnahmen kann die innere Orientierung als konstant angenommen werden. Über mehrere Jahre bleibt sie mit einer Genauigkeit von $\pm 30 - 50 \, \mu m$ (für c_k, x_H, y_H) bzw. $\pm 5 \, \mu m$ (für die Verzeichnung) erhalten ([D 2.10-13 und 14]).

Die Aufnahme eines Objekts und die Auswertung der Bilder werden bei konventioneller photogrammetrischer Arbeitsweise in zeitlichem Abstand ausgeführt. Will man dies vermeiden, so kann man die photographische Aufnahmekammer durch eine Videokamera mit CCD-Flächensensor ersetzen. Die Bilddaten liegen dann unmittelbar und in digitaler Form vor, so daß die photogrammetrische Punktbestimmung in Echtzeit erfolgen kann. CCD-Flächensensoren weisen eine hohe geometrische Stabilität auf, sind aber wesentlich kleiner (Fläche $< 10 \times 10 \, mm^2$) als die in der Photogrammetrie üblichen Bildformate. Bei vergleichbarer Aufnahmekonfiguration führt dies zu einem entsprechend kleineren Bildmaßstab und einer geringeren Genauigkeit im Objektraum ([D 2.10-15]). Abhilfe ist durch on-line Erfassung großer Bildformate in Teilbildern mit Hilfe der Réseautechnik möglich ([D 2.10-16]).

D 2.10.4.3 Aufnahmeanordnung

Der Ansatz der Bündelausgleichung (Abschn. D 2.10.3.3) ermöglicht es, beliebig im Raum orientierte Aufnahmen, auf denen das Objekt oder ein Teil davon abgebildet ist, über gemeinsame Punkte miteinander zu verknüpfen (Bild D 2.10-3). Um eine homogene Genauigkeit der dreidimensionalen Rekonstruktion zu erzielen, ist die Aufnahmekonfiguration so zu wählen, daß sich günstige Strahlenschnitte am Objekt ergeben (Bild D 2.10-6).

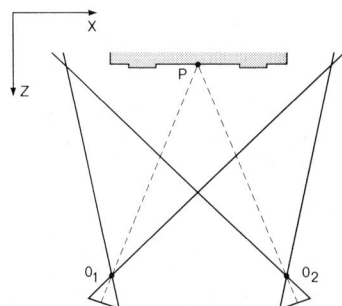

Bild D 2.10-6. Konvergente Aufnahmeanordnung.

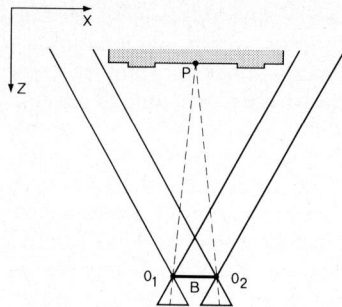

Bild D 2.10-7. Normalfall der Stereophotogrammetrie.

Werden zwei Bilder entsprechend dem *Normalfall der Stereophotogrammetrie* (Bild D 2.10-7) angeordnet – d. h. die Aufnahmerichtungen sind senkrecht zur Verbindungslinie der Kammerstandorte (Basis B) und auch meist horizontal –, so verringert sich zwar die Genauigkeit, vor allem in Z-Richtung (s. auch Abschn. D 2.10.4.5). Die stereoskopische Betrachtung von Bildpaaren erlaubt jedoch eine sichere Identifizierung der zusammengehörigen Bildpunkte beliebiger, nicht markierter Objektpunkte. Eine stereoskopische Ausmessung ist im übrigen möglich, auch wenn der „Normalfall" nur genähert eingehalten ist, d. h. die Aufnahmeachsen nicht exakt ausgerichtet sind. Das Verhältnis der Basis B zur Aufnahmeentfernung sollte zwischen 1:3 und 1:10 liegen.

D 2.10.4.4 Photogrammetrische Auswertegeräte

In die Gl. (D 2.10-3) gehen gemessene Bildkoordinaten x, y als photogrammetrische Beobachtungen ein. Bild D 2.10-8 zeigt das Prinzip der Bildkoordinatenerfassung mit einem XY-Digitalisiergerät, dessen Meßeinrichtung aus zwei senkrecht zueinander angebrachten Maßstäben und einer dazu parallel geführten Meßmarke zum Einstellen der Bildpunkte besteht. Die Gerätekoordinaten x_k, y_k werden mit Hilfe der bekannten Sollwerte der ebenfalls gemessenen Rahmenmarken durch ebene Transformation (i. a. affin oder bilinear) in Bildkoordinaten umgewandelt. Hierdurch erfolgt zugleich eine Korrektur von Bilddeformationen.

Je nach Genauigkeitsansprüchen (Abschn. D 2.10.4.5) können Digitalisiertabletts (Standardabweichung der Bildkoordinaten $s_{x,y} = 0{,}02 - 0{,}2$ mm) oder photogrammetrische Präzisionsgeräte wie *Mono- bzw. Stereokomparatoren* und *Analytische Stereoauswertegeräte* ($s_{x,y} = 2 - 6$ μm) verwendet werden. ($s_{x,y}$ ist hier als globaler Wert zu betrachten,

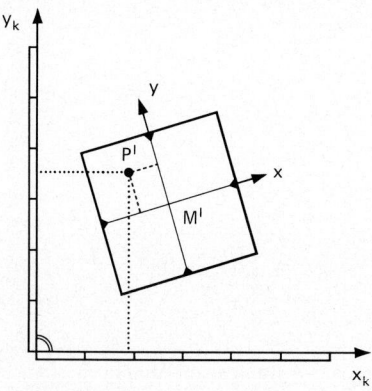

Bild D 2.10-8. Prinzip der Bildkoordinatenmessung mit einem XY-Digitalisiergerät.

in dem deterministische und stochastische Fehlereinflüsse zusammengefaßt sind.) Digitale Monokomparatoren ([D 2.10-7 und 16]), bei denen die Bildpunkte mit Hilfe einer CCD-Videokamera eingestellt werden, erlauben eine Automatisierung der Koordinatenmessung. Monoskopische Auswertung gemäß Bild D 2.10-8 genügt, wenn die Objektpunkte eindeutig definiert sind, also in der Regel durch Markierung signalisiert wurden. Andernfalls ist eine stereoskopische Betrachtung von Bildpaaren (Abschn. D 2.10.4.3) notwendig.

In einem analytischen Stereoauswertegerät wird die Transformation zwischen Bild- und Objektkoordinaten (Abschn. D 2.10.3.1) mit einem integrierten Prozeßrechner in Echtzeit ausgeführt. Der menschliche Beobachter (Auswerter) kann ein orientiertes Stereobildpaar (Stereomodell) des Objekts räumlich betrachten, die 3D-Koordinaten beliebiger, auch nicht markierter Punkte messen und Linien kontinuierlich abfahren. Werden die Bilder mit CCD-Kameras abgetastet, so ist die automatische Erfassung von Oberflächen durch Korrelation homologer Bildpunkte möglich ([D 2.10-17]).

D 2.10.4.5 Genauigkeit der photogrammetrischen Objektrekonstruktion

Nimmt man an, daß das Objekt in einer Ebene XY parallel zur Bildebene liegt, so ist die Genauigkeit in dieser Ebene proportional zum Bildmaßstab M_b, d. h. dem Verhältnis der Kammerkonstante c_k zur Objektentfernung E:

$$s_{X,Y} = \frac{1}{M_b} s_{x,y} = \frac{E}{c_k} s_{x,y} \qquad \text{(D 2.10-6).}$$

Die Standardabweichung s_x bzw. s_y der Bildkoordinaten kann – bei Messung an einem Präzisionsgerät (Abschn. D 2.10.4.4) – zu $s_{x,y} = 2 - 6\,\mu\text{m}$ angesetzt werden. Verwendet man eine Kammer mit größerem c_k (also mit längerer Brennweite) oder verringert die Aufnahmeentfernung bei gleichbleibender Kammerkonstante, so erhöht dies die Genauigkeit. In beiden Fällen wird allerdings der auf einer Aufnahme abgebildete Objektbereich verkleinert.

Liegen zwei Aufnahmen vor, so läßt sich die Entfernung E zum Objekt berechnen. Eine brauchbare Abschätzung für den mittleren Entfernungsfehler ergibt sich aus

$$s_E = s_Z = \frac{E}{c_k} \frac{E}{B} s_{\Delta x} \quad \text{mit } s_{\Delta x} \cong s_{x,y} \quad \Delta x = x_1 - x_2 \qquad \text{(D 2.10-7).}$$

Neben der Proportionalität zum Bildmaßstab zeigt sich hier eine Abhängigkeit von der Aufnahmekonfiguration. Je größer der Abstand B der beiden Aufnahmen gewählt wird, desto präziser kann die Entfernung bestimmt werden (s. Abschn. D 2.10.4.3). Bei einem Verhältnis $E:B$ von etwa $1:1$ ist die Genauigkeit in allen drei Koordinatenrichtungen gleich.

D 2.10.5 Anwendungsbeispiel

Deformationen, die während der Fertigung eines Bauteils einer Fahrzeugkarosserie auftreten, sollen ermittelt werden. An zwei Zeitpunkten werden hierfür die räumlichen Koordinaten von 40 am Objekt befestigten Zielmarken photogrammetrisch bestimmt. Bezieht man die dreidimensionalen Punktfelder beider Objektzustände auf das gleiche, als stabil vorgegebene Referenzsystem, so erhält man durch Differenzbildung die Deformationen.

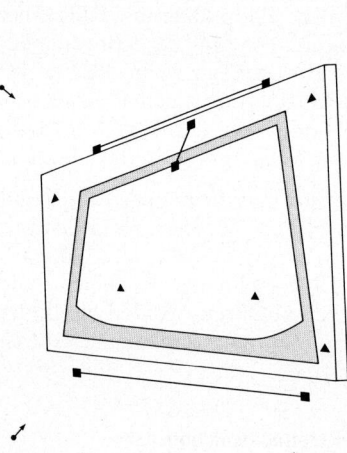

Bild D 2.10-9. Aufnahmeanordnung.

Bild D 2.10-9 zeigt das auf einer Stahlplatte zur Montage vorbereitete Bauteil, fünf Referenzpunkte, drei im Objektraum angeordnete Strecken bekannter Länge und vier frei stationierte Aufnahmeorte (Aufnahmeentfernung ca. 2,3 m; Abstand der Aufnahmeorte und Objektbreite ca. 1,6 m). Mit einer Teil-Meßkammer (Bildformat $6 \times 6\,\text{cm}^2$; 50 mm-Objektiv) wird von jedem Standpunkt eine konvergent auf das Objekt gerichtete Aufnahme hergestellt. Hinzu kommen auf zwei Standpunkten je eine um 200 gon gedrehte Aufnahme (Drehung um Z' in Bild D 2.10-4). Die Arbeiten vor Ort sind in wenigen Minuten durchführbar. Nach der monoskopischen Ausmessung der Bilder werden die Netzparameter durch Bündelausgleichung berechnet. Die Standardabweichung der Bildkoordinatenmessungen nach der Ausgleichung beträgt $s_{x,\,y} = 3\,\mu\text{m}$, die Standardabweichung der Objektkoordinaten $s_X = 0{,}11\,\text{mm}$, $s_Y = 0{,}10\,\text{mm}$, $s_Z = 0{,}17\,\text{mm}$. Die konvergenten und gedrehten Aufnahmen liefern ausreichende Information für eine Simultan-Kalibrierung der Aufnahmekammer ($s_{c_k} = 11\,\mu\text{m}$, $s_{x_H} = s_{y_H} = 5\,\mu\text{m}$). Die sechs Strahlenschnitte pro Objektpunkt gewährleisten eine hohe Zuverlässigkeit der Punktbestimmung.

D 2.10.6 Zusammenfassende Beurteilung

Die Photogrammetrie ist ein geeignetes Verfahren für die metrische Erfassung dreidimensionaler Objekte. Kennzeichnend sind die folgenden Vorteile:

- Berührungsfreie und rasche Erfassung der Meßdaten vor Ort.
- Simultane und flächenhafte Registrierung mit hoher Informationsdichte.
- Dokumentation des momentanen Objektzustandes, so daß eine Wiederholung bzw. Ergänzung der Auswertung jederzeit erfolgen kann.
- Ableitung von 3D-Daten mit hoher und über den ganzen Meßbereich homogener Genauigkeit.

Als Nachteil ist der zeitliche Abstand zu nennen, der in der Regel zwischen der Aufnahme und dem Vorliegen der Auswerteergebnisse besteht (s. aber Abschn. D 2.10.4.2).

D 3 Optische Einzelstellenverfahren

J. Knapp

D 3.1 Allgemeines

Im folgenden werden Verfahren und Geräte beschrieben, die Dehnungen, Verformungen oder Verschiebungen an wenigen ausgewählten Stellen des Meßobjekts auf optischem Wege berührungslos zu messen gestatten. Diese Verfahren kommen vorwiegend dann zum Einsatz, wenn ungünstige Umgebungsbedingungen, z. B. extreme Temperaturen oder starke elektromagnetische Felder, das Messen mit elektrischen Verfahren (Abschn. D 6) unmöglich machen oder wenn Rückwirkungsfreiheit erforderlich ist. Die physikalischen Prinzipien der Einzelstellenverfahren sind z. T. gleich oder ähnlich jenen der optischen Flächenverfahren (Abschn. D 2). Der gerätetechnische Aufwand ist jedoch wegen der Beschränkung auf einzelne Meßstellen meist geringer.

Zur Gruppe der optischen Einzelstellenverfahren gehören auch solche mit berührendem Meßprinzip, insbesondere faseroptische Verfahren [D 3.1-1 bis 4], die jedoch bisher noch nicht bis zur Anwendungsreife entwickelt sind und die deshalb hier nur der Vollständigkeit halber erwähnt seien.

Die optischen Einzelstellenverfahren sind als Fernmeßverfahren dadurch gekennzeichnet, daß das Meßobjekt und das Meßgerät räumlich voneinander getrennt vorliegen. Diese Trennung macht es möglich, ungünstige Umgebungsbedingungen von der empfindlichen Elektronik fernzuhalten.

Optische Dehnungsmeßgeräte messen die gesamte geometrische Dehnung einschließlich des durch Temperaturänderungen hervorgerufenen Anteils, der für die experimentelle Spannungsanalyse meist uninteressant ist. Eine direkte Kompensation des thermischen Dehnungsanteils innerhalb des Sensors, wie z. B. bei temperaturkompensierten DMS, ist kaum möglich. Bei mehrkanaligen Geräten kann jedoch – wie bei der DMS-Technik – eine mechanisch unbeanspruchte Vergleichsstelle zur Kompensation des Temperatureinflusses benutzt werden, evtl. auch zur Kompensation anderer Störeinflüsse, z. B. von Abstandsänderungen. Dies erfordert jedoch einen kompletten zusätzlichen Meßkanal. Oft ist es am einfachsten, die Temperatur zu messen und den Temperatureinfluß mittels Rechnung nachträglich zu berücksichtigen.

Optische berührungslose Verfahren sind nur anwendbar, wenn für genügende „Sichtbarkeit" der Meßstellen gesorgt ist. Erschwerend sind gegenständliche Sichthindernisse, Staub, Rauch, Schmutzablagerung, turbulente Luftströmungen (vor allem an heißen Objekten) und ungenügend planparallele, verschmutzte oder beschlagene Sichtscheiben.

Ein weiteres Problem sind die kaum vermeidbaren Relativbewegungen zwischen dem Meßobjekt und der meist getrennt davon aufgestellten Meßkamera. Solche Bewegungen (rigid body motions), die nicht mit der Verformung des Meßobjekts selbst zusammenhängen, muß man im Sinne der experimentellen Spannungsanalyse als Störgrößen ansehen. Ihre Amplituden sind oftmals von gleicher Größenordnung oder sogar größer als die verformungsbedingten Wege bzw. Wegdifferenzen. Bei der Abschätzung solcher Störbewegungen kann außer deren Betrag auch die Richtung von Bedeutung sein. Neben translatorischen können u. U. auch rotatorische Bewegungen auftreten.

D 3.2 Interferenzoptische Verfahren

D 3.2.1 Meßprinzip

Bei diesen Verfahren wird die Beugung des Lichtes an feinstrukturierten Mustern der Oberfläche des Meßobjekts ausgenutzt. Dazu richtet man einen monochromatischen, kohärenten Lichtstrahl auf das Objektmuster. Das zurückgeworfene, gebeugte Licht verläßt das Objekt unter verschiedenen Winkeln, die von der Ordnung der Beugung, der Wellenlänge und von der Geometrie der Struktur abhängen. Da die Geometrie eine Funktion der Dehnung ist, kann – bei sonst konstanten Parametern – die Dehnung aus den Ausfallwinkeln ermittelt werden.

Ein besonderer Vorteil dieses Prinzips besteht darin, daß die Dehnung auf einem nahezu punktförmigen Gebiet ermittelt wird. Die Signalumformung hängt nicht von der Größe des Lichtflecks am Meßobjekt ab, solange dieser größer als die „Strukturbreite" des Objektmusters ist.

In Bild D 3.2-1 sind drei verschiedene Meßanordnungen dargestellt. In allen Fällen wird das Objektmuster 0 von einem Laser L in Richtung der Flächennormalen beleuchtet. Zur Auswertung verwendet man jeweils zwei zurückgeworfene und zueinander spiegelsymmetrische Strahlen. Bei der Anordnung nach Bild D 3.2-1 a [D 3.2-1] gelangen die beiden Strahlen über zwei feststehende Umlenkspiegel S auf ein lineares Diodenarray LA und erzeugen dort zwei eng benachbarte Lichtpunkte, deren Abstand ein Maß für die Dehnung in z-Richtung ist. Dieses Differentialprinzip ist invariant gegenüber Bewegungen in z-Richtung, da diese gleichsinnige Verschiebungen der Lichtpunkte verursachen.

Bei der Anordnung in Bild D 3.2-1 b ist jedem der beiden Kanäle ein eigenes Diodenarray zugeordnet [D 3.2-2]. Dadurch entfallen die Umlenkspiegel, und die Auflösung kann bei gleichem Arraytyp um den Faktor zwei gegenüber Bild D 3.2-1 a gesteigert werden, da

a)

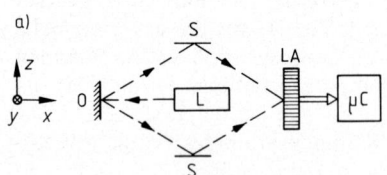

b)

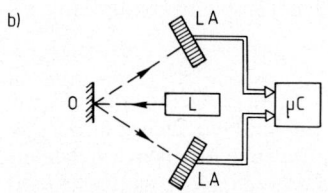

c)

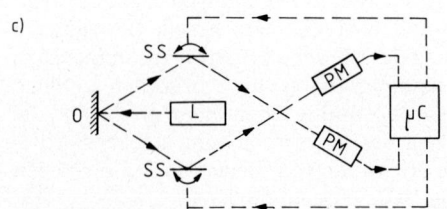

Bild D 3.2-1. Interferenzoptische Verfahren.
a) Verfahren nach *Dorenwendt* [D 3.2-1].
b) Verfahren nach *Yamaguchi* [D 3.2-2].
c) Verfahren nach *Guillot* u. *Sharpe* [D 3.2-3].
L   Laser,
LA   lineares Diodenarray,
O   Objektmuster,
PM   Photomultiplier,
S   Spiegel,
µC   Mikrocomputer,
SS   Servospiegel

hier für die Verschiebung der Lichtpunkte jeweils die volle Länge des Arrays zur Verfügung steht.

In der Anordnung in Bild D 3.2-1 c sind als Empfänger an Stelle von Diodenzeilen Photomultiplier in Verbindung mit Servodrehspiegeln verwendet, wobei die Strahlwinkel sich aus den Positionen der Spiegel ergeben [D 3.2-3].

D 3.2.2 Beugung an einem Gitter

Der Beugungseffekt ist am ausgeprägtesten bei einer periodischen Struktur des Objektmusters. Für einachsige Dehnungsmessungen bietet sich insbesondere die *Gitterstruktur* an, wobei die Gitterlinien senkrecht zur Meßrichtung anzuordnen sind. Zur Herstellung und Anbringung der Gitter lassen sich die bei den Moiréverfahren (Abschn. D 2.5) üblichen Techniken [D 3.2-4; 5] anwenden. Die Gitter müssen jedoch mit Rücksicht auf den Beugungseffekt hinreichend fein sein. Mit 50 Linien/mm läßt sich eine Auflösung von 30 µm/m erzielen [D 3.2-1]. *Amplitudengitter* (mit abwechselnd blanken und matten Streifen) liefern schwächere Beugungsmuster als *Phasengitter* (transparente $\lambda/4$-Stege auf spiegelnder Fläche), bei denen die gesamte Fläche zur Beugung beiträgt. Phasengitter lassen sich nach dem Photoresistverfahren mittels Photolack herstellen und sind bis 300 °C einsetzbar [D 3.2-4]. Relativbewegungen in y- und z-Richtung haben geringen Einfluß, solange das Gitter nicht aus dem Gesichtsfeld herauswandert. Das Gitter kann meist größer gemacht werden als der „Brennfleck".

D 3.2.3 Beugung an Unregelmäßigkeiten (Speckle)

Das Prinzip des Laser-Speckle-Dehnungsmeßgeräts [D 3.2-2] ist mit dem obenbeschriebenen Beugungsgitterverfahren eng verwandt. An Stelle des Gitters werden hier die immer vorhandenen Unregelmäßigkeiten der Oberfläche als Objektmuster verwendet (Abschn. D 2.8). Die Beugungsbilder sind dementsprechend unregelmäßig und wegen der fehlenden Periodizität relativ schwach. Zur Bestimmung der Dehnung (mit einer Auflösung von einigen 10 µm/m) aus der Verschiebung der beiden Beugungsbilder ist eine aufwendige Kreuzkorrelation mit Rechenzeiten von einigen Sekunden erforderlich. Verschiebungen in y- und z-Richtung haben geringen Einfluß, solange die Meßstelle von einer Messung bis zur nächsten nicht vollständig aus dem „Brennfleck" herauswandert.

D 3.2.4 Beugung an einem Punktpaar

Zur Messung von Dehnungen an Kerben dient ein von *M. W. Guillot* und *W. N. Sharpe* [D 3.2-3] entwickeltes Verfahren mit zwei im Abstand von 0,1 mm angebrachten Markierungen. Es handelt sich um pyramidenförmige Eindrücke, die mit einem Härteprüfgerät erzeugt werden. Es entstehen dabei regelmäßige Beugungsmuster mit ausgeprägten Maxima, deren Positionsbestimmung Rechenzeiten von weniger als 100 ms erfordert. Mit dieser Einrichtung wurde an Stahlproben bis 260 °C mit einer Auflösung von 165µm/m und einem relativen Fehler von 5% gemessen.

D 3.3 Geometrisch-optische Verfahren

D 3.3.1 Meßprinzip

Die im folgenden beschriebenen Geräte und Verfahren beruhen auf Prinzipien der geometrischen Optik. Interferenzerscheinungen, wie Beugungen an Gittern oder der Speckle-Effekt, sind hier meist störend. Deshalb kommen vorwiegend breitbandige Lichtquellen und gröbere Objektmuster zum Einsatz. Alle Geräte dieser Kategorie sind wie Kameras aufgebaut; sie unterscheiden sich im wesentlichen durch die Art des zu verfolgenden Objektmusters und durch das Sensorprinzip. Alle Geräte sind Wegaufnehmer, d. h., sie messen die Verschiebung des Objektmusters in einer zur optischen Achse senkrechten Richtung. Dehnungen können daher nur indirekt als Differenzen von Verschiebungen bestimmt werden. Dehnungsmeßgeräte müssen also mindestens zwei Meßkanäle haben. Der Abstand der beiden für eine Dehnungsmessung ausgewählten Meßstellen, die sog. Meßlänge, kann mit Rücksicht auf die Genauigkeit nicht beliebig verkleinert werden. Eine „punktförmige" Dehnungsmessung ist mit geometrisch-optischen Mitteln nicht möglich.

In Bild D 3.3-1 sind zwei mögliche Meßprinzipien dargestellt. Die zweiäugige Kamera (Bild D 3.3-1 a) besteht aus zwei vollständigen Wegaufnehmern, die der mechanischen Stabilität wegen zu einer Geräteeinheit zusammengebaut sind. Da die beiden optischen Achsen zueinander parallel liegen, haben Änderungen des Abstands zwischen Objekt und Gerät keinen Einfluß, solange der Toleranzbereich der Schärfentiefe nicht überschritten wird. Dagegen ist das einäugige System (Bild D 3.3-1 b) sehr empfindlich gegenüber Abstandsänderungen. Eine relative Änderung des Abstands von nur 0,1% verursacht einen Fehler von 1000 μm/m. Für die Messung kleiner Dehnungen ist die einäugige Meßkamera (Bild D 3.3-1 b) meist ungeeignet. Der Aufwand steigt bei dem System nach Bild D 3.3-1 a proportional zur Anzahl der Meßkanäle; mehrkanalige Dehnungsmessungen an eng benachbarten Meßstellen sind wegen der Baugröße der Kameras auch kaum möglich. Dagegen bietet das System nach Bild D 3.3-1 b gerade für mehrkanalige Anwendungen erhebliche Vorteile: mit einer einzigen Meßkamera kann u. U. ein ganzes Feld von Meßstellen erfaßt werden.

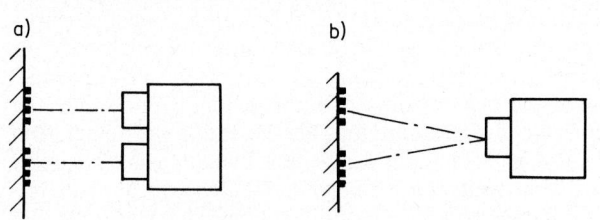

Bild D 3.3-1. Optische Dehnungsmessung.
a) Zweiäugige Dehnungsmessung.
b) Einäugige Dehnungsmessung.

D 3.3.2 Verfolgung von Schwarzweißkanten

Ein handelsübliches Extensometer [D 3.3-1] zur Verfolgung zweier Schwarzweißkanten entspricht dem in Bild D 3.3-1 a dargestellten Typ. Das Prinzip der Wegmessung ist in Bild D 3.3-2 wiedergegeben. Jeder der beiden Wegaufnehmer enthält eine Photokatode c, die das optische Bild in ein elektronenoptisches Bild umwandelt, eine Lochblende d, auf deren Ebene das elektrische Bild fokussiert ist, eine mit hochfrequenter Wechselspannung gespeiste, magnetische Ablenkeinheit e, einen Photomultiplier f und einen Phasenregelkreis. Der Regelkreis beeinflußt die Gleichkomponente des Ablenksignals so, daß das Bild der Schwarzweißkante symmetrisch um die Lochblende herum schwingt. Auf Grund des Kompensationsprinzips beträgt der Linearitätsfehler < 0,2% des Wegmeßbereichs. Je nach Objektiv ist ein Abstand zwischen Objektiv und Objekt von z. B. 70 mm oder 2000 mm möglich, wobei der Wegmeßbereich 0,7% bzw. 5% dieses Abstands beträgt. Die Auflösung liegt bei 0,008% des Meßbereichs im Fall quasistatischer Messungen. Als obere Grenzfrequenz ist 400 kHz möglich, wobei allerdings eine Verschlechterung der Auflösung um rund den Faktor 50 hingenommen werden muß. Das Gerät ist deshalb auch für extrem schnelle Vorgänge geeignet, z. B. für Stoßbeanspruchung. Die durch die Bauart festgelegte Meßlänge von 75 mm kann durch Zusatzgeräte mit Umlenkprismen, sog. Meßlängenadaptern, auch verkleinert werden.

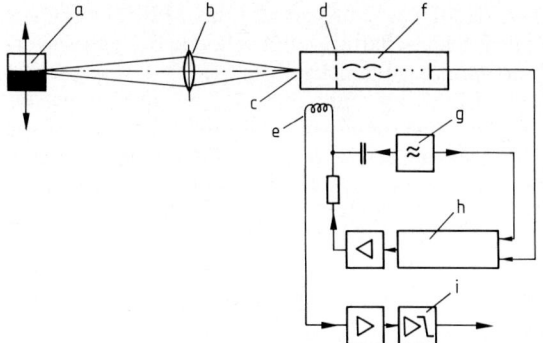

Bild D 3.3-2. Elektrooptischer Wegaufnehmer [D 3.3-1].
a Meßfläche, b Objektiv, c Fotokathode, d Lochblende, e Ablenkeinheit, f Photomultiplier, g Generator, h Phasendetektor, i Tiefpaß

Grundsätzlich lassen sich zur Verfolgung von Schwarzweißkanten auch andere Sensorprinzipien, z. B. lineare *Diodenarrays* anwenden. Bei typischen handelsüblichen Linearrays sind 1024 Dioden im Abstand von 18 µm auf einem Chip untergebracht. Es sind Abtastfrequenzen bis zu 10 MHz möglich, so daß jede Diode bis zu 10 000mal je Sekunde abgefragt werden kann. Dem entspricht eine Signalbandbreite von einigen wenigen kHz. Die Auflösung ist durch das Raster der Dioden sowie durch den Abbildungsmaßstab des Objektivs begrenzt. Die Auflösung kann über diese Grenzen hinaus gesteigert werden, wenn an Stelle einer einfachen Schwellwertlogik ein Auswerteverfahren angewandt wird, bei dem man die Signale mehrerer im Übergangsbereich einer Kante liegenden Dioden berücksichtigt. Die Empfindlichkeiten der Dioden können jedoch Streuungen von einigen % aufweisen, so daß u. U. individuelle Korrekturfaktoren notwendig sind. Eine derartige Interpolation kann – sofern sie in Realzeit durchgeführt wird – die obere Grenzfrequenz um Größenordnungen herabsetzen.

Die Methode der Kantenverfolgung mit linearen Diodenarrays wurde an konduktiv beheizten Metallproben bei Temperaturen bis 3000 °C mit Erfolg angewandt [D 3.3-2]. Dafür geeignete Markierungen lassen sich aus Keramik herstellen. Die Eigenstrahlung des Objekts kann durch schmalbandige Interferenzfilter, die auf den zur Beleuchtung verwendeten Laser abgestimmt sind, unterdrückt werden.

D 3.3.3 Verfolgung gesteuerter Punktlichtquellen

Positionsempfindliche Siliziumphotodioden [D 3.3-3; 4] sind großflächige analoge Detektoren zur Bestimmung der Position eines einzelnen Lichtpunktes. Ihre Wirkung beruht darauf, daß der Photostrom sich entsprechend der Entfernung des Lichtpunktes von den am Rand angebrachten Elektroden aufteilt. Das Verhältnis aus der Differenz und der Summe der in gegenüberliegenden Elektroden fließenden Ströme $(i_1 - i_2)/(i_1 + i_2)$, ist proportional der Entfernung des Lichtpunktes von der Mittenposition, unabhängig von der Intensität und Größe des Lichtpunktes. Die lichtempfindliche Fläche ist bei einachsigen bzw. zweiachsigen Sensoren rechteckig länglich bzw. quadratisch und mit zwei Randelektroden an den kurzen Kanten bzw. mit vier Randelektroden versehen.

Das Objektmuster wird aus einem oder mehreren hellen Punkten gebildet, vorzugsweise durch Infrarotlicht emittierende Dioden (IRED), welche am Objekt zu befestigen sind. Bei mehrkanaligem Betrieb werden die einzelnen Dioden in schneller Folge nacheinander zum Leuchten gebracht. Bild D 3.3-3 ist die einachsige Prinzipskizze eines vierkanaligen, einäugigen Geräts mit positionsempfindlichem Detektor [D 3.3-5]. Die Kanalanzahl kann bis auf 16 erweitert werden. Die Auflösung beträgt 0,02%. Der Linearitätsfehler liegt im Zentrum unter 1%, an den Rändern bei 2%. Die Sensoren haben obere Grenzfrequenzen von bis zu 30 kHz; das Gerät ist jedoch – bedingt durch das Multiplexprinzip, die notwendige Filterung und die analoge Rechenschaltung – für schnelle Bewegungsvorgänge (> 30 Hz) ungeeignet. Die Meßanordnung entsprechend Bild D 3.3-3 ist wegen des einäugigen Prinzips und wegen der großen Linearitätsfehler nur für große Dehnungen als Dehnungsmeßgerät brauchbar. Für Anwendungen bei hoher Temperatur können die Dioden und ihre Zuleitungen durch Lichtleiter ersetzt werden; die Dioden sind dann in der Kameraelektronik unterzubringen.

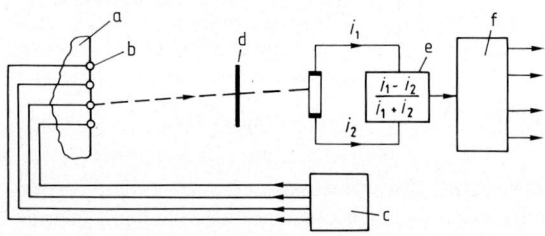

Bild D 3.3-3. Meßgerät mit positionsempfindlichem Detektor [D 3.3-5].
a Meßobjekt, b Infrarot-Dioden, c Multiplexer, d Objektiv, e Rechenschaltung, f Demultiplexer

D 3.3.4 Verfolgung von Gittern

Strichgitter sind als Objektmuster besonders geeignet, weil

– der Meßbereich bei gleichbleibendem absoluten Fehler im Prinzip beliebig erweiterbar ist,

– unter Ausnutzung des Moiréeffekts großflächige Detektoren mit hohem Signal/Rausch-Verhältnis verwendbar sind,

– die Verzerrungen des Abbildungssystems nicht als Linearitätsfehler wirken, solange die Gitterperiode klein im Vergleich zum Gesichtsfeld ist.

Verfahren zur optischen Abtastung von Strichlinealen bzw. Strichscheiben für die Weg- bzw. Winkelmessung sind in der Fertigungsmeßtechnik weit verbreitet [D 3.3-6]. Kennzeichnend für diese Technik ist die hohe Liniendichte der Gitter. Die daraus resultierenden Anforderungen an die Auflösung des optischen Abbildungssystems lassen sich i. a. leicht erfüllen, da die Abstände zwischen Objekt- und Referenzgitter gering sind und immer vorhandene mechanische Führungen nur einen Freiheitsgrad der Bewegung zulassen, was Abstandsänderungen ausschließt. Da diese Voraussetzungen bei der berührungslosen Dehnungsmessung nicht gegeben sind, müssen gröbere Gitter zum Einsatz kommen. Eine ausreichende Auflösung läßt sich dann jedoch nur mit einem entsprechend verfeinerten Interpolationsverfahren erzielen. Ein derartiges Meßprinzip ist in Bild D 3.3-4 dargestellt [D 3.3-7]. Ein am Objekt a befestigtes, reflektierendes Gitter b mit der

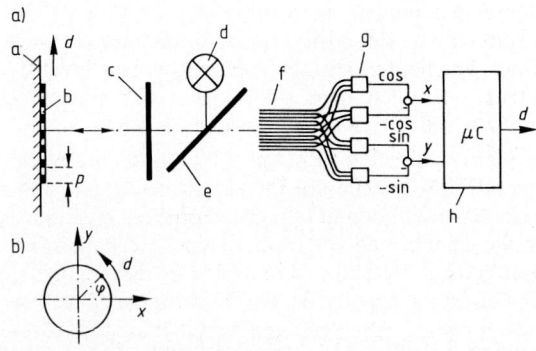

Bild D 3.3-4. Wegaufnehmer mit faseroptischem Array [D 3.3-7].
a) Meßaufbau.
b) Kreisdarstellung.
a Objekt, b Gitter, c Objektiv, d Lichtquelle, e Strahlteiler, f Array, g Photodioden, μC Mikrocomputer

Periode p wird mit einem Objektiv c auf ein fasteroptisches Array f, bestehend aus den Enden von Lichtleitfasern, abgebildet. Zur Beleuchtung dient eine Lichtquelle d und ein Strahlteiler e. Die Schichten des Arrays f bilden vier ineinandergeschachtelte Teilgitter, an deren Ausgänge vier Photodioden g angeschlossen sind. Unter der Voraussetzung, daß die Periode des abgebildeten Gitters mit der des Arrays übereinstimmt, erhält man vier elektrische Signale, die jeweils um eine Viertelperiode gegeneinander versetzt sind. Durch analoge Subtraktion der zueinander gegenphasigen Signale werden die driftbehafteten Gleichanteile unterdrückt und die Wechselanteile verdoppelt. So verbleiben zwei um 90° gegeneinander phasenverschobene Signale x und y, die als näherungsweise sinusförmig betrachtet werden. Die graphische Darstellung von y über x (Bild D 3.3-4 b) ist ein Kreis, der bei einer Verschiebung d um eine Periode einmal durchlaufen wird. Ein Mikrocomputer berechnet aus dem Verhältnis x/y die Verschiebung d:

$$d = \frac{p}{2\pi} \arctan\left[\left|\frac{x}{y}\right|^{(-1)^q}\right] + N\frac{p}{4} \qquad \text{(D 3.3-1)}.$$

Dabei bedeutet q den aktuellen Quadranten und N die vorzeichenrichtig gezählte Anzahl der vorher durchlaufenen Quadranten. Das System ist in Verbindung mit geätzten Metallgittern für Weg- und Dehnungsmessungen bis 550 °C brauchbar. Die Auflösung bzw. der Linearitätsfehler entspricht 0,1% bzw. 1% der Gitterperiode.

D 3.3.5 Verfolgung beliebiger Muster mit TV-Kameras

Zur Messung von Wegen und Dehnungen eignen sich auch handelsübliche Fernsehkameras, sofern eine elektronische Schnittstelle zum Anschluß an ein dafür geeignetes Rechnersystem oder an spezielle Hardware mit direkter Ausgabe der weg- oder dehnungsproportionalen Signale zur Verfügung steht. Dabei ist man auf die Wahl des Objektmusters meist weniger festgelegt als bei den vorher beschriebenen Prinzipien.

Der Linearitätsfehler hochwertiger Vidiconkameras liegt bei 0,2% [D 3.3-8]. Die Auflösung ist in der vertikalen Richtung durch die Zeilenstruktur, bei Arraykameras zusätzlich auch in horizontaler Richtung durch die Pixelstruktur begrenzt. Die obere Grenzfrequenz beträgt höchstens 5 bis 10 Hz.

D 4 Röntgenographisches Verfahren

B. Scholtes

D 4.1 Formelzeichen

a	Gitterkonstante
a_+^ψ, a_-^ψ	Auswertekonstanten
f_A, f_B	Volumenanteile zweiter Phasen A und B
$\{h\,k\,l\}$	Millersche Indizes
$n, n_{1,2\ldots}$	Konstanten
$s_1, 1/2\,s_2$	Voigtsche Elastizitätskonstanten
x, y, z	Achsen des Koordinatensystems
A, B, C	Auswertekonstanten
B_L, B_V, B_T, B_0	Linienbreiten

$D, D_{\varphi,\psi}$	Gitterebenenabstand
D_0	Gitterebenenabstand spannungsfreier Kristallite
E	Elastizitätsmodul
F	Kraft
HWB	Interferenzlinienhalbwertsbreite
IB	Integralbreite
I	Intensität
I_0	einfallende Intensität
I_1	abgebeugte Intensität
L	Lot
L_k	kohärent streuender Bereich
N	Netzebenennormale
S	Schichtdicke
U	Röhrenspannung
Z	Ordnungszahl
$\theta, \theta_{\varphi,\psi}$	Bragg-Winkel
θ_0	Bragg-Winkel eines spannungsfreien Werkstoffs
v	Querkontraktionszahl
δ_{ij}	Kronecker-Symbol
$\varepsilon_{ij}, \varepsilon$	Dehnung
$\varepsilon_{\varphi,\psi}$	Dehnung in durch φ und ψ beschriebenen Richtungen
ε^G	Gitterdehnung
η_0	halbe Öffnung des Normalenkegels
λ	Wellenlänge der Röntgenstrahlung
μ	linearer Schwächungskoeffizient
ϱ	Dichte
σ, σ_{ij}	Spannung
$\sigma_{\varphi}, \sigma_{\varphi,\psi}$	Spannung in durch φ und ψ beschriebenen Richtungen
σ^{ES}	Eigenspannungen
σ	Streukoeffizient
τ	Absorptionskoeffizient
τ_ψ	Eindringtiefe der Röntgenstrahlung bei Verwendung eines ψ-Diffrakto-meters
τ_Ω	Eindringtiefe der Röntgenstrahlung bei Verwendung eines Ω-Diffrakto-meters
φ	Azimutwinkel
ψ	Distanzwinkel

D 4.2 Allgemeines

D 4.2.1 Einleitende Bemerkungen

Unter dem Begriff „röntgenographische Spannungsermittlung" (RSE) werden experimentelle Methoden und Verfahren zusammengefaßt, die die Bestimmung von Last- und/oder Eigenspannungen auf röntgenographischem Wege gestatten. Diese werden indirekt aus Gitterdehnungsmessungen an kristallinen Festkörpern unter Zuhilfenahme elastizitätstheoretischer Zusammenhänge ermittelt. Da die RSE praktisch das einzige Verfahren darstellt, mit dem Oberflächeneigenspannungszustände in Bauteilen vollkommen zerstörungsfrei quantitativ erfaßt werden können, kommt ihr eine besondere Bedeutung zu. Bei Anwendung geeigneter Abtrageverfahren sind auch Aussagen über die Tiefenverteilung von Eigenspannungen möglich.

Erste theoretische Ansätze der RSE gehen auf *G. J. Aksenov* [D 4.2-1] zurück. Die heute anzutreffende weite Verbreitung des Verfahrens sowohl für grundlagen- als auch anwendungsorientierte Untersuchungen ist nicht zuletzt auf entscheidende apparative Verbesserungen zurückzuführen, die im Laufe der Zeit erzielt wurden. Dazu zählt die Erfindung von Zählrohren durch *H. Geiger* und *W. Müller* im Jahre 1928 [D 4.2-2] sowie des Zählrohrgoniometers durch *L. Lindemann* und *A. Trost* [D 4.2-3], wodurch das zeitaufwendige und umständliche Arbeiten mit Röntgenfilmen vermeidbar wurde. Auch die Einführung des ψ-Diffraktometers durch *U. Wolfstieg* [D 4.2-4], das bei der Spannungsanalyse gegenüber der herkömmlichen Ω-Anordnung bestimmte Vorteile aufweist, ist zu nennen. Einen wichtigen Schritt bei der Entwicklung eines den Anforderungen der Praxis entsprechenden Auswerteverfahrens stellte die Einführung des $\sin^2 \psi$-Verfahrens durch *E. Macherauch* und *P. Müller* dar [D 4.2-5]. Heute werden vielfach rechnergesteuerte und weitgehend automatisierte Diffraktometereinrichtungen verwendet, die auch die Erledigung komplexer Meßaufgaben gestatten [D 4.2-6]. Über die zweckmäßige Durchführung und Auswertung der Messungen liegen zusammenfassende Arbeiten vor (z. B. [D 4.2-7; 8]), die den vorhandenen Kenntnisstand wiedergeben und einen Einblick in die vielfältigen Anwendungsbereiche gestatten.

D 4.2.2 Festlegungen zu den verwendeten Eigenspannungsbegriffen

Die Besonderheiten der röntgenographischen Spannungsermittlung und ihr hauptsächlicher Einsatz zur Analyse von Eigenspannungszuständen machen einige grundlegende Bemerkungen zu den verwendeten Eigenspannungsbegriffen notwendig.

Eigenspannungen (ES) sind Spannungen in einem als abgeschlossenes System zu betrachtenden Bauteil, auf das keine äußeren Kräfte und/oder Momente einwirken. Spannungen, die durch nichtmechanische Einwirkungen von außen hervorgerufen werden (z. B. als Folge von Temperaturgradienten), werden dabei wie Lastspannungen behandelt, auch wenn sie als Folge stationärer Bedingungen auftreten. Aus der Definition folgt unmittelbar, daß die mit Eigenspannungen verbundenen inneren Kräfte und/oder Momente im mechanischen Gleichgewicht stehen.

Im Schrifttum wird der verwendete Eigenspannungsbegriff sowohl hinsichtlich der Eigenspannungsentstehung (ursachenbezogener Eigenspannungsbegriff) als auch der verwendeten Meßverfahren (verfahrensbezogener Eigenspannungsbegriff) differenziert. Eine ursachenbezogene Betrachtung vorliegender Eigenspannungszustände ist sicher von grundsätzlichem Interesse, liefert jedoch nicht alle zu ihrer Bewertung notwendigen Informationen. Das gleiche gilt für Eigenspannungsdefinitionen, die an das verwendete Meßverfahren gekoppelt sind. Auch sie können naturgemäß nur die mit dem jeweiligen Verfahren verbundenen Besonderheiten wiederspiegeln, ohne weiterführende Aussagen zu ermöglichen. Sinnvoll erscheint eine „objektbezogene" Eigenspannungsdefinition, die auf die im untersuchten Werkstoffvolumen vorliegenden strukturmechanischen Gegebenheiten zurückgreift. Sie benutzt, unabhängig von der Entstehungsursache vorliegender Eigenspannungen und möglichen Verfahren zu ihrer Ermittlung, deren örtliche Verteilung im Werkstoffvolumen als Unterscheidungskriterium und wurde im Grundsatz erstmals von *G. Masing* [D 4.2-9] formuliert. Eine dem heutigen Kenntnisstand entsprechende zweckmäßige Definition des Eigenspannungsbegriffs stammt von [D 4.2-10]. Demnach werden Eigenspannungen in solche erster, zweiter und dritter Art eingeteilt. Eigenspannungen erster Art sind über größere Werkstoffbereiche, z. B. mehrere Kristallite eines Vielkristalls, konstant. Eigenspannungen zweiter Art dagegen sind nur über kleine Werkstoffbereiche, z. B. Einzelkristallite, nahezu homogen. Eigenspannungen dritter Art schließlich sind auch über kleinste Werkstoffbereiche, z. B. mehrere Atomabstände, inhomogen. Der örtlich vorliegende Eigenspannungszustand setzt sich stets aus den drei genannten Eigenspannungsanteilen zusammen, so daß

$$\sigma^{ES} = \sigma_I^{ES} + \sigma_{II}^{ES} + \sigma_{III}^{ES} \tag{D 4.2-1}$$

gilt. Dabei können σ_I^{ES} und σ_{II}^{ES} gegebenenfalls null sein. Vollständig eigenspannungsfreie Festkörper existieren grundsätzlich nicht.

In der Regel werden Eigenspannungen erster Art auch als Makroeigenspannungen, Eigenspannungen zweiter und dritter Art zusammenfassend als Mikroeigenspannungen bezeichnet. Die obengenannte Definition ist problemlos auch auf mehrphasige Werkstoffe übertragbar. Bild D 4.2-1 gibt die bei einem aus den Phasen A und B bestehenden zweiphasigen Werkstoff vorliegenden Verhältnisse schematisch wieder. Im Unterschied zu einphasigen Werkstoffen ergeben sich dort phasenspezifische Eigenspannungen zweiter und dritter Art, während die Eigenspannungen erster Art als Mittelwerte über relativ große Werkstoffbereiche definitionsgemäß phasenunabhängig sind. Wichtig ist, daß in diesem Fall für die röntgenographische Spannungsermittlung auf Grund der Selektivität der Methode (vgl. Abschn. D 4.3.2) weder die Eigenspannungen erster Art noch die Eigenspannungen zweiter Art einer Messung direkt zugänglich sind. Vielmehr werden die Phaseneigenspannungen $\sigma_{P,A}^{ES}$ und $\sigma_{P,B}^{ES}$ der beiden Phasen A und B gemessen, wobei

$$\sigma_{P,A}^{ES} = \sigma_{II,A}^{ES} + \sigma_I^{ES} \tag{D 4.2-2}$$

und

$$\sigma_{P,B}^{ES} = \sigma_{II,B}^{ES} + \sigma_I^{ES} \tag{D 4.2-3}$$

gilt. Dabei muß gewährleistet sein, daß die Spannungsterme Mittelwerte über hinreichend große Volumenbereiche darstellen. Kennt man den Volumenanteil f_B der zweiten Phase, so lassen sich mit Hilfe der zusätzlichen Gleichgewichtsbedingung

$$(1 - f_B)\,\sigma_{II,A}^{ES} + f_B\,\sigma_{II,B}^{ES} = 0 \tag{D 4.2-4}$$

die Eigenspannungen erster und Mittelwerte der Eigenspannungen zweiter Art getrennt ermitteln.

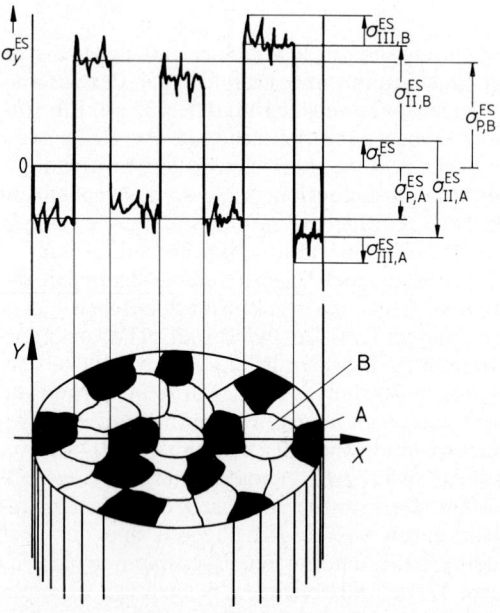

Bild D 4.2-1. Überlagerung von Eigenspannungen erster, zweiter und dritter Art in einem zweiphasigen Werkstoff mit den Phasen A und B (schematisch).

Die Tatsache, daß röntgenographisch in mehrphasigen Werkstoffen Last- bzw. Eigenspannungen in einzelnen Phasen getrennt ermittelt werden können, ist ein wichtiges Merkmal der röntgenographischen Spannungsmeßtechnik und von erheblicher grundlegender und praktischer Bedeutung.

D 4.3 Physikalisches Prinzip

D 4.3.1 Erzeugung von Röntgenstrahlen

Unter Röntgenstrahlen versteht man eine elektromagnetische Strahlung, die in den meisten praktischen Fällen im Wellenlängenbereich $4 \cdot 10^{-3}$ nm $\leq \lambda \leq 1,2$ nm liegt. Sie kann durch Beschuß von Materie (Anode) mit Elektronen erzeugt werden und wurde 1895 erstmals von *W. C. Röntgen* beobachtet [D 4.3-1]. Das Wellenlängenspektrum der dabei entstehenden Röntgenstrahlen setzt sich aus der Bremsstrahlung sowie der charakteristischen Strahlung zusammen. Das Bremsspektrum entsteht beim Abbremsen der auf die Materie auftreffenden Elektronen, wobei für die beobachteten Wellenlängen

$$\lambda_{min} = \frac{1,24 \text{ nm}}{U/kV} \qquad (D\,4.3\text{-}1)$$

und

$$\lambda_{I\,max} \approx 1,4\,\lambda_{min} \qquad (D\,4.3\text{-}2)$$

gilt (λ_{min} kürzeste Wellenlänge der Bremsstrahlung; $\lambda_{I\,max}$ Wellenlänge mit der höchsten Intensität der Bremsstrahlung; U Röhrenspannung). Die charakteristische Strahlung wird dadurch erzeugt, daß die auf das Anodenmaterial auftreffenden primären Elektronen sekundäre Elektronen herausschlagen. Deren freiwerdende Plätze werden von ternären Elektronen aus energetisch höheren Niveaus besetzt, die dabei ihre Energie z. T. in Form von Röntgenstrahlung einer bestimmten Wellenlängenverteilung abgeben. Man spricht von K-Strahlung, wenn ternäre Elektronen auf der K-Schale freigewordene Plätze wiederbesetzen; entsprechend wird L-Strahlung usw. definiert. Bei einer genaueren Betrachtung der vorliegenden Verhältnisse, für die detaillierte Kenntnisse über die Struktur der Elektronenhülle notwendig sind, läßt sich die charakteristische Strahlung noch stärker in einzelne Strahlungsanteile differenzieren. Als stärkste Linien im Röntgenspektrum treten die sog. Kα- und Kβ-Linien auf.

Tabelle D 4.3-1 Wellenlängen der K-Eigenstrahlungen verschiedener Anodenmaterialien sowie Angaben über geeignete Filterwerkstoffe und deren Dicken.

Spektrallinien	Anodenmaterialien						
	Chrom	Mangan	Eisen	Kobalt	Kupfer	Molybdän	Silber
Kα_1 in nm	0,2289649	0,2101747	0,1935979	0,1788893	0,1540501	0,0709261	0,055936
Kα_2 in nm	0,2293531	0,2105735	0,1939923	0,1792801	0,1544345	0,0713543	0,056378
Kβ_1 in nm	0,2084789	0,1910051	0,1756554	0,1620703	0,1392156	0,0632253	0,049701

	Filterwerkstoffe						
	Vanadium	Chrom	Mangan	Eisen	Nickel	Zirkon	Palladium
Dicke in mm	0,016	0,016	0,016	0,018	0,021	0,108	0,079

D Besondere Verfahren

Zur Erzeugung von Röntgenstrahlen für die röntgenographische Spannungsanalyse werden in der technischen Praxis meist Röntgenröhren mit bestimmten, dem Meßproblem angepaßten Anodenwerkstoffen und -abmessungen verwendet. Tabelle D 4.3-1 gibt die für die Spannungsmessung wichtigsten Anodenmaterialien sowie die interessierenden Daten über die entstehenden Röntgenspektren an. Zusätzlich sind Angaben zu Filtermaterialien enthalten, die eine hinreichende Unterdrückung des Kβ-Anteils der charakteristischen Strahlung sowie eines Anteils der Bremsstrahlung gestatten, wie es für die röntgenographische Spannungsmessung erwünscht ist.

D 4.3.2 Wechselwirkung zwischen Röntgenstrahlung und kristallinen Festkörpern

Die Fähigkeit der Röntgenstrahlen, für sichtbares Licht undurchdringbare Materialien unter Abschwächung zu durchdringen, gehörte nach ihrer Entdeckung zu ihren aufregendsten Eigenschaften. Beim Durchgang durch Materie werden Röntgenstrahlen durch die Elementarprozesse Absorption und Streuung geschwächt. Geht man von monochromatischer Röntgenstrahlung aus, so spielt dabei das durchstrahlte Material und die Schichtdicke eine Rolle. Allgemein gilt für das Verhältnis zwischen eingestrahlter Röntgenintensität I_0 und durch eine Materieschicht der Dicke S durchgedrungener Intensität I_1 die Beziehung

$$I_1/I_0 = e^{-\mu S} \qquad\qquad (D\,4.3\text{-}3).$$

Dabei ist μ der lineare Schwächungskoeffizient des betreffenden Materials, der sich aus der Summe aus Absorptionskoeffizient τ und Streukoeffizient σ ergibt, so daß

$$\mu = \tau + \sigma \qquad\qquad (D\,4.3\text{-}4)$$

gilt. In Tabellenwerken findet man meist auf die Dichte ϱ des jeweiligen Materials bezogene Werte μ/ϱ, die Massenschwächungskoeffizienten heißen. Sie sind vom Aggregatzustand der Materie unabhängig.

Beim Elementarprozeß der Absorption verschwindet das betreffende Röntgenquant vollständig, wobei es seine Energie in Form von Stoßprozessen an Elektronen bzw. Gitterbausteine abgibt. Neben der Wellenlänge λ der verwendeten Strahlung hängt τ von der Ordnungszahl Z und der Dichte ϱ des absorbierenden Materials ab, und es besteht über weite Wellenlängenbereiche hinweg die Proportionalität

$$\frac{\tau}{\varrho} \sim \lambda^3 Z^3 \qquad\qquad (D\,4.3\text{-}5).$$

τ/ϱ heißt Massenabsorptionskoeffizient. Für bestimmte Wellenlängen, deren Quantenenergien mit den Bindungsenergien bestimmter Elektronzustände korrespondieren (Absorptionskanten), ändern sich die Massenabsorptionskoeffizienten sprungartig.

Der der röntgenographischen Spannungsanalyse zugrunde liegende Elementarprozeß ist die Streuung. Die klassische Streuung kann anschaulich als eine Richtungsänderung der eingestrahlten Röntgenintensität verstanden werden, wobei die jeweiligen Röntgenquanten ihre Energie beibehalten. Sie beruht darauf, daß auf Materie auftreffende elektromagnetische Strahlung die Elektronen der Atomhülle der betreffenden Atome zu erzwungenen Schwingungen anregt, die ihrerseits die Schwingungsenergie als Kugelwolken sofort wieder abstrahlen. Da in praktischen Fällen eng in eine Richtung ausgeblendete Röntgenstrahlen verwendet werden, ist die Streuung mit einem Intensitätsverlust der durchgehenden Strahlung verbunden.

Der Vollständigkeit halber sei erwähnt, daß einerseits bei sehr kurzen Röntgenwellenlängen, andererseits bei Absorbermaterialien mit niedriger Ordnungszahl neben der klassi-

440

schen Streuung die Compton-Streuung auftritt, bei der das gestreute Röntgenquant auch einen Energieverlust erleidet.

Der Massenschwächungskoeffizient wird für Elemente niedriger Ordnungszahl überwiegend durch den Massenstreukoeffizienten σ/ϱ, für Elemente hoher Ordnungszahl überwiegend durch den Massenabsorptionskoeffizienten τ/ϱ bestimmt.

Da bei der klassischen Streuung die einfallenden Röntgenquanten kohärent und ohne Energieverlust abgelenkt werden, können sich die gestreuten Röntgenwellen in bestimmten Richtungen verstärken oder abschwächen, wenn die Streuzentren eine charakteristische systematische, im Mittel äquidistante Anordnung aufweisen. Dies ist z. B. bei kristallin aufgebauten Werkstoffen der Fall. Die dabei auftretenden Interferenzerscheinungen werden unter dem Begriff „Beugung von Röntgenstrahlen" zusammengefaßt und stellen also letztlich einen Sonderfall der klassischen Streuung dar.

Trifft, wie in Bild D 4.3-1 schematisch gezeigt, ein monochromatischer Röntgenstrahl I_0 der Wellenlänge λ in der Zeichenebene unter dem Winkel θ_0 auf ein Kristallgitter mit dem Gitterebenenabstand D_0, so tritt symmetrisch zur Normalen N der Netzebenen ein abgebeugter Röntgenstrahl I_1 unter demselben Winkel θ_0 (Bragg-Winkel) auf, wenn gerade der Gangunterschied der an untereinanderliegenden Atomen abgebeugten Strahlen ganzzahlige Vielfache von λ beträgt. Formal kann dies als Reflexion der eingestrahlten Röntgenintensität an den „interferenzfähigen" Netzebenen gedeutet werden. Quantitativ wird dies durch die Braggsche Gleichung

$$2\,D_0 \sin \theta_0 = n\,\lambda \tag{D 4.3-6}$$

beschrieben, die einen Zusammenhang zwischen der makroskopisch meßbaren Richtung des abgebeugten Röntgenstrahls und der mikrostrukturellen Größe D_0 liefert. Denkt man sich das gezeichnete Kristallgitter um die festgehaltene Richtung des einfallenden (primären) Röntgenstrahls I_0 gedreht, so beschreiben die abgebeugten Röntgenstrahlen I_1 sowie die Netzebenennormalen N je einen Kegelmantel, dessen Spitze der Auftreffpunkt des Primärstrahls I_0 auf dem Kristall ist. Man spricht von einem Interferenzkegel bzw. Normalenkegel. Schnitte durch den Interferenzkegel senkrecht zur Richtung des Primärstrahles heißen Interferenzring.

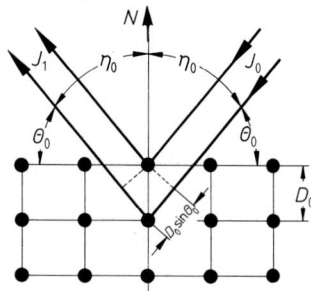

Bild D 4.3-1. Schematische Darstellung der Braggschen Interferenzbedingung.

In der Praxis tritt die gleiche Interferenzerscheinung auf, wenn ein monochromatischer Röntgenstrahl unter einem bestimmten Winkel gegenüber dem Oberflächenlot auf einen vielkristallinen Werkstoff auftrifft, Bild D 4.3-2. Wenn hinreichend viele, regellos orientierte Kristallite im bestrahlten Bereich vorhanden sind, so ist eine große Anzahl von Körnern im Vielkristallverbund jeweils gerade so orientiert, daß die Normalen bestimmter Netzebenen vom Typ $\{h\,k\,l\}$ einen Kegelmantel mit dem Öffnungswinkel $2\,\eta_0$ bilden. Entsprechend liegt auch ein Interferenzkegel der Öffnung $4\,\eta_0$ vor, dessen Mantel durch die an den Ebenen $\{h\,k\,l\}$ der günstig orientierten (reflexionsfähigen) Kristallite reflektier-

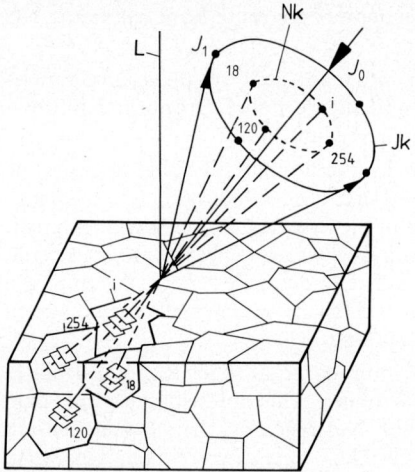

Bild D 4.3-2. Entstehung von Normalen- und Interferenzkegel bei einem vielkristallinen Werkstoff.
L Oberflächenlot, Ik Interferenzkegel, Nk Normalenkegel, J_0 einfallender Strahl, J_1 reflektierter Strahl

ten Röntgenintensitäten gebildet wird. Durch einen senkrecht zum Primärstrahl I_0 angebrachten Film kann diese $\{h\,k\,l\}$-Interferenz registriert werden. Für vier mit 18, 120, 254 und i bezeichnete Körner ist dies in Bild D 4.3-2 schematisch gezeigt. In Wirklichkeit tritt, abhängig von der Gitterstruktur des untersuchten Werkstoffs und der verwendeten Röntgenwellenlänge, beim Auftreffen monochromatischer Röntgenstrahlen auf einen Vielkristall eine mehr oder weniger große Anzahl von Interferenz- und Normalenkegeln auf, wobei die betreffenden die Interferenzerscheinung hervorrufenden Gitterebenen $\{h\,k\,l\}$ jeweils Gl. (D 4.3-6) erfüllen müssen. Für röntgenographische Spannungsanalysen werden, wie später gezeigt wird (vgl. Abschn. D 4.3.3), nur im Rückstrahlbereich auftretende Interferenzen, für die $2\,\theta_0 \geq 90°$ ist, verwendet. Haben alle erfaßten Kristallite den gleichen Gitterebenenabstand D_0, so liegen Normalen- und Interferenzkegel symmetrisch zum Primärstrahl, und es gilt die Beziehung

$$2\,\eta_0 = 180° - 2\,\theta_0 \qquad \text{(D 4.3-7)}.$$

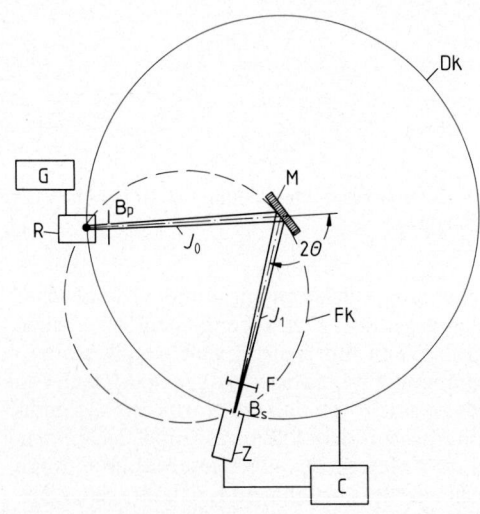

Bild D 4.3-3. Schematische Diffraktometeranordnung mit Bragg-Brentano-Fokussierung.
B_p primäres Blendensystem, B_s sekundäres Blendensystem, C Steuer- und Auswerterechner, Dk Diffraktometerkreis, F Filter, Fk Fokussierungskreis, G Röntgengenerator, J_0 primärer Röntgenstrahl, J_1 sekundärer Röntgenstrahl, M Meßobjekt, R Röntgenröhre, Z Röntgenzähler

In Bild D 4.3-3 ist schematisch der Aufbau eines Röntgendiffraktometers sowie der notwendigen Zusatzeinrichtungen gezeigt, die zweckmäßigerweise für Röntgenbeugungsuntersuchungen Verwendung finden. Die Abmessungen des primären und des sekundären Röntgenstrahls sind durch entsprechende Blendensysteme begrenzt. Der eingezeichnete Strahlengang entspricht dem Bragg-Brentano-Fokussierungsprinzip, das in der Regel Anwendung findet. Dabei ist das Meßobjekt im Zentrum des Diffraktometers angeordnet und dreht sich während der Abtastung von Interferenzlinien mit der Winkelgeschwindigkeit $\dot{\vartheta}$, während sich der verwendete Röntgenzähler mit der doppelten Winkelgeschwindigkeit $2\dot{\vartheta}$ auf dem Diffraktometerkreis bewegt. Der Fokus der Röntgenröhre, der vermessene Bereich des Meßobjektes und das sekundärseitige Blendensystem liegen auf dem Fokussierungskreis, dessen Durchmesser vom Beugungswinkel 2θ abhängig ist. Dadurch erhält man besonders scharfe und intensitätsreiche Interferenzlinien. Das eingezeichnete Filter wird verwendet, um unerwünschte Röntgenwellenlängen aus dem Röntgenspektrum auszublenden.

D 4.3.3 Ermittlung von Gitterdehnungen

Sowohl an kräftefreien als auch an durch äußere Kräfte elastisch beanspruchten Kristallgittern lassen sich Gitterebenenabstände röntgenographisch unter Verwendung von Gl. (D 4.3-6) auf einfache Weise ermitteln. Aus der Änderung von Gitterebenenabständen unter Einwirkung elastischer Spannungen im Vergleich zum unbeanspruchten Zustand können in mikroskopischen Werkstoffbereichen Gitterdehnungen ε^G analog zur makroskopischen Dehnungsdefinition bestimmt werden. Dieser Sachverhalt wird in Bild D 4.3-4 veranschaulicht. Das obere Teilbild zeigt die Gitteranordnung eines kräftefreien Volumenelementes mit den Abmessungen x_0 und z_0. Mikroskopisch sei es aus einzelnen Kristalliten aufgebaut, deren durch die Normale N charakterisierte Gitterebenen den Abstand D_0 haben. Unter der Einwirkung einer Kraft F ändern sich die Abmessungen des Volumens in x und z. Entsprechend gehen im mikroskopischen Bereich die Gitterebenenabstände von D_0 in D_ψ über. Dabei ist die Anordnung der betrachteten Gitterebenen relativ zur Richtung der angreifenden Kraft F, die durch den Winkel ψ zwischen dem Lot L auf der Wirkungslinie der Kraft und der Gitterebenennormalen N gegeben ist, von Bedeutung. Unter Zugrundelegung der üblichen Dehnungsdefinition errechnet sich als makroskopische Dehnung in Richtung der angreifenden Kräfte

$$\varepsilon = \frac{\Delta x}{x_0} = \frac{x - x_0}{x_0} \qquad \text{(D 4.3-8)}.$$

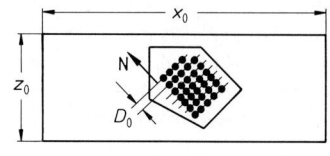

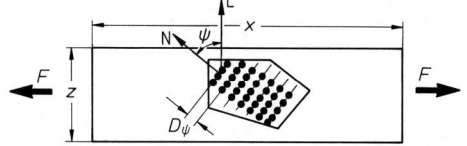

Bild D 4.3-4. Definition von Makro- und Gitterdehnungen.

443

Entsprechend lassen sich in mikroskopischen Bereichen Gitterdehnungen ε^G berechnen, bei denen die Atomebenenabstände als Meßmarken dienen, und es gilt analog

$$\varepsilon^G = \frac{\Delta D}{D_0} = \frac{D_\psi - D_0}{D_0} = \frac{D - D_0}{D_0} \qquad \text{(D 4.3-9)}.$$

Fällt auf ein elastisch gedehntes Kristallgitter ein monochromatischer Röntgenstrahl so ein, daß die Braggsche Interferenzbedingung, vgl. Gl. (D 4.3-6), erfüllt ist, so tritt auf Grund der durch die Belastung veränderten Netzebenenabstände eine Änderung $\mathrm{d}\theta$ der Richtung des abgebeugten Röntgenstrahls im Vergleich zum unbelasteten Ausgangszustand auf. Diese ergibt sich durch Differentiation von Gl. (D 4.3-6) zu

$$\mathrm{d}\theta = \theta - \theta_0 = -\tan\theta_0 \frac{\mathrm{d}D}{D_0} = -\tan\theta_0 \frac{D - D_0}{D_0} \qquad \text{(D 4.3-10)}.$$

Die Kombination von Gl. (D 4.3-9) mit Gl. (D 4.3-10) ermöglicht somit die Bestimmung von Gitterdehnungen aus Interferenzlinienverschiebungen, wobei im betrachteten Fall

$$\varepsilon^G = \frac{\mathrm{d}D}{D_0} = \frac{D - D_0}{D_0} = -\cot\theta_0 \, \mathrm{d}\theta \qquad \text{(D 4.3-11)}$$

gilt. Röntgenographisch werden Gitterdehnungen also stets senkrecht zu den reflektierenden Netzebenen interferenzfähiger Kristallite gemessen. Wichtig ist, daß die bei einer bestimmten Gitterdehnung ε^G auftretende Bragg-Winkeländerung $\mathrm{d}\theta$ um so größer ist, je größer der Bragg-Winkel θ_0 ist. Gitterdehnungsmessungen werden deshalb mit Vorteil im sog. Rückstrahlbereich mit $\theta_0 \geqq 90°$ durchgeführt.

D 4.3.4 Elastizitätstheoretische Gesichtspunkte

Zum weiteren Verständnis ist es notwendig, einige grundlegende elastizitätstheoretische Gesichtspunkte anzusprechen (s. z. B. [D 4.3-2]). Ein in einem Bauteil wirkender beliebiger Spannungszustand kann eindeutig durch die Angabe eines Spannungstensors

$$\sigma_{ij} = \begin{pmatrix} \sigma_{xx} & \sigma_{xy} & \sigma_{xz} \\ \sigma_{yx} & \sigma_{yy} & \sigma_{yz} \\ \sigma_{zx} & \sigma_{zy} & \sigma_{zz} \end{pmatrix} \qquad \text{(D 4.3-12)}$$

bezüglich eines vorgegebenen Koordinatensystems mit den Achsen x, y und z beschrieben werden. Häufig wird dabei das Koordinatensystem an Hand von Symmetrieachsen der Bauteilgeometrie oder anderer ausgezeichneter Richtungen orientiert (z. B. ausgezeichneter Richtungen von Umform- oder Bearbeitungsvorgängen), und man spricht von einem probenfixierten Koordinatensystem. Wirken keine äußeren Kräfte und/oder Momente auf das betrachtete Bauteil, so beschreibt σ_{ij} den lokal vorliegenden Eigenspannungszustand. Zu einem Hauptspannungssystem $\sigma_k (k = 1, 2, 3)$ wird bekanntlich durch Drehung des x, y, z-Koordinatensystems um bestimmte Winkel übergegangen. In diesem Fall treten keine Schubspannungsterme mehr auf.

Geht man von dem in Bild D 4.3-5 gezeigten probenfixierten Koordinatensystem aus, so besteht zwischen der Dehnungskomponente $\varepsilon_{\varphi,\psi}$ in der durch die Winkel φ und ψ gegebenen Richtung und den Komponenten ε_{ij} $(i, j = x, y, z)$ des Dehnungstensors der Zusammenhang

$$\varepsilon_{\varphi,\psi} = (\varepsilon_{xx} \cos^2\varphi + \varepsilon_{xy} \sin 2\varphi + \varepsilon_{yy} \sin^2\varphi) \sin^2\psi + \varepsilon_{zz} \cos^2\psi +$$
$$+ (\varepsilon_{xz} \cos\varphi + \varepsilon_{yz} \sin\varphi) \sin 2\psi \qquad \text{(D 4.3-13)}.$$

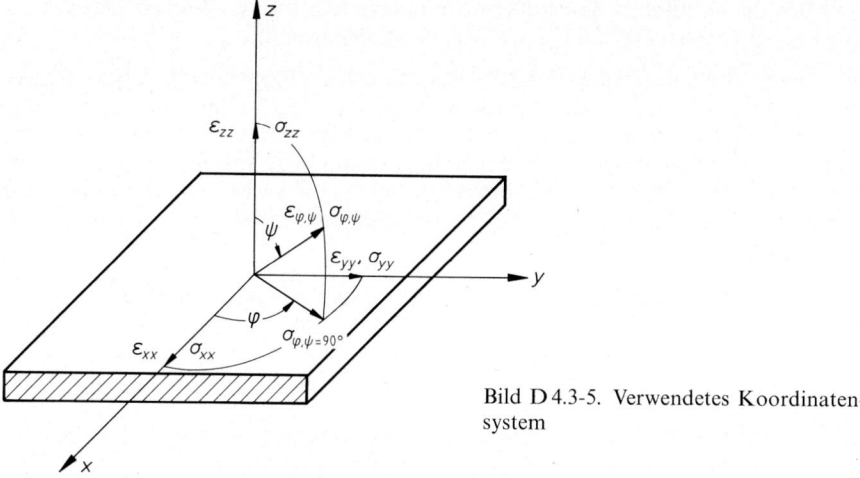

Bild D 4.3-5. Verwendetes Koordinatensystem

Die Komponenten des zugehörigen Spannungstensors σ_{ij} sind dabei über das Hookesche Gesetz mit den Komponenten des Dehnungstensors ε_{ij} verknüpft, wobei

$$\sigma_{ij} = \frac{E}{1+v} \left[\varepsilon_{ij} + \delta_{ij} \frac{v}{1-2v} (\varepsilon_{xx} + \varepsilon_{yy} + \varepsilon_{zz}) \right] \tag{D 4.3-14}$$

$$\text{mit} \quad \delta_{ij} = 1 \quad \text{für} \quad i = j \quad \text{und} \quad \delta_{ij} = 0 \quad \text{für} \quad i \neq j$$

gilt.

Damit ist der Zusammenhang zwischen der in einer durch φ und ψ festgelegten Richtung wirkenden Dehnung $\varepsilon_{\varphi,\psi}$ und dem wirksamen Spannungszustand gegeben durch

$$\varepsilon_{\varphi,\psi} = \frac{v+1}{E} (\sigma_{xx} \cos^2 \varphi + \sigma_{xy} \sin 2\varphi + \sigma_{yy} \sin^2 \varphi) \sin^2 \psi +$$

$$+ \frac{v+1}{E} \sigma_{zz} \cos^2 \psi + \frac{v+1}{E} (\sigma_{xz} \cos \varphi + \sigma_{yz} \sin \varphi) \sin 2\psi -$$

$$- \frac{v}{E} (\sigma_{xx} + \sigma_{yy} + \sigma_{zz}) \tag{D 4.3-15}.$$

Für den Fall eines ebenen, oberflächenparallelen Spannungszustands ($\sigma_{jj}, \sigma_{ij} = 0$ für $j = z$) vereinfacht sich diese Beziehung zu

$$\varepsilon_{\varphi,\psi} = \frac{v+1}{E} (\sigma_{xx} \cos^2 \varphi + \sigma_{xy} \sin 2\varphi + \sigma_{yy} \sin^2 \varphi) \sin^2 \psi -$$

$$- \frac{v}{E} (\sigma_{xx} + \sigma_{yy}) \tag{D 4.3-16}.$$

Fallen schließlich die Achsen des verwendeten Koordinatensystems mit den Hauptachsen des vorliegenden Spannungs-(Dehnungs-)Tensors zusammen, so wird der Spannungszustand eindeutig durch die beiden Hauptspannungen σ_1 und σ_2 beschrieben, und es gilt einfach

$$\varepsilon_{\varphi,\psi} = \frac{v+1}{E} (\sigma_1 \cos^2 \varphi + \sigma_2 \sin^2 \varphi) \sin^2 \psi - \frac{v}{E} (\sigma_1 + \sigma_2) \tag{D 4.3-17}.$$

445

Häufig werden die elastischen Konstanten E und v zu den sog. Voigtschen Elastizitätskonstanten $(v+1)/E = (1/2)\,s_2$ und $-v/E = s_1$ zusammengefaßt.

Wichtig ist, daß in dem durch Gl. (D 4.3-15) beschriebenen allgemeinen Fall für vorgegebene Richtungen $\varphi = \text{konst}$ der Zusammenhang zwischen den Dehnungen $\varepsilon_{\varphi,\psi}$ und den Komponenten des Spannungstensors σ_{ij} in komplexer Weise von ψ bestimmt wird. Liegt jedoch ein ebener, oberflächenparalleler Spannungszustand vor, vgl. Gl. (D 4.3-16), ergibt sich für $\varepsilon_{\varphi,\psi}$ eine lineare Abhängigkeit von $\sin^2 \psi$. Solche Fälle werden in der Praxis sehr häufig angetroffen. Die dann vorliegenden Verhältnisse sind in Bild D 4.3-6 näher erläutert. Man erkennt:

a) Der Anstieg der Dehnungsverteilung in einem $\varepsilon_{\varphi,\psi}$, $\sin^2\psi$-Diagramm ist für $\varphi = \text{konst}$ durch

$$m_\varphi = \frac{\partial \varepsilon_{\varphi,\psi}}{\partial \sin^2 \psi} = \frac{v+1}{E}\left(\sigma_{xx}\cos^2\varphi + \sigma_{xy}\sin 2\varphi + \sigma_{yy}\sin^2\varphi\right) \qquad \text{(D 4.3-18)}$$

gegeben und eindeutig durch die beiden Normalspannungen σ_{xx} und σ_{yy}, die Schubspannung σ_{xy}, die Richtung φ sowie die elastischen Konstanten E und v festgelegt. Berücksichtigt man, daß

$$\sigma_{xx}\cos^2\varphi + \sigma_{xy}\sin 2\varphi + \sigma_{yy}\sin^2\varphi = \sigma_{\varphi,\psi=90°} = \sigma_\varphi \qquad \text{(D 4.3-19)}$$

ist (vgl. Bild D 4.3-5), so beschreibt Gl. (D 4.3-18) die Tatsache, daß der Anstieg der Dehnungen $\varepsilon_{\varphi,\psi}$ über $\sin^2\psi$ in jeder durch φ festgelegten Schnittebene proportional der in dieser Schnittebene liegenden Oberflächenspannungskomponente σ_φ ist.

b) Der Ordinatenabschnitt $\varepsilon_{\varphi,\psi=0}$ der Dehnungsverteilungen in allen Schnittebenen $\varphi = \text{konst}$ wird durch

$$\varepsilon_{\varphi,\psi=0} = -\frac{v}{E}\left(\sigma_{xx} + \sigma_{yy}\right) \qquad \text{(D 4.3-20)}$$

festgelegt. Unter Hinzuziehung der Invarianzbeziehung

$$\sigma_{xx} + \sigma_{yy} = \sigma_1 + \sigma_2 \qquad \text{(D 4.3-21)}$$

folgt daraus, daß er unabhängig von der Wahl der Schnittebene stets durch die Summe der Hauptspannungen und die elastischen Kontanten E und v eindeutig bestimmt ist.

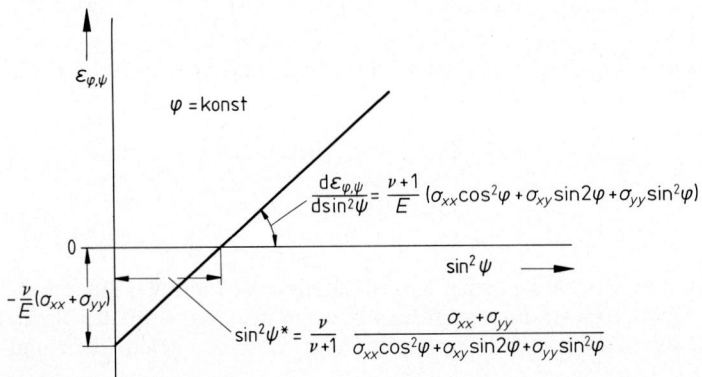

Bild D 4.3-6. Dehnungsverteilung in der Ebene $\varphi = \text{konst}$ eines ebenen, oberflächenparallelen Spannungszustandes.

c) Die Abszissenschnittpunkte der in verschiedenen Richtungen φ vorliegenden Dehnungsverteilungen ergeben sich bei $\varphi = \text{konst}$ zu

$$\sin^2 \psi^* = \frac{\dfrac{v}{E}(\sigma_{xx} + \sigma_{yy})}{\dfrac{v+1}{E}(\sigma_{xx}\cos^2\varphi + \sigma_{xy}\sin 2\varphi + \sigma_{yy}\sin^2\varphi)} = \frac{\dfrac{v}{E}(\sigma_1 + \sigma_2)}{\dfrac{v+1}{E}\sigma_\varphi} \qquad \text{(D 4.3-22)}.$$

Gl. (D 4.3-22) liefert alle sog. dehnungsfreien Richtungen φ, ψ^* des ebenen Spannungszustandes.

D 4.3.5 Die Grundgleichungen der röntgenographischen Spannungsermittlung

Die entsprechend Abschn. D 4.3.3 in bestimmten Richtungen φ, ψ röntgenographisch gemessenen Gitterdehnungen $\varepsilon^G_{\varphi,\psi}$ können mit den für diese Richtungen auftretenden elastizitätstheoretisch zu erwartenden Dehnungen $\varepsilon_{\varphi,\psi}$ gleichgesetzt werden, so daß

$$\varepsilon^G_{\varphi,\psi} = -\cot\theta_0\, d\theta_{\varphi,\psi} = -\cot\theta_0\,(\theta_{\varphi,\psi} - \theta_0) = \varepsilon_{\varphi,\psi} \qquad \text{(D 4.3-23)}$$

gilt.

Sämtliche Auswerteverfahren der RSE beruhen auf der Bestimmung von Dehnungsverteilungen $\varepsilon_{\varphi,\psi}$ aus Interferenzlinienlagen $\theta_{\varphi,\psi}$. Daraus werden an Hand der in Abschn. D 4.3.4 gegebenen elastizitätstheoretischen Beziehungen die zugehörigen Spannungs- bzw. Eigenspannungsverteilungen berechnet. Im Grundsatz genügt zur Bestimmung eines allgemeinen Spannungstensors unter Rückgriff auf Gl. (D 4.3-13) die Messung von sechs unabhängigen Dehnungskomponenten $\varepsilon^i_{\varphi,\psi}$ ($i = 1 \dots 6$). In der Praxis ist dieser Weg meist nicht gangbar, da aus Gründen der Meßstatistik und einer nur ungenügenden Kenntnis des Gitterparameters D_0 (der Interferenzlinienlage θ_0) im spannungsfreien Zustand die Komponenten des Dehnungstensors nicht hinreichend exakt bestimmt werden können. Deshalb wird stets eine größere Anzahl von Gitterdehnungsmessungen vorgenommen, als zur exakten Lösung von Gl. (D 4.3-13) notwendig ist, und die Auswertung erfolgt unter Verwendung von Ausgleichskurven durch Anpassung der gemessenen Gitterdehnungsverteilungen an die theoretisch zu erwartenden Verläufe, z. B. nach der Methode der kleinsten Fehlerquadrate.

Aus Gründen der einfacheren Meßstrategie und der leichteren mathematischen Behandlung der anfallenden Meßdaten bietet sich bei der Messung und Auswertung an, entweder hinreichend viele Gitterdehnungen in bestimmten Richtungen $\varphi_i = \text{konst}$ als Funktion von ψ oder hinreichend viele Gitterdehnungen in bestimmten Richtungen $\psi_i = \text{konst}$ als Funktion von φ zu erfassen. Im ersten Fall spricht man von ψ-Verfahren, im zweiten von φ-Verfahren. Hinsichtlich der Auswertung wird noch einmal zwischen Differential- und Integralverfahren unterschieden. Bei den Differentialverfahren werden die stets mit statistischen Meßunsicherheiten behafteten Gitterdehnungsverteilungen durch Ausgleichskurven gemittelt, deren Differentiation unter Anwendung zusätzlicher mathematischer Operationen die Bestimmung der Spannungskomponenten ermöglicht. Die Integralverfahren basieren auf der Berechnung von Fourier-Koeffizienten aus entsprechenden Integralen. Insgesamt stehen also prinzipiell als Auswerteverfahren das ψ-Differentialverfahren, das ψ-Integralverfahren, das φ-Differentialverfahren sowie das φ-Integralverfahren zur Verfügung [D 4.3-3 bis 6]. Genauere Betrachtungen zeigen, daß die zuerst und die zuletzt genannte Methode gegenüber den beiden anderen merkliche Vorteile aufweisen. Als Sonderfall des ψ-Differentialverfahrens ermöglicht das $\sin^2\psi$-Verfahren bei oberflächenparallelen Spannungszuständen die Ermittlung einer Spannungskomponente durch Messung der Gitterdehnungsverteilung in nur einer Richtung $\varphi = \text{konst}$. Das

ψ-Differentialverfahren wird in der Praxis am häufigsten als Auswerteverfahren angewandt und deshalb nachfolgend zusammen mit dem $\sin^2 \psi$-Verfahren ausführlicher besprochen.

Gl. (D 4.3-13) vereinfacht sich unter Verwendung der trigonometrischen Beziehung

$$\cos^2 \psi = 1 - \sin^2 \psi \qquad \text{(D 4.3-24)}$$

zu

$$\varepsilon_{\varphi,\psi} = A \sin^2 \psi + B \sin 2\psi + C \qquad \text{(D 4.3-25)}$$

mit

$$A = \varepsilon_{xx} \cos^2 \varphi + \varepsilon_{xy} \sin 2\varphi + \varepsilon_{yy} \sin^2 \varphi - \varepsilon_{zz},$$

$$B = \varepsilon_{xz} \cos \varphi + \varepsilon_{yz} \sin \varphi, \qquad \text{(D 4.3-26)}.$$

und $\qquad C = \varepsilon_{zz}$

Werden Gitterdehnungsmessungen für gleichgroße positive und negative ψ-Winkel vorgenommen, so erhält man in dem hier betrachteten allgemeinen Fall unterschiedliche Dehnungswerte. Dieser Befund, der als ψ-Aufspaltung bezeichnet wird, ist in Bild D 4.3-7a schematisch wiedergegeben. Wegen der Abhängigkeit der Gitterdehnungen $\varepsilon_{\varphi,\psi}$ sowohl von $\sin^2 \psi$ als auch von $\sin 2\psi$ (vgl. Gl. (D 4.3-25)) erhält man durch Addition der bei betragsmäßig gleichen positiven und negativen ψ-Winkeln ermittelten Meßwerte die Größe

$$a_+^\psi = \tfrac{1}{2}\left(\varepsilon_{\varphi,\psi_i > 0} + \varepsilon_{\varphi,\psi_i < 0}\right) = A \sin^2 \psi + C \qquad \text{(D 4.3-27)}.$$

In gleicher Weise ergibt sich durch Differenzenbildung

$$a_-^\psi = \tfrac{1}{2}\left(\varepsilon_{\varphi,\psi_i > 0} - \varepsilon_{\varphi,\psi_i < 0}\right) = B \sin |2\psi| \qquad \text{(D 4.3-28)}.$$

Man sieht, daß jeweils lineare Beziehungen zwischen den durch die Meßwerte bestimmten Größen a_+^ψ bzw. a_-^ψ und den gesuchten Größen A, B und C bei einer Auftragung über $\sin^2 \psi$ bzw. $\sin |2\psi|$ vorliegen. Die Teilbilder D 4.3-7b und c verdeutlichen dies. Man erkennt weiterhin, daß die Konstanten A und B als Steigungen und C als Achsenabschnitt der entsprechenden Geraden einfach bestimmt werden können. Werden Gitterdehnungsmessungen in drei unabhängigen Richtungen φ_i durchgeführt, sind somit sämtliche Komponenten des Dehnungstensors bestimmt. Mit Hilfe von Gl. (D 4.3-14) kann dann unter Verwendung geeigneter elastischer Konstanten der zugehörige Spannungstensor errechnet werden.

Wegen ihrer geringen Eindringtiefe werden von Röntgenstrahlen bei Gitterdehnungsmessungen in der Regel nur sehr dünne Oberflächenschichten erfaßt, so daß in den weitaus meisten Fällen nicht mit oberflächennormalen Spannungskomponenten zu rechnen ist. In diesem Fall ist $\sigma_{zz} = 0$ und für die oberflächenparallelen Spannungskomponenten σ_{xx} und σ_{yy} gilt

$$\sigma_{xx} = \frac{E}{1+\nu}\left(\varepsilon_{xx} - \varepsilon_{zz}\right) \qquad \text{(D 4.3-29)}$$

bzw.

$$\sigma_{yy} = \frac{E}{1+\nu}\left(\varepsilon_{yy} - \varepsilon_{zz}\right) \qquad \text{(D 4.3-30)}.$$

Aus Gl. (D 4.3-26) folgt unmittelbar, daß die Dehnungsdifferenzen $(\varepsilon_{xx} - \varepsilon_{zz})$ bzw. $(\varepsilon_{yy} - \varepsilon_{zz})$ unabhängig voneinander durch Messungen in den Richtungen $\varphi = 0°$ und $\varphi = 90°$ ermittelt werden können. Dabei ist von großem Vorteil, daß dazu lediglich die Größe A (vgl. Bild D 4.3-7), nicht jedoch der Achsenabschnitt C, der die Kenntnis des spannungsfreien Gitterparameters voraussetzt, bekannt sein muß.

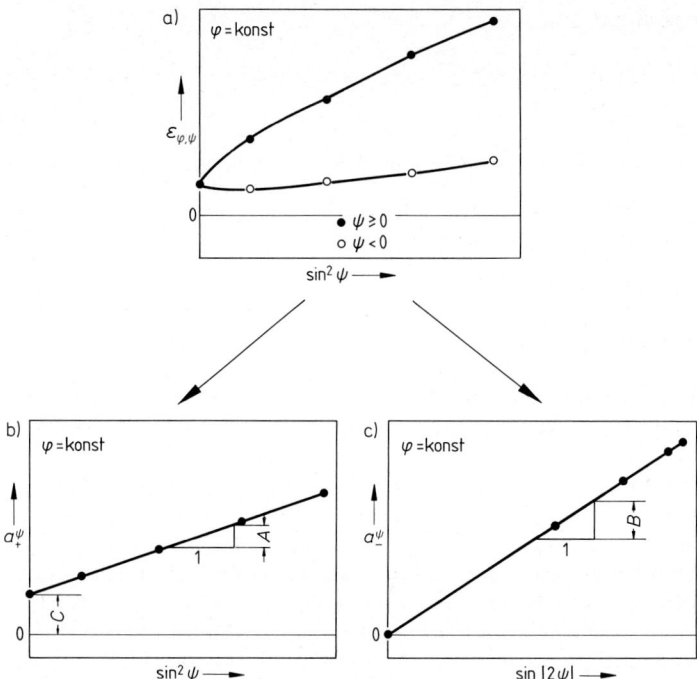

Bild D 4.3-7. Schematische Beschreibung des Auswerteverfahrens nach dem ψ-Differentialverfahren.
a) Auftragung der Meßwerte $\varepsilon_{\varphi,\psi}$ über $\sin^2 \psi$.
b) Auftragung von a^{ψ}_{+} über $\sin^2 \psi$.
c) Auftragung von a^{ψ}_{-} über $\sin |2 \psi|$.

Diese Überlegung liefert die Basis für das $\sin^2 \psi$-Verfahren der röntgenographischen Spannungsmeßtechnik. Es ermöglicht durch Messungen in nur einer Richtung φ die Bestimmung der Spannungskomponente $\sigma_{\varphi, \psi = 90°} = \sigma_{\varphi}$, wenn oberflächenparallele ebene Spannungszustände vorliegen. Solche Fälle werden in der Praxis sehr häufig angetroffen. Dann können die elastizitätstheoretischen Zusammenhänge in Form von Gl. (D 4.3-16) als Basis für die Auswertung herangezogen werden. Die Kombination von Gl. (D 4.3-16) mit (D 4.3-23) liefert

$$\varepsilon_{\varphi, \psi} = - \cot \theta_0 \, d\theta_{\varphi, \psi} = - \cot \theta_0 \left[\theta_{\varphi, \psi} - \theta_0 \right] =$$

$$= \frac{v+1}{E} (\sigma_{xx} \cos^2 \varphi + \sigma_{xy} \sin 2\varphi + \sigma_{yy} \sin^2 \varphi) \sin^2 \psi - \frac{v}{E} (\sigma_{xx} + \sigma_{yy}) \quad \text{(D 4.3-31)}.$$

Unter Berücksichtigung von Gl. (D 4.3-19) folgt daraus:

$$\varepsilon_{\varphi, \psi} = - \cot \theta_0 \left[\theta_{\varphi, \psi} - \theta_0 \right] = \frac{v+1}{E} \sigma_{\varphi} \sin^2 \psi - \frac{v}{E} (\sigma_1 + \sigma_2) \quad \text{(D 4.3-32)}.$$

Wie man sieht, tritt für jede Richtung $\varphi_i = $ konst ein linearer Verlauf der Deformationen $\varepsilon_{\varphi, \psi}$ über $\sin^2 \psi$ auf. Die Spannungskomponente σ_{φ} ergibt sich daraus zu

$$\sigma_{\varphi} = \frac{- \cot \theta_0}{(v+1)/E} \frac{\partial \theta_{\varphi, \psi}}{\partial \sin^2 \psi} \quad \text{(D 4.3-33)}.$$

449

Für die Hauptspannungssumme folgt

$$\sigma_{xx} + \sigma_{yy} = \sigma_1 + \sigma_2 = \frac{\cot\theta_0}{\nu/E}\,[\theta_{\varphi,\psi=0} - \theta_0] \qquad \text{(D 4.3-34)}.$$

Das $\sin^2\psi$-Verfahren der RSE hat sich als Standardauswerteverfahren sowohl für grundlagen- als auch anwendungsorientierte Fragestellungen erwiesen [D 4.2-5].

D 4.3.6 Ermittlung von Mikroeigenspannungen

Bei der bisher besprochenen Ermittlung von Eigenspannungen erster Art sowie homogener Eigenspannungen zweiter Art in mehrphasigen Werkstoffen wurde die Verschiebung von Interferenzlinienlagen als experimentell zu bestimmende Meßgröße benutzt. Praktisch unmittelbar mit der Entdeckung der Röntgenbeugung an kristallinen Werkstoffen war jedoch auch die Erkenntnis verbunden, daß aus der Form von Interferenzlinien Aussagen über Abweichungen des realen Gitters vom idealen Zustand gewonnen werden können.

Im einfachsten Fall wird die Interferenzlinienform durch Angabe der sog. Halbwertsbreite (*HWB*) beschrieben, die als die Breite der Interferenzlinie in halber Höhe der Nettointensität definiert ist, s. Bild D 4.3-8. Weiterhin wird als Meßgröße die Integralbreite (*IB*) benutzt. Sie ist die Breite eines Rechtecks, dessen Höhe der Nettointensität der betrachteten Interferenzlinie entspricht und das flächengleich mit der Fläche unter dem Interferenzlinienprofil nach Abzug des Untergrundes ist. Beide Kenngrößen können bei rechnergesteuerter Meßdatenerfassung relativ einfach bestimmt werden. Häufig erweist sich dabei ein nicht deutlich getrenntes $K\alpha_1 - K\alpha_2$-Liniendublett als Schwierigkeit. In diesem Fall kann man die beiden Interferenzlinienanteile nach [D 4.3-7] trennen. Bei einigen Verfahren wird die Profilform des Interferenzlinienprofils zur Auswertung herangezogen. Dies ist in der Regel mit einem beträchtlichen Meß- und Auswerteaufwand verbunden. Eindeutige Aussagen über die vorliegende Werkstoffmikrostruktur sind zudem meist nur unter bestimmten zusätzlichen Annahmen möglich, so daß diese Methoden für praxisorientierte Fragestellungen seltener Anwendung finden (s. z. B. [D 4.3-8]).

Die Breite von Interferenzlinien wird im wesentlichen durch apparative Einflüsse sowie die beiden durch den Werkstoff und den Werkstoffzustand bestimmten physikalischen

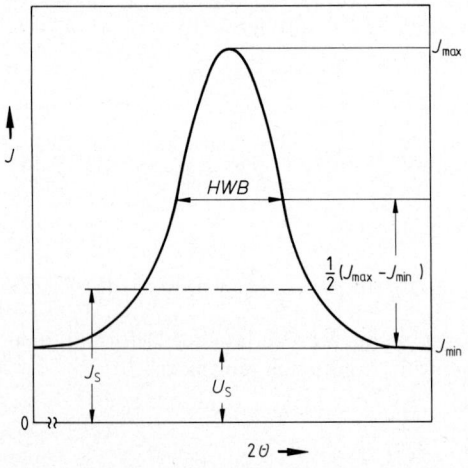

Bild D 4.3-8. Schematische Darstellung einer Interferenzlinie sowie Angaben charakteristischer Kenngrößen.
HWB Halbwertsbreite, $J_{\min}$ minimale Intensität, $J_{\max}$ maximale Intensität, J_S Schwellwert, U_S Strahlungsuntergrund

Größen Gitterverzerrung und Teilchengröße bestimmt. Unter apparativer Interferenzlinienverbreitung faßt man alle diejenigen Einflüsse zusammen, die durch die Geometrie der Apparatur und des Strahlengangs hervorgerufen werden. An Einzeleinflüssen sind beispielsweise die Ausdehnung des Röhrenbrennflecks, Fokussierungsfehler, Blendengeometrie, Absorption und Form des untersuchten Präparats, aber auch die Art des einfallenden Wellenlängenspektrums sowie die Streuung an Luftmolekülen zu nennen. Unter Teilchenverbreiterung wird der Einfluß der Abmessungen der kohärent streuenden Werkstoffbereiche auf die Linienbreite verstanden. Die Verbreiterung ist dabei um so stärker, je kleiner die kohärent streuenden Bereiche sind. Bereiche mit Linearabmessungen kleiner als 0,1 µm liefern bereits stark verbreiterte Röntgeninterferenzen. Die Verzerrungsverbreiterung resultiert aus dem Einfluß von Eigenspannungen dritter Art sowie ungerichteten Eigenspannungen zweiter Art.

Eine Bewertung experimentell bestimmter Interferenzlinienbreiten setzt eine Trennung der einzelnen Einflußgrößen voraus, insbesondere der instrumentellen von der physikalisch bedingten Verbreiterung. Da die Apparaturverbreiterung jeweils einen konstanten Anteil zur Gesamtverbreiterung liefert, benutzt man zweckmäßigerweise zu ihrer Bestimmung eine Vergleichsprobe, die frei von Verbreiterungseinflüssen durch Mikroeigenspannungen und als Folge von Teilchengrößen ist. Das eigentliche Untersuchungsobjekt wird dann im Vergleich zu dieser Referenzprobe, die in der Regel eine eigenspannungsarmgeglühte Pulverprobe mit geeigneter Korngröße ist, ausgewertet. Die einzelnen Verbreiterungsanteile separiert man mathematisch korrekt durch eine Entfaltungsoperation. Wird für die Intensitätsverteilung eine Gaußsche Verteilung angenommen, so gilt

$$B_L^2 = B_V^2 + B_T^2 + B_O^2 \tag{D 4.3-35},$$

mit B_L gemessene Linienbreite; B_V Linienbreite auf Grund von Verzerrungen; B_T Linienbreite auf Grund von Teilchengröße; B_O apparative Verbreiterung. Bei Zugrundelegung einer Cauchy-Verteilung ist

$$B_L = B_V + B_T + B_O \tag{D 4.3-36}.$$

Beide Annahmen treffen auf die beobachteten Interferenzlinien nur näherungsweise zu.

Die Größe kohärent streuender Gitterbereiche L_k ist nach der Scherrer-Formel durch

$$L_k = \frac{k\,\lambda}{B_T \cos\theta} \tag{D 4.3-37}$$

gegeben, wobei häufig $K = 1$ gesetzt wird. Für die zur Linienverbreiterung beitragenden Mikroeigenspannungen gilt

$$\sigma_{Mikro}^{ES} = \frac{B_V}{4\tan\theta}\,E \tag{D 4.3-38}.$$

Man erkennt, daß zur Separation der Verbreiterungseinflüsse von Teilchengröße und Verzerrungen zwei Messungen bei verschiedenen Reflexionswinkeln θ notwendig sind.

In den meisten Fällen der technischen Praxis wird die Interferenzlinienbreite (*HWB* oder *IB*) direkt ohne weitere Differenzierung zur Charakterisierung der Mikrostruktur vorliegender Werkstoffzustände herangezogen. Neben der relativ einfachen experimentellen Bestimmung der Kenngrößen ist dies vor allem dann gerechtfertigt, wenn die Linienverbreiterung im wesentlichen nur durch eine Ursache, z. B. Verzerrungen, hervorgerufen wird. Bild D 4.7-1 zeigt als Beispiel, wie durch Angaben von Halbwertsbreitentiefenverteilungen mechanisch randschichtverfestigte Zustände charakterisiert werden können.

D 4.4 Meßeinrichtungen und ihre Handhabung

D 4.4.1 Meßeinrichtungen

Für die RSE können sowohl Filmapparaturen als auch Diffraktometereinrichtungen verwendet werden. Bild D 4.4-1 zeigt prinzipiell die Vorgehensweise bei der Anwendung von Rückstrahlfilmverfahren. Man erkennt, daß durch einen senkrecht zum einfallenden Röntgenstrahl I_0 angebrachten Film ein Ausschnitt aus dem interessierenden Interferenzring abgebildet werden kann (vgl. auch Bild D 4.3-2). Man kann dabei mit Hilfe einer Einstrahlung Interferenzlinienlagen für zwei verschiedene Distanzwinkel ψ_1 und ψ_2 erhalten. In der Regel sind heute Diffraktometerverfahren im Einsatz, da sie hinsichtlich des für die Messung benötigten Zeitaufwands, der erreichbaren Meßgenauigkeit und vor allem der Möglichkeit der rechnergesteuerten Automatisierung und Datenverarbeitung den Filmverfahren überlegen sind. Neben stationären Diffraktometern existieren auch mobile Meßeinrichtungen, die die Vermessung von großen Bauteilen oder kritischen Bereichen im Anlagenbau vor Ort gestatten. Man unterscheidet zwischen Ω- und ψ-Diffraktometern, je nachdem, ob die Achse zur Einstellung verschiedener Richtungen ψ senkrecht oder parallel zur Diffraktometerebene liegt. Meist wird dabei die Bragg-Brentano-Fokussierung angestrebt, bei der der Brennfleck der Röhre, der vermessene

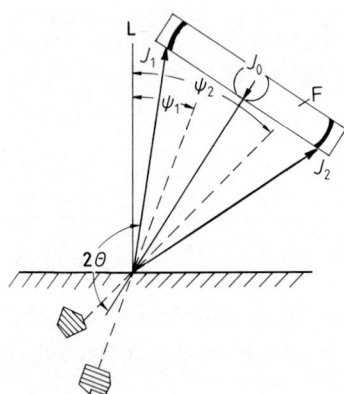

Bild D 4.4-1. Darstellung der bei Anwendung von Rückstrahlfilmverfahren vorliegenden Verhältnisse.
F Filmebene, in der Zeichnung um 90° gekippt, J_0 einfallender Röntgenstrahl, J_1, J_2 reflektierte Röntgenstrahlen

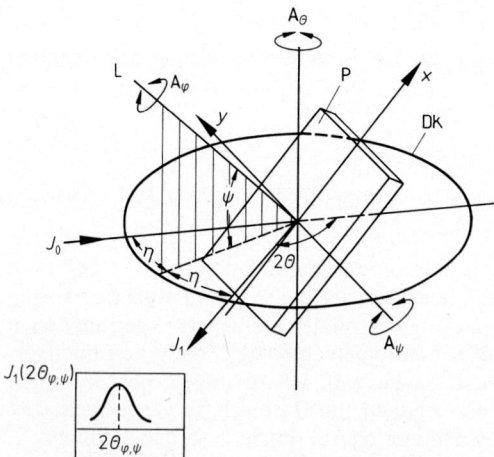

Bild D 4.4-2. Darstellung der bei Verwendung eines ψ-Diffraktometers vorliegenden Verhältnisse.
A_ψ ψ-Achse, A_φ φ-Achse, A_θ θ-Achse, P Probe, Dk Diffraktometerkreis

Probenbereich sowie die Detektorblende auf dem Fokussierungskreis zu liegen kommen (vgl. Bild D 4.3-3). ψ-Diffraktometer haben gegenüber Ω-Diffraktometern beim Einsatz als Spannungsmeßeinrichtung eine Reihe von Vorteilen, so daß sie zunehmend Verwendung finden. Zu nennen sind beispielsweise gleichwertige Einstrahlbedingungen für gleichgroße positive und negative ψ-Winkel sowie größere zugängliche Winkelbereiche 2θ bzw. ψ. Bild D 4.4-2 veranschaulicht schematich die bei Verwendung eines ψ-Diffraktometers vorliegenden Verhältnisse für $\psi = 45°$. Wie man sieht, wird in diesem Fall zur Bestimmung der Richtung der reflektierten Röntgenintensität I_1 lediglich ein in der Diffraktometerebene liegender Schnitt durch den Interferenzring vom Röntgenzähler abgetastet. Dabei dreht sich der Detektorarm mit der Winkelgeschwindigkeit $2\dot{\theta}$ und die Probe mit der halben Winkelgeschwindigkeit $\dot{\theta}$ um die Achse A_θ. Die unterschiedlichen Distanzwinkel ψ stellt man durch schrittweise Drehung um die Achse A_ψ ein. Durch Drehung der Probe um A_φ kann die Meßrichtung festgelegt werden, die im gezeigten Fall mit der Richtung der x-Achse zusammenfällt.

Als Beispiel für eine reale Meßanordnung zeigt Bild D 4.4-3 eine Diffraktometeranordnung vom Karlsruhe-Typ.[1] Vorne links befindet sich die senkrecht stehende Röntgenröhre R mit dem angeflanschten Primärblendensystem B. Durch Blendeneinsätze unterschiedlicher Formen und Abmessungen läßt sich der vom Röntgenstrahl erfaßte Probenbereich an die jeweilige Fragestellung anpassen. Durch Einschieben einer Justierlampe in den Strahlengang kann man den Verlauf des Röntgenstrahls simulieren und damit die Positionierung der Probe erleichtern.[2] Wichtig ist, daß der zu vermessende Probenbereich im Zentrum des Diffraktometers, das durch den Schnittpunkt zwischen θ-Achse A_θ, ψ-Achse A_ψ sowie Röntgenstrahl festgelegt ist, fixiert werden muß. Dazu ist zunächst eine Grundjustierung notwendig. Im allgemeinen wird zu diesem Zweck das Diffraktometer mechanisch so vorjustiert, daß sich ψ-Achse und θ-Achse schneiden. Anschließend justiert man, unter Verwendung eines in der Diffraktometerebene und senkrecht dazu kippbaren Primärblendensystems, den Röntgenstrahl in den Schnitt-

---

[1]) Der Durchmesser des Diffraktometerkreises beträgt in diesem Fall 573 mm. Es können Proben mit einer Masse bis zu rund 12 kg und Abmessungen von rund 250 mm × 250 mm × 50 mm vermessen werden.

[2]) Nicht gezeigt ist das Strahlenschutzgehäuse, das den Meßplatz aus Sicherheitsgründen vollständig umgibt. Insgesamt wird zur Aufstellung des Meßplatzes eine Grundfläche von rund 2 m² benötigt, die über einen Strom- und Kühlwasseranschluß verfügen muß.

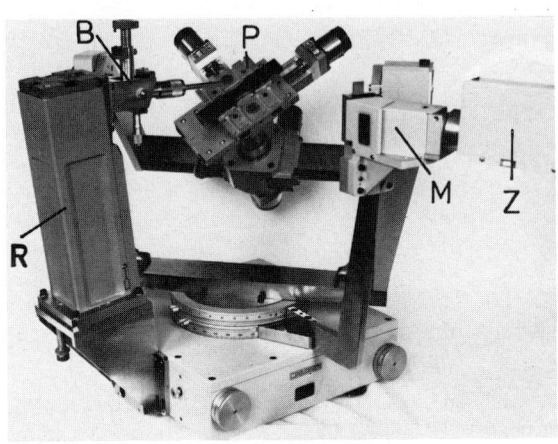

Bild D 4.4-3. Beispiel einer modernen Diffraktometereinrichtung zur Spannungsanalyse (Karlsruhe-Typ).
B Blendsystem, M Monochromator, P Probenträger, R Röntgenröhre, Z Szintillationszähler

punkt von ψ-Achse und θ-Achse. Die Positionierung der zu vermessenden Probenstelle nimmt man meistens mit mechanischen Meßuhren oder optisch mit Justierfernrohren vor. Für die erzielbare Meßgenauigkeit ist die exakte Justierung der verwendeten Diffraktometereinrichtungen von entscheidender Bedeutung. In der Regel werden zur Überprüfung eigenspannungsfreie Pulverpräparate benutzt, die in allen Meßrichtungen ψ Interferenzlinienlagen ergeben sollen, die sich um maximal $\pm 0{,}01°$ in 2θ unterscheiden. Zur Probenaufnahme setzt man zweckmäßigerweise in den drei Raumachsen verstellbare Kreuztische ein, die entsprechende Spannvorrichtungen haben. Die für die Durchführung einer Messung notwendigen Drehbewegungen um die θ-Achse bzw. ψ-Achse werden heute üblicherweise von Schrittmotoren vorgenommen, die über eine rechnerkontrollierte Ansteuerung verfügen. Vielfach positioniert man auch die Proben automatisiert in den drei Raumachsen, so daß sich Eigen- bzw. Lastspannungsverteilungen schrittweise abtasten lassen. Dadurch wird ein hoher Auslastungsgrad der Meßeinrichtungen gewährleistet. Moderne Diffraktometeranordnungen verfügen über die Möglichkeit, rechnergesteuert eine Probendrehung um die φ-Achse vorzunehmen. Dadurch können automatisch die für die Ermittlung von Hauptspannungen und Hauptspannungsrichtungen sowie für die Anwendung bestimmter Auswerteverfahren (vgl. Abschn. D 4.3.5) notwendigen Gitterdehnungsverteilungen in unterschiedlichen Probenrichtungen φ_i erfaßt werden. Zudem eröffnet sich die Möglichkeit, unter bestimmten apparativen Voraussetzungen in einem Meßdurchgang sowohl Gitterdehnungsverteilungen als auch Texturzustände zu messen [D 4.2-6].

D 4.4.2 Hinweise zur zweckmäßigen Durchführung röntgenographischer Eigenspannungsmessungen

Aus den in Abschn. D 4.3.5 beschriebenen Grundlagen geht hervor, daß die röntgenographische Ermittlung der Spannungskomponente σ_φ in der Oberfläche eines Werkstücks die hinreichend genaue Bestimmung von Interferenzlinienlagen θ_i der in bestimmten Ebenen $\varphi = $ konst an geeigneten Gitterebenen vom Typ $\{h k l\}$ unter verschiedenen Einstrahlrichtungen ψ_i abgebeugten Röntgenintensität erfordert. Für den in der Praxis häufig auftretenden Fall eines oberflächenparallelen zweiachsigen Spannungszustandes,

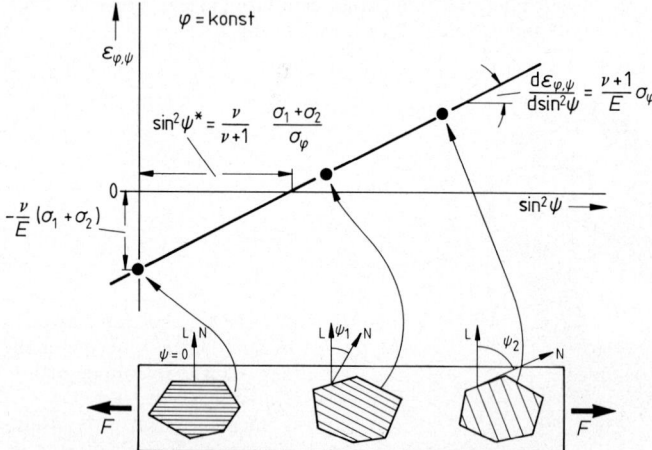

Bild D 4.4-4. Schematische Darstellung des Meß- und Auswerteprinzips bei Vorliegen eines ebenen, oberflächenparallelen Spannungszustandes ($\sin^2 \psi$-Verfahren).

auf den das $\sin^2 \psi$-Verfahren angewendet werden kann, ist dieser Sachverhalt in Bild D 4.4-4 nocheinmal veranschaulicht. Man erkennt, daß dabei die Netzebenenabstände verschiedener, unterschiedlich orientierter Kristallite vermessen werden. Das Verfahren setzt deshalb voraus, daß jeweils eine genügend große Anzahl von Einzelkristallen erfaßt wird. Die maximale Kristallitkorngröße, die noch brauchbare Meßergebnisse erwarten läßt, hängt deshalb direkt von der Größe des vom Röntgenstrahl erfaßten Probenvolumens ab. Es kann notwendig sein, mit einem Röntgenfilm zu kontrollieren, ob ein geschlossener, gleichmäßig geschwärzter Interferenzring oder nur eine durch Grobkorn bedingte Verteilung einzelner Interferenzringpunkte vorliegt. Im letzteren Fall kann durch eine translatorische Probenbewegung oder eine geringe Pendelung um die θ- bzw. ψ-Achse die Kornstatistik verbessert werden, wenn dabei streng auf die Einhaltung der Fokussierungsbedingung geachtet wird. Je nach Genauigkeitsanforderung und Art der auftretenden $2\theta_{\varphi, \psi}$, ψ-Abhängigkeit werden normalerweise etwa 5 bis 11 Gitterdehnungsmessungen im Bereich $-45° \leqq \psi \leqq +45°$ vorgenommen. Vor allem bei nichtlinearen $2\theta_{\varphi, \psi}$, $\sin^2 \psi$-Verteilungen ist oft auch eine noch größere Anzahl Einzelmessungen bis $\psi = \pm 70°$ nützlich.

In der Praxis werden zur Bestimmung von Interferenzlinienlagen am häufigsten die Schwerpunktsmethode und die Parabelmethode eingesetzt. Im ersteren Falle wird als Interferenzlinienlage $2\theta_{\varphi, \psi}$ die Lage des Schwerpunkts derjenigen Fläche unter der Interferenzlinie ermittelt, die sich nach Abzug eines bestimmten, oberhalb des Untergrunds liegenden Schwellwertes von dem gemessenen Intensitätsverlauf ergibt (vgl. Bild D 4.3-8). Als Höhe der Schwelle hat sich

$$I_S = 0{,}2\, I_{max} + 0{,}8\, I_{min} \tag{D 4.4-1}$$

bewährt. Bei der Parabelmethode wird durch mindestens drei Punkte im Bereich des Scheitels der Interferenzlinie eine Parabel zweiter Ordnung gelegt, deren Maximum die Interferenzlinienlage bestimmt. Schwierigkeiten können durch unsymmetrisch verbreiterte Interferenzlinien, z. B. durch Überlagerung nahe beieinanderliegender Reflexe oder des $K\alpha_1$- und $K\alpha_2$-Anteils, auftreten. Im letzteren Fall haben sich neben einer rechnergestützten Separation bzw. Symmetrisierung [D 4.3-7; 4.4-1] auch spezielle Symmetrisierungsblenden als nützlich erwiesen [D 4.4-2].

Zur Durchführung der Messungen ist keine besondere Oberflächenpräparation notwendig. Oberflächenrauhigkeiten, wie sie bei praxisüblichen Bearbeitungs- oder Umformverfahren auftreten, sind nicht störend. Das gleiche gilt für dünne anhaftende Oberflächenschichten, wie z. B. Oxidschichten, sofern sie die Röntgenintensität im Bereich des interessierenden Grundwerkstoffs nicht zu stark schwächen und selbst keine störenden Interferenzlinien liefern. Stets sind jedoch die Konsequenzen des unmittelbaren Oberflächenzustands auf die gemessenen Spannungswerte unter Berücksichtigung der geringen Eindringtiefe der Röntgenstrahlung zu bedenken. Um die Auswirkungen unerwünschter Oberflächeneffekte auf die Meßergebnisse auszuschließen, empfiehlt es sich oft, einen elektrochemischen Oberflächenabtrag von 0,1 bis 0,2 mm vorzunehmen. Dadurch werden keine zusätzlichen Eigenspannungen in den Werkstoff eingebracht. Ein schrittweiser elektrochemischer Abtrag erlaubt auch die Ermittlung von Eigenspannungstiefenverteilungen, indem die jeweils neu freigelegte Oberfläche vermessen wird. Dabei ist zu berücksichtigen, daß durch die Störung des Eigenspannungsgleichgewichts auf Grund des schichtweisen Abtrags der vorliegende Eigenspannungszustand selbst verändert wird. Ist der Abtrag gegenüber dem Restquerschnitt sehr gering, kann dieser Effekt vernachlässigt werden. Im anderen Fall existiert unter bestimmten Voraussetzungen die Möglichkeit einer Korrekturrechnung.

Die Meßzeiten zur Bestimmung einer Spannungskomponente können, je nach Röhren-leistung, bestrahlter Meßfläche, Werkstoff, Werkstoffzustand, vermessener Netzebenen-schar {h k l}, verwendetem Röntgenzähler und angestrebter Genauigkeit zwischen weni-gen Minuten und einigen Stunden liegen. Als Anhaltswert können etwa 10 bis 15 min bei der Untersuchung normalisierter Stähle und bestrahlten Flächen von einigen mm^2 gelten.

Tabelle D 4.4-1   Zusammenstellung wichtiger Daten für die Durchführung und Auswertung rönt-genographischer Spannungsmessungen.

Werkstoff	Strah-lung	Ebene {h k l}	Linien-lage $2\theta_0$ Grad	Eindringtiefe für $\sin^2\psi = 0{,}3$		$\frac{1}{2}s_2^{rö}$	$s_1^{rö}$
				Ω-Dif-frakto-meter	ψ-Dif-frakto-meter		
				µm		$10^{-6}\,mm^2/N$	$10^{-6}\,mm^2/N$
krz. Eisen, Fer-rit, Martensit in Stählen	Cr Kα	{211}	156,1	4,4	4,5	5,76	−1,25
	Co Kα	{310}	161,3	8,7	8,8	6,98	−1,66
	Mo Kα	{732 + 651}	153,9	13,2	13,5	6,05	−1,34
austenitische Stähle,	Mn Kα	{311}	152,3	5,5	5,7	6,98	−1,87
Restaustenit	Cr Kα	{220}	128,8	3,8	4,2	6,05	−1,56
Aluminium Aluminium-basiswerkstoffe	Cu Kα	{511 + 333}	162,6	31,1	31,4	19,77	−5,22
		{422}	137,5	27,7	27,9	19,07	−4.97
Kupfer, Kupferbasis-werkstoffe	Cu Kα	{420}	144,8	8,1	8,5	11,22	−2,92
Nickel, Nickelbasis-werkstoffe	Cr Kα	{220}	133,5	2,7	3,0	5,88	−1,24
hexagonales Titan	Cu Kα	{12$\bar{3}$3}	141,4	4,1	4,3	11,5	−2,82

Für röntgenographische Spannungsmessungen werden Röntgenstrahlen unterschiedli-cher Wellenlängen eingesetzt. Wichtige Gesichtspunkte sind dabei u. a. die jeweils durch den untersuchten Werkstoff und die Einstrahlbedingungen festgelegte Eindringtiefe sowie der röntgenphysikalisch bedingte Anteil an z. B. störender Fluoreszenzstrahlung, der zusammen mit dem allein interessierenden „Nutzstrahlungsanteil" im abgebeugten Rönt-genstrahl miterfaßt wird. In der Regel werden, um eine hinreichende Genauigkeit der Messungen zu gewährleisten, nur solche Interferenzlinien vermessen, die im Bereich $2\theta \gtrless 130°$ liegen. In Tabelle D 4.4-1 sind für praktisch wichtige Werkstoffgruppen die üblicherweise verwendeten Strahlungen, die vermessenen Röntgeninterferenzen sowie deren Linienlagen und die für Ω- und ψ-Diffraktometer geltenden Eindringtiefen der Röntgenstrahlen für $\sin^2\psi = 0{,}3$ zusammengestellt. Zusätzlich sind die gültigen REK-Werte (vgl. Abschn. D 4.5) angegeben. Eine ausführlichere Zusammenstellung entspre-chender Daten ist in [D 4.2-7; 8] enthalten.

Tabelle D 4.4-2 gibt zusammen mit Bild D 4.4-5 beispielhaft ein Meß- und Auswertepro-tokoll einer röntgenographischen Spannungsmessung wieder. Meßobjekt war die Ober-

Tabelle D 4.4-2   Beispiel eines Meßprotokolls.

Benutzer	*W. C. Gönnter*
Strahlung	Cr Kα
Primärblendendurchmesser	2 mm
Probenkennung	Ck 45, gestrahlt
Abtragtiefe	0 mm
2 θ-Meßbereich	149° bis 163°
Anzahl der Meßpunkte	70
Zählzeit	2 *s*
errechnete Spannung	$-629 \pm 4\,\mathrm{N/mm^2}$
gemittelte Halbwertsbreite	3,5°
$\frac{1}{2}\,s_2^{\mathrm{rö}} =$	$5{,}76 \cdot 10^{-6}\,\dfrac{\mathrm{mm^2}}{\mathrm{N}}$

ψ Grad	Interferenz- linienlage Grad	Halbwerts- breite Grad	maximale Impulsanzahl I_{max}	$\dfrac{I_{min}}{I_{max}}$
−45	156,356	3,60	4871	0,33
−36	156,042	3,60	4889	0,32
−27	155,767	3,50	4881	0,32
−18	155,553	3,40	4948	0,33
− 9	155,407	3,40	4870	0,32
0	155,375	3,40	4783	0,33
+ 9	155,412	3,40	4929	0,32
+18	155,551	3,40	4974	0,32
+27	155,760	3,40	5066	0,32
+36	156,040	3,60	5120	0,32
+45	156,340	3,50	4818	0,35

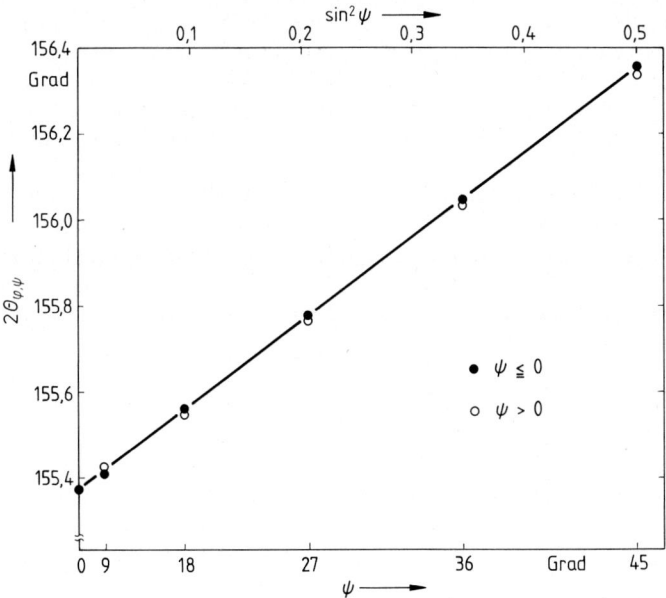

Bild D 4.4-5. Verlauf der Interferenzlinienlagen $2\theta_{\varphi,\psi}$ über $\sin^2\psi$ im Falle einer kugelgestrahlten Probe aus vergütetem Ck 45 (Einzelheiten der Messung können Tabelle D 4.4-2 entnommen werden).

fläche einer vergüteten kugelgestrahlten Stahlprobe aus Ck 45. Neben wichtigen Daten zur Charakterisierung der Probe, den verwendeten Meßparametern und röntgenographischen Konstanten werden als Ergebnis der ermittelte Eigenspannungswert sowie die gemittelte Halbwertsbreite ausgewiesen. Zusätzlich werden die der Auswertung zugrundeliegenden Interferenzlinienlagen, die einzelnen Halbwertsbreiten, die maximale Impulsanzahl sowie das Verhältnis zwischen minimaler und maximaler Impulsanzahl I_{min}/I_{max} für jede vermessene ψ-Richtung ausgegeben. Bild 4.4-5 zeigt, daß eine lineare Verteilung der Interferenzlinienlagen über $\sin^2 \psi$ vorliegt, so daß eine Auswertung nach dem $\sin^2 \psi$-Verfahren gerechtfertigt ist.

Allgemeingültige Aussagen über die erzielbaren Meßgenauigkeiten sind wegen der Vielzahl der möglichen Einflußgrößen schwierig. Gitterdehnungen in der Größenordnung von 10^{-4} können ohne weiteres noch gemessen werden. Die Wiederholgenauigkeit von Einzelmessungen liegt, je nach Meßobjekt und Vorgehensweise, üblicherweise zwischen rund 5 und 20 N/mm^2.

D 4.5 Röntgenographische Elastizitätskonstanten (REK)

Die Grundgleichungen der RSE (vgl. Abschn. D 4.3.5) enthalten die elastischen Konstanten s_1 und $(1/2)s_2$, die nach Abschn. D 4.3.4 durch den Elastizitätsmodul E und die Querkontraktionszahl v gegeben sind. Bei röntgenographischen Messungen ist zu berücksichtigen, daß die Gitterdehnungsmessungen in den verschiedenen ψ-Richtungen jeweils in ein und denselben kristallographischen Richtungen verschieden orientierter, interferenzfähiger Kristallite erfolgen. Deshalb wirkt sich die elastische Anisotropie der Kristallite, die durch unterschiedliche elastische Eigenschaften in den verschiedenen kristallographischen Richtungen charakterisiert ist, auf das Meßergebnis aus. Bei mechanischen Dehnungsmessungen hingegen, bei denen in der Regel größere Werkstoffbereiche mit einer Vielzahl regellos orientierter Kristallite erfaßt werden, mitteln sich deren anisotrope elastische Eigenschaften zum quasiisotropen Verhalten der Gesamtprobe aus, das durch die elastischen Konstanten E und v der linearen Elastizitätstheorie isotroper Werkstoffe beschrieben wird. Aus dem genannten Grund stimmen auch mechanisch gemessene Dehnungswerte und nach Gl. (D 4.3-15) berechnete Gitterdehnungen i. a. nicht überein, wenn makroskopische elastische Konstanten verwendet wurden. Nur bei einem Werkstoff mit elastisch völlig isotropen Körnern, wie im Falle von Wolfram, wäre Übereinstimmung zu erwarten. Bei Aluminium und Aluminiumlegierungen ist der Einfluß der elastischen Anisotropie gering, bei Eisen und Eisenbasiswerkstoffen stärker ausgeprägt.

Der Einfluß der elastischen Anisotropie macht eine Modifizierung der Grundgleichungen der RSE dahingehend notwendig, daß an Stelle der makroskopischen Werte s_1 und $(1/2)s_2$ sog. röntgenographische Elastizitätskonstanten (REK) eingeführt werden, für die

$$s_1^{rö} = -\left(\frac{v}{E}\right)^{rö} \tag{D 4.5-1}$$

und

$$\frac{1}{2}s_2^{rö} = \left(\frac{v+1}{E}\right)^{rö} \tag{D 4.5-2}$$

gilt. Gl. (D 4.3-32) beispielsweise geht dadurch in

$$\varepsilon_{\varphi,\psi} = \frac{1}{2}s_2^{rö}\,\sigma_\varphi \sin^2 \psi + s_1^{rö}(\sigma_1 + s_2) \tag{D 4.5-3}$$

über.

Röntgenographische Elastizitätskonstanten können theoretisch oder experimentell ermittelt werden [D 4.5-1]. Im letzteren Fall werden dazu Lastspannungsmessungen an Proben unter bekannten homogen einachsigen Beanspruchungszuständen vorgenommen. Tabelle D 4.4-1 enthält Angaben über röntgenographische elastische Konstanten für eine Reihe häufig vorkommender Fälle.

D 4.6 Einfluß von Gradienten und Texturen

Bei den bisherigen Überlegungen wurde von makroskopisch elastischen und isotropen Werkstoffzuständen ausgegangen, bei denen innerhalb des vom Röntgenstrahl erfaßten Bereichs homogene Makroeigenspannungszustände vorliegen und Gradienten vernachlässigt werden können. In diesem Fall sind die in Bild D 4.6-1 a und b schematisch gezeigten Verläufe der Interferenzlinienlagen $2\theta_{\varphi,\psi}$, Netzebenenabstände $D_{\varphi,\psi}$ bzw. Gitterdehnungen $\varepsilon_{\varphi,\psi}$ über $\sin^2\psi$ zu erwarten. Teilbild a gilt für ebene, oberflächenparallele Spannungszustände, während Teilbild b die für gegenüber dem Probensystem gekippte Hauptspannungssysteme vorliegenden Verhältnisse wiedergibt. In der Praxis werden in manchen Fällen von den in Bild D 4.6-1 a und b gezeigten Verläufen abweichende Verteilungen der Meßwerte über $\sin^2\psi$ beobachtet. Sie sind auf das Vorliegen von Texturen, also bestimmten Vorzugsorientierungen der Kristallite vielkristalliner Werkstoffe, bzw. starke Spannungsgradienten im vom Röntgenstrahl erfaßten Werkstoffvolumen zurückzuführen.

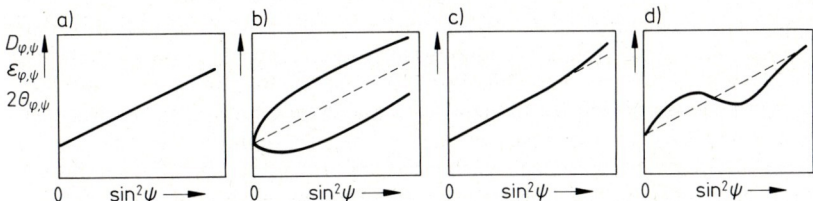

Bild D 4.6-1. Grundtypen möglicher Verläufe von Interferenzlinienlagen $2\theta_{\varphi,\psi}$, Netzebenenabständen $D_{\varphi,\psi}$ bzw. Gitterdehnungen $\varepsilon_{\varphi,\psi}$ über $\sin^2\psi$.
a) Ebene, oberflächenparallele Spannungszustände.
b) Hauptspannungssysteme gegenüber Probensystem gekippt.
c) Ausgeprägter Spannungsgradient in Tiefenrichtung.
d) Stark texturbehafteter Werkstoffzustand.

Im Falle von Gradienten treten gekrümmte Verläufe auf, wie sie schematisch Bild D 4.6-1 c zeigt. Ursache hierfür ist, daß auf Grund der vom Einstrahlwinkel ψ abhängigen unterschiedlichen Eindringtiefe der Röntgenstrahlen, s. Gl. (D 4.6-2) und (D 4.6-3), jeweils über Werkstoffvolumina mit unterschiedlichen Spannungszuständen gemittelt wird. Allerdings werden Krümmungen wie in Bild D 4.6-1 c nur bei sehr starken Spannungsgradienten, z. B. $d\sigma/dz \gtrless 5000\ \text{N/mm}^3$ und Messungen bis zu ψ-Winkeln $\gtrless 50°$, experimentell beobachtet.

Quantitative Aussagen über vorliegende Spannungsgradienten sind beispielsweise durch elektrolytischen Oberflächenabtrag in kleinen Schritten oder durch Verwendung von Röntgenstrahlen verschiedener Wellenlängen möglich. Im letzteren Fall macht man sich die wellenlängenabhängige Eindringtiefe der Strahlung zunutze. Die gemessenen Gitterdehnungen sind stets gewichtete Mittelwerte der im vermessenen Werkstoffvolumen tatsächlich vorliegenden Gitterdehnungsverteilungen. Für den Mittelwert $\langle\varepsilon_{\varphi,\psi}\rangle$ gilt unter Berücksichtigung der Schwächung der Röntgenstrahlung entsprechend Gl. (D 4.3-3):

$$\langle \varepsilon_{\varphi,\psi} \rangle = \frac{\int\limits_0^S \varepsilon_{\varphi,\psi}(z) \exp\left(\frac{-z}{\tau}\right) dz}{\int\limits_0^S \exp\left(\frac{-z}{\tau}\right) dz}$$

(D 4.6-1).

Dabei ist die Eindringtiefe τ, in der die einfallende Röntgenintensität auf $1/e$ ihres Ausgangswertes abgeschwächt wird, je nachdem, ob ein Ω- oder ein ψ-Diffraktometer verwendet wird, durch

$$\tau_{\Omega} = \frac{1}{2\mu} \frac{\sin^2\theta - \sin^2\psi}{\sin\theta\cos\psi}$$

(D 4.6-2)

oder

$$\tau_{\psi} = \frac{1}{2\mu} \sin\theta\cos\psi$$

(D 4.6-3)

bestimmt. S ist die Dicke der vermessenen Probe.

Neben Spannungsgradienten können auch Gefügegradienten, z. B. durch ortsabhängige Gehalte an im Gitter gelösten Fremdatomen und den damit verbundenen lokalen Änderungen des Gitterparameters, zu gekrümmten Verteilungen der Interferenzlinienlagen über $\sin^2\psi$ führen. Diese Effekte müssen von den durch Spannungen verursachten Meßeffekten separiert werden, um Fehlinterpretationen zu vermeiden [D 4.6-1].

Texturbedingte Nichtlinearitäten sind, wie Bild D 4.6-1 d zeigt, durch relative (absolute) Maxima bzw. Minima sowie durch Wendepunkte in den Gitterdehnungsverteilungen über $\sin^2\psi$ gekennzeichnet (vgl. auch Bild D 4.7-2). Ursache hierfür ist, daß durch die Abweichung von einer regellosen Verteilung der Kristallitorientierungen die elastische Anisotropie der Einzelkristalle makroskopisch zum Tragen kommt. Gleichzeitig macht sich auch bemerkbar, daß die plastische Verformbarkeit der Einzelkristallite richtungsabhängig ist, so daß zusätzlich zu vorliegenden Eigenspannungen erster Art texturbedingte Mikroeigenspannungen auftreten. Diese können sich durch richtungsabhängige Linienverbreiterungen und Interferenzlinienverschiebungen äußern, wobei sich letztere den durch Eigenspannungen erster Art bewirkten Bragg-Winkeländerungen überlagern.

Zur Beschreibung der auftretenden Gitterdeformationen texturierter, eigenspannungsbehafteter Zustände haben sich Gitterdeformationspolfiguren bewährt, in denen die in allen untersuchten Richtungen auftretenden Gitterdehnungen, in gleicher Weise wie in einer Texturpolfigur, in stereographischer Projektion dargestellt werden. Sie erlauben die vollständige Beschreibung vorliegender Gitterdeformationszustände. Bild D 4.7-6 zeigt beispielhaft die bei kaltgewalztem Armcoeisen bei Vermessung von {211}-Netzebenen vorliegenden Verhältnisse.

Solche Gitterdehnungsverteilungen können nicht ohne weiteres nach den in Abschn. D 4.3.5 beschriebenen Methoden ausgewertet werden, um vorliegende Eigenspannungszustände zu bestimmen. Im Schrifttum wird eine Reihe von Verfahren beschrieben, die unter vereinfachenden Annahmen die Ermittlung von Eigenspannungszuständen aus Gitterdehnungsverteilungen mit texturbedingten Anomalien gestatten [D 4.2-7]. In der Praxis hat es sich bewährt, bei Vorliegen von Texturen möglichst hochindizierte Gitterebenen zur Spannungsanalyse zu vermessen, da sich dort texturbedingte Effekte in der Regel weniger stark bemerkbar machen. Sind Texturen nicht besonders stark ausgeprägt und infolgedessen die texturbedingten Abweichungen von den nach Abschn. D 4.3.5 zu erwartenden $\varepsilon_{\varphi,\psi}$, ψ-Zusammenhängen nur gering, so können die dort beschriebenen

Auswerteverfahren angewandt werden, wenn durch Vermessung möglichst vieler Richtungen ψ bis zu $\sin^2 \psi \approx 0{,}9$ eine hinreichende Mittelung der einzelnen Meßwerte durch die Ausgleichskurven sichergestellt ist.

D 4.7 Kennzeichnende Anwendungsbeispiele

Nachfolgend werden, ohne Anspruch auf Systematik und Vollständigkeit, einige charakteristische Beispiele röntgenographischer Messungen vorgestellt. Sie sollen einen knappen Einblick in die vielfältigen Einsatzgebiete des Verfahrens geben und gleichzeitig über die Meßmöglichkeiten informieren. Zunächst zeigt Bild D 4.7-1 zwei typische Beispiele für die Tiefenverteilung von Interferenzlinienhalbwertsbreiten. Sie ermöglichen es, beispielsweise bei der Anwendung von Randschichtverfestigungsverfahren, zu beurteilen, bis zu welcher Tiefe plastische Verformungen aufgetreten sind und ob als Folge davon Ver- bzw. Entfestigungsvorgänge stattgefunden haben. Bild D 4.7-2 veranschaulicht das Auftreten von nichtlinearen Verteilungen der Interferenzlinienlagen $2\theta_{\varphi,\psi}$ über $\sin^2 \psi$ als Folge einer vorliegenden ausgeprägten Textur. Die folgenden Bilder zeigen Beispiele für

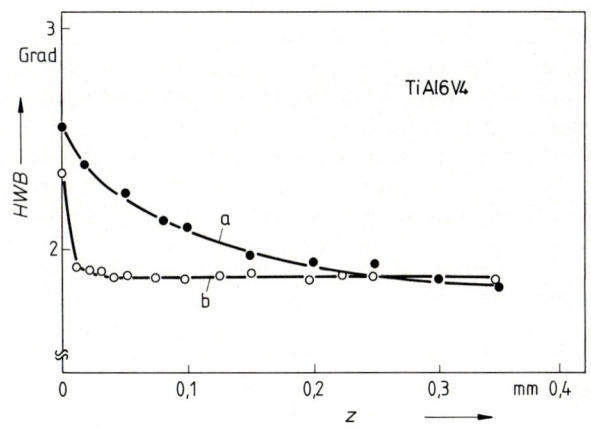

Bild D 4.7-1. Tiefenverteilungen der Halbwertsbreiten.
a kugelgestrahlte Probe aus TiAl6V4. Strahlmittel: S 170; Strahldruck: 1,6 bar; Überdeckung: dreifach
b Gegenlaufgefräste Probe aus TiAl6V4

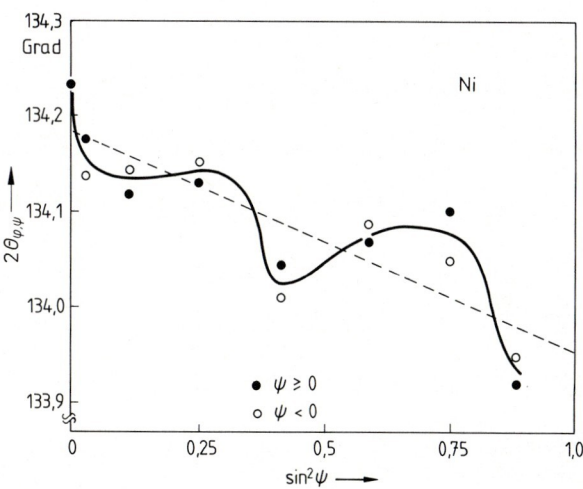

Bild D 4.7-2. Interferenzlinienlagen $2\theta_{\varphi,\psi}$ als Funktion von $\sin^2 \psi$ einer galvanisch abgeschiedenen Ni-Schicht mit {113}-Fasertextur. Es wurde mit CrKα-Strahlung an {220}-Ebenen gemessen.

461

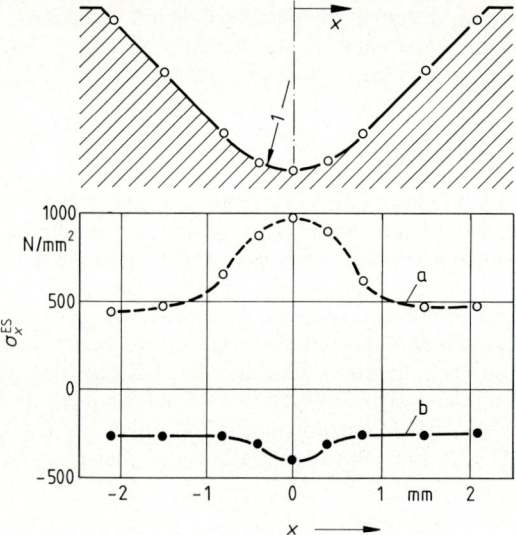

Bild D 4.7-3. Einfluß unterschiedlicher Schleifbedingungen auf die Verteilung der Eigenspannungen quer zur Schleifrichtung im Kerbbereich einer gehärteten Probe aus Ck 45 mit dem Kerbfaktor $\alpha_k = 1,7$ [D 4.7-1].

a Zustellung: $2 \times 15\ \mu m$, Schnittgeschwindigkeit: 30 m/s, Kühlmittel: Emulsion

b Zustellung $2 \times 3\ \mu m$, Schnittgeschwindigkeit: 15 m/s, Kühlmittel: Öl

Bearbeitungseigenspannungen, Bild D 4.7-3, Strahleigenspannungen, Bild D 4.7-4, sowie Eigenspannungen in der Umgebung einer Rißspitze, Bild D 4.7-5. Bild D 4.7-3 zeigt, wie durch geeignete Wahl von Schleifparametern hohe Zug- oder hohe Druckeigenspannungen erzeugt werden können. Gleichzeitig vermittelt es einen Eindruck von den heute existierenden Möglichkeiten der lokalisierten Eigenspannungsermittlung in Bereichen mit geometrischen Kerben. Bild D 4.7-4 erläutert am Beispiel kugelgestrahlter Werkstoffe, wie durch Anwendung der röntgenographischen Spannungsermittlung auf schrittweise elektrolytisch abgetragene Werkstückrandzonen Eigenspannungstiefenverläufe ermittelt werden können. Man erkennt, daß sich der Wirkungsbereich von Druckeigen-

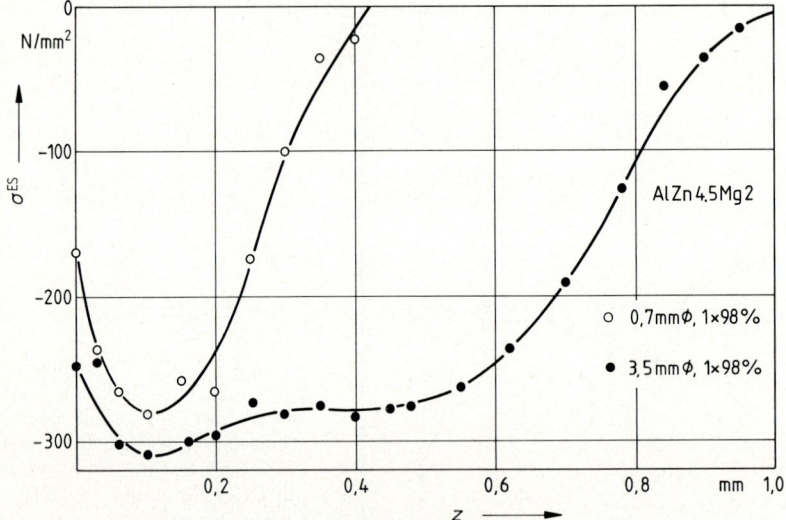

Bild D 4.7-4. Tiefenverteilung der Eigenspannungen in einem kugelgestrahlten Bauteil aus AlZn 4,5 Mg 2 bei Verwendung unterschiedlich großer Stahlkugeln als Strahlmittel.

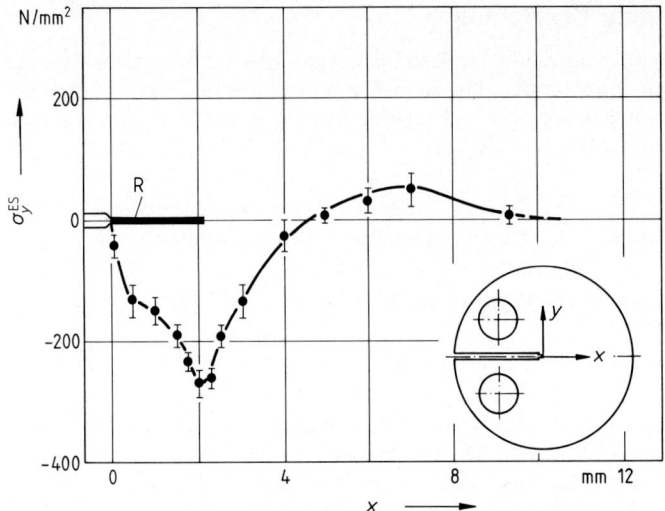

Bild D 4.7-5. Eigenspannungen im Bereich der Rißspitze eines Ermüdungsrisses [D 4.7-2].
Werkstoff: Ck 22, normalisiert, Zugschwellbeanspruchung; R angerissener Bereich

spannungen bei Verwendung größerer Strahlmittelabmessungen im vorliegenden Fall
auf größere Oberflächenabstände erstreckt. Bild D 4.7-5 belegt, daß in der Umgebung
von Ermüdungsrissen als Folge der bei der Rißausbreitung auftretenden inhomogenen
plastischen Deformationen charakteristische Eigenspannungsverteilungen gemessen
werden können. Der vom Röntgenstrahl erfaßte kreisförmige Probenbereich hatte in
diesem Fall einen Durchmesser von nur 0,23 mm, um die auftretenden hohen Spannungsgradienten erfassen zu können. Bild D 4.7-6 gibt die Gitterdeformationspolfigur einer
texturbehafteten Probe aus Armcoeisen wieder. Solche Diagramme erlauben es, die in
allen meßtechnisch zugänglichen Richtungen auftretenden Gitterdehnungen zusammenfassend graphisch darzustellen. Deshalb sind sie besonders zur Bewertung auftretender
Anomalien geeignet.

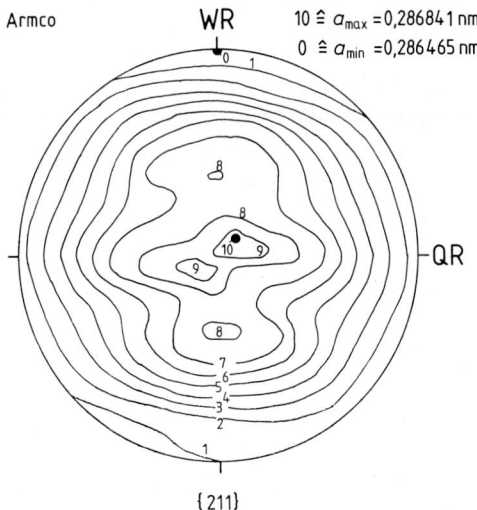

Bild D 4.7-6. Beispiel einer Gitterdeformationspolfigur zur vollständigen
Beschreibung der Gitterdehnungsverteilungen. Gemessen wurde mit
CrKα-Strahlung an den {211}-Ebenen
von 78% kaltgewalztem Armcoeisen
[D 4.7-3].
a_{min} und a_{max} sind die aus den jeweili-
gen $D_{\varphi,\psi}$- bzw. $2\theta_{\varphi,\psi}$-Werten berechneten minimalen und maximalen Git-
terparameter.
WR Walzrichtung, QR Querrichtung.
Der Radius der Gitterdeformations-
polfigur ist durch $|\psi| = 70°$ begrenzt

463

D 4.8 Zusammenfassende Beurteilung

Die röntgenographische Spannungsmeßtechnik stellt ein wichtiges Verfahren zur Analyse von Last- und Eigenspannungszuständen dar. Sowohl auf Grund interessanter apparativer Neuentwicklungen als auch verbesserter Grundlagenkenntnisse findet sie inzwischen sowohl bei werkstoffwissenschaftlichen als auch werkstofftechnischen Untersuchungen weite Verbreitung.

Die wichtigsten Merkmale der RSE, die eine Folge der bei Gitterdehnungsmessungen vorliegenden Gegebenheiten sind, lassen sich folgendermaßen zusammenfassen:

a) Messungen sind nur an kristallinen, hinreichend feinkörnigen Werkstoffen möglich. Amorphe Werkstoffe müssen zumindest einen hinreichend hohen Volumenanteil einer kristallinen Phase enthalten.

b) Die Messungen sind vollkommen zerstörungsfrei und verändern den vorliegenden Werkstoffzustand nicht.

c) Die Messungen beruhen auf der Analyse von Gitterebenenabständen in kristallographischen Richtungen senkrecht zu den reflektierenden Netzebenen {h k l}. Dabei werden nur elastische Gitterdehnungen gemessen, die sowohl durch äußere als auch durch innere Kräfte sowie deren Überlagerung hervorgerufen werden können. Bei einphasigen Werkstoffen werden selektiv stets nur speziell orientierte Kristallite bzw. Kristallitbereiche im bestrahlten Volumen erfaßt.

d) Bei mehrphasigen Werkstoffen können Spannungsmessungen in jeder Phase getrennt erfolgen, sofern sie mit einem ausreichend hohen Volumenanteil auftritt.

e) Die Messungen sind wegen der meist nur geringen Eindringtiefe der verwendeten Röntgenstrahlen auf relativ dünne Oberflächenschichten beschränkt. Bei Anwendung elektrolytischer Abtrageverfahren lassen sich auch Eigenspannungstiefenverläufe ermitteln, wobei sehr große oberflächennahe Spannungsgradienten erfaßt werden können.

f) Die Geometrie des Meßobjekts darf den Strahlengang des einfallenden primären Röntgenstrahls sowie des reflektierten Strahls nicht behindern. Dies kann zu eingeschränkten Meßmöglichkeiten, z. B. in geometrischen Kerben, führen.

g) Die Messungen sind bei entsprechend feinkörnigen Werkstoffen mit hoher örtlicher Auflösung möglich. Der vom Röntgenstrahl erfaßte Probenbereich kann in weiten Grenzen dem Meßproblem angepaßt werden und zwischen etwa 0,01 mm^2 und mehreren 100 mm^2 groß sein.

h) Es existieren sowohl stationäre als auch mobile Meßeinrichtungen zur Vermessung großer Bauteile. Der Meßablauf kann weitgehend automatisiert werden.

i) Die Messungen sind vergleichsweise zeitaufwendig; sie erfordern fundierte Kenntnisse aus Physik und Werkstoffkunde.

D 5 Fluidische Verfahren

D 5.1 Formelzeichen

A	Düsenquerschnitt, Meßquerschnitt
C	Konstante
F	Kraft
K	K-Faktor
R	fluidischer Widerstand, Leitungswiderstand
T	absolute Temperatur
V	Volumen
d	Durchmesser
h	Weg
k	Konstante, Kennzeichnung für kritisch durchströmte Düsen
l	Meßlänge
$\dot{m}$	Massenfluß
p	Überdruck, Druck allgemein
p^*	absoluter Druck
q	Volumenstrom
r	Radius
s	Abstand, Meßweg, Spaltweite
ε	Dehnung
η_k	kinematische Viskosität
v	Querkontraktionszahl
ϱ	Dichte
σ	mechanische Spannung

Indizes

M	durch Meßgröße verändert
0	Festwert, Vergleichswert

D 5.2 Übersicht

N. Mayer

Unter dem Begriff „fluidische Verfahren" sind hier solche Verfahren zusammengefaßt, bei denen die Meßgröße unter Ausnutzung von Gesetzmäßigkeiten der Strömungsmechanik in Druck- oder Durchflußsignale umgeformt wird. Signalträger ist hier also ein Fluid (z. B. Luft oder Öl), dessen Druck oder Durchfluß am Ausgang des Aufnehmers das Meßsignal enthält, vgl. [D 5.2-1]. Manche fluidischen Verfahren sind schon vor 1950 verwendet worden. Vor dem Aufkommen der elektrischen Dehnungsmeßstreifen gehörten fluidische Dehnungsaufnehmer zu den empfindlichsten Dehnungsmeßgeräten [D 5.2-2]. Inzwischen sind diese Meßverfahren durch empfindliche und preiswerte elektrische Meßverfahren weitgehend verdrängt worden. Für manche Meßaufgaben können jedoch auch heute noch bestimmte fluidische Verfahren vorteilhaft eingesetzt werden, da sie Eigenschaften aufweisen, die andere Verfahren nicht erreichen. Auf diese Verfahren konzentrieren sich die folgenden Abschnitte, wobei zum besseren Verständnis mitunter auch Vorläufer beschrieben werden.

Ein generelles Problem bei fluidischen Meßverfahren ist die Verschmutzungsgefahr der Strömungskanäle. Die Gas- oder Flüssigkeitsströmungen können Teilchen von Verunreinigungen mitbewegen, die sich dann meist an unerwünschten Stellen festsetzen und zu

Störungen der Funktion führen können. Deswegen sollte immer auf saubere Strömungsmedien, Leitungen und Bauteile geachtet werden. Außerdem ist ein zusätzlicher Schutz durch Filterelemente vor allen kritischen Stellen, wie z. B. Düsen und Spalten, sehr zu empfehlen.

Das dynamische Verhalten fluidischer Systeme ist wesentlich bestimmt durch die Geschwindigkeit, mit der sich Signale im verwendeten Fluid ausbreiten können. Sie ist im unbegrenzten Fluid gleich der Schallgeschwindigkeit, in engen Strömungskanälen ist sie kleiner. Entsprechend der Relation zwischen Schallgeschwindigkeit und Lichtgeschwindigkeit – letzteres ist die vergleichbare bestimmende Größe für die Dynamik elektrischer Systeme – sind z. B. die oberen Grenzfrequenzen luftbetriebener fluidischer Systeme etwa um den Faktor 10^6 kleiner als die Grenzfrequenzen vergleichbarer elektrischer Systeme. Demzufolge liegen in den günstigsten Fällen die oberen Grenzfrequenzen fluidischer Aufnehmer je nach Aufbau zwischen 1 Hz und maximal einigen 100 Hz. Sind Leitungslängen von mehr als einigen Metern erforderlich, so ist der Einsatz solcher Aufnehmer im wesentlichen auf Anwendungen mit statischem bzw. quasistatischem Verhalten der Meßgröße begrenzt.

Bei der Instrumentierung aufwendiger Versuche empfiehlt es sich in vielen Fällen, für ein und dieselbe Meßgröße unterschiedliche Meßverfahren einzusetzen. Diese diversitäre Instrumentierung hat den Vorteil, daß sich Änderungen des Versuchsobjektes besser von Änderungen der Meßsysteme unterscheiden lassen. Auch ist es u. U. sinnvoll, schnelle Änderungen mit schnell reagierenden Systemen, langzeitige Änderungen dagegen mit besonders nullpunktstabilen Systemen zu messen. Auch aus diesen Gründen ist der Einsatz fluidischer Meßverfahren oft sinnvoll.

D 5.3 Fluidische Dehnungsaufnehmer

N. Mayer

D 5.3.1 Allgemeines

Die Funktionsweise fluidischer Aufnehmer ist durch die geometrische Form ihrer Strömungskanäle vorgegeben. Wichtige Teile ihres konstruktiven Aufbaus sind z. B. Düsen, Düsennadeln und Spalte. Deshalb haben Änderungen von Eigenschaften der verwendeten Werkstoffe, die ohne Rückwirkungen auf deren Abmessungen sind, keinen Einfluß auf die Funktion der Aufnehmer. Bei elektrischen Aufnehmern beispielsweise werden in der Regel zusätzliche Anforderungen an den Werkstoff gestellt. Er soll z. B. gut isolieren oder leitfähig sein, sein elektrischer Widerstand oder die magnetischen Eigenschaften sollen unter veränderlichen Betriebsbedingungen konstant sein usw. Diese Anforderungen grenzen die Palette der verfügbaren Werkstoffe stärker ein, als dies bei fluidischen Aufnehmern der Fall ist, bei denen unter Betriebsbedingungen nur geometrische Stabilität gefordert ist. Einflüsse durch Änderungen der Gaseigenschaften, z. B. mit der Temperatur, lassen sich zumeist durch die Anwendung von Brückenschaltungen kompensieren, vgl. Abschn. D 5.3.3.5. Außerdem können bei fluidischen Aufnehmern häufig sämtliche Teile aus einem einzigen Werkstoff hergestellt werden. Dadurch werden Probleme vermieden, die oft mit Materialpaarungen verbunden sind, wie z. B. thermisch induzierte mechanische Spannungen bei Werkstoffen mit unterschiedlicher Wärmedehnung.

D 5.3.2 Physikalisches Prinzip

Die fluidischen Dehnungsaufnehmer mit Meßdüsen sind in Abschn. D 5.3.3 beschrieben. Ihre Funktionsweise beruht darauf, daß an einer Verengung des Strömungskanals, nämlich der Meßdüse, der Strömungsquerschnitt durch die Meßgröße „Dehnung" über eine Düsennadel oder eine Prallplatte gesteuert wird. Diese Steuerung wirkt sich daher relativ stark auf die Gesamtströmung aus. In der Regel wird der Massenfluß dieser Strömung oder der durch ihn an einem Strömungswiderstand hervorgerufene Druckabfall als Ausgangssignal benutzt. Er ist bei diesen Aufnehmern meist schon groß genug, so daß er ohne weitere Verstärkung mit einem Druck- oder Durchflußmesser angezeigt oder weiterverarbeitet werden kann.

Anders sind die Verhältnisse bei den Dehnungsaufnehmern mit Laminarwiderstand, s. Abschn. D 5.3.4. Dort wird der Strömungswiderstand eines meist längeren Abschnitts des Strömungskanals durch die Meßgröße „Dehnung" nur geringfügig verändert. Dementsprechend sind auch die entstehenden Druckänderungen so klein, daß sie nur mit sehr empfindlichen Druckmeßgeräten gemessen werden können oder, z. B. mit Hilfe fluidischer Verstärker, noch zusätzlich verstärkt werden müssen.

D 5.3.3 Dehnungsaufnehmer mit Meßdüsen

D 5.3.3.1 Übersicht

Die verschiedenen Verfahren zur Dehnungsmessung mit Hilfe von Meßdüsen sind schematisch in Bild D 5.3-1 zusammengestellt, s. a. Abschn. C 1.4. Allen Aufnehmern ist gemeinsam, daß die mittlere Dehnung ε über der Meßlänge l in eine Änderung des Abstands s zwischen einer Meßdüse a und einer Prallplatte b umgeformt wird. Die Meßdüse a wird über einen Anpasser, s. z. B. Abschn. D 5.3.3.5, mit dem Meßfluid, meist Luft, versorgt. Die Änderung des Meßquerschnitts A_M zwischen Meßdüse a und Prallplatte b bewirkt eine Druck- oder Durchflußänderung, die im Anpasser in ein Ausgangssignal, z. B. eine Druckanzeige, umgeformt wird. Für runde Meßdüsen ist $A_M = \pi\, d_M\, s$, wobei d_M der innere Durchmesser der Meßdüse ist.

Bild D 5.3-1 zeigt einen Dehnungsaufnehmer mit Meßspitzen c, die auf die Oberfläche des Meßobjekts aufgesetzt werden. Der Aufnehmerteil mit der Meßdüse a wird meist über Andruckfedern gehalten, während der Hebel mit der Prallplatte b sich frei vor der Meßdüse bewegen kann. Er ist mit dem Federgelenk d drehbar gelagert. Durch die mechanische Hebelübersetzung läßt sich die Empfindlichkeit steigern. Diese Aufnehmer können mit kleinen Abmessungen und Meßlängen gebaut werden, s. Abschn. D 5.3.3.2. Ihre Befestigungsart macht sie jedoch sehr erschütterungsempfindlich.

Robuster in der Anwendung sind die Aufnehmer mit Meßböckchen nach Bild D 5.3-1 b und c, die sich nur in der Ableitung des Meßgases unterscheiden. Während das Meßgas beim Aufnehmer nach Bild D 5.3-1 b in die Umgebung am Meßort abströmt, wird es beim Aufnehmer nach Bild D 5.3-1 c über eine zweite Leitung zum Anpasser zurückgeführt. Eine solche Rückführung ist z. B. dann erforderlich, wenn unter Überdruck oder im Innern von Bauteilen gemessen werden soll, vgl. Abschn. D 5.3.3.4. Bei beiden Aufnehmern wird die Meßstrecke l durch die Meßstange e überbrückt. Dann gilt für die Änderung Δs des Meßweges s die Beziehung $\Delta s = l\, \varepsilon$. Meßstange e und Meßdüse a sind jeweils mit einem Meßböckchen f bzw. g direkt oder über ein Befestigungsblech h auf dem Meßobjekt fixiert. Da die Meßböckchen in Meßrichtung eine bestimmte Breite haben, ist die Meßlänge bei Aufnehmern dieser Art nicht genau definiert.

Beim Aufnehmer nach Bild D 5.3-1 c sind beide Meßböckchen über ein dünnwandiges Rohr i miteinander verbunden. Es dient zur Abdichtung zwischen Meßgas und Umgebung und ermöglicht die Rückführung der Gasströmung vom Meßort. Der Aufnehmer wird dadurch sehr robust in der Handhabung, und der Meßquerschnitt A_M ist gegen Verschmutzungen gut geschützt.

467

a)

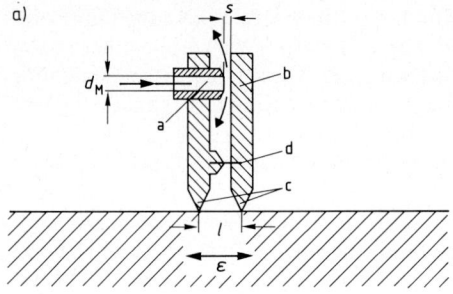

b)

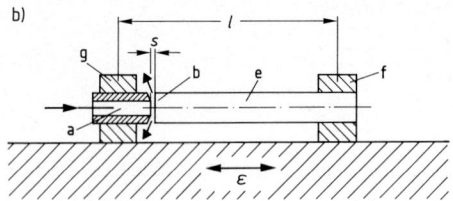

c)

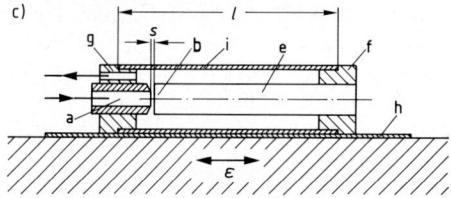

Bild D 5.3-1. Fluidische Dehnungsaufnehmer, schematisch.
a) Mit Meßspitzen.
b) Mit Meßböckchen.
c) Mit Meßböckchen und Abdichtung.
a Meßdüse, b Prallplatte, c Meßspitzen, d Federgelenk, e Meßstange, f, g Meßböckchen, h dünnes Blech, i dünnwandiges Rohr, *l* Länge der Meßstrecke, ε Dehnung, *s* Meßweg

Sowohl das Befestigungsblech h als auch das Abdichtungsröhrchen i werden bei Dehnungen ε des Meßobjekts mitgedehnt. Dadurch können relativ große Rückwirkungskräfte entstehen, die das Kriechverhalten der Aufnehmer verschlechtern. Die Aufnehmer nach Bild D 5.3-1 a und b sind praktisch frei von solchen Rückwirkungskräften. Deswegen sind sie auch für Messungen an Kunststoffmodellen geeignet. Auf Grund der ungeschützten Meßdüse sind sie jedoch empfindlicher gegen Verschmutzungen und damit weniger langzeitstabil.

D 5.3.3.2 Dehnungsaufnehmer mit Meßspitzen

Ein Dehnungsaufnehmer mit besonders kleinen Abmessungen ist in Bild D 5.3-2 dargestellt [D 5.3-1]. Die Dehnung ε wird mit den Meßspitzen a auf einer Meßlänge von 2 mm abgegriffen (vgl. Bild D 5.3-1 a). Die Längenänderung wird mittels Federgelenk b und Hebel c zweifach vergrößert und in eine Änderung der Spaltweite *s* umgeformt. Sie wird mit einem Düse-Prallplatte-System gemessen, das aus der Meßdüse d und der geläppten Stirnfläche des Bolzens e besteht. Mit der Justierschraube f läßt sich der Nullpunkt einstellen. Die Bohrung g dient zur Befestigung des Aufnehmers auf dem Meßobjekt mit Hilfe eines Anpreßstückes. Der Aufnehmer ist über die Vordüse mit dem Querschnitt A_1 an den Versorgungsdruck p_V angeschlossen. Der Druck p_A hinter der Vordüse stellt das Ausgangssignal dar. Er ändert sich mit der Dehnung ε und wird mit einem Feinmeßmanometer gemessen.

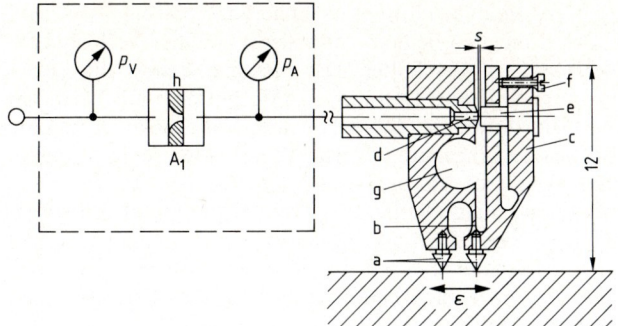

Bild D 5.3-2. Dehnungsaufnehmer mit Meßspitzen nach *Lehmann, Wiemer* und *Voigt* [D 5.3-1].
a Meßspitzen, b Federgelenk, c Hebel, d Meßdüse, e Bolzen, f Justierschraube, g Bohrung, h Vordüse, A_1 Querschnitt der Vordüse, ε Dehnung des Meßobjekts

Dieser Aufnehmer wird im Niederdruckbereich mit einem Versorgungsdruck von z. B. 50 mbar betrieben. Dann sind die Druckänderungen der Luft beim Ausströmen so gering, daß man näherungsweise mit einer inkompressiblen Strömung rechnen kann. Die Abhängigkeit des Ausgangsdruckes p_A vom Meßquerschnitt $A_M = \pi\, d_M\, s$ ist dann durch folgende Beziehung gegeben [D 5.2-1]:

$$\frac{p_A}{p_V} = \left\{ 1 + \left(\frac{A_M}{A_1}\right)^2 \right\}^{-1} \qquad \text{(D 5.3-1).}$$

Darin ist A_1 der Querschnitt der Vordüse. Bei scharfkantigen Düsen können größere Abweichungen von Gl. (D 5.3-1) auftreten. Für orientierende Berechnungen leistet die Gleichung jedoch gute Dienste.

Mit einer Vordüse von 0,1 mm Durchmesser, einem Meßdüsendurchmesser von 0,5 mm und einem Versorgungsdruck von 50 mbar wurde mit dem Aufnehmer nach Bild D 5.3-2 eine Empfindlichkeit von 8 µbar/(µm/m) erreicht. Der lineare Wegänderungsmeßbereich an den Meßspitzen beträgt etwa 4 µm, entsprechend einem Dehnungsmeßbereich von 2000 µm/m. Dabei ändert sich der Ausgangsdruck p_A zwischen 28 und 44 mbar. Mit seinen Abmessungen von 12 mm × 12 mm × 3 mm ist der Aufnehmer sehr klein gebaut und auch bei sehr begrenztem Raum z. B. an Modellen einsetzbar, s. [D 5.3-1; 2]. Ähnliche Dehnungsaufnehmer sind im Schrifttum in [D 5.3-3; 4] beschrieben, Mehrkomponentendehnungsaufnehmer in [D 5.3-2].

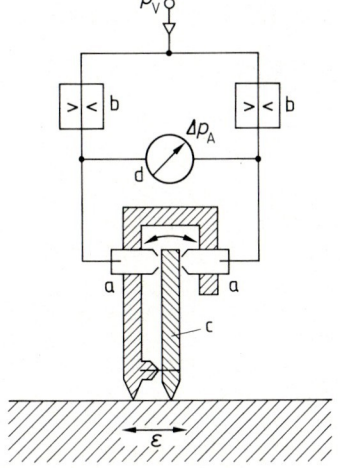

Bild D 5.3-3. Dehnungsaufnehmer nach *Huggenberger* [D 5.2-2], schematisch.
a Meßdüsen, b Vordüsen, c Hebel, d mechanischer Differenzdruckmesser

Einen Dehnungsaufnehmer mit zwei Meßdüsen a in einer Differenzschaltung zeigt Bild D 5.3-3. Die beiden Meßdüsen a sind mit den beiden Vordüsen b zu einer Vollbrücke – einer „fluidischen Wheatstone-Brücke" – verschaltet. Der Hebel c steuert die Querschnitte vor den Meßdüsen proportional zur Dehnung ε. Meßdüsen und Vordüsen befinden sich im Aufnehmer. Die Anordnung der Düsen in einer Vollbrücke ergibt eine höhere Empfindlichkeit und eine bessere Linearität des Aufnehmers sowie eine geringere Abhängigkeit des Ausgangssignals Δp_A vom Atmosphärendruck und von der Temperatur [D 5.3-2]. Der Aufnehmer wird von einem kleinen tragbaren Kompressor mit einem Versorgungsdruck von $p_V = 0,3$ bar versorgt. Der Aufnehmer ist 50 mm hoch, wiegt 20 g und hat bei 2 mm Meßlänge einen Meßbereich von $\pm 5 \cdot 10^4$ µm/m. Auf dem mechanischen Differenzdruckmesser d läßt sich noch eine Abstandsänderung der Meßspitzen von 0,01 µm abschätzen, die einer Dehnungsänderung von 5 µm/m entspricht.

D 5.3.3.3 Dehnungsaufnehmer mit Meßböckchen

Ein ungekapselter Dehnungsaufnehmer nach *V. M. Hickson* [D 5.3-5] entsprechend Bild D 5.3-1 b ist in Bild D 5.3-4 in Aufsicht dargestellt. Die Böckchen a und b werden in einem Abstand von rund 25 mm auf das zu untersuchende Bauteil geklebt. Das Meßgas führt man über den Anschluß c zu, und es tritt teils durch die Düse d, teils durch den Ringspalt e wieder aus. Der Spalt wird von einer konischen Düse und einer Kugel f gebildet, die an der Meßstange g sitzt. Bei einer Dehnung, also einer Abstandsänderung der Böckchen a und b voneinander, ändert sich der Ringspalt e, was zu einer entsprechenden Druck- bzw. Durchflußänderung führt. Auf Grund der konischen Düse ist der Meßbereich größer als beim einfachen Düse-Prallplatte-System, das in Bild D 5.3-1 b verwendet wurde. Wenn der Gasdruck nach der Messung abgeschaltet wird, drückt die Feder h die im Lager i geführte Stange g so in das Böckchen a, daß die Kugel f geschützt in einem Gegenlager ruht. Man vermeidet so Beschädigungen des Ringspaltes e, z. B. durch Schwingungen der Stange g. Zu Beginn einer Messung wird der Gasdruck kurzzeitig erhöht und die Stange g bis zum Anschlag an den Bolzen k in ihre Arbeitsstellung gebracht, die sie dann beim niedrigeren Arbeitsdruck beibehält.

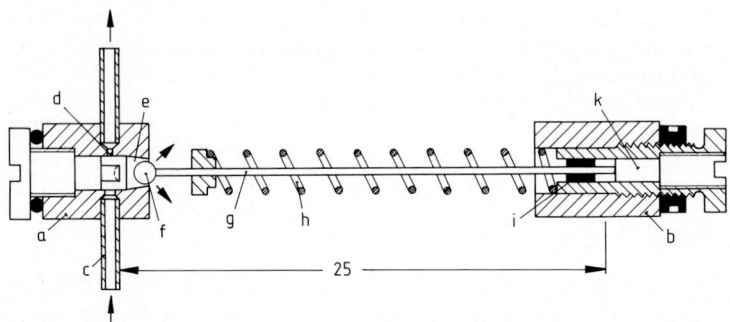

Bild D 5.3-4. Dehnungsaufnehmer mit Düse-Kugel-Meßsystem nach *Hickson* [D 5.3-5].
a, b Böckchen, c Anschluß, d Düse, e Ringspalt, f Kugel, g Stange, h Feder, i Lager, k Bolzen

Da dieser Aufnehmer bei größeren Meßobjekten auch über längere Leitungen versorgt werden muß, deren Strömungswiderstand temperaturabhängig ist, und er außerdem auch für den Einsatz bei erhöhten Temperaturen vorgesehen ist, mußte eine spezielle Brückenschaltung entwickelt werden, um störende Änderungen des Ausgangssignals durch Änderungen der Leitungswiderstände und Temperaturen sowie des Umgebungsdruckes zu vermeiden. Diese Brückenschaltung ist ausführlich in Abschn. D 5.3.3.5 beschrieben. Die Festdüse d dient dabei zur Kompensation von Temperatur- und Druckschwankungen.

Von *V. M. Hickson* [D 5.3-6] ist ein weiterer Dehnungsaufnehmer entsprechend Bild D 5.3-1 b vorgeschlagen worden. An Stelle des einfachen Düse-Prallplatte-Systems werden jedoch zwei Meßdüsen und ein Keil verwendet, s. Bild D 5.3-5. Auf dem Grundblech a, das zur Befestigung dient, ist ein dünner Blechstreifen b mit einem Niet c befestigt. Er trägt einen Keil d, der beidseitig als Prallplatte für zwei Meßdüsen e dient. Diese sind in einen Metallblock f eingesetzt, der ebenfalls auf dem Grundblech a fixiert ist. Wird der Aufnehmer zusammen mit dem Meßobjekt gedehnt, so verschiebt sich der Keil vor den Meßdüsen und ändert den Meßquerschnitt linear mit der Dehnung. Die Festdüse g ist in den Anschluß eingesetzt, der zur Rückführung des Referenzmassenflusses $\dot{m}_0$ benutzt wird (s. Abschn. D 5.3.3.5). In [D 5.3-7] sind Testversuche mit ähnlichen Aufnehmern beschrieben, bei denen der Blechstreifen b durch Blattfederführungen zusätzlich gelagert ist, um insbesondere den Einfluß durch Biegung zu verringern. Diese Aufnehmer sind für Temperaturen bis zu etwa 150 °C ausgelegt und haben eine Empfindlichkeit $\Delta s/\Delta\varepsilon$ von rd. 0,3 μm/(μm/m). Hierbei ist Δs der Stellweg der Ventilnadel des Anpassers (s. Abschn. D 5.3.3.5). Als Staubschutz ist eine Silikongummiabdeckung vorgesehen, über die der Aufnehmer gleichzeitig angedrückt werden kann. Es werden dünne Teflonleitungen verwendet. Das Grundblech a kann an das Meßobjekt angeklemmt oder durch Schweißpunkte befestigt werden.

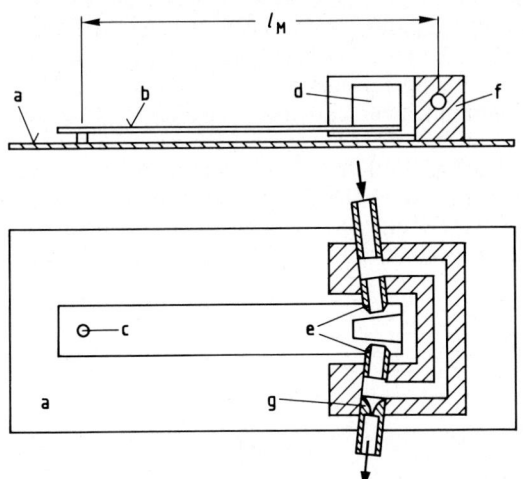

Bild D 5.3-5. Dehnungsaufnehmer mit Düse-Keil-Meßsystem nach *Hickson* [D 5.3-6].
a Grundblech, b Blechstreifen, c Niet, d Keil, e Meßdüsen, f Metallblock, g Festdüse

Ein Dehnungsaufnehmer mit vollständiger Rückführung des Meßgases vom Meßort entsprechend Bild D 5.3-1 c ist in Bild D 5.3-6 gezeigt. Im Anschlußblock a befindet sich die Meßdüse b, deren Querschnitt durch die Düsennadel c verstellt wird. Wie bei den Aufnehmern in Bild D 5.3-4 und D 5.3-5 ist außerdem eine Festdüse d vorhanden, die zur Kompensation von Störeinflüssen dient (s. Abschn. D 5.3.3.5). Deswegen werden hier drei Leitungen e benötigt. Sie versorgen den Aufnehmer mit dem Druck p_V und leiten die beiden Massenflüsse $\dot{m}_M$ und $\dot{m}_O$ zurück zum Anpasser. Der Aufnehmer ist mit dem Blech f fest verbunden, das z. B. durch Punktschweißungen auf metallischen Oberflächen befestigt werden kann [D 5.3-8; 9].

Die Empfindlichkeit kann über den Kegelwinkel der Düsennadel c vorgegeben werden. Davon hängt auch der Meßbereich ab. Beispielsweise erhält man mit einem Kegelwinkel

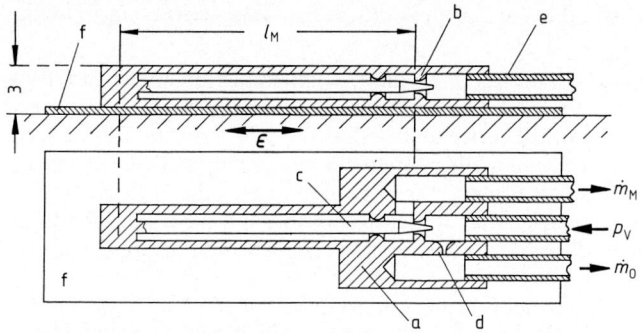

Bild D 5.3-6. Gasdichter Dehnungsaufnehmer mit Düse-Nadel-Meßsystem nach *Mayer* [D 5.3-8]. a Anschlußblock, b Meßdüse, c Düsennadel, d Festdüse, e Leitungen, f Befestigungsblech, l_M Meßlänge

von 30° bei einem Aufnehmer mit 50 mm Meßlänge eine Empfindlichkeit von 2 µm/m je Skalenteil bzw. je mV und einen Meßbereich von rd. 6000 µm/m. Die typischen Abmessungen des Anschlußblockes sind rd. 3 mm × 10 mm × 10 mm. Die Durchmesser von Meßdüse b und Festdüse d betragen 0,5 und 0,2 mm. Messungen an einem Wegaufnehmer mit dem gleichen Düse-Nadel-System ergaben auch bei sehr hohen Temperaturen eine gute Stabilität [D 5.3-8]. Die Driftrate lag z. T. wesentlich unter 1% vom Meßbereich je Monat. Ein Beispiel für eine Driftkurve zeigt Bild D 5.3-7. Dort ist die scheinbare Wegänderung Δs_D des Aufnehmers auf Grund der Drift über der Zeit aufgetragen. Andere Meßwertaufnehmer mit einer so guten Hochtemperaturstabilität sind derzeit nicht bekannt. Diese Werte sind auf einen Dehnungsaufnehmer jedoch nur mit Einschränkungen übertragbar, da noch Kriecheffekte, vor allem am Befestigungsblech, hinzukommen. Durch die Wahl des Werkstoffes der Düsennadel c läßt sich der Temperaturgang des Aufnehmers an denjenigen des Meßobjekts anpassen. Weitere Hinweise zu diesem Meßsystem sind in Abschn. D 5.3.3.5 enthalten. Auf Grund seiner Hochtemperatureigenschaften und seines robusten Aufbaus dürfte dieser Aufnehmer besonders für Langzeitmessungen bei hoher Temperatur interessant sein.

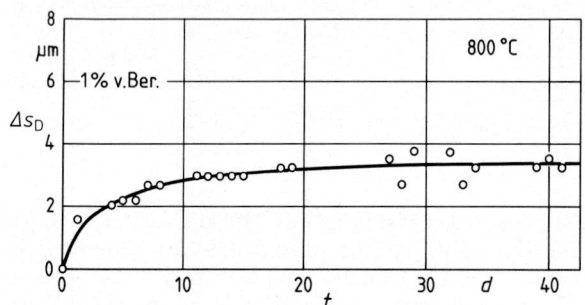

Bild D 5.3-7. Driftverhalten des Düse-Nadel-Wegmeßsystems bei 800 °C. Δs_D scheinbare Wegänderung auf Grund der Drift, t Zeit in Tagen

D 5.3.3.4 Dehnungsaufnehmer für das Innere

Der in Bild D 5.3-1 c dargestellte gekapselte Aufnehmer läßt sich auch zur Dehnungsmessung im Innern von Bauteilen verwenden. Dies setzt natürlich voraus, daß Möglichkeiten bestehen, ihn dort anzubringen. Denkbar wäre z. B. das Einlöten in geeignete Bohrungen des Meßobjekts oder das Eingießen bei der Herstellung von Meßobjekten aus aushärtbaren Kunststoffen. Ein Innendehnungsaufnehmer für Beton ist vereinfacht in Bild D 5.3-8

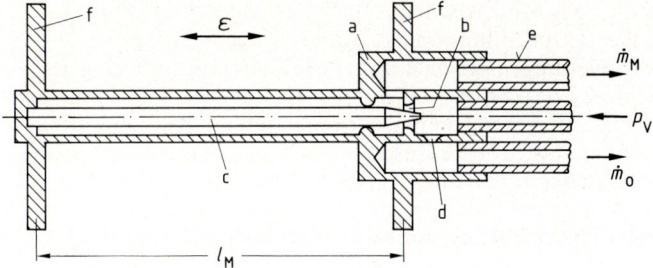

Bild D 5.3-8. Dehnungsaufnehmer für das Innere von Beton, schematisch.
a Anschlußblock, b Meßdüse, c Düsennadel, d Festdüse, e Leitungen, f Flansche, l_M Meßlänge

dargestellt. Er entspricht in seinem Aufbau dem Oberflächendehnungsaufnehmer in Bild D 5.3-6. An seinen Enden ist er jedoch zur besseren Verankerung im Meßobjekt mit Flanschen f versehen.

Den konstruktiven Aufbau eines Dehnungsaufnehmers für das Innere von Beton zeigt Bild D 5.3-9. Meßdüse a und Festdüse b sind mit Gewinderingen festgeschraubt. Die Düsennadel c geht in ein zylindrisches Teil über, das in die Düse noch eintauchen kann, so daß Düse und Nadel bei einer Überschreitung des Meßbereichs nicht beschädigt werden können. Zum Schutz vor Schmutzteilchen aus der Zuleitung ist vor den Düsen ein Filterelement d aus einem Edelstahltressengewebe (absolute Feinheit 10 μm) eingebaut. Die Düsennadel c ist in einem Lagerstein e aus Saphir geführt. Die Betondehnung wird über die Flansche f auf den Aufnehmer übertragen und zwingt das Verbindungsrohr g, sich mitzudehnen. Das Anschlußteil mit der Dichtfläche h, in das die Leitungen i aus leicht biegsamen Metallrohren eingelötet sind, wird mit einer Überwurfmutter am Aufnehmer befestigt [D 5.3-10 bis 15]. Ein solcher Aufnehmer zeigte bei 350 °C eine Anfangsdrift von 70 μm/m in 20 Tagen. Anschließend ging die Driftrate auf Werte unter 10 μm/m je Monat zurück [D 5.3-11]. Auch bei jahrelangen Messungen an einem Spannbetondruckbehälter erwies sich der Aufnehmer im Vergleich mit anderen Meßsystemen als sehr

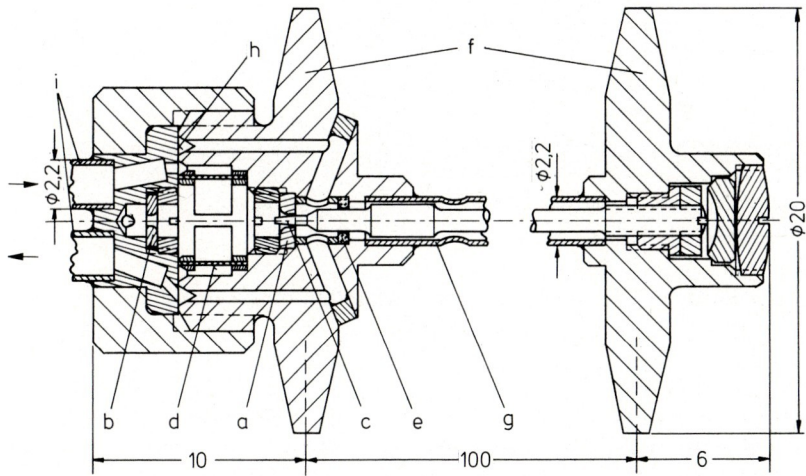

Bild D 5.3-9. Dehnungsaufnehmer für das Innere von Beton nach *Mayer* u. a. [D 5.3-10 bis 13; 15].
a Meßdüse, b Festdüse, c Düsennadel, d Filterelement, e Lagerstein, f Flansche, g Verbindungsrohr, h Dichtfläche, i Leitungen

473

zuverlässig und langzeitstabil [D 5.3-14]. Zwischen Aufnehmer und Anpasser (s. Abschn. D 5.3.3.5) sollten innerhalb des Betons dünnwandige Stahlleitungen verwendet werden. Außerhalb sind auch Kunststoffleitungen geeignet. Zur Positionierung empfiehlt es sich, den Aufnehmer vor dem Schütten des Betons mit dünnen Drähten in einem Käfig aus Stahldraht von rund 3 mm Durchmesser zu fixieren, der wiederum mit den Bewehrungen verbunden ist. So vermeidet man, daß gröbere Zuschlagstoffe den Aufnehmer beschädigen oder seine Meßwerte verfälschen [D 5.3-14].

D 5.3.3.5 Brückenschaltungen für Aufnehmer mit kritisch durchströmten Meßdüsen

Zum Verständnis der im folgenden beschriebenen Brückenschaltungen ist es wichtig, das Durchflußverhalten einer gasdurchströmten Düse zu kennen. In Bild D 5.3-10 ist der dimensionslose Massenfluß $\dot{m}/\dot{m}_{max}$ durch eine solche Düse über dem Verhältnis p_A^*/p_V^* der absoluten Drücke hinter und vor der Düse aufgetragen. Der Strömungskanal hinter der Düse soll anfangs verschlossen sein, z. B. durch ein Ventil. Dann ist der Massenfluß null, $p_A^* = p_V^*$, und somit $p_A^*/p_V^* = 1$. Wird der Kanal geöffnet, so steigt der Massenfluß an, und p_A^*/p_V^* fällt ab. Dabei steigt die Strömungsgeschwindigkeit an, bis sie schließlich im engsten Strömungsquerschnitt A die Schallgeschwindigkeit erreicht. Schneller kann das Gas dort nicht strömen; deswegen bleibt auch bei einer weiteren Absenkung des Druckes p_A^* der Massenfluß konstant. Er ist dann nur noch abhängig vom Düsenquerschnitt A sowie von der absoluten Temperatur T und dem absoluten Druck p_V^* vor der Düse. Absolute Temperatur und absoluter Druck sind maßgebend für die Dichte des Gases vor der Düse, vgl. [D 5.2-1]. Demnach ändert sich der Massenfluß nicht, auch wenn sich Leitungswiderstände und Strömungsquerschnitte hinter der Düse ändern, wenn nur das Druckverhältnis p_A^*/p_V^* kleiner als rd. 0,5 bleibt. Eine solche Düse verhält sich demnach analog einer Stromquelle mit unendlich hohem Innenwiderstand. Düsen, die in diesem Bereich betrieben werden, bezeichnet man als kritisch durchströmt.

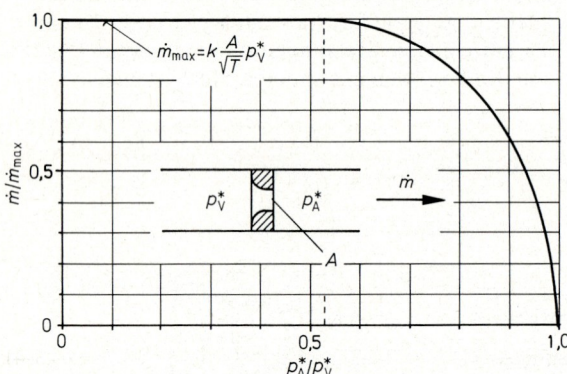

Bild D 5.3-10.   Massenfluß $\dot{m}/\dot{m}_{max}$ durch eine Düse als Funktion des Druckverhältnisses p_A^*/p_V^*.

Entsprechend der Beziehung für den kritischen Massenfluß durch eine Düse,

$$\dot{m} = k \frac{A\, p_V^*}{\sqrt{T}}$$

(D 5.3-2),

verhalten sich auch die Massenflüsse $\dot{m}_1$ und $\dot{m}_2$ durch zwei kritisch durchströmte Düsen mit den Querschnitten A_1 und A_2 zueinander, die vom gleichen Druck p_V versorgt werden und sich auf gleicher Temperatur T befinden, wie ihre Querschnitte:

$$\frac{\dot{m}_1}{\dot{m}_2} = \frac{A_1}{A_2}$$

(D 5.3-3).

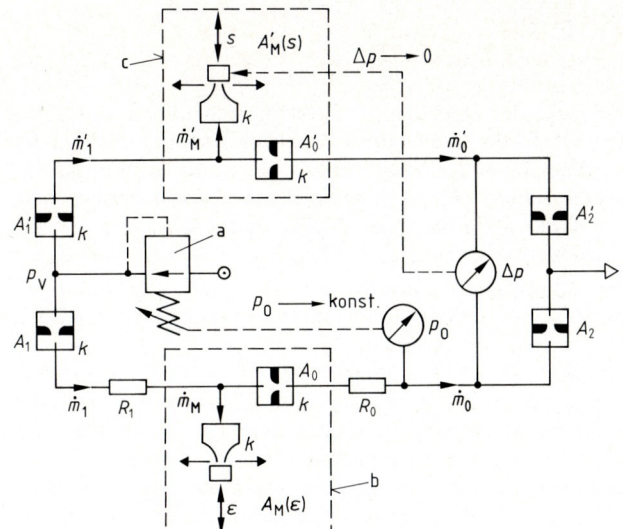

Bild D 5.3-11.   Brückenschaltung für den Dehnungsaufnehmer in Bild D 5.3-4.
a Druckregler, b Dehnungsaufnehmer, c Stellventil

Eine ausgeklügelte Brückenschaltung, die für die Aufnehmer nach Bild D 5.3-4 und D 5.3-5 entwickelt wurde, ist in Bild D 5.3-11 wiedergegeben. Sämtliche kritisch durchströmte Düsen sind durch ein k gekennzeichnet. Die Düsenquerschnitte sind alle so dimensioniert, daß der Strömungszustand dort unter allen Betriebsbedingungen erhalten bleibt. Der Druckregler a versorgt die beiden Eingangsdüsen mit den Querschnitten A_1 und A'_1 mit dem Versorgungsdruck p_V. Da $A_1 = A'_1$ ist, sind auch die beiden Massenflüsse $\dot{m}_1$ und $\dot{m}'_1$ gleich, die in den Aufnehmer b bzw. in das Stellventil c fließen. Dort treten die Massenflüsse $\dot{m}_M$ bzw. $\dot{m}'_M$ in die Umgebung aus. Die in der Schaltung verbleibenden Massenflüsse $\dot{m}_O$ bzw. $\dot{m}'_O$ werden durch die Düsen mit den Querschnitten A_2 bzw. A'_2 geleitet. Diese Düsen sind nicht kritisch durchströmt.

Zur Messung der am Aufnehmer b vorhandenen Dehnung ε wird zuerst der Druckregler a so eingestellt, daß der Druck p_0 einen konstanten, vorgegebenen Wert hat. Dann wird mit dem Stellventil c die Brücke auf $\Delta p = 0$ abgeglichen. Die Düsen mit den Querschnitten A_2 bzw. A'_2 befinden sich in engem thermischen Kontakt miteinander, so daß ihre Temperatur gleich ist. Außerdem strömt das Gas hinter beiden Düsen direkt in die Umgebung. Da $A_2 = A'_2$ ist, gilt unter diesen Voraussetzungen auch $\dot{m}_O = \dot{m}'_O$. Wegen $\dot{m}_1 = \dot{m}'_1$, $\dot{m}_1 = \dot{m}_M + \dot{m}_O$ und $\dot{m}'_1 = \dot{m}'_M + \dot{m}'_O$ gilt schließlich auch:

$$\frac{\dot{m}_M}{\dot{m}_O} = \frac{\dot{m}'_M}{\dot{m}'_O} \qquad\qquad \text{(D 5.3-4)}.$$

Beide Düsen im Aufnehmer b befinden sich auf gleicher Temperatur, und sie werden vom gleichen Druck versorgt. Gleiches gilt für das Stellventil c. Demnach kann sowohl für den Aufnehmer als auch für das Stellventil Gl. (D 5.3-3) angewendet werden, und es folgt:

$$\frac{\dot{m}_M}{\dot{m}_O} = \frac{A_M(\varepsilon)}{A_O} \qquad\qquad \text{(D 5.3-5)},$$

$$\frac{\dot{m}'_M}{\dot{m}'_O} = \frac{A'_M(s)}{A'_O} \qquad\qquad \text{(D 5.3-6)}.$$

Mit Gl. (D 5.3-4) erhält man schließlich:

$$A'_M(s) = A_M(\varepsilon)\frac{A'_O}{A_O} \tag{D 5.3-7}$$

Demnach ist bei abgeglichener Brücke der Querschnitt $A'_M(s)$ im Stellventil ein Maß für den Querschnitt $A_M(\varepsilon)$ im Aufnehmer. Ist der Querschnitt $A_M(\varepsilon)$ eine lineare Funktion der Dehnung ε, wie es z. B. für den Aufnehmer nach Bild D 5.3-5 der Fall ist, und ist das Stellventil so gebaut, daß der Querschnitt $A'_M(s)$ linear, z. B. mit einer Meßschraube, eingestellt werden kann, dann ist die Stellung s der Meßschraube ein Maß für die Dehnung ε.

Auf Grund der besonderen Schaltungsauslegung mit kritisch durchströmten Düsen gel-ten diese Zusammenhänge praktisch unabhängig von Temperaturänderungen an allen Stellen der Schaltung sowie unabhängig von Änderungen der Leitungswiderstände R_1 und R_O und des Umgebungsdruckes. Der Versorgungsdruck ist recht groß. Je nach Meßwert muß er auf Werte zwischen etwa 10 und 20 bar eingestellt werden. Nachteilig ist weiterhin, daß man bei jeder Messung zwei Einstellungen manuell vornehmen muß, so daß im wesentlichen nur bei statischen Zuständen gemessen werden kann [D 5.3-7]. Vorteilhaft ist, daß für die Aufnehmer nur zwei Leitungen erforderlich sind. Außerdem erlaubt es die Abströmung des Gases am Meßort, Aufnehmer mit relativ geringen Rück-wirkungskräften aufzubauen (vgl. Abschn. D 5.3.3.1).

Eine Brückenschaltung für Aufnehmer ohne Gasabströmung in die Umgebung zeigt Bild D 5.3-12. Mit ihr können z. B. die Aufnehmer nach Bild D 5.3-6 und D 5.3-9 betrieben werden. Die Schaltung sieht etwas einfacher aus als die nach Bild D 5.3-11, ihre Funk-tionsweise ist dieser jedoch sehr ähnlich [D 5.3-8 bis 13].

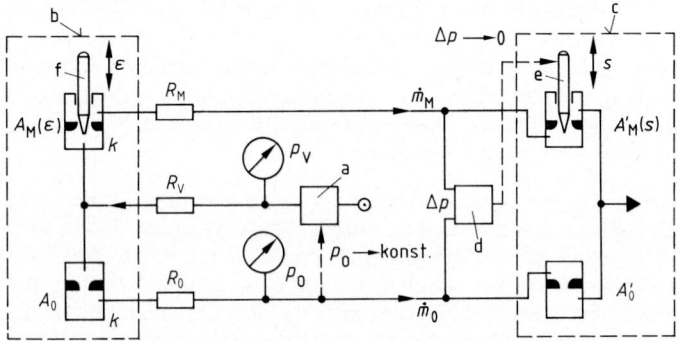

Bild D 5.3-12. Brückenschaltung für die Dehnungsaufnehmer nach Bild D 5.3-6 und D 5.3-7. a Druckregler, b Aufnehmer, c Stellventil, d Abgleichregler, e, f Düsennadeln, R_V, R_M, R_O Leitungs-widerstände

Über den Druckregler a und eine Zuleitung mit dem Strömungswiderstand R_V wird der Aufnehmer b mit einem Gas versorgt. Für Hochtemperaturanwendungen wird ein Inert-gas, z. B. Argon, verwendet. Für Temperaturen bis 400 °C können auch mit Druckluft gute Ergebnisse erzielt werden. Beide Aufnehmerdüsen mit den Querschnitten A_M bzw. A_O sind kritisch durchströmt. Da sie sich auf gleicher Temperatur befinden und mit dem gleichen Druck versorgt werden, gilt auch hier wieder Gl. (D 5.3-5). Die beiden Massen-flüsse $\dot{m}_M$ und $\dot{m}_O$ strömen in das Stellventil c, dessen Düsen mit den Querschnitten $A'_M(s)$ und A'_O nicht kritisch durchströmt sind. Die beiden automatisch wirkenden Druckregler a und d sorgen hier dafür, daß der Druck p_0 konstant bleibt (Regler a) und der Differenz-druck Δp null wird (Regler d), daß vor den beiden Düsen also der gleiche Druck p_0

herrscht. Weiterhin haben sie auf Grund des guten thermischen Kontakts die gleiche Temperatur, so daß hier entsprechend Gl. (D 5.3-6) folgt:

$$\frac{\dot{m}_\mathrm{M}}{\dot{m}_\mathrm{O}} = \frac{A'_\mathrm{M}(s)}{A'_\mathrm{O}} \tag{D 5.3-8},$$

obwohl die Düsen nicht kritisch durchströmt sind (vgl. z. B. [D 5.2-1]). Aus Gl. (D 5.3-5) und Gl. (D 5.3-8) folgt wieder Gl. (D 5.3-7), d. h., auch hier ist die Stellung s der Düsennadel e im Stellventil c ein Maß für die durch die Dehnung gesteuerte Stellung der Düsennadel f im Aufnehmer b. Obwohl bei konischen Düsennadeln der freie Strömungsquerschnitt A eine nichtlineare Funktion der Nadelstellung ist, läßt sich auch hier bei bestimmten Durchmesserverhältnissen ein linearer Zusammenhang zwischen der Dehnung ε und der Nadelstellung s im Stellventil erreichen [D 5.3-13]. Auch bei dieser Schaltung haben Schwankungen der Leitungswiderstände, des Versorgungs- und des Umgebungsdruckes sowie Änderungen der Temperaturen an allen Stellen der Meßschaltung nur einen meist vernachlässigbaren Einfluß auf das Meßergebnis.

Bei einer ausgeführten Brückenschaltung sind die Druckregler und das Stellventil in einem Gehäuse als sog. automatischer Kompensator zusammengefaßt, s. Bild D 5.3-13. Zuleitungen und Abströmöffnungen werden durch Filterelemente a gegen Verschmutzungen geschützt. Die beiden Massenflüsse $\dot{m}_\mathrm{M}$ und $\dot{m}_\mathrm{O}$ aus dem Aufnehmer strömen in das Stellventil b. Der Differenzdruck Δp vor den beiden Düsen mit den Querschnitten A'_M und A'_O wirkt auf zwei Metallbälge c. Sie bewegen über einen Hebel die Düsennadel d. Dadurch wird der Querschnitt A'_M solange verändert, bis die Brücke abgeglichen, d. h. der Differenzdruck Δp auf null geregelt ist. Auf Grund der elastischen Rückwirkung der Metallbälge c verbleibt zwar noch eine geringe Druckdifferenz; deren Einfluß kann

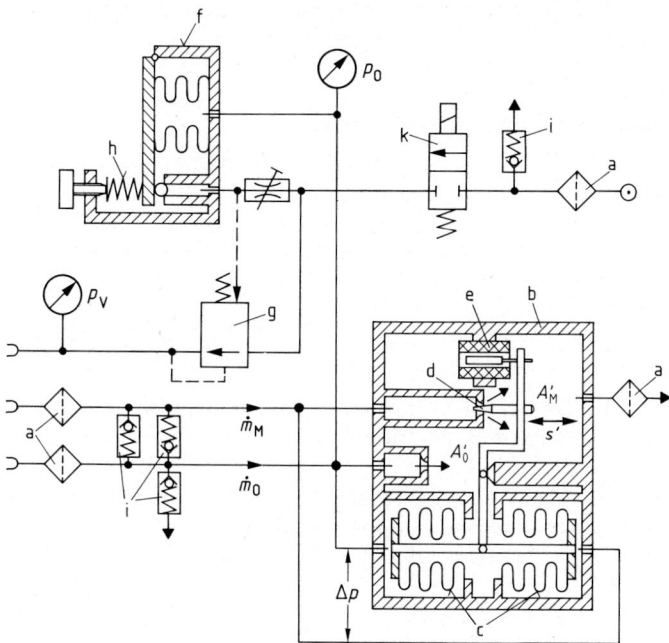

Bild D 5.3-13. Automatischer fluidischer Kompensator.
a Filterelemente, b Stellventil, c Metallbälge, d Düsennadeln, e elektrischer Wegaufnehmer, f pneumatischer Verstärker, g Druckregelventil, h Druckfeder, i Rückschlagventile, k Magnetventil

jedoch vernachlässigt werden. Die Stellung s der Düsennadel d wird mit einem Wegaufnehmer e in ein elektrisches Ausgangssignal umgeformt. Sie ist im wesentlichen dem Verhältnis $\dot{m}_M/\dot{m}_O$ der beiden Massenflüsse aus dem Aufnehmer proportional. Der Meßbereich des Kompensators ist durch das Intervall $0,8 \leqq \dot{m}_M/\dot{m}_O \leqq 4,2$ gegeben, das mit einer Ausgangsspannung von -1200 bis $+2200$ mV dargestellt wird. Für den Aufnehmer entsprechend Bild D 5.3-6 betragen die Durchmesser der Aufnehmerdüsen 0,5 bzw. 0,2 mm. Bei einem Kegelwinkel der Düsennadel von 10° und einer Meßlänge des Aufnehmers von 50 mm erhält man eine Auflösung von 3 mV je µm Nadelweg bzw. von 0,15 mV/(µm/m).

Der Druck p_0 vor der Düse mit dem Querschnitt A'_O soll konstant gehalten werden. Dazu wird er einem invertierenden pneumatischen Verstärker f mit Metallbalg und Düse-Kugel-System zugeführt, dessen Ausgangsdruck auf das Druckregelventil g wirkt. Der Sollwert von p_0 wird manuell mit Hilfe der Feder h eingestellt, deren Kraft sich im ausgeregelten Zustand mit der Druckkraft des Metallbalges die Waage hält. Dieses System arbeitet als Proportionalregler. Die verbleibende Regelabweichung ist wiederum klein genug, um vernachlässigt werden zu können. Die Rückschlagventile i dienen zur Druckbegrenzung bzw. als Überlastschutz, das Magnetventil k zum Ein- und Ausschalten der Versorgung. Im Gehäuse des Kompensators ist außerdem noch ein Meßstellenumschalter für 10 Meßstellen und eine Kalibriermeßstelle mit drei Kalibrierwerten untergebracht [D 5.3-8]. Bei einer Leitungslänge zwischen Aufnehmer und Kompensator von 2 m beträgt die Meßzeit, d. h. die Zeit, nach der alle Regelvorgänge abgeschlossen sind, etwa 5 s, bei einer Leitungslänge von 10 m etwa 20 s. Der Gasverbrauch beträgt beispielsweise für Argon je nach Meßwert 60 bis 170 mg/s. Eine 50-l-Gasflasche mit 200 bar Fülldruck enthält etwa 15 kg nutzbaren Flascheninhalt. Je nach Meßwert und Leitungslänge reicht er für etwa 5000 bis 50 000 Einzelmessungen aus. Der Kompensator kann elektrisch angesteuert werden und entspricht damit den Erfordernissen der automatisierten Meßtechnik [D 5.3-13].

D 5.3.4 Dehnungsaufnehmer mit Laminarwiderstand

Das Grundprinzip der Dehnungsmessung mit einem laminaren Strömungswiderstand zeigt Bild D 5.3-14a. Ein Rohrstück der Länge l ist so auf dem Meßobjekt befestigt, daß es der Dehnung ε folgt. Es wird mit einem hier als konstant angesehenen Massenfluß $\dot{m}$ durchströmt. Über dem Rohrstück ergibt sich ein Druckabfall Δp, der bei laminarer Strömung, d. h. parallel verlaufenden Stromlinien, durch

$$\Delta p = \frac{8\,\eta_k\,l}{\pi\,r^4} \cdot \dot{m} = R\,\dot{m} \qquad \text{(D 5.3-9)}$$

gegeben ist [D 5.2-1]. Hierbei ist R der laminare Strömungswiderstand und η_k die kinematische Viskosität des Fluids. Sie beträgt z. B. für Luft bei 20 °C und Atmosphärendruck 0,15 cm²/s.

Wenn sich das Rohrstück dehnt, bewirken die Änderungen der Rohrlänge und des Durchmessers entsprechende Widerstandsänderungen (vgl. [D 5.3-16; 17; 18]). Für die relative Widerstandsänderung erhält man aus Gl. (D 5.3-9):

$$\frac{\Delta R}{R} = \frac{\Delta l}{l} - 4\,\frac{\Delta r}{r} \qquad \text{(D 5.3-10).}$$

Geht man hier davon aus, daß die Längsachse des Rohrstückes in Richtung der zu messenden Dehnung ε verläuft, so ist $\Delta l/l = \varepsilon$. Im Rohrstück selbst wird es sich im

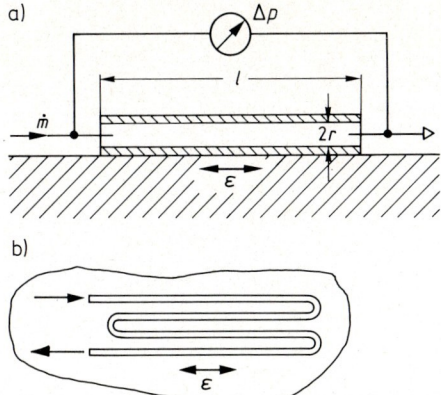

Bild D 5.3-14. Dehnungsmessung mit laminarem Strömungswiderstand.
a) Grundprinzip.
b) Beispiel einer Anordnung in Draufsicht.

wesentlichen um einen einachsigen Spannungszustand handeln. Dann ist $\Delta r/r = -\nu\varepsilon$, wobei ν die Querkontraktionszahl des Rohrmaterials ist. Damit folgt aus Gl. (D 5.3-10):

$$\frac{\Delta R}{R} = (1 + 4\nu)\,\varepsilon \qquad\qquad (D\,5.3\text{-}11).$$

Bei elektrischen Dehnungsmeßstreifen ist es üblich, den Proportionalitätsfaktor zwischen der Dehnung ε und der relativen Widerstandsänderung $\Delta R/R$ als K-Faktor zu bezeichnen; demnach ist hier $K = 1 + 4\nu$. Für Metalle gilt je nach Beanspruchung und Werkstoff $0{,}25 \leqq \nu \leqq 0{,}5$ und demnach $2 \leqq K \leqq 3$. Für elektrische Dehnungsmeßstreifen sind Werte um $K = 2$ üblich (s. Abschn. D 6.4). Ähnlich wie dort sind auch bei „fluidischen Dehnungsmeßstreifen" zur Vergrößerung des Meßeffekts Leitungsverlegungen in der Form eines Meßgitters möglich, s. Bild D 5.3-14 b.

Nun sind Viskosität und Dichte eines Gases stark von der Temperatur abhängig und dementsprechend auch der laminare Strömungswiderstand. Diese Temperaturabhängigkeit läßt sich ohne Berücksichtigung der thermischen Materialdehnung des Rohres selbst, die hier zu vernachlässigen ist, durch

$$\frac{\Delta R(T)}{R_0} = \left(\frac{3}{2} + \frac{C}{C + T_0}\right)\frac{\Delta T}{T_0} \qquad\qquad (D\,5.3\text{-}12)$$

beschreiben. Hierbei ist R_0 der Widerstand bei der Bezugstemperatur T_0 von z. B. 293 K und C eine Konstante; für Luft ist $C = 118{,}6\,\mathrm{K}$ [D 5.3-19]. Durch Vergleich von Gl. (D 5.3-11) und (D 5.3-12) ergibt sich, daß bei Raumtemperatur eine Temperaturänderung ΔT von 0,36 K die gleiche Widerstandsänderung bewirkt wie eine Dehnung von 1‰. Diese starke Temperaturempfindlichkeit begrenzt das Meßverfahren auf Anwendungen, bei denen die Temperatur gut konstant gehalten werden kann oder bei denen sich die thermischen Einflüsse auf die Aufnehmer in Brückenschaltungen kompensieren lassen. Bild D 5.3-15 zeigt eine solche Brückenschaltung, bei der zwei gleiche laminare Widerstände R_1 und R_1' über kritisch durchströmte Düsen (s. Abschn. D 5.3.3.5) mit gleichen Querschnitten A_1 und A_1' versorgt werden, die sich in der Anpasserschaltung auf gleicher Temperatur befinden. Erfahren nun beide Laminarwiderstände die gleichen Temperaturänderungen, so ändert sich Δp nicht. Ist z. B. der Laminarwiderstand R_1 als Dehnungsaufnehmer entsprechend Bild D 5.3-14 ausgebildet, so ist $\Delta p_0 = R_1\dot{m}$ und $\Delta p = \Delta R\dot{m}$ und damit

$$\Delta p = \Delta p_0 (1 + 4\nu)\,\varepsilon \qquad\qquad (D\,5.3\text{-}13).$$

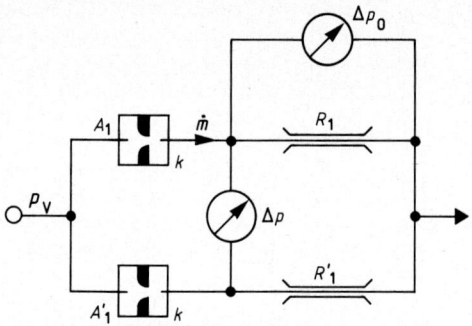

Bild D 5.3-15. Brückenschaltung für Dehnungsaufnehmer mit Laminarwiderstand.

Beträgt der Druckabfall z. B. $\Delta p_0 = 100\,\text{mbar}$, so erhält man mit $K = 2{,}2$ bei einer Dehnung von $\varepsilon = 1\%_0$ eine Druckänderung von $0{,}22\,\text{mbar}$. Es sind also recht empfindliche Druckmesser erforderlich, um diese kleinen Druckänderungen genügend genau zu erfassen.

Im Schrifttum [D 5.3-20; 21] sind Anwendungen von Laminarwiderstandsdehnungsaufnehmern zur Kraftmessung beschrieben. Auf Grund des kleinen Ausgangssignals von wenigen Pascal für die Nennlast und der vergleichsweise großen Meßwertstreuung ist nur in Sonderfällen mit dem Einsatz solcher Aufnehmer zu rechnen, z. B. bei Messungen unter starken elektromagnetischen Störfeldern.

D 5.3.5 Kennzeichnende Anwendungsbeispiele

Fluidische Dehnungsmeßverfahren können vor allem bei folgenden Meßaufgaben vorteilhaft eingesetzt werden:

– Langzeitdehnungsmessungen bei Temperaturen oberhalb von 600 °C,
– Dehnungsmessungen unter starken elektromagnetischen Störfeldern,
– Dehnungsmessungen bei intensiver ionisierender Strahlung,
– als zusätzliche Möglichkeit für die Dehnungsmessung, falls eine redundante Instrumentierung mit Meßverfahren durchgeführt werden soll, die nach verschiedenen Meßprinzipien arbeiten (diversitäre Instrumentierung).

Bei einer Leitungslänge von einigen Metern liegt die obere Grenzfrequenz bei einigen Hertz, so daß diese Verfahren im wesentlichen auf statische bzw. quasistatische Messungen beschränkt sind.

D 5.3.6 Zusammenfassende Beurteilung

Fluidische Dehnungsmeßverfahren können für spezielle Meßaufgaben, insbesondere bei hoher Temperatur und/oder starker ionisierender Strahlung, vorteilhaft eingesetzt werden. Für Standardaufgaben der experimentellen Spannungsanalyse sind sie jedoch in der Regel nicht zu empfehlen, da komplette Meßeinrichtungen kaum auf dem Markt verfügbar sind. Ihr Einsatz erfordert gewisse strömungstechnische Grundkenntnisse und einen sorgfältigen Schaltungsaufbau, bei dem vor allem der stets vorhandenen Verschmutzungsgefahr der Strömungskanäle durch den Einbau von Filterelementen Rechnung getragen wird. Der Einsatz dieser Verfahren ist in der Regel auf Anwendungen mit statischem bzw. quasistatischem Verhalten der Meßgröße begrenzt.

D 5.4 Fluidische Spannungsaufnehmer

G. Magiera

D 5.4.1 Allgemeines

Auf Grund der allgemeinen Schwierigkeit, die Spannungen in festen Körpern direkt zu messen, werden die Spannungen meist über Dehnungen indirekt ermittelt (vgl. Abschn. C1). Ausnahmen bilden nur jene Stoffe, die anfangs in flüssiger und später in fester oder annähernd fester Form vorliegen, wie Kunststoff, Beton oder Baugrund. Besonders beim Baugrund wird die Spannungsverteilung am Meßort in erster Näherung als hydrostatisch angenommen; deshalb wurden mit Flüssigkeit gefüllte, flache Aufnehmer entwickelt und in den Baugrund eingebettet. Ihr Flüssigkeitsdruck, im Falle fluidischer Aufnehmer aufgenommen mit Hilfe eines strömenden Mediums nach dem Kompensationsprinzip, ist ein Maß für die im Baugrund vorhandene Spannung. Auf Grund der Materialkennwerte des Baugrundes können auch Aufnehmer ohne Flüssigkeit mit genügend großer Meßfläche nach dem Kompensationsprinzip für die Spannungsmessung genutzt werden.

Mit zunehmender Anwendung des Betons in Bauwerken, besonders im Hochbau, entstand in den 50er Jahren [D 5.4-1] die Notwendigkeit, auch im Beton die Spannungen mit einbetonierten Spannungsaufnehmern direkt zu messen. Zwei Gründe führten jedoch dazu, daß die direkte Spannungsmessung sich auf den Massenbeton und den Behälterbau sowie auf Sohldruckmessungen an Fundamentplatten beschränkt:

- das zeitabhängige Verhalten des Betons (Kriechen, Schwinden usw.) und
- die relativ große örtliche Störung des Betons durch den Einbau eines großflächigen Spannungsaufnehmers.

D 5.4.2 Physikalisches Prinzip

Das mit einer bestimmten Spannung belastete Innere eines Bauteiles wirkt auf den eingelagerten, elastischen Körper eines Spannungsaufnehmers ein. Die Spannungen im Innern des Aufnehmers werden nach dem Kompensationsverfahren, d. h. nach dem Prinzip des Sicherheitsventils, über einen Öl- oder Luftstrom aufgenommen. Man kann zwei Gruppen solcher Aufnehmer unterscheiden: Die erste Gruppe nimmt die Bauteilspannungen direkt auf, d. h., der Aufnehmerkörper ist gleichzeitig Kompensationsventil. Für seine Güte sind im wesentlichen die Materialkennwerte des Ventilmaterials verantwortlich. Bei der zweiten Gruppe beeinflußt das Bauteil mit seinen Spannungen ein Flüssigkeitsvolumen. Erst der hydrostatische Druck dieser Flüssigkeit wird nach dem Kompensationsverfahren gemessen. Die Güte der Messung hängt im wesentlichen von den Materialkennwerten der Flüssigkeit ab.

D 5.4.3 Meßeinrichtung und ihre Handhabung

Die fluidischen Spannungsaufnehmer lassen sich also in zwei Gruppen aufteilen:

- Spannungsaufnehmer, deren physikalisches Verhalten durch den festen Aufnehmerkörper, und
- Spannungsaufnehmer, deren physikalisches Verhalten durch den festen Aufnehmerkörper und durch ein eingeschlossenes Flüssigkeitsvolumen (als Druckübertragungsmedium) bestimmt werden.

Bild D 5.4-1a zeigt einen fluidischen Spannungsaufnehmer der ersten Art in schematischer Darstellung: Die Spannung σ_B des Betons drückt auf die Stahlplatten a und diese auf die Stege b des Druckkissens. In die Zuleitung c wird ein Ölstrom q_1 gepumpt; das

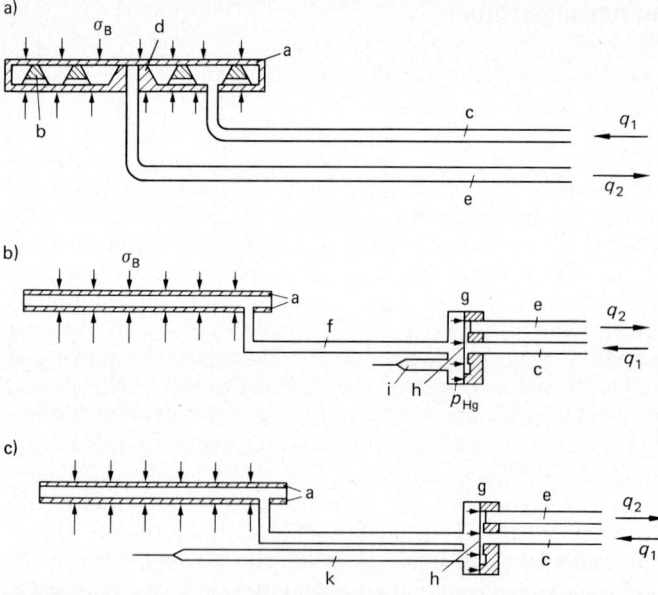

Bild D 5.4-1. Spannungsaufnehmer für Beton nach dem Prinzip von *Glötzl*.
a) Spannungsaufnehmer nach dem direkten Kompensationsspannungsmeßverfahren.
b) Spannungsaufnehmer nach dem indirekten Kompensationsspannungsmeßverfahren.
c) Spannungsaufnehmer nach dem indirekten Kompensationsspannungsmeßverfahren mit Nachspannrohr.
a Stahlplatte, b Steg, c Zuleitung, d Ventil, e Ableitung, f Quecksilberfüllung, g Ventil, h Membran, i Füllrohr, k Nachspannrohr

Ventil d beginnt sich in dem Augenblick zu öffnen, in dem der Druck p in der Zuleitung c die Betonspannung σ_B erreicht hat. Eine geringe Zunahme des Druckes p um Δp läßt den Ölstrom q_2 durch das um den Weg Δh geöffnete Ventil d, d. h. zwischen angehobener Platte a und dem Mittelsteg des Druckkissens, hindurch als Ölstrom q_2 durch die drucklose Ableitung e zur Pumpe zurückfließen. Der gemessene Druck $p + \Delta p$ entspricht ungefähr der Betonspannung σ_B. Der Nachteil dieses Verfahrens liegt in der Verfälschung des Meßwertes, da die sich abhebende Platte a einen mittleren Weg Δh zurücklegt, der im Beton eine zusätzliche Spannung erzeugt.

Da auch der kleinstmögliche Pumpenstrom einen relativ großen Weg Δh und damit im Beton eine Spannung in der Größenordnung um 20 bar erzeugt, ist dieses System für Beton wenig geeignet. Daher entwickelte *F. Glötzl* einen Kompensationsspannungsaufnehmer mit Flüssigkeitsvolumen [D 5.4-2], der in Bild D 5.4-1 b schematisch dargestellt ist: Die Betonspannung σ_B drückt auf ein mit Quecksilber f gefülltes Druckkissen mit biegeweichen Stahlplatten a. Das Quecksilber überträgt in Form eines hydrostatischen Druckes p_{Hg} die Betonspannung auf die Membran h des Ventils g, das den Quecksilberdruck in der gleichen Weise kompensiert wie bei dem obengenannten Verfahren die Betonspannung σ_B. Da die Ventilmembran h eine mehr als fünffach kleinere Grundfläche als der Aufnehmer selbst hat, erzeugt der mittlere Ventilhub Δh ein mehr als fünfmal kleineres Hubvolumen ΔV_H. Das Hubvolumen ΔV_H erzeugt im Quecksilber einen zusätzlichen Druck Δp_{Hg}, der innerhalb der Meßgenauigkeit zu liegen scheint.

Ein entscheidender Nachteil dieses Verfahrens ist der (relativ zum Beton) große thermische kubische Ausdehnungskoeffizient und die geringe Kompressibilität des Quecksilbers, denn der mit Quecksilber gefüllte Spannungsaufnehmer induziert bei Temperatur-änderungen Spannungen im Beton.

Ein weiterer negativer Einfluß des Quecksilbers zeigt sich während des Abbindens des Betons. In diesem Zeitraum erwärmt sich der Beton und damit auch das Quecksilber. Das sich stärker als der Beton aufweitende Druckkissen drückt dann den noch weichen Beton beiseite und hinterläßt beim Abkühlen des Quecksilbers und des nunmehr erhärteten Betons einen von der Betonart und der Quecksilbermenge abhängigen Hohlraum. *Glötzl* und *Hiltscher* [D 5.4-3] haben diesen negativen Effekt dadurch aufgehoben, daß sie das kurze Quecksilberfüllrohr i (s. Bild D 5.4-1 b) an der Quecksilberseite des Ventils g zum sog. Nachspannrohr k verlängerten (s. Bild D 5.4-1 c). Durch Volumenverkleinerung des Nachspannrohres, d. h. durch Zusammenquetschen seines Querschnittes, wird das Druckkissen aufgebläht und allmählich bis zum Kraftschluß an den Beton gedrückt. Vereinfachend kann die gesamte Meßeinrichtung für den mit Flüssigkeit gefüllten Auf-nehmer nach Bild D 5.4-1 c in drei Teile geteilt werden, in:

- den Spannungsaufnehmer mit Kompensationsventil und Nachspannrohr,
- die u. U. bis zu 100 m langen Leitungen aus Stahl oder Kunststoff,
- und die den Öldruck erzeugende Pumpe.

Vor dem Einbau eines Spannungsaufnehmers in Beton o. ä. sollte man den Aufnehmer zum besseren Verbund sandstrahlen [D 5.4-4]. Der Spannungsaufnehmer sollte möglichst in senkrechter Lage in den flüssigen Beton eingebettet werden, um eine mögliche Wasser-ansammlung bei horizontaler Lager unterhalb des Aufnehmers zu vermeiden. Eine solche Wasseransammlung würde während des Erhärtens des Betons zu zu großen Poren und damit zu einem nicht tragfähigen Beton führen, so daß der Aufnehmer u. U. später keinerlei Empfindlichkeit aufweist. Während der Erhärtungsphase des Betons werden die Leitungen bis zum Meßort verlegt. Die Leitungen bestehen meist aus Stahl- oder Kunst-stoffrohr ($r_a = 3$ mm, $r_i = 0,75$ mm) mit ausreichender Festigkeit für einen möglichen Innendruck bis 250 bar. Bei mehreren Aufnehmern kann eine ventilgesteuerte Umschalt-einheit die einzelnen Aufnehmer automatisch mit der Öldruckpumpe verbinden, die einen Ölstrom bis zu rd. 0,3 cm^3/s erzeugt.

Kurz vor der eigentlichen Messung muß mit Hilfe des Nachspannrohres (s. Abschn. D 5.4.3) der Kraftschluß zwischen Aufnehmer und Beton hergestellt werden. Dieses Ziel ist nur mit einiger Erfahrung optimal zu erreichen, da der Kraftschluß durch das Aufblä-hen des Aufnehmerkissens allmählich vor sich geht und eine dauernde Beobachtung des Meßwertes notwendig ist.

Fluidische Aufnehmer ohne Flüssigkeitsvolumen finden heute kaum noch Anwendung.

D 5.4.4 Kennzeichnende Anwendungsbeispiele

Typische Anwendungen des fluidischen Spannungsaufnehmers mit Flüssigkeitsvolumen oder des Ventilgebers, wie die Herstellerbezeichnung lautet, finden sich im Tiefbau, im Behälterbau und bei Massenbetonbauten. Im einzelnen werden diese Aufnehmer

- für die Erddruckmessungen im Baugrund, insbesondere bei U-Bahnbauten sowie in abgewandelter Form für die Porenwasserdruck- und Schalungsdruckmessung und
- für die Spannungsmessung im Beton von Spannbetonbehältern, Staudämmen usw. verwendet.

Für die modifizierten Formen zur Schalungsdruck- und Porenwasserdruckmessung [D 5.4-3] können als Kompensationsmedium sowohl Öl als auch Luft verwendet werden.

D 5.4.5 Zusammenfassende Beurteilung

Besonders für den Anwendungsbereich Beton weisen die Aufnehmer meßtechnische Probleme hinsichtlich Nullpunktkonstanz und Temperaturabhängigkeit auf, die bei Meßwertbeobachtungen über einen längeren Zeitraum kritisch sind [D 5.4-4]; gleichwohl haben sie sich für Spannungsmessungen an Beton gut einführen können. Das zeitabhängige Verhalten des Betons hinsichtlich seiner Materialkennwerte, Temperaturkoeffizient, E-Modul sowie Kriechen, Schwinden und Quellen, erfordert zusätzliche Interpretationen der gewonnenen Meßwerte, wie sie auch bei der Spannungsermittlung über die Dehnungen des Betons prinzipiell notwendig sind.

D 6 Elektrische Verfahren

Chr. Rohrbach

D 6.1 Einleitung

D 6.1.1 Übersicht

In Abschnitt D 6 werden die wichtigsten elektrischen Verfahren zur Spannungs- und Dehnungsmessung geschildert.

Alle Verfahren sind Einzelstellenverfahren, d. h., daß man eine Übersicht über Spannungs- oder Dehnungsfelder nur mit einer Vielzahl von Aufnehmern erzielen kann, die räumlich verteilt angebracht werden, oder mit einem einzigen Aufnehmer, der nacheinander an verschiedenen Stellen angesetzt wird.

Alle Verfahren sind ferner von sich aus Fernmeßverfahren, da sich elektrische Meßsignale leicht über elektrische Leitungen übertragen und z. B. in einer zentralen Meßwarte zusammenführen lassen. Die elektrisch anfallenden Meßsignale bieten zusätzlich hohe obere Grenzfrequenzen, sofern die mechanischen Teile der Aufnehmer dies zulassen, und erlauben durch zwanglosen Anschluß von Rechnern eine sehr schnelle Auswertung, z. B. zur Ermittlung von Hauptspannungen. Beim Einsatz zahlreicher Aufnehmer schließlich, etwa Dehnungsmeßstreifenrosetten, ermöglicht der Einsatz von Rechnern auch die schnelle graphische Darstellung von Spannungs- und Dehnungsfeldern.

D 6.1.2 Physikalisches Prinzip

Die Wirkungsweise der in Abschn. D 6 behandelten elektrischen Verfahren [D 6.1-1] ist in Bild D 6.1-1 dargestellt. Die bei der experimentellen Spannungsanalyse primär interessierenden Größen sind mechanische Spannung, Weg und Dehnung (vgl. Abschn. C 1). Spannungen werden immer zunächst in Wege umgewandelt, die Wege evtl. noch in Dehnungen. Wege und Dehnungen werden entweder direkt oder über eine gegenseitige Umwandlung gemessen. Hierzu benutzt man drei Meßprinzipien:

Am bekanntesten ist die Änderung elektrischer Schaltelemente wie von Widerständen (Abschn. D 6.3) oder Kapazitäten (Abschn. D 6.11) durch Wege oder Dehnungen. Die Änderungen der Schaltelemente sind dann ein Maß für die Wege oder Dehnungen. Beispiele sind der Dehnungsmeßstreifen, dessen Widerstand, oder der kapazitive Aufnehmer, dessen Kapazität geändert wird. Für das Messen der Änderungen benötigt man grundsätzlich Hilfsenergie; diese Aufnehmer nennt man deshalb auch passive Aufnehmer.

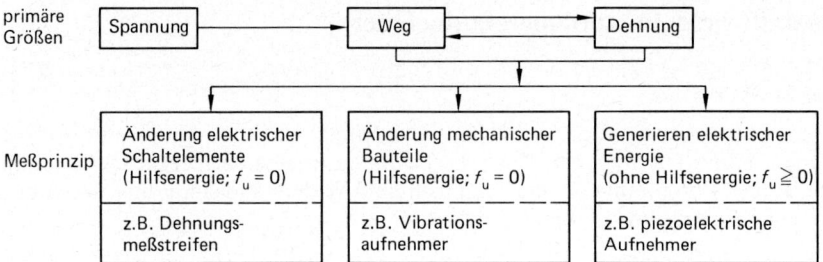

Bild D 6.1-1. Zur Wirkungsweise elektrischer Verfahren zum Messen von Spannungen, Wegen und Dehnungen.

Da die Hilfsenergie immer zur Verfügung steht und die Änderungen der Schaltelemente bleibend sind, ist die untere Grenzfrequenz dieser Aufnehmer null, d. h., sie sind für statische Messungen geeignet.

Nur in einem wichtigen Aufnehmer wird ein mechanisches Bauteil durch Wege geändert: Im Vibrationsaufnehmer (Abschn. D 6.13) ändert sich die Länge und damit die mechanische Spannung einer gespannten Saite, was eine Änderung ihrer Resonanzfrequenz zur Folge hat. Zur Messung der Resonanzfrequenz ist wiederum Hilfsenergie nötig, was eine untere Grenzfrequenz von null bedeutet.

Die Aufnehmer der dritten Gruppe generieren selbst Energie, die aus der Bewegung des Meßobjekts gewonnen wird. Wichtigstes Beispiel ist der piezoelektrische Aufnehmer (Abschn. D 6.12). Da die generierte Energie nicht beliebig lange gespeichert werden kann, ist die untere Grenzfrequenz dieser Aufnehmer größer als null. Statische Messungen sind deshalb nicht möglich. Aufnehmer dieser Gruppe sind als aktive Aufnehmer bekannt.

Weitere Merkmale entnehme man Abschn. C 1.

D 6.1.3 Zusammenfassende Beurteilung

In der Gruppe der elektrischen Verfahren haben vier Aufnehmer besondere Bedeutung.

Die größte Bedeutung haben Dehnungsmeßstreifen (Abschn. D 6.3) mit Meßelementen aus Metall. Sie sind sehr vielseitig, relativ billig, benötigen nur ein kleines Volumen, haben wegen ihrer kleinen Masse eine sehr hohe obere Grenzfrequenz und weisen nur einen kleinen Fehler auf. Trotz ihrer sehr kleinen Widerstandsänderung, die eine sorgfältige Installation erfordert, werden sie in der Spannungsanalyse und im Aufnehmerbau in extrem hohen Stückzahlen angewandt.

Induktive und Transformatoraufnehmer werden bevorzugt, wenn man mit Meßspitzen arbeiten muß (vgl. Abschn. C 1) und Robustheit von den Aufnehmern verlangt wird.

Kapazitive Aufnehmer (Abschn. D 6.11) gestatten als einzige Aufnehmer statische Messungen bei hohen Temperaturen, z. B. über 600 °C.

Vibrationsaufnehmer mit schwingender Saite (Abschn. D 6.13) schließlich eignen sich wegen der fehlerfreien Übertragung ihrer als Frequenz anfallenden Meßwerte über lange und in ihren Eigenschaften sich ändernde Meßkabel besonders für den Einsatz bei rauhem Betrieb, wie er z. B. auf großen Baustellen, im Hochbau oder im Betonbau vorliegt.

D 6.2 Kontakt- und Potentiometeraufnehmer

D 6.2.1 Allgemeines

Wandelt man eine Dehnung in das Schließen oder Öffnen eines Kontaktes um, spricht man von einem Kontaktaufnehmer. Wird die Dehnung in eine entsprechende Stellung des Schleifers eines Potentiometers und damit in eine Widerstandsänderung überführt, erhält man einen Potentiometeraufnehmer.

Beide Aufnehmer sind einfach, robust und billig und zeichnen sich durch eine hohe Nutzspannung aus. Für Meßaufgaben, bei denen diese Vorteile entscheidend sind, werden sie deshalb auch heute noch angewandt.

D 6.2.2 Physikalisches Prinzip

In Bild D 6.2-1 ist das Prinzip der Aufnehmer dargestellt.

Der Kontaktaufnehmer gemäß Bild D 6.2-1a hat ein Gehäuse a, in dem ein Stift b längsverschiebbar gelagert ist. Die Dehnung des Bauteiles wird mit den Meßfüßchen c und d abgegriffen. Bei einer bestimmten, meist voreinstellbaren Dehnung biegt die Spitze des Stiftes b die Kontaktfeder e so durch, daß diese den Kontakt der Kontaktfeder f berührt. Die zugehörige Dehnung wird so meßbar.

Die zugehörige Schaltung gemäß Bild D 6.2-1b ist sehr einfach: Bei jedem Überschreiten der entsprechenden Dehnung erhält das Zählwerk g einen Impuls und zeigt so nach

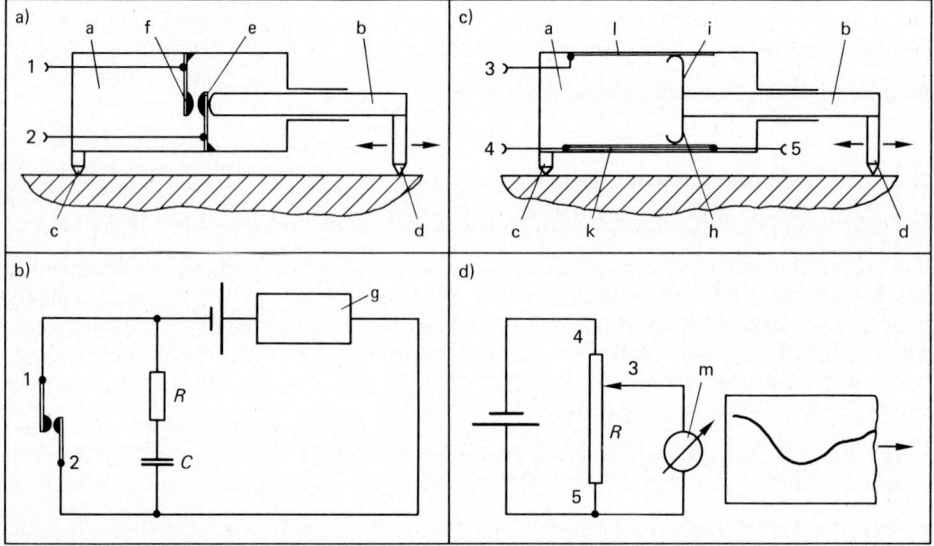

Bild D 6.2-1. Prinzip von Kontakt- und Potentiometeraufnehmern.
a) Kontaktaufnehmer.
b) Schaltung für Kontaktaufnehmer.
c) Potentiometeraufnehmer.
d) Schaltung für Potentiometeraufnehmer.
a Gehäuse, b Stift, c, d Meßfüßchen, e, f Kontaktfeder, g Zählwerk, h, i Schleifer, k Widerstandsbahn, l Kontaktbahn, m Schreiber

Versuchsende die Anzahl dieser Dehnungswechsel an. Das RC-Glied dient zum Löschen eines Lichtbogens.

Das Schema eines Potentiometeraufnehmers zeigt Bild D 6.1-1c. Hier trägt der Stift b die Schleifer h und i. Der Schleifer h läuft auf der Widerstandsbahn k und der Schleifer i auf der Kontaktbahn l.

Die zugehörige Schaltung gemäß Bild D 6.2-1d ist ebenfalls sehr einfach: Es kann z. B. direkt ein Schreiber m ausgesteuert werden. Zwecks Wahrung der Linearität muß der Widerstand des Schreibers m sehr groß gegen den Widerstand R sein [D 6.2-1, S. 119/21]. Weitere Schaltungen entnehme man [D 6.2-1, S. 119/21 und D 6.2-2].

D 6.2.3 Meßeinrichtungen und ihre Handhabung

Die Reproduzierbarkeit der Kontaktgabe von Edelmetallkontakten liegt bei $0,5 \cdot 10^{-3}$ mm. Weitere Einzelheiten zur Physik der Kontakte entnehme man [D 6.2-3].

Die klassischen Meßpotentiometer, sog. Feindrahtpotentiometer, haben Widerstandsbahnen aus aufgewickeltem Draht. Infolge der Stufigkeit der Wicklungen liegt die Auflösung bei nur rund 0,1 mm. Der Linearitätsfehler beträgt wenigstens $\pm 0,5\%$, der Temperaturkoeffizient des Widerstands rund 20 bis $80 \cdot 10^{-6}/°C$. Ein Schleiferstrom von einigen 10 mA ist zulässig. Die Lebensdauer beträgt rund $1 \cdot 10^6$ Schleiferbewegungen. Als Meßlängen stehen z. B. 10 mm bis einige 100 mm zur Verfügung [D 6.2-2].

Die Leitplastikpotentiometer haben eine homogene Widerstandsbahn aus „leitender Plastik", die im Heißpreßverfahren aus Kohle und Graphitpulver hergestellt wird. Kennzeichnende technische Werte sind: Auflösung rd. 0,01 mm, Linearitätsfehler rd. $\pm 1\%$, zulässiger Schleiferstrom rd. 1 mA, Lebensdauer einige 10^6 Schleiferbewegungen, Meßlängen rd. 10 bis 1000 mm. Der hohe Temperaturkoeffizient des Widerstands kann bei potentiometrischen Schaltungen meist vernachlässigt werden. Diese relativ billigen Potentiometer wird man also vor allem dann wählen, wenn eine hohe Auflösung gefordert wird.

In Bild D 6.2-2 ist einer der wenigen ausgeführten Kontaktaufnehmer gezeigt (nach *O. Svenson* [D 6.2-1, S. 468]). Der Aufnehmer ist mittels der aufgelöteten konischen Böckchen a und b auf dem Bauteil befestigt. Die Federgelenke c, d und e sorgen dafür, daß die Änderung der Meßlänge *L* vergrößert auf den Taststift f übertragen wird. Er hebt den Kontakthebel g oder senkt ihn ab, wenn eine bestimmte Dehnung über- oder unterschritten wird, und es öffnet oder schließt sich der Kontakt h, mit dem z. B. ein Zählwerk ausgesteuert werden kann. Die gewünschte Ansprechdehnung kann mit der Einstellschraube i vorgegeben werden.

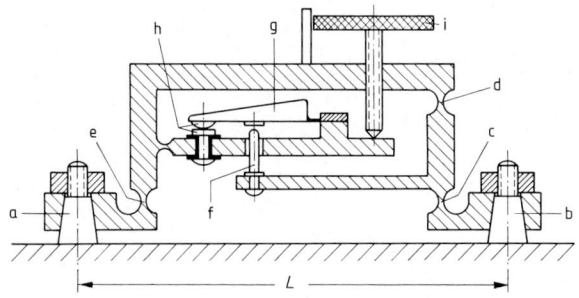

Bild D 6.2-2. Kontaktaufnehmer nach *Svenson* [D 6.1-1, S. 468].
a, b Böckchen, c, d, e Federgelenke, f Taststift, g Kontakthebel, h Kontakt, i Einstellschraube

Bei Meßlängen L von 20 bis 30 mm erreicht man Fehler $\leq 20 \cdot 10^{-6}$ Dehnung. Die obere Grenzfrequenz ist höher als 150 Hz. Beschleunigungen bis zu 15 bzw. 60 g je nach ihrer Richtung beeinflussen das Meßergebnis nicht.

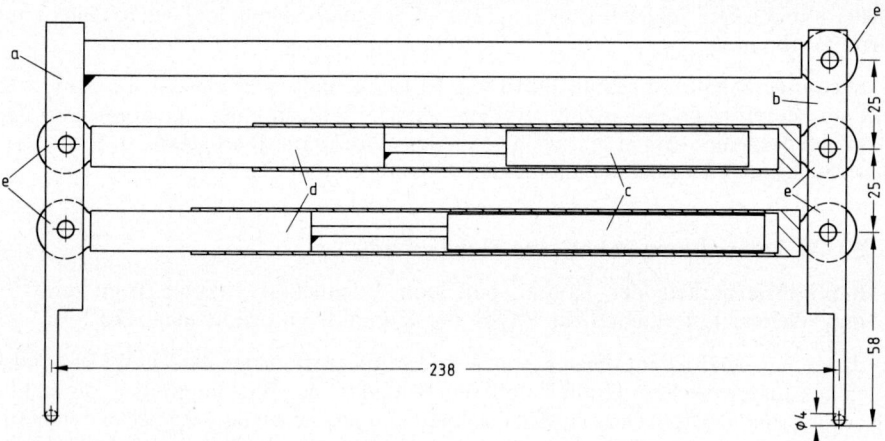

Bild D 6.2-3. Potentiometeraufnehmer für Dehnungsmessungen an Stahlbetonbauteilen nach *Twelmeier* und *Bausch* [D 6.2-4].
a Dreigelenkrahmen, b Stiel, c Aufnehmer, d Teleskopstäbe, e Gelenkköpfe

In Bild D 6.2-3 ist schematisch ein Potentiometeraufnehmer für Dehnungsmessungen an Stahlbetonbauteilen wiedergegeben [D 6.2-4]. In einen Meßbügel a in Form eines Dreigelenkrahmens, dessen Stiel b in der Rahmenebene frei drehbar ist, sind die Aufnehmer c mit beidseitig gelenkigem Anschluß eingesetzt. Für die Geradführung sorgen Teleskopstäbe d. Die Gelenkköpfe werden durch präzise Gelenke e gebildet, bei denen Zwischenscheiben aus Teflon ein reibungsarmes Drehen ermöglichen. Paßschrauben sorgen für ein minimales Spiel im Gelenkauge.

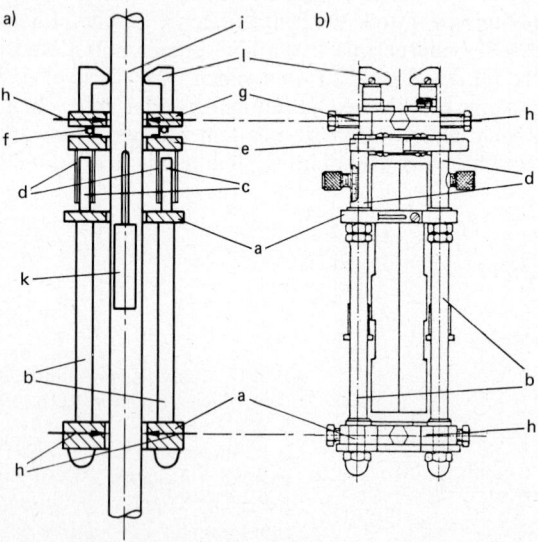

Bild D 6.2-4. Potentiometeraufnehmer für Dehnungsmessungen an Stangen und Seilen nach *Modrovich* [D 6.2-5].
a) Schema.
b) Technische Ausführung.
a Rahmen, b Säulen, c Führungsstangen, d Hülsen, e Platte, f Kugellager, g Drehtisch, h Meßfüßchen, i Probe, k Potentiometeraufnehmer

Als Aufnehmer werden vorzugsweise Potentiometer eingesetzt. Entsprechend der Höhe der Gelenkaugen sind verschiedene Übersetzungen möglich. Bei der hier zu erwartenden Dehnung von rd. 10% ergibt sich eine geometrische Linearitätsabweichung von nur rd. $2 \cdot 10^{-3}$. Der Aufnehmer ist mit dem Meßobjekt über Ankerklötze von 15 mm Durchmesser verbunden, die mittels Lehren auf das Meßobjekt aufgeklebt werden. Sie haben Bohrungen, in die die Meßbügel mit am Stielfuß angeklebten Kugeln spielfrei eingreifen (vgl. Abschn. C 1.4.1).

Ein Dehnungsaufnehmer für Messungen an Stangen und Seilen ist in Bild D 6.2-4 dargestellt [D 6.2-5]. Bild D 6.2-4a zeigt ein Schema, Bild D 6.2-4b die technische Ausführung. Ein steifer Rahmen a mit vier Säulen b trägt oben vier Führungsstangen c. Sie gleiten in vier Hülsen d, die an der Platte e befestigt sind. Die Platte e ist über das Drehlager f mit dem Drehtisch g verbunden. Mit zweimal vier verstellbaren Meßfüßchen h ist das Gerät an die Probe i angekoppelt. Dehnt sich die Probe unter Zugbeanspruchung aus, ändert sich der Abstand zwischen dem Rahmen a und der Platte e entsprechend. Diese der Dehnung proportionale Abstandsänderung wird mit dem Potentiometeraufnehmer k gemessen. Dreht sich die Probe i während der Messung, wie es meist bei Seilen der Fall ist, kann der Drehtisch g der Drehung folgen, ohne daß die Messung der Dehnung gestört wird. Die Führungsstücke l entlasten dabei die Meßfüßchen h. Zum bequemen Ansetzen kann das Gerät in Längsrichtung geteilt werden.

Die Meßlänge läßt sich durch Auswechseln der Säulen b von 250 bis 1000 mm verändern. Der Meßweg ist 50 mm. Der Meßfehler liegt bei 0,01 mm. Bei Überschreiten des Meßweges wird das Gerät in zwei Teile getrennt, ohne Schaden zu nehmen.

Weitere Hinweise entnehme man dem Schrifttum [D 6.2-1, S. 468; 6; 7; 8].

D 6.2.4 Zusammenfassende Beurteilung

Kontaktaufnehmer wird man nur anwenden, wenn es darauf ankommt, bestimmte Dehnungspegel sehr einfach messen zu können.

Potentiometeraufnehmer sind einfach, robust, billig und in Meßlängen von einigen mm bis zu rd. 1 m handelsüblich. Ihr Meßbereich ist im Vergleich zu ihrer Längsabmessung sehr groß und ihre Nutzspannung sehr hoch. Die Schleifkontakte können insbesondere in aggressiver Umgebung durch Korrosion zu Störungen führen. Ihr Frequenzbereich geht kaum über 100 Hz hinaus, und Schleiferbewegungen über einige 10^6 führen zu unzulässigen Abnutzungserscheinungen.

Für Sonderaufgaben sind beide Arten von Aufnehmern gut eingeführt.

D 6.3 Dehnungsmeßstreifen mit metallischem Meßgitter

D 6.3.1 Formelzeichen

E	E-Modul
R	elektrischer Widerstand; Radius
T	Temperatur
h	Durchmesser; Höhe
k	k-Faktor
k_1	k-Faktor ohne Querdehnung
k_q	k-Faktor ohne Längsdehnung
k_{pl}	k-Faktor im plastischen Bereich
l	Länge
q	Fläche; Querschnitt; Querempfindlichkeit
α	Winkel
α_b	Längenausdehnungskoeffizient des Bauteiles
α_d	Längenausdehnungskoeffizient des Meßdrahtes
α_t	Längenausdehnungskoeffizient des Trägers
α_T	Temperaturkoeffizient des spezifischen Widerstandes
β_ϱ	Proportionalitätsfaktor
ε_q	Querdehnung
ε_l	Längsdehnung
ε_s	scheinbare Dehnung
v	Poissonsche Konstante
ϱ	spezifischer Widerstand
σ_x	Spannung in x-Richtung

D 6.3.2 Allgemeines

Nachdem *G. S. Ohm* im Jahre 1827 die Eigenschaften elektrischer Schaltungen entdeckt und beschrieben hatte [D 6.3-1], konnte *C. Wheatstone* 1843 die nach ihm benannte Brückenschaltung erfinden, die es gestattete, auch sehr kleine Widerstandsänderungen präzise zu messen [D 6.3-2]. Bei diesen Experimenten fand er bereits heraus, daß sich der Widerstand von Kupferdrähten ändert, wenn sie gedehnt werden. Die ersten qualitativen Messungen dieses Effekts stammen von *W. Thomson*, dessen „Wheatstonesche Brücke" immerhin schon Widerstandsänderungen von $30 \cdot 10^{-6}$ anzeigen konnte [D 6.3-3]. Über 50 Jahre dauerte es, bevor die erste technische Anwendung vorgeschlagen wurde: *St. Lindeck* schlug vor, dünne Drähte isoliert auf stirnseitig geschlossene Rohre zu kleben und deren Widerstandsänderung bei Änderungen des Innendruckes zur Druckmessung zu verwenden [D 6.3-4]. Diese Idee wurde jedoch von Niemandem aufgegriffen.

E. Czerlinsky war der erste, der die Widerstandsänderungen dünner Drähte unter Zugbeanspruchung systematisch untersuchte. Er fand heraus, daß sich Konstantandrähte besonders gut zur Messung von Dehnungen eignen [D 6.3-5]; noch heute ist Konstantan die wichtigste Legierung für Dehnungsmeßstreifen. *A. Theis* benutzte 1941 dünne Graphitschichten, isoliert auf Metallstreifen aufgebracht, um Dehnungen zu messen; seine Meßstreifen konnten sich aber wegen meßtechnischer Mängel nicht durchsetzen [D 6.3-6].

Der eigentliche Durchbruch in der Technik der Dehnungsmeßstreifen ist mit der Erfindung von *Simmons* [D 6.3-7] und *Ruge* [D 6.3-8] verbunden: Sie klebten dünne Widerstandsdrähte auf Papierstreifen, die als geschlossene Meßeinheit auf das zu untersuchende Bauteil geklebt werden konnten. Noch heute beginnt die Typenbezeichnung der

DMS der amerikanischen Firma Baldwin, die als erste DMS in größeren Stückzahlen auf den Markt brachte, mit den Anfangsbuchstaben „S" und „R" der beiden Erfinder.

Die besonderen Vorzüge des DMS, kleiner Raumbedarf, sehr hohe obere Frequenzgrenze, sehr hohe Präzision und Unempfindlichkeit gegen Erschütterungen, machten ihn schon bald zu einem der wichtigsten Instrumente der experimentellen Spannungsanalyse.

D 6.3.3 Physikalisches Prinzip

Befestigt man gemäß Bild D 6.3-1 einen langen, dünnen, metallischen Draht a einschließlich zweier dickerer Anschlußdrähte b auf einer dünnen, isolierenden Folie aus Kunststoff oder Papier, dem sog. Träger c, erhält man einen Dehnungsmeßstreifen (DMS). Klebt man den DMS mittels des Klebstoffes d auf ein Bauteil e, dessen Dehnung gemessen werden soll, dann macht der dünne Draht die Dehnungen des Bauteiles mit und ändert dabei proportional zur Dehnung seinen elektrischen Widerstand. Den Widerstand kann man leicht messen und erhält so ein Maß für die Dehnung des Bauteiles. Im folgenden sollen die physikalischen Effekte, die sich dabei abspielen, näher erläutert werden.

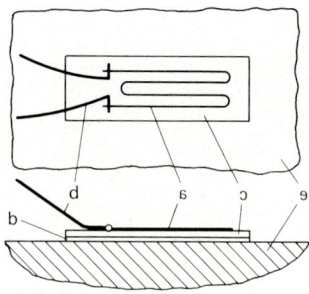

Bild D 6.3-1. Schema eines Dehnungsmeßstreifens.
a Draht, b Anschlußdrähte, c Träger, d Klebstoff, e Bauteil

D 6.3.3.1 Piezoresistiver Effekt

In Bild D 6.3-2 ist ein zylindrischer, metallischer Draht dargestellt, wie er sich z. B. in einem DMS befindet. Seine Länge sei l, sein Durchmesser h, sein Querschnitt q und sein spezifischer Widerstand ϱ. Dann wird sein Widerstand R:

$$R = \varrho \, \frac{l}{q} \qquad \text{(D 6.3-1)}.$$

Hieraus erhält man durch Differenzieren für kleine Änderungen ΔR von R:

$$\frac{\Delta R}{R} = \frac{\Delta \varrho}{\varrho} + \frac{\Delta l}{l} - \frac{\Delta q}{q} \qquad \text{(D 6.3-2)}.$$

Aus

$$q = \pi \, \frac{h^2}{4} \qquad \text{(D 6.3-3)}$$

folgt durch Differenzieren für kleine Änderungen von h

$$\frac{\Delta q}{q} = \frac{2 \, \Delta h}{h} \qquad \text{(D 6.3-4)}.$$

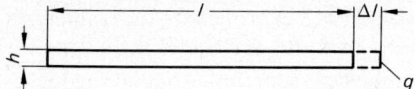

Bild D 6.3-2. Modell eines Meßdrahtes zur Erläuterung des piezoresistiven Effektes.
h Durchmesser, l Länge, Δl Längenänderung, q Querschnitt

Setzt man Gl. (D 6.3-4) in Gl. (D 6.3-2) ein, erhält man die für DMS gültige Beziehung:

$$\frac{\Delta R}{R} = \frac{\Delta \varrho}{\varrho} + \frac{\Delta l}{l} - 2\,\frac{\Delta h}{h} \qquad \text{(D 6.3-5).}$$

Die relative Widerstandsänderung – wie unten ausgeführt, wird diese Größe beim Messen mit DMS ermittelt – setzt sich also aus einer Änderung des spezifischen Widerstandes ϱ und einer Änderung der geometrischen Abmessungen des Drahtes zusammen.

Die relative Durchmesseränderung eines Stabes oder Drahtes ist über die Poissonsche Konstante v mit seiner relativen Durchmesseränderung verknüpft:

$$\frac{\Delta h}{h} = -\,v\,\frac{\Delta l}{l} \qquad \text{(D 6.3-6).}$$

Durch Einsetzen von Gl. (D 6.3-6) in Gl. (D 6.3-5) erhält man:

$$\frac{\Delta R}{R} = \frac{\Delta \varrho}{\varrho} + (1 + 2\,v)\,\frac{\Delta l}{l} \qquad \text{(D 6.3-7).}$$

Ist $\Delta \varrho / \varrho$ proportional $\Delta l/l$, wie es bei technisch brauchbaren DMS der Fall ist, also

$$\frac{\Delta \varrho}{\varrho} = \beta_\varrho\,\frac{\Delta l}{l} \qquad \text{(D 6.3-8),}$$

erhält man schließlich durch Einsetzen von Gl. (D 6.3-8) in Gl. (D 6.3-7) die Grundgleichung für DMS:

$$\frac{\Delta R}{R} = (\beta_\varrho + 1 + 2\,v)\,\frac{\Delta l}{l} = k\,\frac{\Delta l}{l} \qquad \text{(D 6.3-9).}$$

Hierin bedeutet k den sog. k-Faktor oder auch die Empfindlichkeit des DMS. Bei der technisch wichtigen Legierung Konstantan ist k etwa 2,0; da weiter v etwa 0,3 ist, wird:

$$k = \beta_\varrho + 1 + 2\,v \approx 0,4 + 1 + 2 \cdot 0,3 = 0,4 + 1,6 = 2 \qquad \text{(D 6.3-10).}$$

Der Hauptanteil des k-Faktors von DMS (1,6) ist also durch die Volumenänderung des Meßdrahtes bedingt, während die Änderung des spezifischen Widerstands (0,4) nur etwa 20% zum Meßeffekt beiträgt. Da v für die meisten Metalle etwa 0,3 beträgt, liegen die k-Faktoren der meisten Metalle bei 2,0. Als besondere Ausnahme hat Nickel einen k-Faktor von etwa -12 und Platin-Wolfram einen solchen von etwa 4,5.

Die oben abgeleiteten Beziehungen gelten für einen einzelnen, gestreckten Draht. Bei technischen DMS, deren Meßdraht in verschiedenen Konfigurationen angeordnet ist, beobachtet man jedoch praktisch die gleichen Werte.

In der Tabelle D 6.3-1 sind wichtige Eigenschaften von Gitterwerkstoffen für DMS zusammengestellt [D 6.3-9].

Tabelle D 6.3-1   Wichtige Eigenschaften von Gitterwerkstoffen für Dehnungsmeßstreifen (vgl. [D 6.3-9]).

Meßgitter-werkstoff (Handels-namen)	Richtanalyse %	Mittlerer k-Faktor rd.	Spez. Wider-stand $\Omega\,mm^2/m$	Bemerkungen
Konstantan	57 Cu, 43 Ni	2,05	0,49	Meist verwendet
Karma	73 Ni, 20 Cr, Fe + Al	2,1	1,6	Sehr stabil bis 150 °C; sehr kleine scheinbare Dehnung
Nichrome V	80 Ni, 20 Cr	2,2	1,3	Bis ca. 650 °C
Platin-Wolfram	92 Pt, 8 W	4,0	–	Nur für dyn. Messungen; bis 815 °C; kein Magnet-feldeinfluß
Iso-Elastic	52 Fe, 36 Ni, 8 Cr, 3,5 Mn; 0,5 Mo; ...	3,6	1,4	Nur für dyn. Messungen; besonders dauerschwing-fest

D 6.3.3.2 Dehnungsübertragung

Entscheidend für die Funktion des DMS ist, daß die Dehnung des Bauteiles, auf das der DMS geklebt ist, definiert auf den Meßdraht übertragen wird. Dieser als Dehnungsüber-tragung bekannte Vorgang [D 6.3-10] ist sehr kompliziert, läßt sich aber mit einfachen Überlegungen leicht anschaulich darstellen.

In Bild D 6.3-3 a ist ein DMS mit Meßdraht d, Zuleitungen z und Träger t dargestellt. Der Klebstoff, der ähnliche mechanische Eigenschaften wie der Träger aufweist, wird als Bestandteil des Trägers angesehen. Im Sinne einer Vereinfachung, die sich als zulässig erwiesen hat [D 6.3-10], sind in Bild D 6.3-3 b zunächst die Zuleitungen z weggelassen. Betrachtet man nur einen Meßdraht d als repräsentativ, erhält man den Schnitt entspre-chend Bild D 6.3-3 c.

Wird nun das Bauteil gleichmäßig gedehnt (keine Rückwirkung des DMS auf das Bau-teil), so wird sich der „DMS" so deformieren, wie in Bild D 6.3-3 d dargestellt. Die zugehörige mittlere Dehnung ε_t und die über den Querschnitt des dünnen Meßdrahtes als konstant angenommene Dehnung ε_d des Meßdrahtes, beide bezogen auf die konstante Dehnung ε_b des Bauteiles b, sind in Bild D 6.3-3 e schematisch dargestellt. ε_t nimmt über die Länge $\ddot{U}_{bt}$ (Übergangslänge zwischen Bauteil und Träger) solange zu, bis (bei dünnem Träger) $\varepsilon_t = \varepsilon_b$ erreicht ist. Bis kurz vor den Stirnflächen des Meßdrahtes bleibt $\varepsilon_t = \varepsilon_b$. Dann muß $\varepsilon_t > \varepsilon_b$ werden, da der Meßdraht einen etwa 100fach größeren E-Modul als der Träger hat. Die Dehnung ε_d des Meßdrahtes hat an der Stirnseite des Meßdrahtes infolge der Krafteinleitung in die Stirnseite bereits einen endlichen Wert und steigt dann, ähnlich wie ε_t, bis zum Wert $\varepsilon_d = \varepsilon_b$ an. Das Gebiet in der Umgebung der Enden des Meßdrahtes, in dem ε_t und $\varepsilon_d \neq \varepsilon_b$ sind, ist in seiner Längsausdehnung durch $\ddot{U}_{td}$, der Übergangslänge zwischen Träger und Meßdraht, gekennnzeichnet.

Wird der E-Modul des Trägers bei sonst gleichen Verhältnissen verkleinert, etwa durch Erhöhen der Temperatur oder durch Wahl eines anderen Trägermaterials, so ergibt sich eine Dehnungsverteilung gemäß Bild D 6.3-3 f. Während nach den Gesetzen der Modell-technik (vgl. Abschn. C 3) $\ddot{U}_{bt}$ konstant bleibt, wird $\ddot{U}_{td}$ größer, weil der jetzt weichere

a)

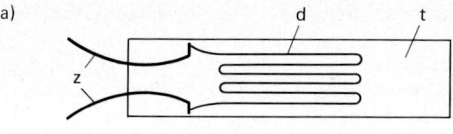

b)

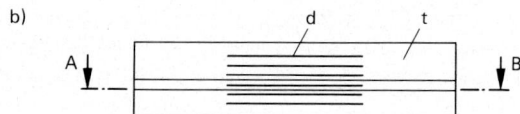

c)

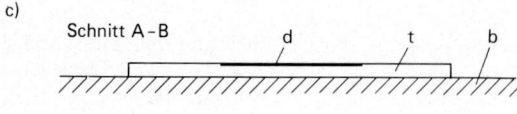

d)

e)

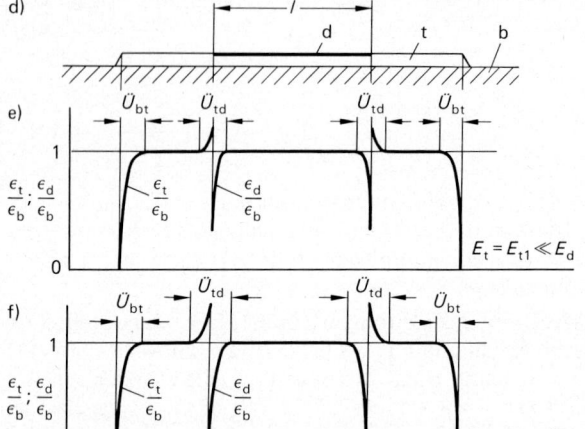

f)

Bild D 6.3-3. Zur Dehnungsübertragung zwischen Bauteil und Dehnungsmeßstreifen.
b Bauteil, d Meßdraht, l Länge des Meßdrahtes, t Träger, z Zuleitungen
a) DMS in Aufsicht.
b) Reduzierung auf einen einzelnen Draht.
c) DMS im Schnitt.
d) Deformation unter Dehnung.
e) Übergangslängen im gedehnten Zustand.
f) Übergangslängen bei verkleinertem E-Modul des Trägers.

Träger weniger leicht imstande ist, dem Meßdraht seine Dehnung einzuprägen. Dies muß sich u. a. in einer kleinen Verringerung des k-Faktors des DMS äußern.

Auch der Einfluß der Länge l des Meßdrahtes auf k läßt sich aus den Bildern D 6.3-3 e und f entnehmen: Da $\ddot{U}_{td}$ nicht von l abhängt, wird bei einer Verkleinerung von l der Teil des Meßdrahtes, in dem $\varepsilon_d = \varepsilon_b$ ist, immer kleiner, was ebenfalls ein Absinken von k zur Folge hat. Dies kann soweit gehen, daß $\varepsilon_d = \varepsilon_b$ auch in der Mitte des Meßdrahtes nicht mehr erreicht wird.

Welche weiteren Folgerungen lassen sich nun aus den obigen Überlegungen ziehen? $\ddot{U}_{bt}$ liegt bei üblichen Folienmeßstreifen (s. Abschn. D 6.3.4) und dort gebräuchlichen Trägerstärken von etwa 50 µm bei 1 bis 2 mm; dies bedeutet, daß man den Träger dieser DMS ohne Einbuße an Präzision höchstens soweit kürzen kann, daß zwischen Trägerrand und Meßgitterende noch 1 bis 2 mm Träger stehen bleibt. Das entsprechende „Beschneidemaß" wird vom Hersteller angegeben. $\ddot{U}_{tb}$ ist etwa proportional der Trägerdicke [D 6.3-10]. Eine kleine Trägerdicke (und auch Klebstoffstärke) ist also meßtechnisch günstig.

494

$\ddot{U}_{td}$ liegt bei Meßdrähten mit Kreisquerschnitt beim 10fachen des Drahtdurchmessers; bei einer Drahtstärke von z. B. 20 μm bedeutet dies eine Übergangslänge von 0,2 mm. DMS mit derartigen Meßdrähten kann man deshalb nicht mit sehr kurzen Meßlängen herstellen. Bedeutend günstiger verhalten sich DMS, deren Meßgitter aus flachen Drähten mit rechteckigem Querschnitt bestehen. Die Dicke solcher Folien liegt z. B. bei 5 μm. Damit lassen sich gute DMS mit Meßlängen von z. B. 0,3 mm realisieren, insbesondere, wenn die Umkehrschlaufen der Drähte länger gemacht werden.

Sowohl für $\ddot{U}_{bt}$ als auch für $\ddot{U}_{td}$ gilt, daß sie mit kleiner werdendem E-Modul des Trägers größer werden. Dies ist ein Grund, warum sich mit steigender Temperatur der k-Faktor verringern und das Kriechen vergrößern können.

Die meßtechnisch bedeutenden Eigenschaften Kriechen und Hysterese lassen sich mit den Vorstellungen gemäß Bild D 6.3-3 kaum deutlich machen. Eine Hilfe hierzu bietet eine vereinfachte Modellvorstellung. Zunächst kann $\ddot{U}_{bt}$ vernachlässigt werden, wenn der Träger lang genug ist. Weiter darf man annehmen, daß die Dehnung vom Träger in den Meßdraht im wesentlichen durch Schubspannungen übertragen wird. Dies ist in einem Gebiet der Fall, das in seiner Ausdehnung etwa $\ddot{U}_{td}$ entspricht. Nach weiteren, vereinfachenden Voraussetzungen [D 6.3-10] kann das Modell gemäß Bild D 6.3-4 als gültig betrachtet werden. Es beschränkt sich aus Symmetriegründen nur auf eine Hälfte des DMS. Der Meßdraht a ist mit einer starren Platte b fest verbunden, die ihrerseits am auf Schub beanspruchten Prisma c befestigt ist. Das Prisma c repräsentiert das an der

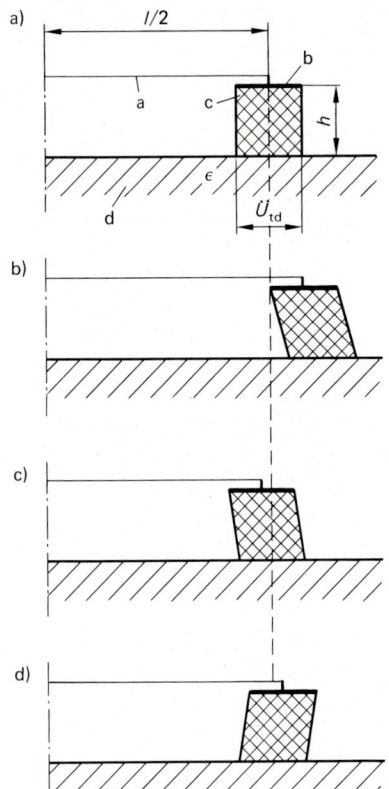

Bild D 6.3-4. Vereinfachtes Modell zur Funktion eines Dehnungsmeßstreifens.
a Meßdraht, b starre Platte, c Schubprisma, d Bauteil, h Höhe, $\ddot{U}_{td}$ Übergangslänge Träger/Draht, ε Dehnung
a) Ungedehntes Bauteil.
b) Gedehntes Bauteil.
c) Ungedehntes Bauteil, Schubprisma plastifiziert.
d) Ungedehntes Bauteil, Meßdraht plastifiziert.

495

Dehnungsübertragung beteiligte Volumen des Trägers und hat entsprechend die Länge $\ddot{U}_{td}$ und die Höhe h des Trägers.

Bild D 6.3-4a stellt den ungedehnten Zustand des DMS dar. Wird das Bauteil d der Dehnung ε unterworfen, wie in Bild D 6.3-4b angedeutet, dann wird der Meßdraht a, der ja eine Feder darstellt, gedehnt und das Prisma c, das eine Schubfeder ist, entsprechend verzerrt. Sind Meßdraht a und Prisma c rein elastisch beansprucht, geht der DMS nach Aufheben der Dehnung ε wieder in den Zustand gemäß Bild D 6.3-4a zurück. Wird das Prisma c jedoch plastisch deformiert, dann wird der Meßdraht a nach Verschwinden der Dehnung ε gestaucht, wie in Bild D 6.3-4c dargestellt, d. h., er erfährt eine negative Hysterese $(\Delta R/R)_n$, wie Bild D 6.3-5, Kurve n, zeigt. Wird der Meßdraht plastisch deformiert, während das Prisma im wesentlichen elastisch bleibt, dann geht der Meßdraht nach Verschwinden der Dehnung ε nicht wieder in den Ausgangszustand zurück, sondern behält eine positive Restdehnung, wie Bild D 6.3-4d zeigt; der DMS erfährt jetzt eine positive Hysterese $(\Delta R/R)_p$ nach Bild D 6.3-5, Kurve p. Beide Arten von Hysterese kann man in der Praxis beobachten. Da sie nicht unwesentlich auch von den Eigenspannungen im DMS bestimmt sind, ändern sie sich nach den ersten Lastwechseln u. U. beträchtlich. Stört die Hysterese, kann man sie durch mehrmaliges Belasten des Bauteiles stark reduzieren, muß aber dabei in Kauf nehmen, daß sich auch der Spannungszustand im zu untersuchenden Bauteil stark ändern kann (vgl. Abschn. F 2). Bei negativer Dehnung ε gelten die gleichen Überlegungen, jedoch mit negativem Vorzeichen.

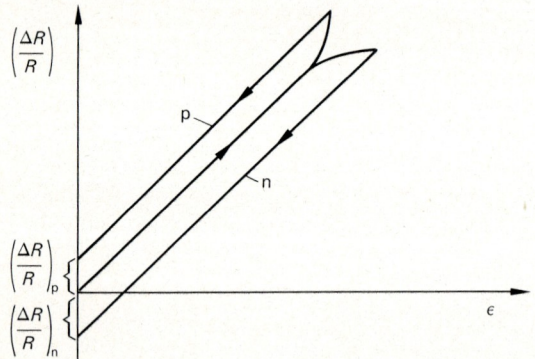

Bild D 6.3-5. Hysterese eines DMS, schematisch.
n negative Hysterese, p positive Hysterese

Auch das sog. Kriechen eines DMS kann man sich mit dem Modell nach Bild D 6.3-4 klarmachen. Erfährt das Bauteil d zur Zeit t_1 eine Dehnung ε_1, stellt sich sofort ein Zustand nach Bild D 6.3-4b ein. Unter der Federkraft des Meßdrahtes a gibt das Schubprisma c, das ja aus einem viskosen Kunststoff besteht, langsam nach und der Meßdraht

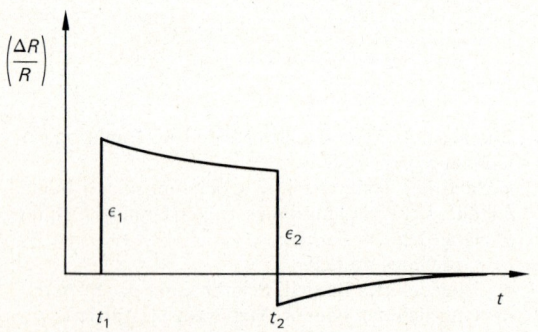

Bild D 6.3-6. Kriechen eines DMS, schematisch.

entspannt sich, der DMS „kriecht". Wird anschließend das Bauteil d zur Zeit t_2 entlastet, der DMS also einer Dehnung $\varepsilon_2 = -\varepsilon_1$ unterworfen, stellt sich sofort ein Zustand gemäß Bild D 6.3-4 c ein, der dann infolge der langsamen Relaxation des Schubprismas c langsam wieder in den Anfangszustand entsprechend Bild D 6.3-4 a zurückgeht. Man bezeichnet diesen Effekt als Rückkriechen. Das Kriechen eines DMS ist in Bild D 6.3-6 schematisch wiedergegeben.

Die Gültigkeit eines Modells nach Bild D 6.3-4 wurde im Experiment bestätigt [D 6.3-10]. Erweiterte Modellvorstellungen kann man [D 6.3-11; 12] entnehmen.

D 6.3.3.3 Dehnungsmeßstreifen als Meßelement

Der Dehnungsmeßstreifen als Meßelement ist in Bild D 6.3-1 dargestellt. Zunächst fällt auf, daß hier die Meßlänge nicht eingetragen ist, die bei allen Dehnungsmessern mit Meßfüßchen eine große Rolle spielt, ist doch deren Empfindlichkeit immer proportional zur Meßlänge. Auch in der Grundbeziehung für DMS, Gl. (D 6.3-9), tritt nur die relative Längenänderung oder Dehnung, $\Delta l/l$, auf. Für die Empfindlichkeit eines DMS ist es deshalb gleichgültig, ob der Meßdraht z. B. langgestreckt oder in Gitterform angebracht ist oder ob hochohmiger oder niederohmiger Draht gleich welcher Länge verwendet wird; man hat es immer mit einem echt dehnungsempfindlichen Meßelement zu tun.

Gemäß Bild E 3.3-5, das die meist verwendete Brückenschaltung zeigt, ist die meßtechnisch nutzbare Spannung Δu ebenfalls nur von der relativen Längenänderung abhängig. Der absolute Widerstand R kann jedoch Δu beeinflussen: In der Brückenschaltung kann man die Speisespannung, die durch die Wärmeentwicklung im DMS begrenzt ist, erhöhen, wenn man R vergrößert, und so eine entsprechend höhere Nutzspannung erzielen, und bei Speisung mit konstantem Strom ist die Nutzspannung direkt proportional zu ΔR.

Ein weiterer wesentlicher Unterschied besteht zwischen der Funktion eines DMS und eines Dehnungsaufnehmers mit Meßfüßchen: Während letzterer die mittlere Dehnung längs einer gedachten Geraden zwischen den Meßfüßchen mißt, zeigt der DMS die mittlere Dehnung längs einer körperfesten Linie an, die durch den Verlauf des Meßdrahtes festgelegt ist. Näheres entnehme man Abschn. C 1.4.1.

D 6.3.4 Technische Ausführungen und ihre Handhabung

In Aufbau, Installation und Eigenschaften unterscheiden sich die DMS für mittlere Temperaturen, z. B. bis 220 °C, meist erheblich von DMS für hohe Temperaturen, z. B. bis 750 °C. Diese beiden Gruppen werden deshalb im folgenden gesondert behandelt.

D 6.3.4.1 Dehnungsmeßstreifen für mittlere Temperaturen

D 6.3.4.1.1 Aufbau

Bild D 6.3-7 erläutert den Aufbau der bekanntesten DMS an zwei kennzeichnenden Beispielen. Bild D 6.3-7 a zeigt einen *Draht-DMS*, die klassische, älteste Form. Auf dem Träger a ist der Meßdraht b gitterförmig angeordnet und mit den dickeren Zuleitungen c verlötet. Der Meßdraht hat z. B. einen Durchmesser von 20 μm und besteht meist aus Konstantan (vgl. Tabelle D 6.3-1). Der Träger ist meist aus dünnem Papier gefertigt. Vorteile dieser Ausführung sind: alle Drahtlegierungen verwendbar, also auch solche, die sich nicht zu Folien verarbeiten lassen; kleine Steifigkeit, deshalb z. B. für Messungen an Kunststoffmodellen gut geeignet; leichtes Aufkleben mit physikalisch härtenden Klebern, deren Lösungsmittel leicht durch den Träger verdunsten kann. Als Nachteile sind zu

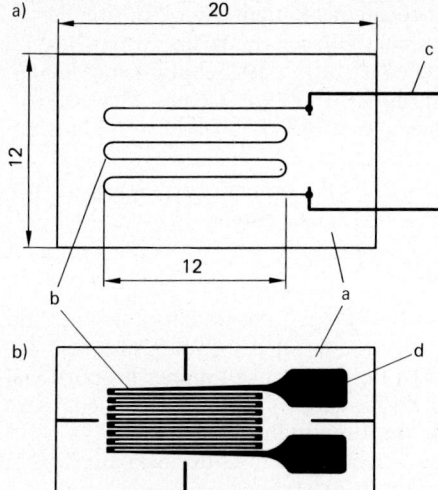

Bild D 6.3-7. Die wichtigsten Ausführungsarten von Dehnungsmeßstreifen.
a Träger, b Meßdraht, c Zuleitungen, d Anschlußflächen
a) Drahtdehnungsmeßstreifen.
b) Foliendehnungsmeßstreifen.

nennen: Träger hygroskopisch, also z. B. nicht für Messungen im Freien ohne guten Feuchtigkeitsschutz geeignet; wegen vergleichsweise hohem Kriechen und hoher Hysterese für Präzisionsmessungen nicht geeignet; aufwendige Fertigung. Diese Nachteile haben dazu geführt, daß Draht-DMS immer weniger verwendet werden.

Die heute fast ausschließlich verwendete Ausführung ist in Bild D 6.3-7 b beispielhaft wiedergegeben. Auf einem Kunststoffträger a ist ein aus einer dünnen Metallfolie gefertigtes Meßgitter aufgebracht, das variable Breiten aufweist: Das eigentliche Meßgitter besteht aus dünnen Leiterbahnen mit dickeren Umkehrschlaufen. Die Drahtenden laufen in großflächige Anschlußflächen d aus, auf die nach der Installation die Anschlußleitungen aufgelötet werden können. Die Hauptvorteile sind: einfaches Herstellen auch komplizierter Gitterformen; Gitterform dauerwechselfest ausführbar; Träger robust und weniger hygroskopisch; alle meßtechnisch interessanten Eigenschaften wie Kriechen, Hysterese usw. besser als beim Draht-DMS, deshalb auch für Messungen höchster Präzision geeignet.

Für den Träger verwendet man verschiedene Kunststoffe, die spezielle Eigenschaften aufweisen, Tabelle D 6.3-2. Für die experimentelle Spannungsanalyse wird man meist DMS mit Polyimidträger verwenden. Interessant ist der glasfaserverstärkte Epoxyphenolharzträger, der bis -269 und kurzfristig bis $400\,°C$ verwendbar ist.

Meist werden die folgenden Widerstandswerte angeboten: 120, 350, 500, 600, 1000, 2000 und 5000 Ω. Die höheren Werte lassen sich nur mit Folien-DMS erreichen. Kleine Werte bringen kleine elektrische und magnetische Einstreuungen, große Werte erlauben bei gleicher thermischer Belastung des DMS hohe Speisespannungen bzw. -ströme.

Folien-DMS stellt man vereinfacht wie folgt her: Eine etwa 5 µm dicke Metallfolie wird mit einer dünnen Kunststoffschicht, dem späteren Träger, versehen. Auf der anderen Seite der Metallfolie wird eine lichtempfindliche Schicht aufgebracht, auf die das gewünschte Muster des Metallgitters einschließlich der Zuleitungen aufbelichtet wird. Nach einem Entwicklungsprozeß können dann die nicht belichteten Flächen weggeätzt werden, und das gewünschte Gitter bleibt stehen.

Tabelle D 6.3-2   Die wichtigsten Trägerwerkstoffe für Dehnungsmeßstreifen.

Werkstoff	Temperaturbereich °C	Dehnbarkeit %	allgemeine Eigenschaften
Papier	−100 bis 80	6	für physikalisch härtenden Kleber geeignet
Polyimid	−195 bis 175	20	zäh, robust, schälfest, kleine Krümmungsradien, meist verwendet
Epoxyharz	−45 bis 95	2	sehr kleines Kriechen, hohe Festigkeit, spröde
Epoxyphenolharz	−75 bis 205 −195 bis 260 (kurzzeitig)	2	robust
Epoxyphenolharz, glasfaserverstärkt	−269 bis 290 −269 bis 400 (kurzzeitig)	1,5	robust
Phenolharz, glasfaserverstärkt	−70 bis 200 −200 bis 200 (dynamisch)	2	kleines Kriechen, für Präzisionsmessungen

Diese Art der Herstellung macht es leicht möglich, auch komplizierte Gitterstrukturen herzustellen. Bild D 6.3-8 enthält die für die experimentelle Spannungsanalyse wichtigsten Ausführungsarten. Bild D 6.3-8 a zeigt eine sog. Meßkette, bei der in diesem Fall 10 DMS mit je nur 0,8 mm Meßlänge quer zur Längsachse nebeneinander angeordnet sind. Die Meßkette kann als Einheit in ein Gebiet mit hohem Dehnungsgradienten geklebt und dann der Verlauf der Dehnung mit hoher Präzision ermittelt werden. Der Einzel-DMS am Ende der Kette dient zur Kompensation. Bild D 6.3-8 b gibt einen DMS wieder, dessen große und abgerundete Anschlußflächen leichtes Löten und gute Dauerschwingfestigkeit bieten. Die DMS in Bild D 6.3-8 c, d und e mit mehreren Meßgittern verwendet man in Halb- oder Vollbrücken. Gemäß Bild D 6.3-8 f ist es auch möglich, einige Meßgitter übereinander anzuordnen, um möglichst punktförmig messen zu können. Den DMS nach Bild D 6.3-8 g setzt man auf Biegeplatten zur Druckmessung ein. Die DMS nach Bild D 6.3-8 h, i und k stellen dreiachsige Rosetten zum Messen des gesamten ebenen Spannungszustandes dar, davon der erstere eine Rosettenkette. Der DMS in Bild D 6.3-8 l schließlich ist zum Messen von Schubspannungen bestimmt. Bei den meisten Herstellern kann man spezielle Strukturen nach eigenen Angaben bestellen.

Da man Platin-Wolfram-Legierungen chemisch nicht ätzen kann, konnte man diese Legierungen lange Zeit nur für Draht-DMS verwenden. Es ist jedoch heute möglich, Platin-Wolfram-Legierungen mittels eines Ionenstrahles zu schneiden und so auch aus dieser Legierung Folien-DMS herzustellen [D 6.3-13]. Besondere Vorteile dieser DMS sind ihr hoher k-Faktor, die chemische Stabilität des Meßgitters und ihre Unempfindlichkeit gegen magnetische Felder. Leider ist ihre scheinbare Dehnung bei Temperaturänderungen so groß, daß sie für statische Messungen nicht geeignet sind.

Sehr interessant ist der sog. *Spannungsmeßstreifen* gemäß Bild D 6.3-9. Er hat zwei hintereinander geschaltete Meßgitter, die mit der x-Achse die Winkel $+\alpha$ und $-\alpha$ bilden. Ist die Beziehung

$$\cos(2\alpha) = \frac{1-\nu}{1+\nu} \qquad\qquad (D\,6.3\text{-}11)$$

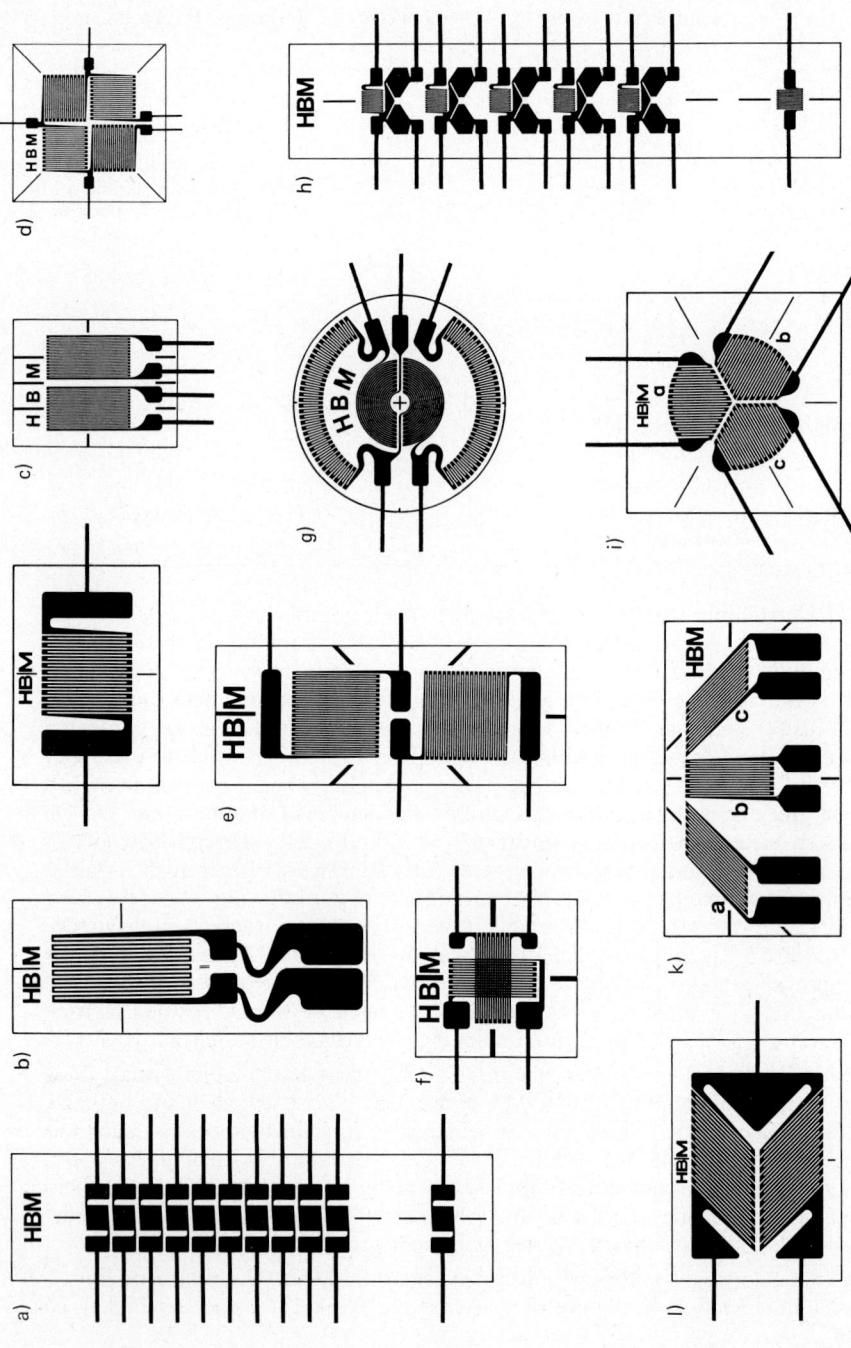

Bild D 6.3-8. Die für die Spannungsanalyse wichtigsten Folienmeßstreifen (Hersteller: Hottinger-Baldwin-Meßtechnik).
a) Meßkette.
b) Folienmeßstreifen mit großen Anschlußflächen.
c), d) und e) Folienmeßstreifen mit mehreren Meßgittern.
f) Folienmeßstreifen mit übereinanderliegenden Meßgittern.
g) Folienmeßstreifen zur Druckmessung.
h), i) und k) Dreiachsige Rosetten.
l) Folienmeßstreifen zur Schubspannungsmessung.

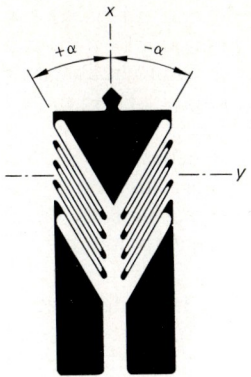

Bild D 6.3-9. Spannungsmeßstreifen.

erfüllt, so gilt nach [D 6.3-14]:

$$\frac{\Delta R}{R} = k\,\frac{(1-\nu)\,\sigma_x}{E} \qquad\qquad\text{(D 6.3-12).}$$

Hierin bedeuten k den k-Faktor, ν die Poissonsche Konstante, σ_x die Spannung in x-Richtung und E den E-Modul des untersuchten Bauteiles. Man erhält also direkt die Spannung in einer gewünschten Richtung, ohne das ebene Spannungsfeld etwa mit einer Rosette zunächst vollständig ermitteln zu müssen. Man muß lediglich ν und E kennen, was aber zur Spannungsmessung ohnehin nötig ist. Besondere Bedeutung hat der Spannungsmeßstreifen bei dynamischen Messungen, wo man anderenfalls mit drei Kanälen gleichzeitig messen und mit einem (schnellen) Rechner auswerten müßte.

Zum Trennen von Biege- und Normalspannungen in Platten benutzt man sog. *Biegedehnungsmeßstreifen*. Sie sind in Abschn. C 1.4.1.2 behandelt.

Insbesondere zum Messen unter ungünstigen Umgebungsbedingungen wie Feuchtigkeit oder bei rauhem Baustellenbetrieb ist ein normaler DMS unzuverlässig bzw. mechanisch gefährdet. Für solche Messungen haben sich *gekapselte DMS* sehr bewährt. Bild D 6.3-10 zeigt als Beispiel einen gekapselten DMS für Messungen an Beton oder schweren Kon-

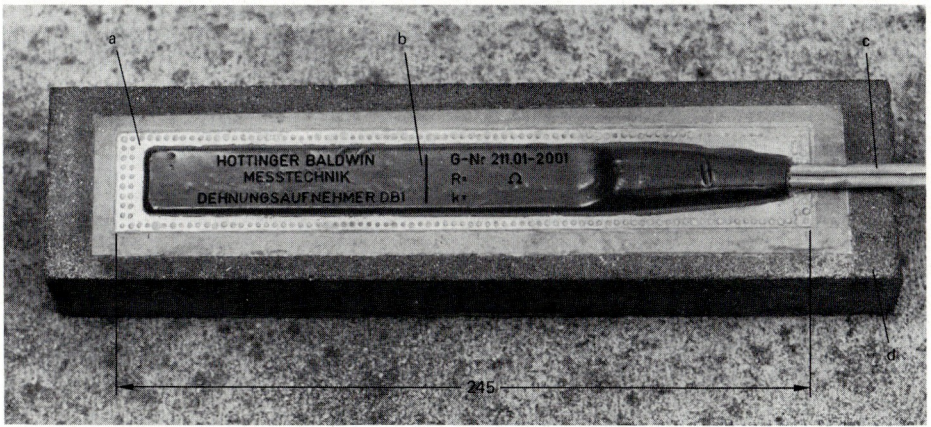

Bild D 6.3-10. Mit Kautschuk gekapselter Dehnungsmeßstreifen [D 6.3-14] (Hersteller: Hottinger-Baldwin-Meßtechnik).
a Messingblech, b Kautschukkappe, c Anschlußkabel, d Betonprisma

struktionen [D 6.3-15]. Der DMS besteht aus einem am Rande perforierten Messingblech a einer Stärke von 0,2 mm, auf das ein (hier nicht sichtbarer) Draht-DMS mit einer Meßlänge von 150 mm aufgeklebt ist. Der Draht-DMS ist mit einer Kautschukkappe b abgedeckt, die auch die Anschlußkabel c fest umfaßt. Hier ist der gekapselte DMS mittels eines in wenigen Minuten aushärtenden Klebers auf ein Betonprisma d aufgeklebt; die Perforation verhindert sicher ein mögliches Abschälen des Messingbleches vom Bauteil. Kurz nach dem Aufkleben ist der gekapselte DMS meßbereit. Weder aus dem Beton aufsteigende noch auf die Oberfläche einwirkende Feuchtigkeit oder mechanische Beanspruchungen beeinflussen die Meßsicherheit. Bei entsprechender Vorsicht kann der gekapselte DMS nach der Messung wieder abgetrennt werden.

Ein hermetisch mit Metall gekapselter, kleinerer DMS ist in Bild D 6.3-11 wiedergegeben. Ein L-förmig gebogenes Blech a aus rostfreiem Stahl von 0,1 mm Stärke trägt einen Folien-DMS b mit einer Meßlänge von 10 mm. Am aufgebogenen Teil des Bleches a ist eine vakuumdichte Glasdurchführung c angeschweißt, durch welche die Anschlußleitungen des Folien-DMS b zu dem Anschlußstiften d geführt werden. Der Folien-DMS b ist einschließlich seiner Anschlußleitungen durch ein 0,05 mm starkes Blech, ebenfalls aus rostfreiem Stahl, abgedeckt, das auf das Blech a aufgeschweißt ist. Der Folien-DMS b wird so vakuumdicht von der Umwelt abgeschlossen. Der gekapselte DMS kann mit Klebstoff auf das zu untersuchende Bauteil aufgeklebt oder aufgeschweißt werden. Die Meßkabel werden an die Anschlußstifte d angelötet und mittels Schrumpfschlauch abgedichtet. Der kleinstmögliche Krümmungsradius des gekapselten DMS beträgt 75 mm.

Auch auf Metallstreifen geklebte DMS sind erhältlich. Sie schweißt man auf das zu untersuchende Bauteil auf.

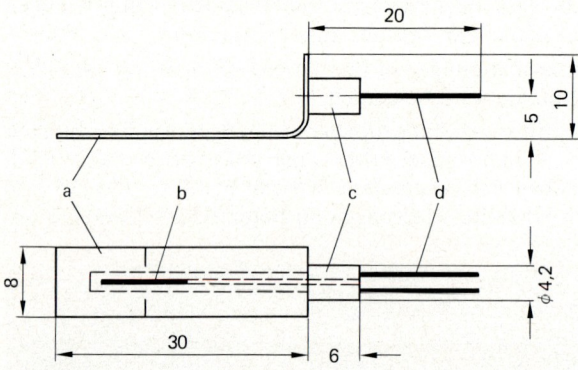

Bild D 6.3-11. Mit Metall gekapselter Dehnungsmeßstreifen (Hersteller: Hottinger-Baldwin-Meßtechnik).
a Blech aus rostfreiem Stahl, b Folien-DMS, c Glasdurchführung, d Anschlußstifte

DMS bis zu 3 m Länge für Messungen im Erdreich werden in [D 6.3-16] beschrieben. Drähte bis zu 0,26 mm Durchmesser sind auf langen Streifen aus glasfaserverstärktem Epoxyharz längs und quer aufgewickelt, mit Epoxyharz festgeklebt und isoliert und dann mit einem Gemisch aus Epoxyharz, Sand und Kies ummantelt. An einer Stützkonstruktion befestigt, werden diese DMS dann ins Erdreich eingesetzt.

D 6.3.4.1.2 Applikation

Unter Applikation versteht man das Installieren der DMS einschließlich deren Zuleitungen und einer eventuellen Abdeckung. Die Applikation muß sehr sorgfältig erfolgen, wenn man gute Meßergebnisse erzielen will.

Als erstes hat man die *Meßfläche* sorgfältig für das Kleben vorzubereiten. Im folgenden soll das Vorgehen bei Metall, vorzugsweise Stahl, beschrieben werden. Beim Kleben auf anderen Materialien wie Kunststoffe folge man den Anweisungen der Hersteller. Zunächst entferne man grobe Verunreinigungen wie Rost, Farbreste usw. und glätte die Oberfläche durch Schleifen, Feilen oder Schaben, zuletzt mit einem mittelfeinen Schmirgelpapier. Dann entfette man die Oberfläche mit einem Wattebausch, der mit einem Lösemittel wie Aceton oder Toluol getränkt ist. Man arbeite von innen nach außen, um ein Einwaschen von Verunreinigungen von außen zu vermeiden. Es ist darauf zu achten, daß das Lösemittel selbst nicht verunreinigt wird. Für hohe Ansprüche an die Klebung kann nun die Oberfläche noch mit einer schwachen Phosphorsäureverbindung geätzt werden, der dann wieder eine Neutralisation mit einem Mittel auf Ammoniakbasis folgen muß. Kurz vor dem Kleben sollte die Oberfläche noch mit feinem Sandpapier oder durch Strahlen mit sauberem Sand aufgerauht werden, um eine bessere Haftung des Klebers zu erzielen. Abschließend wasche man den beim Aufrauhen entstandenen Abrieb mit einem lösungsmittelgetränkten Wattebausch so lange ab, bis der Wattebausch sauber bleibt. Die Meßfläche darf spätestens dann nicht mehr mit den Fingern berührt werden. Ein Reinigen bzw. Vorbereiten der Unterseite des DMS kann je nach Typ ebenfalls erforderlich sein.

Je nach verwendetem *Klebstoff*, vgl. Tabelle D 6.3-3, läßt sich nun der DMS plazieren und ankleben. Diese Arbeiten sind so verschieden, daß hier nur auf die ausführlichen Anweisungen der Hersteller verwiesen werden kann [D 6.3-17]. Gleich dem Kleben des DMS sollte man auch Lötstützpunkte für die Zuleitungen aufbringen, die auch in Folienausführung erhältlich sind. Manche Klebstoffe erfordern eine längere Anpreßzeit mit bestimmtem Druck, um den DMS solange zu fixieren, bis zu einen der überflüssige Klebstoff unter dem DMS ausgetreten ist und so eine dünne Klebstoffschicht erzielt wurde, bis desweiteren die Haftkraft genügend groß geworden ist und bis schließlich sicher ist, daß Gasblasen den DMS nicht mehr vom Bauteil separieren können.

Vor dem *Anlöten der Zuleitungen* säubere man die Lötflächen z. B. mit einem feinen Glasfaserpinsel oder ähnlichem. Zum Löten verwende man einen temperaturgeregelten Lötkolben und ein vom Hersteller empfohlenes Flußmittel. Die Temperatur des Lötkolbens ist so hoch zu wählen, daß das Lot schnell und gut benetzend fließt. Nach dem Löten ist das Flußmittel mit einem geeigneten Lösemittel vollständig zu entfernen, da das Flußmittel Korrosion und elektrische Nebenschlüsse hervorrufen kann.

Besondere Aufmerksamkeit ist einem guten *Feuchtigkeitsschutz* zu widmen, besonders, wenn Messungen im Freien durchzuführen sind. Das Angebot der Hersteller an Abdeckmassen, teilweise kombiniert mit Massen zum Schutz vor mechanischer Beschädigung, ist sehr groß. Es soll deshalb hier nur das Wesentliche behandelt werden.

Bild D 6.3-12 zeigt eine sehr gute Applikation. Auf das Bauteil a ist ein DMS b geklebt. Seine Zuleitungen c führen zu den Meßkabeln d. Zum Feuchtigkeitsschutz dient eine Abdeckmasse e, die durch Aufkneten oder Aufschmelzen fest mit dem (vorher gut entfetteten) Bauteil a verbunden ist. Sehr wichtig ist, daß sich die Enden der Meßkabel d innerhalb der Abdeckmasse e befinden, also nicht etwa in den Hohlraum um den DMS herum führen. Sonst könnte nämlich Wasser durch die Meßkabel in den zu schützenden Raum diffundieren. Die Meßkabel dürfen keinesfalls Litzen enthalten, da Feuchtigkeit zwischen den einzelnen Adern der Litzen eindiffundieren könnte. Um Feuchtigkeit zu binden, die sich bereits bei der Installation im DMS befand, sollte sich im Hohlraum noch ein Trockenmittel f befinden; sehr gut geeignet ist Silica-Gel. Die Abdeckmasse e sollte vor dem Anwenden bereits getrocknet sein. Etwa um eine Größenordnung kann man die Schutzzeit gegen Feuchtigkeit erhöhen, wenn man über die Abdeckmasse e noch eine dünne, metallische Folie g zieht. Auch wenn sie nicht ganz bis zur Bauteiloberfläche reicht, verhindert sie doch ein großflächiges Diffundieren von Wasserdampf durch die

Tabelle D 6.3-3 Eigenschaften wichtiger Klebstoffe für Dehnungsmeßstreifen.

Lfd. Nr.	Typ	Temperatur-bereich °C	Dehnbar-keit %	Topfzeit min	Preßdruck kN/m²	Aushärte-temperatur °C	Aushärte-zeit h	Bemerkungen
1	Nitrozellulose	−100 bis 80	6	0,5	Daumen-druck	Raum-temperatur	6	physikalisch härtend durch Verdunsten des Lösungs-mittels; einfach handhabbar; für DMS mit Papierträger
2	Cyanacrylat	−73 bis 65	10	−	Daumen-druck	Raum-temperatur	0,003	2 Komponenten; härtet bei Andruck sofort aus
3	Epoxidharz	−196 bis 65	10	30	30 bis 100	Raum-temperatur	16	2 Komponenten; klebt Metalle, Keramik und die meisten Kunststoffe
4	Epoxyphenol	−269 bis 270 (kurzzeitig 370)	3	(6 Wochen)	70 bis 500	200	2	2 Komponenten; sehr kleines Kriechen; für höchste An-sprüche
5	Polyimid	−269 bis 400	2	(4 Monate)	240 bis 300	260	2	Einkomponenten-Klebstoff für hohe Temperaturen
6	„X 60"	−200 bis 60	10	5	Daumen-druck	Raum-temperatur	0,5	X-60 ist Firmenname; einfach; schnell meßbereit; nach rd. 1 min selbsthaftend; relativ große Schichtstärke von rd. 65 µm

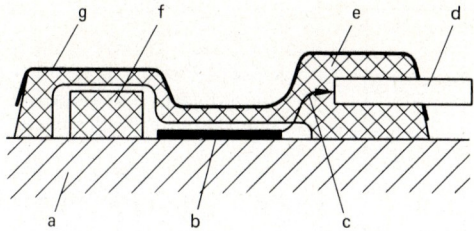

Bild D 6.3-12. Feuchtigkeitsschutz eines Dehnungsmeßstreifens [D 6.3-18].
a Bauteil, b DMS, c Zuleitungen, d Meßkabel, e Abdeckmasse, f Trockenmittel, g metallische Folie

Abdeckmasse e. Installationen dieser Art können die DMS viele Monate oder auch Jahre ausreichend schützen. Nähere Angaben entnehme man [D 6.3-18].

Die *Zuleitungen* sollte man gut fixieren, etwa durch Ankleben. Man kann auch metallische Laschen verwenden, die durch Punktschweißen befestigt werden können. Das Schweißen ist nicht zulässig, wenn die Schweißpunkte die Dauerfestigkeit des Bauteils gefährden.

Bei starken Gravitationsfeldern, z. B. mit Beschleunigungen von 10^4 bis 10^6 m/s², wie sie bei hochtourig rotierenden Bauteilen auftreten können, sollten bei der Applikation besondere Gesichtspunkte beachtet werden [D 6.3-19]. Am wichtigsten ist es, kleine DMS und Zuleitungen zu verwenden, die bei gegebener Masse eine hohe Oberfläche zur Kraftaufnahme besitzen. Die Anschlußflächen der DMS, Lötstützpunkte und Zuleitungen sollten in Richtung der Beschleunigung ausgerichtet sein, weil sie dann nur Zugkräfte, aber keine Biegekräfte aufnehmen müssen. Kritische Stellen sollten im „Beschleunigungsschatten" liegen, also da, wo sie durch die Beschleunigung auf das Bauteil gepreßt werden. Zur Abdeckung der ganzen Installation eignen sich besonders gut kunstharzgetränkte Glasseidematten.

D 6.3.4.1.3 Eigenschaften

Im folgenden werden die wichtigsten Eigenschaften der DMS für mittlere Temperaturen besprochen. Einschränkend sei gesagt, daß die Eigenschaften stark von den verschiedensten Parametern wie Klebstoff, Dicke der Klebschicht, Härtetemperatur, Feuchtigkeit, Vorgeschichte des Meßelementes usw. abhängen. Die hier angegebenen Werte sind deshalb nur als Anhaltswerte zu betrachten.

Die im folgenden erläuterten Eigenschaften von DMS sind in einer Reihe verschiedener Richtlinien definiert. Einen Überblick vermittelt [D 6.3-20]. Hier werden die Definitionen der VDI/VDE-Richtlinie 2635, Blatt 1, verwendet [D 6.3-21].

k-Faktor

Der *k*-Faktor, also die Empfindlichkeit des DMS, ist in Gl. (D 6.3-9) definiert. Verschiedene Drahtlegierungen weisen verschiedene *k*-Faktoren auf, vgl. Tabelle D 6.3-1. Diese Werte gelten für den elastischen Bereich des Meßdrahtes. Eine Änderung des *k*-Faktors mit der Dehnung, also eine Änderung der Linearität, ist bis zu Dehnungen von einigen 10^{-3} bei Konstantan und Karma kaum nachweisbar; für die experimentelle Spannungsanalyse ist deshalb keine Korrektur nötig. Bei Konstantan gilt der Wert 2 für den *k*-Faktor näherungsweise auch noch bis in den plastischen Bereich von einigen 10^{-2} Dehnung hinein. Der Grund liegt darin, daß sich im plastischen Bereich wegen der Volumenkonstanz der Metalle die Poisson-Zahl v von 0,3 auf 0,5 ändert und daß in diesem Bereich bei Konstantan β_ϱ zu null wird, Gl. (D 6.3-10). Dies ist einer der Gründe, weshalb Konstantan so häufig angewandt wird.

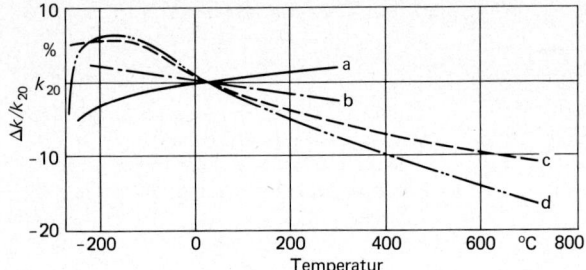

Bild D 6.3-13. Relative Änderungen des k-Faktors verschiedener Legierungen als Funktion der Temperatur nach *Hoffmann* [D 6.3-9].
a Konstantan, b Karma, c Nichrome V, d Platin-Wolfram (92/8)

Wenn man von Einflüssen des Trägers und des Klebstoffes absieht, so ändert sich der k-Faktor eines DMS allein durch die Temperatur. Bild D 6.3-13 zeigt den Verlauf der k-Faktoränderung Δk, bezogen auf den k-Faktor k_{20} bei 20 °C, für vier Drahtsorten [D 6.3-9]. Auch im Bereich sehr tiefer Temperaturen ist noch eine definierte Messung möglich. Wie ersichtlich, muß man bei höheren Anforderungen an die Genauigkeit die Temperatur messen und die k-Faktoränderung rechnerisch oder schaltungstechnisch berücksichtigen.

Durch Variation der Karmalegierung kann man die Temperaturabhängigkeit des k-Faktors verändern. Bild D 6.3-14 zeigt das Verhalten von vier Legierungen. Man benutzt diese Möglichkeit zum selbsttätigen Kompensieren von E-Moduländerungen von Werkstoffen, die man als Federmaterial zum Messen mechanischer Größen einsetzt.

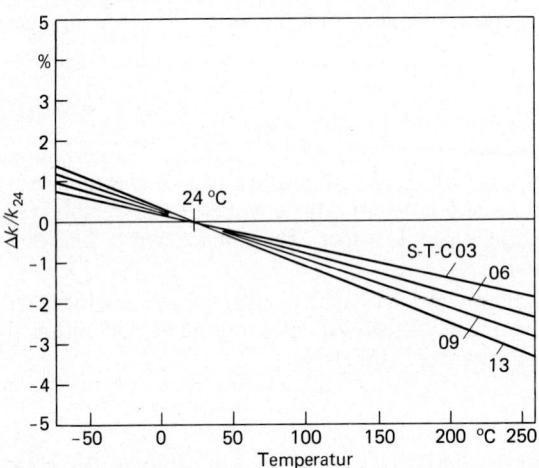

Bild D 6.3-14. Relative Änderungen des k-Faktors verschiedener Karmadrähte als Funktion der Temperatur [D 6.3-22].

Querempfindlichkeit

Ein DMS ist nicht nur in seiner Meßrichtung empfindlich, sondern reagiert auch auf Dehnungen senkrecht dazu. Bei Draht-DMS (vgl. Bild D 6.3-7) z. B. wird eine Dehnung senkrecht zur Meßrichtung in die Umkehrschlaufen des Meßdrahtes eingeleitet und trägt so zur gesamten Widerstandsänderung bei. Bei Folien-DMS beeinflußt die Querdehnung sowohl die Umkehrschlaufen, die bei diesen DMS allerdings vergleichsweise niederohmig sind, als auch das eigentliche Meßgitter, das senkrecht zur Meßrichtung gedehnt wird. Beide Effekte wirken sich gegensinnig auf die Widerstandsänderung des DMS aus. Bezeichnet man den in Längsrichtung ohne Querdehnung (vgl. [D 6.3-21]) gemessenen k-Faktor als k_1:

$$k_1 = \frac{\Delta R/R}{\varepsilon_1} \qquad\qquad (D\,6.3\text{-}13)$$

und den in Querrichtung ohne Längsdehnung gemessenen k-Faktor als k_q

$$k_q = \frac{\Delta R/R}{\varepsilon_q} \qquad\qquad (D\,6.3\text{-}14),$$

erhält man die Querempfindlichkeit q zu

$$q = \frac{k_q}{k_1} \qquad\qquad (D\,6.3\text{-}15).$$

Bei der Definition des k-Faktors wurde nicht erwähnt, daß er nicht in einem einachsigen Dehnungsfeld entsprechend [D 6.3-21], sondern in einem einachsigen Spannungsfeld auf einem Material mit einer Poisson-Zahl von 0,28 ermittelt wurde. Da jedoch $k_1 \approx k$, kann man ohne merklichen Fehler auch definieren:

$$q = \frac{k_q}{k} \qquad\qquad (D\,6.3\text{-}16).$$

Die Querempfindlichkeiten technischer Folien-DMS liegen bei nur etwa $\pm 0,01$ bis $\pm 1\%$ und können deshalb oft vernachlässigt werden. Bei Messungen mit DMS-Rosetten ist jedoch die Notwendigkeit einer Korrektur zumindest zu überprüfen, vgl. Abschn. A 3.4 und A 3.5. Die Querempfindlichkeiten von Draht-DMS können mehrere Prozent erreichen. Näheres zur Querempfindlichkeit entnehme man z. B. [D 6.3-22], [D 6.3-9, S. 64/8] und [D 6.3-23].

Nullpunkt

Da die Widerstandsänderungen eines DMS sehr klein sind, muß, zumindest bei statischen Messungen, der Nullpunkt der DMS sehr konstant gehalten werden, da sonst Nullpunktänderungen den Dehnungseffekt überdecken können.

Unter den Störgrößen, die auf den Nullpunkt des DMS einwirken, hat die *Temperatur* den größten Einfluß. Ändert sich die Temperatur des Bauteiles, so ändert es seine Länge und dehnt dabei den Meßdraht entsprechend mit. Hierbei erleidet der Meßdraht eine Zwängungsspannung, wenn sein Längenausdehnungskoeffizient α_d nicht mit dem Längenausdehnungskoeffizienten α_b des Bauteiles übereinstimmt, und schließlich ändert sich auch noch der spezifische Widerstand des Meßdrahtes entsprechend seinem Temperaturkoeffizienten α_T. Die hierbei auftretende scheinbare Dehnung ε_s berechnet sich, wie leicht abzuleiten, aus:

$$\varepsilon_s = \left(\alpha_b - \alpha_d + \frac{\alpha_T}{k} \right) \Delta T \qquad\qquad (D\,6.3\text{-}17).$$

Für normale, nicht temperaturkompensierte DMS, die auf Stahl geklebt sind, hat man mit einem ε_s von -15 bis $+15 \cdot 10^{-6}$ zu rechnen. Die ist selbst bei Messungen im Labor unzulässig hoch.

Die beste Temperaturkompensation erhält man wie folgt: Man klebt einen zweiten DMS, den sog. Kompensationsstreifen, der die gleiche Temperaturabhängigkeit wie der aktive DMS aufweist, auf ein Stück aus dem gleichen Werkstoff, aus dem das zu untersuchende

Bauteil besteht, das stets die gleiche Temperatur wie das Bauteil hat, jedoch keine mechanische Dehnung erfährt. Den aktiven und den Kompensations-DMS legt man derart in benachbarte Zweige einer Wheatstoneschen Brücke, daß lediglich die mechanische Dehnung des Bauteiles angezeigt wird, Bild C 1.4-11.

Hierbei ist zu beachten, daß das Bauteil und das Kompensationsteil in Meßrichtung des DMS die gleiche *Krümmung* aufweisen. Ist dies nicht der Fall, tritt ein weiterer Fehler auf. Bild D 6.3-15 a zeigt einen DMS auf einem Bauteil mit dem Krümmungsradius R bei einer Temperatur T. In Bild D 6.3-15 b hat sich die Temperatur um ΔT geändert. Dabei habe sich R um ΔR und die Höhe h des DMS um Δh geändert, da das Bauteil einen Längenausdehnungskoeffizienten α_b und der DMS einen Längenausdehnungskoeffizienten α_t besitzt. (Der DMS werde wieder als homogenes Gebilde aus Träger und Klebstoff betrachtet; der Meßdraht liege auf der äußeren Oberfläche.) Die Folge davon ist, daß der Meßdraht auf einen größeren Radius gehoben wurde und deshalb länger geworden ist, als er es bei gleichen Verhältnissen auf einem ebenen Bauteil geworden wäre. Berücksichtigt man noch die Poissonsche Konstante ν_t des DMS, die für die Änderung von h verantwortlich ist, erhält man für die scheinbare Dehnung ε_s des DMS [D 6.3-24]:

$$\varepsilon_s = \frac{h}{R}\left[\alpha_t - 2\nu_t\,\frac{1+\nu_t}{1-\nu_t^2}\,(\alpha_t - \alpha_b)\right]\Delta T \qquad\text{(D 6.3-18)}$$

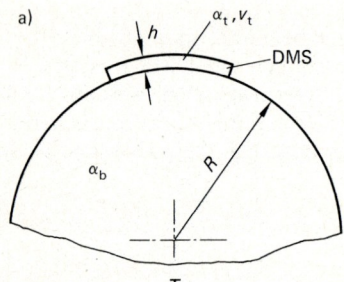
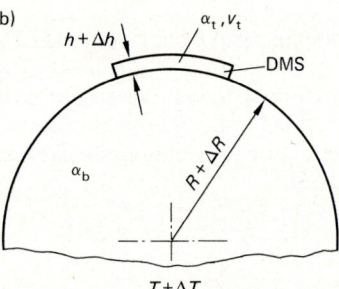

Bild D 6.3-15. Nullpunkt von DMS auf gekrümmten Bauteilen bei verschiedenen Temperaturen [D 6.3-24].
a) Zustand bei der Temperatur T.
b) Zustand bei der Temperatur $T + \Delta T$.

Ein Aufquellen des DMS unter dem Einfluß einer Feuchtigkeitsänderung hat einen ähnlichen Einfluß: Der DMS erhöht seine Höhe infolge Quellung [D 6.3-24]. In Gl. (D 6.3-18) hat man lediglich α_t durch einen entsprechenden Quellkoeffizienten zu ersetzen, während α_b zu null wird, da das (meist metallische) Bauteil nicht quillt.

Feuchtigkeit ist auch ohne Quellen schädlich. Der Meßdraht erhält Zwängungsspannungen, er kann korrodieren und der Isolationswiderstand des DMS wird unzulässig verkleinert. Feuchtigkeit muß also auf jeden Fall vom DMS ferngehalten werden [D 6.3-18].

Auch *hydrostatischer Druck* beeinflußt den Nullpunkt eines DMS [D 6.3-25]. Vor allem kleine Bläschen im Klebstoff, unterschiedliche Dicke des Klebstoffes und Unregelmäßigkeiten in der Bauteiloberfläche können undefinierte Störungen hervorrufen. Bei sehr sorgfältiger Applikation muß man mit druckinduzierten scheinbaren Dehnungen von etwa 4 bis $8 \cdot 10^{-6}$ je 100 bar rechnen. Das Verhalten von DMS unter Wasserdruck ist in [D 6.3-26] beschrieben. Der Einfluß von Kernstrahlung auf DMS wird in [D 6.3-27] untersucht. Einen Einfluß von Magnetfeldern beobachtet man vor allem bei sehr tiefen Temperaturen und hohen Magnetfeldern [D 6.3-28].

Durch Wahl entsprechender Legierungen und Wärmebehandlungen kann man die Parameter in Gl. (D 6.3-17) so auslegen, daß bei Temperaturänderungen nur eine minimale scheinbare Dehnung ε_s auftritt; derartig ausgelegte DMS nennt man angepaßt oder selbsttemperaturkompensiert. Sie sind angepaßt für die Längenausdehnungskoeffizienten aller wichtigen Werkstoffe erhältlich. Bild D 6.3-16 zeigt als Beispiel ε_s für verschiedene angepaßte DMS auf Stahl [D 6.3-22]. Die modifizierten Legierungen Konstantan und Karma machen für nicht zu große Temperaturänderungen einen Kompensations-DMS fast überflüssig. Die zum Vergleich mit eingetragenen anderen Legierungen sind für statische Messungen unbrauchbar.

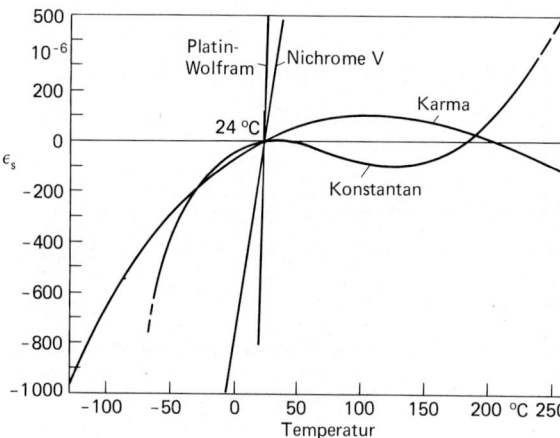

Bild D 6.3-16. Scheinbare Dehnungen von Dehnungsmeßstreifen mit verschiedenen Drahtlegierungen als Funktion der Temperatur [D 6.3-22].

Maximale Dehnbarkeit

Die maximale Dehnbarkeit ist als die Dehnung definiert, bei der die Kennlinie eines DMS um mehr als 5% von der mittleren Kennlinie eines bestimmten DMS-Typs abweicht [D 6.3-21]. Da dies bedeutet, daß die mittlere Kennlinie auch unbestimmt gekrümmt sein kann ist es übersichtlicher, die maximale Dehnbarkeit als die Dehnung zu bezeichnen, bei der die Kennlinie eines DMS um mehr als 5% von der zu größeren Dehnungen verlängerten Kennlinie durch den Nullpunkt abweicht. Dies kann durch ein nichtlineares Verhalten des DMS, aber z. B. auch durch einen Bruch im Meßgitter oder im Träger oder ein Ablösen des Trägers vom Bauteil verursacht werden.

Nach [D 6.3-29] kann man bei größeren Dehnungen, z. B. bis zu 20%, ausgehend von Gl. (D 6.3-1) unter der Annahme, daß der spezifische Widerstand ϱ und das Volumen V des Meßdrahts konstant bleiben, schreiben:

$$R = \varrho \, \frac{l}{q} = \varrho \, \frac{l^2}{V} \qquad\qquad (D\,6.3\text{-}19).$$

Ändert sich R um ΔR und l um Δl, wird:

$$R + \Delta R = \frac{\varrho}{V} \, (l + \Delta l)^2 \qquad\qquad (D\,6.3\text{-}20).$$

509

Dividiert man beide Seiten der Gl. (D 6.3-20) durch Gl. (D 6.3-19), erhält man:

$$\frac{\Delta R/R}{\Delta l/l} = k_{\text{pl}} = 2 + \frac{\Delta l}{l} = 2 + \varepsilon \qquad \text{(D 6.3-21)}.$$

In Bild D 6.3-17 ist die mit einem Konstantan-DMS gemessene Dehnung ε^* als Funktion der tatsächlichen Dehnung ε des Bauteiles aufgetragen [D 6.3-9, S. 80]. Wie ersichtlich, weicht die gemessene Dehnung ε^* stark von der Dehnung ab, die bei konstantem k-Faktor zu erwarten wäre (gestrichelte Linie). Die ebenfalls eingetragene Gl. (D 6.3-21) gibt die gemessene Dehnung etwas besser wieder. Der verbleibende Unterschied ist vermutlich darauf zurückzuführen, daß der spezifische Widerstand ϱ sich mit der Verformung ändert [D 6.3-30].

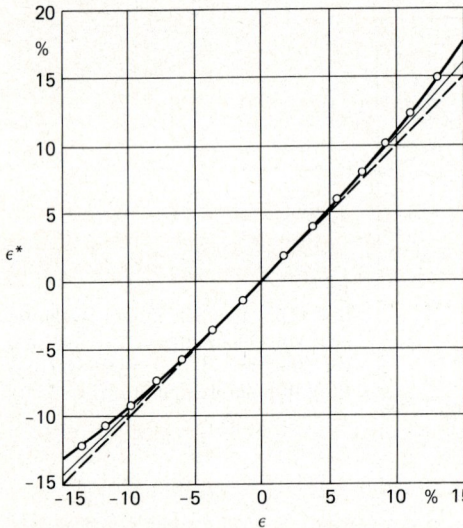

Bild D 6.3-17. Empfindlichkeit von Dehnungsmeßstreifen bei hohen Dehnungen nach [D 6.3-29] und [D 6.3-9, S. 80].
------ $k = 2{,}0$
——— $k = 2{,}0 + \varepsilon$
o–o–o–o gemessen

Bei normalen technischen Ausführungen von DMS muß man oberhalb einer Dehnung von 0,5% bereits mit k-Faktoränderungen rechnen, besonders im Druckbereich. Dafür tritt der Bruch i. a. im Zugbereich früher als im Druckbereich auf. Bei den sog. Hochdehnungsmeßstreifen, die einen speziellen Klebstoff und Träger verwenden, erreicht man maximale Dehnungen von 15 bis 20%, allerdings mit den oben beschriebenen Nichtlinearitäten. Die Zerstörung hat eine der oben genannten Ursachen. Auch Feuchtigkeit und die Sorgfalt beim Kleben wirken sich auf das Bruchverhalten aus. Mehrere Lastwechsel führen i. a. früh zur Zerstörung des DMS. Jedenfalls sollte man vor der Messung großer Dehnungen Vorversuche machen oder sich verläßliche Kennwerte beschaffen.

Kriechen

Mit der Modellvorstellung nach Bild D 6.3-4 ergibt sich ein Kriechen, wie es schematisch in Bild D 6.3-6 dargestellt ist. Da das Kriechen eines Kunststoffes näherungsweise spannungsproportional verläuft und dessen Eigenschaften das Kriechen des DMS weitgehend bestimmen [D 6.3-31; 32], genügt es, das relative Kriechen zu messen bzw. mitzuteilen. Wie Bild D 6.3-18a zeigt, steigt das Kriechen oberhalb einer bestimmten Temperatur, hier etwa 60 °C, bei der der Träger „weich" wird, stark an. Oberhalb dieser Temperatur ist eine langzeitige statische Messung nicht mehr möglich. Eine bessere Übersicht erhält

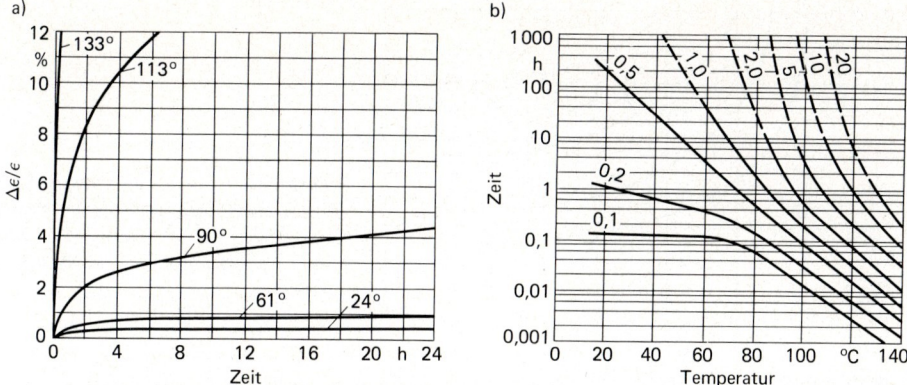

Bild D 6.3-18. Relatives Kriechen eines Dehnungsmeßstreifens [D 6.3-31; 32].
a) Relatives Kriechen als Funktion der Zeit.
b) Zeit-Temperatur-Kriechdiagramm des selben DMS.

man bei Wahl einer Darstellung nach Bild D 6.3-18 b. Dieses Zeit-Temperatur-Kriech-Diagramm wird kurz ZTK-Diagramm genannt.

Das Kriechen hängt stark vom Klebstoff, vom Träger und von der Ausbildung des Meßgitters des DMS ab. Man kann die jeweils gültigen Werte vom Hersteller anfordern. Das im Beispiel von Bild D 6.3-18 gezeigte Kriechen ist verhältnismäßig groß; man erreicht z. B. bei 60 °C leicht auch Werte von z. B. ≦0,1% nach 10 min. Durch Verlängern der Umkehrschlaufen des Meßgitters von Folien-DMS kann man das Kriechen verkleinern oder sogar im Vorzeichen umkehren. Man kann so z. B. das Kriechen von Kraftaufnehmern mit DMS, das vom Federwerkstoff und von den DMS abhängt, praktisch zu null machen.

Dauerschwingverhalten

Oft hat der DMS viele Lastwechsel zu ertragen. Hierbei ändert sich sein k-Faktor bei bis zu 10^7 Lastwechseln um weniger als 1%. Der Nullpunkt kann sich jedoch beträchtlich ändern, z. B. bis zu einer scheinbaren Dehnung von 1‰ [D 6.3-33; 34].

Nullpunktänderungen dieser Art sind stets positiv und praktisch unabhängig von der statischen Vordehnung. Sie haben ihre Ursache in metallurgischen Veränderungen im Meßdraht. Durch einen Dauerbruch im Meßdraht oder in den Anschlußdrähten wird der DMS schließlich zerstört. Ein Ablösen des Trägers vom Bauteil tritt selten auf.

Einen Überblick über das Dauerschwingverhalten gibt das sog. Dauerschwingdiagramm in Bild D 6.3-19. Es zeigt die Wechseldehnungen ε_w, für die sich bei bestimmten Lastwechselanzahlen N bestimmte Nullpunktänderungen, die scheinbaren Dehnungen von $10 \cdot 10^{-6}$ usw. entsprechen, ergeben. Die gestrichelten Linien zeigen darüber hinaus an, wann der jeweilige Dauerbruch im Meßdraht bzw. in den Zuleitungen zu erwarten ist. Diese Linien stellen also die Wöhler-Kurven des Meßdrahtes bzw. der Zuleitungen dar. Bild D 6.3-19 ist kennzeichnend für einen normalen DMS mit zylindrischen Drähten. Unterhalb einer Wechseldehnung von 1,1‰ tritt in diesem Fall überhaupt kein Bruch mehr auf. Aber auch moderne Folien-DMS haben beachtliche Dauerschwingfestigkeiten: Bei einer Wechseldehnungsamplitude von $\pm 1000 \cdot 10^{-6}$ erreichen sie z. B. bei einer Nullpunktdrift von $\leq 300\,(30) \cdot 10^{-6}$ Lastspielanzahlen $\gg 10^7$ $(3 \cdot 10^6)$.

511

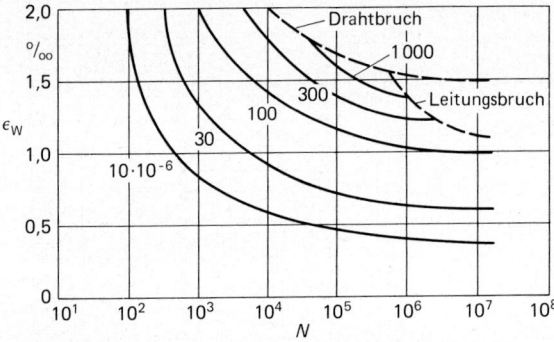

Bild D 6.3-19. Dauerschwingdiagramm eines Dehnungsmeßstreifens [D 6.3-33].
ε_w Wechseldehnung, N Lastwechselanzahl

Obere Frequenzgrenze

Die obere Frequenzgrenze von DMS ist so hoch, daß man sie meist nicht zu beachten braucht. Treten jedoch sehr hohe Frequenzen auf, z. B. bei Stoßwellen in festen Körpern, hat man die obere Frequenzgrenze zu berücksichtigen [D 6.3-35]. Nach [D 6.3-36] erhält man für die Anstiegszeit τ, d. h. die Zeit, nach der eine treppenförmige Stoßwelle zu 90% richtig wiedergegeben ist:

$$\tau < 0.8 \cdot l/c + 0.5 \,\mu s \tag{D 6.3-22}.$$

Demnach setzt sich die Anstiegszeit aus zwei Größen zusammen: Der Term $0.8 \cdot l/c$ berücksichtigt die Länge l des aktiven Meßgitters in Ausbreitungsrichtung der Stoßwelle, die sich mit der Geschwindigkeit c ausbreitet. Dieser Term berücksichtigt also lediglich eine geometrische Größe. Der experimentell ermittelte Wert $0.5 \,\mu s$ beinhaltet den piezoresistiven Effekt des Meßdrahtes und die Zeitverzögerung in der benutzten Meßeinrichtung; er kann mit einer anderen Meßeinrichtung möglicherweise noch unterschritten werden.

Rückwirkung

Ist das Bauteil dünn und/oder hat es einen kleinen E-Modul, verändert der DMS den ursprünglichen Dehnungsverlauf im Bauteil. Man unterscheidet zwischen örtlicher und globaler Rückwirkung. Örtliche Rückwirkung bedeutet, daß das Dehnungsfeld lediglich in der näheren Umgebung des DMS, globale Rückwirkung, daß der Dehnungsverlauf im gesamten Bauteil verändert wird. Der letztere Fall stellt die gesamte Spannungsanalyse in Frage. Bei lokaler Rückwirkung ist eine Korrekturrechnung schwierig, weil die Daten des DMS selbst unbekannt sind (vgl. Abschnitt C 1.4.3.3). Man kann sich aber leicht mit einer Kalibrierung helfen. Dazu klebt man den DMS auf einen Kalibrierbalken aus dem gleichen Werkstoff, aus dem das zu untersuchende Bauteil besteht. Dieser muß solche Abmessungen haben, daß nur eine örtliche Rückwirkung auftritt. Dann mißt man den jetzt gültigen k-Faktor und evtl. auch noch die jetzt gültige Querempfindlichkeit und benutzt beide bei der späteren Auswertung der Messungen am Originalbauteil [D 6.3-37].

Von wesentlichem Einfluß kann die thermische Rückwirkung des DMS auf das Bauteil sein: Die im Meßgitter durch die Speiseleistung generierte Wärme ändert den E-Modul von DMS und Bauteil und erzeugt darüber hinaus thermische Spannungen. Dies gilt wiederum vor allem bei Bauteilen aus Kunststoff. Die Hersteller empfehlen je nach den vorliegenden Verhältnissen Leistungsdichten im Bereich des Meßgitters von 0,01 bis 80 mW/mm^2, die einen ersten Anhalt liefern [D 6.3-38]. Besser ist auch hier ein Versuch: Man erhöhe die Speisespannung solange, bis nach einer jeweiligen Wartezeit sich keine Änderungen mehr im Meßwert bemerkbar machen. Die dabei eingestellte Spannung ist dann zulässig. Eine andere Möglichkeit zur Verringerung der thermischen Rückwirkung ist der Einsatz einer automatischen Vielstellenmeßanlage (vgl. Abschn. E.2) mit kurzen Anschaltdauern der Speisespannung. Weitere Hinweise entnehme man z. B. [D 6.3-39].

D 6.3.4.2 Dehnungsmeßstreifen für höhere Temperaturen

Die Bauformen der DMS für höhere Temperaturen sind dadurch gekennzeichnet, daß vor allem für den Träger kein Kunststoff verwendet wird, der sich bei höheren Temperaturen ja zersetzen würde, und daß sie oft eine feste metallische Ummantelung aufweisen.

Zur Einführung in die Problematik zeigt Bild D 6.3-20 die scheinbare Dehnung eines frei aufgehängten Konstantandrahtes von 0,02 mm Durchmesser bei verschiedenen Temperaturzyklen in verschiedenen Medien [D 6.3-40]. Ausgehend von Punkt 1, erkennt man beim Versuch in Argon Schleifen (ausgezogene Linien), die sich mit wachsender Anzahl der Temperaturzyklen stabilisieren, bis sie schließlich einen vermuteten Grenzwert G erreichen. Der Grund ist zweifellos eine metallurgische Änderung im Draht, die nach jeweiliger Stabilisierung etwa ab 350 °C erneut auftritt. Der gleiche Versuch in Luft ergibt eine positive Drift (gestrichelte Kurven), bei der offenbar Einflüsse einer Korrosion des Drahtes dessen metallurgischen Änderungen überdecken. Entsprechend der fortschreitenden Korrosion läßt sich hier kein Grenzwert feststellen.

Die beträchtliche Größe der scheinbaren Dehnungen läßt erkennen, daß man bei Messungen mit DMS bei höheren Temperaturen immer mit den beiden genannten Problemen

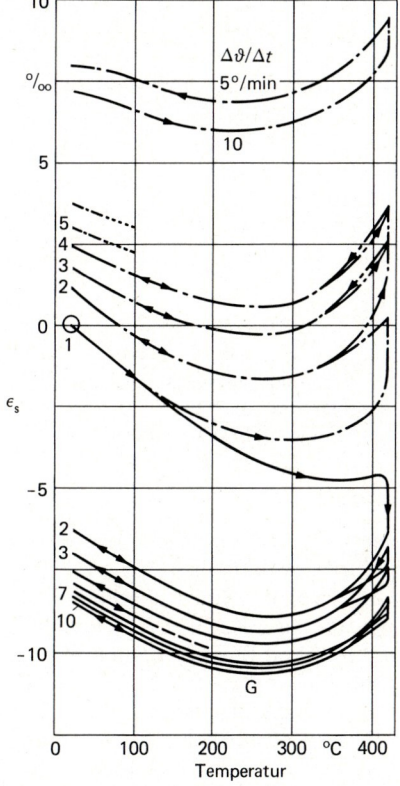

Bild D 6.3-20. Nullpunktdrift eines Konstantandrahtes bei verschiedenen Temperaturzyklen [D 6.3-40].
ausgezogene Linie: in Argon
gestrichelte Linie: in Luft

zu kämpfen hat. Vor Anwendung von HT-DMS sollte man sich deshalb immer fragen, ob man das Meßproblem nicht vielleicht besser mit fluidischen Dehnungsaufnehmern (Abschn. D 5.2) oder mit kapazitiven Aufnehmern (Abschn. D 6.11) lösen könnte. Beide Aufnehmer kennen bei Wahl entsprechender Werkstoffe keine metallurgischen oder korrosiven Probleme; bei beiden ist im wesentlichen nur die Konstanz der geometrischen Abmessungen nötig.

D 6.3.4.2.1 Freigitter-Dehnungsmeßstreifen

In Bild D 6.3-21 ist ein sog. Freigitter-DMS wiedergegeben. Ein Hilfsträger a hält zwei Hilfsbrücken b und c, alle aus glasfaserverstärktem Teflon. Unterhalb der Hilfsträger ist der Meßdraht d, z. B. aus einer Platin-Wolfram-Legierung bestehend, gitterförmig ausgelegt. Die mit dem Meßdraht verschweißten Zuleitungen e bestehen z. B. aus einer hochtemperaturfesten Legierung der Zusammensetzung X7CrNiAl 17 7. Zur Applikation bereitet man die Oberfläche des Bauteiles etwa so vor wie für einen normalen DMS. Wichtig ist hier aber vor allem ein gutes Aufrauhen. Danach wird die Meßfläche mit einem *keramischen Kitt* grundiert und anschließend der Hilfsträger samt Hilfsbrücken mit den Meßdrähten nach unten auf eine weitere Schicht Kitt gelegt und dort durch Antrocknen des Kittes fixiert. Nach vorsichtigem Entfernen des Hilfsträgers und der Hilfsbrücken werden der auf der Meßfläche verbleibende Meßdraht und die Zuleitungen mit einer weiteren Schicht des keramischen Kittes abgedeckt. Zwischen die einzelnen Schritte schaltet man noch Zwischentrocknungen ein. Passende Verkabelungsstützpunkte werden mit angeboten.

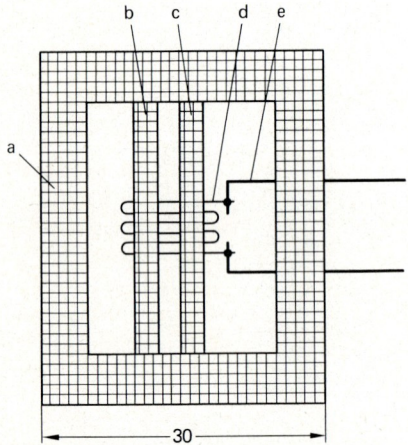

Bild D 6.3-21. Freigitter-Dehnungsmeßstreifen für hohe Temperaturen, vereinfacht.
a Hilfsträger, b, c Hilfsbrücken, d Meßdraht, e Zuleitungen

Eine andere Befestigungsmethode benutzt das *Flammspritzverfahren*. Hierbei verwendet man einen Kitt aus Al- oder Zr-Oxid. Das Material wird kontinuierlich in die Flamme eines Acetylen-Sauerstoff-Brenners geschoben. Das dabei von der Spitze abschmelzende Oxid wird durch Preßluft in feinen Tröpfchen gegen die zu besprühende Oberfläche geschleudert. Flammentemperatur, Preßluftdruck und Abstand Brenner/Bauteil werden so eingerichtet, daß die Oxidtröpfchen in noch flüssigem Zustand auf das Bauteil auftreffen. Erst dort erstarren sie unter Bilden eines sehr gut zusammenhängenden Gefüges. Das einwandfreie Anwenden erfordert eine gewisse Übung. Eine ausführliche Untersuchung des Verfahrens findet man in [D 6.3-41].

Als Drahtwerkstoffe werden z.B. Nichrome V und Platin-Wolfram-Legierungen verschiedener Zusammensetzung angeboten, die ersteren teilweise angepaßt an verschiedene Stähle. Die Temperaturbereiche erstrecken sich nach Herstellerangabe von -269 bis $980\,°C$ (dynamisch) oder $815\,°C$ (statisch). Bei allen statischen Messungen empfiehlt sich das Verwenden von Kompensations-DMS. Der Vorteil von Legierungen wie Nichrome V ist, daß sie sich durch Tempern in ihren Temperaturkoeffizienten an verschiedene Bauteilwerkstoffe anpassen lassen. Ihr Nachteil ist, daß die Temperatur des Bauteiles ebenfalls ein Tempern verursacht, das aber wegen des meist unbekannten Temperaturverlaufs im Bauteil nicht genau bekannt ist. Außerdem ist mit Korrosion zu rechnen (vgl. Bild D 6.3-20). Der Nachteil der Platin-Wolfram-Legierungen ist es, daß sie sich durch Tempern in ihren Eigenschaften nicht ändern, also auch nicht „anpassen" lassen. Dies ist auf der anderen Seite ein Vorteil, da diese Legierungen deshalb auch sehr langzeitstabil sind. In [D 6.3-42] wird eine andere Technik vorgeschlagen: Ein Draht der Legierung Fe-25 Cr-7,5 Al wird mit einem Mantel aus Platin umgeben, über dessen Dicke eine Anpassung steuerbar ist. Eine besonderer Vorteil wird in der wesentlichen Verringerung der Korrosion gesehen. Man erreicht eine gute Kompensation bis rd. $430\,°C$ und eine Drift von $100 \cdot 10^{-6}$ in 6 h bei $950\,°C$. Eine zusammenfassende Untersuchung der bei Freigitter-DMS auftretenden Driften und Empfindlichkeitsschwankungen ist dem Verfasser nicht bekannt.

Die Hauptvorteile der Freigitter-DMS sind ihr relativ günstiger Preis, ihr kleiner Raumbedarf, verbunden mit kleinem Strömungswiderstand, und das Vermeiden von Schweißpunkten auf dem Bauteil, die als Ausgangspunkt für Dauerbrüche nicht ungefährlich sind.

D 6.3.4.2.2 Gekapselte Dehnungsmeßstreifen

Aufbau

Gekapselte HT-DMS werden wegen verschiedener Vorteile häufiger eingesetzt als Freigitter-DMS. Bild D 6.3-22 a gibt einen DMS mit NiCr-Draht in Viertelbrückenausführung wieder. Der Draht a ist mit MgO-Pulver b fest in ein Röhrchen c aus Stahl gepreßt; es ist in Längsrichtung auf dem metallischen Träger d und an seinem offenen Ende an das Verbindungsstück e angeschweißt. Im Verbindungsstück e ist der Draht a mit den Zuleitungen f verschweißt. Die Zuleitungen sind auf ihrer ganzen Länge von dem Stahlmantel g umgeben, der mit dem Verbindungsstück e verschweißt ist, und in diesem wiederum mit Oxidpulver verpreßt. Der Meßdraht und die Zuleitungen sind so zur Umgebung hin hermetisch abgeschlossen.

Bild D 6.3-22 b zeigt einen DMS mit Platin-Wolfram-Draht. Da sich dieser Draht, wie oben ausgeführt, nicht anpassen läßt, ist eine Messung ohne Kompensationsstreifen nicht möglich. Es liegt deshalb nahe, den Kompensationsstreifen gleich mit einzubauen. Damit der Kompensationsdraht h nicht mitgedehnt wird, ist er schraubenförmig um den aktiven Draht a gewickelt.

In Bild D 6.3-22 c schließlich ist die Aufsicht auf beide DMS wiedergegeben. Der Träger d wird mit zwei Reihen von Schweißpunkten i auf dem Bauteil k befestigt.

Die wesentlichen Vorteile der HT-DMS nach Bild D 6.3-22 sind schnelles und sicheres Anbringen und völliger Schutz vor Umgebungseinflüssen; außerdem kann man sie vor der Messung kalibrieren.

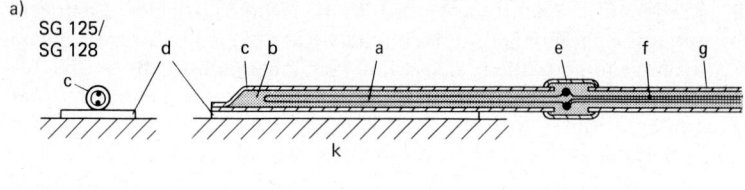

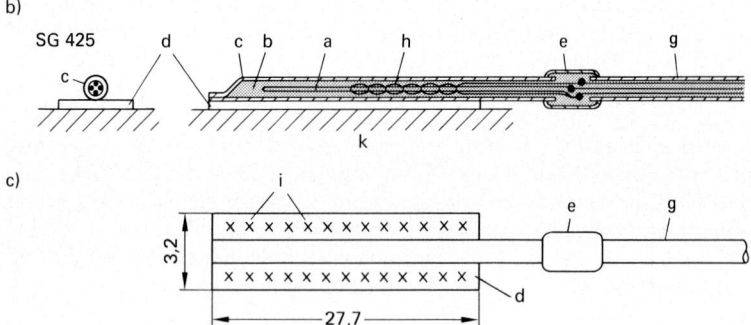

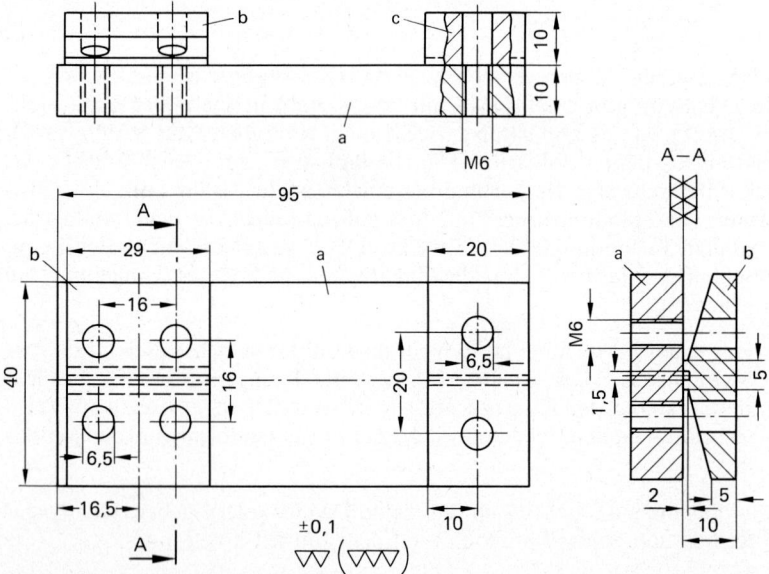

Bild D 6.3-22. Gekapselte Hochtemperatur-Dehnungsmeßstreifen [D 6.3-43] (Hersteller der Typen SG 125/128 und SG 425: Eaton corp., Los Angeles).
a Draht, b MgO-Pulver, c Röhrchen, d Träger, e Verbindungsstück, f Zuleitungen, g Stahlmantel, h Kompensationsdraht, i Schweißpunkte, k Bauteil
a) Viertelbrücken-DMS mit NiCr-Meßdraht.
b) Halbbrücken-DMS mit Platin-Wolfram-Meßdraht.
c) Aufsicht auf beide DMS.

Bild D 6.3-23. Kalibriervorrichtung für gekapselte Dehnungsmeßstreifen [D 6.3-44] und [D 6.3-45; 46].
a Bodenplatte, b Anpreßplatte, c Haltestück

Kalibrieren

Eine Kalibriervorrichtung, mit der definierte Dehnungen bis zu Temperaturen von rd. 750 °C vorgegeben werden können, ist in Bild E 7.3-18 wiedergegeben.

Zum kalibrierenden Durchfahren von Temperaturzyklen, jedoch ohne die Möglichkeit, eine Dehnung vorzugeben, hat sich eine Kalibriervorrichtung nach Bild D 6.3-23 bewährt. Der zu kalibrierende DMS wird auf eine Bodenplatte a gelegt und sein Träger mit der Anpreßplatte b durch genau kontrollierte Schraubenkarft auf die Bodenplatte a gepreßt. Seine Zuleitungen werden vom Haltestück c fixiert. Alle Teile der Kalibriervorrichtung sind aus dem gleichen Material wie dem des zu untersuchenden Bauteiles gefertigt. Temperiert man die Kalibriervorrichtung, erfährt der DMS die gleichen Temperaturen und damit die gleiche Beanspruchung, wie er sie bei der Messung am Bauteil erfahren würde. Man kann seine Eigenschaften also im voraus bestimmen, ohne ihn zu beschädigen.

Nach [D 6.3-47] ist es auch möglich, gekapselte DMS auf ein Probestück aufzuschweißen, zu kalibrieren und anschließend mit einem Skalpell wieder „abzuschneiden". Danach wird der DMS wieder gerichtet, sein Träger geglättet, und er kann dann auf das zu untersuchende Bauteil aufgeschweißt werden. Hierzu setzt man die Schweißpunkte zwischen die zum Fixieren bereits benutzen Stellen des Trägers.

Eigenschaften

Der *k-Faktor* eines DMS SG 125 ändert sich im Bereich von Raumtemperatur bis 300 °C um $-2,5\%$ je 100 °C [D 6.3-48], während der *k*-Faktor eines SG 425 im Bereich von Raumtemperatur bis 530 °C um $-3,24\%$ je 100 °C abnimmt [D 6.3-49].

Über die Querempfindlichkeit liegen dem Verfasser keine Angaben vor.

Die *scheinbare Dehnung* ist, wie oben schon erwähnt, bei statischen Messungen sehr störend. Bild D 6.3-24 zeigt die scheinbare Dehnung eines DMS SG 128-6S als Funktion der Temperatur im Anlieferungszustand (0 h) und nach 750 h Temperung bei 310 °C nach [D 6.3-50]. Wie ersichtlich, hängt der Verlauf der scheinbaren Dehnung sehr stark von der Temperatur ab, der der DMS zwischenzeitlich ausgesetzt war. Dieser Effekt ist zwar für den Hersteller sehr bequem, weil er durch Tempern oberhalb 260 °C einen gewünschten Verlauf der scheinbaren Dehnung einstellen kann, aber diese Einstellung ändert sich, wenn bei der Anwendung 260 °C längere Zeit überschritten werden. Hier kann nur ein

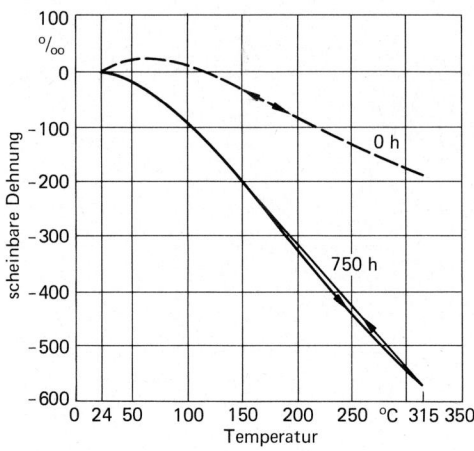

Bild D 6.3-24. Scheinbare Dehnung eines DMS SG 128-6S als Funktion der Temperatur im Anlieferungszustand (0 h) und nach 750 h Temperung bei 310 °C (750 h) nach [D 6.3-45].

Kompensations-DMS helfen, der allerdings die gleiche Vorgeschichte wie der aktive DMS erfahren haben muß. Näheres entnehme man [D 6.3-44].

Da sich die scheinbare Dehnung eines Platin-Wolfram-Drahtes nicht durch Tempern einstellen läßt, hilft man sich gemäß Bild D 6.3-25 schaltungstechnisch: In Reihe mit dem aktiven Meßdraht z. B. eines DMS SG 425 legt man einen Widerstand R_{TC}, der sich auf konstanter Temperatur befindet und dessen Einfluß auf das Brückengleichgewicht durch den gleichgroßen Widerstand R_{BAL} wieder ausgeglichen wird. Bei gleicher Änderung der beiden Widerstände ergibt sich die in Bild D 6.3-25 sichtbare Kurvenschar, aus der man die für die jeweilige Meßaufgabe günstigste auswählen kann [D 6.3-44].

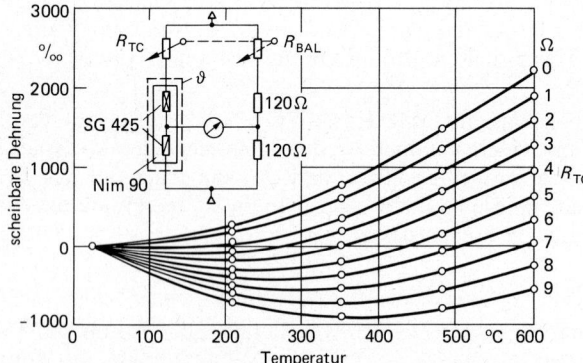

Bild D 6.3-25. Scheinbare Dehnung eines DMS SG 425 als Funktion der Temperatur für verschiedene Widerstände R_{TC} und R_{BAL} nach [D 6.3-44].

Als *Nullpunktdrift* eines HT-DMS bezeichnet man das Driften seines Nullpunktes ohne Änderung der Temperatur oder der Belastung. Aus Bild D 6.3-26 ist zu entnehmen, daß der DMS SG 128 bei 285 °C bereits beträchtlich driftet (eine größere Drift beginnt oberhalb 260 °C) und bei 315 °C in seinen Driftwerten zusätzlich streut. Der DMS SG 425 dagegen zeigt erwartungsgemäß bei 310 °C nur eine mäßige Drift. Miteingetragen ist die Drift eines kapazitiven Aufnehmers C4 (vgl. Bild D 6.11-9), die kaum nachweisbar ist.

Das *relative Kriechen* beträgt bei SG 125-DMS nach 120 h 1,2% bei 290 °C und 0,4% bei 30 °C [D 6.3-51] und ist deshalb vergleichsweise unbedeutend. Die SG 425-DMS weisen bei 480 °C ein relatives Kriechen von 13% auf [D 6.3-52].

Die mechanische *Rückwirkung* gekapselter DMS kann nach [D 6.3-37] abgeschätzt werden; die thermische Rückwirkung ist belanglos.

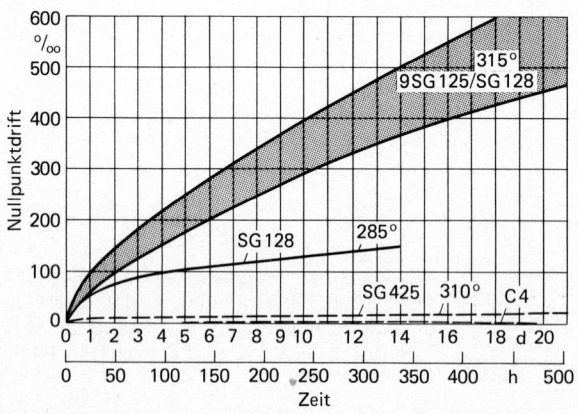

Bild D 6.3-26. Nullpunktdrift verschiedener Dehnungsaufnehmer als Funktion der Zeit [D 6.3-50].

Der *Einfluß eines hydrostatischen Druckes* auf gekapselte DMS des Typs SG 125 ist klein. Mehrere Exemplare änderten ihren Nullpunkt bei einem Druckanstieg auf 375 bar weniger als $\pm 30 \cdot 10^{-6}$ [D 6.3-53]. Einige DMS SG 425 erreichten jedoch beim gleichen Druckanstieg im Mittel $240 \cdot 10^{-6}$ [D 6.3-56].

D 6.3.5 Kennzeichnende Anwendungsbeispiele

In fast allen Gebieten der Technik werden Dehnungsmeßstreifen eingesetzt, weil ihre vielseitigen meßtechnischen Eigenschaften die Lösung der meisten anfallenden Meßaufgaben möglich machen. Bei statischen Messungen benötigt man nur eine statische Meßbrücke – bei mehreren Meßstellen evtl. mit Meßstellenumschalter – und bei dynamischen Messungen nur eine dynamische Meßbrücke je Meßstelle. Wenn Meßaufgaben zu lösen sind, kann man sich kurzfristig die passenden Dehnungsmeßstreifen in beliebiger Stückzahl besorgen und nach kurzer Applikationszeit mit den Messungen beginnen.

Es gibt deshalb auch zahllose Anwendungen im Maschinenbau, im Fahrzeugbau, im Flugzeugbau, in der Raumfahrt, in der Medizin, in der Werkstofftechnik und allgemein in der Forschung und Entwicklung, um nur einige wichtige Gebiete zu nennen. Ebenso lassen sich die Dehnungsmeßstreifen auf praktisch allen Werkstoffen anwenden, z. B. auf Metallen, Kunststoffen, Glas, Keramik, Holz und Beton. Unberührt bleibt dabei die Frage, wie sich die gemessenen Dehnungen auswerten lassen; z. B. gibt es Probleme bei Beton oder faserverstärkten Materialien [D 6.3-54]. Eine bisher nicht überwundene Grenze liegt bei statischen Messungen bei sehr hohen Temperaturen, wo andere Verfahren noch zuverlässig arbeiten. Die obengenannten Anwendungsfelder betreffen die experimentelle Spannungsanalyse; wohl noch häufiger setzt man die Dehnungsmeßstreifen zum Messen mechanischer Größen ein [D 6.3-55].

Tabelle D 6.3-4   Die wichtigsten Vor- und Nachteile der Dehnungsmeßstreifen.

Vorteile	Nachteile
+ für statische und dynamische Messungen brauchbar	– extrem kleiner Meßeffekt
+ sehr gute Linearität bis zu einigen 10^{-3} Dehnung	– mechanisch sehr empfindlich
+ sehr kleine Meßfehler möglich	– sehr sorgfältiges Handhaben nötig
+ statische Messungen von -269 bis $+600\,°C$	– mechanische und thermische Rückwirkung
+ dynamische Messungen von -269 bis $+900\,°C$	– Fehler bei statischen Messungen über rd. $260\,°C$
+ kleine Abmessungen und kleine Masse	– sehr feuchtigkeitsempfindlich
+ extrem erschütterungsfest	– für höhere Dehnungen schlecht geeignet
+ extrem hohe obere Frequenzgrenze	– meist nur einmal benutzbar
+ hohe Dauerschwingfestigkeit	– nur gekapselte Ausführungen vor der Messung kalibrierbar
+ in allen gewünschten Konfigurationen erhältlich	
+ sehr kleine und sehr große Meßlängen	
+ sehr kleine Krümmungsradien möglich	
+ Kriech- und E-Modulkompensation möglich	
+ genaue Messungen über sehr große Entfernungen möglich	
+ kleiner Einfluß des Umgebungsdruckes	
+ hermetisch gekapselt erhältlich	
+ preiswert in ungekapselter Ausführung	

D 6.3.6 Zusammenfassende Beurteilung

Der DMS ist eines der wichtigsten Meßmittel in der experimentellen Spannungsanalyse; seine hauptsächlichen Vor- und Nachteile sind in Tabelle D 6.3-4 zusammengestellt.

D 6.4 Dehnungsmeßstreifen mit Halbleitermeßgitter

D 6.4.1 Allgemeines

Mitte der 50er Jahre befaßte man sich mit dem piezoresistiven Effekt in Halbleitern [D 6.4-1] und erkannte bald, daß sich dieser Effekt sehr gut zum Messen mechanischer Größen ausnutzen ließe [D 6.4-2]. Das rege Interesse, das vor allem der im Vergleich zu DMS sehr hohen Empfindlichkeit galt, gab Anlaß zu zahlreichen Untersuchungen von Halbleiter-DMS (vgl. z.B. [D 6.4-4; 5]). Die von verschiedenen Firmen auf den Markt gebrachten Halbleiter-DMS gehörten bald zur Standardausrüstung; ihre Funktion und Anwendungen wurden sorgfältig beschrieben [D 6.4-6].

Wegen ihrer hohen Empfindlichkeit – es werden mehrere Volt Nutzspannung erzielt – werden Halbleiter-DMS in großen Stückzahlen für Aufnehmer zum Messen mechanischer Größen verwendet, soweit keine besondere Präzision gefordert wird. In der experimentellen Spannungsanalyse setzt man sie nur ein, wenn dies gegenüber DMS mit Metallgitter Vorteile verspricht, etwa zum Messen sehr kleiner dynamischer Dehnungen oder bei großen Störgrößen. Im folgenden werden deshalb Halbleiter-DMS nur relativ kurz behandelt.

D 6.4.2 Physikalisches Prinzip

Dehnt oder staucht man Stäbe aus einkristallinem Germanium oder Silizium, die durch Verunreinigungen halbleitend gemacht wurden, so ändert sich deren Widerstand je nach dem Grad ihrer Verunreinigungen und Orientierung erheblich. Wie bei DMS mit metallischem Meßgitter definiert man auch bei Halbleiter-DMS einen *k-Faktor:*

$$k = \frac{\Delta R / R_0}{\varepsilon} \qquad\qquad (\text{D } 6.4\text{-}1).$$

Hierin bedeutet ΔR die Widerstandsänderung, bezogen auf den Widerstand R_0 bei Raumtemperatur, infolge der Dehnung ε. Bild D 6.4-1 zeigt den k-Faktor von Silizium für

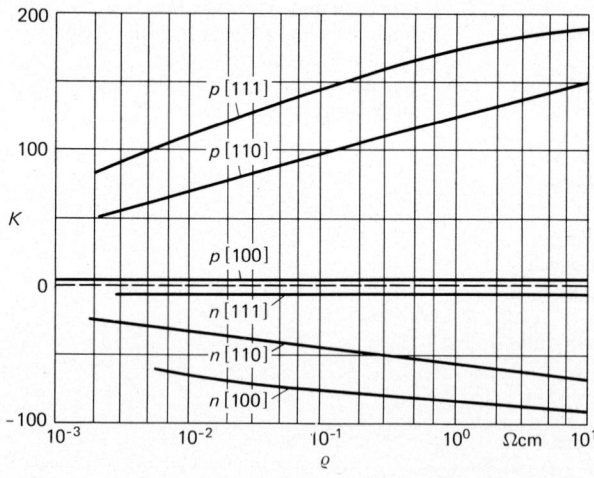

Bild D 6.4-1. *K*-Faktor von p- und n-Silizium für verschiedene Kristallorientierungen als Funktion ihres spezifischen Widerstands nach *Sanchez* und *Wright* [D 6.4-4].

520

verschiedene Kristallorientierungen als Funktion seines spezifischen Widerstands. Auffallend sind die sehr hohen k-Faktoren, die je nach Leitungstyp des Siliziums positiv oder negativ sein können. Für technische Anwendungen in Einzel-DMS benutzt man meist p[111]-Silizium, für temperaturkompensierte DMS meist n[111]-Silizium; Germanium wendet man nicht an.

Das Silizium wird zu Streifen von z.B. 0,06 mm Dicke und 0,2 mm Breite verarbeitet, mit Anschlußleitungen z.B. aus Gold versehen und auf einen Kunststoffträger aufgebracht. Bild D 6.4-2 zeigt einige kennzeichnende Ausführungen.

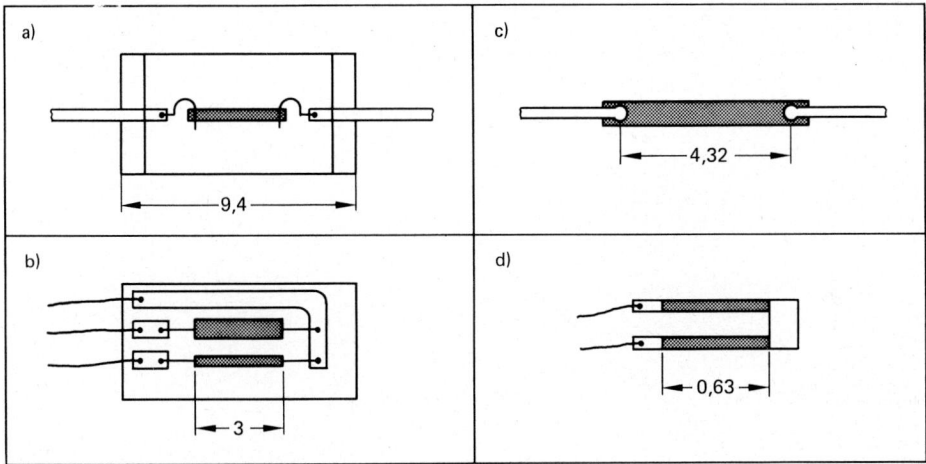

Bild D 6.4-2. Kennzeichnende Ausführungen von Halbleiter-DMS.
a) Einzelstreifen auf Kunststoffträger.
b) Temperaturkompensierte Halbbrücke mit einem p- und einem n-Streifen.
c) Einzelstreifen ohne Träger.
d) Einzelstreifen in U-Form ohne Träger.

In der Ausführung gemäß Bild D 6.4-2a, die einem DMS mit Metallgitter ähnelt, ist ein p[111]-Streifen auf einen Kunststoffträger aufgebracht. Der Kunststoffträger verhindert, daß der sehr spröde Streifen schon bei kleinen Unachtsamkeiten bricht.

Auf dem Kunststoffträger nach Bild D 6.4-2b sind ein breiterer n-Streifen und ein schmalerer p-Streifen gemeinsam befestigt und zu einer Halbbrücke verschaltet. Beide Materialien sind so ausgesucht, daß der gemeinsame k-Faktor 210 beträgt und außerdem auf Stahl eine nur kleine Temperaturdrift auftritt.

Die Teilbilder D 6.4-2c und d schließlich zeigen Streifen ohne Träger, die wegen der Gefahr des Sprödbruchs jedoch sehr sorgfältig zu handhaben sind. Es ist ratsam, zum Aufkleben lediglich eine der Zuleitungen mit einer Pinzette zu greifen.

Die *Dehnungsübertragung* vom Bauteil auf den Siliziumstreifen erfolgt ähnlich wie beim DMS mit Metallgitter, da sein E-Modul und sein Querschnitt ähnliche Werte aufweisen wie die Metalldrähte in DMS mit Metallgitter, vgl. Tabelle D 6.4-1.

Die *Kennlinie* eines p-Streifens mit einem spezifischen Widerstand von 0,02 Ω cm (vgl. Bild D 6.4-1) ist in Bild D 6.4-3 wiedergegeben [D 6.4-6]. Sie gehorcht der Gleichung:

$$\frac{\Delta R}{R_0} = 119{,}5\,\varepsilon + 4000\,\varepsilon^2 \hspace{3cm} \text{(D 6.4-2)}.$$

Tabelle D 6.4-1   Kenngrößen von Konstantan und Silizium in Dehnungsmeßstreifen und von Stahl.

Material		Stahl	Konstantan	Silizium p [111]
E-Modul	N/mm^2	$2,1 \cdot 10^5$	$1,5 \cdot 10^5$	$1,9 \cdot 10^5$
Querabmessungen	mm	–	Durchmesser $= 20 \cdot 10^{-3}$	Dicke $=12,5 \cdot 10^{-2}$ Breite $= 0,5$
Längenausdehnungs-koeffizient	grd^{-1}	$12 \cdot 10^{-6}$	$15 \cdot 10^{-6}$	$4,3 \cdot 10^{-6}$

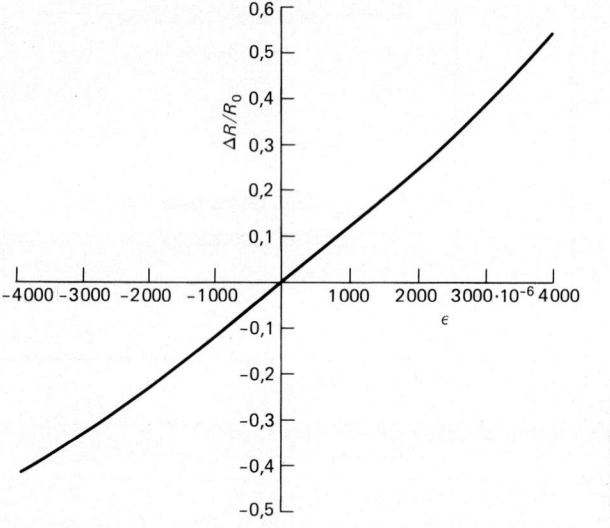

Bild D 6.4-3. Kennlinie eines Halbleiter-DMS mit p-Silizium und einem spezi-fischen Widerstand von 0,02 Ω cm

Die Gleichung zeigt die für alle Arbeiten mit Halbleitern-DMS sehr wichtige Tatsache, daß die Kennlinie nicht linear, sondern quadratisch verläuft. Im Nullpunkt ist der k-Faktor 119,5, bei $\varepsilon = +4000$ beträgt er 151,5 und bei $\varepsilon = -4000$ 87,5. Es gibt verschiedene Möglichkeiten, die Kennlinie zu linearisieren: Man kann ein Material anderer Eigenschaften wählen, wobei eine Verringerung der Nichtlinearität meist mit einer Verringerung des k-Faktors verbunden ist, man kann die Nichtlinearität der Wheatstoneschen Brücke kompensierend benutzen und kann auch eine elektronische Linearisierung vornehmen (vgl. Abschn. E 3.2.4.1 und E 3.3.3.3).

Leider ist der k-Faktor nicht nur eine Funktion der Bauteildehnung, sondern ändert sich auch mit der Temperatur, Bild D 6.4-4. Dies ist vor allem durch eine Änderung des Leitungsmechanismus im Silizium bedingt. Ein weiterer Effekt kommt jedoch hinzu: der thermische Längenausdehnungskoeffizient von Silizium beträgt nur rund 1/3 dessen von Stahl (vgl. Tabelle D 6.4-1). Ist ein Halbleiter-DMS also auf Stahl aufgeklebt und ändert sich dessen Temperatur, so wird der Halbleiter entsprechend mitgedehnt oder mitgestaucht: man wandert auf der Kennlinie nach Bild D 6.4-3, und der k-Faktor ändert sich entsprechend. Wenn man z. B. im Ursprung einen k-Faktor von 119,5 hat und die Tempe-

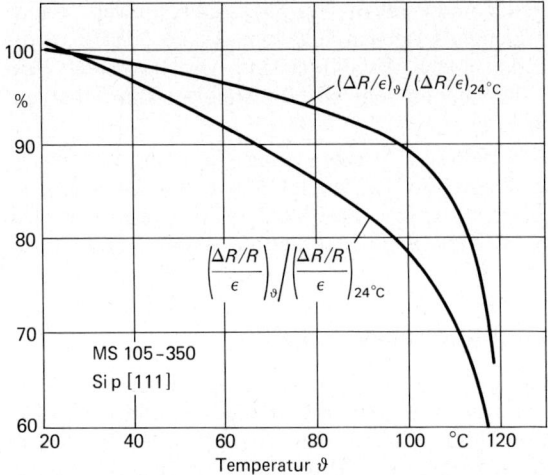

MS 105–350
Si p [111]

Bild D 6.4-4. *K*-Faktor eines Halbleiter-DMS vom Typ p[111] als
Funktion der Temperatur.

ratur sich von 25 °C, bei der diese Kennlinie gemessen wurde, auf z. B. 45 °C ändert, erhöht
sich der *k*-Faktor entsprechend einer scheinbaren Dehnung ε_s,

$$\varepsilon_s = (\alpha_{\text{Stahl}} - \alpha_{\text{Si}})\, 20\,°C = 154 \cdot 10^{-6} \qquad (D\,6.4\text{-}3),$$

auf 120,7. Bedeutend größere scheinbare Dehnungen können auftreten, wenn ein warm-
härtender Klebstoff verwendet und der Siliziumstreifen bei der Abkühlung entsprechend
gestaucht wird. Wie Bild D 6.4-4 ebenfalls zeigt, ist der wirksame *k*-Faktor auch von der
Schaltungstechnik abhängig: Mißt man z. B. mit konstantem Speisestrom statt mit konstanter Speisespannung, mißt man also nur die absolute statt der relativen Widerstandsänderung, ist die Temperaturabhängigkeit des *k*-Faktors kleiner.

Die absolute Widerstandsänderung kann sich auch auf die Abstimmung der Brückenschaltung auswirken und deren Linearitätsverhalten ebenfalls ändern.

Von entscheidendem Einfluß auf den Meßfehler ist die *scheinbare Dehnung* als Funktion
der Temperatur. Wie aus Bild D 6.4-5 zu entnehmen, ist die scheinbare Dehnung von
p-Silizium auf Stahl so groß, daß man ohne Kompensationsmeßstreifen (vgl. Abschn.
C 1.4.3.8) kaum auskommt. Auf Stahl angepaßtes n-Silizium dagegen zeigt zwischen rd.
20 °C und 55 °C ein bedeutend verbessertes Verhalten. Der in Bild D 6.4-5 zum Vergleich
mit eingezeichnete Temperaturgang eines temperaturkompensierten DMS mit Konstan-
tangitter verläuft jedoch noch wesentlich günstiger. Dies bedeutet, daß man i. a. kleine
statische Dehnungen mit DMS mit Metallgitter genauer messen kann als dies mit Halbleiter-DMS möglich ist, obwohl deren *k*-Faktor rd. 60mal größer ist.

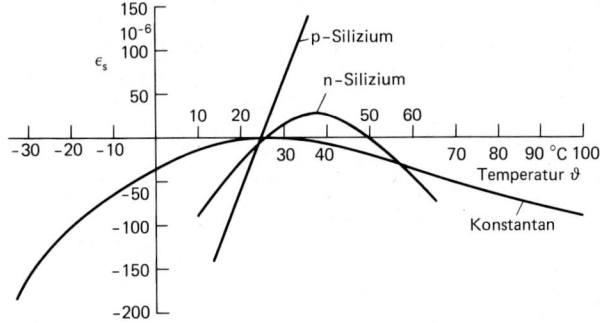

Bild D 6.4-5. Scheinbare Dehnung von DMS mit Silizium und
mit Konstantan als Meßgitter als
Funktion der Temperatur.

Da Silizium selbst kein meßbares Kriechen und keine meßbare Hysterese aufweist, zeigen auch Halbleiter-DMS nur eine sehr kleines Kriechen und eine kleine Hysterese, die ausschließlich durch den Träger und den Klebstoff bedingt sind. Die *maximalen Dehnungen* sind nicht genau anzugeben, da Silizium sehr spröde ist. Man kann aber mit $\pm 3000 \cdot 10^{-6}$ bis $\pm 4000 \cdot 10^{-6}$ rechnen.

Die *Dauerschwingfestigkeit* dürfte bei $\pm 1000 \cdot 10^{-6}$ liegen. Eine Nullpunktdrift infolge Schwingbeanspruchung tritt kaum auf. Trägerlose Halbleiter-DMS lassen sich, sofern der Klebstoff dies erträgt, im Temperaturbereich von $-269\,°C$ bis $+372\,°C$ einsetzen. Die obere Frequenzgrenze dürfte derjenigen von DMS mit Metallgitter entsprechen. Messungen hierzu liegen meines Wissens nicht vor.

D 6.4.3 Praktische Ausführungen und ihre Handhabung

Das Kleben von Halbleiter-DMS entspricht dem von DMS mit Metallgitter. Wegen der sonst auftretenden Nullpunktverschiebungen ist es jedoch vorteilhaft, kalthärtende Kleber zu verwenden. Die zulässigen Krümmungsradien dürfen allerdings einige mm nicht unterschreiten, da sonst mit einem Sprödbruch des Siliziums zu rechnen ist. Auch der Feuchtigkeitsschutz entspricht dem bei DMS mit Metallgitter.

Einer der größten Vorteile der Halbleiter-DMS ist es, daß die meisten Störgrößen etwa um den Faktor 60, der dem Verhältnis der k-Faktoren der beiden DMS-Gruppen entspricht, in ihrer Wirkung reduziert werden. Dazu gehören Störungen durch Kabel, elektrische Kontakte, elektromagnetische Einstreuungen und auch durch Feuchtigkeit.

Die Einsparungen durch einfachere Anpasser fallen meist nicht sehr ins Gewicht. Es ist darauf zu achten, daß Anpasser für DMS mit Metallgitter bei der Anwendung für Halbleiter-DMS sehr leicht übersteuert werden; es ist auch zu prüfen, ob die verwendete Schaltung die nötige Linearität aufweist. Jedenfalls ist es ratsam, vor der Messung eine Kalibrierung mit der gleichen Aussteuerung vorzunehmen, wie sie beim Versuch erwartet wird.

D 6.4.4 Kennzeichnende Anwendungsbeispiele

Vor dem Anwenden von Halbleiter-DMS sollte man sich zunächst fragen, ob die Meßaufgabe nicht mit DMS mit Metallgitter besser zu lösen ist. In nur wenigen Fällen ist das Anwenden von Halbleiter-DMS zu empfehlen. Hierzu gehören vor allem Meßaufgaben mit großen Störgrößen, die man nur schwer beherrschen kann, z.B. Messungen mit Schleifringen, unter hohen elektromagnetischen Störungen, vielleicht auch bei hohen Magnetfeldern, und auch bei anders nicht zu beherrschendem Einfluß von Feuchtigkeit. Auch sehr kleine dynamische Dehnungen, z.B. in der Größe von einigen 10^{-7} bis 10^{-6}, bei denen die Anpasser für DMS mit Metallgitter versagen, lassen sich mit Halbleiter-DMS noch erfassen.

Nicht zu vernachlässigen ist der Preis von Halbleiter-DMS, die rd. 50mal teurer sind als DMS mit Metallgitter.

D 6.4.5 Zusammenfassende Beurteilung

Halbleiter-DMS sind nichtlinear und stark temperaturabhängig. Sie führen deshalb in der experimentellen Spannungsanalyse zu größeren Fehlern oder beträchtlichen Aufwendungen zu deren Kompensation. Da sie zudem relativ sehr teuer sind, wendet man sie nur dann an, wenn ihre Vorteile ausschlaggebend sind, also besonders bei hohen Störgrößen und zum Messen sehr kleiner dynamischer Dehnungen.

D 6.5 Ermüdungsmeßstreifen

D 6.5.1 Allgemeines

Im Jahre 1961 wurde beobachtet, daß sich der Widerstand eines üblichen Konstantan-DMS reproduzierbar als Funktion der Anzahl der aufgebrachten Lastwechsel ändert [D 6.5-1]. Diesen Effekt benutzte *D. R. Harting* [D 6.5-2], um ein Maß für Größe und Anzahl der Lastwechsel zu erhalten, denen eine Konstruktion unterworfen wurde. Der hierfür entwickelte Dehnungsmeßstreifen wird Ermüdungsmeßstreifen genannt, obgleich seine Widerstandsänderung zunächst nichts über die Ermüdung der Konstruktion aussagt, sondern nur über ihre Belastungsgeschichte.

In den folgenden Jahren wurde der elektrische Ermüdungsmeßstreifen (EEMS) in zahlreichen Arbeiten näher untersucht, und es wurden auch andere physikalische Prinzipien geprüft, die dem gleichen Zweck dienen sollten, z.B. optische [D 6.5-3] oder magnetische [D 6.5-4]. Wegen der beim Messen auftretenden komplizierten Zusammenhänge führen sich diese Verfahren jedoch nur langsam ein.

D 6.5.2 Physikalisches Prinzip

Der *elektrische Ermüdungsmeßstreifen* (EEMS) ist äußerlich kaum von einem Folienmeßstreifen zu unterscheiden und wird auch wie dieser aufgeklebt; sein Meßgitter – meist mit einem Widerstand von $100\,\Omega$ – besteht wie bei diesem aus Konstantan [D 6.5-5]. Es ist jedoch einer bestimmten Wärmebehandlung unterworfen, die dem EEMS besondere Eigenschaften verleiht, Bild D 6.5-1. Wird er periodischen, sinusförmigen Lastwechseln unterworfen, ändert sich sein Widerstand wie eingetragen. Bei einer Lastwechselanzahl von z.B. 10^4 und einer Wechsellast von $\pm 1400\,\mu m/m$ beträgt die Widerstandsänderung 0,4%. Eine Mittellast von $+2000\,\mu m/m$ bzw. $-2000\,\mu m/m$ hat bei Raumtemperatur praktisch keinen Einfluß auf den Kurvenverlauf [D 6.5-6]. Oberhalb $+65\,°C$ beginnt ein langsames Ausheilen der Widerstandsänderung [D 6.5-6]. Die bei $-237\,°C$ gemessene

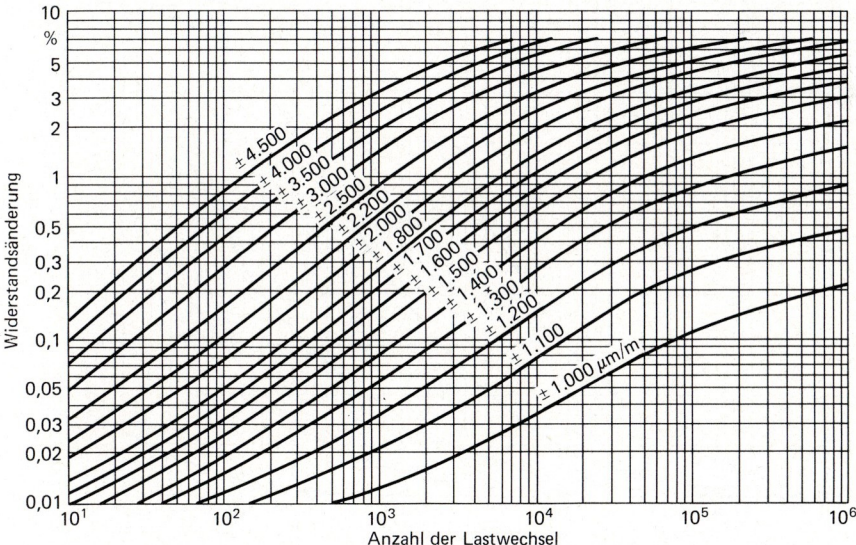

Bild D 6.5-1. Widerstandsänderung eines elektrischen Ermüdungsmeßstreifens (EEMS) als Funktion der Anzahl der Lastwechsel bei verschiedenen Belastungen [D 6.5-5].

Widerstandsänderung ist bedeutend kleiner als diejenige bei Raumtemperatur [D 6.5-6]. Hinweise zu den metallurgischen Vorgängen im Metall, die zur Widerstandsänderung führen, entnehme man [D 6.5-7].

Kennt man z. B. die (gleichbleibende) Wechsellast, kann man mit diesem Diagramm aus der Widerstandsänderung die Anzahl der Lastwechsel bestimmen und umgekehrt. Bei einer zeitproportionalen Anzahl der Lastwechsel und gleichbleibender Belastung der Konstruktion kann man ferner aus einer Abweichung des Kurvenverlaufs von der Normalform auf eine Änderung in der Konstruktion, etwa durch einen Anriß, schließen.

Der *optische Ermüdungsmeßstreifen* [D 6.5-3; 8] – er soll in diesem, den elektrischen Verfahren gewidmeten Abschnitt wegen seiner Ähnlichkeit zum EEMS mitbehandelt werden – besteht aus einer polierten Metallfolie mit einer Fläche von rund 10 mm × 10 mm und einer Dicke von 0,05 mm, die zur bessseren Handhabung auf einer Polyimidfolie befestigt ist. Der OEMS wird ähnlich wie ein DMS auf die zu untersuchende Konstruktion aufgeklebt. Wählt man einen Werkstoff mit niedriger Fließgrenze und hoher Verfestigung, z. B. reines Indium, Zinn oder Aluminium [D 6.5-3], und unterwirft den OEMS periodischen Lastwechseln, so beginnen sich die Versetzungen im Metall zu bewegen und es bilden sich auf seiner Oberfläche Einstülpungen und Ausstülpungen aus, d. h., die Oberfläche wird aufgerauht. Die Aufrauhung bewirkt eine Änderung des optischen Reflexionsgrades, die leicht mit einem Reflexionsmesser gemessen werden kann.

Als Beispiel ist der relative Reflexionsgrad als Funktion der Anzahl der Lastwechsel in Bild D 6.5-2 dargestellt. Der Kurvenverlauf ist ähnlich dem des EEMS in Bild D 6.5-1, also auch nichtlinear. Die Empfindlichkeit des OEMS ist jedoch wesentlich größer als die des EEMS. Ein Vorteil des OEMS ist ferner, daß man durch Wahl verschiedener Werkstoffe seine Empfindlichkeit stark variieren kann [D 6.5-3]. Zur Auswertung gilt prinzipiell das gleiche wie das oben zum EEMS Gesagte.

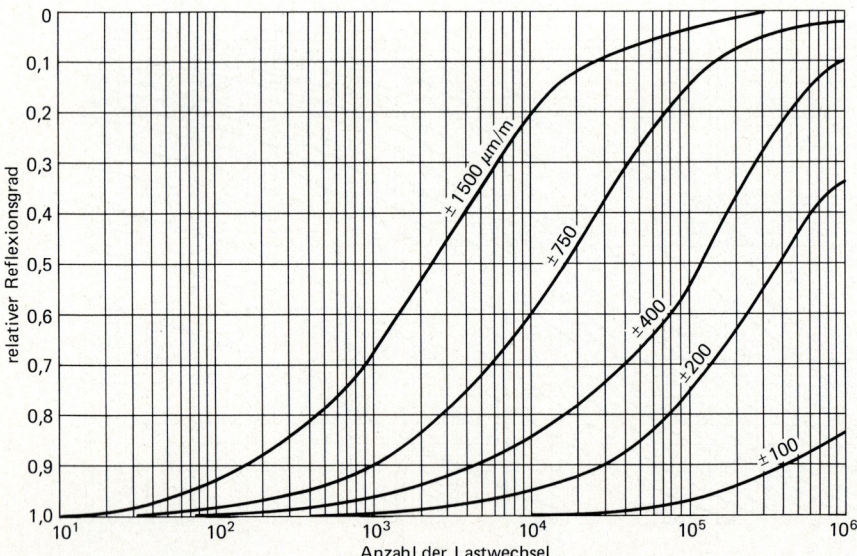

Bild D 6.5-2. Änderung des relativen Reflexionsgrades eines optischen Ermüdungsmeßstreifens (OEMS) als Funktion der Anzahl der Lastwechsel bei verschiedenen Belastungen [D 6.5-3].

D 6.5.3 Meßeinrichtungen und ihre Handhabung

Die Meßeinrichtungen, bestehend aus einem relativ einfachen Ohmmeter für den EEMS [D 6.5-5] oder einem Reflexionsgradmesser mit Einstrahlung senkrecht zur Oberfläche [D 6.5-3; 9], können jederzeit leicht angesetzt und abgelesen werden.

Nicht so einfach ist jedoch die Interpretation der so ermittelten Meßwerte, die hier nur kurz angedeutet werden soll. Neben z. B. dem Zählen der Anzahl der Lastwechsel oder der Anzeige der Veränderung einer Konstruktion unter Wechsellast oder einer Änderung der Größe einer Belastung in der Belastungsgeschichte interessiert besonders das Messen des Schädigungsgrades der Konstruktion bzw. das Abschätzen ihrer noch verbleibenden Lebensdauer.

Hierzu ist zunächst Voraussetzung, das man die Stelle der höchsten Belastung der Konstruktion und dort den zweiachsigen Spannungszustand kennt. Weiter muß die Wöhler-Kurve der Konstruktion unter diesem Spannungszustand bekannt sein. Die Stelle der höchsten Belastung und meist auch noch den gesamten zweiachsigen Spannungszustand kann man mit einem Übersichtsverfahren ermittelten (vgl. Abschn. B 3). Gelingt es weiter, die Wöhler-Kurve zur Widerstandsänderung des EEMS bzw. zur Änderung des Reflexionsgrades des OEMS in eine auswertbare Beziehung zu setzen, und ist sichergestellt, daß die meist statistisch schwankende Belastung der Konstruktion die Wöhler-Kurve und die Anzeige des EEMS bzw. des OEMS gleichartig beeinflußt, kann eine Messung des Schädigungsgrades vorgenommen werden.

Als Beispiel zeigt Bild D 6.5-3 das aus Bild D 6.5-1 umgezeichnete Kennlinienfeld eines EEMS mit der eingetragenen Wöhler-Kurve für den Werkstoff 2024-T3 Aluminium. Wie ersichtlich, ist bei einer Widerstandsänderung von rund 7% die Lebensdauer der Konstruktion erreicht.

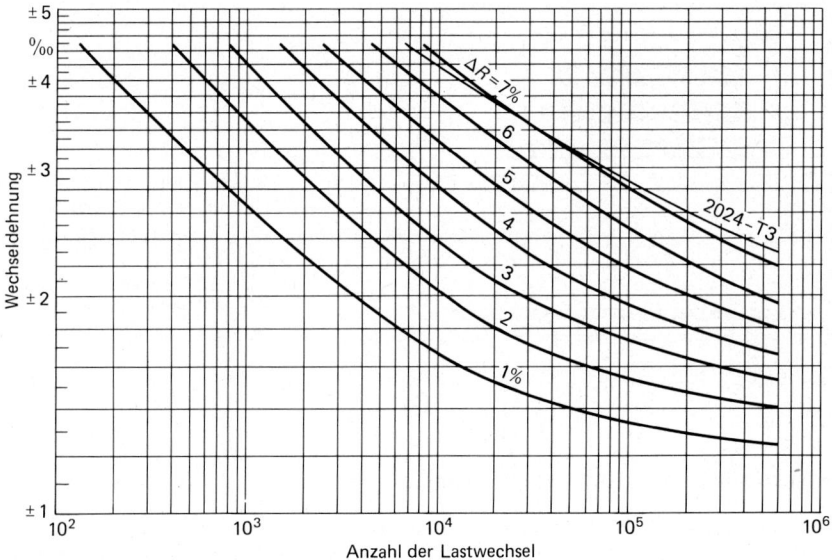

Bild D 6.5-3. Kennlinienfeld des EEMS nach Bild D 6.5-1 mit eingezeichneter Wöhler-Kurve für 2024-T3 Aluminium [D 6.5-5].

Die oben erwähnten, zahlreichen Voraussetzungen brauchen nicht alle erfüllt zu sein, wenn man eine Kalibrierung vornehmen kann. Hierzu untersucht man z. B. ein Bauteil mit aufgeklebtem EEMS oder OEMS im Labor auf seine Dauerfestigkeit und setzt dazu ein gleichartiges, aber noch unbeanspruchtes Bauteil mit EMS an die Stelle einer Konstruktion ein, die ähnlich wie im Labor, aber durch die Betriebslasten beansprucht wird. Jetzt ist die Anzeige des EMS ein Maß für die Dauerfestigkeit der Konstruktion bzw. für seine Restlebensdauer.

Ein Verfahren zum Bestimmen des Lastspektrums aus der Anzeige von EEMS wird in [D 6.5-10] vorgeschlagen. Man verwendet hierzu drei EEMS, die an gleicher Stelle der Konstruktion sonst gleichen, jedoch in ihrer Amplitude verschiedenen Belastungen unterworfen werden. Hierzu benötigt man Dehnungstransformatoren (vgl. z. B. Bild D 6.7-10), die jeweils eine andere Übersetzung aufweisen. Man benötigt solche Transformatoren auch, wenn die der Untersuchung zugängliche Stelle der Konstruktion eine Dehnungsamplitude aufweist, die zu klein ist, um eine auswertbare Aussteuerung eines EMS zu erreichen.

Bild D 6.5-4 zeigt schematisch ein Beispiel eines Dreifachdehnungstransformators für EEMS [D 6.5-10]. Zwei Bleche a stehen sich mit ihren abgeschrägten Seiten gegenüber und bilden so einen Spalt variabler Breite. Sie sind an ihren Enden mit Klebstoff b auf dem Bauteil c befestigt. Der Spalt wird mit verschieden langen EEMS überbrückt, die mit ihren Enden auf die Bleche a aufgeklebt sind. Bei einer Dehnung des Bauteils c erfahren die EEMS verschieden hohe Dehnungen, der kürzeste EEMS die größte und der längste EEMS die kleinste. Um der Anordnung mehr Stabilität zu geben und insbesondere das Ausknicken der EEMS bei Stauchung zu vermeiden, wird sie von einem Kunststoffmantel e mit niedrigem Elastizitätsmodul überzogen. Er dient zugleich dem mechanischen Schutz. Es lassen sich Übersetzungen bis zu rd. 1 : 20 erreichen. Die Meßkräfte sind klein. Ein Dehnungstransformator anderer Konstruktion ist in [D 6.5-11] beschrieben.

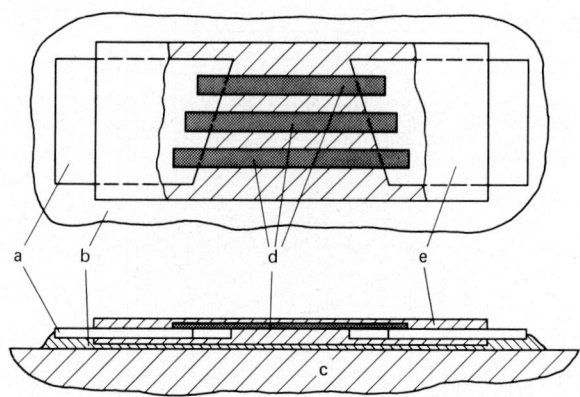

Bild D 6.5-4. Dreifach-Dehnungstransformator für EEMS, schematisch, vgl. [D 6.5-10].
a Blech, b Klebstoff, c Bauteil, d EEMS, e Kunststoffmantel

D 6.5.4 Kennzeichnende Anwendungsbeispiele

EMS werden besonders dort angewandt, wo die Dauerfestigkeit einer Konstruktion wesentlich ist, also vor allem im Fahrzeugbau [D 6.5-10] und im Flugzeugbau [D 6.5-3; 12]. Aber auch im Maschinen- und Anlagenbau finden sich Anwendungsbeispiele [D 6.5-13; 14].

D 6.5.5 Zusammenfassende Beurteilung

Da Ermüdungsmeßstreifen über Dehnungskollektive integrieren und während der Integrationszeit ohne Verbindung mit dem Anpasser arbeiten können, sind sie zur Untersuchung der Dauerfestigkeit von Bauteilen und Konstruktionen ein sehr nützliches Meßmittel. Die nicht einfache Interpretation der Meßwerte hat ihrer weiten Verbreitung jedoch bisher Grenzen gesetzt.

D 6.6 Rißlängenmeßstreifen

D 6.6.1 Allgemeines

Da das Messen von Rißlängen eine Aufgabe ist, die häufig im Zusammenhang mit der experimentellen Spannungsanalyse auftritt, sollen hier die Rißlängenmeßstreifen behandelt werden. Darüber hinaus besitzen sie, was ihr Aussehen und ihre Anwendungstechnik betrifft, eine große Ähnlichkeit mit Dehnungsmeßstreifen.

Vor allem im Zusammenhang mit der Rißlängenmessung bei Dauerfestigkeitsversuchen entstand Anfang der 70er Jahre der Wunsch nach einem einfachen und zuverlässigen Verfahren. Da das optische Messen von Rißlängen (vgl. Abschn. D 2.9) zu aufwendig war und auch das Verfahren von *Trost* [D 6.6-1] zum elektrischen Messen von Rißlängen an metallischen Körpern nicht befriedigen konnte, klebte man, angeregt durch die DMS-Technik, metallische Folien auf die Oberfläche beliebiger Bauteile, die bei einem Riß des Bauteils auch entsprechend reißen und dabei ihren elektrischen Widerstand verändern. Die wichtigsten Ausführungen sollen im folgenden beschrieben werden.

D 6.6.2 Physikalisches Prinzip

In Bild D 6.6-1 sind die zwei Arten gebräuchlicher Rißlängen-Meßstreifen abgebildet.

In Bild D 6.6-1 a wird auf das Bauteil d eine dünne, metallische Folie c elektrisch isoliert aufgeklebt, durch deren Elektroden a ein konstanter Strom I fließt. Dabei entsteht zwischen den Elektroden a der Spannungsabfall U. Bildet sich im Bauteil d ein Riß b aus, reißt die Folie c ebenfalls. Infolge der geänderten Stromverteilung wird dann der Wider-

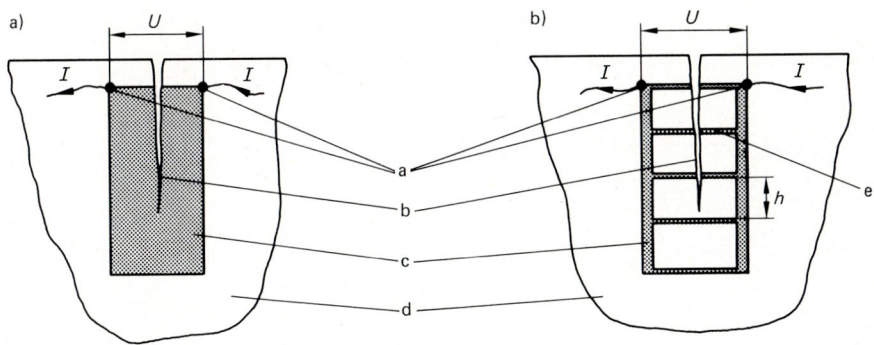

Bild D 6.6-1. Wichtige Arten von Rißlängenmeßstreifen.
a) Rißlängenmeßstreifen mit kontinuierlicher Anzeige.
b) Rißlängenmeßstreifen mit diskontinuierlicher Anzeige.
a Elektroden, b Riß, c Folie, d Bauteil, e Querbrücken, h Abstand

stand der Folie größer und der Spannungsabfall U wächst kontinuierlich mit der Rißlänge l. Damit wird U ein Maß für die Rißlänge l.

In Bild D 6.6-1 b ist ein Rißlängenmeßstreifen mit diskontinuierlicher Anzeige dargestellt.
Hier trägt das Bauteil d eine Folie c, die in Abständen h Querbrücken e aufweist. Bei
Auftreten eines Risses b ändert sich der Widerstand der Folie c jeweils dann diskonti-
nuierlich, wenn eine Querbrücke e vom Riß b durchtrennt wird. Als Funktion der
Rißlänge steigt U entsprechend schrittweise an.

Beide Rißlängenmeßstreifen geben nur dann die Rißlänge richtig an, wenn Bauteil und
Folie gleichzeitig reißen. Dies kann bei den üblichen Legierungen der Folien vorausgesetzt werden, wenn sich der Riß ohne vorherige größere plastische Verformung des
Bauteils ausbreitet, so wie es bei Dauerbrüchen der Fall ist. Die Folie muß in diesem Fall
eine höhere Dauerfestigkeit aufweisen als das Bauteil; dies trifft bei kommerziell erhält-
lichen Rißlängenmeßstreifen zu [D 6.6-2].

Bei sich schlagartig ausbreitenden Rissen geht dem Riß häufig eine größere plastische
Verformung voraus. Hier ist zu prüfen, ob die Folie diese Verformung ohne Riß erträgt,
da sonst bereits im plastischen Bereich eine Rißanzeige erfolgen würde. Entsprechende
Untersuchungen sind meines Wissens nicht bekannt.

D 6.6.3 Meßeinrichtungen und ihre Handhabung

Ein Rißlängenmeßstreifen zum kontinuierlichen Bestimmen der Rißlänge [D 6.6-3] ist in
Bild D 6.6-2 dargestellt. Zum Erzielen einer guten Linearität hat die Folie a eine besondere Form. Im Rißausgangspunkt b ist sie eingekerbt, der konstante Strom I wird über
eine eigene Leiterbahn zugeführt, und der Spannungsabfall U wird definiert über schmale
Leiterbahnen hochohmig gemessen. Zwischen den experimentell ermittelten Feldlinien beträgt der Spannungsabfall bei einem Strom I von 100 mA jeweils 4 mV. Längs des
dick eingezeichneten Risses ergibt sich ein wegproportionaler Spannungsabfall, wie aus
den gleichgroßen Abständen der dort verlaufenden Feldlinien ersichtlich ist. Breitet sich
der Riß weiter aus, vergrößert sich dieser Feldlinienbereich um den gleichen Betrag. Dies
bedeutet, daß der Spannungsabfall U sich ebenfalls linear mit der Rißlänge ändert. Der
bei einer Rißlänge von 0 mm bereits vorhandene Spannungsabfall bleibt konstant und
kann leicht kompensiert werden. Für die hier zulässige Rißlänge von 20 mm beträgt der
Linearitätsfehler etwa 2%. Mit einem speziellen Gerät [D 6.6-3] läßt sich ein Gesamtfehler von 2% erreichen.

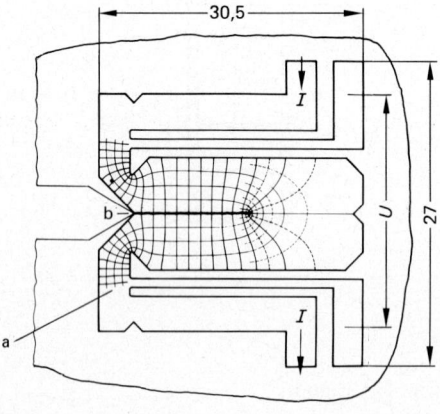

Bild D 6.6-2. Rißlängenmeßstreifen mit kontinuierlicher Anzeige nach *Russenberger*
[D 6.6-3].
a Folie, b Rißausgangspunkt

a)

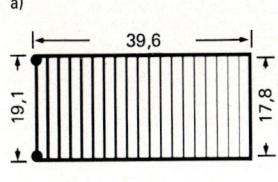

c)

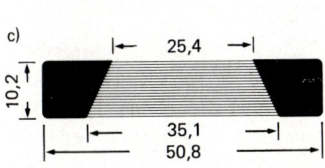

b)

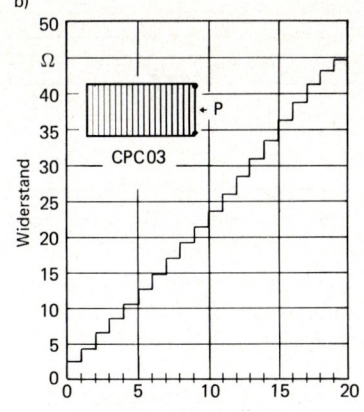

Anzahl der gebrochenen Elemente

Bild D 6.6-3. Rißlängenmeßstreifen mit diskontinuierlicher Anzeige (Hersteller: Measurements Group).
a) Meßstreifen mit variabler Breite der Querbrücken.
b) Kennlinie des Meßstreifens nach a (*P* belastende Kraft).
c) Meßstreifen mit variabler Länge der Querbrücken.

Typische Rißlängenmeßstreifen mit diskontinuierlicher Anzeige zeigt Bild D 6.6-3.

Die Ausführung entsprechend Bild D 6.6-3 a hat Querbrücken unterschiedlicher Breite, also auch unterschiedlichen Widerstands. Die erste, vom Riß getroffene Querbrücke hat den kleinsten, die letzte den größten Widerstand. Man erreicht so gemäß Bild D 6.6-3 b nahezu gleichgroße Widerstandsänderungen je gebrochener Querbrücke.

Im Meßstreifen nach Bild D 6.6-3 c sind die Breiten der Querbrücken jeweils gleich, ihre Länge steigt aber mit dem Rißfortschritt. Die Höhe der Widerstandssprünge steigt bei dieser Ausführung mit fortschreitender Rißlänge.

Die Meßstreifen nach Bild D 6.6-3 a und c ertragen einmalige Dehnungen von $\pm 1{,}5\%$ und 10^8 Lastwechsel bei einer Dehnung von $\pm 0{,}2\%$. Sie werden mit für DMS üblichen Klebstoffen aufgeklebt. Ihre Arbeitstemperatur reicht von $-269\,°C$ bis $+230\,°C$.

Rißlängenmeßstreifen mit aufgedampften Querbrücken aus Platin-Kohle sind in [D 6.6-4] beschrieben. Bei Schichtdicken von rd. 0,1 µm erreicht man Widerstände im kΩ-Bereich. Bei einem Abstand der Querbrücken von 5 mm können Rißgeschwindigkeiten bis zu 1000 m/s gemessen werden.

Ein Rißlängen-„Meßstreifen" für das Innere von Beton ist schematisch in Bild D 6.6-4 wiedergegeben [D 6.6-5]. Eine Bleistiftmine a mit galvanisch verkupferten Enden b ist in ein Mörtelprisma c mit einem Querschnitt von 10 mm × 10 mm eingegossen. An die Enden der Bleistiftmine a sind Zuleitungen d angelötet, über die der Widerstand der Bleistiftmine a gemessen werden kann. Zum Einbau hebt man aus dem Frischbeton eine kleine Grube aus, legt den Meßstreifen hinein und füllt die Grube wieder mit Frischbeton auf.

Der Widerstand der Meßstreifen beträgt rund 10 Ω. Mit bis zu 0.1 mm wachsender Rißbreite im Beton steigt er rasch, aber undefiniert an und erreicht bei Rißbreiten > 0.1 mm Werte, die nur noch durch die Leitfähigkeit des Betons bestimmt werden; sie liegen bei einigen $10^5\,\Omega$. Rißbreiten $> 0{,}1$ mm lassen sich also sehr leicht mit Ohmmetern nachweisen.

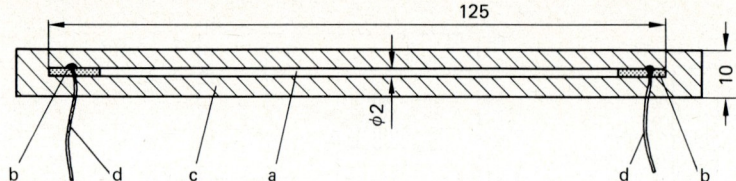

Bild D 6.6-4. Rißlängenmeßstreifen für das Innere von Beton nach *Rohrbach* und *Jung* [D 6.6-5]. a Bleistiftmine, b verkupferte Enden, c Mörtelprisma, d Zuleitungen

Schließt sich der Riß wieder, erreicht der Widerstand i. a. wieder seinen Ausgangswert. Die Zugbruchdehnungen der Minen sind größer als $2 \cdot 10^{-3}$ und können $4 \cdot 10^{-3}$ betragen und sind damit bedeutend höher als die Zugbruchdehnung des Betons. Die Mine reißt also nicht ohne gleichzeitigen Riß im Beton. Ebenso liegt die ertragbare Dauerwechseldehnung mit $\pm 2 \cdot 10^{-3}$ weit über der des Betons. Damit sind Fehlmessungen durch Dauerbrüche der Minen ausgeschlossen.

Für die Oberfläche von Beton lassen sich Rißlängenmeßstreifen durch Aufstreichen von feinem Graphit herstellen, der in einem Lösungsmittel gelöst ist [D 6.6-5].

D 6.6.4 Zusammenfassende Beurteilung

Rißlängenmeßstreifen sind ein einfaches und doch sehr wirkungsvolles Hilfsmittel zum Messen von Rißlängen bei Dauerfestigkeitsversuchen und zum Messen von Rißausbreitungsgeschwindigkeiten. Sie sind grundsätzlich für alle Werkstoffe geeignet. Auch im Inneren von Beton lassen sie sich erfolgreich einsetzen.

D 6.7 Spannungs- und Dehnungsaufnehmer mit Dehnungsmeßstreifen

D 6.7.1 Formelzeichen

E	Elektrizitätsmodul
F_{max}	maximaler Fehler
F_M	Meßkraft
d	Stärke, Dicke
h	Höhe
l_1	Länge
l_M	Meßlänge
σ	Spannung
ε_B	Bauteildehnung
ε_M	gemessene Dehnung
ε_S	Federdehnung

D 6.7.2 Allgemeines

Die in diesem und den folgenden Abschnitten behandelten Aufnehmer sind meist dadurch gekennzeichnet, daß die zu messenden Spannungen oder Dehnungen nicht direkt auf die Dehnungsmeßstreifen (DMS) wirken, sondern erst in die Dehnung einer Feder umgewandelt werden, die ihrerseits mit dem DMS gemessen wird. Die grundsätzliche Wirkungsweise dieser Aufnehmer ist in Abschn. C 1 geschildert; in Abschn. D 6.7 werden deshalb nur verschiedene technische Ausführungen beschrieben. Da die Ausführungsvarianten sehr zahlreich sind, ist deren Auswahl auf kennzeichnende Beispiele beschränkt.

D 6.7.3 Physikalisches Prinzip

Das in Abschn. C1 erläuterte physikalische Prinzip der Spannungs- und Dehnungsaufnehmer ist in Bild D 6.7-1 noch einmal zusammenfassend dargestellt.

Eine Spannung σ wird entsprechend Bild D 6.7-1 a gemessen. Sie wirkt auf die Platten a ein, wird als Kraft in die Feder b eingeleitet und dort mit den DMS c gemessen. Ein Spannungsaufnehmer ist demnach ein Kraftaufnehmer und könnte auch als solcher verwendet werden.

Eine Dehnung mißt man z. B. gemäß Bild D 6.7-1 b, indem die Bauteildehnung ε_B mit zwei Meßspitzen d abgegriffen und in die Dehnung ε_M einer Biegefeder e umgeformt wird, die man mit den DMS c messen kann.

Statt einer Biegefeder läßt sich auch entsprechend Bild D 6.7-1 c eine Stabfeder f verwenden, in die die Bauteildehnung ε_B über Flansche g eingeleitet wird, z. B. im Inneren von Beton. Die mit den DMS c gemessene Dehnung ε_M ist in diesem Fall gleich ε_B. Die weiche Hülle h schützt den Dehnungsaufnehmer vor Beanspruchungen senkrecht zu seiner Längsachse.

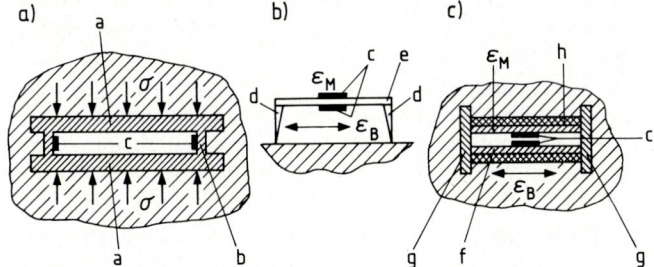

Bild D 6.7-1. Prinzip der Spannungs- und Dehnungsmessung von Aufnehmern mit Dehnungsmeßstreifen.
a) Spannungsmessung.
b) Dehnungsmessung mit Biegefeder.
c) Dehnungsmessung mit Stabfeder.
a Platte, b Feder, c Dehnungsmeßstreifen, d Meßspitzen, e Biegefeder, f Stabfeder, g Flansche, h weiche Hülle

D 6.7.4 Meßeinrichtungen und ihre Handhabung

D 6.7.4.1 Spannungsaufnehmer

Gut eingeführt ist der in Bild D 6.7-2 dargestellte Spannungsaufnehmer für Beton nach *R. W. Carlson* [D 6.7-1, S. 39 – 44; D 6.7-2, S. 31 – 32; D 6.7-3, S. 39 – 40]. Zwischen einer steifen Platte a und einer biegeweichen Platte b befindet sich eine dünne Quecksilberschicht c. Wirkt eine Spannung auf die Platte b, wird in der Quecksilberschicht c ein Druck aufgebaut, der die aus der Platte a herausgearbeitete Ringfeder d durchbiegt. Die hierbei auftretende Auslenkung der Ringfeder d bewegt die Halterung e relativ zu der fest mit der Platte a verbundenen Halterung f nach oben. Dabei wird ein Widerstandsdraht g, der zwischen isolierenden Böckchen h aufgespannt ist, gedehnt. Seine relative Wider-

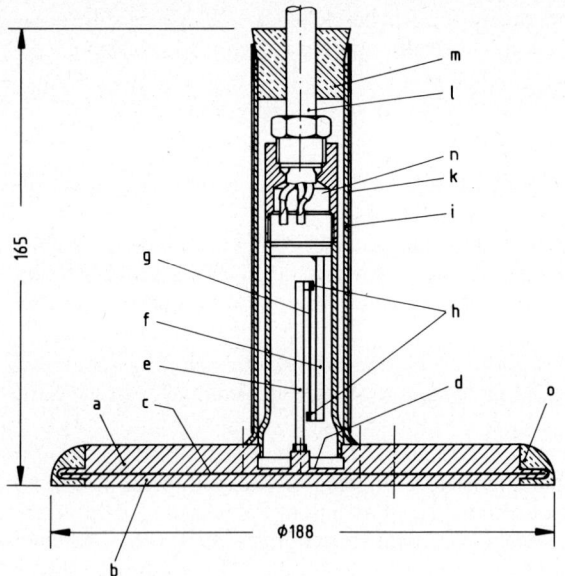

Bild D 6.7-2. Spannungsaufnehmer nach *Carlson* [D 6.7-1], vereinfacht.
a, b Platten, c Quecksilberschicht, d Ringfeder, e, f Halterung, g Widerstandsdraht, h
Böckchen, i Schutzrohr, k PVC-
Mantel, l Meßkabel, m Gummistopfen, n Vergußmasse, o Ring

standsänderung ist damit ein Maß für die zu messende Spannung. Das Volumen um den
Widerstandsdraht g ist mit Öl gefüllt. Es wird hier also das (vereinfacht dargestellte)
Prinzip des Freidrahtaufnehmers genutzt.

Das ebenfalls fest mit der Platte a verbundene Schutzrohr i, das mit einem PVC-Mantel
k überzogen ist, dient dem festen Halt des Meßkabels l, das von einem Gummistopfen m
abgedichtet und gehalten wird. Eine Vergußmasse n hält die Feuchtigkeit ab, mit der bei
Messungen in Beton zu rechnen ist. Ein weicher Ring o verhindert die direkte Berührung
der Platten a und b mit dem Beton.

Dem Einbau von Spannungsaufnehmern in Beton – also auch des Aufnehmers nach
Carlson – ist besondere Aufmerksamkeit zu widmen. Liegt nämlich der Beton nicht an
den Platten a und b an, dann zeigt der Aufnehmer die Spannung null an, obwohl ohne
Aufnehmer eine Spannung vorhanden wäre. Die Gefahr einer Hohlraumbildung zwischen Beton und Aufnehmer ist besonders dann gegeben, wenn sich der Aufnehmer
infolge Temperaturerhöhung, z. B. infolge freiwerdender Abbindewärme des Betons, stärker als der Beton ausdehnt, dabei den Beton verdrängt und sich nach dem Abbinden
wieder zusammenzieht. Je nach Konstruktion kann die Quecksilberfüllung wegen ihres
hohen Temperaturausdehnungskoeffizienten diesen Effekt wesentlich vergrößern.

Zum Vermeiden besonders des oben geschilderten Effekts hat *A. U. Huggenberger* das
Einbauverfahren nach Bild D 6.7-3 vorgeschlagen [D 6.7-2]. Hiernach wird der Aufneh-
mer a zunächst in einem Holzkasten b so versetzt, daß dessen obere Fläche in der
Arbeitsfuge c liegt. „Nachdem sich der Beton gesetzt hat, wird um den Holzkasten b eine
Grube ausgehoben und der Holzkasten b herausgenommen. Am folgenden Tag ist die
Oberfläche der Grube mit einem Sandstrahlgebläse zu reinigen. Der Boden wird alsdann
mit einer etwa 6 mm dicken Mörtelschicht d belegt. Nachdem alle Luft entwichen ist,
setzt man den Aufnehmer mit einer wiegenden Bewegung in die Mörtelschicht d. In der
Annahme, daß sich nach weiteren drei Stunden das Schwinden im Mörtel vollzogen hat,
schüttet man die Grube mit Beton e zu. Bei vertikaler Stellung des Tellers ist dieses
Vorgehen nicht notwendig, da keine Gefahr besteht, daß sich zwischen Tellerunterseite
und Beton Wassersäcke bilden.“

534

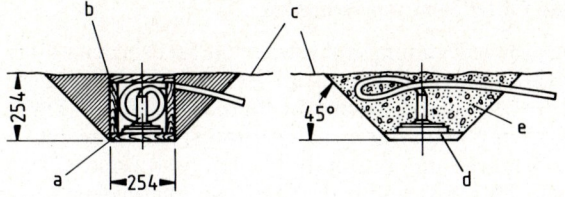

Bild D 6.7-3. Einbau eines Spannungsaufnehmers in Beton [D 6.7-2, S. 32].
a Aufnehmer, b Holzkasten, c Arbeitsfuge, d Mörtelschicht, e Beton

Ein Spannungsaufnehmer ähnlicher Konstruktion wie in Bild D 6.7-2 ist in Bild C 1.2-3 wiedergegeben. Ein mit Transformatoröl als Druckflüssigkeit versehener Spannungsaufnehmer, bei dem der Druck mittels Biegeplatte und Dehnungsmeßstreifen gemessen wird, ist in [D 6.7-4] beschrieben. Hier sind auch Meßergebnisse wiedergegeben, die an einem großen Damm erhalten wurden.

Für das Grenzgebiet zwischen Spannungsmessung in festen Körpern und Druckmessung ist der Spannungsaufnehmer für Erdreich gemäß Bild D 6.7-4 ausgelegt [D 6.7-5]. Auf der Innenseite zweier miteinander verschraubter Platten a und b sind DMS c mit Meßelementen aus Halbleitern (Abschn. D 6.4) aufgeklebt. Eine Spannung im Erdreich biegt die Platten a und b durch und verursacht so ihr proportionale Dehnungen, die mit den DMS c gemessen werden. Die hier nicht eingezeichneten Meßkabel werden durch das Rohr d geführt. Der Ring e aus Kunststoff soll das Verhältnis von Höhe zu Durchmesser des Aufnehmers verkleinern (vgl. Bild C 1.3-2).

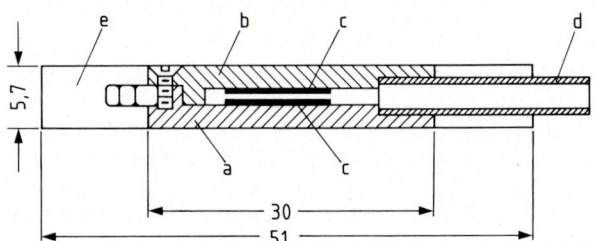

Bild D 6.7-4. Spannungsaufnehmer für Erdreich nach *Ingram* [D 6.7-5].
a, b Platten, c Dehnungsmeßstreifen, d Rohr, e Ring aus Kunststoff

Die Tatsache, daß sich die Platten a und b unter dem Einfluß der Spannung durchbiegen, könnte beim Einsatz des Aufnehmers in Beton zu Fehlmessungen führen. Beim Einsatz im Erdreich dürfte das Erdreich mögliche Volumenänderung des Aufnehmers durch Fließen ausgleichen. Im Stoßwellenrohr wurde eine Eigenfrequenz von 40 kHz gemessen und Anstiegszeiten von 6 µs registriert. Damit ist der Aufnehmer auch für dynamische Spannungsmessungen im Erdreich einsetzbar.

Vergleichende Betrachtungen verschiedener Spannungsaufnehmer findet man im Schrifttum [D 6.7-6; 7]. Aufnehmer zum Messen dreiachsiger Spannungen in Treibladungen werden in [D 6.7-8] beschrieben. Ein Spannungsaufnehmer für die Grenzfläche zwischen Beton und Sand gemäß Bild C 1.2-1 e ist in [D 6.7-9] erläutert.

Zum Messen kurzzeitiger Spannungswellen mit hohen Amplituden, wie sie z. B. bei Explosionen oder bei Beschuß in festen Körpern auftreten, hat man eine besondere Meßtechnik entwickelt. Man klebt Meßgitter aus Manganin, die ähnlich den Meßgittern in DMS hergestellt werden, isoliert zwischen zwei Platten. Wenn eine Spannungswelle durch die Platte läuft, beobachtet man eine Widerstandsänderung des Meßgitters, aus der man auf die zu messende Spannung schließen kann. Die Theorie der Manganinspannungsaufnehmer [D 6.7-10] läßt noch Fragen offen. Beispiele zur Anwendung und Kalibrierung entnehme man dem Schrifttum [D 6.7-11; 12; 13].

D 6.7.4.2 Dehnungsaufnehmer für die Oberfläche von Bauteilen

Kennzeichnend für viele bekannt gewordene Dehnungsaufnehmer mit Meßspitzen ist das in Bild D 6.7-5 dargestellte Gerät [D 6.7-14]. Der Aufnehmer ist als Baukastensystem konzipiert. Er besteht aus vier Winkeln a, b, c und d, die mit der Blattfeder e mit den DMS f und g verschraubt sind. Die Meßspitzen h und i lassen sich versetzen. Man erreicht so zusammen mit einem Umsetzen der Winkel c und d gemäß Bild D 6.7-5 b verschiedene Meßlängen im Bereich von 5 bis 40 mm. Durch Variation der Stärke der Blattfeder e kann man verschiedene Empfindlichkeiten erreichen. Die wichtigsten Eigenschaften sind: Meßweg ± 1 mm, Empfindlichkeit 2,5 mV/V, obere Frequenzgrenze 50 Hz, Temperaturbereich -196 bis $120\,°$C. Ähnliche Aufnehmer, u. a. für Bauteildehnungen bis 24%, sind in [D 6.7-15] beschrieben.

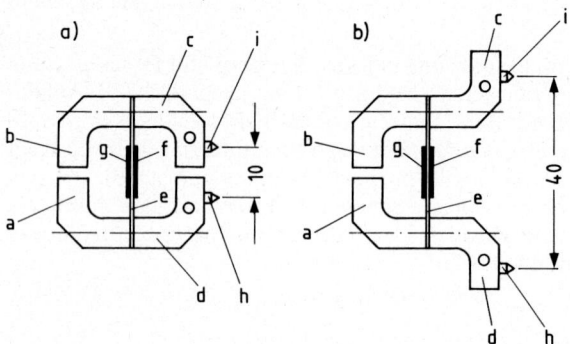

Bild D 6.7-5. Dehnungsaufnehmer (Hersteller: Dr.-Ing. G. Wazau, Berlin).
a) Meßlänge 10 mm.
b) Meßlänge 40 mm.
a, b, c, d Winkel, e Blattfeder, f, g Dehnungsmeßstreifen, h, i Meßspitzen

Einen ebenfalls mit Blattfedern ausgestatteten Aufnehmer, der jedoch für Dehnungsmessungen an runden CFK-Zugproben ausgelegt ist [D 6.7-16], zeigt Bild D 6.7-6. Die mit DMS a versehenen Blattfedern b greifen mittels der Meßspitzen c und der Meßspitzen d, die an den in Meßrichtung steifen Schenkeln e befestigt sind, die Dehnung an sich gegenüberliegenden Seiten einer runden Zugprobe ab. Zum schnellen Aufspannen des Aufnehmers drückt man die Schrauben f zusammen und spannt dabei die flache Biegefeder g. Dabei entfernen sich die einander gegenüberliegenden Meßspitzen voneinander,

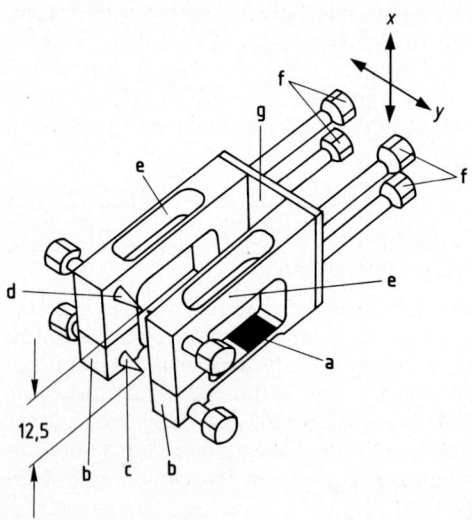

Bild D 6.7-6. Dehnungsaufnehmer für Zugproben [D 6.7-16].
a Dehnungsmeßstreifen, b Blattfedern, c, d Meßspitzen, e Schenkel, f Schrauben, g Biegefeder

der Aufnehmer kann über die Probe geschoben werden und wird nach dem Nachlassen der Kräfte auf die Schrauben f auf der Zugprobe fixiert.

Anstelle von DMS mit metallischem Gitter lassen sich auch DMS aus Halbleitern verwenden, die mit speziellen Loten auf metallischen Biegefedern mit kleinem thermischen Längenausdehnungskoeffizienten befestigt sind [D 6.7-17].

Ein einfacher, aber zuverlässiger Aufnehmer für Dehnungsmessungen an Holz ist in Bild D 6.7-7 dargestellt [D 6.7-18]. An zwei steifen Schenkeln a aus Kupfer-Beryllium ist eine Rahmenfeder b, ebenfalls aus Kupfer-Beryllium, befestigt, auf die vier DMS c geklebt sind. Zum sicheren Abgreifen der Dehnung ε_B des Holzes sind die Schenkel a mit je einem Feld von Meßspitzen d versehen, das jeweils mit einer Kraft F_A von einigen 10 N auf das Holz gepreßt wird. Man erhält bei den eingetragenen Abmessungen und $\varepsilon_B = 10^{-2}$ eine Dehnung ε_S der Rahmenfeder b von etwa $0{,}75 \cdot 10^{-3}$. Die maximale Dehnung $\varepsilon_{B\,max}$ beträgt rund $\pm 2\%$.

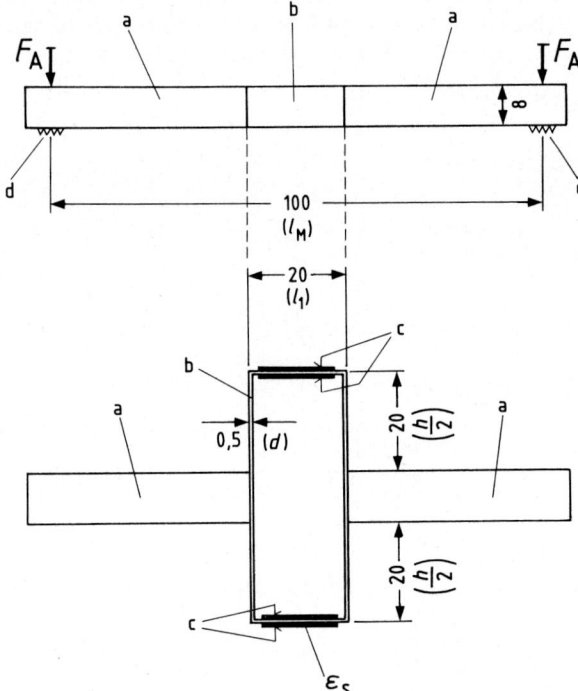

Bild D 6.7-7. Dehnungsaufnehmer für Holz [D 6.7-18]. a Schenkel, b Rahmenfeder, c Dehnungsmeßstreifen, d Meßspitzen

Nach [D 6.7-19] wird die Dehnung ε_S der Rahmenfeder, wenn man die Federung der steifen Schenkel a vernachlässigt,

$$\varepsilon_S = 6 \frac{d}{h} \frac{1}{\dfrac{h}{l_1} + 4} \frac{l_M}{l_1} \varepsilon_B \qquad (\text{D 6.7-1}).$$

Die Meßkraft F_M beträgt:

$$F_M = 8 \left(\frac{d}{h}\right)^2 \frac{\dfrac{h}{l_1} + 1}{\dfrac{h}{l_1}\left(\dfrac{h}{l_1} + 4\right)} \frac{d\,b\,l_M}{l_1} E\,\varepsilon_B \qquad (\text{D 6.7-2}).$$

Bei Halbierung der Rahmenfeder kann die verbleibende Rahmenhälfte auch hochkant zur Oberfläche des Bauteiles angesetzt werden. Die Gl. (D 6.7-1) und (D 6.7-2) gelten dann sinngemäß. Ein ähnlicher Halbrahmen als Dehnungsaufnehmer ist in [D 6.7-20] beschrieben.

Insbesondere zum Messen auf der Oberfläche von Beton ist der Aufnehmer nach Bild D 6.7-8 gedacht [D 6.7-21]. Hier hat man die mit dem DMS a versehene Biegefeder b zwischen quaderförmige Blöcke eingeklebt. Die Blöcke c tragen die Meßspitzen d, die Blöcke e dienen als Widerlager für Aufspannfedern, und die Blöcke f sollen bei normalem Betrieb das Abspalten der Biegefeder b von den Blöcken c verhindern. Der hier verwendete Klebstoff Cyanacrylat (cyanocrylate) ist jedoch so spröde, daß sich der Aufnehmer bei Überlastung zerlegt, ohne daß seine Einzelteile Schaden nehmen. Die Dehnung greift man über Platten mit zylindrischen Ansatzbohrungen ab, die auf das Bauteil aufgeklebt werden. Der Aufnehmer wird mit Meßlängen von 50, 100 und 200 mm verwendet. Die Biegefeder b ist aus einer Aluminiumlegierung HS15WP, die Blöcke c, e und f sind aus einer Aluminiumlegierung HE30WP hergestellt. Die Meßspitzen bestehen aus härtbarem Stahl. Bei einer Bauteildehnung ε_B von $\pm 5 \cdot 10^{-3}$ beträgt der maximale Fehler F_{max}

$$\pm F_{max} < 0{,}008\,\varepsilon_B + 40 \cdot 10^{-6} \qquad\qquad \text{(D 6.7-3)}.$$

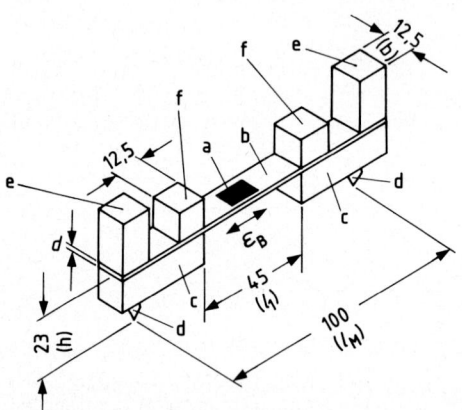

Bild D 6.7-8. Dehnungsaufnehmer für Beton [D 6.7-21].
a DMS, b Biegefeder, c Blöcke, d Meßspitzen, e, f Blöcke

Die Dehnung ε_S der Feder beträgt mit den Bezeichnungen entsprechend Bild D 6.7-8:

$$\varepsilon_S = \frac{d\,l_M}{2\,h\,l_1}\,\varepsilon_B \qquad\qquad \text{(D 6.7-4)}.$$

Bei den bisher in Abschn. D 6.7.4.2 beschriebenen Aufnehmern war die Dehnung der Meßfeder kleiner als die Dehnung des Bauteiles. Diese Aufnehmer eignen sich deshalb besonders zum Messen großer Bauteildehnungen. Will man sehr kleine Bauteildehnungen messen, kann man die Dehnung der Meßfeder aber auch größer als die Bauteildehnung machen; vor allem derart ausgelegte Aufnehmer bezeichnet man auch als Dehnungstransformatoren.

Ein ungewöhnlicher Dehnungstransformator [D 6.7-22] ist in Bild D 6.7-9 wiedergegeben. Zwei zusammengesetzte Halbrahmen a und b sind durch zwei Blattfedern c und d parallelgeführt. Die Halbrahmen werden durch Zug-Druck-Federn e und f miteinander verbunden, in die Halbleiter-DMS mit positivem und negativem K-Faktor eingegossen sind. Die Dehnung wird mit Stahlkugeln g und h abgegriffen, die in entsprechend geformte Vertiefungen von (hier nicht eingezeichneten) Platten eingreifen. Die Platten sind

538

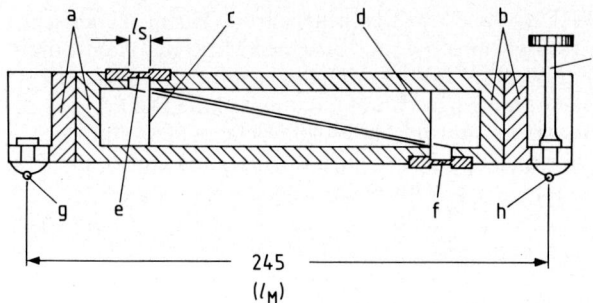

Bild D 6.7-9. Dehnungs-
transformator für kleine
Dehnungen [D 6.7-22].
a, b Halbrahmen, c, d
Blattfedern, e, f Zug-
Druck-Federn, g, h Stahl-
kugeln, i Schraube

auf das zu vermessende Bauteil aufgeklebt. Entsprechend etwa dem Verhältnis von l_M und l_S, erreicht man eine Dehnungsübersetzung von rund 20. Ein Dehnungsabgriff ist mittels der Schraube i auf die gewünschte Meßlänge l_M einstellbar.

Der Aufnehmer eignet sich zum Messen von Bauteildehnungen in der Größenordnung von 0.1 bis $5 \cdot 10^{-6}$ im Frequenzbereich von 1 bis 30 Hz. Der Meßfehler liegt bei einigen Prozent.

Der in den Bildern D 6.7-10 und D 6.7-11 dargestellte Dehnungstransformator [D 6.7-23] wird kaum zur Spannungsanalyse, jedoch häufig zur Messung kleiner Bauteildehnungen eingesetzt, deren Größe ein Maß für die äußere Belastung der Bauteile ist. So dient er z. B. zum Messen der Walzkräfte mittels der Ständerdehnung.

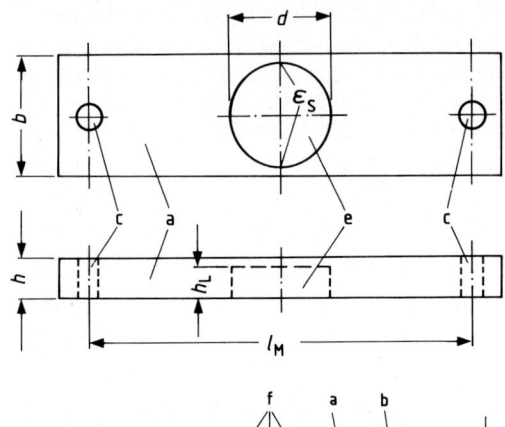

Bild D 6.7-10. Dehnungstransformator
für rauhen Betrieb, Prinzip [D 6.7-23].
a Quader, c, e Bohrungen

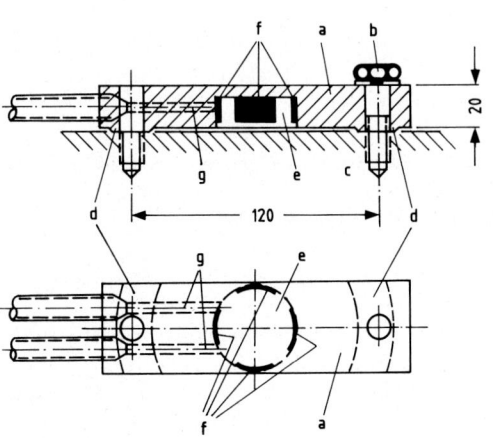

Bild D 6.7-11. Dehnungstransformator
für rauhen Betrieb, technische Ausführung [D 6.7-23].
a Quader, b Schrauben, c Bauteil, d
Erhebung, e Bohrung, f DMS, g Bohrungen

539

Gemäß Bild D 6.7-10 besteht der Aufnehmer im wesentlichen aus einem metallischen Quader a, der an seinen Enden die Bohrungen c und in seiner Mitte die nicht durchgehende Bohrung e der Höhe h_L aufweist. Wird der Aufnehmer mit Schrauben, welche durch die Bohrungen c führen, auf ein Bauteil geschraubt, dann wird die Dehnung ε_B des Bauteiles in den Aufnehmer übertragen und verursacht im schwachen Querschnitt neben der Bohrung e eine Dehnung ε_S, die wegen der Querschnittsverringerung größer als ε_B ist. Man erhält

$$\varepsilon_S = \frac{l_M}{(b\,h - d\,h_S)\left(\dfrac{l_M - d}{b\,h} + \dfrac{V}{h_L}\right)}\,\varepsilon_B \qquad (D\,6.7\text{-}5).$$

Hierin ist

$$V = \frac{\dfrac{b\,h}{d\,h_L}}{\sqrt{\left(\dfrac{b\,h}{d\,h_L}\right)^2 - 1}}\;\arctan\left(\sqrt{\dfrac{\dfrac{b\,h}{d\,h_L} + 1}{\dfrac{b\,h}{d\,h_L} - 1}}\right) - \frac{\pi}{2} \qquad (D\,6.7\text{-}6).$$

Bild D 6.7-11 zeigt eine technische Ausführung des Aufnehmers [D 6.7-23]. Der metallische Quader a ist mit Schrauben b auf das Bauteil c geschraubt. Ein definierter Dehnungsabgriff wird durch die Erhebung d gewährleistet. Die Dehnung in der Bohrung e wird mit vier DMS f gemessen, die zur Vollbrücke geschaltet sind. Die Leitungen werden durch Bohrungen g geführt. Praktisch erreicht man ein Verhältnis von ε_S und ε_B von rund 5. Der Aufnehmer zeichnet sich durch Robustheit und kurze Montagezeit aus.

Der Aufnehmer nach Bild D 6.7-12 [D 6.7-24] ist zum Messen zweiachsiger Dehnungsfelder geeignet. Er besteht aus einer Biegefeder a in Gestalt eines gleichschenkligen Dreiecks, die in den drei Ecken Meßspitzen b trägt. Die drei Schenkel der Biegefeder a tragen je einen DMS c. Dessen Dehnung ε_S ist unabhängig von der Meßlänge:

$$\varepsilon_S = \frac{b}{2\,h}\,\varepsilon_B \qquad (D\,6.7\text{-}7).$$

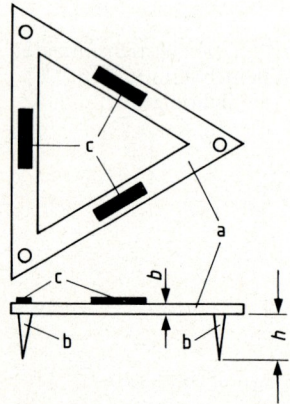

Bild D 6.7-12. Aufnehmer zum Messen zweiachsiger Dehnungsfelder [D 6.7-24].
a Biegefeder, b Meßspitzen, c DMS

Hierin ist ε_B die Dehnung des Bauteiles. Die Dehnung je eines Schenkels wird durch die Dehnungen der jeweils beiden anderen Schenkel nicht beeinflußt. Bei einmaligem Aufsetzen des Aufnehmers können deshalb die Hauptdehnungen nach Größe und Richtung gemessen werden (vgl. Abschn. A).

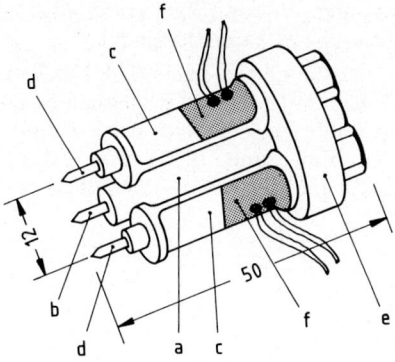

Bild D 6.7-13. Aufnehmer zum Messen von zwei senkrecht zueinander verlaufenden Dehnungen bei hohen Temperaturen [D 6.7-25].
a Schenkel, b Meßspitze, c Biegefedern, d Meß-spitzen, e Kopf, f DMS

Einen Aufnehmer zum Messen von zwei senkrecht zueinander verlaufenden Dehnungen für hohe Temperaturen [D 6.7-25] zeigt Bild D 6.7-13. Ein fester Schenkel a mit der Meßspitze b und zwei Biegefedern c mit Meßspitzen d sind mit einem Kopf e verschraubt. Die Biegefedern c, die um 90° zueinander verdreht sind, tragen je zwei DMS f, die im Flammspritzverfahren unter Verwenden von Al_2O_3 aufgebracht wurden. Die Biegefedern bestehen aus „René 41" (ASM-5712).

Der Aufnehmer ist für Bauteildehnungen von $\pm 5\%$ bei Temperaturen bis zu $760\,°C$ geeignet. Seine Dehnungsuntersetzung beträgt rund $1:20$. Sein Nullpunkt ändert sich mit der Temperatur um rund $1\cdot 10^{-6}/°C$ und während einiger Stunden bei $760\,°C$ um rund $20\cdot 10^{-6}$.

D 6.7.4.3 Dehnungsaufnehmer für das Innere von Bauteilen

Dehnungsaufnehmer für das Innere von Bauteilen werden fast ausschließlich in Beton verwendet. Bild D 6.7-14 zeigt ein sehr zierliches Gerät [D 6.7-26]. In einem Stahlröhr-chen a ist konzentrisch ein aus der DMS-Technik (vgl. Abschn. D 6.3) bekannter Meß-draht angeordnet, der gegenüber der Wand des Stahlröhrchens a durch verdichtetes Magnesiumoxydpulver isoliert ist. Die Dehnung wird über die Flansche b eingeleitet. Außerdem ist das Stahlröhrchen a außenseitig geriffelt. Die Anschlüsse befinden sich in einem Zylinder c; die Anschlußleitungen d sind kunststoffisoliert oder werden auf Wunsch auch in einem Metallrohr verlegt. Im letzteren Fall ist der ganze Aufnehmer hermetisch dicht gegen Feuchtigkeit. Das ist besonders bei Langzeitmessungen sehr vorteilhaft. Es können Meßlängen l_M von 50, 100 und 150 mm mit entsprechend abgestuften Flanschdurchmessern h von 17, 22 und 22 mm geliefert werden. Der Meßbereich liegt bei $\pm 6\cdot 10^{-3}$, die höchste Dehnung ohne Zerstörung bei $20\cdot 10^{-3}$. Temperaturen bis $163\,°C$ sind zulässig.

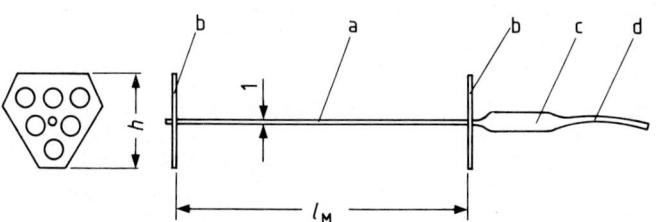

Bild D 6.7-14. Dehnungsaufnehmer für das Innere von Beton [D 6.7-26].
a Stahlröhrchen, b Flansche, c Zylinder, d Anschlußleitungen

541

Der Aufnehmer eignet sich vor allem für den Einsatz unter gut kontrollierten Bedingungen bei Modellversuchen. Für rauhen Baustelleneinsatz ist er kaum geeignet.

Für rauhen Einsatz über lange Zeiten hat man den Aufnehmer nach Bild D 6.7-15 konzipiert [D 6.7-27]. Ein Stahlrohr a ist an seinen Enden mit robusten Flanschen b zur Dehnungseinleitung versehen. Es trägt zwei aufgeschweißte, einschließlich der Zuleitungen c hermetisch dichte DMS d (Hersteller: Microdot). Eine dünne Blechummantelung e schützt die DMS d vor mechanischer Beschädigung und gleicht die Steifigkeit des Aufnehmers der des umgebenden Betons an.

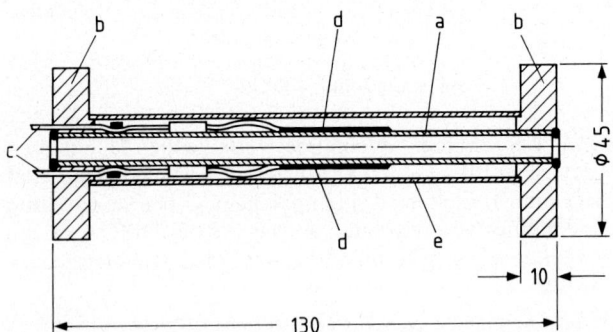

Bild D 6.7-15. Dehnungsaufnehmer für das Innere von Beton [D 6.7-27].
a Stahlrohr, b Flansche, c Zuleitungen, d DMS, e Blechummantelung

Ein weiterer Dehnungsaufnehmer ist in Bild C 1.4-8 dargestellt. Auf das Schrifttum [C 1.2-2] und [D 6.7-3] sei hingewiesen. Über einen Vergleich verschiedener Aufnehmer wird in [D 6.7-28; 29] berichtet. Der Einsatz vieler, kettenartig nebeneinander angeordneter Dehnungsaufnehmer in Beton ist in [D 6.7-30] geschildert.

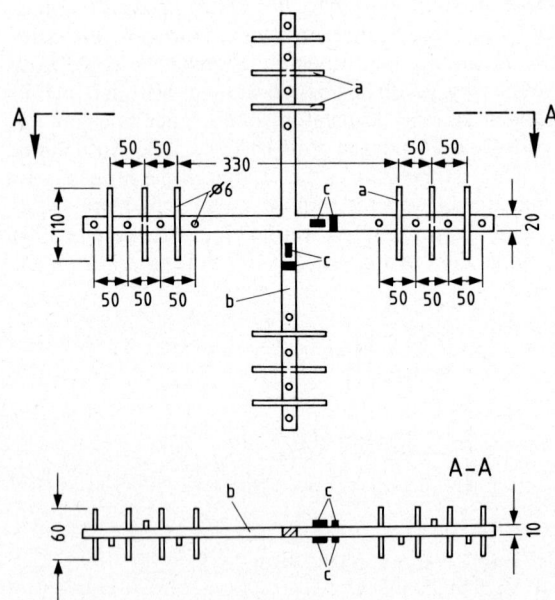

Bild D 6.7-16. Aufnehmer zum Messen von zwei senkrecht zueinander verlaufenden Dehnungen für das Innere von Beton [D 6.7-31].
a Abgriffe, b Rechteckstahl, c DMS

Eine Dehnungsmessung in zwei zueinander senkrechten Richtungen ermöglicht der Aufnehmer gemäß Bild D 6.7-16 [D 6.7-31]. Ein an seinen Enden mit Abgriffen a versehener Rechteckstahl b trägt die DMS c, die mit einer Mischung aus Polyisobutylen, Esterwachs und Kunststoffen mechanisch und gegen Feuchte geschützt sind. Baut man zwei Aufnehmer übereinander mit gegeneinander verdrehten Richtungen des Rechteckstahls b ein, kann man ebene Dehnungszustände ausmessen. Die Anordnung von neun Dehnungsaufnehmern in Rosettenform zum Messen dreiachsiger Dehnungszustände in Beton findet man in [D 6.7-2] erläutert.

D 6.7.4.4 Rißaufweitungsaufnehmer

Aufnehmer zum Messen von Rißaufweitungen sind zwar keine Dehnungsaufnehmer, werden aber häufig in den Arbeitsbereichen verwendet, die sich auch mit der experimentellen Spannungsanalyse befassen. Ein Aufnehmer sei deshalb hier beschrieben [D 6.7-14].

Der in Bild D 6.7-17 dargestellte Aufnehmer verwendet Bestandteile des in Bild D 6.7-5 wiedergegebenen Baukastensystems, insbesondere also die Blattfeder a mit DMS b. Die beiden Schenkel c mit den Gegenstücken d sind mit der Blattfeder a fest verschraubt. Die beiden Meßspitzen e werden in den Riß eingeführt und dort infolge der Spannkraft der Blattfeder a gehalten. Der Meßbereich beträgt 3 bis 10 mm, die Empfindlichkeit 5 mV/V und die Eigenfrequenz 20 Hz. Auch hermetisch gekapselte Rißaufweitungsaufnehmer für Meßtemperaturen bis 600 °C werden angeboten [D 6.7-32].

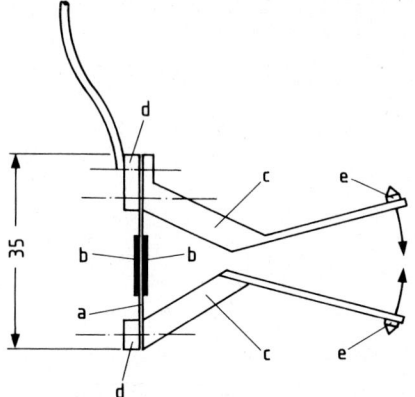

Bild D 6.7-17. Rißaufweitungsaufnehmer
[D 6.7-14].
a Blattfeder, b DMS, c Schenkel, d Gegenstücke,
e Meßspitzen

D 6.7.5 Zusammenfassende Beurteilung

Spannungs- und Dehnungsaufnehmer mit DMS sind in vielen Ausführungsarten entwickelt worden. Sie zeichnen sich durch große Anpassungsfähigkeit an die verschiedensten Meßaufgaben, die einfache Möglichkeit zur elektrischen Datenverarbeitung sowie ihre oft kurze Montagezeit und ihre Wiederverwendbarkeit aus.

Diese Dehnungsaufnehmer müssen eingesetzt werden, wenn innerhalb der Meßstrecke Risse auftreten; nachteilig ist insbesondere ihre Erschütterungsempfindlichkeit. Werden Erschütterungen erwartet, sollte man deshalb direkt auf die Oberfläche geklebte DMS bevorzugen.

D 6.8 Dehnungsaufnehmer mit Feldplatten

D 6.8.1 Allgemeines

Bereits 1856 stellte *W. Thomson* [D 6.8-1] fest, daß sich der Widerstand eines stromdurchflossenen Leiters als Funktion des ihn durchsetzenden Magnetfeldes ändert. Fast hundert
Jahre dauerte es, bis es gelang, durch Verwenden von Halbleitern technisch brauchbare
Bauelemente zur Verfügung zu stellen, deren Wirkung auf diesem Effekt beruht. Für diese
Bauelemente hat sich die Bezeichnung „Feldplatten" eingeführt [D 6.8-2]. Feldplatten
werden heute u. a. in zahlreichen und verschiedenen Aufnehmern eingesetzt, insbesondere
zum berührungslosen Messen von Verschiebungen.

D 6.8.2 Physikalisches Prinzip

Das Physikalische Prinzip und wichtige Kennwerte von Feldplatten [D 6.8-3] sind in Bild
D 6.8-1 dargestellt.

Gemäß Bild D 6.8-1 a verlaufen die Bahnen des Stromes i in einem Halbleiterstreifen
parallel zu seinen Kanten, wenn ihn kein Magnetfeld B durchsetzt. Tritt ein Magnetfeld
B senkrecht zur Papierebene auf, werden, wie in Bild 6.8-1 b schematisch eingezeichnet,
die Strombahnen abgelenkt, was eine Vergrößerung des Widerstandes bedeutet. Der

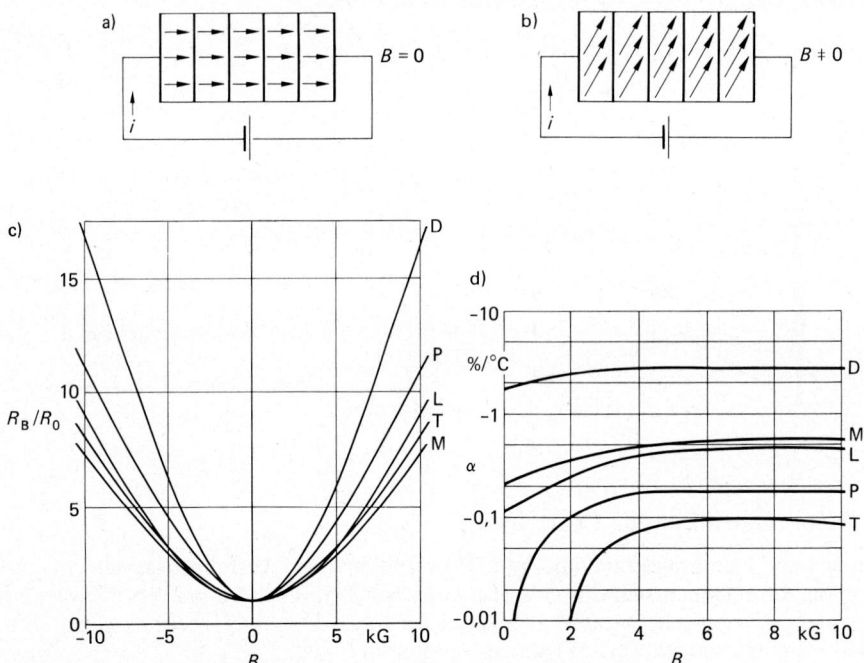

Bild D 6.8-1. Physikalisches Prinzip und wichtige Kennwerte von Feldplatten [D 6.8-3].
a) Strombahnen ohne Magnetfeld B.
b) Strombahnen mit Magnetfeld B.
c) Widerstand R_B von Feldplatten, bezogen auf den Widerstand R_0 bei $B = 0$, als Funktion der
   Feldstärke B für verschiedene Werkstoffe.
d) Temperaturkoeffizient α von R_B bei 22 °C als Funktion der Feldstärke B für verschiedene Werkstoffe.

Effekt wird verstärkt, wenn der Halbleiterstreifen rasterförmig im rechten Winkel zur Längsausdehnung des Halbleiterstreifens verlaufende, gut leitende Stege enthält, weil sich dann die Wirkung der einzelnen, durch Stege voneinander getrennten Halbleitersektoren addiert.

Als Grundmaterial für die Feldplatte verwendet man verschieden stark mit Tellur dotiertes Indiumantimonid (InSb). Die leitenden Stege stellt man in einem speziellen Verfahren aus Nickelantimonid (NiSb) her. Die Stege durchsetzen die Feldplatte als feine Nadeln mit Durchmessern von weniger als $1 \cdot 10^{-3}$ mm und Abständen von rund 2 bis $20 \cdot 10^{-3}$ mm. Die Abmessungen der Feldplatten liegen unterhalb einiger mm. Sie sind auf Unterlagen aus Ferrit, Keramik oder Kunststoff aufgeklebt. Die Grundwiderstände R_0 betragen 60 bis 500 Ω.

Der Widerstand R_B unter dem Einfluß eines Magnetfeldes B, bezogen auf R_0, ist für verschiedene übliche Materialien in Bild D 6.8-1 c dargestellt. Er steigt mit B zunächst quadratisch und dann annähernd linear an. Eine Richtungsänderung von B um 180° ist ohne Einfluß.

Wie Bild D 6.8-1 d zeigt, ist der Temperaturkoeffizient α des Widerstandes – hier für 22 °C aufgetragen – beträchtlich; α hängt von B und zusätzlich auch noch von der Temperatur ab.

Verschiebt man eine Feldplatte relativ zu einem Magneten, ändert sich B in der Feldplatte und damit R_B. Da man meist eine möglichst lineare Kennlinie wünscht, spannt man die Feldplatte magnetisch vor, z. B. mittels eines Permanentmagneten auf 5 bis 10 kG, und steuert sie um den sich einstellenden Arbeitspunkt herum aus.

Bild D 6.8-2 zeigt schematisch einen Wegaufnehmer mit Feldplatten [D 6.8-4]. Der zu messende Weg s verschiebt einen Stift a, der durch zwei Blattfedern b parallel geführt ist. Er trägt eine weichmagnetische Scheibe c, die den Fluß der Permanentmagnete d – je nach Größe und Richtung von s – entweder in den Feldplatten e vergrößert und in den Feldplatten f entsprechend verkleinert oder umgekehrt. Das Gestell g aus weichmagnetischem Werkstoff verringert den Streufluß der Permanentmagnete d. Es wurden hier vier zu einer Vollbrücke verschaltete Feldplatten verwendet [D 6.8-5], um die Linearität zu verbessern, die Temperatureinflüsse zu verringern und die Empfindlichkeit zu erhöhen.

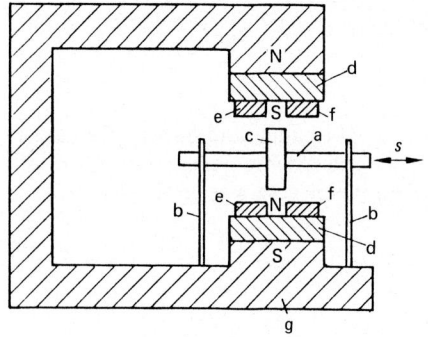

Bild D 6.8-2. Wegaufnehmer mit Feldplatten, schematisch [D 6.8-4].
a Stift, b Blattfedern, c weichmagnetische Scheibe, d Permanentmagnete, e, f Feldplatten, g Gestell

D 6.8.3 Meßeinrichtungen und ihre Handhabung

Die in Abschn. D 6.8.2 geschilderten Schwierigkeiten haben einen breiten Einsatz von Feldplatten für Dehnungsaufnehmer bislang verhindert. Gleichwohl lassen sich derartige Dehnungsaufnehmer mit technisch interessanten Eigenschaften realisieren. Bild D 6.8-3 zeigt ein Beispiel [D 6.8-4; 5; 6].

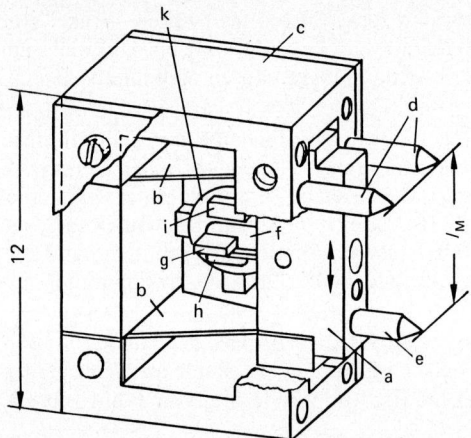

Bild D 6.8-3. Dehnungsaufnehmer mit Feldplatten [D 6.8-6].
a Aufnahme, b Blattfedern, c Gehäuse, d feste Meßspitzen, e bewegliche Meßspitze, f Träger, g weichmagnetische Scheibe, h, i Feldplatten, k Permanentmagnet

Eine Aufnahme a ist mit zwei Blattfedern b am Gehäuse c befestigt und so parallelgeführt. Am Gehäuse c sind zwei feste Meßspitzen d, an der Aufnahme a eine bewegliche Meßspitze e befestigt. Die über die Meßlänge l_M abgegriffene Dehnung wird als Verschiebung von der Aufnahme a aufgenommen und auf einen mit ihr verbundenen Träger f übertragen. Der Träger trägt eine weichmagnetische Scheibe g, die entsprechend Bild D 6.8-2 für dehnungsproportionale Flußänderungen in den Feldplatten h und i sorgt, die ihrerseits auf dem Permanentmagneten k befestigt sind. Ein entsprechender Permanentmagnet mit zwei Feldplatten befindet sich auf der hier nicht eingezeichneten vorderen Abdeckplatte des Aufnehmers.

Bei einem Meßbereich von $200 \cdot 10^{-3}$ mm erhält man mit einer Speisespannung von 5 V das bemerkenswert hohe Ausgangssignal von 300 mV. Der Linearitätsfehler beträgt infolge des kleinen Meßweges und der Verwendung von vier Feldplatten in Vollbrückenschaltung nur maximal 2‰. Die relative Nullpunktdrift ist etwa $50 \cdot 10^{-6}$/K, die Hysterese „nicht meßbar". Konstruktive Hinweise lassen sich [D 6.8-7; 8] entnehmen. Es sei hier auch auf die Möglichkeit hingewiesen, die dehnungsabhängige Hall-Spannung von Hall-Generatoren [D 6.8-2] ohne Magnetfeld zur Dehnungsmessung zu verwenden [D 6.8-9].

D 6.8.4 Zusammenfassende Beurteilung

Dehnungsaufnehmer mit Feldplatten lassen sich kompakt bauen und haben eine bemerkenswert hohe Empfindlichkeit. Ob sie sich gegen die einfacheren Aufnehmer mit DMS, z. B. entsprechend Bild D 6.7-5, durchsetzen werden, bleibt abzuwarten.

D 6.9 Induktive Dehnungsaufnehmer

D 6.9.1 Formelzeichen

A	Abmessungen; Querschnittsfläche
C	Kapazität
C_p	Leitungskapazität
L	Induktivität
L_L	Leitungsinduktivität
L_{max}	maximale Induktivität
L_λ	Induktivität beim Weg λ
R	Widerstand
R_{is}	Isolationswiderstand
R_L	Leitungswiderstand
R_v	Verlustwiderstand; Vergleichswiderstand
U_M	Diagonalspannung
l_{Fe}	Länge der magnetischen Feldlinien im Kern
l_L	Länge des Luftraumes, Länge der magnet. Feldlinien in der Luft
l_0	Weg
l_R	Länge des magnetischen Rückschlusses
l_{Sp}	Länge der Spule
Δl	Ankerverschiebung
l_λ	Symmetrielage
w	Windungszahl
μ	Permeabilität
μ_A	relative Permeabilität des Ankers
μ_{Fe}	relative Permeabilität des Kerns
μ_L	relative Permeabilität der Luft
μ_0	Permeabilität des leeren Raumes
μ_R	relative Permeabilität des Rückschlusses
ω	Kreisfrequenz

D 6.9.2 Allgemeines

Beim induktiven Dehnungsaufnehmer verändert eine Dehnung eine oder zwei Induktivitäten und macht die Dehnung so meßbar. Die Grundform der induktiven Aufnehmer, wie sie im wesentlichen noch heute benutzt werden, wurde in den Jahren 1937 bis 1939 in der Deutschen Versuchsanstalt für Luftfahrt (DVL) geschaffen [D 6.9-1].

Mit der Einführung der Dehnungsmeßstreifen in den 40er Jahren ging die Bedeutung der induktiven Dehnungsaufnehmer zurück, denn die Dehnungsmeßstreifen sind ihnen besonders hinsichtlich Präzision, Grenzfrequenz und Vielseitigkeit weit überlegen. Besonders in Fällen, wo man nicht längs körperfester Linien messen kann, weil z. B. mögliche Risse zu überbrücken sind (vgl. Abschn. C 1.2), behaupten sich jedoch induktive Aufnehmer dank ihrer Robustheit, hohen Empfindlichkeit und kurzen Montagezeit.

D 6.9.3 Physikalisches Prinzip

D 6.9.3.1 Allgemeines

Bekanntlich bezeichnet man eine auf einen Kern aufgebrachte Drahtwicklung als Induktivität [D 6.9-2, S. 167–181], Bild D 6.9-1 a. Die Größe der Induktivität L hängt von der

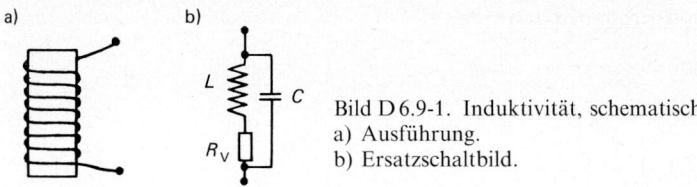

Bild D 6.9-1. Induktivität, schematisch.
a) Ausführung.
b) Ersatzschaltbild.

Windungszahl w, der Permeabilität μ des Kernes und den Abmessungen A von Wicklung und Kern ab:

$$L = f(w, \mu, A) \tag{D 6.9-1}.$$

Werden die Größen, w, μ oder A einer Induktivität von mechanischen Größen beeinflußt, ist also die Induktivität L von mechanischen Größen abhängig, dann bezeichnet man sie als induktiven Aufnehmer. Je nachdem, ob w, μ oder A von einer mechanischen Größe beeinflußt werden, ist die Wirkungsweise und die konstruktive Ausführung des induktiven Aufnehmers verschieden. Allen induktiven Aufnehmern gemeinsam ist jedoch ihr Verhalten als passive Aufnehmer: sie benötigen eine Hilfsspannungsquelle, entziehen dem Meßobjekt nur geringe Energie und sind zur Messung statischer wie dynamischer Meßgrößen geeignet.

Im Gegensatz zu den meisten Widerstandsaufnehmern, die – elektrisch gesehen – praktisch einen rein ohmschen Widerstand darstellen, bestehen induktive Aufnehmer nie aus einer reinen Induktivität, sondern enthalten auch ohmsche und kapazitive Anteile. In Bild D 6.9-1 b ist die elektrische Ersatzschaltung eines induktiven Aufnehmers wiedergegeben. Neben der reinen Induktivität L ist stets ein Verlustwiderstand R_v und eine Kapazität C vorhanden.

Der Verlustwiderstand R_v ist im wesentlichen durch den ohmschen Widerstand der Drahtwicklung gegeben. Hinzu kommen Anteile durch Wirbelstromverluste im Kern und in der Wicklung und magnetische Hystereseverluste im Kern.

Ein idealer induktiver Aufnehmer müßte einen im Vergleich zu R_v sehr großen induktiven Widerstand ωL aufweisen; bei technischen Ausführungen und mit den üblichen Frequenzen von rund 5 bis 50 kHz läßt sich dies jedoch nicht verwirklichen; praktisch erreicht man

$$\omega L \approx 1 \quad \text{bis} \quad 10 \, R_\mathrm{v} \tag{D 6.9-2}.$$

Die Folge ist, daß die Anzeige induktiver Aufnehmer stark frequenzabhängig ist, denn ωL hängt stärker von der Frequenz ab als R_v. Außerdem hängt dadurch die Anzeige stark von der Temperatur ab, denn der ohmsche Widerstand der Wicklungen, die meist aus Kupferdraht bestehen, hat einen Temperaturkoeffizienten von 0,4% je °C. Bei Messungen mit induktiven Aufnehmern hat man deshalb grundsätzlich mit größeren Fehlern zu rechnen, als sie bei Messungen mit Widerstandsaufnehmern auftreten.

Die Kapazität C stört nur wenig, da man $\omega L \ll 1/\omega C$ i. a. bei technischen Ausführungen leicht erreicht.

Wie jeder elektrische Aufnehmer, muß auch der induktive Aufnehmer mittels eines Meßkabels mit dem Anpasser verbunden werden, Bild D 6.9-2. Das Meßkabel läßt sich meist durch eine Ersatzschaltung beschreiben, in der R_L seinen ohmschen Leistungswiderstand, L_L seine Induktivität, R_is den Isolationswiderstand zwischen den Leitern und C_p die Kapazität zwischen den Leitern bedeutet. Da diese Größen die Empfindlichkeit des Aufnehmers beeinflussen und außerdem durch Temperatur-, Feuchtigkeits-, Zeiteinflüsse

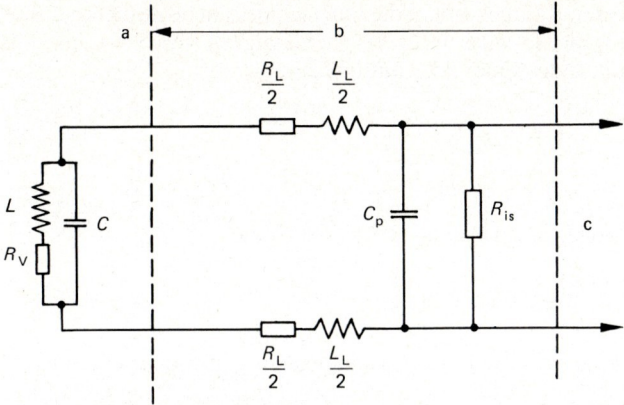

Bild D 6.9-2. Anschluß eines induktiven Aufnehmers über ein Meßkabel.
a Aufnehmer, b Meßkabel, c zum Anpasser

usw. schwanken, muß der induktive Widerstand ωL des induktiven Aufnehmers passend gewählt werden:

$$R_{\mathrm{L}}, \omega L_{\mathrm{L}} \ll \omega L \ll R_{\mathrm{is}}, \frac{1}{\omega C_{\mathrm{p}}} \qquad \text{(D 6.9-3)}.$$

Für eine Länge des Meßkabels von z. B. 10 m hat man rund mit $R_{\mathrm{L}} = 1\,\Omega$, $L_{\mathrm{L}} = 5 \cdot 10^{-3}\,\mathrm{mH}$, $R_{\mathrm{is}} = 10^9\,\Omega$ und $C_{\mathrm{p}} = 1000$ pF zu rechnen. Wählt man, wie es bei technischen Ausführungen induktiver Aufnehmer der Fall ist, L im Bereich von rund 2 bis 20 mH, läßt sich bei einer Speisefrequenz von rund 5 kHz Gl. (D 6.9-3) für z. B. 10 m Kabellänge leicht erfüllen.

D 6.9.3.2 Aufnehmer mit veränderlichem Luftspalt

Induktive Aufnehmer, deren Induktivität durch Verändern des Luftspaltes eines magnetischen Kernes geändert wird, werden in der Technik häufig verwendet. In Bild D 6.9-3 ist ein solcher Aufnehmer schematisch dargestellt. Auf einen magnetischen Kern a, der z. B. U-Form aufweist, ist eine Spule b aufgeschoben. Die magnetischen Feldlinien durchsetzen den Kern, treten an seinen Stirnseiten in die Luft aus und schließen sich wieder durch den ebenfalls magnetischen Anker c. Wird der Anker relativ zum Kern bewegt, ändert sich der Luftspalt und damit die Induktivität. Die Induktivität ist also ein Maß für den Weg des Ankers. Aufnehmer dieser Art nennt man Querankeraufnehmer.

Bezeichnet man mit l_{Fe} bzw. l_{L} die Länge der magnetischen Feldlinien im Kern und im Anker bzw. in der Luft, mit μ_{Fe} bzw. μ_{L} die relativen Permeabilitäten von Kern bzw. Luft,

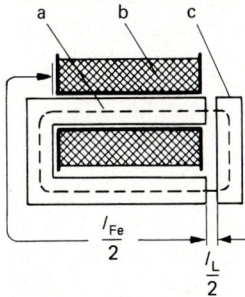

Bild D 6.9-3. Induktiver Querankeraufnehmer, schematisch.
a Kern, b Spule, c Anker

mit μ_0 die Permeabilität des leeren Raumes, mit A die Querschnittsfläche des Kernes und mit w die Windungszahl der Spule, so wird unter Vernachlässigkeit von Streuung und Wirbelströmen die Induktivität L des Queankeraufnehmers:

$$L = \mu_0\, w^2\, \frac{A}{\dfrac{l_{Fe}}{\mu_{Fe}} + \dfrac{l_L}{\mu_L}} \qquad (D\,6.9\text{-}4).$$

Für $l_L = 0$, also für am Kern anliegenden Anker, wird L maximal:

$$L_{max} = \mu_0\, w^2\, \frac{A}{l_{Fe}/\mu_{Fe}} \qquad (D\,6.9\text{-}5).$$

Aus den Gl. (D 6.9-4) und (D 6.9-5) folgt die Grundgleichung für den Queankeraufnehmer:

$$\frac{L}{L_{max}} = \frac{1}{1 + \dfrac{l_L/\mu_L}{l_{Fe}/\mu_{Fe}}} \qquad (D\,6.9\text{-}6).$$

Diese Gleichung ist in Bild D 6.9-4 graphisch dargestellt. Wesentlich ist der hyperbolische Zusammenhang zwischen Induktivität L und Ankerweg l_L. Queankeraufnehmer haben also nur für kleine Ankerwege eine näherungsweise konstante Empfindlichkeit. Große Empfindlichkeit erzielt man für ein gegebenes l_L bei kleinem l_{Fe} und großem μ_{Fe}.

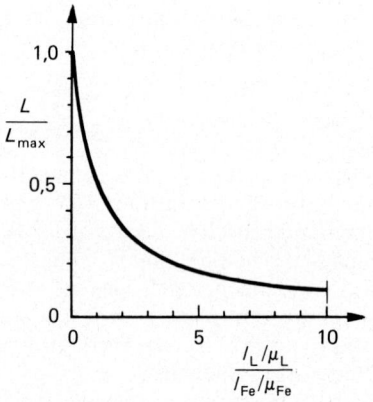

Bild D 6.9-4. Idealisierte Kennlinie eines induktiven Queankeraufnehmers.

Um auch für etwas größere Ankerwege konstante Empfindlichkeit zu erhalten und gleichzeitig unerwünschte Temperatureinflüsse zu kompensieren, schaltet man meist zwei Queankeraufnehmer entsprechend Bild D 6.9-5 zusammen. (Zur besseren Übersichtlichkeit ist hier der Ankerweg etwa zehnmal größer eingezeichnet, als er in technischen Ausführungen vorliegt.) Bei einer Verschiebung des Ankers wird entsprechend Bild D 6.9-4 die eine Induktivität L größer, die andere kleiner. Die beiden Induktivitäten L sind mit den Vergleichswiderständen R_v und dem zum Phasenabgleich nötigen Kondensator C so in eine Wheatstonesche Brücke geschaltet, daß bei einer Verschiebung des Ankers beide Induktivitäten das Brückengleichgewicht gleichsinnig beeinflussen. Die Widerstände R sind die Verlustwiderstände; ihre Änderungen, insbesondere durch veränderliche Temperatur, haben keinen großen Einfluß auf das Brückengleichgewicht, wenn sie gleich groß sind. U ist die Speisespannung der Brücke. Wird die Brücke nach einer

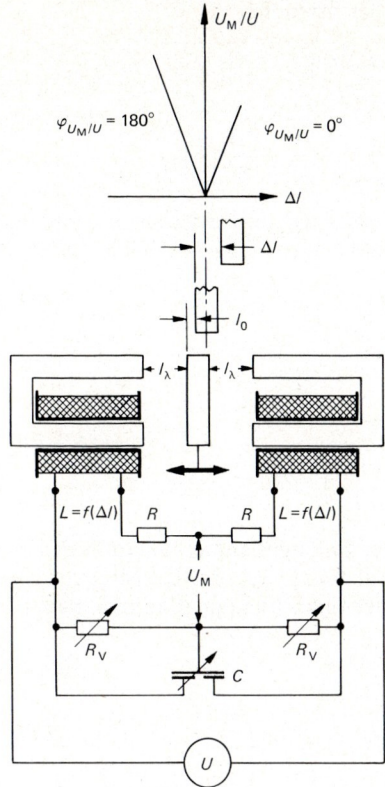

Bild D 6.9-5. Wirkungsweise und Schaltung eines induktiven Differentialquerankeraufnehmers.

Anfangsverschiebung des Ankers um den Weg l_0 abgeglichen, also U_M zu null gemacht, ergibt sich als Funktion der Ankerverschiebung Δl schematisch die oben eingetragene Diagonalspannung U_M. Sie ändert beim Durchlaufen der Anfangsverschiebung l_0 des Ankers ihre Phase um 180°. Mittels eines phasenempfindlichen Gleichrichters läßt sich also auch die Richtung von Δl feststellen. Die Symmetrielage des Ankers sei durch l_λ gekennzeichnet.

A. Wiemer und *R. Lehmann* [D 6.9-3] haben den Differentialquerankeraufnehmer entsprechend Bild D 6.9-5 analysiert. Unter den Voraussetzungen

a) der Widerstand in der Diagonale der Brücke ist sehr viel größer als alle anderen Brückenwiderstände,

b) die Abgleichelemente R_v und C sind nur wenig verstimmt und

c) $\dfrac{l_0}{K\,l_\lambda} \ll 1$ mit $K = 1 + \dfrac{l_{Fe}}{2\,\mu_{Fe}\,l_\lambda}$

wird mit der der Gl. (D 6.9-4) entsprechenden Beziehung

$$L_\lambda = \mu_0\,w^2\,\frac{A}{\dfrac{l_{Fe}}{\mu_{Fe}} + \dfrac{2\,l_\lambda}{\mu_L}} \qquad\qquad \text{(D 6.9-7)}$$

551

die Diagonalspannung U_M unter Vernachlässigung der Streuung:

$$U_\mathrm{M} \approx U\, \frac{1}{2K}\, \frac{\Delta l}{l_\lambda} \sqrt{\frac{1+\left(\dfrac{R}{\omega L_\lambda}\right)^2\left(1+\dfrac{l_0\,\Delta l}{K^2\,l_\lambda^2}\right)^2}{\left\{1+\left(\dfrac{R}{\omega L_\lambda}\right)^2\right\}\left\{1+\left(\dfrac{R}{\omega L_\lambda}\right)^2\left(1-\dfrac{2l_0\,\Delta l}{K^2\,l_\lambda^2}-\dfrac{\Delta l_2}{K^2\,l_\lambda^2}\right)^2\right\}}} \tag{D 6.9-8}.$$

Aus Gl. (D 6.9-8) ist ersichtlich, daß kein linearer Zusammenhang zwischen U_m und Δl besteht. Für kleine Verschiebungen Δl des Ankers und kleine Anfangsverschiebungen l_0, also für

$$\left(\frac{\Delta l}{K\, l_\lambda}\right)^2 \ll 1 \quad\text{und}\quad \frac{\Delta l\, l_0}{K^2\, l_\lambda^2} \ll 1 \tag{D 6.9-9},$$

wird Gl. (D 6.9-8) jedoch zu

$$U_\mathrm{M} \approx U\, \frac{1}{2K}\, \frac{\Delta l}{l_\lambda}\, \frac{1}{\sqrt{1+\left(\dfrac{R}{\omega L_\lambda}\right)^2}} \tag{D 6.9-10}.$$

Unter den Voraussetzungen von Gl. (D 6.9-9) ist der Differentialquerankeraufnehmer also linear. Seine Empfindlichkeit hängt jedoch noch über ωL_λ von der Kreisfrequenz ω der Speisespannung U ab. Könnte man die Verluste der Induktivitäten sehr klein halten, wäre also

$$\left(\frac{R}{\omega L_\lambda}\right)^2 \ll 1 \tag{D 6.9-11},$$

dann erhielte man für diesen idealen Differentialquerankeraufnehmer aus Gl. (D 6.9-8)

$$U_\mathrm{M} \approx U\, \frac{1}{2K}\, \frac{\Delta l}{l_\lambda} = U\, \frac{1}{2+\dfrac{l_\mathrm{Fe}/\mu_\mathrm{Fe}}{l_\lambda}}\, \frac{\Delta l}{l_\lambda} \tag{D 6.9-12},$$

also keinen Frequenzeinfluß.

Faßt man alle Konstanten der Gl. (D 6.9-10) zu einem Faktor E, der Empfindlichkeit, zusammen, dann entsteht:

$$\frac{U_\mathrm{M}}{U} = E\, \frac{\Delta l}{l_\lambda} \tag{D 6.9-13}.$$

Der theoretische Maximalwert von E ist 0,5. Praktisch wird dieser Wert jedoch nicht erreicht. Für eine Ausführung [D 6.9-3] mit $R/\omega L \approx 1$, $\omega = 2\pi\, 5\,\mathrm{kHz}$ und $l_\lambda = 0,5\,\mathrm{mm}$ hat man die Kennlinien in Bild D 6.9-6 erhalten. (Die Anfangsverschiebung l_0 des Ankers war bei diesen Messungen null. Für negative $\Delta l/l_\lambda$ verlaufen deshalb die Kurven spiegelbildlich.)

Kurve a gilt für einen Aufnehmer mit einem Kern aus massivem Weicheisen, dessen wirksame Permeabilität μ_Fe durch Wirbelströme stark verringert wird. Die Folge davon sind geringe Empfindlichkeit und starke Nichtlinearität. Im Ursprung ist E nur 0,02. Ein sonst gleich aufgebauter Aufnehmer, jedoch mit lamelliertem Eisenkern (Kurve b) zeigt im Ursprung eine Empfindlichkeit E von immerhin 0,105 und eine kleinere Nichtlinearität. Eine weitere Erhöhung von E, verbunden mit noch geringerer Nichtlinearität, erreicht man durch Verlegen des Luftspaltes vom Spulenende zur Spulenmitte. Die Kurve c gilt für die maximal mögliche Empfindlichkeit von 0,5. Ein Differentialquerankeraufnehmer für Wegmessungen ist in [D 6.9-4] analysiert.

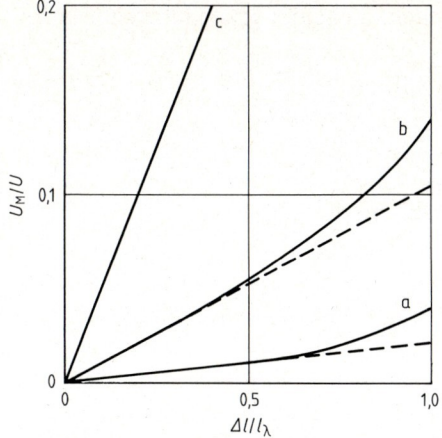

Bild D 6.9-6. Kennlinien von Differentialquer-
ankeraufnehmern gemäß Bild D 6.9-5 nach
Wiemer und *Lehmann* [D 6.9-3].
a Aufnehmer mit massivem Weicheisenkern,
b Aufnehmer mit lamelliertem Weicheisenkern, c idealer Aufnehmer
– – – Tangenten im Ursprung

D 6.9.3.3 Aufnehmer mit Tauchanker

Der wesentliche Nachteil des Querankeraufnehmers ist sein begrenzter Meßweg. Das führte zur Entwicklung eines induktiven Aufnehmers mit großem Meßweg entsprechend Bild D 6.9-7. Er besteht im wesentlichen aus einer Spule a des Querschnittes A_L, einem verschiebbaren Anker b des Querschnittes A_A und der Permeabilität μ_A sowie einem magnetischen Rückschluß c des Querschnittes A_R und der Permeabilität μ_R. In erster Näherung verlaufen die magnetischen Feldlinien durch den Luftraum der Länge l_L im Inneren der Spule, durch den Teil des Ankers der Länge $l_{Sp} - l_L$ und schließen sich wieder durch den magnetischen Rückschluß der Länge l_R. Durch mehr oder minder weites Eintauchen des Ankers in die Spule – dieser Aufnehmer wird deshalb Tauchankeraufneh-mer genannt – kann die Induktivität des Aufnehmers als Funktion des Weges Δl verän-dert werden. In erster, grober Näherung wird:

$$L = \mu_0 \, w^2 \, \frac{1}{\dfrac{l_L}{\mu_L A_L} + \dfrac{l_{Sp} - l_L}{\mu_A A_A} + \dfrac{l_R}{\mu_R A_R}} \qquad (D\,6.9\text{-}14).$$

Hierin ist μ_0 wieder die Permeabilität des leeren Raumes und w die Windungszahl. Für $l_L = 0$ wird bei genügend langem Anker die Induktivität L maximal:

$$L_{\max} = \mu_0 \, w^2 \, \frac{1}{\dfrac{l_{Sp}}{\mu_A A_A} + \dfrac{l_R}{\mu_R A_R}} \qquad (D\,6.9\text{-}15).$$

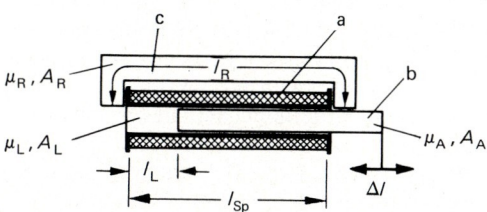

Bild D 6.9-7. Induktiver Tauchankeraufnehmer, schematisch.
a Spule, b Anker, c Rückschluß

553

Aus Gl. (D 6.9-14) und (D 6.9-15) folgt die Grundgleichung des Tauchankeraufnehmers:

$$\frac{L}{L_{max}} = \frac{1}{1 + \dfrac{l_L}{l_{Sp}}\dfrac{\dfrac{\mu_L A_L}{l_{Sp}}}{\dfrac{l_{Sp}}{\mu_A A_A} + \dfrac{l_R}{\mu_R A_R}} - \dfrac{\dfrac{l_{Sp}}{\mu_A A_A}}{}}$$ (D 6.9-16).

Setzt man in erster Näherung:

$$l_{Sp} = l_R = \frac{l_{Fe\,max}}{2} \quad \text{und} \quad \mu_A = \mu_R = \mu_{Fe} \quad \text{sowie} \quad A_L = A_A = A_R ,$$

so wird mit $\mu_{Fe} \gg \mu_L$ Gl. (D 6.9-16) zu:

$$\frac{L}{L_{max}} = \frac{1}{1 + \dfrac{l_L/\mu_L}{l_{Fe\,max}/\mu_{Fe}}}$$ (D 6.9-17)

Da diese Beziehung gleich der entsprechenden Gleichung des Querankeraufnehmers Gl. (D 6.9-6) ist, dargestellt in Bild D 6.9-4, ähnelt der Tauchankeraufnehmer dem Querankeraufnehmer sehr in seinen Eigenschaften. Sein Meßweg ist jedoch, wie gewünscht, erheblich größer. Daß seine Empfindlichkeit in gleichem Maße abnimmt, wie sich sein Meßweg vergrößert, ist kein wesentlicher Nachteil, da die Empfindlichkeitseinbuße, wenn nötig, leicht durch Verstärkung wieder wettgemacht werden kann. Die Übereinstimmung von Gl. (D 6.9-6) mit Gl. (D 6.9-17) läßt schließen: auch der Tauchankeraufnehmer ist nichtlinear. Gute Linearität erhält man jedoch durch Zusammenbau zweier Aufnehmer zu einem Differentialtauchankeraufnehmer. Große Empfindlichkeit erzielt man bei kleinem l_{Fe} und großem μ_{Fe}. Gelingt es, die Verluste sehr klein zu halten, dann nähert man sich bei geeigneter geometrischer Dimensionierung der völligen Linearität und der optimalen Empfindlichkeit.

Es sei noch darauf hingewiesen, daß der magnetisierte Tauchanker bei jeder Bewegung eine geschwindigkeitsproportionale Spannung in den Spulen erzeugt. Meist ist dieser Effekt jedoch zu vernachlässigen.

Eine nähere Analyse des Tauchankeraufnehmers kann dem Schrifttum [D 6.9-5; 6] entnommen werden.

D 6.9.4 Meßeinrichtungen und ihre Handhabung

Die technische Ausführung eines Differentialquerankeraufnehmers zur Dehnungsmessung [D 6.9-1] zeigt Bild D 6.9-8. Zwei topfartige weichmagnetische Kerne a, die je eine Spule b umschließen, stehen sich mit einem kleinen Zwischenraum gegenüber. In diesem Zwischenraum bewegt sich als Queranker eine weichmagnetische Membran c. Ihre Stellung wird mittels des Übertagungshebels d mit Federgelenk e vom Abstand der Meßschneiden f gesteuert, welche die Dehnung eines Bauteils abgreifen. In die Bohrung g wird ein elastischer Bolzen eingeführt, der die Meßschneiden f in die Oberfläche des Bauteils einpreßt. Für eine Verschiebung Δl der beweglichen Meßschneide von $\pm 4 \cdot 10^{-3}$ mm, entsprechend einer Dehnung von $\pm 2 \cdot 10^{-3}$, ist die Empfindlichkeit des Aufnehmers konstant. Bei Verwendung des üblichen Anpassers erzielt man 1 mm Ausschlag des Anzeigeinstrumentes bei $\Delta l = 10 \cdot 10^{-6}$ mm. Das entspricht einer Dehnung des Bauteiles von $5 \cdot 10^{-6}$. Diese Werte, also kleiner Linearitätsbereich und hohe Empfindlichkeit, sind

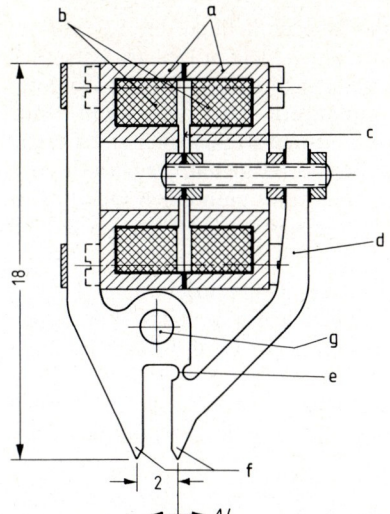

Bild D 6.9-8. Induktiver Querankeraufnehmer für Dehnungen [D 6.9-1].
a Kerne, b Spulen, c Membran, d Übertragungshebel, e Federgelenk, f Meßschneiden, g Bohrung

für Querankeraufnehmer kennzeichnend. Der Aufnehmer kann da eingesetzt werden, wo Dehnungsmeßstreifenmeßketten (vgl. Abschn. D 6.3) Nachteile aufweisen.

Eine weitere Ausführung [D 6.9-7] zeigt Bild D 6.9-9. Zwei Spulen a befinden sich in einem Weicheisenrohr b, das mit dem rechten Befestigungsbock c verbunden ist. Zwischen den Spulen a bewegt sich ein stiftförmiger Queranker d, der mittels eines Bronzerohres e mit dem linken Befestigungsbock c verbunden ist. Die Zuleitungen f zu den Spulen werden beidseitig herausgeführt.

Zum Messen verbindet man die Befestigungsböcke c mit den Teilen, deren Abstandsänderung man messen möchte, oder mit der Oberfläche eines Bauteiles, dessen Dehnung ermittelt werden soll, und entfernt anschließend den Arretierstift g, der den Queranker d in Mittellage gehalten hatte. Bildet man den Queranker so aus, daß man seine wirksame

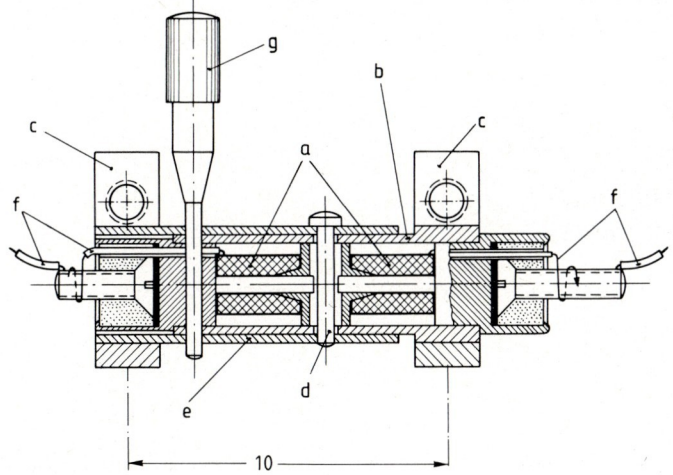

Bild D 6.9-9. Induktiver Querankeraufnehmer für Dehnungen [D 6.9-7].
a Spulen, b Weicheisenrohr, c Befestigungsbock, d Queranker, e Bronzerohr, f Zuleitungen, g Arretierstift

Dicke durch Drehen variieren kann, dann läßt sich die Empfindlichkeit des Aufnehmers im Verhältnis 1:3 ändern. Auch dieser Aufnehmer weist einen kleinen Linearitätsbereich und hohe Empfindlichkeit auf. Er ist auch zur Messung schnell sich ändernder Dehnungen geeignet, wenn man die Frequenz der Speisespannung genügend hoch wählt. Seine Anwendung wird auf Fälle beschränkt sein, wo Dehnungsmeßstreifen nicht verwendet werden können. Zum schnellen Abtasten der Oberfläche von Bauteilen, die periodischen Lastwechseln bei niedrigen Frequenzen unterworfen sind, kann man einen Querankeraufnehmer [D 6.9-8] verwenden, der über einen elastisch gelagerten Griff auf das Bauteil gepreßt wird.

Eine kennzeichnende, einfache technische Ausführung eines Differentialtauchankeraufnehmers ist in Bild D 6.9-10 wiedergegeben. Zwei Spulen a mit je 2500 Windungen befinden sich im Inneren eines Eisenrohres b, das zur besseren Führung der Feldlinien an den Enden und in der Mitte mit Scheiben c aus weichem Eisen versehen ist. In den Spulen ist ein Anker d, ebenfalls aus Weicheisen, verschiebbar angeordnet. Die Spulen liegen in einer Wheatstoneschen Wechselstrombrücke, die mit der Spannung U der

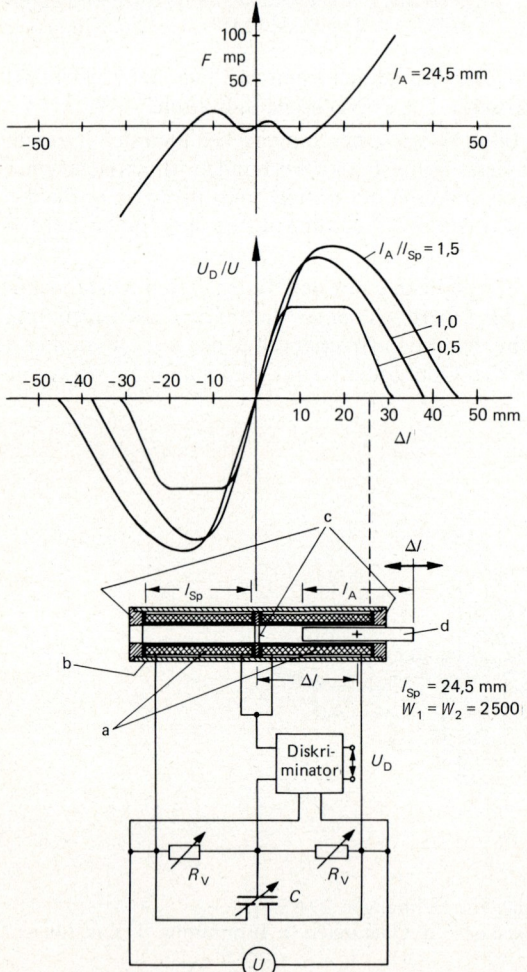

Bild D 6.9-10. Schaltung, Kennlinien und Meßkraft eines induktiven Differentialtauchankeraufnehmers.
a Spulen, b Eisenrohr, c Scheiben, d Anker

Frequenz 5 kHz gespeist wird. Die am Ausgang des Diskriminators bei einer Verschiebung Δl des Ankers erscheinende phasenempfindlich gleichgerichtete Spannung U_D ist über Δl für verschieden lange Anker aufgetragen. Wie ersichtlich, liefert ein Verhältnis von Anker- und Spulenlänge von rund 1,5 den größten linearen Meßbereich ($\approx 1\%$ Fehler, bezogen auf den Endwert), im Beispiel rund das 0,65fache der Spulenlänge l_{Sp}. Die relativen Änderungen des Induktivitäten liegen hier bei 100%. Bei entferntem Anker d betragen die Induktivitäten rund 8 mH. Durch Wahl von verlustarmen Hochfrequenzeisen statt Weicheisen läßt sich die Empfindlichkeit vervielfachen und die Linearität verbessern.

Ganz oben in Bild D 6.9-10 ist für eine Spannung U von 30 V_{eff} über der Ankerstellung die Kraft F zwischen Anker d und Spulen a aufgetragen. In Mittellage des Ankers beträgt sie null, erreicht aber am Ende des Linearitätsbereiches immerhin rund 0,2 mN. Da die Kraft F proportional dem Quadrat der Speisespannung U ist, läßt sie sich durch Verringern von U auf z. B. 3 V um zwei Größenordnungen reduzieren. Eine näherungsweise Berechnung ist möglich [D 6.9-9]. Die Empfindlichkeit des Tauchankeraufnehmers gegen seitliche Verschiebungen des Ankers ist gering.

In der Diagonalen einer Meßbrücke gemäß Bild D 6.9-10 beobachtet man immer eine nicht abgleichbare Restspannung, die sich vor allem aus Oberwellen der Speisespannung U zusammensetzt. Sie entsteht auch bei rein sinusförmiger Speisespannung U infolge der nichtlinearen Magnetisierungskurve der Eisenteile des Aufnehmers. Durch phasenempfindliche Gleichrichtung bzw. Abfiltern läßt sich ihr Einfluß auf die Linearität bzw. ein Übersteuern angeschlossener Verstärker vermeiden.

Ein robuster induktiver Tauchankeraufnehmer für Dehnungen [D 6.9-10] ist in Bild D 6.9-11 dargestellt. Im Gehäuse a befindet sich der Spulenkörper b mit den beiden Spulen c. Oben im Aufbau d ist ein Meßfuß e befestigt, der durch ein spielfreies Federgelenk f beweglich ist. Er trägt die Meßspitze g. Die mit den Meßspitzen g und h abgegriffene Dehnung verschiebt den Anker i, der die Induktivitäten der Spulen entsprechend ändert. Die Symmetrielage des Ankers kann mit dem Arretierstift k während der Montage des Aufnehmers fixiert werden. Die Meßlänge läßt sich durch Verschieben der Halterung l der Meßspitze h zwischen 15 und 25 mm oder mittels besonderer Ansatzstücke auf 200 mm verlängern. Der Teil m des Aufnehmers enthält Kompensationsnetzwerke und die Verbindung zum Anschlußkabel n. Zur Messung wird der Aufnehmer mit Federkraft auf das Bauteil gepreßt.

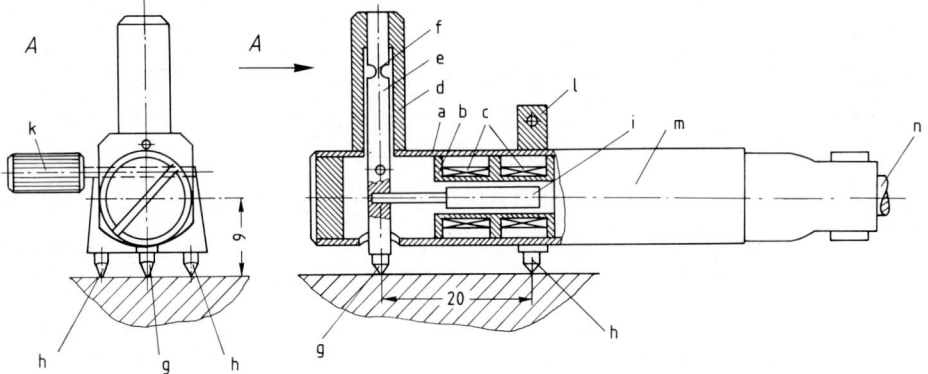

Bild D 6.9-11. Induktiver Tauchankeraufnehmer für Dehnungen, vereinfacht [D 6.9-10].
a Gehäuse, b Spulenkörper, c Spulen, d Aufbau, e Meßfuß, f Federgelenk, g, h Meßspitzen, i Anker, k Arretierstift, l Halterung, m Teil für Kompensationsnetzwerke, n Anschlußkabel

Der Meßweg beträgt ±0,25 mm bei einem Linearitätsfehler < ±1%. Dehnungen < 1·10⁻⁶ sind bei einer Speisespannung von 2,5 V der Frequenz 5 kHz noch meßbar. Die Meßkraft beträgt 4 N/mm.

Ein Dehnungsaufnehmer mit 4 mm Meßlänge, der die Dehnung mittels eines Blattfedergelenks als Wegänderung einem induktiven Differentialtauchankeraufnehmer einprägt, ist in [D 6.9-11] beschrieben. Der Meßbereich beträgt ±10% Dehnung, der nutzbare Frequenzbereich 0 bis 5 Hz bei ±1% Dehnung.

Insbesondere zur Messung großer Dehnungen an Materialproben bei kleinen Meßkräften ist der Aufnehmer entsprechend Bild D 6.9-12 gedacht [D 6.9-10]. In einem Gehäuse a ist ein Block b mittels zweier sehr weicher Federn c aufgehängt. Er trägt zwei Tasthebel d, die in weichen Kreuzfedergelenken e drehbar gelagert sind und zum Dehnungsabgriff an Materialproben Meßspitzen f haben. Eine Dehnung der Probe verändert die Meßlänge l_M und bewirkt hinter den Kreuzfedergelenken eine gegensinnige Wegänderung, die mit Hilfe eines Differentialtauchankeraufnehmers, bestehend aus Spulenteil g und Tauchanker h, gemessen wird. Die festen Gewichte i und die beweglichen Gewichte k halten die Tasthebel d im Gleichgewicht. Zur Messung wird das Gehäuse a z. B. an einer Materialprüfmaschine befestigt und dabei grob justiert. Dann werden durch Umlegen des Hebels l die Arretierungen m gelöst und die Tasthebel d in genaue Meßposition gebracht.

Die Meßlänge l_M von 50 mm kann durch Zusatzteile auf 75 oder 100 mm gebracht werden; der maximale Meßbereich beträgt ±10 mm. Die Meßkräfte betragen nur 0,003 N/mm. Es können so auch Dehnungen z. B. an Fäden oder Kunststoffolien ohne verfälschende Rückstellkräfte gemessen werden.

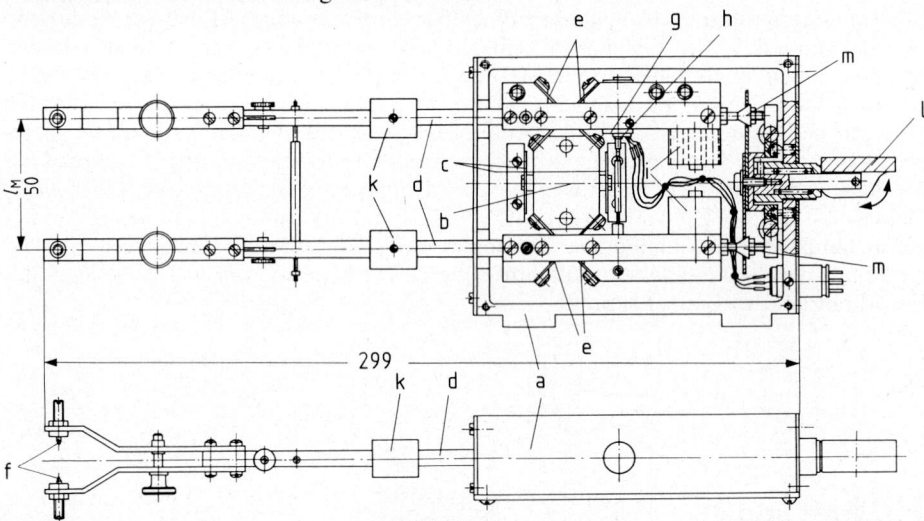

Bild D 6.9-12. Induktiver Tauchankeraufnehmer zur Messung von Dehnungen bei sehr kleinen Rückstellkräften [D 6.9-10].
a Gehäuse, b Bock, c Federn, d Tasthebel, e Kreuzfedergelenke, f Meßspitzen, g Spulenteil, h Tauchanker, i, k Gewichte, l Hebel, m Arretierungen

Ein Setzdehnungsmesser mit eingebautem induktiven Tauchankeraufnehmer ist in Bild D 6.9-13 dargestellt [D 6.9-12]. An einem Gehäuse a aus Invarblech ist eine feste Meßspitze b befestigt. Eine bewegliche Meßspitze c wird durch einen Mikrorolltisch d geführt, der den Stahlwinkel e trägt. Dessen Verschiebung bildet ein Maß für die Dehnung und kann mit einer Meßuhr f und/oder einem induktiven Aufnehmer g gemessen werden. Der

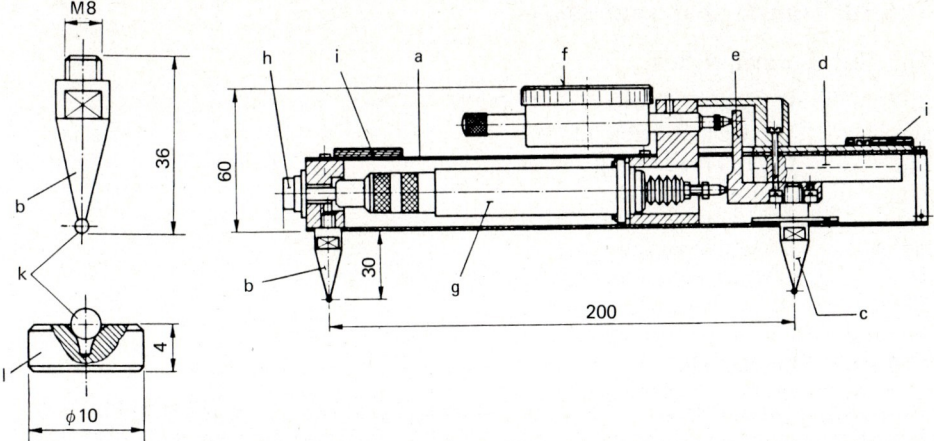

Bild D 6.9-13. Setzdehnungsmesser mit induktivem Tauchankeraufnehmer nach [D 6.9-12].
a Gehäuse, b, c Meßspitze, d Mikrorolltisch, e Stahlwinkel, f Meßuhr, g induktiver Aufnehmer,
h Steckdose, i Haltegriffe, k Kugeln, l Meßbolzen

Aufnehmer kann über die Steckdose h an ein elektrisches Auswertegerät angeschlossen
werden. Haltegriffe i aus PVC sorgen für definierte Angriffspunkte beim Messen und
verringern den Übergang von Handwärme auf das Gerät. Die Meßspitzen b und c tragen
an ihrem Fuß Kugeln k, die zur Messung in die Mulden der auf dem Bauteil befestigten
Meßbolzen l gesetzt werden.

Das Gerät wurde mit Meßlängen von 100, 200 und 500 mm gefertigt; die Meßfehler liegen
bei $\pm 1 \cdot 10^{-3}$ mm, auch bei Messungen an senkrechten Wänden oder über Kopf. Es wird
vor allem an Konstruktionen und Bauteilen aus Beton eingesetzt. Ein ähnliches Gerät ist
in [D 6.9-13] beschrieben.

Einen Tauchankeraufnehmer für Dehnungen mit eingebauter Kalibriermöglichkeit zeigt
Bild E 7.3-5. Auch die Änderung der Permeabilität metallischer Gläser bei Biegebeanspruchung kann für empfindliche Dehnungsaufnehmer genutzt werden. Das Prinzip wird
in [D 6.9-14] geschildert.

Spezielle Ausführungen induktiver Differentialtauchankeraufnehmer sind als Wegaufnehmer für Temperaturen bis 600 °C erhältlich. In diesem Temperaturbereich ändert sich
ihre Empfindlichkeit infolge Permeabilitäts- und Widerstandsänderungen von Spulen-
material und Zuleitungen um einige % [D 6.9-15]. Anwendungen als Dehnungsaufnehmer wären möglich, sind aber – soweit bekannt – nicht veröffentlicht worden.

Im allgemeinen werden induktive Aufnehmer in einer Brückenschaltung betrieben; eine
Analyse entnehme man [D 6.9-16].

D 6.9.5 Zusammenfassende Beurteilung

Induktive Dehnungsaufnehmer sind schnell meßbereit, da die Meßstelle kaum vorzubereiten ist. Sie sind weitgehend unempfindlich gegen Staub und Feuchtigkeit und wegen
ihrer hohen Empfindlichkeit auch unempfindlich gegen elektrische Störungen. Bei größeren Meßlängen sind sie ausgesprochen robust.

Von Nachteil sind mögliche Fehler durch magnetische Störfelder, die große Empfindlichkeit gegen Erschütterungen bzw. der relativ kleine Frequenzbereich bei dynamischen
Messungen.

D 6.10 Transformatoraufnehmer

D 6.10.1 Formelzeichen

K	Konstante
R_v	Vergleichswiderstand
U_D	Diagonalspannung
U_1	Primärspannung
U_2	resultierende Sekundärspannung
U_2', U_2''	Sekundärspannungen
U_{20}	Sekundärspannung bei Mittellage des Kerns
Δl	Wegänderung

D 6.10.2 Allgemeines

Nach der Entwicklung der induktiven Aufnehmer (IA) (vgl. Abschn. D 6.9) in den 30er Jahren entstand etwa ein Jahrzehnt später der Transformatoraufnehmer (TA) [D 6.10-1]. Während beim IA zwei Induktivitäten durch die Verschiebung eines Ankers gegensinnig geändert werden, wird beim TA, ebenfalls durch Verschiebung eines Ankers, die Kopplung zwischen einer Primär- und zwei gegensinnig wirkenden Sekundärspulen variiert. Der TA ist demnach durch die beiden galvanisch getrennten Stromkreise eines Transformators gekennzeichnet; es wird mithin ein anderer physikalischer Effekt genutzt als im IA, was sich auch in den voneinander verschiedenen meßtechnischen Eigenschaften des IA bzw. des TA niederschlägt. Im englischen Sprachgebrauch bezeichnet man den Differentialtransformatoraufnehmer (DTA) als „Linear Variable Differential Transformer" (LVDT).

D 6.10.3 Physikalisches Prinzip

Zwei Spulen, deren Magnetfelder miteinander verkettet sind, bezeichnet man als Transformator, Bild D 6.10-1. Legt man an die Primärseite des Transformators die Spannung U_1, dann nimmt der Transformator einen Strom J_1 auf, und der auf der Sekundärseite entstehende Strom J_2 ruft am Belastungswiderstand R_B einen Spannungsabfall U_2 hervor. Bei gegebenem U_1 oder J_1 lassen sich U_2 oder J_2 durch mechanische Größen beeinflussen. Es kommen z. B. in Frage: Lageänderungen der Spulen zueinander, Verschiebungen des Wirbelstromschirmes a oder des weichmagnetischen Kernes b oder Änderung der Permeabilität des Kernes durch mechanische Spannungen. Aufnehmer dieser Art nennt man Transformatoraufnehmer.

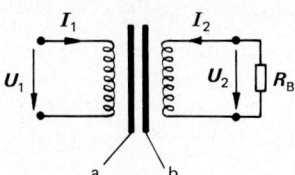

Bild D 6.10-1. Transformatoraufnehmer, schematisch.
a) Wirbelstromschirm.
b) Kern.

Ein einphasiger Transformator läßt sich immer angenähert durch ein Ersatzschaltbild entsprechend Bild D 6.10-2 beschreiben. Hierin bedeuten R die Verlustwiderstände, L_σ die Streuinduktivitäten, C die Wicklungskapazitäten, die Indices 1 bzw. 2 bezeichnen Primär- bzw. Sekundärgrößen, M ist die Gegeninduktivität, R_{Fe} den Eisenverlustwiderstand und $ü$ die Übersetzung. Die oben erwähnten mechanischen Größen bewirken insbesondere eine Veränderung von $L_{1\sigma}$, $L_{2\sigma}$, und M oder, mit anderen Worten, eine

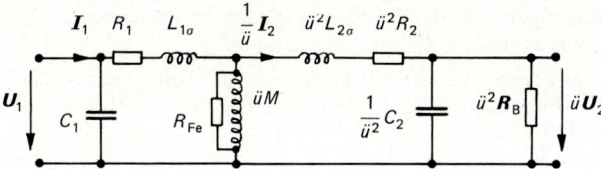

Bild D 6.10-2. Vereinfachtes Ersatzschaltbild eines Transformatoraufnehmers (Erläuterung der Bezeichnungen im Text).

Veränderung der Kopplung zwischen Primär- und Sekundärseite. Diese Veränderungen sind so groß, daß sich U_2 praktisch innerhalb der Grenzen $(1/ü)\,U_1$ bis null bewegt. Dabei ist praktisch jede Phasenlage zwischen U_2 und U_1 möglich. Der Transformatoraufnehmer ist also recht empfindlich, aber, wie das Ersatzschaltbild zeigt, i. a. schwer zu übersehen. Auch die Berechnung von $L_{1\sigma}$, $L_{2\sigma}$ und M ist aus den geometrischen Daten des Transformators oft kaum möglich. Man wird deshalb häufig eine Kalibrierung vornehmen müssen. Die Hauptvorteile des Transformatoraufnehmers – berührungsloses, verschleißfreies Messen, weitgehende Unempfindlichkeit gegen nichtleitende und nichtmagnetische Stoffe, wie z. B. Wasser und Öl, beträchtliche Leistungsabgabe und sehr kleiner Fehler bei bestimmten Typen – wiegen jedoch so schwer, daß er sehr weite Verbreitung gefunden hat.

Ein DTA und seine Kennlinien sind in Bild D 6.10-3 vereinfacht dargestellt. Konzentrisch zueinander angeordnet sind ein weichmagnetischer Kern a, zwei Sekundärspulen c′ und c″ sowie eine Primärspule b, an der die Wechselspannung U_1 liegt. Befindet sich der Kern a in seiner Symmetrielage, ist die transformatorische Kopplung zwischen der Primärspule b und den beiden Sekundärspulen c′ und c″ gleich; es sind also auch die Sekundärspannungen U_2' und U_2'' gleich groß. Bewegt sich der Kern a nach rechts, wird die Kopplung zwischen b und c′ fester, zwischen b und c″ jedoch loser. Als Folge dieser Kopplungsänderungen steigt U_2' an und U_2'' sinkt. Man erhält also als Folge der Verschiebung Δl des Kernes a zwei sich gegenläufig ändernde Spannungen:

$$U_2' = U_{20} + \frac{K}{2}\,U_1\,\Delta l$$

$$U_2'' = U_{20} - \frac{K}{2}\,U_1\,\Delta l$$

(D 6.10-1).

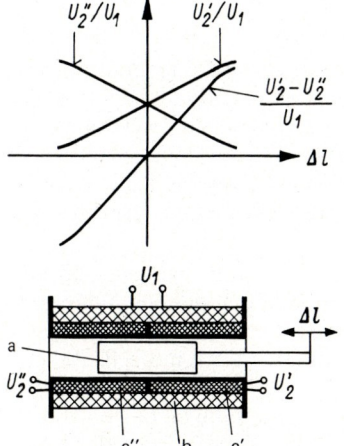

Bild D 6.10-3. Differentialtransformatoraufnehmer und seine Kennlinien, vereinfacht.
a Kern, b Primärspule, c′, c″ Sekundärspulen

Hierin ist K eine von den Abmessungen und der Windungsanzahl des Aufnehmers und der wirksamen Permeabilität seines Kernes abhängige Konstante.

Schaltet man c' und c'' gegeneinander (Bild D 6.10-4 a), bildet also die Differenz zwischen U_2' und U_2'', dann erhält man die resultierende Spannung U_2:

$$U_2 = U_2' - U_2'' = K\,U_1\,\Delta l \qquad \text{(D 6.10-2).}$$

Schaltet man c' und c'' hintereinander und mit Vergleichswiderständen R_v zu einer Wheatstoneschen Brücke zusammen (Bild D 6.10-4 b), erhält man bei hochohmigem Diagonalwiderstand die Diagonalspannung U_D zu

$$U_D = U_{20} + \frac{K}{2}\,U_1\,\Delta l - U_{20} = \frac{1}{2}\,K\,U_1\,\Delta l \qquad \text{(D 6.10-3).}$$

Man erreicht also nur die Hälfte der Empfindlichkeit der Schaltung in Bild 6.10-4 a. Außerdem wird U_D jetzt u. a. vom Verhältnis der Kupferwiderstände von c' und c'' abhängig. Gleichwohl verwendet man bei Anpassern die gleiche Brückenschaltung, die man auch für andere Aufnehmer, z. B. Dehnungsmeßstreifen, benutzen will.

Eine Berechnung des DTA ist möglich [D 6.10-2] und liefert bei Aufnehmern mit massivem Eisenkern unterhalb etwa 500 Hz brauchbare Werte [D 6.10-3].

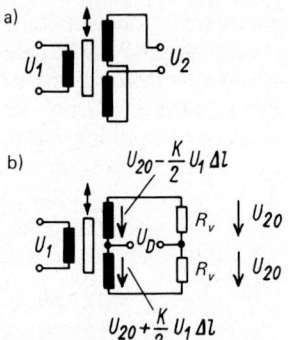

Bild D 6.10-4. Grundsätzliche Schaltungen von Differentialtransformatoraufnehmern.
a) Gegenschaltung.
b) Brückenschaltung.

D 6.10.4 Meßeinrichtungen und ihre Handhabung

In Bild D 6.10-5 sind die beiden gebräuchlichsten Ausführungen von Differentialtransformatoraufnehmern dargestellt [D 6.10-4]. Beim Dreikammersystem (Bild 6.10-5 a) ist die Primärspule a zwischen den Sekundärspulen b' und b'' angeordnet, beim Zweikammersystem (Bild 6.10-5 b) ist a über b' und b'' aufgebracht. Beide Systeme können mit einem magnetischen Rückschluß c versehen werden, der vor allem die Empfindlichkeit erhöht und Störfelder abschirmt; er verringert jedoch den Linearitätsbereich und vergrößert die Axialkräfte auf den Kern d.

Das Dreikammersystem liefert die höchste Sekundärspannung und -leistung und läßt sich einfach herstellen. Nachteilig ist besonders die Phasenänderung der Sekundärspannungen bei Verschiebung des Kernes, die vor allem durch eine starke Änderung der Primärinduktivität bedingt ist. Auch sind die Axialkräfte auf den Kern mit z. B. 100 mN ziemlich groß. – Man erreicht z. B. mit einer Ausführung von 50 mm Durchmesser und 80 mm Länge bei einer Erregerleistung von 3 bis 4 W, 50 Hz, Spannungen U_2 von 100 bis 200 V und eine Sekundärleistung von 150 bis 200 mW bei einer Verschiebung des Kerns

a)

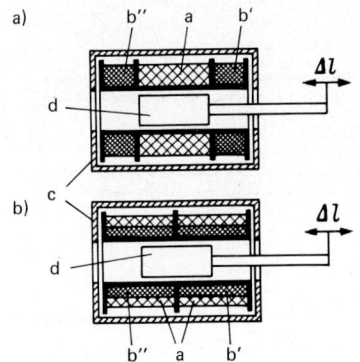

b)

Bild D 6.10-5. Ausführungen von Differentialtransformatoraufnehmern [D 6.10-4].
a) Dreikammersystem.
b) Zweikammersystem.
a Primärspule, b Sekundärspule, c Rückschluß, d Kern

von ± 5 mm. Der Linearitätsfehler kann im Arbeitsbereich bei ± 1 bis $\pm 5‰$ gehalten werden.

Die Vorteile des Zweikammersystems sind insbesondere eine nur geringe Änderung der Phasenlage bei Kernverschiebungen sowie eine relativ kleine Axialkraft, z. B. 10 mN. Nachteilig sind die geringere Nutzleistung und der größere Herstellungsaufwand.

Ein DTA zur Dehnungsmessung [D 6.10-5] ist in Bild D 6.10-6 dargestellt. In einem Gehäuse a befindet sich ein Meßfuß b mit Meßspitze c, der mit Blattfedern d parallel geführt ist. Er überträgt seine Bewegung auf die mit Blattfedern e geführte Schubstange f, auf der sich der Kern g befindet. Die Sekundärspulen h sind auf der Primärspule i angebracht. Die Meßspitze k ist fest mit dem Gehäuse verbunden. Mit der Arretiervorrichtung l kann der Meßfuß vor dem Ansetzen des Aufnehmers auf einen definierten Nullpunkt gesetzt werden. Mit der Schraube m läßt sich der Nullpunkt justieren.

Die Empfindlichkeit des Aufnehmers beträgt 0,25 mV/μm bei Speisung der Primärspule mit 2 V bei 4 kHz, der Meßweg ist ± 1 mm. Der Meßfehler liegt bei 2%, wozu noch ein Temperaturfehler von 1%/10 K kommt. Der nutzbare Frequenzbereich erstreckt sich von 0 bis 200 Hz. Die Kontaktresonanzfrequenz beträgt rd. 900 Hz.

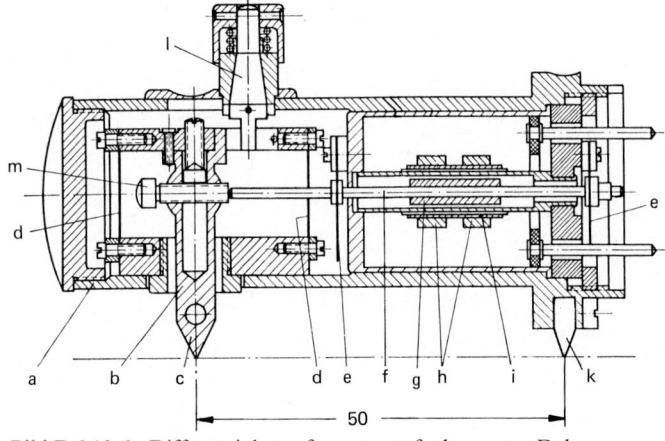

Bild D 6.10-6. Differentialtransformatoraufnehmer zur Dehnungsmessung [D 6.10-5].
a Gehäuse, b Meßfuß, c Meßspitze, d, e Blattfedern, f Schubstange, g Kern, h Sekundärspulen, i Primärspule, k Meßspitze, l Arretiervorrichtung, m Schraube

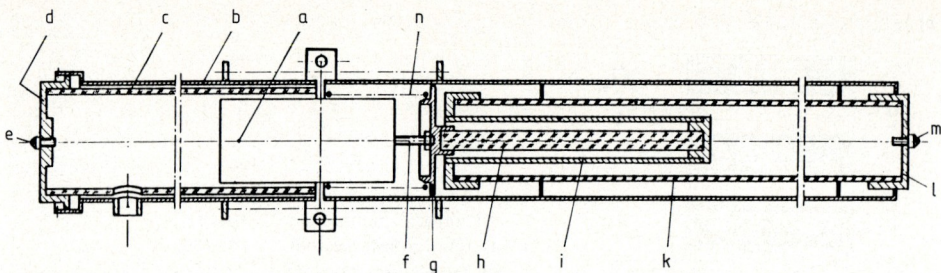

Bild D 6.10-7. Verschiebungsmesser mit Differentialtransformatoraufnehmer [D 6.10-6].
a DTA, b Gehäuse, c Quarzrohr, d Endkappe, e Meßspitze, f Taststift, g Teller, h Quarzstab,
i Metallrohr, k Quarzrohr, l Endkappe, m Meßspitze, n Schraubenfeder

Ein Verschiebungsmesser großer Meßlänge mit einem DTA ist in Bild D 6.10-7 dargestellt [D 6.10-6]. Der DTA a ist fest mit dem Gehäuse b verbunden. Er trägt das Quarzrohr c mit Endkappe d und Meßspitze e. Sein Taststift f ist über den Teller g mit dem
Quarzstab h, dem Metallrohr i und dem Quarzrohr k mit Endkappe l und Meßspitze m
verbunden. Die Quarzrohre c und k können im Gehäuse gleiten. Eine Schraubenfeder n
sorgt für definierten Kontakt der Meßspitzen e und m mit dem Bauteil. Die Quarzrohre
c und k, der Quarzstab h und das Metallrohr i sind in ihren Abmessungen und thermischen Längenausdehnungskoeffizienten so aufeinander abgestimmt, daß sich die Meßlänge des Verschiebungsmessers zwischen 20 und 300 °C nur um $\pm 8\,\mu$m ändert. Der
Gesamtfehler des Verschiebungsmessers kann nach rechnerischer Korrektur $\leq |\pm 45|\mu$m
– einer Dehnung von $\pm 30 \cdot 10^{-6}$ entsprechend – gehalten werden.

Wenn der DTA bei höheren Temperaturen eingesetzt werden soll, sind die Werkstoffe für
seine Herstellung sorgfältig zu wählen und die elektrischen Fehler in speziellen Schaltungen zu kompensieren. Als Beispiel ist in Bild D 6.10-8 ein DTA mit einer Arbeitstemperatur von maximal 468 °C wiedergegeben [D 6.10-7]. Die Primärspule a und die Sekundärspulen b haben je 655 Windungen aus „Secon Alloy 406 with Type E high temperature
insulation". Der Kern c besteht aus „17-4 PH stainless steel", Gehäuse d, Spulenkörper
und Endstücke e bestehen aus „304 stainless steel" und die magnetische Abschirmung f
ist aus „Silicon steel – Ams 7714M36" gefertigt. Als Bindemittel wurde „Yellow ceiro
ceramic cement" verwendet.

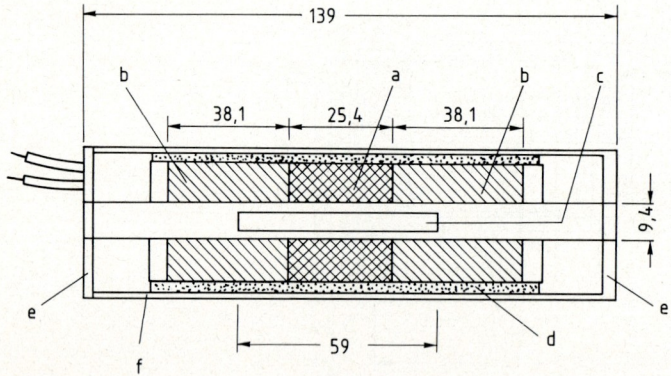

Bild D 6.10-8. Technische Ausführung eines Differentialtransformatoraufnehmers für 468 °C, vereinfacht [D 6.10-7].
a Primärspule, b Sekundärspule, c Kern, d Gehäuse, e Endstücke, f Abschirmung

Die Empfindlichkeit beträgt 0,013 V/mm bei einer Frequenz der Speisespannung von 3 kHz. Im Meßbereich von ± 1,27 mm beträgt der Linearitätsfehler 0,02%.

Die Empfindlichkeit von DTA's ändert sich erheblich mit der Temperatur, vor allem, weil sich die Permeabilität des Kerns und der Widerstand der Wicklungen mit der Temperatur ändern. Entsprechend Bild D 6.10-9 läßt sich dieser Fehler weitgehend vermeiden, wenn man die Summe der Sekundärspannungen U_2' und U_2'' konstant hält. Dies wirkt wie eine konstante, temperaturunabhängige Übersetzung des Transformators. Dazu wird $U_2' + U_2''$ mit einer konstanten Spannung U_v verglichen und mit der Differenzspannung U_D der Strom i entsprechend nachgeregelt [D 6.10-7]. Auch das Dividieren von $U_2' - U_2''$ und $U_2' + U_2''$ führt zu einer ausgezeichneten Kompensation der Temperaturfehler [D 6.10-8]. Experimentelle Ergebnisse zum Einsatz von DTA's bei Temperaturen bis 550 °C kann man [D 6.10-9] entnehmen. In [D 6.10-10] wird ein Aufnehmer ohne magnetische Teile beschrieben, der bis 1000 °C eingesetzt werden kann.

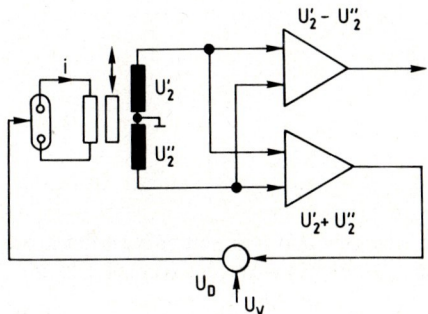

Bild D 6.10-9. Schaltung zur Kompensation von Temperatureinflüssen auf Differentialtransformatoraufnehmer [D 6.10-7].

Einen im Vergleich zu den Abmessungen des Aufnehmers großen linearen Meßweg erreicht man durch ortsabhängige Wicklungsdichte der Spulen [D 6.10-12].

Ein Überblick über Konstruktion, Eigenschaften und Anwendungen von DTA's findet man im Schrifttum [D 6.10-11].

D 6.11 Kapazitive Aufnehmer

D 6.11.1 Formelzeichen

A	Fläche
C, C'	Kapazität
C_K	Kompensationskapazität
C_M	Kapazität eines Aufnehmers
C_{max}	maximale Kapazität
C_N	Normalkapazität
C_P	Kabelkapazität
D_a	äußerer Durchmesser
D_i	innerer Durchmesser
F	Kraft
J_1, J_2	Strom
L_L	Induktivität eines Kabels
Q	elektrische Ladung

R_{is}	Isolationswiderstand
R_L	Leitungswiderstand
R_V	Vorwiderstand
R_v	Verlustwiderstand
U	Spannung
U_A	Ausgangsspannung
U_D	Diagonalspannung
U_E	Eingangsspannung
U_K	Spannung an C_K
b	Breite
d, d'	Abstand
d_K	Abstand in C_K
d_M	Abstand in C_M
l	Länge
l_{max}	maximale Länge
ε	relative Dielektrizitätskonstante
ε_0	Dielektrizitätskonstante des leeren Raumes
τ	Zeitkonstante
ω	Kreisfrequenz

D 6.11.2 Allgemeines

Ein kapazitiver Dehnungsaufnehmer besteht im wesentlichen aus einem Kondensator, dessen Kapazität von der zu messenden Dehnung gesteuert wird. Die Kapazitätsänderung ist dann ein Maß für die Dehnung.

Aufnehmer dieser Art sind zwar schon lange bekannt [D 6.11-1; 2], haben aber erst Bedeutung gewonnen, als man in den frühen siebziger Jahren Aufnehmer entwickelte, die für sehr hohe Temperaturen, z. B. 700 oder 800 °C, geeignet sein sollten. Dies war mit kapazitiven Aufnehmern möglich, weil die Kapazität eines Kondensators nur von seinen geometrischen Abmessungen, also kaum von Werkstoffeigenschaften, und von seinem Dielektrikum abhängt. Die dielektrischen Eigenschaften von Luft, die als Dielektrikum dient, ändern sich mit der Temperatur kaum.

Der Hauptnachteil der kapazitiven Aufnehmer, ihre absolut – und besonders auch im Vergleich zur Kapazität der Meßkabel – sehr kleine Kapazitätsänderung, konnte durch besondere Schaltungstechniken und spezielle elektronische Anpasser überwunden werden.

Da kapazitive Aufnehmer in der experimentellen Spannungsanalyse nur zur Messung bei hohen Temperaturen Bedeutung haben, sollen im folgenden nur Hochtemperaturaufnehmer behandelt werden.

D 6.11.3 Physikalisches Prinzip

D 6.11.3.1 Grundlagen

Zwei einander im Abstand d gegenüberstehende, leitende Platten der Fläche A, zwischen denen sich ein Material mit der relativen Dielektrizitätskonstante ε befindet, Bild D 6.11-1a, bilden einen Kondensator mit einer Kapazität C:

$$C = \varepsilon_0 \varepsilon \frac{A}{d} \qquad\qquad (\text{D 6.11-1}).$$

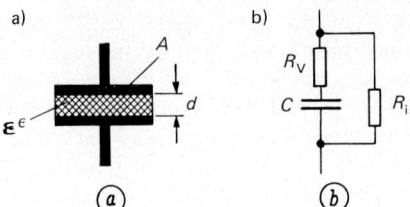

a)

b)

Bild D 6.11-1. Kapazitiver Aufnehmer.
a) Schema.
b) Ersatzschaltbild.

Hierin bedeutet ε_0 die Dielektrizitätskonstante des leeren Raumes

$$\varepsilon_0 = \frac{1}{36\pi} 10^{-11} \frac{\text{F}}{\text{cm}} \qquad \text{(D 6.11-2)}.$$

Werden die Größen d, A oder ε eines Kondensators von mechanischen Größen beeinflußt, ist also die Kapazität C von mechanischen Größen abhängig, bezeichnet man ihn als kapazitiven Aufnehmer. Je nachdem, ob d, A oder ε von einer mechanischen Größe beeinflußt wird, kann die Wirkungsweise und die konstruktive Ausführung des kapazitiven Aufnehmers sehr verschieden sein.

Kapazitive Aufnehmer weisen nie nur einen kapazitiven Widerstand auf, sondern immer auch induktive und ohmsche Anteile. Während die induktiven Anteile meist keine Rolle spielen, sind die ohmschen Anteile wichtig. Bild D 6.11-1 b zeigt die Ersatzschaltung für einen kapazitiven Aufnehmer. Der Verlustwiderstand R_V ist durch Verluste im Dielektrikum bedingt und frequenzabhängig. Der Isolationswiderstand R_{is} ist durch die Leitfähigkeit des Dielektrikums und der Halterungen der Platten gegeben und ist frequenzunabhängig. Er ist bei Speisung des kapazitiven Aufnehmers mit Gleichspannung wichtig. Bei Speisung mit Wechselspannung ist R_{is} ohne Einfluß, wenn man die Speisefrequenz so hoch wählt, daß $(1/\omega C) \ll R_{is}$ gilt.

Der kapazitive Aufnehmer muß i. a. mit einem Meßkabel mit dem Anpasser verbunden werden. Das Meßkabel läßt sich meist durch eine Ersatzschaltung beschreiben, Bild D 6.11-2. Dabei ist R_L der ohmsche Leitungswiderstand, L_L die Induktivität, R'_{is} der Isolationswiderstand zwischen den Leitern und C_p die Kapazität zwischen ihnen. Da diese Größen die Empfindlichkeit des kapazitiven Aufnehmers beeinflussen und außerdem durch Temperatur-, Feuchtigkeits- und Zeiteinflüsse schwanken, müßte man erreichen, daß

$$R_L, \; \omega L_L \ll \frac{1}{\omega C} \ll R'_{is}, \; \frac{1}{\omega C_p} \qquad \text{(D 6.11-3)}.$$

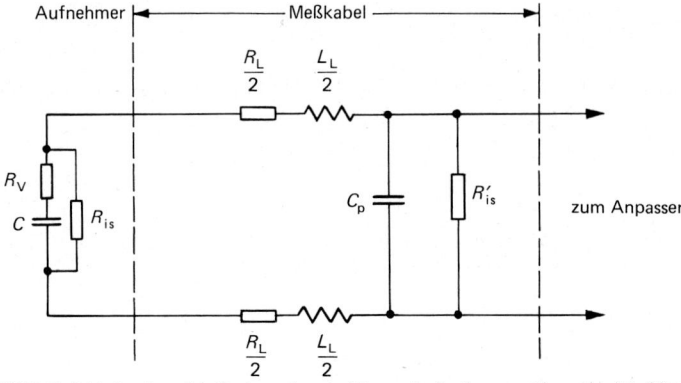

Bild D 6.11-2. Anschluß eines kapazitiven Aufnehmers über ein Meßkabel.

Da man bei einer Länge des Meßkabels von z. B. 10 m mit $R_L = 1\,\Omega$, $L = 5 \cdot 10^{-3}\,\text{mH}$, $R'_{is} = 10^9\,\Omega$ und $C_p = 1000\,\text{pF}$ rechnen muß, läßt sich für die üblichen Speisefrequenzen von rund 5 bis 50 kHz und Kapazitäten der üblichen Aufnehmer von einigen pF die Bedingung (D 6.11-3) nur für R_L, L_L und R'_{is} erreichen. C_p jedoch ist meist nicht kleiner, sondern sogar beträchtlich größer als C. Ein längeres Meßkabel verringert also erheblich die Empfindlichkeit kapazitiver Aufnehmer bzw. gibt bei Änderungen seiner Kapazität C_p zu größeren Meßfehlern Anlaß. Dies ist der Hauptnachteil der kapazitiven Aufnehmer. Abhilfe schafft man durch kurze, stabile, kapazitätsarme Meßkabel oder besser durch besondere Anpasser.

Weitere Nachteile des kapazitiven Aufnehmers sind sein hoher Innenwiderstand, der einen noch höheren Eingangswiderstand der Zwischenschaltung erfordert und unerwünschte Einstreuungen durch elektrische Störfelder begünstigt, sowie seine Empfindlichkeit gegen Flüssigkeiten mit $\varepsilon > 1$, also z. B. gegen Öl und besonders gegen Wasser mit $\varepsilon \approx 80$ [D 6.11-1].

D 6.11.3.2 Aufnehmer mit veränderlichem Elektrodenabstand

Die einfachste Möglichkeit, die Kapazität durch eine mechanische Größe zu steuern, besteht in einer Veränderung des Abstandes zweier Platten. Ein solcher kapazitiver Abstandsaufnehmer ist in Bild D 6.11-3 dargestellt. Unter Vernachlässigung der Streufelder wird die Kapazität beim Abstand d'

$$C' = \varepsilon_0\,\varepsilon\,\frac{A}{d'} \qquad \text{(D 6.11-4)}$$

und nach einer Änderung von d' um Δd

$$C = \varepsilon_0\,\varepsilon\,\frac{A}{d' + \Delta d} = \varepsilon_0\,\varepsilon\,\frac{A}{d} \qquad \text{(D 6.11-5)}.$$

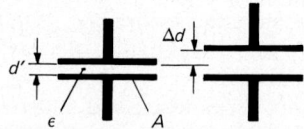

Bild D 6.11-3. Kapazitiver Aufnehmer, schematisch.

Aus Gl. (D 6.11-4) und Gl. (D 6.11-5) erhält man die Grundgleichung des kapazitiven Abstandsaufnehmers:

$$\frac{C}{C'} = \frac{1}{1 + \dfrac{\Delta d}{d'}} \qquad \text{(D 6.11-6)}.$$

Dieser Zusammenhang ist in Bild D 6.11-4 aufgetragen. Wie ersichtlich, ist die Kennlinie nicht linear; nur für $(\Delta d/d') \ll 1$ erhält man Linearität:

$$\frac{C}{C'} \approx 1 - \frac{\Delta d}{d'} \qquad \text{(D 6.11-7)}.$$

Die absolute Empfindlichkeit des Abstandsaufnehmers für kleine Änderungen von d ergibt sich durch Differenzieren der Gl. (D 6.11-5):

$$\frac{\Delta C}{\Delta d} = -\varepsilon\,\varepsilon_0\,\frac{A}{d^2} \qquad \text{(D 6.11-8)}.$$

Die absolute Empfindlichkeit steigt also umgekehrt proportional zum Quadrat des Plat-

568

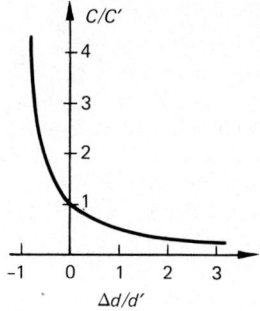

Bild D 6.11-4. Kennlinie eines kapazitiven Abstandsaufnehmers.

tenabstands. Bei kleinen Plattenabständen lassen sich deshalb sehr große Empfindlichkeiten erreichen.

Liegt an den Platten des Abstandsaufnehmers eine Spannung U, ziehen sich die Platten an mit der Kraft

$$F = \frac{\varepsilon_0\,\varepsilon\,A}{2}\,\frac{U^2}{d^2} \qquad (D\,6.11\text{-}9).$$

Bei konstanter Ladung Q des Abstandsaufnehmers wird seine Meßkraft unabhängig vom Plattenabstand:

$$F = \frac{Q^2}{2\,\varepsilon_0\,\varepsilon\,A} \qquad (D\,6.11\text{-}10).$$

D 6.11.3.3 Aufnehmer mit veränderlicher Elektrodenfläche

Verschiebt man zwei leitende Platten der Länge l_{max} und der Breite b, die sich mit dem Abstand d gegenüberstehen, entsprechend Bild D 6.11-5 um den Weg l, dann wird ihre Kapazität unter Vernachlässigung von Streufeldern:

$$C = \varepsilon_0\,\varepsilon\,\frac{b\,l}{d} \qquad (D\,6.11\text{-}11).$$

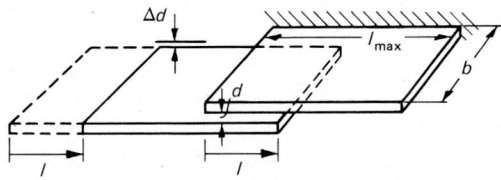

Bild D 6.11-5. Kapazitiver Flächenaufnehmer, schematisch.

Bezieht man C auf die maximale Kapazität C_{max} bei $l = l_{max}$, erhält man die Grundgleichung des kapazitiven „Flächenaufnehmers":

$$\frac{C}{C_{max}} = \frac{l}{l_{max}} \qquad (D\,6.11\text{-}12).$$

Die Kennlinie des kapazitiven Flächenaufnehmers ist also linear.

Verschiebt man entsprechend Bild D 6.11-5 die bewegliche Platte um den Betrag Δd quer zu ihrer gewünschten Bewegungsrichtung, wie es bei praktischen Ausführungen von Flächenaufnehmern nicht zu vermeiden ist, erhält man die erweiterte Beziehung:

$$\frac{C}{C_{max}} = \frac{l}{l_{max}}\,\frac{1}{1 - \dfrac{\Delta d}{d}} \qquad (D\,6.11\text{-}13).$$

569

Für $(\Delta d/d) \ll 1$ wird

$$\frac{C}{C_{max}} \approx \frac{l}{l_{max}}\left(1 + \frac{\Delta d}{d}\right)$$ (D 6.11-14).

Gl. (D 6.11-13) ist in Bild D 6.11-6 graphisch dargestellt. Wie ersichtlich, ist der Einfluß praktisch unvermeidbarer Querverschiebungen Δd so groß, daß diese Ausführung eines Flächenaufnehmers für technische Zwecke unbrauchbar ist. Abhilfe schafft die Ausführung gemäß Bild D 6.11-7. Bei einer Querbewegung der beweglichen Platte um Δd wird der obere Plattenabstand um Δd kleiner, der untere um Δd größer. Denkt man sich die Gesamtkapazität des Aufnehmers aus der Parallelschaltung der Kapazitäten oberhalb und unterhalb der beweglichen Platte zusammengesetzt, erhält man leicht:

$$\frac{C}{C_{max}} = \frac{l}{l_{max}} \frac{1}{1 - \left(\dfrac{\Delta d}{d}\right)^2}$$ (D 6.11-15).

Für $(\Delta d/d)^2 \ll 1$ wird

$$\frac{C}{C_{max}} \approx \frac{l}{l_{max}}\left\{1 + \left(\frac{\Delta d}{d}\right)^2\right\}$$ (D 6.11-16).

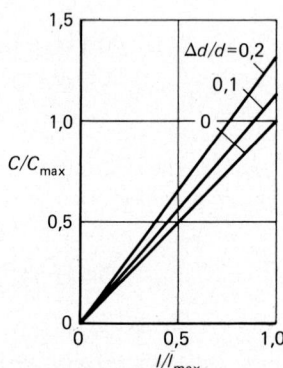

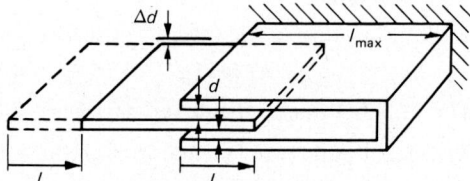

Bild D 6.11-7. Kapazitiver Flächenaufnehmer mit verringerter Querempfindlichkeit, schematisch.

Bild D 6.11-6. Kennlinien eines kapazitiven Flächenaufnehmers entsprechend Bild D 6.11-5.

Ein solcher kapazitiver Flächenaufnehmer weist also eine so geringe Querempfindlichkeit auf, daß seine praktische Anwendung möglich wird.

Kapazitive Aufnehmer nach Bild D 6.11-7 sind manchmal nicht einfach herzustellen. Einfacher lassen sich Rohrkondensatoren entsprechend Bild D 6.11-8 aus Drehteilen fertigen. Die Kapazität dieser Aufnehmer wird unter Vernachlässigung der Streukapazitäten:

$$C = \varepsilon_0 \varepsilon \frac{2\pi l}{\ln \dfrac{D_a}{D_i}}$$ (D 6.11-17).

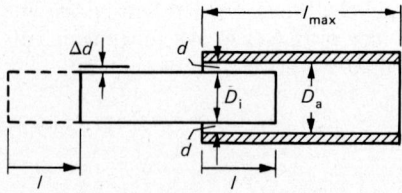

Bild D 6.11-8. Aus Rohren gefertigter kapazitiver Flächenaufnehmer, schematisch.

Bezogen auf die maximale Kapazität C_{max} bei $l = l_{max}$ und $\Delta d = 0$, läßt sich für $(\Delta d/d)^2 \ll 1$ abschätzen:

$$\frac{C}{C_{max}} \approx \frac{l}{l_{max}} \left\{ 1 + \frac{1}{2} \left(\frac{\Delta d}{d} \right)^2 \right\}$$

(D 6.11-18).

Auch der Rohrkondensator hat also eine lineare Kennlinie. Seine Querempfindlichkeit ist nur halb so groß wie die des entsprechenden Plattenkondensators (Bild D 6.11-7).

D 6.11.4 Meßeinrichtungen und ihre Handhabung

D 6.11.4.1 Aufnehmer mit veränderlichem Elektrodenabstand

Einen Aufnehmer mit veränderlichem Elektrodenabstand, der sich gut eingeführt hat [D 6.11-3; 4; 5], zeigt Bild D 6.11-9. Ein Blechstreifen a mit kleinerer und ein zweiter Blechstreifen b mit größerer Krümmung sind gemeinsam auf das Bauteil c aufgeschweißt. In ihren Scheitelpunkten tragen die Blechstreifen metallische Elektroden e und f, die sich im Abstand d gegenüberstehen. Sie sind durch keramische Halter g und h isoliert. Die Elektroden sind durch flexible Schraubenfedern i und k mit dem Meßkabel verbunden.

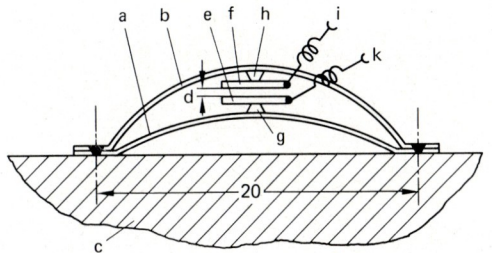

Bild D 6.11-9. Kapazitiver Dehnungsaufnehmer mit veränderlichem Elektrodenabstand, vereinfacht [D 6.11-3; 4].
a, b Blechstreifen, c Bauteil, e, f Elektroden, g, h Halter, i, k Schraubenfedern

Erfährt das Bauteil c z. B. eine positive Dehnung, wird die untere Elektrode e mechanisch übersetzt stärker nach unten verschoben, die obere Elektrode f infolge der kleineren Krümmung des Blechstreifens b weniger nach unten verlagert. Es resultiert daraus eine Änderung des Elektrodenabstands d, die größer als die Verlängerung der Meßstrecke ist.

Eine Kalibrierkurve des Aufnehmers nach Bild D 6.11-9 ist in Bild D 6.11-10 wiedergegeben. Die sehr kleine Änderung der Kapazität bedingt eine sehr empfindliche und stabile Schaltung des Anpassers (vgl. Abschn. D 6.11.4.3). Die Nichtlinearität der Kennlinie ist durch die nichtlineare mechanische Übersetzung sowie den physikalischen Sachverhalt entsprechend Gl. (D 6.11-6) bedingt.

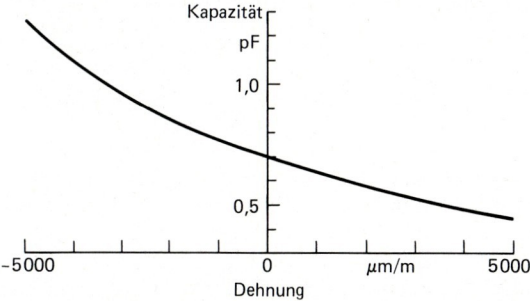

Bild D 6.11-10. Kalibrierkurve eines Dehnungsaufnehmers nach Bild D 6.11-9.

571

Die Blechstreifen a und b sind aus einer Nickellegierung mit hoher Temperaturfestigkeit und kleiner Korrosionsneigung gefertigt. Man erzielt so ausgezeichnete Eigenschaften auch bei hohen Temperaturen [D 6.11-6; 7]: Bei 600 °C erhält man eine Nullpunktdrift von z. B. $40 \cdot 10^{-6}$ nach 150 h, weitere $30 \cdot 10^{-6}$ nach 1000 h, weitere $15 \cdot 10^{-6}$ nach weiteren 1000 h und weitere $70 \cdot 10^{-6}$ nach zwei Jahren. Die Summe irreversibler Nullpunktänderungen nach Temperatur- und Lastwechseln liegt bei $70 \cdot 10^{-6}$. Mit diesen Werten übertrifft der Aufnehmer bei weitem die Meßsicherheit, die man z. B. mit Hochtemperaturdehnungsmeßstreifen (vgl. Abschn. D 6.3) erreicht. Zum Schutz gegen Verunreinigungen der Elektroden, z. B. durch Korrosionsprodukte des Meßobjekts, sollte man den Aufnehmer mit einer aufgeschweißten Kappe schützen.

Einen Aufnehmer ohne mechanische Vergrößerung zeigt Bild 6.11-11 [D 6.11-8; 9]. Zwei starre Schenkel a und b sind mittels einer Biegefeder c gegeneinander drehbar gelagert. Sie tragen zwei Elektroden d und e, die durch keramische Isolierringe f fixiert werden. Die Druckfedern g halten die Elektroden und die Isolierringe auch bei wechselnden Temperaturen definiert fest. Über die flexiblen Laschen h, die mit Schweißpunkten i auf dem Bauteil befestigt werden, wird die Veränderung der Meßstrecke in eine Abstandsänderung der Elektroden übertragen. Die Zuleitungen k sind als flexible Schraubenfedern ausgebildet. Zum Schutz gegen Staub kann der Aufnehmer mit Schutzblechen oder mit einer aufschweißbaren Abdeckhaube versehen werden.

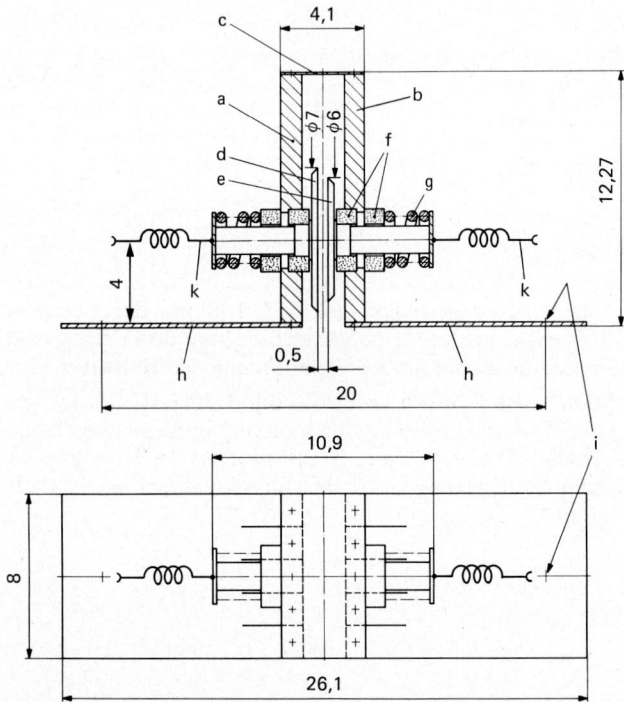

Bild D 6.11-11. Kapazitiver Dehnungsaufnehmer mit veränderlichem Elektrodenabstand, etwas vereinfacht [D 6.11-8; 9].
a, b Schenkel, c Biegefeder, d, e Elektroden, f Isolierringe, g Druckfedern, h Laschen, i Schweißpunkte, k Zuleitungen

Der Aufnehmer ist für Temperaturen bis zu 700 °C geeignet; im Nennmeßbereich von $+12 \cdot 10^{-3}$ bis $-12 \cdot 10^{-3}$ ändert sich die Kapazität von 0,53 pF auf 1,3 pF. Infolge des Fehlens einer mechanischen Vergrößerung liegt seine Empfindlichkeit damit bei rd. 25% derjenigen des Aufnehmers gemäß Bild D 6.11-9. Die Langzeitdrift beträgt $\leq 100 \cdot 10^{-6}$ im Jahr, der Fehler nach einem Temperaturzyklus von 20 °C auf 700 °C und zurück

$\leq 20 \cdot 10^{-6}$. Der zulässige Krümmungsradius des Bauteiles ist ≥ 50 mm. Bei Änderungen der Dielektrizitätskonstanten des gasförmigen Dielektrikums durch Temperatur- oder Druckänderungen können Fehler auftreten, die bei genauen Messungen zu berücksichtigen sind. Näheres entnehme man dem Schrifttum [D 6.11-9].

Ein bis 1093 °C erprobter Aufnehmer anderer Konstruktion wird im Schrifttum [D 6.11-10; 11] vorgestellt; seine Drift ist mit $2000 \cdot 10^{-6}$ je h bei 959 °C jedoch sehr groß. Spezielle Aufnehmer für Zugversuche bis 600 °C findet man in [D 6.11-12; 13] beschrieben.

D 6.11.4.2 Aufnehmer mit veränderlicher Elektrodenfläche

Ein Aufnehmer mit veränderlicher Elektrodenfläche ist in Bild D 6.11-12 wiedergegeben [D 6.11-4; 14]. Auf einen Metallstreifen a ist ein Ring b befestigt, der im Innern einen Isolierring c mit rohrförmiger Elektrode d enthält. Oben trägt der Ring b zwei Federn e und f, welche die Stange g parallel führen. Die Stange g trägt zwei rohrförmige Elektroden h und i, welche jeweils halb in die Elektrode d hineinragen. Es entsteht so ein Differentialkondensator. Wird vom Bauteil, auf das die Metallstreifen a und k aufgeschweißt sind, eine der Dehnung des Bauteiles entsprechende Verschiebung auf die Stange g übertragen, dann wird die Kapazität des einen Rohrkondensators kleiner, die des anderen größer bzw. umgekehrt. Die Elektroden sind über flexible Leitungen l mit den Schweißstützpunkten m verbunden. Die Temperatur der Stange g kann mit einem hier nicht eingezeichneten Thermoelement gemessen und so zur rechnerischen Kompensation einer reversiblen Temperaturdrift des Aufnehmers herangezogen werden.

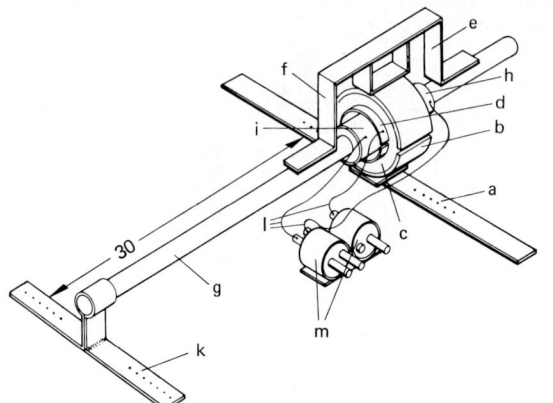

Bild D 6.11-12. Kapazitiver Dehnungsaufnehmer mit veränderlicher Elektrodenfläche [D 6.11-14]. a Metallstreifen, b Ring, c Isolierring, d Elektrode, e, f Federn, g Stange, h, i Elektroden, k Metallstreifen, l Leitungen, m Schweißstützpunkte

Die Kennlinie des Aufnehmers ist entsprechend Gl. (D 6.11-12) linear, der Meßbereich beträgt $\pm 20 \cdot 10^{-3}$. Die resultierende Kapazitätsänderung ist mit 0,018 pF je 10^{-3} Dehnung recht klein. Die maximale Arbeitstemperatur liegt bei 815 °C. Die angegebene Nullpunktdrift bei 600 °C von $0,1 \cdot 10^{-6}$ je Tag wurde jedoch im Versuch erheblich überschritten [D 6.11-4]. Ebenfalls aus [D 6.11-4] kann ein Vergleich der Aufnehmer entsprechend den Bildern D 6.11-9 und D 6.11-12 entnommen werden.

D 6.11.4.3 Meßkabel und Anpasser

Wegen der sehr kleinen Kapazität der kapazitiven Hochtemperaturdehnungsaufnehmer, auch wegen der sehr kleinen Energie ihres elektrischen Feldes, müssen die Meßkabel sehr gut gegen Störfelder abgeschirmt sein. Praktisch kommen nur mineralisolierte Koaxialleitungen mit metallischem Außenmantel in Frage, die mit verschweißten Metallschellen zu fixieren sind. Die Kabelenden muß man sorgfältig gegen Feuchtigkeit abdichten, da mineralisches Isoliermaterial hygroskopisch ist und sich bei Feuchtigkeitsaufnahme die Daten des Meßkabels stark ändern. Das heiße Ende des Meßkabels sollte mit einer keramischen Dichtung versehen werden [D 6.11-3]. Da vor allem die Kabelkapazitäten mit z. B. 1000 pF um den Faktor 1000 höher sind als die Meßkapazitäten im Aufnehmer und sich zusätzlich mit der Temperatur ändern, benötigt man spezielle elektronische Anpasser. Bild D 6.11-13 gibt einige wichtige Schaltungen wieder [D 6.11-1].

Bild D 6.11-13 a zeigt zur Einführung eine Brückenschaltung, die für einfache Anwendungen ausreicht. Die zu messende Kapazität C_M des Aufnehmers liegt mit einer Kompensa-

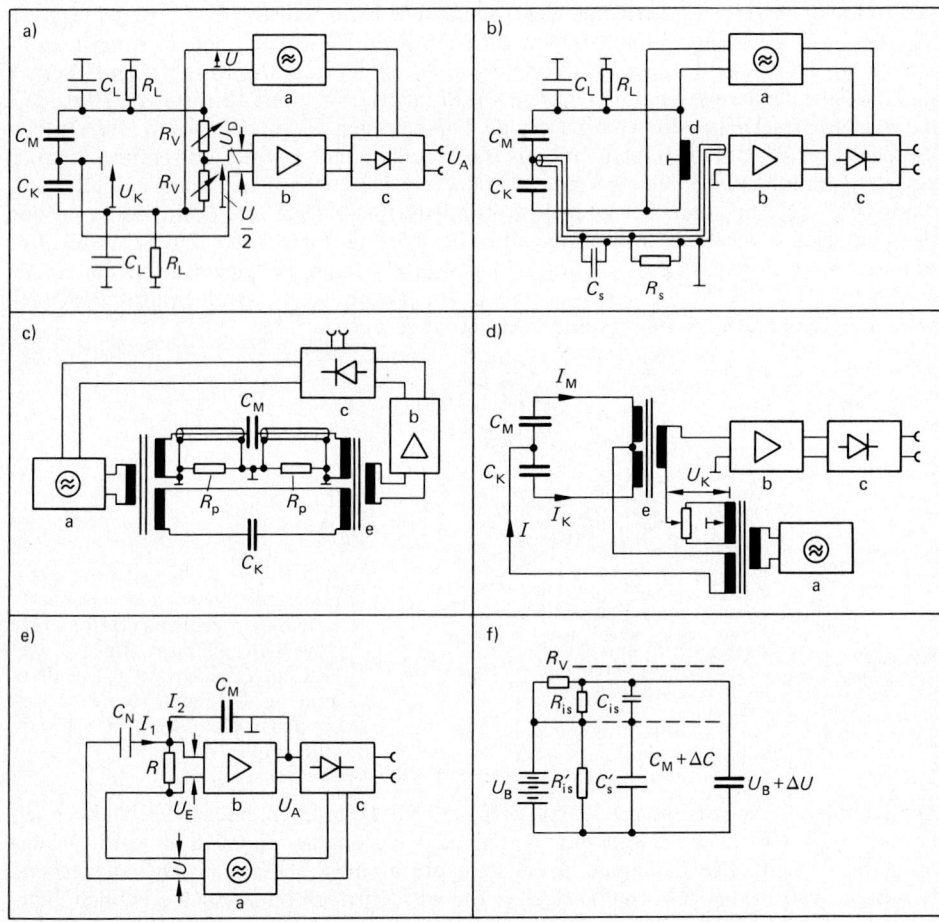

Bild D 6.11-13. Wichtige Meßschaltungen für kapazitive Aufnehmer, vereinfacht.
a) Einfache Brückenschaltung.
b) Brückenschaltung mit Elimination unerwünschter Kapazitäten und Widerstände.
c) Schaltung für lange Kabel und kleines C_M.
d) Stromdifferenzschaltung.
e) Gegenkopplungsschaltung zur Linearisierung.
f) Schaltung mit Gleichspannungsspeisung.
a Generator, b Verstärker, c phasenempfindlicher Gleichrichter, d Transformator, e Differential-transformator

tionskapazität C_K in einer Wechselstrombrücke, deren Diagonalspannung U_D mittels der komplexen Widerstände R_V auf null einreguliert werden kann. Die Brücke speist ein Generator a mit Frequenzen von z. B. 1 bis 50 kHz. Die Diagonalspannung U_D wird dem Verstärker b zugeführt und in einem phasenempfindlichen Gleichrichter c gleichgerichtet, der ebenfalls vom Generator a gespeist wird.

Vernachlässigt man die Leitungskapazitäten C_L und die Isolationswiderstände R_L der Leitungen – den Einfluß von C_L und R_L kann man schaltungstechnisch unwirksam machen, wie unten gezeigt wird – und ist der Eingangswiderstand des Verstärkers b sehr groß, dann erhält man für die Diagonalspannung U_D:

$$U_D = U_K - \frac{U}{2} = U \frac{\dfrac{1}{\omega C_K}}{\dfrac{1}{\omega C_M} + \dfrac{1}{\omega C_K}} - \frac{U}{2} \qquad \text{(D 6.11-19)}.$$

oder

$$U_D = \frac{U}{2} \frac{C_M - C_K}{C_M + C_K} \qquad \text{(D 6.11-20)}.$$

Bildet man C_M als Abstandsaufnehmer aus und hält C_K bei gleichem Aufbau wie C_M konstant, also

$$C_M = \text{konst} \cdot \frac{1}{d_M} \quad \text{und} \quad C_K = \text{konst} \cdot \frac{1}{d_K} \qquad \text{(D 6.11-21)}.$$

dann wird:

$$U_D = \frac{U}{2} \frac{\dfrac{1}{d_M} - \dfrac{1}{d_K}}{\dfrac{1}{d_M} + \dfrac{1}{d_K}} = \frac{U}{2} \frac{d_K - d_M}{d_K + d_M} \qquad \text{(D 6.11-22)}.$$

Die Diagonalspannung ist also nicht linear abhängig von d_M.

Faßt man die Kondensatoren mit den Kapazitäten C_M und C_K zu einem Differentialaufnehmer zusammen, bei dem also die Änderung von d_M negativ gleich der Änderung von d_K ist, wird

$$d_M + d_K = D \qquad \text{(D 6.11-23)}.$$

D ist also konstant, und für den Weg s der mittleren Elektrode des Aufnehmers ergibt sich:

$$s = d_K - d_M \qquad \text{(D 6.11-24)}.$$

Aus Gl. (D 6.11-22) wird dann

$$U_D = \frac{U}{2} \frac{s}{D}, \qquad \text{(D 6.11-25)}.$$

U_D ist demnach linear abhängig von s.

Neben dieser linearen Abhängigkeit erzielt man den Vorteil, daß gleichbedingte Änderungen von C_M und C_K, etwa durch Veränderungen des Dielektrikums, ohne Einfluß auf U_D bleiben. Eine lineare Abhängigkeit der Diagonalspannung U_D von s erhält man gleichfalls, wenn man den von sich aus linearen Differentialaufnehmer gemäß Bild D 6.11-12 verwendet.

Oben war die Vernachlässigung der Kapazität C_L und der Widerstände R_L vorausgesetzt worden. Schaltungstechnisch läßt sich dies wie in Bild D 6.11-13 b gezeigt erreichen. Hier wird an Stelle der Widerstände R_L ein Transformator d verwendet, dessen beide Wicklungen eng miteinander gekoppelt sind und dessen Mittelpunkt geerdet ist. C_L und R_L liegen jetzt über der einen Wicklung des Transformators, werden transformatorisch auf die andere Brückenhälfte abgebildet und beeinflussen so das Brückengleichgewicht nicht. Die Kapazität C_s und der Isolationswiderstand R_s des geschirmten Kabels vom Aufnehmer zum Verstärker liegen nur über der Brückendiagonale und beeinflussen so nur die Empfindlichkeit der Schaltung, nicht aber ihren Nullpunkt. Zum Abgleich läßt sich eine hier nicht eingezeichnete variable Spannung in Reihe zur Diagonalspannung einschleifen.

Für sehr kleine Kapazitäten C_M z. B. von 1 pF, hat sich die Schaltung gemäß Bild D 6.11-13 c bewährt [D 6.11-3]. Hier wird C_M über zwei geschirmte Kabel angeschlossen und die Nutzspannung über einen Differentialtransformator e dem Verstärker b zugeführt. Die Kabelkapazitäten werden wie in Bild D 6.11-13 b unwirksam gemacht. Zum Vermeiden von Störspannungen infolge von Strömen auf den Schirmen der Kabel sind die Schirme an definierten Stellen mit dem (metallischen) Bauteil verbunden, dessen Widerstände R_p die Widerstände der Schirme praktisch kurzschließen. Die Kompensationskapazität C_K kann im Meßgerät angebracht werden. Bei einer Frequenz des Generators a von 1500 Hz sind Kabelkapazitäten bis zu 0,1 µF (entspricht rund 1000 m Kabellänge) noch zulässig. Ein Isolationswiderstand der Kabel von 10 kΩ hat einen Fehler $< 1\%$ zur Folge. Die Repoduzierbarkeit der Messungen liegt bei 10^{-3} pF und ist damit zur Messung mit Aufnehmerkapazitäten von z. B. 1 pF geeignet.

Eine Stromdifferenzschaltung gibt Bild D 6.11-13 d wieder [D 6.11-15]. Der vom Generator a erzeugte Strom J teilt sich in J_M und J_K über C_M und C_K. Der Differenzstrom $J_K - J_M$ wird über den Differentialtransformator e dem Verstärker b zugeführt und weiter verarbeitet. Zum Brückenabgleich dient die einstellbare Kompensationsspannung U_K.

Eine linearisierende Gegenkopplungsschaltung zeigt Bild D 6.11-13 e [D 6.11-16]. Ein Generator a der Spannung U und der Kreisfrequenz ω treibt einen Strom J_1 durch eine hochkonstante Normalkapazität C_N und einen nicht zu großen Widerstand R, der am Eingang eines Verstärkers b mit großer Verstärkung liegt. Die Eingangsspannung U_E wird auf U_A verstärkt. Im Gegenkopplungszweig des Verstärkers b liegt der Aufnehmer mit der Kapazität C_M. Ist die Verstärkung groß genug, wird J_2 so lange ansteigen, bis U_E fast null wird. Dann ist aber $J_1 = J_2$. Man erhält für diesen Fall:

$$U = J_1 \frac{1}{\omega\, C_N} \quad \text{und} \quad U_A = J_2 \frac{1}{\omega\, C_M} \qquad \text{(D 6.11-26)}.$$

Hiermit wird

$$U = U_A \frac{C_N}{C_M} \qquad \text{(D 6.11-27)}.$$

Verwendet man als Aufnehmer einen Abstandsaufnehmer mit einer dem Plattenabstand d umgekehrt proportionalen Kapazität C,

$$C = \text{konst} \cdot \frac{1}{d} \qquad \text{(D 6.11-28)},$$

dann wird

$$U_A = U \frac{C_N}{\text{konst}} \cdot d \qquad \text{(D 6.11-29)}.$$

Bei konstanter Generatorspannung U ist also die Ausgangsspannung U_A des Verstärkers proportional dem Plattenabstand d. Erdet man die eine Platte des Kondensators C_M, eignet sich diese Meßeinrichtung besonders zur berührungslosen Abstandsmessung; die geerdete Platte kann dann durch das bewegte Teil selbst gebildet werden.

In einer technischen Ausführung [D 6.11-16] erreicht man mit kapazitiven Aufnehmern verschiedener Abmessungen lineare Meßbereiche von 0 bis 0,025 mm bis zu 0 bis 12,5 mm bei Meßfehlern $\leq 2\%$. Bei einer Frequenz der Generatorspannung U von 50 kHz können Abstandsänderungen der Frequenzen 0 bis 10 kHz gemessen werden.

Nach Bild D 6.11-13f können kapazitive Aufnehmer auch mit Gleichspannung betrieben werden, falls man auf statische Werte verzichtet [D 6.11-17]. Die Kapazität C_M des Aufnehmers wird über den großen Vorwiderstand R_V auf U_B aufgeladen. Während einer durch die Zeitkonstante τ,

$$\tau \approx R_V \, C_M \qquad \text{(D 6.11-30).}$$

bestimmten Zeit bleibt die Ladung von C_M konstant, auch wenn sich C_M ändert; es ändert sich aber U_B um ΔU. Man erhält:

$$\frac{\Delta U}{U_B} = - \frac{\dfrac{\Delta C_M}{C_M}}{1 + \dfrac{\Delta C_M}{C_M}} \qquad \text{(D 6.11-31).}$$

Wesentlich ist, daß R_{is} und C_{is} nur über R_V liegen und geringfügig τ ändern und daß R'_{is} und C'_{is} durch die Batterie kurzgeschlossen sind. Damit verschwindet der Einfluß unerwünschter Widerstände und Kapazitäten weitgehend.

Weitere spezielle Schaltungen entnehme man dem Schrifttum [D 6.11-2, 18 bis 21].

D 6.11.5 Zusammenfassende Beurteilung

Kapazitive Dehnungsaufnehmer sind zur statischen und dynamischen Messung von Dehnungen bis 600 °C und darüber geeignet. Sie sind klein und haben kleine Meßkräfte. Sie sind jedoch gegen Änderungen der Umgebungsbedingungen, insbesondere durch Staub und Feuchtigkeit, und gegen elektrische Störungen sehr empfindlich. Mit sorgfältigen mechanischen und elektrischen Abschirmungen, durch sorgfältige Installation sowie mittels spezieller elektronischer Schaltungen lassen sich diese Nachteile jedoch überwinden.

Kapazitive Dehnungs- oder Spannungsaufnehmer für Temperaturen bis rd. 60 oder 100 °C haben sich nicht einführen können.

D 6.12 Piezoelektrische Aufnehmer

D 6.12.1 Formelzeichen

C	Kapazität des Meßkabels
C_G	Kapazität des Aufnehmers
C_i	Kapazitäten bestimmter Orientierung
C_V	Gegenkopplungskapazität
E_G	Elastizitätsmodul des Aufnehmers
F_i	Flächen bestimmter Orientierung
I	Strom
P_{ik}	Komponenten von P
Q	elektrische Ladung
Q_i	elektrische Ladungen bestimmter Flächen
R	Eingangswiderstand des Verstärkers
U_G	Spannung des Aufnehmers
U_i	Spannungen auf Flächen bestimmter Orientierung
U_M	Meßspannung
a, b, c	Kantenlängen
d	Dicke des Aufnehmers
d_{ik}	piezoelektrische Moduln
P	Vektor der elektrischen Polarisation
ε_B	Dehnung des Bauteiles
ε_0	absolute Dielektrizitätskonstante
ε_r	relative Dielektrizitätskonstante
μ_B	Querkontraktionszahl des Bauteiles
μ_G	Querkontraktionszahl des Aufnehmers
σ_{ik}	Spannungen bestimmter Orientierung
τ_{ik}	Schubspannungen bestimmter Orientierung
ω	Kreisfrequenz

D 6.12.2 Allgemeines

Bereits 1880 entdeckten *Pierre* und *Paul Curie* die Eigenschaft polarer Kristalle, bei Deformation infolge mechanischer Spannungen oder Dehnungen elektrische Spannungen zu generieren. Es dauerte jedoch bis zur Mitte des 20. Jahrhunderts, bis man diesen „piezoelektrischen" Effekt zum Messen mechanischer Größen einsetzte. Zunächst baute man piezoelektrische Aufnehmer zum Messen von Kräften und Drücken, bald aber auch zum Messen von Spannungen und Dehnungen.

Piezoelektrische Aufnehmer sind „aktiv", d. h., sie generieren ohne elektrische Hilfsenergie Spannungen bzw. Ströme. Dies bedeutet u. a., daß ihre untere Frequenzgrenze größer als null ist [D 6.12-1, S. 113/115], sie also zu statischen Messungen grundsätzlich nicht geeignet sind. Auf der anderen Seite weisen piezoelektrische Aufnehmer eine extrem hohe Empfindlichkeit und einen extrem großen Meßbereich auf. In den seltenen Fällen, wo eine oder beide dieser Eigenschaften nötig sind, kann man piezoelektrische Aufnehmer mit Vorteil einsetzen.

Die Eigenschaft piezoelektrischer Scheiben, bei flächiger Belastung durch mechanische Spannungen über die entsprechende Fläche zu integrieren, hat immer wieder zur Entwicklung von Spannungsaufnehmern geführt. Die oben erwähnten Nachteile, verstärkt durch die Sprödigkeit vollkristalliner piezoelektrischer Materialien, hat aber eine weitere

Anwendung bisher verhindert. Polymere mit piezoelektrischen Eigenschaften sind zwar nicht spröde, sind in ihren Eigenschaften jedoch sehr temperatur- und zeitabhängig. Ihre Anwendung ist deshalb ebenfalls auf Sonderfälle beschränkt, z. B. auf das Messen von stoßwelleninduzierten Spannungen zwischen den Stirnflächen zylindrischer Stäbe und ähnlichem.

D 6.12.3 Physikalisches Prinzip

Verformt man bestimmte Arten von Einkristallen elastisch, z. B. durch Aufbringen einer Spannung σ gemäß Bild D 6.12-1, treten an bestimmten Flächen der Kristalle elektrische Ladungen Q auf. Diese Erscheinung bezeichnet man als den direkten piezoelektrischen Effekt [D 6.12-2 bis 10]. Aufnehmer, in denen dieser Effekt zur Messung mechanischer Größen ausgenutzt wird, nennt man piezoelektrische Aufnehmer.

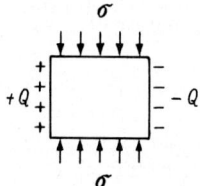

Bild D 6.12-1. Zum piezoelektrischen Effekt an Einkristallen.

Piezoelektrische Aufnehmer sind wegfühlend, d. h., die auftretenden Ladungen Q hängen ausschließlich von der Deformation des Kristalles bzw. von den diese verursachenden Spannungen ab und nicht von der Geschwindigkeit, mit der die Deformationen bzw. Spannungen auftreten. Piezoelektrische Aufnehmer benötigen keine Hilfsspannungsquelle; sie sind also aktiv. Wie alle aktiven Aufnehmer sind sie deshalb zur Messung statischer Deformationen bzw. Spannungen nur bedingt geeignet.

Der piezoelektrische Effekt ist umkehrbar. Legt man an bestimmte Flächen geeigneter Einkristalle elektrische Spannungen an, deformieren sich die Kristalle. Diese Erscheinung bezeichnet man als reziproken piezoelektrischen Effekt. Man nutzt ihn zur Schwingungserregung aus, insbesondere in Schwingquarzen zur Erzeugung konstanter Frequenzen und in der Ultraschalltechnik zur Erzeugung von Schallwellen [D 6.12-3]. Der reziproke piezoelektrische Effekt soll hier nicht behandelt werden.

Zur qualitativen Erklärung des piezoelektrischen Effekts eignet sich besonders der Quarz. Bild D 6.12-2 zeigt einen Quarzeinkristall in idealisierter Form mit senkrecht zur Längsachse, der Z-Achse, angeschliffenen Endflächen. Die Endflächen haben die Form eines regelmäßigen Sechsecks. Auch die Elementarzelle des Quarzes weist, in Z-Richtung gesehen, diese Form auf. In grober Vereinfachung darf man sich vorstellen, daß jeder Eckpunkt der Elementarzelle abwechselnd mit einem Siliziumatom besetzt ist, das vier positive Einheitsladungen hat, oder mit zwei Sauerstoffatomen, die je zwei negative Einheitsladungen haben [D 6.12-11]. In die obere Endfläche des Quarzes ist eine solche Elementarzelle stark vergrößert eingezeichnet. Die von deren Mittelpunkt in Richtung der Siliziumatome verlaufenden Achsen (X_1, X_2, X_3) bezeichnet man als elektrische Achsen, weil an den zu diesen Achsen senkrechten Flächen bei Deformationen des Kristalles elektrische Ladungen auftreten. Unter je $90°$ zu den X-Achsen verlaufen die sog. mechanischen Achsen (Y_1, Y_2, Y_3). Auf den senkrecht zu ihnen liegenden Flächen sind lediglich mechanische, aber keine elektrischen Effekte zu beobachten. Die Z-Achse schließlich bezeichnet man als optische Achse, da in Z-Richtung besondere optische Eigenschaften beobachtet werden.

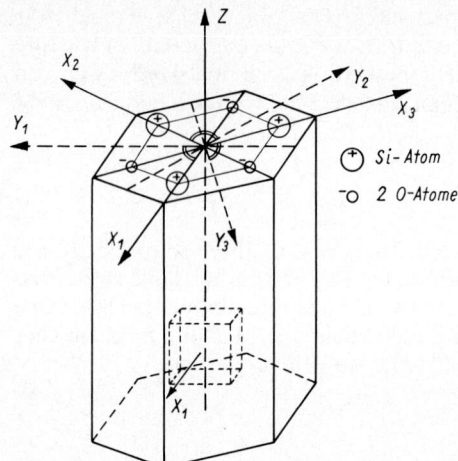

Bild D 6.12-2. Festlegung der Achsen eines piezoelektrischen Quarzeinkristalls.

Die X-Achsen heißen im Gegensatz zu den Y-Achsen und der Z-Achse polare Achsen, da ein Richtungswechsel der X-Achsen auch mit einem Vorzeichenwechsel der elektrischen Erscheinungen verbunden ist, die an den Flächen senkrecht zu ihnen auftreten.

Ein aus dem Quarz herausgeschnittener Quader mit der eingezeichneten Orientierung (sog. X-Schnitt) sei nun näher betrachtet. Die Lage der Elementarzellen in diesem Quader ist in Bild D 6.12-3a nochmals dargestellt. Infolge ihres symmetrischen Aufbaues kompensieren sich die Ladungen der einzelnen Atome gegenseitig. Der Quader erscheint also nach außen als elektrisch neutral. Drückt man jedoch z. B. in X_1-Richtung mit der Spannung σ auf den Quader (Bild D 6.12-3b), dann wird die Elementarzelle elastisch verzerrt: Das in X_1-Richtung liegende Si-Atom sowie die beiden gegenüberliegenden 0-Atome werden in die Zelle hineingedrückt. Auf der einen Druckfläche nimmt deshalb die positive Ladung ab, d. h., es entsteht eine negative Ladung $Q-$, und auf der gegenüberliegenden Fläche entsteht analog eine positive Landung $Q+$. Kehrt man die Richtung der Spannung σ um, zieht also an den Flächen, ändert sich das Vorzeichen der entstehenden Ladungen. Auf den senkrecht zur Y_1-Richtung und zur Z-Richtung liegenden Flächen tritt in keinem Fall eine Ladung auf. Die geschilderte Erscheinung wird als longitudinaler Effekt bezeichnet.

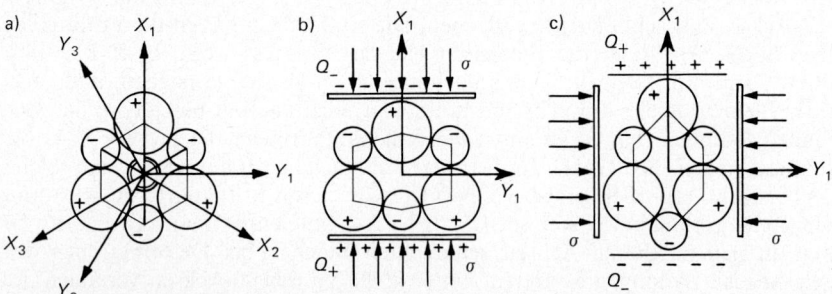

Bild D 6.12-3. Zur qualitativen Erläuterung des direkten piezoelektrischen Effekts von Quarz.
a) Lage der Achsen in der Elementarzelle.
b) Longitudinaler Piezoeffekt.
c) Transversaler Piezoeffekt.

Der sog. transversale piezoelektrische Effekt ist in Bild D 6.12-3 c schematisch dargestellt. Hier wirkt die Spannung σ in Y_1-Richtung und die Ladungen Q entstehen auf den senkrecht zur X_1-Richtung liegenden Flächen.

Diese bei Beanspruchung in X_1- bzw. Y_1-Richtung auftretenden Effekte treten in gleicher Weise auch in den anderen X- bzw. Y-Richtungen auf.

Zur quantitativen Beschreibung des direkten piezoelektrischen Effektes [D 6.12-2 bis 7; 9] bedient man sich zweckmäßig des Vektors der elektrischen Polarisation, P:

$$P = P_{xx} + P_{yy} + P_{zz}, \qquad \text{(D 6.12-1).}$$

dessen Komponenten in Bild D 6.12-4 eingetragen sind. Sie stehen senkrecht auf den drei zueinander senkrechten Flächen F_x, F_y und F_z eines Quaders aus beliebigem piezoelektrischen Material. Der erste Index bezeichnet jeweils die Normale der Fläche, auf der die Komponente wirkt, der zweite die Richtung, in die die Komponente zeigt. Die elektrischen Ladungen Q der Flächen erhält man aus den Komponenten mit den Beziehungen

$$Q_x = P_{xx} F_x; \qquad Q_y = P_{yy} F_y; \qquad Q_z = P_{zz} F_z \qquad \text{(D 6.12-2).}$$

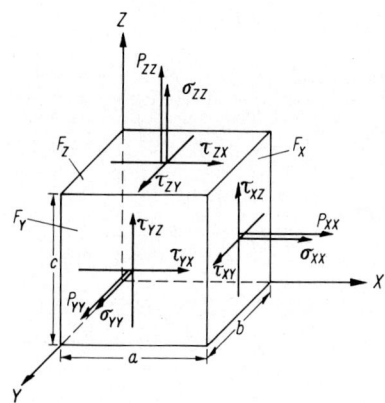

Bild D 6.12-4. Zur quantitativen Beschreibung des direkten piezoelektrischen Effekts.

Die zwischen je zwei parallelen Flächen infolge der Ladungen Q auftretenden Spannungen U ergeben sich aus

$$U_x = \frac{Q_x}{C_x}; \qquad U_y = \frac{Q_y}{C_y}; \qquad U_z = \frac{Q_z}{C_z} \qquad \text{(D 6.12-3).}$$

Hierin bedeutet C die jeweilige Kapazität. Sie beträgt:

$$C_x = \varepsilon_0\,\varepsilon_r\,\frac{F_x}{a} = \varepsilon_0\,\varepsilon_r\,\frac{b\,c}{a}$$

$$C_y = \varepsilon_0\,\varepsilon_r\,\frac{F_y}{b} = \varepsilon_0\,\varepsilon_r\,\frac{a\,c}{b}$$

$$C_z = \varepsilon_0\,\varepsilon_r\,\frac{F_z}{c} = \varepsilon_0\,\varepsilon_r\,\frac{a\,b}{c} \qquad \text{(D 6.12-4).}$$

Hierin bedeutet ε_0 die absolute und ε_r die relative Dielektrizitätskonstante.

Aus Gl. (D 6.12-2) bis Gl. (D 6.12-4) erhält man die Spannungen U zu:

$$U_x = P_{xx} \frac{a}{\varepsilon_0\,\varepsilon_r}\,; \quad U_y = P_{yy} \frac{b}{\varepsilon_0\,\varepsilon_r}\,; \quad U_z = P_{zz} \frac{c}{\varepsilon_0\,\varepsilon_r} \qquad (D\,6.12\text{-}5).$$

Die Komponenten der elektrischen Polarisation P hängen – dies ist ja der zur Messung mechanischer Größen benutzte Effekt – von den Komponenten der mechanischen Spannungen σ und τ ab, die an dem Quader (Bild D 6.12-4) angreifen. Es sind dies die drei Normalspannungen σ_{xx}, σ_{yy} und σ_{zz} sowie die sechs Schubspannungen τ_{xy}, τ_{xz}; τ_{yx}, τ_{yz}; τ_{zx}, τ_{zy}. Da aus Gleichgewichtsgründen gelten muß:

$$\tau_{xy} = \tau_{yx}\,; \quad \tau_{yz} = \tau_{zy}\,; \quad \tau_{zx} = \tau_{xz}, \qquad (D\,6.12\text{-}6)$$

reduziert sich die Anzahl der unabhängig veränderlichen Schubspannungen auf drei, z. B. τ_{xy} τ_{yz} und τ_{zx}. Hiermit ergibt sich in der üblichen Schreibweise:

$$P_{xx} = d_{11}\,\sigma_{xx} + d_{12}\,\sigma_{yy} + d_{13}\,\sigma_{zz} + d_{14}\,\tau_{yz} + d_{15}\,\tau_{zx} + d_{16}\,\tau_{xy},$$
$$P_{yy} = d_{21}\,\sigma_{xx} + d_{22}\,\sigma_{yy} + d_{23}\,\sigma_{zz} + d_{24}\,\tau_{yz} + d_{25}\,\tau_{zx} + d_{26}\,\tau_{xy}, \qquad (D\,6.12\text{-}7).$$
$$P_{zz} = d_{31}\,\sigma_{xx} + d_{32}\,\sigma_{yy} + d_{33}\,\sigma_{zz} + d_{34}\,\tau_{yz} + d_{35}\,\tau_{zx} + d_{36}\,\tau_{xy}$$

Die Konstanten d_{ik} bezeichnet man als piezoelektrische Moduln. Ihre für die einzelnen piezoelektrischen Materialien unterschiedliche Größe hat man durch Messungen ermittelt (s. Tabelle D 6.12-1).

D 6.12.4 Meßeinrichtungen und ihre Handhabung

D 6.12.4.1 Piezoelektrische Werkstoffe

Der wichtigste piezoelektrische Werkstoff ist der Quarz [D 6.12-1, S. 213 – 215; 9; 12; 13]. Seine piezoelektrischen Moduln entsprechend Gl. (D 6.12-7) zeigt das folgende Schema:

$$\begin{array}{cccccc} d_{11} & -d_{11} & 0 & d_{14} & 0 & 0 \\ 0 & 0 & 0 & 0 & -d_{14} & -2d_{11} \\ 0 & 0 & 0 & 0 & 0 & 0 \end{array} \qquad (D\,6.12\text{-}8).$$

Quarz hat also fünf von null verschiedene Moduln, die jedoch durch nur zwei Zahlenwerte (Tabelle D 6.12-1) beschrieben werden können.

Ein Beispiel möge dies verdeutlichen. Ein Quarzwürfel mit 1 cm Kantenlänge werde mit einer Spannung von 100 N/cm² in Y-Richtung belastet (transversaler Piezoeffekt). Dann wird:

$$P_{xx} = -d_{11}\,\sigma_{yy} \qquad (D\,6.12\text{-}9),$$

und gemäß Gl. (D 6.12-5)

$$U_x = P_{xx} \frac{a}{\varepsilon_0\,\varepsilon_r} = -d_{11}\,\sigma_{yy} \frac{a}{\varepsilon_0\,\varepsilon_r}$$

$$= -2,3\,\frac{pC}{N} \cdot 10^2\,\frac{N}{cm^2} \cdot \frac{1\ cm\ V\ cm}{8,84\cdot 10^{-14}\,C\cdot 4,5} = -578,2\ V \qquad (D\,6.12\text{-}10),$$

mit $\varepsilon_0 = 8,84\cdot 10^{-14}\,\dfrac{C}{V\ cm}$ und $\varepsilon_r = 4,5$.

Wie ersichtlich, ist diese Spannung sehr groß. Praktisch erreicht man diese Empfindlichkeit jedoch nicht, da parallel zu der Kapazität C_x des Quarzwürfels, Gl. (D 6.12-4),

$$C_x = \varepsilon_0 \varepsilon_r \frac{b\,c}{a} = 8{,}84 \cdot 10^{-14} \, \frac{C}{V\,cm} \cdot 4{,}5 \cdot \frac{1\,cm \cdot 1\,cm}{1\,cm} \approx 0{,}4 \text{ pF} \qquad \text{(D 6.12-11)},$$

meist noch eine beträchtliche, durch Kabel usw. bedingte Schaltkapazität liegt (s. Abschn. D 6.12.4.3). Beträgt sie z. B. 100 pF, dann sinkt die Spannung auf $-2{,}3$ V. Unter allseitigem Druck ($\sigma_{xx} = \sigma_{yy} = \sigma_{zz}$) zeigt Quarz gemäß Gl. (D 6.12-8) keinen Piezoeffekt.

Quarz ist für Meßzwecke deshalb besonders geeignet, weil der meist verwendete Modul d_{11} nur sehr wenig von der Temperatur abhängt [D 6.12-14]. Zwischen Raumtemperatur und $-193\,°$C nimmt d_{11} um 1,2% ab, zwischen Raumtemperatur und $+500\,°$C um 6%. Oberhalb 573 °C, dem sog. Curie-Punkt des Quarzes, wird $d_{11} = 0$, weil hier der Quarz in eine andere Modifikation übergeht. Bei nachfolgender Abkühlung stellen sich praktisch wieder die alten Werte von d_{11} ein. Eine Abhängigkeit von d_{11} vom Druck ist nicht feststellbar, die Kennlinie des Quarzes ist also linear. Günstig ist auch der hohe spezifische Widerstand des Quarzes. Er sinkt jedoch mit steigender Temperatur stark ab. Die Druckfestigkeit des Quarzes liegt bei 3200 bis 3900 N/mm², die Zugfestigkeit bei 98 N/mm², die Biegefestigkeit senkrecht zur Z-Achse bei 128 N/mm².

Größere Bedeutung hat *Bariumtitanat* [D 6.12-3; 5; 6; 9; 10; 12; 13; 15]. Man verwendet es nicht in Form von Einkristallen, sondern wendet die folgende Herstellungstechnik an: Das Rohmaterial wird fein zermahlen, mit Zusätzen zu einem Brei verrührt und bei Temperaturen von 1300 bis 1400 °C gebrannt. Um der Masse piezoelektrische Eigenschaften zu verleihen, bringt man sie auf eine Temperatur oberhalb ihres Curie-Punktes von 120 °C, z. B. auf 135 °C, und legt in der gewünschten Richtung ein statisches elektrisches Feld von 10 bis 20 kV/cm an. Dabei orientiert sich ein Teil der Elementarzellen in der gewünschten Weise. Kühlt man das Material ab, bleibt die Orientierung erhalten. Die Richtung des elektrischen Feldes ist die Z-Richtung. Das Schema der piezoelektrischen Moduln ist:

$$\begin{matrix} 0 & 0 & 0 & 0 & d_{15} & 0 \\ 0 & 0 & 0 & d_{15} & 0 & 0 \\ d_{31} & d_{31} & d_{33} & 0 & 0 & 0 \end{matrix} \qquad \text{(D 6.12-12)}.$$

Wie Tabelle D 6.12-1 zeigt, sind die Moduln im Vergleich zu denen von Quarz sehr groß. Da auch die Dielektrizitätskonstante ε_r sehr groß ist, bleiben die Nutzspannungen trotzdem niedrig. Vorteilhaft gegenüber Quarz z. B. ist jedoch der durch das große ε_r bedingte niedrige Innenwiderstand des Aufnehmers. Von Raumtemperatur bis etwa 80 °C steigt d_{31} nur wenig an, um dann in Gegend der Curie-Temperatur von rund 120 °C ein scharf ausgeprägtes Maximum zu durchlaufen [D 6.12-6]. Durch Zusatz bestimmter Materialien und durch besondere Herstellungsverfahren lassen sich Materialien bestimmter Eigenschaften züchten [D 6.12-17]. Die höchst zulässige Spannung liegt bei 54 N/mm².

Wie das Schema von Gl. (D 6.12-12) zeigt, tritt auch bei allseitigem Druck eine Polarisation in Z-Richtung auf. Das ist jedoch mit dem Nachteil verknüpft, daß man bei Temperaturänderungen mit pyroelektrischen Spannungen zu rechnen hat.

Der Hauptvorteil des Bariumtitanats ist darin zu sehen, daß man es in praktisch jeder Form, Größe und Orientierung herstellen kann. Für ausgesprochene Präzisionsmessungen ist es weniger geeignet.

Der Hauptvorteil von *Bleizirkonattitanat* [D 6.12-9; 10; 12] ist seine im Vergleich zu Bariumtitanat hohe Curie-Temperatur (Tabelle D 6.12-1). Außerdem ist Bleizirkonattitanat

Tabelle D 6.12-1 Eigenschaften wichtiger piezoelektrischer Materialien. (Die Werte für Barium-titanat und Bleizirkonattitanat sind Anhaltswerte.)

	Quarz	Bariumtitanat	Bleizirkonattitanat
piezoelektrische Moduln bei Raumtemperatur			
in $\frac{pC}{N}$ d_{11}	2,3	0	0
d_{14}	$-0,67$	0	0
d_{15}	0	260	495
d_{22}	0	0	0
d_{25}	$-d_{14}$	0	0
d_{31}	0	-56	-140
d_{33}	0	150	320
d_{36}	0	0	0
relative Dielektrizitäts-konstante ε_r bei Raumtemperatur	4,5	1200 bis 1700	1500
spezifischer Widerstand bei Raumtemperatur in Ω cm	10^{14} (Z-Richtung) $2 \cdot 10^{16}$ (quer zur Z-Richtung)	10^{12} bis 10^{13}	10^{12} bis 10^{13}
Elastizitätsmodul in 10^4 N/mm^2	7,9 (X-Richtung)	9,8 (Z-Richtung)	5,9 (Z-Richtung)
Curie-Temperatur in °C	573	120	360

empfindlicher, hat wegen seines kleineren Elastizitätsmoduls eine kleinere Rückwirkung und kann durch verschiedene Zusammensetzung des Materials in seinen Eigenschaften leicht variiert werden. Es ersetzt deshalb in vielen Fällen Bariumtitanat.

Ein vom Hersteller [D 6.12-13] als „P 10" bezeichneter Werkstoff weist eine Curie-Temperatur von rd. 400 °C auf und ist bis rd. -270 °C stabil. Seine Ladungsempfindlichkeit, also die bei einer bestimmten Belastung generierte Ladung, ist in Bild D 6.12-5 im Vergleich zu der der anderen oben genannten Werkstoffe dargestellt. Bei Messungen über große Temperaturbereiche sind hiernach Quarz und P 10 am besten geeignet.

Auch Polymere können durch entsprechende mechanische und thermische Behandlung piezoelektrisch gemacht werden. Das Hauptinteresse gilt hierbei dem Polyvinylidenefluo-

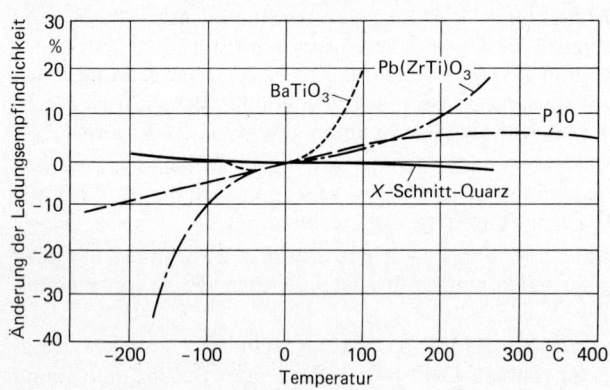

Bild D 6.12-5. Ladungs-empfindlichkeit verschiedener piezoelektrischer Werkstoffe als Funktion der Temperatur [D 6.12-12].

rid, das in zahlreichen Arbeiten untersucht wurde [D 6.12-18; 19; 20]. Der Hauptnachteil des Polyvinylidenefluorids ist die starke Abhängigkeit seiner Eigenschaften von Temperatur, Feuchte und Zeit; wohl deshalb sind Anwendungen in der experimentellen Spannungsanalyse selten. Vorteilhaft ist die Flexibilität dieses Werkstoffes, die seine Anwendung z. B. auch auf gewölbten Flächen möglich macht.

D 6.12.4.2 Aufnehmer

Zur *Spannungsmessung* im Erdreich – auch Erddruckmessung genannt – dient der Aufnehmer nach Bild D 6.12-6 [D 6.12-21].

In einem Gehäuse a mit biegeweichem Boden b und Deckel c befinden sich, kraftschlüssig eingespannt, vier Quarzscheiben d mit X-Schnitt. Sie sind mittels Elektroden e, f aus weichem Kupfer so verbunden, daß sich ihre Ladungen addieren. Je eine Fläche der Quarzscheiben d ist mit dem Gehäuse a, je eine weitere mit dem Kabel g verbunden. Entsprechend dem vorgesehenen Einbau in feuchtes Erdreich ist das Kabel, wie auch der ganze Aufnehmer, sorgfältig gegen Feuchtigkeit geschützt. Das Gehäuse mit Boden und Deckel besteht aus einer Aluminium-Magnesium-Legierung, die zur Ausschaltung von Korrosion eloxiert ist.

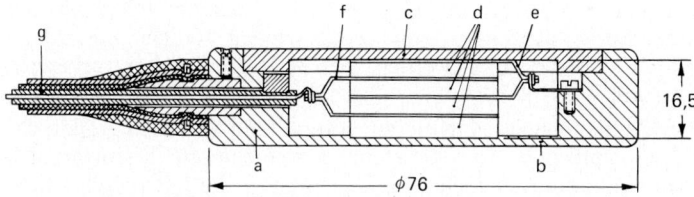

Bild D 6.12-6. Piezoelektrische Erddruckdose nach *A. C. Whiffin* und *S. A. H. Morris* [D 6.12-21]. a Gehäuse, b Boden, c Deckel, d Quarzscheiben, e, f Elektroden, g Kabel

Die wichtigsten Eigenschaften des Aufnehmers sind:
Empfindlichkeit 96 mV je 1 N/cm² Erddruck bei einer Kabelkapazität von 700 pF; Isolationswiderstand auch nach sehr langer Verweilzeit im Erdreich $\geq 10^{11}\,\Omega$; Spannungsabfall bei Messung mit einem Verstärker mit hochohmigem Eingang $\leq 1\%$ in 5 s. Der Fehler, der dadurch entsteht, daß der Aufnehmer ein anderes elastisches Verhalten aufweist als das Erdreich, liegt bei 10% und kann rechnerisch eliminiert werden, vgl. Abschn. C 1.3.2.2.

Piezoelektrische Folien aus Polymeren sind zur Messung von stoßwelleninduzierten Spannungen auf der Oberfläche fester Körper oder zwischen den Stirnflächen zylindrischer Stäbe geeignet, s. z. B. [D 6.12-22]. In der allgemeinen Spannungsanalyse spielen diese Aufnehmer jedoch nur eine untergeordnete Rolle.

Ein piezoelektrischer *Dehnungsaufnehmer* wird schematisch in Bild D 6.12-7 dargestellt. Er besteht aus einer piezoelektrischen Scheibe von einigen 0,1 mm Stärke, die an der Unter- und Oberseite mit Elektroden versehen ist. Damit die Elektrode der Unterseite

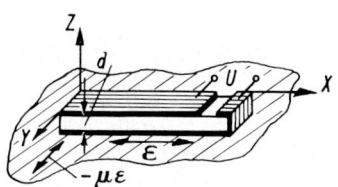

Bild D 6.12-7. Piezoelektrischer Dehnungsaufnehmer, schematisch.
U Spannung, d Dicke des Aufnehmers

leichter mit dem Meßkabel verbunden werden kann, ist die bis auf die Oberseite hochgeführt. Der ganze Aufnehmer wird auf das Bauteil geklebt, dessen Dehnung gemessen werden soll.

Unter der Voraussetzung, daß die Dehnung des Bauteils völlig auf den Aufnehmer übertragen wird, erhält man für eine einachsige Spannung im Bauteil in X- oder in Y-Richtung die elektrische Spannung U zu

$$U = \frac{1}{\varepsilon_0 \varepsilon_r} d_{31} E_G \varepsilon_B d \frac{1 - \mu_G \mu_B - \mu_B + \mu_G}{1 - \mu_G^2} \qquad \text{(D 6.12-13)}.$$

Da oft $\mu_G \approx \mu_B$ gilt, vereinfacht sich Gl. (D 6.12-13) zu

$$U \approx \frac{1}{\varepsilon_0 \varepsilon_r} d_{31} E_G \varepsilon_B d \qquad \text{(D 6.12-14)}.$$

Die Spannung U ist unabhängig von den Längs- und Querabmessungen des Aufnehmers und proportional zu seiner Dicke. Aufnehmer dieser Art und ihre Anwendungen sind im Schrifttum beschrieben [D 6.12-23 bis 26]. Praktisch erreicht man bei Verwendung von Bariumtitanat Spannungen U von rund 100 mV bei einer Dehnung ε von nur $1 \cdot 10^{-6}$. Die Kapazität der Aufnehmer liegt bei einigen 100 pF. Bei einem Eingangswiderstand des Anpassers von $10^6 \Omega$ liegt die untere Grenzfrequenz bei einigen 100 Hz. Eine obere Grenzfrequenz konnte noch nicht bestimmt werden. Der zulässige Temperaturbereich reicht von rund -50 bis rund $+85\,°C$.

Der Hauptnachteil dieser Aufnehmer ist, daß sie auf Längs- und Querdehnungen des Bauteiles in gleicher Weise ansprechen. Bei sehr schmalen Aufnehmern verrringert sich jedoch, offenbar infolge unvollkommener Dehnungsübertragung, die Querempfindlichkeit erheblich [D 6.12-23].

Zur Messung von Dehnungen an Detektoren zur Gravitationswellenbestimmung wurden Dehnungsmeßstreifen mit Metallgitter und piezoelektrische Dehnungsaufnehmer miteinander verglichen [D 6.12-27]. Bei Verwendung rauscharmer Verstärker lag bei ersteren die noch nachweisbare Dehnung bei 10^{-8}, bei letzteren bei 10^{-11}; bei Fehlen der mechanischen Störungen im Meßraum wären noch Dehnungen von 10^{-13} nachweisbar gewesen (vgl. auch Abschn. E 3.3.2).

Einen aufsetzbaren piezoelektrischen *Dehnungsaufnehmer* zeigt Bild D 6.12-8 [D 6.12-28; 29]. Das Gehäuse a, das mit einer Schraube b auf das Bauteil gepreßt wird, trägt einen starren, geraden Meßfuß c und einen kreisringförmigen Meßfuß d, dessen Mitte die Meßlänge begrenzt. Über den in Federn e gelagerten Bolzen f werden die schubempfindlichen piezoelektrischen Scheiben g an das Gehäuse a gepreßt. Eine Dehnung des Bauteils

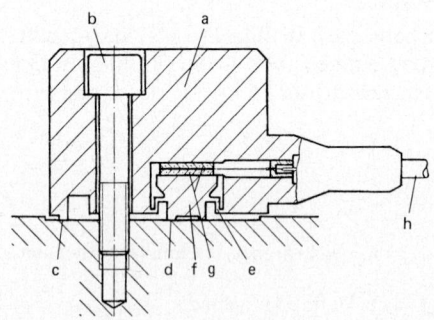

Bild D 6.12-8. Aufsetzbarer piezoelektrischer Dehnungsaufnehmer; Hersteller: Kistler [D 6.12-28; 29].
a Gehäuse, b Schraube, c gerader Meßfuß, d kreisringförmiger Meßfuß, e Federn, f Bolzen, g piezoelektrische Scheiben, h Meßkabel

verursacht eine Schubbeanspruchung in den Scheiben g. Die dabei entstehenden Ladungen bzw. Spannungen werden über das gut abgedichtete Meßkabel h gemessen.

Die hervorstechende Eigenschaft des Aufnehmers ist seine hohe Empfindlichkeit von rd. 10 pC/1·10^{-6} Dehnung; dies bedeutet eine kleinste nachweisbare Dehnung von 3·10^{-9}. Der Meßbereich beträgt ±300·10^{-6}. Der Linearitäts- bzw. Hysteresefehler ist mit ≦ +1% bzw. ≦1% erwartungsgemäß relativ groß. Ebenso ist die Meßkraft mit rund 1,5 N/1·10^{-6} Dehnung beträchtlich. Der Aufnehmer ist besonders zur Kraftmessung an Pressen mittels der (kleinen) Dehnungen der Ständer geeignet [D 6.12-30].

Auch piezoelektrische Polymere sind grundsätzlich zur Dehnungsmessung geeignet, werden aber nur sehr selten eingesetzt.

D 6.12.4.3 Anpasser

Je nach Art des Anpassers wählt man zur Beschreibung des piezoelektrischen Aufnehmers entweder eine Spannungs- oder eine Ladungsersatzschaltung.

In der *Spannungsersatzschaltung* gemäß Bild D 6.12-9 kann man den Aufnehmer als die Reihenschaltung eines Generators der Leerlaufspannung U_G und einer Kapazität C_G auffassen. C_G ist die bei offenen Klemmen des Aufnehmers gemessene Kapazität [D 6.12-24]. Im Normalfall ist der Aufnehmer mit der Kapazität C des Meßkabels einschließlich der meist sehr kleinen Eingangskapazität des angeschlossenen Verstärkers und mit dem Eingangswiderstand R des Verstärkers belastet. Der Isolationswiderstand des Meßkabels kann man meist vernachlässigen.

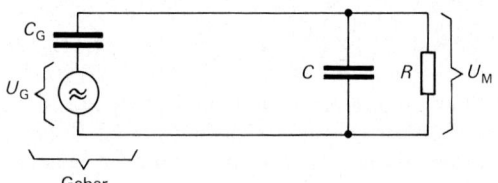

Bild D 6.12-9. Spannungsersatzschaltung eines piezoelektrischen Aufnehmers mit Belastung durch C und R.

Verläuft U_G zeitlich sinusförmig, dann ergibt sich für die Meßspannung U_M infolge des Spannungsteilerverhältnisses zwischen C_G und C bzw. R:

$$U_M = U_G \frac{\omega C_G R}{\omega (C + C_G) R - j} \qquad \text{(D 6.12-15)}$$

Hierin ist ω die Kreisfrequenz $2\pi f$ und j ist $\sqrt{-1}$.

Der Zusammenhang zwischen U_M und U_G ist unabhängig von der Frequenz, wenn Gl. (D 6.12-15) reell wird. Dies ist der Fall für

$$\omega (C + C_G) R \gg 1 \qquad \text{(D 6.12-16)}.$$

Für eine bestimmte Frequenz kann man diese Forderung erfüllen, indem man R sehr groß macht, z. B. durch spezielle Eingangsschaltungen des Anpassers, oder C sehr groß wählt, z. B. durch Zuschalten verlustarmer Kondensatoren, oder indem man C_G groß wählt, z, B. durch Wahl eines piezoelektrischen Materials mit großer Dielektrizitätskonstante, etwa Bleizirkonattitanat. Im letzteren Fall wird jedoch auch U_M kleiner, da

$$U_M = U_G \frac{C_G}{C + C_G} \qquad \text{(D 6.12-17)},$$

587

wie aus Gl. (D 6.12-15) folgt. Durch Vergrößern von C ergibt sich übrigens auch die Möglichkeit, U_M so zu verkleinern, daß der Anpasser nicht übersteuert wird; hiervon macht man häufig Gebrauch.

Änderungen der Kabelkapazität, also Änderungen von C in Gl. (D 6.12-17), wie sie bei Erschütterungen oder Pressungen des Kabels auftreten können, beeinflussen lediglich die Empfindlichkeit. Sie sind demnach bei weitem nicht so kritisch wie z. B. beim kapazitiven Aufnehmer (Abschnitt D 6.11). Unangenehm sind jedoch vom Kabel generierte Störspannungen, z. B. durch Reiben der metallischen Abschirmung auf der Isolation. Abhilfe schafft eine Graphitschicht zwischen Isolation und Abschirmung [D 6.12-21; 31].

Den besonders für Messungen bei niedriger Frequenz erforderlichen hohen Eingangswiderstand des Anpassers erreicht man durch Verwenden von Elektrometerröhren oder von stark gegengekoppelten Operationsverstärkern [D 6.12-1, S. 220]. Nachteilig sind besonders die Beeinflussung der Empfindlichkeit bei Änderungen der Kabelkapazität und die hohe Störspannungsempfindlichkeit. Näheres entnehme man [D 6.12-1, S. 220].

Die *Ladungsersatzschaltung* zeigt Bild D 6.12-10. Hier ist der Aufnehmer als Generator aufgefaßt, der über seiner inneren Kapazität C_G die seiner mechanischen Belastung entsprechende Ladung Q generiert. Parallel zu C_G liegt die Kabelkapazität C. Die durch R abfließende Ladung bewirkt einen Strom J

$$J = \frac{\mathrm{d}Q}{\mathrm{d}t} \tag{D 6.12-18},$$

der unter dem Einfluß von U_M über R dem Ladungsverstärker V mit der Kapazität C_V im Gegenkopplungszweig zugeführt wird. Die Ausgangsspannung U_A wird [D 6.12-32]:

$$U_A = \frac{1}{R\,C_V} \int U_M\,\mathrm{d}t = \frac{1}{R\,C_V} \int J\,R\,\mathrm{d}t = \frac{1}{C_V} \int \frac{\mathrm{d}Q}{\mathrm{d}t}\,\mathrm{d}t = \frac{Q}{C_V} \tag{D 6.12-19}.$$

U_A ist folglich der Ladung Q proportional und hängt nicht von C_G und C ab. Praktisch bedeutet dies, daß die Empfindlichkeit einer Meßeinrichtung nach Bild D 6.12-10 nicht von der Aufnehmer- und der Kabelkapazität und ihren Änderungen abhängt. Wegen der kleinen Eingangsimpedanz des Integrationsverstärkers ist außerdem die Störspannungsempfindlichkeit sehr klein [D 6.12-12]. Man wird also vorzugsweise diese Schaltung verwenden, zumal sich auch hier große Zeitkonstanten erreichen lassen.

Weitere Hinweise zu Anpassern entnehme man dem Schrifttum [D 6.12-33; 34].

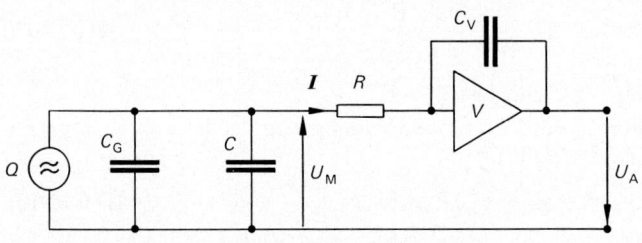

Bild D 6.12-10. Ladungsersatzschaltung eines piezoelektrischen Aufnehmers mit Integrationsverstärker.

D 6.12.5 Zusammenfassende Beurteilung

Piezoelektrische Aufnehmer sind für statische und sehr präzise Messungen in der experimentellen Spannungsanalyse ungeeignet, haben bei Spannungsmessungen jedoch die Fähigkeit, über Flächen zu integrieren, und weisen eine extrem hohe Empfindlichkeit auf. Wenn Integrationsfähigkeit und/oder extreme Empfindlichkeit gefordert sind, kann man sie mit Vorteil einsetzen.

D 6.13 Vibrationsaufnehmer mit schwingender Saite

D 6.13.1 Formelzeichen

E	Elastizitätsmodul
U_{Err}	Erregerspannung
U_M	Meßspannung
f_E	Eigenfrequenz
l	Länge
Δl	Längenänderung
q	Querschnitt
ϱ	Dichte
σ	Spannung

D 6.13.2 Allgemeines

Dehnt man eine straff gespannte Saite, ändert sich deren Eigenfrequenz. Wohl als erster hat *O. Schäfer* [D 6.13-1] diesen Effekt zur Dehnungsmessung verwendet. Er erkannte den besonderen Vorteil solcher „Vibrationsaufnehmer", nähmlich eine Frequenz, also eine zeitverschlüsselte Größe, als Meßwert zu liefern, die ohne wesentliche Einbuße an Qualität über lange und auch in ihren Eigenschaften stark schwankende Kabel übertragen werden kann [D 6.13-2]. Dieser Vorteil bestimmt auch den wesentlichen Einsatzbereich dieser Aufnehmer auf ausgedehnten Baustellen mit rauhem Betrieb, also z. B. im Stahlbau und im Betonbau. Hier werden außerdem oft exakte Messungen über große Zeiträume von z. B. einigen Jahren verlangt, etwa im Talsperrenbau [D 6.13-3], wozu sich die besonders langzeitstabilen Vibrationsaufnehmer sehr gut eignen. So ist die Hauptdomäne dieser Aufnehmer bis heute der Stahlbau und Betonbau geblieben [D 6.13-4 bis 7].

D 6.13.3 Physikalisches Prinzip

Ein Vibrationsaufnehmer, dessen mechanisches Schwingungssystem aus einer gespannten Saite besteht – er wird deshalb auch Saitenaufnehmer genannt [D 6.13-8] –, ist in Bild D 6.13-1 schematisch dargestellt. Die Saite des Querschnittes q, die in ungespanntem Zustand die Länge l hat, wird unter dem Einfluß der Kraft F um Δl länger. Unter Vernachlässigung ihrer Biegefestigkeit und (sehr kleinen) Dämpfung wird ihre erste Eigenfrequenz f_E:

$$f_E = \frac{1}{2l} \sqrt{\frac{E}{\varrho}} \sqrt{\frac{\Delta l}{l}}$$

(D 6.13-1).

Hierin bedeutet E den Elastizitätsmodul und ϱ die Dichte der Saite.

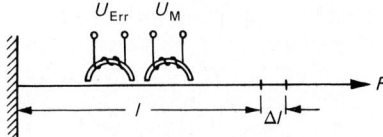

Bild D 6.13-1. Vibrationsaufnehmer mit schwingender Saite, schematisch.

Da die Längenänderung Δl über

$$\frac{\Delta l}{l} = \frac{F}{qE}$$

(D 6.13-2)

589

mit der Kraft F zusammenhängt, kann man Gl. (D 6.13-1) auch schreiben:

$$f_E = \frac{1}{2\,l}\,\frac{1}{\sqrt{\varrho\,q}}\,\sqrt{F} \qquad\qquad\qquad (D\,6.13\text{-}3).$$

Die Eigenfrequenz f_E ist also ein Maß für die Verlängerung Δl bzw. für die Kraft F.

Zur Erzeugung der Eigenschwingungen dient i. a. eine impulsförmige Spannung U_{Err}, die kurzzeitig eine Kraft zwischen einem Elektromagneten und der (ferromagnetischen) Saite hervorruft. Die „angezupfte" Saite schwingt dann schwach gedämpft in ihrer Eigenfrequenz f_E aus. Diese wird über die Spannung U_M gemessen, die die schwingende Saite in einem elektromagnetischen Induktionsgeber [D 6.13-8, S. 193 – 205] induziert. Auch eine harmonische Anregung der Eigenschwingung wird gelegentlich angewandt. Näheres zum Prinzip der schwingenden Saite entnehme man dem Schrifttum [D 6.13-9; 10].

D 6.13.4 Meßeinrichtungen und ihre Handhabung

D 6.13.4.1 Spannungsaufnehmer

Ein älterer Spannungsaufnehmer, der gemäß Bild C 1.2-1 c zur Spannungsmessung an Randzonen fester Körper oder unter Aufschüttungen verwendet werden kann, ist in Bild D 6.13-2 dargestellt.

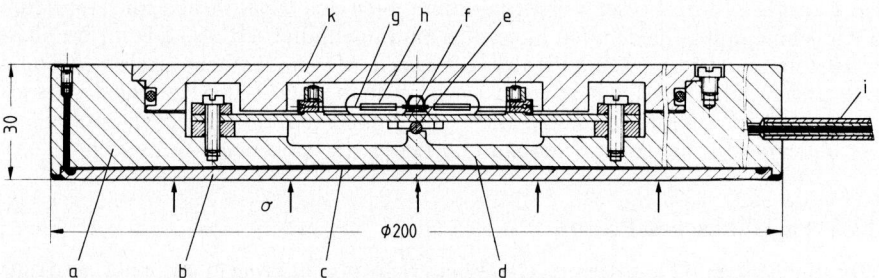

Bild D 6.13-2. Bodendruckaufnehmer mit schwingender Saite (Hersteller: Maihak).
a Gehäuse, b Deckel, c Quecksilberschicht, d Biegeplatte, e Kugel, f Biegebalken, g Saite, h Elektromagnet, i Kabel, k Platte

Ein starres Gehäuse a trägt einen dünnwandigen Deckel b, der mit einer Quecksilberschicht c am Gehäuse angekoppelt ist. Bei einer Belastung des Aufnehmers sorgt die flüssige Quecksilberschicht für die Ausbildung einer über die Deckelfläche näherungsweise örtlich konstanten Spannung σ. Dabei wird der innere, schwächere Teil des Gehäuses, der als Biegeplatte d ausgebildet ist, durchgebogen. Die entsprechende Auslenkung überträgt die Kugel e auf einen Biegebalken f, der mit dem Gehäuse verschraubt ist. Er trägt die vorgespannte Saite g, deren Spannung entsprechend steigt. Sie wird über den liegend angeordneten Elektromagneten h durch einen Spannungsimpuls in ihrer Grundschwingung angeregt, und die Frequenz der schwach gedämpft ausschwingenden Saite wird mittels des gleichen Elektromagneten gemessen. Die Meßspannung wird über das Kabel i zum Anpasser geleitet. Die Platte k schließt den Aufnehmer druckwasserdicht ab.

Für Spannungsmessungen im Inneren von Beton ist der Aufnehmer nach Bild D 6.13-2 wegen seiner großen Höhe nicht geeignet (vgl. Abschn. C 1.3.2.2). Hierzu, aber auch für Spannungsmessungen am Rande fester Körper, eignet sich ein Aufnehmer, wie er in Bild D 6.13-3 schematisch dargestellt ist [D 6.13-11].

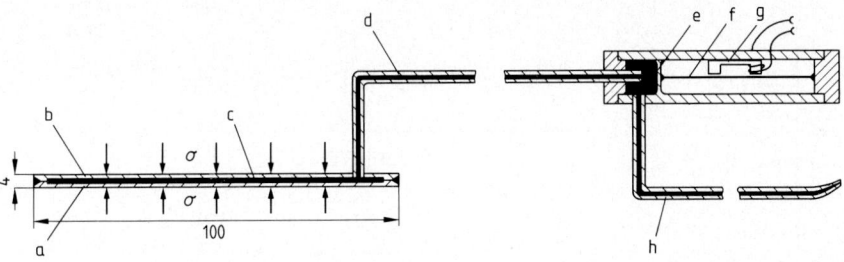

Bild D 6.13-3. Hydraulischer Spannungsaufnehmer mit Vibrationsdruckaufnehmer, schematisch. a, b Stahlbleche, c Quecksilberschicht, d Rohr, e Biegeplatte, f Stahlsaite, g Elektromagnet, h Nachspannrohr

Ein rechteckiges oder rundes Druckkissen, das aus zwei dünnen Stahlblechen a und b zusammengeschweißt ist, schließt eine Quecksilberschicht c ein. Wird das Druckkissen, z. B. im Inneren von Beton, einer Spannung σ ausgesetzt, entsteht in der Quecksilberschicht ein etwa gleich großer Druck, der über das quecksilbergefüllte Rohr d bis in den Druckraum eines Druckvibrationsaufnehmers übertragen wird. Der Druck lenkt die Biegeplatte e aus; dabei ändert sich die Spannung in der Stahlsaite f, deren mittels des Elektromagneten g gemessene Eigenfrequenz somit ein Maß für die Spannung σ wird.

Spannungsmessungen mit Aufnehmern nach Bild D 6.13-3 sind nicht unproblematisch [D 6.13-11]. Erwärmt sich nämlich der Beton beim Aushärten, dann dehnt sich das Druckkissen aus und verdrängt dadurch den es umgebenden, noch weichen Beton. Nach Aushärten und Abkühlen des Betons zieht sich das Druckkissen wieder zusammen, der ausgehärtete Beton kann aber nicht folgen. Es entsteht so ein Zwischenraum zwischen Beton und Druckkissen, der erst bei höheren Spannungen σ verschwindet. Man kann den hierdurch bedingten Fehler kompensieren, indem man nach dem Aushärten und Erkalten des Betons das Volumen eines quecksilbergefüllten Nachspannrohres h, etwa durch Zusammenquetschen, so lange verringert, bis ein Druck angezeigt wird; dann liegt das Druckkissen wieder an. – Bei waagerechtem Einbau des Druckkissens bilden sich leicht Wassersäcke oder poriger Beton an den Druckflächen aus. Dadurch kann die Übertragung der zu messenden Spannung auf die Druckflächen gestört werden. Abhilfe schafft hier ein senkrechter Einbau des Druckkissens in ein kleines Betonprisma, das nach dessen Erhärten als Ganzes – bei waagerecher Lage des Druckkissens – einbetoniert werden kann. Auch das Sandstrahlen der Druckflächen hat sich zwecks Haftungsverbesserung als vorteilhaft erwiesen.

Da die thermischen Ausdehnungskoeffizienten von Druckkissen und Beton unterschiedlich sind und diejenigen von Beton sich zeitabhängig ändern, hat man mit einem zeitabhängigen Nullpunktfehler zu rechnen, der bei 0,5 bis 1 bar je °C liegt [D 6.13-11]. Gleichwohl wird man auf Aufnehmer, ähnlich wie in Bild D 6.13-3 dargestellt, nicht verzichten können, da man aus an Beton gemessenen Dehnungen nur näherungsweise auf die Spannungen schließen kann [D 6.13-12].

Zur Spannungsmessung im Inneren von Gestein bedient man sich eines Verfahrens gemäß Bild D 6.13-4. In das Gestein a wird eine Bohrung mit einem Durchmesser D von z. B. 38 oder 75 mm getrieben, die bis zu 30 m tief sein kann. Der Spannungsaufnehmer besteht aus einer zylindrischen Feder b, die diagonal eine gespannte Saite c trägt. Die Feder wird mittels eines Gegenstückes d und eines Keiles e an sich gegenüberliegende Seiten des Bohrloches gepreßt. Hierbei entsteht im Gestein bereits eine Spannung. Die sich ihr überlagernde zu messende Spannung σ deformiert die Feder b, was eine Ände-

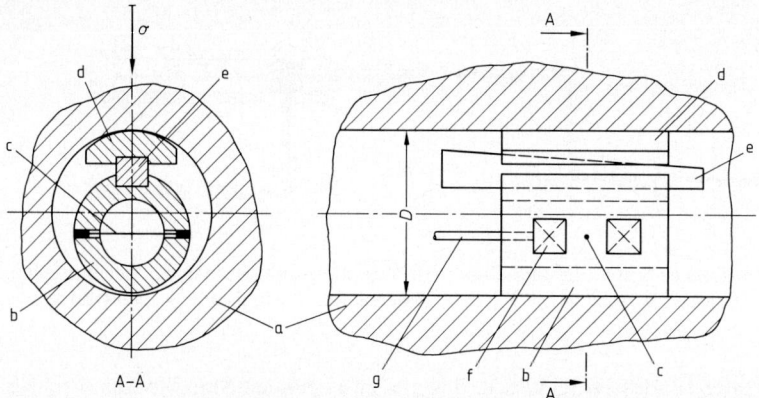

Bild D 6.13-4. Spannungsaufnehmer für das Innere von Gestein (Hersteller: geokon).
a Gestein, b Feder, c Saite, d Gegenstück, e Keil, f Spule, g Kabel

rung der Spannung in der Saite zur Folge hat. Die entprechende Frequenzänderung wird mit der Spule f erfaßt und über das Kabel g zur Meßwarte geleitet.

Im Gegensatz zu einem flachen Spannungsaufnehmer gemäß Bild D 6.13-3 ist die Empfindlichkeit des Spannungsaufnehmers nach Bild D 6.13-4 stark vom E-Modul des Gesteins abhängig. Für eine einachsige Spannung gemäß Bild D 6.13-4 liefert der Hersteller eine Kalibrierkurve, für die diese Abhängigkeit experimentell ermittelt wurde. Eine nähere Analyse entnehme man [D 6.13-13]. Die Messung zweiachsiger Spannungen ist in [D 6.13-14] beschrieben. Nach Angaben des Herstellers liegt der Meßbereich zwischen $-3{,}5$ und 70 N/mm².

Das geschilderte Verfahren hat einige Nachteile. So kann beim Verkeilen des Aufnehmers das Gestein Risse erhalten, der Aufnehmer kann undefiniert an der Bohrlochwandung anliegen und der E-Modul des Gesteins ist oft nicht genau bekannt; dies bedeutet unweigerlich beträchtliche Meßfehler. Andererseits bietet das geschilderte Verfahren die einzige Möglichkeit, überhaupt Aufschlüsse über die Spannungen im Inneren von Gesteinen zu erhalten.

D 6.13.4.2 Dehnungsaufnehmer

Einen robusten Dehnungsaufnehmer für die Oberfläche metallischer Bauteile zeigt Bild D 6.13-5. Die Kraft F preßt das Gestell a über die feste Meßschneide b sowie über den beweglichen Stützkörper c mit der Meßschneide d auf das Bauteil e. Zwischen dem Stützkörper und dem Gestell ist eine Stahlseite f ausgespannt und mit Klemmbolzen g festgehalten. Mittels der Spulen h auf dem Magnetkörper i kann die Stahlsaite angezupft und anschließend die Frequenz ihrer freien Schwingung gemessen werden. Bei einer Dehnung des Bauteils e ändert sich die durch die Meßschneiden b und d gegebene Meßlänge l um Δl, was eine Frequenzänderung der Stahlsaite entsprechend Gl. (D 6.13-1) zur Folge hat. Für diesen Aufnehmer wird:

$$\frac{\Delta l}{l} = 4{,}29 \cdot 10^{-9} \text{ s}^2 \cdot f_E^2 \tag{D 6.13-4}.$$

Weitere Eigenschaften des Aufnehmers sind ein Frequenzbereich von 250 bis 1000 Hz, eine scheinbare Dehnung bei festgehaltener Meßlänge l von $8 \cdot 10^{-6}$ je °C, eine Meßkraft von rund 40 bis 100 N, eine Anpreßkraft von 1500 N und ein Meßfehler $\leq \pm 1\%$, bezogen

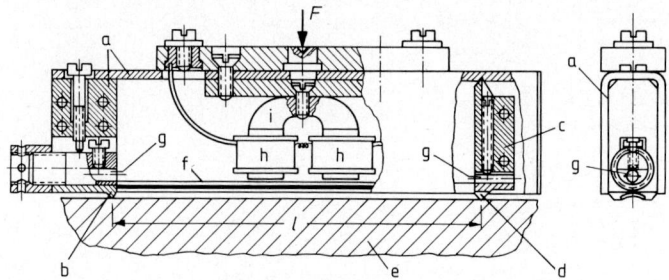

Bild D 6.13-5. Dehnungsaufnehmer für die Oberfläche metallischer Bauteile (Hersteller: Maihak). a Gestell, b Meßschneide, c Stützkörper, d Meßschneide, e Bauteil, f Stahlsaite, g Klemmbolzen, h Spulen, i Magnetkörper

auf eine Dehnung von $0,5 \cdot 10^{-3}$. Für schwächere Bauteile ist der Einfluß der hohen Anpreß- und Meßkräfte zu prüfen.

Leichte Montage zeichnet den Dehnungsaufnehmer nach Bild D 6.13-6 aus [D 6.13-7]. In den beiden Endstücken a und b ist die Saite c verankert. Das Rohr d ist in den Endstükken verschiebbar gelagert und mit Dichtungen e gegen Feuchtigkeit abgedichtet. Vor der Montage wurde die Saite c mittels der Feder f so vorgespannt, daß jeweils für positive oder negative Dehnungen der maximal mögliche Meßbereich erzielt wird. Nach Befestigen des Aufnehmers durch Schweißpunkte g in den Flanschen h hat die Saite selbsttätig die gewünschte Vorspannung. Außerdem wird die Meßkraft entscheidend reduziert, da das Rohr d in Längsrichtung verschiebbar bleibt. Die relativ kleine Meßkraft erlaubt auch das Aufkleben des Aufnehmers an Stelle von Aufschweißen. Die Spule zum Erregen der Saite und Messen ihrer Frequenz kann zwischen den Messungen abgezogen werden; sie ist nicht eingezeichnet.

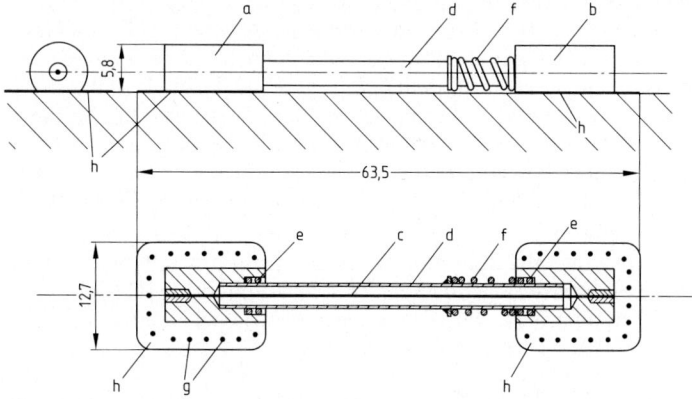

Bild D 6.13-6. Dehnungsaufnehmer für die Oberfläche metallischer Bauteile, etwas vereinfacht [D 6.13-7]. a, b Endstücke, c Saite, d Rohr, e Dichtung, f Feder, g Schweißpunkte, h Flansche

Eigenschaften des Aufnehmers sind ein Meßbereich von $\pm 1500 \cdot 10^{-6}$, eine Auflösung von $1 \cdot 10^{-6}$, eine Änderung des Nullpunktes mit der Temperatur bei Montage auf einem Bauteil mit einem thermischen Ausdehnungskoeffizienten von $10,8 \cdot 10^{-6}/°C$: 0, vgl. [D 6.13-15]. Das Kriechen ist nicht meßbar, vgl. auch [D 6.13-16]. Der Abstand der Saite von der Bauteiloberfläche beträgt 3,4 mm. Der Aufnehmer ist wasserdicht. Eine Abdeckkappe kann aufgesetzt werden, vgl. auch [D 6.13-17].

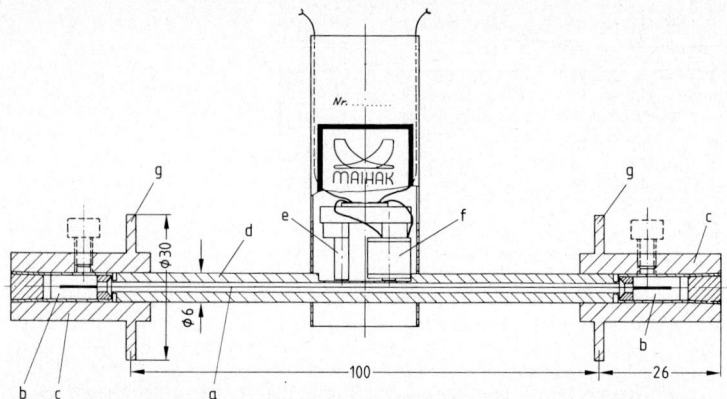

Bild D 6.13-7. Dehnungsaufnehmer für das Innere von Beton (Hersteller: Maihak).
a Saite, b Klemmstücke, c Endstücke, d Rohr, e Magnetkörper, f Spule

Sehr gut haben sich Vibrationsaufnehmer mit schwingender Saite für Dehnungsmessungen im Inneren von Beton (vgl. Abschn. C 1.4.2.2) einführen können. Eine charakteristische Ausführung ist in Bild D 6.13-7 wiedergegeben. Die Saite a wird von Klemmstücken b gehalten, die in Endstücken c fixiert sind. Die Endstücke sind durch ein Rohr d miteinander verbunden, das die Saite a schützt und dem Magnetkörper e mit Spule f halt gibt. Über die Flansche g wird dem Aufnehmer die Dehnung des Bauteiles aufgezwungen.

Unter idealen Bedingungen sind die Eigenschaften des Aufnehmers mit denen des Aufnehmers nach Bild D 6.13-6 vergleichbar; beim Einbau in Beton enstehen jedoch besondere Probleme. Beim Schütten des Betons ändert sich leicht die Orientierung des Aufnehmers, oder er kann beschädigt werden. Es empfiehlt sich deshalb, den Beton erst zu schütten und dann Gruben auszuheben, in die der Aufnehmer vorsichtig von Hand eingesetzt wird [D 6.13-18]. Zusätzlich empfiehlt es sich, den Aufnehmer vor dem Einbau in das Bauwerk in ein Betonprisma gleicher Qualität, jedoch ohne grobe Zuschlagstoffe, einzubringen und ihn erst nach dessen Aushärten in das Bauwerk einzubringen [D 6.13-6]. Vorteilhaft ist es weiterhin, die Aufnehmer beim Einbau ständig elektrisch zu überwachen, um Beschädigungen rechtzeitig erkennen und um die entsprechenden Aufnehmer noch ersetzen zu können. Schließlich ist es angebracht, an besonders wichtigen Stellen für Redundanz zu sorgen.

Über die Ermittlung des vollständigen Spannungszustands in Beton mit bis zu neun Dehnungsaufnehmern in unmittelbarer Nachbarschaft zueinander wird in [D 6.13-3] und in [D 6.13-19] berichtet. Es ergeben sich dabei keine grundsätzlichen Schwierigkeiten.

D 6.13.4.3 Meßgeräte

Der Aufnehmer liefert als Meßwert eine Frequenz, vgl. Gl. (D 6.13-1); sie kann zuverlässig über einfache, auch sehr lange Leitungen übertragen werden, da Änderungen der elektrischen Werte der Leitungen ohne Einfluß auf die Höhe der Frequenz sind. Lediglich starke elektrische Störimpulse können verfälschend wirken.

Für *statische oder quasistatische Messungen* verwendet man meist Aufnehmer mit einem Elektromagneten, über den die Saite zunächst „angezupft" wird und in dem die gedämpft ausschwingende Saite eine Wechselspannung gleicher Frequenz erzeugt. Die Frequenz mißt man mittels elektronischer Zählgeräte. Hierzu wird z. B. während einer Zeit von 100 Periodendauern der Saitenfrequenz die Anzahl der Schwingungen eines quarzgesteuerten Oszillators von 500 kHz gezählt, die ein Maß für die Dehnung ist. Nach anschließender Linearisierung erfolgt Digitalanzeige. Da derartige Messungen sehr genau durchgeführt werden können, liefert dieses Verfahren sehr kleine Fehler [D 6.13-20].

Für *statische*, besonders aber für *dynamische Messungen*, verwendet man Aufnehmer mit zwei Elektromagneten, wovon einer die Meßsaite dauernd in der Frequenz erregt, die der andere Elektromagnet aufnimmt. Die Saite schwingt also als Teil eines Oszillators dauernd in ihrer Eigenfrequenz. Diese Frequenz wird in einem Frequenz-Spannungs-Wandler in eine frequenzproportionale Spannung umgeformt und elektronisch linearisiert. Die weitere Verarbeitung, meist mit Rechnern, ist der jeweiligen Meßaufgabe anzupassen [D 6.13-20].

Insbesondere bei Dehnungsmessungen mit sehr vielen Aufnehmern (z. B. 300) an großen Konstruktionen wie Brücken lohnt sich die räumliche Aufteilung von Meßstellenumschaltern und Meßgerät. Hier bringt auch eine drahtlose Übertragung Vorteile. Grundsätzliche Überlegungen hierzu können dem Schrifttum entnommen werden [D 6.13-21].

D 6.13.5 Zusammenfassende Beurteilung

Der Hauptvorteil der Aufnehmer mit schwingender Saite ist das fehlerfreie Übertragen des Meßwertes über sehr lange und sich in ihren Eigenschaften evtl. ändernde Meßleitungen. Weiter sind stabile Messungen über sehr lange Zeiten, z. B. viele Jahre, möglich.

Von Nachteil sind die hohen Meßkräfte, ein relativ kleiner Meßbereich von rund 2000 bis $3000 \cdot 10^{-6}$ und – jedenfalls bei den gebräuchlichsten Ausführungen – eine nicht genügend genaue Temperaturkompensation, welche bei sehr genauen Messungen die Messung der Temperatur am Meßort zwecks Korrektur erfordert. Weiter liegt die obere Frequenzgrenze mit rd. 1 kHz, die aber auch nur mit Aufnehmern kurzer Saitenlänge erreicht wird, für viele praktische Probleme zu niedrig.

Immer dann, wenn die Vorteile überwiegen, z. B. im Betonbau, im Stahlbau und bei Messungen im Erdreich, haben sich Aufnehmer mit schwingender Saite sehr gut einführen können.

D 7 Sonstige Verfahren

D 7.1 Spannungsmessung mit Folien

H.-J. Schöpf

D 7.1.1 Allgemeines

Die Wirkungen hoher und niedriger Kontaktspannungen sind aus dem täglichen Leben bekannt: da ist die Nadelspitze, die unter Längskraft durch hohe örtliche Pressung Material durchdringt und andererseits der Ski, der Gewicht auf eine große Fläche verteilen soll, um die Nachgiebigkeit des „elastischen Bettes" – der Schneeauflage – zu begrenzen.

Spannungsmessungen mit Folien zwischen Kontaktflächen verfolgen das Ziel, die Kraftwirkungen zwischen Kontaktpartnern zu quantifizieren und aus deren örtlichem und zeitlichem Verlauf Funktions- und Gestaltungsregeln abzuleiten. Der Begriff der Folie wird dabei so weit gefaßt, daß auch noch Aufnehmerhöhen von mehreren Millimetern hierzu zählen.

Wenngleich nicht quantifizierbar, war doch schon lange vor dem technischen Zeitalter die geschickte Wahl des Standorts für schwere Bauwerke, wie Dome und Schlösser, ein deutlicher Hinweis darauf, daß man um die Bedeutung der Nachgiebigkeit des Kontaktpartners „Untergrund" wußte. Dies hat sich heute je nach Bodenklasse in zulässigen Werten für Flächenpressung niedergeschlagen, nach denen Fundamente zu bemessen sind.

Der Aufbau einer Eisenbahnstrecke, d. h. die Bettung der Schienen auf Schwellen und deren Bettung auf dem Untergrund, hängt eng mit der Theorie des Balkens auf elastischer Unterlage zusammen, wonach der Untergrund auf eine Einsenkung des Balkens unter Last mit einem proportionalen Bettungsdruck – einer Spannung senkrecht zur Oberfläche – reagiert [D 7.1-1].

Im Fahrzeug-, Apparate- und Maschinenbau werden unter weit weniger idealen Verhältnissen Leichtbaukonstruktionen und Leichtbauwerkstoffe wie Aluminium, Magnesium und Kunststoff eingesetzt. Um die Funktionsfähigkeit mehrteiliger verspannter und unverspannter Komponenten hinsichtlich Dichtheit, zulässiger Flächenspannung und deren Verteilung schon frühzeitig zu prüfen und um Grenzwerte festzustellen und Erprobungszeiten zu verkürzen, gilt es, mit geeigneten Meßmitteln und theoretischem Unterbau z. B. Biegesteifigkeiten unter Funktions-, Gewichts- und Sicherheitsaspekten sorgfältig zu optimieren.

Aus der großen Anzahl oft recht aufwendiger Meßverfahren der Vergangenheit ist vor allem das Kugeleindruckverfahren zu nennen. Dabei liegt zwischen den ebenen Pressungspartnern eine dünne Lochplatte mit einer Dicke von etwa je dem halben Durchmesser der in den Löchern mit Spiel gehaltenen Kugeln. Nach der Belastung wird aus Eindruckdurchmesser und Oberflächenhärte über eine Kalibrierung Punkt für Punkt auf die Flächenpressung geschlossen.

Das Gebiet der Pressungsmessung mit Folien ist in jüngster Zeit aus mehreren Quellen befruchtet worden. Neu entwickelte optische Aufnehmer und deren etwa gleichzeitig möglich gewordene Auswertung mit digitaler Bildverarbeitung sind hier ebenso zu nennen wie neuere elektrische Aufnehmer, deren Ursprung häufig in der Biomechanik, Sportmedizin und Orthopädie zu finden ist und die an moderne Signalverarbeitungsanlagen für On-Line-Messungen gekoppelt werden können.

Aus der Bewertung der Haltbarkeit von Konstruktionen kennt man die mechanische Spannung als wesentliches Bindeglied zwischen Beanspruchung und Werkstoff. Bei der Messung von Flächenpressungen ist es daher in vielen Fällen ebenfalls das erklärte Ziel, über Größe, Verteilung und Form der Spannung Bemessungsunterlagen zu erhalten.

D 7.1.2 Physikalisches Prinzip

Allen nachfolgenden Ausführungen liegt Bild C 1.2-1 b zugrunde. Der darin als bewußt undifferenzierte Einheit dargestellte Aufnehmer mit der Höhe h wird entsprechend den heute verfügbaren Meßprinzipien aufgefächert. Bei Messungen der Druckspannung zwischen festen Medien wird vorausgesetzt, daß der Aufnehmer die gesamte Kontaktfläche abdeckt.

D 7.1.2.1 Optische Verfahren

Bild D 7.1-1 zeigt einen Aufnehmer zwischen Kontaktflächen, der aus einem farbgebenden oberen (a) und einem farbnehmenden unteren Papier (b) besteht.

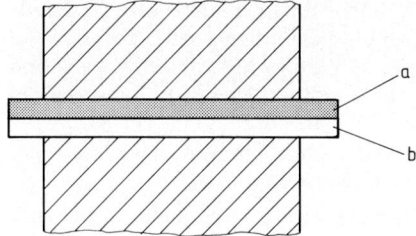

Bild D 7.1-1. Zweilagiger optischer Aufnehmer zwischen Kontaktflächen (Abdruckprinzip).
a Farbgeber, b Farbnehmer

Blaupapiere sind als Farbgeber in engen Grenzen druckabhängig; Farbnehmer müssen für die abgegebene Farbmenge haft- oder saugfähig sein. Vergleichbar zum einfachen Durchschlag auf einer Schreibmaschine, wird auf dem Farbnehmer druckabhängig eine Farbdichte- bzw. Helligkeitsverteilung sichtbar. Bei wenig saugfähigen Papieren ist dies ein reiner Oberflächenabdruck, der nach kurzer Kraftwirkdauer die Endfarbdichte erreicht hat. Dünne und saugfähige Farbnehmer werden von der Farbe mit zunehmendem Druck durchdrungen. Die erforderliche Kraftwirkdauer bis zur Enddichte liegt bei > 30 s.

Neben diesen zweilagigen Aufnehmern sind auch solche bekannt, bei denen Farbgeber und saugfähiger Farbnehmer zu einer einlagigen Einheit verarbeitet sind.

Die bislang aufgeführten Aufnehmer sind durch hohe Farbstabilität über der Zeit, aber auch durch einen eng begrenzten technischen Meßbereich gekennzeichnet.

In Bild D 7.1-2 ist eine Anordnung aus einem Farbgeber a und mehreren saugfähigen Farbnehmern b dargestellt. Hohe anliegende Druckspannung σ bewirkt ein Durchfärben vieler, niedrige Druckspannung ein Durchfärben weniger Blätter. Die Anzahl der angefärbten Blätter für jeden Beobachtungsort ist somit ein Maß für die anliegende Spannung. Über Anzahl, Dicke und Durchlässigkeit lassen sich die saugfähigen Farbnehmer an vielfältige Anwendungsfälle anpassen.

Die beschriebene Anordnung ist unter dem Namen Elring-Pressungsbildverfahren bekannt [D 7.1-2]. In der Praxis wird der Aufnehmer beidseitig durch thermoplastische Folien vor flüssigen Umgebungsmedien geschützt und als Meßheft bezeichnet.

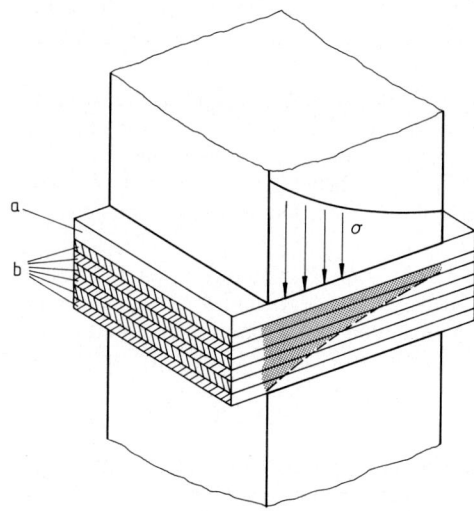

Bild D 7.1-2. Mehrlagiger optischer Aufnehmer zwischen Kontaktflächen (Durchdringungsprinzip) unter Druck *p*.
a Farbgeber, b 6 Farbnehmer

597

Auf Grund der langsamen Farbdiffusion durch die Farbnehmer hindurch ist die Kraft-wirkdauer mit > 2 min anzusetzen. Übliche Aufnehmerdicken liegen zwischen 0,2 und 0,8 mm. Unabhängig davon, daß mit zunehmender Höhe die Meßfehler steigen, sind durch diese sandwichartige Anordnung im Vergleich zu allen anderen Folienverfahren die höchsten Spannungen meßbar.

Die bis hierher genannten Aufnehmer werden aus handelsüblichem Material zusammen-gestellt, das nicht eigens für meßtechnische Zwecke entwickelt wurde.

Bild D 7.1-3 zeigt eine zweilagige Folie, deren beschichtete Seiten einander zugewandt sind.

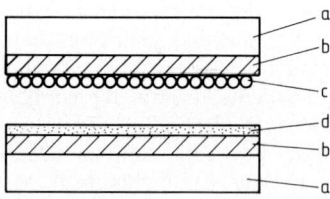

Bild D 7.1-3. Zweilagiger optischer Aufnehmer mit Mikrokapsel- und Entwicklerschicht (Farbentwickler-prinzip).
a Trägerschichten, b Zwischenschichten, c Mikroverkap-selung, d Farbentwickler

Die obere Folie – der Flüssigkeitsspeicher – besteht aus einem meist thermoplastischen Trägermaterial a mit nachfolgender Zwischenschicht b und Mikrokapselschicht c. Die untere Folie – der Farbentwickler – besteht aus dem gleichen Träger mit Zwischenschicht b und Entwicklungsschicht d.

Bei Einwirkung einer Druckspannung werden die Mikrokapseln zerstört und die freige-setzte Flüssigkeit reagiert – praktisch unter Lichtausschluß – mit dem Farbentwickler der unteren Folie. Die Mikrokapseln weisen unterschiedliche Größe oder Wandstärke auf. Daher werden die größeren Kapseln (bzw. die mit der geringeren Wandstärke) bei gerin-gerem Druck als die kleineren Kapseln zerstört (bzw. als die mit der größeren Wand-stärke).

Auf der Entwicklerfolie entsteht dadurch eine druckabhängige Dichteverteilung einer Grundfarbe. Es ist leicht einzusehen, daß durch die Wahl der Mikrokapseln Folien unterschiedlicher Druckmeßbereiche hergestellt werden können bei jeweils gleicher Farb-entwicklerfolie. Der Meßbereich selbst ist bei diesem Prinzip dadurch begrenzt, daß selbst bei günstiger statistischer Verteilung der Kapseln bezogen auf eine beliebig kleine Flä-cheneinheit nicht ausreichend viele Kapseln aller erforderlichen Größen anwesend sein können [D 7.1-3].

Ähnlich wie bei gewöhnlichem Negativmaterial, sind auch die Farbdichtewerte abhängig von Temperatur und relativer Feuchtigkeit der Meßfeldumgebung sowie vom Alter der Aufnehmer. Diese Störeinflüsse, die zu Meßwertschwankungen von mehr als $\pm 30\%$ führen können, lassen sich durch Kalibrierung der Aufnehmer bei definierten Kräften auf definierte Flächen unter gleichen Bedingungen eliminieren. Die Aufnehmerdicke ist bei handelsüblichen Ausführungen $< 0,2$ mm.

Nach einer Kraftwirkdauer > 30 s findet praktisch keine Veränderung der Farbdichte mehr statt. Da aber schon bei Zeiten $\ll 1$ s Reaktion vorliegt, sind mit entsprechender Kalibrierung in begrenztem Umfang auch Messungen bei dynamischen Spannungen möglich. Der Zusammenhang zwischen Dichte und Druck muß keinesfalls linear sein; s. dazu auch Abschn. D 7.1.3.

Für alle bislang beschriebenen Verfahren gilt:

– Die druckabhängige Anzeige der Farbdichte entsteht durch bleibende Veränderungen der Aufnehmer; deshalb verursachen während oder nach der Krafteinwirkung auftretende Entlastungen – z. B. durch überlagerte Kräfte – keine Veränderung der Anzeige mehr.

– Bewegungen zwischen den Kontaktflächen, die nicht senkrecht zur Oberfläche gerichtet sind, führen zu Relativbewegungen zwischen den Folien und verfälschen die Ergebnisse erheblich.

Unter den Voraussetzungen der Zugänglichkeit für eine Lichtquelle oder der Speicherung des Meßeffekts im Aufnehmer eignen sich auch spannungsoptische Verfahren (s. Abschn. D. 2.2 bis D 2.3) für die Messung von Flächenpressungen.

Bild D 7.1-4 zeigt dazu eine Anordnung, die an das in Abschnitt D 7.1.1 erwähnte Kugeleindruckverfahren erinnert und in [D 7.1-4] beschrieben ist. Ein meist flexibler Körper drückt über Halbkugeln a auf eine optisch aktive Platte c, die mit einem Reflektor b beschichtet ist. Beleuchtet man diese Anordnung von unten durch die transparenten Platten e, d und c hindurch, so wird das Licht polarisiert reflektiert. Infolge des durch den örtlichen Druck bewirkten Dehnungszustands in der Plattenebene sind, konzentrisch um die Kugeleindrücke, kreisförmige Isochromatenordnungen mit lastabhängigem Durchmesser zu erkennen. Die Zuordnung von örtlichem Druck und Isochromatendurchmesser ist kalibrierbar. Bei entsprechender Wahl der Platte c entsteht ein ausgeprägt linearer Bereich.

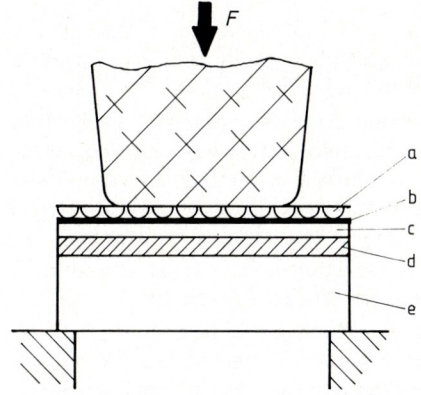

Bild D 7.1-4. Spannungsoptisch aktiver Aufnehmer zwischen Kontaktflächen.
a Halbkugeln, b Reflexionsschicht, c doppelbrechende Platte, d Polarisationsfilter, e transparente steife Platte

Da sich dieser Effekt hier im wesentlichen im elastischen Bereich abspielt, sind zeitliche Druckänderungen ebenfalls meßbar. Durch den Anschluß von Bildaufzeichnungsgeräten (s. Abschn. E 5) sind automatisierte Auswertungen möglich.

Die hohe Eigensteifigkeit des Aufnehmers (Dicke > 5 mm) läßt den Einsatz insbesondere bei der Messung lastabhängiger Druckverteilungen bei Elastomeren oder bei orthopädischen Anwendungen sinnvoll erscheinen.

Für die Spannungsmessung zwischen steifen Körpern wird im Schrifttum [D 7.1-5] eine bleibend verformbare, einlagige, optisch aktive Folie beschrieben mit Ausgangsdicken < 0,1 mm. Die Dicke der z. B. auf Polyolefinbasis hergestellten Folie verringert sich unter Druck elastoplastisch. Es entstehen Dehnungskomponenten in Folienebene, die im polarisierten durchgehenden Licht als Isochromatenordnungen sichtbar werden.

Nach elastischer Teilrückstellung können der plastische Anteil gemessen und die Flächenpressung über eine Kalibrierung ermittelt werden. Die Entwicklung auf diesem Gebiet ist noch nicht abgeschlossen; in Abhängigkeit von der Aufnehmerdicke werden Meßbereiche von über 500 N/mm^2 angegeben.

D 7.1.2.2 Elektrische Verfahren

Bild D 7.1-5 zeigt einen einlagigen flächenhaften kapazitiven Druckspannungsaufnehmer, der auch unter der Bezeichnung Kondensatormatte bekannt ist. Die Matte besteht bevorzugt aus einem Elastomer a wie z. B. Silikonkautschuk oder Polyurethan und ist mit parallelen Metallstreifen beschichtet (z. B. Phosphorbronze). Die Streifen verlaufen auf einer Seite längs (b) und auf der anderen Seite quer (c). Jeder Kreuzungspunkt stellt also, wenn an die Streifen eine elektrische Spannung angelegt wird, einen Kondensator dar, wobei die Matte als Dielektrikum wirkt.

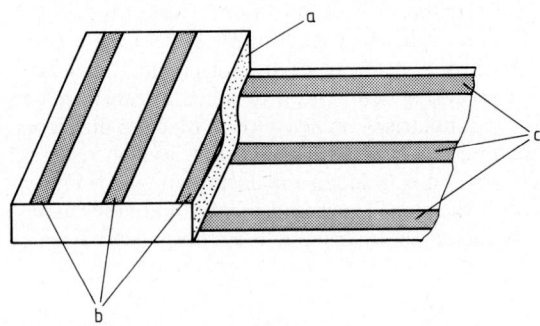

Bild D 7.1-5. Aufbau einer Kondensatormatte; jeder Kreuzungspunkt der Metallstreifen stellt einen Kondensator dar.
a Dielektrikum, b, c Leiterbahnen

Druck auf die Matte verringert den Abstand; reziprok dazu erhöht sich die Kapazität. Die Kapazitätswerte können nacheinander im Multiplexbetrieb gemessen werden.

Die Wahl des Mattenmaterials bestimmt weitgehend Anwendungsgebiet, Dicke und Meßbereich dieses Aufnehmers. Die Flächenmessung muß hierbei aus diskreten Meßpunkten endlicher Größe, die ihrerseits Mittelwerte liefern, zusammengesetzt werden. Dynamische Druckspannungsmessungen sind besonders vorteilhaft durchzuführen; bei statischer Anwendung kommt die mattenbedingte Hysterese stärker zum Tragen.

Wegen der elektrischen Knotenpunkte und Anschlüsse ist die äußere Form des Aufnehmers dem Anwendungsfall meist exakt anzupassen. Die Dicke ist > 1 mm.

In Bild D 7.1-6 ist der Schnitt durch einen induktiven Aufnehmer dargestellt [D 7.1-6]. Auf einen Spulenkörper c sind zwei Scheiben aus Kunststoff b und Messing a geklebt. Wirkt eine Kraft F auf diese Anordnung, so verkleinert sich der Abstand zwischen Messingscheibe a und Spule d, und der Induktivitätskoeffizient der Spule verringert sich auf Grund von Flußverdrängung infolge Wirbelströmen. Daraus resultierend, verkleinert sich der Wechselstromwiderstand nicht linear, sonder nähert sich asymptotisch einem Grenzwert. Der Meßbereich des Aufnehmers wird durch den maximal möglichen Weg von b unter Druck festgelegt. Windungszahl und geometrische Abmessungen der Spule lassen sich dahingehend optimieren, daß hohe Meßgenauigkeit erzielt wird.

Ordnet man viele solcher Kraftaufnehmer, etwa durch Vergießen, in einer Matte e aus Silikonkautschuk an, so sind flächenhafte Messungen möglich. Da aber die Minimalabmessungen eines kreisförmigen Aufnehmers mit rd. 10 mm, die Abstände zwischen deren

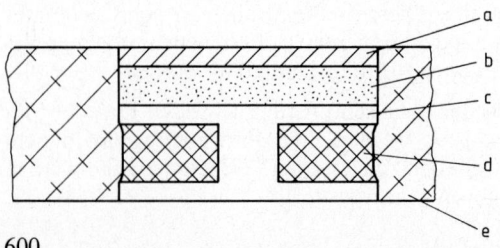

Bild D 7.1-6. Aufbau eines induktiven Aufnehmers, eingebettet in elastisches Material.
a Messingplatte, b Dielektrikum, c Spulenkörper, d Spule, e Matte

Mittelpunkten mit 12 bis 15 mm und die Gesamtdicke mit rd. 4 mm angesetzt werden müssen, sind solche Anordnungen vor allem zur Messung von Druckspannungen in unverspannten Kontaktflächen – etwa zwischen Mensch und Sitzgelegenheit – einsetzbar.

Je nach verwendeter Meßanordnung sind statische und dynamische Messungen möglich. Bei mattenartiger Anordnung wird ähnlich dem Multiplexbetrieb bei der Kondensatormatte mit Zeilen- und Spaltenschaltern gearbeitet.

Hinsichtlich Druckmessungen mit aufgedampften ohmschen Aufnehmern sei auf Abschnitt C 1.3.1.2 und [D 7.1-7] hingewiesen.

D 7.1.3 Meßeinrichtungen und ihre Handhabung

Die folgenden Ausführungen beziehen sich auf die Signalverarbeitung bei den in Abschnitt D 7.1.2.1 beschriebenen Verfahren mit Ausnahme der für spannungsoptische Verfahren, die in den Abschnitten D 2.2 und D 2.3 behandelt werden.

Als Meßeinrichtungen für die elektrischen Verfahren (s. Abschn. D 7.1.2.2) werden handelsübliche Geräte für das elektrische Messen mechanischer Größen benutzt, weshalb auf die Abschnitte E 2 bis E 7 verwiesen wird.

D 7.1.3.1 Subjektive Beurteilung

Nach Versuchsende ist in der Praxis jeder Farbabdruck daraufhin zu überprüfen, ob auffallende Versuchsfehler vorliegen, wie etwa mangelhafte Anpassung des Meßbereichs der Folie an das aufgenommene Druckspannungsniveau, Relativbewegungen zwischen den Aufnehmerbestandteilen usw. Dies erfolgt zumeist mit bloßem Auge. Liegen nun bei einem Abdruck oder bei Vergleich der Abdrücke mehrerer Varianten – bezogen auf eine bestimmte Kontrollfläche – große Farbdichteunterschiede vor, so ist häufig bereits dadurch eine erste qualitative Aussage über die gewünschte Dichtheit der Verbindung möglich, ohne daß eine Zuordnung zwischen Druck und Farbdichte bekannt ist.

D 7.1.3.2 Druckzuordnung mittels Farbtabelle und Kalibrierstreifen

Zu den in Abschnitt D 7.1.2.1 beschriebenen Verfahren sind z. T handelsüblich gedruckte Farbtabellen verfügbar; dabei sind den Farbtönungen Druckbereiche zugeordnet, die eine grobe Klassierung des Abdrucks ermöglichen. Einflüsse, wie Alterung der Folie, Temperatur und Feuchtigkeit während der Belastung, Belastungsdauer sowie drucktechnisch bedingte Abweichungen zwischen Farbtabelle und Färbung des Aufnehmers, verfälschen das Ergebnis allerdings erheblich. Diese Störgrößen können durch die Herstellung eines Kalibrierstreifens, der eine beliebige Anzahl mit definierter Kraft auf eine definierte Fläche erzeugter Abdrucke enthält, weitgehend eliminiert werden. Dabei wird vorausgesetzt, daß der Kalibrierstreifen dem Meßmaterial entnommen ist und den Umgebungsbedingungen des Versuchs unterliegt. Bild D 7.1-7 zeigt eine dazu geeignete Kalibriervorrichtung. Durch Ringkraftmesser a oder Kraftmeßdose b kontrolliert, wird eine Reaktionskraft F – erzeugt durch ein Drehmoment M auf eine Schraube – auf einen zylindrischen Stempel c bekannter Querschnittsfläche geleitet, der die Abdrucke auf der darunter liegenden Folie d erzeugt. Zwischen Kraftmeßglied und Stempel kann eine Kugel e als Gelenk vorgesehen werden, um Verkanten zu vermeiden. Die Reaktionskraft der Rückholfeder f muß sehr klein gegenüber der eingeleiteten Längskraft sein. Die Stempelführung g ist hochgenau zu fertigen und der ungeführte Weg des Stempels zwischen Folie und Gestell möglichst klein zu halten, da die Homogenität der kreisförmigen Abdruckfläche davon stark beeinflußt wird.

Das Kraftmeßelement kann auch unter der Folie angeordnet werden.

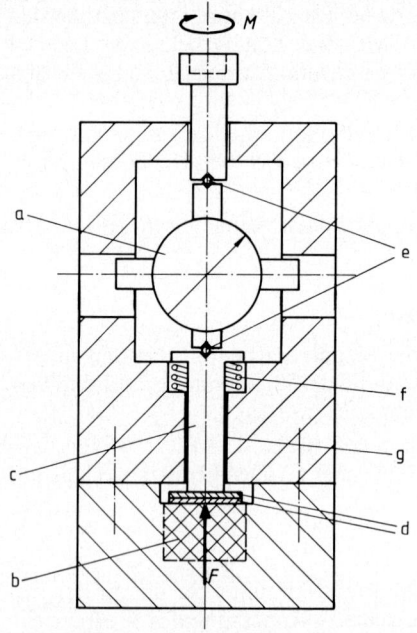

Bild D 7.1-7. Schnitt durch eine Kalibriervorrichtung mit geteiltem Gestell für optische Aufnehmer.
a Ringkraftmesser (wahlweise auch b Kraftmeßdose), c Stempel, d Folien, e Kugeln, f Rückholfeder, g Präzisionsführung

Der Farb- oder Farbdichtevergleich zwischen Kalibrierstreifen und Abdruck mit bloßem
Auge führt zwar zu etwas besseren Ergebnissen als mit Farbtabelle; vor allem aber ist
diese Kalibrierung Voraussetzung für alle höherwertigen Meßverfahren.

D 7.1.3.3 Äquidensitenverfahren

Beliebig angeordnete Grauwerte sind vom menschlichen Auge schwerer zu differenzieren
als beliebige Farbfolgen. Äquidensitenfilme bieten die Möglichkeit, den Abdruck zu
diskretisieren und jedem frei gewählten Druckbereich eine Farbe zuzuordnen. Die Be-
grenzungslinien zwischen zwei Farbstufen entsprechen dann – wenn sie nahtlos aufeinander folgen – einer Isobare.

Der Abdruck wird zusammen mit dem Kalibrierstreifen auf ein Schwarzweißnegativ
kopiert, von dem mit Hilfe des Äquidensitenfilms Einzelauszüge erstellt werden. Bild

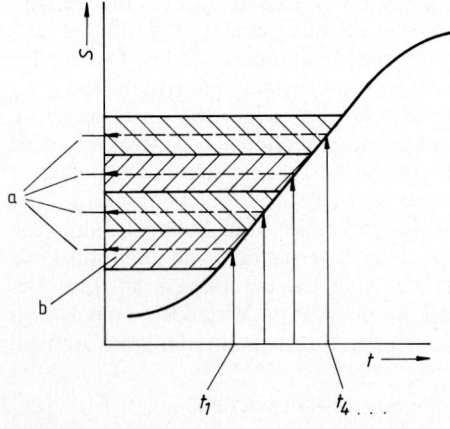

Bild D 7.1-8. Schwärzung S (Dichte)
über der Belichtungszeit t.
a Äquidensiten, b gefilterte Bandbreiten

D 7.1-8 zeigt eine Schwärzungskurve, d. h. die Schwärzung S über der Belichtungszeit t. In diesem Beispiel wird im linearen Teil die Lage einer Äquidensite a z. B. über die Belichtungszeiten t_1 bis t_4 frei gewählt. Die Bandbreite b – die später dem Druckbereich entspricht – kann über die Filterung gesteuert werden. Es handelt sich also um einzelne Schwarzweißmasken, die aneinanderpassen müssen.

Durch Sandwichmontage und Mehrfachbelichtung der Äquidensitenauszüge auf Color-papier wird die Gesamtinformation der Vorlage in deutlich gegeneinander abgesetzte Farbflächen aufgefächert. Die Zuordnung von Farbe und Druckspannung ist nun für das menschliche Auge wesentlich erleichtert und die Übersichtlichkeit des Abdruckes kräftig erhöht.

Die entscheidenden Nachteile dieses Verfahrens liegen darin, daß man mit Phototechnik gut ausgerüstet sein muß, qualifiziertes Personal benötigt und die gesamte Bildaufberei-tung zeitaufwendig ist. In jüngster Zeit hat das Verfahren in dieser Anwendung an Bedeutung verloren, weil mit digitaler Bildverarbeitung und Pseudofarbe (s. Abschn. D 7.1.3.5 und E5) in wenigen Sekunden eine ebensogute Farbdarstellung möglich ist.

D 7.1.3.4 Messung mit Punktlichtdensitometern

Punktlichtdensitometer mit und ohne Bewegungseinrichtung für den Aufnehmer sind handelsüblich verfügbar.

Ein kleines, meist kreisförmiges Flächenelement der Folie wird mit einem Lichtkegel im Durchmesserbereich zwischen 1 und 5 mm im Auflicht oder Durchlicht beleuchtet. Re-flektierte oder transmittierte Lichtmengen werden von einer Photozelle erfaßt und als analoge oder digitale Anzeige ausgegeben.

Der angezeigte Meßwert ist charakteristisch für die über die beleuchtete Fläche inte-grierte Farbdichte – realativ zum Wert der vorher zu null kompensierten ungepreßten Vorlage. Da die Kalibrierflächen ebenfalls dieser Messung unterzogen werden, ist Zuord-nung von Farbdichte und Druck und damit Wertevergleich quantitativ möglich.

Bei Messungen im Durchlicht, die nur mit ausreichend transparenten Folien möglich sind, geht die dickenabhängige Foliendichte als örtliche Konstante in das Meßergebnis mit ein. Da nur kleine Meßflächen über ein kleines Meßfenster erfaßt werden, ist eine Helligkeitskorrektur leicht möglich.

Nachteilig ist, daß ohne Peripheriegeräte alle Meßdaten von Hand punktweise protokol-liert und aufwendig verarbeitet werden müssen. Koordinaten lassen sich nur mit Hilfsmit-teln wie Rastern oder Kennzeichnung auf der Folie festlegen.

Um die Meßwerte flächenhaft und ähnlich anschaulich zu gestalten, wie es der Abdruck selbst schon ist, muß man manuell Druckgebirge oder Isobarenfelder darstellen.

Auch bei Einsatz von Rechnern und Plottern, die gemessene Flächenpunkte mit geeigne-ter Software mitteln und Kalibrierdiagramme und Ausgleichskurven darstellen können, ist diese Meßmethode sehr personalintensiv und daher nur für kleine Meßserien geeignet.

Vorteilhaft sind angesichts der geringen Investitionskosten die erzielbaren hohen Meßge-nauigkeiten. Im Vergleich zu eindeutig berechenbaren Pressungsverteilungen – z. B. zwi-schen verspannten Balken mit konstantem Querschnitt – sind die Maximalfehler mit 10% zu beobachten.

D 7.1.3.5 Messung mit Bildanalysesystemen

D 7.1.3.5.1 Erforderlicher Systemaufbau

Die Grundlagen der digitalen Bildverarbeitung findet man in Abschnitt E5. Die für die Messung von Pressungsabdrucken erforderlichen Systemeinheiten sind schematisch in

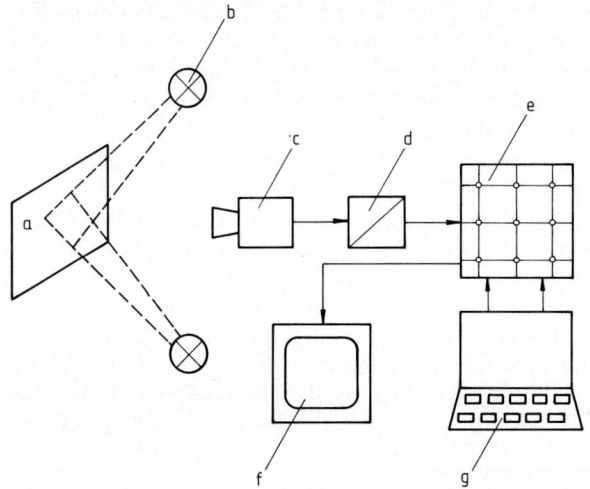

Bild D 7.1-9. Schema einer Bildspeicherung mit digitaler Bildverarbeitung.
a Abdruck, b Auflicht, c TV-Kamera, d A/D-Wandler, e Vollbildspeicher, f Monitor, g Prozeßrechner oder Mikroprozessor

Bild D 7.1-9 dargestellt. Die im Auflicht b beleuchtete Bildvorlage a – durch eine dünne Glasplatte geebnet – wird von einer Fernseh-(TV-)Kamera c aufgenommen und zeilen- und spaltenweise in einzelne Bildpunkte zerlegt, also flächendigitalisiert. Der zu jedem Bildpunkt gehörige analoge Grauwert wird über einen Wandler d in eine digitale Größe umgesetzt und in einem modifizierten Vollbildspeicher e gespeichert. Das gespeicherte Pressungsbild ist auf einem TV-Monitor f sichtbar. Das Bild läßt sich außer in schwarz-weißer Darstellung durch Anschluß eines Farbmonitors auch in Pseudofarbe wiedergeben. Dabei wird jeder Graustufe eine freiprogrammierbare Farbe zugeordnet. Es hat sich als sinnvoll erwiesen, Teilbereiche eines Abdruckes für die Verarbeitung durch den Rechner mit einem Meßfenstereinsteller anzuwählen.

Die mathematische Verarbeitung des Abdruckes erfolgt mit einem Prozeßrechner g oder Mikroprozessor. Angeschlossene Laufwerke (Band, Kassette, Floppy Disk u. a.) ermöglichen die Speicherung von Programmen und Daten sowie die Archivierung ganzer Bilder.

D 7.1.3.5.2 Bildbeleuchtung und Bildkorrektur

Aus Gründen der Genauigkeit wird man einer für die Messung vorgesehenen Druckfläche möglichst viele Bildpunkte zuordnen, was z. B. durch Veränderung des Abstands zwischen TV-Kamera und Vorlage oder ein Zoomobjektiv geschehen kann. In der Regel wird man deshalb Kalibrier- und Meßflächen nacheinander einspeichern. Da aber Schwankungen der Netzspannung die Beleuchtungsdichte stark beeinflussen, sind bevorzugt Netzstabilisatoren zu verwenden, vor allem auch gegen stoßartige Schwankungen.

Die Abtastzeit für einen Bildpunkt beträgt rd. 100 ns; für ein ganzes Bild rd. 10 bis 20 ms. Bei einer anliegenden Wechselspannung von 50 Hz findet deshalb keine Integration über mehrere Schwingfolgen statt. Da auch übliche Beleuchtungseinrichtungen auf diese Wechselspannung nicht genügend träge hinsichtlich der Leuchtdichte reagieren, muß man eine Gleichspannungsquelle mit hoher Gleichförmigkeit vorsehen.

Neben der zeitlichen ist auch eine örtliche Bildkorrektur erforderlich. Zunächst muß die Grundhelligkeit regelbar sein, um die TV-Röhre nicht zu übersteuern. Weiterhin sind die durch Ausleuchtung der Vorlage entstehenden Inhomogenitäten durch geschickte Anordnung von drei bis vier Beleuchtungskörpern zu reduzieren und anschließend durch eine Bildkorrekturroutine zu beseitigen. Dazu nimmt man zunächst ein „Nullbild" auf,

d. h. ein feststehend beleuchtetes Bild einer ungepreßten Folie, und legt dieses auf einem Massenspeicher ab. Danach wird das Bild des Pressungsabdrucks in den Speicher eingelesen. Dividiert man das Speicherbild durch das Nullbild, so erhält man ein von der Ungleichförmigkeit der Ausleuchtung unabhängiges Bild. Bei dieser Operation werden auch Inhomogenitäten der lichtempfindlichen Schicht der Bildaufnahmeröhre in der Fernsehkamera und der verwendeten Optik eliminiert.

D 7.1.3.5.3 Handhabung

Auf Grund der hohen Abtastfrequenz und eines guten örtlichen Auflösungsvermögens sind gegenüber Scanningtisch und Image Dissector vor allem Fernseh-(TV-)Systeme für schnelle Bildabtastungen geeignet.

Als Aufnahmeröhre verwendet man am besten ein Plumbicon, da die Homogenität der Schicht gut und die Empfindlichkeit ausreichend ist. Beleuchtungsintensität und Signalamplitude (Gradationskennlinie) verhalten sich überdies linear zueinander.

Die wichtigsten Meßoperationen sind Mittelwertbildung und die Darstellung von Häufigkeitsverteilungen des Druckes auf Kontrollflächen und von Druckverläufen längs vorgewählter Koordinaten, die geradlinig oder als Polygonzug aufgebaut sein können, sowie die Darstellung von Druckgebirgen mit dreidimensionaler Software. Darüber hinaus kann es hilfreich sein, besondere Bereiche durch Schwellwertbildung zu markieren oder zu maskieren, Isobarenfelder abzubilden bzw. die in Abschnitt D 7.1.3.3 beschriebene Zuordnung zwischen Druckbereichen und vorwählbaren codierten Farben in wenigen Sekunden durchzuführen. Über Speichermedien werden häufig mehrere Ausführungen verglichen und Differenzbilder erzeugt.

Die besonderen Vorteile solcher Anlagen sind großer Foliendurchsatz bei äußerst geringen Fehlerraten und gutem Arbeitskomfort sowie die vielseitige Verwendung für anwendungsorientierten Betrieb des Rechners oder Interferenzlinienbearbeitung aus der Moirétechnik (s. Abschn. D 2.5), der Holographie (s. Abschn. D 2.6 und D 2.7), der Speckle-Technik (s. Abschn. D. 2.8) und der Spannungsoptik (s. Abschn. D 2.2).

Dem stehen hohe Investitionskosten gegenüber, die nur über einen hohen Auslastungsgrad ein günstiges Kosten/Nutzen-Verhältnis entstehen lassen.

D 7.1.4 Kennzeichnende Anwendungen

Die Messung von Pressungsverteilungen zwischen Kontaktflächen hat sich – auch durch die aufnehmerseitigen und meßtechnischen Fortschritte der zurückliegenden Jahre bedingt – einen festen Platz in ungewöhnlich vielen klassisch-technischen und medizinisch-technischen Bereichen erobert. Unter den Oberbegriffen verspannte und unverspannte Kontaktflächen faßt man sowohl wichtige Anwendungen rein technischer Natur zusammen als auch solche an der Nahtstelle zwischen dem Menschen und seinem technischen und natürlichen Umfeld und solche rein humanmedizinischer, biomechanischer Natur.

D 7.1.4.1 Verspannte Kontaktflächen

Darunter werden alle Flansch- und Klemmverbindungen verstanden, die zwei- oder mehrteilig aufgebaut und durch übliche Verbindungselemente oder anderweitig erzeugte Einzel- oder Flächenkräfte miteinander verspannt sind. Einsatzfälle finden sich im gesamten Kraft- und Arbeitsmaschinenbereich, dem Getriebebau und der Haustechnik, um nur einige wesentliche zu nennen. Häufig geht es darum, die Kontaktflächen lösbar zu gestalten und dennoch gegen Austritt flüssiger oder gasförmiger Medien zu sichern. Bekanntlich besteht ja ein enger Zusammenhang zwischen Flächenpressung und Dichtheit. Als

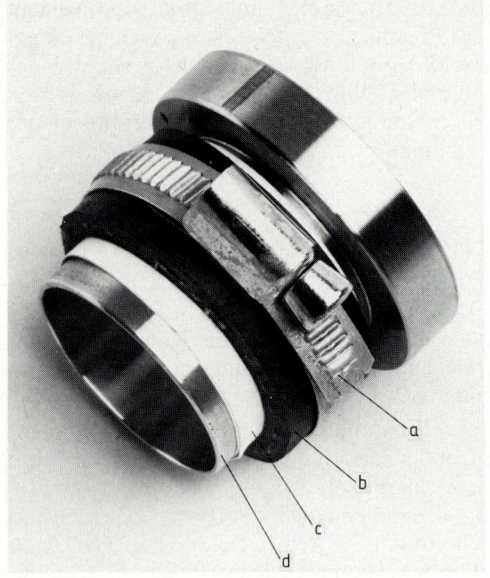

Bild D 7.1-10. Schlauchverbindung mit
optischem Aufnehmer zwischen Rohr
und aufgetrenntem Schlauch.
a Schlauchbinder, b Schlauch, c Meßfolie, d Rohr

typisches Beispiel einer Klemmverbindung ist in Bild D 7.1-10 eine Schlauchverbindung
dargestellt, bestehend aus Spannelement a, Schlauch b und Rohr d und einer dazwischen
eingelegten Meßfolie c. Um Dichtheit zwischen Schlauch und Rohr zu erzielen, ist hier
vor allem die Verteilung der Flächenpressung in Umfangsrichtung von Interesse, die
durch Spannkraft im Spannelement und dessen konstruktive Gestaltung – verbunden mit
der nachgiebigen Aufteilung durch den Schlauch – erzeugt wird.

Hinsichtlich Flächenpressung liegt Flanschverbindungen die Theorie des Balkens endlicher Länge auf elastischer Unterlage zugrunde. Allein daraus geht schon hervor, daß eine
tiefgreifende konstruktive Beeinflussung möglich ist, was bei Anwendung von Leichtbaukonstruktionen und -werkstoffen zu ausgefeilten Optimierungen führt. In der Praxis
empfiehlt sich ein enges Zusammenspiel zwischen Messung und Betriebserprobung; einmal, um – ähnlich der Bauteilauslegung nach zeit- oder dauerfest ertragbaren Spannungen – zu kennzeichnenden Auslegungswerten zu gelangen, und schließlich, um die Anzahl
der erprobungsbedürftigen Ausführungen zu reduzieren.

D 7.1.4.2 Unverspannte Kontaktflächen

Darunter werden alle Kontaktflächen verstanden, für die die Voraussetzungen in Abschnitt D 7.1.4.1 nicht gelten. Häufig interessiert hier die Frage des Kraftflusses, etwa wie
sich bei statisch unbestimmten Systemen die eingeleiteten Kräfte oder wirksamen Massen
auf Wirkflächen verteilen, sei es, um ein Drehmoment zu übertragen oder ein Reibmo-
ment zu erzeugen. Typische Beispiele hierfür sind Reibungskupplungen, Radaufstandsflä-
chen von Reifen auf der Fahrbahn sowie Scheibenbremsen und deren Pressungsverteilung zwischen Scheibe und Belag, Scheibenwischerdrücke auf Glas mit und ohne
Anströmung usw. Weitere Beispiele sind Justierung und Messung der Lastaufteilung
zwischen Laufwerken und Gestellen von Werkzeugmaschinen und Pressen.

Bei Zahnrädern und Keilwellenverbindungen kann die örtliche Flächenpressung die
Lebensdauer bestimmen. Deshalb geben Pressungsmessungen zwischen Zahnpaaren an
entsprechend modifizierten Ausführungen auch hier wichtige Aufschlüsse.

Zwischen dem Menschen und seinem technischen und natürlichen Umfeld befinden sich meßwürdige Kontaktflächen, etwa bei der Entwicklung der Sicherheitstechnik in Kraftfahrzeugen. Besonders zu nennen sind Pressungsverteilung und -höhe zwischen Körper und Gurt oder anderen Innenteilen. Die Beispiele lassen sich fortsetzen mit der Gestaltung von Sitzmöbeln, deren Tauglichkeit auch unter dem Gesichtspunkt möglichst gleichmäßiger Reaktionsdruckverteilungen zu sehen ist, und der Auslegung körperformgerechter Prüfstempel für dynamische Sitzprüfungen, die in ihrer Wirkung nahe an den

Tabelle D 7.1-1 Vor- und Nachteile von Aufnehmern. Die Eigenschaften sind in fünf Stufen bewertet, von sehr gut ($++$) über durchschnittlich ($\varnothing$) bis technisch unmöglich ($--$).

Kriterien	optisch					elektrisch	
	Farbabdruck		Farbent-wickler	spannungsoptisch		kapazitiv	induktiv
	zwei-lagig	mehr-lagig		vorwieg. elastisch	vorwieg. plastisch		
handelsübliche Verfügbarkeit	$++$	$\varnothing$	$++$	$\varnothing$	$\varnothing$	$-$	$-$
Anwendung auf gekrümmten Oberflächen	$+$	$\varnothing$	$+$	$--$	$++$	$+$	$\varnothing$
statische Messungen	$+$	$++$	$++$	$++$	$++$	$+$	$+$
dynamische Messungen	$-$	$--$	$\varnothing$	$\varnothing$	$-$	$++$	$+$
Handhabung	$+$	$\varnothing$	$+$	$\varnothing$	$+$	$\varnothing$	$\varnothing$
Zuordnung Objekt/Aufnehmerfläche	$+$	$+$	$+$	$\varnothing$	$+$	$\varnothing$	$\varnothing$
Meßbereich (N/mm^2)	20 bis 50	10 bis >100	3 bis 70	>500	>500	0,05 bis 1	0,05 bis 1
Automatisierbarkeit der Auswertung	$\varnothing$	$-$	$++$	$+$	$-$	$++$	$++$
Störung durch Temperatur	$\varnothing$	$\varnothing$	$\varnothing$	$\varnothing$	$\varnothing$	$+$	$+$
Störung durch Feuchtigkeit	$\varnothing$	$\varnothing$	$\varnothing$	$+$	$+$	$+$	$+$
Kalibrierfähigkeit	$\varnothing$	$+$	$+$	$++$	$+$	$+$	$+$
erforderliche Kraftwirkdauer (s)	>1	>100	<1	<1	<20	$<10^{-1}$	$<10^{-1}$
Dicke (mm)	>0,2	>0,3	<0,2	>5	<0,1	<1	<3
Rückwirkung auf Objekt	$+$	$\varnothing$	$+$	$-$	$+$	$\varnothing$	$-$
Messung von Differenzdrücken	$--$	$--$	$--$	$+$	$--$	$+$	$+$
Linearität	$-$	$-$	$\varnothing$	$+$	$\varnothing$	$-$	$-$
Anschaulichkeit	$\varnothing$	$+$	$++$	$+$	$+$	$\varnothing$	$\varnothing$
Reproduzierbarkeit	$-$	$+$	$++$	$++$	$+$	$++$	$++$
Genauigkeit	$-$	$+$	$++$	$+$	$+$	$++$	$++$

realen Verhältnissen liegen sollen. Im Leistungssport etwa wurde zur Optimierung der Startbedingungen für Sprinter die Pressung zwischen Schuh und Startblock gemessen.

Zunehmend finden Pressungsmessungen auch in der Biomechanik Eingang, beispielsweise, um an präparierten Frischknochen – z. B. im Bereich der Knie- oder Fußgelenke – Aufschlüsse über Größe und Gestalt der gepreßten Flächen vor und nach simulierten operativen Eingriffen zu gewinnen und aus diesen Erkenntnissen therapeutische Maßnahmen und Operationstechniken zu entwickeln und zu verbessern.

D 7.1.5 Zusammenfassende Beurteilung

Vor- und Nachteile von Aufnehmern und optischer Signalverarbeitung sowie wichtige Kenngrößen werden in den folgenden zwei Tabellen zusammengestellt. Die Bewertung der Eigenschaften erfolgt dabei in fünf Stufen, Tabelle D 7.1-1 und D 7.1-2.

Tabelle D 7.1-2   Optische Signalverarbeitung.

Methode	Vor- und Nachteile
subjektive Beurteilung mit dem Auge	schnelle erste Bewertung ohne Zahlenbasis, geht über erste Schwachstellenermittlung nach „Schwarzweißmuster" nicht hinaus
Druckidentifikation durch Farb- oder Dichtevergleich mit dem Auge	– mit Farbtabelle: grobe Quantifizierung im Vergleich, drucktechnische Unterschiede führen zu großen Fehlern – mit Kalibrierstreifen: Verbesserung der Genauigkeit im Rahmen des Dichtetrennvermögens durch das Auge bei monochromer Verfärbung
Äquidensitenverfahren über Film	Druckbereichen werden wählbare Farben zugeordnet, Farbgrenzen sind identisch mit Isobaren, Herstellung im Fotolabor ist zeitaufwendig und braucht qualifiziertes Personal
Dichtemessung mit Punktlichtdensitometer	Bereitstellung von Zahlenwerten mit Kalibrierstreifen, zeitaufwendige punktweise Digitalisierung der Bildvorlage, beschleunigte Auswertung nur mit elektronischen Hilfsmitteln möglich, schwierige Zuordnung von Koordinaten und Meßwert, ohne Helligkeitsausgleich im Auflicht große Fehler
Dichtemessung mit videooptischen Geräten, rechnergesteuert	hohe Genauigkeit durch feine Digitalisierung, Eignung für große Meßreihen, Hard- und Software an unterschiedlichste Probleme anpassungsfähig, Zuordnung von Bildpunktanzahl zu Meßfläche begrenzt Objektgröße, deshalb häufig Ausschnittbearbeitung, erheblicher Geräteaufwand

D 7.2 Spannungsmessung mit Ultraschall

K. Goebbels, E. Schneider

D 7.2.1 Formelzeichen

E	Elastizitätsmodul
G	Schubmodul
f	Frequenz
l, m, n	Murnaghan-Konstanten
t_{ij}	Schallaufzeit einer Ultraschallwelle mit Ausbreitungsrichtung i und Schwingungsrichtung j
$i, j = 1, 2, 3$	kartesische Koordinaten
v_{ij}	Schallgeschwindigkeit bei Ausbreitungsrichtung i und Schwingungsrichtung j
v_L, v_T	Ausbreitungsgeschwindigkeit von Longitudinal-, Transversalwellen
v_0	Schallgeschwindigkeit in einem isotropen Festkörper
ε_i	Dehnung in Richtung i
λ, μ	Lamésche Konstanten
v	Querkontraktionszahl
ζ	$\zeta = \varepsilon_1 + \varepsilon_2 + \varepsilon_3$
ϱ	Dichte
σ_i	Hauptnormalspannung in i-Richtung

D 7.2.2 Allgemeines

Die Ausbreitung von Ultraschallwellen [D 7.2-1] wird durch die Schallgeschwindigkeit und den Schwächungskoeffizienten beschrieben. Beide Parameter werden durch das elastische und unelastische Werkstoffverhalten bestimmt. Seit Beginn der 50er Jahre ist bekannt, daß mechanische Spannungen, seien es Last- und/oder Eigenspannungen (insbesondere sog. Makrospannungen), die elastischen Werkstoffeigenschaften und somit die Ausbreitungsgeschwindigkeit von Ultraschallwellen beeinflussen [D 7.2-2; 3]. Trotz der Bedeutung, die dem Ultraschallverfahren dadurch zukommt, daß es neben der Spannungsanalyse mit Neutronen das einzige ist, das auch Volumenspannungen zerstörungsfrei zu vermessen vermag, scheiterte die praktische Anwendung bis etwa Mitte der 70er Jahre an zwei Hürden:

- Der Einfluß mechanischer Spannungen auf die Ultraschallgeschwindigkeit ist innerhalb des elastischen Bereichs gering, von der Größenordnung 10^{-3}, so daß einerseits die Schallgeschwindigkeit im spannungsfreien Fall entsprechend genau bekannt sein muß und andererseits am Objekt selbst auch genaue Geschwindigkeitsmessungen durchgeführt werden müssen. Während präzise Laufzeitmessungen zum Stand der Technik gehören, ist die zugehörige Laufwegmessung mit der notwendigen Genauigkeit am Bauteil aufwendig bis unmöglich.
- Gefügeschwankungen und besonders Texturen haben auf die Schallgeschwindigkeit ebenfalls einen Einfluß, der mitunter eine Größenordnung höher liegt als der der Spannungen, so daß eine Trennung der einzelnen Effekte Voraussetzung für eine erfolgreiche Spannungsmessung ist.

Erst mit der Überwindung dieser Probleme [D 7.2-4] wurde die Ultraschallspannungsmessung für die praktische Anwendung reif. Der physikalisch-technische Hintergrund sowie Meßtechnik und Anwendungen sind in den folgenden Abschnitten beschrieben.

609

D 7.2.3 Physikalisches Prinzip

D 7.2.3.1 Spannungsmessung

Im Innern eines isotropen Festkörpers breiten sich Longitudinal- und Transversalwellen aus mit den werkstoffspezifischen Schallgeschwindigkeiten:

$$\varrho\, v_{\mathrm{L}}^2 = \lambda + 2\,\mu \qquad\qquad\qquad\text{(D 7.2-1 a)},$$

$$\varrho\, v_{\mathrm{T}}^2 = \mu \qquad\qquad\qquad\qquad\text{(D 7.2-1 b)}.$$

Unterliegt ein ursprünglich isotroper Festkörper mechanischen Belastungen, ändern sich die Ultraschallausbreitungsgeschwindigkeiten. Im allgemeinen Fall eines dreiachsigen Spannungs- und Dehnungszustandes sind die Geschwindigkeiten definiert durch [D 7.2-3]:

$$\varrho\, v_{11}^2 = \lambda + 2\,\mu + (2\,l + \lambda)\,\xi + (4\,m + 4\,\lambda + 10\,\mu)\,\varepsilon_1 \qquad\text{(D 7.2-2 a)},$$

$$\varrho\, v_{12}^2 = \mu + (\lambda + m)\,\xi + 4\,\mu\,\varepsilon_1 + 2\,\mu\,\varepsilon_2 - 0{,}5\,n\,\varepsilon_3 \qquad\text{(D 7.2-2 b)},$$

$$\varrho\, v_{13}^2 = \mu + (\lambda + m)\,\xi + 4\,\mu\,\varepsilon_1 + 2\,\mu\,\varepsilon_3 - 0{,}5\,n\,\varepsilon_2 \qquad\text{(D 7.2-2 c)}.$$

Der erste Index bei v gibt die Ausbreitungsrichtung, der zweite die Schwingungsrichtung der Ultraschallwelle an. Somit ist v_{11} die Geschwindigkeit einer Longitudinalwelle, v_{12} und v_{13} sind die Geschwindigkeiten zweier senkrecht zueinander schwingenden Transversalwellen. 1, 2 und 3 sind die Richtungen eines rechtwinkligen Koordinatensystems, Bild D 7.2-1.

Mit diesen allgemeingültigen Beziehungen läßt sich der Einfluß ein-, zwei- und dreiachsiger Spannungszustände auf die Geschwindigkeiten von Ultraschallwellen ableiten.

D 7.2.3.1.1 Einachsiger Spannungszustand

Die Geschwindigkeiten der Ultraschallwellen, die eine Zugprobe (Zug in 1-Richtung) durchlaufen, ergeben sich aus Gl. (D 7.2-2) mit $\varepsilon_1 = \varepsilon$, $\varepsilon_2 = \varepsilon_3 = -\nu\varepsilon$ zu:

$$\varrho\, v_{11}^2 = \lambda + 2\,\mu + [4\,(\lambda + 2\,\mu) + 2\,(\mu + 2\,m) + 2\,\mu\,\nu\,(1 + 2\,l/\lambda)]\,\varepsilon \qquad\text{(D 7.2-3 a)},$$

$$\varrho\, v_{12}^2 = \varrho\, v_{13}^2 = \mu + [4\,\mu + 0{,}5\,n\,\nu + m\,(1 - 2\,\nu)]\,\varepsilon \qquad\text{(D 7.2-3 b)},$$

$$\varrho\, v_{22}^2 = \varrho\, v_{33}^2 = \lambda + 2\,\mu + [2\,l\,(1 - 2\,\nu) - 4\,\nu\,(m + \lambda + 2\,\mu)]\,\varepsilon \qquad\text{(D 7.2-3 c)},$$

$$\varrho\, v_{21}^2 = \varrho\, v_{31}^2 = \mu + [(\lambda + 2\,\mu + m)\,(1 - 2\,\nu) + 0{,}5\,n\,\nu]\,\varepsilon \qquad\text{(D 7.2-3 d)},$$

$$\varrho\, v_{23}^2 = \varrho\, v_{32}^2 = \mu + [(\lambda + m)\,(1 - 2\,\nu) - 6\,\mu\,\nu - 0{,}5\,n]\,\varepsilon \qquad\text{(D 7.2-3 e)}.$$

Aus der Absolutmessung einer dieser Geschwindigkeiten läßt sich die Dehnung und damit die Spannung in der einachsig beanspruchten Probe bestimmen.

Eine für die Praxis geeignetere Möglichkeit der Spannungsbestimmung wird im folgenden Abschnitt gegeben: Im einachsigen Spannungszustand ($\sigma_1 \neq 0$, $\sigma_2 = \sigma_3 = 0$) ist eine Messung der Laufzeitdifferenzen, z. B. nach Gl. (D 7.2-6 b) hinreichend, um bei Kenntnis von μ und n den Absolutwert der Spannung zu bestimmen.

Die Bedeutung von Gl. (D 7.2-3) liegt in der Möglichkeit, daraus die elastischen Konstanten dritter Ordnung zu ermitteln (s. Abschn. D 7.2.3.3).

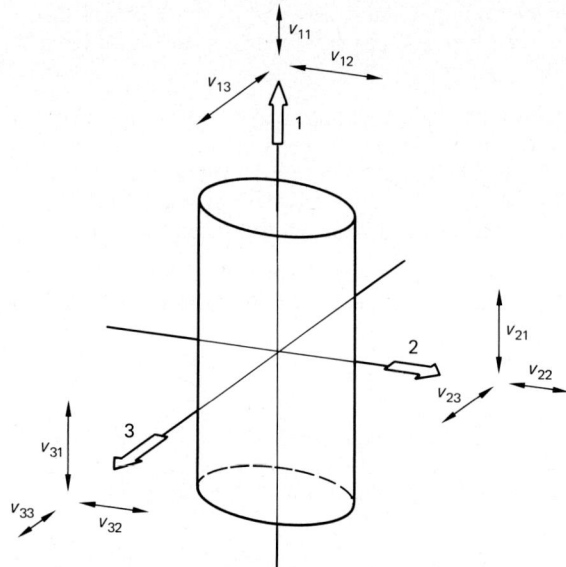

Bild D 7.2-1. Koordinatensystem mit Richtungen der Schallausbreitung ⇧ und Teilchenauslenkung ◄─►.

D 7.2.3.1.2 Mehrachsige Spannungszustände

Für einen zweiachsigen Spannungszustand mit $\sigma_1 = 0$, $\sigma_2, \sigma_3 \neq 0$ folgt aus Gl. (D 7.2-2 a) mit $\varepsilon = -v/E(\sigma_2 + \sigma_3)$ und $\xi = [(1 - 2v)/E](\sigma_2 + \sigma_3)$ die Gleichung

$$(v_{11} - v_0)/v_0 = [\mu\, l - \lambda(m + \lambda + 2\mu)(\sigma_2 + \sigma_3)/[\mu(3\lambda + 2\mu)(\lambda + 2\mu)] \quad \text{(D 7.2-4)}.$$

Aus genauen Bestimmungen der Ausbreitungsgeschwindigkeit von Longitudinalwellen, d. h. aus absoluten Laufweg- und Laufzeitmessungen, läßt sich die Summe der Spannungen eines zweiachsigen Spannungszustands bestimmen, wenn die elastischen Konstanten λ, μ, l und m bekannt sind.

Ein vom Laufweg des Ultraschalls unabhängiges Verfahren nutzt den Einfluß der Spannungen auf die Transversalwellen aus. Damit erübrigt sich auch die Absolutmessung der Schallgeschwindigkeit in der spannungsfreien Probe. Durch Subtraktion der Gl. (D 7.2-2 c) von (D 7.2-2 b) ergibt sich mit $\varrho\, v_{13}^2 \approx \mu$:

$$(v_{12} - v_{13}/v_{13}) = [(4\mu + n)/4\mu](\varepsilon_2 - \varepsilon_3). \quad \text{(D 7.2-5)}.$$

Diese Gleichung gibt die relative Geschwindigkeitsdifferenz zweier Transversalwellen wieder, die die gleiche Ausbreitungsrichtung (1), jedoch um 90° verschiedene Schwingungsrichtungen (2 bzw. 3) haben. Damit kann Gl. (D 7.2-5) auch durch Laufzeitdifferenzen ausgedrückt werden:

$$(t_{13} - t_{12})/t_{12} = (4\mu + n)(\sigma_2 - \sigma_3)/8\mu^2 \quad \text{(D 7.2-6 a)},$$

$$(t_{21} - t_{23})/t_{23} = (4\mu + n)(\sigma_3 - \sigma_1)/8\mu^2 \quad \text{(D 7.2-6 b)},$$

$$(t_{32} - t_{31})/t_{31} = (4\mu + n)(\sigma_1 - \sigma_2)/8\mu^2 \quad \text{(D 7.2-6 c)}.$$

Dabei wurden die Dehnungsdifferenzen noch durch die Spannungsdifferenzen ersetzt: $\varepsilon_i = 1/\{E\,[\sigma_i - v(\sigma_j + \sigma_k)]\}$ bzw. $\varepsilon_i - \varepsilon_j = (1/2\mu)(\sigma_i - \sigma_j)$; $i, j, k = 1, 2, 3$. Die Gl. (D 7.2-6 b, c) ergeben sich durch Variation der Indizes.

Zur Bestimmung eines zweiachsigen Spannungszustands ($\sigma_1 = 0$; σ_2, $\sigma_3 \neq 0$) sind Messungen der Laufzeitdifferenzen in zwei senkrecht zueinander stehenden Ausbreitungsrichtungen hinreichend, z. B. nach Gl. (D 7.2-6 b, c).

Im dreiachsigen Spannungszustand ergibt auch eine dritte Laufzeitdifferenzmessung nur eine Spannungsdifferenz, so daß die Absolutwerte der drei Spannungen in diesem Fall nur über die Absolutmessung der Schallgeschwindigkeiten mit der obengenannten Problematik zugänglich werden. In der Mehrzahl praktischer Anwendungen ist ein ein- bzw. zweiachsiger Spannungszustand maßgebend, so daß diese Schwierigkeit entfällt.

Für bruchmechanische Berechnungen, insbesondere zur Bestimmung der Tresca- und Huber-von-Mieses-Fließkriterien, ist die Kenntnis dieser Hauptspannungsdifferenzen hinreichend.

D 7.2.3.1.3 Oberflächenspannungen

Aus den grundlegenden Gl. (D 7.2-2) lassen sich auch Beziehungen zur Bestimmung oberflächennaher Spannungszustände (Tiefe bis rd. 10 mm) herleiten, deren konkrete Form von den eingesetzten Wellen (insbesondere Rayleigh- und SH-Wellen) abhängt.

D 7.2.3.2 Bestimmung der Hauptspannungsrichtungen

Die Gl. (D 7.2-2) sind in dieser einfachen Form nur dann gültig, wenn die Achsen 1, 2, 3 des Koordinatensystems mit den Hauptspannungsrichtungen übereinstimmen. Bei der Mehrzahl der technischen Bauteile ist auf Grund ihrer Gestalt und des Lastangriffs eine Hauptspannungsrichtung vorgegeben. Zur Bestimmung der beiden übrigen Richtungen wird die Doppelbrechung von Transversalwellen ausgenutzt: Eine Transversalwelle, die sich parallel zu einer Hauptspannungsrichtung ausbreitet und die nicht parallel zur

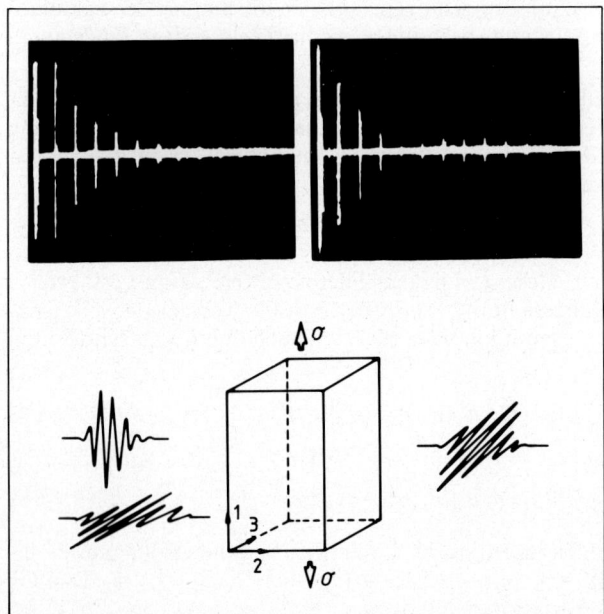

Bild D 7.2-2. Rückwandechofolge bei linear polarisierten Transversalwellen. linke Echofolge bei Polarisation parallel zu den Hauptspannungsrichtungen, rechte Echofolge bei Polarisation unter 45° dazu

zweiten bzw. dritten Hauptspannungsrichtung polarisiert ist, schwingt wegen der geänderten Randbedingungen nicht mehr linear sondern elliptisch. Die Ausbreitung dieser Welle läßt sich nach dem Superpositionsprinzip mit zwei linear polarisierten Wellen beschreiben, die parallel zur zweiten und zur dritten Hauptspannung schwingen. Unterschiedliche Spannungen in diesen Richtungen rufen unterschiedliche Geschwindigkeiten dieser Wellen hervor, so daß diese Komponenten phasen-, d. h. zeitverschoben, empfangen werden. Schwingt die einfallende Transversalwelle gerade unter 45° zu den Hauptspannungsrichtungen, sind neben der Frequenz auch die Amplituden der beiden Wellen gleich groß. Es kommt dann zu einer destruktiven Interferenz (Auslöschung), wenn sich die Phasenverschiebung zwischen den beiden Komponenten zu einer halben Wellenlänge aufsummiert hat. Wie Bild D 7.2-2 zeigt, ergeben sich an planparallelen Flächen Rückwandechofolgen, die exponentiell abfallende Schallamplituden aufweisen, wenn die Schwingungsrichtung der eingeschallten Welle parallel zu einer Hauptspannungsrichtung liegt. Bei anderen Winkeln treten „Schwebungen" auf, die bei einer Schwingungsrichtung von 45° zu den Hauptrichtungen zu einem Amplitudenminimum führen. Durch Drehen des Transversalwellenprüfkopfes an jeder Meßstelle wird die Richtung gefunden, bei der sich dieses Minimum einstellt. Damit ist der Verlauf der Hauptspannungsrichtungen gefunden.

D 7.2.3.3 Bestimmung der elastischen Konstanten

Zur quantitativen Spannungsanalyse ist die Kenntnis der elastischen Konstanten λ, μ, l, m, n notwendige Voraussetzung. Die Konstante μ, die dem Schubmodul entspricht, und die Konstante λ lassen sich aus Messungen der Longitudinal- und Transversalwellengeschwindigkeit im isotropen Festkörper bei bekannter Materialdichte aus den Gl. (D 7.2-1) berechnen. Der E-Modul und die Poisson-Zahl ergeben sich dann zu $E = \mu(3\lambda + 2\mu)/(\lambda + \mu)$ und $\nu = \lambda/(2\lambda + 2\mu)$.

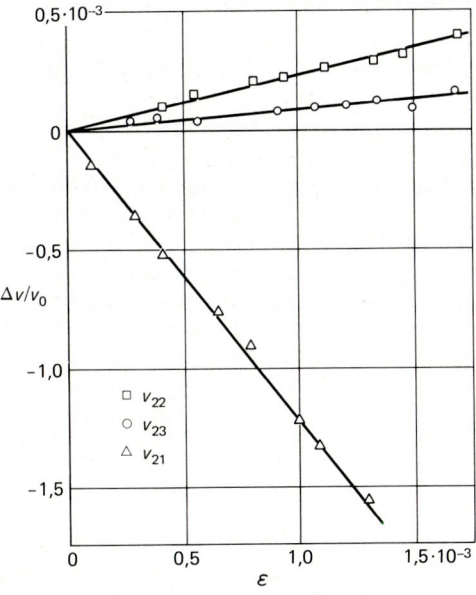

Bild D 7.2-3. Relative Schallgeschwindigkeitsänderung $\Delta v/v_0$ als Funktion der elastischen Dehnung ε einer Zugprobe aus 22 NiMoCr 3 7.

613

Die elastischen Konstanten dritter Ordnung werden im Zugversuch ermittelt. Aus den Gl. (D 7.2-3 c, d, e) entstehen durch Umformung die Bestimmungsgleichungen:

$$l = \frac{\lambda}{1-\nu}\left[\frac{1-\nu}{\nu}\frac{1}{v_{22}}\frac{dv_{22}}{d\varepsilon} + \frac{2}{1+\nu}\left(\frac{1}{v_{21}}\frac{dv_{21}}{d\varepsilon} + \nu\frac{1}{v_{23}}\frac{dv_{23}}{d\varepsilon}\right) + 2\nu\right] \qquad \text{(D 7.2-7a)},$$

$$m = 2(\lambda+\mu)\left(\frac{\nu}{1+\nu}\frac{1}{v_{23}}\frac{dv_{23}}{d\varepsilon} + \frac{1}{1+\nu}\frac{1}{v_{21}}\frac{dv_{21}}{d\varepsilon} + 2\nu - 1\right) \qquad \text{(D 7.2-7b)},$$

$$n = \frac{4\mu}{1+\nu}\left(\frac{1}{v_{21}}\frac{dv_{21}}{d\varepsilon} - \frac{1}{v_{23}}\frac{dv_{23}}{d\varepsilon} - 1 - \nu\right) \qquad \text{(D 7.2-7c)}.$$

Bild D 7.2-3 zeigt die relative Schallgeschwindigkeitsänderung von einer Longitudinal- und zwei Transversalwellen, die sich senkrecht zur Spannung in einer Zugprobe ausbreiten. Die Steigungen der Geraden gehen in die obigen Beziehungen ein. Tabelle D 7.2-1 zeigt beispielhaft die elastischen Konstanten einiger Werkstoffe.

Tabelle D 7.2-1   Elastische Konstanten einiger Werkstoffe, Angaben in GPa.

Material	λ	μ	l	m	n
Schienenstahl 1	116	80	-248	-623	-714
Schienenstahl 2	111	82	-302	-616	-724
Baustahl St 42	110	81	$-\ 48$	-503	-652
Nickelstahl	109	82	-328	-578	-676
Feinkornbaustahl	109	82	-196	-520	-657
Aluminium	61	25	$-\ 47$	-342	-284
technische Al-Legierung 1	57	28	-311	-401	-408
technische Al-Legierung 2	62	26	-202	-305	-300

D 7.2.3.4 Trennung von Textur- bzw. Gefüge- und Spannungseffekten durch Dispersionsmessung

Eine wesentliche Forderung für die praktikable Spannungsmessung mit Ultraschallverfahren ist die Trennung von Gefüge- bzw. Textur- und Spannungseffekten. Die Dispersion freier Wellen, d.h. die frequenzabhängige Ausbreitungsgeschwindigkeit von Longitudinal- und Transversalwellen ist eine Folge der Anisotropie der Kristallite. Empirisch hat sich ergeben, daß sich die relative Laufzeitdifferenz zweier Transversalwellen, die sich in gleicher Richtung ausbreiteten, und jeweils parallel zu den Texturachsen polarisiert waren, mit der Ultraschallfrequenz zunahmen. Dieser Dispersionseffekt wurde in texturfreien Proben mit Last- oder Eigenspannungen nicht festgestellt. Theoretische Arbeiten zur Ultraschall-Streuung in isotropen Vielkristallen und in Materialien mit orthorhombischer Textur brachten Verständnis zu diesem Effekt. Ein Verfahren zur Bestimmung von Spannungszuständen in Komponenten mit orthorhombischer Textur (Walztextur) nutzt diese texturbedingte Dispersion aus [D 7.2-5].

D 7.2.4 Meßeinrichtungen und ihre Handhabung

D 7.2.4.1 Meßplatz

Zur Durchführung der Ultraschallspannungsmessung wird neben dem Ultraschallprüfgerät zum Senden und Empfangen der Schallimpulse auch ein Gerät benötigt, das eine präzise Laufzeitmessung gestattet. Ultraschallgeräte und Apparate zur Laufzeitmessung mit einem Fehler $< 10^{-4}$ sind handelsüblich.

D 7.2.4.2 Ultraschallprüfköpfe

Ultraschall-Normalprüfköpfe zum Anregen von linear polarisierten Transversalwellen im Frequenzbereich von 0,5 bis 50 MHz sind gegenwärtig verfügbar. Die Schwingungsrichtung der piezoelektrischen Wandler ist i. a. nicht angegeben, kann aber in einem einfachen Experiment entsprechend Bild D 7.2-4 ermittelt werden. An einem Festkörperkeil wird eine Longitudinalwelle eingeschallt, die auf der Unterseite entsprechend dem Snelliusschen Gesetz z. T. in eine Transversalwelle mit Schwingungsrichtung in der Bildebene umgewandelt wird. Der Transversalwellenprüfkopf als Empfänger liefert während der Drehung um seine Achse bei Übereinstimmung der Schwingungsrichtungen die maximale und unter 90° dazu die minimale Amplitude.

Den Longitudinalwellenwandler koppelt man mit üblichen Flüssigkeiten an (z. B. mit Wasser, Öl). Die Scherkräfte der Transversalwellen dagegen werden über ebenfalls handelsübliche viskose Koppelpasten übertragen.

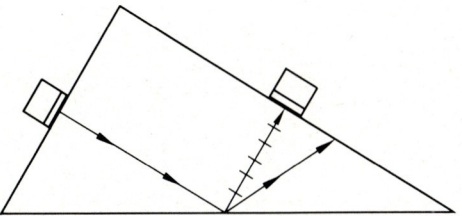

Bild D 7.2-4. Schematische Darstellung der Wellenumwandlung zur Bestimmung der Schwingungsrichtung von Transversalwellenprüfköpfen.
⟶ Longitudinalwelle, ⫽⫽▶ Transversalwelle

Der Nachteil der Schallankopplung mit Paste, die eine Prüfkopfbewegung über die Bauteiloberfläche erschwert, wird durch die Verwendung elektromagnetisch arbeitender Ultraschallwandler aufgehoben. Diese hochgradig polarisierten Wandler lassen sich nur an metallisch leitenden Objekten einsetzen. Sie decken z. Z. den Frequenzbereich von rund 0,5 bis 5 MHz ab [D 7.2-6; 7].

D 7.2.4.3 Ultraschalltomographie

Die mittels Ultraschall bestimmten Spannungswerte sind stets Integralwerte über die Laufstrecke der Schallimpulse. Soll der Spannungszustand auch über diese Laufstrecke

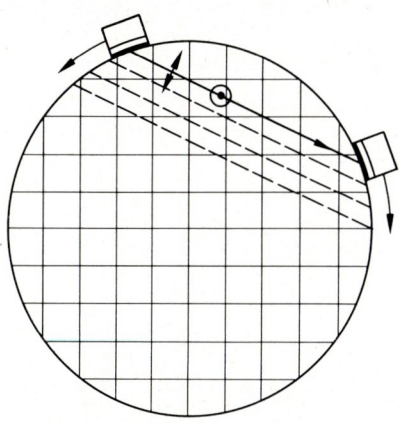

Bild D 7.2-5. Schematische Darstellung der sektoralen Durchschallung zur Ultraschalltomographie.

aufgelöst werden, ist eine tomographieähnliche Meßdatenaufnahme und -auswertung notwendig. Bild D 7.2-5 skizziert das Verfahren für Zylindergeometrie. Neben der Durchschallung über den Durchmesser ermöglicht eine zusätzliche sektorale Durchschallung die Auflösung in diskrete Volumenelemente. Durch Drehen des Zylinders oder der Meßanordnungen wird Redundanz der Meßdaten erreicht. Die Laufzeitdifferenz der beiden Transversalwellen mit Polarisation in der Bildebene und senkrecht dazu ist jeweils der integralen Spannungsdifferenz zwischen Axial- und projizierten Radial- bzw. Tangentialspannungen proportional.

Auch hierzu sind elektromagnetisch arbeitende Wandler vorzuziehen, denn diese können den sich mit dem Einschallort ändernden Einschallwinkel leicht realisieren.

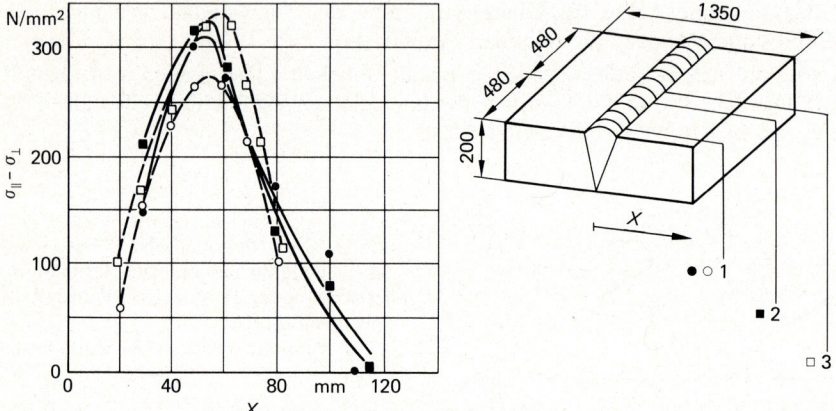

Bild D 7.2-6. Änderung der Hauptspannungsdifferenz $\sigma_\parallel - \sigma_\perp$ mit dem Abstand x von einer ferritischen Schweißnaht.
Ultraschallverfahren, Bohrlochverfahren, 1, 2, 3 verschiedene Meßspuren

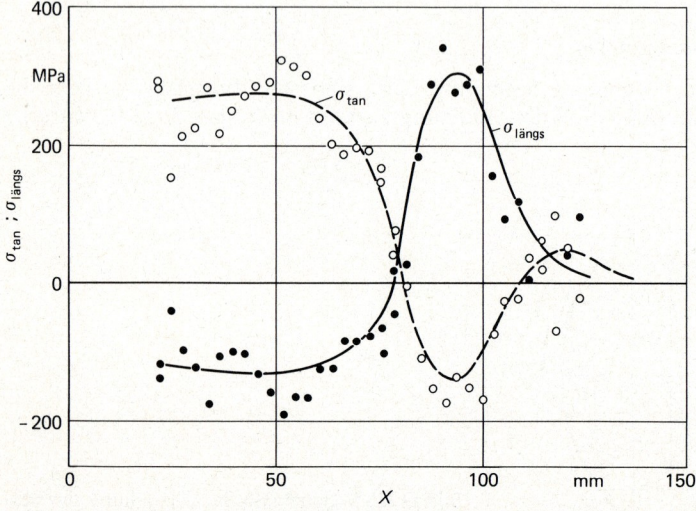

Bild D 7.2-7. Änderung der Oberflächenspannung in Umfangs- (σ_{tan}) und Längsrichtung ($\sigma_{längs}$) mit dem Abstand x von einer austenitischen Schweißnaht [D 7.2-13].

D 7.2.5 Kennzeichnende Anwendungsbeispiele

D 7.2.5.1 Schweißeigenspannungen

Bild D 7.2-6 zeigt die Geometrie einer Schweißnaht in einer dickwandigen Platte aus Druckbehälterstahl 22 NiMoCr 3 7 sowie die Differenz der parallel und senkrecht zur Schweißrichtung wirkenden Schweißeigenspannungen. Die Übereinstimmung der mit dem Ultraschallverfahren und der zerstörend ermittelten Ergebnisse sind qualitativ und quantitativ gut. Die Einschallrichtung der Ultraschallwelle war die Dickenrichtung, die Schwingungsrichtung parallel und senkrecht zur Schweißnaht. Die zur qualitativen Spannungsbestimmung notwendigen Konstanten wurden an einer Zugprobe des gleichen Materials (Bild D 7.2-3: $\lambda = 109 \cdot 10\,\text{N/mm}^2$, $\mu = 82 \cdot 10\,\text{N/mm}^2$, $n = -652 \cdot 10\,\text{N/mm}^2$) ermittelt. Aus den Geschwindigkeitsänderungen von Rayleigh-Wellen, die sich zwischen Sender und Empfänger parallel zu den Spannungsrichtungen ausbreiten, wurden die Oberflächenspannungen in Längs- und Umfangsrichtungen als Funktion des Abstands von einer Schweißnaht in einem austenitischen Rohr (Dmr. 305 mm) bestimmt, Bild D 7.2-7 [D 7.2-8].

a)

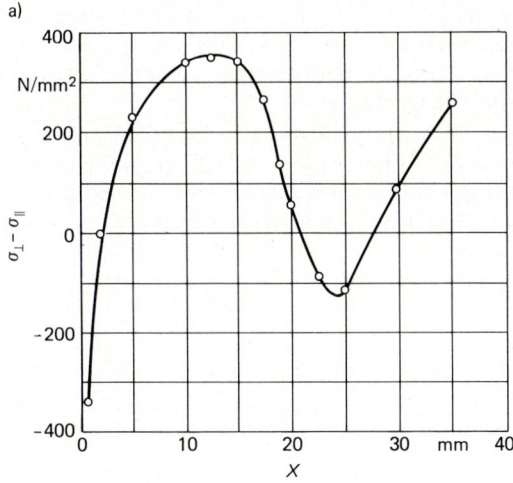

b)

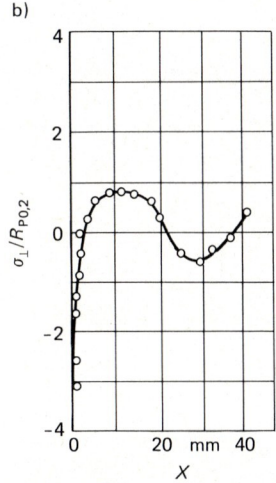

Bild D 7.2-8. Änderung der Hauptspannungsdifferenz $\sigma_\perp - \sigma_\parallel$ mit dem Abstand x von einem Ermüdungsriß.
a) Ultraschallverfahren.
b) Finite-Elemente-Rechnung.

D 7.2.5.2 Eigenspannungen in der Umgebung eines Ermüdungsrisses

In Bild D 7.2-8 ist die in Verlängerung der Rißfront gemessene Differenz der Eigenspannungen parallel und senkrecht zur Rißfortpflanzungsrichtung dargestellt. Der Wechsel von Druck- und Zugspannungen in der 25 mm dicken CT-Probe aus 22 NiMoCr 3 7 ist ausgeprägt. Die Meßergebnisse wurden durch eine Finite-Elemente-Rechnung bestätigt.

D 7.2.6 Zusammenfassende Beurteilung

Zur Bestimmung von Last- und Eigenspannungen werden schon seit einigen Jahrzehnten immer wieder neue und/oder verbesserte Verfahren vorgestellt, von denen zur Bestimmung von Eigenspannungen die zerstörenden und die Röntgenverfahren die häufigste Anwendung finden. Ergänzend zu diesen Verfahren ermöglichen Ultraschallverfahren neben den aufwendigeren Neutronenbeugungsverfahren auch die Spannungsbestimmung im Volumen der Bauteile. Dazu werden die spannungsempfindlichen Ausbreitungsgeschwindigkeiten elastischer Wellen ausgewertet. Die Lösung der eingangs genannten ersten Schwierigkeit ermöglicht eine quantitative Spannungsanalyse immer dann, wenn eine Meßdatenaufnahme vor der Spannungseinwirkung möglich ist. Sind diese den Gefüge- bzw. Textureinfluß bestimmenden Nullmessungen nicht möglich, müssen diese Einflüsse – ebenso wie zur Bestimmung von inneren Spannungen – durch zusätzliche Messungen von denen der Spannung separiert werden.

Zur Unterscheidung dieser Einflüsse wird ein texturbedingter Dispersionseffekt ausgenutzt. Da die Messungen wenig Geräteaufwand verlangen und einfach und rasch durchzuführen sind, wird die Spannungsmessung mit Ultraschallverfahren in der Praxis zunehmend Anwendungen für qualitative und quantitative Untersuchungen finden.

D 7.3 Spannungsmessung mit magnetischen Effekten

W. A. Theiner, I. Altpeter

D 7.3.1 Formelzeichen

$A(H)$	akustische Barkhausen-Rauschamplitude in Abhängigkeit von der magnetischen Feldstärke
A_{max}^2	Amplitudenquadrat des Maximalwertes von $A(H)$
E_λ	Meßamplitude des jeweils angeregten magnetostriktiven elektromagnetischen Ultraschallmodes ($EMUS_\lambda$-Mode)
dE_λ/dH	Impulsvorzeichen
H	magnetische Feldstärke
ΔH	magnetische Wechselfeldamplitude
H_c	Koerzitivfeldstärke
H_t	tangentiale magnetische Feldstärke
H_i	innere magnetische Feldstärke
H_{cM}	die aus der M_{max}-Lage abgeleitete Koerzitivfeldstärke
$H_{c\mu}$	die aus der $\mu_{\Delta max}$-Lage abgeleitete Koerzitivfeldstärke
HV_{10}	mechanische Härtewerte nach *Vickers*
HV_{zf}	zerstörungsfrei bestimmte magnetische Härtewerte
J	magnetische Polarisation
$M(H)$	magnetische Barkhausen-Rauschamplitude in Abhängigkeit von der magnetischen Feldstärke (für die Magnetisierung M ist das gleiche Symbol wie für das magnetische Barkhausen-Rauschen $M(H)$ gebräuchlich)
M_{max}	Maximalamplitude von $M(H)$
d	Analysiertiefe
f	Erregerfrequenz, mit der die Hysterese durchsteuert wird
f_Δ	Erregerfrequenz des jeweiligen Sensors
α	Rayleigh-Konstante
$\lambda(H)$	Magnetostriktion über der magnetischen Feldstärke
$\mu_{\Delta max}$	Maximum der $\mu_\Delta(H)$-Kurve
μ_Δ	Überlagerungspermeabilität
$\Delta\mu_\Delta$	Aufweitung der $\mu_\Delta(H)$-Kurve bei einem festgelegten μ_Δ-Wert
σ_+	Zugnormalspannungen
σ_-	Drucknormalspannungen
σ_{zf}	zerstörungsfrei bestimmte Spannungswerte
χ_0	Anfangssuszeptibilität
χ_{diff}	differentielle Suszeptibilität

D 7.3.2 Allgemeines

Untersuchungen zur Spannungsmessung unter Ausnutzung magnetischer Effekte sind im Bereich der Grundlagenforschung seit den frühen 30er Jahren bekannt. Dabei werden sowohl makroskopische als auch mikroskopische magnetische Meßgrößen genutzt [D 7.3-1 bis 6]. Unter praxisnahen Bedingungen setzen Ende der 60er Jahre Entwicklungen ein, die vorwiegend den magnetischen Barkhausen-Effekt zur Spannungsmessung nutzen [D 7.3-7 bis 10]. Diese Arbeiten führten zur Realisierung erster Prüfgeräteprototypen [D 7.3-9; 10; 11].

Seit ungefähr 1978 werden neben dem magnetinduktiven Barkhausen-Effekt auch magnetoelastisch-akustische Meßgrößen zur Spannungsmessung unter Laborbedingungen genutzt [D 7.3-12; 13; 14].

Trotz der überzeugend dokumentierten Spannungsabhängigkeit der einzelnen, bekannt gewordenen Verfahren, welche magnetoelastische/-akustische, magnetinduktive oder makroskopische magnetische Meßgrößen anwenden, hat sich der Einsatz dieser Prüfverfahren und Geräte zur Eigenspannungsmessung bislang nicht durchsetzen können. Das liegt darin begründet, daß sämtliche Verfahrensansätze jeweils nur eine Meßgröße nutzen. Da das Meßsignal der einzelnen Meßgrößen sowohl durch Gefüge- als auch durch Spannungseinflüsse verändert wird, kann eine (Eigen-)Spannungsmessung nur dann mit einer Meßgröße durchgeführt werden, wenn der Gefügezustand sich im Prüfbereich nicht ändert. Sollen die magnetischen Verfahren für die Halbzeug- und Bauteilprüfung oder bei einer direkten Produktionsüberwachung eingesetzt werden, müssen diese Verfahren eine Prüfung an ausgedehnten Oberflächen durch Aufsetzen eines Prüfkopfes ermöglichen.

Neuere Konzepte zur magnetischen Spannungsanalyse nutzen deshalb mehrere Meßgrößen, um eine Separierung von Gefüge-, Spannungs-, Textur-, Temperatur- und Legierungseinflüssen physikalisch und meßtechnisch durchführen zu können [D 7.3-14; 15; 16]. Zukünftige Hauptanwendungsgebiete magnetischer Effekte liegen auf dem Gebiet der Eigenspannungsmessung sowie der Gefüge- und Randschichtcharakterisierung (Einhärtungstiefe, Schleiffehler etc.). Um eine quantitative Spannungsmessung durchführen zu können, ist z.Z. für die jeweilige Stahlgüte und den jeweiligen Gefügezustand eine Kalibrierung der einzelnen magnetischen Meßgrößen notwendig.

D 7.3.3 Physikalisches Prinzip

D 7.3.3.1 Grundlagen

Voraussetzung für eine magnetische Spannungsanalyse ist ferromagnetisches Material, das außerdem magnetostriktiv aktiv sein muß. Alle ferromagnetischen Werkstoffe weisen eine Domänenstruktur auf, also Bezirke unterschiedlicher Magnetisierungsrichtungen. Die einzelnen Domänen werden durch Bloch-Wände voneinander getrennt. In den Bloch-Wänden (BW) wird die lokale Magnetisierungsrichtung in Fe-Werkstoffen um 180° bzw. 90° gedreht.

Den Einfluß von Makrospannungen auf die Domänenstruktur verdeutlicht Bild D 7.3-1. Der ferromagnetische Festkörper reagiert auf die Erhöhung der elastischen Energiedichte mit einer Gestaltänderung, um die Zunahme der inneren Energiedichte möglichst klein zu halten. Dies wird als magnetoelastische Reaktion auf mechanische Spannungen bezeichnet [D 7.3-17]. Diese magnetoelastische Reaktion äußert sich in Fe-Werkstoffen in magnetostriktiven reversiblen und irreversiblen 90° Bloch-Wandbewegungen und Drehprozessen. Makroskopisch äußern sich solche spannungsbedingten Ummagnetisierungsprozesse, sog. Teilordnungsprozesse, in der bekannten spannungsbedingten Hystereseschering [D 7.3-18], s. Bild D 7.3-2. Zugspannungen bewirken in magnetostriktiv positivem Material in der Umgebung der Koerzitivfeldstärke H_c eine Zunahme der differentiellen Suszeptibilität χ_{diff} und eine Verschiebung der Koerzitivfeldstärke H_c zu kleineren H-Beträgen, Druckspannungen verursachen eine Abnahme von χ_{diff} und eine H_c-Verschiebung zu größeren H-Beträgen, wenn die Veränderungen jeweils auf den spannungsfreien Ausgangszustand bezogen werden.

Domänenstruktur $(\lambda > 0)$

Zugspannungen   Druckspannungen

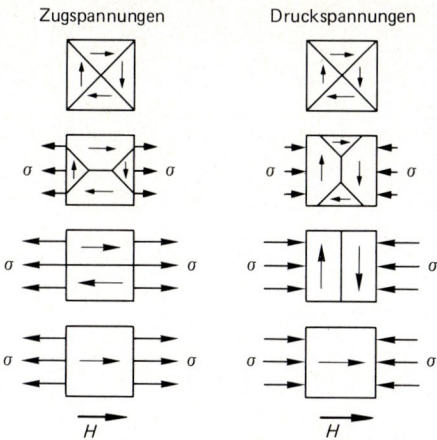

Bild D 7.3-1. Veränderung der Domänenstruktur unter dem Einfluß von Makrospannungen. (Die σ-Pfeile symbolisieren Betrag und Richtung der eingeprägten Lastspannungen; in der vierten Zeile wird der aufgebrachten Spannung von Zeile drei lediglich noch ein Magnetfeld überlagert.)

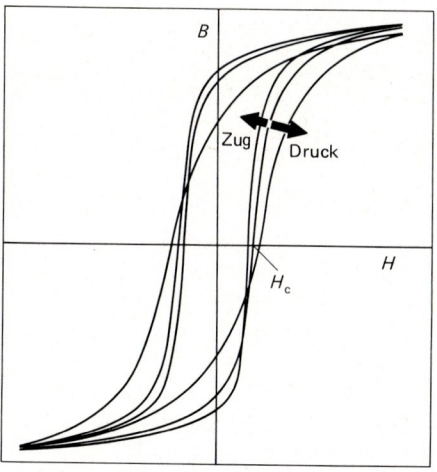

Bild D 7.3-2. Hystereseescherung unter dem Einfluß von Makrospannungen.

Bezüglich des Spannungseinflusses auf die magnetische Domänenstruktur unterscheidet man sinnvollerweise zwischen „direkten“ und „indirekten“ Meßgrößen. Unter „direkten“ Meßgrößen versteht man solche Größen, die auf Spannungsänderungen in direkter Weise, d. h. über magnetostriktiv aktive 90°-Bloch-Wand-Bewegungen (für Fe-Werkstoffe: $(100) - 90°$ BW; $(111) - 90°$ BW) oder Drehprozesse reagieren. In den „indirekten“ Meßgrößen bilden sich gewichtet magnetostriktiv nicht aktive BW-Bewegungen ab (in Fe-Werkstoffen: 180°-BW; $(110) - 90°$-BW). Bedingt durch die Kopplung der 180°- an 90°-Bloch-Wände sind auch die „indirekten“ Meßgrößen zur Eigenspannungsmessung geeignet.

„Direkte“ und „indirekte“ Meßgrößen sind:

- das magnetische Barkhausen-Rauschen $M(H)$ (gewichtet irreversible 180° BW-Sprünge), Bild D 7.3-3,
- das akustische Barkhausen-Rauschen $A(H)$ (gewichtet irreversible 90° BW-Sprünge), Bild D 7.3-3,

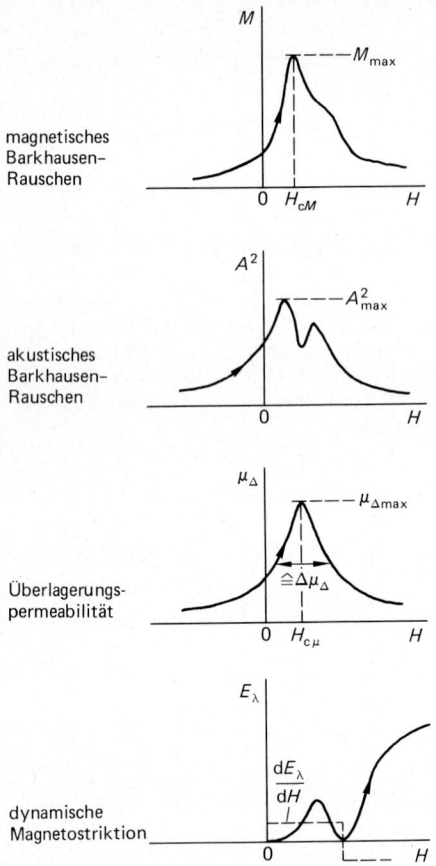

magnetisches
Barkhausen-
Rauschen

akustisches
Barkhausen-
Rauschen

Überlagerungs-
permeabilität

dynamische
Magnetostriktion

Bild D 7.3-3. Magnetische Meßgrößen; Übersicht.

- Die Aufweitung $\Delta\mu_\Delta$ der Überlagerungspermeabilitätskurve $\mu_\Delta(H)$ (gewichtet 90° BW-Bewegungen und Drehprozesse) bei einem festen μ_Δ-Wert, Bild D 7.3-3,
- die dynamische Magnetostriktion E_λ, der magnetostriktive elektromagnetische Ultraschallmode $EMUS_\lambda(H)$ (Bild D 7.3-3) (gewichtet irreversible und reversible 90°-BW-Bewegungen und reversible Drehprozesse je nach Magnetfeldbereich und ΔH-Wechselfeldamplitude des Sendewandlers).

Die ferromagnetische Bereichsstruktur sowie die Bloch-Wand-Bewegungen werden außer von Makro-(Eigen-)Spannungsfeldern auch vom Mikrogefügezustand (Versetzungen, Ausscheidungen, Korngrenzen) stark beeinflußt. Die Gitterdefekte stehen in Wechselwirkung mit den Bloch-Wänden über ihre Eigenspannungsfelder bzw. über die Variation der Bloch-Wand-Energiedichte [D 7.3-19]. Aus theoretischen Arbeiten sind quantitative Beziehungen zwischen Mikrogefügeparametern und einzelnen makroskopischen magnetischen Meßgrößen bekannt [D 7.3-18]. Nach *H. Kronmüller* [D 7.3-20] und der statistischen Theorie zum Rayleigh-Gesetz, Gl. (D 7.3-1), können reversible und irreversible Kenngrößen aus dem Rayleigh-Gebiet abgeleitet werden. Diese Kenngrößen sind mit der Defektdichte funktional verknüpft:

$$M = \chi_0\,H_\mathrm{i} + \alpha\,H_\mathrm{i}^2 \tag{D 7.3-1}$$

D 7.3.3.2 Meßgrößen-Informationsinhalte

D 7.3.3.2.1 Magnetisches Barkhausen-Rauschen $M(H)$

Beim magnetischen Barkhausen-Rauschen handelt es sich um die beim Durchsteuern der Hysteresekurve hauptsächlich durch irreversible 180°-Bloch-Wand-Sprünge in einem magnetinduktiven Aufnehmer (Tonbandkopf, Spule) induzierten elektrischen Spannungsimpulse (Induktionsgesetz). Besonders rauschaktiv sind bei den bislang untersuchten technischen Stählen ($H_c > 5\,\text{A/cm}$) die Hystereseabschnitte in der Umgebung der Koerzitivfeldstärke H_c. Als Meßgrößen werden die Maximalamplitude $M_{\max}$ oder der Effektivwert der gleichgerichteten Barkhausen-Rauschereignisse sowie die aus dem magnetischen Barkhausen-Rauschen abgeleitete Koerzitivfeldstärke H_{cM} ($\cong H$-Betrag an der Stelle der maximalen Rauschamplitude) genutzt (Bild D 7.3-3). Die Tiefe d, aus der Barkhausen-Ereignisse magnetinduktiv empfangen werden können, liegt auf Grund der Wirbelstromdämpfung i. a. bei $d \lesssim 1{,}0\,\text{mm}$. Der Einfluß von Zug-/Druckspannungen auf die Barkhausen-Rauschamplitude ist auf Teilordnungsprozesse zurückzuführen. Bedingt durch die zunehmende Dichte an 180°-Bloch-Wandbewegungen in Magnetisierungsrichtung bei positiver Magnetostriktion ($\lambda > 0$) und durch die Streufeldkopplung nimmt die Intensität des magnetischen Rauschens mit zunehmender Zugspannung zu. Durch die größere 90°-Bloch-Wanddichte ($\lambda > 0$) in Magnetisierungsrichtung bei Vorhandensein von Druckspannungen σ_- parallel zur Magnetisierungsrichtung und durch die geringere Kopplung von Barkhausen-Sprunggruppen infolge stärkerer Hysteresescherung nimmt umgekehrt $M_{\max}$ mit zunehmender Druckspannung ab.

D 7.3.3.2.2 Akustisches Barkhausen-Rauschen $A(H)$

In dieser Meßgröße bilden sich gewichtet irreversible 90°-Bloch-Wandbewegungen ab. Verbunden mit den 90°-Bloch-Wandbewegungen sind elastische Störungen, die sich im Festkörper als Gitterschwingung bzw. Ultraschallwelle ausbreiten. Die Tiefe, aus der Ultraschallereignisse empfangen werden können, ist im wesentlichen durch die Frequenz f des erregenden Magnetfeldes gegeben. Die wählbaren mittleren Analysiertiefen d betragen $d \lesssim 1\,\text{cm}$. Der Schwerpunkt der Ereignisse liegt bei technischen Stählen in den meisten Fällen in den Kniebereichen der Hysteresekurve.

Gemessen werden die Effektivwerte A_{eff} oder die Intensität A^2. Das Signal/Rausch-Verhältnis ist stark gefüge- und frequenzabhängig und häufig kleiner als 20 dB. Die Gesamtverstärkung liegt meist zwischen 80 und 120 dB.

D 7.3.3.2.3 Überlagerungspermeabilität $\mu_\Delta(H)$

Diese Meßgröße wird von reversiblen und irreversiblen Ummagnetisierungsprozessen beeinflußt. Sie ergibt sich als Überlagerung eines quasistatischen Magnetfeldes H mit einem magnetischen Wechselfeld der Amplitude ΔH und der Frequenz f_Δ.

Bei kleinen Wechselfeldamplituden $\Delta H < |H_c|/2$ überwiegt meist der reversible Anteil; bei $\Delta H > |H_c|/2$ werden in wachsendem Maße irreversible Prozesse mit den aus $\mu_\Delta(H)$ abgeleiteten Meßgrößen erfaßt.

Beim Durchsteuern der $B(H)$-Kurve ändert sich die Überlagerungspermeabilität. Bei normalem Hystereseverhalten, d. h. bei größter differentieller Suszeptibilität χ_{diff} bei H_c, liegen die Maxima der $\mu_\Delta(H)$-Kurve bis auf einen Fehler $< \Delta H/2$ auf den makroskopisch bestimmten H_c-Werten. Je nachdem, bei welcher magnetischen Feldstärke μ_Δ gemessen wird, hat μ_Δ mehr den Charakter einer direkten oder indirekten Meßgröße.

Eine direkte Meßgröße stellt die Kurvenaufweitung $\Delta\mu_\Delta$ der $\mu_\Delta(H)$-Kurve dar, wobei bei Zug-/Druckspannungsmessungen der μ_Δ-Wert so gewählt wird, daß durch $\Delta\mu_\Delta$ gewichtet spannungssensitive Ummagnetisierungsprozesse (90°-BW, Drehprozesse) abgefragt werden. Die Zug-/Druckabhängigkeit der $\mu_\Delta(H)$-Kurve spiegelt das spannungsabhängige Hystereseverhalten wider.

Weitere zerstörungsfreie Meßgrößen sind: das Maximum $\mu_{\Delta\,max}$ sowie die aus der Lage des Maximums aus der $\mu_\Delta(H)$-Kurve abgeleitete Koerzitivfeldstärke $H_{c\mu}$ (Bild D 7.3-3). Die Meßgrößen $\mu_{\Delta\,max}$ und $\Delta\mu_\Delta$ sind von der Wechselfeldfrequenz f_Δ, der Wechselfeldamplitude und der Leitfähigkeit des jeweiligen Materials abhängig. Die Analysiertiefe d wird durch die Sensorerregerfrequenz f_Δ bestimmt und beträgt i. a. $d \lesssim 1\,\text{mm}$.

D 7.3.3.2.4 Dynamische Magnetostriktion

Diese zerstörungsfreie Meßgröße wird von magnetostriktiv aktiven reversiblen und irreversiblen Bloch-Wandbewegungen und Drehprozessen beeinflußt. Zur Messung wird einem sich quasistatisch ändernden Erregerfeld H ein magnetisches Wechselfeld der Amplitude ΔH mit einer Frequenz $\Delta f \lesssim 3\,\text{MHz}$ überlagert. Erfolgt diese Überlagerung mittels eines elektromagnetischen Ultraschallwandlers [D 7.3-21; 22], können, abhängig vom Wandler, seiner Lage zum Magnetfeld und der Geometrie des Prüflings, unterschiedliche Ultraschallmoden angeregt werden. Sowohl die Amplitude $E_\lambda(H)$ (gleichgerichtetes Signal) als auch das Impulsvorzeichen ($dE_\lambda/dH \gtrless 0$, Bild D 7.3-3) des magnetostriktiv angeregten Ultraschallimpulses (Hochfrequenzsignal) können als Meßgröße über der Erregerfeldstärke H genutzt werden. Mit diesen Meßgrößen werden hauptsächlich oberflächennahe Bereiche ($d \lesssim 100\,\mu\text{m}$) abgefragt.

D 7.3.3.3 Trennung von Gefüge- und Spannungseinflüssen

Sämtliche magnetischen und magnetoelastischen Meßgrößen sind sowohl vom Gefüge- als auch vom Spannungszustand abhängig [D 7.3-16 bis 19; 23]. Um beide Einflußgrößen voneinander trennen zu können, müssen mehrere voneinander unabhängige zerstörungsfreie Meßgrößen genutzt werden.

Soll eine Spannungsmessung unter Nutzung magnetischer Effekte durchgeführt werden, ist die Kenntnis des Gefügezustands Voraussetzung. Der Gefügezustand läßt sich z. B. mit Hilfe der Meßgrößen H_{cM} bzw. $H_{c\mu}$ charakterisieren:

a) durch Aufsuchen des unbelasteten Zustands,
b) durch Aufsuchen der Hauptzugspannungsrichtung.

Zu a)

Basierend auf den Erfahrungen aus Zugversuchen kann an ebenen ausgedehnten Oberflächen bei einer Ortung des $\sigma = 0$-Zustands wie folgt vorgegangen werden:

Dreht man das Erreger-Aufnehmer-System auf der Probe um 360°, so erhält man aus den Meßwerten bei isotropen Materialien kreisförmige Kurvenverläufe von M_{max}, $\Delta\mu_\Delta$ und H_c, bei anisotropen Werkstoffzuständen (spannungs- oder texturbedingt) entstehen elliptische bzw. winkelabhängige Kurvenverläufe. Erhält man beim Abscannen einer ausgedehnten Probenoberfläche lokal kreisförmige Kurvenverläufe, z. B. der H_c-Werte, so ist der spannungsfreie Zustand in vielen Fällen durch diese Koerzitivfeldstärke gekennzeichnet und somit der Gefügezustand bestimmt.

Zu b)

Auf Grund der geringen Signaldynamik der Meßgröße H_c im Zugspannungsbereich kann diese Meßgröße auch im belasteten Werkstoff zur Gefügecharakterisierung genutzt werden. Voraussetzung ist, daß in Zugnormalspannungsrichtung gemessen wird und daß die H_c-Werte der zu unterscheidenden Gefügezustände im Spannungsintervall

$0\,\mathrm{N/mm^2} < \sigma_+ \leqq +200\,\mathrm{N/mm^2}$ bestimmt werden. Die Hauptnormalspannungen lassen sich durch Drehen des Erreger/Aufnehmer-Systems feststellen.

Ist der Gefügezustand bekannt, so können mit Hilfe der verschiedenen Meßgrößen an Hand entsprechender Kalibrierkurven Spannungsänderungen gemessen werden.

D 7.3.4 Meßeinrichtungen und ihre Handhabung

Das Ausnutzen von magnetischen Effekten setzt stets eine magnetische Erregung des Prüflings voraus, die in den meisten Fällen durch einen U-förmigen Elektromagneten erreicht wird. Ein bipolares Netzgerät mit entsprechender Ansteuerung (z. B. Funktionsgenerator) sorgt für eine kontinuierliche Durchsteuerung der magnetischen Hysteresekurven. Die magnetische Feldaussteuerung H_{max} beträgt bei den Meßgrößen $A(H)$, $M(H)$, $\mu_\Delta(H)$ in den meisten Fällen $H_{max} \leqq \pm 100\,\mathrm{A/cm}$, bei E_λ häufig $H_{max} > \pm 100\,\mathrm{A/cm}$. Die Frequenz f, mit der die Hysterese durchsteuert wird, liegt häufig im Frequenzbereich $0{,}1\,\mathrm{Hz} < f < 1000\,\mathrm{Hz}$. Die Meßaufnehmer sind bei den oben angeführten Prüfverfahren im Falle

- $A(H)$ resonante piezoelektrische Aufnehmer,
- $M(H)$ Luftspulen, Tonbandköpfe, Luftspulen mit Ferritkern,
- $\mu_\Delta(H)$ Luftspulen [D 7.3-24], Luftspulen mit Ferritkern,
- $E_\lambda(H)$ elektromagnetische Wandler (z. B. mäanderförmig gewickelte Luftspulen).

Die tangentiale magnetische Feldstärke H_t wird mit entsprechenden Hall-Elementen gemessen. Die eingesetzten Sensoren sind leicht durch geschultes Prüfpersonal handhabbar. Mit Ausnahme des akustischen Barkhausen-Rauschens, das ein Koppelmedium zwischen Aufnehmer und Prüfling voraussetzt, arbeiten alle anderen Sensoren berührungsfrei. Rauhtiefen von $\approx 100\,\mu\mathrm{m}$ beeinflussen in den meisten Fällen das Meßergebnis nicht. Eine Automatisierung der einzelnen Prüfverfahren ist möglich. Die Meßzeit je Meßpunkt ist verfahrens- und geräteabhängig und lag bei den bekanntgewordenen Anwendungen im Sekundenbereich. Wesentlich kürzere Meßzeiten sind realisierbar, so daß auch dynamische Vorgänge verfolgt werden können.

D 7.3.5 Kennzeichnende Anwendungsbeispiele und allgemeine Vorgehensweise

Liegen inhomogene Gefügezustände vor, wie sie z. B. durch unterschiedliche Wärmebehandlungen, durch Veränderungen während des Betriebs von Bauteilen/Komponenten oder nach Schweißungen im wärmebeeinflußten Schweißnahtbereich hervorgerufen werden, so erhält man für die in Abschnitt D 7.3.3 eingeführten zerstörungsfreien Verfahren das in den Bildern D 7.3-4 bis D 7.3-7 für Feinkornstähle charakteristische gefüge- und spannungsabhängige Verhalten. Die in allen Kurvenscharen eingetragenen Zahlenwerte sind die jeweiligen Härten HV_{10}. Die Meßgrößenänderungen im Zustand $\sigma = 0$ werden bei allen Meßgrößen hauptsächlich durch Änderungen der Versetzungsdichte und der Makrogefügezusammensetzung hervorgerufen. Zum näheren Verständnis ist außerdem die Kenntnis der Bloch-Wandbereichsstruktur für die einzelnen Gefügezustände erforderlich (näheres hierzu im Schrifttum [D 7.3-25; 26]). Die spannungsbedingten Veränderungen der einzelnen Meßgrößen können durch die bereits beschriebenen Teilordnungsprozesse der magnetischen Bereichsstruktur und durch die am Ummagnetisierungsprozeß beteiligten Bloch-Wandtypen erklärt werden.

Bild D 7.3-4 zeigt, daß bei $\sigma = 0$ mit zunehmender mechanischer Härte auch die magnetische Härte (H_{cM}) zunimmt und daß im σ_--Bereich die Koerzitivfeldstärke H_{cM} für die mechanisch weicheren Zustände eine größere Spannungsempfindlichkeit als im σ_+-Bereich besteht. Eine völlig andere Spannungsabhängigkeit zeigt die Meßgröße M_{max}

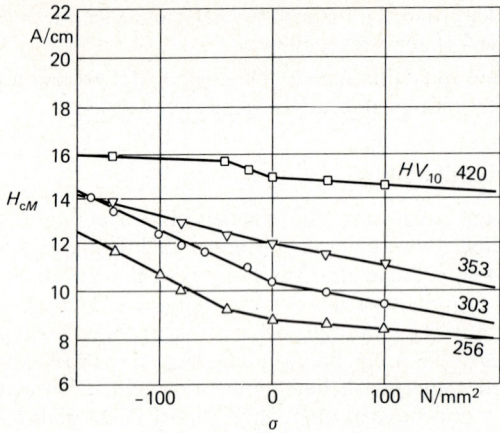

Bild D 7.3-4. Koerzitivfeldstärke H_{cM} als Funktion von Makrospannungen in magnetisch unterschiedlich harten Gefügezuständen der Stahlgüte 22 NiMoCr 3 7.

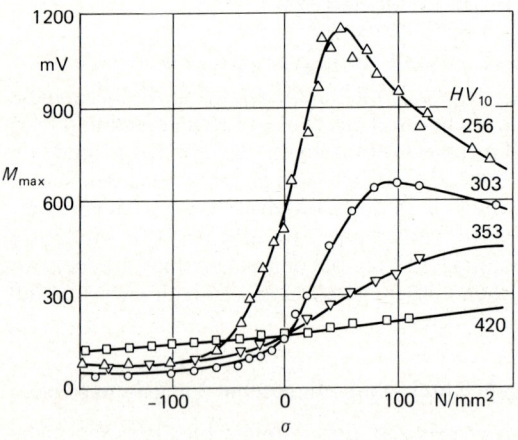

Bild D 7.3-5. Maximalamplitude M_{max} als Funktion von Makrospannungen in magnetisch unterschiedlich harten Gefügezuständen der Stahlgüte 22 NiMoCr 3 7.

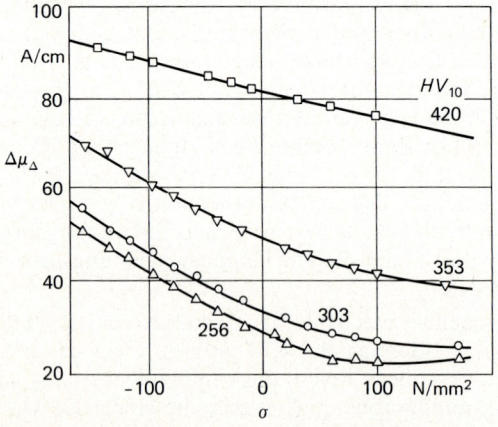

Bild D 7.3-6. Aufweitung der Überlagerungspermeabilität $\Delta\mu_\Delta$ als Funktion von Makrospannungen in magnetisch unterschiedlich harten Gefügezuständen der Stahlgüte 22 NiMoCr 3 7.

(Bild D 7.3-5), aus deren Magnetfeldlage ja auch die H_{cM}-Werte abgeleitet werden. Mit wachsenden σ_--Beträgen nehmen die M_{max}-Werte ab, im σ_+-Bereich zu. Einzelne Zustände zeigen im σ_+-Bereich ein Maximum, also ein nicht eindeutiges $M_{max} - \sigma_+$-Verhalten, das, wenn man andere magnetische Barkhausen-Rauschgrößen zugrunde legt, nicht auftritt [D 7.3-16]. Die zerstörungsfreie Meßgröße $\Delta\mu_\Delta$ (Bild D 7.3-6) zeigt ein ähnliches Verhalten wie die Koerzitivfeldstärke H_{cM} bzw. die nicht dargestellte Koerzitiv-feldstärke $H_{c\mu}$. Die akustische Barkhausen-Rauschamplitude A_{max}^2 (Bild D 7.3-7) zeigt eine andere Spannungsabhängigkeit als das magnetische Barkhausen-Rauschen. Die A_{max}^2-Intensität fällt grundsätzlich mit zunehmenden σ_+-Werten ab. Mechanisch harte Zustände, insbesondere alle martensitischen Gefüge, haben kleine Rauschamplituden und eine geringe Spannungsabhängigkeit in den Intensitätswerten.

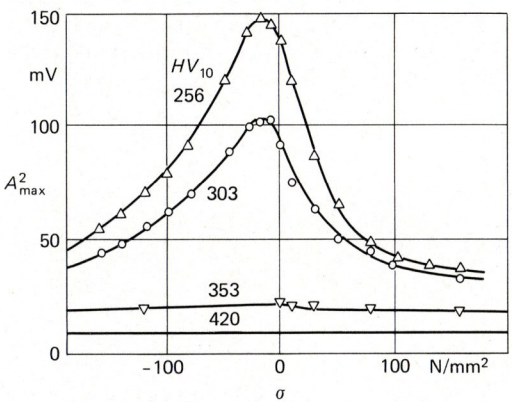

Bild D 7.3-7. Akustische Barkhausen-Rauschamplitude A_{max}^2 als Funktion von Makrospannungen in magnetisch unterschiedlich harten Gefügezuständen der Stahlgüte 22 NiMoCr 3 7.

In Bild D 7.3-8 sind die röntgenographisch bestimmten tangentialen Normalspannungs-werte eines Sägeblattes [D 7.3-27] den aus dem magnetischen Barkhausen-Rauschen bestimmten Spannungswerten gegenübergestellt. Da die Gefügeeinflüsse keine merklichen Veränderungen des magnetischen Barkhausen-Rauschens bewirken – eine schwache Walztextur und plastisch verformte Bereiche wurden festgestellt – kann die zerstörungs-freie Größe M_{max} unter Zugrundelegung der röntgenographisch bestimmten σ-Werte direkt kalibriert werden. Das Ergebnis in Bild D 7.3-8 weist gute Übereinstimmung

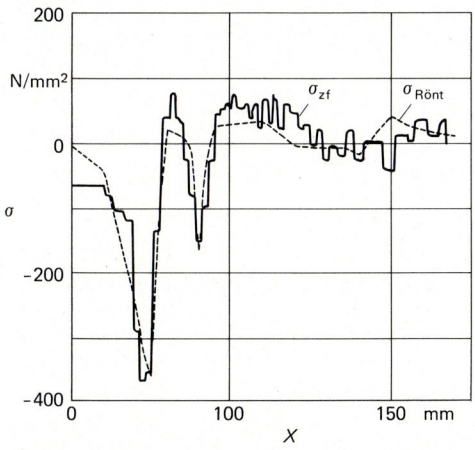

Bild D 7.3-8. Gegenüberstellung von röntgenographisch bestimmten tan-gentialen Normalspannungswerten ei-nes Sägeblattes der Stahlgüte 75 Cr 1 und von aus dem magnetischen Bark-hausen-Rauschen bestimmten Span-nungswerten.

zwischen den röntgenographisch bestimmten und den aus den M_{max}-Werten berechneten und direkt auf einen $x; y$-Schreiber ausgegebenen Spannungswerten auf.

Die Bilder D 7.3-9 und D 7.3-10 zeigen die mit dem magnetischen Barkhausen-Rauschen bestimmten Härte- und Eigenspannungswerte an einem partiell flammgehärteten X20Cr13-Blech. Da nichthomogene Gefügezustände vorliegen, muß vor der eigentlichen Eigenspannungsbestimmung der Gefügezustand charakterisiert werden; im abgebildeten Fall geschieht das durch eine Härtemessung. Dabei werden die festgestellten HV_{10}-Werte in linearer Weise mit den gemessenen H_{cM}-Werten korreliert. Nach der Kalibrierung kann auf einem unbekannten Ort dieser Stahlgüte eine magnetische Härtemessung durchgeführt werden. Eine Gegenüberstellung der konventionellen (HV_{10}) und der „magnetischen", vom Gerät berechneten und auf einen $x; y$-Schreiber ausgegebenen Härtewerte HV_{zf} ist in Bild D 7.3-9 dargestellt. In einem zweiten Schritt werden die röntgenographischen Eigenspannungswerte mit den M_{max}-Werten korreliert. Um den Gefügeeinfluß zu eliminieren, erstellt man für einzelne Härteklassen σ/M_{max}-Kalibrierkurven und

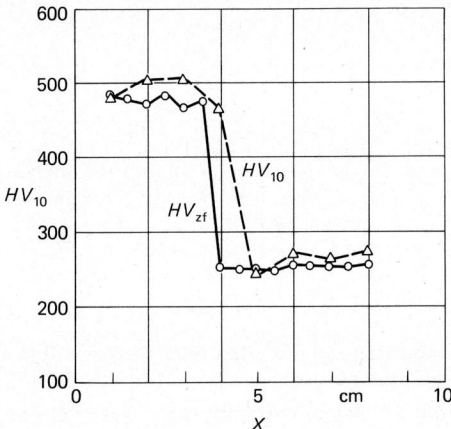

Bild D 7.3-9. Gegenüberstellung der konventionellen (HV_{10}) und der magnetischen Härtewerte HV_{zf} an einem partiell flammgehärteten X20Cr13-Blech.

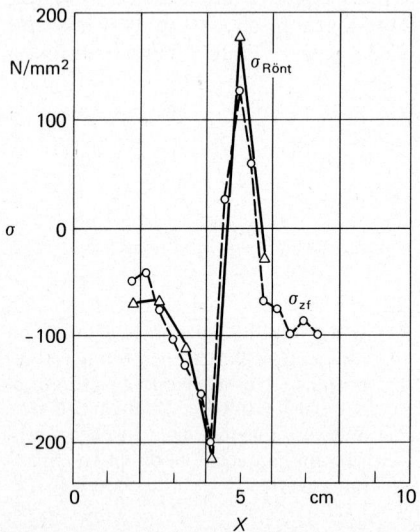

Bild D 7.3-10. Röntgenographisch ermittelte Spannungswerte $\sigma_{Rönt}$ und aus dem magnetischen Barkhausen-Rauschen bestimmte Spannungswerte σ_{zf} an einem partiell flammgehärteten X20Cr13-Blech.

speichert diese im Rechner des Prüfgeräts oder benutzt entsprechende Auswertalgorithmen. Man entnimmt dem Bild D 7.3-10, daß auch in inhomogenen Gefügezuständen eine quantitative „magnetische" Eigenspannungsbestimmung möglich ist.

In Bild D 7.3-11 ist die allgemeine Vorgehensweise, wenn magnetische Effekte für eine quantitative Spannungsanalyse ausgenutzt werden, für das Meßgrößenpaar (M_{max}, H_{cM}) dargestellt. Welche Meßverfahren eingesetzt und welche Meßgrößen genutzt werden, hängt von der jeweiligen Prüfaufgabe ab.

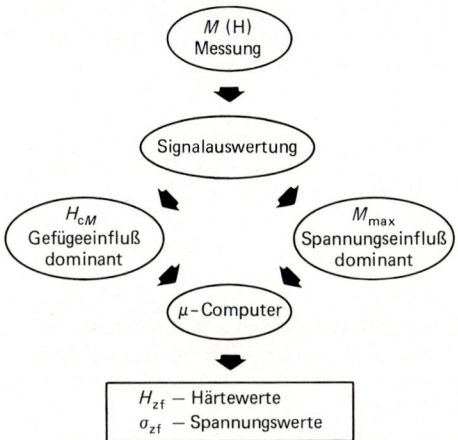

Bild D 7.3-11. Härte- und Eigenspannungsmessung am Beispiel des magnetischen Barkhausen-Rauschens; Meßgrößen: H_{cM}, M_{max}.

Nach der Meßwertaufnahme und Signalauswertung stehen die in Betracht kommenden Meßgrößen für die Korrelation mit den eigentlichen Zielgrößen zur Verfügung. Ändert sich z. B. neben dem (Eigen-)Spannungswert noch der Gefügezustand, müssen, wie oben bereits ausgeführt, mindestens zwei Meßgrößen – in denen zum einen der Gefügeeinfluß, zum anderen der Spannungseinfluß hauptsächlich abgebildet sind – genutzt werden. Nach dem Kalibrieren der magnetischen Meßgrößen auf die eigentlichen Zielgrößen werden die Kalibriertabellen bzw. Kalibrierfunktionen in einem Mikrocomputer abgelegt. Während der Messung wird auf diese Werte zurückgegriffen, so daß sofort Härte- und Spannungswerte zur Anzeige kommen.

D 7.3.6 Zusammenfassende Beurteilung

Alle hier beschriebenen magnetischen Verfahren wurden hauptsächlich in der Forschung und Entwicklung eingesetzt. Erste Anwendungen bei der Fertigteilprüfung sind bekannt [D 7.3-28 bis 32]. Wie gezeigt wurde, können magnetische zerstörungsfreie Prüfsysteme konventionelle Prüfungen ersetzen. Die Verfahren lassen sich hinsichtlich Bedeutung und Anwendungsmöglichkeit zusammenfassend wie folgt charakterisieren:

Die Meßzeit beträgt – je nach Verfahren – je Meßpunkt zwischen 1 μs und 1 s. Man kann oberflächennahe statische und dynamische Eigenspannungszustände bzw. -entwicklungen (≲ 1 mm) messen und Werkstoffkennwerte (wie Koerzitivfeldstärke, Härte usw.) parallel zur Spannungsmessung bestimmen. Die lokale Oberflächenauflösung beträgt je nach Verfahren rd. 1 mm² bis rd. 100 mm²; der Meßfehler im Labor liegt unter rd. 10 N/mm².

Grenzen und Probleme:

Die Verfahren sind gefügeabhängig, empfindlich gegen Spannungen dritter Art und temperaturabhängig. Die Körper müssen ferromagnetisch bzw. magnetostriktiv sein. Bei Nutzung nur einer zerstörungsfreien Meßgröße überlagern sich Gefügeeinflüsse, und bei komplizierten Geometrien (besonders bei kleinen Krümmungsradien u. ä.) treten u. U. Schwierigkeiten bei der Meßwertaufnahme auf.

An meßtechnischem Aufwand sind (handgroße) Aufnehmer, Erreger/Empfänger erforderlich; ferner müssen für jeden Werkstoff Kalibriertabellen erarbeitet werden.

Auf Grund der Meßgeschwindigkeit und der Möglichkeit der Automatisierung werden diese neuen magnetischen Prüfgeräte in naher Zukunft sowohl in der Fertigungs- als auch in der Qualitätskontrolle immer stärker eingesetzt werden.

D 7.4 Thermoelastische Spannungsmessung

D. E. Oliver

D 7.4.1 Formelzeichen

c_σ	spezifische Wärmekapazität des Probenmaterials bei konstanter Spannung
D	Meßempfindlichkeit der Apparatur für Temperaturänderungen ($= \Delta T/V$)
e	Emissionsvermögen der Probenoberfläche
K_m	thermoelastische Konstante des Probenmaterials ($= \alpha/\varrho\, c_\sigma$)
T	absolute Durchschnittstemperatur im Meßpunkt
ΔT	Temperaturänderung im Meßpunkt
V	Meßanzeige der Apparatur
α	thermischer Längenausdehnungskoeffizient
ϱ	Dichte
$\Delta\sigma$	Hauptspannungssummenänderung im Meßpunkt, positiv für wachsenden Zugspannungsanteil
$\Delta\sigma_1, \Delta\sigma_2$	Hauptspannungsänderung im Meßpunkt
$\Delta\sigma_i, \Delta\sigma_j$	Normalspannungsänderung in beliebigen Orthogonalkoordinaten i, j im Meßpunkt
$\Delta\varepsilon_1, \Delta\varepsilon_2$	Hauptdehnungsänderung im Meßpunkt

D 7.4.2 Allgemeines

Die Temperaturänderung eines Festkörpers bei adiabatischer elastischer Volumenänderung bezeichnet man als thermoelastischen Effekt. *Weber* [D 7.4-1] demonstrierte ihn 1830 an plötzlich elastisch gereckten oder gekürzten Metalldrähten.

Kelvin [D 7.4-2] leitete 1855 die Theorie der reversiblen thermoelastischen Effekts aus Grundgesetzen der Thermodynamik ab. Sie gilt für adiabatisch im linear elastischen Bereich belastete, homogene, isotrope Feststoffe und sagt ein lineares Verhältnis zwischen Hauptspannungssummen- und Temperaturänderung voraus.

Dies ist mehrfach bestätigt worden, insbesondere 1915 mit einer durchschnittlichen Genauigkeit von 0,07%, erzielt mittels hochempfindlicher Widerstandskontaktthermometer [D 7.4-3].

Versuche mit Thermoelementen an Eisen und Nickel ergaben 1950 gute Übereinstimmung mit der Theorie bei Temperaturen bis zu 750 K [D 7.4-4]. Nur im Curie-Punkt des

Versuchsstoffes verringerte ein von der ferromagnetischen Theorie vorausgesagter Wärmedehnungsabfall den thermoelastischen Effekt. Fortschritte in der Infrarottechnik führten 1967 zu den ersten berührungslosen Messungen [D 7.4-5; 6], die u. a. untersuchten, inwieweit Lastfrequenz, Probengestalt und Spannungsverteilung den thermoelastischen Effekt durch Wärmeableitung abschwächen könnten. Dabei wurden über einen weiten Bereich praktischer Versuchsbedingungen adiabatische Verhältnisse beobachtet.

Die SIRA Ltd. begann Arbeiten auf diesem Gebiet in Jahr 1974, als eine Abteilung der britischen Admiralität sich entschied, die Anwendung des thermoelastischen Effekts zur Spannungsanalyse komplizierter Strukturen, wie etwa Radarantennengestelle, zu untersuchen. Die erste Versuchsausführung eines kontaktlos abtastenden Infrarotstrahlungsmeßsystems, SPATE genannt, führte 1978 zu vielversprechenden Resultaten [D 7.4-7]. Eine Vertretergruppe unterschiedlicher möglicher Kunden wurde daher 1979 gebildet, um eine verbesserte, auf Bedürfnisse der Gruppenmitglieder abgestimmte SPATE Apparatur zu entwickeln und die neue Methodik auszuwerten. Einige Ergebnisse wurden 1982 veröffentlicht [D 7.4-8].

Kommerzielle Geräte werden von Ometron Ltd., Park Road, Chislehurst, hergestellt und vertrieben.

D 7.4.3 Physikalisches Prinzip

Der thermoelastische Effekt in Festkörpern ist der Erhitzung oder Abkühlung rasch verdichteter oder verdünnter Gase analog. Die Theorie [D 7.4-2, 9] ergibt für adiabatische Belastung im linear elastischen Bereich

$$\Delta T = \frac{-\alpha T \Delta \sigma}{\varrho \, c_\sigma} = -K_m T \Delta \sigma \qquad \text{(D 7.4-1)}.$$

Gewöhnliche Werkstoffe, wie Metalle, haben positive Werte von α und K_m. Sie werden daher durch allseitigen Zug gekühlt, durch allseitigen Druck erhitzt. Einige Durchschnittswerte für K_m sind in Tabelle D 7.4-1 angegeben. Gummi, Kohlenstoffasern und einige Kunststoffe haben negative Werte von α und K_m. Da die Temperatur T in der Einheit K angegeben wird und K_m sich nur unerheblich mit T ändert, ist keine strenge Umgebungstemperaturkontrolle nötig.

Weil die Spannung senkrecht zur freien, von der Meßeinrichtung abgetasteten Oberfläche null ist, gilt

$$\Delta \sigma = \Delta \sigma_1 + \Delta \sigma_2 = \Delta \sigma_i + \Delta \sigma_j \qquad \text{(D 7.4-2)}.$$

Tabelle D 7.4-1   Thermoelastische Konstanten K_m, noch meßbare Hauptspannungssummenänderungen $\Delta \sigma$ und entsprechende Hauptdehnungssummenänderungen $\Delta \varepsilon_1 + \Delta \varepsilon_2$ für verschiedene Werkstoffe.

Werkstoff	K_m $(\text{N/mm}^2)^{-1}$	$\Delta \sigma$ ($T = 293$ K, $\Delta T = 10^{-3}$ K) N/mm^2	entsprechende Hauptdehnungssumme $\Delta \varepsilon_1 + \Delta \varepsilon_2$ m/m
Stahl	$3{,}5 \cdot 10^{-6}$	1	$3{,}5 \cdot 10^{-6}$
Aluminium	$8{,}8 \cdot 10^{-6}$	0,4	$4 \ \cdot 10^{-6}$
Titan	$3{,}5 \cdot 10^{-6}$	1	$6{,}5 \cdot 10^{-6}$
Epoxydharz	$6{,}2 \cdot 10^{-6}$	0,055	$11 \ \cdot 10^{-6}$

Die unter adiabatischer zyklischer Belastung mit der Meßeinrichtung erzielbare Temperaturauflösung ist größer als $\Delta T = 10^{-3}$ K und somit können bei Raumtemperatur die in Tabelle D 7.4-1 angezeigten Hauptspannungsänderungen $\Delta\sigma$ noch gemessen werden. Zum Vergleich mit anderen Meßmethoden sind die entsprechenden Hauptdehnungssummenänderungen $\Delta\varepsilon_1 + \Delta\varepsilon_2$ in der Tabelle hinzugefügt.

D 7.4.4 Meßeinrichtungen und ihre Handhabung

D 7.4.4.1 Funktion

Das System SPATE 8000 mißt die von einer beobachtbaren festen Oberfläche ausgehende infrarote Strahlung, die von den winzigen, spannungsabhängigen Temperaturwechseln in einem zyklisch belasteten mechanischen System oder Bauelement hervorgerufen wird. Eine Belastungsfrequenz zwischen 0,5 Hz und 20 kHz wird empfohlen. Die zu vermessenden Oberflächen werden zeilenförmig computergesteuert abgetastet und können gleichzeitig visuell über ein Okular oder einen Fadenkreuzlichtfleck identifiziert werden. Die Bilder D 7.4-1 und D 7.4-2 erläutern die Arbeitsweise.

Der Durchmesser der Fläche, über die die Emission gemessen wird, gibt das örtliche Auflösungsvermögen der Meßeinrichtung an. Er wächst proportional mit dem Abstand zwischen beobachteter Fläche und Abstastgerät (Bild D 7.4-1) von 0,5 mm bei 0,5 m Mindestabstand für Scharfeinstellung auf 10 mm bei 10 m Abstand. Das Abtastgerät kann auf unendlich eingestellt werden. Das Auflösungsvermögen läßt sich im Prinzip mit einer modifizierten Optik auf mikroskopische Maßstäbe verkleinern.

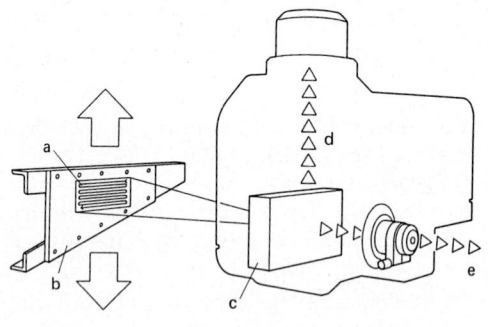

Bild D 7.4-1. Infrarot-Abtastgerät und seine Arbeitsweise, schematisch.
a Meßfläche, b zyklisch in Pfeilrichtung belastete Probe, c Abtastsystem mit zwei schwenkbaren Spiegeln, d Infrarotstrahl, e visuelle Beobachtung

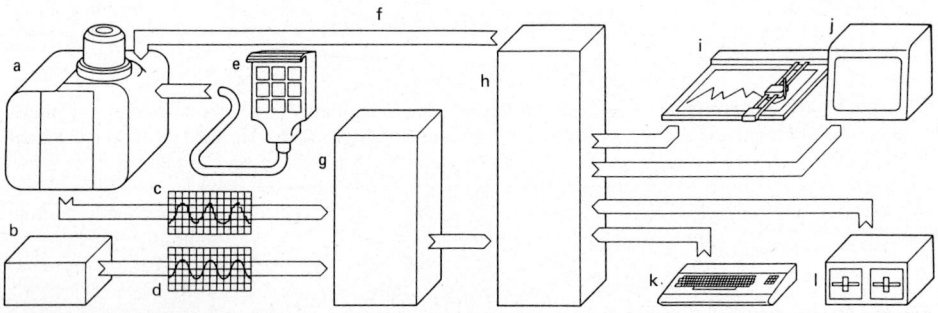

Bild D 7.4-2. Blockdiagramm des Systems SPATE 8000.
a Infrarotabtastgerät, b Lastaufnehmer: Dehnungsmeßstreifen, Beschleunigungs- oder Kraftaufnehmer, c Temperatursignal, d Lastsignal, e Handgerät mit Abtaststeuertastatur, f Abtaststeuersignale, g Zuordner, h Computer, i Flachbettschreiber, j Farbmonitor, k Systemsteuertastatur mit Duplikat der Handtastatur, l Floppy-Disk

Das jeweilige Auflösungsvermögen bleibt konstant innerhalb $\pm 20\%$ bei einer Fokustiefe von 25 mm und 0,5 m Abstand, 400 mm bei 2 m Abstand, oder 1 m bei 10 m Abstand des Abtastgeräts. Die optische Achse darf ohne Verlust an Spannungsmeßempfindlichkeit um $\pm 70°$ von der Lotrechten auf die Meßoberfläche abweichen. Die Aufstellung des Abtastgeräts bedarf daher keiner besonderen Sorgfalt, und komplizierte, unebene Oberflächen (z. B. Schweißnähte und Umgebung) können ohne Aufstellungsänderung auf die Gesamtlastspannungssummen untersucht werden.

Zwei um orthogonale Rotationsachsen schwenkbare Spiegel im Abtastgerät steuern die Rasterbewegung. Das maximale Beobachtungsfeld ergibt sich aus dem Abstand des Abtastgeräts und seinem maximalen Abtastwinkel von 25°. Lage und Größe des gewünschten Abtastungsgebiets in diesem Feld werden durch Tastendruck auf einem Handgerät e (Bild D 7.4-2) eingegeben, wenn visuell (Bild D 7.4-1) die gewählten Grenzpunkte eingestellt sind. Die auf der Systemsteuertastatur (e/k in Bild D 7.4-2 und d in Bild D 7.4-4) eingebbare Meßstellenanzahl kann von 16×1 bis zu maximal 255×256 im Abtastgebiet geändert werden. Die beiden Tastaturen e und k (Bild D 7.4-2) steuern zusammen die Spannungsdatenaufnahme und ihre Verarbeitung im Computer.

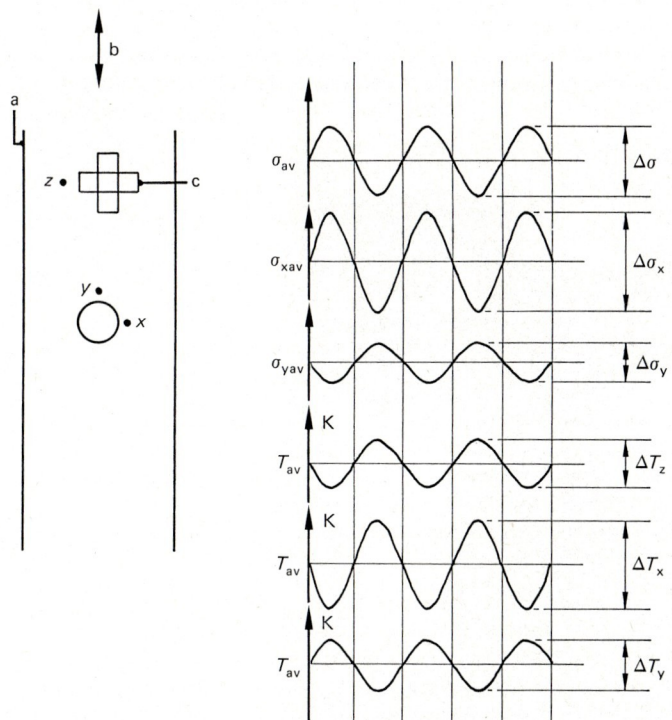

Bild D 7.4-3. Größen- und Phasenzuordnung der Eingangssignale eines zyklisch zugbelasteten gelochten Streifens.
a Probe mit positivem thermischen Längenausdehnungskoeffizienten α, b sinusförmige zyklische Zugbelastung, c kalibrierende rechtwinklige Dehnungsmeßstreifenrosette, x, y abgetastete Meßstellen, z abgetastete Kalibriermeßstelle, T_{av} Umgebungstemperatur an den Stellen x, y, z, ΔT_x, ΔT_y, ΔT_z von x, y, z empfangene Temperatursignale, $\Delta \sigma$ von den Dehnungsmeßstreifen c summiert ausgegebenes Referenzsignal, $\Delta \sigma_x$, $\Delta \sigma_y$ Schwankungen der Spannungssumme an den Meßstellen x, y nach erfolgter Signalzuordnung

Die aufgenommenen Meßsignale werden nach Frequenz, Größe und Phase einem Referenzsignal zugeordnet, das von einem Lastaufnehmer (z. B. Dehnungsmeßstreifen, Kraftaufnehmer, Beschleunigungsaufnehmer oder Funktionsgenerator) abgeleitet ist. Bild D 7.4-3 erklärt die Zuordnungsweise. Die Frequenzzuordnung unterdrückt Umgebungsstörungen anderer Frequenzen, die Größenzuordnung ergibt eine $\Delta\sigma$ proportionale Anzeige, und die einstellbare Phasenzuordnung bestimmt das Vorzeichen von $\Delta\sigma$.

D 7.4.4.2 Darstellung und Speicherung der Resultate

Spannungswerte für beliebig gewählte Meßstellen können noch während der Messung abgelesen werden. Sie werden gleichzeitig digitalisiert, gespeichert und auf einem Bildschirm hoher Auflösung (j in Bild D 7.4-2 und e in Bild D 7.4-4 als 16farbiges, linear unterteiltes Spannungsschichtbild veranschaulicht. Die Farbskalen können den Spannungsgrößen und -vorzeichen angepaßt werden, und eine Farbsäule neben dem Schichtbild gibt die gewählte Kalibrierskale für $\Delta\sigma$ an. Als Alternative dazu kann auch ein kalibrierter Spannungsverlauf entlang einer beliebig gewählten Linie in der Probenoberfläche im Verlauf der Messungen auf dem Monitor aufgezeichnet werden.

Alle Informationen werden in einem Dauerperlspeicher von 128 kByte gespeichert und für quantitative Abfragung aufbewahrt, bis man sie auf einen Computer oder eine Floppy-Disk überführt. Das Abfragen kann entweder auf dem Bildschirm oder auf einem Schreiber (i im Bild D 7.4-2) den Spannungsverlauf entlang einer beliebigen Linie durch

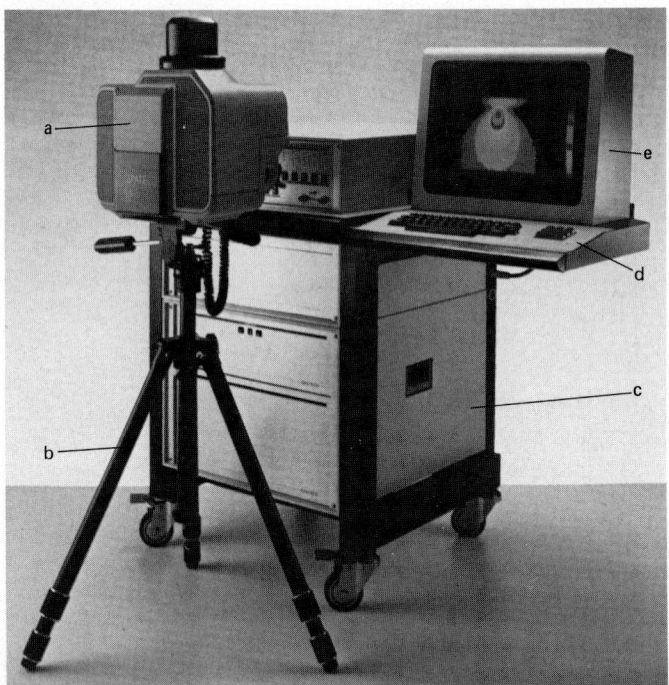

Bild D 7.4-4. Einrichtung zur thermoelastischen Spannungsmessung (Gerät SPATE 8000 der Firma Ometron).
a Infrarotabtastgerät auf Stativ b, c fahrbarer Elektronikschrank, d Systemsteuerungstastatur, e Farbmonitor

das Schichtbild liefern. Punkte besonderen Interesses auf dieser Linie können im Diagramm hervorgehoben werden, wenn sie im Schichtbild markiert worden sind.

Abfragen durch elektronische Verschiebung einer Marke auf einen beliebigen Punkt im Spannungsbild bringt dessen kalibrierten Spannungswert digitalisiert auf den Bildschirm und identifiziert gleichzeitig visuell den entsprechenden Meßpunkt auf der Probenoberfläche. Im voraus auf dem Bildschirm eingetragene Merkpunkte für Besonderheiten der Probenoberfläche können in Eintragungsfolge durch einfachen Tastendruck nach Spannungswerten abgefragt werden.

Das Signal-Rausch-Verhältnis der vom Referenzzuordner ausgegebenen Anzeige verbessert sich mit steigender Punktmeßdauer. Es ist daher vorteilhaft, zuerst kurz ein großes Gebiet mit wenigen Meßstellen und kleinster Meßdauer abzutasten, zumindest eine Spannungsperiode oder 0,1 s je Meßstelle. Wenn auf dem Bildschirm Zonen von besonderem Interesse erkennbar sind, können diese dann empfindlicher mit größerer Meßstellenanzahl und längerer Meßdauer, rund 1 s je Meßstelle, und/oder mit verkleinertem Gerätabstand abgetastet werden.

D 7.4.4.3 Vorbereiten der Probenoberfläche und Kalibrieren der Meßeinrichtung

Das Vorbereiten der Oberfläche ist sehr einfach. Sie wird von losen Bestandteilen gesäubert und dann gewöhnlich mit einer leicht aufbringbaren und leicht entfernbaren Aerosolfarbe hoher Emissionskraft angestrichen.

Es gibt mehrere einfache Kalibrierarten, von denen nur zwei erwähnt seien. Am einfachsten ist es, Dehnungsmeßstreifen in einem Gebiet genügend gleichförmiger Spannungsverteilung innerhalb des maximalen Beobachtungsfeldes aufzukleben und eine SPATE-Meßanzeige V an einer benachbarten Meßstelle gleicher Spannungssumme $\Delta\sigma$ abzulesen. Der für das Probenmaterial gültige Kalibrierfaktor $\Delta\sigma/V$ wird dann über die Tastatur in das System eingegeben.

Mit einer ersten kurzen Abtastung findet man ein passendes Gebiet. Allgemein kann ein rechtwinkliges, in beliebigen i,j-Richtungen angebrachtes, reihengeschaltetes Meßstreifenpaar eine direkte Kalibrieranzeige für $\Delta\sigma$ geben (s. Bild D 7.4-3). Bei bekannter Art des Spannungsfeldes genügt oft ein einzelner, geeignet ausgerichteter Meßstreifen.

Der Kalibrierfaktor kann für adiabatische Bedingungen auch theoretisch bestimmt werden durch Einsatz bekannter oder anders erhaltener Probenmaterialkonstanten in die Gleichung

$$\frac{\Delta\sigma}{V} = -\frac{\varrho\, c_\sigma\, D}{\alpha\, T e} = -\frac{D}{K_m\, T e} \qquad (D\,7.4\text{-}3).$$

Kalibrierfaktoren werden auch noch nach Abschalten der Meßeinrichtung gespeichert.

D 7.4.4.4 Meßeinrichtung

Eine ausgeführte Meßeinrichtung ist in Bild D 7.4-4 wiedergegeben. Das Infrarotabtastgerät a befindet sich auf einem verstellbaren Stativ b. Der fahrbare Elektronikschrank c trägt eine Konsole mit der Systemsteuerungstastatur d und dem Farbmonitor e. Für die im folgenden dargestellten Anwendungsbeispiele wurde dieses Gerät benutzt.

D 7.4.5 Anwendungsbeispiele

Das System SPATE 8000 hat sich bewährt bei Anwendungen an Bauwerken und Seebauten, in Kraftwerken, in der Verteidigung, der Luft-, Raum- und Seefahrt und in der Kraftfahrzeugtechnik. Man benutzt das Verfahren für

– Entwurfsanalyse und Eignungsprüfung für Modelle und Hauptausführungen,
– Abschätzung alternativer Produktionsmethoden,
– Aufdeckung von Spannungsunregelmäßigkeiten bei der Qualitätskontrolle,
– Material- und Bauteilprüfung,
– Ermüdungsuntersuchungen.

Im folgenden sind einige Beispiele geschildert.

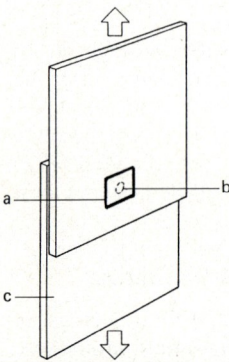

Bild D 7.4-5. Punktschweißprobe für eine Ermüdungsuntersuchung. a Abtastgebiet 22 mm × 14 mm, b Punktschweißung 6 mm Dmr., c Bleche 1 mm dick, 50 mm breit (Pfeile geben die Schwellastrichtung an)

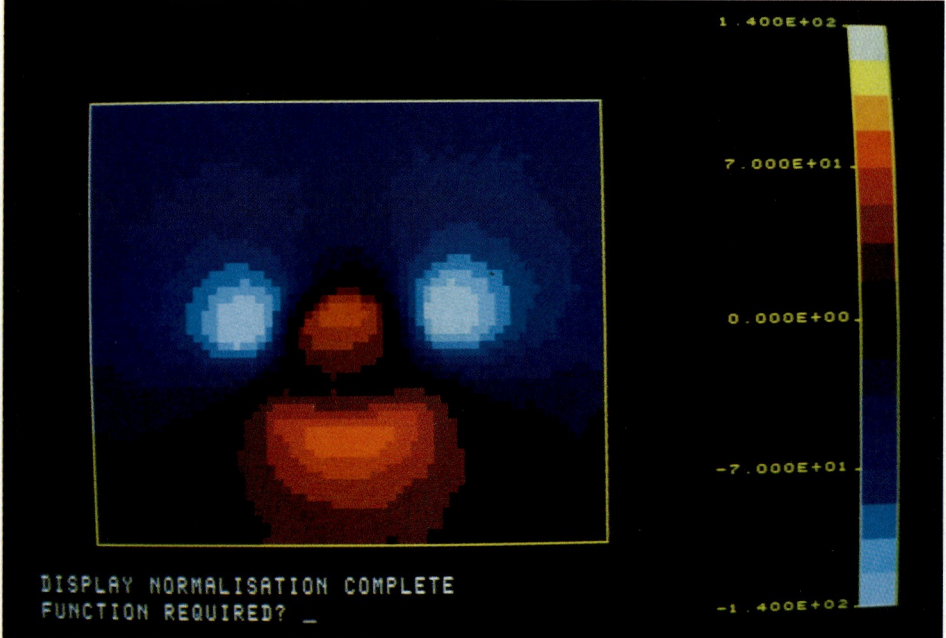

Bild D 7.4-6. Monitorfarbbild und Farbkalibrierskale für Spannungssummen im abgetasteten Gebiet der Punktschweißprobe nach Bild D 7.4-5 nach Auftreten eines Ermüdungsrisses.
Beispiel: $1.400\,E + 02 \triangleq 1{,}4 \times 10^2\,\text{MPa}$.
Der am oberen Schweißpunktrand entlang und dann quer in das beobachtete Blech laufende Riß verursacht bei Rißöffnung die im Farbbild erkennbaren Spannungskonzentrationen: Längszug (hellblau) an den Rißspitzen, Querdruck (rot) an der sich biegenden unteren Rißlippe und im oberen Schweißpunktteil, Längsdruck (rot) unter dem im Schweißpunkt konzentrierten Lastangriff.

D 7.4.5.1 Ermüdung eines Schweißpunktes

Das Meßverfahren wurde zur Analyse des Ermüdungsbeginns und Rißfortschrittes in der Umgebung eines Schweißpunktes eingesetzt. Die in Bild D 7.4-5 schematisch dargestellte Probe bestand aus zwei Stahlblechen 1 mm × 50 mm × 100 mm, die durch einen einzigen Schweißpunkt von 6 mm Durchmesser verbunden waren. Sie wurde zyklisch bei 10 Hz mit einer Zugkraft von 0,3 bis 2,3 kN belastet. Das Auflösungsvermögen des Abtastgeräts war besser als 1 mm, und die Apparatur wurde durch Messung an einem zyklisch mit bekannter Amplitude zugbelasteten Streifen ähnlichen Materials auf Spannungssummenwerte kalibriert.

Das in Bild D 7.4-6 gezeigte Resultat wurde nach etwa 10^6 Lastzyklen in knapp 5 Minuten erzielt. Die blauen Gebiete kennzeichnen Zonen, in denen eine wachsende Zuglast wachsende Zugspannungen erzeugt, während die roten Gebiete wachsende Druckspannungen bei wachsender Zuglast aufweisen. Die Lage der klar erkennbaren Spannungskonzentrationen wurde visuell direkt auf der Probe identifiziert.

D 7.4.5.2 Vernietung von Hautplatte und Versteifungsrippen

Die in Bild D 7.4-7 schematisch gezeigte einfache, für viele Flug- und Raumfahrtkonstruktionen geeignete Vernietung wurde mit SPATE geprüft. Ein SO7-1021-Aluminiumlegierungsblech mit gefalteten Rändern, die seitlich zwei Versteifungsflansche bilden, wurde entlang seiner Mittellinie mit Versteifungsrippen mit Z-Profil vernietet. Beiderseits der Mittellinie und unmittelbar neben dem Stringer wurden 25 mm breite Streifen über die ganze Länge der 320 mm × 85 mm großen Hautplatte von ursprünglich 2,5 mm auf 1,5 mm Dicke abgeätzt. Als zusätzliche Spannungskonzentration wurde eine Senkung auf der flachen, vorderen Oberfläche neben einer Niete in die Hautplatte eingebracht.

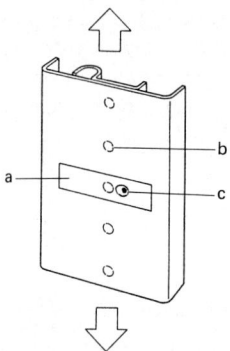

Bild D 7.4-7. Zyklisch zugbelastete Hautplatten-Versteifungsrippen-Vernietung mit Senkung.
a Abtastungsgebiet, b Nieten, c spannungserhöhende Senkung

Die Probe hat man zyklisch mit einer Zugkraft von 5 bis 15 kN bei Frequenzen zwischen 1 und 20 Hz belastet. Mit dem dann 700 mm entfernt aufgestellten Abtastgerät mit einer Auflösung >1 mm wurde die Probe weiterhin mit 15 Hz zugbelastet. Nach Wahl von 64 Meßstellen auf der längeren Abtastseite wurde die ganze Vorderoberfläche einschließlich der Senkung abgetastet und das Ergebnis mit Dehnungsmeßstreifen in einem Gebiet gleichförmiger Spannungssumme kalibriert.

Das auffallendste Merkmal im Spannungsschichtbild war die saubere Spannungskonzentration an der Senkung. Weitere, hierauf konzentrierte Messungen wiesen zwei etwa gleich große Spannungsspitzen auf, im Steg zwischen Niet und Loch und am gegenüberliegenden, üblichen Punkt des Lochrandes. Bild D 7.4-8 zeigt eine vom Farbbild handkopierte Schichtkarte und den Spannungsverlauf entlang der Linie durch die Spannungsspitzen.

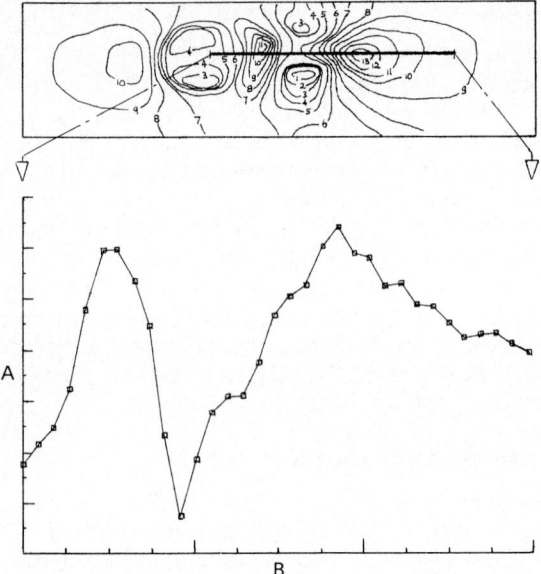

Bild D 7.4-8. Spannungsschichtbild des Abtastgebiets von Bild D 7.4-7 (oben) und Spannungsverlauf entlang der im Schichtbild durch die Spannungsspitzen verlaufenden Geraden (unten).
A Spannungssummenskala,
B Distanz entlang der Linie durch die Spannungsspitzen

D 7.4.5.3 Hauptausführung einer sehr großen Knotenverbindung für ein Off-shore-Gerüst

Die Spannungen in der in Bild D 7.4-9 schematisch skizzierten rohrförmigen Knotenverbindung aus Stahlguß wurden überprüft. Das Bauteil spannte man an beiden Gurtenden (914 mm Durchmesser, 32 mm Wandstärke) ein und belastete es am freien Streberende (457 mm Durchmesser, 16 mm Wand) mit 3 Hz parallel zur Gurtachse. Zuerst wurde die Umgebung von X und Y in der Kehlrundung zur Lagebestimmung der Spannungsspitzen, dann ein Profil durch die Spannungsspitzen zwischen X und Y abgetastet. So erhielt man die Kurve in Bild D 7.4-10.

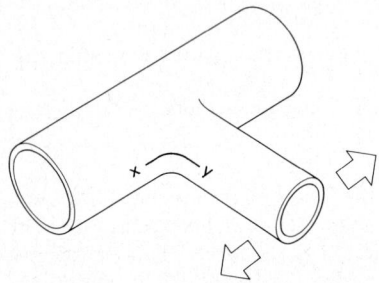

Bild D 7.4-9. Große Knotenverbindung aus Stahlguß unter zyklischer Wechsellast, schematisch.
X–Y abgetastete Kehlrundungsprofillinie durch die Spannungsspitzen

Spannungssummenwerte aus Ablesungen von nachträglich auf der Profillinie zur Kalibrierung und zum Vergleich angebrachten Dehnungsmeßstreifen sind im Bild D 7.4-10 der Abtastkurve überlagert und beweisen die Eignung des Verfahrens zur Überprüfung massiver Konstruktionen. Einen Eindruck von der Prüfgeschwindigkeit gibt die Tatsache, daß mehrere Farbschichtbilder und Spannungsdiagramme innerhalb eines Tages nach Eintreffen der Apparatur im Prüflaboratorium vorlagen, während die Arbeit mit Dehnungsmeßstreifen Wochen in Anspruch nahm.

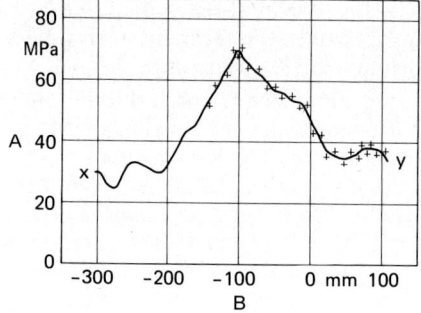

Bild D 7.4-10. Spannungsverlauf entlang der Kehlrundungslinie X–Y in Bild D 7.4-9.
A Spannungssummenskala, B Distanz vom Übergangspunkt zwischen kleinem und großem Kehlradius, + Kalibrier- und Vergleichsresultate von Dehnungsmeßstreifen auf der Profillinie

D 7.4.5.4 Modell eines Untergestells für Schiffsradarantennen

Das im Bild D 7.4-11 gezeigte, aus einem Aluminiumblock spanabhebend ausgearbeitete Modell soll kennzeichnende Merkmale solcher Gestellkonstruktionen wiedergeben. Seine Grundform war ein 500 mm langes Rohr von 50 mm Durchmesser und 2,5 mm Wandstärke mit Endflanschen und vier 3,5 mm dicken Versteifungsrippen. Der untere Flansch wurde mit einem starren Tisch verschraubt, der obere trug eine Wechselkraglast

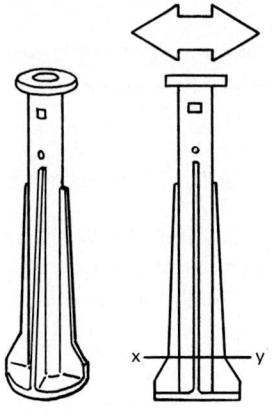

Bild D 7.4-11. Zyklisch kragwechselbelastetes Modell für Schiffsradaruntergestelle, schematisch.
X–Y abgetastete Profillinie durch die Spannungsspitzen

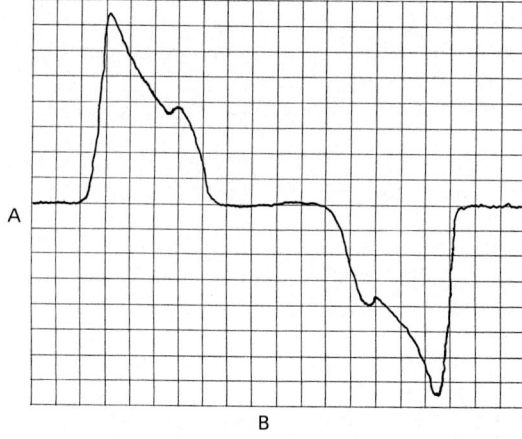

Bild D 7.4-12. Spannungsverlauf entlang der Profillinie X–Y von Bild D 7.4-11.
A Spannungssummenskala, B Distanz entlang X–Y; Hauptspitzen am Rippenrandknick, Nebenspitzen am Übergang zwischen Rippen und Rohr

639

von ± 670 N mit Frequenzen zwischen 1 und 60 Hz. Ein 100 mm breites, die Linie X–Y einschließendes Abtastgebiet wurde auf dem Handgerät eingestellt. Dehnungsmeßstreifen in einer Zone gleichförmiger Spannungssumme dienten zur Kalibrierung.

Das provisorisch mit 2 mm Auflösungsvermögen aufgenommene Farbschichtbild zeigte deutlich eine Spannungsspitze am einspringenden Rippenrandknick; das auf dem Monitor aus der Abtastung abgeleitete Spannungsdiagramm entlang X–Y ist in Bild D 7.4-12 wiedergegeben. Mit besserer Auflösung können Einzelheiten noch leicht verfeinert werden. Eine unabhängige Prüfanstalt untersuchte dasselbe Modell mit Dehnungsmeßstreifen und spannungsoptischen Schichten. Resultate mit diesen konventionellen Methoden bestätigten die Schwierigkeiten in der Auswertung komplizierter Bauteile mit anderen Mitteln als mit SPATE.

D 7.4.6 Zusammenfassende Beurteilung

Nachteile des Verfahrens sind:
- zyklische Versuchsbelastung ist nötig für adiabatische Meßbedingungen,
- Linearität des Verfahrens ist grundsätzlich auf elastische Bereiche beschränkt (eine getrennte Kalibrierung könnte jedoch die Messung im Verfestigungsbereich ermöglichen),
- die Probenoberfläche muß direkt oder über einen Spiegel beobachtbar sein (optische Fasern sind in Entwicklung),
- es werden Hauptspannungs*summen* gemessen, getrennte Bestimmung der Hauptspannungen und ihrer Richtungen bedarf zusätzlicher Meßverfahren, falls nicht anders abschätzbar.

Vorteile des Verfahrens sind:
- komplizierte Baukonstruktionen und Bauteile aus vielen Werkstoffen sind leicht und schnell auszumessen,
- das Verfahren eignet sich für weite Lastfrequenzbereiche (0,5 bis 20 kHz), daher für sehr unterschiedliche Proben – von großen Baukonstruktionen bis zu kleinen in Resonanz schwingenden Turbinenschaufeln; die Meßempfindlichkeit sichert auswertbare Resultate auch für kleine Lastamplituden,
- bis zu einigen m² große Oberflächen sind in Minuten meß- und auswertbar. Unebenheiten und winklige Formen bieten keine Schwierigkeiten,
- Spannungsdetails auf 0,2 mm² Fläche sind auflösbar,
- Spannungsverteilungen werden nicht durch Berührung mit dem Meßgerät beeinflußt,
- die Oberflächenvorbereitung ist minimal und spurlos entfernbar,
- die Umgebungsbedingungen sind unkritisch und Störungen weitgehend ausgeschaltet,
- Versuchstemperaturen bis zu 1200 K sind im Prinzip zulässig,
- die Apparatur ist leicht aufstellbar, Ausrichtung und Scharfeinstellung des Abtastgebers sind unkritisch,
- quantitative gebietsweise Spannungssummenanalysen mit Vorzeichenangabe erscheinen als leicht deutbare Farbbilder; Spannungsunregelmäßigkeiten sind deutlich erkennbar,
- die Spannungsdaten sind leicht verschiedenartig abfragbar und darstellbar,
- an freien Rändern sind Hauptspannung und Konzentrationsfaktor direkt auswertbar; eine Messung nahe an den Rißspitzen könnte die Abschätzung des Intensitätsfaktors unterstützen,
- Spannungsdaten werden im eingebauten Speicher aufbewahrt und sind leicht auf andere Speicher und Auswertgeräte übertragbar,
- das stark interaktive System gestattet einfache Resultatsnutzung und -deutung.

E Hilfsverfahren und Hilfsmittel

E 1 Messen an sich bewegenden Meßobjekten

J. Knapp, Chr. Rohrbach

E 1.1 Allgemeines

Es gibt verschiedene Gründe, weshalb man mit den unterschiedlichsten Verfahren an sich bewegenden Meßobjekten Spannungen oder Dehnungen mißt. Wohl am häufigsten weist das Meßobjekt die Meßgröße nur in bewegtem Zustand auf, treten z. B. die fliehkraftbedingten Dehnungen an rotierenden Meßobjekten nur bei Rotation auf oder die Spannungen stellen sich in einem Flugkörper nur während des Fluges ein.

Ebenfalls nicht selten liegt der Fall vor, daß eine Installation der gesamten Meßanlage auf dem sich bewegenden Meßobjekt nicht zulässig ist, z. B. infolge ungünstiger Umgebungsbedingungen. Man denke etwa an hohe Temperaturen in glühenden Brennkammern, an Feuchtigkeit bei Messungen unter Wasser, an hohe Beschleunigungen beim Einrammen von Pfählen oder auch an den fehlenden Raum, z. B. bei Messungen an kleinen Zahnrädern. Schließlich ist auch ein Abstoppen der Bewegung zwecks Messung häufig unzulässig, da dies Betriebsstörungen mit sich bringen würde.

E 1.2 Wirkungsweise der wichtigsten Meßverfahren

E 1.2.1 Bewegte Meßeinrichtung

Bild E 1.2-1 a zeigt die einfachste Möglichkeit [E 1.2-1], an sich bewegenden Meßobjekten zu messen: Man montiert die gesamte, meist aus Aufnehmer a, Anpasser b, Ausgeber c und Hilfsenergiequelle d (allgemeiner „Hilfsgerät") bestehende Meßeinrichtung [E 1.2-2] auf dem sich bewegenden Meßobjekt e [E 1.2-3]. Der Mensch startet die Meßeinrichtung z. B. vor Beginn der Bewegung des Meßobjektes e und betrachtet nach Ende der Bewegung die im Ausgeber gespeicherten Meßwerte. Die Hilfsenergiequelle kann auch entfallen, wenn der Aufnehmer selbst die nötige Energie generiert; er wird in diesem Falle „aktiver" Aufnehmer [E 1.2-4, S. 113–115] genannt. Während der gesamten Meßzeit ist keine Verbindung zwischen Meßeinrichtung und Mensch nötig.

Entsprechend Bild E 1.2-1 b kann man das Meßobjekt entlasten, wenn man die Hilfsenergiequelle d ortsfest macht. Dann ist aber eine Energieübertragung f von der ortsfesten Hilfsenergiequelle zum sich bewegenden Meßobjekt e nötig. Die Energieübertragung, z. B. mittels flexibler Leitungen, Schleifbürstengeräten oder drahtloser Strahlungen, ist technisch meist unproblematisch, da Schwankungen der übertragenen Energie durch entsprechende Auslegung der mit Energie zu versorgenden Teile leicht unwirksam gemacht werden können. Einflüsse von Störgrößen, wie Beschleunigungen, Reibungen am umgebenden Medium usw., lassen sich meist ohne großen Aufwand genügend klein halten.

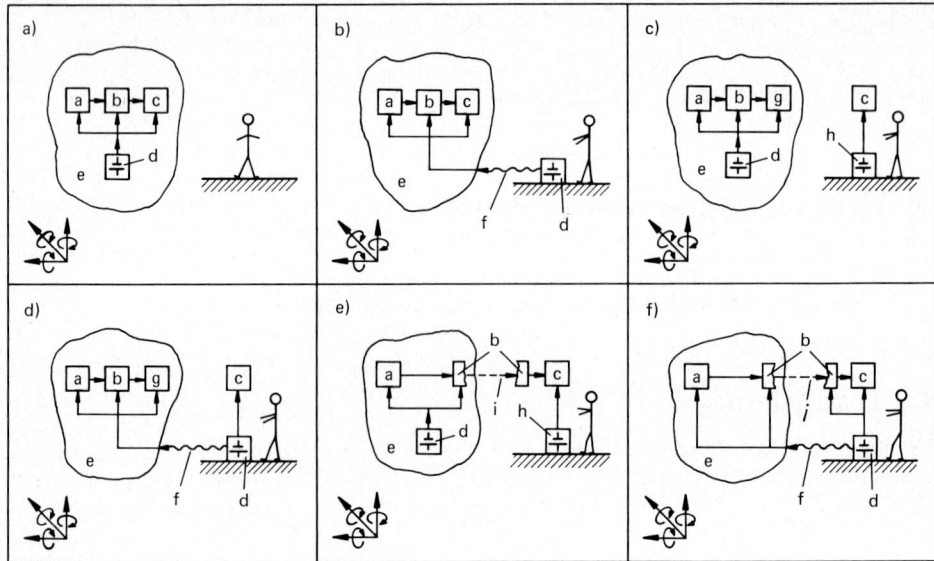

Bild E 1.2-1. Wirkungsweise der wichtigsten Meßverfahren zum Messen an sich bewegenden Meß-objekten.

a) Gesamte Meßeinrichtung auf dem Meßobjekt.
b) Meßeinrichtung auf dem Meßobjekt, Hilfsenergiequelle jedoch ortsfest.
c) Meßeinrichtung mit Speicher auf dem Meßobjekt.
d) Meßeinrichtung mit Speicher auf dem Meßobjekt, Hilfsenergiequelle jedoch ortsfest.
e) Meßeinrichtung mit Signalübertragung.
f) Meßeinrichtung mit Signalübertragung, Hilfsenergiequelle jedoch ortsfest.

a Aufnehmer, b Anpasser, c Ausgeber, d Hilfsenergiequelle, e Meßobjekt, f Energieübertragung, g Speicher, h ortsfeste Hilfsenergiequelle, i Signalübertragung

E 1.2.2 Teilweise bewegte Meßeinrichtung mit bewegtem Speicher und ortsfestem Ausgeber

Belastet z. B. eine Meßeinrichtung nach Bild E 1.2-1 a oder E 1.2-1 b das Meßobjekt e zu stark, ist der auf dem Meßobjekt zur Verfügung stehende Raum zu klein oder erträgt der Ausgeber c die Umgebungsbedingungen auf dem Meßobjekt nicht, dann kann man entsprechend Bild E 1.2-1 c dem Anpasser b einen Speicher g nachschalten, der die Meßwerte während der Bewegung des Meßobjektes speichert und der nach dessen Still-stand mittels des ortsfesten Ausgebers c mit Hilfsenergiequelle h ausgelesen wird.

Von großem Vorteil ist dieses Verfahren, wenn ein z. B. besonders einfacher und robuster, aber trotzdem leistungsfähiger Speicher g zur Verfügung steht. Man denke etwa an die Ermüdungsmeßstreifen (s. Abschn. D 6.5), die trotz sehr kleiner Abmessungen Dehnungs-kollektive einfach und zuverlässig über lange Zeiten speichern können.

In der Variante in Bild E 1.2-1 d kann wiederum die Hilfsenergiequelle d, soweit über-haupt nötig, ortsfest gemacht werden; dann ist allerdings eine Energieübertragung f nötig.

E 1.2.3 Teilweise bewegte Meßeinrichtung mit feststehendem Speicher bzw. Ausgeber

Wohl am häufigsten hat man die Aufgabe, die Meßgröße während des ganzen Meßvorgangs beobachten zu müssen, z. B., um in den Versuchsablauf eingreifen zu können. Sehr oft sind auch ein Speicher genügender Kapazität und/oder ein Ausgeber nicht auf dem Meßobjekt unterzubringen. In diesen Fällen trennt man die aus Aufnehmer a, Anpasser b und Ausgeber c bestehende Meßkette gemäß Bild E 1.2-1 e an geeigneter Stelle auf und fügt eine Signalübertragung i ein, welche das Meßsignal vom Meßobjekt e auf den ortsfesten Teil der Meßeinrichtung überträgt, ohne durch die Bewegung des Meßobjekts beeinträchtigt zu werden.

Diese Bedingung ist, wie in Abschnitt E 1.3.3 gezeigt wird, meist nicht leicht zu erfüllen, wenn ein analoges Meßsignal vorliegt, weil sich die Übertagungseigenschaften der Signalübertagung mit einer Bewegung des Meßobjekts leicht ändern. Verwendet man jedoch ein geeignetes Modulationsverfahren [E 1.2-4, S. 320 – 326], z. B. die Pulscodemodulation, bleiben Änderungen der Übertragungseigenschaften ohne Einfluß auf das Meßergebnis. Erweitert man die Meßeinrichtung gemäß Bild E 1.2-1 f durch eine Energieübertragung f, wird sie zwar aufwendig, aber sehr flexibel und leistungsfähig (vgl. Abschn. E 1.3.3).

E 1.3 Technisch wichtige Meßeinrichtungen

E 1.3.1 Allgemeine Hinweise

Beim Messen an sich bewegenden Teilen hat man mit typischen Störgrößen zu rechnen; die wichtigsten sind in Bild E 1.3-1 schematisch dargestellt.

Entsprechend Bild E 1.3-1 a wirken auf die Meßeinrichtung a Kräfte F, wenn *Beschleunigungen* auftreten [E 1.3-1]. Besonders bei schnell umlaufenden Meßobjekten b können die Beschleunigungen leicht das 10^5-fache der Erdbeschleunigung erreichen. Da die Kräfte F der Masse m der Meßeinrichtung proportional sind, ist es eine Hauptforderung, die Masse m klein zu halten.

Aufnehmer sind besonders empfindlich gegen Beschleunigungskräfte. Wegen ihrer kleinen Masse wendet man deshalb für Dehnungsmessungen bevorzugt Dehnungsmeßstreifen [E 1.3-1] an. Aufnehmer mit größerer Masse wird man möglichst nicht verwenden; in Sonderfällen läßt sich der Einfluß von Beschleunigungen auf Aufnehmer kompensieren [E 1.3-2, S. 97 – 100]. Bei fluidischen Aufnehmern ist besonders auch der Einfluß von Beschleunigungskräften auf das Fluid zu beachten [E 1.3-2, S. 226 – 227], während die Beschleunigungskräfte auf die Elektronen in elektrischen Aufnehmern fast immer zu vernachlässigen sind. Auch für Anpasser und Ausgeber gilt vor allem die Forderung nach kleiner Masse.

Die Meßeinrichtung kann durch Schrauben oder Schweißen befestigt sein, wenn dadurch die Festigkeit des Meßobjekts nicht beeinträchtigt wird. Klebeverbindungen sind in dieser Hinsicht meist weniger kritisch. Die Klebeschicht sollte möglichst auf Schub beansprucht werden, um Schälwirkungen zu vermeiden. Die Meßeinrichtung sollte man i. a. möglichst so anbringen, daß auftretende Beschleunigungskräfte sie an das Meßobjekt pressen, daß sie also im „Beschleunigungsschatten" liegt [E 1.3-1].

Wie in Bild E 1.3-1 b schematisch dargestellt, ist das sich bewegende Meßobjekt b, z. B. eine Turbinenschaufel, meist einer Umströmung c durch das umgebende Medium ausgesetzt. Dabei ist die Meßeinrichtung a Reibung und Wirbeln d ausgesetzt, die zu Tempera-

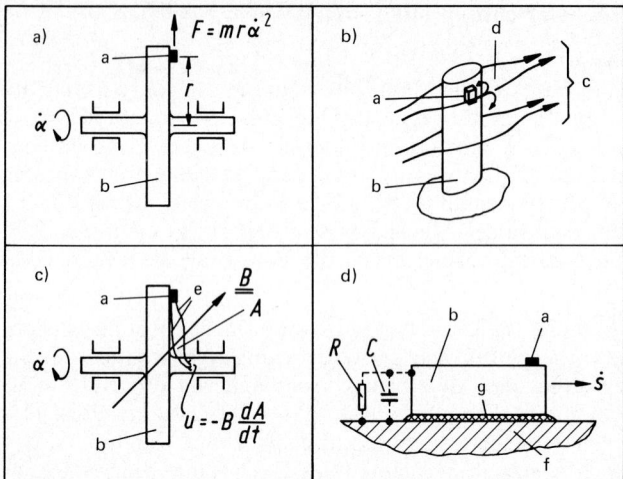

Bild E 1.3-1. Störgrößen beim Messen an sich bewegenden Meßobjekten.
a) Beschleunigung.
b) Umströmung.
c) Magnetfeld.
d) Schmierfilm.
a Meßeinrichtung, b Meßobjekt, c Umströmung, d Wirbel, e Leitungen, f Lager, g Schmiermittel

turänderungen und Abrieb führen können. Abhilfe bringen eine Verkleinerung der Meßeinrichtung sowie eine strömungsgünstig gestaltete und abriebfeste Abdeckung [E 1.3-1].

Bewegt sich das Meßobjekt b entsprechend Bild E 1.3-1 c so durch das Feld einer magnetischen Induktion B, daß sich der magnetische Fluß in einer von den Leitungen e
umspannten Fläche A ändert, wird eine Störspannung u generiert. Dies ist insbesondere
dann der Fall, wenn sich ein Meßobjekt im Magnetfeld der Erde bewegt. Abhilfe schafft
eine Verkleinerung der Fläche A, z. B. durch Verdrillen der Leitungen e.

Setzt sich ein Meßobjekt b (Bild E 1.3-1 d) in Bewegung, das auf einem ortsfesten Lager
f gleiten kann, dann verliert es bei Auftreten hydrodynamischer Schmierung durch das
Schmiermittel g die galvanische Verbindung zum Lager. Der elektrische Widerstand R
ändert dabei seine Größe, und eine vorher praktisch kurzgeschlossene Kapazität C wird
wirksam [E 1.2-4, S. 348]. Dies kann zu beträchtlichen elektrischen Störungen in der
Meßeinrichtung a führen. Durch eine dauernde galvanische Verbindung zwischen Meßobjekt b und Lager f, z. B. mittels eines Gleitkontakts, kann man diese Störung beseitigen.

Allgemein ist besonders auf Störungen durch Unwuchten hinzuweisen, die auch Meßeinrichtungen mit kleiner Masse bei schnell umlaufenden Meßobjekten verursachen können.
Man verringert diese Störungen durch Anordnung des Schwerpunktes der Meßeinrichtung auf der Rotationsachse oder durch entsprechendes Auswuchten.

E 1.3.2 Teilweise bewegte Meßeinrichtungen mit bewegtem Speicher und ortsfestem Ausgeber

In Bild E 1.3-2 sind schematisch einige technisch wichtige Meßeinrichtungen mit bewegtem Speicher entsprechend Abschnitt E 1.2.2 dargestellt.

Bild E 1.3-2 a zeigt einen optischen Ermüdungsmeßstreifen (Abschn. D 6.5.2). Mittels
eines Klebers b ist eine Metallfolie c mit polierter Oberfläche auf das sich bewegende Meß-

objekt a geklebt. Dehnungen des Meßobjekts werden über den Kleber in die Metallfolie übertragen, deren Oberfläche sich bei häufigen Dehnungsspielen in Abhängigkeit von Anzahl und Amplitude der Dehnungen aufrauht. Aus der veränderten Reflexion der Oberfläche kann man nach Stillstand des Meßobjekts a auf dessen Dehnungskollektiv schließen. Der besondere Vorteil dieses Meßverfahrens ist, daß der Ermüdungsmeßstreifen relativ klein, leicht und beschleunigungsfest ist.

Bild E 1.3-2 b verweist auf die Verwendung des Reißlackverfahrens (vgl. Abschn. D 1.2) zum Messen an bewegten Meßobjekten. In der Reißlackschicht d entstehen während der Bewegung des Meßobjekts a Risse e, aus denen nach Stillstand des Meßobjekts auf dessen maximale Dehnungen während der Bewegung geschlossen werden kann.

Bild E 1.3-2 c gibt das Schema eines Ritzschreibers (vgl. Abschn. D 1.3.4) wieder. Das Meßobjekt a trägt eine langsam rotierende Scheibe f, auf deren polierte Oberfläche ein Schreibstift g die Verlagerungen in natürlicher Größe einritzt, die bei Dehnungen des Meßobjekts von dem Hebel h abgegriffen werden. Nach Stillstand des Meßobjekts wird die Schreibspur unter einem Mikroskop ausgemessen. Im Gegensatz zu üblichen Meßeinrichtungen mit mechanischem oder elektrischem Registriergerät ist der Ritzschreiber klein, leicht und relativ beschleunigungsfest.

Wie in Bild E 1.3-2 d angedeutet, ist auch das spannungsoptische Verfahren (vgl. Abschn. D 2.2 und D 2.3) für Messungen an bewegten Meßobjekten geeignet. Eine spannungs-optisch aktive Schicht i oder besser noch ein spannungsoptisches Modell kann benutzt werden, um Spannungen bei bewegtem Meßobjekt a einzufrieren und nach dessen Still-stand in ortsfesten Einrichtungen auszuwerten. Das Verfahren eignet sich besonders zur

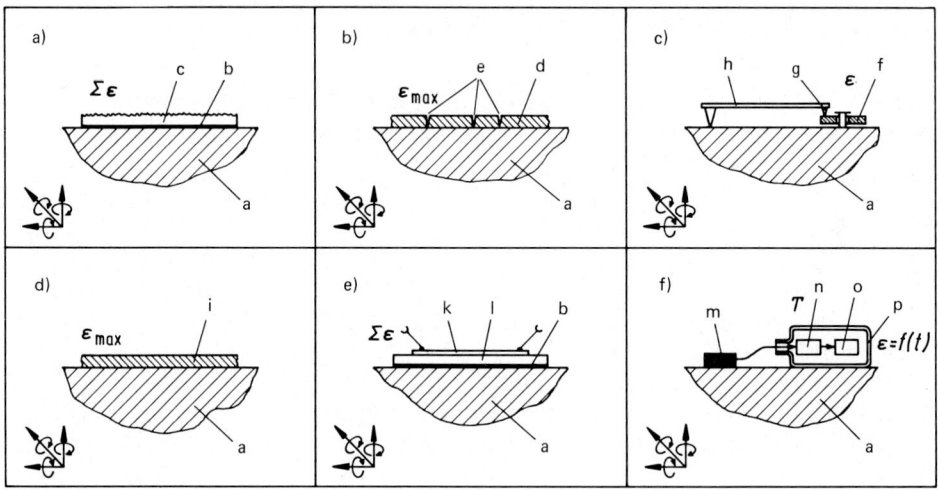

Bild E 1.3-2. Technisch wichtige Meßeinrichtungen zum Messen an sich bewegenden Meßobjekten.
a) Optischer Ermüdungsmeßstreifen.
b) Reißlackverfahren.
c) Ritzschreiber.
d) Spannungsoptisches Verfahren.
e) Elektrischer Ermüdungsmeßstreifen.
f) Meßeinrichtung für hohe Temperaturen.
a Meßobjekt, b Kleber, c Metallfolie, d Reißlackschicht, e Risse, f rotierende Scheibe, g Schreibstift, h Hebel, i spannungsoptisch aktive Schicht, k Leiter, l Träger, m Aufnehmer, n Anpasser, o Schieberegister, p isolierendes Gefäß

Untersuchung rotierender Teile [E 1.3-3]. Es lassen sich so sogar dreiachsige Spannungs-zustände messen.

Bild E 1.3-2 e zeigt einen elektrischen Ermüdungsmeßstreifen (vgl. Abschn. D 6.5), der aus einem elektrischen Leiter k und einem isolierenden Träger l besteht und der mittels des Klebers b auf dem bewegten Meßobjekt a aufgebracht ist. Bei häufig auftretenden Wech-seldehnungen des Meßobjekts ändert der Leiter k seinen Widerstand als Funktion der Anzahl und der Höhe der Dehnungen; nach Stillstand des Meßobjekts kann so mittels einer Widerstandsmessung auf das Dehnungskollektiv geschlossen werden, dem das Meßobjekt während seiner Bewegung unterworfen war. Kleinheit, Leichtigkeit, Beschleu-nigungsfestigkeit und die Möglichkeit, den Widerstand sehr einfach zu messen, sind die Hauptvorteile dieses Verfahrens.

In Bild E 1.3-2 f ist ein Verfahren dargestellt, das sich vor allem für Messungen an bewegten Meßobjekten unter sehr hohen Temperaturen eignet [E 1.3-4]. Der Aufnehmer m, z. B. ein elektrischer Dehnungsaufnehmer, ist auf dem Meßobjekt a befestigt. Er ist mit einem Anpasser n verbunden, dessen Ausgangssignale in einem elektrischen Schiebere-gister o gespeichert werden. Gegen den Einfluß der Temperatur T sind Anpasser und Schieberegister durch ein isolierendes Gefäß p geschützt. Das Gefäß kann Temperaturen von z. B. 1400 °C über Stunden ausgesetzt werden. Nach Stillstand des Meßobjekts und Abkühlung kann das Schieberegister ausgelesen werden.

Die Verfahren nach Bild E 1.3-2 a, b und c arbeiten im wesentlichen mechanisch, das Verfahren nach Bild E 1.3-2 d optisch und die Verfahren nach Bild E 1.3-2 e und f elek-trisch. Dehnungskollektive (Σ_ε) werden bei Bild E 1.3-2 a und e, maximale Dehnungen (ε_{max}) bei Bild E 1.3-2 b und d, Dehnungsabläufe ohne Zeitzuordnung (ε) bei Bild E 1.3-2 c und Dehnungen als Funktion der Zeit, $\varepsilon = f(t)$ bei Bild E 1.3-2 f gemessen. Diese Kennzei-chen der einzelnen Verfahren bestimmen wesentlich deren Auswahl.

E 1.3.3 Teilweise bewegte Meßeinrichtungen mit ortsfestem Speicher bzw. Ausgeber und ortsgebundener Signalübertragung

Nach Abschnitt E 1.2.3 ist unter einer Signalübertragung eine Einrichtung zu verstehen, welche das Meßsignal vom Meßobjekt auf den ortsfesten Teil der Meßeinrichtung über-trägt. Müssen die Bestandteile der Einrichtung während des Betriebes in ihrer örtlichen gegenseitigen Lage fest fixiert sein, wie dies z. B. bei Drehübertragern [E 1.2-4, S. 336/348] der Fall ist, dann soll von einer ortsgebundenen Signalübertragung gesprochen werden.

Einzelheiten über Drehübertrager entnehme man dem Schrifttum [E 1.2-4, S. 336/348]. Eine Übersicht zeigt Tabelle E 1.3-1.

In der Tabelle ist ein *Schleifbürstendrehübertrager* unter lfd. Nr. 1 enthalten. Die festste-henden Schleifbürsten a, z. B. aus Silber-Graphit, schleifen auf Schleifringen b, z. B. aus Silber, die durch isolierende Scheiben c auf dem sich drehenden Meßobjekt d befestigt sind.

Infolge von sog. Engewiderständen, einer veränderlichen Auflage der Schleifbürsten auf den Schleifringen, und umgebungsbedingten Fremdschichten ändern sich die Kontakt-widerstände und können so Meßfehler verursachen. Weitere Störungen können durch Fremdspannungen entstehen, die auf den Gleitflächen generiert werden.

Im Handel sind viele verschiedene Ausführungen erhältlich, z. B. in zylindrischer Form mit Durchmessern von einigen mm bis zu 1 m, in Scheibenform, geteilt zur Erleichterung der Montage, und mit 4 bis zu rund 40 Schleifringen. Man erreicht Kontaktwiderstände mit Schwankungen von einigen $10^{-3}\,\Omega$ und Fremdspannungen in Größe von einigen 10^{-6} bis 10^{-3} V. Die maximale Drehzahl liegt bei 4000 bis 40000 U/min.

Tabelle E 1.3-1 Wirkungsweise der wichtigsten Drehübertrager (DÜ). a Schleifbürsten, b Schleifringe, c isolierende Scheiben, d Meßobjekt, e metallische Scheiben, f Ringe, g feststehende Elektroden, h umlaufende Elektroden, i Primärspule, k Sekundärspule, l Infrarotdiode, m Glasfaserbündel, n Plexiglasscheibe, o Siliziumphotodiode.

lfd. Nr.	Art	Ausführung	Prinzip	Hauptvorteile	Hauptnachteile	Bemerkungen
1	Schleifbürsten-DÜ *(galvanische DÜ)*		Schleifkontakte zwischen festen leitenden Stoffen	anpassungsfähig, einfach, große Kanalanzahl möglich, für Gleich- und Wechselstrom	schwankende Kontaktwiderstände, Verschleiß, Fremdspannungen, regelmäßige Pflege nötig	viele spezielle Ausführungen, z. B. mit aufklebbaren Schleifringen für große Durchmesser oder zum Aufschieben auf Wellen
2	Flüssigkeits-DÜ *(galvanische DÜ)*		Kontakt zwischen festen und flüssigen leitenden Stoffen	kleine Kontaktwiderstände, kleine Fremdspannungen, für Gleich- und Wechselstrom	Veränderungen des Hg, Hg kann entweichen, weniger für Dauerbetrieb geeignet	Sonderausführungen mit leitenden Lagern oder mit Tauchrohren
3	kapazitive DÜ		Stromleitung über Kapazitäten	verschleißfrei	nur für Wechselstrom, großer Wechselstromwiderstand, Störungen durch Kontaktpotentiale	wegen der großen Nachteile nur für Sonderfälle eingesetzt
4	Transformator DÜ		transformatorische Kopplung	verschleißarm, störungsarm, robust	nur für Wechselstrom, kleine Kanalanzahl	für Dauermessungen mit kleiner Kanalanzahl sehr gut eingeführt
5	optische DÜ		optische Kopplung	verschleißfrei, störungsarm, hohe Drehzahlen, sehr hohe Modulationsfrequenz möglich	wegen Umdrehungsmodulation nur für Modulationsverfahren	Weiterentwicklung zu erwarten

647

Flüssigkeitsdrehübertrager (entsprechend Nr. 2) haben auf dem Meßobjekt isoliert befestigte metallische Scheiben e, die in quecksilbergefüllten Ringen f laufen. Die hohe Leitfähigkeit des Quecksilbers in Verbindung mit seiner Benetzungsfähigkeit bei passend gewählten Metallen erbringt einen besonders kleinen Kontaktwiderstand bei kleinen Fremdspannungen.

Man erreicht Schwankungen der Kontaktwiderstände von einigen $10^{-4}\,\Omega$ und Fremdspannungen in Größe von einigen 10^{-7} bis 10^{-6} V. Bei besonderen Ausführungsformen sind Drehzahlen bis zu 40000 U/min möglich. Die Anzahl der Gleitkontakte ist relativ klein, z. B. 4 bis 12 [E 1.2-4, S. 341/42].

Kapazitive Drehübertrager (gemäß Nr. 3) haben feststehende Elektroden g, die mit den umlaufenden Elektroden h Kondensatoren bilden, über die das Meßsignal mittels elektrischer Wechselfelder übertragen wird. Wegen der selbst bei hohen Frequenzen der Wechselfelder hohen kapazitiven Widerstände der Kondensatoren sind diese Drehübertrager nur in Sonderfällen von technischem Interesse, z. B. für die Signalübertragung mit modulierten Wechselfeldern (vgl. Abschn. E 1.3.4). Bemerkenswert ist ihre Verschleißfreiheit.

Beim *Transformatordrehübertrager* (Nr. 4) erfolgt die Signalübertragung mittels magnetischer Wechselfelder. In einer feststehenden Primärspule i eines Transformators läuft eine Sekundärspule k um. An diese kann ein Aufnehmer angeschlossen werden, der sich auf dem sich drehenden Meßobjekt befindet.

Wegen der großen Spulen, die gegen die Spulen der Nachbarkanäle entkoppelt sein müssen, sind die Abmessungen von Transformator-Drehübertragern groß bzw. ist die Kanalanzahl klein. Dafür sind sie verschleißfrei und robust. Wegen der großen Energie der magnetischen Felder im Vergleich zur kleinen Energie der Kapazitäten von kapazitiven Drehübertragern sind sie außerdem störungsarm. Umdrehungsmodulationen lassen sich leicht $\leqq 1\%_o$ halten.

Der *optische Drehübertrager* (Nr. 5) nutzt infrarote Strahlung zur Signalübertragung aus [E 1.3-5]. Eine Infrarotdiode l auf dem sich drehenden Meßobjekt ist mit einem Glasfaserbündel m gekoppelt, das im Inneren des Meßobjekts d angeordnet ist und dessen Einzelbündel in mehreren radialen Bohrungen der Plexiglasscheibe n enden. Das von der Diode l gelieferte Licht tritt deshalb, annähernd gleichmäßig über den Umfang der Plexiglasscheibe n verteilt, radial aus dieser aus und erreicht so die feststehende Siliziumphotodiode o, um von dort der feststehenden Meßeinrichtung zugeleitet zu werden.

Wegen der kaum vermeidbaren Umdrehungsmodulation von z. B. 20% muß der Lichtstrom moduliert werden. Die Verschleißfreiheit und die Unempfindlichkeit gegen elektrische und magnetische Störungen versprechen Vorteile. Die maximale Drehzahl ist nur durch die mechanischen Eigenschaften des Drehübertragers begrenzt. Ein im Prinzip ähnlicher Drehübertrager mit einer Auskopplung des Lichtes über einen hohlringartigen Reflektor ist in [E 1.3-6] beschrieben.

E 1.3.4 Teilweise bewegte Meßeinrichtungen mit ortsfestem Speicher bzw. Ausgeber und nichtortsgebundener Signalübertragung

Die im Abschnitt E 1.3.3 beschriebenen Drehübertrager ermöglichen außer der Drehbewegung keine oder nur geringe Relativbewegungen zwischen dem sich bewegenden und dem feststehenden Teil der Signalübertragungskette. In diesem Abschnitt werden nun solche Meßeinrichtungen behandelt, die die Beweglichkeit des Meßobjekts weniger einschränken. Es handelt sich dabei in erster Linie um drahtlose Übertragungsverfahren. Allgemein wird für das drahtlose Messen an bewegten Objekten die Bezeichnung Telemetrie, d. h. Fernmessung, verwendet, obwohl häufig, insbesondere beim Messen an bewegten Maschinenteilen, nur sehr kurze Abstände zu überbrücken sind.

Zur drahtlosen Meßwertübertragung werden folgende Übertragungsmedien benutzt:
- magnetische Wechselfelder,
- elektrische Wechselfelder,
- Radiowellen,
- infrarote Strahlung und
- Ultraschallwellen.

Die Amplituden dieser Feldgrößen sind i. a. stark ortsabhängig. Deshalb ist für die nicht ortsgebundene Signalübertragung eine direkte Amplitudenmodulation – wie etwa bei Transformatordrehübertragern – ungeeignet. Üblich sind Übertragungsverfahren mit Frequenz- oder Pulsmodulation. Die Umwandlung der Meßsignale in eine für die Übertragung geeignete Form erfordert zusätzliche Baugruppen, insbesondere Verstärker, Modulatoren und Multiplexer, welche – ebenso wie die Meßwertaufnehmer – am sich bewegenden Meßobjekt anzubringen sind. Bei der Auswahl bzw. Auslegung und beim Anbringen dieser Baugruppen sind die Gegebenheiten des Meßobjekts zu berücksichtigen; dies betrifft besonders das Bauvolumen, die Baugröße, die Masse sowie die zulässigen Beschleunigungs- und Temperaturbereiche. Der Einsatz solcher Systeme scheitert oft an dem zulässigen Höchstwert der Umgebungstemperatur, der bei elektronischen Baugruppen bei maximal 125 °C liegt.

E 1.3.4.1 Signalübertragung mit niederfrequenten magnetischen Feldern

Niederfrequente magnetische Wechselfelder mit Frequenzen bis zu einigen 10 kHz eignen sich zur Signalübertragung über kurze Entfernungen, insbesondere für Messungen an rotierenden oder translatorisch bewegten Maschinenteilen. Am bewegten und am feststehenden Teil befindet sich je eine Spule, die zusammen einen Übertrager bilden (s. Tabelle E 1.3-1, Nr. 4). Im allgemeinen wird eine möglichst enge Kopplung zwischen Primär- und Sekundärseite angestrebt, um einerseits mit wenig Leistung auszukommen und andererseits im Hinblick auf magnetische Störfelder einen möglichst hohen Signal-Rausch-Abstand zu erzielen. Bei rotierenden Objekten wird die rotorseitige Spule meist zur Drehachse koaxial angebracht, z. B. als einlagige Spule auf die Welle gewickelt. In günstigen Fällen kann auch die Statorspule koaxial montiert werden, z. B. auf einem ringförmigen Wicklungsträger, der die Welle umschließt. Der Wicklungsträger muß u. U. aus mehreren Teilen zusammensetzbar sein, um die Montage auch dann zu ermöglichen, wenn ein Aufschieben auf die Welle nicht möglich ist. Ein freies Wellenende hat für die Anbringung der Spulen meist Vorteile. Statorspulen, die aus konstruktiven Gründen nicht koaxial zur Drehachse anzubringen sind, erfassen immer nur einen kleinen Teil des von der Sendespule erzeugten magnetischen Flusses, so daß in solchen Fällen entsprechend größere Energien erforderlich sind.

Für die einkanalige Messung an rotierenden Teilen stellt die Übertragung mit niederfrequenten Magnetfeldern (induktive Übertragung) meist das den geringsten Aufwand erfordernde Verfahren dar; für mehrkanalige Messungen sind erhebliche Einschränkungen bzgl. der Signalbandbreite der einzelnen Kanäle in Kauf zu nehmen, so daß man hier i. a. hochfrequente Übertragungsstrecken bevorzugt.

E 1.3.4.2 Induktive Energieversorgung

Auch bei der induktiven Energieversorgung wird ein magnetisches Wechselfeld als Übertragungsmedium benutzt. Dieses Prinzip wird hauptsächlich angewandt bei Meßeinrichtungen an rotierenden Teilen, die im unterbrechungsfreien Dauerbetrieb arbeiten, so daß eine Versorgung aus Batterien nicht in Frage kommt. Zur Energieübertragungsstrecke gehört ein aus Rotor- und Statorspule bestehender Übertrager. Wird die Statorspule direkt aus dem Starkstromnetz gespeist, sind wegen der niedrigen Frequenz zur Verringerung des magnetischen Widerstands des Magnetkreises aufwendige Konstruktionen aus Weicheisen notwendig. Ein käufliches System dieser Art [E 1.3-7] enthält teilbare Rotorringe für verschiedene Wellendurchmesser mit Wicklungsnuten in Umfangsrichtung. Die Spulen für die Energie und Signalübertragung sind dabei sowohl auf der Rotor- als auch auf der Statorseite zu jeweils einer Baugruppe zusammengefaßt.

Für höhere Frequenzen (einige 10 kHz bis einige 100 kHz) eignen sich koaxiale Anordnungen von Rotor- und Statorspule [E 1.3-8] mit bis zu einigen 100 Windungen. Um Wirbelstromverluste zu vermeiden, sind die Wicklungsträger in diesem Fall aus Kunststoff zu fertigen. Wirbelströme in benachbarten Maschinenteilen lassen sich u. U. durch Schlitze quer zur Stromrichtung oder durch Verwendung von Materialien mit hohem spezifischen Widerstand (z. B. Titan) verringern [E 1.3-9]. Die relativ starken Magnetfelder der Energieübertragungsstrecke können u. U. die Funktion der Meßkreise und der Signalübertragungskette erheblich beeinträchtigen, was man ggf. durch Einhalten größerer Abstände zwischen den beiden Systemen und ihren Verdrahtungen sowie durch kapazitive Abschirmungen vermeidet.

E 1.3.4.3 Magnetisch geschaltete Batterie

Wird der bewegte Teil der Meßeinrichtung aus Batterien gespeist, so kann u. U. die Betriebsdauer erheblich verlängert werden, wenn die Batterie nur bei Bedarf eingeschaltet wird. Als Schalter, die sich auch im Betrieb berührungslos steuern lassen, eignen sich Reed-Kontakte mit bistabilem Verhalten. Zum Ein- bzw. Ausschalten genügt ein Impuls, der durch Annähern eines Dauermagneten erzeugt werden kann [E 1.3-13].

E 1.3.4.4 Signalübertragung mit niederfrequenten elektrischen Feldern

Ein wesentlicher Vorteil des elektrischen Wechselfeldes als Übertragungsmedium besteht darin, daß sich sowohl für rotatorische als auch translatorische Bewegungen einfache Elektrodenanordnungen in Form von koaxialen Ringen oder Zylindern bzw. Platten, Bändern oder gespannten Drähten herstellen lassen (s. Tabelle 1.3-1, Nr 3). Niederfrequente kapazitive Übertragungsstrecken sind jedoch i. a. störempfindlich in bezug auf elektrische Störfelder, die von benachbarten Starkstromkreisen oder auch von der induktiven Übertragungsstrecke ausgehen können. Auch undefinierte Erdverhältnisse können insofern problematisch sein, als durch schwankende Erdungswiderstände, z. B. an Lagern von Rotoren, Potentialschwankungen hervorgerufen werden, die dem modulierten Signal additiv als Störung überlagert sind. Aus diesen Gründen wird in der Regel die induktive Übertragung der kapazitiven vorgezogen. Ein Gerätesystem mit niederfrequenter Übertragungsstrecke [E 1.3-8] ist sowohl für die kapazitive als auch für die induktive Signalübertragung geeignet.

E 1.3.4.5 Signalübertragung mit hochfrequenten elektrischen oder magnetischen Feldern

Am gebräuchlichsten sind Übertragungswege mit Trägerfrequenzen zwischen einigen 10 MHz und einigen 100 MHz, weil sich damit breitbandige, vielkanalige Systeme am einfachsten realisieren lassen. Bei kurzen Übertragungswegen, vor allem bei der Messung an rotierenden Teilen, wird als Übertragungsmedium meist das elektrische Feld benutzt. Dabei sind die Antennen als koaxiale Ringe ausgebildet. Die Auswirkungen elektrischer Störfelder lassen sich in diesem Frequenzbereich durch entsprechend schmalbandige Filter hinreichend beherrschen. Eine induktive Nahübertragung mittels Luftspulen ist ebenfalls möglich.

E 1.3.4.6 Übertragung mit Funkwellen

Bei größerer Entfernung zwischen dem beweglichen Meßobjekt und dem stationären Teil der Meßeinrichtung, insbesondere dann, wenn die realisierbaren Abmessungen der Antennen klein sind im Vergleich zur Länge der Übertragungsstrecke, werden vorzugsweise Funkübertragungssysteme eingesetzt. Die Trägerfrequenzen dafür geeigneter Geräte liegen zwischen 200 und 500 MHz. Dementsprechend haben die Antennen Abmessungen von einigen Dezimetern. Zur optimalen Auslegung bzw. Auswahl des Gerätesystems sind viele Randbedingungen zu berücksichtigen. Diese betreffen u. a.

- die Reichweite,
- die Vermeidung der Beeinflussung von und der Beeinflussung durch andere Funkstrecken und Telekommunikationseinrichtungen unter Beachtung postalischer Vorschriften,
- die Baugrößen von Sender, Stromversorgung und Antennen,
- Möglichkeiten zur Reduzierung der Sendeleistung, z. B. durch Bündelung,
- Beeinträchtigung der Wellenausbreitung durch Stahlkonstruktionen, Baustahl usw. und
- elektromagnetische Störstrahlung von Elektroschweißmaschinen, thyristorgesteuerten Antrieben usw.

E 1.3.4.7 Übertragung mit Infrarotlicht

Optische Übertragungsstrecken werden durch elektromagnetische Störfelder nicht beeinträchtigt und erzeugen selbst keine Störfelder. Zur Vermeidung von Störungen durch Nebenlicht verwendet man moduliertes Infrarotlicht. Die Möglichkeit, eng gebündelte Lichtstrahlen mit geringer Divergenz und geringen Verlusten über große Entfernungen zu senden, läßt sich vor allem bei linearen Objektbewegungen nutzen, z. B. zur Meßwertübertragung an Hüttenkranhubwerken [E 1.3-10].

Denkbar sind auch telemetrische Anwendungen mit diffuser Abstrahlung und Reflexion an den Wänden geschlossener Räume – ein Prinzip, das bei der IR-Tonübertragung für drahtlose Kopfhörer sowie zur Fernsteuerung von TV-Geräten angewendet wird.

E 1.3.4.8 Übertragung mit Ultraschall

Für lange Unterwasserübertragungsstrecken kommt wegen der starken Dämpfung von Funk- und Lichtwellen nur ein akustisches Prinzip in Betracht. Ein Ultraschalltelemetriegerät zur Verhaltensforschung an Meerestieren hat bei einer Sendeleistung von 6 W und einer Trägerfrequenz von 40 kHz eine Reichweite von 5 km [E 1.3-11].

E 1.3.4.9 Modulationsverfahren

Als Modulation bezeichnet man die Umwandlung des Signals in eine Form, die für die Übertragung geeignet ist. Die Übertragung mittels Funkwellen beispielsweise erfordert eine Transformation des Signals in einen Frequenzbereich, in dem die Abstrahlung von Wellen möglich ist. Dabei kommt es meist darauf an, den Einfluß von Ortsänderungen und anderen Störgrößen in Grenzen zu halten. Ferner soll die Übertragungsstrecke in der Regel im Hinblick auf die Anzahl der Kanäle und deren Bandbreite möglichst gut genutzt werden. Manche Anwendungen verlangen spezielle Modulationsverfahren, die mit besonders geringer Sendeleistung auskommen. Im folgenden sollen nur die Verfahren erörtert werden, die für telemetrische Anwendungen im Rahmen der experimentellen Spannungsanalyse von Bedeutung sind.

Als *Frequenzmodulation* (FM) bezeichnet man die Umwandlung in ein Signal, dessen Frequenz eine lineare Funktion der Meßgröße ist. Die Frequenzmodulation ist für kleine Systeme mit begrenzter Kanalanzahl z. Z. noch das gebräuchlichste Verfahren. Die wesentlichen Vorteile sind der geringe Aufwand für die Signalverarbeitung, die einfache Möglichkeit zur Vervielfachung mittels Frequenzmultiplex und die relativ hohe Störsicherheit.

Die *direkte Frequenzmodulation*, d. h. die unmittelbare Umsetzung der Meßgröße in ein frequenzmoduliertes Signal, ist i. a. nur dann sinnvoll, wenn der Gleichanteil der Meßgröße ohne Bedeutung ist, z. B. bei Messungen mit piezoelektrischen Aufnehmern oder bei dynamischer Dehnungsmessung mit Dehnungsmeßstreifen. Eine kleine Drift der Bandmittenfrequenz eines hochfrequenten Trägers würde nämlich bei statischer Messung eine große Nullpunktverschiebung verursachen. Deshalb benutzt man zur HF-Übertragung von Signalen mit Gleichanteil immer *Mehrfachmodulationsverfahren*, z. B. AM/FM oder FM/FM. Setzt man nämlich die Meßgröße zunächst in eine amplitudenmodulierte AM-Schwingung um, mit der dann im zweiten Schritt ein HF-Oszillator frequenzmoduliert wird (AM/FM), so entsteht eine Schwingung mit periodisch schwankender Frequenz und meßgrößenabhängigem Frequenzhub. Die zweimalige Frequenzmodulation (FM/FM) liefert eine Schwingung, deren Frequenz sich mit einer meßgrößenabhängigen Frequenz ändert. In beiden Fällen haben langsame Änderungen der Frequenz des HF-Trägers keinen Einfluß.

Eine Variante der Frequenzmodulation ist die *Pulsintervallmodulation*, die eine extrem leistungsarme Übertragung langsam veränderlicher Meßwerte ermöglicht und für biotelemetrische Zwecke häufig eingesetzt wird. Der HF-Sender wird durch eine Impulsfolge gesteuert und sendet nur während der relativ kurzen Impulsdauer. Die viel längere Pause zwischen den Impulsen ist meßgrößenabhängig. Zur mehrkanaligen Übertragung bietet sich hier das Zeitmultiplexverfahren an, wobei mit jedem Impuls zum nächsten Kanal weitergeschaltet werden kann.

Als *Pulscodemodulation* (PCM) bezeichnet man die Umsetzung der Meßgröße in rein serielle, binär codierte Datenworte. Der Hauptvorteil ist die extrem hohe Störsicherheit. Da es sich um ein digitales Verfahren handelt, entstehen – abgesehen vom Quantisierungsrauschen – im Zuge der Übertragungsstrecke keinerlei Fehler, solange die Störgrößen bestimmte Schwellwerte nicht überschreiten. Für die Übertragung über eine Funkstrecke muß das pulscodemodulierte Signal zusätzlich einem HF-Träger aufmoduliert werden. Diese zusätzliche Modulation (meist FM) kann entfallen, wenn man optische oder drahtgebundene Übertragungsstrecken benutzt. Zur Kanalvervielfachung eignet sich das Zeitmultiplexverfahren. Die wichtigsten Funktionseinheiten eines PCM-Systems sind auf der Sendeseite ein Analogmultiplexer, ein Analog-Digital-Umsetzer, ein Serialisierer mit Codegenerator und ein Taktgeber. Zur Empfangsseite gehören Bit- und Rahmensynchronisierer, Pulscodedemodulator, Digital-Analog-Umsetzer und Halteglieder. Auch bei den kleinen Telemetriesystemen, die hier besonders interessieren, ist ein anhaltender Trend zur PCM-Technik zu verzeichnen. Die senderseitigen PCM-Moduln sind zwar aufgrund der komplizierteren Signalverarbeitung merklich voluminöser, teurer und benötigen mehr Leistung als entsprechende FM-Moduln; es ist jedoch abzusehen, daß diese Unterschiede durch weitere Fortschritte der Halbleitertechnologie bedeutungslos werden.

E 1.3.4.10 Multiplexverfahren

Messungen zur experimentellen Spannungsanalyse an bewegten Teilen erfordern meist mehrere Meßstellen. Um den Aufwand für die Übertragung in Grenzen zu halten, ist es zweckmäßig, einen möglichst großen Teil der Übertragungseinrichtung mehrfach zu nutzen. Man unterscheidet zwei Verfahren, das Frequenzmultiplexverfahren und das Zeitmultiplexverfahren.

Das *Frequenzmultiplexverfahren* dient zur kontinuierlichen, gleichzeitigen Übertragung mehrerer Signale über eine gemeinsame HF-Übertragungsstrecke, vorzugsweise in Verbindung mit der Frequenzmodulation. Auf der Sendeseite ist jedem Kanal ein Unterträgeroszillator als Modulator zugeordnet. Die Mittenfrequenzen der Unterträgeroszillatoren sind so gestaffelt, daß die bei der Modulation entstehenden Seitenbänder sich nicht überlappen und – mit Rücksicht auf die empfangsseitige Kanaltrennung durch Filter – genügend große Abstände voneinander haben. Das aus den Ausgangssignalen der Unterträgeroszillatoren gebildete Summensignal moduliert einen gemeinsamen HF-Sender.

Abweichend von diesem Schema wird bei Geräten, die vorwiegend für die Nahübertragung konzipiert sind und deshalb nur wenig Sendeleistung benötigen, an Stelle eines gemeinsamen HF-Senders *jedem Kanal* ein *eigener Sender* mit entsprechend gestaffelten Mittenfrequenzen zugeordnet. Die gemeinsame Sendeantenne koppelt man über Koppelkondensatoren an, so daß die Kanäle sich additiv überlagern. Auf der Empfangsseite werden die Kanäle durch entsprechend gestaffelte Filter voneinander getrennt und demoduliert.

Bei dem *Zeitmultiplexverfahren* verbindet ein Umschalter (Scanner, Kommutator) die einzelnen Kanäle nacheinander mit dem gemeinsamen Teil der Übertragungsstrecke. Der einzelne Kanal ist daher kein kontinuierlicher Übertragungsweg, sondern nur während eines begrenzten Zeitabschnitts in Funktion. Bei genügend hoher Abtastrate läßt sich der kontinuierliche Verlauf der Meßgröße entsprechend dem Abtasttheorem aus den dem Signal entnommenen Proben rekonstruieren. Dazu sind auf der Empfangsseite entsprechende Dekommutatoren und Halteglieder erforderlich. Der Umschalter hat die Funktion eines Pulsamplitudenmodulators (PAM). Das Zeitmultiplexverfahren ist mit beliebigen Modulationsverfahren kombinierbar. In Verbindung mit FM-Übertragungsstrecken (PAM/FM) wird es vorwiegend bei niederfrequenten Meßgrößen, insbesondere Temperaturen, angewendet, um die vorhandene Bandbreite der Übertragungsstrecke besser zu nutzen.

Bei PCM-Geräten ist das Zeitmultiplexverfahren das einzige gebräuchliche Prinzip der Kanalvervielfachung. Der Umschalter schaltet hier die verstärkten und gefilterten Analogsignale zum gemeinsamen Analog-Digital-Umsetzer durch. Üblich sind ferner zusätzliche Umschalter, sog. Premultiplexer, zur weiteren Vervielfachung einzelner Kanäle für die Übertragung langsam veränderlicher Größen.

Das Zeitmultiplexverfahren bietet eine einfache Möglichkeit, Nullpunkts- und Empfindlichkeitsänderungen des Übertragungssystems zu überwachen und evtl. automatisch zu korrigieren. Man mißt dazu an zwei für diesen Zweck reservierten Stellen des Umschalters in jedem Zyklus den Nullpunkt und einen Kalibrierwert.

Bei vorgegebener Bandbreite der Übertragungsstrecke ist die Bandbreite des einzelnen Kanals um so geringer, je größer die Anzahl der Kanäle ist. Dies gilt insbesondere auch für das Zeitmultiplexverfahren, sofern man mit vorgegebener Abtastfrequenz abtastet, wie dies bei der PCM-Telemetrie üblich ist.

Sind die zu messenden Vorgänge statisch, periodisch oder mit vertretbarem Aufwand bei genügender Reproduzierbarkeit zu wiederholen, was bei der Untersuchung an rotierenden Teilen oft gegeben ist, so kann auch mit *langsam arbeitenden Umschaltern* gemessen werden. In diesem Fall bleibt jede Meßstelle mindestens für die Dauer einer vollen Periode oder während des ganzen Vorgangs angeschaltet, während alle anderen Meßstellen abgetrennt sind. Das Weiterschalten kann auf verschiedene Art vorgenommen werden: nach einem festen Zeitplan oder in Abhängigkeit vom Prozeßablauf, z. B. jeweils nach einer bestimmten Anzahl von Umdrehungen, oder beliebig von außen gesteuert, z. B. durch kurzzeitige Unterbrechungen der induktiven Versorgung. Bei dieser Betriebsart läßt sich für den einzelnen Kanal die volle Bandbreite der Übertragungsstrecke nutzen. Ein handelsübliches FM-Telemetriesystem [E 1.3-12] besteht u. a. aus einem steuerbaren Scanner mit Halbleiterschaltern zum Anschluß von fünf Dehnungsmeßstellen an einen FM-Telemetriesender.

Als Schalter für langsam arbeitende Scanner eignen sich auch elektromechanische Kontakte, insbesondere bistabile Reed-Kontakte. Die letzteren benötigen nur kurzzeitig während eines Stellungswechsels Hilfsenergie. Sie vertragen i. a. höhere Temperaturen als elektronische Schalter und ermöglichen wegen ihrer niedrigen Durchgangswiderstände einfachere Anpassungsschaltungen in Verbindung mit DMS-Brückenschaltungen [E 1.3-13].

E 1.3.4.11 Geräte

Im folgenden sollen einige für die Messung an sich bewegenden Teilen besonders geeignete Gerätesysteme beschrieben werden. Die Auswahl ist beschränkt auf solche Geräte, die sich durch eine besonders kompakte Bauweise der sendeseitigen Moduln auszeichnen und den direkten Anschluß der für die experimentelle Spannungsanalyse wichtigen Aufnehmer ermöglichen. Die in den Bildern E 1.3-3, E 1.3-4 und E 1.3-5 dargestellten Blöcke sind miniaturisierte Moduln, meist hermetisch dichte, vergossene Baueinheiten. Weitere Moduln, die für die Steuerung, die induktive Stromversorgung oder die Versorgung aus Batterien zusätzlich benötigt werden, sind bei allen Systemen ähnlich; sie sind in den Bildern E 1.3-3, E 1.3-4 und E 1.3-5 nicht dargestellt.

Das einkanalige, niederfrequente Übertragungssystem in Bild E 1.3-3 a [E 1.3-8] ist bzgl. der Handhabung besonders einfach. Es kann wahlweise mit induktiver oder kapazitiver Signalübertragung betrieben werden. Die obere Grenzfrequenz liegt bei 1,6 kHz. Mehrkanalige Messungen erfordern je Kanal ein komplettes System einschließlich der Sende- und Empfangsspulen bzw. -elektroden, wobei zur Vermeidung gegenseitiger Beeinflussung größere Abstände und/oder Abschirmungen erforderlich sind.

Ein ähnliches System in Bild E 1.3-3 b [E 1.3-7] kann zusätzlich mit einem freilaufenden (nicht steuerbaren) Scanner für acht Kanäle und einem Referenzsignal betrieben werden.

a)

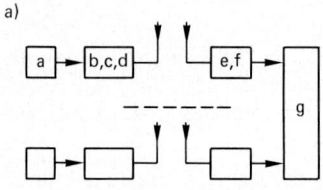

b)

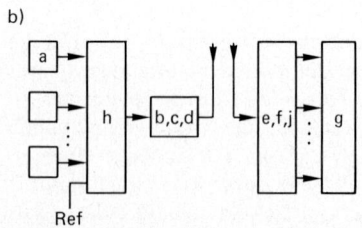

Bild E 1.3-3. Niederfrequente frequenzmodulierte Übertragung.
a) Voneinander getrennte Übertragungswege.
b) Zeitmultiplexverfahren mit Referenzkanal.
a Aufnehmer, b Anpasser, c Spannungs-Frequenz-Umsetzer, d Sender, e Empfänger, f Frequenz-Spannungs-Umsetzer, g Ausgeber, h Scanner, j Halteglieder

Die oberen Grenzfrequenzen für Dehnungsmessungen liegen für den einkanaligen bzw. den achtkanaligen Betrieb bei 1,5 kHz bzw. rd. 100 Hz.

Eine breitbandige vielkanalige Übertragung ist nur bei hochfrequenten Übertragungsstrecken möglich. Bild E 1.3-4 a stellt ein vielseitiges System [E 1.3-14] dar, dessen Hauptanwendungsgebiet die experimentelle Spannungsanalyse an rotierenden Teilen [E 1.3-9; 12; 15; 16] ist. Es sind hier mehrere Sendermoduln kapazitiv an eine gemeinsame Sendeantenne gekoppelt. Zur weiteren Vervielfachung dienen freilaufende Scanner für Thermoelemente sowie gesteuerte Scanner für Dehnungsmeßstreifen. Für den Anschluß von Dehnungsmeßstreifen sind zwei verschiedene Anpasser/Sender-Moduln vorgesehen, für statische Messungen (AM/FM) von 0 bis 1 kHz und für dynamische Messungen (direkt FM) von 30 Hz bis 20 kHz.

a)

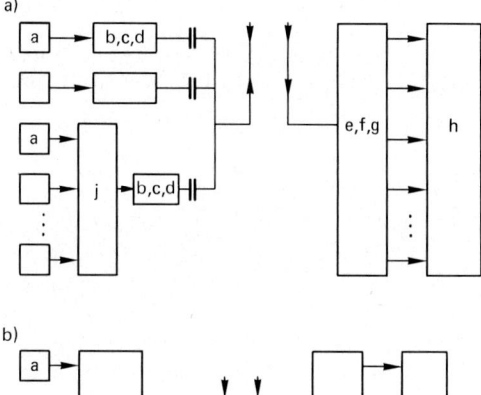

b)

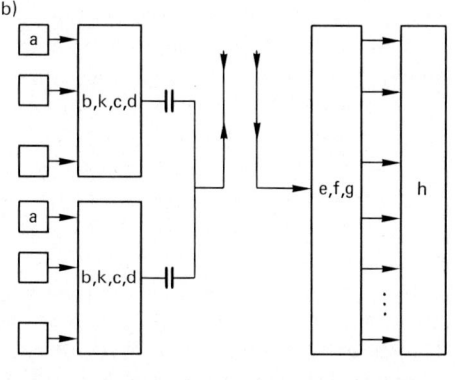

Bild E 1.3-4. Hochfrequente frequenzmodulierte Übertragung mit mehreren Sendern und gemeinsamem Antennensystem.
a) Mit Zeitmultiplexverfahren.
b) Mit Frequenzmultiplexfahren.
a Aufnehmer, b Anpasser, c Modulator, d Sender, e Empfänger, f Filter, g Demodulator, h Ausgeber, j Scanner, k Unterträgeroszillatoren

Bei dem Gerätesystem in Bild E 1.3-4 b [E 1.3-17] können ebenfalls mehrere Sendermodule an eine gemeinsame Sendeantenne gekoppelt werden. Zur Kanalvervielfachung wird das Frequenzmultiplexverfahren angewandt. Der Sender ist zusammen mit mehreren Anpassern und Unterträgeroszillatoren in einem Gehäuse untergebracht. Ein vierkanaliger Sender für dynamische Dehnungsmessungen (0,5 Hz bis 5 kHz) hat ein Volumen von 21 cm^3 einschließlich der Batterie.

Bild E 1.3-5 zeigt eine typische Gerätekonfiguration für ein miniaturisiertes PCM-Telemetriesystem [E 1.3-18; 19]. Bei Kleinsystemen dieser Art sind Einheiten mit vier bis acht Kanälen üblich. In der Minimalausstattung benötigt man – außer der Stromversorgung auf der Sendeseite – drei Module, den mehrkanaligen Anpasser, den eigentlichen PCM-Baustein mit Scanner, Analog-Digital-Umsetzer und PCM-Modulator, sowie den HF-Sender. Zur weiteren Vervielfachung einzelner Kanäle für niederfrequente Meßgrößen dienen zusätzliche Premultiplexer und weitere Anpasser. Auf der Empfangsseite

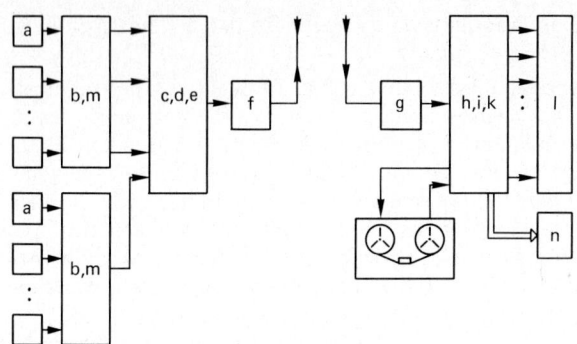

Bild E 1.3-5. PCM-Telemetrie.
a Aufnehmer, b Anpasser, Filter, c Scanner, d Analog-Digital-Umsetzer, e PCM-Modulator, f Sender, g Empfänger, h PCM-Demodulator, i Digital-Analog-Umsetzer, k Halteglieder, l Ausgeber, m Premultiplexer, n Rechner oder digitaler Speicher

können die Daten im PCM-Format mit einem analogen Magnetbandgerät zwischengespeichert, über eine parallele Schnittstelle an einen Rechner übergeben oder als analoge Signale oszillographiert oder angezeigt werden.

E 2 Vielstellenmeßtechnik

J. Knapp

E 2.1 Formelzeichen

R	Widerstand des Meßgitters
$R_{\text{LK }1,\,2,\,3\ldots}$	Widerstände der Stromzuführungen bzw. der Spannungsabgriffe
R_V	Vergleichswiderstand
U_{ref}	Speisespannung
$U_{A,\,B,\,C,\,D,\,E}$	Ausgangsspannungen
i	Strom

E 2.2 Allgemeines

Typisch für Dehnungsmessungen im Rahmen der experimentellen Spannungsanalyse komplizierter Objekte ist die große Anzahl der Meßstellen und demzufolge die große Menge zu erfassender und zu verarbeitender Meßdaten. Zur rationellen Durchführung und Auswertung solcher Messungen werden heute fast ausschließlich computergestützte Gerätesysteme eingesetzt. Im folgenden werden verschiedene Lösungswege für die computergestützte Meßdatenerfassung beschrieben.

E 2.3 Anschluß mehrerer einkanaliger Geräte an einen Rechner

Das in Bild E 2.3-1 dargestellte System eignet sich für Messungen mit nur wenigen Meßstellen. Jeder Meßstelle ist hier eine vollständige Meßkette, bestehend aus je einer Dehnungsmeßbrücke und einem Digitalvoltmeter, zugeordnet. Das einzige gemeinsam genutzte Gerät ist der Rechner.

Die Ausgänge der Digitalvoltmeter sind an ein standardisiertes Bussystem angeschlossen, d. h., die Geräte haben einheitliche Stecker mit einheitlicher Belegung. Gleiche Steckerpunkte verschiedener Geräte sind miteinander verbunden. Für den Anschluß von Meßgeräten an Rechner eignet sich insbesondere das Busschnittstellensystem entsprechend

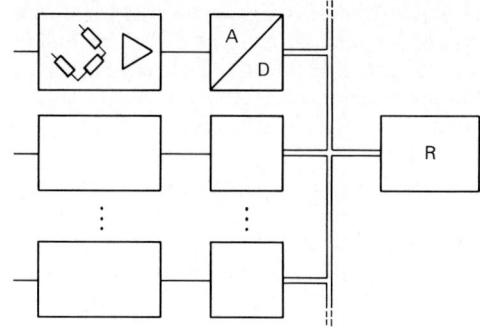

Bild E 2.3-1. Meßdatenerfassung mit einkanaligen buskompatiblen Geräten.

IEC 625, der sog. IEC-Bus, an den maximal 16 Geräte einschließlich des Rechners und dessen Peripheriegeräte, z. B. Drucker, Plotter usw., anschließbar sind. Voraussetzung dafür ist, daß alle Geräte buskompatible Schnittstellen haben.

Der Aufwand je Meßkanal ist hier zwar extrem hoch. In vielen Fällen sind jedoch einige wenige Meßbrücken, buskompatible Digitalvoltmeter sowie ein Tischrechner als Laborausrüstung ohnehin verfügbar. Die Zusammenschaltung und die Erstellung des Programms für die Datenerfassung erfordert dank der Standardisierung relativ wenig Aufwand.

Die Busschnittstelle ermöglicht im Prinzip sehr hohe Übertragungsgeschwindigkeiten, die jedoch in der Regel durch die langsamere Arbeitsweise der angeschlossenen Geräte erheblich eingeschränkt werden. Mit den üblichen integrierenden Digitalvoltmetern, in Verbindung mit einfachen Tischrechnern, erreicht man eine Abtastrate von wenigen Meßwerten je Sekunde.

E 2.4 Vielstellenmeßgeräte für langsam veränderliche Meßgrößen

E 2.4.1 Aufbau

In Bild E 2.4-1 ist die Struktur einer Vielstellenmeßeinrichtung für langsam veränderliche Meßgrößen dargestellt. Das Vielstellenmeßgerät besteht u. a. aus einem Meßstellenumschalter, einem Anpasser zur Umwandlung der Widerstandsänderung in eine Spannungsänderung, einem Verstärker, einem Analog-Digital-Umsetzer sowie einer (nicht dargestellten) Ablaufsteuerung, die in der Regel fester Bestandteil des Geräts ist und einen Mikroprozessor enthält. Der nachgeschaltete Rechner hat daher keine oder nur eine übergeordnete Steuerfunktion. Seine Hauptaufgaben bestehen darin, Meßwerte zu speichern, zu verarbeiten und Ergebnisse darzustellen. Bei Verwendung einer Busschnittstelle können mehrere Vielstellenmeßgeräte an einen Rechner angeschlossen werden.

Der Aufwand je Kanal ist hier niedrig, weil der Multiplexer sich am Eingang der Meßkette befindet und somit alle nachfolgenden Teile nur ein einziges Mal vorhanden sind. Die nicht aufbereiteten, meist sehr kleinen Signale werden so langsam umgeschaltet, daß die überlagerten Störsignale mittels Tiefpaßfilter oder integrierender Analog-Digital-

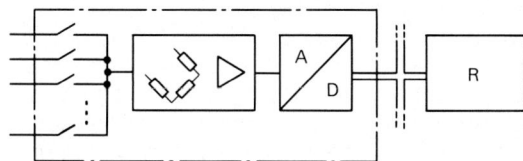

Bild E 2.4-1. Langsame Meßdatenerfassung mit Kleinsignalmeßstellenumschalter.

Umsetzung ausreichend unterdrückt werden können, ohne das Signal zu verfälschen. Die Abtastfrequenz ist in dem abgetasteten (pulsamplitudenmodulierten) Signal enthalten und darf nicht unterdrückt werden. Andererseits sollen die meist stark ausgeprägten 50 Hz-Störanteile beseitigt werden. Die Abtastfrequenz muß deshalb niedriger als 50 Werte/s sein. Die obere Grenze liegt bei etwa 30 Werten je Sekunde.

E 2.4.2 Schaltungsprinzipien

Vielstellendehnungsmeßgeräte sind normalerweise für den Anschluß von Dehnungsmeßstreifen bzw. DMS-Aufnehmern in Form von Viertel-, Halb- oder Vollbrücken ausgelegt. Darüber hinaus lassen sich meist auch weitere Aufnehmertypen, z. B. Thermoelemente und Widerstandsthermometer, unmittelbar anschließen. Für die Messung von Dehnungsverteilungen ist die Viertelbrückenanschlußtechnik besonders wichtig. Dabei wird an jede Meßstelle des Meßstellenumschalters jeweils nur ein einziges Meßgitter angeschlossen.

Zur *Kompensation von Temperatureinflüssen* wird ein zusätzliches DMS-Gitter (Dummy) benutzt, das auf gleichem Material appliziert und den gleichen Umgebungsbedingungen ausgesetzt ist wie die eigentlichen Meßgitter, jedoch im Gegensatz dazu keine mechanische Beanspruchung erfährt (vgl. Abschn. C 1.4.3.8). Dabei ist es zur Reduzierung des Aufwands zweckmäßig, jeweils einer größeren Gruppe benachbarter Meßstellen ein gemeinsames Kompensationsgitter (Common Dummy) zuzuordnen. Die Gruppenaufteilung wird bei vielen Geräten – bedingt durch den meist dekadischen Aufbau des Meßstellenumschalters – fest vorgegeben, meist derart, daß ein Dummy einer Zehnergruppe oder mehreren Zehnergruppen zugeordnet werden kann. Die Kompensation des Temperatureinflusses erfordert eine Subtraktion, die in der Regel mit schaltungstechnischen Maßnahmen durchgeführt wird, insbesondere durch Zusammenschalten des messenden und des kompensierenden Gitters zu einer Halbbrücke. Beide Gitter sind in diesem Fall gleichzeitig angeschaltet. Für die Kompensationsstellen sind dann eigene Schaltkontakte notwendig, deren Gesamtanzahl u. a. davon abhängt, ob die Gruppenauftteilung dekadenweise vorgegeben oder beliebig wählbar ist. Im letzteren Fall müssen für jede Meßstelle des Umschalters auch Schaltkontakte für den Dummy vorhanden sein. Ein einfacheres Konzept [E 2.4-1] geht davon aus, daß die Subtraktion zur Kompensation des Temperatureinflusses nicht schaltungstechnisch sondern rechnerisch durchgeführt wird. In diesem Fall schließt man den Dummy wie ein „normales" Meßgitter an, was zwar eine zusätzliche Meßstelle des Umschalters, aber insgesamt weniger Kontakte je Meßstelle erfordert.

Die Anpasserschaltung der Vielstellendehnungsmeßgeräte entsprechend Bild E 2.4-1 unterscheidet sich z. T. erheblich von der einkanaligen Dehnungsmeßbrücke, insbesondere deshalb, weil die nichtreproduzierbaren *Kontaktwiderstände* des Meßstellenumschalters sowie die temperaturabhängigen *Leitungswiderstände* in Verbindung mit der Viertelbrükkenanschlußtechnik besondere Schaltungsmaßnahmen erforderlich machen. Die sicherste Methode, den Einfluß von Leitungs- und Kontaktwiderständen zu beseitigen, ist eine konsequente Trennung von Stromzuführungen und stromlosen Spannungsabgriffen. Für eine Viertelbrücke sind demnach vier Leitungen und – sofern alle Leitungen geschaltet werden – auch vier Kontakte erforderlich.

In Bild E 2.4-2 sind fünf verschiedene Schaltungsprinzipien mit *Viertelbrückenvierleitertechnik* dargestellt. R ist jeweils der Widerstand des Meßgitters. R_{LK1} und R_{LK4} bzw. R_{LK2} und R_{LK3} sind Widerstände der Stromzuführungen bzw. der Spannungsabgriffe des Meßgitters. Der Widerstand R_V ist ein Vergleichswiderstand, wobei hier offengelassen wird, ob es sich um einen im Gerät eingebauten Festwiderstand oder ein externes Kom-

a)
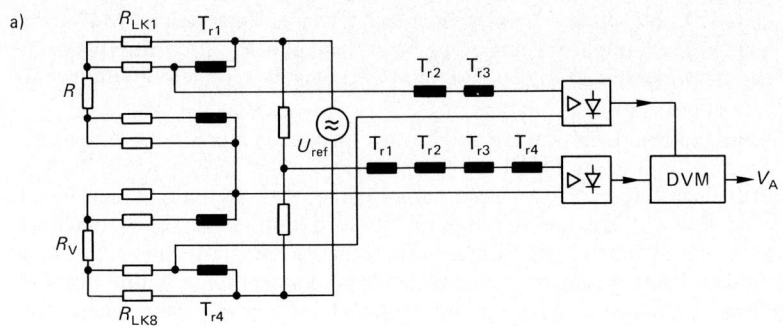

b)
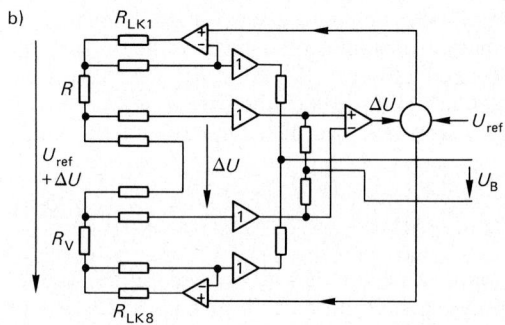

c)
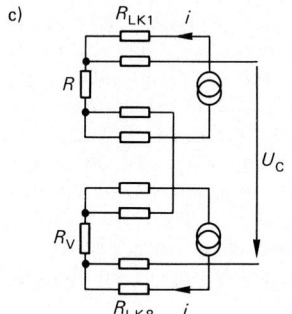

d)
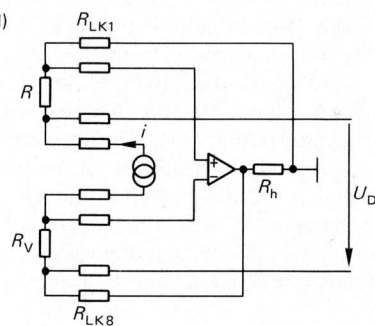

e)
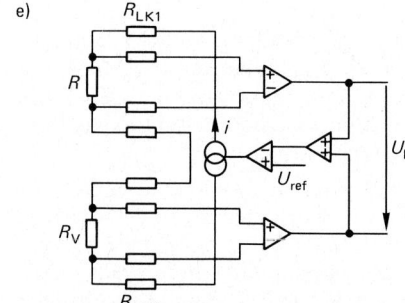

Bild E 2.4-2. Viertelbrückenvierleiterschaltungen.
a) Nach *Versnel*.
b) Nach *Kreuzer*.
c) Nach *Hoffmann* und *Trübeler*.
d) Nach *Bolk*.
e) Nach *Knapp*.

pensationsgitter handelt und ob dieses einer einzigen oder einer Gruppe von Meßstellen zugeordnet ist. Die Widerstände R_{LK5} und R_{LK8} bzw. R_{LK6} und R_{LK7} repräsentieren die Leitungs- und Kontaktwiderstände in den Stromzuführungen bzw. in den Spannungsabgriffen.

Die Brückenschaltung in Bild E 2.4-2 a [E 2.4-2] besteht aus den Widerständen R und R_V, zwei internen Festwiderständen und 4 Übertragern, deren Primärwicklungen in den vier Spannungsabgriffen liegen und mit den Spannungsabfällen der Stromleitungen beaufschlagt werden. Dabei wird vorausgesetzt, daß die Hauptinduktivitäten der Übertrager groß genug sind, um die Ströme in den Spannungsabgriffen vernachlässigen zu können. Der Einfluß der in den Stromleitungen abfallenden Spannungen auf den Nullpunkt wird dadurch kompensiert, daß in der Meßdiagonalen mit Hilfe der Sekundärwicklungen entsprechende Spannungen mit entgegengesetztem Vorzeichen und halber Amplitude (Spannungsverhältnis 2 : 1) addiert werden. Zur Kompensation des Empfindlichkeitsfehlers dient ein quotientenbildendes Digitalvoltmeter, an dessen Referenzeingang die Brückenspeisespannung abzüglich der Spannungsabfälle an den Stromleitungen anliegt; die Speisespannung wird über die Potentialleitungen R_{LK2} und R_{LK7} gemessen; die Spannungsabfälle an R_{LK4} und R_{LK5} werden mit Hilfe der Sekundärwicklungen von T_{r2} und T_{r3} (Spannungsverhältnis 1 : 1) kompensiert. Das von dem Digitalvoltmeter angezeigte Verhältnis

$$V_A = \frac{1}{2} \frac{R - R_V}{R + R_V} \qquad (E\ 2.4\text{-}1).$$

ist unabhängig von den Leitungs- und Kontaktwiderständen R_{LK} sowie von der Speisespannung U_{ref}. Wegen der Übertrager ist diese Schaltungstechnik nur auf wechselspannungsgespeiste Brücken anwendbar.

Die Schaltung nach *M. Kreuzer* in Bild E 2.4-2 b [E 2.4-3; 4] basiert ebenfalls auf der Wheatstone-Brücke. Sie enthält Verstärkerschaltungen, die die Aufgabe haben, die Summe der an R und R_V liegenden Spannungen konstant zu halten. Zwei Operationsverstärker, an deren Ausgänge die äußere Halbbrücke angeschlossen ist, dienen als Regler für die Potentiale an den betreffenden Anschlüssen von R und R_V. Zwei Impedanzwandler prägen der inneren Ergänzungshalbbrücke die gleichen Potentiale an den Speisepunkten ein. Zwischen R und R_V liegen die Stromleitungen R_{LK4} und R_{LK5}, an denen die Spannung ΔU abfällt. Sie wird mittels zweier Impedanzwandler und eines Differenzverstärkers gemessen und additiv dem Sollwert der Speisespannung U_{ref} überlagert. Ein an die Impedanzwandlerausgänge angeschlossener Spannungsteiler liefert ein der Mitte der äußeren Halbbrücke entsprechendes Potential. Die Ausgangsspannung dieser Anordnung ist

$$U_B = \frac{U_{ref}}{2} \frac{R - R_V}{R + R_V} \qquad (E\ 2.4\text{-}2).$$

Die Ausgangsspannung ist also auch hier völlig unabhängig von der Größe der Leitungs- und Kontaktwiderstände. Weder der Nullpunkt noch die Emfindlichkeit der Meßschaltung werden durch die Leitungen und Kontakte beeinträchtigt, auch wenn extrem lange und dünne Leitungen und/oder Halbleiterschalter verwendet werden, deren Durchgangswiderstände in der Größenordnung der Gitterwiderstände liegen.

Während die beiden bisher behandelten Schaltungen (Bild E 2.4-1 a und b) in ihrer Struktur der herkömmlichen Brückenschaltung mit vier Brückenzweigen entsprechen, handelt es sich bei den folgenden Schaltungsprinzipien (Bild E 2.4-2 c bis e) um Kompensationsschaltungen mit nur zwei Widerstandszweigen. Hier fehlt die innere Ergänzungshalbbrücke. Die Ströme in den Widerständen R und R_V sind – ebenso wie bei der

Brückenschaltung – untereinander gleich. Das Ausgangssignal entspricht der Differenz der an R und R_V abfallenden Spannung.

Das *Doppelstrommeßverfahren* entsprechend Bild E 2.4-2 c [E 2.4-5; 6] erfordert zwei voneinander getrennte Stromquellen mit gutem Gleichlauf der Ströme. Das Ausgangssignal

$$U_C = i\,(R - R_V) \tag{E 2.4-3}$$

ist auch hier unabhängig von den Leitungs- und Kontaktwiderständen. Der Zusammenhang zwischen U_C und R ist zwar streng linear, es läßt sich jedoch zeigen, daß die Meßempfindlichkeit in starkem Maße von der durch die Widerstandsspreizung bedingten Vorverstimmung abhängt [E 2.4-1; 7] und daß demzufolge bei großen Vorverstimmungen ein Abgleich oder eine rechnerische Korrektur notwendig ist.

Die *Gegenstromschaltung*, Bild E 2.4-2 d [E 2.4-8], hat gleiche Eigenschaften wie die Doppelstromschaltung, benötigt aber nur eine einzige potentialfreie Stromquelle mit entsprechend geringen Anforderungen an die Stabilität. Die Widerstände R und R_V sind in Reihe geschaltet und werden daher zwangsläufig vom gleichen Strom durchflossen. Die Ausgangsspannung

$$U_D = i\,(R - R_V) \tag{E 2.4-4}$$

ist unabhängig von den Leitungs- und Kontaktwiderständen sowie von dem Hilfswiderstand R_h.

In der *Vergleichsschaltung mit Regelung*, Bild E 2.4-2 e [E 2.4-1], sind die Widerstände R und R_V ebenfalls in Reihe geschaltet. Der Strom wird hier jedoch nicht konstant gehalten, sondern so geregelt, daß – wie bei der Kreuzer-Schaltung (Bild E 2.4-2 b) – die Summe der an R und R_V abfallenden Spannungen konstant bleibt. Die Ausgangsspannung ist in diesem Fall

$$U_E = U_{ref}\,\frac{R - R_V}{R + R_V} \tag{E 2.4-5}.$$

Mit der Regelung wird erreicht, daß – wie bei den Schaltungen in Bild E 2.4-2 a und b – die Vorverstimmung praktisch keinen Einfluß auf die Meßempfindlichkeit hat.

E 2.4.3 Meßstellenumschalter

Der *Meßstellenumschalter* ist bei großen Meßanlagen der aufwendigste Teil des Geräts. *Halbleiterschalter* sind in Verbindung mit den Schaltungsprinzipien entsprechend den Bildern E 2.4-2 b bis e trotz der hohen Durchgangswiderstände geeignet und haben gegenüber Relaiskontakten erhebliche Vorteile hinsichtlich Spannungsdrift, Ansprechzeit, Lebensdauer und Bauvolumen. Wegen der Notwendigkeit der Filterung lassen sich die kurzen Ansprechzeiten nur bedingt ausnutzen. Einziger Nachteil der Halbleiterschalter ist die nur unvollkommene Entkopplung zwischen den beiden Seiten des geöffneten Schalters sowie zwischen Schalter und Ansteuerung. Die Meßspannungen und die Potentialdifferenzen zwischen verschiedenen Meßstellen sind daher auf rd. ± 10 V begrenzt. Ein für alle Meßstellen gemeinsames Bezugspotential ist deshalb zweckmäßig. Für Dehnungsmessungen ergeben sich daraus unter Laborbedingungen meist keine Nachteile. Die Zerstörungsgefahr durch Überspannungen kann mittels Schutzschaltung an den Eingängen vermieden werden.

Relaiskontakte sind unbedingt notwendig, wenn extrem hohe und an den einzelnen Meßstellen unterschiedliche Gleichtaktspannungen vorliegen, z. B. wenn einige DMS oder Thermoelemente unmittelbar an Netzpotential führenden Metallteilen angebracht sind. Um zu vermeiden, daß diese Gleichtaktspannungen in Gegentaktspannungen umgewandelt werden und so den Meßwert verfälschen, sind Maßnahmen zur Potentialtrennung und Abschirmung des Meßverstärkers, Abschirmungen für Meßleitungen, Abschirmungen für analoge Busleitungen sowie zusätzliche Meßstellenumschalter und Treiber für die Schirmpotentiale erforderlich. Da die Vorteile dieser relativ aufwendigen Schutzschirmtechnik jedoch nur in seltenen Fällen voll zum Tragen kommen, wird bei vielen handelsüblichen Geräten mit Relaisumschalter darauf verzichtet. Der Meßkreis wird dann nicht schwebend betrieben, sondern an der Speisequelle geerdet. Auch die Schirme der Meßleitungen werden meist auf ein gemeinsames Erdpotential gelegt und benötigen dann weder Treiber noch Schaltkontakte. Unter normalen Laborbedingungen sind meist auch billige, ungeschirmte Meßleitungen verwendbar. Wichtige Kriterien für die Auswahl des Relaistyps sind die parasitären Thermospannungen, die Zuverlässigkeit und die Ansprechzeiten.

Den Einfluß der *Thermospannungen* kann man zwar bei DMS auch durch Speisung mit Wechselspannung oder mit wechselnd gepolter Gleichspannung vermeiden. Diese Verfahren sind jedoch für Messungen mit Thermoelementen ungeeignet. Ein universell ausgelegtes Gerät sollte deshalb thermospannungsarme Schaltkontakte haben. Thermospannungen entstehen durch Temperaturunterschiede in Leitungsmaschen, die aus Leitern verschiedenen Materials zusammengesetzt sind. Weder die Temperatur noch die Materialunterschiede sind bei Relaiskontaktkreisen vollkommen vermeidbar, weil einerseits die benachbarte Erregerspule eine Wärmequelle darstellt und andererseits die Kontaktzungen nicht – wie deren Zuleitungen – aus Kupfer hergestellt werden können. Die Erwärmung der Relaisspule ist bei kurzzeitiger Anschaltung mit längeren Pausen meist vernachlässigbar. Wenn es nötig ist, eine Meßstelle längere Zeit eingeschaltet zu lassen, so kann die Erwärmung dadurch reduziert werden, daß die Erregerspannung nach dem Einschalten auf einen niedrigeren Wert, der noch mit Sicherheit oberhalb der Haltespannung liegt, abgesenkt wird.

Bei *bistabilen Relais* kann die Spannung nach dem Einschalten auf null abgesenkt werden. Die Relais werden jeweils mit kurzen Impulsen gesetzt bzw. rückgesetzt. Ihre Thermospannungen sind auch bei längerer Anschaltung $<1\,\mu V$. Die Ablaufsteuerung wird durch diese Maßnahmen etwas komplizierter, was bei rechnergesteuerten Meßanlagen jedoch kaum ins Gewicht fällt. Eine weitere Möglichkeit zur Reduzierung der Thermospannungen besteht darin, die Erregerseite und die Kontaktseite durch konstruktive Maßnahmen thermisch voneinander zu entkoppeln, was bei Relais mit Anker wegen der räumlichen Distanz zwischen Spule und Kontaktsatz an sich leichter ist als bei Reed-Relais der üblichen Bauweise mit koaxialer Anordnung von Spule und Kontaktsatz. Ordnet man die Reed-Kontakte nicht innerhalb, sondern außerhalb der Spulen an, so sind zur Konzentration des magnetischen Flusses zusätzlich weichmagnetische Eisenteile erforderlich, die gleichzeitig auch als Wärmeableiter benutzt werden können. Bei einem nach diesem Prinzip aufgebauten Gerät sind die Spulen als ebene gedruckte Kupferspiralen ausgeführt [E 2.4-5]. Auch mit dieser Technik werden sehr kleine Thermospannungen erreicht.

Ein weiteres wichtiges Auswahlkriterium ist die *Zuverlässigkeit* der Kontakte. Kontakte sind mechanisch bewegte Teile und deshalb grundsätzlich verschleißbehaftet. Das Ende der mechanischen Lebensdauer – bei Reed-Kontakten 10^8 bis 10^9 Schaltspiele, bei anderen Kontakten 10^7 bis 10^8 Schaltspiele – wird nur in seltenen Fällen bei Dauerversuchen erreicht. Einige Exemplare fallen jedoch schon lange vor dem Ende der Lebensdauer aus. Diese Ausfälle können durch Mängel bei der Herstellung oder Montage der Bauelemente verursacht sein, z. B. durch Beschädigung des Reed-Kontakt-Glasröhrchens und langsames Entweichen des Schutzgases. Nicht hermetisch gekapselte Kamm- oder Kartenrelais können durch Verschmutzung oder Oxidbildung an den Kontaktflächen ausfallen. Die Ausfallwahrscheinlichkeit wird durch Doppelkontakte merklich reduziert. Wegen der kleinen Meßströme und -spannungen ist als Kontaktwerkstoff Gold am besten geeignet. Da Ausfälle nie ganz vermeidbar sind, sollte vor jeder wichtigen Meßreihe eine vollständige Funktionsprüfung aller Meßstellen durchgeführt werden.

Die *Ansprech- und Abfallzeiten* der Relais sind i. a. von untergeordneter Bedeutung. Das langsamste Glied der Meßkette ist normalerweise der Analog-Digital-Umsetzer. Für die Messung kleiner Signale sind mit Rücksicht auf die notwendige Störsignalunterdrückung integrierende Umsetzverfahren zweckmäßig. Die kleinste noch sinnvolle Integrationszeit ist dann gleich der Dauer einer Netzperiode (20 ms). Die Unterschiede in den Ansprech- und Abfallzeiten schneller Reed-Relais (1 ms) einerseits und langsamer Kamm- oder Kartenrelais (7 ms) andererseits entsprechen demnach einem Unterschied in der maximal möglichen Abtastrate von höchstens rd. 30%. In Verbindung mit Dual-Slope-Umsetzern ist es sinnvoll, schon während der Rückintegration zur nächsten Meßstelle weiterzuschalten. Auf diese Weise erfordert der Schaltvorgang auch bei langsamen Relais praktisch keine zusätzlichen Wartezeiten.

E 2.4.4 Nullpunktunterdrückung

Bückenschaltungen oder Vergleichsschaltungen mit Dehnungsmeßstreifen haben i. a. nicht vernachlässigbare Vorverstimmungen. Diese werden verursacht durch die Streuung der Gitterwiderstände, durch mechanische Vorlast oder durch unterschiedliche Leitungswiderstände. Vorverstimmungen sind unerwünscht, weil sie die Interpretation des Meßergebnisses erschweren, Linearitäts- und Empfindlichkeitsfehler verursachen oder gar eine Übersteuerung der Meßschaltung bewirken können. Zur Beseitigung der Vorverstimmung ist bei einkanaligen Geräten normalerweise ein schaltungstechnischer *Nullabgleich* vorgesehen. Bei Vielstellendehnungsmeßgeräten führt der Abgleich jeder einzelnen Meßstelle zu unangemessen hohem Hardware- und Bedienungsaufwand. Mit einem *automatischen Zentralabgleich*, bei dem nur ein einziges Widerstandsnetzwerk in Abhängigkeit von gespeicherten Anfangswerten gesteuert wird, kann der Aufwand in vertretbaren Grenzen gehalten werden.

Bei rechnergesteuerten Geräten ist der schaltungstechnische Nullabgleich u. U. ganz überflüssig. Er kann durch eine *rechnerische Nullpunktunterdrückung* ersetzt werden, sofern sich Übersteuerungen vermeiden lassen und Linearitäts- und Empfindlichkeitsfehler hinreichend klein gehalten werden. Hierzu eignen sich im Prinzip alle im Bild E 2.4-2 dargestellten Viertelbrückenvierleiterschaltungen, da die Leitungswiderstände nicht zur Vorverstimmung beitragen und demzufolge die Gefahr der Übersteuerung auch bei relativ engem Meßbereich vergleichsweise gering ist. Es läßt sich jedoch zeigen [E 2.4-1; 7; 9], daß die Schaltungen mit konstant gehaltener Speisespannung (Bild E 2.4-2 a, b und e) für den abgleichlosen Betrieb besser geeignet sind als jene mit konstantem Speisestrom, da bei letzteren die Empfindlichkeit sehr stark von der Vorverstimmung abhängt, was ggf. zuätzliche rechnerische Korrekturen erforderlich macht.

E 2.5 Vielstellenmeßgeräte für schnell veränderliche Meßgrößen

E 2.5.1 Aufbau

Bei Geräten mit Abtastraten von über 30 Werte/s ist in der Regel jedem Kanal ein eigener Anpasser zugeordnet. Der Aufwand ist daher wesentlich größer als bei langsamen Vielstellenmeßgeräten. Anpasser für Dehnungsmeßstreifen haben, wie in Abschnitt E 3 ausgeführt wird, ein Brückenergänzungsnetzwerk, eine Quelle zur Speisung der Brücke, eine Abgleichvorrichtung und einen Meßverstärker.

Die in diesem Abschnitt behandelten Geräte sind hinsichtlich der Vielkanalanpasser im Prinzip gleichartig aufgebaut. Sie unterscheiden sich aber wesentlich in der Art der Zwischenspeicherung und Weiterverarbeitung der Signale.

E 2.5.2 Vielstellenmessung mit PCM-Magnetbandgerät

Magnetbandgeräte eignen sich besonders zur Aufzeichnung lang dauernder Vorgänge. Magnetbänder haben eine hohe Speicherdichte und benötigen zum Festhalten der Information keine Hilfsenergie. Zur Aufzeichnung wird vorzugsweise die Pulscodemodulation (PCM) benutzt, die im Vergleich zur herkömmlichen Frequenzmodulation zwar eine etwas höhere Bandbreite benötigt, andererseits aber wesentlich rauschärmer und störsicherer ist. Da es sich bei der PCM um ein digitales Verfahren handelt, geht durch die Aufzeichnung keine Information verloren, solange die einwirkenden Störgrößen unterhalb einer bestimmten Schwelle bleiben.

In Bild E 2.5-1 ist eine typische PCM-Ausrüstung schematisch dargestellt. Sie besteht aus einem vielkanaligen Meßverstärker, der Aufnahmeelektronik, einem Magnetbandgerät und der Wiedergabeelektronik. Zur Aufnahmeelektronik gehören ein Scanner, ein schneller Analog-Digital-Umsetzer und ein PCM-Modulator. Die Wiedergabeelektronik besteht aus einem PCM-Demodulator, einer digitalen Schnittstelle für den Anschluß eines Rechners, einem Digital-Analog-Umsetzer und einem Abtast-Halte-Glied SH je Kanal für den Anschluß analoger Anzeige- oder Registriergeräte. Aufnahme- und Wiedergabeteil sind meist zwei voneinander unabhängige Geräte, so daß sowohl für die Messung als auch für die Auswertung jeweils nur ein Teil der Ausrüstung benötigt wird. Jeder Spur eines mehrspurigen Magnetbandgeräts kann eine Aufnahme- bzw. Wiedergabeelektronik zugeordnet werden. Die Anzahl der insgesamt möglichen Kanäle ist demnach gleich dem Produkt aus Kanalanzahl des Bandes und Kanalanzahl der Aufnahmeelektronik. Die Wiedergabeelektronik braucht – auch bei Mehrspurbetrieb – nur einmal vorhanden zu sein, wenn man von der Möglichkeit Gebrauch macht, den Wiedergabevorgang mehrfach zu wiederholen.

Die Bandbreite des einzelnen Kanals ist abhängig von der Bandgeschwindigkeit, der Anzahl der Kanäle je Spur und der Auflösung. Typisch ist eine Bandbreite von rd. 400 Hz bei einer Geschwindigkeit von 76 cm/s (30 ips) bei acht Kanälen je Spur mit einer Auflösung von 10 bit ($\triangleq 0,1\%$ Fehler) [E 2.5-1].

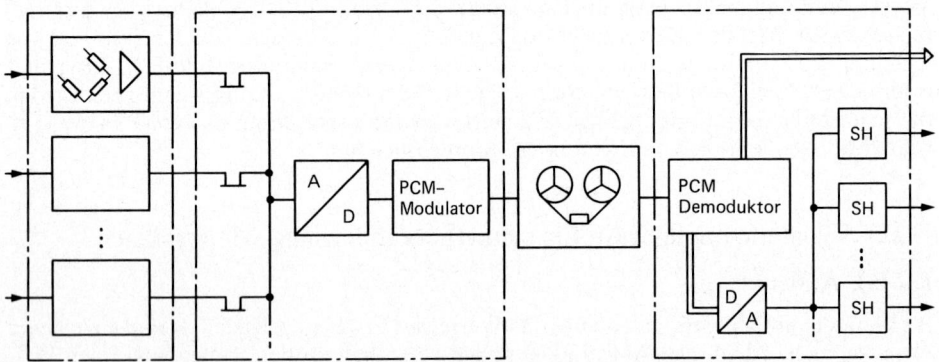

Bild E 2.5-1. Meßdatenerfassung mit PCM-Magnetbandgerät für langdauernde Vorgänge.

Zur weiteren Vervielfachung einzelner Kanäle kann man den betreffenden Eingängen der Aufnahmeelektronik sog. Premultiplexer vorschalten und damit einen Hauptkanal durch nochmalige Anwendung des Zeitmultiplexverfahrens in mehrere Unterkanäle aufteilen. Die Bandbreite dieser Unterkanäle ist jedoch entsprechend ihrer Anzahl niedriger als die des Hauptkanals.

E 2.5.3 Prozeßrechner mit schnellem Analogmultiplexer

Für die vielkanalige Erfassung schneller Vorgänge mit begrenzter Dauer wird meist das in Bild E 2.5-2 dargestellte System benutzt. Es besteht aus einem Vielkanalmeßverstärker, einem schnellen Analogmultiplexer mit Analog-Digital-Umsetzer und einem Prozeßrechner. Den Multiplexer und den Analog-Digital-Umsetzer faßt man normalerweise zu einer Baueinheit zusammen. Üblich sind 8, 16 oder 32 Kanäle und Auflösungen von 12 bit ($\triangleq 0{,}025\%$) oder 14 bit ($\triangleq 0{,}006\%$). Die maximalen Abtastraten liegen zwischen 20 000/s und 50 000/s.

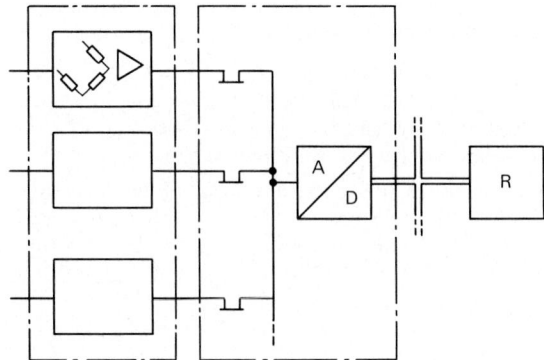

Bild E 2.5-2. Direkte Meßdatenerfassung mit Prozeßrechner für schnelle Vorgänge.

Mit einem schnellen 16kanaligen System wird z. B. bei einer Abtastrate von 50 000/s im zyklischen Betrieb jeder Kanal 3125mal je Sekunde abgetastet; dies entspricht einer Bandbreite von rd. 1 kHz. Die Begrenzung der Bandbreite ist in erster Linie durch die Abtastfrequenz und die Anzahl der Kanäle des Multiplexers gegeben. Es muß dafür gesorgt sein, daß die Daten mit entsprechender Geschwindigkeit an den Rechner übergeben und dort abgespeichert werden können. Die schnelle Übergabe erfordert u. U. einen direkten Speicherzugriff (DMA, Direct Memory Access). Bei einer Abtastrate von 50 000/s werden in einer Sekunde bereits 100 kbyte des Speichers gefüllt.

E 2.5.4 Vielkanaltransientrecorder

Zur Aufzeichnung extrem schnell ablaufender Vorgänge eignen sich Vielkanaltransientrecorder. Entsprechend Bild E 2.5-3 besteht die Meßeinrichtung aus einem Vielkanalmeßverstärker, dem Transientrecorder und dem daran angeschlossenen Rechner. Jeder Kanal des Transientrecorders enthält einen Analog-Digital-Umsetzer (ADU) und einen Speicher S. Die maximal mögliche Abtastfrequenz ist hier hauptsächlich von den Eigenschaften der ADUs abhängig. Mit 8-bit-ADUs lassen sich Abtastfrequenzen von bis zu 20 MHz realisieren. Höher auflösende ADUs (10 und 12 bit) haben Abtastfrequenzen von höchstens 1 bis 2 MHz. Die Signalbandbreite ist um den Faktor drei bis fünf niedriger als die Abtastfrequenz. Die Speichertiefe, d. h. die Anzahl der Werte, die in einem Kanal gespeichert werden können, liegt zwischen 1 k ($\triangleq 1024$ bit) und 8 k ($\triangleq 8192$ bit). Einige

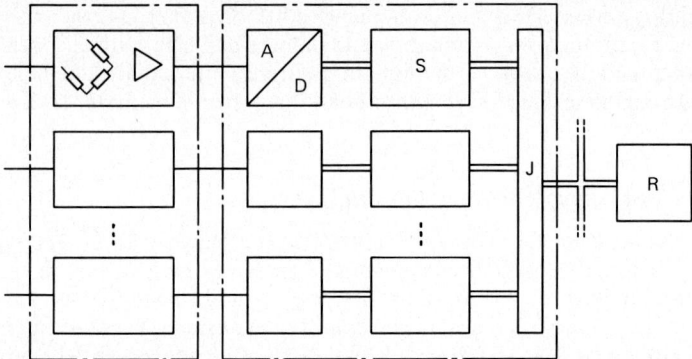

Bild E 2.5-3. Meßdatenerfassung mit Transientrecordern für sehr schnelle Ereignisse.

Geräte können bis zu einer Speichertiefe von 64 k je Kanal ausgebaut werden. Damit lassen sich auch relativ lange Vorgänge vielkanalig aufzeichnen.

Die Übergabe in den Rechner erfolgt zu einem späteren Zeitpunkt mit einer vom Meßvorgang völlig unabhängigen Geschwindigkeit. Die Anforderungen an die Arbeitsgeschwindigkeit des Rechners und seine Schnittstelle sind hier vergleichsweise niedrig, so daß meist einfache, billige Tischrechner verwendet werden können.

Außer der Rechnerschnittstelle haben Transientrecorder meist auch analoge Ausgänge. Mit daran angeschlossenen Oszilloskopen kann der Speicherinhalt als stehendes Bild in Abhängigkeit von der Zeit oder in Abhängigkeit von einer gemeinsamen Größe dargestellt werden. Einige Geräte verfügen über eingebaute Oszilloskope mit zusätzlichen Möglichkeiten zur Einblendung von Achsenkreuzen, Markierungen, digitalisierten Augenblickswerten und Zeiten, was die visuelle Auswertung erleichtert. Normalerweise besteht auch die Möglichkeit zum Anschluß eines analogen $x;y$- oder $y;t$-Schreibers.

E 3   Anpasser

M. Kreuzer

E 3.1   Formelzeichen

A	Aderquerschnitt, Auflösung
B	Brückenverstimmung
C	Kapazität
D	Dämpfung
DW	Digitalwert
E	Empfindlichkeit
G	Meßgröße
K	Kalibriersignal
L	Induktivität
M	Meßsignal
N	Nullsignal

R	Lastwiderstand
R_{is}	Leck-, Isolationswiderstand
ΔR	Widerstandsänderung
T	absolute Temperatur, Anschalt-, Integrationszeit
U	Spannung
U_m	Meßspannung
U_{ref}	Referenzspannung
ΔU	Spannungsabfall, -differenz
Z	Impedanz
d	Digitalschritt, Auflösungsschritt
f	Frequenz (des Meßsignals)
f_g	Eckfrequenz
f_r	Träger-, Transitfrequenz
i	Strom
k	Boltzmann-Konstante
l	Länge
m	Faktor
n	Anzahl
q	Ladungsmenge
t	Zeit
v_0	Leerlaufverstärkung
χ	Leitfähigkeit
ε	Dehnung
ε_e	effektive Dehnung
τ	Zeitkonstante
ω	Kreisfrequenz

E 3.2 Allgemeines

Anpasser bilden das Mittelstück einer Meßkette, wie sie in Bild E 3.2-1 dargestellt ist. Die wesentlichen Baugruppen, die zu einem Anpasser AP gehören können, sind darin eingezeichnet. Die Meßgröße G wird vom Aufnehmer A in das Meßsignal M umgesetzt und über die Signalleitung L_1 der Zwischenschaltung Z zugeführt. Die Zwischenschaltung hat die Aufgabe, den Aufnehmer optimal anzuschließen, so daß das Meßsignal möglichst genau und unbeeinflußt von verschiedenen Störgrößen S gemessen werden kann. Eine weitere Aufgabe der Zwischenschaltung ist es, passive Aufnehmer zu speisen. Der Zwischenschaltung folgt der Verstärker V, der die sehr kleine Meßspannung U_1 auf die Spannung U_2 verstärkt und der bei Trägerfrequenzsystemen die Demodulation durchführt. Dem Verstärker kann eine Einheit AS zur analogen Signalverarbeitung nachgeschaltet sein, die z. B. die Meßspannung U_2 filtert, Spitzenwerte und Momentanwerte speichert, Grenzpegel überwacht oder die Meßspannung mittels analoger Rechenschaltungen weiterverarbeitet. Die Spannung U_3 wird danach von einem Analog-Digital-Umsetzer ADU in einen Zahlenwert umgesetzt, den der nachfolgende Mikrocomputer MC weiterverarbeitet. Weiterhin kann zum Anpasser ein Anzeige- und Bedienteil AB gehören, das mit allen vorher aufgeführten Schaltungsgruppen in Verbindung steht. Die in Bild E 3.2-1 gezeigten Schaltungsgruppen des Anpassers müssen bei real ausgeführten Meßketten jedoch nicht immer alle existent sein. Häufig besteht der Anpasser nur aus einer einfachen Zwischenschaltung und einem Verstärker, dessen Ausgangsspannung U_2 direkt über die Signalleitung L_2 dem Ausgeber AG zugeführt wird. Andererseits kann der

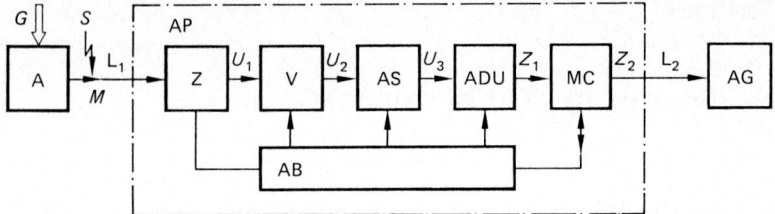

Bild E 3.2-1. Signalleitungen und Anpasser in der Meßkette.

Anpasser aus nur einer Mikrocomputerschaltung MC bestehen, wenn das Aufnehmer-meßsignal M eine Impulsfrequenz oder ein digital kodiertes Signal ist, das der Mikrocomputer direkt verarbeiten kann.

Nachfolgend werden in der Reihenfolge, wie in Bild E 3.2-1 gezeichnet, die einzelnen Schaltungsgruppen der Anpasser genauer behandelt. In [E 3.2-1] wurden Zwischenschaltungen Z, Verstärker V und insbesondere die Rechenschaltungen und die analoge Signalverarbeitung AS bereits ausführlich beschrieben. Diese Darlegungen werden in den entsprechenden Abschnitten dieses Buches nicht wiederholt, sondern nur durch Informationen über neue Schaltungstechniken ergänzt.

Der hohe Integrationsgrad der Halbleitertechnik, ausgefeilte ADU-Schaltungstechniken und die Möglichkeit, mit Hilfe von Mikrocomputern umfangreiche digitale Signalverarbeitungen durchzuführen, bilden die Grundlage dafür, daß genaue, mit Intelligenz ausgestattete Meßgeräte aufgebaut werden können, die auch schwierige Meßprobleme elegant meistern und die dabei den Bedienungsaufwand auf ein Minimum reduzieren helfen. Die hohe Integrationsdichte der Halbleitertechnik ermöglicht weiterhin, daß Aufnehmer und Anpasser in einer Einheit zusammengefaßt und daß Sensoren mit Anpasserelektroniken auf einem Chip integriert werden können.

Die Probleme elektrischer Signalleitungen werden in Abschnitt E 3.3 mit angesprochen. Die optischen Signalleitungen seien hier nur kurz erwähnt. Sie haben außerordentlich hohe Signalbandbreiten, stellen eine Isolation zwischen Datensender und Datenempfänger her und sind gegen elektrische Störspannungen völlig unempfindlich. Ihr Übertragungsmaß hängt jedoch stark von der Güte der Lichtein- und Lichtauskopplung zwischen Lichtsender, Lichtleiter und Lichtempfänger ab und unterliegt daher großen Schwankungen. Daher werden Lichtleiter meist für die Übertragung digitaler, pulscode- oder frequenzmodulierter Signale eingesetzt, die im Vergleich zu Analogsignalen unempfindlich gegenüber Pegelschwankungen sind. Ein weiterer Nachteil der Lichtleiter ist, daß sie nicht ohne weiteres Hilfsenergien übertragen können. Über die Funktion und Anwendung optischer Signalleitungen gibt es umfangreiches Schrifttum [E 3.2-2; 3; 4], so daß auf eine Darstellung in diesem Buch verzichtet wird. Dies gilt auch für fluidische Signalleitungen, die in [E 3.2-5] ausführlich beschrieben sind. Erwähnt sei an dieser Stelle nur, daß fluidische Signalleitungen auch noch bei extrem hohen Umgebungstemperaturen und unter intensiver Kernstrahlung einwandfrei arbeiten können.

E 3.3 Zwischenschaltungen

Die aktiven Aufnehmer, wie Thermoelemente, elektrodynamische und piezoelektrische Aufnehmer, geben direkt Meßspannungen oder Ströme ab und können daher meist ohne besondere Zwischenschaltung an geeignete Verstärker angeschlossen werden. Anders ist die Situation bei passiven Aufnehmern wie Dehnungsmeßstreifen-, induktiven, kapazitiven und piezoresistiven Aufnehmern, bei denen die Meßgröße Widerstands- bzw. Impedanzänderungen bewirkt. Diese Aufnehmer benötigen Zwischenschaltungen, die einerseits die Aufnehmer speisen und andererseits dafür sorgen, daß die Impedanzänderungen der Aufnehmer in elektrische Spannungen bzw. Ströme umgesetzt werden können, die der Meßgröße möglichst genau und ungestört entsprechen. Als Zwischenschaltungen werden dabei in großem Umfang Brückenschaltungen eingesetzt. Brückenschaltungen erlauben es, Störgrößen weitestgehend zu unterdrücken, so daß auch sehr kleine Meßsignale noch sicher gemessen werden können. Insbesondere bei Messungen mit Dehnungsmeßstreifen hat die Brückenschaltung eine überragende Bedeutung. Sie eignet sich daher gleichermaßen gut für Gleichspannungs- wie für Trägerfrequenzbetrieb. Geeignete Anschlußschaltungen der Meßgeräte ermöglichen dabei ein genaues Erfassen der Brückensignale.

E 3.3.1 Anschlußschaltungen für Vollbrücken

Die gebräuchlichen Meßgeräte besitzen z. T. recht unterschiedliche Anschlußschaltungen, deren wichtigste Typen in Bild E 3.3.1 aufgeführt sind. Die Art der Anschlußschaltung hat entscheidenden Einfluß darauf, ob Störgrößen wirkungsvoll unterdrückt werden können. Wichtige Störgrößen sind u. a. kapazitiv, induktiv und elektromagnetisch eingekoppelte Störspannungen, Spannungsabfälle an Leitungs-, Kontakt- und Schaltungsinnenwiderständen, Ladeströme in den Leitungskapazitäten und die durch sie hervorgerufenen Spannungsabfälle (insbesondere bei Trägerfrequenzbetrieb), Leckströme infolge zu niedriger Isolationswiderstände sowie Thermo- und Rauschspannungen.

Der Einfluß der Störgrößen auf die verschiedenen Anschlußschaltungen ist in Tabelle E 3.3.1 aufgeführt. Die Schaltung gemäß Bild E 3.3-1a ist häufig bei älteren Trägerfrequenzmeßverstärkern zu finden. Der Meßkreis ist im Eingang des Vorverstärkers über die Meßdiagonale 4 geerdet. Die Schaltung benötigt keinen Differenzverstärker, sie hat dafür aber auch nicht die Möglichkeit, gleichphasig auf die Meßdiagonale eingekoppelte Störungen mit Hilfe einer hohen Gleichtaktunterdrückung zu eliminieren. Da die auf die Speisediagonale 2 und 3 und die Meßdiagonale 1 eingekoppelten elektrischen Störungen S über die Widerstände der Brückenschaltung zur Meßdiagonalen 4 und somit nach Masse abgeleitet werden, erzeugen sie gleichphasige Spannungsabfälle, die sich addieren und die als Fehlerspannungen der Meßspannung U_m überlagert sind. Da die Brückenspeisespannungsdiagonalen 2 und 3 auf hohen Potentialen von rd. $+U_B/2$ und $-U_B/2$

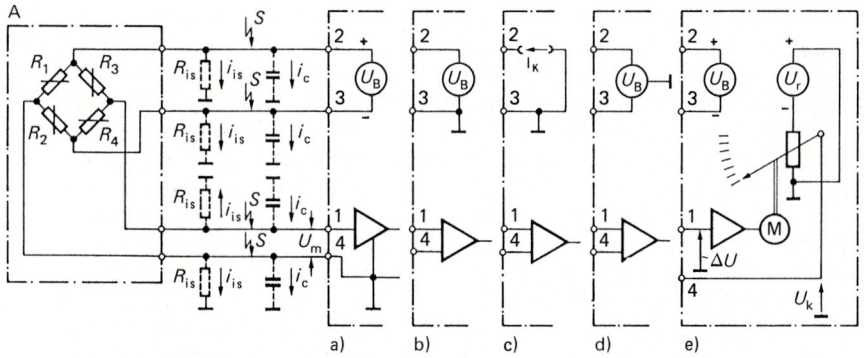

Bild E 3.3-1. Verschiedene gebräuchliche Brückenanschlußschaltungen.
a) Erdung einer Meßdiagonalen bei erdfreier Brückenspeisespannung.
b) Einseitige Erdung der Brückenspeisespannung.
c) Speisung mit Konstantstrom und Erdung einer Speisespannungsdiagonalen.
d) Brückenspeisespannung ist im Mittelpunkt geerdet (erdsymmetrische Speisung).
e) Analogkompensator mit Erdung einer Meßdiagonalen über die Kompensationsspannung U_k.

Tabelle E 3.3-1 Empfindlichkeit verschiedener Brückenanschlußschaltungen gegen Störungen.
a) kapazitiv, induktiv und elektromagnetisch eingekoppelte Störspannungen
b) Umladeströme der Kabelkapazitäten und Leckströme der Isolationswiderstände
c) Spannungsabfälle in den Speisespannungsadern und Verbindungskontakten

Schaltung	Einfluß der Störgrößen		
	a) Störspannungen	b) Störströme	c) Spannungsabfälle
Bild E 3.3-1 a	groß	groß	groß
Bild E 3.3-1 b	gering	groß	groß
Bild E 3.3-1 c	mittel	groß	sehr gering
Bild E 3.3-1 d	gering	gering	groß
Bild E 3.3-1 e	sehr groß	sehr groß	groß
Bild E 3.3-2 (Vollbrückenanschaltung)	sehr gering	sehr gering	sehr gering
Bild E 3.3-2 (Halbbrückenanschaltung)	mittel	sehr gering	sehr gering

liegen, sind ihre kapazitiven Ladeströme i_c und ihre Leckströme i_{is} wesentlich größer als die Fehlerströme i_c und i_{is} der Meßdiagonalen 1, die nur auf dem niedrigen Potential der Meßspannung U_m liegt. Da die Brückenspeisespannung U_B nicht geerdet ist, schließen sich diese Fehlerstromkreise über die Meßdiagonale 4 und die Brückenwiderstände R_1 bis R_4. Dadurch werden weitere Fehlerspannungen erzeugt, die sich der Meßspannung U_m zusätzlich überlagern. Die Anschlußschaltung nach Bild E 3.3-1 a hat eine große Empfindlichkeit gegen eingekoppelte Störspannungen und kapazitive Asymmetrien der Meßleitungen. Diese Schaltung wird daher heute kaum noch angewendet. Früher wurde sie praktisch nur in Trägerfrequenzmeßsystemen, die eine hohe zusätzliche Störspannungsunterdrückung aufweisen (s. Abschn. E 3.4.1), eingesetzt. Ein Phasenabgleich war dabei jedoch immer erforderlich.

In der Schaltung nach Bild E 3.3-1 b ist die Brückenspeisespannung U_B einseitig geerdet, d. h. mit dem Bezugspotential verbunden. Die Meßspannung U_m wird einem Differenzverstärker zugeführt. Diese Schaltung hat eine hohe Störspannungsunterdrückung. Störungen, die auf die Speiseleitungen einkoppeln, werden entweder direkt oder über den Brückenspeisespannungsgenerator, der meist einen sehr niedrigen Innenwiderstand von $\leq 1\,\Omega$ aufweist, nach Masse abgeleitet. Störungen, die gleichphasig auf die beiden Meßdiagonalen einwirken, werden vom Differenzverstärker unterdrückt. Die einseitige Erdung der Brückenspeisespannung U_B bewirkt jedoch, daß die Meßdiagonalen eine hohe Gleichtaktspannung von rd. $U_B/2$ gegenüber der Bezugsmasse führen. Diese Gleichtaktspannung ist somit i. a. 100 bis 1000fach größer als die Meßspannung U_m, die meist im Bereich von wenigen mV liegt. Diese hohen Gleichtaktspannungen können hohe Leckströme i_{is} und große Umladeströme i_c in den Meßdiagonalen erzeugen, deren Asymmetrie wiederum große Differenzfehlerspannungen möglich macht, die die Meßspannung U_m verfälschen können. Die Schaltung in Bild E 3.3-1 b ist daher bei Trägerfrequenzbetrieb völlig ungeeignet. Sie wird jedoch häufig bei Gleichspannungsverstärkern angewendet, weil zum einen der Aufwand für den Brückenspeisespannungsgenerator gering ist und weil diese Schaltung zum anderen in Fällen, in denen Aufnehmer über Zener-Barrieren in explosionsgefährdeten Räumen eingesetzt werden sollen, mit nur drei unipolaren Zener-Barrieren auskommt. Beim Einsatz dieser Schaltung, insbesondere mit hochohmigen Brückenwiderständen, ist sorgfältig darauf zu achten, daß die Isolationswiderstände der Kabel und Steckverbindungen genügend hoch sind.

In Schaltung nach Bild E 3.3-1 c wird die Brücke von einer Konstantstromquelle gespeist. Vieles aus der Schaltung nach Bild E 3.3-1 b gilt auch für diese Schaltung. Die Empfindlichkeit gegenüber Störspannungen ist jedoch höher, da in der Schaltung in Bild E 3.3-1 c auch Störungen, die auf die Speisediagonale 2 einkoppeln, über die Brückenwiderstände abgeleitet werden. Die Einflüsse der Störströme sind wegen der hohen an der Meßdiagonalen anliegenden Gleichtaktspannung ebenfalls hoch. Außerdem sind beide Schaltungen für Trägerfrequenzbetrieb ungeeignet. Der Vorteil der Schaltung in Bild E 3.3-1 c ist jedoch, daß infolge der Konstantstromspeisung die an der Brücke anliegende Spannung U_B – unabhängig von Spannungsabfällen in den Speiseleitungen – konstant ist. Nachteilig ist, daß sich beim Parallelschalten von n Aufnehmern die Brückenspeisespannung um den Faktor $1/n$ verringert und proportional mit ihr auch die Meßempfindlichkeit. Die Anwendung der Schaltung ist auch dadurch eingeschränkt, daß die meisten DMS-Aufnehmer in mV/V und nicht in mV/mA, wie für Konstantstromspeisung erforderlich, kalibriert und temperaturkompensiert sind. Toleranzen und Änderungen des Aufnehmereingangswiderstands gehen somit als proportionaler Empfindlichkeitsfehler ins Meßergebnis ein.

Die Schaltung aus Bild E 3.3-1 d vermeidet die bei den vorigen Schaltungen genannten Fehler weitgehend. Der Brückenspeisespannungsgenerator erzeugt eine Spannung U_B, die symmetrisch zum Erdbezugspotential liegt. Störungen S und Fehlerströme i_{is} und i_c der Speiseleitungen werden direkt über den Brückenspeisespannungsgenerator nach Masse abgeleitet und können somit keine Fehlerspannungen an den Brückenwiderständen erzeugen. Bei abgeglichener Brückenschaltung führen die beiden Meßdiagonalen keine und bei Brückenverstimmung nur eine sehr niedrige Spannung von rd. $+U_m/2$ bzw. $-U_m/2$, so daß Isolationswiderstände R_{is} und Leitungskapazitäten C der Meßdiagonalen einen 100- bis 1000fach geringeren Einfluß haben als in den Schaltungen von Bild E 3.3-1 a bis c. Die meisten modernen Meßverstärker haben daher eine Anschlußschaltung vom Typ der Schaltung in Bild E 3.3-1 d. Mit ihr wurde es möglich, Trägerfrequenzmeßverstärker aufzubauen, die keinen Phasenabgleich mehr benötigen.

Bild E 3.3-1 e zeigt die Anschlußschaltung nach dem Kompensationsprinzip. Die Meßspannung U_m liegt mit der Kompensationsspannung U_k in Reihe, so daß am Eingang des Verstärkers nur noch die Differenzspannung $\Delta U = U_m - U_k$ anliegt, die im abgeglichenen Zustand zu null wird. Der prinzipielle Vorteil dieser Schaltung liegt darin, daß der Verstärkungsfaktor des Verstärkers nicht ins Meßergebnis eingeht, und daß die Meßspannung im abgeglichenen Zustand nicht mehr durch den Eingangswiderstand des Verstärkers belastet wird, da dessen Eingangsspannung zu null wird. Beide Vorteile zählen heutzutage bei dem hohen Stand der Verstärkertechnik nicht mehr. Infolge der Asymmetrie der Beschaltung der Meßdiagonalen und der fehlenden Erdung der Brückenspeisespannung ist die Schaltung in Bild E 3.3-1 e äußerst empfindlich gegenüber Störspannungseinkopplungen und kapazitiven Asymmetrien. Sie wurde an dieser Stelle nur noch aus historischen Gründen erwähnt, angewendet wird sie heutzutage nicht mehr. Selbst Kompensatoren arbeiten schon seit längerem mit Anschlußschaltungen vom Typ nach Bild E 3.3-1 d [E 3.3-1], um deren Vorzüge zu nutzen.

Zusammenfassend kann festgestellt werden, daß die Schaltung d die besten meßtechnischen Eigenschaften aufweist. Dem aufmerksamen Leser ist sicher nicht entgangen, daß bei den bisherigen Betrachtungen nur der Einfluß der Leckwiderstände R_{is} und der Kapazitäten C, die zwischen den einzelnen Adern und Masse liegen, untersucht wurde, während der Einfluß der Leckwiderstände und Kapazitäten zwischen Speise- und Meßleitungen vernachlässigt wurde. Der Grund dafür ist, daß die letztgenannten Störeinflüsse sehr einfach, wie in Bild E 3.3-2 gezeigt, mittels einer getrennten Schirmung der Meß- und Speiseleitungen eliminiert werden können, während die erstgenannten Störeinflüsse von

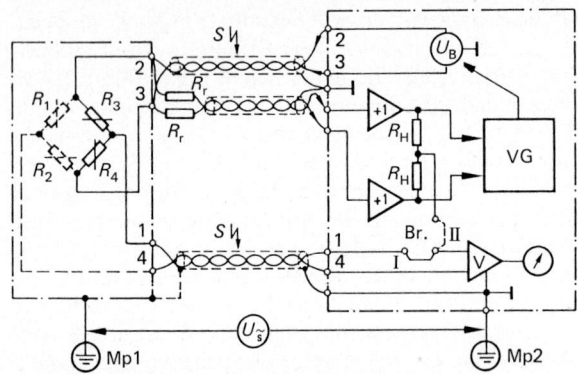

Bild E 3.3-2. Aufnehmeran-
schaltung in Sechsleitertechnik.
Br. in Stellung I: Vollbrücken-
anschaltung,
Br. in Stellung II: Halbbrückenanschaltung.

der Schirmung nicht beseitigt, sondern eher verstärkt werden. Bild E 3.3-2 zeigt eine
bestmöglich ausgeführte Anschaltung vom Grundtyp nach Bild E 3.3-1 d mit optimalen
Meßeigenschaften. Die getrennte Schirmung und die zusätzliche Verdrillung der Adern-
paare verbessern die Störspannungsunterdrückung bei kapazitiven, induktiven und elektromagnetischen Störungen erheblich.

E 3.3.2 Fünfleiter- und Sechsleitertechnik

Um Fehler durch Spannungsabfälle in den Speiseleitungen und Kabeladern zu eliminieren, arbeitet die Schaltung gemäß Bild E 3.3-2 in Sechsleitertechnik. Zu diesem Zweck
greift man die Speisespannung direkt an den Anschlußpunkten 2 und 3 des Aufnehmers
ab und führt sie über ein zusätzliches Adernpaar zum Meßgerät zurück. Um Spannungsabfälle in den Rückführleitungen zu vermeiden, wird die rückgeführte Spannung über
zwei Spannungsfolger geleitet und dann zu einer Vergleicherschaltung VG geführt, die
den Speisespannungsgenerator so in seiner Amplitude steuert, daß unabhängig von den
Spannungsabfällen in den Speiseleitungen immer die korrekte Speisespannung am Aufnehmer ansteht.

Die Sechsleitertechnik ist insbesondere dann angebracht, wenn lange Kabel mit dünnen
Aderquerschnitten oder mehrere Aufnehmer parallelgeschaltet und über ein gemeinsames Kabel angeschlossen werden sollen. Die ohne Sechsleiterschaltung auftretenden
relativen Empfindlichkeitsfehler errechnen sich zu

$$\frac{\Delta E}{E_0} = \frac{1}{1 + \dfrac{\chi\, A\, R}{2\, l}} \qquad\qquad \text{(E 3.3-1).}$$

E_0 ist hierbei die Empfindlichkeit ohne Kabeleinfluß und ΔE die Änderung der Empfindlichkeit. χ ist die Leitfähigkeit, A der Aderquerschnitt und l die einfache Länge des Kabels.
R steht für den Lastwiderstand, den die Brückenschaltung darstellt. Die Empfindlichkeitsfehler können beträchtlich sein. Bei einem Brückenwiderstand von $120\,\Omega$, einer
Kabellänge von 120 m und einem Aderquerschnitt von $0{,}14\ \text{mm}^2$ (AGW 26) beträgt der
Empfindlichkeitsfehler bereits -20%. Infolge der temperaturabhängigen Änderung der
Leitfähigkeit von Kupfer um $+0{,}39\%/\text{K}$ errechnet sich in obigem Beispiel zusätzlich
noch ein Temperaturfehler der Empfindlichkeit von $-0{,}78\%$ je 10 K.

Die Sechsleiterschaltung kann jedoch nicht nur die Fehler durch Spannungsabfälle im
Speisespannungskreis vermeiden, sie ist auch in der Lage, Fehlereinflüsse im Meßkreis zu

korrigieren. Dazu müssen die Rückführleitungen, wie in Bild E 3.3-2 gezeigt, über die beiden Widerstände R_r, die den halben Brückenwiderstand besitzen, an den Aufnehmer angeschlossen werden. Meßleitung und Rückführleitungen sind dann über gleiche Quellwiderstände angeschlossen, so daß sie den gleichen relativen Spannungsänderungen unterliegen, z. B. infolge der Ladeströme in den Leitungskapazitäten bei Trägerfrequenzbetrieb. Da die Rückführspannung am Empfangsort im Meßverstärker durch Änderung der Amplitude und Phase der abgegebenen Brückenspeisespannung auf konstante Phase und Amplitude geregelt wird, ist somit auch der in der Meßdiagonale auftretende Fehler korrigiert. Eine gute Sechsleiterschaltung reduziert den Kabeleinfluß auf <0,1% des Wertes, der bei dem normalen Vierleiteranschluß auftritt. Gelegentlich arbeiten Meßgeräte mit einem Kabelausgleich nach der sog. Fünfleiterschaltung. Hierbei wird nur die Spannung *eines* Speisespannungspunktes an der Brücke abgegriffen, zurückgeführt und zur Nachregelung herangezogen. Sind die Spannungsabfälle in den beiden Speisediagonalen gleich, so arbeitet diese Schaltung so gut wie die Sechsleiterschaltung, anderenfalls treten Empfindlichkeitsfehler auf.

E 3.3.3 Anschlußschaltungen für Halbbrücken

Bild E 3.3-3 zeigt eine oft verwendete Anschaltung für Halbbrücken. Die Ergänzungshalbbrücke, bestehend aus den beiden Widerständen R_H, ist direkt im Meßgerät an die Brückenspeisespannung U_B angeschlossen und ihr Mittelabgriff auf den zweiten Eingang des Vorverstärkers V geführt. Diese Schaltung hat drei gravierende Schwachpunkte, da
a) Spannungsabfälle an den Kontakt- und Leitungswiderständen des Speisespannungskreises eine Empfindlichkeitsminderung hervorrufen,
b) Differenzen der Spannungsabfälle in den Speiseleitungen und Kontakten 2 und 3 große Nullpunktsfehler verursachen und
c) die meist hohe Gleichtaktunterdrückung des Vorverstärkers V unwirksam gemacht, d. h., effektiv auf 0 dB reduziert wird, weil die Störspannung nur auf die Meßdiagonale 1 wirkt, während die Meßdiagonale 4, die von der geräteinternen Ergänzungshalbbrücke abgegriffen wird, immer ungestört ist.

Die Störspannung tritt somit immer als Differenzspannung auf.

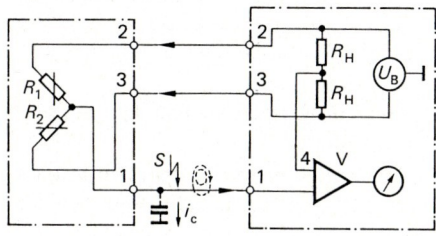

Bild E 3.3-3. Standardhalbbrückenanschaltung.

Die Anschaltung gemäß Bild E 3.3-4 vermeidet die Nachteile a) bis c) weitgehend. Über die Rückführleitungen wird die Speisespannung an den Anschlüssen der Meßhalbbrücke abgegriffen, zum Meßgerät rückgeführt und über Spannungsfolger an die invertierenden Eingänge der Verstärkerschaltungen V_2 und V_3 gelegt, an deren nichtinvertierenden Eingängen die Brückenspeisespannung U_B als Referenzspannung anliegt. Die beiden Verstärkerschaltungen steuern ihre Ausgänge derart aus, daß die rückgeführte Spannung gleich der Referenzspannung U_B wird. Damit werden die Empfindlichkeitsfehler a) vermieden. Da die Ergänzungshalbbrücke hinter den Spannungsfolgern an der rückgeführten Spannung angeschlossen ist, werden auch die Nullpunktsfehler b) beseitigt.

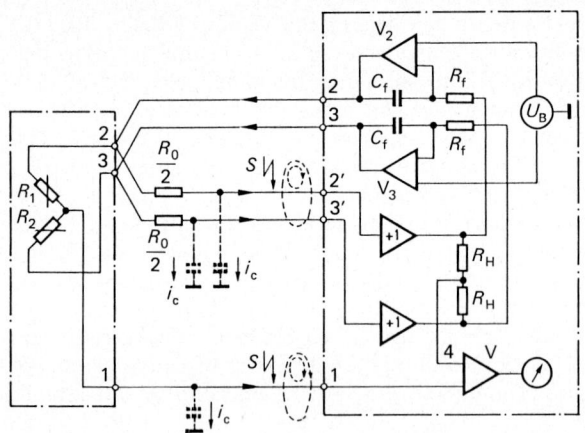

Bild E 3.3-4. Verbesserte Halbbrückenanschaltung.

Die Störspannungen wirken annähernd gleich auf die Meßleitung und die Rückführleitungen. Dadurch gelangt die Störung auch auf die innere Ergänzungshalbbrücke und weiter zur Meßdiagonalen 4. Die Störung liegt somit wieder zum größten Teil als Gleichtaktsspannung vor, die vom Vorverstärker V gut unterdrückt werden kann.

E 3.3.4 Anschlußschaltungen für Einzeldehnungsmeßstreifen

Sollen Einzel-Dehnungsmeßstreifen angeschlossen werden – man spricht dann von $\frac{1}{4}$-Brücken –, werden die Dehnungsmeßstreifen meist mit Hilfe von Kompensationsdehnungsmeßstreifen oder Ergänzungswiderständen zu Halb- oder Vollbrücken vervollständigt, die dann, wie in den vorangegangenen Abschnitten beschrieben, angeschlossen werden können. Die Kompensationsdehnungsmeßstreifen oder Ergänzungswiderstände müssen dabei in der Nähe der Dehnungsmeßstreifen angeordnet und über kurze, niederohmige Leitungen mit ihnen verbunden werden, damit die Kupferwiderstände keine unzulässig großen Meßfehler hervorrufen können. Innerhalb der Meßdiagonalen, d. h. der Verbindung von Meß- und Kompensationsdehnungsmeßstreifen, kann eine Widerstandsänderung von nur $\Delta R = 2 \cdot 10^{-6} \cdot R_0$ ($\hat{=} 0,24$ mΩ bei einem Metalldehnungsmeßstreifen mit $R_0 = 120$ Ω) bereits einen Meßfehler von $\varepsilon = 1$ µm/m erzeugen. Es gibt jedoch Meßaufgaben, bei denen es nicht möglich oder sinnvoll ist, die Brückenergänzung nahe den Dehnungsmeßstreifen anzuordnen.

Sollen z. B. Dehnungen bei Tiefsttemperaturen gemessen werden, so machen es Platzgründe meist unmöglich, Brückenergänzungen zu installieren.

Treten bei Messungen unter hohen Temperaturen auch noch große Temperaturgradienten auf, dann verursachen die Widerstände zur Brückenergänzung zusätzliche Instabilitäten und Meßunsicherheiten.

Sind viele räumliche voneinander entfernt angeordnete Einzeldehnungsmeßstreifen zeitlich nacheinander zu messen, so verursachen individuelle Brückenergänzungen einen hohen – vermeidbaren – Kostenaufwand.

In allen diesen Fällen benötigt man Zwischenschaltungen, die es erlauben, $\frac{1}{4}$-Brücken direkt anzuschließen, und die dafür sorgen, daß die Spannungsabfälle an Kontakt- und Zuleitungswiderständen zu den $\frac{1}{4}$-Brücken keinen merkbaren Einfluß auf das Meßergebnis haben. Die bekannteste und älteste dieser Schaltungen ist die sog. Dreileiterschaltung gemäß Bild E 3.3-5 b. Beim Anschluß von Dehnungsmeßstreifen mit nur zwei Leitungen (Bild E 3.3-5 a) täuschen auch gleichgroße Spannungsabfälle ΔU_1 und ΔU_2 eine

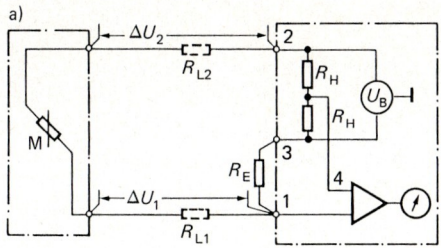

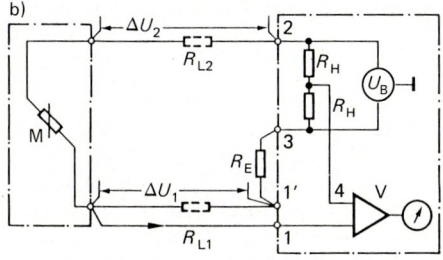

Bild E 3.3-5. Anschluß eines Dehnungsmeßstreifens.
a) In Zweileiterschaltung.
b) In Dreileiterschaltung.

scheinbare Dehnung vor, da beide Spannungsabfälle im Brückenarm des Dehnungsmeßstreifens M auftreten.

Bei einem Anschluß in Dreileiterschaltung (Bild E 3.3-5 b) liegen die beiden Spannungsabfälle in verschiedenen Brückenzweigen und kompensieren sich bei Gleichheit. Nullpunktsfehler werden dadurch vermieden. Die Empfindlichkeit reduziert sich jedoch bei
der Dreileiterschaltung genauso wie bei der Zweileiterschaltung auf

$$E = E_0 \left(1 - \frac{\Delta U_1 + \Delta U_2}{U_B} \right) \qquad \text{(E 3.3-2).}$$

Sind die Änderungen der Spannungsabfälle ΔU_1 und ΔU_2 ungleich, so verringert sich die
Wirkung der Dreileiterschaltung. Tritt eine Änderung des Spannungabfalls in nur einem
Brückenzweig auf, so ist die Dreileiterschaltung wirkungslos. Es gibt jedoch auch Schaltungen, die Fehler bei ungleichen Spannungsabfällen ΔU_1 und ΔU_2 vermeiden und die
weiterhin auch keine Empfindlichkeitsminderung gemäß Gl. (E 3.3-2) aufweisen.

Bild E 3.3-6 zeigt eine solche Schaltung [E 3.3-2]. Die Spannungsabfälle am Schalter S 2
und in der Speiseleitung 2 werden mittels des Operationsverstärkers V_2 ausgeregelt. Die
an den Spannungsfolgern SF2' und SF3' angeschlossenen Widerstände R_H ergänzen die
Meß-Halbbrücke, bestehend aus dem Dehnungsmeßstreifen M und dem Ergänzungswiderstand R_E, zur Vollbrücke. In der Meßdiagonalen 1 tritt ein weiterer Spannungsabfall
ΔU_1 an dem Leitungswiderstand R_{L4} und dem Schalter S 4 auf. Dieser Spannungsabfall
wird über die Fühlerleitung 1 abgegriffen, über die beiden Spannungsfolger SF1 und SF4
geführt und mittels der beiden Widerstände R_T zu exakt gleichen Teilen dem oberen (M)
und unteren (R_E) Brückenzweig der äußeren Halbbrücke zugeordnet. Dadurch werden
die sonst sehr kritischen Nullpunktfehler infolge von Spannungsabfällen innerhalb der
Meßdiagonalen vermieden. Zusätzlich wird die Brückenspeisespannung um den Wert
ΔU_1 erhöht. Der Einfluß von ΔU_1 auf die Empfindlichkeit wird auf diese Weise beseitigt.
Daher erlaubt es die Schaltung nach Bild E 3.3-6, eine große Anzahl von einzelnen
Dehnungsmeßstreifen mehrere hundert Meter entfernt anzuordnen und sie mittels elek-
tromechanischer und elektronischer (FET) Schaltergruppen (S1 . . . S4) anzuschalten,

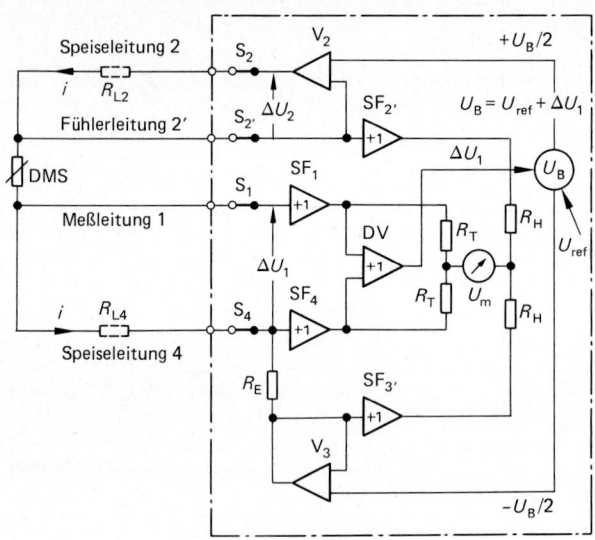

Bild E 3.3-6. Anschluß eines Dehnungsmeßstreifens in Vierleitertechnik.

ohne daß die dann notwendigen Verbindungsleitungen und Schalterwiderstände einen merkbaren Einfluß auf das Meßergebnis bekommen. Die Schaltung eignet sich sowohl für Gleichspannungs- als auch Trägerfrequenzbetrieb.

Eine andere geeignete Schaltung arbeitet nach dem sog. Doppelstromprinzip [E 3.3-3], das in Bild E 3.3-7 dargestellt ist. Ein Konstantstrom i_2 kann über den Schalter S_3 einem Normalwiderstand N aufgeprägt werden und erzeugt an ihm dann die Spannung U_N. Ein zweiter Konstantstrom i_1 kann über die Schalter S_2 und S_1 entweder dem Dehnungsmeßstreifen M oder dem Ergänzungswiderstand R_E aufgeprägt werden und erzeugt dann die Spannung U_M bzw. U_E. Über je zwei Fühlerleitungen werden die Spannungen am Dehnungsmeßstreifen M und am Ergänzungswiderstand R_E abgegriffen, mittels zweier weiterer Kontakte des Schalters S_1 ausgewählt und mit der Spannung U_N einpolig verbunden. Die Differenzspannung $U_M - U_N$ bzw. $U_E - U_N$ wird dann einem Verstärker V zugeführt. Das Öffnen der Schalter S3 oder S2 sorgt dafür, daß jeweils nur die einzelnen Spannungen U_M bzw. U_E oder U_N am Eingang des Verstärkers V anliegen. Bei diesem

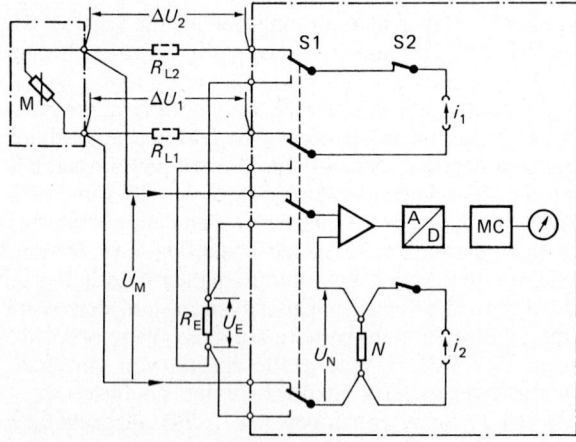

Bild E 3.3-7. Anschluß eines Dehnungsmeßstreifens nach dem Doppelstromprinzip.

Schaltungsprinzip ist es erforderlich, daß die gesamten an den Widerständen anliegenden Spannungen mit einer hohen Präzision und einer Auflösung von rd. 1 000 000 d gemessen werden können, damit Dehnungen von 1 µm/m noch sicher erfaßbar sind. Da die Konstantströme i_1 und i_2 mit wirtschaftlich vertretbaren Mitteln nicht mit der erforderlichen hohen Genauigkeit und Langzeitkonstanz realisiert werden können, muß man die relative Widerstandsänderung des Dehnungsmeßstreifens M aus mehreren Meßwerten errechnen. Für die relative Widerstandsänderung gilt:

$$\frac{\Delta R}{R} = \frac{U_{E0}}{U_{M0}} \frac{U_{M1}}{U_{E1}} - 1 \qquad\qquad \text{(E 3.3-3)}.$$

Die Werte mit dem Index 0 sind die einmalig zum Zeitpunkt des Nullabgleichs gemessenen Werte. U_{M1} ist die Spannung am Dehnungsmeßstreifen M zum Zeitpunkt der späteren Messung und U_{E1} die am Ergänzungswiderstand gemessene Spannung kurz vor oder nach der Messung von U_{M1}. In Gl. (E 3.3-3) kommt die Spannung U_N nicht vor, es ist somit eigentlich auch keine zweite Stromquelle i_2 erforderlich. Allerdings ist dann eine sehr lange Integrationszeit für die Analog-Digital-Umsetzung notwendig, um die gesamte am Dehnungsmeßstreifen M anliegende Spannung U_{M1} mit genügender Genauigkeit und Auflösung (rd. 1 000 000 d) messen zu können. Bei dem Einsatz der zweiten Konstantstromquelle und des Normalwiderstands N kann die Meßrate des ADU zur Messung der DMS-Meßsignale erheblich erhöht werden, da nur die Differenzspannung $(U_{M1} - U_{N1})$ gemäß Gl. (E 3.3-4) umgesetzt werden muß:

$$\frac{\Delta R}{R} = \frac{U_{E0}}{U_{M0}} \frac{(U_{M1} - U_{N1}) + U_{N1}}{U_{E1}} - 1 \qquad\qquad \text{(E 3.3-4)}.$$

Das Messen der Einzelspannungen U_{N1} und U_{E1} in Gl. (E 3.3-4) erfordert zwar ebenfalls lange ADU-Meßzeiten (rd. 1 s). Da diese Messungen jedoch, bei genügend großer Stabilität der Gesamtschaltung, nur in größeren zeitlichen Abständen wiederholt werden müssen, stört dies meist nicht sehr. Beim Doppelstromprinzip handelt es sich somit um ein diskontinuierlich arbeitendes Meßverfahren, bei dem man mehrere Spannungen von einem hochauflösenden Analog-Digital-Umsetzer digitalisiert und von einer nachfolgenden Rechenschaltung MC in die gesuchte Meßgröße umrechnen muß. Es ist daher bisher nur in der Vielstellenmeßtechnik zur Anwendung gekommen, wobei sich hier die Unempfindlichkeit des Verfahrens gegenüber Leitungs- und Kontaktwiderständen sehr positiv auswirkt. Die Meßsignalauflösungen <1 µm/m können wegen der dann extrem hohen Anforderungen an den Analog-Digital-Umsetzer nur schwer erreicht werden.

E 3.3.4.1 Linearitäts- und Empfindlichkeitsmeßfehler bei Dehnungsmessungen mit Einzeldehnungsmeßstreifen

Bei Messungen von Widerständen und Widerstandsänderungen weist das Doppelstromprinzip eine sehr lineare Kennlinie auf. Dies gilt jedoch nicht bei Dehnungsmessungen mit Dehnungsmeßstreifen. Hier treten beim Doppelstromprinzip Linearitäts- und Empfindlichkeitsfehler auf, die erheblich größer als diejenigen der Brückenschaltung sind [E 3.3-4]. Die Ursache dafür liegt in der nicht exakt linearen Abhängigkeit von effektiver Dehnung ε_e und relativer Widerstandsänderung $\Delta R/R_0$. Diese Nichtlinearität ist gegenläufig zur Nichtlinearität der Brückenschaltung, so daß sich beide weitestgehend kompensieren. Um das genauer zu erkennen, muß der Zusammenhang zwischen der effektiven Dehnung ε_e und dem Meßsignal $\Delta U/U_0$, Bild E 3.3-8, genauer betrachtet werden. Eine effektive Dehnung ε_e bewirkt eine relative Längenänderung $\Delta l/l_0$ des Dehnungsmeßstreifens, diese

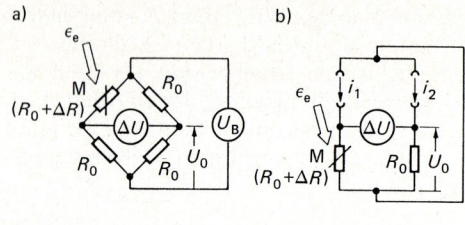

Bild E 3.3-8. Zusammenhang zwischen Meßsignal $\Delta U/U_0$ und effektiver Dehnung ε_e (gültig für Metalldehnungsmeßstreifen mit k-Faktor $k \approx 2$).
a) Einzeldehnungsmeßstreifen M in Brückenschaltung.
b) Einzeldehnungsmeßstreifen M in Doppelstromschaltung.

wiederum verursacht eine relative Widerstandsänderung $\Delta R/R_0$, die in der jeweiligen Schaltung in das Meßsignal $\Delta U/U_0$ umgesetzt wird.

Es gilt also

$$\frac{\Delta U}{U_0} = f\left(\frac{\Delta R}{R_0}\right); \qquad \frac{\Delta R}{R_0} = f\left(\frac{\Delta l}{l_0}\right) \quad \text{und} \quad \frac{\Delta l}{l_0} = f(\varepsilon_e).$$

Diese verschiedenen Abhängigkeiten und der Gesamtzusammenhang zwischen dem Meßsignal $\Delta U/U_0$ und der effektiven Dehnung ε_e sind sowohl für die Wheatstonesche Brückenschaltung als auch für die Schaltung nach dem Prinzip der Doppelstromspeisung in Tabelle E 3.3-2 zusammengefaßt. Die Spannung U_0 ist dabei die im abgeglichenen Zustand am Dehnungsmeßstreifen anliegende Spannung, bei der Wheatstoneschen Brückenschaltung also die halbe Brückenspeisespannung.

Die Funktionen f_1 und f_2 in Tabelle E 3.3-2 beschreiben den Zusammenhang zwischen der effektiven Dehnung ε_e und der relativen Längenänderung $\Delta l/l_0$ (als $\Delta l/l_0 = \varepsilon$ ist die technische Dehnung definiert).

Nur bei kleinen Dehnungen ist es zulässig, ε_e und $\Delta l/l_0$ gleichzusetzen. Bei der Funktion f_3, d. h. dem Zusammenhang zwischen $\Delta l/l_0$ und $\Delta R/R_0$, kommt ebenfalls neben dem linearen noch ein quadratisches Glied vor, das bei großen Dehnungen nicht mehr vernachlässigt werden darf. Bei großen Dehnungen herrscht i. a. plastische Verformung vor, bei der Leitfähigkeit und Volumen des Dehnungsmeßstreifens konstant bleiben und nur eine Formänderung auftritt. Somit wird $R \sim l^2$. Die Funktionen für f_6 stellen den Gesamtzusammenhang her. Aus den Näherungslösungen der Funktion f_6 ist zu ersehen, daß bei der Wheatstoneschen Brückenschaltung kein lineares, sondern nur ein quadratisches Fehlerglied auftritt, während die Schaltung nach dem Prinzip der Doppelstromspeisung sowohl ein lineares als auch ein quadratisches Fehlerglied hat. Die Linearitätsabweichungen der beiden Schaltungen als Funktion der effektiven Dehnung ε_e stellen die Bilder E 3.3-9 und E 3.3-10 dar.

Wichtiger als der Linearitätsfehler sind oft die durch ihn verursachten Empfindlichkeitsfehler [E 3.3-5]. Die Meßempfindlichkeit für kleine Dehnungen wird durch die Vordehnungen und Widerstandstoleranzen der Dehnungsmeßstreifen beeinflußt; sie ist gegeben durch die Steigung der Übertragungskennlinie im jeweiligen Arbeitspunkt. Dieser Sachverhalt wird unter Funktion f_7 in Tabelle E 3.3-2 wiedergegeben. Bei Brückenschaltungen darf der Widerstand des Dehnungsmeßstreifens infolge von Toleranzen und Vordehnungen bei der Applikation z. B. um bis zu +6% vom Nennwert abweichen, bevor die dadurch hervorgerufene relative Empfindlichkeitsänderung 0,1% erreicht. Ganz anders verhält sich in diesem Falle die Schaltung mit Doppelstromspeisung. Die Meßempfindlichkeit ändert sich hier linear mit dem Widerstand des Dehnungsmeßstreifens – im

Tabelle E 3.3-2   Mathematische Zusammenhänge zwischen effektiver Dehnung ε_e, relativer Längenänderung $\frac{\Delta l}{l_0}$, relativer Widerstandsänderung $\frac{\Delta R}{R_0}$, Meßsignal $\frac{\Delta U}{U_0}$ und Empfindlichkeit E.

Funktionen	exakte Lösungen	Näherungslösungen
f_1: $\varepsilon_e = f\left(\frac{\Delta l}{l_0}\right)$	$\varepsilon_e = \int\limits_{l_0}^{l_0+\Delta l} \frac{dl}{l}$ $\varepsilon_e = \ln\left(1+\frac{\Delta l}{l_0}\right)$	$\varepsilon_e \approx \frac{\Delta l}{l_0} - \frac{1}{2}\left(\frac{\Delta l}{l_0}\right)^2$
mit $\frac{\Delta l}{l_0} = \varepsilon$	$\varepsilon_e = \ln(1+\varepsilon)$	$\varepsilon_e \approx \varepsilon - \frac{1}{2}\varepsilon^2$
f_2: $\varepsilon = f(\varepsilon_e)$ (Umkehrung von f_1)	$\varepsilon = \exp(\varepsilon_e) - 1$	$\varepsilon \approx \varepsilon_e + \frac{1}{2}\varepsilon_e^2$
f_3: $\frac{\Delta R}{R_0} = f(\varepsilon)$	$R \sim l^2 \rightarrow \frac{R_0+\Delta R}{R_0} = \left(\frac{l_0+\Delta l}{l_0}\right)^2$ $\frac{\Delta R}{R_0} = 2\varepsilon + \varepsilon^2$	
f_4: $\frac{\Delta R}{R_0} = f(\varepsilon_e)$	$\frac{\Delta R}{R_0} = \exp(2\varepsilon_e) - 1$	$\frac{\Delta R}{R_0} \approx 2(\varepsilon + \varepsilon^2)$
f_5: $\frac{\Delta U}{U_0} = f\left(\frac{\Delta R}{R_0}\right)$	Wheatstonesche Brücke: $\frac{\Delta U}{U_0} = \dfrac{\frac{\Delta R}{R_0}}{2+\frac{\Delta R}{R_0}}$ Doppelstromspeisung: $\frac{\Delta U}{U_0} = \frac{\Delta R}{R_0}$	$\frac{\Delta U}{U_0} \approx \frac{\Delta R}{R_0} - \left(\frac{\Delta R}{2R_0}\right)^2$
f_6: $\frac{\Delta U}{U_0} = f(\varepsilon_e)$	Wheatstonesche Brücke: $\frac{\Delta U}{U_0} = \tanh(\varepsilon_e)$ Doppelstromspeisung: $\frac{\Delta U}{U_0} = \exp(2\varepsilon_e) - 1$	$\frac{\Delta U}{U_0} \approx \varepsilon_e(1-\frac{1}{3}\varepsilon_e^2)$ $\frac{\Delta U}{U_0} \approx 2\varepsilon_e(1+\varepsilon_e+\frac{2}{3}\varepsilon_e^2)$
f_7: $E = \dfrac{d\frac{\Delta U}{U_0}}{d\varepsilon_e}$	Wheatstonesche Brücke: $E_B = -\tanh^2\varepsilon_e$ Doppelstromspeisung: $E_S = 2\exp(2\varepsilon_e)$	$E_B \approx 1 - \varepsilon_e^2$ $E_S \approx 2(1+\varepsilon_e+\varepsilon_e^2)$

obigen Beispiel also um 6% –, so daß zur Verminderung größerer Fehler eine Anpassung an den jeweiligen Dehnungsmeßstreifenwiderstand vorgenommen werden muß, dies geschieht meist durch Veränderung des Konstantstromes i_1. Die Linearitätsfehler bei großen auftretenden Dehnungen lassen sich damit jedoch nicht vermeiden.

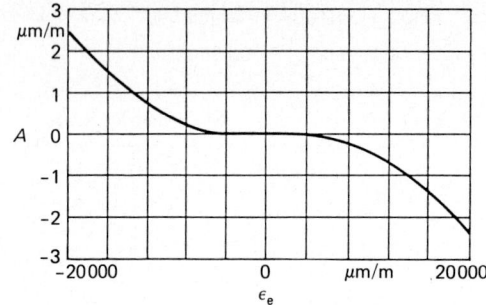

Bild E 3.3-9. Kleine Linearitätsabweichung A der Wheatstoneschen Brückenschaltung in Abhängigkeit von der effektiven Dehnung ε_e.

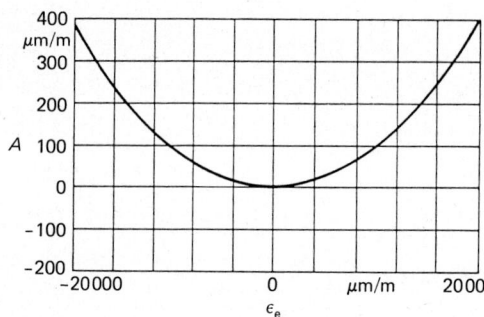

Bild E 3.3-10. Große Linearitätsabweichung A der Schaltung mit Doppelstromspeisung in Abhängigkeit von der effektiven Dehnung ε_e.

E 3.3.5 Anschlußschaltungen für induktive, kapazitative und piezoelektrische Aufnehmer

Bei Induktivaufnehmern unterscheidet man Differentialdrossel- und Differentialtransformatoraufnehmer. Differentialdrosselaufnehmer werden gemäß Bild E 3.3-11 in Halbbrückenschaltung angeschlossen, während der Anschluß von Differentialtransformatoraufnehmern gemäß Bild E 3.3-12 weitgehend dem Anschluß von Vollbrücken entspricht. Da die Primär- und Sekundärwicklungen der Differentialtransformatoraufnehmer galvanisch voneinander getrennt sind, muß die Sekundärseite mit dem Bezugspotential verbunden werden. Das geschieht in Bild E 3.3-12 durch eine einseitige Erdung der Sekundärwicklung. Eine andere, meßtechnisch bessere Möglichkeit besteht darin, den Mittelpunkt der Sekundärwicklung zu erden und das Meßsignal einem Differenzverstärker zuzuführen. Die in den Abschnitten E 3.3.1 bis E 3.3.3 getroffenen Aussagen über den Anschluß von Voll- und Halbbrückenschaltungen gelten auch für die Induktivaufnehmer.

Zusätzlich zu beachten ist, daß beim Anschluß von Induktivaufnehmern über lange Meßkabel Resonanzüberhöhungen auftreten, d. h. die Meßempfindlichkeiten ansteigen können. Der Grund dafür ist, daß meßspannungsseitig der induktive Anteil des Innenwiderstands $j\omega L_1$ des Induktivaufnehmers mit der Leitungskapazität C_1 einen Serienresonanzkreis bildet. Die Spannungsüberhöhung $\ddot{U}$ errechnet sich dabei zu

$$\ddot{U} = \frac{1}{\sqrt{(1 - \omega^2 L_1 C_1)^2 + (\omega C_1 R)^2}} \qquad \text{(E 3.3-5).}$$

ω ist die Kreisfrequenz der Brückenspeisespannung. Der Widerstand R in Gl. (E 3.3-5) entspricht dabei der Summe aus dem reellen Anteil des Innenwiderstandes R_1 des Induk-

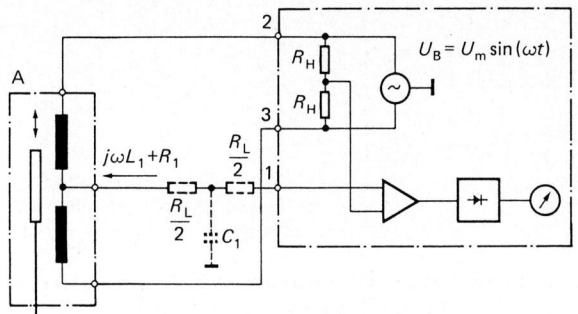

Bild E 3.3-11. Anschlußschaltung für Differentialdrosselaufnehmer.

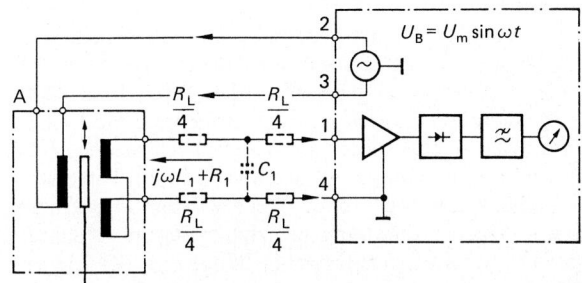

Bild E 3.3-12. Anschlußschaltung für Differentialtransformatoraufnehmer.

tivaufnehmers und dem halben Widerstand der Meßleitungen ($R_L/2$). Eine Spannungsüberhöhung ($\ddot{U} > 1$) tritt allerdings erst dann auf, wenn folgende Bedingung gilt

$$R < \sqrt{\frac{L_1}{C_1}} \; \sqrt{2 - \omega^2 L_1 C_1} \tag{E 3.3-6}.$$

Ansonsten überwiegt die Dämpfung durch den Widerstand R, und die Spannungsüberhöhung $\ddot{U}$ wird <1, d.h., die Meßspannung wird dann bei Zwischenschaltung eines langen Meßkabels kleiner als bei Anschluß des Induktivaufnehmers über kurze Verbindungsleitungen.

Kapazitive und piezoelektrische Aufnehmer haben sehr hohe kapazitive Impedanzen. Werden die Meßspannungen dieser Aufnehmer über Meßkabel geführt und dann erst verstärkt, so bewirken die Kapazitäten der Meßkabel eine außerordentlich hohe Belastung der Meßspannung und können sie je nach Kabelkapazität um mehrere Zehnerpotenzen bis auf Bruchteile ihres Leerlaufwertes reduzieren. Um dies zu vermeiden, schließt man kapazitive und piezoelektrische Aufnehmer an Verstärkerschaltungen mit möglichst

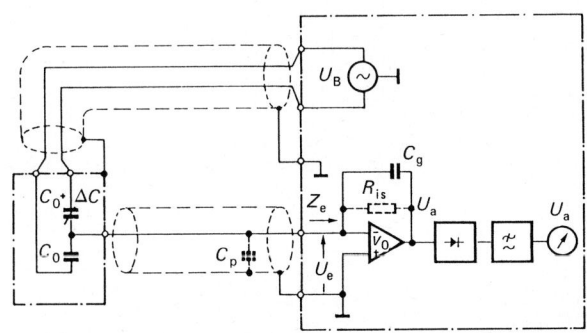

Bild E 3.3-13. Anschlußschaltung für kapazitive Aufnehmer.

681

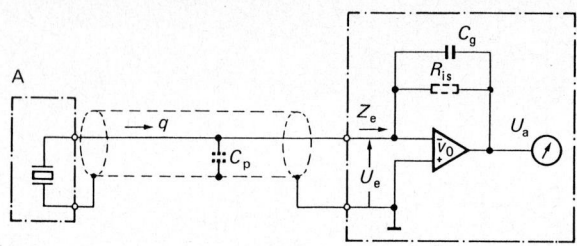

Bild E 3.3-14. Anschlußschaltung für piezoelektrische Aufnehmer.

niedrigen Eingangsimpedanzen an und mißt statt der Leerlaufspannungen die Kurzschlußausgangsströme bzw. Ladungen der Aufnehmer. Hierzu eignen sich am besten Inverterschaltungen gemäß den Bildern E 3.3-13 und E 3.3-14.

Kapazitive Aufnehmer sind passiv; sie müssen mit einer Wechselspannung gespeist werden. Schaltungen mit kapazitiven Aufnehmern arbeiten somit nach dem Trägerfrequenzprinzip. Die Meßspannung U_a muß demoduliert und gefiltert werden, um die der Meßgröße proportionale Spannung U_a zu erhalten. Piezoelektrische Aufnehmer sind aktiv; sie geben Ladungsmengen ab, die von den nachgeschalteten Verstärkern direkt in die den Meßgrößen proportionalen Meßspannungen umgesetzt werden [E 3.3-6]. Die Schaltungen arbeiten somit nach dem Gleichspannungs- bzw. Wechselspannungsprinzip. Trägerfrequenz-, Gleichspannungs- und Wechselspannungsprinzipien sind im Abschnitt E 3.4.1 erläutert. Die Eingangsimpedanz der Inverterverstärker hängt von der Gegenkopplungskapazität C_g, dem Isolationswiderstand R_{is} und der Leerlaufverstärkung v_0 ab und ist frequenzabhängig. Die Zusammenhänge sind in Bild E 3.3-15 dargestellt. Die Verstärker in Bild E 3.3-13 und E 3.3-14 haben unterhalb einer bestimmten Eckfrequenz f_g eine annähernd konstante Leerlaufverstärkung $v_0 = -|v_0|$.

Oberhalb dieser Eckfrequenz f_g reduziert sich die Verstärkung v_0 i. a. umgekehrt proportional zur Frequenz f. Sind die Transitfrequenz f_T, bei der die Leerlaufverstärkung

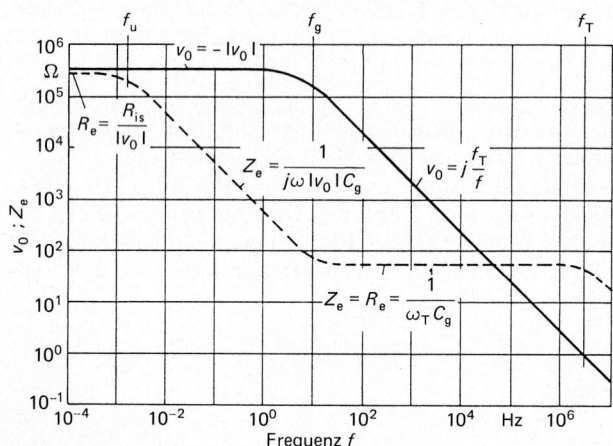

Bild E 3.3-15. Leerlaufverstärkung v_0 und Eingangsimpedanz Z_e der Verstärkerschaltungen gemäß den Bildern E 3.3-13 und E 3.3-14.
Angenommene Parameter:
Gleichspannungsverstärkung $\quad |v_0| = 300\,000$,
Transitfrequenz $\qquad\qquad f_T = 3 \cdot 10^6\,\mathrm{Hz}$,
Gegenkopplungskapazität $\quad\; C_g = 1000\,\mathrm{pF}$,
Isolationswiderstand $\qquad\quad R_{is} = 100\,\mathrm{G\Omega}$.

$|v_0| = 1$ ist, und die Leerlaufverstärkung $|v_0|$ bei sehr niedrigen Frequenzen bekannt, so kann die Eckfrequenz zu $f_g \approx f_T/|v_0|$ errechnet werden.

Oberhalb der Eckfrequenz f_g gilt für die Leerlaufverstärkung v_0

$$v_0 = \frac{U_a}{U_e} = j\,\frac{f_T}{f}, \quad f_g < f \tag{E 3.3-6}.$$

Die Multiplikation mit j bedeutet, daß bei Frequenzen oberhalb von f_g die Ausgangsspannung U_a der Eingangsspannung U_e um 90° voreilt. Das führt unter Einbeziehung der Gegenkopplungskapazität C_g dazu, daß die Eingangsimpedanz Z_e im wichtigsten Signalfrequenzbereich $f_g < f < f_T$ reel und konstant wird:

$$Z_e \approx R_e \approx \frac{1}{\omega_T C_g}, \quad f_g < f < f_T \tag{E 3.3-7}.$$

Unterhalb der Eckfrequenz f_g ergibt sich für die Eingangsimpedanz Z_e ein Wert entsprechend einer Kapazität $C_e = C_g |v_0|$:

$$Z_e \approx \frac{1}{j\,\omega\,C_g |v_0|}, \quad f_u < f < f_g \tag{E 3.3-8}.$$

Bei sehr tiefen Frequenzen, wenn der Einfluß des Isolationswiderstands R_{is} dominiert, wird Z_e wieder reel:

$$Z_e \approx \frac{R_{is}}{|v_0|}, \quad f < f_u \tag{E 3.3-9}.$$

Ist die Eingangsimpedanz Z_e, wie in Bild E 3.3-15 gezeigt, ermittelt worden, so kann man sehr einfach den Einfluß der parallelgeschalteteten Kabelkapazität C_p auf die Empfindlichkeit errechnen. Die normierten Empfindlichkeiten E/E_0 der Schaltungen nach den Bildern E 3.3-13 und E 3.3-14 errechnen sich je nach der Höhe der Signalfrequenzen nach den folgenden Gleichungen:

$$\frac{E}{E_0} = \frac{1}{1 + \dfrac{C_p}{|v_0|\,C_g}}, \quad f_u < f < f_g \tag{E 3.3-10};$$

$$\frac{E}{E_0} = \frac{1}{\sqrt{1 + \left(\dfrac{|v_0|}{\omega\,R_{is}\,C_p}\right)^2}}, \quad f < f_u \tag{E 3.3-11};$$

$$\frac{E}{E_0} = \frac{1}{\sqrt{1 + \left(\dfrac{C_g\,\omega_T}{C_p\,\omega}\right)^2}}, \quad f_g < f < f_T \tag{E 3.3-12}.$$

Dabei ist E_0 die Empfindlichkeit ohne ($C_p = 0$) und E die Empfindlichkeit mit der Eingangsparallelkapazität ($C_p \neq 0$); C_g ist die Gegenkopplungskapazität, $|v_0|$ die Leerlaufverstärkung bei sehr niedrigen Frequenzen und ω_T die Transitkreisfrequenz des Verstärkers ($|v_0| = 1$); ω steht für die Kreisfrequenz der Signalspannung.

Die Grenzfrequenzen (-3 dB Amplitudenabfall) des Übertragungsbereiches errechnen sich zu:

$$\text{untere Grenzfrequenz} \quad f_\text{u} = \frac{1}{2\pi R_\text{is} C_\text{g}} \qquad (\text{E}\,3.3\text{-}13),$$

$$\text{obere Grenzfrequenz} \quad f_\text{o} = \frac{f_\text{T} C_\text{g}}{C_\text{p} + C_\text{g}} \qquad (\text{E}\,3.3\text{-}14).$$

In Bild E 3.3-16 ist der Übertragungsbereich in Abhängigkeit von den verschiedenen Eingangsparallelkapazitäten C_p und verschiedenen Isolationswiderständen R_is dargestellt. Die Eingangsverstärker für kapazitive und piezoelektrische Aufnehmer sind, wie die Bilder E 3.3-13 und E 3.3-14 zeigen, gleich. Alle bisherigen Aussagen Gl. (E 3.3-6) bis Gl. (E 3.3-14) gelten somit für beide Systeme. Der Unterschied liegt nur in den Signalen, in die die beiden Aufnehmerprinzipien die Meßgrößen umsetzen. Die Zusammenhänge sind in Tabelle E 3.3-3 zusammengefaßt. Da kapazitive Aufnehmer mit einer konstanten Trägerfrequenz gespeist werden, können sowohl statische als auch dynamische Meßgrößen mit konstantem Übertragungsfaktor gemessen werden. Die Trägerfrequenz sollte dabei jedoch im geraden Teil des Übertragungsbereichs liegen (Bild E 3.3-16). Insbesondere bei langen Meßkabeln und somit großen Eingangskapazitäten C_p ist darauf zu achten, daß die obere Grenzfrequenz f_o noch genügend weit über der Trägerfrequenz bleibt. Mit piezoelektrischen Aufnehmern können, wie Tabelle E 3.3-3 zeigt, keine statischen Meßgrößen G_0 gemessen werden. Zwar erzeugen piezoelektrische Aufnehmer auch bei statischen Meßgrößen G_0 proportionale Ladungsmengen q_0. Diese fließen jedoch infolge der Isolationswiderstände ab, so daß die Meßspannung mit der Zeit gegen null geht. Bei sehr guten Verstärkerschaltungen lassen sich jedoch so hohe Isolationswiderstände erreichen, daß zumindest quasistatische Messungen bis zu mehreren Minuten Dauer durchgeführt werden können. Die Anforderungen an die Meßkabel sind bei solchen Messungen jedoch sehr groß. Neben extrem hohen Isolationswiderständen wird auch verlangt, daß diese Kabel, wenn sie bewegt werden, möglichst keine verfälschenden Ladungen generieren. Dies wird bei Spezialkabeln dadurch erreicht, daß mittels Graphitstaub zwischen den einzelnen Adern die durch innere Reibung erzeugten Ladungen abgeleitet werden.

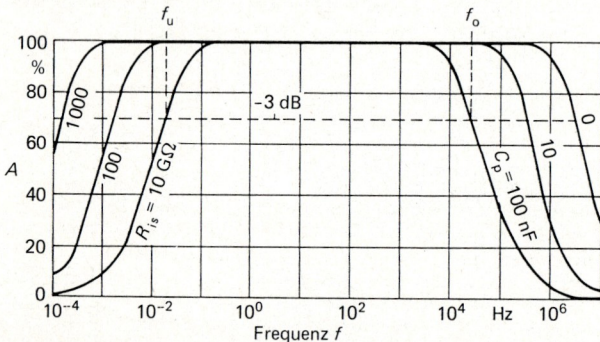

Bild E 3.3-16. Normierter Amplitudengang A der Verstärkerschaltungen gemäß den Bildern E 3.3-13 und E 3.3-14 in Abhängigkeit vom Isolationswiderstand R_is und der Kabelkapazität C_k. Vorgegebene Parameter:
Gleichspannungsverstärkung $|v_0| = 300\,000$,
Transitfrequenz $\qquad f_\text{T} = 3 \cdot 10^6 \,\text{Hz}$,
Gegenkopplungskapazität $\quad C_\text{g} = 1000\,\text{pF}$.

Tabelle E 3.3-3 Zusammenhänge zwischen Meßgröße, Aufnehmersignal, Meßstrom und Meßempfindlichkeit bei kapazitiven und piezoelektrischen Aufnehmern in Abhängigkeit von der Signalfrequenz f.

	kapazitive Aufnehmer		piezoelektrische Aufnehmer	
Meßgröße G	statisch: $G = G_0$	dynamisch: $G = G_0 \sin(\omega t)$	statisch: $0 < f < f_u$: $G = G_0$	$f_u < f < f_o$:*) $G = G_0 \sin(\omega t)$
Aufnehmersignal	ΔC	$\Delta C \sin(\omega t)$	q_0	$q_0 \sin(\omega t)$
Meßstrom $(Z_e = 0)$	$\dfrac{j\,\omega_T \Delta C\, U_B}{2}$	$\dfrac{j\,\omega_T \Delta C\, U_B}{2} \sin(\omega t)$	0	$q_0\, \omega \cos(\omega t)$
Meßempfindlichkeit	$\dfrac{U_a}{G} \sim \dfrac{\Delta C}{2\,C_g} = \text{konst.}$		0	$\dfrac{U_a}{G} \sim \omega\, q_0\, R_{is}$ $\dfrac{U_a}{G} \sim \dfrac{q_0}{C_g}$

*) $f_u = \dfrac{1}{2\,\pi\, R_{is}\, C_g}$, $f_o = \dfrac{C_g}{C_p + C_g} f_T$, f_T Transitfrequenz des Verstärkers

E 3.4 Meßverstärker

E 3.4.1 Meßverstärkerprinzipien

Es gibt drei prinzipiell verschiedene Verstärkerarten: Gleichspannungs-, Wechselspannungs- und Trägerfrequenzverstärker. Sie unterscheiden sich durch ihre Arbeitsfrequenzbereiche, die in Bild E 3.4-1 dargestellt sind. Gleichspannungsverstärker verarbeiten Meßsignale im Frequenzbereich von 0 Hz bis zu einer meist sehr hohen Grenzfrequenz f_g. In diesem Frequenzbereich liegen außer den gewünschten Meßsignalen 1 und 2 auch die Störsignale 3 bis 6. Bei Wechselspannungsverstärkern liegen die Verhältnisse ähnlich, nur mit dem Unterschied, daß statische und tieffrequente Signale nicht übertragen werden, was Störsignale in diesem Frequenzbereich ebenfalls unterdrückt. Beide Verstärkerarten können jedoch Meßsignale nicht von Störsignalen gleicher Frequenz unterscheiden, wenn diese als Differenzspannungen dem Meßsignal überlagert sind. Bei diesen Verstärkern ist daher sorgfältig darauf zu achten, daß keine Störspannungen in den Meßkreis eingekoppelt bzw. in ihm generiert werden. Dieses Ziel läßt sich jedoch nicht 100%ig erreichen. So können z. B. alle Steckverbindungen im Meßkreis beim Vorhandensein von Temperaturgradienten Thermospannungen erzeugen. Temperaturgradienten treten durch die meist erhöhte Innentemperatur der Meßgeräte infolge ihrer Eigenerwärmung sehr häufig auf. Als Abhilfe sollte man darauf achten, daß die generierten Thermospannungen in den beiden Signalpfaden der Meßspannung möglichst gleich groß sind, so daß sie sich zu null kompensieren. Dies kann man dadurch erreichen, daß die je zwei zusammengehörigen Steckverbindungen direkt benachbart und möglichst wärmeisoliert angeordnet werden.

Aber auch andere Störsignale, wie Netzspannungseinkopplungen, Arbeitspunktdriften der Vorverstärkerstufen in Abhängigkeit von Zeit und Umgebungstemperatur sowie die thermischen Rauschspannungen, deren Pegel bei niedrigen Frequenzen infolge des $1/f$-Rauschanteils ansteigen, lassen sich nicht beliebig reduzieren und führen daher bei den Gleichspannungsverstärkern zu Meßfehlern. Trägerfrequenzverstärker sind gegenüber diesen überlagerten Störspannungen wesentlich unempfindlicher. Bei Trägerfre-

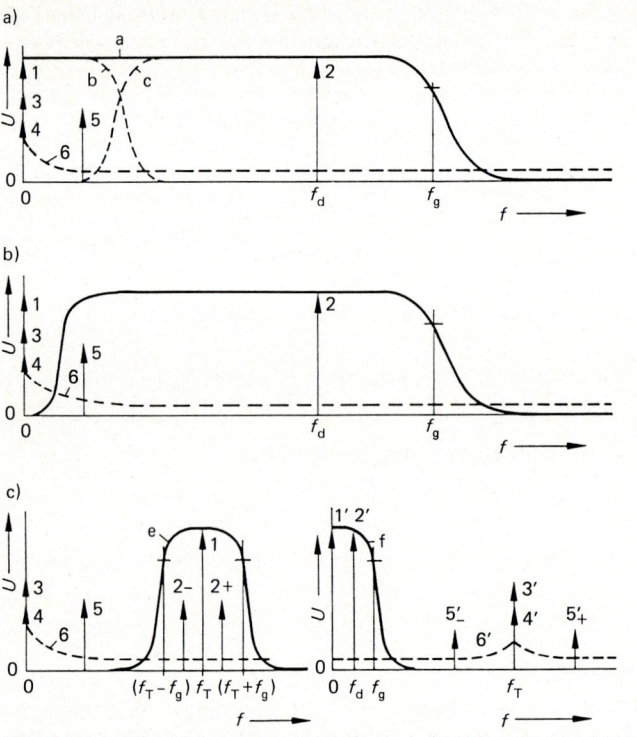

Bild E 3.4-1 Signalfrequenzbereiche der verschiedenen Verstärkerarten.
a) Gleichspannungsverstärker.

    a   direkt gekoppelte Gleichspannungsverstärker,
    b   Chopperverstärker,
    b+c = a chopperstabilisierte Gleichspannungsverstärker.

b) Wechselspannungsverstärker.
c) Trägerfrequenzverstärker.

    e Frequenzgang bezogen auf die Eingangsspannung,
    f Frequenzgang nach der Demodulation und Filterung.

Kennzeichnung der Signale:
1 statisches Meßsignal,
2 dynamisches Meßsignal,
3 Arbeitspunktdrift des Vorverstärkers,
4 Thermospannungen,
5 50-Hz-Netzeinstreuungen,
6 Rauschspannungen,
1′ bis 6′ frequenztransformierte Signale von 1 bis 6.

quenzverstärkern werden nur Eingangssignale im Bereich der Trägerfrequenz $(f_T \pm f_g)$ verstärkt, der in einem sicheren Abstand von den meisten genannten Störfrequenzen liegt. Da die Aufnehmer mit sinusförmigen Wechselspannungen der Trägerfrequenz f_T gespeist werden, sind ihre Ausgangssignale amplitudenmodulierte Trägerfrequenzspannungen. Eine statische Meßgröße stellt sich somit als Wechselspannung mit der Frequenz f_T am Eingang des Meßverstärkers dar (s. Bild E 3.4-1 c). Eine dynamische Meßgröße mit der Frequenz f_d moduliert ebenfalls die Trägerfrequenz f_T und steht am Eingang des Meß-

686

verstärkers als $2_-(f_T-f_d)$ und $2_+(f_T+f_d)$ an. Die verstärkten Eingangssignale werden bei Trägerfrequenzverstärkern mittels phasenempfindlicher Gleichrichtung demoduliert (vgl. Abschn. E 3.4.3.4). Dadurch tritt eine Frequenztransformation ein ($f_T \to 0$ Hz, 0 Hz $\to f_T$). Die Signalfrequenzen werden in ihren natürlichen Frequenzbereich und die Störspannungen in den Bereich der Trägerfrequenz transformiert. Ein Tiefpaß am Ausgang der Trägerfrequenzmeßverstärker kann dann auf einfache Weise die Störspannungen unterdrücken. Da bei Trägerfrequenzverstärkern die Meßsignale Modulationsprodukte aus Meßgröße und Trägerfrequenz sind, während sich Störsignale der Trägerfrequenz überlagern, kann man Meßgrößen und Störspannungen gleicher Frequenz eindeutig unterscheiden. Mit Trägerfrequenzverstärkern ist es daher z. B. möglich, 50-Hz-Meßgrößensignale unverfälscht zu erfassen, auch wenn in den Meßkreis 50-Hz-Brummspannungen eingekoppelt werden, deren Amplituden wesentlich größer als die der Meßgrößen sind. Die einzige unvermeidbare Störgröße beim Trägerfrequenzverfahren ist das thermische Rauschen der Widerstände im Meßkreis, dessen Frequenz im Übertragungsbereich $f_T \pm f_g$ liegt. Die Prinzipschaltungen der verschiedenen Verstärkerarten sind in Bild E 3.4-2 dargestellt. Man unterscheidet drei Arten von Gleichspannungsverstärkern:

– Direkt gekoppelte Gleichspannungsverstärker (Bild E 3.4-2a), bei denen die Signale von galvanisch gekoppelten Operations- und Transistorschaltungen verstärkt werden. Sie zeichnen sich durch einfachen Aufbau, hohe Signalbandbreite und geringes Rauschen aus. Arbeitspunktdriften, insbesondere der ersten Verstärkerstufe in Abhängigkeit von Zeit und Temperatur, verursachen bei ihnen jedoch Nullpunktdriften.

– Gleichspannungsverstärker nach dem Chopperprinzip (Bild E 3.4-2b) wandeln ihre Eingangsspannungen in eine amplitudenproportionale Wechselspannung um, verstärken diese und richten sie vor der Ausgabe wieder gleich. Dadurch können Arbeitspunktdriften des Vorverstärkers V_1 keinen Einfluß auf die Nullpunktstabilität des Gesamtverstärkers nehmen. Nachteilig ist jedoch die geringe Signalbandbreite dieser Verstärker; denn es können nur Signalfrequenzen übertragen werden, die erheblich niedriger als die Chopperfrequenz sind.

– Chopperstabilisierte Gleichspannungsverstärker (Bild E 3.4-2c) verstärken die hochfrequenten Signalanteile mittels eines zusätzlichen Wechselspannungsverstärkerkanals und addieren diese Signale dann vor der Ausgabe zum Ausgangssignal des Chopperkanals. Der Frequenzgang b des Chopperkanals und der Frequenzgang c des Wechselspannungskanals müssen dabei so aufeinander abgestimmt sein, daß sich der glatte Gesamtfrequenzgang a ergibt (s. Bild E 3.4-1 a).

Die Verstärker haben somit den großen Übertragungsfrequenzbereich direkt gekoppelter Gleichspannungsverstärker und zusätzlich eine sehr hohe Nullpunktstabilität. Sie sind jedoch technisch sehr aufwendig und generieren außerdem höhere Rauschund infolge des Choppervorgangs auch höhere Störspannungspegel als direkt gekoppelte Gleichspannungsverstärker.

Direkt gekoppelte Gleichspannungsverstärker sind die am häufigsten eingesetzten Gleichspannungsverstärker. Ihr prinzipieller Nachteil, daß sich Arbeitspunktdriften als Nullpunktfehler auswirken, hat kaum noch Gewicht, da der technische Fortschritt auf dem Gebiet der integrierten Halbleiterschaltungen zu Präzisionsverstärkern geführt hat, die außerordentlich gute Arbeitspunktstabilitäten aufweisen.

Trägerfrequenzverstärker gemäß Bild E 3.4-2d unterscheidet man nach der verwendeten Trägerfrequenz und der daraus resultierenden Meßsignalbandbreite.

Für quasistatische Messungen mit ohmschen Aufnehmern werden meist Verstärker mit niedriger Trägerfrequenz ($f_T \leq 1$ kHz) eingesetzt, deren Meßfrequenzbereich nur 10 bis 200 Hz betragen.

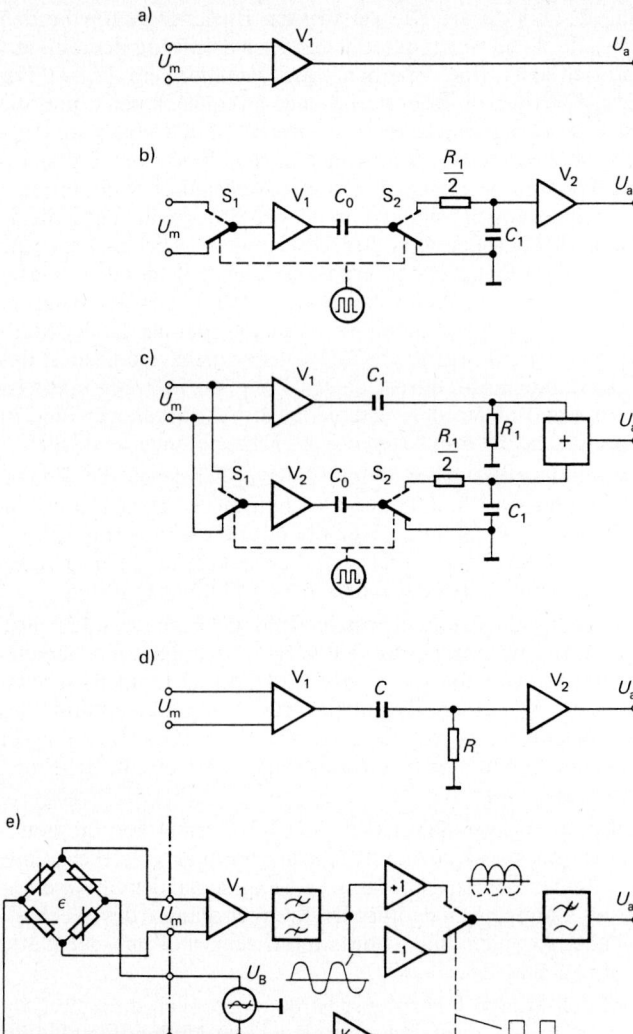

Bild E 3.4-2. Verstärkerprinzipschaltungen.
a) Direktgekoppelter Gleichspannungsverstärker.
b) Chopperverstärker.
c) Chopperstabilisierter Gleichspannungsverstärker.
d) Wechselspannungsverstärker.
e) Trägerfrequenzverstärker.

Vorteile der niedrigen Trägerfrequenz sind, daß Kabelkapazitäten nur einen vernachlässigbar geringen Einfluß auf das Meßergebnis haben und daß an diesen Verstärkern
keinerlei Phaseneinstellungen vorgenommen werden müssen.

Die Verstärker zeichnen sich durch eine außerordentlich hohe Nullpunktstabilität aus.
Sie sind so einfach zu handhaben wie Gleichspannungsverstärker, weisen aber nicht
deren Empfindlichkeit gegenüber Störspannungen auf.

Universalträgerfrequenzverstärker arbeiten meist mit einer Trägerfrequenz von rd. 5 kHz. An sie lassen sich sowohl ohmsche als auch induktive Aufnehmer anschließen, deren Meßgrößen bis zu Signalfrequenzen von rd. 1 kHz gemessen werden können.

Eine dritte Gruppe von Trägerfrequenzmeßverstärkern mit Trägerfrequenzen von 50 kHz und höher wird eingesetzt, wenn kapazitive Aufnehmer angeschlossen werden sollen oder wenn Signale sehr hoher Frequenz (≥ 10 kHz) zu erfassen sind und auf das Trägerfrequenzprinzip wegen seiner hohen Störspannungsunterdrückung nicht verzichtet werden kann. Aus den geschilderten Eigenschaften ergeben sich für die verschiedenen Verstärkerarten unterschiedliche Einsatzschwerpunkte [E 3.4-1]. Dies ist in Tabelle E 3.4-1 dargestellt.

Tabelle E 3.4-1 Qualitativer Vergleich von Gleichspannungs-, Wechselspannungs- und Trägerfrequenzverstärkern. $++$ sehr gut, $+$ gut, $\bigcirc$ zufriedenstellend, $-$ schlecht, $--$ funktionsunfähig bzw. keine Wirkung.

	Gleichspannungsverstärker			Wechsel-spannungs-verstärker	Trägerfrequenzverstärker		
	direkt gekoppelt	Chopper-verstärker	chopper-stabilisiert		$f_T \leq 1$ kHz	$f_T \approx 5$ kHz	$f_T \geq 50$ kHz
Aufnehmer							
aktive	$++$	$+$	$++$	$+$	$--$	$--$	$--$
ohmsche	$+$	$+$	$+$	$\bigcirc$	$++$	$+$	$\bigcirc$
induktive	$--$	$--$	$--$	$--$	$-$	$++$	$+$
kapazitive	$--$	$--$	$--$	$--$	$--$	$\bigcirc$	$++$
Frequenzbereich							
quasistatisch	$\bigcirc$	$+$	$\bigcirc$	$--$	$++$	$+$	$\bigcirc$
0 bis 1 kHz	$+$	$--$	$+$	$--$	$--$	$++$	$\bigcirc$
0 bis ≥ 10 kHz	$++$	$--$	$++$	$--$	$--$	$--$	$+$
dynamisch	$++$	$-$	$++$	$+$	$-$	$+$	$+$
Präzision							
Nullpunkt	$\bigcirc$	$+$	$+$	*)	$++$	$+$	$\bigcirc$
Empfindlichkeit	$++$	$+$	$+$	$\bigcirc$	$++$	$+$	$\bigcirc$
Auflösung	$+$	$+$	$\bigcirc$	$\bigcirc$	$++$	$++$	$+$
Linearität	$++$	$+$	$+$	$\bigcirc$	$++$	$+$	$\bigcirc$
Störspannungsunterdrückung							
Thermo-spannung	$--$	$--$	$--$	$++$	$++$	$++$	$++$
Netzbrumm	$-$	$-$	$-$	$-$	$+$	$++$	$++$
$1/f$-Rauschen	$-$	$+$	$-$	$\bigcirc$	$+$	$++$	$++$

*) Da das statische Meßsignal nicht übertragen wird, werden hier sowohl die Nullpunktdriften der Aufnehmer als auch die der Vorverstärkerstufen unterdrückt.

Aktive Aufnehmer lassen sich nur an Gleichspannungs- und Wechselspannungsverstärker, induktive und kapazitive Aufnehmer nur an Trägerfrequenzverstärker anschließen. Für quasistatische Präzisionsmessungen mit DMS-Aufnehmern sind niederfrequente Trägerfrequenzverstärker am besten geeignet, da sie gegenüber Gleichspannungsverstärkern bei gleich hoher Empfindlichkeitsstabilität und exzellenter Linearität bessere Nullpunktstabilitäten, kleinere Rauschpegel und eine bessere Störspannungsunterdrückung aufweisen. Gleichspannungsverstärker bieten demgegenüber neben ihrer universellen Anwendbarkeit einen sehr großen Meßfrequenzbereich.

Die 5 kHz Trägerfrequenzverstärker wiederum sind typische Universalverstärker, an die eine große Anzahl verschiedener Aufnehmerarten anschließbar sind. Sie ermöglichen bei mittlerer Meßgenauigkeit die höchste Auflösung kleiner Signale und haben eine außerordentlich hohe Störspannungsunterdrückung. Wechselspannungsverstärker können mit dem geringsten technischen Aufwand und deshalb auch in kleinsten Abmessungen gebaut werden.

E 3.4.2 Grenzen der Auflösung in der DMS-Meßtechnik

Die Grenzen der Meßsignalauflösung sind dann erreicht, wenn die Meßsignale nicht mehr sicher von den Störsignalen unterschieden werden können. Die maximale Auflösung wird dabei bestimmt durch die Größe der Brückenspeisespannung, die Meßsignalbandbreite, die erforderliche statistische Meßsicherheit und den Pegel der Störsignale.

Die nicht unterschreitbare physikalische Grenze für den Pegel des Störsignals wird durch die thermische Rauschspannung U_r der Brückenschaltung bestimmt:

$$U_r = \sqrt{4\,k\,T\,R\,B} \tag{E 3.4-1}.$$

Dabei ist k die Boltzmannkonstante in J/K ($k = 1{,}3806 \cdot 10^{-23}$), T die absolute Temperatur in K, R der Aufnehmerwiderstand in Ω und B die Meßsignalbandbreite in Hz.

In Bild E 3.4-3 sind die physikalisch und die z. Z. technisch mit Gleichspannungs- und Trägerfrequenzverstärkern erreichbaren Auflösungsgrenzen bei verschiedenen Meßsignalbandbreiten in Abhängigkeit von der Brückenspeisespannung dargestellt. Weitere Ausführungen zu diesem Thema sind im Schrifttum enthalten [E 3.4-2].

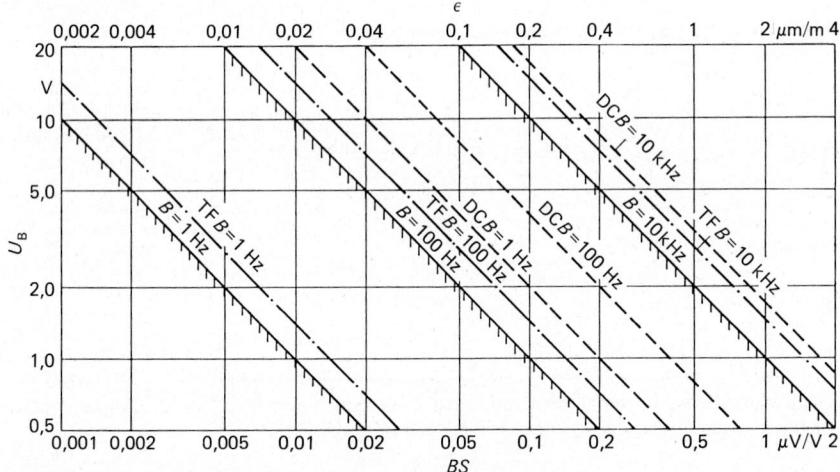

Bild E 3.4-3. Kleinste meßbare Brückensignale BS bzw. Dehnungen ε in Abhängigkeit von der Brückenspeisespannung U_B und der Meßsignalbandbreite B.
Bedingungen: Brückenwiderstand $R_B = 350\,\Omega$, k-Faktor $k = 2$,
statische Meßsicherheit: $2\sigma \cong 95{,}6\%$, T Raumtemperatur,
ⵑⵑⵑⵑ physikalische Auflösung infolge der Rauschspannung U_r,
—·— Auflösungsgrenze von Trägerfrequenzmeßverstärkern,
—--- Auflösungsgrenze von Gleichspannungsmeßverstärkern.

E 3.4.3 Meßverstärker – Schaltungsdetails

In diesem Abschnitt sind ausgewählte Schaltungsgruppen der Meßverstärker in ihren wichtigsten Eigenschaften beschrieben. Auf eine umfassende Darstellung wurde dabei aus Gründen der Kürze und Übersichtlichkeit bewußt verzichtet.

E 3.4.3.1 Verstärkerprinzipschaltungen

Verstärkerschaltungen unterscheiden sich auf vielerlei Weise, insbesondere dadurch, daß sie entweder Spannungen oder Ströme oder Ladungen verstärken und daß sie Differenzeingänge oder nur massebezogene Eingänge mit unterschiedlichen Eingangswiderständen aufweisen.

In Bild E 3.4-4 sind wichtige Verstärkerschaltungen im Prinzip dargestellt. Die dort angegebenen Eingangswiderstände R_e und Verstärkungsfaktoren v sind Näherungswerte. Sie gelten dann mit genügender Genauigkeit, wenn die verwendeten Operationsverstärker möglichst ideale Eigenschaften aufweisen, d. h. sehr hohe Eingangswiderstände, große Verstärkerfaktoren und sehr kleine Eingangsoffsetspannungen.

Die einfachste Verstärkerschaltung stellt Bild E 3.4-4 a dar, mit ihr können massebezogene Spannungen ohne Polaritätsumkehr verstärkt werden.

Schaltung nach Bild E 3.4-4 b invertiert die Eingangsspannung und erlaubt es, beliebige Verstärkungsfaktoren, also auch $v < 1$, einzustellen.

Bei den Schaltungen nach Bild E 3.4-4 c bis f ist der Operationsverstärker ebenfalls als Inverter geschaltet. Dies bewirkt einen Eingangswiderstand von annähernd null, so daß diese Schaltungen als ideale Strom- oder Ladungssenken wirken und daher, wie in Abschnitt E 3.3.5 beschrieben, besonders gut als Ladungsverstärker (e) oder Eingangsverstärker für kapazitive Aufnehmer (f) zu verwenden sind.

Will man Differenzspannungen U_D verstärken, so kann eine der Schaltungen nach Bild E 3.4-4 g bis k verwendet werden. Die Schaltung in Bild E 3.4-4 g ist besonders einfach, sie hat jedoch den Nachteil, daß ihr Eingangswiderstand nicht sehr hoch ist.

Je nachdem, ob man den Widerstand von Eingang 1 nach Masse (R_{e1}), von Eingang 2 nach Masse (R_{e2}) oder zwischen den Eingängen 1 und 2 (R_{ed}) mißt, ergeben sich unterschiedliche Werte.

Diese Eigenschaft bewirkt, daß, wenn von Masse isolierte oder nur hochohmig mit Masse verbundene Spannungsquellen angeschlossen werden, die Schaltung nach Bild E 3.4-4 g hohe Gleichtaktspannungen U_{GT} selbst generiert.

Bei masseisolierten Signalspannungsquellen errechnet sich die durch die Schaltung generierte Gleichtaktspannung U_{GT} zu:

$$U_{GT} = \frac{U_a}{2} \qquad (E\ 3.4\text{-}2).$$

Die Schaltung nach Bild E 3.4-4 h hat diese Nachteile nicht; ihr Eingang kann extrem hochohmig gemacht werden. Die Schaltung sollte man jedoch nicht für Verstärkungen $v < 1,5$ einsetzten, da der Verstärker V_2 dann einen immer größeren Verstärkungsfaktor erhält, der bei $v = 1$ gegen unendlich geht.

Ein Nachteil der Schaltung ist, daß sich die Gleichtaktunterdrückung bei höheren Signalfrequenzen schnell verschlechtert, da die Verstärker V_1 und V_2 wegen ihrer notwendigerweise unterschiedlichen Verstärkungseinstellung verschiedene Frequenzgänge haben.

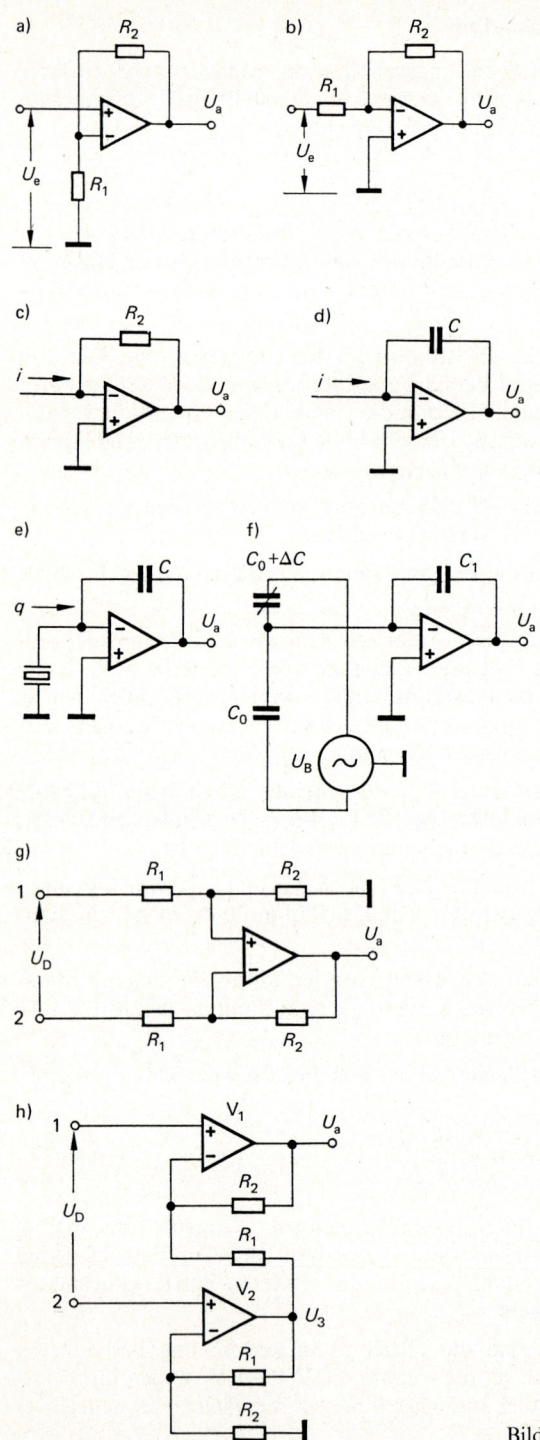

Bild E 3.4-4. Wichtige Verstärkerschaltungen.

i)

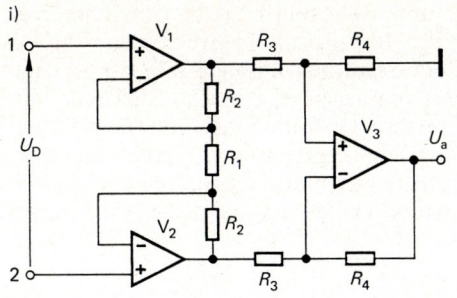

j)

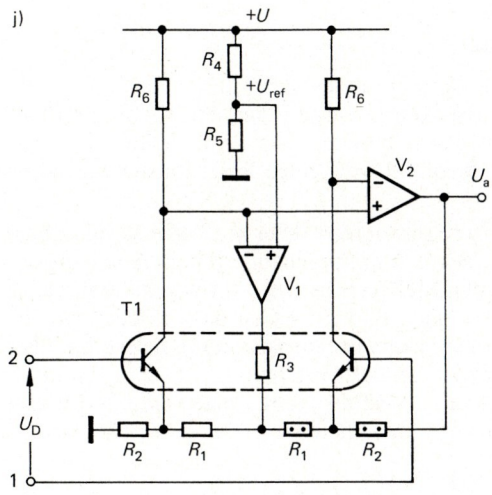

k)

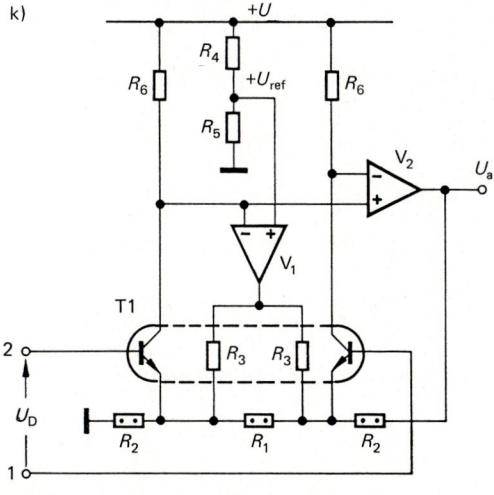

Bild E 3.4-4. Fortsetzung.

693

Alle vorher genannten Nachteile hat die Schaltung nach Bild E 3.4-4 i nicht, allerdings benötigt sie dafür auch drei Operationsverstärker. In Präzisionsmeßverstärkern mit extrem hohen Meßsignalauflösungen werden oft die Schaltungen gemäß Bild E 3.4-4 j und k eingesetzt. Sie vermeiden die höheren Rauschspannungspegel, die sich in den Schaltungen in Bild E 3.4-4 h und i durch den Einsatz von zwei Operationsverstärkern und somit auch zwei Differenzverstärkerstufen im Eingangskreis ergeben und erlauben es außerdem, besonders rauscharme Dualtransistoren einzusetzen und deren Ströme so einzustellen, daß sich für den jeweiligen Quellenwiderstand der geringstmögliche Rauschpegel ergibt [E 3.4-3].

Vorzug der Schaltung in Bild E 3.4-4 j gegenüber k ist, daß ein Präzisionswiderstand weniger benötigt wird (mit Punkten gekennzeichnet). Vorzug der Schaltung in Bild E 3.4-4 k ist, daß die Verstärkung durch Variieren nur eines Widerstandes (R_1) geändert werden kann.

E 3.4.3.2 Brückenspeisespannungserzeugung

Da die Meßspannung proportional von der Amplitude der Brückenspeisespannung abhängt, ist immer eine Stabilisierung der Brückenspeisespannung bei Meßverstärkern notwendig. Bei Gleichspannungsmeßverstärkern bereitet dies keine Schwierigkeiten. Hier kann die Brückenspeisespannung z. B. direkt von einer Präzisionsreferenzdiode abgeleitet werden.

Bei Trägerfrequenzsystemen ist es schon etwas schwieriger. Hier muß eine stabile sinusförmige Wechselspannung erzeugt werden, deren Amplitudenänderung in Abhängigkeit von Umgebungstemperatur und Zeit bei guten Meßverstärkern $< 0,1\%$ gehalten werden muß. Der Brückenspeisespannungsgenerator nach Bild E 3.4-5 ist dazu in der Lage. Er hat einen Wien-Brücken-Oszillator O, der eine saubere Sinusspannung liefert, die über die beiden Treiberstufen „Spannungsfolger SF_1" und „Inverterstufe I_1" als erdsymmetrische Brückenspeisespannung U_B zum Aufnehmer A geführt, dort von dessen Anschlüssen abgegriffen und über Rückführungsleitungen zum Differenzverstärker V_2 rückgeführt wird.

Die Regelschaltung R vergleicht danach den Spitzenwert der rückgeführten Speisespannung mit einer exakten Referenzgleichspannung $+U_{ref}$ und leitet daraus die Regelspannung $-U_r$ ab, die den Widerstand R_F des Feldeffekttransistors im Wien-Brücken-Oszillator so verändert, daß die Schwingungsamplitude sich dem angestrebten Wert nähert. Die Amplitudenstabilität wird somit weder vom Wien-Brücken-Oszillator O

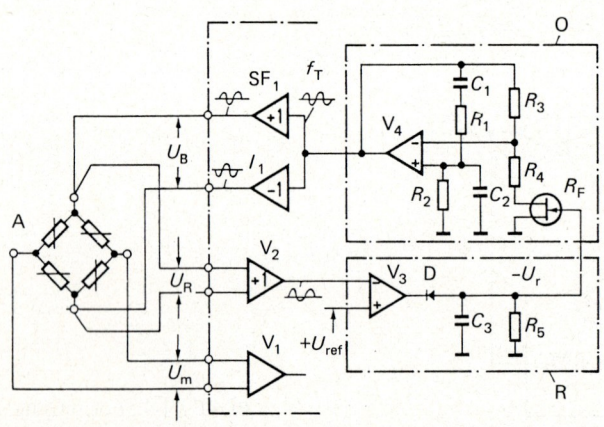

Bild E 3.4-5. Brückenspeisespannungsgenerator mit Wien-Brücken-Oszillator und Spitzenwertregelung.

noch von den Treiberstufen SF_1 und I_1, sondern praktisch ausschließlich von der Güte der Referenzspannung $+U_{ref}$ und der Präzision der Regelschaltung R bestimmt. die Schwingungsbedingung für den Wien-Brücken-Oszillator ist unter der Voraussetzung eines idealen Verstärkers V_4 dann erfüllt, wenn

$$\frac{R_3}{R_4 + R_F} \geqq \frac{R_1}{R_2} + \frac{C_2}{C_1} \tag{E 3.4-3}.$$

Die Frequenz f_T errechnet sich dabei zu

$$f_T = \frac{1}{2\pi\sqrt{C_1 C_2 R_1 R_2}} \tag{E 3.4-4}.$$

Es ist sinnvoll, die Zeitkonstanten $\tau_1 = R_1 C_1$ und $\tau_2 = R_2 C_2$ gleich τ_0 zu wählen. In diesem Fall vereinfachen sich obige Gleichungen zu:

$$\frac{R_3}{R_4 + R_F} \geqq 2 \cdot \frac{R_1}{R_2} \tag{E 3.4-5},$$

$$f_T = \frac{1}{2\pi\tau_0} \tag{E 3.4-6}.$$

Die Schaltung nach Bild E 3.4-5 ist nur ein Beispiel für einen häufig ausgeführten Brückenspeisespannungsgenerator.

An Stelle des Wien-Brücken-Oszillators können auch beliebig andere bekannte steuerbare Sinusoszillatoren eingesetzt werden. Ebenso ist es möglich, Regelschaltungen einzusetzen, die nicht auf den Spitzenwert, sondern auf den Mittelwert oder Effektivwert der Brückenspeisespannung ansprechen. Allen diesen Schaltungen ist gemeinsam, daß sie gute Regeleigenschaften aber auch lange Regelzeitkonstanten aufweisen und daher nach einer Anregung, z. B. infolge einer Laständerung wegen einer Meßstellenumschaltung, längere Zeit benötigen, bis sich die Brückenspeisespannung wieder auf dem alten Wert eingependelt hat. Eine Schaltung, die diesen Nachteil nicht hat, und die eine noch bessere Amplituden- und Frequenzstabilität bietet, zeigt Bild E 3.4-6.

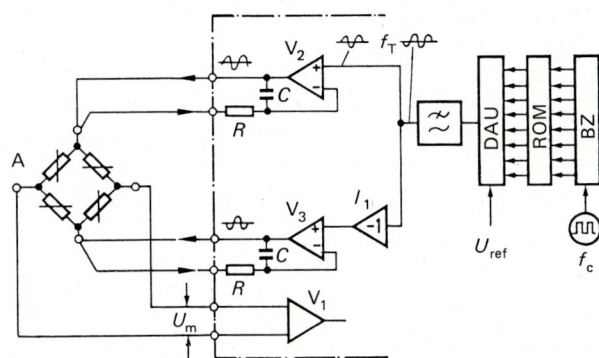

Bild E 3.4-6. Brückenspeisespannungsgenerator mit digitaler Sinusspannungserzeugung und Momentanwertregelung.

Die Sinusspannung wird hier mit Hilfe digitaler Mittel erzeugt. Eine Clockfrequenz f_c wird einem Binärzähler BZ zugeführt, dessen kodierte Ausgangsinformation ein ROM (Read Only Memory) adressiert, aus dem ein Digital-Analog-Umsetzer diskrete Tabellenwerte der Sinusfunktion auslesen und in eine sehr präzise Treppenspannung umsetzen kann.

Diese kann dann mittels eines einfachen Filters zur praktisch reinen Sinusspannung geglättet werden.

Ein Umlauf des Binärzählers mit 2^n Schritten, im Falle von $n = 8$ also 256 Schritten, denen ebensoviele diskrete Sinustabellenwerte im ROM zugeordnet sind, entspricht dabei einer Periode der erzeugten Sinusspannung.

Die nachgeschalteten Verstärker V_2 und V_3 stellen die Leistungsstufen dar, die den Aufnehmer treiben und die die Spannungsabfälle in den Speiseleitungen ausregeln. Da die Regelung hier auf den Momentanwert wirkt, reagiert sie sehr schnell (Regelgrenzfrequenz $f_g \approx 50$ kHz) und stellt die Brückenspannung nach Laständerungen oder Störanregungen innerhalb von Hundertstelmillisekunden wieder genau ein.

Allerdings müssen, damit eine Selbsterregung bei Anschluß längerer Aufnehmerkabel vermieden wird, RC-Glieder zur Frequenzstabilisierung eingesetzt werden.

E 3.4.3.3 Schaltungen zur Kennlinienlinearisierung

Die Mikroprozessortechnik kennt natürlich sehr effektive Rechenalgorithmen [E 3.4-4], um beliebig gekrümmte Kennlinien zu linearisieren. Aber auch die Analogtechnik hat gute Möglichkeiten, um mit sehr geringem Aufwand einfach gekrümmte Kennlinien zu entzerren. Parabel- und S-förmige Kennlinienkrümmungen von Aufnehmern lassen sich dabei besonders einfach korrigieren.

Im Unterschied zur nachträglichen Linearisierung durch Multiplikation mit einer inversen Kennlinie, wie dies bei Linearisierungsrechnungen immer der Fall ist, hat die Analogtechnik zusätzlich noch die Möglichkeit, die Aufnehmer so in Regelkreise einzuschalten, daß die Kennlinienkrümmungen direkt entzerrt werden, so daß die Ausgangssignale der Aufnehmer selbst bereits linear sind.

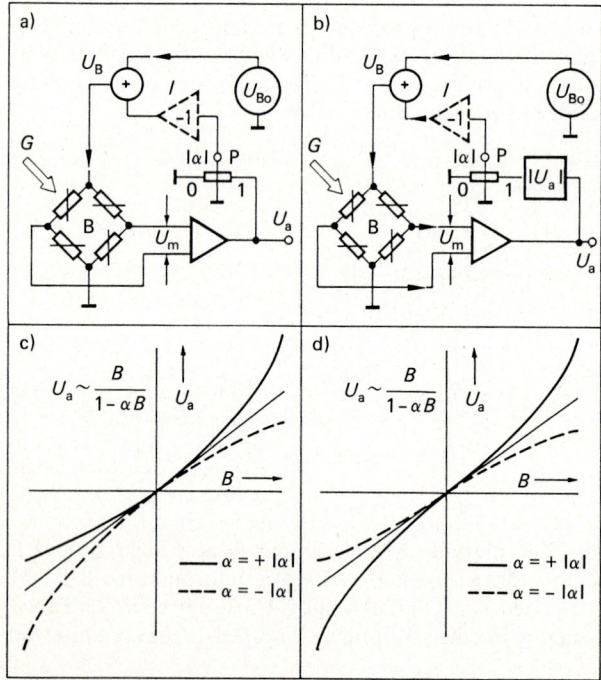

Bild E 3.4-7. Linearisierungs-
schaltungen.

Bild E 3.4-7 zeigt zwei solche Schaltungen. In beiden Schaltungen wird von der Ausgangsmeßspannung U_a ein Teil (αU_a) zur Brückennormalspannung U_{B0} addiert und die Summe
als Brückenspeisespannung U_B ausgegeben; α ist eine dimensionslose Zahl zwischen 0 und
$+1$ bzw. 0 und -1. Dies bewirkt je nach Polarität der rückgeführten Spannung eine
positive oder negative Rückkopplung, die um so stärker wird, je größer die Meßgröße G
und damit die Brückenverstimmung B ist.

Definiert man die Brückenverstimmung $B = U_a/U_B$, so errechnet sich die Ausgangsmeßspannung zu

$$U_a = U_{B0} \frac{B}{1 - \alpha B} \tag{E 3.4-7}.$$

Für kleinere Werte von α gilt als Näherung

$$U_a \approx U_{B0}(B + \alpha B^2) \tag{E 3.4-8}.$$

Die Kurven in Bild E 3.4-7 c und d zeigen den systematischen Zusammenhang, wobei die
gestrichelten Kurven dann gelten, wenn die in Bild E 3.4-7 a und b gestrichelt gezeichneten Inverter in Funktion sind.

Die Schaltung nach Bild E 3.4-7 b unterscheidet sich von der nach a dadurch, daß die
Ausgangsmeßspannung U_a noch zusätzlich über einen Betragsbildner geführt wird, dessen Aufbau in Bild E 3.4-8 zu sehen ist. Dadurch können S-förmige und S-inverse Kenn-
linienkorrekturen ausgeführt werden.

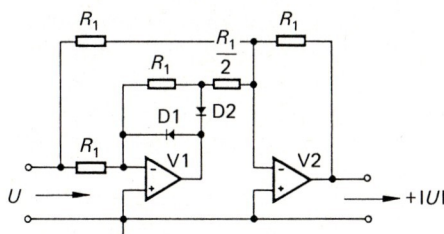

Bild E 3.4-8. Schaltung zur Betragsbildung.

Wird nur im ersten Quadranten eine S-förmige Kennlinienkorrektur benötigt, so ist das
nach Bild E 3.4-7 b ebenfalls einfach dadurch möglich, daß der Wendepunkt vom Nullpunkt in den ersten Quadranten hinein verschoben wird, indem man dem Eingang des
Betragsbildners die Summe aus U_a und einer negativen Verschiebespannung $-U_v$ anbietet.

Die bisher beschriebene Methode zur Kennlinienentzerrung kann auch auf Analog-
Digital-Umsetzerschaltungen angewendet werden.

Bild E 3.4-9 zeigt das Prinzip. Der Digitalwert DW steht mit der Meßspannung U_m i. a.
im Zusammenhang

$$DW \sim \frac{U_m}{U_{ref}}.$$

Wird ein Teil der Meßspannung U_m zur konstanten Referenzspannung U_{ref0} addiert und
die Summe dem ADU als Referenzspannung U_{ref} zugeführt, so ergibt sich der Zusammenhang zwischen der Meßspannung U_m und dem Digitalwert DW zu

$$DW \sim \frac{U_m/U_{ref0}}{1 + \alpha U_m/U_{ref0}} \tag{E 3.4-9}.$$

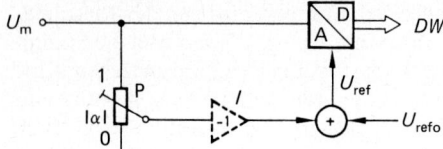

Bild E 3.4-9. Linearisierungsschaltung mit Analog-Digital-Umsetzer.

Gl. (E 3.4-9) und Gl. (E 3.4-7) sind in ihrer Struktur gleich. Daß einmal ein Plus- und einmal ein Minuszeichen im Nenner steht, ändert daran nichts, da α ja positiv oder negativ sein kann. Es bedeutet nur, daß für die Schaltung nach Bild E 3.4-9 die in Bild E 3.4-7c gezeichneten Kennlinien in ihrer Zuordnung zu tauschen sind, d. h., ohne Inverter I gilt die gestrichelte, mit Inverter I die durchgezogen gezeichnete Kurve.

Natürlich kann man auch, wie oben beschrieben, eine Schaltung zur Betragsbildung einsetzen, so daß die Kennlinie des Analog-Digital-Umsetzers auch S-förmig gekrümmt werden kann.

E 3.4.3.4 Phasenabhängige Gleichrichtung

Bei Trägerfrequenzmeßverstärkern tritt das Meßsignal, wie in Abschnitt 3.4.1 dargestellt, als amplitudenmodulierte Wechselspannung auf, die beim Wechsel der Polarität der Signalgröße einen 180°-Phasensprung ausführt.

Um eine der Signalgröße proportionale Meßspannung zu erhalten, muß die Trägerfrequenzspannung phasenabhängig gleichgerichtet und danach mit einer Filterschaltung geglättet werden, mit anderen Worten, die Trägerfrequenzspannung muß demoduliert werden.

Bild E 3.4-10 zeigt das am häufigsten verwendete Schaltungsprinzip eines solchen Demodulators. Es handelt sich um eine Operationsverstärkerschaltung, die mittels eines Halbleiterschalters ständig zwischen den Verstärkerbetriebsarten $v = +1$ und $v = -1$ umgeschaltet wird. Diese Schaltung zeichnet sich gegenüber den früher verwendeten Diodenbrückendemodulatoren durch einen um mehrere Zehnerpotenzen kleineren Linearitätsfehler, eine geringe Nullpunktdrift und besondere Einfachheit aus.

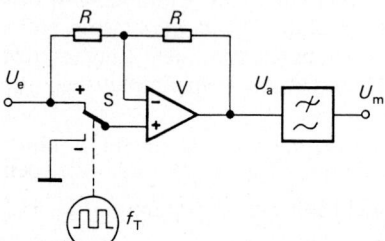

Bild E 3.4-10. Prinzipschaltung zur phasenabhängigen Gleichrichtung.

Mathematisch stellt sich die Demodulation als Multiplikation des Eingangssignals mit einem Rechtecksignal der Amplitude ± 1 und der Frequenz f_T dar.

Das Rechtecksignal kann nach *Fourier* in die Reihe

$$\tfrac{4}{\pi} [\sin(\omega_T t) + \tfrac{1}{3} \sin(3\,\omega_T t) + \tfrac{1}{5} \sin(5\,\omega_T t) + \ldots]$$

zerlegt werden.

Beliebige Eingangssignale lassen sich ebenfalls in einzelne Sinusfunktionen zerlegen.

Da bei der Multiplikation von Sinusfunktionen *ungleicher* Frequenz der statische Ergebniswert immer null ist, können nur Eingangssignale mit Frequenzanteilen von f_T, $3 f_T$, $5 f_T$ usw. einen Beitrag zum statischen Meßwert liefern. Alle anderen Signalanteile werden unterdrückt.

Ebenfalls unterdrückt werden Signalanteile, die zwar die richtige Frequenz, dafür aber eine $\pm 90°$-Phasenverschiebung gegenüber der Rechteckspannung aufweisen.

Da der Demodulator neben der Grundwelle auch die ungeradzahligen Harmonischen zur Frequenz null transformiert, müssen diese, falls sie stören, vor der Demodulation mit Filterschaltungen unterdrückt werden.

Dieser Nachteil ist dann zu umgehen, wenn als Demodulator ein Vierquadrantenmultiplizierer eingesetzt wird, der die zu demodulierende Signalspannung mit der Funktion $f(t) = \sin(\omega_T t)$ multipliziert.

In diesem Fall haben nur noch Signale mit der Frequenz f_T Einfluß auf das statische Ausgangssignal.

E 3.5 Analog-Digital-Umsetzer

Sollen Meßwerte digital verarbeitet werden, so ist es erforderlich, sie vorher zu digitalisieren, d. h. sie in ein kodiertes Signal umzusetzen, das einen Zahlenwert darstellt, dessen kleinstes Inkrement 1 d ist.

Hierzu benötigt man Analog-Digital-Umsetzer.

Von den vielen bekannten Umsetzverfahren sind in Tabelle E 3.5-1 die wichtigsten aufgeführt und ihre dominierenden Merkmale dargestellt.

Alle Verfahren basieren darauf, daß eine unbekannte Meßspannung U_m mit einer bekannten Referenzspannung U_{ref} verglichen und daß die unbekannte Spannung U_m entweder auf Grund von Impedanz- oder Zeitverhältnissen bestimmt wird. Die Verfahren a) bis c) in Tabelle E 3.5-1 stellen die Relation U_m / U_{ref} durch Impedanzverhältnisse dar. Zu ihnen gehören die schnellsten Umsetzer, die sog. Flash-Converter, wie sie z. B. zur Digitalisierung von Fernsehbildern eingesetzt werden. Ihre Umsetzzeiten entsprechen den Signallaufzeiten in den Komparatoren und in der Codierschaltung. Nach diesem Verfahren lassen sich jedoch nur Umsetzer mit geringer Auflösung aufbauen, da die Anzahl der notwendigen Widerstände R und Komparatoren K_i linear mit der Auflösung A wächst. Beim Verfahren b) mit sukzessiver Approximation benötigt man nur $2 \log_2(A)$ Widerstände und kann erheblich genauere Analog-Digital-Umsetzer aufbauen, die dennoch sehr schnell sind.

Beim Umsetzvorgang werden die einzelnen Stufen in der Reihenfolge ihrer Wertigkeiten, beginnend mit der Stufe der höchsten Wertigkeit, nacheinander angeschaltet. Sie bleiben angeschaltet, wenn die Wertigkeit der bis dahin zugeschalteten Stufen kleiner als der Wert der Meßspannung U_m ist; andernfalls werden sie wieder abgeschaltet.

Der Umsetzvorgang dauert somit soviele Anschaltvorgänge lang, wie der Umsetzer Stufen hat.

Das Kompensationsverfahren c) hat ein Widerstandsnetzwerk, dessen Wertigkeiten meist im BCD-Code gestuft sind, so daß die Einstellungen ohne Umcodierung dezimal angezeigt werden können.

Gesteuert wird das Netzwerk von einem Vorwärts-Rückwärts-Zähler, der von dem Abgleichverstärker – bestehend aus dem Verstärker V, einem Tiefpaß und einem Spannungs-Frequenz-Umsetzer – die Weiterschaltimpulse und das Richtungssignal erhält. Das Ver-

Tabelle E 3.5-1 Wichtige Analog-Digital-Umsetzverfahren.

Verfahren	a) Flash-Converter	b) sukzessive Approximation	c) Kompensation
Prinzipschaltung			
Umsetzvorgang	Die parallelen Komparatorausgangszustände werden von der Codierschaltung direkt in den binär kodierten Digitalwert D umgesetzt.		Der Kompensationsstrom i_k entspricht dem Zählerstand des Vorwärts-Rückwärts-Zählers. Der Vorwärts-Rückwärts-Zähler wird von den Pulsen des Spannungs-Frequenz-Umsetzers so lange vorwärts bzw. rückwärts gesteuert, bis der Abgleich erreicht ist, d. h. die Summe aus Kompensationsstrom i_k und Meßstrom i_m zu null geht $(i_k + i_m \to 0)$.
$f\left(\dfrac{U_\mathrm{m}}{U_\mathrm{ref}}\right)$	$$\frac{U_\mathrm{m}}{U_\mathrm{ref}} = \frac{K}{N}$$ K Anzahl der Komparatoren, bei denen die Meßspannung U_m größer als ihre jeweilige Vergleichsspannung ist, N Gesamtanzahl der Kompensatoren	$$\frac{U_\mathrm{m}}{U_\mathrm{ref}} = \sum_{i=0}^{i=N-1} (B_i \cdot 2^i)$$ N Gesamtanzahl der Stufen	$$\frac{U_m}{U_\mathrm{ref}} = \frac{\displaystyle\sum_{i=1}^{i=N}(W_i \cdot B_i)}{1{,}25 \cdot W_N}$$ $B_i = 0$ wenn Stufe i an $\perp$ geschaltet ist $B_i = 1$ wenn Stufe i an U_ref geschaltet ist W_i Wertigkeit der i-ten Stufe W_N Wertigkeit der größten Stufe
maximale Meßrate M (Umsetzungen/s)	10^8	10^4 bis 10^6	1 bis 10 (10^5)
maximale Auflösung A in Digitalschritten d	2^6 bis 2^8	2^8 bis 2^{16}	$2 \cdot 10^5$
Meßrate $M \cdot$ Auflösung A	$6 \cdot 10^9$	$5 \cdot 10^8$	$2 \cdot 10^6 \, (2 \cdot 10^{10})$
Filterwirkung	keine	keine	Filterung mittels Tiefpaß im Nullabgleichkreis
Möglichkeit zur linearen Erhöhung der Auflösung durch Addition aufeinanderfolg. Meßergebnisse	nein	nein	nein
Umsetzungsunsicherheit	1%	$2 \cdot 10^{-3}$ bis $2 \cdot 10^{-5}$	$1 \cdot 10^{-5}$

Tabelle E 3.5-1   Wichtige Analog-Digital-Umsetzverfahren.

d) Spannungs-Frequenz-Umsetzung	e) Dual-Slope	f) Mehrfachrampen-Umsetzung	g) Pulsdauermodulation PDM-ADU	h) Mehrfach-Pulsdauermodul. MPDM-ADU
(Schaltbild)	*(Schaltbild)*	*(Schaltbild)*	*(Schaltbild)*	*(Schaltbild)* $i_s = \frac{U_{ref}}{R}\cdot\left(\frac{t_g}{T} + \frac{t_f}{T\cdot N}\right)$
(Diagramme)	*(Diagramme)*	*(Diagramme)*	*(Diagramme)*	T = konstante Pulsperiode t_g = Pulsdauer Grobabgleich t_f = Pulsdauer Feinabgleich N = Verhältnis der Gewichtungen von Grobkompensationssignal zu Feinkompensationssignal
$\frac{U_m}{U_{ref}} = \frac{t_2}{t_1}$; für t_2 = konst. wird $t_1 = \frac{1}{f}$ damit ist $\frac{U_m}{U_{ref}} \sim f$	$\frac{U_m}{U_{ref}} = \frac{t_2}{T}$	$\frac{U_m}{U_{ref}} = \frac{t_1 - t_2}{t_1 + t_2}$	$\frac{U_m}{U_{ref}} = \frac{t_1 - t_2}{t_1 + t_2}$ $(t_1 + t_2)$ = konst.	$\int\limits_0^T \left[U_m + U_{ref}\left(\frac{t_g}{T} + \frac{t_f}{N\cdot t}\right)\right] = 0$ im abgeglichenen Zustand bei U_m = konst.
100	100	1000	100 (1000)	10^5
10^4 bis 10^5	10^4 bis 10^5	10^5 bis 10^7	10^5 bis 10^7	$> 10^7$
10^6	10^6	$2 \cdot 10^7$	$1 \cdot 10^7$	$1 \cdot 10^9$
Mittelwertbildung über die gesamte Meßzeit	Meßspannung U_m wird während ihrer Anschaltzeit T gemittelt	Mittelwertbildung über die gesamte Meßzeit	Mittelwertbildung über die Meßzeit $n \cdot t$ plus Filterwirkung 2. Ordnung des Abgleich-Regelkreises (n=1, 2, 3 ... = Anzahl der über die Perioden T gemessenen Einzelergebnisse)	Mittelwertbildung über die Meßzeit $n \cdot t$ plus Filterwirkung 2. Ordnung des Abgleich-Regelkreises (n=1, 2, 3 ... = Anzahl der über die Perioden T gemessenen Einzelergebnisse)
ja	nein	ja	ja	ja
$1 \cdot 10^{-4}$	$1 \cdot 10^{-4}$ bis $1 \cdot 10^{-5}$	$3 \cdot 10^{-6}$	$1 \cdot 10^{-6}$	$1 \cdot 10^{-6}$

fahren stellt ein Nachlaufsystem dar, bei dem im Gegensatz zu allen anderen Verfahren die Digitalwerte nicht bei jeder Abfrage von Grund auf neu gebildet werden, sondern nur den Änderungen der Meßspannung U_m folgen müssen. Obwohl dieses Verfahren bei sprunghaften Signaländerungen lange Einstellzeiten (rd. 1 s) benötigt, eignet es sich sehr gut zum Messen von stetig (zügig) sich ändernden Signalen. Da die Stellfrequenz des Netzwerkes bis zu 100 kHz sein kann, können in diesen Fällen 10^5 unterschiedliche Digitalwerte je Sekunde abgegriffen werden.

Der Datenfluß, d. h. das Produkt aus Meßrate mal Auflösung, ist dann sogar höher als beim Flash-Converter. Das Kompensationsverfahren ist zusätzlich als einziges in der Lage, als Meß- und Referenzspannung auch Wechselspannungen zu verarbeiten. Daher wird dieses Verfahren gerne zum Aufbau von besonders stabilen Präzisionsmeßgeräten verwendet, die nach dem Trägerfrequenzprinzip arbeiten.

Eine Variante des Kompensationsverfahrens ist das sog. Zeitteiler-Verfahren [E 3.5-1; 2], bei dem anstelle des veränderbaren Widerstandsnetzwerkes eine in ihrer Pulsdauer veränderbare Rechteckspannung konstanter Frequenz und konstanter Amplitude als Stellgröße verwendet wird. Das Zeitteiler-Verfahren gewinnt damit viele Eigenschaften der nachfolgend beschriebenen integrierenden Verfahren wie z. B. eine hohe Auflösung bei niedrigem technischem Aufwand.

Allerdings verliert es auch einige Möglichkeiten des normalen Kompensationsverfahrens, wie z. B. die hohe Stellfrequenz und die Möglichkeit, mit sinusförmigen Trägerfrequenzspannungen zu arbeiten.

Bei den Verfahren d) bis h) in Tabelle E 3.5-1 handelt es sich um sog. integrierende Verfahren, bei denen das Spannungsverhältnis U_m/U_{ref} durch Zeitverhältnisse bestimmt wird. Zeitmessungen lassen sich bekanntlich bereits mit geringem Aufwand außerordentlich genau ausführen, so daß mit diesen Verfahren einfach hohe Auflösungen und Genauigkeiten erreichbar sind. Kennzeichnend für diese Verfahren ist, daß sie alle einen Integrator haben. Beim Verfahren d), das nach dem Prinzip der Spannungs-Frequenz-Umsetzung arbeitet, wird der Meßstrom i_1 durch Stromimpulse i_2 kompensiert. Die Frequenz dieser Stromimpulse ändert sich proportional mit dem Meßstrom i_1, um die Kompensationsbedingung $i_1 + \int i_2 \, dt = 0$ einzuhalten.

Die Meßspannung liegt ständig an und wird somit über die gesamte Meßzeit gemittelt. Durch einfaches Ändern der Zeitbasis T kann die Auflösung dieses Verfahrens beliebig verändert werden.

Die Verfahren d), g) und h) benötigen mindestens zwei Präzisionswiderstände.

Das Dual-Slope-Verfahren e) ist vom Prinzip das idealste Verfahren, denn es benötigt gar keine Präzisionswiderstände. Fehler des Widerstands R wirken sich bei Anschaltung der Spannungen U_m und $-U_{ref}$ gleichermaßen aus und kürzen sich somit im Ergebnis von U_m/U_{ref} heraus. Die Dreieckspannung U_I am Ausgang des Integrators ändert dann zwar ihre Größe, das Zeitverhältnis der Rampen t_2/T bleibt jedoch konstant. In der Praxis treten jedoch Probleme durch Hysterese- und Kriecherscheinungen des Dielektrikums im Kondensator C auf, der ja die Aufgabe hat, eine Ladungsmenge ($q = T \, U_m/R$), die dem gesamten Meßwert entspricht, zu speichern und während der Abintegrationsphase t_2 möglichst fehlerfrei wieder abzugeben. Bei hoher geforderter Auflösung werden weiterhin äußerst hohe Anforderungen an den Komparator K gestellt, der dann den Nulldurchgang der Spannung U_I äußerst genau und sehr schnell erfassen muß. Ein weiterer Nachteil des Dual-Slope-Verfahrens ist, daß die Meßspannung nur während der Anschaltzeit T und nicht wie bei den anderen integrierenden Verfahren über die gesamte Meßzeit integriert wird. Dies bedeutet, daß das Dual-Slope-Verfahren bei gleicher Meßrate eine geringere Filterwirkung oder bei gleicher Filterwirkung eine kleinere Meßrate aufweist, als die anderen integrierenden Verfahren.

Bei den Verfahren f), g) und h) wird die Meßspannung durch die geschalteten Spannungen $\pm U_{\text{ref}}$ kompensiert, deren Tastverhältnisse das Maß für das Spannungsverhältnis $U_{\text{m}}/U_{\text{ref}}$ sind. Da der Meßwert über eine größere Anzahl von Perioden gebildet wird, ist der Fehlereinfluß der Integrationskondensatoren und Komparatoren entsprechend geringer. Mit diesen Verfahren können daher Meßsignalauflösungen bis 10^7 d erreicht werden.

Die Pulsdauer- (PDM) und Mehrfachpulsdauermodulationsverfahren (MPDM) arbeiten mit konstanter Umsetzfrequenz, so daß der Digitalwert DW auf einfache Weise durch Auszählen der Impulszeiten t_1 bzw. t_{g} und t_{f} gewonnen werden kann.

Der MPDM-ADU [E 3.5-3] verwendet, im Vergleich zum PDM-ADU, mehrere, d.h. mindestens zwei pulsdauermodulierte Rechteckspannungen für die Kompensation. Da die Auflösung A des MPDM-ADU so hoch ist, wie das Produkt aus den zeitlichen Auflösungen der einzelnen pulsdauermodulierten Signale – im Bild h) also des Grob-signals und des Feinsignals – lassen sich damit sehr hohe Auflösungen bei gleichzeitig hohen Meßraten erzielen.

Beim Verfahren f) der Mehrfachrampenumsetzung ändert sich die Periodendauer mit der Meßspannung. Daher muß mit einer Rechnerschaltung der Digitalwert DW aus dem Verhältnis der Impulszeiten ermittelt werden. Da bei den Verfahren d), f), g) und h) die Integrationszeiten T aufeinanderfolgender Messungen lückenlos zusammenhängen, führt eine Addition von m aufeinanderfolgenden Meßwerten zu demselben Ergebnis, wie wenn bei nur einer Messung die Integrationszeit von T auf $m\,T$ verlängert wird; die Auflösung erhöht sich um den Faktor m.

Die Meßraten und Auflösungen der Umsetzverfahren d), f), g) und h) können daher auf einfache Weise mittels nachgeschalteter Rechenschaltungen in weiten Grenzen den jeweiligen Anforderungen angepaßt werden.

Alle integrierenden Digital-Analog-Umsetzer zeichnen sich durch eine Filterwirkung aus, die höherfrequente Signalanteile dämpft und die Signale mit der Frequenz m/T ($m = 1, 2, 3, \ldots$; T Integrationszeit) völlig unterdrückt. Die Dämpfung D für eine Signalfrequenz f errechnet sich dabei zu

$$D = \frac{\pi f T}{\sin(\pi f T)} \qquad \text{(E 3.5-1)}.$$

Diese Funktion ist im Bild E 3.5-1 dargestellt.

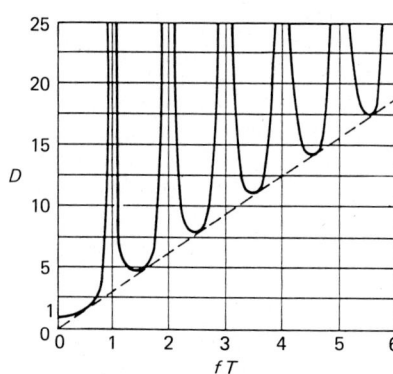

Bild E 3.5-1. Dämpfung D von integrierenden Analog-Digital-Umsetzern.

E 3.6 Meßketten mit digitaler Signalverarbeitung

Digitalschaltungen wie Mikrocomputer, digitale Signalprozessoren oder vom Anwender entwickelte Digitalschaltungen (ASIC) z. B. in Gate-Array-Technik, können Digitalinformationen nach logischen und arithmetischen Regeln verarbeiten. Dabei treten bei der digitalen Signalverarbeitung, abgesehen von den Rundungsfehlern, keine weiteren Fehler auf. Die Parameter sind somit keinen Änderungen durch Temperatur, Zeit oder Störeinflüssen unterworfen. Sie können daher mit hoher Genauigkeit festgelegt und per Programm sehr schnell geändert werden.

Wird das Meßsignal sofort nach der Verstärkung von einem Analog-Digital-Umsetzer digitalisiert und einer digitalen Signalverarbeitungsschaltung zugeführt, so kann diese die gesamte Signalkonditionierung, wie Nullabgleich NA, Empfindlichkeitsabgleich E, Linearisierung und die Signalverarbeitung, wie Filterung TP, Grenzwertüberwachung GW und Spitzenspeicherung SP, ausführen. Dabei bieten sich Schaltungskonzepte nach Bild 3.6-1 an [E 3.5-3], [E 3.6-1; 2]. Werden eine Eingangsumschaltung und ein Kalibriersignal vorgesehen, so kann der Mikrocomputer die Meßkette automatisch kalibrieren und per Rechnung justieren.

Der justierte Meßwert errechnet sich zu

$$M_{\mathrm{K}} = K_{\mathrm{Nenn}} \frac{M - N}{K - N} \qquad\qquad \text{(E 3.6-1)}.$$

Darin bedeutet:

K_{Nenn} Nennwert des Kalibriersignals,
M gemessener Meßsignalwert,
N gemessener Nullsignalwert,
K gemessener Kalibriersignalwert.

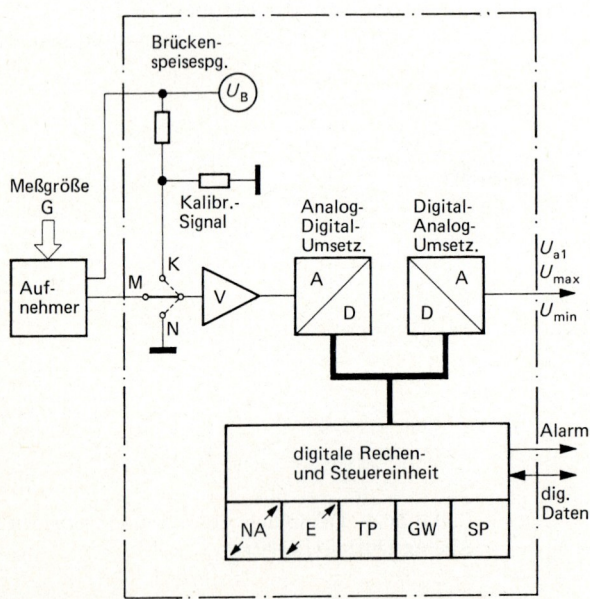

Bild E 3.6-1. Meßkette mit digitaler Signalverarbeitung.

Mikrocomputerschaltungen können auch die Anzeige- und Bedienelemente steuern bzw. abfragen und erlauben es sehr elegant, umfangreiche Meßeinstellungen im Dialog zwischen Benutzer und Gerät vorzunehmen.

So lassen sich u. a. auch die Meßeinstellungen der Geräte speichern und zu einem späteren Zeitpunkt wieder abrufen.

Die Mikrocomputertechnik ermöglicht es weiterhin, daß genormte serielle Datenschnittstellen wie V24 (RS 232-C) und IEC 625 (IEEE 488) mit geringem technischem Aufwand ins Meßgerät integrierbar sind.

Werden Mikrocomputerschaltungen den Aufnehmern fest zugeordnet oder sogar in sie integriert, so kann man die Anforderungen an die Aufnehmer wesentlich reduzieren, da sich mit Hilfe von Rechenalgorithmen der Mikrocomputer viele Aufnehmerfehler korrigieren lassen.

Korrigierbare Aufnehmerfehler sind z. B. Null-, Empfindlichkeits- und Linearitätsabweichungen.

Temperaturabhängige Fehler können dann vom Mikrocomputer korrigiert werden, wenn ihm zusätzlich zum Meßwert auch der Temperaturwert zugeführt wird.

Die einzige Forderung, die ein Aufnehmer immer erfüllen sollte, ist die, daß er unter gleichen Bedingungen gleiche Meßergebnisse liefert, also einen kleinen Reproduzierbarkeitsfehler besitzt. Korrekturen der Übertragungskennlinie beliebiger Art können je Rechenalgorithmus vorgenommen werden.

Viele bisher wenig geeignete Aufnehmerprinzipien und -konstruktionen werden wieder interessant und erlauben es, oft sehr einfache Meßketten aufzubauen, die gelegentlich sogar ohne Meßverstärker auskommen.

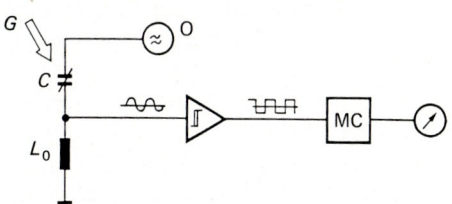

Bild E 3.6-2. Meßkette mit Serienresonanzkreis und direkter Auswertung mittels Mikrocomputerschaltung.

Bild E 3.6-2 zeigt eine solche Meßkette. Als Aufnehmer dient eine veränderliche Kapazität C, die mit einer konstanten Induktivität L_0 einen Reihenschwingkreis bildet, der vom Oszillator O erregt wird. Die Meßgröße G wird von der Frequenz f dargestellt, die sich zu

$$f = \frac{1}{2\pi \sqrt{L_0 C}}$$ (E 3.6-2)

errechnet.

E 4 Ausgeber

H. H. Emschermann †

E 4.1 Allgemeines

Ausgeber haben die Aufgabe, das Ergebnis einer Messung, den Meßwert, als Funktion der Zeit oder in seltenen Fällen auch als Funktion einer anderen unabhängigen Variablen dem Meßtechniker eindeutig erkennbar auszugeben [E 4.1-1]. Als Glied einer Meßkette sind sie hinter dem Anpasser angeordnet, Bild E 4.1-1.

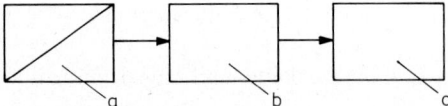

a   b   c

Bild E 4.1-1. Meßkette mit Ausgeber.
a Aufnehmer, b Anpasser, c Ausgeber

In diesem Abschnitt werden ausschließlich Ausgeber für elektrische Signale behandelt, d. h. Ausgeber, wie sie auch in der elektrischen Meßtechnik allgemein eingesetzt werden. Je nach dem, ob eine flüchtige Anzeige oder eine dauerhafte Registrierung gewünscht wird, werden als Ausgeber Anzeige- oder Registriergeräte verwendet. Ausgebertyp und Organisation der Messung beeinflussen sich gegenseitig. Fehler oder Unzulänglichkeiten des Ausgebers gehen voll in das Meßergebnis ein. Deshalb verdient die Auswahl des Ausgebers besondere Sorgfalt.

Analoge Ausgeber, in der Vergangenheit marktführend, liefern eine dem Meßwert analoge Größe, einen Winkel oder eine Strecke, meist als Anzeige eines Zeigers auf einer Skale oder als Amplitude einer Registrierkurve.

Der besondere Vorteil der analogen Ausgeber ist die Anschaulichkeit. Die Annäherung an einen Grenzwert oder dessen Überschreitung ist besonders leicht erkennbar und die Ausgabe mehrerer Geräte gut vergleichbar.

Nachteilig ist vor allem der Anzeige- bzw. Ablesefehler und das Auftreten von Übertragungsfehlern bei größeren Entfernungen zwischen Ausgeber und Anpasser.

Digitale Ausgeber liefern den Meßwert als Zahlenwert unverschlüsselt in Ziffern oder verschlüsselt (codiert). Die Ausgabe digitaler Ausgeber ist unanschaulich und eignet sich nicht zum raschen Erkennen veränderlicher Meßwerte, insbesondere nicht zum raschen Vergleich mehrerer Ausgaben. Ihr besonderer Vorteil ist die Freiheit von Anzeige- und Übertragungsfehlern.

Abschließend sei noch darauf hingewiesen, daß das allgemeine Vordringen der Digitaltechnik dazu führt, daß Anpasser zunehmend digitale Signale liefern und somit auch wegen der dann einfacheren Schnittstelle digitale Ausgeber bevorzugt werden.

E 4.2 Anzeigegeräte

E 4.2.1 Analoge Anzeigegeräte

E 4.2.1.1 Geräte mit Kreisbogenskale

Die wichtigsten analogen Anzeigegeräte haben elektromechanische Meßwerke nach dem Prinzip des federgefesselten Drehmomentmessers. Der vom Anpasser gelieferte Strom (Spannung) erzeugt im Meßwerk ein Drehmoment M_{el} und bewirkt dadurch die Drehung einer Zeigerachse oder eines Drehspiegels. Hier sei auf die eingehende Beschreibung der einzelnen Typen im Schrifttum [E 4.2-1] verwiesen.

Analoge Anzeigegeräte werden als Ausschlag- und als Nullinstrument benutzt. Bei Null-instrumenten ist Nullpunktkonstanz und gegebenenfalls die Empfindlichkeit wichtig. Dagegen spielt die Genauigkeitsklasse keine Rolle. Bei Ausschlaginstrumenten ist, da der Anpasser i. a. genügend Leistung liefert, die Empfindlichkeit von untergeordneter Bedeutung, dagegen ist die Genauigkeitsklasse wesentlich. Allerdings wird wegen der mechanischen Störanfälligkeit i. a. eine Klassengenauigkeit 1 bis 0,5 nicht unterschritten.

Das Drehspulmeßwerk hat die weiteste Verbreitung gefunden. Das elektrische Moment M_{el} entsteht durch Wechselwirkung zwischen dem Feld eines Permanentmagneten und dem magnetischen Feld einer stromdurchflossenen Drehspule. Seine Empfindlichkeit kann in weiten Grenzen durch Änderung der Abmessungen, insbesondere von Luftspalt und Windungszahl der Spule, geändert werden. Es arbeitet zunächst bei Gleichstrom, durch Zuschalten von Gleichrichtern ist es auch zur Messung von Wechselstrom geeignet.

E 4.2.1.2 Geräte mit gerader Skale

Gerade Skalen bieten, verglichen mit Kreisbogenskalen, bei Vielfachanzeigen den Vorteil der besseren Platzausnutzung und der besseren Vergleichbarkeit untereinander. Bei bisher üblichen Ausführungen ist eine Zeiger mit dem Abgriff eines Stabpotentiometers gekoppelt, das als Abgleichsglied einer Kompensationsschaltung dient und von einem elektronisch gesteuerten Motor verstellt wird. Die Vorteile des elektronischen Kompensators, kurze Einstellzeit, Lage- und Erschütterungsunempfindlichkeit sowie hohes Richtmoment, gelten auch für ein neuartiges Servoanzeigesystem, bei dem das Potentiometer durch einen Schirmkondensator ersetzt ist, Bild E 4.2-1. Dieser Schirmkondensator besteht aus zwei schmalen, feststehenden Elektroden a, die im Abstand von 0,5 mm parallel zueinander angeordnet sind. Im Luftraum zwischen den beiden Elektroden ist eine Schleife aus Polyesterband b gespannt, das auf der Hälfte seiner Länge metallisiert ist und auf Nullpotential liegt. Durch Verschieben des Polyesterbandes mittels des Schwingankerschrittmotors c wird eine lineare Kapazitätsänderung erreicht. Führt man einem

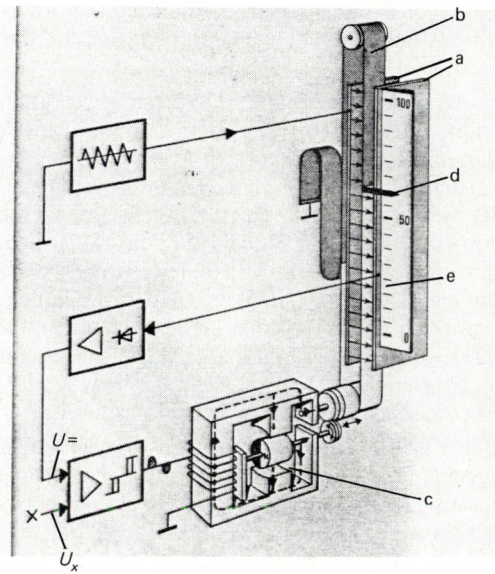

Bild E 4.2-1. Servoanzeiger mit kapazitivem Abgleich [E 4.2-2].
a Elektroden des Schirmkondensators,
b Polyesterband, teilweise metallisiert,
c Schwingankerschrittmotor, d Zeiger,
e Skale

Gleichrichter über den Schirmkondensator eine HF-Spannung zu, so kann die erhaltene Gleichspannung $U_=$ mit der Meßspannung U_x verglichen und durch Positionsänderung des Bandes so lange geändert werden, bis die Differenz null ist. Die Stellung der Metallisierungskante ist jetzt ein Maß für U_x, d.h. der am Polyesterband b befestigte Zeiger d zeigt U_x auf der Skale e an.

Der Meßfehler ist nicht angegeben. Bei einer Skalenlänge von 100 mm wird er auf 1% geschätzt.

Eine mechanikfreie elektronische Alternative zu elektromechanischen Analoganzeigegeräten bietet die Leuchtbalkenanzeige (bar-graph display) [E 4.2-3; 4]. Leuchtbalkenanzeigen sind digitalgesteuerte Analoganzeiger, genauer gesagt Quasianaloganzeiger. Der Leuchtbalken besteht aus einer Anzahl diskreter, aneinandergereihter punkt- oder stabförmiger Leuchtsegmente, deren Anzahl die Auflösung bestimmt. Als Leuchtelemente können Glühlampen, Leuchtdioden oder Flüssigkristalle verwendet werden. Flache Gasentladungsröhren, die aus zwei parallelen Glasplatten mit aufgedampften Leiterbahnen und einem zwischen den Platten befindlichen Abstandshalter bestehen, ermöglichen den Aufbau von 2×200 Segment-Anzeigen mit zwei getrennten Leuchtbalken. Der Schaltungsaufwand ist vergleichsweise gering, weil die gewünschte Leuchtbalkenlänge nicht durch gleichzeitige Ansteuerung aller zugehörigen Segmente erreicht wird, sondern durch Fortschalten der Glimmentladung von Segment zu Segment über Sammelkathodenleitungen. Um einen flimmerfreien Leuchtbalken zu erhalten, muß die Wiederholfrequenz der Glimmentladung mindestens 70 Hz betragen.

E 4.2.1.3 Oszilloskope

Oszilloskope gehören wegen der Flüchtigkeit des Schirmbildes einer normalen Elektronenstrahlröhre zu den Anzeigegeräten. Sie zeigen aber nicht einzelne Meßwerte, sondern vollständige Spannungsverläufe als Funktion der Zeit an. Das Oszillopskop gehört zur Grundausstattung jedes Meßlabors. Durch entsprechende Zusatzeinrichtungen, die vielfach auch als Einschübe zu einem Grundgerät angeboten werden, kann es hinsichtlich Frequenzbereich und Empfindlichkeit den unterschiedlichsten Meßaufgaben angepaßt werden. Die Arbeitsweise des Standardoszilloskops kann als weitgehend bekannt vorausgesetzt werden. Auf ihre Behandlung wird deshalb verzichtet und statt dessen auf das Schrifttum verwiesen [E 4.2-5].

Auch einfache Geräte sind häufig mit zwei Kanälen ausgestattet. Derartige Zweikanaloszilloskope haben nur selten zwei getrennte Elektronenstrahlsysteme, sondern meist einen Elektronenstrahl mit einem vertikalen und einem horizontalen Ablenkplattenpaar und dem zugehörigen Endverstärker. Zur gleichzeitigen Darstellung von zwei verschiedenen Signalen kann man diese entweder mit einer festen Taktfrequenz abwechselnd auf die beiden Kanäle schalten, so daß fortlaufend Ausschnitte des Signals auf dem Bildschirm erscheinen (das Signal wird zerhackt), oder man schaltet die Kanäle jeweils nach einer Zeitablenkung um, d. h., die Signale werden jeweils für die Dauer einer Horizontalablenkung unzerhackt dargestellt. Diese sog. alternierende Methode eignet sich nicht für niedrige Umschaltfrequenzen wegen des dann auftretenden Flimmerns, dagegen sehr gut für hohe Frequenzen. Einige Oszilloskope schalten daher bei Überschreiten bzw. Unterschreiten einer bestimmten Ablenkfrequenz zwischen den beiden Betriebsarten um.

Für die Qualität der Oszillogrammdarstellung ist die Triggerung von großer Bedeutung. Sie kann auch durch den Pegel des Triggersignals oder dessen an- bzw. absteigende Flanke gesteuert werden. Die interne Triggerung verwendet ein vom Oszilloskop geliefertes Signal, während bei der externen Triggerung ein äußeres Triggersignal, z. B. das darstellende Signal, benutzt wird. Die netzbezogene Triggerung synchronisiert die Darstellung mit der Netzfrequenz. Mit Hilfe der verzögerten Zeitablenkung lassen sich Bildausschnitte mit erhöhter zeitlicher Auflösung darstellen. Durch Vergleich der langsam ansteigenden Hauptsägezahnspannung mit einer durch Präzisionspotentiometer einstellbaren Spannung kann eine Verzögerungszeit abgeleitet werden, nach deren Ablauf der verzögerte steile Sägezahn gestartet wird.

Die Nachleuchtdauer von Standardelektronenstrahlröhren beträgt etwa 40 μs bei Abfall auf 10% der Anfangshelligkeit. Das Bild „folgt" praktisch unmittelbar dem Elektronenstrahl. Elektronenstrahlröhren mit variabler Nachleuchtdauer gestatten die Steuerung der Verweildauer eines Schirmbildes [E 4.2-6]. Sie ermöglichen beispielsweise die übereinander geschriebene Darstellung mehrerer Abtastungen und lassen dabei langsame Veränderungen klarer erkennen oder gestatten auch die Betrachtung einmaliger Vorgänge. Eine Löschung von Bildausschnitten ist nicht möglich, sondern es muß stets der gesamte Bildschirminhalt gelöscht werden. Der komplizierte Innenaufbau der Speicherröhre schlägt sich natürlich auch in einem höheren Preis nieder.

Die in den letzten Jahren entwickelten digitalen *Speicheroszilloskope* oder auch einfach „Digitaloszilloskope" haben die schon vorher bestehenden vielseitigen Möglichkeiten der Oszilloskope nochmals außerordentlich vermehrt [E 4.2-7; 8]. Der Grundgedanke ist die durch Einsatz eines Digitalspeichers ermöglichte Trennung von Gedächtnis- und Anzeigeelement. Das analoge Signal wird mit Abtastraten bis zu 50 MHz digitalisiert und in einem Digitalspeicher abgelegt. Damit steht es später zur beliebigen Weiterverarbeitung zur Verfügung. Ein Digitaloszilloskop enthält folgende Baugruppen: einen oder mehrere AD-Wandler, einen digitalen Speicher, Zeitgebereinheiten und Schaltungen für die Bildschirmanzeige. Mikroprozessoren können die Abbildung des Signals auf dem Bildschirm steuern, blenden alphanumerische Zeichen ein, ermöglichen die Kommunikation mit externen Computern und anderen Peripheriegeräten und übernehmen schließlich auch interne Steuerungsaufgaben.

Durch Peilmarken („Cursors") können interessierende Punkte im Schirmbild vom Anwender angefahren werden, wobei dann die exakten Zeit- und Spannungsangaben auf dem Schirm erscheinen.

Die sog. Pre-Triggerung macht es möglich, auch Vorgänge, die vor dem eigentlichen Triggerpunkt liegen, zu speichern, d. h., die Vorgeschichte des gemessenen Vorganges zu registrieren.

Die Auflösung und die Genauigkeit der Digitaloszilloskope ist nicht mehr durch die Daten der Oszilloskopröhre begrenzt, sondern kann durch die Wahl hochauflösender AD-Umsetzer wesentlich gesteigert werden. Bei einer Abtastrate von 2 MHz sind 10-bit oder 12-bit-Umsetzer üblich. Mit höheren Abtastraten sinkt die bit-Anzahl der Umsetzer. Sie beträgt z. B. bei einem Gerät mit 50 MHz Abtastrate noch 8 bit. Eine übliche Speicherkapazität ist 1024 Meßwerte.

E 4.2.2 Digitale Anzeigegeräte

Für die digitale Anzeige von Meßwerten kommt praktisch nur eine Ziffernanzeige in Frage. Eine codierte Darstellung etwa im Binärcode durch entsprechend angesteuerte Lichtquellen ist zwar möglich, wegen der Unanschaulichkeit aber unzumutbar. Anzeigegeräte mit Ziffernmarkierung, bei denen der gesamte Ziffernvorrat in einem Feld sichtbar dargestellt und die zutreffende Ziffer durch einen Leuchtfleck, eine Glimmlampe oder einen Zeiger markiert wird, waren früher verbreitet, sind aber wegen des großen Platzbedarfs und der unruhigen Anzeige – Platzwechsel bei Ziffernwechsel – überholt. Ebenso haben Anzeigegeräte mit Ziffernpaket fast nur noch, besonders wegen ihres Raumbedarfs und der beschränkten Helligkeit, historische Bedeutung. Hier wurden die Ziffern 0 bis 9 als Paket in zehn hintereinander angeordneten parallelen Ebenen, z. B. als Drahtkathoden in einer Edelgasröhre, eingebaut und die zutreffende Ziffer gezündet oder in durchsichtige Platten graviert und durch seitlich einfallendes Flutlicht beleuchtet.

Heute werden die Ziffern entweder aus ortsfest angeordneten Segmenten (Punkt oder Strich), die man wahlweise ansteuert, aufgebaut oder mit einem entsprechend gesteuerten Elektronenstrahl geschrieben.

E 4.2.2.1 Anzeige von Einzelzeichen

Die Zeichen werden durch Ansteuern von in einem Modul bereitgehaltenen Bildsegmenten, Punkten oder Strichen gebildet. Ein Punktmatrixmodul zur alphanumerischen Zeichendarstellung hat beispielsweise ein Feld von 5 × 7 oder 5 × 10 Punkten je Zeichen. Bei Strichsegmentdarstellung sind für Zifferndarstellung 7-Segment-Anzeigen und alphanumerisch auch 16-Segment-Anzeigen üblich, Bild E 4.2-2.

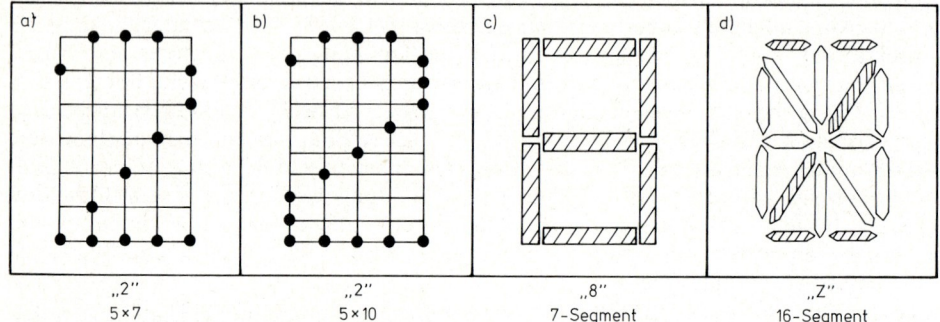

Bild E 4.2-2. Aufbau von Zeichen aus Bildsegmenten.
a, b) Punktmatrix; c, d) Strichmatrix.

Zur Sichtbarmachung der Bildsegmente werden

- Glühfäden,
- Lumineszenz (LED, Leuchtdioden),
- Fluoreszent (Vakuumfluoreszenz),
- Flüssigkristalle (LCD),
- Gasentladungen (Plasma)

eingesetzt. Man unterscheidet aktive und passive Anzeigen, abhängig davon, ob Licht emittiert oder moduliert wird. Auswahlkriterien sind insbesondere Helligkeit, Auflösung, Leistungsbedarf, Schaltungsaufwand und Preis. Je nach Anwendung kann auch die Lebensdauer, der Temperaturbereich oder die mechanische Beanspruchbarkeit wichtig sein.

Glühfaden

Glühlampen sind aktive Elemente. Sie zeichnen sich durch besonders hohe Leuchtdichte und einen breiten zulässigen Temperaturbereich, z. B. − 50 bis + 100 °C, aus. Verglichen mit anderen Anzeigetechnologien bestehen Schwierigkeiten hinsichtlich Lebensdauer, Vibrationsfestigkeit und durch hohen Leistungsbedarf. Typische Anschlußwerte sind 1,5 bis 12 V und 15 mA je Segment bei Kleinanzeigen. Wegen der hohen Leuchtdichte sind Glühlampen insbesondere für Großanzeigen bei großen Ableseentfernungen geeignet.

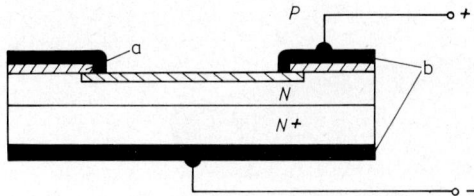

Bild E 4.2-3. Aufbau einer Leuchtdiode
[E 4.2-9].
a Oxyd, b Metallkontakt

Leuchtdioden (LED)

Leuchtdioden (light emitting diode, LED), auch Lumineszenzdioden genannt, sind aktive Anzeigeelemente. Ihre Funktion beruht auf der Wechselwirkung zwischen den Elektronen eines Festkörpers (Halbleiter) und elektromagnetischer Strahlung. Die Diode wird durch einen elektrischen Strom angeregt. Die Elektronen geben bei Zurückfallen vom Leitungsband in das Valenzband elektromagnetische Strahlungsenergie ab, deren Wellenlänge durch das verwendete Material bestimmt ist. Für Anzeigegeräte interessiert das Gebiet zwischen 0,48 µm (blau über grün, grün-gelb, orange) bis 0,95 µm (nahes Infrarot). Die aktive, lichtemittierende Fläche ist kleiner als 0,1 mm^2. Bild E 4.2-3 zeigt den prinzipiellen Aufbau mit den Metallkontakten b zur Stromeinleitung in die p- und n-Schicht sowie die Oxydschicht a zur Isolierung des Kontakts gegen die p-Schicht. Die Strahlung erfolgt diffus in den gesamten Halbraum, Bild E 4.2-4. Ein Teil der Strahlung wird im Halbleiter absorbiert, ein Teil durch Totalreflexion in den Halbleiter zurückgeworfen. Durch Aufbringen von Kunststofflinsen auf den Kristallkörper vergrößert man scheinbar die Leuchtfläche, vergrößert die optische Ausbeute und beeinflußt die Abstrahlcharakteristik. Die Lichtstärke beträgt 200 mcd/20 mA bei rot, 100 mcd/20 mA bei grün, der Temperaturbereich − 40 bis +85 °C. Zum Aufbau großer Punktmatrixmodule sind LED aus Preisgründen ungeeignet. Man benutzt jedoch z. B. vierstellige LED-Moduln mit integrierter Steuerlogik, Bild E 4.2-5. Die Ansprechzeit beträgt einige µs.

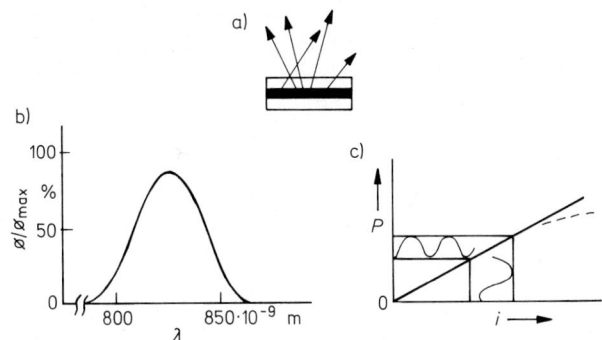

Bild E 4.2-4. Eigenschaften
einer Leuchtdiode
[E 4.2-10].
a) Richtkennlinie.
b) Frequenzkennlinie.
c) Strom-Leistungs-Kennlinie

Fluoreszenzanzeigen

Fluoreszenzanzeigen sind flache Vakuumglasgefäße mit einem triodenartigen Innenaufbau, dessen phosphorbeschichtete Anoden durch die von einer beheizten Kathode ausgehenden und durch Gitter gesteuerten Elektronen zur Lichtemission angeregt werden, Bild E 4.2-6. Es sind aktive Elemente. Um den Elektronen eine ausreichende Geschwindigkeit zu geben, sind höhere Versorgungsspannungen erforderlich, die normalerweise zwischen 25 und 60 V liegen und die zur Erzielung besonders hoher Leuchtdichte z. B. für großflächige Anzeigen auch bis auf 150 V steigen. Es existieren ein- und mehrzeilige

Bild E 4.2-5. Vierstellige Leuchtdiodenbausteine mit integrierter Steuerlogik und 5 × 7-Punktmatrix (Werkfoto: Hewlett-Packard).

Ausführungen mit 5 × 7- oder 5 × 12-Punktmatrix- bzw. 7-Segment- und 14-Segment-Anzeigen je Zeichen. Das Verfahren gestattet Anordnungen mit hoher Auflösung (kleinster Punktabstand 0,75 mm) und damit unter anderem den Aufbau von Bildschirmen mit 256 × 256 Lichtpunkten. Der triodenartige Innenaufbau bedingt eine Mindestdicke von 7 mm. Die Standardfarbe ist Grün, durch Auswahl der Fluoreszenzmaterialien sind aber auch andere Farben möglich. Die zulässige Betriebstemperatur beträgt −30 bis +85 °C, die Ansprechzeit 1 ms.

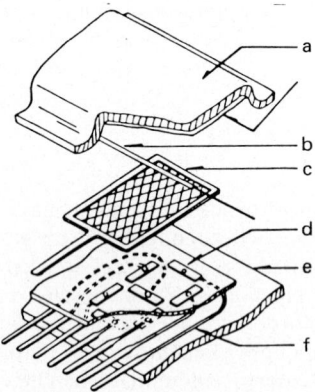

Bild E 4.2-6. Vakuumfluoreszenzdisplay als 7-Segment-Modul (nach Werkbild: Noritake).
a Deckglas, b Heizdraht, c Gitter, d Anodensegment, e Glassubstrat, f Anodenanschlüsse

Flüssigkristallanzeigen (*liquid cristal display LCD*)

LCD sind passive Elemente [E 4.2-11]. Sie nutzen die Anisotropie von Flüssigkeiten zwischen Schmelzpunkt und Klärpunkt. Die als dünne Flüssigkeitsschicht (rd. 0,01 mm) zwischen zwei Glasplatten eingelagerten „flüssigen Kristalle" bestehen aus langgestreckten (fadenförmigen) Flüssigkristallmolekülen, die durch Anlegen eines elektrischen Feldes ausgerichtet werden. Sehr verbreitet sind Ausführungen, bei denen die beiden Glasplatten auf ihrer Innenseite je eine mechanisch erzeugte feine Riefenstruktur aufweisen, deren Richtungen um 90° gegeneinander versetzt sind, Bild E 4.2-7. Die sich in die Riefen einlagernden Fadenmoleküle erzeugen zwei senkrecht zueinander orientierte Randzonen und dadurch eine wendeltreppenartige Anordnung der Fadenmoleküle in der Zwischenzone. Von außen einfallendes polarisiertes Licht wird durch die 90°-Schraube gedreht und kann eine entsprechend angeordnete Polarisationsfolie auf der Gegenseite der Zelle ungehindert passieren. Durch Anlegen eines elektrischen Feldes wird die wendeltreppenartige Struktur gestört. Es entsteht eine streuende Zwischenzone, die das Licht ohne entsprechende Drehung seiner Polarisationsebene passiert, daher aber die zweite Polarisationsfolie nicht passieren kann. LCDs arbeiten in transmissiver, reflektierender oder transflektiver Ausführung. Bei der reflektiven Bilderzeugung befindet sich hinter dem zweiten Polarisationsfilter ein Reflektor, der das Licht zurückwirft. Die Zeichen erscheinen Schwarz auf Grün oder auf grünem oder silbernem Hintergrund. Die transflektive Ausführung hat einen etwas lichtdurchlässigen Reflektor und ermöglicht so eine Beleuchtung durch Leuchtfolie. Die transmissive Ausführung verlangt eine echte rückwärtige Beleuchtung und damit zusätzlichen Aufwand und entsprechende zusätzliche Leistungsaufnahme.

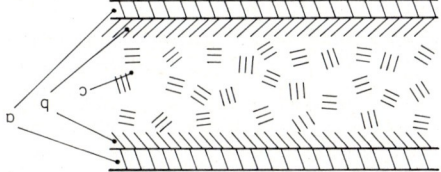

Bild E 4.2-7. Flüssigkristallanzeige [E 4.2-11].
a Elektroden, b orientierte Randzonen, c Zwischenzone

Die Leistungsaufnahme von LCDs ist gering ($I = 10\,\mu A$, $U = 5\,V$), der Temperaturbereich bei statischem Betrieb -30 bis $+80\,°C$, bei Multiplexbetrieb 0 bis $+60\,°C$. Die LCDs finden insbesondere für sehr stromsparenden Batteriebetrieb Anwendung. Durch Beimischung von Farbstoffmolekülen können neuerdings auch von Rot auf Gelb umschaltende LCDs aufgebaut werden. Die Einschaltverzögerung beträgt rund 100 ms, die Abfallzeit 250 ms.

Plasmaanzeigen

Plasmaanzeigen sind aktive Anzeigen mit hoher Lichtausbeute [E 4.2-12]. Sie nutzen die bei Gasentladung in der Umgebung der Kathode auftretende Leuchterscheinung. Den in einer Ebene angeordneten, als Bildsegmente ausgebildeten Kathoden liegen in einem Abstand von einigen Zehntelmillimetern in einer zur Kathodenebene parallelen Ebene die großflächigen, transparenten Anoden gegenüber. Beide Ebenen sind über einen Rahmen zu einem flachen, gasdichten Gefäß miteinander verschmolzen. Die Kathoden sind z. B. als 7-Segment-Zeichen oder als 5×7-Punkt-Zeichen aufgebaut, während die Anodenfläche jeweils ein Zeichen deckt. Bei gleichstrombetriebenen Displays werden die Kathoden entweder einzeln angesteuert, oder die Gasentladung wird nach dem Schiebeprinzip schrittweise, z. B. bei quasianalogen Bandanzeigen von Zelle zu Zelle, bei Self-scanned-Panel von Spalte zu Spalte, weitergeführt und damit Aussteueraufwand gespart.

Die Elektroden von wechselstrombetriebenen Displays sind mit einer dünnen dielektrischen Schicht überzogen. Die anliegende Wechselspannung liegt unterhalb der Zündspannung. Ein kurzzeitiges Schreibspannungssignal zündet die Zelle, ein entgegengesetzt gerichteter Spannungsimpuls löscht sie. Nachteilig ist die hohe Betriebsspannung, so daß sie vorwiegend für netzbetriebene und weniger für tragbare Meßgeräte in Betracht kommen.

E 4.2.2.2 Bildschirmanzeige

Die Zunahme der zu vearbeitenden Datenmenge hat auch zu einem erhöhten Kapazitätsbedarf bei Anzeigegeräten geführt und vielfach einen Übergang vom einzelnen Anzeigeelement zum Bildschirm erforderlich gemacht. Damit ist gleichzeitig die Möglichkeit gegeben, außer alphanumerischen Zeichen auch Graphiken auszugeben. Das Prinzip der Elektronenstrahlröhre, die Erzeugung eines Lichtpunktes auf einem Schirm durch einen elektrisch steuerbaren Elektronenstrahl, ermöglicht den Bau von besonders leistungsfähigen Geräten. Dabei sind drei verschiedene Bildschirmsysteme im Einsatz [E 4.2-13].

Speicherbildschirmgeräte verwenden spezielle Speicherröhren, mit denen Bildinformationen im Phosphor des Bildschirms bis zu mehreren Stunden gespeichert werden können, ohne daß eine Auffrischung aus einem Datenspeicher erforderlich ist. Das Bild läßt sich durch kurzzeitiges Erhöhen der Anodenspannung löschen. Elektronik- und Ablenkeinheiten sind für die vektorielle Abtastung des Bildschirms optimiert, d. h., der Elektronenstrahl kann an beliebige Stellen positioniert werden. Gute Geräte haben eine extrem hohe Auflösung. Es können in x- und y-Richtung bis zu je 4096 Positionen angefahren werden. Der Bildkontrast ist kleiner als bei den beiden anderen Systemen.

Auch beim *Vektorauffrischbildschirmgerät* positioniert man den Elektronenstrahl durch die Ablenkelektronik an die gewünschte Stelle. Da aber die Bildinformation nicht im Phosphor gespeichert wird, muß das gesamte Bild ständig aufgefrischt, d. h. aus einem Datenspeicher ausgelesen und geschrieben werden. Die maximale Auflösung beträgt wiederum 4096 × 4096 Bildpunkte. Das Bild ist sehr kontrastreich. Da bei jedem Auffrischen auch ein neues Bild geschrieben werden könnte, ist das Verfahren auch für dynamische Vorgänge sehr geeignet.

Beim *Raster-Scan-Bildschirmgerät* wird der Elektronenstrahl nicht auf den einzelnen Schirmpunkt positioniert, sondern wie beim Fernseher zeilenweise abgelenkt. Dabei sind maximal 2048 Zeichen und ebenso viele Punkte je Zeile möglich. Es werden stets alle Zeilen durchlaufen, auch wenn nur ein kleiner Teil davon Bildinformation enthält. Die verwendeten Röhren haben eine kurze Nachleuchtdauer (10^{-2} bis 10^{-1} s). Das Bild muß deshalb wenigstens mit einer Frequenz von 25 Hz neu geschrieben werden. Durch abgestufte Steuerung der Kathodenstrahlintensität lassen sich Graustufen schreiben.

Hochauflösende Bildschirmanzeigen benötigen zur Signalübertragung hohe Bandbreiten (bis zu 30 MHz). Auch Farbanzeigen sind möglich. Entweder wird eine Mischung von zwei verschiedenen Phosphorsorten (grün bzw. rot leuchtend), die verschiedene Anregungspotentiale haben, als Beschichtung verwendet oder auf dem Schirm wird in einem definierten Raster roter, grüner und blauer Phosphor aufgebracht und durch drei intensitätsgesteuerte Elektronenstrahlen angeregt.

Für Anwender, die längere Zeit mit Bildschirmmessungen arbeiten müssen, sind auch ergonomische Gesichtspunkte von großer Bedeutung. Wenn es das Ziel ist, eine Anzeige vergleichbar der Qualität von gut bedrucktem Papier zu erhalten, so bleiben bisher noch manche Wünsche offen.

Die offensichtlichen Nachteile der Elektronenstrahlröhren (erhebliche Baulänge, Hochspannung, fehlende Speichermöglichkeit) sollen flache Bildschirme vermeiden. Als Verfahrensprinzip kommen z. B. Halbleiter-, Flüssigkristall-, Elektrolumineszenz- und Plasma-Displays in Frage [E 4.2-14]. Derartige Anzeigen wurden bereits als Muster auf Messen vorgestellt [E 4.2-15].

E 4.3 Registriergeräte

Registriergeräte haben die Aufgabe, (zeitlich veränderliche) Meßwerte auf einem geeigneten Datenträger so zu speichern, daß der Meßwert später beliebig oft wieder ausgelesen werden kann. Auswahlkriterien sind insbesondere obere und untere Frequenzgrenze, Anzahl der Registrierkanäle, Meßfehler, Preis des Gerätes und Betriebskosten, d. h. vor allem auch der Preis des Datenträgers.

E 4.3.1 Kurvenzeichnende Registriergeräte

Analoge Registriergeräte zeichnen den Meßwert meist als Funktion der Zeit, aber auch einer anderen Veränderlichen, als Kurve (Liniendiagramm) in rechtwinkligen Koordinaten oder in Winkelkoordinaten (Kreisdiagramm), seltener als Balkendiagramm. Funktion und Aufbau der Registriergeräte werden entscheidend vom Schreibverfahren bestimmt. Kennzeichnende Merkmale des Schreibverfahrens sind unter anderem:

– Strichstärke,
– Kontrast,
– Schreibgeschwindigkeit, Schreibdauer,
– Reibung,
– Betriebssicherheit (Wartungsfreiheit),
– Wirtschaftlichkeit.

In Tabelle E 4.3-1 sind einige Merkmale zusammengestellt.

Elektrische Kompensationsschreiber sind seit über 30 Jahren bekannt. Ihr Einsatz war früher wegen der hohen Kosten vornehmlich Prozeßanlagen vorbehalten. In den letzten Jahren hat aber ihre Verbreitung sprunghaft zugenommen. Grund dafür ist die verbesserte Leistung bei kleinerem Preis.

An Stelle des früher ausschließlich verwendeten Abgleichpotentiometers werden heute, wenn auch seltener, kontakt- und damit verschleißfreie Abgleichelemente (Kapazitäten oder Induktivitäten) verwandt. Den Papierantrieb führt ein Schrittmotor aus, den ein netz- oder quarzstabilisierter Taktgenerator über einen Frequenzteiler antreibt.

Daten: Meßbereich $\leq 50\ \mu V$,
        Meßunsicherheit $\leq 0{,}25\%$,
        Reproduzierbarkeit $\leq 0{,}1\%$,
        Anzahl der Meßkanäle   1 bis 6,
        Einstellzeit   0,2 bis 0,5 s für volle Schreibbreite.

Der bei Mehrkanalkompensationsschreibern unvermeidliche mechanische Schreibfederversatz bewirkt bisher, daß die Kurven zeitlich gegeneinander versetzt aufgezeichnet waren. Um diesen für die Auswertung von Kurvenverläufen sehr störenden Schönheitsfehler zu beseitigen, werden neuerdings Zeitversatzkompensatoren angeboten. Die durch den Federversatz verursachte seitliche Verschiebung wird durch eine entsprechende Laufzeitverzögerungseinrichtung innerhalb des Schreibers ausgeglichen, Bild E 4.3-1. Die

Tabelle E 4.3-1 Kennzeichnende Merkmale von kurvenzeichnenden Registrierverfahren [E 4.3-1; 2].

Verfahren	Datenträger	Schreib-material	Schreiborgan	Schreibspur mm	Hauptvorteil	Hauptnachteil
Ritz-verfahren	Papier mit Deckschicht	–	Stahlspitze	$1 \cdot 10^{-1}$	wartungsfrei	Spezialpapier
	geschwärzter Film	–	Diamant-spitze	$1 \cdot 10^{-2}$	kleine Schreibamplitude	optische Vergrößerung notwendig
	Stahl, Glas	–	Diamant-spitze	2 bis $3 \cdot 10^{-3}$	kleine Schreibamplitude	optische Vergrößerung notwendig
Material-auftragung	Papier	Tinte	Kapillare	$1 \cdot 10^{-1}$	einfach	unsauber
	Papier	Tinte	Fiberkapillare	$2 \cdot 10^{-1}$	zuverlässig	begrenzte Schreiblänge
	Papier	Tinte	Kugelschreiber	$1 \cdot 10^{-1}$	sauber	unsicher
	Papier	Farbband	Fallbügel auf Schreibkopf	$3 \cdot 10^{-1}$	Mehrfarbigkeit	nur punktweise, niedrige obere Frequenzgrenze
	Papier	Tinte	Drehdüse	$2 \cdot 10^{-1}$	kleines Trägheitsmoment, hohe Grenzfrequenz	unsauber
	Papier	Tinte	Düse mit elektrischem Feld	$2 \cdot 10^{-1}$	massefreies Schreibsystem	unsauber
Photo-graphie	Photopapier, Photofilm	Lichtstrahl	Drehspiegel mit Galvanometer	2 bis $5 \cdot 10^{-1}$	Vielkanal, hohe Schreib-geschwindigkeit	Aufwand
		Elektronen-strahl	Oszilloskop	$2 \cdot 10^{-1}$	extrem hohe Schreib-geschwindigkeit	Aufwand, photographi-scher Prozeß
elektrisches Verfahren	Metallpapier	elektrischer Strom	Schreibelek-trode	$1 \cdot 10^{-1}$	wartungsfrei	unbeständig gegen Umwelteinflüsse, Spezialpapier
	thermosensi-tives Papier	elektrischer Strom	Schreibelek-trode	1 bis $2 \cdot 10^{-1}$	wartungsfrei	
	Papier mit Isolier-schicht	elektrische Ladung und Toner	Elektroden-kamm	$2 \cdot 10^{-1}$	ortsfestes Schreiborgan, hohe Genauigkeit	Aufwand
magnetische Registrie-rung	Magnetband	magne-tisches Feld	Schreibkopf	–	hohe Schreibgeschwindig-keit, Zeittransformat im elektrischen Auslesesignal	Aufwand, keine Registrier-kurve

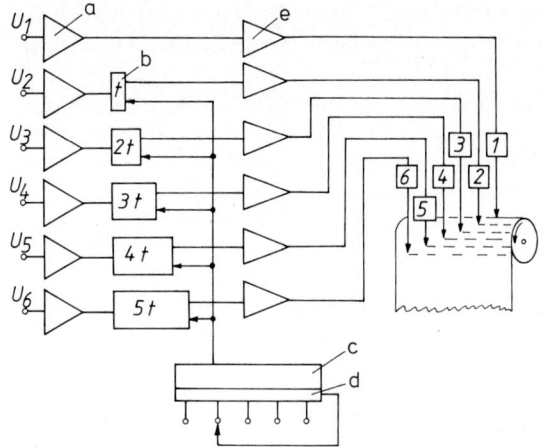

Bild E 4.3-1. Ausgleich des Schreib-federversatzes [E 4.3-3].
a Vorverstärker, b Laufzeitverzöge-rung, c Abtastraten-Programmie-rung, d Wahlschalter für Papier-geschwindigkeit, e Leistungsver-stärker

erforderliche zeitliche Verzögerung t_n eines Signals U_n gegenüber einem Referenzsignal U_1 ist sowohl vom Versatz x_n als auch von der Papiervorschubgeschwindigkeit v_m abhängig.

$$t_n = x_n/v_m$$

Für einen Federversatz von $x_n = 2$ mm und Vorschubgeschwindigkeiten zwischen 1 mm/s und 100 mm/s ist also eine Signalverzögerung von 2 s bzw. 200 s erforderlich. Verzögerungen analoger Signale dieser Größenordnung sind sehr aufwendig und lassen sich praktisch nur über Magnetband realisieren. Bei den Schreibern werden statt eines Magnetbandes Halbleiterspeicher eingesetzt, Bild E 4.3-2.

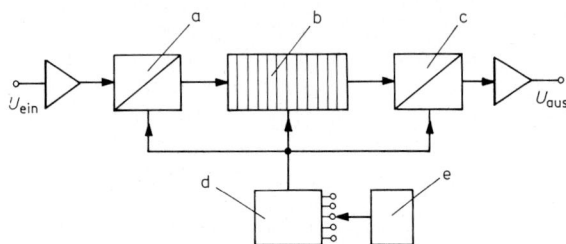

Bild E 4.3-2. Digitale Signal-verzögerung in einem Halblei-terspeicher (Schieberegister) [E 4.3-3].
a AD-Umsetzer, b Schieberegi-ster, c DA-Umsetzer, d Abtast-takt, e Wahlschalter (Papierge-schwindigkeit)

Das im Analog-Digital-Umsetzer a digitalisierte Signal U_{ein} wird im Schieberegister b entsprechend verzögert und anschließend im Digital-Analog-Umsetzer c wieder in ein gegenüber dem Eingangssignal verzögertes analoges Ausgangssignal U_{aus} entsprechend dem mit dem Papiergeschwindigkeitswahlschalter e eingestellten Abtasttakt d umgewan-delt.

Ein Sechskanalschreiber würde nach diesem Prinzip fünf Digital-Analog-Umsetzer, fünf Schieberegister, fünf Analog-Digital-Umsetzer und außerdem – zur Vermeidung von Verzerrungen – fünf Filtersysteme benötigen. Dieser Aufwand hat dazu geführt, daß für Vielkanalschreiber auch Mikroprozessorsysteme Anwendung finden, bei denen sequen-tiell alle Meßwerte von einem Multiplexer abgefragt, nacheinander gespeichert und spä-ter wieder ausgegeben werden.

Eine Sonderausführung der Kompensationsschreiber stellen die x, y-Schreiber dar. Sie dienen insbesondere zur Aufzeichnung von Amplituden-, Frequenz- und Phasengängen,

Frequenzanalysen sowie Lissajous-Figuren. Die meßtechnischen Daten sind ähnlich wie bei y, t-Schreibern. Häufig sind die Geräte auch auf y, t-Betrieb umschaltbar. Das Papierformat ist A3 oder A4.

Plotter sind rechnergesteuerte x, y-Registriergeräte, die Linienzeichnungen mittels verschiedener Schreibstiftarten ausführen und diese in der Regel auch beschriften können [E 4.3-4; 5]. Um in mehreren Farben (aber auch z. B. unterschiedlichen Linienstärken) zeichnen zu können, haben Plotter ein Stiftdepot, teilweise als Karussell ausgebildet, aus dem nach Wahl Schreibstifte entnommen werden. Der Schreibstift wird inkremental positioniert (Schrittweite z. B. 0,05 mm in x- und y-Richtung oder absolut vom Koordinatennullpunkt aus). Die Linien entstehen aus kleinen, aneinandergereihten Liniensegmenten. Lediglich parallel zu den Plotterachsen werden gerade, durchgehende Linien gezeichnet. Die Genauigkeit hängt von den statischen Positionsfehlern und vom „Trägheitsmoment" ab. Ein Mikroprozessor steuert u. a. Buchstaben, Ziffern und Sonderzeichen, Kreis- und Bogenzeichen. Qualität und Preis hängen im wesentlichen von der Auflösung, Reproduzierbarkeit und Genauigkeit des Schreibers ab. Je höher die Auflösung, um so gerader werden Linien und um so „runder" Kreise. Hohe Reproduzierbarkeit garantiert insbesondere genaues Schließen von Kreisen, Ellipsen und sonstigen geschlossenen Kurven.

Bestimmend für die Auswahl eines Plotters durch den Anwender und auch für den Preis ist außer den obengenannten Eigenschaften vor allem das Schreibformat.

Typische Daten:

Papierformat	A4 bis A0,
Schrittweite	0,05 mm in x- bzw. y-Richtung, interpoliert 0,1 mm,
Reproduzierbarkeit	0,1 mm und besser,
Registrierunsicherheit	0,2%,
Schreibgeschwindigkeit	500 mm/s.

Plotter können auch zum Digitalisieren von graphischen Darstellungen benutzt werden. Bei dieser Anwendung ersetzt man den Schreibstift durch eine Lupe mit Fadenkreuz. Nachdem der Plotter von Hand so angefahren worden ist, daß der Punkt, dessen Koordinaten digitalisiert werden sollen, genau unter dem Fadenkreuz liegt, wird durch Tastendruck dieser Koordinatenwert in den Speicher des angeschlossenen Rechners übertragen.

Lichtstrahloszillographen zeichnen mittels eines Lichtstrahls, der über Drehspiegel vom Drehspulsystem abgelenkt wird, Kurven auf photographisches Papier. Durch Verwendung von UV-Licht und geeignetem Papier ist es möglich, die umständliche und zeitraubende Naßentwicklung zu vermeiden. Ein typischer Anwendungsfall ist die Vielkanalregistrierung (bis zu 50 Kanäle) im Frequenzbereich bis zu 10 kHz.

Da die Entwicklung der Lichtstrahloszillographen seit einigen Jahren praktisch abgeschlossen ist, kann im wesentlichen auf das Schrifttum verwiesen werden [E 4.3-2].

Der *Inkrementalschreiber* hat – im Gegensatz zu den meisten analogen Registrierverfahren, bei denen das Schreiborgan (Stichel, Feder, Kapillare) oder der Schreibstrahl (Licht-, Flüssigkeits-, Elektronenstrahl) jeweils proportional dem Meßwert ausgelenkt wird – ortsfeste Schreiborgane. Diese sind über der Registrierfläche in einer Linie senkrecht zum Papiervorschub in großer Anzahl nebeneinander angeordnet. Durch Ansteuern der Schreiborgane wird das Papier unter ihnen markiert. Mit Funkenmarkierung ist dieses Verfahren bereits vor fast 30 Jahren im Analog-Data-Counter eingesetzt worden [E 4.3-6].

Ein elektrostatischer Inkrementalschreiber hat einen kammartigen Schreibkopf mit 1024 nebeneinander angeordneten Schreibelektroden. Durch entsprechendes Ansteuern wird negative elektrische Ladung auf das Papier übertragen. Graphitteilchen, die in einem Toner kolloidal verteilt sind, machen die Ladungsspur sichtbar. Eine Absaugvorrichtung entfernt anschließend den überflüssigen Toner. Geräte dieser Art haben bis zu 16 Kanäle und bei einer Schreibbreite von 250 mm eine Auflösung von 10^{-3}. Als Meßunsicherheit wird 2% angegeben. Die obere Frequenzgrenze liegt bei 10 kHz [E 4.3-7].

Der Schreibkopf eines optischen Inkrementalschreibers besteht aus 960 nebeneinander angeordneten „Lichttoren", die durch Anlegen einer Spannung geöffnet werden können, so daß UV-Licht Schreibpunkte auf Papier zeichnet. Der Schreibkopf wiederum besteht aus einem elektrooptischen Keramikband von 290 mm Breite, das 0,3 mm breite Streifen (Lichttore) hat, in denen die Polarisationsebene des durchlaufenden UV-Lichtes durch Anlegen einer elektrischen Spannung um 90° gedreht werden kann. Die Arbeitsweise des Schreibers zeigt Bild E 4.3-3. Das nichtpolarisierte Licht der UV-Lampe b gelangt über den Hohlspiegel a zum Polarisationsfilter (horizontal) c. Das aus dem Polarisationsfilter c austretende, horizontal polarisierte Licht passiert das Keramikband d, normalerweise unter Beibehaltung seiner horizontalen Polarisation, und trifft anschließend auf das Polarisationsfilter (vertikal) e und wird hier gestoppt. In Bild E 4.3-3 ist an den Streifen f (Lichttor) eine elektrische Spannung gelegt. Das auf diesen Streifen treffende, horizontal polarisierte Licht wird also in seiner Polarisationsebene beim Durchgang um 90° gedreht und verläßt ihn als vertikal polarisierter Lichtstrahl. Dieser kann daher das Polarisationsfilter e passieren, wird in der Zylinderlinse g fokussiert und erzeugt einen Schreibpunkt auf dem Papier h.

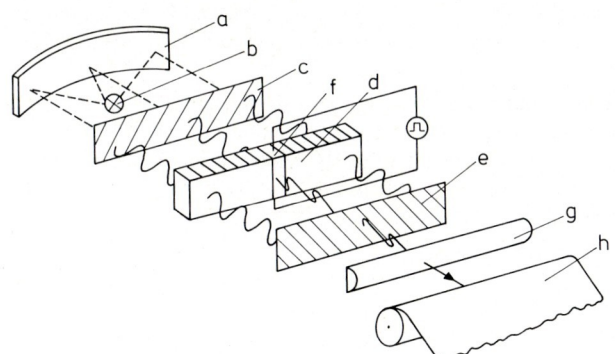

Bild E 4.3-3. Optischer Inkrementalschreiber.
a Hohlspiegel, b UV-Lampe, c Polarisationsfilter (horizontal), d Keramikband, e Polarisationsfilter (vertikal), f Streifen (Lichttor), g Zylinderlinse, h Papier

Die Auflösung beträgt 0,1%, die obere Frequenzgrenze 5 kHz, die Anzahl der Meßkanäle maximal 28.

Elektronenstrahloszillographen registrieren das Schirmbild des Elektronenstrahloszilloskops mittels eines photographischen Prozesses. Sie werden vorwiegend für rasch ablaufende Vorgänge eingesetzt. Die mit dem photographischen Prozeß verbundenen Unbequemlichkeiten haben dazu geführt, daß das Verfahren heute vergleichsweise selten angewandt wird. Einzelheiten sind in [E 4.3-1; 2] angegeben.

Transientenschreiber werden in erster Linie zum Registrieren von einmalig auftretenden Meßsignalen (Transienten) eingesetzt, wie sie beispielsweise bei Berst- und Stoßversuchen oder beim Auftreten und Wachsen eines Risses auftreten [E 4.3-8; 9; 10]. Der Grundgedanke ist der gleiche wie bei den Digitaloszilloskopen, d. h., das Meßsignal wird zuerst gespeichert, um es dann in aller Ruhe „verarbeiten" zu können. Während aber beim Digitaloszilloskop die direkte visuelle Analyse des Signals durch den Anwender überwiegt, liegt beim Transientenschreiber der Schwerpunkt auf der Registrierung. Das Ar-

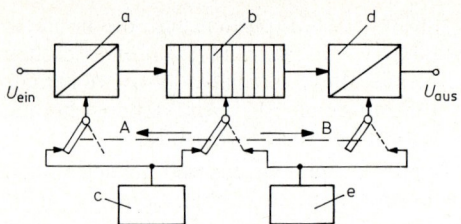

Bild E 4.3-4. Aufbau eines Transienten-schreibers [E 4.3-8].
a AD-Umsetzer, b Schieberegister, c Takt-geber (Speichertakt), d DA-Umsetzer, e Taktgeber (Auslesetakt).
A Speichern, B Auslesen

beitsprinzip zeigt Bild E 4.3-4. Das analoge Eingangssignal U_{ein} wird im Analog-Digital-Umsetzer (ADU) a digitalisiert und im Schieberegister b gespeichert. Den Speichertakt liefert der umschaltbare Taktgeber c. Am Ausgang des Schieberegisters b liegt ein von einem weiteren einstellbaren Taktgeber e gesteuerter Digital-Analog-Umsetzer (DAU) d, der das digital gespeicherte Meßsignal wieder in ein analoges Ausgangssignal U_{aus} um-wandelt.

Eine entscheidende Rolle für die Arbeitsweise des Transienten-Schreibers spielt die Trig-gereinrichtung. Ohne Triggerung werden kontinuierlich neue Signalwerte in das Schiebe-register hineingeschoben. Das digitale Eingangssignal erscheint, um eine vom Speicher-takt und der Speicherkapazität abhängige Meßdauer verzögert, am Ausgang des Schiebe-registers, d. h., die Anordnung arbeitet als Verzögerungsleitung.

Zum Erfassen von Transienten muß der Speichervorgang so gestoppt werden, daß der interessierende Teil des Meßvorgangs im Speicher verbleibt. Durch eine Triggerverzöge-rung läßt sich der Zeitpunkt des Einlesestopps so legen, daß entweder ein Anteil an Vorgeschichte (Pre-Trigger) oder an Nachgeschichte (Post-Trigger) der Transiente mitge-speichert wird.

Zum Registrieren wird der DAU d an einen Linienschreiber oder Drucker angeschlossen und vom Taktgeber e gesteuert, in einem unabhängig vom Speichertakt wählbaren, z. B. langsamen, Takt (Zeittransformation) ausgelesen und als Kurve oder Zahlenkolonne registriert. Auf diese Weise kann man z. B. Ausschnitte aus Signalen, die bis zu 20 kHz enthalten, mit einem Schnellschreiber ($f_0 = 160$ Hz) [E 4.3-11] schreiben.

Typische Werte von Tansientenschreibern sind:

Abtastfrequenz	2 MHz,
Auflösung	8 bit,
Speichertiefe	2 bis 4000 Meßwerte/Kanal,
Anzahl der Meßkanäle	2 bis 4.

E 4.3.2 Drucker

Drucker registrieren Ziffern und Text, in Sonderfällen auch Graphiken. Unterscheidungs-merkmale sind:

– mechanisch/nichtmechanisch

Mechanische Drucker (Impact), s. Tabelle E 4.3-2, Zeile 1 bis 5, erzeugen ein Zeichen auf dem Papier durch Schlag auf ein Farbband. Charakteristisch ist ihre Fähigkeit, beim Drucken gleichzeitig Kopien zu erzeugen, aber auch ihr relativ großer Geräuschpegel.

Nichtmechanische Drucker, s. Tabelle E 4.3-2, Zeile 6 bis 9, erzeugen das Zeichen durch Tintenstrahl, Thermostift, elektrischen Strom (Metallpapier), elektrostatische Ladung und Laserstahl. Die Drucker sind leise, verfertigen aber keine Kopien. Die beiden zuletzt genannten Typen sind aufwendig, weisen aber, insbesondere der Laser, eine extrem hohe Auflösung auf.

Tabelle E 4.3-2 Kennzeichnende Merkmale von Druckern.

Druckverfahren	Schlag-Druck (Impact)	Schlag-frei (Non-Impact)	Voll-zei-chen	Zeichen-matrix	Schreib-geschwin-digkeit	Schrift-quali-tät	Papier	Kopie	Ge-räusch	Zeichen-aus-tausch-bar	Preis	Sonstiges
1 Kugelkopf	ja	–	ja		<20 Zeichen/s	1	normales Papier +Farbband	ja	2	ja, vom Benutzer	1	Korrespondenz-qualität
2 Typenrad	ja	–	ja		15 bis 40 Zeichen/s	1	normales Papier +Farbband	ja	2	ja, vom Benutzer	1 bis 2	Korrespondenz-qualität, MTBF größer als bei 1
3 Banddrucker	ja	–	ja		300 bis 1200 Zeilen/min	1 – 2	normales Papier +Farbband	ja	2	ja, vom Benutzer	2	
4 Nadeldrucker	ja	–	–	ja	<500 Zeichen/s	1 – 2	normales Papier +Farbband	ja	2		1 bis 2	
5 Kammdrucker	ja	–	–	ja	<500 Zeilen/min	1 – 2	normales Papier +Farbband	ja	2		1 bis 2	
6 Tintenstrahl-drucker	–	ja	–	ja	<270 Zeichen/s	1 – 2	normales Papier	nein	1		2	
7 Thermodrucker	–	ja	–	ja	30 bis 100 Zeichen/s	1 – 2	spezielles Papier, thermo-sensitiv	nein	1		1	speziell für schmale Regi-strierstreifen (billig)
8 elektrostatischer Drucker	–	ja	–	ja	<18000 Zeilen/min	1	spezielles Papier, Isolierschicht	nein	1		2 bis 3	
9 Laserdrucker	–	ja	–	ja	<20000 Zeilen/min	1	normales Papier	nein	1		4	hohe Auflösung, Service erforderl.

– Vollzeichen/Zeichenmatrix

Vollzeichendrucker erzeugen ein Zeichen als Ganzes. Sie sind mechanische Drucker und ergeben mit Kugelkopf oder Typenrad ein besonders gutes Druckbild.

Matrixdrucker setzen ein Zeichen aus Einzelpunkten zusammen. Bei entsprechender Ansteuerung ist der Zeichenvorrat besonders umfangreich.

– serieller Druck/Zeilendruck

Die seriellen Drucker drucken zeichenweise, während die (schnellen) Zeilendrucker die gesamte Zeile in einem Druckvorgang drucken.

In Bild E 4.3-5 ist das Arbeitsprinzip von verschiedenen Druckern dargestellt.

Der *Kugelkopf* a (Bild E 4.3-5 a) trägt auf seiner Oberfläche verteilt die Typen b. Anschließend an entsprechende Hub- und Drehbewegungen schlägt ein Hammer c den Kugelkopf auf Farbband d und Papier e.

Das *Typenrad* (Bild E 4.3-5 b) besteht aus einer Nabe a, die mit federnden Speichen c versehen ist, an deren freien Enden die Typen b befestigt sind. Nach Eindrehen des Typenrades in die gewünschte Position wird die Type b mit einem Hammerschlag auf Farbband d und Papier e geschlagen.

Kugelkopf und Typenrad sind Schönschreiber.

Der *Banddrucker* (Bild E 4.3-5 c) hat als Schreiborgan ein Metall- oder Kunststoffband a mit festem Vorrat von Typen b, das mit gleichmäßiger Geschwindigkeit an einer Reihe von Hämmern c vorbeigeführt wird. Passiert das Zeichen die Schreibposition, schlägt der entsprechende Hammer Farbband d auf Papier e.

Der Druckkopf des einfachen *Nadeldruckers* (Bild E 4.3-5 d) enthält z. B. sieben senkrecht untereinander angeordnete Nadeln, die durch Elektromagnete einzeln angeschlagen werden. Durch seitlichen Transport des Druckkopfes lassen sich Zeichen spaltenweise aufbauen. Eine Verbesserung der Druckqualität kann durch Verwendung von Druckköpfen mit zwei seitlich versetzt angeordneten Nadelspalten mit je vier bzw. fünf Nadeln, die dann überlappende Druckpunkte liefern, erzielt werden.

Der *Kammdrucker* (Bild E 4.3-5 e) hat einen Kamm a, dessen Zinken b, von einem hinter dem Papier e angebrachten Elektromagneten c angezogen, Punkte auf das Papier e drucken. Der Kamm bewegt sich jeweils in kleinen Schritten – insgesamt um die Zeichenbreite Z – hin und her. Dabei wird jedes Zeichen einer Zeile mit einem Zinken punktweise geschrieben, d. h., die Anzahl der Zinken entspricht der Zeichenanzahl je Zeile.

Tintenstrahldrucker sind eigentlich Tintentröpfchendrucker, d. h., aus einer Düse austretende Tintentröpfchen schreiben punktweise Zeichen auf das Papier. Beim *Hochdruckverfahren* (E 4.3-5 f) verläßt die Tinte (Überdruck einige bar) die Düse a zunächst als Strahl b, der aber – durch Ultraschallanregung der Düse bewirkt – in eine gleichmäßige Folge von Tröpfchen c zerfällt. Ein Einzelabruf der Tröpfchen ist nicht möglich. Mittels der Spannung U_{zeich} zwischen Düse und Ladeelektrode d werden die Tröpfchen unterschiedlich stark negativ aufgeladen und beim anschließenden Flug durch ein konstantes elektrisches Querfeld zwischen den Elektrodenplatten e dann proportional zu U_{zeich} abgelenkt. Beim *Unterdruckverfahren* (Bild E 4.3-5 g) herrscht in der Düse a, im Verteiler b und im Tintenbehälter c normalerweise Unterdruck, so daß die Tinte etwas in den Düsenkanal hineingezogen wird. Im piezoelektrischen Wandler d durch angelegte Spannungsimpulse erzeugte Druckwellen treiben einzelne Tröpfchen aus der Düse auf das rund 1 mm entfernte Papier e. Ein Auslenken der Tröpfchen durch elektrische oder magnetische Felder ist nicht erforderlich, da wegen der kleinen Abmessungen der Düsen im Düsen-

a)

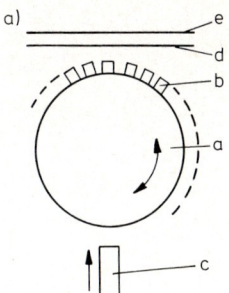

Bild E 4.3-5 a. Kugelkopfdrucker.
a Kugelkopf, b Type, c Hammer, d Farbband, e Papier

b)

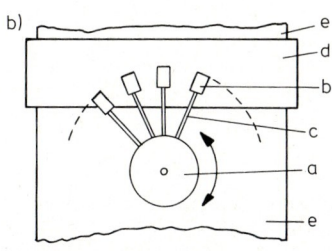

Bild E 4.3-5 b. Typenraddrucker.
a Nabe, d Type, c Speiche, d Farbband, e Papier

c)

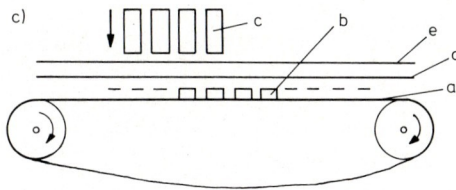

Bild E 4.3-5 c. Banddrucker.
a Kunststoffband, b Typen, c Hämmer,
d Farbband, e Papier

d)

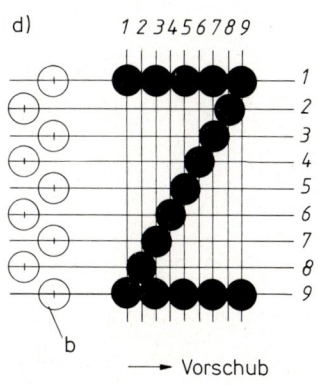 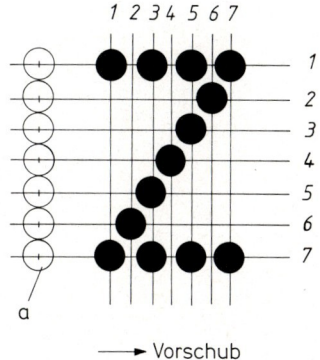

Bild E 4.3-5 d. Nadeldruckkopf und gedrucktes „Z".
a Nadeldruckkopf mit einer Nadelspalte, b Nadeldruckkopf mit zwei versetzten Nadelspalten

Bild E 4.3-5. Arbeitsprinzip von Druckern [E 4.3-12].

723

e)

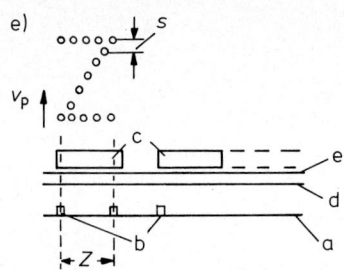

Bild E4.3-5e. Kammdrucker.
a Kamm, b Zinken, c Elektromagnet, d Farbband, e Papier, Z Zeichenbreite, v_p Papiervorschub, s Vorschubschritt

f)

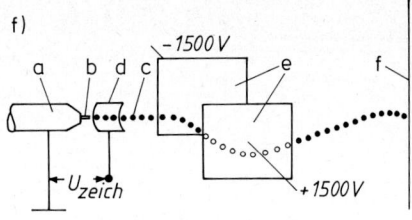

Bild E4.3-5f. Tintenstrahldrucker (nach dem Hochdruckverfahren).
a Düse, b Tintenstrahl, c Tropfen, d Ladeelektrode, e Elektrodenplatten, f Papier

g)

Bild E4.3-5g. Tintenstrahldrucker (nach dem Unterdruckverfahren).
a Düse, b Verteiler, c Tintenbehälter, d piezoelektrischer Wandler, e Papier

h)

Bild E4.3-5h. Elektrostatischer Drucker.
a Schreibkamm,
b Schreibspitzen,
c Toner, d isolierender
Überzug, e Papier,
f Gegenelektrode

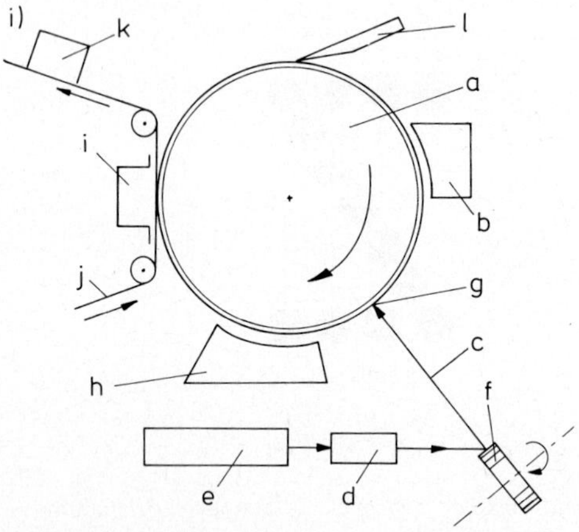

i)

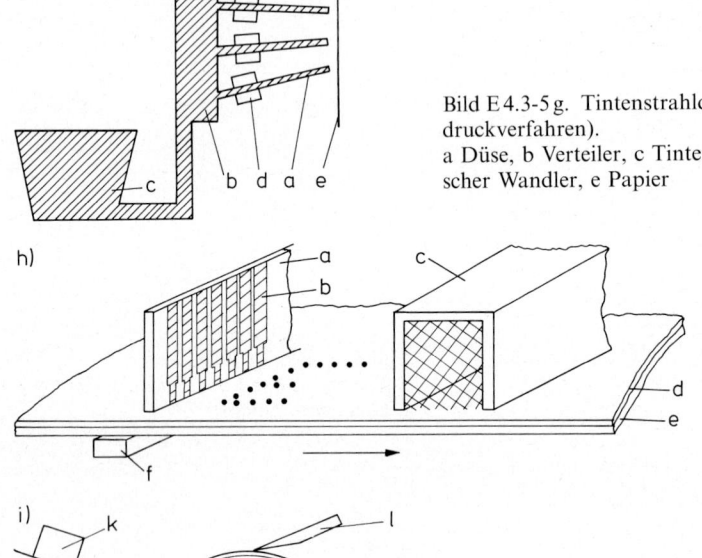

Bild E4.3-5i. Laserdrucker [E4.3-13].
a Trommel, b Corona, c Laserstrahl,
d Modulator, e Laser, f Polygonspiegel,
g Auftreffpunkt des Lasers, h Entwickler,
i Übergabecorona, j Papier, k Wärmestrahler, l Reinigungsblatt

Bild E4.3-5. Arbeitsprinzip von Druckern [E4.3-12].

kopf genügend viele Düsen übereinander angeordnet sind und damit durch Einzelansteuerung die für die Erzeugung eines Schriftzeichens erforderliche Anzahl von Druckpunkten liefern können.

Thermodrucker schreiben Zeilen punktweise durch punktförmig begrenztes Erhitzen von thermosensitivem Papier.

Elektrostatische Drucker (Bild E 4.3-5 h) haben einen Schreibkamm a mit bis zu 1024 nebeneinander angeordneten, gegeneinander isolierten Schreibspitzen b, die bei entsprechender Ansteuerung punktförmige elektrische Ladung auf das mit einem isolierten Überzug d versehene Papier e bringen. Im Toner c wird das Ladungsbild mittels einer Suspension von feinverteiltem Farbstoff sichtbar und anschließend durch Trocknen bzw. Einschmelzen dauerhaft gemacht.

Laserdrucker (Bild E 4.3-5 i) benutzen das xerographische Verfahren. Eine Halbleiterschicht (CdS) auf der Trommel a wird durch die Corona b positiv aufgeladen. Den vom Modulator d amplitudenmodulierten Laserstrahl c lenkt der Polygonspiegel f periodisch so ab, daß sein Auftreffpunkt g auf einer Mantellinie der Trommel parallel zur Trommelachse wandert. Im Auftreffpunkt bewirkt der Laserstrahl ein Abfließen der positiven Ladung und zeichnet so auf der Trommeloberfläche ein latentes Bild. Im Entwickler h wird dann positiv geladenes Bildpulver (Toner) auf die belichteten Stellen übertragen. Anschließend übernimmt das durch die Übergabecorona i negativ aufgeladene Papier j den Toner von der Trommel. Durch den Wärmestrahler k wird abschließend der Toner mit dem Papier verschmolzen und so ein dauerhaftes Bild erzeugt. Das Reinigungsblatt l dient der Entfernung von auf der Trommel verbliebenen Tonerrückständen.

Der Laserdrucker ist teuer und braucht spezielle Wartung. Er liefert einen besonders hochwertigen Druck und bis zu 45 Seiten/min.

E 4.3.3 Magnetbandgeräte

Magnetbandgeräte sind keine Registriergeräte im strengen Sinne, sondern zunächst Datenspeicher. Das Hauptanwendungsgebiet ist die Computertechnik. Als sog. Instrumentationsmagnetbandgeräte finden sie aber auch in der Meßtechnik vielfältig Anwendung wegen ihrer besonderen Leistungsfähigkeit, nämlich der sehr großen Kapazität, der hohen oberen Grenzfrequenz, der großen erzielbaren Datendichte sowie der durch Änderung der Abspielgeschwindigkeit möglichen Zeittransformation. Die elektrischen Ausgangssignale werden entweder durch angeschlossene Schreiber als Kurven oder durch Drucker als Zahlenwerte registriert. Der Anschluß an Datenverarbeitungsanlagen ermöglicht den Aufbau leistungsfähiger Meßsysteme für eine große Anzahl von Meßkanälen und hohe bit-Raten. Der Abschnitt „Magnetband-Registriergeräte" in [E 4.3-14] behandelt sehr umfassend das Prinzip der Magnetbandregistriertechnik, die Registriermethoden im einzelnen, d. h. Direktaufzeichnung, Frequenzmodulation und Impulsmodulation, den allgemeinen Geräteaufbau und Angaben über ausgeführte Geräte. Die dort gemachten Ausführungen sind im großen und ganzen auch jetzt noch gültig. Sie sollen deshalb hier nicht wiederholt, sondern lediglich in einigen Punkten zusammengefaßt und ergänzt werden.

Die Direktaufzeichnung ist das hinsichtlich des Aufwands einfachste Verfahren. Die großen Amplitudenschwankungen (5 bis 10%) verbieten i. a. eine direkte quantitative Auswertung der Ausgangsamplitude. Die hohe obere Frequenzgrenze ist besonders vorteilhaft für die Registrierung hochfrequenter Signale bzw. von Signalen mit steilen Anstiegsflanken. Tiefe Frequenzen, insbesondere Gleichspannungen, können nicht registriert werden.

Die Frequenzmodulation ist das z. Z. häufigste Verfahren. Die obere Signalfrequenz-grenze ist erheblich niedriger als bei dem Direktverfahren. Dafür können aber Unsicher-heiten von 1% erreicht werden.

Von den verschiedenen möglichen Pulsmodulationen hat das Prinzip der Pulscodemodu-lation (PCM) die größte Bedeutung erlangt. Es ist gekennzeichnet durch eine hohe Auflösung (8 bis 12 bit entsprechend 1/256 bis 1/4096). Die dadurch mögliche Genauig-keit wird erkauft mit einem entsprechend hohen Bedarf an Bandbreite bzw. durch eine niedrige obere Signalfrequenzgrenze. Mehrere gleichzeitig auftretende Signale können seriell auf einer Bandspur oder parallel auf mehreren Bandspuren aufgezeichnet werden. Bild E4.3-6 zeigt die serielle Aufzeichnung. Die analogen Eingangssignale A_n werden nacheinander im PCM-Encoder a in entsprechende Datenworte codiert, dem Magnet-bandgerät b zugeführt und auf eine Bandspur geschrieben. Das Auslesen geschieht über einen PCM-Decoder c, an dessen Ausgängen wiederum in der entsprechenden Reihen-folge die zugehörigen Ausgangssignale B_n erscheinen. Aufzeichnungsgeschwindigkeit bzw. Aufzeichnungsdauer lassen sich dadurch erhöhen, daß auf mehrere Spuren parallel aufgezeichnet wird (high density digital recording, HDDR). Die in Bild E4.3-7 am PCM-Encoder a liegenden Eingangssignale A_n werden als serielles PCM-Signal dem Mehrspurverteiler b zugeführt, der sie, mit zusätzlichen Synchronzeichen versehen, auf die verschiedenen Bandspuren aufteilt. Zum Auslesen werden die Signale der Bandspur im Mehrspursynchronizer d in ein serielles PCM-Signal zurückgewandelt und dieses dem Decoder e zugeführt, an dessen Ausgängen die Ausgangssignale B_n erscheinen.

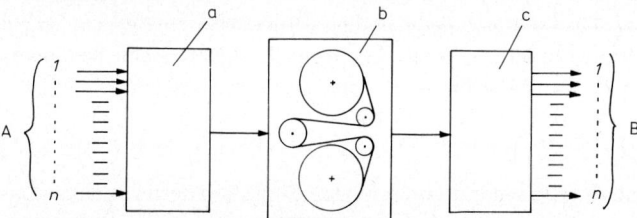

Bild E4.3-6. Serielle PCM-Aufzeichnung auf eine Bandspur [E4.3-15].
a PCM-Encoder, b Magnetbandgerät, c PCM-Decoder.
A Eingangsspannung, B Ausgangsspannung

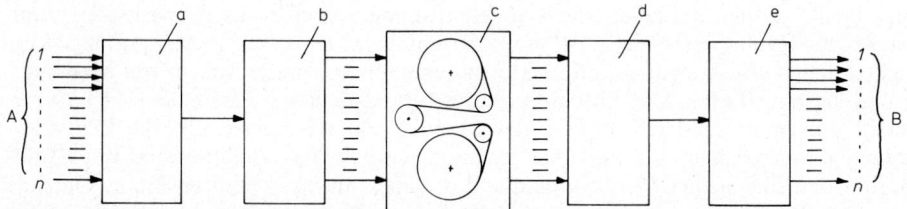

Bild E4.3-7. Parallele PCM-Aufzeichnung auf mehreren Bandspuren [E4.3-15].
a PCM-Encoder, b Mehrspurverteiler, c Magnetbandgeräte, d Mehrspursynchronizer, e PCM-Decoder.
A Eingangsspannung, B Ausgangsspannung

Für die Computer-Technik sind in den letzten Jahren Speichereinheiten (Floppy-Disk, Platten) mit besonders kleinen Abmessungen entwickelt worden. Diese Entwicklungen haben auch für die Registrierung von Meßwerten Bedeutung [E4.3-16; 17].

E 5 Digitale Bildverarbeitung

H. Heidt

E 5.1 Allgemeines

Die digitale Bildverarbeitung [E 5.1.-1; 2] hat in den Jahren nach 1960 eine stürmische Entwicklung genommen, die sich jeweils auf die Weiterentwicklung der Digitalrechner und der logischen Schaltkreise stützen konnte. Die Hauptproblematik der digitalen Bildverarbeitung lag und liegt dabei in der Bearbeitung und Speicherung sehr großer Datenmengen. So belegt beispielsweise ein Bild mit 1024×1024 Bildpunkten (englisch: pixel), die jeweils 256 Grauwerte annehmen können, einen Speicherraum von 8 388 608 bit oder 1 Mbyte. Da diese Datenmengen den Speicherplatz älterer Digitalrechner überstiegen, legte man zu Beginn der digitalen Bildverarbeitung besonderen Wert auf eine Datenreduktion. Beispielsweise wurde die Grauwertauflösung auf die Stufen Schwarz und Weiß reduziert (Binarisierung). Inzwischen erlaubt die Leistungsfähigkeit moderner Datenverarbeitungsanlagen die Bearbeitung von Bildern mit allen Grauwerten, so daß Verfahren wie Bildfilterung und Frequenztransformationen ohne Genauigkeitsverluste durchgeführt werden können.

Einen anderen Engpaß der digitalen Bildverarbeitung stellen die Verarbeitungszeiten dar. Eine zweidimensionale Filterung mit einer 3×3 Bildpunkte großen Filtermatrix beispielsweise erfordert bei der Bildgröße 512×512 Bildpunkten mindestens 2 359 296 Additionen und 262 144 Multiplikationen/Divisionen. Mit einer solchen Filterung können Kanten im Bild hervorgehoben oder Rauschsignale („Schnee") reduziert werden. Moderne Pipelineprozessoren führen diese Arbeit jedoch innerhalb von 1/30 s durch, so daß sich gefilterte Fernsehszenen in Echtzeit betrachten lassen.

Schon zu Beginn der digitalen Bildauswertung wurden Methoden der Stereologie verwendet. Mit diesen Verfahren werden Form, Größe und Nachbarschaftsverhältnisse von Objekten quantitativ beschrieben. Der stereologischen Auswertung legt man zumeist binäre Bilder zugrunde, d. h. Bilder mit den Stufen Schwarz und Weiß, die durch Festlegung eines Schwellwertes im Grautonbild entstehen. Die Erzeugung und Verarbeitung von binären Bildern wird schon seit Jahren mit speziellen Bildanalysatoren bei hoher Geschwindigkeit und eingeschränkter Flexibilität durchgeführt. Durch modularen Aufbau lassen sich solche Bildanalysatoren an bestimmte Aufgabenstellungen anpassen.

E 5.2 Prinzip der digitalen Bildverarbeitung

Bildverarbeitung ist die gezielte Durchführung von logischen Verknüpfungen an zweidimensionalen Bildvorlagen mit dem Zweck, die Interpretation der Bildinhalte entweder zu erleichtern oder vollautomatisch durchzuführen. Gemäß dieser Zielsetzung muß die Bildverarbeitungsanlage aus mehreren Bausteinen bestehen, Bild E 5.2-1:

- Der Bildgeber digitalisiert die optisch vorliegenden Bildvorlagen und macht diese damit für den angeschlossenen Rechner verständlich; als Bildgeber verwendet man beispielsweise Fernsehkameras oder optomechanische Abtaster (s. Abschn. E 5.5.1).
- Die Bildinformation verarbeitet ein Digitalrechner, der entweder benachbarte Bildpunkte miteinander oder auch Informationen aus aufeinander folgenden Bildern (z. B. Film) verknüpfen kann.
- Bildspeicher. Zusätzlich zu dem im Digitalrechner integrierten Arbeitsspeicher, der für die Rechenoperationen benötigt wird, haben Bildverarbeitungssysteme häufig einen schnellen Bildspeicher. Dieser enthält ein vollständiges digitalisiertes Bild und kann

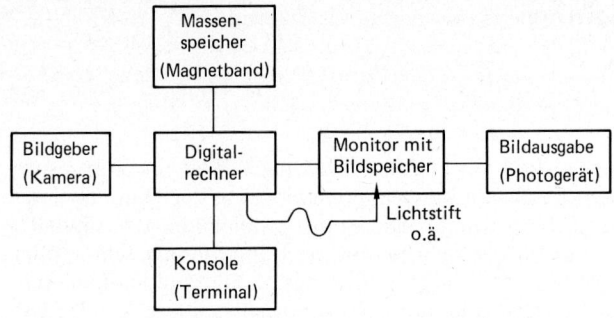

Bild E 5.2-1. Prinzipieller Aufbau einer Bildverarbeitungsanlage.

vom Digitalrechner oder einer Fernsehkamera beschrieben werden. Den Ausgang des Speichers bildet ein Digital-Analog-Wandler, der das Bild zeilenförmig an einen Fernsehmonitor weitergibt. Da – je nach Fernsehnorm – das Bild je Sekunde 25- bis 30mal ausgegeben werden muß, werden an den Wiedergabespeicher hohe Geschwindigkeitsanforderungen gestellt.

– Ein Massenspeicher ist i. a. notwendig, um die großen bei der Bildverarbeitung anfallenden Datenmengen kurz- oder langfristig zu speichern. Als Massenspeicher werden sowohl Magnetband als auch Magnetplatten eingesetzt. Für die Zukunft ist mit weiteren Speichermedien wie optischen Speicherplatten oder Magnetblasenspeichern zu rechnen.

– Für die Ausgabe der verarbeiteten Bilder werden spezielle Einheiten benötigt. Auf einem Monitor mit Grauwert-Darstellung können die Bilder unmittelbar nach der Verarbeitung betrachtet werden; spezielle Drucker oder auch photographische Ausgabegeräte sind in der Lage, archivierbare Kopien der verarbeiteten Bilder anzufertigen.

– Um die Bildverarbeitung im Computer steuern zu können, stehen dem Bedienpersonal Hilfsmittel zur Verfügung, die für die Bildverarbeitung entwickelt wurden, z. B. ein Lichtstift für Modifikationen auf dem Monitorbild.

Neben der digitalen Bildverarbeitung können auch elektronische Analogrechner oder optische Verfahren eingesetzt werden. Wegen der großen Flexibilität und der günstigen Preise haben sich jedoch die Digitalrechner in der Mehrzahl der Anwendungsfälle durchgesetzt.

Im Zusammenhang mit der Bildverarbeitung wird häufig auch eine Bildinterpretation durchgeführt, d. h. eine Zusammenfassung von Bildinhalten unter bestimmten, vorgegebenen Aspekten. Beispielsweise kann die gesamte Bildinformation einer Moiréaufnahme daraufhin interpretiert werden, ob das dargestellte Bauteil verwendungsfähig ist oder nicht. Die für die Beurteilung notwendigen Kriterien müssen dem Rechenprogramm vorgegeben werden.

E 5.3 Methoden der digitalen Bildverarbeitung

Die Verarbeitung von Bildern kann punktweise, zeilenweise, flächenhaft oder auch über mehrere Bildebenen, d. h. aufeinanderfolgende Bilder, vorgenommen werden. Ein Beispiel für die punktweise Verarbeitung ist die Kontrastmodifikation, wobei jedem Grauwert des Bildes ein neuer, funktionsmäßig vorgegebener Grauwert zugeordnet wird. Eindimensionale Operationen fassen die nebeneinanderliegenden Bildpunkte einer Zeile oder Spalte mit bestimmten Algorithmen zusammen, um beispielsweise Richtungsanalysen durchzuführen. Die Erweiterung der eindimensionalen Operationen auf die zweite Dimension führt zu den flächenhaften Operationen, die vorwiegend für Filterung, wie z. B. Hochpaßfilterung zur Kantenanhebung oder Tiefpaßfilterung zur Rauschverminderung, eingesetzt werden, aber auch aufwendigere Aufgaben wie die Linienverfolgung ermöglichen. Die Analyse von Bildsequenzen erfordert die Verknüpfung verschiedener Bildebenen, um damit beispielsweise zeitlich veränderliche Vorgänge beobachten zu können.

Nur in seltenen Fällen gelingt es, mit einem einzigen Verarbeitungsschritt, z. B. einem problemangepaßten Filteralgorithmus, zum Ziel der digitalen Bildverarbeitung zu kommen. Bei der Mehrzahl der Aufgaben müssen mehrere Schritte miteinander kombiniert werden; zuweilen werden für einzelne Schritte auch iterative Schleifen oder sogar adaptive, lernende Systeme benötigt. Alle Verarbeitungsschritte lassen sich einer oder mehreren der folgenden Kategorien zuordnen:

a) Bildaufbereitung zur Beseitigung von bildgeber- oder verfahrensbedingten Störungen sowie zur Datenreduktion auf die bildwichtigen Informationen.

b) Bildsegmentierung zur Isolierung der einzelnen Objekte oder Konturen gegenüber dem Bildhintergrund,

c) Bildbeschreibung und Merkmalextraktion zur quantitativen Erfassung von Objekteigenschaften, d. h. Vorbereitung zur Bildinterpretation, indem der Bildinhalt auf seine maßgeblichen Informationen abgefragt wird,

d) Auswertung und Objektklassifizierung zur Einordnung der Objekte bzw. Merkmale in ein bestehendes Klassifizierungssystem, d. h. Zusammenfassung von Bildinhalten zu einer bestimmten Aussage, z. B. der Entscheidung über die Verwendbarkeit eines Prüfobjekts.

Die folgenden Unterabschnitte erläutern die für die experimentelle Spannungsanalyse wichtigen Verfahren innerhalb der einzelnen Kategorien.

E 5.3.1 Bildaufbereitung

Die vom Bildgeber (s. Abschn. E 5.4.1) aufgenommenen Bilder eignen sich häufig noch nicht für eine digitale Weiterverarbeitung. Um die Qualität der Bilder zu standardisieren, sind häufig Konditionierungsschritte notwendig, damit Störsignale und unterschiedliche Versuchsbedingungen nicht das Ergebnis der Bildverarbeitung beeinflussen können. Die häufigsten Verfahren der Bildaufbereitung sind Kontrastanhebung, Schattenkorrektur, Integration von Bildern und Kantenanhebung.

– Schattenkorrektur:

Die vom Bildgeber angebotenen Bilder enthalten häufig systematische Abschattungen, die entweder durch ungleichförmige Ausleuchtung der Bildfläche oder durch Empfindlichkeitsschwankungen im Bildgeber entstehen. Diese Schwankungen sind bei einer Kontrastanhebung oder bei einer nachfolgenden Schwellwertsetzung äußerst störend, da sie zu einer unterschiedlichen Bewertung der hellen und dunklen Bildteile führen. Zur Behebung solcher Schattierungen kann die Grauwertmatrix des Bildes durch die Matrix eines zuvor aufgenommenen, objektlosen „Nullbildes" dividiert werden. Ersatzweise darf häufig subtrahiert werden. Wenn kein „Nullbild" sich zur Verfügung stellen läßt, können großflächige Schattierungen auch durch Tiefpaßfilterung der Grauwertmatrix herausgearbeitet und anschließend als „Nullbild" verwendet werden (Bild E 5.3-1). Wenn man den Grauwertverlauf entlang einer Zeile oder Spalte als Diagramm darstellt, sind Schattierungen bereits mit bloßem Auge leicht zu erkennen. Bild E 5.3-1 zeigt, wie der Grauwertverlauf in der Zeile eines Moirébildes durch Schattenkorrektur auswertbar gemacht wird. Den mittleren Grauwert im Zeilenverlauf bringt man auf einen konstanten Wert, so daß die nachfolgenden Auswertungsverfahren gleichförmige Bildhelligkeit vorfinden.

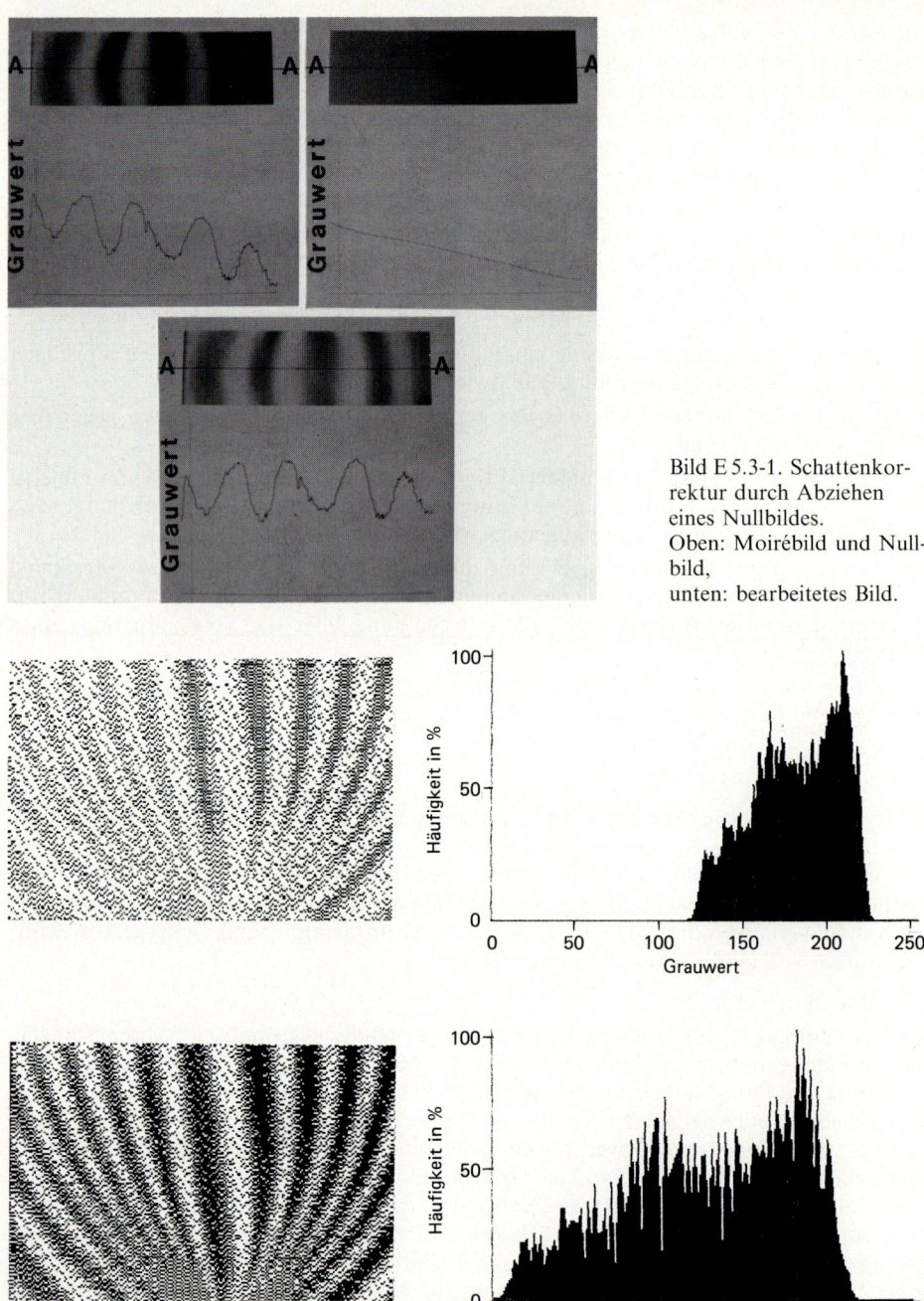

Bild E 5.3-1. Schattenkorrektur durch Abziehen eines Nullbildes.
Oben: Moirébild und Nullbild,
unten: bearbeitetes Bild.

Bild E 5.3-2. Kontrastanhebung an einem Moirébild.
Spreizung des Grauwertbereichs auf den maximal darstellbaren Wertebereich;
oben: Original, unten: bearbeitetes Bild; links: Moirébild, rechts: Histogramm.

– Kontrastanhebung:

Die Bildgeber nutzen i. a. nicht den zur Verfügung stehenden Bereich von beispielsweise 256 Graustufen aus, sonderen verwenden nur einen Teilbereich von beispielsweise 100 oder 150 Graustufen. Die Ursache ist entweder die begrenzte Grauwertauflösung der Bildgeber oder der Sicherheitsabstand zu den Bereichsgrenzen, der wegen variabler Beleuchtungsverhältnisse (Schattenbildung) eingehalten werden muß. Mit der Kontrastanhebung wird der gesamte verfügbare Graustufenbereich ausgefüllt, indem die vom Bildgeber erfaßten Graustufen auf den zur Verfügung stehenden Gesamtbereich gespreizt werden. Wahlweise lassen sich auch bestimmte, besonders wichtige Graustufenbereiche überproportional spreizen, um damit kleine Kontraste besonders gut sichtbar zu machen. Die übliche Darstellung der Grauwertverteilung in einem Bild ist das Grauwerthistogramm, in dem die Häufigkeit der einzelnen Grauwerte über der Grauwertachse aufgetragen wird. Bild E 5.3-2 zeigt als Beispiel die Wirkung einer Kontrastanhebung auf einem Moirébild. Im Grauwerthistogramm kann man die Spreizung des Grauwertumfangs beobachten.

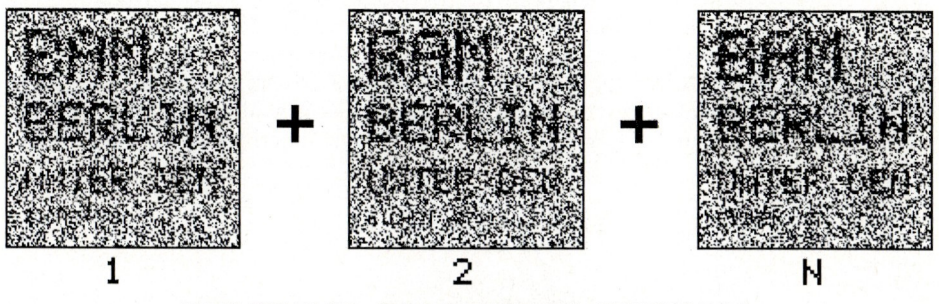

ADDITIVE BILDUEBERLAGERUNG

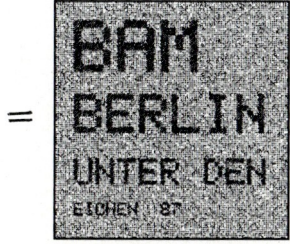

SCHWELLWERTOPERATION

Bild E 5.3-3. Rauschverminderung durch Integration von Einzelbildern.
Mitte: bearbeitetes Bild mit Grauwerten, unten: bearbeitetes Bild nach Schwellwertoperation.

– Integration von Bildern:

Alle Bildgeber- und Bildträger (z. B. Film) fügen der Bildinformation zusätzliche Rausch-
anteile zu. Das Signal/Rausch-Verhältnis kann man durch Integration oder durch Mittelung über mehrere digital erfaßte Bilder verbessern. Um die Anzahl der zur Verfügung
stehenden Grauwertstufen nicht zu überschreiten, werden häufig rekursive Mittelungs-
verfahren verwendet. Bild E 5.3-3 zeigt an einer einfachen Schwarzweißvorlage, die mit
einem Rauschsignal überlagert wurde, die Wirkung einer mehrfachen Addition und
Mittelung sowie die Wirkung einer nachfolgenden Schwellwertsetzung, die die Schwarzweißvorlage gut lesbar rekonstruiert.

– Glättungsfilter:

Wenn man das Signal/Rausch-Verhältnis auf Kosten der örtlichen Auflösung verbessern
will, kann man eine Tiefpaßfilterung einsetzen. Dabei werden die höheren Frequenz-
anteile aus dem Bild entfernt. Rauschsignale, die i. a. nur einzelne Bildpunkte betreffen,
werden vermindert. Eine andere, digital besonders leicht realisierbare Form ist die
Medianfilterung, bei der man die neun Grauwerte in einem 3×3-Bildpunkte großen Feld
der Größe nach sortiert und dem mittleren Bildpunkt anschließend den fünftgrößten
Wert zuordnet. Mit der Medianfilterung eliminiert man einzelne „Ausreißer" durch
Rauschsignale wirkungsvoll; gleichzeitig bleiben höherfrequente Kanten im Bild erhalten. Bild E 5.3-4 zeigt die Wirkung der Medianfilterung an einem Moirébild. Dargestellt
ist der Grauwertverlauf in einer Zeile. Vereinzelte Rauschsignale werden gut gefiltert,
während Amplituden und Flanken des Moirés fast unverändert bleiben.

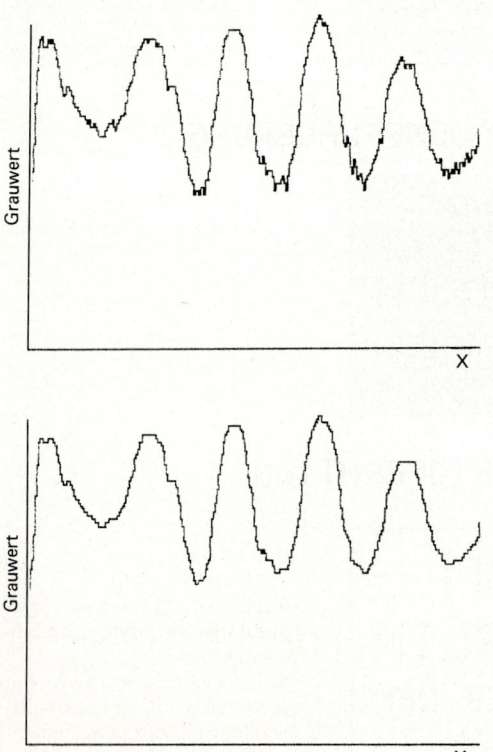

Bild E 5.3-4. Medianfilterung (Profil-
darstellung).
Oben: Originalbild, unten: bearbeitetes
Bild.

– Kantenanhebung:

In vielen Fällen werden für die Weiterverarbeitung der Bildinformation nur die Kanten oder die Konturen der Objekte benötigt, also die Linien mit dem höchsten Grauwertgradienten. Durch Differenzierung oder Hochpaßfilterung hebt man diese Konturen gegenüber den großflächigen Kontrasten an; gleichzeitig verschlechtert sich jedoch das Signal/Rausch-Verhältnis, so daß häufig ein Glättungsfilter oder eine Integration von Bildern angefügt werden muß. Da die Kantenanhebung häufig unvollständige Konturen entstehen läßt, müssen Lücken durch sog. Linienverfolgungsalgorithmen geschlossen werden.

E 5.3.2 Bildsegmentierung

Vor einer Weiterverarbeitung ist die relevante Bildinformation von dem unwichtigen Bildhintergrund zu trennen. In den zahlreichen Anwendungsgebieten der digitalen Bildverarbeitung werden sehr unterschiedliche, teilweise auch sehr komplexe Verfahren benötigt. Besonders vorteilhaft ist dabei die Verwertung von a priori-Kenntnissen, d. h. bekannten Eigenschaften der gesuchten Objekte wie Form, Größe, Musterung, Flankenform usw.

Ziel der Bildsegmentierung ist i. a. ein Binärbild, das die Objekte z. B. schwarz auf weißem Hintergrund markiert. Ein besonders einfaches Verfahren zur Erlangung des Binärbildes ist die Schwellwertsegmentierung, bei der Objekt und Hintergrund bei einer festgelegten Grauwertschwelle separiert werden. Für die Verfolgung von Maxima- und Minimalinien in einem Moirébild ist es günstiger, die erste Ableitung des Grauwertverlaufs zu bilden.

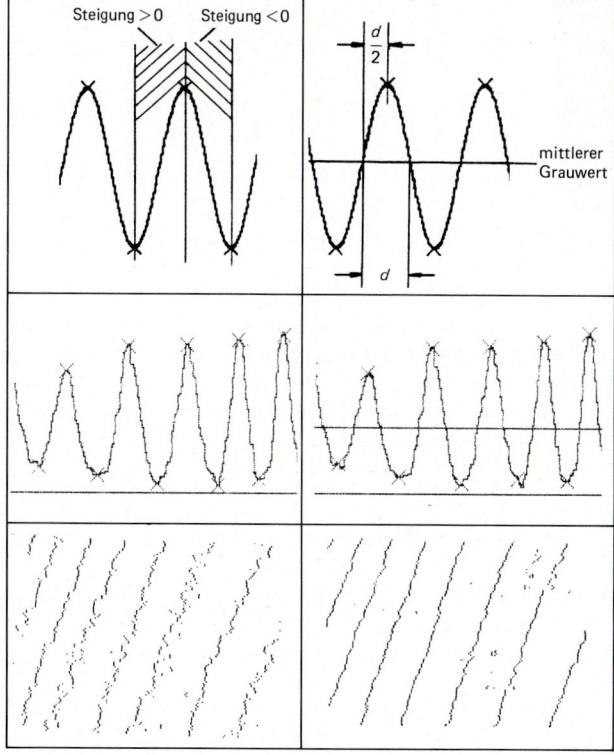

Bild E 5.3-5. Bestimmung von Moiréstreifenmittellinien.
Links: Aus dem Steigungsverlauf, rechts: nach mittlerem Grauwert,
oben: Prinzip,
Mitte: Profildarstellung mit Maxima und Minima,
unten: zweidimensionales Beispiel

Unter Ausnutzung der a priori-Kenntnis, daß Moiréstreifen symmetrische Flanken haben, kann die Mittellinie der einzelnen Streifen anschließend aufgesucht werden.

Bild E 5.3-5 zeigt links als Beispiel die Wirkung der Segmentierung an einem Morébild an Hand der Differenzierung des Grauwertverlaufs und anschließender Suche von Maxima und Minima. Da die Originalsignale immer einen gewissen Rauschanteil aufweisen, ist der Linienverlauf der Moiréstreifenmittellinie nicht ausreichend glatt. Bessere Ergebnisse zeigt Bild E 5.3-5 rechts: an jeder Flanke im Originalgrauwertverlauf wird der mittlere Grauwert festgestellt, die Orte der Mittelwerte werden verbunden.

In Einzelfällen benötigt man nur die Mittellinien der Objekte, um die Weiterverarbeitung durchzuführen. Diese „Skelettierung" benutzt den Schwarz-Weiß-Übergang des Binärbildes. Bild E 5.3-6 zeigt die Skelettierung eines Moirébildes (links: Binärbild, rechts: Skelett) durch Aufsuchen der Mittellinie der einzelnen Moiréstreifen.

 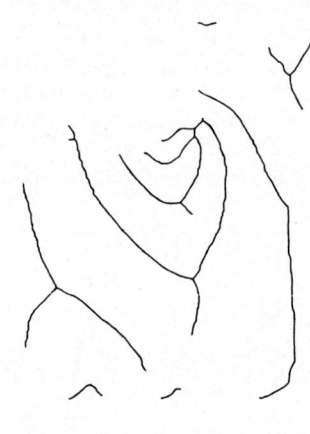

Bild E 5.3-6. Skelettierung eines Moirébildes.
Links: Originalbild, rechts: skelettierte Mittellinien

Sowohl bei der Skelettierung als auch bei der Suche nach Moiréstreifen entstehen Linien, die durch ungünstiges Signal/Rausch-Verhältnis unterbrochen oder verzerrt sein können. Durch Algorithmen zur Linienverfolgung können die Linien restauriert und geglättet werden, so daß man physikalisch sinnvolle Ergebnisse erhält. In Einzelfällen ist jedoch ein interaktiver Eingriff nicht zu umgehen, damit durch das Bedienungspersonal sachlich sinnvolle Entscheidungen über den Linienverlauf treffbar sind.

Bild E 5.3-7 zeigt als Beispiel die Notwendigkeit interaktiver Eingriffe in die Linienverfolgung bei Moirébildern an Stellen, an denen der Verfolgungsalgorithmus ungenügende (Unterbrechung) oder falsche (Kerben, Risse) Ergebnisse verursacht. In die Bildsegmentierung können auch Verfahren der Formerkennung einbezogen werden, um beispielsweise Linien von vereinzelten Staubkörnern zu unterscheiden. Hierzu muß man Merkmale definieren, die die einzelnen Formen voneinander zu unterscheiden gestatten. Das typische Merkmal einer Linie beispielsweise ist ihre lange Ausdehnung bei geringer Breite, während ein Staubkorn bei gleicher Bildfläche einen wesentlich geringeren Umfang aufweist.

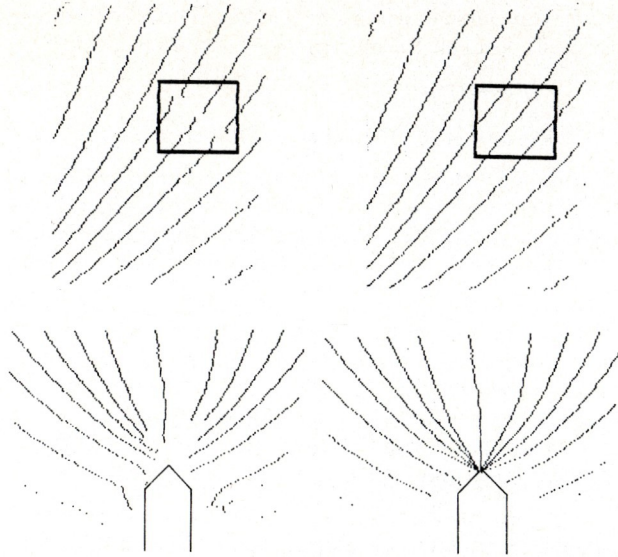

Bild E 5.3-7. Interaktive Beseitigung von Bildstörungen.
Oben: Ergänzung unterbrochener Moiréstreifenmittellinien,
unten: Ergänzung der Moiréstreifenmittellinien im Einschnürungsbereich vor Kerben

E 5.3.3 Bildbeschreibung, Merkmalsextraktion

Um den Bildinhalt mit dem Ziel einer bestimmten Aussage weiterverarbeiten zu können, müssen die segmentierten Bildinformationen durch Merkmale beschrieben und geordnet werden. Die Art dieser Merkmale ist abhängig von der gestellten Aufgabe, z. B. kann man Flächenmessungen, Längenmessungen, Messungen geometrischer Parameter einzelner Objekte oder allgemeine Zählungen von Objekten durchführen. Ganz allgemein handelt es sich hierbei um eine Datenreduktion auf die für die Weiterverarbeitung wesentlichen Merkmale des Bildes, überflüssige Informationen werden vernachlässigt.

Einige Merkmale, die in der experimentellen Spannungsanalyse eine Rolle spielen können, sollen kurz erläutert werden:

– Flächenmessungen können sich sowohl auf das gesamte Bild (Bedeckungsgrad von segmentierten Objekten an der Gesamtfläche) als auch auf einzelne Objekte beziehen. Außerdem kann die von geschlossenen Linien (Konturen) begrenzte Fläche bestimmt werden.

– Längenmessungen können an einzelnen Linien oder an Konturen vorgenommen werden. Entsprechend kann man den Umfang einzelner flächenhafter Objekte messen.

– An flächenhaften Objekten können Durchmesser und längste auftretende Sehnen unter verschiedenen Ausrichtungen aufgenommen werden, um damit Aussagen über Form und Orientierung der Objekte zu gewinnen.

– Die Zählung von Merkmalen kann für verschiedene Aufgaben eingesetzt werden:

   a) Zählung der in sich geschlossenen Objekte auf der Bildfläche, um beispielsweise die Anzahl der Kugeln auf einem Tablett oder die Anzahl der Staubkörner auf einem Objektträger zu bestimmen,

   b) Zählung der Linien oder Objektflanken, die von vorgegebenen Geraden oder anderen Linien geschnitten werden, um beispielsweise bei einer Moiréaufnahme die Anzahl der geschnittenen Moiréstreifen entlang einer Meßlinie zu bestimmen,

   c) Zählung der Objektenden bei Betrachtung aus verschiedenen Richtungen, um z. B. den Buchstaben E von dem Buchstaben F zu unterscheiden.

Die Merkmale von einzelnen Objekten lassen sich nach den Regeln der Stereologie miteinander verknüpfen. Beispielsweise können Formfaktoren FF ermittelt werden:

$$FF = U/A\,.$$

Dabei ist U der Umfang eines Objekts und A die Fläche eines Objekts.

Die Formfaktoren geben ein Maß für die Unrundheit bzw. für die unregelmäßige Umrandung von Objekten an. Mit mathematischen Beziehungen dieser Art können Charakteristika bestimmter Objekttypen quantitativ dargestellt werden; gleichzeitig wird der Informationsgehalt der Bilder auf die weiterverwertbaren Informationen begrenzt (Datenreduktion).

Eine weitere Möglichkeit der Merkmalsbestimmung an Bildern oder Bildausschnitten bietet die Transformation in den Frequenzbereich, z. B. durch Fourier-Transformation. Im Frequenzbereich können beispielsweise regelmäßige Linienfelder (Texturen), wie sie als Moirélinien auftreten, identifiziert oder auf die vorrangigen Richtungskomponenten untersucht werden. Die Frequenztransformation von Einzelobjekten gestattet eine Merkmalsbestimmung unabhängig von der Lage und Orientierung im Ortsbereich.

Es ist auch möglich, Filterungen im Frequenzbereich durchzuführen und anschließend das gesamte Bild wieder zurückzutransformieren. Im allgemeinen ist jedoch dafür der Rechenaufwand und der nötige Speicherplatzbedarf recht hoch.

E 5.3.4 Bildauswertung, Objektklassifizierung

Die im Bild enthaltene und in vorangegangenen Schritten extrahierte und verdichtete Information muß letztlich auf das gesuchte Ergebnis hin interpretiert werden. Dabei muß man im wesentlichen zwei Fälle unterscheiden:

- Wenn ein ausreichendes A-priori-Wissen über vergleichbare Bilder vorliegt, wird meistens die Einordnung des neuen Bildes bzw. abgebildeten Objekts in die Reihe der Vergleichsbilder gefordert. Mit Hilfe von Klassifizierungsverfahren lassen sich die Bildmerkmale zuordnen. Die Interpretation kann sich anschließend auf die Eigenschaften der bekannten Vergleichsobjekte stützen.
- Wenn die Bilder unabhängig von anderen Bildern ausgewertet werden müssen, kann der letzte Schritt nur eine weitere Verdichtung und ggf. Umwandlung in leichter interpretierbare Daten sein. Beispielsweise läßt sich durch Darstellung von Höhenlinien, Profilen oder dreidimensionalen Datenfeldern die Interpretation wesentlich erleichtern, insbesondere wenn ein Vergleich mit anderen Meßverfahren gefordert wird. So kann die Darstellung von Höhenlinien in einem Moirébild direkt zum Vergleich mit den Ergebnissen mechanischer Messungen genutzt werden.

E 5.4 Geräte

Eine Anlage zur digitalen Bildverarbeitung (Bild E 5.2-1) besteht zumindest aus einem Bildgeber, dem Verarbeitungsgerät (z. B. Computer, Bildanalysator) und einer Ausgabemöglichkeit, die je nach gestellter Aufgabe aus einem Monitor für Bildausgabe mit digitalem Bildspeicher wie auch aus einem Ergebnisdrucker für Schriftausgabe bestehen kann. Zusätzliche Peripherieeinheiten sind Massenspeicher (Magnetband, Plattenspeicher), Hardcopyeinheit (Bildschreiber, z. B. auf Photofilm) und Bedienteil (z. B. Tastatur, Lichtstift, Rollkugel, Steuerknüppel usw. für die interaktive Bildbearbeitung).

E 5.4.1 Bildgeber

Ein Bildgeber wandelt die lokale Helligkeit einer Bildvorlage in elektrische Signale um, die anschließend digitalisiert werden können. Ein Bild läßt sich eindimensional oder zweidimensional erfassen, Tabelle E 5.4-1. Eindimensionale Abtastung bedeutet, daß die Vorlage Zeile für Zeile abgetastet wird. Beispielsweise können Bildvorlagen auf einer Trommel aufgespannt werden, die durch eine photoelektrische Zelle schraubenförmig abgefahren wird (Trommelscanner). Ebenso kann man Flachbettscanner einsetzen, bei denen die Bildvorlage auf einer ebenen Fläche aufgespannt und zeilenförmig abgetastet wird.

Tabelle E 5.4-1 Typische Eigenschaften von TV-Kameras, bezogen auf 1″ Targetdurchmesser [E 5.4-1].

Typ	Spektralbereich	Auflösung (Zeilen)	Empfindlichkeit	Nachziehen	Einbrand	Gamma
Vidicon	sichtbar	1000	mittel	mittel	ja	0,65
Infrarot Vidicon	sichtbar bis IR	450	mittel	groß	ja	0,55 − 0,7
Ultraviolett Vidicon	UV bis sichtbar	700	hoch	mittel	−	0,95
Silicon Vidicon	sichtbar	450	hoch	gering	−	1
Plumbicon	sichtbar	750	mittel	sehr gering	−	0,95
Chalnicon	sichtbar	700	hoch	mittel	−	0,95
SIT	sichtbar	500	sehr hoch	mittel	−	1
Saticon	sichtbar	750	mittel	sehr gering	−	0,95
Newvicon	sichtbar bis IR	700	hoch	gering	−	1

Zweidimensionale Bildgeber nehmen die gesamte Bildfläche in einem parallelen Arbeitsgang auf. Typische Vertreter dieser Gattung sind die verschiedenen Bauformen von Fernsehkameras. Diese speichern das Bild auf einer Targetfläche, die anschließend sequentiell ausgelesen wird, so daß wiederum ein eindimensionales Zeilensignal entsteht.

Zu den modernen Bildsensoren gehören die CCD-Zellen (charge-coupled-devices, deutsch: Eimerkettenspeicher). Es handelt sich hierbei um mikroskopisch kleine, nebeneinander angeordnete Kondensatoren, die sich bei Lichteinfall entladen können. Die Ladung der Kondensatoren kann durch eine integrierte Transistorschaltung in Zeilenrichtung verschoben werden, so daß am Ende der Kette ein übliches Zeilensignal ansteht. CCD-Zellen können – ähnlich wie verschiedene Fernsehkameras – den Lichteinfall über eine gewisse Zeit integrieren, so daß die Lichtempfindlichkeit gesteigert wird.

Für die Auswahl von Bildgebern für bestimmte Aufgaben sind die Größen Auflösung, Empfindlichkeit, Dynamik und Nachziehen ausschlaggebend. Die Auflösung gibt an, wie viele Punkte in einer Zeile unterschieden werden können bzw. – bei zweidimensionalen Bildgebern – wie viele Zeilen die Bildfläche enthält. Von der genannten Auflösung unterscheiden muß man die örtliche Auflösung, die durch optische Objektive den Erfordernissen angepaßt werden kann. Die Empfindlichkeit gibt an, welche Helligkeit die Bildvorlage aufweisen muß, um rauscharm abgetastet zu werden. Die maximal zulässige Dynamik bestimmt den höchsten Kontrast, der in einer Bildvorlage enthalten sein darf, um Übersteuerung bzw. Rauschen zu vermeiden. Die Eigenschaft „Nachziehen" wird besonders bei bewegten Bildern wichtig, wenn der Bildgeber nicht genügend schnell auf veränderte Bildinhalte reagiert.

E 5.4.2 Digitaler Bildspeicher

Die Grauwerte eines z. B. von einer Fernsehkamera aufgenommenen Schwarzweißbildes werden in Echtzeit durch einen schnellen Analog-Digital-Wandler in Form eines 8-bit-Wortes dargestellt und in einen Halbleiterspeicher mit z. B. 512×512 Bildpunkten je 8 bit Graustufenauflösung eingelesen. Dabei ist jedem Speicherplatz eindeutig der geometrische Ort eines Bildpunktes zugeordnet. Ein an diesen Speicher angeschlossener Rechner kann von jedem Bildpunkt die Koordinaten und die Schwärzung in Bruchteilen von Sekunden abfragen und einer weiteren digitalen Datenverarbeitung zugänglich machen. Der Rechner hat also einen direkten, sehr schnellen Zugriff zu den Bildpunkten. Dies ist sehr wesentlich, da sich nur so Bildverarbeitungsvorgänge in annehmbaren Zeiten durchführen lassen. Die durch den Rechner (eventuell) veränderten Bildpunkte können aus dem Speicher im Fernsehmodus ausgelesen werden, d. h., man erhält auf dem Fernsehmonitor wieder ein sichtbares (stehendes) Bild. Dies ist für interaktive Eingriffe wesentlich.

E 5.4.3 Datenverarbeitung

Jede digitale Datenverarbeitung erfordert die Komponenten Hardware (Geräte, Schaltkreise, Netzteile) und Software (Programme). Die gewissenhafte Auswahl dieser Komponenten nach der Problemanalyse ist entscheidend für die erfolgreiche Lösung von Aufgaben der Bildverarbeitung, da in diesem Anwendungsbereich bisher keine universellen „Allzweckcomputer" angeboten werden.

E 5.4.3.1 Hardware

Die Geräte für Bildverarbeitung lassen sich in zwei Gruppen unterteilen: Geräte, die für bestimmte Aufgaben entwickelt wurden und deren Programme durch die Verdrahtung festgelegt sind, und Geräte mit hoher Flexibilität, die einen programmgesteuerten Prozessor enthalten. Die erste Gruppe bietet bei günstigem Preis hohe Geschwindigkeit, während die zweite Gruppe auch für wechselnde, komplexe Aufgaben geeignet ist. Selbstverständlich gibt es auch Mischungen aus beiden Gruppen, bei denen ständig wiederkehrende Funktionen fest verdrahtet werden, während für die individuelle Bildauswertung flexible Prozessoren eingesetzt werden.

E 5.4.3.2 Software

Die in Abschnitt E 5.3 geschilderten Methoden der digitalen Bildverarbeitung müssen je nach Anwendungsfall kombiniert und durch problemspezifische Software ergänzt werden. Wenn Wert auf große Flexibilität der Systeme gelegt wird, sollte man modulare Programmpakete einsetzen, die eine Vielzahl von Methoden enthalten. Die einzelnen Programmmoduln lassen sich je nach Aufgabenstellung miteinander verbinden. Bei hohen Anforderungen an die Geschwindigkeit der Bildverarbeitung können die höheren Programmiersprachen wie FORTRAN, PASCAL oder auch BASIC nicht verwendet werden, sondern man muß geschwindigkeitsoptimierte Programme in ASSEMBLER oder prozessorspezifischem Mikrocode schreiben.

E 5.4.4 Ausgabe

Für die Ausgabe der Ergebnisse bei digitaler Bildverarbeitung stehen neben den üblichen EDV-Geräten (Drucker, Terminal mit Alpha- und Graphikmodus, Plotter usw.) spezielle Einheiten zur Verfügung

– Monitore mit Schwarzweiß- oder Farbdarstellung; auf Wunsch können Geräte mit gegenüber dem Fernsehstandard (625 Zeilen) verbesserter Auflösung geliefert werden,
– Photokameras mit hervorragender Auflösung und großem Signal/Rausch-Verhältnis mit Slow-Scan-Wiedergabe (langsame, punktweise Filmbelichtung),
– Scanner nach dem Trommel- oder Flachbettprinzip, mit denen Filme sowohl abgetastet (s. Abschn. E 5.4.1) als auch beschrieben werden können,
– Plotter, die durch variable Punktgröße auch grauwertige Bilder erzeugen können,
– Laserausgabegeräte, mit denen photographische Materialien auch mehrfarbig mit hoher Auflösung belichtet werden können.

Bei der Auswahl der Ausgabegeräte ist zu bedenken, daß häufig das Ergebnis der Bildverarbeitung nicht in einem neuen, veränderten Bild besteht, sondern in einer nach numerischen Algorithmen ermittelten Entscheidung oder einer Tabelle von Kennwerten über den Bildinhalt.

E 5.4.5 Bedienung

Häufig werden die Bildausgabegeräte auch zur interaktiven Bearbeitung von Bildern eingesetzt. Mit den Eingabegeräten Lichtstift, Rollkugel, Maus, Steuerknüppel (Joy-Stick) oder graphischem Tablett kann der Benutzer Punkte im Bild markieren, Bildregionen auswählen oder Bildteile (z. B. Linien) ergänzen:

– Der Lichtstift kann direkt auf dem Monitor positioniert werden und wird durch Tastendruck aktiviert.
– Die Rollkugel und die Maus bewegen die Position eines Cursors (Leuchtpunkt) in x- und y-Richtung auf dem Monitor und können sehr feinfühlig bedient werden. Gleiches gilt für den Steuerknüppel, mit dem man Bewegungsgeschwindigkeit und Richtung des Cursors stufenlos steuern kann.
– Das graphische Tablett kann zum manuellen Übertragen von Bildinformation – z. B. durch Abfahren von Konturen – oder zur Cursorpositionierung benutzt werden.

E 5.5 Anwendungsbeispiele der digitalen Bildverarbeitung in der experimentellen Spannungsanalyse

Bei verschiedenen Verfahren der experimentellen Spannungsanalyse fallen zweidimensionale Datenmengen an, wie sie mit dem Instrumentarium der digitalen Bildverarbeitung vorteilhaft weiterverarbeitet werden können:

– Alle Interferenz- und polarisationsoptischen Verfahren (s. Abschn. D 2) erzeugen zweidimensionale Bilder, die von Kameras aufgenommen und digitalisiert werden können.
– Bei der Spannungsmessung mit Folien (s. Abschn. D 7.1) entstehen Bilder, die optisch erfaßt werden können.
– Die Möglichkeiten der zweidimensionalen Darstellung und Bildauswertung können auch bei anderen Verfahren der Spannungsanalyse sowie allgemein bei der Ergebnisdarstellung von Modellrechnungen (z. B. Finite-Elemente-Verfahren C 4.5.3) genutzt werden.

Im folgenden werden einige typische, bereits ausgeführte Beispiele dargestellt, bei denen sich die digitale Bildverarbeitung als nützlich erwiesen hat. Weitere Beispiele können dem Schrifttum entnommen werden.

E 5.5.1 Moiréverfahren

Beim Moiréverfahren (s. Abschn. D 2.5) werden auf der Oberfläche des Objekts verformungsabhängige optische Signale erzeugt, die der Bildgeber als helle und dunkle Linien aufnehmen kann. Ziel einer Bildverarbeitung ist es, die Moirélinien zu interpretieren, d. h., die Verschiebungswege oder auch die Dehnungsverläufe zu bestimmen. Das Ergebnis kann beispielsweise als Höhenlinien-(Isoklinen-)Verlauf in zweidimensionaler Form dargestellt werden.

H. Häusler [E 5.5-1] beschreibt am Beispiel einer mechanischen Rißzugprobe (CT-Probe) – das ist ein Probekörper mit einseitigem Schlitz, der durch Zugkräfte aufgeweitet wird – die Dehnungsmessung mittels digitaler Bildverarbeitung. Zunächst wird der Verschiebungsverlauf entlang gewählter Meßzeilen bestimmt, daraus kann der Dehnungsverlauf, Bild E 5.5-1, berechnet werden. Um überhaupt zu verwertbaren Linienverläufen zu kommen, muß man die Meßwerte mittels einer Splinefunktion glätten. Als Ergebnisdarstellung ist die zweidimensionale Wiedergabe von Bereichen gleicher Dehnung sehr aussagekräftig, Bild E 5.5-2. Eine dreidimensionale Darstellung der Dehnungsverteilung, Bild E 5.5-3, zeigt die Dehnungswerte als dritte Koordinate über der Bildebene. Daneben können natürlich auch eindimensionale Profile, beispielsweise in Zeilenrichtung, oder tabellarische Auflistungen der Meßwerte erzeugt werden.

H.-P. Stoehrel [E 5.5-2] verwendet für die Skelettierung der Moirélinien ein aufwendiges Verfahren [E 5.5-3; 4], das auch bei stark gekrümmten Moirélinien, wie sie bei der Höhen-

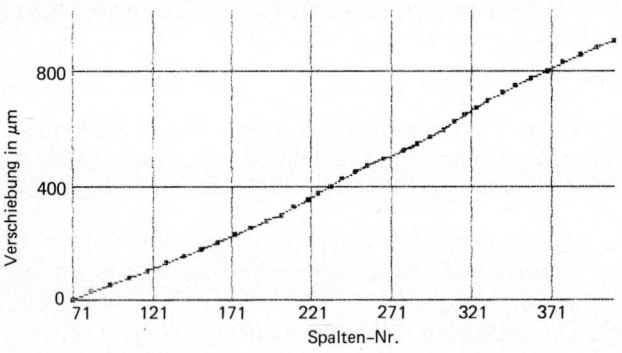

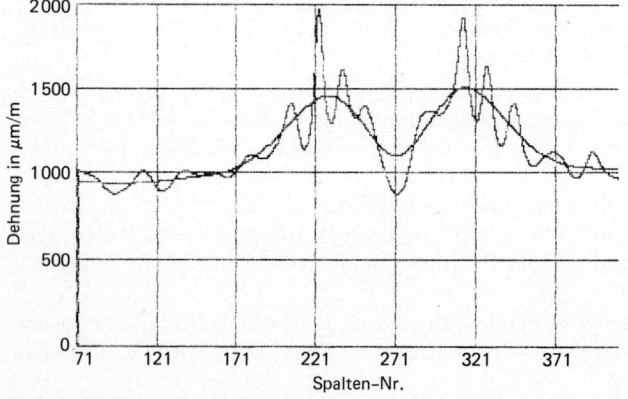

Bild E 5.5-1 Dehnungsberechnung nach dem Moiréverfahren [E 5.5-1].
Oben: Verschiebungsverlauf entlang der Meßzeile, Meßpunkte,
unten: zugehöriger Dehnungsverlauf mit und ohne Ausgleich

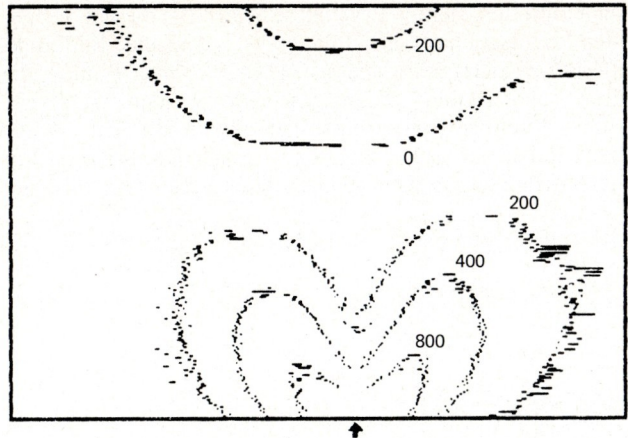

Bild E 5.5-2. Darstellung von Bereichen gleicher Dehnung [E 5.5-1] (Angaben in 10^{-5} m/m, Streuung der Meßwerte $\pm 1\%$).

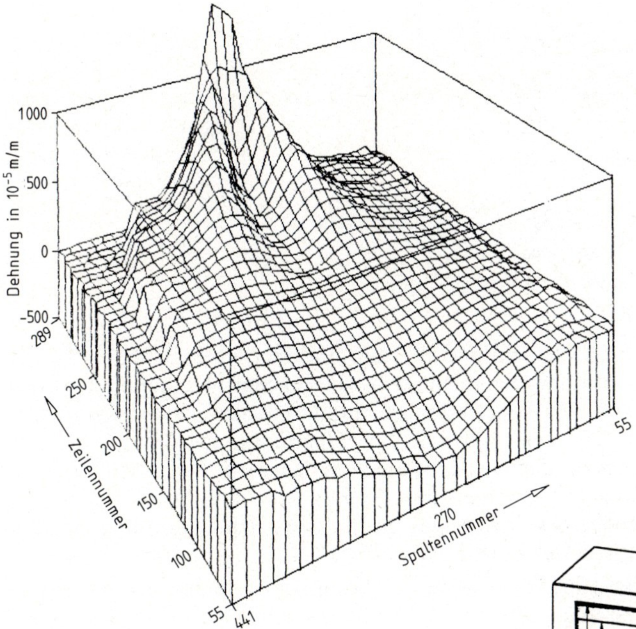

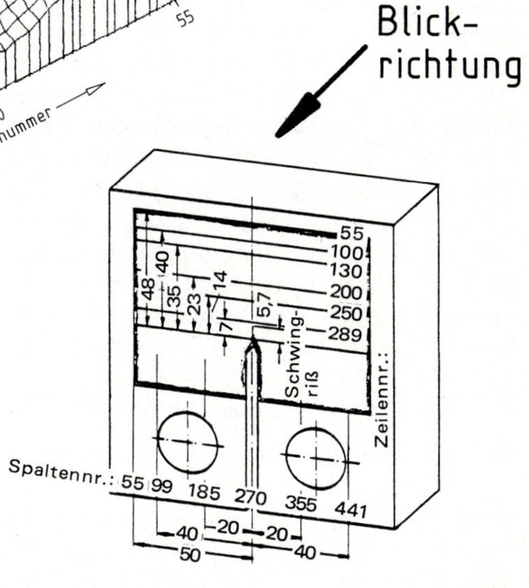

Blick-richtung

Bild E 5.5-3. Räumliche Darstellung der Dehnungsverteilung an einer CT-Probe ohne Dehnungen im Spaltbereich (oben), CT-Probe (unten) [E 5.5-1].

741

messung nach einem Beulversuch auftreten, sichere Ergebnisse liefert. Bei diesem Verfahren wird in Abhängigkeit von den Nachbarschaftsverhältnissen jedes einzelnen Bildpunktes dieser Punkt entweder entfernt (erodiert) oder belassen. Damit können Punkte, die nicht zu einer Moirélinie gehören, sicher erkannt und ausgeschieden werden. Mehrfache Wiederholung des Vorganges führt zu sehr störungsarmen Skelettlinien, Bild E 5.5-4. Die Skelettlinien stellen Höhenschichtlinien dar, mit denen sich – nach Kalibrierung mit einem Eichkeil – Höhenprofile erstellen lassen. Der Fehler dieses Verfahrens wird mit rd. 3% angegeben.

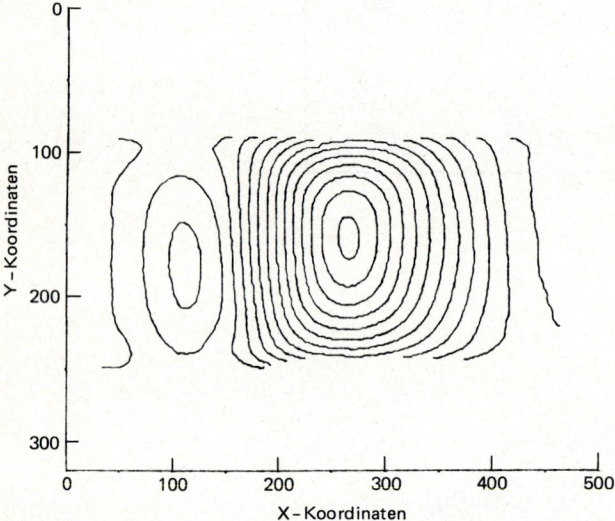

Bild E 5.5-4. Geglättete Skelettlinien (Höhenschichtlinien) zu einem Moirébild [E 5.5-1].

E 5.5.2 Speckle-Verfahren

Das Specklegramm (s. Abschn. D 2.8) enthält die Informationen über Größe und Richtung einer Ortsverschiebung in kodierter Form, d. h., die im Specklegramm enthaltene Frequenzdarstellung muß durch eine Fourier-Transformation in den Ortsbereich zurücktransformiert werden. Bild E 5.5-5 zeigt links ein Specklegramm, aus dem nach Rücktransformation in den Ortsbereich das rechte Bild gewonnen wird. Der Abstand der in Bild E 5.5-5, rechts, auftretenden Spitzen (Peaks) ist direkt proportional zur Ortsverschiebung in der Specklegrammebene. Aus der Lage der Peaks zu dem Koordinatensystem kann die Winkellage der Verschiebung ermittelt werden.

Von *H. Bruhn* und *A. Felske* [E 5.5-5; 6] wird ein besonders schnelles Verfahren zur Analyse von Specklegrammen angegeben, das je Meßpunkt eine Verarbeitungszeit von 0,25 s benötigt und vollautomatisch arbeitet. Das Verfahren ist in ein Auswertesystem integriert, das auch die Steuerung der mechanisch-optischen Aufnahmevorrichtung übernimmt. Die hohe Verarbeitungsgeschwindigkeit wird durch Verwendung eines Parallelprozessors, der eine Vielzahl von Rechenoperationen gleichzeitig ausführen kann, erzielt.

E 5.5.3 Spannungsoptisches Modellverfahren

Bei der Interpretation von spannungsoptischen Informationen an durchsichtigen Modellen (s. Abschn. D 2.2) wird die Bildverarbeitung dazu verwendet, Isochromatenordnung und Isoklinenwinkel entlang vorgewählter Linien zu bestimmen. Da die bei einer einzelnen Wellenlänge erhaltenen Bilder (Isochromaten) noch keine Information über die

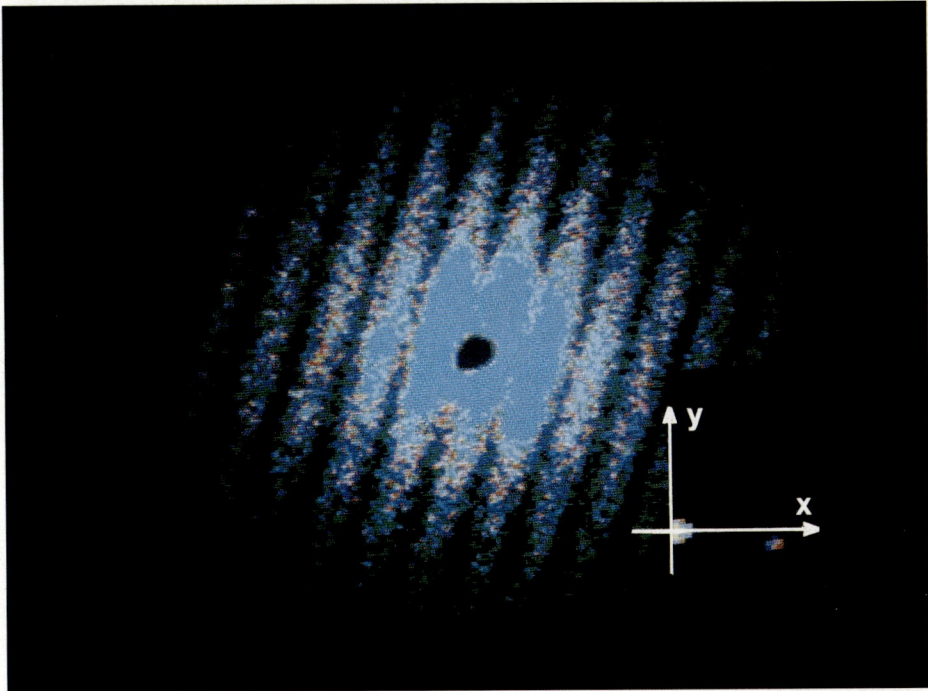

Bild E 5.5-5. Transformation eines Specklegramms (links) in den Ortsbereich (rechts).
Die Punkte im Koordinatenkreuz zeigen Größe und Richtung der Speckleverschiebungen an.

Vorzeichen der Isoklinenwinkel enthalten, werden nach *H.-D. Gerlach* [E 5.5-7] hierzu die Intensitätsverteilungen von zwei verschiedenen Isochromatenbildern benötigt. Die gleiche Objektverformung wird also mit zwei verschiedenen Wellenlängen abgebildet, Bild E 5.5-6. Man erkennt, daß bei ansteigender Isochromatenordnung die Extrema der durch die kleinere Wellenlänge λ_2 erzeugten Intensitätsverteilung örtlich vor den Extremwerten der Verteilung mit der größeren Wellenlänge λ_1 liegen, bei fallender Isochromatenordnung ist es umgekehrt.

Die Algorithmen von *H.-D. Gerlach* wurden von *R. K. Müller* [E 5.5-8] in einer Bildverarbeitungsanlage implementiert und mit Verfahren der Bildverarbeitung zur Glättung der Intensitätsverteilungen sowie zur interaktiven Bearbeitung der Bilder ergänzt. Nach interaktiver Eingabe von Isochromaten und Isoklinen werden die Daten durch Splineapproximation von Unsicherheiten befreit und mit dem Schubspannungsdifferenzenverfahren ausgewertet; die Gleichgewichtsbedingung ist bei Musterrechnungen mit rd. 5% Abweichung erfüllt. Da es sich um ein Modellverfahren handelt, wird bei der Anwendung der Bildverarbeitung vor allem Wert auf Erhöhung der Genauigkeit und Interpretierbarkeit gelegt; die Rechenzeiten sind weniger wichtig.

E 5.5.4 Auflichtholographie

Bei der Auflichtholographie (s. Abschn. D 2.6) wird das Hologramm eines unbelasteten Körpers dem des belasteten Körpers überlagert, so daß die Komponenten der räumlichen Verschiebungen als Interferrogramme sichtbar sind. Eine Aufgabe der Bildverarbei-

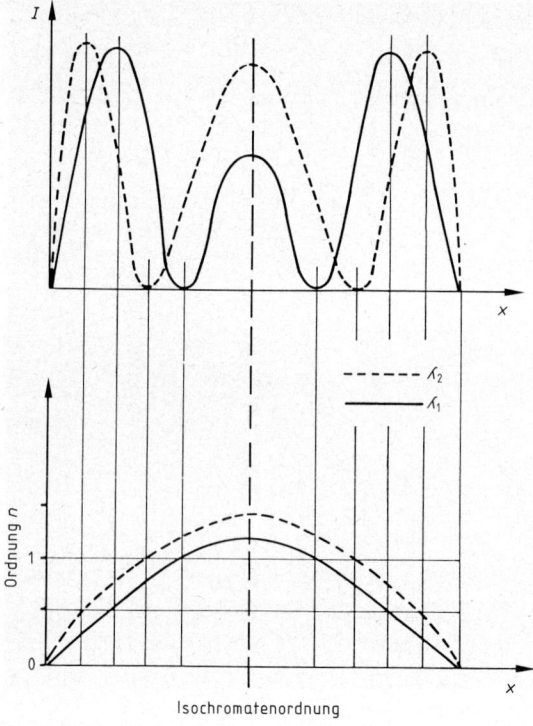

Bild E 5.5-6. Intensitätsverlauf (oben) und Isochromatenordnung (unten) bei zwei verschiedenen Wellenlängen $\lambda_2 > \lambda_1$ (schematische Darstellung) [E 5.5-6].

tung ist es, die dabei auftretenden Störeinflüsse zu beseitigen oder zu vermindern, und zwar,

– ungleichmäßige Intensitätsverteilung im Laserstrahl,
– ringförmige Interferenzen durch Fremdkörper,
– Speckle-Interferenzen durch rauhe Objekte,
– Hintergrundabbildung der Objektoberfläche, z. B. durch unterschiedliche Färbung.

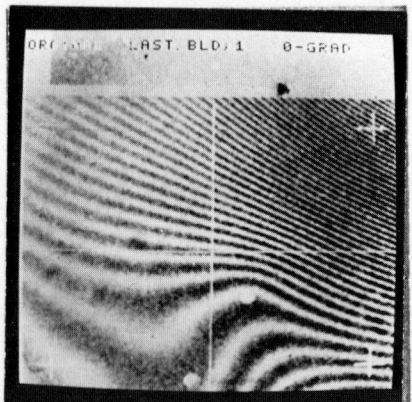

Bild E 5.5-7. Streifendetektion an einem Auflichthologramm [E 5.5-8].
Links: Original, rechts: erkannte und geglätte Interferenz-Streifen

744

Mit einem Bildverarbeitungssystem [E 5.5-9] werden die Störungen zumindest teilweise beseitigt, wenn man die Algorithmen für die Bildverarbeitung interaktiv entsprechend dem Bildinhalt optimiert. Mit dem Bildverarbeitungssystem wird anschließend eine Streifendetektion durchgeführt, bei der ein Verfolgungsalgorithmus die Interferenzstreifen aufsucht und glättet, Bild E 5.5-7. Anschließend wird die Ordnung der Interferenzstreifen entweder durch Abstands- oder durch Phasenkriterien bestimmt. Bei komplizierten Interferenzmustern ist es notwendig, ein korrespondierendes Muster bzw. eine Folge von Interferogrammen gemeinsam auszuwerten. Die Verschiebungsrichtung der Streifen ergibt dann nach dem Phasenkriterium automatisch die relative Ordnungsnummer der Interferenzstreifen.

E 6 Versuchstechnik und Meßwertverarbeitung

P. Wolf, K. Ahrensdorf, C. Peters, J. Rödelmeier

E 6.1 Allgemeines

Die anzuwendende Versuchstechnik, das Festlegen der Meßstellen und das Verarbeiten der Meßwerte werden hauptsächlich durch dieselben Faktoren bestimmt: Art und Größe des Versuchsstückes und Ziel der Untersuchung. Sie werden daher gemeinsam in diesem Abschnitt behandelt. Das Erfassen der Meßwerte einschließlich der dazu erforderlichen technischen Einrichtungen ist in den Abschnitten E 1 bis E 5 und E 7 ausführlich dargestellt. Vor dem Festlegen der Technik und der Versuchseinrichtungen ist eine sorgfältige Problemanalyse erforderlich (Abschn. B). Da der Ort, an dem der Versuch durchgeführt wird, wesentlichen Einfluß auf Qualität und Ergebnis hat, ist ihm im folgenden viel Raum gewidmet.

E 6.2 Versuchsort

E 6.2.1 Labor

Bei kleinen Prüfobjekten (Materialproben, Bauteile) steht i. a. ein speziell ausgerüstetes Labor zur Verfügung, in dem Belastung und Messung ohne Schwierigkeiten durchgeführt werden können.

E 6.2.2 Halle

Größere Belastungsversuche aller Art (statisch, dynamisch, Ermüdung) erfordern entsprechende Hallen, die nach der Prüflingsgröße dimensioniert sein müssen. Da es sich bei den Prüflingen auch um ganze Flugzeugzellen handeln kann, reicht die Größe solcher Versuchshallen bis zu mehreren Tausend Quadratmetern.

Einerseits ist es nun wünschenswert, die Meßgeräte und -anlagen möglichst nahe am Versuchsobjekt zu installieren, andererseits zeigt sich, daß in großen Hallen der Einfluß von Staub und Temperatur auf die Meßanlagen zu groß ist. Es ist daher zweckmäßig, zusätzlich in der Halle Kabinen für die Unterbringung der Meßanlagen aufzustellen, die klimatisiert, zumindest aber belüftet (Staubfilter!), sein müssen, um die Eigenwärme der Anlagen abzuführen. In diesen Kabinen können dann auch die Regel- und Steuereinrichtungen für die verschiedenen Belastungsanlagen untergebracht werden.

Besondere Aufmerksamkeit ist in großen Versuchshallen den elektromagnetischen Störeinflüssen zu widmen. Die Steuerungen von Hallenkränen, Schweißarbeiten beim Erstellen anderer Versuchsaufbauten u. a. führen zu erheblichen elektromagnetischen Einstreuungen. In modernen Versuchshallen werden daher die Kräne mit speziell entstörten Antrieben und Steuerungen ausgerüstet. Auch von der Verwendung von Funksprechgeräten zur Verständigung an großen Versuchsobjekten muß dringend abgeraten werden, weil diese erhebliche Störungen verursachen können.

E 6.2.3 Meßwagen

Für Messungen „vor Ort", z. B. zur Ermittlung der tatsächlichen Beanspruchungen am realen Objekt, sind fertige transportable Meßaufbauten von Vorteil, die nach Bedarf zum Einsatzort gebracht werden können. Man kann diese Einrichtungen in LKW's mit Kastenaufbau oder in Containern, die auf beliebige Transportmittel zu verladen sind, fest installieren. Auf jeden Fall ist auch hier eine Klimatisierung unumgänglich. Im allgemeinen ist jedoch während der Transportzeiten der Betrieb der Klimaanlage nicht erforderlich.

E 6.2.4 Freigelände

Je nach Art und Größe des Prüflings kann es erforderlich werden, einzelne Versuche auch im Freien, ggf. unter einem Schutzzelt, durchzuführen. Das Aufstellen von Meß- und Steuereinrichtungen im Freien kommt dabei nur für sehr grobe Untersuchungen und informative Messungen in Betracht. Bei höheren Anforderungen muß man auf Meßwagen oder Container zurückgreifen. Auch das vorübergehende Aufstellen von Fertiggaragen hat sich hierfür als zweckmäßig erwiesen.

E 6.2.5 Betriebsort

Bei Messungen am Betriebsort, z. B. an laufenden Maschinen in Innenräumen, treffen die gleichen Überlegungen zu wie bei der großen Versuchshalle. Wenn es sich um vorübergehende Messungen handelt, wird man aber u. U. die erhöhte Staubbelastung in Kauf nehmen und die Meßeinrichtung direkt am Objekt unterbringen.

E 6.2.6 Umweltsimulation, Klimakammern

Stationäre Großklimakammern sind immer als feste Räume in Gebäuden ausgeführt. Hier ist stets ein Nebenraum für das Unterbringen der Meß- und Steuereinrichtungen vorhanden.

Versuchsspezifische Klimakammeraufbauten werden meistens in den großen Versuchshallen untergebracht. Für das Unterbringen der Meß- und Regeleinrichtungen gilt das im Abschn. E 6.2.2 Gesagte.

E 6.3 Erzeugen von Belastungs- und Umgebungsbedingungen

E 6.3.1 Einspannen der Prüflinge

Kleinere Komponenten und Proben werden vorwiegend in handelsüblichen Prüfmaschinen oder Standardbelastungseinrichtungen geprüft. Der Prüfling wird hierbei in der Regel an beiden Enden, in Ausnahmefällen (z. B. bei Biegebeanspruchung) aber auch nur an einem Ende, in Spannvorrichtungen eingespannt. Kriterien für die Auswahl der Prüfeinrichtung sind neben den Abmessungen des Prüflings auch die Größe und Richtung der Belastung (ein- oder mehrachsig).

Bei der Ausbildung der Prüflinge ist durch geeignete Formgebung und Prüflingslänge sicherzustellen, daß im Prüfquerschnitt belastungsrelevante Spannungszustände herrschen. Zum Vermeiden von Brüchen im Einspannbereich sind geeignete Aufdickungen und Modifikationen in diesem Bereich vorzusehen.

E 6.3.2 Lagerung der Teststruktur

Für die Lagerung von Großkomponenten und kompletten Originalstrukturen können sowohl vorhandene Lageranschlußpunkte (z. B. Fahrwerkslagerung usw.) als auch speziell ausgewählte Krafteinleitungsstellen am Prüfling verwendet werden. Die Lagerbedingungen sollten die realen Randbedingungen der zu testenden Originalstruktur weitgehend erfüllen, so daß die Beanspruchungen auch in diesen Bereichen exakt simuliert werden. Dies kann in der Regel durch eine statisch bestimmte Lagerung, bei der an den einzelnen Lagerpunkten definierte Reaktionskräfte auftreten, realisiert werden. Bei elastischer Lagerung der Teststruktur können Federelemente, Elastomerlager usw. als Lagerelemente zur Anwendung kommen. Ein Beispiel für eine statisch unbestimmte Prüflingslagerung ist ein Tragflügeltest. Im Flugzeugbau wird oft aus Kostengründen nur eine Tragflügelhälfte getestet. Der Testflügel wird dann zweckmäßigerweise über einen Steifigkeitsadapter (Abschlußadapter), der die Rumpfsteifigkeit repräsentiert, an einer Spannwand gelagert. Dadurch wird sichergestellt, daß beim Versuch im belastungskritischen Flügelwurzelbereich reale Spannungsverhältnisse über die gesamte Flügeltiefe simuliert werden.

Aus wirtschaftlichen Erwägungen oder aus Termingründen ist es manchmal zweckmäßig, eine große Gesamtstruktur in mehrere separate Testbaugruppen (z. B. bei Flugzeugen in Tragflügel, Rumpf, Leitwerke) zu trennen. Jede Baugruppe wird dann für sich an der jeweiligen Trennstelle entsprechend gelagert.

E 6.3.3 Lasteinleitungen

Zur Simulation der Beanspruchung eines Prüflings werden in der Regel spezielle konstruktive Anordnungen benötigt, um Lasten definiert einleiten zu können. Die Wahl verschiedener Lasteinleitungssysteme und Lastverteilungssysteme hängt von der geometrischen Form des Prüflings, der im Original auftretenden Lastverteilung und der Art des Versuchskonzepts ab. Hierbei ist es wesentlich, ob es sich um einen statischen oder dynamischen Versuch handelt.

E 6.3.3.1 Beeinflussung durch Lasteinleitungen

Eine Beeinflussung und somit eine Verfälschung der Beanspruchung durch die über die Lasteinleitung aufzubringenden Belastungen sollte minimiert bzw. ganz ausgeschlossen werden. Das ist zu Beginn der Definitionsphase eines Versuchskonzepts zu berücksichtigen. Insbesondere zählt hierzu eine örtliche Lasterhöhung, die sowohl flächig als auch punktuell auftreten kann und somit nichtrepräsentative Schäden am Prüfling erzeugen würde. Ferner kann durch Teile der Lasteinleitung die Inspizierbarkeit und somit das Aufdecken von Schadensstellen erschwert oder ganz verhindert werden. Zu Verfälschungen kann es bei örtlichen Spannungsmessungen kommen, wenn der Meßschnitt von den Lasteinleitungen beeinflußt wird.

E 6.3.3.2 Typische Lasteinleitungen

Lasten können in Prüflinge über verschiedene Systeme eingeleitet werden. Über feste Anschlüsse (Hartpunkte) lassen sich Lasten direkt in die Struktur einleiten. Hierzu werden entweder vorhandene Beschläge benutzt oder spezielle Lasteinleitungsbeschläge mit der Struktur verbunden. Eventuell eingebrachte Verbindungsbohrungen können den Prüfbereich verfälschen.

Eine bewährte Methode zur Lasteinleitung stellen kaltgeklebte Kunststoffklötze (z. B. der Größe 100 mm × 100 mm × 40 mm) dar. Hierdurch wird eine großflächige Lastübertragung gewährleistet, und die Struktur wird nicht durch Bohrungen oder Schweißnähte geschwächt bzw. verändert. Ein zelliges Polyurethanelastomer dient für Versuche bei Raumtemperatur. Silikonkautschuk kommt zur Anwendung bei Versuchen unter Umweltbedingungen (Feuchte) und einer Belastungstemperatur bis $+90\,°C$ und $-55\,°C$. An sphärisch gekrümmten Flächen können Druckkissen oder Lastscheren, die z. B. ein Flügelprofil umfassen, für Lasteinleitungen eingesetzt werden.

E 6.3.3.3 Lasteinleitungssysteme

Die Lasten eines servohydraulischen Belastungszylinders verteilt man über ein Lastgeschirr und gibt sie so an die Lasteinleitungspunkte und somit an den Prüfling weiter. Entsprechend vorgegebener Kraft- bzw. Momentverteilungen der Prüflingsstruktur werden die Hebelarme der Lastgeschirre berechnet und ausgelegt.

Für realistische Betriebsfestigkeitsversuche benutzt man Zug-Druck-Lastgeschirre. Hierbei ist darauf zu achten, daß das gesamte Lastgeschirr bei auftretenden Drucklasten nicht zum Ausknicken neigt. Längenänderungen auf Grund eintretender Strukturverformungen müssen durch ein Loslager (Gleitlager, Gummilager) ermöglicht werden, so daß keine Zwangsverformungen zwischen Prüflingsstruktur und Lasteinleitungssystem entstehen können.

Bei dynamischen Versuchen sind die Anforderungen an die Lastgeschirre bezüglich der Spielfreiheit an den Lager- und Verbindungspunkten wesentlich höher als bei statischen Versuchen. Auch muß konstruktiv durch die Auswahl entsprechender Lager und Bolzen dafür gesorgt werden, daß die Lastgeschirre weitestgehend wartungsfrei während des gesamten Versuchsbetriebs sind.

E 6.3.4 Erzeugen der Belastungen

Die Methoden zum Erzeugen der einzelnen Belastungen sind auch innerhalb einer Belastungsart, z. B. Kraft, in Abhängigkeit von Größe und Anzahl der an einem Prüfling angreifenden Lasten sehr stark differenziert. Sie werden im folgenden kurz dargestellt, geordnet nach den einzelnen Belastungsarten.

E 6.3.4.1 Erzeugen von Kraftgrößen (Kräfte, Momente, Drücke)

Kräfte

Bei kleinen Einzellasten (≤ 1 kN) und geringen Genauigkeitsanforderungen kommt Belastung durch Gewichte und mechanische Spannvorrichtungen in Betracht. Dies ist jedoch selten der Fall.

Sind größere Lasten oder höhere Genauigkeiten erforderlich, dann belastet man Materialproben und kleinere Bauteile in Prüfmaschinen, die elektrisch oder hydraulisch angetrieben und elektronisch geregelt werden. Für Einstufenversuche sind auch Lasterregungen durch Exzenter, Kurbeltriebe oder Unwuchtmassen anwendbar, die durch Elektromotoren angetrieben werden.

Die heute gebräuchlichsten Geräte für die Krafterzeugung sind servohydraulische Zylinder, besonders bei Versuchen mit mehreren Lastangriffspunkten oder mit anderen als

Einstufenbelastungen. Sie sind mit einer Kraftmeßdose und einem Servoventil ausgestattet, die Teile eines Regelkreises sind (meist mit analogem Regelverstärker, heute auch schon vielfach mit digitaler Regelung). Die Energieversorgung dieser Zylinder erfolgt durch Ölpumpen, die einen konstanten Öldruck bereitstellen (200 bis 300 bar, je nach Fabrikat). Den Ölfluß von und zu den Zylinderkammern regelt der genannte Regelkreis. Der Sollwert für den Regler wird je nach Versuchsart von den unterschiedlichsten Geräten bereitgestellt.

Die Nennlasten servohydraulischer Zylinder liegen im Bereich von 5 bis 2000 kN, ihre Nennhübe im Bereich von 50 mm bis 3 m.

Momente

Sofern durch die Momentbelastung keine zu großen Winkel hervorgerufen werden ($< 30°$), lassen sich dieselben Einrichtungen verwenden wie bei der Krafterzeugung. Durch paarweises Erzeugen gleich großer Kräfte an entsprechenden Hebelarmen (Teil der Versuchsvorrichtung) entsteht das Moment. Außerdem stehen für diesen Winkelbereich spezielle Ausführungen der oben erwähnten servohydraulischen Zylinder zur Verfügung, deren Kolbenstange die Drehmomentbelastung direkt erzeugt.

Momente bei größeren Winkelbereichen sind durch Motoren zu erzeugen, je nach Anwendungsfall elektrisch oder hydraulisch.

Drücke

Die Drücke, die bei Versuchen am Prüfling erzeugt werden müssen, überstreichen einen sehr weiten Bereich: 0,5 bis 1000 bar. Da außerdem sehr unterschiedliche Durchflußmengen erforderlich sind, kommen viele verschiedene Einrichtungen hierfür in Betracht:

– Werkspreßluftnetz,
– spezielle Kompressoranlagen, versuchsbezogen dimensioniert,
– Hydraulikpumpen aus dem Versorgungssystem der servohydraulischen Zylinder,
– Höchstdruckhydraulikpumpen.

E 6.3.4.2 Erzeugen von Bewegungsgrößen (Wege, Geschwindigkeiten, Beschleunigungen, Winkel usw.)

Wenn Bewegungsgrößen erzeugt werden sollen, d. h. eine Masse soll bewegt oder ein Gegenstand soll verformt werden, sind ebenfalls Kräfte erforderlich, so daß für diese Größen dieselben Geräte einzusetzen sind wie bei der Kraft- und Momenterzeugung. Der Unterschied besteht nur im Istwertaufnehmer für den Regelkreis. Dazu müssen auch bei den verschiedenen zu regelnden Größen die Regelparameter unterschiedlich optimiert werden.

E 6.3.4.3 Erzeugen sonstiger Größen

Temperaturen

Durch Umwelt- und Betriebsbedingungen treten Temperaturen, Temperaturverteilungen, Temperaturabläufe und -wechsel auf, die im Rahmen von Werkstoff- und Bauteiluntersuchungen simuliert werden müssen. Es soll hier nur auf den ohne größere Aufwendungen beherrschbaren Temperaturbereich von -180 bis rund $1500°C$ eingegangen werden.

Höhere Temperaturen können erzeugt werden durch Übertragung mittels Medien wie Luft, Wasser oder spezielle Flüssigkeiten. Um höhere Wärmeübergangsgradienten zu erzielen, bieten sich hierbei Umlaufsysteme an. Auch durch beheizte Festkörper läßt sich

749

Wärme übertragen. Am gebräuchlichsten sind jedoch Heizstrahler, wie Infrarotstrahler. Durch entsprechende Anordnung und die Ansteuerung einzelner Strahler lassen sich kontrollierte Temperaturverteilungen und Temperaturabläufe simulieren. Die maximal erreichbare Temperatur mit diesem System liegt bei rd. $+1400\,°C$ bei mittelfristiger Simulationsdauer (< 60 Minuten). Für kurzfristige Simulationen mit reduzierter Lebensdauer der Strahler sind $+1800\,°C$ erreichbar.

Tiefere Temperaturen lassen sich ebenfalls durch Festkörperübertragung mittels gasförmiger oder flüssiger Medien erzeugen. Ein gebräuchliches Prinzip ist die Abkühlung der Kältemedien mit Kältemaschinen, in der Regel Kompressoranlagen. Oftmals kühlt dann in einem Wärmetauscher das Kältemedium strömende Luft auf die gewünschte Temperatur bis zu maximal rund $-60\,°C$ ab. Eine weitere Möglichkeit liegt in der Verwendung von flüssigem Stickstoff (bis rd. $-180\,°C$), der oftmals auch in Umlaufsysteme eingespritzt wird, wodurch sich auch Temperaturen zwischen $0\,°C$ und $-100\,°C$ erreichen lassen.

Das Berücksichtigen der Temperatur bei der experimentellen Spannungsanalyse ist insbesondere wichtig, wenn Bauteile aus Faserbundwerkstoffen bzw. Kunststoffe untersucht werden. Derartige Bauteile testet man deshalb in einer entsprechenden Klimakammer, in der die erforderliche Temperatur über Kühlaggregate und Heizanlagen erzeugt wird. Neben Klimakammern, in denen die Luft aufgeheizt bzw. abgekühlt wird, ist besonders für die Simulation von Temperaturzyklen ein integriertes Umluftsystem sinnvoll. Durch ein Umströmen des Prüflings mit z. B. 15 m/s werden wesentlich höhere Temperaturgradienten erreicht.

Feuchte und sonstige Umwelteinflüsse

Die Simulation von Umwelteinflüssen ist in der experimentellen Festigkeitsuntersuchung von Faserverbundstrukturen notwendig, da insbesondere durch die Feuchte die mechanischen Eigenschaften des Werkstoffes, speziell des Harzes, negativ beeinflußt werden. In Verbindung mit Metallen besteht durch das unterschiedliche elektrische Spannungspotential Korrosionsgefahr (galvanische Korrosion). Die Feuchtigkeitskonditionierung erfolgt in der Regel in einer speziellen mehrwöchigen Auslagerung bis zur „Sättigung" in einer separaten Konditionierungskammer. Durch unterschiedliche Temperaturen und unterschiedliche relative Feuchte während der Konditionierung kann eine Feuchtigkeitsaufnahme im Bauteil erreicht werden, wie sie auch später im Betriebseinsatz unter realen Umweltbedingungen auftritt.

Schall

Zur Schallerzeugung werden zum einen Lautsprecher hoher Leistung eingesetzt (z. B. Druckkammerlautsprecher), zum anderen gibt es hochenergetische Schallgeneratoren, die einen Druckluftstrom modulieren. Die Druckluft wird von speziellen Kompressoren erzeugt (Antriebsleistung bis 2 MW), der Generator wirkt wie ein Ventil, dessen Durchlaßquerschnitt durch eine elektrische Ansteuerung verändert werden kann. Auf diese Weise lassen sich selbst in großen Laborräumen Schallpegel von weit über 100 dB erzeugen.

E 6.3.5 Versuchssteuerung

Von einigen Einzelfällen abgesehen, in denen die Sollwertvorgabe durch manuelle Verstellung eine Potentiometers am Regler geschieht, benötigten alle oben beschriebenen Einrichtungen, wenn sie veränderliche Lastverläufe regeln sollen, eine veränderliche elektrische Spannung am Sollwerteingang des Regelkreises. Je nach Komplexität des gewünschten Lastverlaufs werden zum Erzeugen dieser Sollwertspannung verschiedene Geräte eingesetzt:

– Funktionsgeneratoren

Diese Geräte, die von vielen Herstellern serienmäßig angeboten werden, erzeugen eine periodische Spannung, deren Höhe und Frequenz in weiten Bereichen einstellbar sind. Die Kurvenform ist meist wählbar: Sinus, Dreieck oder Rechteck. Mit diesen Geräten kann nur ein Einstufenprogramm erzeugt werden.

– einkanalige Mikroprozessorsteuergeräte

Versuchsprogramme für einzelne Regelkreise (Prüfmaschine, Einzylinderversuch u. ä.), deren Komplexität nicht besonders hoch ist, so daß nur geringe bis mittlere Datenmengen abgespeichert werden müssen, können sehr gut mit einkanaligen Mikroprozessorsteuergeräten erzeugt werden. Diese Geräte entwickelt der Anwender nach seinen speziellen Bedürfnissen. Der Programmverlauf wird in ein EPROM eingebrannt. Da die EPROM's steckbar ausgeführt werden können, ist es möglich, verschiedene Programme bereitzuhalten und sehr einfach auszutauschen:

– Prozeßrechner mit umfangreicher Peripherie (z. B. Plattenspeicher)
  und speziellem Versuchssteuerinterface.

Während die obenbeschriebenen Geräte nur das Erzeugen einfacher Belastungsabläufe ermöglichen, können bei Verwendung von Prozeßrechnern auch sehr komplizierte Lastverläufe für viele Zylinder gleichzeitig realisiert werden. Der Rechner muß mit umfangreichen Speichern – meist Plattenspeichern – ausgestattet sein, um die vielfältigen Informationen zu speichern, die für die Beschreibung solch eines Programms erforderlich sind. Neben verschiedenen Geräten zur Bedienung und Kommunikation – Terminals, Protokolldrucker, Tastensteuergeräte für Versuchsablauf und -geschwindigkeit – sind besondere Versuchsinterfaces erforderlich, die die vom Rechner digital ausgegebenen Sollwerte in Analogspannungen umwandeln und an die elektronischen Regler weitergeben.

Als Hinweis auf die Komplexität der erzeugbaren Programme mag dienen: Bei einem Ermüdungsversuch an der Zelle eines großen Passagierflugzeugs wurden rd. 20 verschiedene Flugtypen mit unterschiedlichen Lastverteilungen und durchschnittlich 60 Lastwechseln je Flug simuliert. Dabei mußten ständig die Sollwerte für rd. 60 servohydraulische Zylinder quasi gleichzeitig ausgegeben werden. Das gesamte Versuchsprogramm bestand aus rd. 100 00 Flügen.

E 6.3.6 Sicherheitsgesichtspunkte

Bei allen Versuchen zur experimentellen Spannungsermittlung muß ein besonderes Augenmerk auf die Sicherheit des Prüflings gerichtet werden. Einerseits kann der Prüfling sehr teuer sein (bis 50 Millionen DM), andererseits kann auch bei Ermüdungsversuchen der ganze bisher betriebene Versuchsaufwand zunichte gemacht werden, wenn durch eine falsche Belastung die bisher im Prüfling akkumulierte Ermüdung überlagert wird.

Es muß daher gesichert sein, daß der Prüfling nicht einmalig einer zu hohen Last unterworfen wird, die zu irreversiblen Schädigungen führen könnte. Außerdem muß man bei Ermüdungsversuchen überwachen, daß der Prüfling nicht mit einem ungewollten Lastprogramm beaufschlagt wird, auch wenn die in diesem enthaltenen Einzelbelastungen – jede für sich – den zulässigen Grenzwert nicht überschreiten.

Zur Erfüllung der vorstehenden Forderungen bedarf es umfangreicher Sicherheitseinrichtungen. Zunächst kann man in den Reglern elektronische Überwachungsschaltungen einbauen, die Warn- oder Abschaltsignale auslösen, sobald die Differenz zwischen Soll- und Istwert im Regelkreis eine einstellbare Schwelle überschreitet. In gleicher Weise kann man die höchste zulässige Zug- und Drucklast jedes Zylinders überwachen. Als zusätzliche Sicherheit für den Fall eines Totalausfalles der Elektronik sind mechanische oder hydraulische Lastbegrenzer vorzusehen. Die früher häufig verwendeten Rutschkupplungen sind heute weitgehend durch Differenzdruckbegrenzungsventile zwischen den Zylinderkammern ersetzt. Druckbegrenzungsventile sind für diesen Zweck ungeeignet, da sich auf Grund kleiner Asymmetrien im Servoventil unterschiedliche Mitteldrücke einstellen können.

Das Erzeugen des richtigen Lastablaufs wird z. B. dadurch sichergestellt, daß die Kraftmeßdosen neben dem Istwertausgang für den Regelkreis einen zweiten, unabhängigen Ausgang erhalten, der eine Meßanlage speist. Deren Meßwerte werden mit dem gewünschten Sollwertprogramm verglichen. Nach verschiedenen Methoden (Spitzenwertüberwachung, Bandüberwachung) können dabei der richtige Lastablauf und die Genauigkeit der gefahrenen Lasten überwacht werden. Häufig verwendet man hierzu einen zweiten Rechner (s. auch E 6.6).

Eine besondere Überwachungsmethode wird bei besonders heiklen statischen Versuchen angewandt, um ein vorzeitiges Zerstören des Prüflings zu vermeiden. An ausgewählte Stellen des Prüflings klebt man Dehnungsmeßstreifen. Nach Durchfahren der untersten Laststufen eines Versuches wird eine Gerade durch die vorliegenden Meßwerte errechnet. Bei jeder weiteren Lasterhöhung wird durch den Meßrechner automatisch überwacht, ob einer der Meßpunkte vom linearen Verlauf (Dehnung über Last) abweicht. Dadurch läßt sich ein Übergang zu plastischer Verformung erkennen, die einen bevorstehenden Bruch ankündigt. Der Rechner gibt dann Warnungen aus und schaltet bei Erreichen einer höheren Grenze den Versuch automatisch ab.

E 6.4 Messen von Belastungen und Umweltbedingungen

Das Messen von Belastungen und Umweltbedingungen ist zwar ein wesentlicher Bestandteil der Versuchstechnik, bildet aber ein weites Wissensgebiet, dessen Darstellung den Umfang dieses Abschnitts weit übersteigen würde. Es sei deshalb nur auf eine Auswahl des umfangreichen Schrifttums verwiesen [E 6.4-1; 2; 3].

E 6.5 Auswerten der Meßdaten

E 6.5.1 Allgemeines

Die experimentelle Spannungsanalyse, insbesondere an größeren Prüflingen, erfordert das Erfassen und Auswerten einer großen Anzahl von Meßstellen. Dabei handelt es sich in erster Linie um Dehnungen und Verformungen sowie um die Istwerte der verschiedenen Belastungseinrichtungen. *Materialspannungen* können jedoch nicht direkt gemessen werden. Man erschließt sie rechnerisch aus den gemessenen Dehnungen und dem als bekannt vorausgesetzten Elastizitätsmodul sowie der Querkontraktionszahl.

Das Messen dieser Werte ist in den Abschnitten C und D ausführlich dargestellt, die Abschnitte E 1 bis E 3 behandeln die Meßdatenerfassung. Hier sei besonders auf den Abschnitt E 2 Vielstellenmeßtechnik verwiesen. Im nachfolgenden sind nun die Möglichkeiten der Meßdatenauswertung dargestellt.

E 6.5.2 Auswerten von Messungen mit größeren Datenmengen

Für Versuche, bei denen größere Datenmengen anfallen, ist der Einsatz von Prozeßrechnern zur Datenerfassung üblich (s. Abschn. E 2.4.3). Die Auswertung der erfaßten Daten kann dann auch von diesem Rechner übernommen werden.

Das Auswerten der Daten umfaßt als ersten Schritt deren Normieren. Der Nullpunktsoffset der einzelnen Aufnehmer, z. B. DMS, der vor der Belastung gemessen und im Rechner gespeichert wurde, muß vom Meßwert abgezogen werden. Die Verstärkungsfaktoren der Meßverstärker, bei hohen Genauigkeitsanforderungen auch etwaige Speisespannungsänderungen, werden in den gemessenen Wert eingerechnet. Bei kleinen Anlagen übernimmt diese Aufgabe der zentrale Meßrechner. Größere, modern konzipierte Anlagen haben hierfür in den Meßschränken für kleinere Untergruppen von Meßstellen Front-End-Prozessoren, die diese Arbeit übernehmen und für den eigentlichen Meßrechner fertig normierte Daten bereithalten.

Als Nächstes erfolgt das Umrechnen der normierten Rohdaten in physikalische Größen (Dehnung, Spannung, Kraft usw. in ihrer jeweiligen Maßeinheit). Da die Vielzahl der Daten, die dann vorliegt, meist zu unübersichtlich ist, wird häufig eine Datenreduktion nötig sein. Je nach Prüfaufgabe wird man unterschiedliche Kriterien definieren, nach denen die Reduktion erfolgt, so daß hier keine Anleitung dafür gegeben werden kann. Nach der Reduktion läßt man sich die Daten in Listenform oder als Diagramm (Plot) ausgeben. Man sollte die Reduktionsprogramme dabei auch so aufbauen, daß die unreduzierten Daten ebenfalls erhalten bleiben. Man hat dann die Möglichkeit, sobald man bei einer Meßstelle oder Meßstellengruppe eine Besonderheit in den Meßwerten feststellt, sich hierfür den kompletten Datensatz darstellen zu lassen.

E 6.6 Integriertes Versuchssystem; Strategien der experimentellen Spannungsanalyse

E 6.6.1 Zusammenschalten der Geräte und Anlagen

Bei Versuchen zur experimentellen Spannungsanalyse in der obengeschilderten Weise muß eine ganze Reihe unterschiedlicher Geräte zusammenwirken:
- Meßwertaufnehmer,
- Sollwertgeber,
- Meßgeräte oder -anlagen,
- Regelgeräte, Stellglieder und
- Lasterzeugungsgeräte für die verschiedenen Lastarten.

Es gibt Firmen, die solche Systeme komplett anbieten und auch installieren. In diesem Fall sind die Geräte so aufeinander abgestimmt, daß für den Benutzer keine Probleme bei ihrer Zusammenschaltung entstehen. Häufig sind diese Systeme aber in ihrer Flexibilität beschränkt, so daß man oft gezwungen ist, Geräte verschiedener Fabrikate zu kombinieren. Dann ist den Schnittstellenproblemen besondere Beachtung zu schenken:
- Für Rechner, und damit auch für Prozeßrechner, gibt es genormte Schnittstellen zu den Peripheriegeräten. Die bekannteste ist die sog. V.24-Schnittstelle, mit der so gut wie alle Geräte ausgerüstet sind. Neben der hardwareseitigen Schnittstelle ist aber zu beachten, daß in der Software die entsprechenden „Treiber" für die einzelnen Geräte vorhanden sein müssen.
- Für die Verbindung von Steuerrechner und Versuchsanlage ist man meistens darauf angewiesen, ein Versuchssteuerinterface selbst zu entwickeln. Die Aufgaben eines solchen Interfaces sind in E 6.3.5 beschrieben. Die Eigenentwicklung solcher Interfaces setzt aber sehr gute Kenntnisse in der Programmierung des verwendeten Rechners voraus, da die oben erwähnten Gerätetreiber selbst geschrieben werden müssen, meist in Assembler.

E 6.6.2 Vereinigung von Meßdatenerfassung, Auswertung und Versuchssteuerung

Bei kleineren Versuchen kann man Versuchssteuerung, Meßdatenerfassung und Meßdatenauswertung mit einem Rechner durchführen. Einfache Versuche mit Auswertung werden sogar schon mit sog. PC's (Personal Computer) durchgeführt.

Größere Versuche mit vielen Meßstellen (für z. B. bis zu 2000 Dehnungen) erfordern stets den Einsatz von zwei Rechnern: einen zum Steuern des Versuchs, d. h. zum Erzeugen der Sollwerte für alle Regler, und einen zum Erfassen, Abspeichern und späteren Verarbeiten der Meßwerte. Bei sehr teuren Prüflingen kann man auch dem Meßrechner die zusätzliche Aufgabe übertragen, die richtige Funktion des Steuerrechners zu überwachen.

E 6.6.3 Festlegen der Meßstellen, Strategie der experimentellen Spannungsanalyse

Ein generelles Konzept für die Auswahl der Meßstellen und für die Meßstrategie läßt sich nicht angeben. Es wird von Fall zu Fall, entsprechend den speziellen Anforderungen, verschieden sein müssen. Es können daher im folgenden nur einige Aspekte angesprochen werden, die bei der Konzeption beachtet werden sollten:

– Ist es Zweck der experimentellen Spannungsanalyse, großflächig die Spannungsverteilung, z. B. in Tragwerken, zu ermitteln, so ist es sinnvoll, die Meßstellen in möglichst ungestörte Bereiche des Beanspruchungsflusses zu legen. Liegen bereits Berechnungen der Spannungsverteilungen vor, so ist ein weiteres Kriterium das Netz bzw. die sich ergebenden Elemente der statischen Berechnung, um notwendige Umrechnungen und Extrapolationen weitgehend zu vermeiden.

– Soll die Beanspruchung in örtlich hochbeanspruchten Bereichen ermittelt werden, so können die Meßstellen auf Grund von aussagefähigen Berechnungen, Erfahrungen mit Kerben und Störungen sowie eventuellen bereits vorliegenden Betriebsschäden positioniert werden. Hierbei empfiehlt es sich auch, Meßstellen außerhalb der Störungen, im sog. Nennspannungsbereich, zu installieren, da hierdurch oftmals ein besserer Vergleich mit den Berechnungen möglich ist und auch bei vielen Abschätzungsmethoden für Schwingfestigkeit bzw. Bruchmechanik die Nennspannung hilfreich ist.

– Da jeder Meßstreifen über die Größe des Meßgitters integrierend wirkt, sollten im Bereich hoher Spannungsgradienten möglichst Streifen kleiner Gitterabmessungen zur Anwendung kommen oder auch sog. Ketten, die aus mehreren Streifen bestehen.

– Sollen mittels Dehnungsmeßstreifen die Bereiche hoher Beanspruchung ermittelt werden, so ist dies oftmals sehr aufwendig. Es empfiehlt sich daher, zunächst mit einem Flächenverfahren, z. B. Spannungsoptik (Abschn. D 2.2 und D 2.3), Reißlack (Abschn. D 1.2) usw. die Bereiche örtlich hoher Beanspruchung festzustellen und dann gezielt Meßstreifen zu kleben.

– Werden mit Bauteilen oder deren Komponenten verschiedenartige Untersuchungen mit Beanspruchungsmessungen, wie z. B. statische Versuche, Ermüdungsversuche und Messungen der Betriebsbeanspruchung, durchgeführt, so empfiehlt es sich, zumindest gleichpositionierte Referenzmeßstellen vorzusehen, um die auftretenden Beanspruchungen vergleichen zu können.

E 6.6.4 Belastungsfolgen, Erfassungszeiträume

Bei statischen Belastungsversuchen werden nach einem Nullabgleich die Belastungen in der Regel in Stufen aufgebracht. Hierbei empfiehlt es sich, zunächst in Vorversuchen die je Meßstelle zu erwartenden Meßbereiche zu ermitteln. Die Belastung in den Vorversuchen sollte 40% der als kritisch erachteten Belastungen nicht überschreiten. Um eine genügende Auswahl von Meßpunkten zu erhalten, sollte die Laststufung in statischen Belastungsversuchen mindestens acht Laststufen umfassen. Werden eine Änderung der Tragfähigkeit oder ein Bruch erwartet, so sollte im oberen Lastbereich die Stufung enger sein, um neben der meist praktizierten On-Line-Überwachung mittels diverser Schreiber oder per Bildschirm die Meßwerte im Bereich von Nichtlinearitäten zu sichern bzw. zu sichten. Die Werte je Laststufe sollten möglichst schnell gemessen werden, insbesondere, wenn infolge der Belastung – eventuell in Kombination mit Temperatureinwirkung – Kriecheffekte zu erwarten und diese nicht repräsentativ für die Einsatzbelastung sind.

Bei der Simulation von Belastungsfolgen, d.h. dynamischen Belastungen, sollte die Meßfrequenz wesentlich über der Belastungsfrequenz liegen, sofern es sich um sequenzielle Messungen handelt, die digital mit einer bestimmten Sampling Rate (Messungen je Sekunde) erfolgen. Übliche Werte sind 8 Samples/s für relativ niederfrequente Belastungen, 32 Samples/s für mittelfrequente Belastungen und Samples/s von über 64 für sehr hochfrequente Belastungen. Insbesondere im letztgenannten Fall müssen die Konsequenzen aus Belastungs- und Meßfrequenzen im Hinblick auf die noch tolerierbaren Fehler sehr genau analysiert werden, wobei auch der Einsatz von Analogmeßgeräten mit berücksichtigt werden sollte.

E 7 Kalibrieren von Spannungs- und Dehnungsmeßeinrichtungen

Chr. Rohrbach

E 7.1 Allgemeines

Der Zusammenhang zwischen dem richtigen Wert einer Meßgröße, z.B. einer Spannung oder Dehnung, die auf eine Meßeinrichtung wirkt, und dem Meßwert, der mit dieser Meßeinrichtung ermittelt wird, wird durch eine Kennlinie dargestellt [E 7.1-1]. Eine typische Form zeigt Bild E 7.1-1.

Bei Spannungs- und Dehnungsmeßeinrichtungen steigt die Kennlinie meist konstant, bzw. die Kennlinie ist linear. Wenn der richtige Wert der Meßgröße gleich null ist, ist der von der Meßeinrichtung ausgegebene Meßwert i.a. ungleich null und zeigt einen endlichen, meist als Nullpunkt bezeichneten Wert.

Bild E 7.1-1. Kennlinie einer Meßeinrichtung.

Als Kalibrieren bezeichnet man alle Tätigkeiten mit dem Ziel, die Kennlinie einer Meßeinrichtung zu bestimmten. Meist interessiert die Kennlinie bei statischer Meßgröße und Raumtemperatur; häufig ist aber auch der Einfluß des zeitlichen Verlaufs der Meßgröße auf die Kennlinie und/oder der Einfluß von Störgrößen zu untersuchen. Die wichtigsten Störgrößen bei Spannungs- und Dehnungsmeßeinrichtungen sind Temperatur, Feuchtigkeit, Beschleunigung und elektromagnetische Felder.

Statt „Kalibrieren" verwendet man häufig auch den Ausdruck „Eichen". Dieser Ausdruck sollte jedoch jenem Kalibrieren vorbehalten sein, das zuständige Eichbehörden entsprechend den gesetzlichen Vorschriften durchführen.

Die Verfahren zum Kalibrieren einer Meßeinrichtung zeigt Bild E 7.1-2 schematisch. Im Verfahren entsprechend Bild E 7.1-2 a wird vor der Messung der Schalter s nach unten umgelegt und so die „Referenzmeßgröße" auf den Aufnehmer „geschaltet". Der Meßwert dieser Referenzmeßgröße ist so genau bekannt und auch so konstant, wie es das Kalibrieren verlangt. Bei elektrischen Meßgrößen kann das Schalten tatsächlich mittels eines Schalters geschehen, bei Spannungen und Dehnungen jedoch müssen diese auf den Aufnehmer aufgebracht werden. Dann wird die Kennlinie gemäß Bild E 7.1-1 ermittelt und anschließend zur eigentlichen Messung der Schalter s nach oben umgelegt.

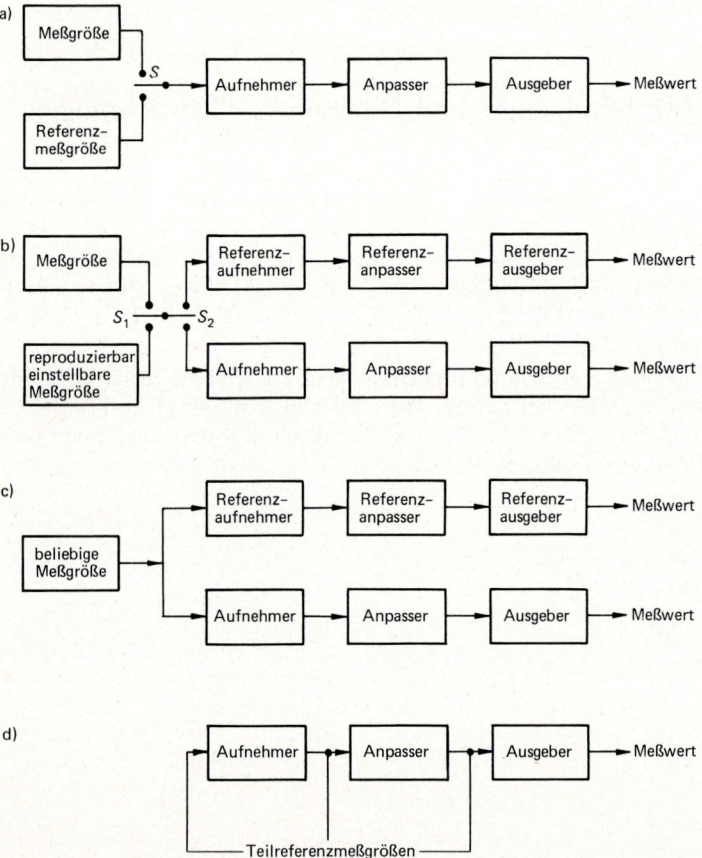

Bild E 7.1-2. Verfahren zum Kalibrieren einer Meßeinrichtung (schematisch); Erläuterungen im Text.

Das Verfahren gemäß Bild E 7.1-2 b zeichnet sich gegenüber E 7.1-2 a oft durch kleineren Aufwand aus, denn hier benötigt man keine genau definierte Referenzmeßgröße, sondern nur eine reproduzierbar einstellbare Meßgröße und eine „Referenzmeßeinrichtung". Die Kennlinie einer Referenzmeßeinrichtung ist so genau bekannt und auch so konstant, wie es das Kalibrieren verlangt. Zunächst wird nach Umlegen des „Schalters" s_1 nach unten und des „Schalters" s_2 nach oben mit der Referenzmeßeinrichtung der Wert der reproduzierbar einstellbaren Meßgröße ermittelt und diese dadurch zu einer Referenzmeßgröße gemacht. Dann legt man s_2 nach unten um und kalibriert die Meßeinrichtung. Schließlich wird zur eigentlichen Messung s_1 nach oben „geschaltet".

In der Anordnung gemäß Bild E 7.1-2 c benötigt man an Stelle der reproduzierbar einstellbaren Meßgröße grundsätzlich nur eine beliebige Meßgröße, sofern sie gleichzeitig auf die Referenzmeßeinrichtung und die zu kalibrierende Meßeinrichtung wirken kann und die mit beiden ermittelten Meßwerte gleichzeitig festgehalten werden können. Der mit der Referenzmeßeinrichtung ermittelte Meßwert ist dann gleichzeitig ein Punkt der Kennlinie der zu kalibrierenden Meßeinrichtung.

Beschränkt man sich auf das Kalibrieren wichtiger Teilfunktionen der Meßeinrichtung, kann man entsprechend Bild E 7.1-2 d Teilreferenzmeßgrößen auf Teile der Meßeinrichtung aufbringen. So kann man z. B. durch Parallelschalten eines Widerstands zu einem Dehnungsmeßstreifen (vgl. Abschn. D 6.3) dessen Funktion teilweise, Anpasser und Ausgeber jedoch vollgültig kalibrieren. Durch Aufschalten einer bekannten elektrischen Spannung lassen sich Anpasser und Ausgeber kalibrieren usw. Verfahren entsprechend Bild E 7.1-2 d sollen hier jedoch nicht behandelt werden. Ebenso werden in diesem Abschnitt keine Kalibrierverfahren betrachtet, die nur für ein bestimmtes Spannungs- oder Dehnungsmeßverfahren angewandt werden; man findet sie in den entsprechenden Abschnitten.

Die sog. selbstkalibrierenden Meßeinrichtungen [E 7.1-2] arbeiten genauso wie die im Bild E 7.1-2 beschriebenen Einrichtungen; es werden lediglich die zum Kalibrieren nötigen Vorgänge einschließlich der Auswertung durch einen Rechner vorgenommen.

So wie bei jeder Messung ist auch beim Kalibrieren die Rückwirkung des Aufnehmers auf die Kalibriereinrichtung zu beachten (vgl. Abschn. C 1.4.3.3). So versteift z. B. ein auf einem Kalibrierbalken aus Kunststoff aufgeklebter Dehnungsmeßstreifen den Balken erheblich oder die durch den Dehnungsmeßstreifen aufgebrachte Wärme ändert seinen E-Modul.

Kleine Fehler durch Rückwirkung erhält man, wenn man

- rückwirkungsarme Aufnehmer verwendet, z, B. bestimmte optische,
- die Kalibriereinrichtung bauteilähnlich auslegt, also etwa zum Kalibrieren einen Balken verwendet, dessen Dicke und E-Modul denen des Bauteiles entsprechen, bzw. einen Spannungsmesser für Beton in einem Prisma aus Beton kalibriert, oder
- die Rückwirkung variiert und auf Rückwirkung null extrapoliert, z. B. durch Variation der Speisespannung eines Dehnungsmeßstreifens und damit durch Wärmeeinwirkung auf den E-Modul eines Kunststoffbiegebalkens.

E 7.2 Kalibrieren von Spannungsmeßeinrichtungen

Wichtige Verfahren zum Kalibrieren von Spannungsmeßeinrichtungen sind in Bild E 7.2-1 schematisch dargestellt. Am einfachsten ist es, entsprechend Bild E 7.2-1 a den Spannungsaufnehmer a über eine Körper b aus Metall zu belasten, auf den die bekannte Kraft F wirkt. Durch Dividieren von F durch die Querschnittsfläche des Spannungsaufnehmers a erhält man die Nennspannung, die sich in ihrer Höhe fast beliebig variieren

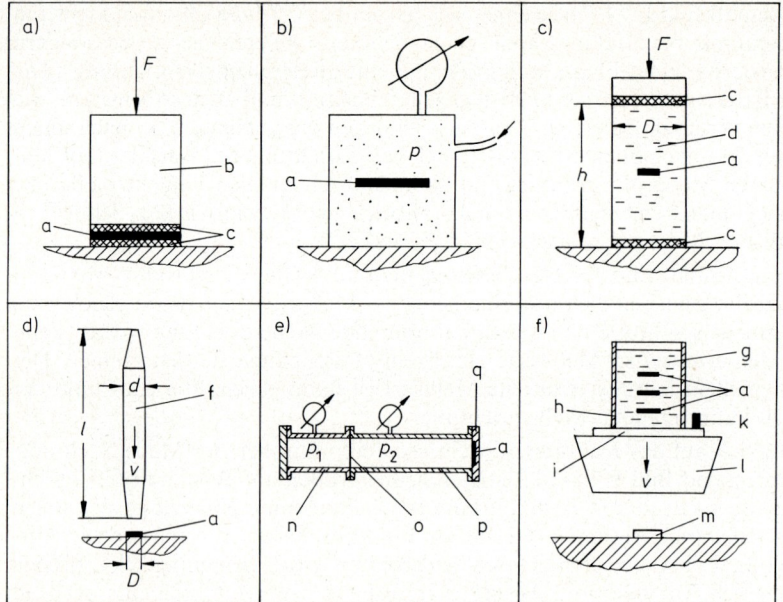

Bild E 7.2-1. Wichtige Verfahren zum Kalibrieren von Spannungsaufnehmern (schematisch); Erläuterungen im Text.

läßt. Mittels zweier weicher Scheiben c erreicht man eine annähernd gleichmäßige Verteilung der Spannung auch bei leichtem Schiefstehen des festen Körpers b. Trotzdem muß man je nach Konstruktion des Spannungsaufnehmers a mit beträchtlichen Kalibrierfehlern rechnen, da die Spannungsverteilung auf dem Spannungsaufnehmer a sich wesentlich ändern kann, wenn er in einem festen Körper, z. B. Beton, eingebaut ist. Ein ausgeführtes Kalibriergerät findet man in Bild D 7.1-7.

Bessere Ergebnisse erzielt man mit einer Einrichtung gemäß Bild E 7.2-1 b, bei der der Spannungsaufnehmer a einem hydraulischen Druck p unterworfen wird, z. B. in einem Ölbad. Hier ist die Spannung über die ganze Außenfläche des Spannungsaufnehmers a konstant. Dies enspricht jedoch nicht den Verhältnissen beim Einbau in einem Festkörper, allein schon deshalb nicht, weil die Mantelfläche des Spannungsaufnehmers a der gleichen Spannung wie der seiner Stirnfläche ausgesetzt ist.

Gute Ergebnisse erhält man gemäß Bild E 7.2-1 c, wenn man den Spannungsaufnehmer a in einen Festkörper d einbaut, der gleiche mechanische Eigenschaften wie das vorgesehene Meßobjekt aufweist. Insbesondere zur Spannungsmessung in Beton empfiehlt sich ein solches Vorgehen. Um am Ort des Spannungsaufnehmers a eine über den Querschnitt des Festkörpers d konstante Spannung zu erreichen, wählt man $h \approx 3D$ bis $4D$. Zusätzlich sollte der Festkörper d zwischen weichen Scheiben c gelagert werden. Die Querschnittsfläche des Festkörpers d sollte ein Mehrfaches der Stirnfläche des Spannungsaufnehmers a betragen.

Eine Einrichtung zum dynamischen Kalibrieren [E 7.2-1] ist in Bild E 7.2-1 d wiedergegeben. Ein langgestrecktes Fallgewicht f fällt im freien Fall aus einer Höhe von 10 m auf den Spannungsaufnehmer a und generiert dabei in diesem eine Spannungswelle mit einer Amplitude von bis zu 1000 N/mm² und einer Dauer von rund 0,5 ms. Die Länge l des Fallgewichts f aus Stahl beträgt 1 m, sein Durchmesser $d = 100$ mm. Der Durchmesser seiner unteren Stirnfläche ist gleich dem Durchmesser D des Spannungsaufnehmers a. Die an den Enden des Fallgewichtes f angebrachten Konen verschiedenen Steigungswinkels beeinflussen die Form der Spannungswelle, die sich leider kaum berechnen läßt. Hinsichtlich der Zuverlässigkeit dieses Verfahrens gelten die schon bei Bild E 7.2-1a mitgeteilten Bedenken.

Zum sehr schnellen Aufbringen einer Spannungsstufe eignet sich, wie in Bild E 7.2-1e dargestellt, ein Stoßwellenrohr [E 7.2-2]. Im Hochdruckteil n befindet sich ein Gas mit dem Druck p_1; es ist durch eine Berstscheibe o vom Niederdruckteil p mit dem Druck p_2 getrennt. Nach Platzen der Berstscheibe o breitet sich in dem Niederdruckteil p eine Stoßwelle aus, deren Anstiegszeit schon nach einem Weg von wenigen Rohrdurchmessern bei einigen ns liegt. Der Spannungsaufnehmer a, der bündig im Deckel q des Niederdruckteils p angeordnet ist, wird so sehr schnell und mit gleicher Spannung über seinen Querschnitt belastet. Die Amplituden lassen sich z. B. im Bereich von 0,01 bis 10 N/mm² durch Wahl der Drücke p_1 und p_2 einstellen und berechnen. Bei einer Gesamtlänge des Stoßwellenrohres von z. B. 5 m beträgt die Zeit konstanten Druckes rund 7 ms. Auch hier gelten die schon bei Bild E 7.2-1b erwähnten Einschränkungen.

Der Forderung, die Spannungsaufnehmer dynamisch in eingebautem Zustand zu kalibrieren, kommt die Einrichtung gemäß Bild E 7.2-1f entgegen [E 7.2-3]. Mehrere Spannungsaufnehmer a sind gemäß ihrem späteren Verwendungszweck in Erdboden g eingebaut, der sich in dem Behälter h befindet. Auf der Bodenplatte i ist ein Beschleunigungsaufnehmer k befestigt, der die Beschleunigung mißt, wenn die aus Gewicht l, Bodenplatte i und Behälter h bestehende Anordnung nach freiem Fall aus 30 cm Höhe auf den Amboß m auftrifft. Aus der gemessenen Beschleunigung läßt sich bei Kenntnis der mechanischen Werte des Erdbodens g die erzeugte Spannungswelle näherungsweise berechnen. Ihre Amplitude liegt bei 10 N/mm² und ihre Dauer bei 0,2 ms. Wenn diese Einrichtung auch nicht eine echte Kalibriereinrichtung darstellt, so kann man doch die Funktion von Spannungsaufnehmern bei dynamischer Spannung prüfen. Es erscheint auch möglich, z. B. den unteren und oberen Spannungsaufnehmer durch je einen Referenzaufnehmer entsprechend Bild E 7.1-2c zu ersetzen und aus deren Anzeige auf die Funktion des mittleren Spannungsaufnehmers zu schließen.

E 7.3 Kalibrieren von Dehnungsmeßeinrichtungen

E 7.3.1 Kalibrieren mit Wegen

E 7.3.1.1 Prinzip

Dehnungsaufnehmer mit Spitzen, Kugeln, Schneiden oder Böckchen (vgl. Abschn. C 1.4.1.1), also mit näherungsweise punktförmigem Dehnungsabgriff, kann man mit kleinem Aufwand und sehr übersichtlich entsprechend Bild E 7.3-1 kalibrieren. Auf einem steifen Rahmen a läßt sich ein ebenfalls steifer Schlitten b mittels eines Antriebes c in seiner Längsrichtung bewegen. Der Weg Δl wird mittels eines Wegaufnehmers d [E 7.3-1] gemessen. Der zu kalibrierende Dehnungsaufnehmer e ist mit seinem festen Fuß auf den Rahmen a, mit seinem beweglichen Fuß auf den Schlitten b gepreßt und erfährt so, nachdem zuvor der Abstand seiner Dehnungsabgriffspunkte auf die Nennlänge l_0 gebracht wurde, ebenfalls den Weg Δl. Aus dem hierbei beobachteten Ausschlag folgt die Empfindlichkeit:

$$\text{Empfindlichkeit} = \frac{\text{Ausschlag}}{\Delta l} \qquad \text{(E 7.3-1).}$$

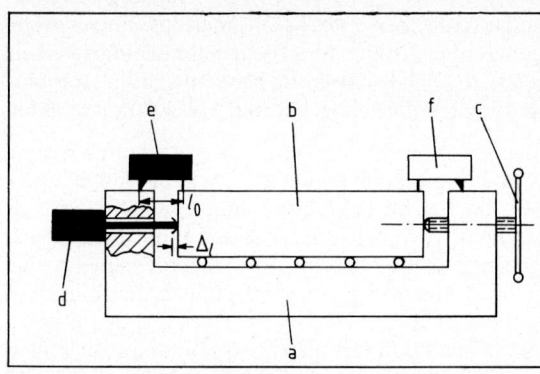

Bild E 7.3-1. Einrichtung zum Kalibrieren von Dehnungsaufnehmern mit punktförmigem Dehnungsabgriff, schematisch.
a Rahmen, b Schlitten, c Antrieb, d Wegaufnehmer, e Dehnungsaufnehmer, f Referenzdehnungsaufnehmer

Statt eines Wegaufnehmers d kann eine beliebige andere Wegmeßeinrichtung benutzt werden, man kann den Antrieb c als Wegvorgabeeinrichtung wählen, oder es läßt sich auch ein Referenzdehnungsaufnehmer f einsetzen.

Einrichtungen gemäß Bild E 7.3-1 sind sehr zuverlässig und können für kleine Fehler ausgelegt werden. Man hat jedoch zu beachten, daß die Bedingungen beim Kalibrieren nicht genau denen beim Messen am Bauteil entsprechen.

E 7.3.1.2 Statisches Kalibrieren

Übersichtliche Kalibriereinrichtungen erhält man bei Verwendung von Endmaßen. Bild E 7.3-2 zeigt ein Beispiel [E 7.3-2]. An dem Rahmen a ist mittels zweier Blattfedern b eine Stange c parallel geführt, auf welche die eine Schneide des zu kalibrierenden Dehnungsaufnehmers d, hier ein Johannsson-Dehnungsaufnehmer (vgl. Abschn. D 1.3), gepreßt

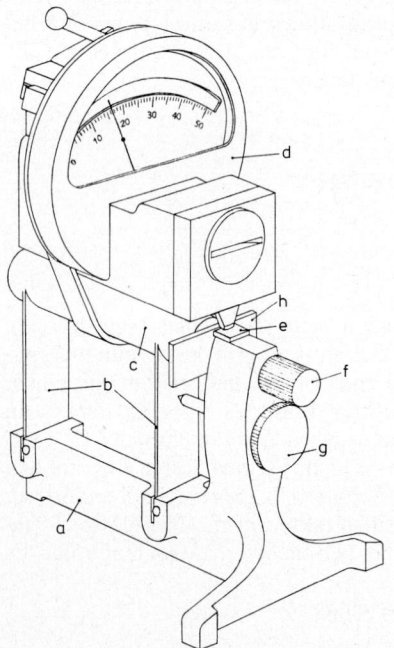

Bild E 7.3-2. Einrichtung zum Kalibrieren von Dehnungsaufnehmern mittels Endmaßen (Hersteller: C. E. Johansson).
a Rahmen, b Blattfedern, c Stange, d Dehnungsaufnehmer, e Platte, f Schraube, g Schraube, h Endmaß

760

wird. Die andere Schneide drückt auf eine an dem Rahmen a befestigte Platte e. Direkt unter dieser Platte e ist eine Schraube f, darunter eine weitere Schraube g angeordnet. Die Schraube f drückt das Endmaß h gegen die Rückstellkraft der Blattfedern b auf drei Kugeln an der Stirnfläche der Stange c. Beim Aufspannen des Prüflings muß zunächst das schwächste zum Kalibrieren vorgesehene Endmaß eingespannt werden. Dann stellt man mit der Schraube f den Nullpunkt des Prüflings ein. Für einen weiteren Kalibrierpunkt schraubt man die Schraube g soweit gegen die benachbarte Blattfeder b hinein, bis das Endmaß frei wird und herausgenommen werden kann. Es wird dann durch ein stärkeres Endmaß ersetzt und die Schraube g wieder herausgeschraubt, bis sie die ihr benachbarte Blattfeder b freigibt. Die Differenz der Stärke der beiden Endmaße gibt die gewünschte Auslenkung. Die Blattfedern b sorgen für eine näherungsweise konstante Kraft auf die Endmaße und damit für kleine Fehler.

Die Fehler liegen je nach Qualität der Endmaße bei $\pm 0,2\ \mu\text{m} \cdot (1 + l/100\ \text{mm})$. Hierin bedeutet l die Dicke des Endmaßes. Dem Vorteil dieses kleinen Fehlers stehen als Nachteile die umständliche Handhabung der Einrichtung und die Unmöglichkeit gegenüber, eine Kalibrierstrecke gleichsinnig und kontinuierlich zu durchfahren.

Ähnlich wie Endmaße kann man auch sog. Einstellnormale zum Kalibrieren benutzen. Bild E 7.3-3 zeigt schematisch eine entsprechende Einrichtung [E 7.3-3]. Das Einstellnormal a, ein Planglasstück mit sechs Rillen b mit Tiefen zwischen 0,25 μm bis 10 μm, läßt sich sehr definiert horizontal verschieben. Dabei rastet der Taststift c nacheinander in die Rillen b ein und bringt so den Körper d mit Tastbolzen e nacheinander in definierte Lagen, die der Tiefe der Rillen b entsprechen. Der Körper d ist mittels zweier Blattfedern f parallel geführt. Der zu kalibrierende Wegaufnehmer g tastet dabei mit seinem Taststift h die jweiligen Wege ab. Ein Dehnungsaufnehmer kann gemäß Bild E 7.3-1 eingespannt werden.

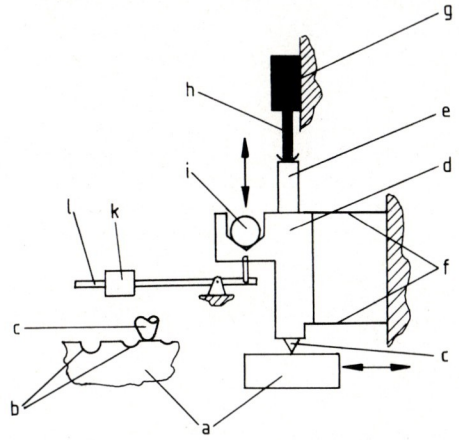

Bild E 7.3-3. Einrichtung zum Kalibrieren von Weg- oder Dehnungsaufnehmern mittels Einstellnormal [E 7.3-3].
a Einstellnormal, b Rillen, c Taststift, d Körper, e Tastbolzen, f Blattfedern, g Wegaufnehmer, h Taststift, i Gewicht, k Laufgewicht, l Hebel

Vor dem Kalibrieren wird das Gewicht i abgehoben und die Anpreßkraft des Taststiftes c mittels des Laufgewichtes k, das auf dem Hebel l verschiebbar ist, kompensiert. Dann bringt man das Gewicht i wieder auf, um eine definierte Meßkraft zu erhalten.

Die Teifen der Rillen b und damit die möglichen Verschiebewege betragen 0,25; 0,6; 1; 3; 6 und 10 μm. Der Fehler beträgt $\pm 0,015\ \mu\text{m} - 0,5\%$ der jeweiligen Tiefen der Rillen b.

Die technische Ausführung einer einfachen und vielseitigen Einrichtung zum Kalibrieren von Dehnungsaufnehmern [E 7.3-4] ist in Bild E 7.3-4 wiedergegeben. Ein Gestell a trägt

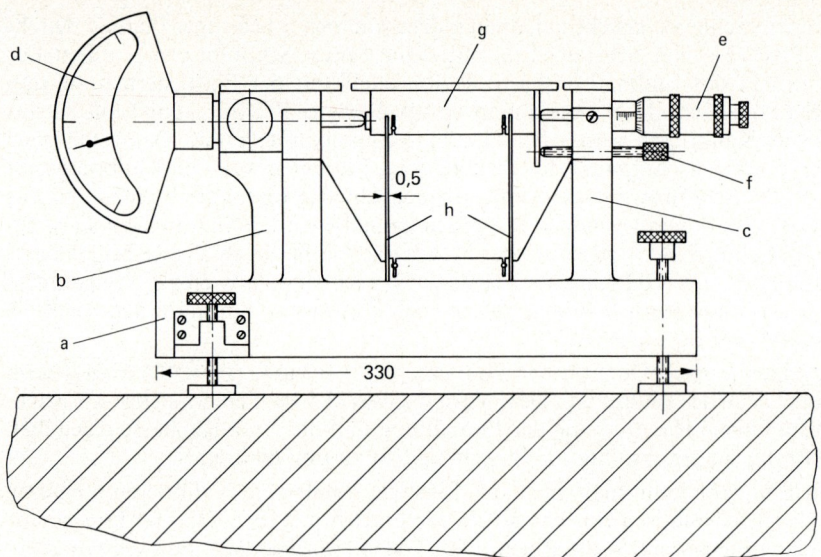

Bild E 7.3-4. Einrichtung zum Kalibrieren von Dehnungsaufnehmern [E 7.3-4].
a Gestell, b, c Böcke, d mechanischer Wegaufnehmer, e Meßschraube, f Arretierschraube, g Meßtisch, h Blattfedern

zwei aufgeschweißte Böcke b und c. Der Bock b trägt einen mechanischen Wegaufnehmer
d als Normal (Meßbereich 0,1 mm, Fehler $5 \cdot 10^{-4}$ mm), Bock c eine Meßschraube e für
gröbere Kalibrierungen (Meßbereich 25 mm, Fehler $4 \cdot 10^{-3}$ mm) sowie eine Arretierschraube f. Zwischen den Böcken b und c kann der Meßtisch g verschoben werden, den
die Blattfedern h führen. Die zu kalibrierenden Dehnungsaufnehmer werden mit Zusatzeinrichtungen auf den Böcken b bzw. c und dem Meßtisch g befestigt. Der maximale
Verschiebeweg beträgt einige mm.

Eine interessante Möglichkeit, die Kalibriereinrichtung direkt mit einem induktiven
Differential-Tauchanker-Dehnungsaufnehmer zu vereinigen, zeigt Bild E 7.3-5. Ein Röhr-
chen a mit dem Böckchen b enthält zwei Spulen c und d. Es ist in einer Hülse mit dem
Böckchen f verschiebbar. An der Hülse e ist der Tauchanker g befestigt, dessen Weg

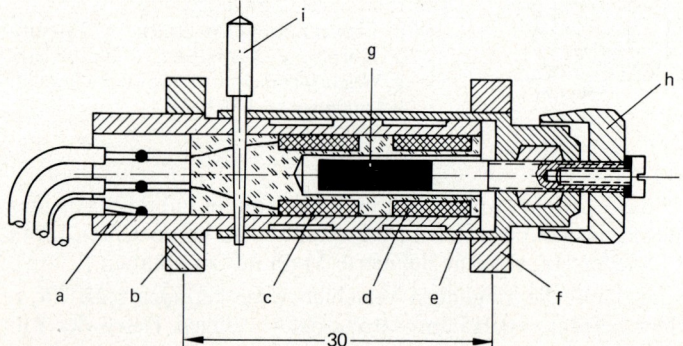

Bild E 7.3-5. Dehnungsaufnehmer mit integrierter Kalibriereinrichtung (Hersteller: Vibrometer).
a Röhrchen, b Böckchen, c, d Spulen, e Hülse, f Böckchen, g Tauchanker, h Meßschraube,
i Arretierstift

zwecks Kalibrierung mit der Meßschraube h verstellbar ist. Der Arretierstift i dient zum Fixieren vor der Montage; er wird zur Messung entfernt. Ein Teilstrich auf der Trommel der Meßschraube h entspricht einer Verschiebung des Tauchankers g von 10^{-2} mm.

Der große Vorteil dieser Kalibriereinrichtung ist es, daß die ganze Meßeinrichtung nach der endgültigen Installation, also mit den wirklich verwendeten Meßleitungen und mit den wirklich auftretenden Störgrößen, z. B. durch ferromagnetische Teile usw., kalibriert werden kann. Die Rückwirkung des Aufnehmers auf das Meßobjekt wird jedoch nicht erfaßt. Eine Kalibriereinrichtung für Wegaufnehmer, bei der ebenfalls der Aufnehmer am Meßort verbleibt, ist in [E 7.3-5] beschrieben.

Kalibriergeräte mit mechanischer Untersetzung sind im Schrifttum [E 7.3-2; 4] beschrieben. Zum Selbstbau von Kalibriereinrichtungen eignen sich im Handel angebotene Meßtische [E 7.3-6] mit manuellem oder motorischem Antrieb, die bei Verstellwegen von 1 mm z. B. Fehler $< \pm 1\,\mu$m aufweisen.

Verwendet man entsprechend Bild E 7.3-1 einen Referenzdehnungsaufnehmer bzw. einen Wegaufnehmer mit kleinem Fehler, kann man mittels elektronischer Datenverarbeitung neben der Kennlinie des Dehnungsaufnehmers sofort auch eine Fehlerkurve ausgeben. Eine derartige Einrichtung für Wegaufnehmer ist in [E 7.3-7] beschrieben.

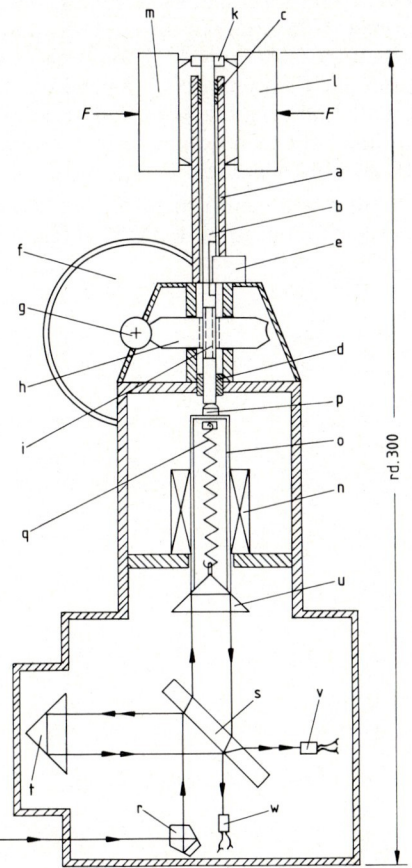

Bild E 7.3-6. Einrichtung zum Kalibrieren von Dehnungsaufnehmern [E 7.3-9], vereinfacht.
a Rohr, b Stange, c, d Lager, e Führung, f Handrad, g Schnecke, h Schneckenrad, i Spindel, k Endstücke, l, m Dehnungsaufnehmer, n Kugelführung, o Zylinder, p Endstück, q Feder, r Prisma, s Platte, t, u Prisma, v, w Photodioden, *F* Anpreßkraft

763

Besonders kleine Fehler erzielt man mit Kalibriergeräten, deren Verschiebeweg interferenzoptisch gemessen wird. Ein Beispiel ist in Bild E 7.3-6 vereinfacht wiedergegeben [E 7.3-8].

In einem Rohr a ist eine Stange b mittels zweier präziser Lager c und d längsverschiebbar gelagert. Eine Verdrehung der Stange b wird durch die Führung e verhindert. Das Handrad f treibt über eine Schnecke g das Schneckenrad h an, das seinerseits über eine Spindel i die Stange b bewegt. Eine Umdrehung des Handrades f entspricht einer Verschiebung der Stange b um 6,35 µm. Auf dem Endstück k der Stange b bzw. dem Rohr a werden die zu kalibrierenden Dehnungsaufnehmer l und m angesetzt, zum Vermeiden von Biegeeinflüssen infolge der Anpreßkräfte F möglichst paarweise.

Der Verschiebeweg der Stange b wird interferenzoptisch gemessen. Hierzu tastet der in der Kugelführung n längsverschieblich angeordnete Zylinder o über das ballige Endstück p die Stellung der Stange b ab. Die nötige Anpreßkraft liefert die Feder q. Der Verschiebeweg des Zylinders o und damit der Stange b wird interferenzoptisch mittels eines He-Ne-Lasers gemessen, dessen Lichtstrahl ein festes Prisma r um 90° ablenkt und den die Platte s in zwei Strahlen aufspaltet, die wiederum vom festen Prisma t und dem am Zylinder o befestigten beweglichen Prisma u reflektiert werden. Die Interferenzen werden von den Photodioden v und w detektiert. Die Auswerteelektronik liefert eine Auflösung von 2,5% der Wellenlänge des Lasers, also 0,016 µm.

Bei Verschiebelängen der Stange b von 0,25 mm bzw. 3 mm bei einer leicht modifizierten Ausführung erhält man Fehler von rd. 0,025 µm bzw. 0,05 µm. Das gilt bei konstanten Umgebungsbedingungen. Der Temperaturfehler beträgt 0,03 µm je 1 °C. Kommerzielle Verschiebemeßgeräte mit He-Ne-Laser, die sich mit einer automatischen Korrektur der durch Änderungen von Temperatur, Luftdruck und Luftfeuchtigkeit bedingten Fehler ausstatten lassen, erzielen Fehler von rd. 0,1 µm. Eine mit einem Fabry-Perot-Interferometer ausgestattete Kalibriereinrichtung ist in [E 7.3-9] beschrieben.

Ein Verschiebetisch für hohe Temperaturen [E 7.3-10], wie er vom Prinzip her auch zum Kalibrieren von Dehnungsaufnehmern benutzt werden könnte, ist in Bild E 7.3-7 schematisch dargestellt.

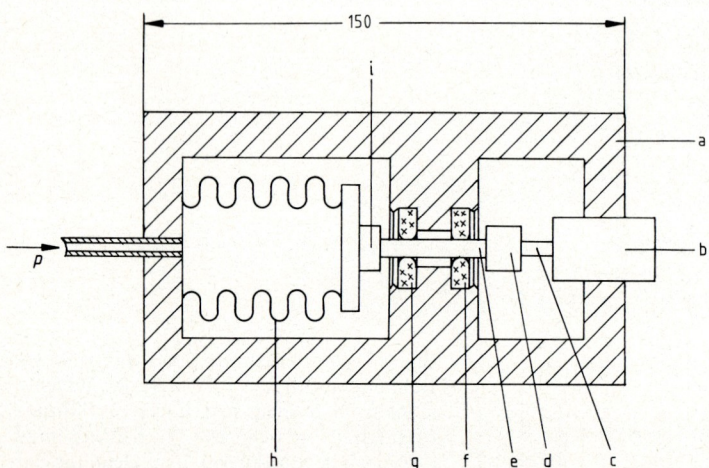

Bild E 7.3-7. Verschiebetisch für Temperaturen bis 800 °C [E 7.3-10].
a Rahmen, b Wegaufnehmer, c Taststab, d Kupplung, e Verschiebestange, f, g Saphirsteine, h Faltenbalg, i Anschlag

Im Rahmen a ist der zu kalibrierende Wegaufnehmer b eingespannt, dessen Taststab c die verstellbare Kupplung d mit einer Verschiebestange e verbindet. Die Verschiebestange e ist in Saphirsteinen f und g gelagert, die ein Fressen bei hohen Temperaturen verhindern. Mittels eines Über- bzw. Unterdruckes p von $\pm 0,5$ bar läßt sich der Faltenbalg h und damit die Verschiebestange e so verstellen, daß entweder die auch als Anschlag wirkende Kupplung d oder der Anschlag i an den Saphir-Steinen f oder g anliegt. Man erhält so einen definierten Verstellweg von maximal 5 mm mit definierten Endstellungen. Bei einer Temperatur von 600 bzw. 800 °C beträgt die Reproduzierbarkeit der beiden Endstellungen und damit auch des Stellweges ± 1 µm über einen Zeitraum von mehr als 20 bzw. 10 Tagen.

E 7.3.1.3 Dynamisches Kalibrieren

Eine als „Rütteltisch" gut eingeführte Einrichtung [E 7.3-11], die sich zum dynamischen Kalibrieren von Dehnungsaufnehmern eignet [E 7.3-2], ist in Bild E 7.3-8 wiedergegeben. Der zwischen zwei breiten Blattfedern a parallelgeführten Tischplatte b wird von einem regelbaren Gleichstrommotor c über einen Doppelexzenter d, einen Pleuel e, eine Schwinge f und eine Stoßstange g in eine sinusförmige Bewegung in waagerechter Richtung versetzt. Die Gelenkpunkte sind – mit Ausnahme der Pleuellager – als spielfreie Federgelenke ausgebildet. Zahlreiche Gewindelöcher in der Tischplatte b erleichtern das Befestigen von Aufnehmern über dem einen Endpunkt der Meßstrecke, deren anderer Endpunkt auf der Platte h liegt. Die Amplitude der Tischplattenwege läßt sich an dem Doppelexzenter bis hinunter zu sehr kleinen Werten grob einstellen. Sie schwankt im ganzen Frequenzbereich nur wenig.

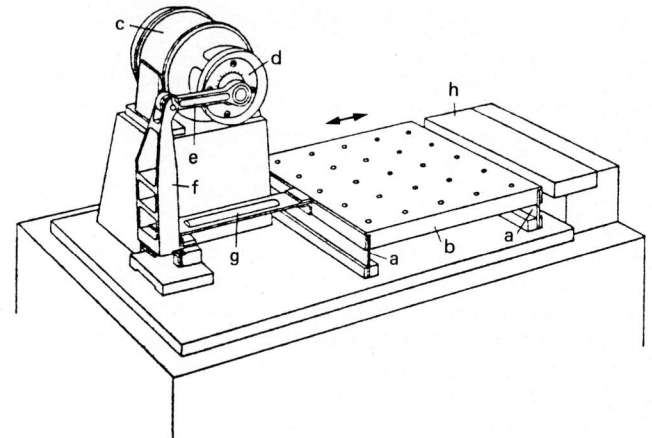

Bild E 7.3-8. Einrichtung zum dynamischen Kalibrieren von Dehnungsaufnehmern mit elektromechanischem Antrieb [E 7.3-11]. a Blattfeder, b Tischplatte, c Antriebsmotor, d Doppelexzenter, e Pleuel, f Schwinge, g Stoßzange, h Aufspannplatte

Die Einrichtung liefert eine gemäß Bild E 7.1-2 b reproduzierbar einstellbare Meßgröße, deren Meßwert über einen Referenzaufnehmer oder mit anderen Meßgeräten, z. B. optischen, ermittelt werden muß. Je nach Auslegung erreicht man Wege im mm-Bereich und Frequenzen zwischen 0,8 und maximal 200 Hz. Die Messung der Frequenz kann z. B. über die Umdrehungszahl des Motors c erfolgen. Die Einrichtung arbeitet praktisch wartungsfrei und zuverlässig; nachteilig ist die relativ niedrige obere Frequenzgrenze.

Eine Einrichtung mit elektrisch erzeugter Verschiebekraft zeigt Bild E 7.3-9 schematisch [E 7.3-2; 12]. Im radialsymmetrischen Magnetfeld eines mittels der Erregerspule a erregten Magneten b oder eines entsprechenden Permanentmagneten befindet sich eine selbst-

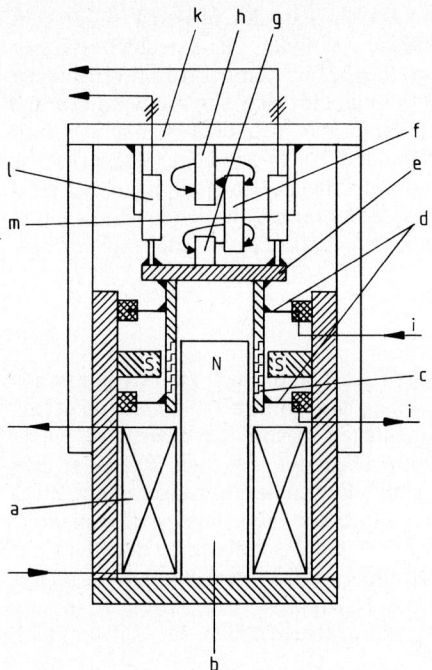

Bild E 7.3-9. Einrichtung zum dynamischen Kalibrieren von Dehnungsaufnehmern mit elektrodynamischem Antrieb, schematisch.
a Erregerspule, b Magnet, c Spule, d Membranen, e Tisch, f Aufnehmer, g, h Nase, i Strom, k Rahmen, l, m Referenzaufnehmer

tragende Spule c, die mittels der Membranen d parallel geführt ist. Die Membranen d dienen gleichzeitig als Zu- bzw. Abführung für den Strom i mit variabler Frequenz, der eine ihm proportionale Kraft in Axialrichtung der Spule c und damit eine Verschiebung des mit der Spule c verbundenen Tisches e bewirkt. Den zu kalibrierenden Aufnehmer f spannt man auf eine mit dem Tisch e verbundene Nase g und eine weitere Nase h auf, die an dem festen Rahmen k befestigt ist. Der Weg des Tisches e wird mit Referenzaufnehmern l und m gemäß Bild E 7.1-2 c gemessen; sie können auch zur Regelung der Verschiebung des Tisches e eingesetzt werden.

Je nach Aufwand erreicht man Frequenzen von rund 1 kHz oder mehr bei Verschiebewegen im mm-Bereich. Gegenüber der Einrichtung nach Bild E 7.3-8 erhält man bedeutend höhere Frequenzen, muß aber einen beträchtlichen elektrischen Aufwand in Kauf nehmen. Hydraulisch angetriebene Schwingtische sind zum Kalibrieren von Wegaufnehmern weniger geeignet, da der Aufwand weiter wächst, die erreichbaren Frequenzen niedrig und der Anteil an Oberwellen höher sind und da die im Vergleich zu elektronischen Einrichtungen erzielbaren sehr hohen Kräfte nicht benötigt werden.

E 7.3.2 Kalibrieren mit Dehnungen

E 7.3.2.1 Prinzip

Für das Kalibrieren von Dehnungsaufnehmern, welche die Dehnung längs körperfester Linien abgreifen (Abschn. C 1.4.1.1), also z.B. Dehnungsmeßstreifen, benötigt man definiert gedehnte Bauteile. Aber auch für Dehnungsaufnehmer mit näherungsweise punktförmigem Dehnungsabgriff (Abschn. C 1.4.1.1) lassen sich gedehnte Bauteile besonders gut zum Kalibrieren verwenden, da ein gedehntes Bauteil die Verhältnisse am auszumessenden Bauteil besser simuliert, als es mit Wegkalibriereinrichtungen möglich ist.

Bild E 7.3-10 zeigt die beiden Verfahren, mit denen definierte Dehnungen zum Kalibrieren gewonnen werden können. Gemäß Bild E 7.3-10a belastet man z. B. einen Biegebalken mit einer definierten Kraft F, welche die gewünschte Dehnung ε hervorruft. Die Dehnung ε kann aus der Kraft F, den Abmessungen des Biegebalkens, der Stelle des Kraftangriffs und dem E-Modul des Balkenwerkstoffes berechnet werden. Von beträchtlichem Nachteil ist es, daß die Dehnung ε sich ändert, wenn sich der E-Modul des Biegebalkens ändert, z. B. infolge einer Temperaturänderung, oder wenn der Werkstoff des Biegebalkens kriecht.

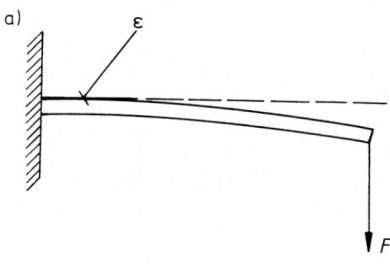

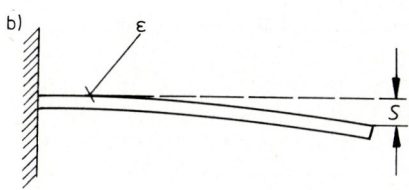

Bild E 7.3-10. Möglichkeiten zum Kalibrieren von Dehnungsaufnehmern mit gedehnten Bauteilen, schematisch.
a) Einrichtung mit Vorgabe der Kraft F.
b) Einrichtung mit Vorgabe der Auslenkung s.

Die genannten Nachteile vermeidet man weitgehend mit einer Einrichtung gemäß Bild E 7.3-10b. Hier gibt man die Auslenkung s des Biegebalkens vor; die sich dabei einstellende Dehnung ε kann aus der Auslenkung s und den Abmessungen des Biegebalkens berechnet werden; sie hängt nicht vom E-Modul des Biegebalkens und auch nicht von seinem Relaxationsverhalten ab, sofern nur das Relaxieren spannungsproportional erfolgt [E 7.3-13]. Einrichtungen gemäß Bild E 7.3-10b sind deshalb solchen nach E 7.3-10a i. a. vorzuziehen.

Mögliche Federformen zum Kalibrieren mit Dehnungen findet man in Bild E 7.3-11 zusammengestellt. Die obere der jeweils angegebenen beiden Formeln gilt für die Dehnung bei Vorgabe der Kraft F; sie enthält deshalb die Kraft F sowie den E-Modul. Die jeweils untere Formel gilt für den Fall der Vorgabe der Auslenkung s; sie enthält nur geometrische Daten.

Den einfachen Zugstab gemäß Bild E 7.3-11a sollte man nicht zum Kalibrieren verwenden, da eine kleine Exzentrizität der Kraft F, die kaum zu vermeiden ist, bereits große dehnungsverfälschende Biegemomente im Zugstab hervorruft. Auch ist die Auslenkung s kaum einstellbar.

Der Biegebalken gemäß Bild E 7.3-11b wird häufig bei einfachen Kalibriereinrichtungen verwendet. Nachteilig ist die Ortsabhängigkeit der Dehnung ε.

Wie in Bild E 7.3-11c gezeigt, erhält man eine ortsunabhängige Dehnung ε, wenn man eine sog. Dreiecksfeder benutzt, die konstante Dicke, aber linear mit ihrer Länge variable Breite hat, die im Kraftangriffspunkt zu null wird. Bei praktischen Ausführungen vergrößert man die Breite im Kraftangriffspunkt so, daß die Kraft F sicher eingeleitet werden kann.

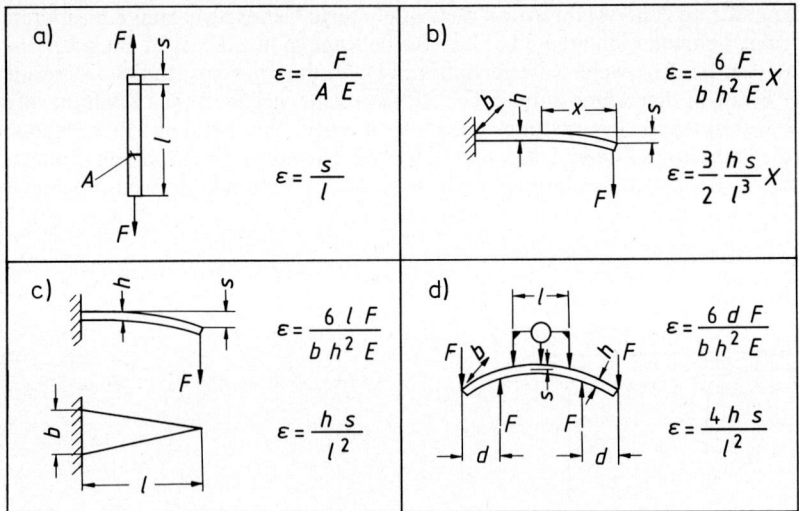

Bild E 7.3-11. Mögliche Federformen zum Kalibrieren mit Dehnungen.
a Zugstab, b Biegebalken, c Dreiecksfeder, d Biegebalken mit Vierpunktkrafteinleitung

Höheren Ansprüchen, allerdings bei ebenfalls höherem Aufwand, genügt die Anordnung nach Bild E 7.3-11 d. Hier leitet man vier gleiche Kräfte F in einen Biegebalken ein („Vierpunktkrafteinleitung") und erzielt so zwischen den inneren Kräften F ein konstantes Biegemoment, also bei gleichbleibendem Querschnitt des Biegebalkens eine konstante Dehnung ε. Die Auslenkung s wird z. B. über die Länge l mit einem aufsetzbaren Krümmungsmesser ermittelt.

E 7.3.2.2 Kalibrieren mit Vorgabe der Kraft

E 7.3.2.2.1 Statisches Kalibrieren

Im folgenden sollen einige ausgeführte Kalibriereinrichtungen erläutert werden. Der Übersichtlichkeit halber sind die Zeichnungen vereinfacht.

Bild E 7.3-12 zeigt eine einfache, aber sehr zuverlässige Einrichtung, die man leicht herstellen kann. Auf dem Gestell a ist ein Spannkopf b befestigt, der den prismatischen Biegebalken c aufnimmt. Das obere Ende des Biegebalkens c ist im Spannkopf d befestigt,

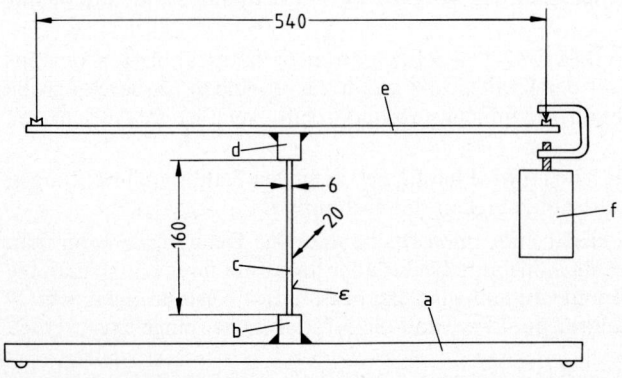

Bild E 7.3-12. Einrichtung zum statischen Kalibrieren von Dehnungsaufnehmern, vereinfacht.
a Gestell, b Spannkopf, c Biegebalken, d Spannkopf, e Hebelarm, f Gewicht

der fest mit dem doppelseitigen Hebelarm e verbunden ist. Durch wahlweises Anhängen verschiedener Gewichte f am rechten oder linken Ende des Hebelarmes e ergibt sich über die Länge des Biegebalkens c eine praktisch konstante positive oder negative Dehnung ε. Bei einem Gewicht f von rd. 9 kg erhält man für einen Biegebalken c aus Stahl eine Dehnung von rd. $\pm 10^{-3}$. Die Reproduzierbarkeit der Dehnung ε ist besser als 0,1%.

Eine interessante Möglichkeit, ebenfalls wahlweise positive oder negative Dehnungen zu erhalten, wenn auch mit höherem Aufwand, ist in Bild E 7.3-13 erläutert [E 7.3-2]. Der Biegebalken a ist in Spannköpfe b eingespannt, die ihrerseits an zwei Stahlbändern c befestigt sind, deren obere Enden gerätefeste Punkte bilden. Die Spannköpfe b sind mit je einem Balken d fest verbunden, deren äußere Enden durch Stahlbänder e mit den Enden eines Balkens f und deren innere Enden durch Stahlbänder g mit den Enden eines Balkens h in Verbindung stehen. Die Durchbiegung des Biegebalkens a bewirken Gewichte i, die über ein Gehänge k wahlweise entweder am Balken h oder am Balken f angreifen. Im ersten Fall wird der Biegebalken a nach unten, im zweiten Fall nach oben durchgebogen. Dabei wird ähnlich Bild E 7.3-11d ein über die Länge des Biegebalkens a konstantes Moment erzeugt. Die Messung der Dehnung erfolgt mittels des aufsetzbaren Krümmungsmessers m über die Meßlänge l.

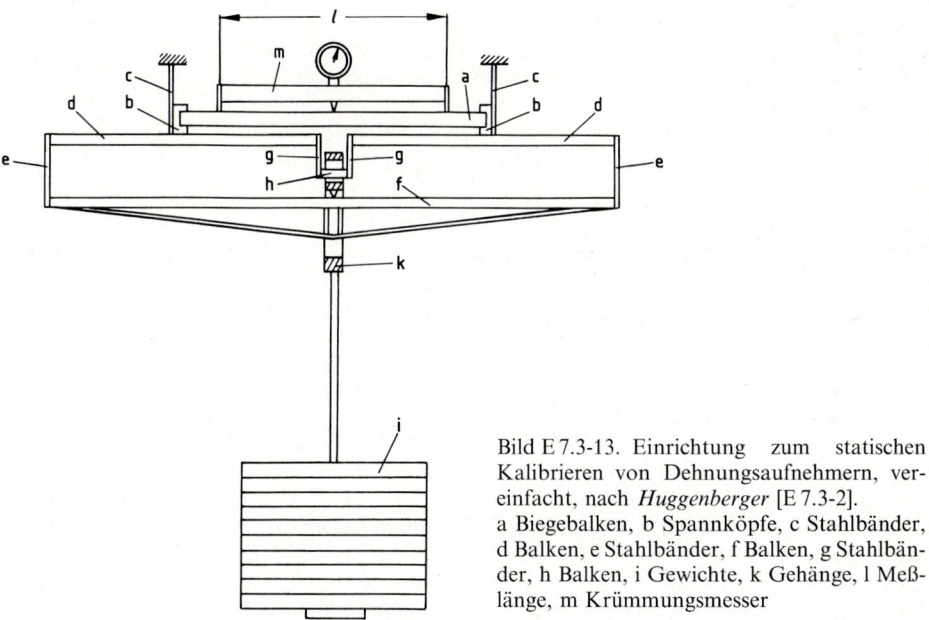

Bild E 7.3-13. Einrichtung zum statischen Kalibrieren von Dehnungsaufnehmern, vereinfacht, nach *Huggenberger* [E 7.3-2].
a Biegebalken, b Spannköpfe, c Stahlbänder, d Balken, e Stahlbänder, f Balken, g Stahlbänder, h Balken, i Gewichte, k Gehänge, l Meßlänge, m Krümmungsmesser

Eine Präzisionskalibriereinrichtung [E 7.3-14] zeigt Bild E 7.3-14. Ein Rahmen a trägt einen festen Bock b und einen beweglichen Bock c, die an ihren oberen Enden Lager besitzen, die den Biegebalken d in seiner neutralen Faser abstützen. Die Enden des Biegebalkens d sind in Endstücken e gelagert, an denen über flexible Stahlbänder f die Gewichte g präzise angreifen. Mittels einer hydraulisch betätigten Hebeeinrichtung h kann das Gestell i angehoben und so der Biegebalken d entlastet werden. Dämpfungstöpfe k verhindern ein Pendeln oder Tordieren der Gewichte g. Mittels des aufsetzbaren Krümmungsmessers l, der mit drei Meßuhrtastern m versehen ist, wird die Dehnung auf der Oberfläche des Biegebalkens d bestimmt. Störkräfte und/oder Störmomente, die trotz

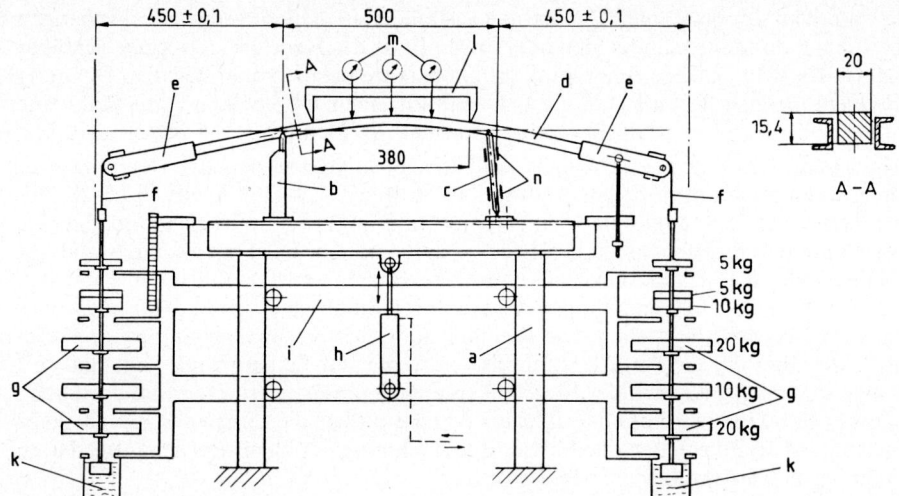

Bild E 7.3-14. Präzisionseinrichtung zum statischen Kalibrieren von Dehnungsaufnehmern nach *Bergqvist* [E 7.3-14], vereinfacht.
a Rahmen, b, c Bock, d Biegebalken, e Endstücke, f Stahlbänder, g Gewichte, h Hebeeinrichtung, i Gestell, k Dämpfungstöpfe, l Krümmungsmesser, m Meßuhrtaster

seiner Beweglichkeit noch über den Bock c in den Biegebalken d eingeleitet werden, lassen sich mit den Dehnungsmeßstreifen n messen und so in ihrem Störeinfluß korrigieren.

Die Kalibriereinrichtung ist mit höchster Präzision gefertigt, und alle denkbaren Störeinflüsse sind kompensiert oder rechnerisch eliminiert worden. Man erhält so bei einer maximalen Dehnung von $2000 \cdot 10^{-6}$ einen Fehler von $\pm 0,1 \cdot 10^{-6}$ Dehnung.

Eine standardisierte Kalibriereinrichtung mit allen zur Herstellung erforderlichen Angaben kann dem Schrifttum [E 7.3-15] entnommen werden.

E 7.3.2.2.2 Dynamisches Kalibrieren

Zur Ermittlung des Frequenzganges von Dehnungsmeßstreifen bei hohen Frequenzen dient die in Bild E 7.3-15a schematisch dargestellt Einrichtung mit längsschwingendem Resonanzstab [E 7.3-16]. Der Stab a wird an einem Ende elektrodynamisch in Resonanz angeregt und die Schwingungsamplitude, die mit der Dehnung eindeutig zusammenhängt, am anderen Ende interferometrisch gemessen. Die zu kalibrierenden Aufnehmer, etwa Dehnungsmeßstreifen b, sind in der Mitte des Stabes a – dem Schwingungsbauch der Dehnung – aufgeklebt. Der Stab a wird über die Gummipolster c von den Halterungen d in der Stabmitte, die gleichzeitig eine Knotenfläche des Schwingweges ist, gehalten. Die Gummipolster werden benutzt, damit durch die Halterung weder die Längsdehnung noch insbesondere die damit verbundene Querdehnung behindert werden. Es lassen sich Dehnungen bis 0,4‰ und Frequenzen bis 20 kHz erreichen.

Eine Einrichtung zur Ermittlung der oberen Grenzfrequenz von Dehnungsmeßstreifen ist in Bild E 7.3-15b vereinfacht wiedergegeben [E 7.3-17]. Die zu kalibrierenden Dehnungsmeßstreifen a sind in Längs- und Querrichtung auf dem langen, auf einem Gummipolster b stehenden Stahlzylinder c aufgeklebt, auf den der kurze, unten gerundete Stahlzylinder d fällt, der in dem Plexiglasrohr e geführt ist. Beim Aufprall wird in dem Stahlzylinder c ein etwa rechteckförmiger Dehnungsimpuls erzeugt. Die Anstiegszeit beträgt rund

a)

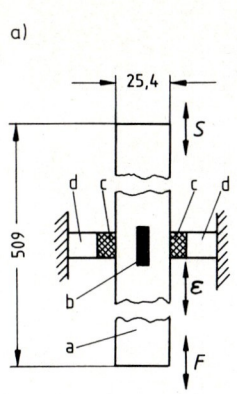

b)

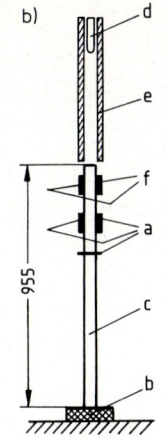

Bild E 7.3-15. Einrichtungen zum dynamischen Kalibrieren von Dehnungsaufnehmern.

a) Einrichtung mit Resonanzbalken, stark vereinfacht, nach [E 7.3-16].
   a Stab, b Dehnungsmeßstreifen, c Gummipolster, d Halterungen

b) Einrichtung mit Stoßstab, vereinfacht, nach [E 7.3-17].
   a Dehnungsmeßstreifen, b Gummipolster, c Stahlzylinder, d Stahlzylinder, e Plexiglasrohr, f Dehnungsmeßstreifen

20 µs; für seine Dauer gilt

$$t = \frac{2\,l}{c} \qquad\qquad (E\ 7.3\text{-}1),$$

wobei l die Länge des kurzen Stahlzylinders d und c die Schallgeschwindigkeit in Stahl sind. Man erhält Impulsdauern bis rund 100 µs. Mit den Meßstreifen f wird die Zeitablenkung des Registrieroszillographen ausgelöst. Der zeitliche Verlauf der Dehnung ist berechenbar; sie enthält merkliche Fourier-Komponenten bis etwa 100 kHz. Aus der guten Wiedergabe der berechneten Dehnung durch die zu kalibrierenden Dehnungsmeßstreifen a wurde deren Eigenfrequenz auf > 50 kHz abgeschätzt. (Die endliche Meßlänge verursacht nur eine scheinbare Anstiegszeit von z. B. 0,8 µs und stört die Kalibrierung nicht wesentlich.) Die Schwäche dieses Kalibrierverfahrens liegt darin, daß der berechnete Dehnungsverlauf experimentell nicht vollkommen gesichert ist. Gleichwohl ist die Kalibriereinrichtung bei entsprechend eingeengtem Frequenzbereich brauchbar (vgl. S. 512).

E 7.3.2.3 Kalibrieren mit Vorgabe der Auslenkung

E 7.3.2.3.1 Statisches Kalibrieren

Bild E 7.3-16 zeigt einige einfache Kalibriereinrichtungen, die sich in der Praxis bewährt haben.

Entsprechend Bild E 7.3-16a genügt für geringe Ansprüche ein U-förmig gebogenes Flachprofil a aus Stahl, das mit einer Schraube b und Handkurbel c ausgelenkt werden kann. Die so zunächst undefiniert erzeugte Dehnung läßt sich z. B. mittels eines kalibrierten Dehnungsmessers messen.

Eine einfache, zuverlässig auf zwei definierte Dehnungswerte einstellbare Kalibriereinrichtung zeigt Bild E 7.3-16b [E 7.3-18]. Auf dem Gestell a ist eine Dreiecksfeder b befestigt, die mittels des verschiebbaren Stufenkeils c ausgelenkt werden kann. Man verwendet die Einrichtung insbesondere zum Kalibrieren von Dehnungsmeßstreifen d [E 7.3-19; 20], auch bei hohen und niedrigen Temperaturen [E 7.3-21].

Besonders zum präzisen Überprüfen des Kriechverhaltens von Dehnungsmeßstreifen dient die Einrichtung nach Bild E 7.3-16c [E 7.3-18]. Die aus hochfestem Stahl gefertigte U-förmige Feder wird zunächst so weit aufgespreizt, bis die Dehnung im 10 mm breiten Bereich der Feder etwas mehr als 1 bis $2 \cdot 10^{-3}$ m/m beträgt. In diesem Zustand klebt man

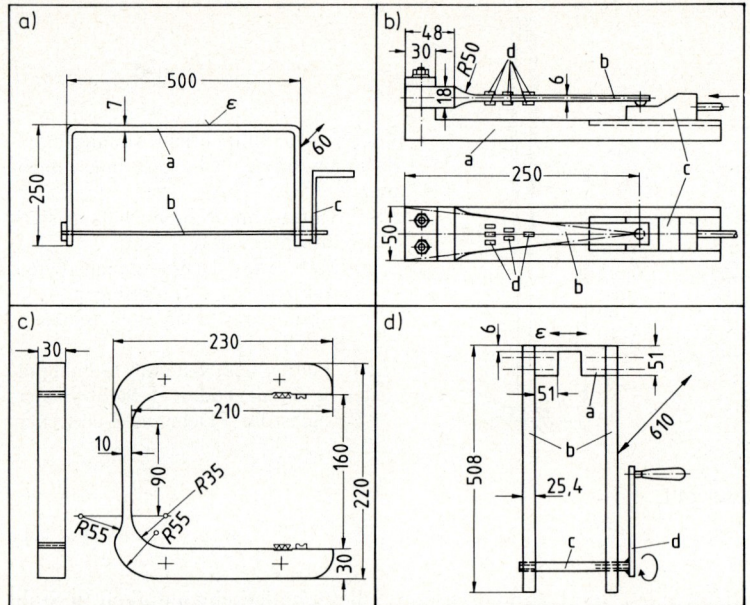

Bild E 7.3-16. Einrichtungen zum statischen Kalibrieren von Dehnungsaufnehmern, vereinfacht.
a) Einrichtung mit U-förmiger Feder.
   a Flachprofil, b Schraube, c Handkurbel
b) Einrichtung mit Stufenkeil.
   a Gestell, b Dreiecksfeder, c Stufenkeil, d Dehnungsmeßstreifen
c) Einrichtung für zeitlich konstante Dehnung.
d) Einrichtung für einachsige Dehnung.
   a Feder, b Platten, c Schraube, d Handkurbel

den Dehnungsmeßstreifen auf. Anschließend wird die Feder so entlastet, daß ein zwischen die geschliffenen Flächen eingefügter Bolzen mit balligen Endflächen aus dem gleichen Werkstoff wie die Feder gerade noch sicher festgeklemmt ist. Dann ist die Dehnung unabhängig von Relaxationserscheinungen des Werkstoffes konstant, und das Kriechen der Dehnungsmeßstreifen kann gemessen werden.

Teilbild E 7.3-16 d schließlich zeigt eine Einrichtung, mit der man vor allem zum Prüfen der Querempfindlichkeit von Dehnungsaufnehmern ein einachsiges Dehnungsfeld erzeugen kann [E 7.3-18; 19; 20; 22]. Hierzu wird die Feder a, die fest mit den Platten b verschraubt ist, mittels Schraube c und Handkurbel d gebogen. Wegen der im Vergleich zu ihrem Mittelteil an den Rändern sehr starken, also steifen Feder a entsteht dabei nur eine Dehnung ε in Pfeilrichtung, während die Dehnung senkrecht zur Papierebene nur 0,1% der Dehnung ε beträgt.

Eine klar konzipierte, robuste Einrichtung ist in Bild E 7.3-17 wiedergegeben [E 7.3-23]. Auf dem Gestell a sind zwei Böcke b angeschweißt, die je zwei Rollen c tragen. Im hier wiedergegebenen Betriebszustand liegt der Biegebalken d auf den jeweils unteren Rollen c auf. Der Biegebalken wird belastet, indem die beiden oberen Rollen e über die Böcke f und die Traverse g mittels der Schraube h nach unten gezogen werden. Über das Getriebe i liefert der Motor k den Antrieb. Ein Verdrehen der Traverse g wird durch Führungsbolzen l verhindert. Nach Umkehr der Drehrichtung der Schraube h bewegt sich die Traverse g nach oben, der Biegebalken d liegt auf den beiden unteren Rollen e

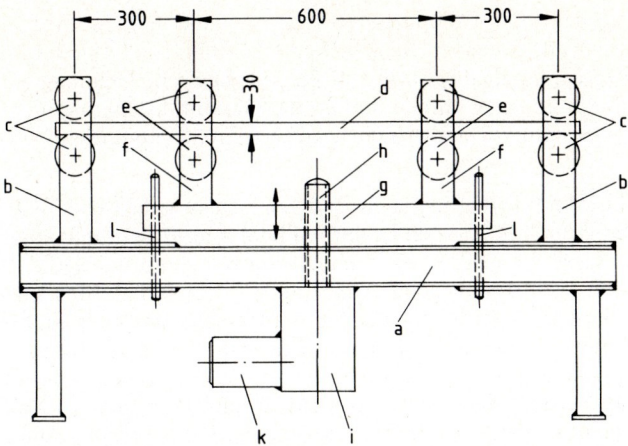

Bild E 7.3-17. Einrichtung zum statischen Kalibrieren von Dehnungsaufnehmern, vereinfacht, nach
[E 7.3-23].

a Gestell	e Rollen	i Getriebe
b Böcke	f Böcke	k Motor
c Rollen	g Traverse	l Führungsbolzen
d Biegebalken	h Schraube	

und den beiden oberen Rollen c auf und das Vorzeichen der Dehnung des Biegebalkens
d wechselt.

Eine ähnliche Einrichtung, jedoch nur für ein Vorzeichen der Dehnung und mit Handan-
trieb, ist im Schrifttum [E 7.3-24] beschrieben.

Eine Kalibriereinrichtung, bei der die Dehnung des Biegebalkens mittels eines auf den
Balken aufgebrachten Moirégitters gemessen wird, findet man in [E 7.3-25] dargestellt.

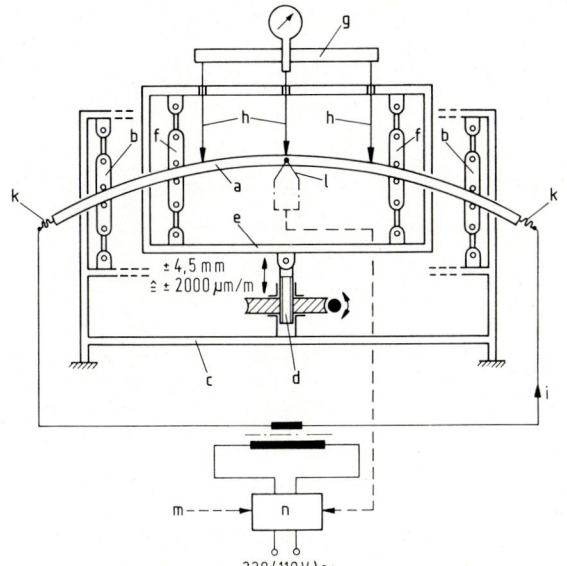

Bild E 7.3-18. Einrichtung zum
statischen Kalibrieren von
Dehnungsaufnehmern bei hohen Temperaturen, schema-
tisch, nach [E 7.3-27].

a	Biegebalken
b	Halterung
c	Gestell
d	Getriebe
e	Rahmen
f	Halterung
g	Krümmungsmesser
h	Meßfüße
i	Strom
k	Verbindungen
l	Thermoelement
m	Sollwert
n	Regler

Eine Einrichtung zum Erzeugen großer Dehnungen bis zu maximal $\pm 15\%$ wird in [E 7.3-26] vorgestellt. Die Einrichtung hat einen Biegebalken aus Stahl [E 7.3-18], der im Meßbereich schwächer gehalten ist, um die bei Stahl auftretende plastische Dehnung auf den Meßbereich des Biegebalkens zu beschränken und so die Gesamtauslenkung nicht zu groß werden zu lassen. Die Dehnung wird mittels eines aufsetzbaren Dehnungsaufnehmers gemessen.

Für Temperaturen bis $950\,°C$ ist die Einrichtung nach Bild E 7.3-18 ausgelegt [E 7.3-27]. Der Biegebalken a aus der temperaturbeständigen Legierung Nimonic 90 ist mittels einer kettenartigen Halterung b im Gestell c gelagert. Die Halterung b ist so ausgelegt, daß temperaturbedingte Längsdehnungen des Biegebalkens a nicht behindert werden und Störmomente nicht auftreten können. Der Biegebalken a wird mittels des Getriebes d über eine am beweglichen Rahmen e befestigte Halterung f ausgelenkt. Die Durchbiegung mißt man mit dem Krümmungsmesser g, dessen Meßfüße h aus hochhitzebeständigem Quarz bestehen. Die Erwärmung des Biegebalkens a wird durch einen Strom i von maximal $1000\,A$ gesteuert, der ihn, angekoppelt über flexible Verbindungen k, direkt durchfließt. Die Temperatur des Biegebalkens wird vom Thermoelement l gemessen und nach Vergleich mit dem vorgebbaren Sollwert m vom Regler n über eine Änderung des Stromes i geregelt.

Man erreicht bei Auslenkungen von $\pm 4,5\,mm$ Dehnungen von $\pm 2\cdot 10^{-3}\,m/m$; der Fehler beträgt $\pm 1\%$ der eingestellten Dehnung von $\pm 4\cdot 10^{-6}\,m/m$. Eine Biegebalkentemperatur von $800\,°C$ wird in rund 5 min erreicht. Die Steuerung der Einrichtung mittels eines Prozeßrechners findet man in [E 7.3-28] beschrieben.

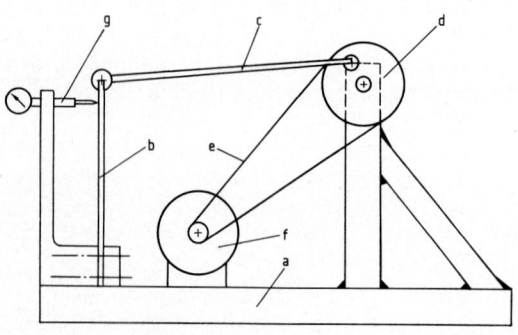

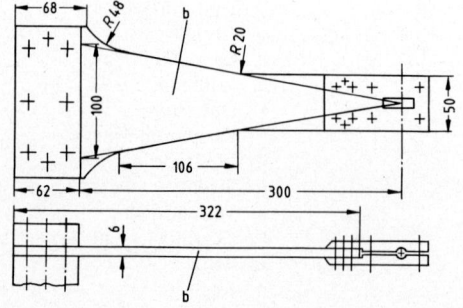

Bild E 7.3-19.   Einrichtung zum dynamischen Kalibrieren von Dehnungsaufnehmern, schematisch, mit empfohlener Dreiecksbiegefeder.

a Gestell, b Dreiecksbiegefeder, c Pleuelstange, d Exzenter, e Keilriemen, f Motor, g Meßschraube

E 7.3.2.3.2 Dynamisches Kalibrieren

Zum dynamischen Kalibrieren haben sich Einrichtungen nach Bild E 7.3-19 bewährt [E 7.3-15; 18; 19; 20; 29]. Auf einem Gestell a ist eine Dreiecksbiegefeder b befestigt, die über eine Pleuelstange c ausgelenkt werden kann. Die maximale Auslenkung läßt sich am Exzenter d einstellen, der über einen Keilriemen e vom Motor f angetrieben wird. Die Auslenkung läßt sich im Stillstand der Einrichtung mittels der Meßschraube g messen. Man erreicht Dehnungen von z. B. $\pm 2 \cdot 10^{-3}$ m/m bei Frequenzen von maximal 50 Hz. Als Federmaterial kann z. B. TiA16 V4 verwendet werden.

Rechteckförmige Dehnungsimpulse erzielt man mit einem einseitig eingespannten Biegebalken, dessen freies Ende magnetische Kräfte zwischen zwei starren Anschlägen bewegen [E 7.3-30; 31]. Bei Impulsdauern zwischen 10 ms und 10 s erreicht man Anstiegszeiten von einigen ms. Die Einrichtung wurde zur Untersuchung der Eigenschaften von Reißlack bei kurzzeitiger Belastung eingesetzt.

F Werkstoffe, Bauteile und Konstruktionen unter Spannungen und Verformungen

F 1 Verhalten von Werkstoffen, Bauteilen und Konstruktionen

F. Pilny

F 1.1 Formelzeichen

A	Bruchdehnung
A, B, C	Invarianten
E	Elastizitätsmodul
F	Kraft
G	Gleitmodul
K	Kompressionsmodul
L	Longitudinalwellenmodul
$R_{eH}; R_{eL}$	obere Streckgrenze
R_m	Zugfestigkeit
$-R_m$	Druckfestigkeit
$\pm R_{p\,0,01}$	technische Elastizitätsgrenze
R_q	Quetschgrenze
a, b, m, n	Konstanten
b	Beschleunigung
e	Raumdehnung
i	Trägheitsradius
l	Knicklänge
m	Masse
n_1, n_3	Flächennormalen
p	Druck
r, r_0	Atomabstand
u	unvermeidbare Außermittigkeit
α	thermischer Längenausdehnungskoeffizient
α_1, α_3	Schnittwinkel zu n_1 und n_3
ε	Dehnung
ε_s	Feuchtedehnung durch Schwinden
$\varepsilon_x, \varepsilon_y, \varepsilon_z$	Dehnung in Richtung x, y, z
$\varepsilon_1, \varepsilon_2$	Hauptdehnungen
v	Querkontraktionszahl
ϱ	Rohdichte
λ	Schlankheitsgrad
σ	Normalspannung
$\sigma_{d\,zul}$	zulässige Druckspannung

σ_n	Normalhauptspannung in Richtung n
$\sigma_x, \sigma_y, \sigma_z$	Normalspannung in Richtungen x, y, z
σ_v	Vergleichsspannung
$\sigma_{z\,zul}$	zulässige Zugspannung
$\sigma_1, \sigma_2, \sigma_3$	Normalhauptspannungen
$\sigma_{1\,\tau1}, \sigma_{2\,\tau2}, \sigma_{3\,\tau3}$	Normalspannungswerte in den Schnittflächen der Hauptschubspannungen τ_1, τ_2, τ_3
$\tau_{xy}, \tau_{yx}, \tau_{zx}$	Schubspannungen in Ebenen xy, yz und zx in Richtung z, x und y
τ_1, τ_2, τ_3	Hauptschubspannungen
ω	Knickzahl

F 1.2 Allgemeines

Bauteile und Konstruktionen werden aus Werkstoffen hergestellt, z. B. aus Stahl, Beton oder Kunststoff. Verschiedene Werkstoffe lassen sich zu einem Verbundwerkstoff zusammenfügen, etwa Glasfaser und Kunststoff zu „glasfaserverstärktem Kunststoff" (GFK) oder Beton und Stahl zu Stahlbeton.

Konstruktionen bestehen aus einzelnen Bauteilen, wie z. B. ein Gerüst, das aus Rohren, Klemmen, Schrauben und Brettern zusammengesetzt ist. Je nach Verwendungszweck bezeichnet man Konstruktionen auch als Geräte oder Maschinen.

Die Aufgabe der Bauteile oder Konstruktionen kann in der Regel nur erfüllt werden, wenn diese der zu erwartenden Nutzbeanspruchung standhalten, ohne daß die beabsichtigte Wirkungsmöglichkeit, bei einer Brücke z. B. das Tragen der Verkehrslasten innerhalb der zugemuteten Verformung und Lebensdauer, in Frage gestellt wird.

Werkstoffe, Bauteile und Konstruktionen unterliegen nicht nur der Beanspruchung durch Lasten, sondern auch durch die Behinderung von Raumänderungen infolge von Wärme, Feuchtigkeit oder Strukturwandlung. Die äußere Belastung tritt durch Einzellasten F, Momente M oder Drücke D ein. Daneben wirken außerdem die Schwerkraft oder – bei bewegten Werkstoffen, Bauteilen und Konstruktionen – auftretende Beschleunigungen, die an jedem der Masseelemente unmittelbar angreifen und es belasten. In Sonderfällen können auch magnetische Kräfte, z. B. zwischen stromführenden Leitern, beträchtliche Belastung erzeugen.

Wärme- und Feuchtigkeitsdehnungen sind weitgehend reversibel und verursachen nur dann Spannungen, wenn sie durch angrenzende Bauteile oder von benachbarten Baustoffbereichen behindert werden. Strukturänderungen treten im weitesten Sinne bei Metallen durch Alterung oder bei Beton unter Last (Kriechen infolge Feuchtigkeitsumlagerung) auf. Alle Poren- und Kapillarräume enthaltenden Werkstoffe ändern infolge der darin wirksam werdenden Oberflächenspannungen des vorhandenen Wassers ihren Rauminhalt, wodurch beim Austrocknen das sog. Schwinden eintritt. Bei Aufnahme der Feuchtigkeit durch Aufsaugen oder Kapillarkondensation geht dieses zum Großteil durch Quellen wieder zurück.

Belastungen bewirken in den Querschnitten eines Bauteiles Spannungen, deren Summierung über die betrachtete Schnittfläche mit den wirksamen äußeren Kräften im Gleichgewicht stehen müssen. Bei bewegten Bauteilen wird durch Hinzunahme der d'Alembertschen Zusatzkräfte (bei Translation z. B. $m\,b$) der Bewegungszustand auf einen statischen zurückgeführt. Die dann errechenbaren Spannungen sind bei gegebenen Querschnitten von den mechanischen Kennwerten der Werkstoffe unabhängig. Man betrachtet daher in der überwiegenden Anzahl der Bemessungsfälle die in einem kritischen Querschnitt auftretende Spannung als Kennwert für die auftretende Beanspruchung, obwohl diese keinesfalls allein für das Versagen des Bauteiles verantwortlich ist. Zu den im betrachteten Querschnitt wirkenden Normal- und Schubspannungen treten meist noch weitere, nicht immer zu vernachlässigende Spannungen auf, die in den beiden anderen Koordinatenebenen des Raumes wirksam sind und die je nach Richtung und Größe das Verhalten des Werkstoffes entscheidend beeinflussen können. Unter Last wird der Werkstoff eine Verformung aufweisen, die durch ihren Widerstand zu der errechneten Spannung führt. Die Gestaltänderung darf aber dabei nicht so groß sein, daß die vorausgesetzte Kraftwirkungsrichtung nicht mehr stimmt.

Da man als Ursache für das Entstehen von Spannungen nicht allein die Belastung, sondern auch die Behinderung von Raumänderungen in Betracht ziehen muß, ist der Zusammenhang von Spannung und Dehnung im allgemeinen Fall nicht allein durch das Hookesche Gesetz

$$\sigma = \varepsilon E \tag{F 1.2-1}$$

beschreibbar. Es gibt Beanspruchungsarten, die eine Spannung ohne Dehnung (der zwischen zwei unverschieblichen Widerlagern eingespannte und danach erwärmte Stab) und Dehnungen ohne Spannungen (der an einem Ende befestigte und danach erwärmte Stab) hervorrufen. Diese Erkenntnis ist für die experimentelle Spannungsanalyse (ESA) von großer Bedeutung, weil nahezu alle beschriebenen Meßverfahren nur Längenänderungen oder Dehnungen (z. B. mit DMS) erfassen und keine Spannungen. Diese könnten nur durch Druckkissen oder -dosen unmittelbar gemessen werden, s. Abschn. C 1.3.2 und D 5.4. Bei den anderen Meßverfahren ergeben sich die zu ermittelnden Spannungen erst durch Umrechnung an Hand einigermaßen genau bekannter Werkstoffgesetze, die sie den Dehnungen zuordnen. Voraussetzung ist, daß der im allgemeinen Fall dreiachsige Spannungszustand mit seinen Einflüssen auf das Werkstoffverhalten bekannt ist oder durch die Versuchsanordnung bzw. die baulichen Gegebenheiten vereinfacht, d. h. meist linear, angenommen werden kann. Ebenso müssen die Wärme- und Feuchtigkeitsänderungen während der Beobachtungszeit im Versuch oder bei der Messung vernachlässigbar klein gehalten werden oder zuverlässig erfaßbar sein.

Selbst wenn alle diese einschränkenden Voraussetzungen erfüllt sind, können weitere Einflüsse nicht immer mit Sicherheit ausgeschlossen werden.

Eigenspannungen (s. Abschn. C 2), das durch die Gestaltung bewirkte Spannungsgefälle (Kerbwirkung), örtliche Veränderungen im Werkstoffverhalten (z. B. Fließen bei Stahl, Mikrorisse bei Beton, Stauchungen bei Holz) machen es oft schwierig, auf Grund von Dehnungsmessungen, die nur an der Oberfläche stattfinden, auf die maßgebende Beanspruchung eines Bauteiles zu schließen. Um hierbei überhaupt etwas Verläßliches aussagen zu können, muß man sich (bei Metallen) entweder auf den Hookeschen Bereich beschränken oder der Beurteilung bleibende Verformungen zugrunde legen. Bei Beton wird die Ausdeutung der Meßergebnisse außerhalb eines Anfangsbereichs mit vorwiegend elastischen Verformungen wegen dessen Anisotropie, bei Kunststoffen wegen des ausgeprägten Zeit- und Temperatureinflusses, erschwert. Für die Bewertung des Werkstoffverhaltens an Stellen hoher Spannungskonzentration oder kritischen Spannungsgefälles bietet die ESA zweifellos gute Möglichkeiten. Es fallen dabei noch weitere Informationen an, wie beispielsweise bei Metallen die Bauteilfließkurven, das Ausmaß der Stützwirkung, die Größe und der Verlauf von elastischen und bleibenden Verformungen, die Art und die Höhe der örtlichen Spannung sowie die Auswirkung der Eigenspannungen [F 1.2-1]. Bei Messungen an Konstruktionen kommt in manchen Fällen gegenüber den am Modell ausgeführten erschwerend hinzu, daß die Krafteinleitung nicht immer ausreichend genau bekannt sein wird und daß sich diese auch z. B. durch Verformungen oder Gleitungen in den Verbindungselementen unbemerkt verändern kann. Mehr von wissenschaftlichem Interesse bleibt der Einfluß der Belastung auf die Kennwerte z. B. der ferromagnetischen Werkstoffe oder die Wechselwirkung zwischen Temperatur und Verformung unter adiabatischen Verhältnissen.

Das Anwendungsfeld der ESA wird vor allem Bauteile und Konstruktionen umfassen, bei denen folgenschweres Versagen mit schwieriger Bemessungsberechnung einhergeht. Die zu fordernde Sicherheit oder eine geplante sehr große Stückzahl macht den Aufwand neben einer ggf. möglichen Werkstoffeinsparung vertretbar.

F 1.3 Mechanische Kenngrößen der Werkstoffe

Solange man die Werkstoffe idealisiert als elastisches Kontinuum betrachtet, gelingt es meist, deren Verformungsverhalten unter Einfluß von Lasten auch mathematisch exakt zu erfassen und in Spannungen umzurechnen. Die ESA befaßt sich aber nicht nur mit Dehnungen im vermeintlich vollelastischen Bereich. Aus dem ermittelten Fließkurvenverlauf läßt sich beispielsweise bei Stählen darüber hinaus auch etwas über den Einfluß der Eigenspannungen, der Bauteilgestaltung (Formdehngrenze) und über die durch Lasteintragung zusätzlich auftretenden Verformungen aussagen [F 1.3-1]. Zum Verständnis des Werkstoffverhaltens und der maßgebenden Ursachen unterschiedlicher Verformung soll auf einige Zusammenhänge im elastischen und überelastischen Bereich bei Metallen näher eingegangen werden.

Die in Betracht kommenden technischen Werkstoffe sind praktisch alle elastisch anisotrop und weisen Fehlstellen auf, die das Stoffverhalten (Dehnung und Trennfestigkeit) entscheidend beeinflussen [F 1.3-2]. Zunächst ist zu erläutern, wie elastische und bleibende Verformungen in Metallen überhaupt zustande kommen können. Auch bei anderen kristallin oder amorph aufgebauten Festkörpern, wie Mineralien und organischen Stoffen, sind die Atome bzw. Moleküle in gleichen Entfernungen bestimmter Größenordnung (r_0) gehalten, was durch die Wirkung einer anziehenden und einer abstoßenden Kraft mit (bei Abstandsänderung) unterschiedlicher Veränderlichkeit möglich wird, Bild F 1.3-1. Durch das Zusammenwirken beider Kräfte entsteht eine sog. Potentialmulde, deren tiefster Punkt nur unter Einwirkung einer äußeren Kraft in einer der beiden

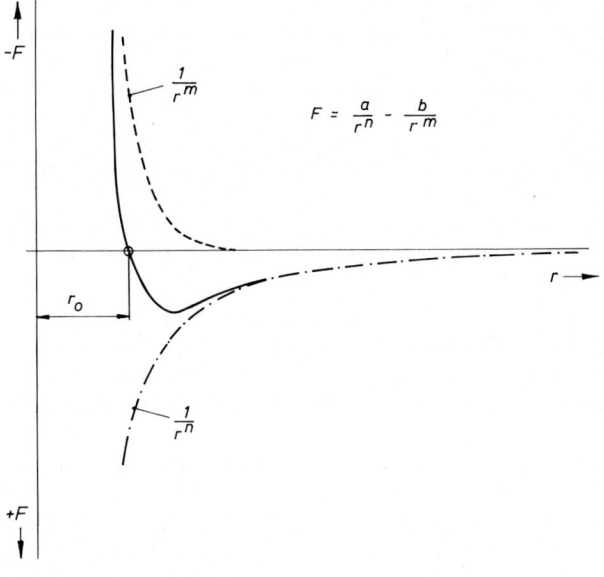

$$F = \frac{a}{r^n} - \frac{b}{r^m}$$

Bild F 1.3-1. Entstehung des stabilen Atomabstands durch das Zusammenwirken zweier entgegengesetzt gerichteter Kräfte.
$+F$ Anziehung, $-F$ Abstoßung, r Abstand

möglichen Richtungen in Grenzen verlassen werden kann. Da die Kraftwirkung bei Vergrößerung des Atomabstands abnimmt, wird bei zu großer Auslenkung ein Trennbruch eintreten. Bei Verminderung des Abstands steigt die abstoßende Kraft an und verhindert so ein Zusammenfallen der Materie [F 1.3-3]. Die Änderung der Atomabstände entspricht der elastischen Verformung eines Festkörpers, da sie sich zwischen den Atomen oder Molekülen berührungsfrei abspielt und daher voll reversibel sein muß. Nun sind die Atome kristalliner Werkstoffe, durch die allseitig gleiche Krafteinwirkung auf Abstand gehalten, zwar in den dabei entstandenen Kristallgitterebenen weitgehend regelmäßig, jedoch in Wirklichkeit nicht fehlerfrei angeordnet. Fehlstellen, wie Lücken, Eigenspannungen, Platzwechsel oder eingelagerte Fremdatome, bewirken ein nur statistisch oder durch Messung empirisch erfaßbares Verformungsverhalten, das von Anfang an bereits zu einzelnen Gleitungen in den Kristallgitterebenen führt. Diese nicht reversible Gestaltsänderung bewirkt, daß auch in der Nähe der Spannung null mit einem vollelastischen Verhalten nicht mehr gerechnet werden kann. Darüber hinaus ergibt sich, daß die aus der Kraftwirkung der Atome errechenbare theoretische Zugfestigkeit um mehr als eine Zehnerpotenz höher als die praktisch erreichbare ist.

Im zunehmend plastischen Bereich kommt es zu einem Wettstreit zwischen der bleibenden Verformung und der Verfestigung, die bei metallischen kristallinen Werkstoffen durch härtere Korngrenzen oder Gitterzerstörungen hervorgerufen wird. Das Ende kann ein Gleichgewichtszustand oder ein nach längerer Zeit eintretender Bruch sein. Die Temperatur ist dabei von entscheidendem Einfluß.

Der Zeiteinfluß spielt bei metallischen Stoffen insofern eine Rolle, als sich durch Ausscheidungsvorgänge, die im submikroskopischen Gebiet liegen, eine langsame Verfestigung (Alterung) einstellt. Auch durch Erwärmung geförderte Platzwechsel eingelagerter fremder Atome können dazu – allerdings auf Kosten der Verformungsfähigkeit – beitragen.

Bei Beton ist die Mitwirkung bleibender Verformungen im Spannungs-Dehnungs-Schaubild an der nach unten gekrümmten Spannungslinie augenscheinlich erkennbar. Dies bewirken die bereits im elastischen Bereich wirksamen Inhomogenitäten, hervorgerufen durch in ihrem mechanischen Verhalten sehr unterschiedliche Bestandteile, dem Zuschlag und dem Zementstein. Bei zunehmender Druckspannung erfolgt hier das Versagen durch anfangs nur mit Schallemissionsverstärkung hörbar zu machende Mikrorisse, die über einen Bereich der Gefügeauflockerung schließlich zur Gefügezerstörung führen. Wegen der – verglichen mit der Druckfestigkeit – geringen Zugfestigkeit von Beton muß dieser in den meisten Anwendungsfällen eine Bewehrung erhalten und wird dadurch zum Stahl- oder Faserbeton. Bei einer bestimmten Last geht dann der Zerstörung der meist im Bauteil zugelassene Trennbruch vom weniger dehnfähigen Beton des auf Zug beanspruchten Bereiches voraus. Eine gerippte oder profilierte Bewehrung oder eine Faserbewehrung vermehrt in erwünschter Weise die Anzahl der entstehenden Haarrisse und vergrößert u. a. das Dehnvermögen dieses Verbundwerkstoffes erheblich. Die Berechnung nach dem Traglastverfahren trägt dem damit verbundenen Spannungsausgleich Rechnung [F 1.3-4].

Organische Werkstoffe haben – wegen der vorhandenen kettenförmigen und verzweigten Molekülanordnungen – einen etwas anderen Zerstörungsmechanismus, obwohl auch hier die Bindekräfte die Atomabstände bestimmen. Lösungsmittel, Weichmacher und eine mehr oder weniger enge Vernetzung sorgen von Anfang an für ein gemischt elastischplastisches Verformungsverhalten.

Bereits die Vielfalt der Versagensformen läßt vermuten, daß die Beanspruchbarkeit eines Werkstoffes nicht allein durch die Angabe einer einzigen mechanischen Kenngröße, die – einmal ermittelt – bei allen Bauteilen unter Nutzlast mit einer verlangten Sicherheit nicht überschritten werden darf, möglich ist.

Bei Werkstoffen, deren Aufbau idealisiert einem mechanischen Kontinuum entspräche, lassen sich die inneren Spannungen ohne weiteres errechnen und angeben. Deren Ermittlung beruht auf der Forderung, daß der Zusammenhalt auch unter Last erhalten bleiben muß, und daß die Kräfte an einem herausgeschnitten gedachten Elementarkörper (Würfel oder Tetraeder) im Gleichgewicht sein müssen. Angenommen, es läge nun ein solcher allgemeiner Verformungszustand vor, dem auch ein eindeutig zuzuordnender Spannungszustand entspricht. Beide können dann durch die Gleichungen

$$\varepsilon_x = \frac{1}{E}[\sigma_x - v(\sigma_y + \sigma_z)] \tag{F 1.3-1},$$

$$\varepsilon_y = \frac{1}{E}[\sigma_y - v(\sigma_z + \sigma_x)] \tag{F 1.3-2},$$

$$\varepsilon_z = \frac{1}{E}[\sigma_z - v(\sigma_x + \sigma_y)] \tag{F 1.3-3}$$

und

$$\sigma_x = \frac{E}{1+v}\left(\varepsilon_x + \frac{v e}{1-2v}\right) \tag{F 1.3-4},$$

$$\sigma_y = \frac{E}{1+v}\left(\varepsilon_y + \frac{v e}{1-2v}\right) \tag{F 1.3-5},$$

$$\sigma_z = \frac{E}{1+v}\left(\varepsilon_z + \frac{v e}{1-2v}\right) \tag{F 1.3-6}$$

beschrieben werden, vgl. Abschn. A.

Spannungen sind definitionsgemäß immer einer durch den betrachteten Punkt gehenden Schnittebene zugeordnet. Daher kann der an dieser Stelle herrschende Spannungszustand nicht (z. B. wie die Temperatur) durch eine einzige Größe, sondern nur – getrennt nach Normal- und Schubspannung – in Abhängigkeit vom Schnittwinkel α mit den gewählten Koordinatenachsen durch die Hauptnormal- und Hauptschubspannungen gekennzeichnet werden. Der mathematische Zusammenhang läßt sich anschaulich im sog. Mohrschen Spannungskreis darstellen, Bild F 1.3-2 (vgl. Abschn. A 2.5).

Die als bekannt vorausgesetzten schubspannungsfreien Normalspannungswerte (Hauptnormalspannungen σ_1, σ_2 und σ_3) ergeben darin die drei Halbkreise. Das Bild zeigt die in einem Punkt P_n herrschende Normal- und Schubspannung (σ_n und τ_n), wenn unter den Winkeln α_1 und α_3 die Koordinatenebenennormalen n_1 und n_3 geschnitten wurden. Betragen diese Winkel (wie gleichfalls eingezeichnet) 45°, so erhält man die Größtwerte der Schubspannungen τ_1, τ_2 und τ_3, denen die Normalspannungswerte $\sigma_{1\tau1}$, $\sigma_{2\tau2}$ und $\sigma_{3\tau3}$ zugeordnet sind.

Im Falle, daß es sich bei der Schnittebene um schubspannungsfreie Hauptspannungsebenen handelt, gehen die Dehnungen ε_x, ε_y und ε_z und die Spannungen σ_x, σ_y und σ_z in die Hauptdehnungen und Hauptnormalspannungen (ε_1, ε_2, ε_3 bzw. σ_1, σ_2, σ_3) über.

Ein räumlicher Spannungszustand ist allgemein durch die drei Normalspannungen σ_x, σ_y, σ_z und die drei Schubspannungen parallel zu den senkrecht zueinander stehenden Ebenen (τ_{xy}, τ_{yz}, τ_{zx}) beschrieben. Die drei Hauptspannungen lassen sich dann als die drei Wurzeln der kubischen Gleichung

$$\sigma^3 - A\sigma^2 + B\sigma - C = 0 \tag{F 1.3-7}$$

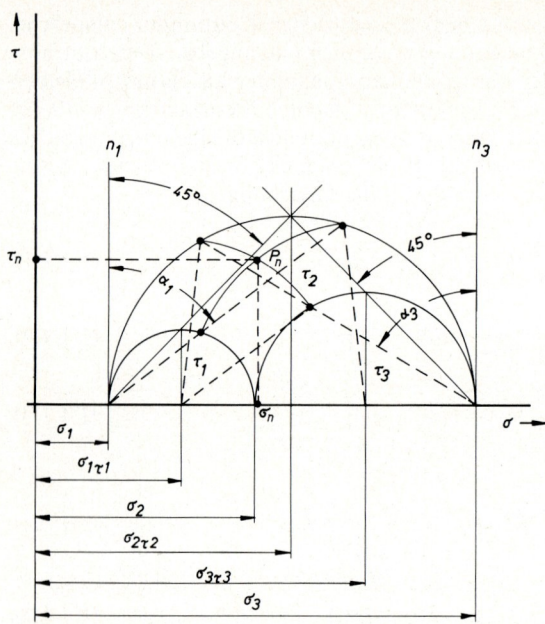

Bild F 1.3-2. Darstellung eines dreiachsigen Zugspannungszustands nach *Mohr*.

errechnen [F 1.3-5]. Darin bedeuten die drei Invarianten:

$$A = \sigma_x + \sigma_y + \sigma_z \qquad \text{(F 1.3-8)},$$

$$B = \sigma_x \sigma_y + \sigma_y \sigma_z + \sigma_z \sigma_x - \tau_{xy}^2 - \tau_{yz}^2 - \tau_{zx}^2 \qquad \text{(F 1.3-9)}$$

$$C = \sigma_x \sigma_y \sigma_z + 2\tau_{xy}\tau_{yz}\tau_{zx} - \sigma_x \tau_{yz}^2 - \sigma_y \tau_{zx}^2 - \sigma_z \tau_{xy}^2 \qquad \text{(F 1.3-10)}.$$

Die in den Gl. (F 1.3-3) bis (F 1.3-6) vorkommenden beiden Werkstoffkenngrößen, der Elastizitätsmodul E und die Querkontraktionszahl v, sind mit dem Gleitmodul G durch einen sich aus der Verformungsgeometrie ergebenden Zusammenhang [F 1.3-6] verbunden:

$$E = 2G(1 + v) \qquad \text{(F 1.3-11)}.$$

Unter der mittleren Raumdehnung e versteht man die Summe

$$e = \varepsilon_x + \varepsilon_y + \varepsilon_z \qquad \text{(F 1.3-12)}.$$

Die mittlere Raumdehnung entsteht unter der Wirkung eines allseitigen (hydrostatischen) Druckes p. Der Kompressionsmodul K, ein weiterer Werkstoffkennwert, ergibt sich zu:

$$K = -\frac{p}{e} = -\frac{E}{3(1 - 2v)} \qquad \text{(F 1.3-13)}.$$

Vermindern sich zwei der Hauptnormalspannungen auf null, so entsteht ein einachsiger Spannungszustand, und gleichzeitig geht der Kompressionsmodul K stetig in E über. Schließlich wird für die rechnerische Behandlung von Längswellen noch ein Werkstoffkennwert verwendet, der als Longitudinalwellenmodul

$$L = \frac{\sigma}{\varepsilon} = \frac{E(1 - v)}{(1 + v)(1 - 2v)} \qquad \text{(F 1.3-14)}$$

definiert ist. Hier ist die Wirkung der Spannung σ senkrecht zu einer Plattenoberfläche gedacht. Unter der Dehnung ε wird darin die bezogene Längenänderung eines Plattenstreifens bei unterdrückter Querkontraktion verstanden.

Die vom Elastisch-Isotropen abweichenden Verformungsweisen im überelastischen Bereich machen es bei allen Werkstoffen erforderlich, Spannungskennwerte einzuführen. Bei kristallinen Werkstoffen, wie beispielsweise bei Stahl, ergeben der Beginn und das Ende größerer, in den Kristallgitterebenen vor sich gehender, später den ganzen Querschnitt durchsetzender Gleitungen die Streckgrenzen R_{eH} und R_{eL}.

Nach weiteren Verformungen tritt nach gleichzeitiger Verfestigung die Höchstspannung als festgelegte Zugfestigkeit R_m (DIN 50145) auf. Bei Stählen, die keine ausgeprägte Streckgrenze R_{eH} aufweisen, definiert die gleiche DIN-Norm eine Spannung als 0,2%-Grenze, bei der die bleibenden Verformungen 0,2% der Meßlänge erreichen. Für praktisch noch ausreichendes „elastisches" Verhalten läßt man eine größte bleibende Verformung von 0,01% zu und definiert damit eine Grenzspannung, die technische Elastizitätsgrenze $R_{p\,0,01}$ genannt wird.

Zum Einfluß der beiden weiteren Hauptspannungen im Fall eines räumlichen Spannungszustandes kommen bei fortgeschrittener Verformung und bei den verschiedenen Stoffen noch Werkstoffmechanismen zur Wirkung, die das die ESA erleichternde idealisierte linearelastische Verhalten zunichte machen können. Die ursprünglich der Berechnung oder Dehnungsauswertung zugrunde gelegte Form des Bauteils kann sich dann so verändert haben, daß die ausgewanderten Wirkungslinien der äußeren Kräfte bereits eine stark abweichende Beanspruchung bewirken.

Das Versagen eines Bauteils kann nicht immer allein durch die gemessenen örtlichen Dehnungen hinreichend verläßlich vorausgesagt oder beurteilt werden. Neben dem Spannungszustand üben auch die Form des für das Versagen maßgebenden Querschnittes (Stützwirkung), die Belastungsdauer (Standfestigkeit), die Veränderlichkeit der Belastung (Dauerfestigkeit, Formänderungsgeschwindigkeit und Stoß) sowie die Temperatur einen entscheidenen Einfluß auf die Art und den Zeitpunkt des Versagens aus. Von gleichfalls möglichen Korrosionseinflüssen sei in diesem Zusammenhang abgesehen.

F 1.4 Versagen von Bauteilen und Konstruktionen

F 1.4.1 Werkstoffbedingtes Versagen

Das Versagen eines Bauteiles oder einer Konstruktion kann durch eine im Gebrauch auftretende unzumutbare örtliche Spannung bedingt sein, bei der die Kohäsion des Werkstoffes überwunden wird. Da in der Regel dafür mehrere Einflußgrößen bestimmend sind und auch Unzulänglichkeiten bei der Herstellung oder beim Einbau mit einbezogen werden müssen, spricht man heute allumfassend von einer Versagenswahrscheinlichkeit. Sie berücksichtigt auch den Gleichzeitigkeitsgrad der Einflußgrößen und wird durch einen aus der Erfahrung für ausreichend gehaltenen Sicherheitsabstand gegen die im ungünstigsten Fall auftretende Nutzungsbeanspruchung hinsichtlich ihres Nichteintretens abgesichert. Ein Bruch tritt erfahrungsgemäß aber nicht nur bei einer bestimmten, als zu hoch zu bezeichnenden Grenzspannung ein, er kann auch beim mehrachsigen Spannungszustand, bei wiederholter Spannungsänderung (Schwingbelastung), bei einer schlagartigen Lastaufbringung sowie durch eine Vorgeschichte mit vorübergehenden Spitzenlasten vorzeitig entstehen. Praktisch ist dies dann von größter Bedeutung, wenn durch einen Verlust an Dehnung der Bruch (Sprödbruch) unangekündigt eintritt. Die Verformungsfähigkeit eines Werkstoffs ist demnach eine Werkstoffeigenschaft, aber kein Werkstoffestwert.

Sieht man zunächst von diesen vielfältigen Zusatzeinflüssen ab und betrachtet – sehr vereinfachend – allein den statischen Beanspruchungszustand, wie er auch durch eine ESA über die auftretenden Dehnungen meßtechnisch erfaßt werden kann, so stellt sich auch bei idealisiertem elastischen Verhalten bis zum Bruch die Frage, unter welchen Voraussetzungen ein Werkstoff seinen Zusammenhalt aufgibt. Bei der Antwort wird auf eine für den jeweiligen Werkstoff passende Festigkeitshypothese zurückzugreifen sein, selbst dann, wenn es sich nur um einachsige Beanspruchung handelt [F 1.4-1].

Es liegt zunächst nahe, gemäß der Normalspannungshypothese davon auszugehen, daß die jeweils größte Normalspannung einen zu ihr senkrecht verlaufenden Bruch bestimmt. Im Augenblick des Versagens wird die Trennfestigkeit des Werkstoffs erreicht. Dies trifft aber, wie Versuche gezeigt haben, nur bei spröden Werkstoffen zu, die bis zum Bruch ein einigermaßen elastisches Verhalten zeigen; bei zähen Werkstoffen gilt das nur dann, wenn alle drei Hauptspannungen Zugspannungen und etwa von gleicher Größe sind (Sprödbruch).

Berücksichtigt man, daß porenfreie zähe Werkstoffe ein dreiachsiger (hydrostatischer) Druckspannungszustand nicht zerstören kann, so erhält die Gestaltänderungshypothese ihre Berechtigung. Da die Raumänderungsenergie eine vollständig zurückgewinnbare elastische Größe darstellt, braucht sie bei der Gestaltänderung durch plastische Verformungen nicht berücksichtigt zu werden. Diese Hypothese besagt, daß für den Beginn des Fließens oder für das Erreichen eines Verfestigungszustandes die Gestaltänderungsenergie für alle Spannungszustände dieselbe sein muß. Für die reine Gestaltänderung (ohne Rauminhaltveränderung) ermittelt man dann jene Vergleichsspannung σ_V, die bei einachsigem Zug den gleichen Zustand des Fließens hervorrufen würde. Sie ergibt sich mit

$$\sigma_V = \frac{1}{\sqrt{2}} \sqrt{(\sigma_1 - \sigma_2)^2 + (\sigma_2 - \sigma_3)^2 + (\sigma_3 - \sigma_1)^2} \qquad \text{(F 1.4-1)}.$$

Erreicht die Vergleichsspannung die Fließgrenze R, die 0,2%-Grenze bzw. bei dynamischer Beanspruchung den ertragbaren Spannungsspitzenwert oder die Wechselfestigkeit, dann führt sie zum Bruch, weil zähe Werkstoffe bleibende Verformungen bei diesen Beanspruchungsarten nur in sehr geringem Maße zu ertragen vermögen.

Frühere Überlegungen, die Hypothesen, die größte Schubspannung oder die größte Dehnung seien maßgebend, ließen sich durch Versuche nicht bestätigen und gelten daher i. a. als weniger brauchbar. Für die Normalspannungshypothese gilt als Vergleichsspannung die größte positive Normalspannung bei Zug oder die größte negative bei Druck [F 1.3-5, S. 112; F 1.4-2].

Entsprechend den Versagensmöglichkeiten werden bei Stählen in der DIN 17100 die Zugfestigkeit und die obere Streckgrenze als Kenngrößen für die Festigkeit (St 330 bis St 700, Mindestzugfestigkeiten in N/mm^2) genannt. Für die Kennzeichnung des Verformungsverhaltens dienen in der gleichen Norm die nach Dicke gestuften Bruchdehnungen und der 180°-Faltversuch (DIN 50111) in Längs- und Querrichtung. Über das Verhalten bei schlagartiger Beanspruchung oder dreiachsigen Spannungszuständen gibt die ebenfalls je nach Dicke unterschiedlich große Kerbschlagarbeit (DIN 50115, in J) Aufschluß.

Wiederholtes Belasten bewirkt bei allen Werkstoffen ein Absinken der Versagensgrenze (Dauerbruch). Bei Stahl wird bis zu 10^7 Lastspielen geprüft und der Spannungsausschlag um eine gegebene Mittelspannung als Dauerschwingfestigkeit bezeichnet. Bei noch häufigerer Belastung ist ein späteres Versagen (anders als z. B. bei den Kunststoffen) erfahrungsgemäß nicht mehr zu erwarten (DIN 50100). Vorbelastungen („Hochtrainieren"), Temperatur, das umgebende Medium (z. B. Meerwasser) und die Oberflächenbeschaffenheit des Bauteiles haben auf das Ergebnis der Dauerschwingfestigkeit sehr großen Einfluß.

Aber auch eine ruhende, sehr lang andauernde Belastung bewirkt bei den Werkstoffen i. a. eine Zunahme der Anfangsverformung, die bei Zug auch nach langer Zeit noch zum Bruch führen kann. Zur zeitraffenden Prüfung (Zeitstandversuch DIN 50117, 50118 und 50119) beobachtet man die Dehnungszunahme in einem bestimmten Zeitabschnitt, aus der dann mit ausreichender Sicherheit auf das spätere Verhalten geschlossen werden kann. Die DIN 50117 definiert eine Kriechgrenze, die insbesondere bei Stählen für Spannbeton (DIN 4227) besonders wichtig geworden ist. Korrosion, Erwärmung und Kerben haben als weitere Einflußgrößen für den Versagenseintritt Bedeutung.

Bemerkenswert ist, daß eine die Raumtemperatur überschreitende Erwärmung bei metallischen (und mineralischen) Werkstoffen etwa bis 200 °C eine Erhöhung der Festigkeit bewirkt. Bei höheren Temperaturen nimmt dann die Dehnung i. a. zu, die Festigkeit dagegen sehr rasch ab. Bei Stählen kann dies durch geeignete Legierungsbestandteile in Grenzen hinausgeschoben werden (Warmstähle).

Der Einfluß der Gestalt zeigt sich vor allem darin, daß vom Bauteil abweichende Probekörper nicht die gleichen Bruchspannungen ergeben und bei verschiedenen Querschnittsformen auch im elastischen Bereich einen unmittelbaren Vergleich untereinander nicht zulassen. Beim Zugversuch geben größere Querschnitte wegen der gesteigerten Fehlerwahrscheinlichkeit i. a. immer schlechtere Werte als kleine. Bei der Querschnittsform spielt auch die Verlagerung der Kraftwirkungslinie, also ein Prüfmaschineneinfluß, im Augenblick des Nachlassens des Probenwiderstands eine oft nicht zu vernachlässigende Rolle.

Bei gedrungenen Betonprüfkörpern ist im Druckversuch die Behinderung der Querverformung durch die Reibung an den Druckplatten von großem Einfluß. Man unterscheidet daher zwischen Zylinder-, Würfel- und Prismendruckfestigkeit. Dünne, plattenförmige Proben sind in ihrer Querverformung fast gänzlich behindert und ergeben dadurch stark überhöhte Druckfestigkeitswerte, die bei allen mineralischen Baustoffen ihre Grenze durch die Kornzertrümmerungsfestigkeit finden. Zähe Werkstoffe (wie z. B. weicher Stahl) sind dagegen im Druckversuch wegen Erreichens der Prüfmaschinenhöchstkraft nur verformbar, aber nicht zerstörbar. Die Spannungserrechnung aus gemessenen Dehnungen wird nach Hinzutreten der ersten größeren plastischen Verformung dadurch schwierig und manchmal auch fragwürdig, weil sich das theoretisch begründete und zugrunde gelegte Spannungs-Dehnungs-Verhalten sehr verändert hat. Selbst vom Zugversuch weiß man, daß Kennwerte, wie z. B. die Streckgrenze, in Kerben nicht mehr stimmen. Bei Biegungs-, Verdrehungs- und Scherbeanspruchungen begnügt man sich entweder mit der fiktiv gewordenen Anfangsverteilung (linear bzw. gleichmäßig über den Querschnitt) oder man verzichtet einfach auf die Zuordnung der gemessenen Dehnungen zu den Spannungen und beurteilt nur jene nach ihrem Verlauf in Abhängigkeit von der aufgebrachten Belastung (durch Kräfte oder durch den Innendruck bei Gefäßen). Die Umrechnung in Spannungen setzt dann die Kenntnis des Spannungs-Dehnungs-Zusammenhanges im plastischen Bereich voraus. Er kann aus Versuchen getrennt ermittelt werden.

Experimentell kann der Querschnittsbereich, in dem Fließen bereits stattgefunden hat, nicht nur durch Vergleich des Verlaufes der Dehnungslinien erkannt, sondern auch nach dem Versuch mit Hilfe des Fryschen Ätzmittels (120 cm^3 konzentrierte Salzsäure, 90 g Kupferchlorid und 100 cm^3 Wasser) an der längsgeteilten, bereits belasteten Probe sichtbar gemacht werden [F 1.3-5, S. 96].

Eine gewisse Unsicherheit in die Erfassung der Spannungsverteilung in einem Querschnitt bringt auch die nachweisbare Stützwirkung noch weitgehend elastisch verformter angrenzender Probenteile, die eine scheinbare Erhöhung der Fließgrenze verursachen können. Die Überprüfung derartiger Einflüsse fällt ebenfalls in das Gebiet der ESA.

Schlagartige oder sehr rasche Beanspruchungen vergrößern die für die statische Last errechneten Spannungen. Im Grenzfall, wenn die Last (ohne Fallhöhe) plötzlich aufgebracht wird, steigen sie bereits rechnerisch auf das Doppelte. Bringt eine auffallende Masse kinetische Energie mit, dann wird durch die Vergrößerung der Spannungen und Verformungen die innere Verformungsarbeit im oberen Grenzfall um den gleichen Betrag gesteigert und bewirkt anschließend periodische, durch die innere Reibung abklingende Schwingungen. Die Spannungen an der Aufschlagstelle können, wenn auch kurzzeitig, überaus hohe Werte annehmen.

F 1.4.2 Stabilitätsbedingtes Versagen

Die bisher behandelten Versagensbedingungen hatten zur Voraussetzung, daß sich das betrachtete Bauteil auch nach Aufbringen der äußeren Kräfte nur wenig verformt und daß sich die Kraftwirkungslinien nur vernachlässigbar wenig verändern. Die rechnerische Erfassung war dann wegen der auf den Anfangszustand bezogenen Gleichgewichtsbedingungen einfacher. Die bei kleiner Last noch stabile Gleichgewichtslage eines Bauteiles oder einer Konstruktion kann aber unter der Einwirkung von größeren Druck- oder Schubkräften (nicht aber von Zugkräften) instabil werden. Als Beispiel diene der mittig gedrückte Stab, der von einem bestimmten Schlankheitsgrad an (Verhältnis von Knicklänge zum kleinsten Querschnittsträgheitshalbmesser) zum Ausknicken neigt. Wird dieser kritische Schlankheitsgrad aber unterschritten, dann verläßt der Stab seine ursprüngliche Mittellinie nicht und wird – gerade bleibend – durch Druck zerstört.

Instabile Belastungsfälle treten meistens bei elastischem, elastisch-plastischem und plastischem Werkstoffverhalten ein, wenn die ursprünglich gerade Achse eines Bauteiles auf Druck beansprucht wird. Tritt ein Drill- und/oder Biegemoment hinzu, dann spricht man im allgemeinen Fall von Biegedrillknickung. Die rechnerische Erfassung dieser Stabilität ist z. Z. noch nicht in allen Fällen möglich, insbesondere dann nicht, wenn die Betrachtungen auch auf den plastischen Bereich ausgedehnt werden müssen [F 1.4-3]. Für die einfachen Fälle der Knickung liegen dagegen exakte Lösungen vor, doch diese bedürfen im Grenzbereich manches Mal einer empirischen Korrektur. Als Beispiel diene die von *Euler* für mittig gedrückte schlanke Stäbe errechnete Knickkraft mit dem Verlauf einer kubischen Hyperbel. Die Eulersche Knickkraft darf so lange verwendet werden, wie die – von der technischen Elastizitätsgrenze an – stark zunehmenden bleibenden Verformungen nicht den Elastizitätsmodul wesentlich verändert haben. In diesem Bereich stimmt die Knickkraft mit einer aus Versuchen ermittelten Tetmajer-Geraden überein, die bei weiter abnehmendem Schlankheitsgrad bei der zur Zerstörung führenden Druckspannung (Quetschgrenze) endet, Bild F 1.4-1. Die aus Versuchen zu ermittelnde Lage der Tetmajer-Geraden ist werkstoffabhängig. Die Eulersche Knickkraft enthält aber neben dem querschnittsabhängigen Trägheitsradius i in $\lambda = l/i$ nur den Elastizitätsmodul E.

Sie ist demnach nicht von der Werkstoffestigkeit beeinflußt. Die Art der Stabendenlagerung (verschieblich, gelenkig oder fest eingespannt) ist auf die Knickkraft von überschaubarem Einfluß. Sie wird in der Regel durch eine äquivalente „freie Knicklänge" in der Rechnung berücksichtigt.

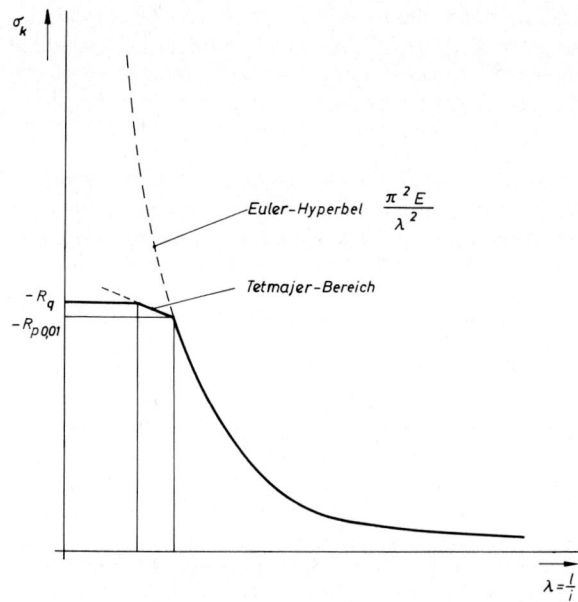

Bild F 1.4-1. Knickspannung eines Stabes in Abhängigkeit von seinem Schlankheitsgrad $\lambda = l/i$.

Weitere Stabilitätsfälle sind das Kippen von auf Biegung und Längsdruck beanspruchten Trägern, das Beulen von bogenförmigen Stäben, Platten, zylindrischen oder doppelgekrümmten Schalen. Bei allen Stabilitätsproblemen spielen die Bauunzulänglichkeiten (sog. Imperfektionen) eine nicht zu vernachlässigende Rolle, da sie oft zu Versuchsergebnissen führen, die von den errechneten erheblich abweichen.

Die DIN 4114 übernahm eine auf die Praxis zugeschnittene Berechnungsart, das sog. ω-Verfahren. Dabei wird eine Knickzahl

$$\omega = \sigma_{z\,zul}/\sigma_{d\,zul} \qquad (F\,1.4\text{-}2)$$

eingeführt, die vom Schlankheitsgrad λ des Knickstabes und von der Baustahlsorte abhängt. Sie ist Tabellen zu entnehmen. Die maximal zulässigen Schlankheitsgrade werden in dieser DIN-Norm für bestimmte Anwendungsfälle festgelegt.

Den Bauunzulänglichkeiten wird bei der Festlegung der ω-Knickzahlen Rechnung getragen, indem man die Knickkraft etwas außerhalb des Stabschwerpunktes wirken läßt. Diese als unvermeidbar angenommene Außermittigkeit ist bei

$$u = i \left(0,05 + \frac{\lambda}{500} \right) \qquad (F\,1.4\text{-}3)$$

mit dem Trägheitsradius i des Querschnittes und dem Schlankheitsgrad λ anwachsend in die ω-Werte eingerechnet.

Außer den klassischen Instabilitätsfällen gibt es noch die bereits erwähnten, die durch Zusammenwirken mehrerer Belastungsarten (Druck, Biegung und Verdrehung) zustande kommen. Ringförmige Bauteile können durch Einzel- oder Streckenlasten ebenso zum Einbeulen gebracht werden wie von außen unter Druck gesetzte Rohre. Auch Temperaturänderungen verursachen durch die hervorgerufenen Längenänderungen bei Behinderung einen störenden Eigenspannungszustand, der ein Ausknicken oder ein Ausbeulen zur Folge haben kann. Die entstandenen Wärmespannungen sind dem Elastizitätsmodul verhältnisgleich. Die throetische Erfassung wird schwierig, weil das bei statischer Belastung zulässige Superpositionsgesetz bei Instabilität nicht mehr gilt.

Da für den Grenzwert der Stabilität das kleinste Trägheitsmoment des Bauteilquerschnitts maßgebend ist, kann die Belastbarkeit durch Hinzufügen von Verstärkungen um so mehr vergrößert werden, je weiter diese von der Schwerpunktachse des Querschnitts entfernt liegen. Abstände gehen nämlich mit dem Quadrat in die Berechnung ein.

Interessant ist auch der Zusammenhang zwischen Eigenfrequenz und Stabilität eines Bauteiles. Da beide von den tatsächlich vorhandenen Trägheitsmomenten abhängen, wird es möglich, aus der nach längerer Gebrauchszeit abnehmenden Eigenfrequenz auf unerwünschte Veränderungen in den Verbindungsmitteln (z. B. durch Korrosionswirkung) zu schließen. Durch aufgezeichnete Dehnungsmessungen können die Veränderlichkeit der Eigenschwingungszahl und die Schwingungsdämpfung leicht erkannt werden.

Die ESA muß bei der Feststellung des Knick- oder Beulbeginns mit einem breiten Streufeld rechnen, das seine Ursache in den unvermeidbaren Ungenauigkeiten der Versuchskörperherstellung und den oft sehr schwer verwirklichbaren beabsichtigten Randbedingungen hat.

F 1.4.3 Verformungsbedingtes Versagen

Bei der Einschätzung der durch die ESA gemessenen Werte ist zu beachten, daß nicht nur eine nicht ausreichende Festigkeit des Werkstoffes oder die Stabilität zum Versagen eines Bauteiles führt. Die maßgebenden kritischen Werte (technische Elastizitätsgrenze und Bruchfestigkeit bzw. das Eintreten von Knicken, Beulen oder Kippen) und die dabei nachgewiesene Sicherheit brauchen nicht allein ausschlaggebend zu sein. Auch eine zu geringe Steifigkeit der Konstruktion kann die Gebrauchstauglichkeit in Frage stellen, ohne daß es zur Zerstörung betroffener Bauteile kommt. Die Steifigkeit einer Konstruktion ist von der Festigkeit und Stabilität gänzlich unabhängig. Sie wird von der geometrischen Form und dem Elastizitätsmodul bestimmt. Die Verformung unter einer gegebenen Last ist dem Elastizitätsmodul verhältnisgleich, was vor allem dann beachtet werden muß, wenn die Verwendung leichter Werkstoffe (z. B. von Kunststoffen) gleichzeitig auch kleine Elastizitätsmoduln mit sich bringt. Bei metallischen Werkstoffen ist dieser Werkstoffkennwert nur in engen Grenzen veränderbar. Ein Härten oder Vergüten von Stahl bringt hinsichtlich der Steifigkeit praktisch kaum eine Verbesserung. Andererseits kann eine Faserbewehrung (z. B. mit Whiskern) auch bei sehr nachgiebigen Kunststoffen eine beachtliche Steifigkeitsverbesserung bringen. Mit dünneren Fasern ist ein Elastizitätsmodul zu erreichen, der um eine Zehnerpotenz höher als der von Stahl liegt.

Da der Einfluß der Querschnittsform, z. B. bei Biegung, durch die dritte Potenz der Höhe bestimmt wird, ist es von großem Einfluß, wie der Querschnitt gestaltet und an welcher Stelle er vergrößert wird.

Innerhalb einer Konstruktion ist die Steifigkeit der einzelnen Bauteilverbindungen von Bedeutung, weil sehr steife Verbindungsmittel, wie z. B. Schweißnähte, bei aufgezwungenen Verformungen viel mehr beansprucht werden als weichere, wie z. B. Schraub- und Nietverbindungen. Ein unmittelbares gleichzeitiges Zusammenwirken und gegenseitiges Verstärken ist dadurch nur in sehr geringem Ausmaß möglich.

Zur Wirtschaftlichkeit einer Bauweise kann es manchmal beitragen, wenn man gezielt die Überschreitung der Fließgrenze in bestimmten Querschnitten (die sog. Fließgelenke im Stahlbau) oder das Erreichen bleibender Verformungen in bestimmten Querschnittsbereichen zuläßt. In diesen Fällen gilt der für elastische Verformungen ermittelte Elastizitätsmodul natürlich nicht mehr, und er muß durch den wesentlich kleineren, veränderlichen Sekanten- oder Tangentenmodul ersetzt werden. Ein linearer Zusammenhang zwischen Dehnung und Spannung ist dann nicht mehr gegeben. Die Auswertung setzt in diesem Bereich gemessener Dehnungen ein bekanntes Werkstoffgesetz voraus, was die Aufgabe nicht wenig erschwert und u. U. unmöglich macht.

Meßwerte können bei der ESA dadurch verfälscht werden, daß im Meßobjekt Eigenspannungen vorliegen. Die dadurch hervorgerufenen Dehnungen überlagern sich mit den durch die bekannte Belastung erzeugten. Falls die Vorgeschichte des Bauteiles Eigenspannungen nicht sicher ausschließt, darf man einen entsprechenden Aufwand zu ihrer Erfassung nicht scheuen (vgl. Abschn. C 2).

Es ist zu bedenken, daß bereits durch den Herstellungsvorgang, wie er beim Walzen von Stahl oder beim Schwinden von bewehrtem Beton durchlaufen wird, immer ein Eigenspannungszustand entstehen muß, der nur bei metallischen Werkstoffen oder Kunststoffen durch eine Wärmebehandlung einigermaßen sicher beseitigt werden kann.

F 1.5 Eigenschaften von Werkstoffen

F 1.5.1 Mechanische Eigenschaften von Metallen

Von den im allgemeinen Maschinenbau und im Bauwesen hauptsächlich verwendeten Metallen (Stahl, Grauguß, Temperguß, Aluminium, Kupfer, Blei, Nickel, Magnesium, Zinn und Zink) spielen nur die vier zuerst genannten bei der ESA eine erhebliche Rolle. Die restlichen finden meist nur als Legierungselemente oder bei nichttragenden Bauteilen Verwendung. Im folgenden werden deshalb ihre wichtigsten Eigenschaften nur tabellarisch erwähnt. Auf die für Bauteile geeigneten Werkstoffe soll dagegen etwas näher eingegangen werden.

Reines Eisen ist für den technischen Gebrauch ungeeignet und muß daher in seinen mechanischen Eigenschaften durch Beigabe von anderen Elementen verbessert werden. Dies geschieht vor allem durch den billigen und bereits in kleinsten Mengen außerordentlich wirksamen Kohlenstoff. Solange von diesem nicht mehr als 1,7% Massegehalt im Eisen enthalten ist und das Eisen ohne Wärmenachbehandlung schmiedbar bleibt oder ist, bezeichnet man kohlenstofflegiertes Eisen als Stahl. Im praktischen Verwendungsbereich aber enthält Stahl nur wenige Zehntelprozent Kohlenstoff.

Gußeisen hat dagegen zwischen 2,7 und 4,2% Massegehalt an Kohlenstoff, dessen Einlagerungsform seine sehr kleine Bruchdehnung und mäßige Festigkeit wesentlich beeinflussen kann. Durch Zugabe geringer Mengen von Magnesium und Cerium scheidet sich der

Kohlenstoff in Kugelform aus und ergibt den wesentlich dehnbareren duktilen Guß (GGG).

Bei Temperguß (DIN 1692) wird der anfangs im weißen Roheisen gelöste Kohlenstoff durch eine Glühbehandlung in Inselform (schwarzer Temperguß) oder – in oxydierender Atmosphäre – als Kohlendioxid ausgeschieden (weißer Temperguß). Die dadurch erzielte höhere Bruchdehnung und Festigkeit kann durch Zugabe von Nickel, das den Kohlenstoff in Lamellen- oder Kugelform zur Ausscheidung bringt, noch beachtlich gesteigert werden.

Im Gegensatz zu den mineralischen Werkstoffen und den Kunststoffen ist der Elastizitätsmodul, der für die Umrechnung der bei der ESA im vorwiegend elastischen Bereich zu messenden Dehnungswerte in Spannungen wichtig ist, Gl. (F 1.2-1), bei Stählen in nur engen Grenzen veränderlich. Bei Gußeisen und den Nichteisenmetallen liegt er vergleichsweise erheblich niedriger. Dies kann hinsichtlich der Steifigkeit bei Bauteilen durch entsprechend dickere Querschnitte und Verrippungen ausgeglichen werden.

Sowohl die Zugfestigkeit als auch die Streckgrenze werden herstellungsbedingt durch die Erzeugnisdicke in zu beachtendem Ausmaß beeinflußt. Werte für dickere Abmessungen liegen etwas niedriger. Die Bruchdehnung ist in Querrichtung bei Walzmaterial geringer als in Längsrichtung und wird in den Normen zur Einschätzung des Verformungsvermögens in Form von Grenzwerten angegeben. Für die ESA bleibt die Bruchdehnung, da sie definitionsgemäß ausschließlich bleibende Verformungen enthält, ohne unmittelbare Bedeutung. Bei Erzeugerdicken unter 3 mm wird für die Meßlänge 80 mm – und nicht der fünffache Durchmesser – gewählt, wie es bei dickeren Erzeugnissen zutrifft. Bruchdehnungsangaben können daher nicht unmittelbar verglichen werden, da sich die örtlichen Dehnungen über die Meßlänge nicht gleichmäßig verteilen.

Einen Einfluß auf Festigkeit und Verformung haben neben den Legierungselementen auch Wärmebehandlungen (Glühen, Härten, Anlassen und Vergüten), wie sie im allgemeinen Maschinenbau in großem Umfang Verwendung finden. Im Bauwesen wird bei Betonstählen auch vom Kaltstrecken Gebrauch gemacht, bei dem man den Werkstoff nach dem Walzen durch Ziehen oder Verdrehen über die Streckgrenze hinaus verformt, der sich dadurch verfestigt. Auch Vergüten ist in manchen Fällen gebräuchlich. Die höchsten Festigkeitswerte (über 1330 N/mm^2) werden dabei an Drähten bis zu 12,5 mm Durchmesser erreicht. Die in den folgenden Tabellen genannten Werkstoffkennwerte können nur Richtwerte sein, denn sie sind bei den meisten Werkstoffen von weiteren Einflußgrößen (Legierungselemente, Verarbeitung, Nachbehandlung u. ä.) abhängig, die nicht in einfacher Form Berücksichtigung finden konnten. Es wurden daher entweder eine möglichst alle bekanntgewordenen Werte umfassende Bereichsangabe oder die in den DIN-Normen zu findenden Mindest- oder Rechenwerte genannt. Das Ziel konnte ohnehin nur sein, dem Anwender der ESA einen Überblick über die Verhaltensweisen zu untersuchender Werkstoffe zu geben. Genauere Werte sind ggf. nur im Versuch zu ermitteln. Diese Abgrenzung scheint vor allem auch deshalb erforderlich, weil die betreffenden Angaben im Schrifttum nicht nur weit zerstreut zu finden sind, sondern sich dort auch oft widersprechen. In Einzelfällen mußten Tabellenfelder mangels glaubhafter Angaben freibleiben. Bei ausgefallenen Ergebnissen ist der Norm der Vorzug gegeben worden. Noch nicht an das SI-System angeglichene Spannungswerte wurden durch Vervielfachen mit 10 in Newton/mm^2 umgerechnet. Der thermische Längenausdehnungskoeffizient bezieht sich in der Regel auf ein mittleres Verhalten zwischen 0 und 100 °C, oder er stellt einen empfohlenen Rechenwert dar, Tabelle F 1.5-1.

Tabelle F 1.5-1   Kennwerte metallischer Werkstoffe.

Werkstoff	Zugfestigkeit R_m N/mm²	Streckgrenze R_{eH} N/mm²	Bruchdehnung A_{10} % längs	quer	Querkontraktionszahl ν	Elastizitätsmodul E 10^3 N/mm²	thermischer Längenausdehnungskoeffizient α 10^{-6} K^{-1}	Bemerkung
Gußeisen DIN 1691	100 bis 400	–	–			75 bis 105	8,6 bis 10,4	mit Lamellengraphit
Gußeisen DIN 1693 Bl. 1 u. 2	350 bis 800	220 bis 500	22 bis 1*)			100	10,4	mit Kugelgraphit, unlegiert
austenitisches Gußeisen DIN 1694	140 bis 280	–	3 bis 1*)			70 bis 113	5,0 bis 18,7	mit Lamellengraphit
austenitisches Gußeisen DIN 1694	380 bis 500	180 bis 310	45 bis 1*)		≈ 0,25	85 bis 150	5,0 bis 18,7	mit Kugelgraphit
weißer Temperguß DIN 1692	340 bis 670	170 bis 440	15 bis 2**)		180	10,0 bis 11,0		
schwarzer Temperguß DIN 1692	350 bis 700	200 bis 550	12 bis 2**)			10,0 bis 11,0		
Stahlguß DIN 1681	380 bis 700	190 bis 420	25 bis 12		0,29 bis 0,30	210 bis 215	12,0	Stahl- u. Eisenwerkstoffblatt 510-62, besonders kleiner E und kleines α bei 36% Ni
Vergütungsstahlguß	450 bis 1200	250 bis 850	22 bis 7*)			(141 bis 150)	(0,0) bis 11,6	
Armco-Stahl	300 bis 380	180 bis 250	32 bis 22		0,28	210	11,9	
Allgemeine Baustähle nach DIN 17100***) St 330	290	175 bis 185	18*)	16*)	0,29 bis 0,30	200 bis 215	11,2 bis 12,5	Probendicke ≧ 3 mm
St 370	340 bis 470	205 bis 235	24 bis 26	22 bis 24				
St 440	410 bis 540	235 bis 275	20 bis 22	18 bis 20				
St 500	470 bis 630	255 bis 295	18 bis 20	16 bis 18				
St 520	470 bis 610	315 bis 355	20 bis 22	18 bis 20				
St 600	570 bis 710	295 bis 335	14 bis 16	12 bis 14				
St 700	670 bis 830	325 bis 365	9 bis 11	8 bis 10				

791

Tabelle F 1.5-1 (Fortsetzung)

Werkstoff	Zugfestigkeit R_m N/mm²	Streckgrenze R_{eH} N/mm²	Bruchdehnung A_{10} %	Querkontraktionszahl ν	Elastizitätsmodul E 10^3 N/mm²	thermischer Längenausdehnungskoeffizient α 10^{-6} K^{-1}	Bemerkung
Vergütungsstähle DIN 17200	500 bis 1450	300 bis 1050	22 bis 9*)		218		
Automatenstähle DIN 1651	350 bis 1100	240 bis 660	11 bis 6*)		200 bis 215		
warmfester Stahl DIN 17175	360 bis 840	215 bis 490	25 bis 14*)	0,29 bis 0,30			für nahtlose Rohre, bei 20 °C
Federstähle DIN 17222	1150 bis 2200	–	(13 bis 9)		206	11,3 bis 12,4	A bei $l_0 = 80$ mm, weichgeglüht
Kesselbleche DIN 17155 Bl. 1	350 bis 560	210 bis 310	3 bis 2*)		200 bis 215	11,2 bis 12.5	
Beton-stähle DIN 1045 BSt 220/340 BSt 420/500 BSt 500/550	340 500 550	220 420 500	18 10 8	0,30 bis 0,33	210	10,0	
wetterfester Stahl WT St 370	360 bis 440	215 bis 235	25*)				
wetterfester Stahl WT St 520-3	510 bis 610	335 bis 355	22*)	0,29 bis 0,30	200 bis 215	12,0 bis 12,4	
Spann-stähle für DIN 4227 St 835/1030	1030	835	7	0,30	205	11,2	warm gewalzt, gereckt und angelassen
St 885/1080	1080	885	7				
St 1080/1230	1230	1080	6				
St 1325/1470	1470	1325	5 bis 6				vergütet
St 1420/1570	1570	1420	6				
St 1375/1570	1570	1375	6				
St 1470/1670	1670	1470	6				kalt gezogen
St 1570/1770	1770	1570	6				

Tabelle F 1.5-1 (Fortsetzung)

Werkstoff	Zugfestigkeit R_m N/mm²		Streckgrenze R_{eH} N/mm²		Bruchdehnung A_{10} %		Querkontraktionszahl ν	Elastizitätsmodul E 10³ N/mm²		thermischer Längenausdehnungskoeffizient α 10⁻⁶ K⁻¹	Bemerkung
rostfreie Baustähle DIN 17440	490 bis	740	225		40 bis 50		0,29 bis 0,30	170		16	Festigkeitsklasse E 225
rostfreie Baustähle DIN 17440	540 bis	830	355		25						Festigkeitsklasse E 355
Aluminium, rein, DIN 1712 Bl. 3	4 bis	140	2 bis	100	24 bis	4	0,30 bis 0,34	70 bis	72	22,4 bis 23,8	siehe auch DIN 1747 Bl. 1
Al-Knetlegierungen DIN 1725 Bl. 1	7 bis	300	4 bis	200	2 bis	20	0,33 bis 0,34	60 bis	78	23,0 bis 24,6	
Magnesiumlegierungen DIN 1729 Bl. 2	160 bis	280	90 bis	160	12 bis	0,5 *)		41 bis	45	26,0	
Zinnspritzguß DIN 1742	80 bis	115	–		1,1 bis 2,5		0,33	55		23,0 bis 33,0	
Zink DIN 17770	100 bis	240	–		40 bis 14			94 bis 130		30,0	Eigenschaften sehr richtungsabhängig
Zinkgußlegierungen DIN 1743 Bl. 2	180 bis	300	150 bis	250	6 bis	1 *)	0,20 bis 0,30	130		27,0	
Zinkspritzguß DIN 1743 Bl. 2	180 bis	350	150 bis	250	6 bis	0,5 *)	0,27	110 bis 130		16,5 bis 29,0	Eigenschaften sehr richtungsabhängig
Kupfer- und Kupferknetlegierungen DIN 17672 Bl. 1	200 bis	1300	50 bis	1200	55 bis	0,5		125		16,0 bis 16,8	auch ausgehärtet
Gußmessing DIN 1709	200 bis	800	80 bis	600	35 bis	4 *)	0,35	80 bis	120	18,4	
Bronzen (Sn, Pb) DIN 1716	200 bis	240	100 bis	140	18 bis	10 *)		110 bis 126			
Bronzen (Sn, Zn, Pb) DIN 1705	240 bis	300	100 bis	170	25 bis	5 *)				17,5	
Bronzen (Al, Fe, Ni, Mn) DIN 1714	450 bis	750	180 bis	400	26 bis	8 *)	0,31	106 bis 115			
Blei DIN 1741, DIN 1719	50 bis	80			4 bis 20		0,44	16 bis	20	29,0	Spritzgußlegierung (Sn, Sb, Cu)

*) A_5 in %;   **) $L_0 = 3d$;   ***) A und R_{eH} je nach Dicke und Meßlänge

F 1.5.2 Mechanische Eigenschaften von mineralischen Stoffen

Mineralische Stoffe bestehen mit wenigen Ausnahmen (z. B. Schlacken und Gläser) aus einem Kornhaufwerk mit unterschiedlichen Korngrößen, das durch Feinkorn auf natürliche (Konglomerate) oder durch ein Bindemittel (Zement, Kalk, Gips u. ä.), durch Brennen oder Sintern auf künstliche Weise verbunden ist.

Das mechanische Verhalten von Beton kommt durch das Zusammenwirken von erhärtetem Bindemittelleim und den Zuschlägen zustande, wobei auch die unvermeidbaren Poren (Wasser- und Luftporen) eine die Festigkeit mitbestimmende Rolle spielen. Bei bis zu 4 mm Größtkorn der Zuschläge spricht man von Mörtel. Eine Ausnahme bildet der im Versuchswesen verwendete Mikrobeton, der auf Grund der Ähnlichkeitsgesetze eine Umrechnung des Modellverhaltens auf das Bauwerk ermöglichen soll und kleineres Größtkorn als 4 mm verwendet. Beton ändert, wie alle feinporigen Stoffe, seinen Rauminhalt nicht nur durch mechanische Beanspruchung und Temperatur, sondern auch durch Feuchtigkeitsänderungen. Bei ESA muß daher beachtet werden, daß sowohl die Temperatur als auch die Feuchtigkeit der Betonbauteile erfaßt werden oder deren Änderungen ausreichend genau bekannt sind.

Das Prüfen und das Messen der Verformungen des Betons in trockenem Zustand scheitern an der Umgebungsluftfeuchtigkeit, die durch Kapillarkondensation dem Bauteil so lange Feuchtigkeit wieder zuführen würde, bis es entsprechend der herrschenden relativen Luftfeuchtigkeit zum hygroskopischen Gleichgewichtszustand des Poren enthaltenden Versuchswerkstoffs (Beton) kommt. Erschwerend wirkt sich bei der Steuerung des Feuchtigkeitsgehalts aus, daß sich einmal durch Austrocknen entleerte Poren durch flüssiges Wasser (im Gegensatz zur Luftfeuchte) nicht mehr im gleichen Ausmaß füllen lassen. Von der Schwindverformung bleibt dadurch nach dem Quellen ein irreversibler Rest zurück. Praktikabler ist es daher, die ESA möglichst in Räumen mit stationärem Temperatur- und Feuchtigkeitszustand durchzuführen, wobei auf den vorher erforderlichen, oft sehr langsamen Ausgleich der innerhalb des Bauteiles vorhandenen Temperatur- und Feuchtigkeitsfelder Rücksicht zu nehmen ist.

Zur Umrechnung von Dehnungen in Spannungen benötigt man auch bei Beton den Elastizitätsmodul, der für den vorwiegend elastischen Bereich in erster Näherung als Rechenwert in der DIN 10345, Tabelle 11, in Abhängigkeit von der Betonfestigkeitsklasse festgelegt worden ist und der auch aus Tabelle F 1.5-2 entnommen werden kann.

Wo es aber auf höhere Genauigkeit ankommt, wird es empfehlenswert sein, an Prismen aus dem gleichen Werkstoff und nach gleichen Lagerungsbedingungen den zur Zeit der Messungen vorhandenen Elastizitätsmodul zu bestimmen.

Schwind- und Kriechvorgänge sind langsam vor sich gehende Raumänderungen und können bei Langzeitmessungen nur durch gleich gelagerte Nullproben erfaßt werden. Die erforderliche Übereinstimmung mit dem Bauteilverhalten zwingt aber zu einem größeren Aufwand, da insbesondere beim Kriechen zahlreiche Vergleichsproben, die gestuft belastet werden, notwendig sind. Soweit es sich nur um die Berücksichtigung des Temperatur- und Schwindanteils der gemessenen Dehnungswerte handelt, ist es am besten, in spannungsfrei bleibenden Bereichen des zu prüfenden Bauteiles Meßstellen einzurichten und deren Längenänderungen infolge von Temperatur und Feuchtigkeit bei der Auswertung der übrigen Bereiche zu berücksichtigen.

Die Festigkeit und damit auch der Elastizitätsmodul von Beton werden von zahlreichen Einflußgrößen bestimmt. Der Elastizitätsmodul ist nicht nur spannungsabhängig (nur bis rund ⅓ der Prismenfestigkeit kann man ihn annähernd als konstant annehmen), sondern er wird auch durch den Wasserzementwert, die Dicke der verkittenden Bindemittelschichten zwischen den Körnern (je nach Bindemittelanteil), die Art des Zuschlags, das

Alter, die Lagerung und den Feuchtigkeitsgehalt beeinflußt. Er kann dabei bis zu rund 60% vergrößert werden. Aber auch die Vorgeschichte, ob bei Erstbelastung oder erst nach wiederholten Lastspielen gemessen wird, ist nicht nebensächlich. Eine mehrachsige Beanspruchung wirkt sich erst auf die Betonfestigkeit in einem Bereich der Belastung aus, in dem die ESA ohnehin wegen der bereits überhandnehmenden bleibenden Verformungen nicht mehr verläßlich auswertbar ist. Da das Erhärten von Beton einen nach längerer Zeit abklingenden Vorgang darstellt, werden auch die mechanischen Eigenschaften und der thermische Längenausdehnungskoeffizient in Abhängigkeit von der Lagerungsart und dem Alter andere sein. Tabelle F 1.5-2 kann daher für alle durch Bindemittel fest gewordenen Werkstoffe nur Richtwerte enthalten.

Neben Natursteinen und Beton zählt man auch die Keramikwerkstoffe zu den mineralischen Werkstoffen. Ihr Ausgangsstoff ist meist Ton (Al_2O_3), in dem in geringer Menge Elemente der oberen Erdrinde, Silizium, Eisen, Calcium, Natrium, Kalium und Magnesium, enthalten sein können. Ähnlich wie beim Beton ist es auch bei der Verarbeitung keramischer Massen nicht möglich, die anzustrebende vollkommene Porenfreiheit zu erzielen. Der Porengehalt liegt bei porösen Erzeugnissen unter 1% Massegehalt, soweit es sich um Ziegel, Schamotte, Tonrohre und Feuertonwaren handelt. Bei dichten Erzeugnissen, aus denen Klinker, Spaltplatten, Kanalisationsrohre oder Baukeramik hergestellt werden, ist er geringer. Die Feinkeramik wird mit mehr als 2% Porenanteil als porös und unter 2% als dicht bezeichnet. Dichte Feinkeramik ist dem Irden- und Steingut bzw. dem Tonzeug, wie z. B. Fliesen und Porzellan [F 1.5-1], vorbehalten. Die sog. sonderkeramischen Werkstoffe werden nur in seltenen Ausnahmen Gegenstand der ESA sein und können daher hier außer Betracht bleiben.

Mehr als bei Beton bestimmt bei keramischen Werkstoffen die Trennfestigkeit das Verhalten. Bei Belastung ist auch hier die auftretende Dehnung zunächst annähernd elastisch und linear zunehmend. Wenn die Zugbeanspruchung weiter gesteigert wird, dann geht die zugehörige Dehnung – bogenförmig verlaufend – in einen plastischen Bereich fast ohne Spannungszunahme über, der aber bei Keramik nur von einer Rißausbreitung vorgetäuscht ist. Zahlreiche strukturbedingte Poren und Einzelanrisse atomarer Schärfe benötigen nämlich eine – wenn auch sehr kleine – Längenzunahme, bis sie in die Tiefe fortzuschreiten gezwungen sind und den Trennbruch einleiten. Mit Hilfe einer Schallemissionsanalyse läßt sich das Auftreten der zahlreichen neu entstehenden Mikrorisse hörbar machen und aufzeichnen. Da die Verformungen keramischer Werkstoffe bis zum Bruch außerordentlich klein (rund 1 bis 2‰ der bei Metall auftretenden) sind, spricht man von Sprödbruch, der genau genommen nur bei Gläsern eintritt [F 1.5-2].

Die Rißausbreitung an scharfen Kerben hat zwangsläufig zur Folge, daß auch der Oberflächenbearbeitung (Glasieren, Schleifen, Polieren u. a.), der Feuchtigkeit und den unvermeidbaren Eigenspannungen infolge unterschiedlicher Wärmeausdehnungskoeffizienten hinsichtlich des Brucheintrittes große Bedeutung zukommt. Bei keramischen Werkstoffen wird ebenso wie bei Metallen die theoretische Festigkeit praktisch nicht annähernd erreicht. Zur Zeit ist man bemüht, einerseits durch eingelagerte Feinstteilchen (z. B. aus ZrO_2) eine Rißverzögerung zu bewirken und dadurch die Bruchverformung etwas zu erhöhen und andererseits die Festigkeit durch ein feineres Gefüge zu steigern.

Für den Modellbau verwendet man häufig Gips, nicht nur, weil er sich leicht spanabhebend bearbeiten läßt, sondern weil seine Querkontraktionszahl mit der des Betons annähernd übereinstimmt. Auch sein Elastizitätsmodul ist durch Mischen mit anderen Werkstoffen und durch Wahl des Wassergehaltes steuerbar. Seine geringe Zugfestigkeit ergibt zwangsläufig Sprödbrüche. Als besonderer Vorteil erweist sich, daß durch Zusatz von Kieselgur (ein Teil auf zwei Teile Gips) ein gut brauchbarer Modellwerkstoff entsteht,

Tabelle F 1.5-2 Kennwerte mineralischer Werkstoffe.

Werkstoff	Rohdichte kg/dm³	Druckfestigkeit −R_m N/mm²	Elastizitätsmodul E 10³ N/mm²	Querkontraktionszahl ν	thermischer Längenausdehnungskoeffizient α 10⁻⁶ K⁻¹	Feuchtedehnung ε 10⁻⁶	Bemerkung
Granit DIN 52100	2,60 bis 2,80	160 bis 240	38 bis 76	0,20 bis 0,26	5,0 bis 11,8	60 bis 180	*E* je nach Richtung der Schieferung
Gneis	2,65 bis 3,00	160 bis 280	13 bis 36			100 bis 130	
Gabbro DIN 52100	2,80 bis 3,00	170 bis 300	67 bis 125	0,27 bis 0,30	6,5	120 bis 130	
Diabas DIN 52100	2,80 bis 2,90	180 bis 250	78 bis 116	0,28	7,5	100	
Basalt DIN 52100	2,95 bis 3,00	250 bis 400	58 bis 103	0,31	6,5	350	
Quarzit DIN 52100	2,60 bis 2,68	150 bis 300	74 bis 77	0,12 bis 0,17	11,8	20	
Kalkstein, einschließlich Marmore	2,65 bis 2,85	80 bis 180	61 bis 90	0,25 bis 0,29	1,3 bis 11,8	90 bis 160	
vulkanische Tuffsteine	1,80 bis 2,00	20 bis 30					
Sandsteine	2,00 bis 2,65	52 bis 145	11,5	0,26	4,6 bis 11,8	300 bis 700	
Gipsmörtel DIN 1168 T. 2	0,70 bis 1,70	2,5 bis 6,0	5 bis 15	0,16 bis 0,22	14,0 bis 25,0		nach DIN 18550 ohne Sand
Zementstein	0,80 bis 1,37	50 bis 80	15 bis 20		10 bis 15	2000 bis 3000	
Mauermörtel DIN 1053 MG I	1,70 bis 2,05	0,4 bis 2,0			8,1	350 bis 400	
Mauermörtel DIN 1053 MG II	1,80 bis 2,15	2,0 bis 10,0			9,0	300 bis 350	
Mauermörtel DIN 1053 MG II a	1,90 bis 2,10	4,0 bis 5,0					
Mauermörtel DIN 1053 MG III	1,95 bis 2,20	8,0 bis 18			8,9 bis 10,0	880 bis 1030	
Mauermörtel DIN 1053 MG III a	1,95 bis 2,20	20 bis 25					
Beton DIN 1045 B5		5	18				Normalbeton, Rohdichte je nach Zuschlagart
Beton DIN 1045 B10		10	22			160	
Beton DIN 1045 B15		15	26			150	
Beton DIN 1045 B25	2,00 bis 2,80	25	30	0,20	9,0 bis 12,0	140	
Beton DIN 1045 B35		35	34			120 bis 140	
Beton DIN 1045 B45		45	37				
Beton DIN 1045 B55		55	39				
Leichtbeton DIN 4232 LB2	0,80 bis 2,00	2,0	5 bis 23		8,0 bis 10,0	4,0 bis 20,0	mit Haufwerksporigkeit

Tabelle F 1.5-2 (Fortsetzung)

Werkstoff	Rohdichte kg/dm^3	Druckfestigkeit $-R_m$ N/mm^2	Elastizitätsmodul E 10^3 N/mm^2	Querkontraktionszahl ν	thermischer Längenausdehnungskoeffizient α $10^{-6}\,K^{-1}$	Feuchtedehnung ε 10^{-6}	Bemerkung
Leichtbeton DIN 4232 LB5		5,0					
Leichtbeton DIN 4232 LB8		8,0					
Leichtbeton DIN 4219 T.1 LB8		8,0					mit geschlossenem Gefüge
Leichtbeton DIN 4219 T.1 LB10		10					
Leichtbeton DIN 4219 T.1 LB15	1,0 bis 2,0	15	5 bis 23		8,0 bis 10,0	4,0 bis 20,0	
Leichtbeton DIN 4219 T.1 LB25		25					
Leichtbeton DIN 4219 T.1 LB35		35					
Leichtbeton DIN 4219 T.1 LB45		45					
Leichtbeton DIN 4219 T.1 LB55		55					
Blähschiefer- u. Blähtonbeton DIN Normalbeton	1,9 bis 2,0	10 bis 43	13 bis 70			110 bis 150	
Müllschlackensinter – Normalbeton	1,20 bis 1,55	6 bis 18	24		9,4 bis 12,5	445	je nach Winter- oder Sommermüll
Müllschlackensinter – Leichtbeton	1,72 bis 1,75	4,7 bis 5,8	10			472	je nach Sandzusatz
Einkornbeton aus Natursand 1/3			9 bis 11			3,7	
Magnetitbeton	3,4 bis 4,0	33 bis 43	33 bis 58		10,0 bis 10,2		
Barytbeton	3,0 bis 3,6	33 bis 53	30 bis 33		18,0 bis 21,2		
Eisenbeton	5,4 bis 6,2	30 bis 40	46 bis 62		11,0 bis 13,0		Zuschläge aus Stahl oder Grauguß
Gasbeton DIN 4164	0,4 bis 0,8	3 bis 7	2,2 bis 3,8		6,0 bis 8,0	100 bis 400	höchstzulässiges Nachschwinden −500
Schaumbeton DIN 4164	0,5 bis 1,6	3 bis 6	2 bis 5		10	800	
Asbestzement DIN 274	1,50 bis 2,00	85 bis 100	20 bis 24	0,17 bis 0,20	12,5 bis 16,7		
Faserbeton mit Stahlfasern	2,4 bis 2,6	43 bis 67	26 bis 39				Spritzbeton
Faserbeton mit Glasfasern	1,2 bis 2,0	15 bis 70	5 bis 24	0,08 bis 0,15			
Acrylbeton	2,3	139	38		17		
Polyesterbeton	2,2 bis 2,4	90 bis 140	20 bis 35	0,28	15 bis 25	200 bis 500	
Reaktionsharzbeton	2,2 bis 2,3	85 bis 110	15 bis 35	0,28	15 bis 22	200 bis 500	mit Quarz als Füllstoff

Tabelle F 1.5-2 (Fortsetzung)

Werkstoff	Rohdichte kg/dm³	Druckfestigkeit $-R_m$ N/mm²	Elastizitätsmodul E 10^3 N/mm²	Querkontraktionszahl ν	thermischer Längenausdehnungskoeffizient α 10^{-6} K^{-1}	Feuchtedehnung ε 10^{-6}	Bemerkung
Reaktionsharz-Mörtel		80 bis 122	21	0,28	20	32,5	
Mauerziegel DIN 105 Mz 4		4					
Mauerziegel DIN 105 Mz 6		6			3,5 bis 5,0		
Mauerziegel DIN 105 Mz 12	1,01 bis 2,20	12	6				
Mauerziegel DIN 105 Mz 20		20	11		4,1		
Mauerziegel DIN 105 Mz 28		28	13		4,1		
Hochlochziegel HLZ 15	1,00 bis 1,40		4				
Leichtziegel DIN 105 Bl. 2 Mz 2,5		2					
Leichtziegel DIN 105 Bl. 2 Mz 5	0,60 bis 0,90	4					
Leichtziegel DIN 105 Bl. 2 Mz 7,5		6			5,0		
Leichtziegel DIN 105 Bl. 2 Mz 15		12					
Leichtziegel DIN 105 Bl. 2 Mz 25	0,80	20					
Leichtziegel DIN 105 Bl. 2 Mz 35		30					
hochfeste Ziegel und Klinker DIN 105 Bl. 3 Mz 45		39					
hochfeste Ziegel und Klinker DIN 105 Bl. 3 Mz 60	1,2 bis 2,50	52			4,0		
hochfeste Ziegel und Klinker DIN 105 Bl. 3 Mz 75		66					
Keramikklinker DIN 105 Bl. 4	1,4 bis 2,5	> 66			5,0 bis 8,0		
Kalksandsteine DIN 106 KS 4		4					
Kalksandsteine DIN 106 KS 6		6					Rohdichte je nach Voll-, Loch-, Block- und Hohlblocksteinen
Kalksandsteine DIN 106 KS 8		8			8,0 bis 8,5		
Kalksandsteine DIN 106 KS 12		12	8				
Kalksandsteine DIN 106 KS 20	0,51 bis 2,20	20	11				
Kalksandsteine DIN 106 KS 28		28					
Kalksandsteine DIN 106 KS 36		36					
Kalksandsteine DIN 106 KS 48		48			8,0	40	
Kalksandsteine DIN 106 KS 60		60					

Tabelle F 1.5-2 (Fortsetzung)

Werkstoff	Rohdichte	Druckfestigkeit $-R_m$	Elastizitätsmodul E	Querkontraktionszahl ν	thermischer Längenausdehnungskoeffizient α	Feuchtedehnung ε	Bemerkung
	kg/dm^3	N/mm^2	$10^3 \, N/mm^2$		$10^{-6} \, K^{-1}$	10^{-6}	
KS-Plansteine mit Dünnbettmörtel	0,6 bis 2,3	12 bis 36	5,8 bis 7,3	0,12	7,5 bis 8,5		
Hüttensteine DIN 398 HS 7,5		6,0					Rohdichte je nach Voll-, Loch- oder Hohlblock-steinen (V, L, Hbl)
Hüttensteine DIN 398 HS 15		12,0					
Hüttensteine DIN 398 HS 25	1,4 bis 2,2	20,0			8,0 bis 10,0		
Hüttensteine DIN 398 HS 35		28,0					
Vollsteine und Vollblöcke aus Leichtbeton DIN 18152 V2/Vbl2		2,0					
Vollsteine und Vollblöcke aus Leichtbeton DIN 18152 V4/Vbl4	0,5 bis 2,0	4,0					
Vollsteine und Vollblöcke aus Leichtbeton DIN 18152 V6/Vbl6		6,0		0,15 bis 0,20			
Vollsteine und Vollblöcke aus Leichtbeton DIN 18152 V12/Vbl12		12,0					
Lochsteine aus Leichtbeton DIN 18149 LLB 4		4,0					
Lochsteine aus Leichtbeton DIN 18149 LLB 6	0,6 bis 1,6	6,0					
Lochsteine aus Leichtbeton DIN 18149 LLB 12		12,0					
Hohlblocksteine aus Leichtbeton DIN 18151 Hbl 2		2,0					
Hohlblocksteine aus Leichtbeton DIN 18151 Hbl 4	0,5 bis 1,4	4,0					
Hohlblocksteine aus Leichtbeton DIN 18151 Hbl 6		6,0					
Hohlblocksteine aus Beton DIN 18153 Hbn 4		4,0					
Hohlblocksteine aus Beton DIN 18153 Hbn 6	1,2 bis 1,8	6,0					

Tabelle F 1.5-2   (Fortsetzung)

Werkstoff	Rohdichte kg/dm³	Druckfestigkeit −R_m N/mm²	Elastizitätsmodul E 10³ N/mm²	Querkontraktionszahl ν	thermischer Längenausdehnungskoeffizient α 10⁻⁶ K⁻¹	Feuchtedehnung ε 10⁻⁶	Bemerkung
Hohlblocksteine aus Beton DIN 18153 Hbn 12	1,2 bis 1,8	12,0					
Gasbetonblocksteine DIN 4165 G 2	0,5	2,0	1,5			500	
Gasbetonblocksteine DIN 4165 G 4	0,7 bis 0,8	4,0	2,0	0,18	8,0		
Gasbetonblocksteine DIN 4165 G 6	0,8	6,0	2,5				
G-Plansteine mit Dünnbettmörtel	0,8 bis 0,9	2 bis 6	1,4 bis 3,2	0,18	5,5 bis 10,5	100 bis 400	
Spaltplatten DIN 18166	1,9 bis 2,0	136 bis 150 (175)	45 bis 49		4,0 bis 8,0	200	
feinkeramische Fliesen mit hoher Wasseraufnahme (>10%) DIN 18155 T.3					9,0		statt Druck- Biegezugfestigkeit
feinkeramische Fliesen mit niedriger Wasseraufnahme (>2,5%) DIN 18155 T.4	2,32	(250)	50 bis 60		5,7 bis 8,0		
Bruchsteinmauerwerk DIN 1053		0,2 bis 1,2					
hammergerechtes Schichtenmauerwerk DIN 1053		0,3 bis 2,2					zulässige Druckspannung je nach Gesteinsart
unregelmäßiges und regelmäßiges Schichtenmauerwerk DIN 1053		0,4 bis 3,0					
Quadermauerwerk DIN 1053		0,8 bis 5,0					
Granitmauerwerk		29 bis 53	30 bis 35		8,4		
Kalksteinmauerwerk		3,5 bis 7,4	20 bis 25		7,5		
Sandsteinmauerwerk		10 bis 12	5 bis 12	0,07 bis 0,26	12,7		Druckfestigkeit
Mauerwerk DIN 1053 aus MZ 15		12 bis 15	3 bis 6				
Mauerwerk DIN 1053 aus MZ 25			8 bis 10				
Mauerwerk DIN 1053 aus MZ 35			10 bis 12		5,0 bis 7,0	60 bis 80	
Mauerwerk DIN 1053 aus HLZ 15	1,80	6 bis 8	3 bis 6	0,22			
Mauerwerk DIN 1053 aus KSV 5		2 bis 8	4 bis 6				
Mauerwerk DIN 1053 aus KSV 5		4 bis 13	5 bis 8	0,07 bis 0,12	6,0 bis 8,5	100	E je nach Mörtelgruppe
Mauerwerk DIN 1053 aus KSV 35		13 bis 20	8 bis 10				

Tabelle F 1.5-2 (Fortsetzung)

Werkstoff	Rohdichte	Druckfestigkeit $-R_\mathrm{m}$	Elastizitätsmodul E	Querkontraktionszahl ν	thermischer Längenausdehnungskoeffizient α	Feuchtedehnung ε	Bemerkung
	kg/dm^3	N/mm^2	$10^3\,N/mm^2$		$10^{-6}\,K^{-1}$	10^{-6}	
Bimsbetonmauerwerk HbL 2,5	je nach Stein- und Mörtelrohdichte	2,0 bis 4,3	0,5 bis 2,5				
Bimsbetonmauerwerk HbL 5			1,5 bis 3,0	0,12 bis 0,21	8 bis 14	200 bis 600	E je nach Mörtelgruppe
Bimsbetonmauerwerk V 2,5		2,0	3,5				
Gasbetonmauerwerk GS 2,5		1,3	1,5 bis 2,0				
Gasbetonmauerwerk GS 5	0,80	4,3	2,5 bis 3,0	0,18	5,5 bis 10,5	100 bis 400	E je nach Mörtelgruppe, ν Rechenwert
Gasbetonmauerwerk GS 7,5		5,3	3,0				
Glas, technisch	2,2 bis 6,3	600 bis 1200	40 bis 100	0,19 bis 0,29	3,0 bis 10,0	—	
Quarzglas	2,21	2300	76	0,17	0,5	—	
Porzellan (Al-Silikat)	2,3 bis 2,5	400 bis 800	60 bis 90		3,0 bis 4,5	—	
Steatit (Mg-Silikat)	2,4 bis 2,8	655 bis 753	80 bis 120		6,0 bis 9,0		

dessen Elastizitätsmodul durch Veränderung des Wasser-Gips-Wertes zwischen 0,6 und 0,3 Werte von 400 bis 4000 N/mm^2 annehmen kann [F 1.5-3].

Wegen der Porosität mineralischer Werkstoffe spielt die Feuchtigkeitsdehnung bei Untersuchungen an Bauteilen, insbesondere im Freien, eine ebenso große Rolle wie die durch Temperaturänderung hervorgerufene Dehnung. Es geht dabei nicht nur um das Schwinden, sondern auch um Raumänderungen, die durch Feuchtigkeitsaufnahme aus der Umgebungsluft zustande kommen. Wegen der ungleichen Verteilung über die Querschnitte, des dadurch hervorgerufenen Eigenspannungszustandes und der meßtechnischen Schwierigkeit, den repräsentativen Feuchtigkeitszustand verläßlich zu erfassen, muß man sich in der Regel mit der Kenntnis der Grenzwerte (Dehnung zwischen ganz trocken und gesättigt) zur Einschätzung des möglichen Störeinflusses zufrieden geben. Die bekannten Feuchtigkeitsdehnwerte ε sind daher – soweit möglich – in der Tabelle F 1.5-2 mit aufgenommen und stellen bekanntgewordene Grenzwerte dar.

Im Regelfall ist die angegebene Feuchtigkeitsdehnung negativ, d. h., die Abmessungen eines Bauteils verkürzen sich bei Feuchtigkeitsabgabe. Das Minuszeichen wurde nicht in die Tabelle mit aufgenommen.

Bei Natursteinen und daraus gefertigtem Mauerwerk [F 1.5-4] bestimmen vor allem der offene Porengehalt und die Wasseraufnahme, welche Feuchtigkeitsdehnungen zu erwarten sind. Auch die Angaben der Tabelle F 1.5-2 sind im Schrifttum – wie bei den metallischen Werkstoffen – stark verstreut, widersprüchlich oder oft nur unzulänglich erläutert zu finden. Wenn in den DIN-Normen Werte genannt waren, wurden diese hier angegeben oder durch glaubhafte Meßergebnisse [F 1.5-5; 6] zu Bereichsangaben ergänzt. Druckfestigkeitswerte, soweit sie DIN-Normen entnommen werden konnten, sind meist 5%-Fraktilen und nicht Serienfestigkeiten, die aus mehreren Proben gemittelt wurden. Die 5%-Fraktile bedeutet (nach DIN 1319), daß 95% aller Werte über dem genannten Wert liegen.

Die Rohdichten und thermischen Längenausdehnungskoeffizienten beziehen sich auf den Trockenzustand.

Nicht ausschließlich mineralisch sind die Betone, die als Zuschläge Metalle verwenden oder als Bindemittel Kunstharze [F 1.5-7 bis 11]. Hier liegen noch weniger Erfahrungen vor, doch ist eine häufigere Anwendung in naher Zukunft zu erwarten.

Eine besondere Stellung nimmt auch der neuerdings entwickelte Stahlfaserbeton ein [F 1.5-12].

F 1.5.3 Mechanische Eigenschaften von organischen Stoffen

Holz ist ein natürlicher organischer und inhomogener Werkstoff, dessen mechanisches Verhalten weitgehend durch den jeweiligen Jahrringbau, durch Wuchsfehler und Feuchtigkeitsgehalt bestimmt wird [F 1.5-13]. Feuchtigkeit bewirkt längs der Fasern sowie in radialer und tangentialer Richtung Längenänderungen, die sich etwa wie 1 : 10 : 20 verhalten. Das Wasser wird nicht nur durch Einlagerung aufgenommen, sondern auch durch Kapillarkondensation aus der Luftfeuchtigkeit. Dagegen ist der thermische Längenausdehnungskoeffizient α klein und stark von der Richtung im Stamm abhängig. Als Beispiel dienen die folgenden Angaben:

– tangential $30 \cdot 10^{-6}$/K,
– radial $25 \cdot 10^{-6}$/K und
– in Faserrichtung $4 \cdot 10^{-6}$/K.

Bei verdichtetem Lagenholz liegen die Werte etwas höher. Da bei der ESA vorwiegend die Dehnungen in Faserrichtung von Interesse sind, wurden alle Werte in Tabelle [F 1.5-3 nur für diese geltend angegeben. Für den bei Hölzern sehr ausgeprägten Feuchtigkeitsgang ε_s sind auch einige Richtungen in die Tabelle F 1.5-3 aufgenommen worden.

Auch die Festigkeiten sind je nach Beanspruchungsrichtung sehr verschieden und hängen bei Holz von seiner Rohdichte, dem Feuchtigkeitsgehalt (Bezugswert 12%), der Ästigkeit und von der Querschnittslage (Kern- oder Splintholz) ab. Hölzer haben eine ausgeprägte Dauerstandfestigkeit (rund 60% der Kurzzeitfestigkeit), die bei Faserplatten noch ungünstiger liegt.

Ebenso wie die Festigkeiten ist der Elastizitätsmodul von den genannten Einflußgrößen betroffen. Er nimmt bis 30% Feuchtigkeit rasch, darüber etwas langsamer ab.

Hölzer zeigen unter Zugbeanspruchung im zulässigen Spannungsbereich eine annähernd lineare Verformung. Es treten zwar bei niedrigen Spannungen bereits bleibende Verformungen auf, die jedoch in der Regel bis zur als zulässig erachteten Spannung vernachlässigt werden. Über 4% nimmt diese Dehnung bis zum Bruch schnell zu. Eine ausgeprägte Fließgrenze fehlt. Bei Druckbeanspruchung bleibt der Elastizitätsmodul bis zu 0,4% Stauchung und 80% der Bruchfestigkeit nahezu gleich. Feuchtes Holz hat größere bleibende Formänderungen. Das Kriechen beginnt schon bei geringer Belastung und klingt je nach Holzfeuchte nach rund ein bis zwei Monaten asymptotisch ab. Es ist der Spannung verhältnisgleich. Die hochpolymeren und viskosen Kunststoffe [F 1.5-14; 15] zeigen auch bei Kurzzeitbelastung ausgeprägte zeitabhängige Verformungen (Kriechen), die meßtechnisch die ESA erheblich erschweren. Linearität zwischen Spannung und Dehnung ist bei weichen gummielastischen Stoffen nicht gegeben. Bei allen sonstigen verwendeten Kunststoffen wird im üblichen Beanspruchungsbereich mit ausreichender Näherung ein Hookesches Verhalten angenommen, solange die Temperatur während der Messungen niedrig und unverändert bleibt.

Von besonders großem Einfluß ist nämlich die Temperaturabhängigkeit der Kunststoffeigenschaften. ESA-Modelle sollten daher nur in temperaturgeregelten Räumen geprüft werden, wobei auch örtliche Erwärmungen (z. B. durch Lampen) zu vermeiden sind [F 1.5-16].

Allgemein können als gemeinsame Merkmale von Kunststoffen der hohe thermische Längenausdehnungskoeffizient, eine große Bruchdehnung, ein niedriger Elastizitätsmodul (700 bis 20 000 N/mm^2), eine temperaturabhängige Zeitstandfestigkeit und eine erhöhte Neigung zum Kriechen festgestellt werden. Man hat es aber gelernt, durch periodisch wiederholtes Belasten mit Hilfe von speichernden und nach Programm auswertenden elektronischen Rechnern den Kriecheinfluß zu beherrschen.

Für die ESA eine erschöpfende Auswahl der in Frage kommenden Kunststoffe zu treffen, ist wegen der Vielfalt der Möglichkeiten nicht durchführbar. Der Rahmen wurde deshalb enger gesteckt. In Tabelle F 1.5-3 sind nur Kunststoffe aufgenommen, mit denen bereits ESA-Erfahrungen vorliegen.

Zulässige Spannungen konnten auch hierbei, wie bei anderen Werkstoffen, nicht Berücksichtigung finden, weil sich der Sicherheitswert in der Regel nach dem Anwendungsfall richtet. Geringe praktische Bedeutung hat bei Kunststoffen die zum Teil in Tabelle F 1.5-3 angegebene, in Kurzzeitdruckversuchen nach DIN 53435 ermittelte Druckfestigkeit. Wegen der großen Anzahl der Zusammensetzungen (Formulierungen) wird es bei Kunststoffen mehr als sonst erforderlich sein, die Werkstoffkennwerte an entnommenen Proben durch Messung unmittelbar zu bestimmen. Nur so ist eine richtige Deutung des beim Versuch gemessenen Werkstoffverhaltens zu gewährleisten.

Tabelle F 1.5-3 Kennwerte organischer Werkstoffe.

Werkstoff	Rohdichte kg/dm³	Druckfestigkeit (längs) $-R_m$ N/mm²	Zugfestigkeit (längs) R_m N/mm²	E-Modul (längs) 10^3 N/mm²	Querkontraktionszahl ν	thermischer Längenausdehnungskoeffizient α (längs) 10^{-6} K^{-1}	Schwinden ε_s (längs) %	Bemerkung
Duglasie DIN 68364	0,32 bis 0,73	43 bis 50	100 bis 105	12	0,29 bis 0,45	3,2 bis 4,3	0,3	
Fichte DIN 68364	0,30 bis 0,64	40 bis 50	80 bis 90	10 bis 11	0,36 bis 0,56	5,4 bis 6,1	0,3	
Kiefer DIN 68364	0,30 bis 0,86	45 bis 55	100 bis 104	11 bis 12	0,42 bis 0,51	3,7 bis 4,0	0,4	
Europäische Lärche DIN 68364	0,40 bis 0,82	47 bis 55	105 bis 107	12		3,2 bis 4,3	0,3	
Tanne DIN 68364	0,32 bis 0,71	40 bis 47	80 bis 84	10 bis 11	0,45 bis 0,50	3,0 bis 3,7	0,1	
Buche	0,48 bis 0,88	53 bis 60	135	14 bis 16	0,45 bis 0,51	6,0 bis 7,2	0,3	
Eiche	0,39 bis 0,93	52 bis 55	90 bis 110	11,7 bis 13	0,33 bis 0,50	4,9	0,4	
Lagenholz DIN 68705	0,75 bis 0,90	50 bis 70	70 bis 120	10 bis 16		4,1 bis 6,0	0,2	
Holzspanplatten DIN 68761 Bl. 3	0,45 bis 1,17	46	5,0 bis 20,0	1,0 bis 3,2				
Vulkanfiber DIN 7737	1,1 bis 1,5	150 bis 180	45 bis 100	0,5		20 bis 100		
Kaltpreßmassen Phenole DIN 7708 Bl. 4	1,4 bis 2,0	120 bis 200	15 bis 60	4 bis 15		15 bis 50		mit Füllstoffen
Melamin	1,5 bis 2,0	140 bis 200	15 bis 30	6 bis 13		10 bis 50		
Melaminphenol	1,5 bis 1,6	200	30	6 bis 8		15 bis 30		
Gießharze Epoxidharze	1,2 bis 1,8	85 bis 200	35 bis 60	3,6 bis 3,7		40 bis 90		z. T. mit anorganischen Füllstoffen
Metacrylatharze DIN 16946	1,18	120 bis 140	70	3,0 bis 3,2		70		
ungesättigte Polyesterharze (UP) Bl. 1	1,20	120 bis 180	30 bis 64	3,5		100 bis 150		
Phenolformaldehydharz	1,40		25	5,6 bis 12,0	0,36 bis 0,40	30 bis 50		
Harnstoffformaldehydharz	1,50		30	7,0 bis 10,5		40 bis 50		
Melaminformaldehydharz	1,50		30	4,9 bis 9,1		10 bis 30		
Polyuräthangießharz	1,05		70 bis 80	4,0		10 bis 20		
Epoxidharz	1,90	160	30 bis 40	21,5		20 bis 65		
Polyvinylchlorid, hart	1,38 bis 1,55	80	50 bis 75	1,0 bis 3,5		70 bis 80		
Polyäthylen, hart	0,94 bis 0,96		18 bis 35	0,7 bis 1,4		115 bis 185		
Polystyrol	1,05 bis 1,20	100	45 bis 65	2,2 bis 3,5		60 bis 100		

Tabelle F 1.5-3   (Fortsetzung)

Werkstoff	Rohdichte	Druckfestigkeit (längs) $-R_m$	Zugfestigkeit (längs) R_m	E-Modul (längs)	Querkontraktionszahl v	thermischer Längenausdehnungskoeffizient α (längs)	Schwinden ε_s (längs)	Bemerkung
	kg/dm³	N/mm²	N/mm²	10³ N/mm²		10⁻⁶ K⁻¹	%	
ungesättigtes Polyesterharz	2,0		30	14 bis 20		60 bis 150		
Polyamid 6	1,13		70 bis 85	1,4		70 bis 120		
Polyamid 11	1,04		56	1,0		100 bis 120		
Polypropylen	0,90 bis 0,91	110	21 bis 37	1,1 bis 1,3		110 bis 180		
Polymethylmetacrylat	1,17 bis 1,20	100 bis 150	50 bis 80	2,7 bis 3,2		70 bis 80		
ABS-Pfropfpolymerisat	1,04 bis 1,06		32 bis 45	1,9 bis 2,7	0,36 bis 0,40	80 bis 90		
Polyacetal	1,41 bis 1,42		62 bis 70	2,8 bis 3,5		70 bis 120		
Polycarbonat	1,20	79 bis 84	56 bis 67	2,1 bis 2,4		60 bis 70		
Polyäthylenterephtalat	1,35		57 bis 80	2,2 bis 2,7		70		
Polyoxymethylen	1,40		70	3,0		80 bis 130		
Polystyrolhartschaum	0,25 bis 0,55	0,15 bis 0,70	0,5	0,025		60 bis 80		
Phenolharzschaum	0,04 bis 0,100	0,2 bis 0,9	0,1 bis 0,4	0,06 bis 0,027		39		
Schaumglas (Foamglas)	0,125 bis 0,135	0,5 bis 0,7	0,45 bis 0,53	1,0 bis 1,2		8,5		Biegezugfestigkeit
expandierter Kork	0,145 bis 1,60					78		

Im Modellbau werden die Modelle aus Kunststoffen (bevorzugt aus Acryl- oder Epoxidharzen) durch Gießen hergestellt, bei größeren Genauigkeitsanforderungen auch durch eine darauffolgende spanabhebende Bearbeitung. Ein Zumischen von Aluminiumpulver (65 Masseteile) zu Epoxidharz (100 Masseteile) steigert den Elastizitätsmodul auf 10 300 N/mm^2, die Querkontraktionszahl sinkt von 0,42 auf 0,32 und das Kriechen vermindert sich auf 10% des ursprünglichen Wertes, ohne daß die Bearbeitbarkeit leidet. Die anzustrebende Homogenität der Mischung ist allerdings nur schwierig zu erzielen.

F 1.5.4 Mechanische Eigenschaften von Verbundstoffen

Es war vor allem der sehr niedrige Elastizitätsmodul organischer Werkstoffe, der neben einer erwünschten Steigerung der Festigkeit den Einbau einer Bewehrung (Verstärkung) ratsam erscheinen ließ. Eine Faserverstärkung konnte – im Gegensatz zu den nur in Einzelfällen vorteilhaften kompakten Einlagen (z. B. bei Brückenauflagern aus Stahlblech) – gleichzeitig auch ein weitgehend isotropes Verhalten gewährleisten [F 1.5-17; 18]. Die besondere Wirksamkeit einer derartigen Verstärkung beruht vor allem darauf, daß bei sehr dünnen, im µm-Durchmesserbereich liegenden Fasern Festigkeiten und Steifigkeiten zu erwarten sind, die über denen des Stahles liegen. Die hohe Festigkeit kleinster Querschnitte hängt mit der dann geringeren Fehlstellenwahrscheinlichkeit zusammen. Bei gezüchteten, aus Einkristallen bestehenden Fasern (Whisker) erreicht man bei Festigkeit und Steifigkeit um ein Vielfaches höhere Werte als bei Stahl. Die Voraussetzung für das Wirksamwerden der Faserverstärkung ist, einen auf Dauer wirksamen und ausreichend guten Verbund mit der Matrix (dem Kunststoff) zu erreichen. Zwar kann dieser durch Haftmittel etwas verbessert werden, es spielen jedoch auch vielerlei andere physikalisch-chemische Einflüsse eine Rolle, die nach einiger Zeit zu einer Veränderung der anfangs erzielten Eigenschaften führen können. Wie bei den nichtverstärkten Kunststoffen ist auch hier die Prüftemperatur und -feuchtigkeit von merkbarem Einfluß.

Aus der Vielzahl der bekannten und neu entwickelten Kunstharze haben sich nicht alle als Verbundwerkstoffe bewährt [F 1.5-19]. Zur Zeit sind die wichtigsten, die auch für Baustoffe und Konstruktionen in Betracht kommen oder zumindest als Modellwerkstoffe für ESA von Bedeutung sein können, die folgenden:

- Epoxidharze,
- Acrylharze,
- ungesättigte Polyesterharze,
- Butadienharze,
- Phenolharze,
- Melaminharze und Silikonharze.

Sie werden in bestimmten Formulierungen verwendet, die für Verstärkungsfasern mit extrem dünnem Durchmesser in Frage kommen, Tabelle F 1.5-4.

Die in die Tabelle aufgenommene Zugfestigkeit R_m und E [F 1.5-20, S. 263/66/73 ff.] belegen die erzielbare Steigerung an Festigkeit und Steifigkeit. Der Fasergehalt kann 50 bis 80% Massegehalt erreichen. Bei Zugbeanspruchung wird daher in einem Bauteil genaugenommen nur die Festigkeit des in Beanspruchungsrichtung liegenden Verstärkungsanteils genutzt. Bei Vorhandensein von äußeren Kerben erhöhen sich, im Gegensatz zu metallischen Werkstoffen, die Spannungsspitzen. Sie können bei Dauerlast nicht abgebaut werden.

Da im Zugversuch bei den faserverstärkten Kunststoffen die Streckgrenze mit der Bruchgrenze zusammenfällt und der Spannungs-Dehnungs-Verlauf bis dahin nahezu linear verläuft, treten (bei Raumtemperatur) in diesem Bereich praktisch kaum bleibende Ver-

Tabelle F 1.5-4   Verstärkungsfasern mit extrem dünnem Durchmesser.

Werkstoff	Dichte	Zugfestigkeit R_m	E-Modul	A
	kg/dm³	N/mm²	10³ N/mm²	%
E-Glas	2,54	2000 bis 3500	70	2,5
S-Glas	2,49	4570	86	2,8
Polyamid (Nylon)	1,14	980	5,1	1,1
Polyamid (Kevlar 29)	1,44	2700	63 bis 67	3,6 bis 3,7
Polyamid (Kevlar 49)	1,45	2700	130 bis 132	2,0 bis 2,5
Carbon	1,74	2800 bis 3000	220 bis 240	1,2 bis 1,5
Graphite	1,80	2100 bis 2300	280 bis 300	0,5
Siliziumkarbid	3,20	9600	640	0,5
Asbestfasern	2,25 bis 3,60	1736 bis 6300	162 bis 191	
Kieselsäurefasern	2,20	700	62 bis 72	1,0
keramische Fasern	2,30 bis 2,50	1400	350 bis 420	
Einkristallfasern (Whiskers)		1120 bis 13 400		
Saphir-Whiskers (Al2O3)	3,98	2000	350 bis 420	
Metallfäden:				
Magnesium	1,80	280	42	
Aluminium	2,80	420 bis 630	70	
Stahl	7,80	1400 bis 2800	140 bis 210	
Molybdän	10,20	1400	295	
Tantal	16,60	500 bis 630	197	
Wolfram	19,30	1400	408	

formungen auf. Der noch immer – verglichen mit Stahl – niedrige E-Modul bewirkt andererseits bei stoßartiger Beanspruchung in vorteilhafter Weise die Aufnahme einer großen Formänderungsarbeit.

Manche faserverstärkten Kunststoffe zeigen zwischen 30 und 50% der Bruchfestigkeit eine Art (erste) Proportionalitätsgrenze und zwischen 80 und 90% eine zweite. Der Elastizitätsmodul ist im Zwischenbereich ebenfalls fast linear, aber um rund 20% kleiner.

Die Bruchdehnungen glasfaserverstärkter Kunststoffe (z. B. bei den UP) liegen etwa zwischen 1, 5 und 3%. Sie zeigen bei etwa 50% der Zugfestigkeit eine Knistergrenze, die durch hörbare beginnende Zerstörung des Glasharzverbundes entsteht und zu erhöhten Dämpfungswerten führt [F 1.5-20, S. 384].

Nicht unabhängig von der Verarbeitung (Pressen, Spritzen, Gießen, Wickeln) des Verstärkungsmaterials mit dem Harzansatz, ergeben Verbundwerkstoffe Eigenschaften, wie sie in der Tabelle F 1.5-5 in charakteristischer Auswahl zusammengestellt sind.

Tabelle F 1.5-5   Kennwerte von Verbundwerkstoffen.

Werkstoff	Rohdichte*) kg/dm³	Druckfestigkeit $-R_m$ N/mm²	Zugfestigkeit R_m N/mm²	E-Modul 10³ N/mm²	thermischer Längenausdehnungskoeffizient α 10⁻⁶ K⁻¹	Massegehalt %	Verstärkung Art
Stahlfaserbeton	2,49 bis 2,54	63	8,2**)			6,2	Dichte je nach Einmischen, Einrieseln oder Einlegen ansteigend
Stahlfaserbeton	2,55	77	3,2	33,7		9,2	
Glasfaserbeton	1,2 bis 2,0	15 bis 70	10 bis 65**)	5 bis 24		3,2 bis 5,7	
Glasfasermixbeton	1,89	35 bis 45	13 bis 18**)	18		4	Cemfil-Schnitzel
Polyesterbeton	1,4	90		7	110	30	Glasmatten
Polyesterbeton	1,5	130		9	70	40	Glasmatten
Polyesterbeton	1,7	320		19	50	60	Glasgewebe
Kunststoffaserbeton	2,38	45 bis 58	2,9	29,6		0,4	Polypropylenfasern 50 mm lang
Phenolharz	2,04 bis 2,09	338	260 bis 422	23,9 bis 28,1		71 bis 75	Glasgewebe
Phenolharz	1,55 bis 1,80	70 bis 84	210 bis 280	7,0 bis 12,0			Asbestgewebe, E bei Biegung
Phenolharz	1,77	32	137	7,6		50	Asbestfasern, parallel
Phenolharz	1,77	27	104	6,1		50	Asbestfasern, regellos
Melaminharz	1,75 bis 1,85	170 bis 280	200 bis 600	12,0 bis 14,0			Glasgewebe, E bei Biegung
Melaminharz		42 bis 84	190 bis 350	11,3 bis 15,5	bei 35% GF-Bewehrung 20 bis 30		Asbestgewebe, E bei Biegung
Polymethylmetacrylat	1,61	195	175	13,3		50	Glasgewebe
Polymethylmetacrylat	1,94	345	220	25,0		74	Glasgewebe
Polyesterharz	1,34	224	179	13,5		46,7	11 Lagen Glasgewebe
Polyesterharz	1,50	298	265	18,8		58,8	18 Lagen Glasgewebe
Epoxidharz	2,15	253	152	10,5		49,2	11 Lagen Glasgewebe
Epoxidharz	2,27	365	337	18,4		67,4	18 Lagen Glasgewebe
Epoxidharz	2,18	34	145			43,4	Al-Fasern
Polyamid 66	1,46	210	113	13,4	15	40	Glasfaser, E bei Biegung
Polystyrol	1,34	98		8,2	45	30	Glasfaser, E bei Biegung
Styrolacrylnitril		140		10,6		35	Glasfaser, E bei Biegung
Polybutadienharz		198		11,9		48	11 Lagen Glasgewebe
Polybutadienharz		221	168	13,5		52,2	18 Lagen Glasgewebe
Polycarbonat	1,52	100 bis 140		6,3 bis 9,5	14	40	Glasfasern
Siliconharz (Niederdruck)		285	285	20,3		60	Glasgewebe
Siliconharz (Hochdruck)		145	145	12,7		60	Glasgewebe
Siliconharz (Hochdruck)	1,75		28 bis 35				Asbestgewebe

*) aus Bewehrungsanteil und Rohdichten errechnet;   **) Biegezugfestigkeit

F 2 Beispiele für die Beurteilung von Bauteilen und Konstruktionen aus Stahl

P. Hofstötter

F 2.1 Formelzeichen

A	Fläche
F	Belastung
F_{Betr}	Betriebsbelastung
F_{Probe}	Probebelastung
M	Moment
M_a	aufbiegendes Moment
M_z	zubiegendes Moment
P_m	allgmeine primäre Membranspannung
P_L	örtliche primäre Membranspannung
P_b	primäre Biegespannung
Q	Sekundärspannung
R_m	Zugfestigkeit
$R_{p\,0,2}$	Werkstofffließgrenze
S_m	Spannungsintensitätswert
T	Temperatur
T_R	Raumtemperatur
n	Stützziffer
$n_{0,2}$	Stützziffer für 0,2% plastische Verformung
n_B	Lastwechselzahl bei Versagen des Bauteils
p bzw. p_i	Innendruck
p_{FB}	Innendruck bei Erreichen der Fließgrenze an der höchstbeanspruchten Stelle (Bauteilfließgrenze)
$p_{0,2}$, $p_{0,4}$ usw.	Innendruck bei Erreichen einer plastischen Verformung von 0,2%, 0,4% usw. an der höchstbeanspruchten Stelle (Formdehngrenze)
P_B	Berstdruck
$\bar{p}_{Ber}$	Innendruck, für den eine Berechnung der Spannungen im ersten elastischen Bereich durchzuführen ist
p_{Ber}	Innendruck, für den eine Berechnung der Spannungen durchzuführen ist, wobei bei ersten Belastungen Fließen aufgetreten sein kann
$\bar{p}_F$	Innendruck, bei dem infolge überlagerter Eigenspannungen Fließen auftritt
p_F	Innendruck, bei dem an der höchstbeanspruchten Stelle die Fließgrenze erreicht ist
p_K	Konzessionsdruck
p_{max}	maximal aufgebrachter Innendruck
ε	Dehnung
$\bar{\varepsilon}_{Ber}$	Dehnungsbetrag zur Berechnung von Spannungen im ersten elastischen Bereich
ε_{bl}	bleibende Dehnung
ε_{bl}^*	bleibende Dehnung bei Überlagerung von Eigenspannungen
ε_F	Dehnung bei Erreichen der Fließgrenze
ε_v	Vergleichsdehnung, z. B. nach der Gestaltänderungsenergiehypothese
σ	Spannung
$\sigma_{0,2}$	Spannung bei Erreichen einer plastischen Verformung von 0,2%

σ_a	Außenspannung
σ_{ei}	Eigenspannung
σ_i	Innenspannung
σ_l	Längsspannung
σ_{max}	maximale Spannung
$\sigma_m, \sigma_{mittel}$	Mittelspannung
σ_N	Nennspannung
σ_{zul}	zulässige Spannung

F 2.2 Grundsätzlicher Aufbau von Bauteilfließkurven

Die experimentelle Spannungsanalyse steht als Mittler zwischen dem Menschen, der ein Bauteil gemäß seinen Vorstellungen entwirft, berechnet, herstellt und betreibt und dem Bauteil selbst, über dessen statisches und dynamisches Beanspruchungsverhalten sie detaillierte Informationen liefert.

Damit ergänzen die Ausführungen des Abschnitts F 2 diejenigen des Abschnitts F 1 sozusagen aus der Sicht des Bauteiles und zeigen u. a., wie Fließkurven bei einachsiger und mehrachsiger Beanspruchung aussehen, wie man trotz hoher plastischer Verformungen sicher elastische Dehnungsanteile zur Spannungsberechnung ermittelt, wie man auch bei Vorliegen von Eigenspannungen die Lastspannungen errechnet usw.

Das verbreitetste Verfahren der experimentellen Spannungsanalyse ist die elektrische Dehnungsmeßtechnik. Ihre Ergebnisse gelten zwar nicht – wie bei verschiedenen anderen Verfahren – für ganze Flächen, sondern beziehen sich auf bestimmte ausgewählte punktförmige Bereiche. Diese können aber zeitabhängig und damit auch abhängig von anderen Größen erfaßt werden. Dadurch besteht die Möglichkeit, das Verhalten eines Bauteiles unter realen Bedingungen zu verfolgen.

Zweckmäßig ist, daß von der ersten Belastung des Bauteiles an gemessen und dieses nicht – wie frühere Anweisungen zur Dehnungsmeßtechnik empfehlen – erst einige Male vorbelastet wird.

Besonders deutlich wird die Vielzahl gewinnbarer Informationen bei Messungen an Bauteilen aus Stahl. Das soll im folgenden an einer Reihe von Beispielen dargestellt werden, wobei vergleichbare Effekte z. T. auch an Bauteilen aus anderen Werkstoffen, wie Kunststoff oder Beton, auftreten, auf die hier nicht näher eingegangen wird. Neben der Ermittlung elastischer Spannungen ist die Darstellung von Dehnungen als Funktion der Belastung und der Zeit möglich. Als erstes soll der grundsätzliche Aufbau von Bauteilfließkurven erläutert werden.

In Bild F 2.2-1 ist der Dehnungsverlauf der höchstbeanspruchten Stelle eines Bauteiles über der Belastung dargestellt, die aus einem Innendruck resultiert. Vorausgesetzt ist, daß das Bauteil zu Beginn der Messung eigenspannungsfrei war und die Meßstelle in einem inhomogen beanspruchten Bereich, z. B. innerhalb einer Verschneidung, liegt.

Mit dem Innendruck p nimmt die Dehnung ε_v linear vom Punkt A über den Punkt B bis zum Punkt C zu. Die Dehnung ε_F entspricht in der Darstellung dem Dehnungsbetrag, der sich aus einem einachsigen Versuch bei Erreichen der Fließgrenze $R_{p\,0,2}$ ergibt. Von diesem Punkt an – der *Bauteilfließgrenze* – steigt die Dehnung überelastisch, d. h. nicht mehr linear, über die Punkte D und E bis zum Punkt F, der maximal aufgebrachten Belastung.

Mit Verringerung der Belastung durch Senken des Innendruckes verläuft die Dehnung – parallel zur Geraden AC – über die Punkte G und H zum Punkt J, in dem der

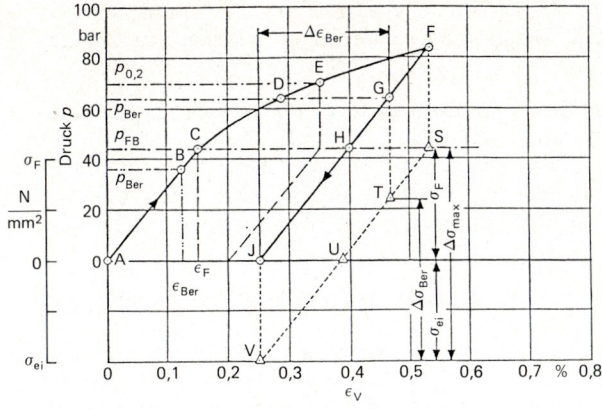

Bild F 2.2-1. Innendruck-Dehnungs-Diagramm mit elastischer Spannungsberechnung und Ermittlung der Formdehngrenze $p_{0,2}$.

Innendruck null ist. Es zeigt sich, daß nach diesem Zyklus ein Dehnbetrag AJ existiert, der als *bleibende Dehnung* bezeichnet wird. Sie entsteht durch Fließen infolge überelastischer Dehnung zwischen den Punkten C und F.

Wird das Bauteil erneut bis zu dem Maximaldruck des ersten Zyklus belastet, so verläuft die Dehnung vom Punkt J über die Punkte H und G abermals zum Punkt F und – bei Entlastung – wieder zum Punkt J zurück: Der lineare Bereich hat sich gegenüber der ersten Belastung deutlich vergrößert; ein erneutes Fließen mit zusätzlicher bleibender Dehnung tritt nicht ein. Dieser Vorgang läßt sich wie folgt erklären: Bei der ersten Belastung wird im Punkt C die Werkstofffließgrenze $R_{p\,0,2}$ erreicht. Bei einem homogen beanspruchten Bauteil mit einer über dem Querschnitt konstanten Spannung tritt von diesem Punkt an – wie im einachsigen Zugversuch – starkes, fast horizontal verlaufendes Fließen entlang der Linie CH ein. Bei dem in Bild F 2.2-1 gewählten Beispiel wurde jedoch ein Bereich mit inhomogener Spannungsverteilung untersucht, in welchem die Spannung – wie im Biegeversuch – über den Querschnitt abnimmt. Die Streckgrenze wird nur an der Außenfaser, auf der der Dehnungsmeßstreifen liegt, erreicht, während die darunterliegenden Zonen niedriger beansprucht sind. Diese verhindern ein „haltloses" Fließen und üben auf die äußeren Fasern eine Stützwirkung aus.

Im Punkt F wurde zwar der Werkstoff unter dem Meßstreifen durch Fließen „überdehnt", die Spannung entspricht jedoch der Fließgrenze $R_{p\,0,2}$, dargestellt durch den Punkt S im Spannungs-Dehnungs-Diagramm. Bei Entlastung wird diese Spannung bis zum Wert null im Punkt U abgebaut. Zu diesem Zeitpunkt ist der Innendruck noch nicht gleich null, sondern liegt geringfügig unterhalb Punkt H. Bei seinem weiteren Abbau zwingen die elastisch gebliebenen Bereiche unterhalb der geflossenen Zone dieser ihre Verformung auf und führen zum Aufbau von *Eigenspannungen*, die bei Inndendruck null (Punkt J) den Wert σ_{ei} im Punkt V erreichen. Bei einem erneuten Zyklus werden zunächst diese Eigenspannungen auf null abgebaut (Punkt U). Von dort steigt die Spannung über die Fließgrenze S zum Belastungspunkt F.

Durch den Aufbau von Eigenspannungen bei inhomogener Beanspruchung während des ersten Belastungszyklus wird der elastische Bereich ohne das Auftreten erneuter plastischer Verformungen erheblich vergrößert. Seine maximale Ausdehnung liegt zwischen der Druck- und Zugfließgrenze und enspricht in etwa der doppelten Fließgrenze. Voraussetzung hierfür ist genügend inhomogen beanspruchtes Material.

Aus den Ausführungen folgt, daß für die Ermittlung der Spannungen die zugrundegelegte Dehnung elastisch sein muß. Dies ist z. B. im Punkt B unmittelbar der Fall, während im

Punkt D die Dehnung bereits plastische Anteile enthält. Für diesen Punkt ergibt sich die elastische Dehnung erst aus der Entlastung als Differenz zwischen den Punkten G und J.

Das Diagramm ermöglicht weiterhin die Ermittlung einer *Formdehnungsgrenze*, d. h. der Belastung, bei der an der höchstbeanspruchten Stelle eine bestimmte plastische Verformung auftritt. Für eine plastische Verformung von 0,2% wäre dies der Punkt E und damit die diesem Punkt entsprechende Belastung $p_{0,2}$ die Formdehngrenze. Das Verhältnis der Formdehngrenze $p_{0,2}$ zu der Bauteilfließgrenze p_{FB} wird als *Stützziffer* $n_{0,2}$ bezeichnet.

Bild F 2.2-2 zeigt die Fortsetzung der Belastung des Bauteiles gemäß Bild F 2.2-1, vom Punkt J über den Punkt F hinaus bis zum Punkt K. Die anschließende Entlastung führt zum Punkt N, eine erneute Belastung abermals zum Punkt K. Bei der Entlastung von K nach N zeigt sich ein neuer Effekt: Durch das Fließen von F nach K herrscht jetzt in Punkt K an der Meßstelle eine Spannung in Höhe der Fließgrenze. Beim Entlasten erreicht diese Spannung im Punkt L den Wert null, von dem ab sich infolge der umgebenden, elastisch beanspruchten Bereiche Eigenspannungen als Druckspannungen aufbauen, bis im Punkt M die Druckfließgrenze erreicht wird, die hier gleich der Zugfließgrenze ist. Bei weiterer Entlastung tritt durch Überschreiten der Druckfließgrenze Fließen in entgegengesetzter Richtung ein, bis im Punkt N die Belastung null ist. Bei einer erneuten Belastung wird die Druckeigenspannung, die zunächst den Wert der Druckfließgrenze angenommen hat, auf den Wert null im Punkt 0 reduziert. Anschließend wird die Spannung bis zur Zugfließgrenze im Punkt R erhöht, so daß bei weiterer Belastung erneutes Fließen bis zum Punkt K eintritt. Auf diese Weise wird bei jedem weiteren Zyklus zwischen K und N beim Entlasten Fließen in Druckrichtung und beim Belasten Fließen in Zugrichtung auftreten. Man spricht von einer *plastischen Wechselverformung*, die nach entsprechender Zyklenzahl zu *Ermüdung* führen kann.

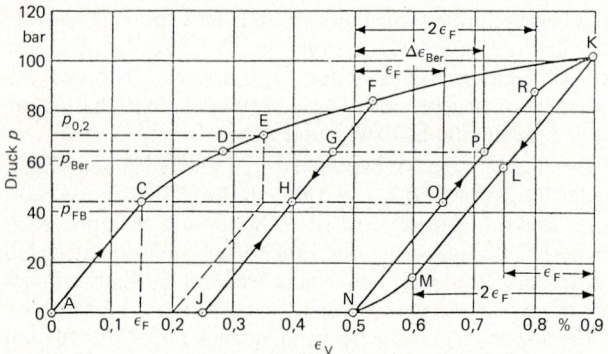

Bild F 2.2-2. Innendruck-Dehnungs-Diagramm mit Überschreitung der doppelten Fließgrenze (plastische Wechselverformung).

Hinsichtlich einer Spannungsberechnung ergibt sich ein weiterer, zu beachtender Punkt: Bei Entlastung von p_{Ber}, dem Innendruck, für den eine Berechnung der Spannung durchzuführen ist, tritt eine aus elastischen und plastischen Anteilen zusammengesetzte Dehnung auf, die zur Spannungsberechnung ungeeignet ist. Deshalb muß für diese Berechnung die Dehnungsdifferenz N − P herangezogen werden, die sich bei erneuter Belastung ergibt.

Diese theroretischen Überlegungen zu den Fließkurven werden im folgenden durch Beispiele erläutert.

F 2.3 Fließverhalten spezieller Proben

Bild F 2.3-1 zeigt als Beispiel für eine homogene Spannungsverteilung die an einer Rundzugprobe mit Dehnungsmeßstreifen aufgenommene Fließkurve. Deutlich ist der plötzliche Beginn des Fließens bei der Fließgrenzendehnung ε_F zu erkennen. Aus der Spannung $\sigma_{0,2}$, bei der 0,2% plastische Verformung vorliegt, und der Spannung σ_F, bei der das Fließen beginnt, errechnet sich die Stützziffer $n_{0,2}$ zu 1,08. Bei homogener Spannungsverteilung führt bereits eine geringe Erhöhung der Belastung über die Fließgrenze hinaus zu hohen plastischen Verformungen.

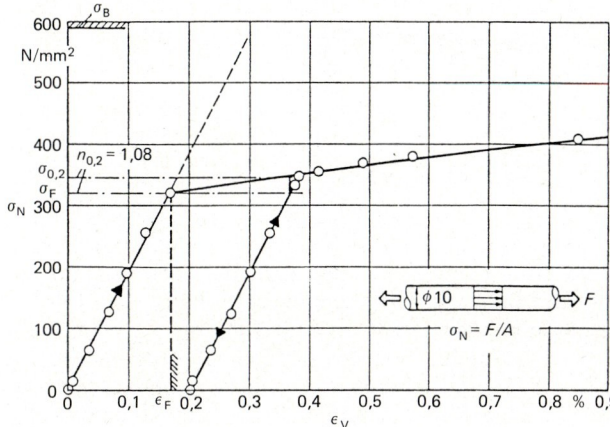

Bild F 2.3-1. Spannungs-Dehnungs-Diagramm einer Rundzugprobe aus 15Mo3.

Demgegenüber zeigt Bild F 2.3-2 die Fließkurve einer Probe mit inhomogener Spannungsverteilung. Bei der Belastung σ_F ist im Werkstoff unter dem Dehnungsmeßstreifen die Fließgrenzendehnung ε_F und damit der Fließbeginn erreicht. Unmittelbar darunter sinkt die Spannung jedoch sehr schnell ab und erreicht in der neutralen Faser den Wert null, um dann in den Druckbereich überzugehen. Unterhalb der äußeren fließenden Zone liegt folglich ein sehr großer Bereich, der lediglich elastisch beansprucht wird und das Fließen behindert. Deshalb kommt es zu keinem spontanen, sondern zu einem behinderten Fließen, das eine erhebliche Steigerung der Belastung über die Fließgrenze hinaus zuläßt. Im gezeigten Beispiel führt diese zu einer Stützziffer von $n_{0,2} = 1,38$.

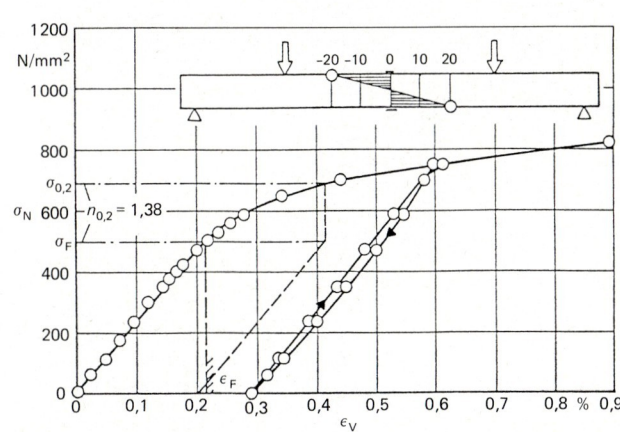

Bild F 2.3-2. Spannungs-Dehnungs-Diagramm einer Vierpunktbiegeprobe.

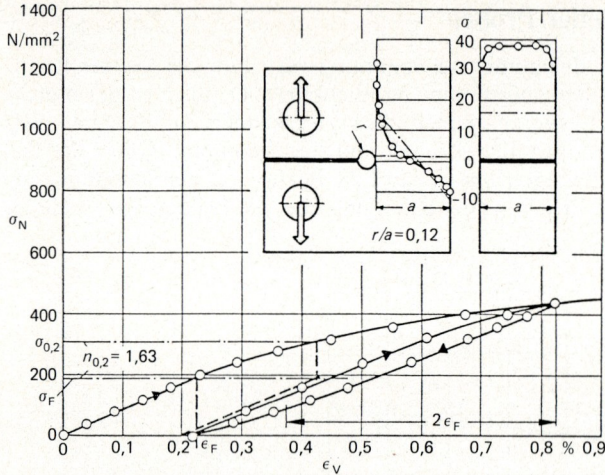

Bild F 2.3-3. Spannungs-Dehnungs-Diagramm einer modifizierten CT2-Probe.

Das Auftreten plastischer Wechselverformungen läßt sich an einer modifizierten Bruchmechanikprobe entsprechend Bild F 2.3-3 simulieren. Die Verteilung der Spannungen über dem Restquerschnitt und in der Bohrung der geschlitzten Probe ist dem Bild zu entnehmen. Aus der Belastungskurve errechnet sich die Stützziffer zu $n_{0,2} = 1,63$. Bei Entlastung wird ein Dehnungsbereich durchlaufen, der deutlich über der doppelten Fließgrenzendehnung liegt. Die Kurve läßt das Auftreten von Fließen in Druckrichtung nach Durchlaufen der doppelten Fließgrenze erkennen und ebenso beim erneuten Belasten das Auftreten von Fließen in Zugrichtung.

F 2.4 Fließverhalten von Bauteilen

Eines der einfachsten Bauteile mit homogener Beanspruchung ist der zylindrische Behälter unter Innendruck. Bild F 2.4-1 zeigt die Fließkurve eines Rohres, das leicht unrund war. Dadurch ergaben sich an der Meßstelle infolge einer überlagerten Biegebeanspruchung innen und außen geringfügig unterschiedliche Dehnungen, die am unterschiedlichen Anstiegswinkel erkennbar sind. Das Rohr begann bei 148 bar zu fließen und erreichte bei 186 bar eine plastische Verformung von 0,2%. Die entsprechende Stützziffer

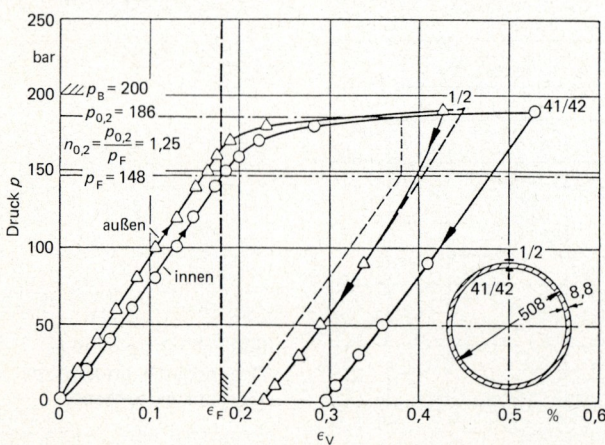

Bild F 2.4-1. Innendruck-Dehnungs-Diagramm für ein Fernleitungsrohr mit 0,04% Restovalität.

beträgt $n_{0,2} = 1,25$. Diese im Vergleich zur ebenfalls homogen beanspruchten Zugprobe in Bild F 2.3-1 höhere Stützwirkung beruht auf dem zweiachsigen Spannungszustand im Rohr. (Auf den Einfluß der Unrundheit wird in einem späteren Beispiel ausführlich eingegangen.)

Der Berstdruck des Rohres lag mit $p_B = 200$ bar nur wenig höher als die Formdehngrenze. Hieraus folgt, daß bei einem Rohr die betriebliche Belastung unbedingt unterhalb der Bauteilfließgrenze liegen muß, damit große plastische Verformungen und ein Bruch vermieden werden.

In einem zylindrischen Behälter ist unter Innendruck die Umfangsspannung doppelt so hoch wie die Längsspannung. Wird in einen solchen Behälter ein Loch geschnitten, z. B. für einen Stutzen oder Abzweig, so kommt es zu einer beträchtlichen Spannungskonzentration am Ausschnittrand, die in einigem Abstand auf die normale Behälterspannung abklingt. Bild F 2.4-2 zeigt als Beispiel die Fließkurve der höchstbeanspruchten Stelle einer Rohrverzweigung (Formstück). Die innenliegende Meßstelle 7/8 erreicht bei 135 bar, die außenliegende Meßstelle 29/30 bei 150 bar die Fließgrenze. Von diesem Druck ab fließt damit an dieser Stelle der ganze Querschnitt. Infolge der benachbarten, geringer beanspruchten Rohrbereiche wird auch hier das Fließen behindert. Dies bewirkt eine deutliche Stützwirkung ähnlich der der Biegeprobe in Bild F 2.3-2.

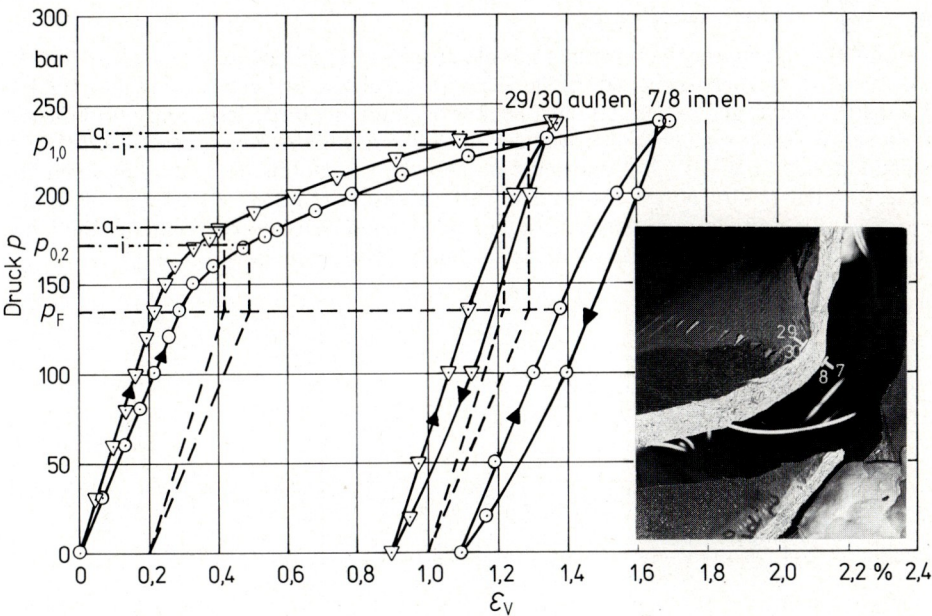

Bild F 2.4-2. Innendruck-Dehnungs-Diagramm der höchstbeanspruchten Stelle eines Formstückes.

Belastet wurde bis zu einem Innendruck von 240 bar. Die bleibende Dehnung betrug nach dem Entlasten innenseitig 1,1 %, auf der Außenseite 0,9 %. Während der Entlastung und der anschließenden erneuten Belastung zeigt das Bauteil einen deutlichen Unterschied zum Verhalten der Biegeprobe: Bereits nach Durchlaufen der einfachen Fließgrenze tritt erneutes Fließen ein, und zwar sowohl in positiver als auch in negativer Richtung. Daraus folgt, daß bei einer örtlich erhöhten homogenen Beanspruchung plastische Wechselverformungen schon nach Erreichen der einfachen Fließgrenze einsetzen.

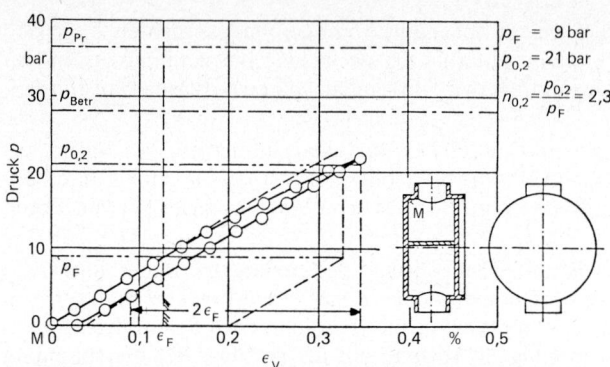

Bild F 2.4-3. Innendruck-Dehnungs-Diagramm der höchstbeanspruchten Stelle eines zylindrischen Behälters mit ebenen Böden.

Plastische Wechselverformungen, die erst nach der doppelten Fließgrenze auftreten und mit dem in Bild F 2.3-3 gezeigten Beispiel vergleichbar sind, zeigt Bild F 2.4-3 für den Übergang zylindrischer Behälter/ebener Boden. Deutlich ist der Beginn des Druckfließens nach Durchlaufen der doppelten Fließgrenze zu erkennen. Bei dieser Beanspruchung fällt die hohe Stützziffer $n_{0,2} = 2,3$ auf, die darauf hinweist, daß das Fließen örtlich sehr begrenzt auftritt und der fließende Bereich von einem hohen Anteil elastisch beanspruchten Materials umgeben ist.

Den Einfluß plastischer Verformung auf die Höhe der Formdehngrenze zeigt die Fließkurve der höchstbeanspruchten Stelle eines ausgehalsten Formstückes in Bild F 2.4-4. Infolge des abbiegenden Verlaufs der Fließkurve nimmt die Formdehngrenze bei höheren plastischen Verformungen immer weniger zu. Andererseits bestätigt dieses Bild, in Übereinstimmung mit Bild F 2.4-2, eine ganz wesentliche Erkenntnis: Trotz der für ein ferritisches Bauteil relativ hohen bleibenden Verformung von 1,1% verläuft der elastische Anstieg auf p_F parallel zur ersten Anstiegsgeraden. Das elastische Verhalten des Bauteiles hat sich trotz der hohen plastischen Verformung nicht verändert.

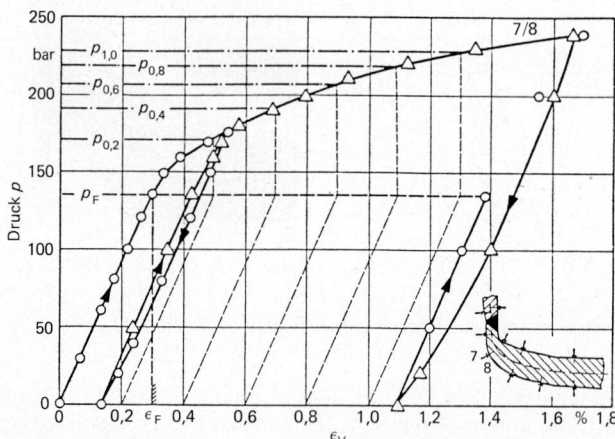

Bild F 2.4-4. Ermittlung der Formdehngrenzen für ein ausgehalstes Formstück.

Bild F 2.4-5 gibt die Fließkurven eines unrunden Rohres unter Innendruck wieder. Dieser zwingt das Rohr, in seine runde Form überzugehen, überlagert dadurch dem ungestörten Membranspannungsverlauf der Meßstelle c eine zusätzliche Zugspannung an der Meßstelle b und eine zusätzliche Druckspannung an der Meßstelle a. Diese überlagerten

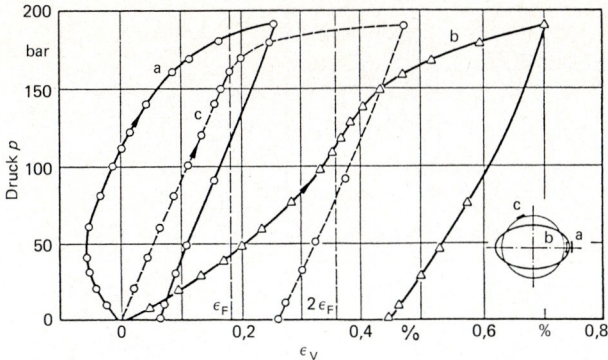

Bild F 2.4-5. Fließkurven eines unrunden Rohres.

Spannungen verringern sich mit zunehmendem Innendruck infolge abnehmender Unrundheit und führen zu dem gezeigten typischen Verlauf der Fließkurven.

Eigenspannungen treten in Form von Zugspannungen z. B. beim Abkühlen von Schweißnähten auf. Dadurch führt schon eine relativ geringe Belastung zum Fließen dieses Werkstoffbereichs. Bild F 2.4-6 veranschaulicht dies für die Meßstelle M der Schweißnaht einer Verstärkungsscheibe am Dom eines Behälters. Infolge Eigenspannungen tritt das Fließen bereits bei $\bar{p}_F$ ein, während es eigenspannungsfrei erst bei p_F beginnen würde. Durch den frühen Fließbeginn kommt es bei einer Belastung bis zu dem vorgesehenen Innendruck p_{max} zu erheblichen plastischen Verformungen mit einer bleibenden Dehnung von rund 0,7%. Ohne Eigenspannungen hätte sich bei gleicher Belastung eine bleibende Dehnung von nur 0,1% ergeben. Die Fließkurve zeigt aber auch, daß nach dem Ausfließen der Eigenspannungen stabiles elastisches Verhalten vorliegt. Vergleicht man den Anstiegswinkel nach der letzten Entlastung mit dem der Zwischenentlastungen, so fällt auf, daß dieser je Entlastung, d. h. mit jedem weiteren Fließen, steiler wird, was jeweils einer niedrigeren Spannung bei gleicher Belastung entspricht: Es ist eine Formverbesserung infolge Fließens erkennbar.

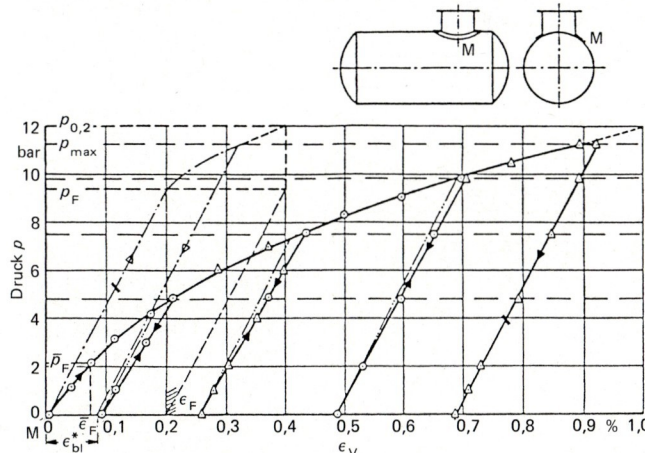

Bild F 2.4-6. Fließverhalten bei Vorhandensein von Eigenspannungen.

Das Verhalten einer Beule in einem Rohr bei zyklischer Belastung zeigt Bild F 2.4-7. Zunächst läßt der erste Anstieg der beiden Fließkurven erkennen, daß in der Beule eine um mehr als das fünffache höhere Spannung herrscht als im ungestörten Rohr. In Übereinstimmung mit dem in Bild F 2.2-2 gezeigten Verhalten geht das Fließen während

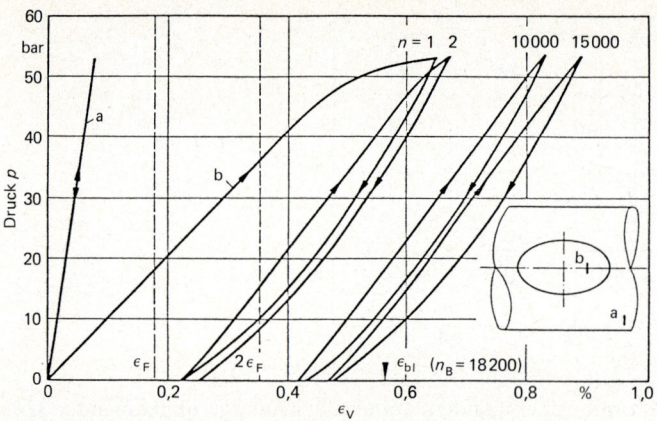

Bild F 2.4-7. Fließver-
halten einer Beule.
n Anzahl der Last-
wechsel

des ersten Zyklus in eine plastische Wechselverformung über. Jedoch zeigt sich, daß die
bleibende Dehnung mit jedem Zyklus zunimmt.

Abschließend sei in Bild F 2.4-8 gezeigt, wie aus der Fließkurve b eines in der Nähe der
höchstbeanspruchten Stelle angebrachten Meßstreifens zu entnehmen ist, ob die höchste
Beanspruchung in Richtung des Meßstreifens (linkes Bild) oder seitlich zu dem Meßstreifen (rechtes Bild) auftritt. Im ersten Fall, der dem ebenen Boden in Bild F 2.4-3 vergleichbar ist, führt der Beginn des Fließens an der Meßstelle a zu einer Entlastung der Meßstelle b und damit zu dem zurückbiegenden Verlauf der Fließkurve. Im zweiten Fall, der
dem Formstück in Bild F 2.4-4 vergleichbar ist, führt das beginnende Fließen an der
Meßstelle a durch „Mitziehen" zu einem Abbiegen der Meßstelle b vom elastischen
Bereich, obwohl die Fließgrenzendehnung an dieser Stelle noch nicht erreicht ist.

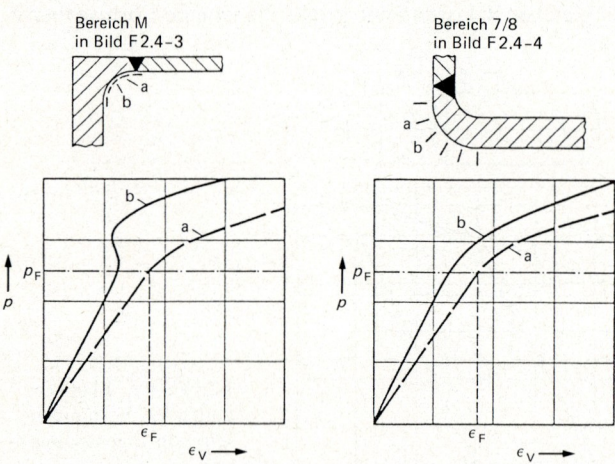

Bild F 2.4-8. Fließverhalten
in der Nachbarschaft (b)
der höchstbeanspruchten
Stelle (a).

F 2.5 Bewertung von Spannungen

Aus den beschriebenen Fließkurven lassen sich sehr gut Kriterien für die Bewertung von
Spannungen ableiten und mit üblichen Regeln, z. B. dem ASME-Code, vergleichen. So
wird die über die Wanddicke gleichmäßig verteilte homogene Spannung der Zugprobe,

Bild F 2.3-1, oder des Rohres, Bild F 2.4-1, als *allgemeine primäre Membranspannung* P_m bezeichnet. Sie soll im normalen Betrieb mit einem Sicherheitsabstand von üblicherweise 1,5 unter der Streckgrenze $R_{p\,0,2}$ bleiben, damit große plastische Verformungen, wie sie unmittelbar nach Überschreiten der Streckgrenze auftreten, vermieden werden. Die hierfür zulässige Spannung wird als S_m bezeichnet. Um eine ausreichende Sicherheit gegen Bruch zu gewährleisten, wird zusätzlich mit $S_m = R_m/3$ eine dreifache Sicherheit gegen die Zugfestigkeit gefordert und der kleinere beider Werte in die Rechnung eingesetzt.

Tritt, z. B. am Ausschnittsrand des Formstückes in Bild F 2.4-2, eine örtliche Erhöhung der Membranspannung auf, bezeichnet man diese als *örtliche primäre Membranspannung* P_L. Auf Grund der Stützwirkung des umgebenden Materials wird in solchen Bereichen eine Spannung von $1,5 \cdot S_m = R_{p\,0,2}$ zugelassen, die in Höhe der Streckgrenze liegt, da bei deren Überschreitung nur geringe plastische Verformungen und minimale plastische Wechselverformungen auftreten können.

Auch bei einer *primären Biegespannung* P_b entsprechend Bild F 2.3-2 wird, auf Grund der Stützwirkung, eine Spannung von $1,5 \cdot S_m = R_{p\,0,2}$ zugelassen.

Örtliche Spannungserhöhungen, wie sie in Bild F 2.4-3 dargestellt sind, werden als *Sekundärspannungen* Q bezeichnet. Sie sind unkritisch, solange sie unter der doppelten Streckgrenze $2\,R_{p\,0,2} = 3\,S_m$ liegen und erfordern keine zusätzliche Sicherheit, da bei der doppelten Streckgrenze allenfalls mit dem Beginn einer Ermüdung, nicht aber mit großen plastischen Verformungen gerechnet werden muß. Beim Vorhandensein von *Spannungsspitzen* F, z. B. infolge Kerbwirkung, wird zusätzlich eine Ermüdungsanalyse durchgeführt.

Die Kriterien für eine Spannungsbewertung nach dem ASME-Code sind in Tabelle F 2.5-1 dargestellt. Zu bewerten ist jeweils die Summe der vorhandenen Spannungen, bei Sekundärspannungen auch vorhandene Primärspannungen. Ein Vergleich dieser Kriterien mit den Fließkurven zeigt, daß sie sinnvoll entsprechend dem Bauteilverhalten gewählt sind.

Tabelle F 2.5-1   Spannungsbewertung nach dem ASME-Code.

Spannungsart	Bezeichnung	zulässige Spannung		
		S_m	$R_{p\,0.2}$	R_m
allgemeine primäre Membranspannung	P_m	S_m	$\dfrac{R_{p\,0.2}}{1,5}$	$\dfrac{R_m}{3}$
örtliche primäre Membranspannung	P_L	$1,5\,S_m$	$R_{p\,0.2}$	$\dfrac{R_m}{2}$
primäre Membran- und Biegespannung	$P_L + P_b$	$1,5\,S_m$	$R_{p\,0.2}$	$\dfrac{R_m}{2}$
Primär- und Sekundärspannungen	$P + Q$	$3\,S_m$	$2\,R_{p\,0.2}$	R_m
Gesamtspannung einschließlich Spannungsspitzen	$P + Q + F$	Ermüdungsanalyse		

$P \quad \rightarrow$ Auslegung	bei $T_R \rightarrow$ Anforderung
$P + Q \rightarrow$ Betrieb	bei $T \rightarrow$ Istwerte

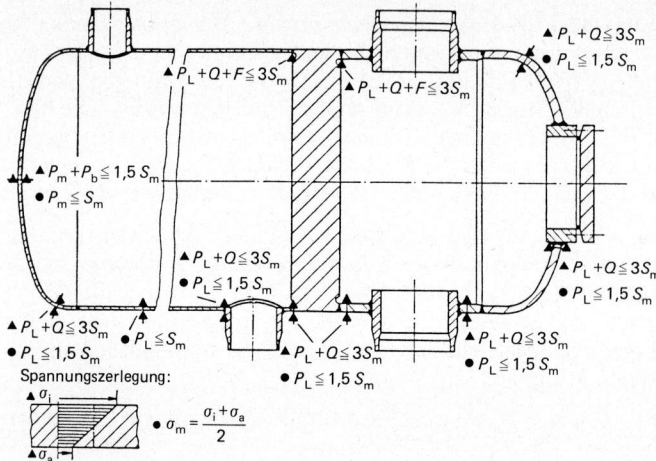

Bild F 2.5-1. Bewertung gemessener Spannungen an einem Druckbehälter.

Als praktisches Beispiel ist in Bild F 2.5-1 die Bewertung gemessener Spannungen an einem Druckbehälter mit Böden, Stutzen usw. wiedergegeben. Aus den innen und außen gemessenen Spannungen wird jeweils der Mittelwert gebildet und entweder als allgemeine oder als örtliche primäre Membranspannung bewertet. Die entweder innen oder außen auftretende Maximalspannung wird je nach Spannungsart als primäre Biegespannung oder als Sekundärspannung bewertet. (Die Spannungen werden dabei als Vergleichsspannungen nach der Schubspannungshypothese gebildet.)

Die Ergebnisse einer an Speisewasserbehältern mit aufgeschweißten Entgasern aufgenommenen Meßreihe – die nach einem Schaden an einem solchen Behälter durchgeführt wurde [F 2.5-1] – sind in Bild F 2.5-2 dargestellt. Für jeden Behälter sind die Maximal- und die Mittelspannung mit den jeweils zulässigen Spannungen als Säulen dargestellt und die Spannungsüberschreitungen durch engere Schraffur gekennzeichnet. Bei fast allen Behältern wurden Spannungsüberschreitungen ermittelt und an den Behältern mit den höchsten Überschreitungen auch Risse festgestellt. Für die Behälter senkte man entweder den Betriebsdruck soweit ab, daß die Spannungen in den zulässigen Grenzen lagen, oder gestaltete sie konstruktiv um.

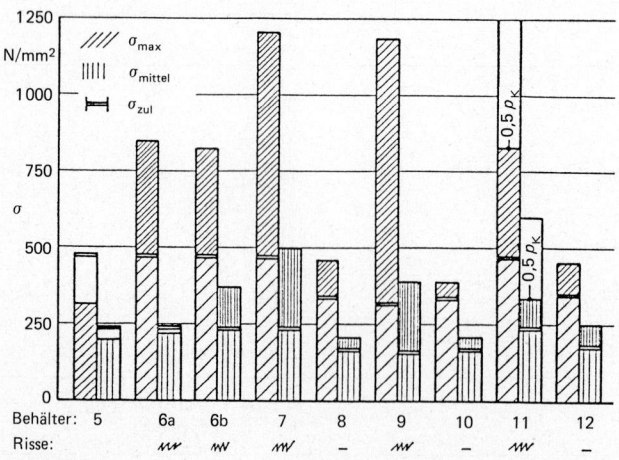

Bild F 2.5-2. Bewertung gemessener Spannungen an Speisewasserbehältern mit aufgesetzten Entgasern bei Konzessionsdruck p_K.

F 2.6 Betriebsverhalten von Bauteilen

Außer der Erfassung des Bauteilverhaltens bei Erstbelastung und der Ermittlung von Spannungsverteilungen erlauben Messungen mit elektrischen Dehnungsmeßstreifen die kontinuierliche Erfassung von im Betrieb auftretenden Dehnungen und ihre Zuordnung zum jeweiligen Vorgang.

In diesem Zusammenhang wurde durch den Einsatz spezieller Hochtemperaturdehnungsmeßstreifen unter Anwendung geeigneter Kalibrierverfahren [F 2.6-1] eine Möglichkeit entwickelt, Beanspruchungen auch an heiß betriebenen Bauteilen zu erfassen. Als ein Beispiel für dieses weite Anwendungsfeld wird in Bild F 2.6-1 gezeigt, welche Hinweise Dehnungsmessungen an einem Rohrkrümmer auf dessen Beanspruchung und ihre jeweilige Ursache geben. Hierzu brachte man jeweils an der Innen- und Außenfaser sowie an der neutralen Faser des Bogens zwei Meßstreifen unter 90° zueinander sowie an jeder Meßstelle ein Thermoelement zur Korrektur der Scheindehnungen an.

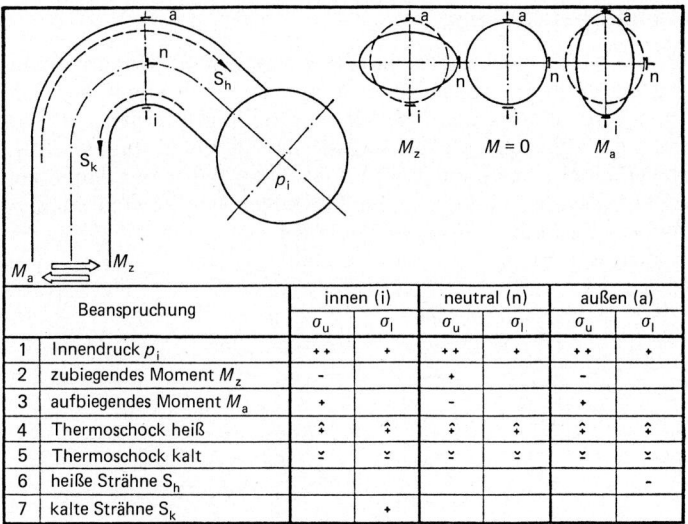

Beanspruchung		innen (i)		neutral (n)		außen (a)	
		σ_u	σ_l	σ_u	σ_l	σ_u	σ_l
1	Innendruck p_i	++	+	++	+	++	+
2	zubiegendes Moment M_z	−		+		−	
3	aufbiegendes Moment M_a	+		−		+	
4	Thermoschock heiß	$\hat{+}$	$\hat{+}$	$\hat{+}$	$\hat{+}$	$\hat{+}$	$\hat{+}$
5	Thermoschock kalt	$\vee$	$\vee$	$\vee$	$\vee$	$\vee$	$\vee$
6	heiße Strähne S_h					−	
7	kalte Strähne S_k		+				

Bild F 2.6-1. Aussagen gemessener Spannungen zum Betriebsverhalten eines Rohrkrümmers.
++ hohe positive Spannung
+ positive Spannung
− negative Spannung
$\hat{+}$ positiver Spannungspeak
$\vee$ negativer Spannungspeak

Der Innendruck führt an allen drei Meßstellen zunächst, wie bei einem Rohr, zu gleichen Umfangsspannungen σ_u, die doppelt so hoch sind wie die jeweiligen Längsspannungen σ_l. Wirkt auf den Bogen ein äußeres Moment, z. B. infolge Wärmeausdehnung der anschließenden Rohrleitung, so hat er unter einem zubiegenden Moment die Tendenz zur Ovalisierung mit positiver Umfangsspannung in der neutralen Faser und negativer Umfangsspannung an der Außen- und Innenfaser. Unter einem aufbiegenden Moment tritt eine um 90° versetzte Ovalisierung mit entgegengesetzten Umfangsspannungen auf.

Erhöht sich die Temperatur des das Rohr durchströmenden Mediums plötzlich, so führt dies an allen Meßstellen in jeweils beiden Richtungen zu gleichhohen Zugspannungen, die ihr Maximum erreichen, ehe die Temperaturerhöhung die Außenseite des Rohres erreicht. Diese bedingt eine die Rohrwand von innen nach außen durchdringende Wärmedehnung mit Zugspannungen, bis Temperaturausgleich besteht.

Bei einer plötzlichen Temperaturerniedrigung tritt der umgekehrte Effekt mit gleichen Druckspannungsspitzen an allen Meßstellen auf.

Die Tatsache, daß kalte Medien schwerer sind als heiße, führt bei dem Krümmer zu einem weiteren, an den Meßwerten erkennbaren Verhalten: Wird durch das gleichmäßig durchwärmte Rohr eine geringe Menge eines heißeren Mediums transportiert, so entsteht im oberen Teil des Krümmers eine Temperaturschichtung in Form einer heißen Strähne, die dort zu hohen Druckspannungen in Längsrichtung führt, da sich der heißere Bereich des Rohres gegenüber dem kälteren Querschnitt nicht ausdehnen kann.

Wird durch das gleichmäßig durchwärmte Rohr eine geringe Menge kälteren Mediums transportiert, so bildet sich im unteren Teil des Krümmers eine kalte Strähne, die hohe Zugspannungen in Längsrichtung bewirkt.

F 2.7 Zusammenfassende Beurteilung

Ziel der dargestellten Beispiele war es aufzuzeigen, daß die experimentelle Spannungsanalyse nicht nur in der Lage ist, einen Überblick über die Spannungsverteilung in einem Bauteil mit der Möglichkeit ihrer Bewertung zu geben oder die Registrierung zeitlicher Beanspruchungsverläufe zu ermöglichen, sondern daß sie darüberhinaus eine Vielzahl von Informationen zum Verhalten eines Bauteils liefert. Es kann daher nur empfohlen werden, „überraschende" Aussagen nicht als eventuelle Meßfehler zu ignorieren, sondern sie sorgfältig auf ihren Informationsgehalt hin zu überprüfen.

Eine Hilfe hierzu soll Tabelle F 2.7-1 geben, in der die einzelnen Effekte systematisch zusammengestellt sind.

Tabelle F 2.7-1. Aussagen von Fließkurven.

Nr.	Fließkurve	Aussage
		ε Dehnung ε_F Fließgrenzendehnung F Belastung (z. B. Innendruck) F_{Probe} Probebelastung F_{Betr} Betriebsbelastung
1		– lineares Verhalten, – Fließgrenze nicht überschritten
2		– lineares Verhalten, – Fließgrenze leicht überschritten, – bleibende Verformung, – elastischer Bereich durch Aufbau von Eigenspannungen vergrößert
3		– lineares Verhalten, – Fließgrenze überschritten, – bleibende Verformung, – geringe Stützwirkung, – hoher Membranspannungsanteil (Primärspannungen)
4		– lineares Verhalten, – Fließgrenze überschritten, – bleibende Verformung, – mittlere Stützwirkung, – Biegespannung oder örtliche Membranspannung
5		– lineares Verhalten, – Fließgrenze überschritten, – bleibende Verformung, – sehr hohe Stützwirkung, – Sekundärspannungen/Spannungsspitze
6		– lineares Verhalten, – trotz Überschreiten der Fließgrenze kein Fließen, – das Bauteil war schon vorbelastet

Tabelle F 2.7-1.   Aussagen von Fließkurven.

Nr.	Fließkurve	Aussage
7		– lineares Verhalten, – Fließgrenze an einer Stelle seitlich des DMS überschritten, – höchstbeanspruchte Stelle seitlich des DMS, – bleibende Verformung
8		– lineares Verhalten, – Fließgrenze an einer Stelle vor oder hinter dem DMS überschritten, – höhere Beanspruchung vor oder hinter dem DMS, – bleibende Verformung
9		– nichtlineares Verhalten, – zusätzliche Biegung, z. B. an einem unrunden Rohr, – Biegezugseite
10		– nichtlineares Verhalten, – zusätzliche Biegung, z. B. an einem unrunden Rohr, – Biegedruckseite
11		– nichtlineares Verhalten, – zusätzliche Biegung, z. B. an einem unrunden Rohr, – Biegezugseite, – bleibende Verformung, – Unrundheit durch Fließen abgebaut
12		– nichtlineares Verhalten, – zusätzliche Biegung, z. B. an einen unrunden Rohr, – Biegedruckseite, – bleibende Verformung, – Unrundheit durch Fließen abgebaut
13		– frühzeitiges Fließen, – Eigenspannung, – bleibende Verformung, – Formverbesserung

Tabelle F 2.7-1.   Aussagen von Fließkurven.

Nr.	Fließkurve	Aussage
14		– lineares Verhalten nur bis σ_F, – plastische Rückverformung, – plastische Wechselverformung bei Überschreiten der Fließgrenze, – ausgeprägte örtliche Membranspannung
15		– doppelte Fließgrenze überschritten, – plastische Rückverformung, – anschließend im – durch Eigenspannungen vergrößerten – elastischen Bereich
16		– doppelte Fließgrenze überschritten, – plastische Rückverformung, – bei anschließenden Belastungen bis F_{Betr} plastische Wechselverformungen durch Überschreiten der doppelten Fließgrenze
17		– doppelte Fließgrenze überschritten, – plastische Rückverformung, – bei anschließenden Belastungen bis F_{Betr} plastische Wechselverformungen mit zunehmender, bleibender Verformung

G Schrifttum

A Spannungen, Dehnungen und Verschiebungen

[A 2.1-1] DIN-Taschenbuch 22. Einheiten und Begriffe für physikalische Größen. Normen-AEF-Taschenbuch 1. Hrsg. Deutsches Institut für Normung e.V. 6. Aufl. Berlin, Köln: Beuth 1984.

[A 2.1-2] DIN-Taschenbuch 202. Formelzeichen, Formelsatz, mathematische Zeichen und Begriffe. Normen-AEF-Taschenbuch 2. Hrsg. Deutsches Institut für Normung e.V. Berlin, Köln: Beuth 1984.

[A 2.5-1] *Tetmajer, L v.:* Die angewandte Elastizitäts- und Festigkeitslehre auf Grund der Erfahrung. 2. Aufl. Leipzig, Wien: Franz Deuticke 1904.

[A 2.5-2] *Jung, F.:* Der Culmannsche und der Mohrsche Kreis. Österr. Ingenieur-Arch. 1 (1947) Nr. 4/5, S. 408/10.

[A 2.5-3] *Budynas, R. G.:* Advanced strength and applied stress analysis. New York: McGraw-Hill 1977.

[A 3.1-1] *Reiner, M.:* Rheologie in elementarer Darstellung. 2. Aufl. München: Carl Hanser 1970.

[A 3.2-1] *Billington, E. W.,* u. *A. Tate:* The physics of deformation and flow. New York: McGraw-Hill 1981.

[A 3.2-2] *Backhaus, G.:* Deformationsgesetze. Berlin: Akademie-Verl. 1983.

[A 3.2-3] *Ogden, R. W.:* Nonlinear elastic deformations. Chichester: Ellis Horwood Ltd. 1983.

[A 3.2-4] *Biermann, M.:* Geometrische Grundlehren zum allgemeinen Dehnungsmessen. VDI-Forschungsheft 644 (1987).

[A 3.4-1] *Rohrbach, Ch.:* Handbuch für elektrisches Messen mechanischer Größen. Düsseldorf: VDI-Verl. 1967.

[A 3.5-1] *Keil, S.:* Analyse ebener Spannungszustände mit Hilfe von Dehnungsmeßstreifen. HBM Messtechnische Briefe 8 (1972) Nr. 1, S. 1/4 (Teil 1); Nr. 2, S. 21/27 (Teil 2); Zusammenstellung 1–72, S. 1/2.

[A 3.5-2] *Rötscher, F.,* u. *R. Jaschke:* Dehnungsmessungen und ihre Auswertung. Berlin: Julius Springer 1939.

[A 3.5-3] *Nagy, I.:* Betrachtungen über die Meßunsicherheit bei der Bestimmung des ebenen Verzerrungszustandes mittels DMS-Rosetten. HBM Messtechnische Briefe 9 (1973) Nr. 1, S. 1/6.

[A 3.5-4] *Biermann, M.:* Geometrische Optimierung von Aufnehmerverbunden. Forsch. im Ing.-Wes. 52 (1986) Nr. 1, S. 13/23.

[A 3.6-1] *Biermann, M.:* Grundzüge der dreidimensionalen Aufnahmegeometrie zweitstufiger Tensorfelder. Forsch. im Ing.-Wes. 53 (1987) Nr. 1, S. 15/25.

[A 4.2-1] *Truesdell, C.:* Sketch for a history of constitutive relations. In: Rheology. Hrsg. *G. Astarita, G. Marrucci* u. *L. Nicolais.* Bd. 1. Principles. New York: Plenum Press 1980 (Proc. 8th Int. Congr. Rheol., Napoli 1980), S. 1/27.

[A 4.2-2] *Biermann, M.:* Grundlehren zu thermoelastischen Spannungsanalysen. VDI-Forschungsheft (demnächst).

[A 4.4-1] *Krawietz, A.:* Materialtheorie – Mathematische Beschreibung des phänomenologischen thermomechanischen Verhaltens. Berlin: Springer-Verl. 1986.

[A 4.4-2] *Ford, H.* (Teil 4 zus. mit *J. M. Alexander*): Advanced mechanics of materials. 2. Aufl. Chichester: Ellis Horwood 1977.

[A 4.4-3] *Reiner, M.:* The Deborah number. Physics Today 17 (1964) Nr. 1, S. 62.

[A 4.4-4] *Zener, C.:* Elasticity and anelasticity of metals. Illinois: The University of Chicago Press 1948.

[A 4.5-1] *Biermann, M.:* Elastizität. In: Kohlrausch Praktische Physik zum Gebrauch für Unterricht, Forschung und Technik. Hrsg. *D. Hahn* u. *S. Wagner.* Bd. 1. 23. Aufl. Stuttgart: B. G. Teubner 1985, S. 179/205.

[A 4.5-2] *Dally, J. W.,* u. *W. F. Riley:* Experimental stress analysis. 2. Aufl. New York: McGraw-Hill 1979.

[A 4.5-3] *Chen, W.-F.,* u. *A. F. Saleeb:* Constitutive equations for engineering materials. Bd. 1. Elasticity and modeling. New York: John Wiley & Sons 1982.

[A 4.6-1] *Perry, C. C.,* u. *H. R. Lissner:* The strain gage primer. 2. Aufl. New York: McGraw-Hill 1968.

C 1 Messen von Spannungen und Dehnungen mit Aufnehmern

[C 1.2-1] *Huggenberger, A. K.:* Talsperren-Meßtechnik, Berlin, Göttingen, Heidelberg: Springer-Verl. 1951.

[C 1.2-2] *Rohrbach, Chr.:* Spannungs- und Dehnungsmessung an Beton. Arch. Techn. Messen V 8246-6,7 (1962).

[C 1.2-3] *Loh, Y. C.:* Internal stress gages for cementitious materials. Proc. Soc. Exp. Stress Analysis XI (1954) Nr. 2, S. 13 – 28.

[C 1.2-4] *Magiera, G.,* u. *N. Czaika:* Zur Spannungsermittlung in Beton. Forschungsbericht 50 der Bundesanstalt für Materialprüfung (BAM), Berlin 1978, S. 51/63.

[C 1.2-5] *Rohrbach, Chr.:* Handbuch für elektrisches Messen mechanischer Größen. Düsseldorf: VDI-Verl. 1967. S. 498.

[C 1.2-6] *Mayer, N.,* u. *Chr. Rohrbach:* Handbuch für fluidische Meßtechnik. Düsseldorf: VDI-Verl. 1977, s. bes. S. 93/96 und 516/18.

[C 1.2-7] *Czaika, N., N. Mayer, C. Amberg, G. Magiera, G. Andreae* u. *W. Markowski:* Zur Meßtechnik für die Sicherheitsbeurteilung und -überwachung von Spannbeton-Reaktordruckbehältern. Forschungsbericht 50 der Bundesanstalt für Materialprüfung (BAM), Berlin 1978.

[C 1.2-8] *Wolf, H.:* Spannungsoptik. Berlin, Göttingen, Heidelberg: Springer-Verl. 1961, s. bes. S. 452/65.

[C 1.2-9] *Bazergui, A.,* u. *L. Meyer:* Embedded foil strain gauges for the determination of internal stresses. VDI-Berichte Nr. 102 (1966), S. 137/41.

[C 1.2-10] *Rohrbach, Chr.,* u. *N. Czaila:* Über ein neuartiges Verfahren zur Messung dreiachsiger Eigenspannungen im Innern von Bauteilen. VDI-Berichte 102 (1966), S. 125/30.

[C 1.2-11] *Rohrbach, Chr.,* u. *N. Czaika:* Deutung des Mechanismus des Dehnungsmeßstreifens und seiner wichtigsten Eigenschaften an Hand eines Modells. Materialprüfung 1 (1959) S. 121/31.

[C 1.3-1] Arbeitsanleitung zum Nomogramm für 0°/45°/90°-DMS-Rosetten. Meßtechnische Briefe, Hottinger Baldwin GmbH, Darmstadt 1967.

[C 1.3-2] *Heim, J.:* Erfassung und Auswertung von mehrachsigen Spannungszuständen mit Mikroprozessoren. VDI-Berichte 366. Düsseldorf: VDI-Verl. 1980, S. 107/12.

[C 1.3-3] *Tauffkirchen, W., G. Benedikter* u. *F. Vogel:* Auswertung von Dehnungsmessungen bei mehrachsiger Schwingbeanspruchung. VDI-Berichte 366. Düsseldorf: VDI-Verl. 1980, S. 97/106.

[C 1.3-4] *Barsis, E., E. Williams* u. *C. Skoog:* Piezoresistivity coefficients in manganin. Journ. Appl. Phys. 41 (1970) Nr. 13, S. 5155/62.

[C 1.3-5] *Duggin, B. W.,* u. *R. J. Butler:* Use of manganin gages to measure sweeping-shock pressure loads. ISA Transact. 10 (1971), S. 293/301.

[C 1.3-6] *Magiera, G.:* Weiterentwicklung des hydraulischen Kompensationsverfahrens der Druckspannungsmessung in Beton. Dissertation des FB Bauingenieur- und Vermessungswesen der TU Berlin 1984.

[C 1.3-7] *Glötzl, F.:* Ein neues hydraulisches Fernmeßverfahren für mechanische Spannungen und Drücke. Arch. Techn. Mess., Lieferg. 265 (1958), S. R 21 bis R 23.

[C 1.3-8] *Müller, R. K.:* Der Einfluß der Meßlänge auf die Ergebnisse bei Dehnungsmessungen an Beton. beton 14 (1964) H. 5, S. 205/08.

[C 1.3-9] *Fink, K.,* u. *Chr. Rohrbach:* Festigkeitsprüfung bei Schlagbeanspruchung. In: Handbuch der Werkstoffprüfung. Hrsg. *E. Siebel,* Bd. II. 2. Aufl., Berlin: Springer-Verl. 1955, S. 140/74.

[C 1.3-10] Budd, Phoenixville, USA. Firmenunterlagen.

[C 1.4-1] *Spangenberg, D.:* Bedeutung und Entwicklungsstand von induktiven, statischen Feindehnungsmessern kleinster Meßlänge. Arch. Techn. Messen J 135-19, 1960.

[C 1.4-2] Handbuch der Spannungs- und Dehnungsmessung. Hrsg. *K. Fink* u. *Chr. Rohrbach.* Düsseldorf: VDI-Verl. 1958.

[C 1.4-3] *Spangenberg, D.:* Aufspannvorrichtungen für induktive Feindehnungsmesser. Arch. Techn. Messen J 135-15, 1958.

[C 1.4-4] *Svenson, O.:* Dehnungsmessung mit induktiven Gebern. In: [C 1.4-2], S. 219/35.

[C 1.4-5] *Czaika, N.:* Geberdynamik, in: [C 1.4-1] S. 81/82.

[C 1.4-6] *Bergquist, B.:* Use of Extensometers With Sherically Pointed Pin Ends for Accurate Determination of Material Qualities. Strain, Vol. 7, No. 3 (1971).

[C 1.4-7] *Thiel, R.:* Zur Praxis der dynamischen Dehnungsmessung II. Arch. Techn. Messen J 135-2, 1953.

[C 1.4-8] *Rötscher, F.,* u. *R. Jaschke:* Dehnungsmessungen und ihre Auswertung. Berlin: Springer-Verl. 1939.

[C 1.4-9] *Huggenberger, A. U.,* u. *S. Schwaigerer:* Meßverfahren und Meßeinrichtungen für Verformungsmessungen. In: Handbuch der Werkstoffprüfung. Bd. I. 2. Aufl. Hrsg. *E. Siebel* u. *N. Ludwig.* Berlin: Springer-Verl. 1958, s. bes. S. 371/518.

C 2 Messen von Eigenspannungen

[C 2.2-1] *Macherauch, E., H. Wohlfahrt* u. *U. Wolfstieg:* Zur zweckmäßigen Definition von Eigenspannungen. HTM 28 (1973) Nr. 3, S. 201/11.

[C 2.2-2] *Elfinger, F. X., A. Peiter, W. A. Theiner,* u. *E. Stücker:* Verfahren zur Messung von Eigenspannungen. VDI-Bericht Nr. 439 (1982), S. 71/84.

[C 2.3-1] *Hegn, E.,* u. *O. Bauer:* Über Spannungen in kaltgereckten Metallen. Int. Z. Metallographie 1 (1911), S. 16/50.

[C 2.3-2] *Sachs, G.:* Nachweis innerer Spannungen in Stangen und Rohren. Z. Metallkunde 12 (1927) Nr. 9, S. 352/59.

[C 2.3-3] *Klöppl, K.:* Beitrag zur Bestimmung von Eigenspannungen in geschweißten Bauteilen. Forschungsheft 6 aus dem Gebiet des Stahlbaus. Berlin/Göttingen/Heidelberg: Springer-Verlag.

[C 2.3-4] *Peiter, A.:* Eigenspannungen I. Art, Ermittlung und Bewertung. Düsseldorf: Michael Triltsch Verlag 1966, S. 42/99.

[C 2.3-5] *Rohrbach, Chr.:* Die wichtigsten Verfahren der Spannungs- und Dehnungsmessung. Materialprüfung 2 (1960) Nr. 12, S. 468/72.

[C 2.3-6] *Fink, K.,* u. *Chr. Rohrbach:* Handbuch der Spannungs- und Dehnungsmessung. Düsseldorf: VDI-Verlag.

[C 2.3-7] *Mathar, J.:* Ermittlung von Eigenspannungen durch Messen von Bohrlochverformungen. Arch. Eisenhüttenwesen 6 (1933), S. 277/81.

[C 2.3-8] *Wolf, H., H. A. Borgmann* u. *E. Stücker:* Weiterentwicklung des Ring-Kern-Verfahrens zur Messung von Eigenspannungen. Arch. Eisenhüttenwesen 44 (1973), S. 369/73.

[C 2.3-9] *Macherauch, E.,* u. *P. Müller:* Das $\sin^2 \psi$-Verfahren der röntgenographischen Spannungsmessung. Z. angew. Physik 13 (1961), S. 302/12.

[C 2.3-10] *Macherauch, E.:* Grundlagen und Probleme der röntgenographischen Ermittlung elastischer Spannungen. Materialprüf. 5 (1963), S. 14/16.

[C 2.3-11] *Glocker, R.:* Materialprüfung mit Röntgenstrahlen. Berlin: Springer-Verlag 1958.

[C 2.3-12] *Hauk, V.:* Eigenspannungen, ihre Bedeutung für Wissenschaft und Technik. Band 1: Eigenspannungen. Deutsche Gesellschaft für Metallkunde e.V. 1983, S. 9/48.

C 3 Analyse von Spannungen, Dehnungen und Verformungen mittels Modellen

[C 3.2-1] *Weber, M.:* Das allgemeine Ähnlichkeitsprinzip in der Physik und sein Zusammenhang mit der Dimensionslehre und der Modellwissenschaft. Jahrb. Schiffbautech. Ges. 31 (1930) Nr. 24, S. 274/354.

[C 3.2-2] *Weber, M.:* Das Ähnlichkeitsprinzip der Physik und seine Bedeutung für das Modellwesen. Forsch. Ing.-Wiss. 11 (1940) Nr. 2, S. 49/58.

[C 3.2-3] *Weber, H.:* Über Modellgesetze und Ähnlichkeitsbedingungen für vollkommene und erweiterte Ähnlichkeit bei statischen Elastizitätsproblemen. Diss. Techn. Hochschule Berlin, Würzburg 1939.

[C 3.2-4] *Feucht, W.:* Einführung in die Modelltechnik. In: Handbuch der Spannungs- und Dehnungsmessung. Hrsg. *Fink* u. *Rohrbach.* Düsseldorf: VDI-Verl. 1958, S. 382/484.

[C 3.2-5] *Müller, R. K.:* Handbuch der Modellstatik. Berlin, Heidelberg, New York: Springer-Verl. 1971, S. 11/157.

[C 3.2-6] *Hackeschmidt, M.:* Strömungstechnik. Bd. 3. Leipzig: VEB Deutscher Verlag f. Grundstoffindustrie 1972.

[C 3.2-7] *Wolf, H.:* Spannungsoptik. Bd. 1. 2. Aufl. Berlin, Heidelberg, New York: Springer-Verl. 1976, S. 183/340.

[C 3.3-1] *Görtler, H.:* Dimensionsanalyse. Berlin, Heidelberg, New York: Springer-Verl. 1975.

[C 3.3-2] *Mönch, E.:* Die Ähnlichkeits- und Modellgesetze bei spannungsoptischen Versuchen. Z. f. angew. Physik 1 (1949) Nr. 7, S. 306/316.

[C 3.3-3] *Rohrbach, Chr.:* Handbuch für elektrisches Messen mechanischer Größen. Düsseldorf: VDI-Verl. 1967, S. 501.

[C 3.5-1] *Görkmann, K.:* Flächentragwerke. 3. Aufl. Wien: Springer-Verl. 1954.

[C 3.5-2] *Laermann, K.-H.:* Über einige besondere Probleme der Ähnlichkeitsmechanik. VDI-Berichte Nr. 271. Düsseldorf: VDI-Verl. 1976, S. 79/88.

[C 3.5-3] *Laermann, K.-H.:* Über die Bestimmung des vollständigen Spannungszustandes in Platten mit großer Durchbiegung. VDI-Berichte Nr. 399. Düsseldorf: VDI-Verl. 1981, S. 45/49.

[C 3.5-4] *Laermann, K.-H.:* Das Prinzip der integrierten Photoelastizität, angewandt auf die experimentelle Analyse von Platten mit nichtlinearen Formänderungen. Proceedings of the 7. International Conference on Experimental Stress Analysis, Haifa, Israel 1982, S. 301/13.

[C 3.5-5] *Bodgar, W. K.:* A method of inferring the strength of structures at high temperature from room temperature model tests. Proc. Soc. Experim. Stress Analysis 8 (1951) Nr. 2, S. 63/68.

[C 3.5-6] *Hiltscher, R.:* Theorie und Anwendung der Spannungsoptik im elastoplastischen Gebiet. Z. VDI 97 (1955), S. 49/58.

[C 3.5-7] *Mönch, E., A. Betz* u. *R. Kuch:* Zur Frage der dynamischen Photoplastizität. Proceedings of the 7. International Conference on Experimental Stress Analysis, Haifa, Israel 1982, S. 355/65.

[C 3.5-8] Handbook of experimental stress analysis. Hrsg. *M. Hetényi.* New York: J. Wiley Sons Inc. 1950, S. 636/43.

[C 3.6-1] *Hosp, E.:* Der gegenwärtige Stand der Photothermoelastizität. Materialprüfung 8 (1966), S. 85/92.

[C 3.6-2] *Hosp, E.:* Experimentelle Bestimmung von Wärmespannungen in Bauteilen auf spannungsoptischem Wege. Diss. TH Stuttgart 1959.

[C 3.7-1] *Barth, H.-S., P. Dietz* u. *E. Hengsberg:* Spannungsoptische Modellversuche als kostengünstiges Verfahren zur Ermittlung dynamischer Beanspruchungen. VDI-Berichte Nr. 480. Düsseldorf: VDI-Verl. 1983, S. 35/38.

[C 3.8-1] *Timoshenko, S.,* u. *J. N. Goodier:* Theory of elasticity, 2. Aufl. New York, Toronto, London: McGraw-Hill Book Comp. 1951, S. 26.

[C 3.8-2] *Föppl, L.,* u. *H. Neuber:* Festigkeitslehre mittels Spannungsoptik. München, Berlin: Oldenbourg Verl. 1935, S. 87.

[C 3.9-1] *Nowacki, W.:* Theorie des Kriechens. Wien: Franz Deuticke 1965.

[C 3.9-2] *Ficker, E.:* Der Einfluß des Modellmaterials in der Spannungsoptik. Diss. TU München 1971.

[C 3.9-3] *Schönebeck, G.:* Die Anwendung von Modellwerkstoffen in der Holografie. VDI-Berichte Nr. 366. Düsseldorf: VDI-Verl. 1980, S. 79/82.

[C 3.9-4] *Kleinschrodt, H.-S.,* u. *H. Winkler:* Überprüfung der Anwendbarkeit von Modellgesetzen auf Beton unter einaxialer Beanspruchung. Amts- und Mitteilungsblatt der Bundesanstalt für Materialprüfung (BAM) 15 (1985) Nr. 2, S. 168/81.

C 4 Rechenverfahren

[C 4.2-1] *Laermann, K. H.:* Über das Prinzip der hybriden Technik in der experimentellen Spannungsanalyse. Messen + Prüfen/Automatik 19 (1983), S. 184/90.

[C 4.2-2] *Pister, K. S.:* Constitutive modeling and numerical solution of field problems. Nucl. Engng. Des. 28 (1974), S. 137/46.

[C 4.3-1] Handbuch der Physik. Bd. III/1. Hrsg. *S. Flügge.* Berlin, Göttingen, Heidelberg: Springer-Verl. 1960, S. 594/607.

[C 4.4-1] *Marguerre, K.:* Ansätze zur Lösung der Grundgleichungen der Elastizitätstheorie. ZAMM 35 (1955), S. 242/82.

[C 4.4-2] *Muschelischwili, N. I.:* Einige Grundaufgaben zur mathematischen Elastizitätstheorie. 5. Aufl. München: Carl Hanser Verl. 1971.

[C 4.4-3] *Davis, B.:* Integral transforms and their applications. Berlin, Heidelberg, New York: Springer-Verl. 1978.

[C 4.4-4] *Michlin, S. G.:* Variationsmethoden der mathematischen Physik. Berlin: Akademie-Verl. 1962.

[C 4.4-5] *Gröbner, W.,* u. *P. Lesky:* Mathematische Methoden der Physik. Bd. 1. Mannheim: Bibliographisches Institut 1964.

[C 4.4-6] Taschenbuch für den Maschinenbau/Dubbel. 14. Aufl. Hrsg. v. *W. Beitz* u. *K.-H. Küttner.* Berlin, Heidelberg, New York: Springer-Verl. 1981.

[C 4.4-7] Stahlbau-Handbuch. Bd. 1: Grundlagen. Köln: Stahlbau-Verl. 1982.

[C 4.4-8] *Girkmann, K.:* Flächentragwerke. 6. Aufl. Wien: Springer-Verl. 1963.

[C 4.4-9] *Bareš, R.:* Berechnungstafeln für Platten und Wandscheiben. Wiesbaden, Berlin: Bauverl. 1969.

[C 4.4-10] *Neuber, H.:* Kerbspannungslehre. 3. Aufl. Berlin, Heidelberg, New York, Tokyo: Springer-Verl. 1985.

[C 4.4-11] *Hahn, H. G.:* Bruchmechanik. Teubner Studienbücher Mechanik. Stuttgart: Teubner 1976.

[C 4.4-12] *Tada, H., P. C. Paris* u. *G. R. Irwin:* The stress analysis of cracks handbook. Del. Research Corp., Pennsylvania, 1973.

[C 4.4-13] *Hill, R.:* The mathematical theory of plasticity. Oxford: Clarendon Press 1950.

[C 4.4-14] *Ismar, H.,* u. *O. Mahrenholtz:* Technische Plastomechanik. Braunschweig, Wiesbaden: Vieweg 1979.

[C 4.5-1] *Collatz, L.:* Numerische Behandlung von Differentialgleichungen. Berlin, Göttingen, Heidelberg: Springer-Verl. 1960.

[C 4.5-2] *Marsal, D.:* Die numerische Lösung partieller Differentialgleichungen. Mannheim, Wien, Zürich: B.I.-Wissenschaftsverl. 1976.

[C 4.5-3] *Zurmühl, R.:* Praktische Mathematik für Ingenieure und Physiker. 5. Aufl. Berlin, Heidelberg, New York, Tokyo: Springer-Verl. 1984.

[C 4.5-4] *Ansorge, R.:* Differenzenapproximationen partieller Anfangswertaufgaben. Stuttgart: Teubner 1978.

[C 4.5-5] *Bohl, E.:* Finite Modelle gewöhnlicher Randwertaufgaben. Stuttgart: Teubner 1981.

[C 4.5-6] *Fredriksson, B.,* u. *E. Mackerle:* Structural mechanics. Finite element computer programs – survey and ability. Report LiTH-IKP-R-054, Linköping (Schweden) 1978.

[C 4.5-7] *Zienkiewicz, O. C.:* Methode der finiten Elemente. München: Carl Hanser Verl. 1975.

[C 4.5-8] *Schwarz, H. R.:* Methode der finiten Elemente. Stuttgart: Teubner 1980.

[C 4.5-9] Finite Elemente in der Statik. Hrsg. *K. E. Buck, D. W. Scharpf, E. Stein* u. *W. Wunderlich.* Berlin, München, Düsseldorf: Verl. Wilh. Ernst & Sohn 1973.

[C 4.5-10] *Bathe, K.-J.:* Finite-Elemente-Methoden. Berlin, Heidelberg, New York, Tokyo: Springer-Verl. 1986.

[C 4.5-11] Developments in boundary element methods, Vol. 1. Hrsg. *P. K. Banerjee* u. *R. Butterfield.* London: Applied Science Publ. 1979.

D 1.2 Reißlackverfahren

[D 1.2-1] *Dietrich, O.*, u. *E. Lehr:* Das Dehnungslinienverfahren. VDI-Z 76 (1932), S. 973/82.

[D 1.2-2] *Dietrich, O.:* Das Maybach-Dehnungslinienverfahren in der Anwendung bei Metallen. Metall 19 (1940), S. 337/42.

[D 1.2-3] DRP-Nr. 534 158.

[D 1.2-4] *Forest, A. V. de*, u. *G. Ellis:* Brittle lacquers as an aid to stress analysis. J. aeron. Sci. 7 (1940), S. 205/08.

[D 1.2-5] *Forest, A. V. de, G. Ellis* u. *F. B. Stern:* Brittle coatings for quantitative strain measurements. Trans. Amer. Soc. Mech. Engrs. 64 (1942), S. A-184/88.

[D 1.2-6] *Spangenberg, D.:* Reißlacke als Hilfsmittel zum Erkennen von Spannungsfeldern. ATM (1963), V 1379-1, V 1379-2.

[D 1.2-7] *Richter, I.:* Hinweise zur Spannungsanalyse komplizierter Bauteile. MTZ 32 (1971), S. 280/83.

[D 1.2-8] *Durelli, A. J., V. Pavlin, J. O. Bühler-Vidal* u. *G. Ome:* Elastostatics of a cubic box sub-jected to concentrated loads. Strain (1977) H. 1, S. 7/11, 31.

[D 1.2-9] *Chaturvedi, S. K.*, u. *B. D. Agarwal:* Brittle Coating studies on fibrous composites. Strain (1978) H. 10, S. 131/36.

[D 1.2-10] *Pülzl, S.:* Reißlackverfahren. Technik. 18 (1963), S. 23/25.

[D 1.2-11] Fischer-Pierce & Waldburg GmbH & Co KG, Kisslegg. Firmenunterlagen.

[D 1.2-12] Measurements Group Meßtechnik GmbH, Lochham/München. Firmenunterlagen.

[D 1.2-13] *Crites, A.:* Techn. Rundschau (1962) Nr. 45, S. 57/61' Nr. 46, S. 41/43.

D 1.3 Mechanische und mechanisch-optische Dehnungsmesser

[D 1.3-1] *Huggenberger, A. U.*, u. *S. Schwaigerer:* Meßverfahren und Meßeinrichtungen für Verformungsmessungen. In: Handbuch der Werkstoffprüfung. Bd. 1: Prüf- und Meßeinrichtungen. Hrsg. *E. Siebel.* 2. Aufl. Berlin, Göttingen, Heidelberg: Springer-Verl. 1958.

[D 1.3-2] *Freise, H.:* Dehnungsmessung mit mechanischen und optischen Gebern. In: Handbuch der Spannungs- und Dehnungsmessung. Hrsg. *K. Fink* u. *Chr. Rohrbach.* Düsseldorf: VDI-Verl. 1958.

[D 1.3-3] *Bergqvist, B. M.:* Use of extensometers with spherically pointed pin ends for accurate determination of material qualities. Strain 7 (1971) Nr. 3, S. 114/20.

[D 1.3-4] *Huggenberger, A. U.:* Der Setzdehnungsmesser. Z. VDI 76 (1932), S. 417/18.

[D 1.3-5] *Huggenberger, A. U.:* Talsperren-Meßtechnik. Berlin, Göttingen, Heidelberg: Springer-Verl. 1951.

[D 1.3-6] *Schwaderer, W.:* Mechanische Dehnungsmesser mit Meßuhren. ATM-Blatt J 135-20 (1963) März, 2 S.

[D 1.3-7] *Mayer, N., J. Specht* u. *R. Wulkau:* Setzdehnungsmesser für 500 mm Meßlänge. BAM-Jahresbericht (1979), S. 109.

[D 1.3-8] *Zelger, C.:* Versuch zur Weiterentwicklung eines Setzdehnungsmessers. Schriftenreihe des Deutschen Ausschuß für Stahlbeton, Heft 253 (1975), S. 30/47.

[D 1.3-9] *Baumann, M.*, u. *H. Bachmann:* Computerkonforme Datenerfassung bei Stahlbeton-Großversuchen. Schweizerische Bauzeitung 90 (1972), S. 202/5.

[D 1.3-10] *Weder, Ch.:* Neuentwickeltes mechanisch-induktives Setzdehnungsmeßgerät an der EMPA Dübendorf. Material u. Technik 7 (1979) Nr. 2, S. 98/101.

[D 1.3-11] Fa. Hottinger Baldwin Meßtechnik GmbH, Darmstadt: Schnellklebstoff X 60.

[D 1.3-12] Fa. Fritz Staeger, Berlin: Dehnungstaster.

[D 1.3-13] *Tatnall, F. G.:* Development of the scratch gage. Experim. Mech. 9 (1969) Nr. 6, S. 27 N/34 N.

[D 1.3-14] *Prewitt, R. H.:* Mechanical strain indicators and recorders. Experim. Mech. 19 (1979) Nr. 4, S. 147/52.

[D 1.3-15] Fa. Prewitt Associates, Lexington, USA. Prospekt.

[D 1.3-16] *Pabst, W.:* Aufzeichnen schneller Schwingungen nach dem Ritzverfahren. Z. VDI 73 (1929), S. 1629/33.

[D 1.3-17] *Freise, H.:* Ritzgeräte zum Aufzeichnen schnell wechselnder Spannungen, Drücke und Kräfte. Z. VDI 82 (1938), S. 457/61.

[D 1.3-18] *Freise, H.:* Aufzeichnen kleiner Wege mit Diamant auf harte Stoffe. ATM-Blatt J 031-10 (1938) Nov., 4 S.

[D 1.3-19] *Freise, H.:* Anwendung des Diamantritzverfahrens in der Luftfahrt. ATM-Blatt V 8293-1 (1938) Dez., 6 S.

[D 1.3-20] *Oliver, J. C.,* u. *M. K. Ochi:* Evaluation of SL-7 Scratch Gauge Data. NTIS-Report-Nr. AD-A 120 598 (1981), 108 S.

[D 1.3-21] *Dillon, E. W.,* u. *R. J. Kissane:* Annual End Movements of Prestressed Concrete Bridges. NTIS-Report-Nr. PB 294 254 (1978), 24 S.

[D 1.3-22] *Ringhandt, H.:* Feinwerkelemente. München, Wien: Carl Hanser Verl. 1974.

[D 1.3-23] *Breitinger, R.:* Lösungskataloge für Sensoren. Teil I: Federführungen und Federgelenke. Mainz: Krausskopf Verl. 1976.

[D 1.3-24] *Emschermann, H. H.:* Dehnungsmeßverfahren in der Festigkeitsforschung. Konstruktion 4 (1952), S. 200/04.

[D 1.3-25] *Pfender, M.:* Über den Nutzen mechanischer Kennwerte metallischer und organischer Werkstoffe für deren Gebrauch und Verarbeitung. Kunststoffe 51 (1961) Nr. 9, S. 518/29.

[D 1.3-26] Fa. Fritz Staeger, Berlin: BAM-Setzdehnungsmesser Bauart Pfender.

[D 1.3-27] *Feucht, W.:* Die BAM-Meßlängenübertrager, Bauart Feucht – Neue Zusatzgeräte im BAM-Setzdehnungsmesser-System von Pfender. Intern. Konf. Exp. Spannungsanalyse, Delft 1959. New York: Reinhold Publishing Co., S. 9–19.

[D 1.3-28] *Schwaigerer, S.:* Die Entwicklung des Setzdehnungsmessers an der Materialprüfungsanstalt Stuttgart. Archiv f. Metallkde. 3 (1949), S. 307/8.

[D 1.3-29] *Schwaigerer, S.:* Setz-Dehnungs- und Setz-Verkrümmungsmesser. ATM-Blatt V 91122-13 (1951) April, 2 S.

[D 1.3-30] *Ermlich, W.,* u. *W. Hengemühle:* Untersuchung von Werkstoffprüfmaschinen. In: Handbuch der Werkstoffprüfung. Bd. 1: Prüf- und Meßeinrichtungen. Hrsg. *E. Siebel.* 2. Aufl., Berlin, Göttingen, Heidelberg: Springer-Verl. 1958.

[D 1.3-31] *Berg, S.:* Dynamische Spannungsmessungen. Z. VDI 81 (1937), S. 295/98.

[D 1.3-32] *Freise, H.:* Mechanisch-optischer Dehnungsschreiber mit 25 mm Meßlänge. ATM-Blatt J 135-11 (1955) Nov., 2 S.

[D 1.3-33] *Freise, H.:* Mechanisch-optischer Dehnungsmesser für statische Messungen. Z. VDI 85 (1941), S. 919/20.

[D 1.3-34] *Freise, H.:* Mechanisch-optischer Dehnungsmesser mit kleiner Meßlänge. Feinwerktechnik 54 (1950), S. 236/38.

[D 1.3-35] *Freise, H.:* Autokollimations-Spiegeldehnungsmesser. ATM-Blatt V 91 122-14 (1953) Aug., 4 S.

[D 1.3-36] *Coutts, J. A.,* u. *P. J. Heneghan:* An adaptation of an autocollimator for television use. Strain 19 (1983) Nr. 2, S. 31/34.

[D 1.3-37] *Beyer, W.,* u. *W. Pahl:* Winkelmeßeinrichtung zum Prüfen fotoelektrischer Autokollimationsfernrohre. Feinwerktechnik u. Meßtechnik 82 (1974) Nr. 6, S. 267/69.

[D 1.3-38] *Bienias, M.,* u. *J. Hannemann:* Praktische Hinweise für die Auswahl und Anwendung von Autokollimationsfernrohren. Feingerätetechnik 20 (1971) Nr. 10, S. 442/46.

[D 1.3-39] *Schleicher, C.:* Die meßtechnische Kontrolle der Funktionstüchtigkeit der Triebwasserleitungen des Pumpspeicherwerkes Markersbach. Mitt. aus d. Kraftw.-Anl.-Bau 20 (1981) Nr. 2, S. 6/10.

[D 1.3-40] *Plank, A.:* Zur Frage wiederkehrender Prüfungen an Bauwerken aus Stahlbeton und Spannbeton. Amts- und Mitteilungsblatt der Bundesanst. f. Materialprüfung (BAM) 12 (1982), S. 273/78.

[D 1.3-41] *Gorissen, E.:* Die Messung von Eigenspannungen mit dem Setzdehnungsmesser. Archiv f. d. Eisenhüttenwesen 37 (1966), S. 671/78.

[D 1.3-42] *Fromm, K.:* Eigenspannungen in geschweißten hochfesten Stählen. Schweißen u. Schneiden 24 (1972), S. 211/14.

[D 1.3-43] *Emschermann, H. H.*, u. *J. Kruse:* Messung der Flächenveränderung an Papier. Das Papier 5 (1951), S. 299/302.

[D 1.3-44] *Deen, R. C.*, u. *J. H. Havens:* Fatigue analysis from strain gauge data and probability analysis. Transp. Res. Board, Transp. Res. Rec. H. 579 (1976), S. 82/102.

D 2 Optische Flächenverfahren

D 2.1 Allgemeines und Überblick

Zu den einzelnen Abschnitten dieses Handbuchs ist jeweils umfangreiches Schrifttum angegeben. Hier sollen im wesentlichen nur einige Literaturstellen über Verfahren aus Tabelle D 2.1-6 angegeben werden, die nicht in eigenen Abschnitten behandelt sind.

[D 2.1-1] *Angerer, S.*, u. *C. Kolitsch:* Lebensdauerabschätzung von Kfz-Bauteilen mittels Thermografie. Berichtsband der 14. Sitzung des Arbeitskreises Betriebsfestigkeit im DVM 1988. DVM-Verlag 1988.

[D 2.1-2] *Born, M.:* Optik. Springer Berlin-Heidelberg-New York 1972.

[D 2.1-3] Shearography: In: Speckle-Metrology. Hrsg. *R. K. Erf.* Academic Press 1978 (Serie „Quantum Electronics").

[D 2.1-4] *Herbst, K.*, u. *A. Lüders:* Probleme bei der dynamischen Prüfung von Kraftfahrzeugrädern und neue Erkenntnisse aus der Anwendung einer Wärmebildkamera. Automobil-Industrie 20 (1975) Nr. 6.

[D 2.1-5] *Kosteas, D.*, u. *U. Graf:* Überwachung wiederholt beanspruchter Bauteile mit Ermüdungsmeßstreifen. Schweißen und Schneiden 36 (1984) Nr. 12, S. 583/87. (Siehe auch Firmenschriften der DORNIER GmbH/Friedrichshafen.)

[D 2.1-6] *Stoffregen, B.:* Anwendung der Holografie und des Laser-Doppler-Verfahrens zur Schwingungsanalyse. In: Laser-Meßtechnik für die Entwicklung und Qualitätssicherung von Kraftfahrzeugen. VDI-Berichte 617 (1986), S. 145/68. (Siehe auch Firmenschriften von RANK PRECISION/Wiesbaden und DANTEC/Karlsruhe.)

[D 2.1-7] *Rautu, S.:* Chromorheology – A New Experimental Method. Mechanics Research Communications Vol. 6 (1979) Nr. 6, S. 353/60.

D 2.2 Spannungsoptische Modellverfahren

[D 2.2-1] *Aben, H.:* Integrated Photoelasticity. McGraw-Hill International 1979.

[D 2.2-2] *Alexsandrov, A.*, u. *M. Ahmetzjanov:* Polarisationsoptische Methode zur Messung mechanischer Verformungen (in Russisch). Moskau: Wissenschaftsverlag 1973.

[D 2.2-3] *Alfirevic, J.*, u. *St. Jecic:* Fotoelasticimetrija. Zagreb 1982.

[D 2.2-4] Grundlagen und Meßtechnik der Spannungsoptik und der holografischen Interferometrie (in Chinesisch). Reihe „Bücher für Mechanik". Beijing: Wissenschaftlicher Verlag 1982.

[D 2.2-5] *Brcic, V.:* Photoelasticity in theory and practice. Vorträge in CISM/Udine. Springer 1974.

[D 2.2-6] *Coker, E. G.*, u. *L. N. G. Filon:* A treatise on photoelasticity. Hrsg. *H. T. Jessop.* 2. Aufl. Cambridge 1957.

[D 2.2-7] *Doroszkiewicz, R. St.:* Elastooptyka. Warschau: Polska Akademia Nauk 1975.

[D 2.2-8] *Durelli, A. J.*, u. *W. F. Riley:* Introduction to photomechanics. Englewood Cliffs/N. J. 1965.

[D 2.2-9] *Föppl, L.*, u. *E. Mönch:* Praktische Spannungsoptik. Berlin, Heidelberg, New York: Springer-Verl. 1972.

[D 2.2-10] *Frocht, M. M.:* Photoelasticity. New York: Vol. I: 1941, Vol. II: 1948.

[D 2.2-11] *Hendry, A. W.:* Photoelastic Analysis. Oxford 1966.

[D 2.2-12] *Heywood, R. B.:* Photoelasticity for designers. Oxford 1969 (Neuauflage von: Designing by photoelasticity, London 1952).

[D 2.2-13] *Jessop, H. T.*, u. *F. C. Harris:* Photoelasticity. London 1949.

[D 2.2-14] *Javornicky, J.:* Photoplasticity. Amsterdam, London, New York: Elsevier Scient. Publ. Comp. 1974.

[D 2.2-15] *Khesin, G.,* u. *N. Streltschuk:* Die Methode der Photoelastizität (in Russisch) Band 1 bis 3. Moskau: Bauverlag 1975.

[D 2.2-16] *Kuske, A.:* Einführung in die Spannungsoptik. Stuttgart 1959.

[D 2.2-17] *Mondina, A.:* La Fotoelasticitá. Milano 1958.

[D 2.2-18] *Pirard, A.:* La photoélasticité. Paris 1947.

[D 2.2-19] *Villena, L.:* Fotoelasticidad. Madrid 1943.

[D 2.2-20] *Wolf, H.:* Spannungsoptik. 2. Aufl. Bd. 1. Berlin: Springer 1976.

[D 2.2-21] *Böhme, W.:* Experimentelle Untersuchungen dynamischer Effekte beim Kerbschlagbiege-versuch. Diss. TH Darmstadt 1985.

[D 2.2-22] *Dally, J. W.:* Developments in photoelastic analysis of dynamic fracture. Proceed. of the IUTAM-Symposium on Optical Methods in Mechanics of Solids. Hrsg. *A. Lagarde.* Sijthoff & Noordhoff 1981, S. 359/94.

[D 2.2-23] *Dally, J. W.:* Dynamic photoelastic studies of fracture. Exp. Mechanics Oct. (1979), S. 349/61.

[D 2.2-24] *Ficker, E.:* Werkstoffprobleme beim spannungsoptischen Erstarrungsverfahren. VDI-Berichte 197 (1974), S. 61/67.

[D 2.2-25] *Mack, K.:* Untersuchungen zur Verbesserung des Wirkungsgrades und der Betriebs-festigkeit von Drehkolbengebläsen. Diss. TU München 1978.

[D 2.2-26] *Marwitz, H.:* Ein neues holografisches Verfahren zur vollständigen Auswertung vor allem von räumlichen Spannungszuständen. Ing. Arch. Bd. 44 H6 (1975), S. 359/369.

[D 2.2-27] *Mönch, E.,* u. *A. K. Roy:* Spannungsoptische Untersuchung eines schrägverzahnten Stirnrades. Konstruktion 9 (1957) Nr. 11, S. 429/38.

[D 2.2-28] *Rossmanith, H.-P.:* Anwendung optischer Methoden zur Bestimmung von Spannungs-intensitätsfaktoren: In: Grundlagen der Bruchmechanik. Hrsg. *H.-P. Rossmanith.* Wien, New York: Springer-Verl. 1982.

[D 2.2-29] *Ullmann, K.:* Zur Wahl der Schnittdicke beim polarisationsoptischen Erstarrungsver-such. Wiss. Z. d. TH Karl-Marx-Stadt 22 (1980) Nr. 7, S. 739/44.

[D 2.2-30] *Weber, H.:* Photoviscoelastizität – Grundlagen und Anwendungsmöglichkeiten in der experimentellen Spannungsanalyse. Habil. Schrift Universität Karlsruhe (TH) 1986.

D 2.3 Spannungsoptisches Oberflächenschichtverfahren

[D 2.3-1] *Föppl, L.,* u. *E. Mönch:* Praktische Spannungsoptik. 3. Aufl. Berlin, Heidelberg, New York: Springer-Verl. 1972.

[D 2.3-2] *Zandman, R., S. Redner* u. *J. W. Dally:* Photoelastic coatings. SESA Monograph 3. 1. Aufl. Westport: Society for Experimental Stress Analysis 1977.

[D 2.3-3] *Schöpf, H.-J.,* u. *W. Kizler:* Die Bohrlochmethode – eine umfassende Erweiterung für das spannungsoptische Oberflächenschichtverfahren. MESSEN & PRÜFEN 15 (1979) Nr. 9, S. 649 ff.

[D 2.3-4] Measurements Group, München: Einführung in das spannungsoptische Oberflächen-schichtverfahren. Techn. Berichtsheft TDG-1D.

[D 2.3-5] Measurements Group, München: Strain Measurement with the 030-Series Reflection Polariscope. Operating Instructions and Technical Manual 1977.

[D 2.3-6] Measurements Group, München: Anweisung zum Gießen, Bearbeiten und Aufkleben spannungsoptischer Schichten. Vishay IPB – 310/320.

D 2.4 Rasterverfahren

[D 2.4-1] *Pulfrich, C.:* Über ein neues Verfahren der Körpervermessung. Archiv für Optik 1 (1907) Nr. 1, S. 42/58.

[D 2.4-2] *Stickforth, J.:* Vektor- und Tensorrechnung für Ingenieure. Vorlesungsmanuskript TU Braunschweig 1983 (unveröffentlicht).

[D 2.4-3] *Müller, M.:* Die Projektions-Raster-Technik, Theorie und Anwendungsmöglichkeiten. Studienarbeit am Mechanik-Zentrum, Exp. Mechanik der TU Braunschweig 1985 (unveröffent-licht).

[D 2.4-4] *Dantu, P.:* Description d'une méthode nouvelle pour la détermination expérimentale des flexions dans une plaque plane. Ann. des Ponts et Chaussées 110 (1940) Nr. 1, S. 5/20.

[D 2.4-5] *Koepke, W.:* Ermittlung von Biegemomenten in Platten mittels eines spiegeloptischen Verfahrens. Beton- und Stahlbetonbau 50 (1955) Nr. 8, S. 210/16.

[D 2.4-6] *Ritter, R.,* u. *R. Hahn:* Contribution to analysis of the reflection grating method. Optics and Lasers in Engineering 4 (1983) Nr. 1, S. 13/24.

[D 2.4-7] *Subramanian, G.,* u. *R. Arunagiri:* Reflecting grid method for curvature and twist. Strain 17 (1981) Nr. 3, S. 87/88.

[D 2.4-8] *Burch, J. M.,* u. *D. A. Palmer:* Interferometric methods for the photographic production of large gratings. Optica Acta 8 (1961) Nr. 1, S. 73/80.

[D 2.4-9] *Rudolph, D.,* u. *G. Schmahl:* Spektroskopische Beugungsgitter hoher Teilungsgenauigkeit erzeugt mit Hilfe von Laserlicht und Photoresistschichten. Optik 30 (1970) Nr. 5, S. 475/87.

[D 2.4-10] *Goetting, H.-Ch., R. Ritter, R. Schütze* u. *W. Wilke:* Dehnungsmessung an Faserverbundwerkstoffen mit Hilfe des Beugungsprinzips. VDI-Berichte Nr. 631, Düsseldorf: VDI-Verlag 1987; S. 275/85.

[D 2.4-11] *Lussow, R. C.:* Photoresist materials and applications. The journal of vacuum science and technology 6 (1969) Nr. 1, S. 18/24.

[D 2.4-12] *Roßhaupter, E.,* u. *D. Hundt:* Photolacke. Chemie in unserer Zeit 5 (1971), S. 147/53.

[D 2.4-13] *Andresen, K., B. Kamp* u. *R. Ritter:* Verformungsmessungen an Rißspitzen nach dem Objekt-Raster-Verfahren. VDI-Berichte Nr. 679, Düsseldorf: VDI-Verlag 1988; S. 393/403.

[D 2.4-14] *Früngel, F. B. A.:* Sparks and laser pulses. 4. Bd. der Reihe 'High-Speed Pulse Technology'. New York: Academic Press 1980.

[D 2.4-15] *Wilke, W.:* Zum Einfluß der Versuchsparameter bei der quantitativen Verformungsanalyse stark gekrümmter Bauteile nach einem Raster-Reflexions-Prinzip. Studienarbeit am Mechanik-Zentrum, Exp. Mechanik der TU Braunschweig 1985 (unveröffentlicht).

[D 2.4-16] *Morche, B.,* u. *S. Schrammek:* Anwendung der digitalen Bildverarbeitung bei der Verformungsanalyse von Scheibenaufgaben nach dem Rasterprinzip. Materialprüfung 26 (1984) Nr. 4, S. 93/95.

[D 2.4-17] *Obata, M., H. Shimada* u. *A. Kawasaki:* Fine-grid method for large-strain analysis near a notch tip. Exp. Mech. 23 (1983) Nr. 2, S. 146/51.

[D 2.4-18] *Schulze, C.:* Ein Rasterverfahren zur Bestimmung des räumlichen Verformungszustandes. VDI-Berichte Nr. 514. Düsseldorf: VDI-Verl. 1984, S. 27/32.

[D 2.4-19] *Schütze, R.:* Anwendung eines optischen Reflexionsverfahrens für schadensmechanische Untersuchungen an kohlenstoffaserverstärkten Verbundwerkstoffen. VDI-Berichte Nr. 514. Düsseldorf: VDI-Verl. 1984, S. 33/39.

[D 2.4-20] *Tappe, H.:* Untersuchung des Verformungsverhaltens von CFK-Zugproben mit Hilfe des Reflexions-Raster-Verfahrens. Diplomarbeit am Mechanik-Zentrum, Exp. Mechanik der TU Braunschweig 1984 (unveröffentlicht).

[D 2.4-21] *Schütze, R.,* u. *H. Ch. Goetting:* One-line measurement of onset and growth of edge-delaminations in CFRP-laminates by an optical grating reflection method. Z. Werkstofftech. 16 (1985) Nr. 9, S. 306/10.

[D 2.4-22] *Andresen, K.,* u. *B. Morche:* Digitale Bildverarbeitung von Kreuzrasterstrukturen zur Verformungsmessung von Flächen. VDI-Berichte Nr. 480. Düsseldorf: VDI-Verl. 1983, S. 19/22.

[D 2.4-23] *Hahn, R.:* Experimentelle Bestimmung der Verformungsgrößen gekrümmter Flächen nach dem Reflexions-Raster-Prinzip einschließlich digitaler Bildverarbeitung. Diplomarbeit am Mechanik-Zentrum, Exp. Mechanik der TU Braunschweig 1983 (unveröffentlicht).

[D 2.4-24] *Andresen, K., R. Ritter* u. *R. Schütze:* Application of grating methods for testing of material and quality control including digital image processing. SPIE-Optics in Eng. Measurement 599 (1985), S. 251/58.

D 2.5 Moiréverfahren

[D 2.5-1] *Rayleigh:* On the manufacture and theory of diffraction gratings. Phil. Mag. 47 (1874) Nr. 310, S. 81/93 u. Nr. 311, S. 193/205.

[D 2.5-2] *Righi, A.:* Sui fenomeni che si producono colla sovrapposizione di due reticoli e sopra alcune lora applicazioni. Nuovo Cim. 21 (1887), S. 203/27 u. Nuovo Cim. 22 (1888), S. 10/43.

[D 2.5-3] *Tollenaar, D.:* Moiré-Interferentieverschijnselen bij rasterdruk. Inst. voor Graphische Techn., Amsterdam 1945.

[D 2.5-4] *Weller, R.,* u. *B. M. Shepard:* Displacement measurement by mechanical interferometry. Proc. Soc. Exp. Stress Anal. 6 (1948) Nr. 1, S. 35/38.

[D 2.5-5] *Dantu, P.:* Recherches diverses d'extensométrie et de détermination des contraintes. Analyse des Contraintes, Memoires du GAMAC 2 (1954) Nr. 2, S. 3/14.

[D 2.5-6] *Ligtenberg, F. K.:* The moiré method, a new experimental method for the determination of moments in small slab models. Proc. Soc. Exp. Stress Anal. 12 (1955) Nr. 2, S. 83/98.

[D 2.5-7] *Durelli, A. J.,* u. *V. J. Parks:* Moiré analysis of strain. Englewood Cliffs, New Jersey: Prentice-Hall 1970.

[D 2.5-8] *Theocaris, P. S.:* Moiré fringes in strain analysis. Oxford: Pergamon Press 1969.

[D 2.5-9] *Focke, W.,* u. *K. Ullmann:* Experimentelle Dehnungsanalyse. Leipzig: VEB Fachbuchverlag 1974.

[D 2.5-10] *Sucharev, I. P.,* u. *B. N. Uśakov:* Issledovanija deformacij i naprjaženij metodom muarovych polos. Moskau: Izdatel'stvo Mašmostroenije 1969.

[D 2.5-11] *Dally, J. W.,* u. *W. F. Riley:* Experimental stress analysis. New York: McGraw-Hill Book Company Inc. 1978.

[D 2.5-12] *Luxmoore, A. R.:* Optical transducers and techniques in engineering measurement. London, New York: Appl. Science Publishers 1983.

[D 2.5-13] *Chiang, F. P.:* Moiré methods of strain analysis. In: SESA's manuel on exp. stress anal. Chapter VI. Brookfield Center 1983.

[D 2.5-14] *Sciammarella, C. A.:* Moiré-method – a review. Exp. Mech. 22 (1982) Nr. 11, S. 418/33.

[D 2.5-15] *Sciammarella, C. A.,* u. *A. J. Durelli:* Moiré fringes as a means of analyzing strains. J. Eng. Mech. Div., Proc. ASCE 87 (1961) Nr. EM1, S. 55/74.

[D 2.5-16] *Parks, V. J.,* u. *A. J. Durelli:* Various forms of the strain-displacement relations applied to experimental strain analysis. Exp. Mech. 4 (1964) Nr. 2, S. 37/47.

[D 2.5-17] *Morse, S., A. J. Durelli* u. *C. A. Sciammarella:* Geometry of moiré fringes in strain analysis. J. Eng. Mech. Div., Proc. ASCE 86 (1960) Nr. EM4, S. 105/26.

[D 2.5-18] *Chiang, F. P:* A shadow-moiré method with two discrete sensitivities. Exp. Mech. 15 (1975) Nr. 10, S. 382/85.

[D 2.5-19] *Takasaki, H.:* Moiré topography from its birth to practical application. Opt. and Lasers in Eng. 3 (1982) Nr. 1, S. 3/14.

[D 2.5-20] *Collet, J. P., J. Marasco* u. *L. Pflug:* Le moiré d'ombre: une méthode expérimentale et ses possibilités. Bull. Techn. de la Suisse Romande (April 1974) Nr. 9, S. 179/87.

[D 2.5-21] *Dykes, B. C.:* Analysis of displacements in large plates by the grid-shadow moiré technique. Proc. 4th Int. Conf. Exp. Stress Anal. (1971), S. 125/34.

[D 2.5-22] *Marasco, J.:* Use of a curved grating in shadow moiré. Exp. Mech. 15 (1975) Nr. 12, S. 464/70.

[D 2.5-23] *Meadows, D. M., W. O. Johnson* u. *J. B. Allen:* Generation of surface contours by moiré pattern. Appl. Optics 9 (1970) Nr. 4, S. 942/47.

[D 2.5-24] *Pirodda, L.:* Principi e applicazioni di un metodo fotogrammetrico basato sull'impiego del moiré. Rivista di Ingegneria (1969) Nr. 12, S. 913/23.

[D 2.5-25] *Takasaki, H.:* Moiré topography. Appl. Optics 9 (1970) Nr. 6, S. 1457/72.

[D 2.5-26] *Pirodda, L.:* Shadow and projection moiré techniques for absolute or relative mapping of surface shapes. Opt. Eng. 21 (1982) Nr. 4, S. 640/49.

[D 2.5-27] *Rieder, G.,* u. *R. Ritter:* Krümmungsmessung an belasteten Platten nach dem Ligtenbergschen Moiré-Verfahren. Forsch. Ing.-Wes. 31 (1965) Nr. 2, S. 33/44.

[D 2.5-28] *Ritter, R.,* u. *R. Hahn:* Zur Analyse des Reflexions-Moiré-Effekts. Forsch. Ing.-Wes. 50 (1984) Nr. 3, S. 87/90.

[D 2.5-29] *Chiang, F. P.,* u. *G. Jaisingh:* A new optical system for moiré methods. Exp. Mech. 14 (1974) Nr. 11, S. 459/62.

[D 2.5-30] *Ritter, R.,* u. *J. P. Wobbe:* Ein Moiré-Verfahren zur Krümmungsmessung dynamisch belasteter Platten. Forsch. Ing.-Wes. 41 (1975) Nr. 4, S. 119/22.

[D 2.5-31] *DeHaas, H. M.,* u. *H. W. Loof:* An optical method to facilitate the interpretation of moiré pictures. VDI-Berichte Nr. 102. Düsseldorf: VDI-Verl. 1966, S. 65/70.

[D 2.5-32] *Heise, U.:* A moiré method for measuring plate curvature. Exp. Mech. 7 (1967) Nr. 1, S. 47/48.

[D 2.5-33] *Ritter, R.:* Zur Bestimmung der Balkenkrümmung mit Hilfe des Moiré-Prinzips. Forsch. Ing.-Wes. 46 (1980) Nr. 5, S. 164/66.

[D 2.5-34] *Ritter, R., u. R. Schettler-Köhler:* Curvature measurement by moiré effect. Exp. Mech. 23 (1983) Nr. 2, S. 165/70.

[D 2.5-35] *Ritter, R., u. W. Gonska:* Experimentelle Bestimmung der Krümmungsgrößen dynamisch belasteter Platten nach dem Moiré-Prinzip. Forsch. Ing.-Wes. 43 (1977) Nr. 5, S. 141/45.

[D 2.5-36] *Ritter, R., u. M. Hahne:* Interpretation of moiré effect for curvature measurement of shells. Proc. VIII. Int. Conference on Exp. Stress Analysis, Amsterdam 1986, S. 331/40 (veröffentlicht bei Martinus Nijhoff Publishers, Dordrecht 1986).

[D 2.5-37] *Parks, V. J., u. A. J. Durelli:* Moiré patterns of partial derivatives of displacement components. J. of Appl. Mech. 33 (1966) Nr. 4, S. 901/06.

[D 2.5-38] *Naumann, J.:* Experimentelle Untersuchung eines starrplastischen Deformationszustandes mittels des Moiré-Verfahrens. Wiss. Zeitschr. der Techn. Univ. Dresden 21 (1972) Nr. 1, S. 196/200.

[D 2.5-39] *Ullmann, K.:* Anwendung des Moiré-Effektes zur experimentellen Dehnungsanalyse. Diss. Techn. Hochschule Karl-Marx-Stadt 1968.

[D 2.5-40] *Wutzke, G.:* Moiré-Topographie. Herbstschule '77, Optische Moiré- und Speckle-Methoden in der Meßtechnik. Hrsg. *H. Kreitlow,* TU Hannover 1977.

[D 2.5-41] *Drerup, B.:* Eine Apparatur zur Dokumentation von Erkrankungen des Haltungs- und Bewegungsapparates durch Moiré-Topographie. Interner Bericht SFB 88/C1 Nr. 11 der Arbeitsgruppe Biomechanik im Sonderforschungsbereich 88 der DFG: Teratologie und Rehabilitation Mehrfachbehinderter. Westf. Wilhelms-Universität Münster 1977.

[D 2.5-42] *Chiang, F. P., u. C. J. Lin:* Time-average reflection-moiré method for vibration analysis of plates. Appl. Optics 18 (1979) Nr. 9, S. 1424/27.

[D 2.5-43] *Ritter, R., u. J. Plester:* Zur Bestimmung der Eigenschwingungsformen von Kreisringplatten mit Hilfe des Ligtenbergschen Moiré-Prinzips. Forsch. Ing.-Wes. 45 (1979) Nr. 5, S. 163/68.

[D 2.5-44] *Meyer, H.-J.:* Experimentelle Bestimmung der Eigenschwingungsformen von Kreisringplatten mit Hilfe des Projektions-Moiré-Prinzips. Studienarbeit am Mechanik-Zentrum, Exp. Mechanik der TU Braunschweig 1979 (unveröffentlicht).

[D 2.5-45] *Ritter, R, u. H.-J. Meyer:* Vibration analysis of plates by a time-averaged projection-moiré method. Appl. Optics 19 (1980) Nr. 10, S. 1630/33.

[D 2.5-46] *Gertkemper, H.:* Konstruktion und Erprobung eines optischen Versuchsaufbaus zur Schwingungsanalyse von Platten nach dem Moiré-Prinzip. Studienarbeit am Mechanik-Zentrum, Exp. Mechanik der TU Braunschweig 1980 (unveröffentlicht).

[D 2.5-47] *Ritter, R., U. Schulte, u, C. Schulze:* Vibration analysis of single curved shells by the time average reflection grating principle. Optics and Lasers in Eng. 8 (1988) Nr. 1, S. 3/15.

[D 2.5-48] *Ritter, R., u. U. Schulte:* Vibration analysis of shells by the time average reflection grating principle. Optik 75 (1987) Nr. 4, S. 130/34.

[D 2.5-49] *Hung, Y. Y., C. Y. Liang, J. D. Hovanesian u. A. J. Durelli:* Time-averaged shadow-moiré method for studying vibrations. Appl. Optics 16 (1977) Nr. 6, S. 1717/19.

[D 2.5-50] *Liang, C. Y.:* Time-averaged moiré method for in-plane vibrational analysis. J. of sound and vibration 62 (1979) Nr. 2, S. 267/75.

[D 2.5-51] *Wilke, W.:* Ein Beitrag zur Schwingungsanalyse gekrümmter Bauteile nach dem Zeit-Mittelwert-Prinzip und der in-plane-Raster-Methode. Diplomarbeit am Mechanik-Zentrum, Exp. Mechanik der TU Braunschweig 1985 (unveröffentlicht).

[D 2.5-52] *Andresen, K.:* The phase shift method applied to moiré image processing. Optik 72 (1986) Nr. 3, S. 115/19.

[D 2.5-53] *Andresen, K., u. R. Ritter:* The phase shift method applied to reflection moiré pattern. Proc. VIII. Int. Conference on Exp. Stress Analysis, Amsterdam 1986, S. 351/58 (veröffentlicht bei Martinus Nijhoff Publishers, Dordrecht 1986).

[D 2.5-54] *Andresen, K., u. R. Ritter:* Optische Dehnungs- und Krümmungsermittlung mit Hilfe des Phasenshiftprinzips. Techn. Messen 54 (1987) Nr. 6, S. 231/36.

D 2.6 Auflichtholographie

[D 2.6-1] *Abbe, E.:* Archiv für mikroskopische Anatomie 9 (1873), S. 413/68.

[D 2.6-2] *Gabor, D.:* A new microscopic principle. Nature 161 (1948), S. 777/78.

[D 2.6-3] *Leith, E. N.,* u. *I. Upatnieks:* Reconstruction wavefront and communication theory. J. Opt. Soc. Am. 52 (1962), S. 1123/30.

[D 2.6-4] *Leith, E. N.,* u. *I. Upatnieks:* Wavefront reconstruction with continuous-tone objects. J. Opt. Soc. Am. 53 (1963), S. 1377/81.

[D 2.6-5] *Leith, E. N.,* u. *I. Upatnieks:* Wavefront reconstruction with diffused illumination and three-dimensional objects. J. Opt. Soc. Am. 54 (1964), S. 1295/1301.

[D 2.6-6] *Haines, K. A.,* u. *B. P. Hildebrand:* Phys. Letters 19 (1965), S. 10/11.

[D 2.6-7] *Hildebrand, B. P.,* u. *K. A. Haines:* Interferometric measurements using the wavefront reconstruction technique. Appl. Optics 5 (1966), S. 172/73.

[D 2.6-8] *Haines, K. A.,* u. *B. P. Hildebrand:* Surface deformation measurement using the wavefront reconstruction technique. Appl. Optics 5 (1966), S. 595/602.

[D 2.6-9] *Powell, R. L.,* u. *K. A. Stetson:* Interferometric vibration analysis by wavefront reconstruction. J. Opt. Am. 55 (1965), S. 1593/98; S. 1694/95 und 56 (1966), S. 1161/66.

[D 2.6-10] *Steinbichler, H.:* Beitrag zur quantitativen Auswertung von holografischen Interferogrammen. Diss. T.U. München 1973.

[D 2.6-11] *Abramson, N.:* The holodiagramm. I. A practical device for making and evaluating hologramms. Appl. Optics 8 (1969), S. 1235.

[D 2.6-12] *Abramson, N.:* The holodiagram. II. A practical device for information retrieval in hologram interferometry. Appl. Optics 9 (1970), S. 97.

[D 2.6-13] *Abramson, N:* The holodiagram. III. A practical device for predicting fringe patterns in hologram interferometry. Appl. Optics 9 (1970), S. 2311.

[D 2.6-14] *Abramson, N.:* The holodiagram. IV. A practical device for simultating fringe patterns in hologram interferometry. Appl. Optics 10 (1971), S. 2155/61.

[D 2.6-15] *Abramson, N.:* The holodiagram. V. A device for practical interpreting of hologram interference fringes. Appl. Optics 11 (1972), S. 1143/47.

[D 2.6-16] *Aleksandrov, E. B.,* u. *A. M. Bonch-Bruevich:* Investigation of surface strains by the hologram technique. Soviet Physics – Technical Physics 12 (1967) Nr. 2, S. 258.

[D 2.6-17] *Kreitlow, H.,* u. *A. Peck:* Theoretische und experimentelle Untersuchungen über die Auswirkung von Veränderungen der Versuchsparameter auf das holografische Interferenzmuster. Holografische Berichte aus dem Institut für Meßtechnik im Maschinenbau, TU-Hannover Aug. 1973.

[D 2.6-18] *Kohler, H.:* Untersuchungen zur quantitativen Analyse der holografischen Interferometrie. Optik 39 (1974), S. 229/35; und: Eine neue Auswertemethode für holografische Interferogramme. Vortrag am 11.6.76 DGaO in Nürnberg und private Mitteilung vom 18.6.76.

[D 2.6-19] *Grünewald, K.:* Holografische-interferometrische Untersuchungen an GFK- und KFK-Bauteilen. Z. f. Werkstofftechnik, I. of Materials Technology 5 (1974) Nr. 3, S. 119/23; und private Mitteilung.

[D 2.6-20] *Schönebeck, G.:* Patentschrift 24 40 297 (Deutsches Patentamt) 3.11.1977, Verfahren zur holografischen Ausmessung von Verschiebevektoren an zu untersuchenden Objekten (SPIEGELMETHODE).

[D 2.6-21] *Schönebeck, G.:* Eine allgemeine holografische Methode zur Bestimmung räumlicher Verschiebungen (SPIEGELMETHODE). Diss. TU-München Febr. 1979.

[D 2.6-22] *Ettemeyer, A.:* Ein neues holografisches Verfahren zur dreidimensionalen Verformungs- und Dehnungsanalyse. Laser 87, München, Optoelektronik in der Technik. Berlin: Springer 1987, S. 143/47.

[D 2.6-23] *Schönebeck, G.:* Einige Bemerkungen zur Bestimmung räumlicher Verschiebungsfelder. Laser 79, Opto-Electronics, Munich 1979, Conference Proceedings, IPC. Guilford, Surrey, England: Science and Technology Press, S. 576/80.

[D 2.6-24] *Rottenkolber, H.:* Die Entwicklung der holografischen Prüftechnik (25 Jahre). Laser Magazin Nr. 2. Kronberg: Magazin-Verlag 1987, S. 18/32.

[D 2.6-25] *Breuckmann, B.,* u. *W. Thieme:* Computergestützte optische Testsysteme in der 3D-Meßtechnik. Laser 87, München, Optoelektronik in der Technik. Berlin: Springer 1987, S. 185/89.

[D 2.6-26] *Osten, W.,* u. *J. Saedler:* Computergestützte Auswertung von holografischen und Speckle-Interferogrammen mit digitaler Bildverarbeitung. Laser 87, München, Optoelektronik in der Technik. Berlin: Springer 1987, S. 171/76.

[D 2.6-27] *Tiziani, H. J.:* Echtzeitholografie mit BSO-Kristall zum Messen der Schichtänderung beim Aushärten von Zwei-Komponenten Klebstoffen. Laser 87, München, Optoelekronik in der Technik. Berlin: Springer 1987, S. 151/54.

[D 2.6-28] *Schönebeck, G.:* Die holografische Interferometrie als Hilfsmittel für die Schwingungstechnik. VDI-Berichte Nr. 456 (1982), S. 261/70.

[D 2.6-29] *Schönebeck, G.:* Holografische Interferometrie spiegelnder Oberflächen (Referenzebenenmethode). Laser 85, Optoelektronik in der Technik. Berlin: Springer, S. 273/78.

[D 2.6-30] *Schönebeck, G.:* Das Stufenhologramm, ein neues Verfahren. VDI-Berichte Nr. 480 (1983), S. 73/75.

[D 2.6-31] *Schönebeck, G.:* New holographic means to exactly determine coefficients of elasticity. Proceedings of SPIE, Vol. 398, 19.–22. 4. 1983 in Genf, S. 130/36.

[D 2.6-32] *Schönebeck, G.:* Kerbwirkungen bei Torsionsproblemen. Holografische Untersuchung an durchsichtigen Modellen. H. d. T. Essen, Holografische Interferometrie im Automobilbau (T-30-912-056-6), 11. 11. 1986.

[D 2.6-33] *Schönebeck, G.:* Deformation Im Innern von Bauteilen durch holografische Interferometrie an durchsichtigen Bauteilen. Laser 87, München, Optoelektronik in der Technik. Berlin: Springer 1987, S. 125/29.

[D 2.6-34] *Schönebeck, G.:* Holography and torsionsproblems. Proceeding of SPIE, Vol. 863, 17.–20. 11. 1987 in Cannes, Vortrag 863-26.

[D 2.6-35] *Schönebeck, G.:* Holography applied to investigations of turbine blade operating behavior. MPA-Stuttgart, Holografie Seminar 4. und 5. Juni 1985. Kapitel 4, Anwendungen der holografischen Interferometrie I.

[D 2.6-36] *Schönebeck, G.:* Die Anwendung von Modellwerkstoffen in der Holografie. VDI-Berichte Nr. 366 (1980), S. 79/82.

[D 2.6-37] *Felske, A., G. Hoppe* u. *H. Matthäi:* A study of drum brake noise by holographic vibration analysis. SAE Technical Paper Series 800221 (1980).

[D 2.6-38] *Dändliker, R., B. Ineichen* u. *F. M. Mottier:* Elektrooptische Auswertung von Hologramm-Interferogrammen. Vortrag in Meersburg; Fachtagung Aktuelle Probleme der holografischen Interferometrie in der zerstörungsfreien Werkstoffprüfung 1973.

[D 2.6-39] *Prandtl, L.:* Eine neue Darstellung der Torsionsspannungen bei prismatischen Stäben von beliebigem Querschnitt. Jahresbericht d. deutsch. Mathematikervereinigung 13. Leipzig: Teubner 1904, S. 32/36; und Phys. Zeitschrift 4 (1902–1903), S. 758/59.

[D 2.6-40] *Schönebeck, G.:* Die holografische Bestimmung der elastischen Achse vom torsionsbeanspruchten stabförmigen Bauteil mit beliebigen Querschnitten. VDI-Berichte Nr. 399 (1981), S. 39/44.

[D 2.6-41] *Schönebeck, G.:* Anwendung der Modelltechnik in der Holografie, besonders zur Darstellung der Querkontraktion in räumlich beanspruchten Bauteilen. Vortrag 78, Tagung der Deutschen Ges. f. angew. Optik, Berlin, Technische Universität 31. 5. bis 4. 6. 1977.

[D 2.6-42] *Schörner, J.:* Holografische Untersuchungen an schwer zugänglichen Stellen. Laser 87, München, Optoelektronik in der Technik. Berlin: Springer 1987, S. 148/50.

[D 2.6-43] *Françon, M.:* Holografie. Berlin: Springer 1972.

[D 2.6-44] *Wernicke, G.,* u. *W. Osten:* Holografische Interferometrie. Grundlagen, Methoden und ihre Anwendung in der Festkörpermechanik. Leipzig: VEB Fachbuchverlag 1982.

[D 2.6-45] Optische Verfahren der experimentellen Spannungsanalyse (Arbeitskreis). Kurzbeschreibungen: Holografische Verfahren. VDI/VDE-Gesellschaft, GESA, GMR-Bericht. Voraussichtliche Herausgabe: Ende 1988.

D 2.7 Durchlichtholographie

[D 2.7-1] *Fourney, M. E.:* Application of holography to photoelasticity. Exp. Mechanics 8 (1968) Nr. 1, S. 33/38.

[D 2.7-2] *Hovanesian, J. D., V. Brcic* u. *R. L. Powell:* A new experimental stress-optic method: Stress-Holo-Interferometry. Exp. Mechanics 8 (1968) Nr. 8, S. 362/68.

[D 2.7-3] *Hosp, E.,* u. *G. Wutzke:* Die Anwendung der Holographie in der ebenen Spannungsoptik. Materialprüfung 11 (1969) Nr. 12, S. 409/15.

[D 2.7-4] *Sanford, R. J.:* Photoelastic holography – a modern tool for stress analysis. Exp. Mechanics 20 (1980) Nr. 12, S. 427/36.

[D 2.7-5] *Vest, C. M.:* Holographic interferometry. New York, Chichester, Brisbane, Toronto: J. Wiley u. Sons 1979.

[D 2.7-6] *Wernicke, G.,* u. *W. Osten:* Holografische Interferometrie. Leipzig: VEB Fachbuchverlag 1982.

[D 2.7-7] *Wolf, H.:* Spannungsoptik. Bd. 1, 2. Aufl. Berlin, Heidelberg, New York: Springer-Verlag 1975.

[D 2.7-8] Holographic recording materials. Hrsg. *H. M. Smith.* Topics in Applied Physics, Vol. 20. Berlin, Heidelberg, New York: Springer-Verlag 1977.

[D 2.7-9] *Born, M.,* u. *E. Wolf:* Principles of optics. 3. Aufl. London, New York: Pergamon Press Ltd. 1965.

[D 2.7-10] *Hosp, E.:* Anwendung der Holographie in der Spannungsoptik. VDI-Berichte Nr. 197. Düsseldorf: VDI-Verlag 1974, S. 93/98.

[D 2.7-11] *Hovanesian, J. D.:* Recent work in absolute measurement of birefringence. In: Photoelastic effect and its application. IUTAM-Symp. Ottignics 1973. Berlin, Heidelberg, New York: Springer-Verlag 1975.

[D 2.7-12] *Hovanesian, J. D.:* Elimination of isochromates in photoholoelasticity. Strain 7 (1971) Nr. 3, S. 151/53.

[D 2.7-13] *O'Regan, R.,* u. *T. D. Dudderar:* A new holographic interferometer for stress analysis. Exp. Mechanics 11 (1971) Nr. 6, S. 241/47.

[D 2.7-14] *Hosp, E.,* u. *J. Knapp:* Anwendung der holographischen Shearing-Interferometrie zur vollständigen Bestimmung ebener Spannungszustände in Modellen. VDI-Berichte Nr. 313. Düsseldorf: VDI-Verlag 1978, S. 187/93.

[D 2.7-15] *Hosp, E.,* u. *G. Wutzke:* Holographische Ermittlung der Hauptspannungen in ebenen Modellen. Materialprüfung 12 (1970) Nr. 1, S. 13/22.

[D 2.7-16] *Ajovalasit, A.,* u. *C. Conigliaro:* The compensation of isopachics by two-reference-beam holographic interferometry. VDI-Berichte Nr. 313, Düsseldorf: VDI-Verlag 1978, S. 617/21.

[D 2.7-17] *Marwitz, H.:* Beitrag zur holografischen Interferometrie spannungsoptischer Modelle. Diss. TU München 1974.

[D 2.7-18] *Kubo, H., K. Iwata* u. *R. Nagata:* Photoelasticity using double exposure polarization holography. Opt. Acta 22 (1975) Nr. 1, S. 59/70.

[D 2.7-19] *Assa, A.,* u. *A. A. Betser:* The application of holographic multiplexing to record separate isopachic and isochromatic fringe patterns. Exp. Mechanics 14 (1974) Nr. 12, S. 502/04.

[D 2.7-20] *Ajovalasit, A.,* u. *A. Bardi:* Holographic photoelasticity: Determination of absolute retardation by a single hologramm. Exp. Mechanics 16 (1976) Nr. 7, S. 273/75.

[D 2.7-21] *Lallemand, J. P.,* u. *A. Lagarde:* Separation of isochromatics and isopachics using a Faraday rotator in dynamic-holographic photoelasticity. Exp. Mechanics 22 (1982) Nr. 5, S. 174/79.

[D 2.7-22] *Holloway, D. C.:* Simultaneous determination of the isopachic and isochromatic fringe patterns for dynamic loading by holographic photoelasticity. T. + A. M. Report No. 349. Dep. of Theoret. and Appl. Mechanics, Univ. of Illinois 1971.

D 2.8 Speckle-Verfahren

[D 2.8-1] *Newton, I.:* Optiks. Book I, Part I, Prop. VIII, Prob. II. 1730.

[D 2.8-2] *Exner, K.:* Sitzungsbericht, Kaiserl. Akademie der Wissenschaft (Wien) 76 (1877), S. 522.

[D 2.8-3] *Laue, M. v.:* Mitt. Physik. Ges. Zürich 18 (1916), S. 90.

[D 2.8-4] *Laue, M. v.:* Verhandl. Deut. Phys. Ges. 19 (1917), S. 19.

[D 2.8-5] *Schiffner, G.:* Dissertation der Techn. Univ. Wien 1966 u. Proc. IEEE 53 (1965), S. 1245.

[D 2.8-6] *Hariharan:* Optica Acta 19 (1972), S. 791.

[D 2.8-7] *Dainty, J. C.:* Laser speckle and related phanomena. Berlin, Heidelberg, New York: Springer Verlag 1975.

[D 2.8-8] *Erf, R. K.:* Speckle metrology. New York, San Francisco, London: Academic Press 1978.

[D 2.8-9] *Francon, M.:* Laser speckle and applications in optics. New York, San Francisco, London: Academic Press 1979.

[D 2.8-10] *Stetson, K. A.:* A review of speckle photography and interferometry. Optical Engineering 14 (1975) Nr. 5, S. 482/89.

[D 2.8-11] *Stetson, K. A.:* Problem of defocusing in speckle photography, its connection to hologram interferometry and its solutions. J. Opt. Soc. Am. 66 (1976) Nr. 11, S. 1267/71.

[D 2.8-12] *Archbold, E., A. E. Ennos u. M. S. Virdee:* Speckle photography for strain measurement – a critical assessment. SPIE Vol. 136, 1st European Congress on Optics Applied to Metrology (1977), S. 258/64.

[D 2.8-13] *Parks, V. J.:* The range of speckle metrology. Experimental mechanics (1980) Juni, S. 181/91.

[D 2.8-14] *Leendertz, J. A.:* Measurement of surface displacement by interference of speckle patterns. Optical Instruments and Techniques. Newcastle-on-Tyne: Oriel Press 1970, S. 256/64.

[D 2.8-15] *Leendertz, J. A.:* Interferometry displacement measurement on scattering surfaces utilizing speckle effect. J. of Physics E., Sci. Instr. 3 (1970), S. 214/18.

[D 2.8-16] *Butters, J. N., u. J. A. Leendertz:* Speckle pattern and holographic techniques in engineering metrology. Optics and Laser Technology 3 (1971), S. 26/30.

[D 2.8-17] *Butters, J. N., u. J. A. Leendertz:* A double exposure technique for speckle pattern interferometry. J. of Physics E. 4 (1971), S. 277/79.

[D 2.8-18] *Butters, J. N.:* Laser holography and speckle patterns in metrological techniques of nondestructive testing. Intern. J. of Nondestructive Testing 9 (1972), S. 31/52.

[D 2.8-19] *Leendertz, J. A., u. J. N. Butters:* An image shearing speckle pattern interferometer for measuring bending moments. J. Phys. E., Sci. Instr. 6 (1973), S. 1107/10.

[D 2.8-20] *Denby, D., u. J. A. Leendertz:* Plane surface strain examination by speckle pattern interferometry using electronic processing. J. of Strain Anal. 9 (1974), S. 17/25.

[D 2.8-21] *Jones, R., u. J. A. Leendertz:* Elastic constant and strain measurement using a three beam speckle pattern interferometer. J. Phys. E., Sci. Instr. 7 (1974), S. 653/57.

[D 2.8-22] *Jones, R., u. C. Wykes:* Decorrelation effects in speckle pattern interferometry. Optica Acta 24 (1977), S. 533/50.

[D 2.8-23] *Amin, F. A. A., u. A. R. Luxmoore:* The measurement of crystal length changes by a laser speckle method. J. Instr. of Met. 101 (1973), S. 208/11.

[D 2.8-24] *Luxmoore, A. R., F. A. A. Amin u. W. T. Evans:* In-plane strain measurement by speckle photography. J. of Strain Anal. 9 (1974), S. 26/35.

[D 2.8-25] *Luxmoore, A. R., u. W. T. Evans:* Measurement of in-plane displacements around crack tips by a laser speckle method. Engrg. Fract. Mech. 6 (1974), S. 735/43.

[D 2.8-26] *Hung, Y. Y., u. J. D. Hovanesian:* Full-field surface-strain and displacement analysis of three-dimensional objects by speckle interferometry. Experimental Mechanics 12 (1972), S. 454/60.

[D 2.8-27] *Hung, Y. Y., u. C. E. Taylor:* Speckle shearing interferometric camera – a tool for measurement of derivatives of surface-displacement. Proc. SPIE 41 (1973), S. 169/75.

[D 2.8-28] *Hung, Y. Y.:* A speckle shearing interferometer: a tool for measuring derivatives of surface displacements. Optics Comm. 11 (1974), S. 132/35.

[D 2.8-29] *Hung, Y. Y., C. P. Hu u. C. E. Taylor:* Speckle moiré interferometry – a tool for complete measurement of in-plane surface displacement. Developments in Theoretical and Applied Mechanics 7 (1974).

[D 2.8-30] *Hung, Y. Y.,* u. *C. E. Taylor:* Measurement of slopes of structural deflections by speckle shearing interferometry. Experimental Mechanics 14 (1974), S. 281/85.

[D 2.8-31] *Hung, Y. Y., R. E. Rowlands* u. *I. M. Daniels:* Speckle shearing interferometric techniques – a full-field strain gage. Appl. Optics 14 (1975), S. 618/22.

[D 2.8-32] *Hung, Y. Y.:* Displacement and strain measurement. In: Speckle Metrology. Hrsg. *R. K. Erf.* Academic Press 1978.

[D 2.8-33] *Duffy, D. E.:* Moiré gauging of in-plane displacement using double aperture imaging. Appl. Optics 11 (1972), S. 1778/81.

[D 2.8-34] *Duffy, D. E.:* Measurement of surface displacement normal to the line of sight. Experimental Mechanics 14 (1974), S. 378/84.

[D 2.8-35] *Stetson, K. A.:* New design for laser image-speckle interferometry. Optics and Laser Tech. 2 (1970), S. 179/81.

[D 2.8-36] *Stetson, K. A.:* Analysis of double exposure speckle photography with two-beam illumination. J. Opt. Soc. Am. 64 (1974), S. 857/61.

[D 2.8-37] *Stetson, K. A.:* The vulnerability of speckle photography to lens aberration. J. Opt. Soc. Am. 67 (1977), S. 1587/90.

[D 2.8-38] *Adams, F. D.:* A study of the parameters associated with employing laser speckle correlation fringes of measure in-plane strain. Air Force Flight Dynamics Laboratory Techn. Report 72-20 (1972).

[D 2.8-39] *Adams, F. D.,* u. *G. E. Maddux:* Synthesis of holography and speckle photography to measure 3-D displacements. Appl. Optics 13 (1973), S. 219.

[D 2.8-40] *Khetan, R. P.,* u. *F. P. Chiang:* Strain analysis by one-beam laser speckle interferometry, I: single aperture method. Appl. Optics 15 (1976).

[D 2.8-41] *Chiang, F. P.:* A new family of 2D and 3D experimental stress analysis techniques using laser speckles. SM Archives 3 (1978).

[D 2.8-42] *Chiang, F. P.,* u. *G. Jaisingh:* On the influence of strain in one beam laser speckle interferometry. Paper presented to the Soc. for Exp. Stress Anal. in San Francisco 1979.

[D 2.8-43] *Chiang, F. P.,* u. *R. P. Khetan:* Strain analysis by one beam laser speckle interferometry, 2: multiaperture method. Appl. Optics 18 (1979).

[D 2.8-44] *Cloud, G.:* Practical speckle interferometry for measuring in-plane-deformation. Appl. Optics 14 (1975), S. 878/84.

[D 2.8-45] *Barker, D. B.,* u. *M. E. Fourney:* Displacement measurements in the interior of 3D bodies using scattered light speckle patterns. Experimental Mechanics 16 (1976), S. 209/14.

[D 2.8-46] *Butters, J. N.,* u. *J. A. Leendertz:* Proc. Electro Optics Conference 1974 in Brighton, U.K., S. 43.

[D 2.8-47] *Macovski, A., S. D. Ramsey* u. *L. F. Schaefer:* Appl. Optics 10 (1971), S. 2722.

[D 2.8-48] *Høgmoen, K.,* u. *O. J. Løkberg:* Detection and measurement of small vibrations using electronic speckle pattern interferometry. Appl. Optics 16 (1977), S. 1869/75.

[D 2.8-49] *Nakadate, S., T. Yatagi* u. *H. Saito:* Electronic speckle pattern interferometry using digital image processing technique. App. Optics 19 (1980), S. 1879/83.

[D 2.8-50] *Løkberg, O. J.,* u. *G. A. Slettemoen:* Interferometric comparison of displacements by electronic speckle pattern interferometry. Appl. Optics 20 (1981), S. 2630/34.

[D 2.8-51] *Nakadate, S., T. Yatagi* u. *H. Saito:* Computer-aided speckle pattern interferometry. Appl. Optics 22 (1983), S. 237/43.

[D 2.8-52] *Chiang, F. P.,* u. *Q. B. Li:* Real-time laser speckle photography. Appl. Optics 23 (1984).

[D 2.8-53] *Creath, K.:* Digital speckle-pattern interferometry improves nondestructive testing. SPIE 28th Annual Intern. Technical Symposium on Optics and Electro-Optics, San Diego 1984; u.: Abstract in Laser Focus/Electro-Optics Circle 32 (1984), S. 40/42.

[D 2.8-54] *Preater, R. W. T.:* In-plane strain measurement on rotating structures using pulsed laser electronic speckle pattern interferometry. Intern. Conf. on Optics 13th, Sapporo (Japan) 1985, Conf. Proc., S. 674.

[D 2.8-55] *Løkberg, O. J.,* u. *G. A. Slettemoen:* Improved fringe definition by speckle averaging in ESPI. Intern. Conf. on Optics 13th, Sapporo (Japan) 1985, Conf. Proc., S. 116.

[D 2.8-56] *Schwieger, H.,* u. *R. Streubel:* Speckle-Interferometrie, eine einfache Methode zur Verformungsanalyse. Materialprüfung 25 (1983), S. 105/12.

[D 2.8-57] *Yamaguchi, I.:* Speckle displacement and decorrelation in the diffraction and image fields for small object deformation. Optics Acta 28 (1981), S. 1359/76.

[D 2.8-58] *Yamaguchi, I.:* Fringe formation in speckle photography. J. of Opt. Soc. 1 (1984), S. 81/86.

[D 2.8-59] *Maddux, G. E.:* Numerical processing of specklegram-fringes. Technical Report Air Force Flight Dynamics Laboratory. Wrightpatterson Air Force Base, Dayton, Ohio.

[D 2.8-60] *Lanzl, F.,* u. *M. Schlüter:* Video-electronic analysis of holographic interferograms. Tagungsband Frühjahrsschule '78: Holografische Interferometrie in Technik und Medizin, Hannover 1978.

[D 2.8-61] *Kreitlow, H.,* u. *Th. Kreis:* Entwicklung eines Gerätesystems zur automatisierten, statischen und dynamischen Auswertung holografischer Interferenzmuster. Tagungsband Ingenieur-Seminar Lasertechnik, Wedel 1979.

[D 2.8-62] *Kaufman, G. H., A. E. Ennos, B. Gale* u. *D. H. Pugh:* An electro-optical read-out system for analysis of speckle photographs. J. Phys. Analysis of Speckle Photographs, Journal Phys. E. 13 (1980), S. 579/84.

[D 2.8-63] *Ineichen, B., P. Engline* u. *R. Dändliker:* Hybrid optical and electronic image processing for strain measurements by speckle photography. Applied Optics 19 (1980), S. 2191/95.

[D 2.8-64] *Maddux, G. E., R. R. Corwin* u. *S. L. Moormann:* An improved automated data reduction device for speckle metrology. SESA Proceedings of the 1981 Spring Meeting Dearborn, USA.

[D 2.8-65] *Kaufmann, G. H.:* Numerical processing of speckle photography data by Fourier transform. Applied Optics 20 (1981), S. 4277/80.

[D 2.8-66] *Bruhn, H.,* u. *A. Felske:* Schnelle automatische Bildanalyse von Specklegrammen mit Hilfe der Fouriertransformation (FFT) für Spannungsmessungen. VDI-Berichte Nr. 399 (1981), S. 13/17.

[D 2.8-67] *Bruhn, H.,* u. *A. Felske:* Automated analysis of specklegrams by means of a 2-D Fourier transform. Electro-Optics/Laser International UK '82, Brighton 1982.

[D 2.8-68] *Andrews, H. C.:* Computer techniques in image processing. Academic Press 1970.

[D 2.8-69] Digital picture analysis. In: Topics in Applied Physics, Vol. 11. Hrsg. *A. Rosenfeld.* Berlin: Springer-Verlag 1976.

[D 2.8-70] *Archbold, E., J. M. Burch, A. E. Ennos* u. *P. A. Taylor:* Visual observation of surface vibration nodal patterns. Nature 222 (1969), S. 263/65.

[D 2.8-71] *Archbold, E., J. M. Burch* u. *A. E. Ennos:* Recording of in-plane surface displacement by double-exposure speckle photography. Optica Acta 17 (1970), S. 883/98.

[D 2.8-72] *Burch, J. M.:* Laser speckle metrology. Proc. Society of Photo-Optical Instrumentation Engineers 25 (1971), S. 149/55.

[D 2.8-73] *Archbold, E.,* u. *A. E. Ennos:* Applications of holography and speckle photography to the measurement of displacement and strain. J. of Strain Analysis 9 (1974), S. 10/16.

[D 2.8-74] *Hariharan, P.,* u. *Z. S. Hegedus:* Four exposure hologram moiré interferometry and speckle pattern interferometry. Applied Optics 14 (1975), S. 22/23.

[D 2.8-75] *Joyeux, D.:* Real time measurement of very small transverse displacements of diffuse objects by Random moiré; 1: theory, 2: experiments. Appl. Optics 15 (1976), S. 1241/55.

[D 2.8-76] *Barker, D. B.,* u. *M. E. Fourney:* Displacement measurements in the interior of 3D-bodies using scattered-light speckle patterns. Experimental Mechanics 16 (1976), S. 209/14.

[D 2.8-77] *Brdicko, J., M. D. Olson* u. *C. R. Hazell:* Theory for surface displacement and strain measurements by laser speckle interferometry. Optical Acta 25 (1978), S. 963/89.

[D 2.8-78] *Brdicko, J., M. D. Olson* u. *C. R. Hazell:* New aspects of surface displacement and strain analysis by speckle interferometry. Experimental Mechanics 19 (1979), S. 160/65.

[D 2.8-79] *Archbold, E.,* u. *A. E. Ennos:* Displacement measurements from double exposure laser photographs. Optica Acta 19 (1972), S. 253/71.

[D 2.8-80] *Happe, A.:* Deformation measurements on connecting rods by speckle photography. SPIE Vol. 136. 1st European Congress in Optics Applied to Metrology 1977.

[D 2.8-81] *Cloud, G.:* Practical speckle interferometry for measuring in-plane deformation. Appl. Optics 14 (1975), S. 878/84.

[D 2.8-82] *Leendertz, J. A.,* u. *J. N. Butters:* An image-shearing speckle-pattern interferometer for measuring bending moments. J. Phys. E., Sci. Instrum. 6 (1973), S. 1107.

[D 2.8-83] *Forno, C.:* White light speckle photography for measuring deformation, strain and shape. Optics and Laser Techn. 7 (1975), S. 217/21.

D 2.9 Schattenoptisches Kaustikenverfahren

[D 2.9-1] *Manogg, P.:* Anwendung der Schattenoptik zur Untersuchung des Zerreißvorgangs von Platten. Diss. Universität Freiburg 1964.

[D 2.9-2] *Born, M.:* Optik. Berlin, Heidelberg, New York: Springer-Verl. 1965.

[D 2.9-3] *Broek, D.:* Elementary engineering fracture mechanics. Den Haag, Martinus Nijhoff Publishers 1986.

[D 2.9-4] *Kalthoff, J. F.:* The shadow optical method of caustics. In: Handbook on Experimental Mechanics. Hrsg. *A. S. Kobayashi.* Englewood Cliffs, New Jersey: Prentice Hall 1987, S. 430/500.

[D 2.9-5] *Theocaris, P. S., u. N. Joakimides:* Some properties of generalized expicycloids applied to fracture mechanics. Journ. Appl. Mech. 22 (1971), S. 876/90.

[D 2.9-6] *Theocaris, P. S.:* The reflected caustic method for the evaluation of mode III stress intensity factor. Int. Journ. Mech. Sci. 23 (1981), S. 105/17.

[D 2.9-7] *Rosakis, A. J., C. C. Ma u. L. B. Freund:* Analysis of the optical shadow spot method for a tensile crack in a power-law hardening material. Journ. Appl. Mech. 50 (1983), S. 777/82.

[D 2.9-8] *Rosakis, A. J., u. L. B. Freund:* Optical measurement of the plastic strain concentration at a tip in a ductile steel plate. Journ. Eng. Mat. Tech. 104 (1982), S. 115/25.

[D 2.9-9] *Beinert, J., u. J. F. Kalthoff:* Experimental determination of dynamic stress intensity factors by shadow patterns. In: Mechanics of fracture. Bd. 7: Experimental Fracture Mechanics. Hrsg. *G. C. Sih.* Den Haag, Boston, London: Martinus Nijhoff Publishers 1981, S. 280/330.

[D 2.9-10] *Kalthoff, J. F., u. S. Winkler:* Fracture behavior under impact. Annual Reports prepared for U.S. ARO, European Research Office, IWM Berichte W 8 und W 10/82. Fraunhofer-Institut für Werkstoffmechanik Freiburg, 1983.

[D 2.9-11] *Kalthoff, J. F., W. Böhme, S. Winkler u. W. Klemm:* Measurements of dynamic stress intensity factors in impacted bend specimens. CSNI-Specialist Meeting on Instrumented Precracked Charpy-Testing, Electric Power Research Institute, Palo Alto, Calif., 1.–3. Dez. 1980, S. 1/17.

[D 2.9-12] *Kalthoff, J. F., W. Böhme u. S. Winkler:* Analysis of impact fracture phenomena by means of the shadow optical method of caustics. Proc. VIIth Int. Conf. on Experimental Stress Analysis, organized by SESA, Haifa, Israel, 23.–27. Aug. 1982, S. 148/60.

[D 2.9-13] *Kalthoff, J. F., J. Beinert u. S. Winkler:* Measurements of dynamic stress intensity factors for fast running and arresting cracks in double-cantilever-beam-specimens. Fast fracture and crack arrest, ASTM STP 627. Hrsg. *G. T. Hahn u. M. F. Kanninen.* American Society for Testing and Materials, Philadelphia 1977, S. 161/76.

[D 2.9-14] *Kalthoff, J. F., J. Beinert, S. Winkler u. W. Klemm:* Experimental analysis of dynamic effects in different crack arrest test specimens. Crack arrest methodology and applications, ASTM STP 711. Hrsg. *G. T. Hahn u. M. F. Kanninen.* American Society for Testing and Materials, Philadelphia 1980, S. 109/27.

[D 2.9-15] *Kalthoff, J. F., S. Winkler, W. Böhme u. W. Klemm:* Determination of the dynamic fracture toughness K_{Id} in impact tests by means of response curves. Proc. 5th Int. Conf. on Fracture, Cannes, 29.3.–3. 4. 1981. In: Advances in Fracture Research. Pergamon Press 1981, S. 363/73.

D 2.10 Photogrammetrie

[D 2.10-1] *Albertz, J., u. W. Kreiling:* Photogrammetrisches Taschenbuch. Karlsruhe: Wichmann Verlag 1980.

[D 2.10-2] *Finsterwalder, R., u. W. Hofmann:* Photogrammetrie. Berlin: de Gruyter 1968.

[D 2.10-3] *Konecny, G., u. G. Lehmann:* Photogrammetrie. Berlin, New York: de Gruyter 1984.

[D 2.10-4] *Kraus, K.:* Photogrammetrie. Bd. 1 und 2. Bonn: Dümmler Verlag 1984 bzw. 1986.

[D 2.10-5] *Schwidefsky, K., u. F. Ackermann:* Photogrammetrie. Stuttgart: Teubner 1976.

[D 2.10-6] American Society of Photogrammetry (Hrsg.): Manual of Photogrammetry. Falls Church: Amer. Soc. Photogrammetry 1980.

[D 2.10-7] *Fraser, C. S., u. D. C. Brown:* Industrial photogrammetry – new developments and recent applications. Photogrammetric Record 12 (1986), S. 197/217.

[D 2.10-8] *Fuchs, H.,* u. *F. Leberl:* CRISP: A software package for close range photogrammetry for the Kern DSR-1 Analytical Stereoplotter. Int. Arch. Photogr. & Rem. Sensing 24/5 (1982), S. 175/84.

[D 2.10-9] *Kager, H.:* Das interaktive Programmsystem ORIENT im Einsatz. Int. Arch. Photogr. & Rem. Sensing 23/B5 (1980), S. 390/401.

[D 2.10-10] *Kruck, E.:* BINGO: Ein Bündelprogramm zur Simultanausgleichung für Ingenieur-anwendungen – Möglichkeiten und praktische Ergebnisse. Int. Arch. Photogr. & Rem. Sensing 25/A5 (1984), S. 471/80.

[D 2.10-11] *Wester-Ebbinghaus, W.:* Bündeltriangulation mit gemeinsamer Ausgleichung photo-grammetrischer und geodätischer Beobachtungen. Z. f. Vermessungswesen 110 (1985) Nr. 3, S. 101/11.

[D 2.10-12] *Wester-Ebbinghaus, W.:* Analytische Kammerkalibrierung. Int. Arch. Photogr. & Rem. Sensing 26/5 (1986), S. 77/84.

[D 2.10-13] *Wester-Ebbinghaus, W.:* Ein photogrammetrisches System für Sonderanwendungen. Bildmessung und Luftbildwesen 51 (1983) Nr. 3, S. 118/28.

[D 2.10-14] *Peipe, J.:* Interior orientation stability of a partial metric camera – an experimental study. Int. Arch. Photogr. & Rem. Sensing 26/1 (1986), S. 171/78.

[D 2.10-15] *El-Hakim, S. F.:* A real-time system for object measurement with CCD cameras. Int. Arch. Photogr. & Rem. Sensing 26/5 (1986), S. 363/73.

[D 2.10-16] *Luhmann, T.,* u. *W. Wester-Ebbinghaus:* Image recording with opto-electronical matrix sensor – possibilities for on-line processing. Proc. Second Industrial and Engineering Survey Conference. London: The Royal Institution of Chartered Surveyors 1987, S. 122/33.

[D 2.10-17] *Schewe, H.:* Automatic photogrammetric car-body measurement. 41. Photogrammetrische Woche. Stuttgart: Institut für Photogrammetrie der Universität 1987, S. 47/55.

D 3 Optische Einzelstellenverfahren

[D 3.1-1] *Kist, R.:* Meßwerterfassung mit faseroptischen Sensoren. Techn. Messen 51 (1984) Nr. 6, S. 205/12.

[D 3.1-2] *Ulrich, R.:* Faseroptische Wegaufnehmer. VDI-Berichte Nr. 509 (1984), S. 109/13.

[D 3.1-3] *Martinelli, M.:* The dynamic behaviour of a single-mode optical fiber strain gage. IEEE J. of Quantum Electronics QE-18 (1982) Nr. 4, S. 666/70.

[D 3.1-4] *Uttam, D.,* et al.: The principles of remote interferometric optical fibre strain measurement. Int. Conf. on Optical Techniques in Process Control 1983, Den Haag, Paper C1, S. 83/96.

[D 3.2-1] *Dorenwendt, K.,* et al.: Dehnungsmessungen mit Lasern. Feinwerktechnik & Meßtechnik 88 (1980) H. 1, S. 31/32.

[D 3.2-2] *Yamaguchi, J.:* Simplified laser-speckler strain gauge. Optical Engineering 21 (1982) H. 3, S. 436/40.

[D 3.2-3] *Guillot, M. W.,* u. *W. N. Sharpe:* A technique for cyclic-plastic notch-strain measurement. Experimental Mechanics Sept. 83, S. 356/60.

[D 3.2-4] *Kockelmann, H.,* u. *W. Zugi:* Moiréprojektion und Hochtemperatur-Moirégitter. Materialprüfung 25 (1983) H. 4, S. 120.

[D 3.2-5] *Cloud, R.,* et al.: Moiré gratings for high temperatures and long times. Experimental Mechanics, Okt. 1979, S. 19/21.

[D 3.3-1] Fa. Zimmer, Darmstadt: Elektro Optisches Extensometer. Prospekt.

[D 3.3-2] *Marion, R. H.:* A new method of high-temperature strain measurement. Experimental Mechanics, April 1978, S. 134/40.

[D 3.3-3] *Noorlag, D. J. W.,* u. *S. Middelhoek:* Two-dimensional position-sensitive photo-detector with high linearity made with standard i.c.-technology. Solid-State and Electronic Devices, Mai 1979, Vol. 3, No. 3, S. 75/82.

[D 3.3-4] *Janocha, H.,* u. *R. Marquardt:* Universell einsetzbares Wegmeßsystem mit analog-anzeigenden, positionsempfindlichen Fotodioden. Techn. Messen (1979) H. 10, S. 369/73; H. 11, S. 415/20.

[D 3.3-5] Fa. Hamamatsu, Japan: Position Sensor System C 1373. Prospekt.

[D 3.3-6] *Walcher, H.:* Digitale Lagemeßtechnik. Düsseldorf: VDI-Verl. 1974.

[D 3.3-7] *Knapp, J.:* Neuartiger optischer Dehnungsaufnehmer mit faseropischen Sensor-Arrays. VDI-Berichte Nr. 552 (1985), S. 241/52.

[D 3.3-8] Fa. Hamamatsu, Japan: Vidicon-Camera C 1000. Prospekt.

D 4 Röntgenographisches Verfahren

[D 4.2-1] *Aksenov, G. J.:* Bestimmung elastischer Spannungen in feinkristallinen Aggregaten mit der Debye-Scherrer-Methode. Z. prikl. fiz. 8 (1929) S. 3/16.

[D 4.2-2] *Geiger, H.,* u. *W. Müller:* Das Elektronenzählrohr. Physikalische Zeitschrift 29 (1928), S. 839/41.

[D 4.2-3] *Lindemann, R.,* u. *A. Trost:* Das Interferenz-Zählrohr als Hilfsmittel der Feinstrukturforschung mit Röntgenstrahlen. Z. Physik 115 (1940), S. 456/68.

[D 4.2-4] *Wolfstieg, U.:* Röntgenographische Spannungsmessungen mit breiten Linien. Arch. Eisenhüttenwes. 30 (1959), S. 447/50.

[D 4.2-5] *Macherauch, E.,* u. *P. Müller:* Das $\sin^2 \psi$-Verfahren der röntgenographischen Spannungsmessung. Z. angew. Physik 13 (1961), S. 305/12.

[D 4.2-6] *Hoffmann, J., G. Maurer, H. Neff, B. Scholtes* u. *E. Macherauch:* A PSD-Diffractometer for the determination of texture and lattice deformation pole figures. In: Experimental Techniques of Texture Analysis. Hrsg. *H. J. Bunge,* DGM. Oberursel 1986, S. 409/18.

[D 4.2-7] Eigenspannungen und Lastspannungen. Hrsg. *V. Hauk* u. *E. Macherauch.* München, Wien: Carl Hanser Verlag 1982.

[D 4.2-8] *Hauk, V. M.,* u. *E. Macherauch:* A useful guide for X-ray stress evaluation (XSE). Adv. X-ray Anal. 27 (1983), S. 81/99.

[D 4.2-9] *Masing, G.:* Eigenspannungen in kaltgereckten Metallen. Z. für techn. Physik 6 (1925), S. 569/73.

[D 4.2-10] *Macherauch, E., H. Wohlfahrt* u. *U. Wolfstieg:* Zur zweckmäßigen Definition von Eigenspannungen. Härterei-Tech. Mitt. 28 (1973), S. 201/11.

[D 4.3-1] *Röntgen, W. C.:* Über eine neue Art von Strahlung. Sitzungsberichte der medizinisch-physikalischen Gesellschaft. Würzburg 1896, S. 137/41.

[D 4.3-2] *Leipholz, H.:* Festigkeitslehre für den Konstrukteur. Berlin, Heidelberg, New York: Springer-Verl. 1969.

[D 4.3-3] *Eigenmann, B.,* u. *C. N. J. Wagner:* Stress analysis on aluminium alloy 7075. In: Residual stresses in science and technology, DGM. Oberursel 1987.

[D 4.3-4] *Lode, W.,* u. *A. Peiter:* Grundsätzliche Erweiterungsmöglichkeiten der Röntgen-Verformungsmeßtechnik. Metall 35 (1981), S. 758/62.

[D 4.3-5] *Dölle, H.,* u. *V. Hauk:* Röntgenographische Spannungsermittlung für Eigenspannungssysteme allgemeiner Orientierung. Härterei-Techn. Mitt. 31 (1976), S. 165/68.

[D 4.3-6] *Dölle, H.:* The influence of multiaxial stress states, stress gradients and elastic anisotropy on the evaluation of (residual) stresses by X-rays. J. Appl. Cryst. 12 (1979), S. 489/501.

[D 4.3-7] *Rachinger, W. A.:* A correction for the $\alpha_1 - \alpha_2$-Doublet in the measurement of widths of X-ray diffraction lines. J. Sci. Instrum. 25 (1948), S. 254/55.

[D 4.3-8] *Delhez, R., T. H. de Keijser* u. *E. J. Mittemeijer:* Determination of crystallite size and lattice distortions through X-ray diffraction line profile analysis. Fresenius. Z. Anal. Chem. 312 (1982), S. 1/16.

[D 4.4-1] *Hauk, V.,* u. *W. K. Krug:* Trennung und Symmetrisierung von K α-Dubletts mittels Rechneranwendung bei der röntgenographischen Spannungsermittlung. Materialprüfung 25 (1983), S. 241/43.

[D 4.4-2] *Wolfstieg, U.:* Die Symmetrisierung unsymmetrischer Interferenzlinien mit Hilfe von Spezialblenden. Härterei-Techn. Mitt. 31 (1976), S. 23/26.

[D 4.5-1] *Hauk, V.:* Röntgenographische Elastizitätskonstanten (REK). In: [D 4.2-7], S. 49/57.

[D 4.6-1] *Prümmer, R.,* u. *H. W. Pfeiffer-Vollmar:* Einfluß eines Konzentrationsgradienten bei röntgenographischen Spannungsmessungen. Z. Werkstofftech. 12 (1981), S. 282/89.

[D 4.7-1] *Hoffmann, J. E.:* Der Einfluß fertigungsbedingter Eigenspannungen auf das Biegewechsel-verhalten von glatten und gekerbten Proben aus Ck 45 in verschiedenen Werkstoffzuständen. Diss. Univ. Karlsruhe 1984.

[D 4.7-2] *Welsch, E., B. Scholtes, D. Eifler* u. *E. Macherauch:* Überlastungsbedingte Eigenspan-nungsverteilungen in rißspitzennahen Werkstoffbereichen und deren Einfluß auf die Ausbreitung von Ermüdungsrissen. In: Eigenspannungen. Hrsg. *E. Macherauch* u. *V. Hauk,* DGM. Oberursel (1983), S. 219/34.

[D 4.7-3] *Maurer, G., H. Neff, B. Scholtes* u. *E. Macherauch:* Textur- und Gittereigendeformations-zustände kaltgewalzter Stähle. Z. Metallkunde 78 (1987), S. 1/7.

D 5 Fluidische Verfahren

[D 5.2-1] *Mayer, N.,* u. *Chr. Rohrbach:* Handbuch für fluidische Meßtechnik. Düsseldrof: VDI-Verl. 1977.

[D 5.2-2] *Huggenberger, A. U.,* u. *S. Schwaigerer:* Dehnungsmesser auf pneumatischer Grundlage. In: Handbuch der Spannungs- und Dehnungsmessung. Hrsg. *K. Fink* u. *Chr. Rohrbach.* Düssel-dorf: VDI-Verl. 1958.

[D 5.3-1] *Lehmann, R., A. Wiemer* u. *H. Voigt:* Einige Beispiele für die Anwendung der pneumati-schen Längenmessung. Feingerätetechnik 8 (1959), S. 276/80.

[D 5.3-2] *Wiemer, A.:* Pneumatische Längenmessung. Berlin: VEB Verl. Technik 1970.

[D 5.3-3] *de Leiris, H.:* Dehnungsmessung mit pneumatischen Gebern. Berlin: VEB Verl. Technik 1970, S. 173/86.

[D 5.3-4] *Nieberding, O.:* Feinmeßgeräte mit pneumatischer Übersetzung. Feinwerktechnik 55 (1951), S. 75/78.

[D 5.3-5] *Hickson, V. M.:* Gas strain gauges for application to structures. Royal Aircraft Estab-lishment, Tech. Memo Structures 720 (1968).

[D 5.3-6] *Hickson, V. M.:* Gas strain gauges and their circuitry. Ministry of Defence, Aeronautical Research Council, R. & M. No. 3734, London 1973, 40 S.

[D 5.3-7] *Wolfe, R. J.:* Development of a gas strain gauge. Chislehurst: Final report, Sira Inst. 1973.

[D 5.3-8] *Mayer, N.:* Ein fluidisches Meßsystem für Weg- und Dehnungsmessungen bei Temperatu-ren bis über 800 °C. 8. GESA-Symposium, Duisburg 21./22. Mai 1984. VDI-Berichte Nr. 514 (1984), S. 41/43.

[D 5.3-9] *Amberg, C., J. Bartonicek, W. Böhm* u. *H. Joas:* Elektrische und mechanische Verfahren in der experimentellen Spannungsanalyse. VDI-Berichte Nr. 439 (1982), S. 1/24.

[D 5.3-10] *Mayer, N.,* u. *U. Flesch:* A fluidic strain measuring system for Prestressed Concrete Reactor Pressure Vessels. Proc. of the Fifth Cranfield Fluidics Conf., Uppsala 1972, Paper A1.

[D 5.3-11] *Mayer, N.:* Ein fluidisches System zur Langzeitmessung verschiedener Größen in kern-technischen Anwendungen bei hoher Temperatur. 2nd. Intern. Conf. on "Structural Mechanics in Reactor Technology", Berlin 1973, Paper H 4/11, 11 S.

[D 5.3-12] *Mayer, N.,* u. *C. Amberg:* Ein fluidisches Vielstellen-Meßsystem für den Einsatz unter schwierigen Umgebungsbedingungen. Tagungsbericht: 3. Industrielle Fluidik-Tagung, Zürich 1974, 12 S.

[D 5.3-13] *Mayer, N., C. Amberg, J. Specht* u. *W. Wulkau:* Aufbau, Eigenschaften und Einsatzmög-lichkeiten eines neuen fluidischen Meßsystems. In: Forschungsbericht Nr. 50 der Bundesanstalt für Materialprüfung (BAM), Berlin 1978, S. 13/20, S. 88.

[D 5.3-14] *Amberg, C.,* u. *N. Mayer:* Über den Versuchseinsatz verschiedener Meßsysteme für Spannbeton-Reaktordruckbehälter. In: Forschungsbericht Nr. 50 der Bundesanstalt für Mate-rialprüfung (BAM), Berlin 1978, S. 76/86.

[D 5.3-15] *Mayer, N.,* u. *Chr. Rohrbach:* Handbuch für fluidische Meßtechnik. Düsseldorf: VDI-Verl. 1977, S. 488/92.

[D 5.3-16] *Drzewiecki, T. M.:* Fluidic strain gage concepts. Harry Diamond Labs., Report Nr. AD 738 794 (1971), 29 S.

[D 5.3-17] *Drzewiecki, T. M.:* Fluidic strain gage. Instr. and Control Syst. 46 (1973) Nr. 8, S. 31/33.

[D 5.3-18] *Drzewiecki, T. M.:* Fluidic strain gages and their applications. Proc. 1st Intern. Fluidics Appl. Conf., Bratislava 1973, Paper A1, S. 61/68.

[D 5.3-19] *Mayer, N.,* u. *Chr. Rohrbach:* Handbuch für fluidische Meßtechnik. Düsseldorf: VDI-Verl. 1977, S. 200/01.

[D 5.3-20] *Valentich, J.:* A fluidic load cell. Exp. Mechanics 19 (1979), S. 384/88.

[D 5.3-21] *Drzewiecki, T. M.:* The fluidic load cell. ASME-Publ. 73-WA/Flcs-1 (1973), 6 S.

[D 5.4-1] *Greuer, R.:* Kritische Betrachtung der meßtechnischen Erfassung von Spannungen in Beton unter besonderer Berücksichtigung hydraulischer Spannungsmesser. Diss. Fak. für Bergbau und Hüttenwesen der Bergakad. Clausthal 1955.

[D 5.4-2] *Franz, G.:* Unmittelbare Spannungsmessung im Beton und Baugrund. Der Bauingenieur 33 (1958) H. 5, 1958, S. 190/95.

[D 5.4-3] *Glötzl, F.:* Baumeßtechnik, Firmenprospekte ca. 1978.

[D 5.4-4] *Magiera, G.:* Weiterentwicklung des Kompensationsverfahrens zur Druckspannungsmessung in Beton. Forschungsbericht 102 der Bundesanstalt für Materialprüfung (BAM), Berlin 1984.

D 6 Elektrische Verfahren

D 6.1 Einleitung

[D 6.1-1] *Rohrbach, Chr.:* Handbuch für elektrisches Messen mechanischer Größen. Düsseldorf: VDI-Verl. 1967, S. 113/15.

D 6.2 Kontakt- und Potentiometeraufnehmer

[D 6.2-1] *Rohrbach, Chr.:* Handbuch für elektrisches Messen mechanischer Größen. Düsseldorf: VDI-Verlag 1967.

[D 6.2-2] *Neubert, H. K. P.:* Instrument transducers. 2. Aufl. Oxford: Clarendon Press 1975, S. 108/16.

[D 6.2-3] *Holm, R.:* Die technische Physik der elektrischen Kontakte. Berlin: Springer-Verlag 1941.

[D 6.2-4] *Twelmeier, H.,* u. *S. Bausch:* Dehnungsmessungen an biegebeanspruchten Stahlbetonbauteilen bei großen Verformungen. VDI-Berichte Nr. 480 (1983), S. 141/44.

[D 6.2-5] *Modrovich, J.:* Dehnungsaufnehmer für Stahllitzen LEX-1000. VDI-Berichte Nr. 366 (1980), S. 113/18.

[D 6.2-6] *Caemmerer, W., N. Czaika* u. *Chr. Rohrbach:* Die Verformungen einer massiven Dachdecke unter dem Einfluß von Temperatur und Zeit. Die Bautechnik 9 (1967), S. 324/30.

[D 6.2-7] *Fung, P. K.:* Instrumentation for measuring load and deformation under high pressure. Exp. Mech. (1975) Nr. 2, S. 61/66.

[D 6.2-8] *Gudmundson, B. R.:* Transducers for accurate positioning. Mech. Ing. 107 (1985) Nr. 5, S. 34/39.

D 6.3 Dehnungsmeßstreifen mit metallischem Meßgitter

[D 6.3-1] *Ohm, G. S.:* Die galvanische Kette mathematisch bearbeitet. Berlin 1827.

[D 6.3-2] *Wheatstone, C.:* An account of several new instruments and processes for determining the constants of a voltaic circuit. Phil. Trans. of the Royal Society of London (1843) vol. 133, S. 303/27.

[D 6.3-3] *Thomson, W.:* On the electrodynamic qualities of metals. Phil. Trans. of the Royal Society of London (1846) vol. 146, part II, S. 730/6.

[D 6.3-4] *Lindeck, St.:* Über den Einfluß der Luftfeuchtigkeit auf elektrische Widerstände. Z. f. Instrumentenkunde (1908) Bd. 28.

[D 6.3-5] *Czerlinsky, E.:* Untersuchungen über die Widerstandsänderungen von Drähten durch Zug. Jb. Dtsch. Luftf. Forschung, Abt. II (1938) S. 377/80.

[D 6.3-6] *Theis, A.:* Bestimmung von Materialbeanspruchung und Untersuchung mechanischer Schwingungsvorgänge mit Streifen- und Ringgebern. Z. f. techn. Physik (1941) Bd. 11, S. 273/80.

[D 6.3-7] U.S. Patent Nr. 2,365,015 (1944).

[D 6.3-8] BLH-Measuremt Topics, vol. 5 (1967) Nr. 3, Sept.

[D 6.3-9] *Hoffmann, K.:* Einführung in die Technik des Messens mit Dehnungsmeßstreifen. Darmstadt: Hottinger Baldwin Meßtechnik GmbH 1987, S. 62.

[D 6.3-10] *Rohrbach, Chr., u. N. Czaika:* Deutung des Mechanismus des Dehnungsmeßstreifens und seiner wichtigsten Eigenschaften an Hand eines Modells. Materialprüf. 1 (1959) Nr. 4, S. 121/31.

[D 6.3-11] *Onnen, O., u. H. Fritz:* Über die Bestimmung der mechanischen Spannungen bei Dehnungsmeßstreifen und ihren Einfluß auf die Meßgenauigkeit. Feinwerktechnik 70 (1966) Nr. 10, S. 466/74.

[D 6.3-12] *Hönisch, G.:* Der Einfluß der Dehnungsübertragung zwischen Bauteil und Meßdraht auf den *k*-Faktor von Dehnungsmeßstreifen. Maschinenbautechnik 15 (1966) Nr. 2, S. 61/8, u. Nr. 3, S. 133/6.

[D 6.3-13] Unterlagen der Firma Ultronix, Grand Junction, Col., USA (1984).

[D 6.3-14] *Sevenhuijsen, P. J.:* Stress gages. Experimental Techniques, vol. 8 (1984) Nr. 3, S. 26/7.

[D 6.3-15] *Rohrbach, Chr.:* Dehnungsmeßstreifen mit metallischem Träger als schnell meßbereites, feuchtigkeitsunempfindliches Meßelement für Dehnungsmessungen auf Beton. Der Bauingenieur 33 (1958) Nr. 7, S. 265/8.

[D 6.3-16] *Reid, D. E. u. C. A. Cordill:* Development of long-length wire-filament strain gages. ISA Proc. of the 30th Intern. Instrumentation symposium, Mai (1984), Denver, Colorado, S. 341/8.

[D 6.3-17] Z. B. Unterlagen der Firmen: BLH Electronics; Hottinger-Baldwin-Meßtechnik; Micro-Measurements und andere.

[D 6.3-18] *Andreae, G.:* Zum Problem des Feuchtigkeitsschutzes vom Dehnungsmeßstreifen und Halbleitergebern. Dissertation TU Braunschweig 1969.

[D 6.3-19] *Bauer, H. F.:* DMS-Applikation an hochtourig rotierenden Bauteilen. VDI-Bericht Nr. 271. Düsseldorf: VDI-Verlag 1976, S. 5/10.

[D 6.3-20] *Mackinnon, J. A.:* Strain measurement standards – an outline. Strain, vol. 22 (1986) Nr. 1, S. 27/30.

[D 6.3-21] VDI/VDE-Richtlinie 2635, Bl. 1: Dehnungsmeßstreifen mit metallischem Meßgitter – Kenngrößen und Prüfbedingungen. Düsseldorf VDI-Verlag 1974.

[D 6.3-22] Temperature-induced apparent strain and gage factor variation in strain gages. TN-504. Measurements Group, Inc.; Raleigh, North California 1983, S. 7.

[D 6.3-23] *Meyer, M. L.:* On the measurement of transverse sensitivity of strain gauges. Strain, vol. 9 (1973) Nr. 1, S. 26/8.

[D 6.3-24] *Rohrbach, Chr. u. J. Lexow:* Miniature force transducers with strain gages. Measurement, vol. 4 (1986) Nr. 3, S. 93/100.

[D 6.3-25] *Hoffmann, K., D. Jost u. St. Keil:* Experimentelle Untersuchung des Einflusses hydrostatischen Drucks auf Dehnungsmeßstreifen-Applikationen und die Ermittlung von Korrekturwerten. VDI-Berichte Nr. 313. Düsseldorf: VDI-Verlag 1978, S. 565/71.

[D 6.3-26] *Engbaeck, P., H. Petersen u. S. I. Andersen:* Performance of strain-gauge installations in pressurized water at elevated temperatures. VDI-Berichte Nr. 313. Düsseldorf: VDI-Verlag 1978, S. 553/8.

[D 6.3-27] *Andreae, G.:* Zum Messen mit Dehnungsmeßstreifen unter dem Einfluß von Kernstrahlung. Materialprüfung 18 (1976) Nr. 7.

[D 6.3-28] *Hartig, G.:* Tieftemperatureigenschaften von Dehnungsmeßstreifen. VDI-Berichte Nr. 271. Düsseldorf: VDI-Verlag 1976, S. 11/7.

[D 6.3-29] *Barrowman, E. M.:* High-elongation strain measurement. Exp. Techniques, vol. 30 (1983) S. 29/32.

[D 6.3-30] *Andreae, G.:* Über das Verhalten von Dehnungsmeßstreifen bei großen Dehnungen. Materialprüfung, Bd. 13 (1971) Nr. 4, S. 117/23.

[D 6.3-31] *Rohrbach, Chr. u. N. Czaika:* Über das Kriechen von Dehnungsmeßstreifen unter statischer Zugbelastung. Arch. Techn. Mess. (1960) J 135-16, 17 und 18.

[D 6.3-32] *Rohrbach, Chr. u. N. Czaika:* Creep of resistance strain gauges under static tension. The Engineers' Digest, vol. 22 (1961) Nr. 10, S. 81/4.

[D 6.3-33] *Rohrbach, Chr. u. N. Czaika:* Über das Dauerschwingverhalten von Dehnungsmeßstreifen. Materialprüf. Bd. 3 (1961) Nr. 4, S. 125/36

[D 6.3-34] *Rohrbach, Chr. u. N. Czaika:* The fatigue behaviour of resistance strain-gauges. The Engineers' Digest, vol. 22 (1961) Nr. 10, S. 105/8.

[D 6.3-35] *Fink, K.:* Eine dynamische Eichung von Dehnungsmeßstreifen. Arch. Eisenhüttenw. 21 (1950) S. 137/42.

[D 6.3-36] *Koshiro Oi:* Transient response of bonded strain gages. Experimental Mechanics 6 (1966) S. 463/9.

[D 6.3-37] *Perry, C. C.:* Strain-gage reinforcement effects on low modulus materials. Experimental Techniques, vol. 9 (1985) Nr. 5, S. 25/7.

[D 6.3-38] Strain gage excitation levels. TN-127. Measurements Group Inc., Raleigh, North Carolina 1983.

[D 6.3-39] *Twelmeier, H.:* Theoretische und experimentelle Untersuchungen zur Rückwirkung des Dehnungsmeßstreifens bei Messungen an Kunstharzmodellen. Habil.-Schrift TU Hannover, 137 Seiten.

[D 6.3-40] *Rohrbach, Chr.* u. *E. Knublauch:* Dehnungsmessung mit Meßstreifen bei hohen Temperaturen. Materialprüf. 10 (1968) Nr. 4, S. 105/15.

[D 6.3-41] *Aicher, W.* u. *E. Johst:* Das Flammspritzverfahren zum Aufbringen von Hochtemperatur-Dehnungsmeßstreifen. VDI-Berichte Nr. 102. Düsseldorf: VDI-Verlag 1966, S. 143/50.

[D 6.3-42] *Lemcoe, M. M.:* Development of 1366 °K (2000 °F) strain sensor and biaxial strain transducer for use to 1033 °K (1400 °F). VDI-Berichte Nr. 313. Düsseldorf: VDI-Verlag 1978, S. 297/301.

[D 6.3-43] Elektrische und mechanische Verfahren in der experimentellen Spannungsanalyse. GMR-Bericht 2, Ordnungs-Nr. 3.4-1, Bearbeiter: Amberg. Düsseldorf: VDI-Verlag 1983.

[D 6.3-44] *Amberg, C.* u. *N. Czaika:* Zur Vorherbestimmung und Reproduzierbarkeit des Nullpunkttemperaturganges aufschweißbarer DMS bis 320 bzw. 600 °C. VDI-Berichte Nr. 480. Düsseldorf: VDI-Verlag 1983, S. 145/50.

[D 6.3-45] *Hofstötter, P.* u. *J. Weichsel:* Einsatz einer Klemmvorrichtung zur Kalibrierung von Hochtemperatur-Dehnungsmeßstreifen. TÜ 21 (1980) Nr. 4, S. 147/50.

[D 6.3-46] *Hofstötter, P.:* Calibration of high-temperature strain gages with the aid of a clamping device. Experimental Mechanics, vol. 22 (1982) Nr. 6, S. 223/5.

[D 6.3-47] *Böhm, W.:* Hinweise zur Anwendung des 2fachen Ausschweißens von EATON-Hochtemperatur Dehnungsmeßstreifen zur Voruntersuchung von DMS-Eigenschaften. VDI-Berichte Nr. 480. Düsseldorf: VDI-Verlag 1983, S. 167/9.

[D 6.3-48] *Böhm, W.* u. *N. Rasche:* Bestimmung der DMS-Eigenschaften bei höheren Temperaturen mit einer rechnergesteuerten Prüfeinrichtung. VDI-Bericht Nr. 366. Düsseldorf: VDI-Verlag 1980, S. 51/3.

[D 6.3-49] *Hofstötter, P.:* Laboratory tests on encapsulated high temperature strain gages SG 425 for measurements up to 530 °C. Experimental Stress Analysis. Hrsg. H. Wieringa. Dordrecht, Boston, Lancaster: Martinus Nijhoff Publishers 1986, S. 579/88.

[D 6.3-50] *Hofstötter, P.:* The use of encapsulated high-temperature strain gages at temperatures up to 315 °C. Experimental Techniques (1985), August, S. 24/9.

[D 6.3-51] *Amberg, C.* u. *N. Czaika:* Über das langzeitige Drift- und Kriechverhalten gekapselter, aufschweißbarer Dehnungsmeßstreifen mit NiCr-Meßdraht bei Temperaturen bis 320 °C. VDI-Berichte Nr. 399. Düsseldorf: VDI-Verlag 1981, S. 105/11.

[D 6.3-52] *Amberg, C.* u. *N. Czaika:* On longterm behaviour of encapsulated weldable half-bridge strain gages with Pt-wires at temperatures up to 550 °C. VII. Int. Conf. Exper. Stress Anal., Haifa, Israel, August 1982.

[D 6.3-53] *Böhm, W., P. Hofstötter, N. Rasche* u. *J. Weichsel:* Praktischer Einsatz gekapselter Hochtemperatur-Dehnungsmeßstreifen bis 315 °C. VGB Kraftwerkstechnik 61 (1981) Nr. 6, S. 502/9.

[D 6.3-54] *Tuttle, M. E.* u. *H. F. Brinson:* Resistance foil strain gage technology as applied to composite materials. NASA contractor report 3872; NASA, Scientific and Technical Information Branch, 1985.

[D 6.3-55] *Rohrbach, Chr.:* Handbuch für elektrisches Messen mechanischer Größen. Düsseldorf: VDI-Verlag 1967.

[D 6.3-56] *Böhm, W.* u. *H. Wolf:* Anwendung aufschweißbarer Hochtemperatur-Dehnungsmeßstreifen zur Messung statischer Betriebsbeanspruchungen bis 530 °C an großen Turbinenbauteilen. Materialprüf. 18 (1976) Nr. 12, S. 457/61.

D 6.4 Dehnungsmeßstreifen mit Halbleitermeßgitter

[D 6.4-1] *Smith, G. S.:* Piezoresistive effect in silicon and germanium. Physics Review 94, 42 (1954).

[D 6.4-2] *Mason, W. P.* u. *R. N. Thurston:* Use of piezoresistive materials in measurement of displacement, force and torque. J. Acoust. Soc. Amer. 29 (1957) Nr. 10, S. 1096/101.

[D 6.4-3] *Geyling, F. T.* u. *J. J. Forst:* Semiconductor strain transducers. Bell Syst. Techn. J. 39 (1960) Nr. 3, S. 705/31.

[D 6.4-4] *Sanchez, J. C.* u. *W. V. Wright:* Recent advances in flexible semiconductor strain gages. Reprint Nr. 46 – LA 61 (1961) from the Instr. Soc. of Amer., S. 1/19.

[D 6.4-5] *Rohrbach, Chr.* u. *N. Czaika:* Über Funktion, Eigenschaften und Anwendung von Halbleitergebern. Materialpr. Bd. 4 (1962) Nr. 6, S. 189/98.

[D 6.4-6] Semiconductor strain gage handbook. Waltham, Mass.: BLH Electronics, Product Data 107, 1973.

D 6.5 Ermüdungsmeßstreifen

[D 6.5-1] *Rohrbach, Chr.* u. *N. Czaika:* Über das Dauerschwingverhalten von Dehnungsmeßstreifen. Materialprüf. 3 (1961) Nr. 4, S. 125/36.

[D 6.5-2] *Harting, D. R.:* The – S/N – fatigue life gage: a direct means of measuring cumulative fatigue damage. Exper. Mechanics 6: 19A–24A, Febr. 1966.

[D 6.5-3] *Ludwig, W., K. F. Sahm* u. *E. Steinheil:* Fatigue measuring gauges (FMG): a new system for monitoring fatigue loads. Tenth I.C.A.F. Symposium. Brussels, 1979.

[D 6.5-4] *In Sik Choi, Soo Woo Nam* u. *Kyong-Tschong Rie:* A new method of fatigue life measurement using magnetic property changes. Journ. of Mater. Science Letters 4 (1985) S. 97/100.

[D 6.5-5] *Dorsey, J.:* Engineering concepts in fatigue life gage use. Applications Note, Micro-Measurements, Raleigh, North Carolina.

[D 6.5-6] *Nicholls, D. W.* u. *M. J. Anderson:* Fatigue life gages in cryogenic applications. ISA Conference and Exhibit. Philadelphia, Pa. 1970, S. 624/70.

[D 6.5-7] *Booth, C. W.:* The – S/N – ®Fatigue life gage. Unterlagen der Fa. Micro-Measurements, Raleigh, North Carolina.

[D 6.5-8] *Woodli, J.:* Oberflächenrauhheit als Lebensdauerindikator. Schweizer Maschinenmarkt (1984) Nr. 11, S. 64/5 u. (1984) Nr. 15, S. 58/61.

[D 6.5-9] Unterlagen der Fa. Dornier System GmbH, Friedrichshafen.

[D 6.5-10] *Sheth, N. J., S. L. Bussa* u. *N. M. Mercer:* Determination of accumulated structural loads from S/N gage resistance measurements. Intern. Automotive Engineering Congr., Detroit, Mich., Jan. 1973, 35 Seiten.

[D 6.5-11] *Thomas, D. R.:* Development of an strain multiplier for fatigue-sensor applications. Exp. Mech. (1970) August, S. 1/7.

[D 6.5-12] *Beyer, G. A.:* Fatigue life gage evaluation on operational aircraft. ISA, Pittsburgh, Penns. ISA Annual Conference and Exhibit, 68-527, Okt. 1968, New York City.

[D 6.5-13] *Gerharz, J. J.:* Unterlagen für die Verwendung von Ermüdungsmeßstreifen in der Anlagentechnik. Lab. für Betriebsfestigkeit, Darmstadt. LFB-Bericht Nr. 3748, Dez. 1977.

[D 6.5-14] *Krevitt, R.:* Fatigue life gages on a 46,000 kva generator under pulsed loading. ISA, Pittsburgh, Penns. ISA Annual Conference and Exhibit, 68-526, Okt. 1968, New York City.

D 6.6 Rißlängenmeßstreifen

[D 6.6-1] *Müller, E. A. W.:* Handbuch der zerstörungsfreien Materialprüfung, Abschnitte C.63 1 bis 5 und E.63 1 bis 8. München: R. Oldenbourg-Verlag 1975.

[D 6.6-2] *Paris, C. P.,* u. *B. R. Hayden:* A new system for fatigue crack growth measurement and control. A.S.T.M. Symposium on Fatigue Crack Growth. Pittsburgh, October 1979.

[D 6.6-3] *Russenberger, M. E.:* Potentialmethoden zur Bestimmung von Rißlängen bei Proben der Bruchmechanik. Materialprüfung 21 (1979) Nr. 9, S. 319/21.

[D 6.6-4] *Barnes, C. R.:* A measurement technique for determining dynamic crack speeds in engineering. Materials Experimentation, Experimental Techniques, März 1985, S. 33/7.

[D 6.6-5] *Rohrbach, Chr.,* u. *E. Jung:* Ermittlung von Rissen in und auf Beton mittels spröder elektrischer Leiter aus Graphit. Materialprüfung 1 (1959) Nr. 11/12, S. 395/9.

D 6.7 Spannungs- und Dehnungsaufnehmer mit Dehnungsmeßstreifen

[D 6.7-1] *Carlson, R. W.:* Performance Tests on Stress Meters. Water Power & Dam Construction, April 1978, S. 39/44.

[D 6.7-2] *Huggenberger, A. U.:* Talsperren-Meßtechnik. Berlin, Göttingen, Heidelberg: Springer-Verl. 1951.

[D 6.7-3] *Rocha, M.:* In situ strain and stress measurements, Ministério das Obras Públicas, Laboratório Nacional de Engenboria Civil, Memória Nr. 265, Lisboa 1965.

[D 6.7-4] *Penman, A. D.:* Measuring earth pressures in embankment dams. Water Power & Dam Construction, Juni 1979, S. 30.

[D 6.7-5] *Ingram, J. K.:* The development of a free-field soil stress gage for static and dynamic measurements, ASTM-STP-392 (1965).

[D 6.7-6] *Triandafilidis, G. E.:* Soil-stress gage design and evaluation. Journal of Testing and Evaluation, Vol. 2 (Mai 1974) No. 3, S. 146/58.

[D 6.7-7] *Naus, D. J.,* u. *J. P. Callahan:* Embedment instrumentation for prestressed concrete pressure vessels. Nuclear Engineering and Design 45 (1978), S. 533/54.

[D 6.7-8] *Leeming, H.,* et al.: Development of a three-dimensional stress gage for propellant grains. Air Force Rocket Propulsion Laboratory, National Technical Information Service (NTIS), U.S. Department of Commerce 1975.

[D 6.7-9] *Andres* u. *Peekna:* Development of a laterally isolated diaphragm-typ soil-structure interface stress gage. U.S. Army Engineer Waterways Experiment Station, Structures Laboratory 1977.

[D 6.7-10] *Partom, Y., D. Yaziv* u. *Z. Rosenberg:* Theoretical account for the response of manganin gages. J. Appl. Phys. 52 (1981) Nr. 7, S. 4610/16.

[D 6.7-11] *De Carli, P. S.:* Stress gage system for the megabar range. Stanford Research Institute, National Technical Information Service, U.S. Department of Commerce 1974.

[D 6.7-12] *Yaziv, D., Z. Rosenberg* u. *Y. Partom:* Release wave calibration of manganin gauges. J. Appl. Phys. 51 (1980) Nr. 12, S. 6055/57.

[D 6.7-13] *Rosenberg, Z., A. Erez* u. *Y. Partom:* Recording the shock wave structure in iron with commercial manganin gauges. J. Phys. E: Sci. Instrum. 16 (1983), S. 198/200.

[D 6.7-14] Dr.-Ing. G. Wazau, Berlin: Prospekt.

[D 6.7-15] *Lefebvre, D., C. Chebl, L. Thibodeau* u. *E. Khazzari:* A high-strain biaxial-testing rig for thin-walled tubes under axial load and pressure. Exp. Mech. 23 (1983) No. 4, S. 384/92.

[D 6.7-16] *Duggan, M. F.:* A versatile, elevated-temperature strain sensor for the celanese compression fixture. ISA (1978), S. 25/30.

[D 6.7-17] *Mitsuo, A., M. Shimazoe, K. Soeno, M. Nishihara, A. Yasukawa* u. *Y. Kanda:* Cantilever-type displacement sensor using diffused silicon strain gauges. Sensors and Actuators 2 (1982), S. 297/307.

[D 6.7-18] *Rohrbach, Chr.,* u. *G. Andreae:* In: *Chr. Rohrbach:* Handbuch für elektrisches Messen mechanischer Größen. Düsseldorf: VDI-Verl. 1967, S. 469.

[D 6.7-19] *Twelmeier, H.:* Dehnungsmessungen am gerissenen Stahlbeton. VDI-Berichte Nr. 313 (1978), S. 737/44.

[D 6.7-20] *Kautsch, R.:* Einfacher Dehnungstransformator für die Messung großer Dehnungen. HBM-MTB (1968) H. 3, S. 56/57.

[D 6.7-21] *Cook, C. F.:* An electrical demountable strain transducer. Strain, July (1980), S. 113/19.

[D 6.7-22] *Johnstone, P. G.,* u. *D. G. Elms:* A ten-inch extensometer measuring small low-frequency strains. Exp. Mech. 12 (1972) Nr. 9, S. 429/30.

[D 6.7-23] *Ziggel, R.,* u. *G. W. Schanz:* Der Dehnungstransformator als Geberelement zur Walzkraftmessung. Elektronische Rundschau (1961) Nr. 7, S. 305/07.

[D 6.7-24] *Leahy, T. F.:* A resuable biaxial strain transducer. Experimental Mechanics 14 (1974) No. 3, S. 111/17.

[D 6.7-25] *Lemcoe, M. M.:* Development of high-temperature biaxial-strain transducer for use to 1033 °K (1400 °F). Experimental Mechanics 19 (1979) No. 2, S. 56/62.

[D 6.7-26] *McDonald, J. E.:* Strain meters and stress meters for embedment in models of mass concrete structures. Report 2: Evaluation of microdot embedment strain gage. U.S. Army engineer Waterways Experiment Station, Concrete Laboratory, Vicksburg, Mississippi, July 1972.

[D 6.7-27] *Amberg, C.,* u. *N. Mayer:* Über den Versuchseinsatz verschiedener Meßsysteme für Spannbeton-Reaktordruckbehälter. Forschungsbericht 50 der Bundesanstalt für Materialprüfung (BAM)-Berlin, Juni 1978, S. 76/86.

[D 6.7-28] *Naus, D. J.,* u. *C. C. Hurtt:* Monitoring of prestressed concrete pressure vessels. Oak Ridge, Tennessee: Oak Ridge National Laboratory 1978.

[D 6.7-29] *Geymayer, H. G.:* Strain meters and stress meters for embedment in models of mass concrete structures. U.S. Army Engineer Waterways Experiment Station, Corps of Engineers, Vicksburg, Mississippi 1968.

[D 6.7-30] *Stone, W. C.:* Measurement of internal strain in cast-concrete structures. Exp. Mech. (1983) No. 4, S. 361/69.

[D 6.7-31] *Lierse, J.:* Die Anwendung der DMS-Technik bei in-situ-Messungen an Stahlbetonbauwerken. VDI-Bericht Nr. 399 (1981), S. 119/26.

[D 6.7-32] Micro-Epsilon Meßtechnik: Firmenunterlagen 1983.

D 6.8 Dehnungsaufnehmer mit Feldplatten

[D 6.8-1] *Thomson, W.:* On the electrodynamic qualities of metals. Philosoph. Trans. 146 (1856), S. 649/51.

[D 6.8-2] Sensoren, Magnetfeldhalbleiter, Teil 1. Hrsg. von Siemens AG, Bereich Bauelemente, München 1982.

[D 6.8-3] *Steidle, H. G.:* Magnetisch steuerbare Halbleiterwiderstände. Siemens-Z. 45 (1971) H. 9, S. 607/13 und Unterlagen der Firma Siemens: Feldplatten.

[D 6.8-4] *Horn, J.:* Untersuchung eines Wegaufnehmers. Techn. Univers. Braunschweig 1983.

[D 6.8-5] Patentschrift AZ P32 24 757.5, Anmelder: Deutsche Forschungs- und Versuchsanstalt für Luft- und Raumfahrt e. V. (DFVLR), 1982.

[D 6.8-6] Dr.-Ing. Georg Wazau, Berlin: Prospekt.

[D 6.8-7] *Ferris, S. A.,* u. *J. M. Ivison:* A technique for increasing the linear range of a magnetoresistor displacement transducer. IEEE Transact. on Instr. and Meas. IM-23 (1974) No. 2, S. 116/20.

[D 6.8-8] *Ferris, S. A., J. M. Ivison* u. *D. Walker:* The magnetoresistor as a displacement transducer element. Journ. of Phys. E: Scient. Instr. 3 (1970), S. 639/42.

[D 6.8-9] *Kanda, Y.,* u. *A. Yasukawa:* Hall-effect devices as strain and pressure sensors. Sensors and Actuators 2 (1982), S. 283/96.

D 6.9 Induktive Dehnungsaufnehmer

[D 6.9-1] *Svenson, O.:* Dehnungsmessung mit induktiven Gebern. In: Handbuch der Spannungs- und Dehnungsmessung. Hrsg. *K. Fink* u. *Chr. Rohrbach. Düsseldorf: VDI-Verl.* 1958, S. 219/35.

[D 6.9-2] *Rohrbach, Chr.:* Handbuch für elektrisches Messen mechanischer Größen. Düsseldorf: VDI-Verl. 1967.

[D 6.9-3] *Wiemer, A.,* u. *R. Lehmann:* Theoretische Untersuchungen über die induktive Messung kleiner Wege mittels Doppeldrossel. Feinwerktechnik 3 (1954), S. 291/97.

[D 6.9-4] *Krischker, P.,* u. *Th. Gast:* Induktive Differential-Querankergeber hoher Auflösung. Techn. Mess. 49 (1982) H. 2, S. 43/49.

[D 6.9-5] *Holbein, G.:* Zur Theorie induktiver Tauchankergeber. Elektro-Anzeiger 29 (1976) Nr. 15/16, S. 371/73.

[D 6.9-6] *Holbein, G.:* Die Ersatzschaltung des induktiven Tauchankergebers. Elektro-Anzeiger 29 (1976) Nr. 23, S. 561/63.

[D 6.9-7] *Ratzke, J.:* Neue elektrische Meßgeräte mit Trägerfrequenzmodulation. Jb. dt. Versuchsanst. Luftf. 1939, S. 393/403.

[D 6.9-8] *Svenson, O.:* Dehnungsmessung mit induktiven Gebern. In: Handbuch der Spannungs- und Dehnungsmessung. Hrsg. *K. Fink* u. *Chr. Rohrbach.* Düsseldorf: VDI-Verl. 1958, S. 233.

[D 6.9-9] *Eggers, H. R.:* Induktive Fernmessung mit feststehenden Spulen und bewegtem Eisen. FWT 60 (1956), S. 275/78.

[D 6.9-10] Hottinger Baldwin Meßtechnik GmbH, Darmstadt: Firmenunterlagen.

[D 6.9-11] *Wilhelm, N.:* An inductive axial-strain-measurement device for fatigue investigations at notch root. Exp. Mech. 15 (1975) H. 12, S. 19 N/20 N.

[D 6.9-12] *Weder, Ch.:* Neuentwickeltes mechanisch-induktives Setzdehnungsmeßgerät. Material und Technik (1979) Nr. 2, S. 98/101.

[D 6.9-13] *Zelger, C.:* Versuch zur Weiterentwicklung eines Setzdehnungsmessers. Deutscher Ausschuß für Stahlbeton. Berlin: Wilhelm Ernst & Sohn 1975, S. 31/47.

[D 6.9-14] *Mohri, K.,* u. *E. Sudoh:* New extensometers using amorphous magnetostrictive ribbon wound cores. IEEE Transact. of Magnetics, Vol. MAG-17 (1981) No. 3, S. 1317/19.

[D 6.9-15] Sybrook Rugby, U.K.: Firmenunterlagen.

[D 6.9-16] *Holbein, G.:* Induktive Meßgrößenaufnehmer in Brückenschaltung. Elektro-Anzeiger 26 (1973) Nr. 20, S. 412/14.

D 6.10 Transformatoraufnehmer

[D 6.10-1] *Schaevitz, H.:* The linear variable differential transformer. Proc. Soc. Exp. Stress Anal. IV (1947) No. 2, S. 79/88.

[D 6.10-2] *Atkinson, P. D.,* u. *R. W. Hynes:* Analysis of a linear differential transformer. Elliot J. 2, London (1954), S. 144/51.

[D 6.10-3] *Neubert, H. K. P.:* Instrument transducers. 2. Aufl. Oxford: Clarendon Press 1975, S. 204/07.

[D 6.10-4] *Holbein, G.:* Der Differential-Transformator. Elektronik 7 (1958) Nr. 5, S. 149/51.

[D 6.10-5] Philips, Holland: Firmenunterlagen.

[D 6.10-6] *Grasegger, S., H. Zemann* u. *R. Schreiber:* Messung von Verschiebungen bei 300 °C und 95 bar. Sensor '83, Basel, Bd. 4 (1983), S. 20/34.

[D 6.10-7] *Wolf, J. R.:* The linear variable differential transformer and its uses for in-core fuel rod behavior measurements. Idaho National Engineering Lab., EG & G Idaho, Inc., Idaho Falls, Idaho, 1979, S. 1/22.

[D 6.10-8] *Ara, K.:* A differential transformer with temperature- and excitation-independent output. IEEE Transact. on Instrumentation and Measurement. IM-21 (1972) No. 3, S. 249/55.

[D 6.10-9] *Amberg, C.,* u. *N. Czaika:* Induktive und Transformator-Wegaufnehmer für hohe Temperaturen. In: Forschungsbericht 50 der Bundesanstalt für Materialprüfung (BAM) (1978), S. 28/34.

[D 6.10-10] *Yadzi, A. R., W. E. Deeds* u. *C. V. Dodd:* Temperature-compensated induction extensometer. Rev. Sci. Instrum. 49 (1978) Nr. 12, S. 1684/87.

[D 6.10-11] Notes on Linear Variable Differential Transformers. Technical Bulletin AA-16, Schaevitz Engineering 1955.

[D 6.10-12] *Althen, D. H.:* Moderne LVDT-Wegaufnehmer. elektronik industrie 11 (1983), S. 18/24.

D 6.11 Kapazitive Aufnehmer

[D 6.11-1] *Rohrbach, Chr.:* Handbuch für elektrisches Messen mechanischer Größen. Düsseldorf: VDI-Verl. 1967.

[D 6.11-2] *Foldvari, T. L.,* u. *K. S. Lion:* Capacitive transducers. Instr. and Contr. Systems, Vol. 37 (1964) Nr. 11, S. 77/85.

[D 6.11-3] *Noltingk, B. E., D. F. A. McLachlan, C. K. V. Owen* u. *P. C. O'Neill:* High-stability capacitance strain gauge for use at extreme temperatures. Proc. JEE, Vol. 119 (1972) No. 7, S. 897/903.

[D 6.11-4] *Schulz, M.:* Einsatz kapazitiver Dehnungsmeßstreifen für statische Messungen bei hohen Temperaturen. VDI-Berichte Nr. 313 (1978), S. 317/22.

[D 6.11-5] *Noltingk, B. E.:* Measuring static strains at high temperatures. Exp. Mech. (1974), S. 420/23.

[D 6.11-6] *Downe, B,. R. Fidler, B. E. Noltingk, E. Procter* u. *J. A. Williams:* Performance and applications of the Cerl-planer strain transducer. Conf. Edinburgh, Measurement in Hostile Environments 1981.

[D 6.11-7] *Schulz, M.:* Statische Dehnungsmessung bei 500 °C über 10 720 Stunden zur Bestimmung von Materialkonstanten. VDI-Berichte Nr. 439 (1982), S. 155/59.

[D 6.11-8] *Fortmann, M.:* Hochtemperatur-Dehnungsmessungen mit dem neuen kapazitiven Meßgeber von Interatom. VDI-Berichte Nr. 514 (1984), S. 45/48.

[D 6.11-9] *Fortmann, M.:* Anwendungsspezifikation für kapazitive Hochtemperatur-Dehnungsmeßgeber. Firmenschrift der Interatom, Bergisch Gladbach 1984.

[D 6.11-10] *Sharpe, W. N.:* Strain gages for long-term high-temperature strain measurement. Experimental Mechanics, Dec. (1975), S. 482/87.

[D 6.11-11] *Gillette, O. L.:* Measurement of static strain at 2000 °F. Experimental Mechanics, Aug. (1975), S. 316/22.

[D 6.11-12] *Keusseyan, R. L.,* u. *Che-Yu Li:* Precision strain measurement at elevated temperatures using a capacitance probe. Dep. of Mat. Sc. and Eng., Cornell University, Bard Hall, Ithaca, N.Y.-14853.

[D 6.11-13] *Walters, D. J.,* u. *R. Hales:* An extensometer for creep-fatigue testing at elevated temperatures and low strain ranges. J. Strain Anal. Vol. 16 (1981) No. 2, S. 145/47.

[D 6.11-14] *Harting, D. R.:* Evaluation of a capacitive strain measuring system for use to 1500 °F. JSA Transactions Vol. 15 (1976) No. 1, S. 8/16.

[D 6.11-15] *Neubert, H. K. P., W. R. McDonald* u. *P. W. Cole:* Sub-miniature pressure and acceleration transducers. Control (1961), S. 104/06.

[D 6.11-16] *Wayne Kerr:* Firmenunterlagen.

[D 6.11-17] *Emschermann, H. H.:* Kapazitive Wegmessung, Verfahren, Anwendung bei Schubkurbeltrieben. Arch. Techn. Messen (1962), J 86-7.

[D 6.11-18] *Yeakley, L. M.,* u. *U. S. Lindholm:* Development of Capacitance strain transducers for high-temperature and biaxial applications. Exp. Mech. (1974), S. 331/36.

[D 6.11-19] *Besson, R., R. Bourquin, J. J. Gaguepain* u. *J. Balbi:* Etude et réalisation d'un capteur de microdéplacements à grande résolution. Colloque International sur l'Electronique et la Mesure, Paris, May 1975, S. 380/89.

[D 6.11-20] *Janocha, H.:* Anwendung des Prinzips der Frequenzüberlagerung bei der elektronischen Messung mechanischer Größen mit kapazitiven Aufnehmern. Arch. Techn. Messen (1977) H. 1, S. 15/20, V 1121-16.

[D 6.11-21] *Huddart, J.:* A new capacitive strain measuring circuit. Strain, July (1978), S. 87/90.

D 6.12 Piezoelektrische Aufnehmer

[D 6.12-1] *Rohrbach, Chr.:* Handbuch für elektrisches Messen mechanischer Größen. Düsseldorf: VDI-Verl. 1967.

[D 6.12-2] *Voigt, W.:* Lehrbuch der Kristallphysik. Leipzig: Teubner-Verl. 1910.

[D 6.12-3] *Bergmann, L.:* Der Ultraschall und seine Anwendung in Wissenschaft und Technik. 6. Aufl. Stuttgart: Verl. S. Hirzel 1954.

[D 6.12-4] *Gohlke, W.:* Einführung in die piezoelektrische Meßtechnik. Leipzig: Akadem. Verlagsges. Geest u. Portig 1954.

[D 6.12-5] *Skudrzyk, E.:* Die Grundlagen der Akustik. Wien: Springer-Verl. 1954.

[D 6.12-6] *Sachse, H.:* Ferroelektrika. Berlin: Springer-Verl. u. München: J. F. Bergmann 1956.

[D 6.12-7] *Forsbergh, P. W.:* Piezoelectricity, electrostriction and ferroelectricity. In: Handbuch der Physik. Bd. XVII. Hrsg. *S. Flügge.* Berlin: Springer-Verl. 1956.

[D 6.12-8] *Rust, H. M.:* Akustische Meßgeber und Meßempfänger, insbesondere für Flüssigkeiten. Arch. techn. Messen (1960) Z 67-1/4.

[D 6.12-9] *Lenk, A.:* Elektromechanische Systeme. Bd. 2: Systeme mit verteilten Parametern. Berlin: VEB Verlag Technik 1974, S. 137/52.

[D 6.12-10] *Neubert, H. K. P.:* Instrument transducers. 2. Aufl. Oxford: Clarendon Press 1975, S. 253/91.

[D 6.12-11] *Meissner, A.:* Über piezoelektrische Kristalle bei Hochfrequenz. Z. Techn. Phys. 7 (1926).

[D 6.12-12] ENDEVCO Corp.: Current Piezoelectric Technolog. Firmenschrift 1965.

[D 6.12-13] Valvo GmbH, Hamburg: Piezoxide. Firmenschrift 1966.

[D 6.12-14] *Landolt-Börnstein:* Physikalisch-Chemische Tabellen. 3. Ergänzungsband. Hrsg. *W. A. Roth* u. *K. Scheel.* Berlin: Springer-Verl. 1936, S. 1873/74.

[D 6.12-15] *Heywang, W.,* u. *E. Feuner:* Ferroelektrische Keramik. Siemens-Z. 41 (1967) H. 11, S. 878/86.

[D 6.12-16] *Wünschmann, W.:* Kraftmessung mittels Piezokeramik. msr 14 (1971) H. 6, S. 234/37.

[D 6.12-17] Rosenthal-Isolatoren GmbH, Selb-Bayern: Firmenunterlagen.

[D 6.12-18] *Das-Gupta, D. K.:* A study of the nature and origins of pyroelectricity and piezoelectricity in polyvinylidenefluorids and its co-polymers. Final Technical rept. University Coll of North Wales Bagor, 1978 bis 1979.

[D 6.12-19] *Shuford, R. J.* et al.: Piezoelectric polymer films for application in monitoring devices. Army Materials and Mechanics Research Center Watertown Mass. 1976.

[D 6.12-20] *Edelman, S.:* Piezoelectric polymer transducers. Final Report, National Bureau of Standards, Washington, D.C., 1976.

[D 6.12-21] *Whiffin, A. C.,* u. *S. A. H. Morris:* Piezoelectric gauge for measuring dynamic stresses under roads. Engineer, Lond. 213 (1962), S. 741/46.

[D 6.12-22] *De Reggi, A. S.:* Piezoelectric polymer transducer for impact pressure measurement. National Bureau of Standards, Washington, D.C., Final rept. 15. Dez. 1973 bis 31. Dez. 1974.

[D 6.12-23] *Mark, J. W.,* u. *W. Goldsmith:* Barium titanate strain gages. Proc. Soc. Exp. Stress Anal. XIII (1955) Nr. 1, S. 139/50.

[D 6.12-24] *Ripperger, E. A.:* A piezoelectric strain gage. Proc. Soc. Exp. Stress Anal. XII (1954) Nr. 1, S. 117/24.

[D 6.12-25] *Luck, G. A.,* u. *R. C. Kell:* Measuring turbine blade vibrations. Engineering 182 (1956), S. 271/73.

[D 6.12-26] *Kohler, H.:* Measuring dynamic loads on gear teeth. Engineering 189 (1960), S. 209/10.

[D 6.12-27] *Forward, R. L.:* Picostrain measurements with piezoelectric transducers. J. Appl. Phys. 51 (1980) No. 11, S. 5601/03.

[D 6.12-28] *Baumgartner, H. U., G. H. Gautschi* u. *P. Wolfer:* Piezoelectric strain transducers. Automation 15 (1980) H. 10, S. 17/20.

[D 6.12-29] Kistler Instrumente AG., Winterthur, Schweiz: Piezoelektrischer Dehnungsaufnehmer. Firmenschrift.

[D 6.12-30] *Eisenhut, H. U.:* Messen der Kräfte an Pressen mit piezoelektrischen Dehnungsaufnehmern und deren dynamische Kalibrierung bis 5 MN. Proc. Sensor '82, Essen 1982, Ausgerichtet von der AMA e.V., München.

[D 6.12-31] *Keithley, J. F.:* Electrometer measurements. Instrum. and Control Systems 35 (1962).

[D 6.12-32] *Markowski, W.:* Meßverstärker. In: *Chr. Rohrbach:* Handbuch für elektrisches Messen mechanischer Größen. Düsseldorf: VDI-Verl., S. 312.

[D 6.12-33] *Wilson, R. D.:* Die Anwendung eines Rechenverstärkers beim Gebrauch eines piezoelektrischen Wandlers. Orbit (1967), Febr., S. 4/5.

[D 6.12-34] *Judd, J. E.,* u. *E. P. Morau:* Zero drive, a new zero impedance signal conditioning concept for piezo-electric transducers. ISA, 22nd Annual Conf. and Exhibit. 1967, Chicago.

D 6.13 Vibrationsaufnehmer mit schwingender Saite

[D 6.13-1] *Schäfer, O.:* Die schwingende Saite als Dehnungsmesser. Z. VDI 63 (1919), S. 1008/09.

[D 6.13-2] *Keinath, G.:* Druck- und Zugmessung mit dem akustischen Meßverfahren nach O. Schäfer. Arch. techn. Messen (1935) V 132-9.

[D 6.13-3] *Huggenberger, A. K.:* Talsperren-Meßtechnik. Berlin, Göttingen, Heidelberg: Springer-Verl. 1951.

[D 6.13-4] *Sperling, H.:* Dehnungsmessung mit Saitendehnungsmessern. In: Handbuch der Spannungs- und Dehnungsmessung. Hrsg. *K. Fink* u. *Chr. Rohrbach.* Düsseldorf: VDI-Verl. 1958.

[D 6.13-5] *Német, J.,* u. *H. Zemann:* Untersuchungen über elektrische Dehnungsaufnehmer für das Innere von Beton. 2nd International Conference on Structural Mechanics in Reactor Technology, Berlin, Sept. 1973.

[D 6.13-6] *Hornby, I. W.,* u. *E. B. Noltingk:* The application of the vibrating-wire principle for the measurement of strain in concrete. Experimental Mechanics 14 (1974) H. 3, S. 123/28.

[D 6.13-7] *Moore, D. R.:* The vibrating wire gage: One answer to the hostile environment. Measurements in Hostile Environments. Conf. Edinburgh, 31. 8. bis 4. 10. 1981.

[D 6.13-8] *Rohrbach, Chr.:* Handbuch für elektrisches Messen mechanischer Größen. Düsseldorf: VDI-Verl. 1967, S. 224/27.

[D 6.13-9] *Gerecke, E., M. Gallo* u. *E. Schaepman:* Automatisches Wägen vermittelst zweier schwingender Saiten. Automatik und Industrielle Elektronik (1968).

[D 6.13-10] *Holst, P. A., E. O. Olsen, D. C. Simpson, R. P. Lindquist* u. *E. L. Karas:* Resonant wire technology applied to process control instrument design. Proc. IMEKO VIII, 1979, Moskau, S. 11.A-21-43.

[D 6.13-11] *Magiera, G.:* Weiterentwicklung des hydraulischen Kompensationsverfahrens zur Druckspannungsmessung in Beton. Forschungsbericht 102, Bundesanstalt für Materialprüfung, Berlin 1984.

[D 6.13-12] *Rohrbach, Chr.:* Spannungs- und Dehnungsmessungen an Beton. Archiv techn. Messen (1962) V 8246-6,7.

[D 6.13-13] *Fossum, A. F., J. E. Russel* u. *F. D. Hansen:* Analysis of a vibrating-wire stress gage in soft rock. Experimental Mechanics 17 (1977) No. 7, S. 261/64.

[D 6.13-14] *Hawkes, I.,* u. *W. V. Bailey:* Design, develop, fabricate, test and demonstrate permissible low cost cylindrical stress gages and associated components capable of measuring change of stress as a function of time in underground coal mines. USBM Contract Report No. H 0220050, November 1973.

[D 6.13-15] *Marshall, J. K.,* u. *P. Hunter:* Effect of temperature on vibrating wire strain gauges. Strain 16 (1980), S. 37/40.

[D 6.13-16] *Allwood, H. J. S.,* u. *J. W. Drinkwater:* The stability of acoustic extensometers designed to measure the thrust in a ship's propeller shaft. Journal of Physics E: Scientific Instruments 4 (1971), S. 797/803.

[D 6.13-17] *Beales, C.,* u. *D. W. Cullington:* Protection of vibrating wire surface strain gauges. Strain 11 (1975) No. 1, S. 7/9.

[D 6.13-18] *Kuhn, R.:* Dehnungsmessung mit Saitendehnungsgebern im Betonbau. Handbuch der Spannungs- und Dehnungsmessung. Hrsg. *K. Fink* u. *Chr. Rohrbach.* Düsseldorf: VDI-Verl. 1958, S. 309/17.

[D 6.13-19] *Babut, R.,* u. *A. M. Brandt:* Measurement of internal strains by nine-gauge devices. Strain 13 (1977), S. 18/21.

[D 6.13-20] Maihak: Firmenunterlagen.

[D 6.13-21] *Modrovich, J.:* Automation der Fernsteuerung von Saitenaufnehmern. Preprints of the 5. Int. Conf. on Exp. Stress Analysis, Udine (1974), S. 1.29/37.

D 7 Sonstige Verfahren

D 7.1 Spannungsmessung mit Folien

[D 7.1-1] *Wieghardt, K.:* Über den Balken auf nachgiebiger Unterlage. ZAMM. 2 (1922) Nr. 3, S. 165/84.

[D 7.1-2] *Schäfer, R.:* Verfahren zur Bestimmung der Pressungsverteilung zwischen verspannten Flächen. MTZ 31 (1970) Nr. 9, S. 391/94.

[D 7.1-3] *Schöpf, H.-J., J. Stecher* u. *E. Karg:* Ermittlung von Pressungsverteilungen an Kontakt- und Dichtflächen. Messen & Prüfen 16 (1980) Nr. 6, S. 388 ff.

[D 7.1-4] *Arcan, M.,* u. *M. A. Brull:* An experimental approach to the contact problem between flexible and rigid bodies. Mechanics Research Communications 7 (1980) Nr. 3, S. 151/57.

[D 7.1-5] *Arcan, M., u. E. Zandman:* An experimental approach to the contact problem between high hardness surface bodies. Single and multi contact. Mechanics Research Communications 9 (1982) Nr. 1, S. 1/8.

[D 7.1-6] *Stumbaum, F., u. W. Diebschlag:* Meßsystem zur Erfassung der Druckverteilung zwischen Mensch und Sitzmöbel. Biomedizin. Technik 25 (1980) Nr. 9, S. 223/27.

[D 7.1-7] *Peeken, H., u. A. Köhler:* Moderne Meßtechnik mittels aufgedampfter Geber in Gleit- und Wälzlagern. Konstruktion 32 (1980) Nr. 6, S. 241/46.

D 7.2 Spannungsmessung mit Ultraschall

[D 7.2-1] *Krautkrämer, J., u. H. Krautkrämer:* Werkstoffprüfung mit Ultraschall. 4. Aufl. Berlin, Heidelberg, New York: Springer-Verl. 1980.

[D 7.2-2] *Murnaghan, F. D.:* Finite deformation of an elastic solid. New York: Wiley 1951.

[D 7.2-3] *Hughes, D. S., u. J. L. Kelly:* Second-order elastic deformation of solids. Physical Review 92 (1953) Nr. 5, S. 1145/49.

[D 7.2-4] *Schneider, E.:* Grundlagenarbeit zum Nachweis von Eigenspannungen mit Ultraschall. Diplomarbeit, Universität des Saarlandes 1979.

[D 7.2-5] *Goebbels, K., u. S. Hirsekorn:* A new ultrasonic method for stress determination in textured materials. NDT International 17 (1984), S. 337/341.

[D 7.2-6] *Salzburger, H. J.:* Defect characterization by multimode testing of steel strips and plates with EMA excited lamb waves. Ultrasonics International 1979 Conference Proceedings, S. 404/14.

[D 7.2-7] *Salzburger, H. J., u. W. Mohr:* Elektromagnetische Ultraschallwandler für freie Wellen zur zfP ferromagnetischer und nicht ferromagnetischer Werkstoffe. In: Vorträge des Intern. Symp. Neue Verfahren der zf Werkstoffprüfung. Saarbrücken 1979, S. 442/58.

[D 7.2-8] *Husson, D., S. D. Bennett u. G. S. Kino:* Measurement of surface stresses using rayleigh waves. Ultrasonic Symposium Proceedings (IEEE), San Diego 1982.

D 7.3 Spannungsmessung mit magnetischen Effekten

[D 7.3-1] *Kersten, M.:* Das Sonderverhalten des Elastizitätsmoduls ferromagnetischer Werkstoffe. Z. Metallkde. 27 (1935), S. 100.

[D 7.3-2] *Becker, R., u. W. Döring:* Ferromagnetismus. Berlin: Springer-Verl. 1939.

[D 7.3-3] *Köster, W.:* Zur Analyse der in der Theorie des Ferromagnetismus vorkommenden Größe σ_i. Z. Phys. 124 (1948), S. 545.

[D 7.3-4] *Förster, F.:* Meßgerät zur schnellen Bestimmung magnetischer Größen. Z. Metallkde. 32 (1940), S. 184.

[D 7.3-5] *Förster, F., u. K. Stambke:* Magnetische Untersuchungen innerer Spannungen. I. Eigenspannungen beim Recken von Nickeldraht. Z. Metallkde. 33 (1941) Nr. 3, S. 97/114.

[D 7.3-6] *Förster, F., u. K. Stambke:* Magnetische Untersuchungen innerer Spannungen. II. Eigenspannungen bei düsengezogenem Nickeldraht. Z. Metallkde. 33 (1041), S. 104.

[D 7.3-7] *Leep, R. W., u. R. L. Pasley:* Method and system for investigating the stress condition of magnetic materials. United States Patent No. 3.427.872 (18. Feb. 1969).

[D 7.3-8] *Barton, J. R., u. F. N. Kusenberger:* Residual stresses in gas turbine engine components from Barkhausen noise analysis. Journal of Engineering for Power (1974), S. 349/57.

[D 7.3-9] *Tiitto, S.:* Über die zerstörungsfreie Ermittlung der Eigenspannungen in ferromagnetischen Stählen. Eigenspannungen. Berichte eines Symposiums in Bad Nauheim 1979. Oberursel: Deutsche Gesellschaft für Metallkunde (1980), S. 261/70.

[D 7.3-10] *Pawlowski, Z., u. R. Rulka:* Measurement of internal stress using Barkhausen effect. VII. ICNdT, Warschau 1973, Vortrag J-13.

[D 7.3-11] *Matzkanin, G. A., R. E. Beissner u. C. M. Teller:* The Barkhausen effect and its applications to nondestructive evaluation. Southwest Research Institute, San Antonio, Texas, NTIAC-79-2 (Oct. 1979).

[D 7.3-12] *Kusanagi, H., H. Kimura* u. *H. Sasaki:* Stress effect on the magnitude of acoustic emission during magnetization of ferromagnetic materials. J. Appl. Phys. 50 (1979), S. 2985/87.

[D 7.3-13] *Shibata, M.,* u. *K. Ono:* Magnetomechanical acoustic emission – a new method for nondestructive stress measurement. NDT International 14 (1981), S. 227/34.

[D 7.3-14] *Theiner, W., J. Grossmann* u. *W. Repplinger:* Zerstörungsfreier Nachweis von Spannungen insbesondere Eigenspannungen mit magnetostriktiv angeregten Ultraschallwellen, Messung der Magnetostriktion mit DMS bzw. mittels des Barkhausenrauschens. Internationales Symposium „Neue Verfahren der zerstörungsfreien Werkstoffprüfung und deren Anwendungen insbesondere in der Kerntechnik", Saarbrücken, 17.–19. Sept. 1979. Berlin: Deutsche Gesellschaft für Zerstörungsfreie Prüfung (1980), S. 245/54.

[D 7.3-15] *Altpeter, I., W. Theiner, R. Becker, W. Repplinger* u. *K. Herz:* Eigenspannungsmessung an Stahl der Güte 22 NiMoCr 3 7 mit magnetischen und magnetoelastischen Prüfverfahren. 4. Inter-nationale Konferenz über zerstörungsfreie Prüfung in der Kerntechnik, Lindau, 25.–27. Mai 1981. Berlin: DGZfP (1981), S. 321/28.

[D 7.3-16] *Theiner, W.,* u. *I. Altpeter:* Eigenspannungsmessungen mit ferromagnetischen und magnetoelastischen Verfahren und deren Abhängigkeit vom Werkstoffzustand. 2. Europäische Tagung für zerstörungsfreie Prüfung, Wien, 14.–16. Sept. 1981, Vortrag C-6, S. 94/96.

[D 7.3-17] *Cullity, B. D.:* Introduction to Magnetic Materials. Addison-Wesley 1972.

[D 7.3-18] *Kneller, E.:* Ferromagnetismus. Berlin: Springer-Verl. 1962.

[D 7.3-19] *Seeger, A.:* Probleme der Metallphysik. Berlin: Springer-Verl. 1966.

[D 7.3-20] *Kronmüller, H.:* Statistical theory of Rayleigh law. Z. angew. Phys. 30 (1970), S. 9/13.

[D 7.3-21] *Salzburger, H. J.,* u. *W. Repplinger:* Ein Prüfsystem zur Ultraschallprüfung von Oberflächen mit elektromagnetisch angeregten Oberflächenwellen. Zweite Europäische Tagung für zerstörungsfreie Prüfung, Wien, 14.–16. Sept. 1981, Paper A-9, S. 39/41.

[D 7.3-22] *Alers, G. A.,* u. *R. B. Thompson:* Nondestructive detection of stress. United States Patent No. 4.048.847 (20. Sept. 1977).

[D 7.3-23] *Altpeter, I., W. A. Theiner* u. *B. Reimringer:* Härte- und Eigenspannungsmessungen mit magnetischen zerstörungsfreien Prüfverfahren. Tagungsband DGM: Eigenspannungen, Karlsruhe, 14.–16. 4. 1983.

[D 7.3-24] *Förster, F.,* u. *K. Stambke:* Theoretische und experimentelle Grundlagen der zf Werkstoffprüfung mit Wirbelstromverfahren. Z. Metallkde. 45 (1954), S. 166/79.

[D 7.3-25] *Theiner, W., Q. Ayere, H. J. Salzburger, K. Herz, D. Kuppler* u. *P. Deimel:* Neue Verfahrensansätze für die magnetische und magnetoelastische Gefügeprüfung. 4. Internationale Konferenz über zerstörungsfreie Prüfung in der Kerntechnik, Lindau, 25.–27. Mai 1981. Berlin: DGZfP (1981), S. 329/36.

[D 7.3-26] *Deimel, P., D. Kuppler, K. Herz* u. *W. A. Theiner:* Bloch wall arrangement and Barkhausen noise in steels 22 NiMoCr 3 7 and 15 MnMoNiV 5 3. Journal of Magnetism and Magnetic Materials 36 (1983), S. 277/89.

[D 7.3-27] *Scholtes, B.,* u. *E. Macherauch:* Röntgenographische Messungen 1981 (nicht publiziert).

[D 7.3-28] *Brinksmeier, E., E. Schneider, W. A. Theiner,* u. *H. K. Tönshoff:* Nondestructive testing for evaluating surface integrity. Annals of the CIRP, Vol. 33/2/1984, Key-Note-Paper, S. 489–509.

[D 7.3-29] *Conrad, R., R. Jonck,* u. *W. A. Theiner:* Zerstörungsfreie Ermittlung von wärmebeeinflußten Randschichten und deren Dicke. HTM 41 (1986) 4, S. 213–218.

[D 7.3-30] *Kern, R.,* u. *W. Theiner:* Auf der Spur des Laser – Zerstörungsfreie Qualitätsprüfung gehärteter Schichten, Maschinenmarkt Würzburg 93 (1987) 39, S. 76–82.

[D 7.3-31] *Theiner, W. A., I. Altpeter,* u. *R. Kern:* Determination of sub-surface microstructure states by micromagnetic ndt, in Nondestructive characterization of materials II, (1986, Montreal), ed. by Jean F. Bussière et al. Plenum Press, New York (1987), S. 233–240

[D 7.3-32] *Gartner, G., E. Stücker,* u. *D. Thiele:* „EMAGTRONIC", ein mobiler Meßplatz zur Lokalisierung spannungsrißkorrosionsgefährdeter Niederdruckturbinenschaufeln. Experimentelle Mechanik in Forschung und Praxis, 11. Gesa-Symposium 1988. VDI Berichte 679 (1988), S. 47–58.

D 7.4 Thermoelastische Spannungsmessung

[D 7.4-1] *Weber, W.:* Über die specifische Wärme fester Körper insbesondere der Metalle. Ann. d. Physik u. Chemie 96 (Neue Folge 20) (1830), S. 177/213.

[D 7.4-2] *Thomson, W.* (Lord Kelvin): On the thermoelastic, thermomagnetic and pyroelectric properties of matter. Phil. Mag. 5 (1878), S. 4/27.

[D 7.4-3] *Compton, K. T.*, u. *D. B. Webster:* Temperature changes accompanying the adiabatic compression of steel. Phys. Rev. 2nd Ser. 5 (1915), S. 159/66.

[D 7.4-4] *Rocca, R.*, u. *M. B. Beyer:* The thermoelastic effect in iron and nickel (as a function of temperature). Trans. A.I.M.E. 188 (1950), S. 327/33.

[D 7.4-5] *Belgen, M. H.:* Structural stress measurements with an infrared radiometer. I.S.A. Trans. 6 (1967), S. 49/53.

[D 7.4-6] *Belgen, M. H.:* Infrared radiometric stress instrumentation application range study. N.A.S.A. Report CR-1067.

[D 7.4-7] *Mountain, D. S.*, u. *J. M. B. Webber:* Stress pattern analysis by thermal emission (SPATE). Proc. Soc. Photo-Opt. Instr. Engrs. 164 (1978), S. 189/96.

[D 7.4-8] *Oliver, D. E., D. Razdan* u. *M. T. White:* Structural design assessment using thermoelastic stress analysis (TSA). In: State of the art in measurement techniques. Proc. Jt. Conf. Brit. Soc. Strain Meas./Roy. Aero. Soc. 1982. Brit. Soc. Strain Meas., Newcastle/Tyne NE6 5QB.

[D 7.4-9] *Cox, L. J., P. E. Holbourn, D. E. Oliver* u. *J. M. B. Webber:* Stress analysis of complex structures using the thermoelastic effect. VDI-Berichte 439 (1982), S. 165/66 (Proc. G.E.S.A. Konf. Stuttgart, 1982).

E Hilfsverfahren und Hilfsmittel

E 1 Messen an sich bewegenden Meßobjekten

● [E 1.2-1] *Rohrbach, Chr.:* Möglichkeiten des Messens an bewegten Teilen. VDI-Berichte Nr. 144 (1970), S. 5/11.

[E 1.2-2] VDI/VDE 2600, Blatt 3: Metrologie (Meßtechnik), Gerätetechnische Begriffe. Ausg. 1973.

[E 1.2-3] DIN 1319, Blatt 2: Grundbegriffe der Meßtechnik. Ausg. 1968.

● [E 1.2-4] *Rohrbach, Chr.:* Handbuch für elektrisches Messen mechanischer Größen. Düsseldorf: VDI-Verl. 1967.

[E 1.3-1] *Bauer, H. F.:* DMS-Applikation an hochtourig rotierenden Bauteilen. VDI-Berichte Nr. 271 (1976), S. 5/10.

● [E 1.3-2] *Mayer, N.*, u. *Chr. Rohrbach:* Handbuch für fluidische Meßtechnik. Düsseldorf: VDI-Verl. 1977.

● [E 1.3-3] *Wolf, H:* Spannungsoptik. Bd. 1. Berlin, Heidelberg, New York: Springer-Verl. 1976, S. 238.

[E 1.3-4] *Emschermann, H. H., B. Fuhrmann* u. *D. Huhnke:* Messen der Brammentemperatur im Stoßofen mit dem Meßwertspeicherverfahren. Stahl und Eisen 96 (1976), S. 1290/93.

[E 1.3-5] *Grimes, G. J., J. Monaco* u. *D. R. Stevens:* Fiber optic slip rings for rotating test fixture data acquisition. Proc. of the 23rd International Instrumentation Symposium, Las Vegas, Nev., Coden ISAIBZ, 20 1-(1977), S. 11/19.

[E 1.3-6] *Uhle, M.:* Optoelektronische Signalübertragung zwischen relativ zueinander rotierenden Teilen. Diss. Abt. f. Elektrotechnik, Bochum 1974.

[E 1.3-7] Philips: System zur berührungslosen Meßwertübertragung. Katalog Industrie-Automation 83/84, S. 8/88–96.

[E 1.3-8] Hottinger-Baldwin-Meßtechnik: Bausteine für die berührungslose Meßwertübertragung. Datenblatt BLM.

[E 1.3-9] *Adler, A.:* Telemetry for turbomachinery. Mechanical Engineering 101 (1979) Nr. 3, S. 30/35.

[E 1.3-10] *Böttcher, S.,* u. *A. Seeliger:* Betriebsmessungen an Hüttenkranhubwerken. Antriebstechnik 11 (1972) Nr. 11, S. 397/401.

[E 1.3-11] *Ferrel, W. F.* et al.: A multichannel ultrasonic biotelemetry system for monitoring marine animal behaviour at sea. ISA-Transactions 13 (1974), S. 120/31.

[E 1.3-12] *Kemp, R. E.:* Close coupled telemetry for obtaining large quantities of strain and temperature measurements from rotating components of gas turbine engine. ISA 1980, ISBN 87664-473-6, S. 505/13.

[E 1.3-13] *Rohrbach, Chr.,* u. *J. Knapp:* Novel magnetic-mechanical time-multiplexer for multichannel measurement on rotating parts. IMEKO VII (1976) Bd. 3, S. 324/1-7.

[E 1.3-14] Fa. Acurex, Kalifornien: Prospektunterlagen.

[E 1.3-15] *McCann, R. F.:* Measuring dynamic stresses on helicopter transmission gear teeth utilizing telemetry. ISA 1980, ISBN 87664-473-6, S. 573/82.

[E 1.3-16] *Bigret, R.,* u. *W. Serravalli:* Radio link-telemetry for vibration measurements in a 235 MW steam turbine. L'Energia Elettrica (1977) H. 2, S. 109/13.

[E 1.3-17] *Diefentäler:* Miniatur Datentelemetrie für Ein- und Mehrkanalbetrieb. Versuchs- und Forschungs-Ingenieur (1976) H. 3, S. 21/23.

[E 1.3-18] Fa. Johne u. Reilhofer: Prospektunterlagen System mini-din.

[E 1.3-19] Fa. rfe Raumfahrtelektronik: Prospektunterlagen System rfe 200.

E 2 Vielstellenmeßtechnik

[E 2.4-1] *Knapp, J.:* Vorschläge zur Vereinfachung und Verbesserung der Schaltungstechnik bei rechnergesteuerten Vielstellen-Dehnungsmeßgeräten. Technisches Messen 48 (1981) Nr. 7/8, S. 265/71.

[E 2.4-2] *Versnel, W. J.:* Compensation of Laedwire Effects with Resistive Straingauges in Multi-Channel Straingauge Instrumentation. 6. Intern. Conference on Experimental Stress Analysis, Amsterdam, May 1986, S. 455–464.

[E 2.4-3] Hottinger Baldwin Meßtechnik, Darmstadt: Prospektunterlagen zum Vielstellenmeßgerät UPM 60.

[E 2.4-4] *Kreuzer, M.:* Vergleichende Betrachtung verschiedener Schaltungsarten für das Messen mit Dehnungsmeßstreifen. Meßtechnische Briefe 19 (1983) H. 3, S. 63/68.

[E 2.4-5] *Hoffmann, M. E.:* Vielstellenmeßtechnik – Computer-gesteuerte Meßanlagen. VFI (1978) Nr. 2, S. 28/37.

[E 2.4-6] *Trübeler, E.:* Dehnungsmessungen nach dem Doppelstrom-Meßverfahren. VFI (1980) Nr. 1, S. 20/21.

[E 2.4-7] *Kreuzer, M.:* Linearitäts- und Empfindlichkeitsfehler beim Messen mit Einzeldehnungsmeßstreifen bei spannungsgespeisten und stromgespeisten Schaltungen. Meßtechnische Briefe 19 (1983) H. 2, S. 37/42.

[E 2.4-8] *Bolk, W. T.:* Die Gegenstromschaltung – ein Vorschlag für DMS-Messungen. Messen + Prüfen/Automatik (1982) Nr. 5, S. 296/308.

[E 2.4-9] *Kreuzer, M.:* Messungen mit Dehnungsmeßstreifen ohne schaltungstechnischen Nullabgleich. VDI-Berichte Nr. 509 (1984), S. 159/62.

[E 2.5-1] *Glockmann, H. P.:* Aufzeichnung und Übertragung von analogen Meßdaten in PCM-Technik. Technisches Messen (1976) H. 9, S. 271/76.

E 3 Anpasser

[E 3.2-1] *Rohrbach, Chr.:* Handbuch für elektrisches Messen mechanischer Größen. Düsseldorf: VDI-Verl. 1967.

[E 3.2-2] *Best, S. W.:* Optische Nachrichtentechnik Teil 1 bis Teil 23. nachrichten elektronik (1980) Nr. 6 bis (1982) Nr. 10.

[E 3.2-3] *Stanski, B.:* Optische Nachrichtenübertragung mit Glasfasern. elektropraxis (1980) Nr. 11, S. 23/31.

[E 3.2-4] *Ludolf, W. S.:* Grundlagen der optischen Übertragungstechnik; Teil 1 bis Teil 5. Technisches Messen (1982) H. 6 bis 12.

[E 3.2-5] *Mayer, N.,* u. *Chr. Rohrbach:* Handbuch für fluidische Meßtechnik. Düsseldorf: VDI-Verl. 1977.

[E 3.3-1] *Kreuzer, M.:* Anwendung des Verstärker- und Kompensationsprinzips; Teil 1 u. 2. MTB 15 (1979) H. 3 u. 16 (1980) H. 1.

[E 3.3-2] *Kreuzer, M.:* Vergleichende Betrachtung verschiedener Schaltungsarten für das Messen mit Dehnungsmeßstreifen; MTB 19 (1983), Heft 3.

[E 3.3-3] *Schlenk, K. W.:* Präzise Erfassung quasistatischer Meßwerte nach dem Doppelstrom-Meßverfahren. messen und prüfen (1980) Nr. 9, S. 590/95.

[E 3.3-4] *Kreuzer, M.:* Linearitäts- und Empfindlichkeitsfehler beim Messen mit Einzeldehnungsmeßstreifen bei spannungsgespeisten und stromgespeisten Schaltungen. MTB 21 (1983) H. 2.

[E 3.3-5] *Kreuzer, M.:* Praktische Bedeutung der effektiven Dehnung für die Schaltungstechnik von Dehnungsmeßgeräten. VDI-Berichte Nr. 514 (1984).

[E 3.3-6] *Tichy, J.,* u. *G. Gautschi:* Piezoelektrische Meßtechnik. Berlin, Heidelberg, New York: Springer-Verl. 1980.

[E 3.4-1] *Heringhaus, E.:* Trägerfrequenz- und Gleichspannungsmeßverstärker für das Messen mechanischer Größen – ein Systemvergleich aus anwendungstechnischer Sicht. MTB (1982) H. 2 u. H. 3.

[E 3.4-2] *Kreuzer, M.:* Präzisionsmessungen in der DMS-Technik. VDI-Berichte Nr. 399 (1981).

[E 3.4-3] *Nelson, C. T.:* National Semiconductor: Super Matched Bipolar Transistor Pair Sets New Standards for Drift and Noise. Application Note 222, July 1979.

[E 3.4-4] *Törnig, W.:* Numerische Mathematik für Ingenieure und Physiker. Bd. 2. Berlin, Heidelberg, New York: Springer-Verl. 1979.

[E 3.5-1] *Horn, K.:* Patentschrift 2260441, Analog Digital Umsetzer.

[E 3.5-2] *Schröder, H.:* Mikroprozessorgestütztes automatisches Wägen, TM, Heft 4 (1986).

[E 3.5-3] *Kreuzer, M.:* Meßverstärker mit schneller, hochauflösender Digitalisierung; Teil 1 und 2, Elektronik Heft 14 und Heft 15 (1987).

[E 3.6-1] *Kreuzer, M.:* Ein programmierbares Präzisions-Meßgerät der Genauigkeitsklasse 0,0005 und seine Anwendungen. MTB 16 (1980) H. 2.

[E 3.6-2] *Kreuzer, M.:* Gate-Array-Technik ermöglicht neuartige Verstärkerelektroniken; Tagungsband zur GME-Fachtagung. VDI-Kongreß '88.

E 4 Ausgeber

[E 4.1-1] *Andreae, G.:* Anzeigegeräte. *Emschermann, H. H.:* Registriergeräte. In: Handbuch für fluidische Meßtechnik. Düsseldorf: VDI-Verl. 1977, S. 431/55.

[E 4.2-1] *Andreae, G.:* Analoge Anzeigegeräte. In: *Chr. Rohrbach:* Handbuch für elektrisches Messen mechanischer Größen. Düsseldorf: VDI-Verl. 1967, S. 357/67.

[E 4.2-2] Firmenmitteilung Hartmann & Braun (Meßwerte 16).

[E 4.2-3] *Santoni, A.:* Electronic bar-graph displays. Electronics 49 (1976) No. 15, S. 114/18.

[E 4.2-4] *Zühlke, D.:* Die Plasma-Leuchtbalkenanzeige. Elektronik 29 (1980) Nr. 18, S. 63/67.

[E 4.2-5] *Lipinski, K.:* Moderne Oszillographen Berlin: VDE-Verl. 1974.

[E 4.2-6] *Gottlob, M.-P.:* Physik des Speicheroszilloskops. Elektronik 29 (1980) Nr. 4, S. 81/84.

[E 4.2-7] *Schumann, R.:* Digitale Speicheroszilloskope im traditionellen Oszilloskopeinsatz. Markt und Technik (1981) Nr. 23, S. 79/81.

[E 4.2-8] *Tegen, A.:* Schnelle Signal-Analyse. EZ 5 II (1982), S. 28/30.

[E 4.2-9] Lexikon der modernen Elektronik. München 1980, S. 16.

[E 4.2-10] *Ludolf, W. S.:* Grundlagen der optischen Übertragungstechnik. Eine Einführung für den Anwender. Teil 2: Optische Sende- und Empfangselemente. tm 49 (1982) Nr. 7/8, S. 285/90.

[E 4.2-11] *Schottländer, R.:* Die Substanz hat zwei Schmelzpunkte. Markt u. Technik (1980) Nr. 33, S. 23/24.

[E 4.2-12] *Bergt, H.-E.,* u. *K. H. Walter:* Optoelektronische Anzeigeeinheiten. Elektronik (1976) H. 4, S. 36/42.

[E 4.2-13] *Neuhäuser, B.:* Wirkungsweise, Vor- und Nachteile von Speicher-, Vektorrefresh- und Raster-Scan-Bildschirmen.

[E 4.2-14] *Veith, W.:* Flacher Bildschirm. NTZ 30 (1977) Nr. 3, S. 219/22.

[E 4.2-15] Firmenmitteilung Siemens.

[E 4.3-1] *Emschermann, H. H.:* Registriergeräte. In: Lehrgangshandbuch Messung mechanischer Schwingungen. VDI-Bildungswerk.

[E 4.3-2] *Emschermann, H. H.:* Analoge Registriergeräte. In: *Chr. Rohrbach:* Handbuch für elektrisches Messen mechanischer Größen. Düsseldorf: VDI-Verl. 1967, S. 371/96.

[E 4.3-3] Sechs-Kanal-Schreiber schreibt ohne Zeitversatz; VF (1980) Nr. 3, S. 26/28.

[E 4.3-4] Plotter der unteren Preisklasse. Markt u. Technik (1982) Nr. 14, S. 34/38.

[E 4.3-5] *Seiwerth, H.:* Intelligente Plotter erschließen neue Anwendungskreise für die grafische Datenverarbeitung. Messen u. Prüfen/Automatik 11 (1975) Nr. 10, S. 450/56.

[E 4.3-6] *Emschermann, H. H.:* Die Darstellung von Meßwerten in Zahlenform. ATM J071-5 (1956), S. 161/64.

[E 4.3-7] Firmenunterlagen Fa. Varian, Fa. Gould Instruments, Fa. Bell & Howell.

[E 4.3-8] *Graf, M.:* Transientenschreiber – Aufbau und Anwendung. Messen – Zählen – Registrieren Nov. 1973, H. 2, S. 13/16.

[E 4.3-9] *Schneider, R.:* Der Transienten-Recorder, Digitale Speicherung analoger Signale. tm 47 (1980) H. 11, S. 401/03.

[E 4.3-10] *Schweinzer, H.:* Transientenerkennung bei quasiperiodischen Signalverläufen. tm 49 (1982) H. 6, S. 215/20.

[E 4.3-11] Firmenmitteilung Fa. Gould.

[E 4.3-12] *Hofer, R.:* Im Blickpunkt: Drucker. Elektronik 29 (1980) H. 17, S. 45/55.

[E 4.3-13] Verschiedene Aufsätze über Laserdrucker in Hewlett-Packard-Journal Vol. 33 (1982) Nr. 6.

[E 4.3-14] *Bothe, H.:* Magnetband-Registriergeräte. In: *Chr. Rohrbach:* Handbuch für elektrisches Messen mechanischer Größen. Düsseldorf: VDI-Verl. 1967, S. 405/25.

[E 4.3-15] *Voigt, D.:* Ein paralleles PCM-Aufzeichnungsverfahren für Instrumentierung – Bandgeräte. Markt u. Technik 9. Juli 1982, Nr. 27, S. 57/59.

[E 4.3-16] Trends bei Floppy-Disk- und Platten-Laufwerken. Markt u. Technik (1982) Nr. 1, S. 45/48.

[E 4.3-17] Trend bei Festplatten-Laufwerken mit nur halber Einbauhöhe. Markt u. Technik (1982) Nr. 1, S. 26/28.

E 5 Digitale Bildverarbeitung

[E 5.1-1] *Rosenfeld, A.,* u. *A. C. Kak:* Digital picture processing. Academic Press 1976.

[E 5.1-2] *Kazimierczak, H.:* Erfassung und maschinelle Verarbeitung von Bilddaten. Wien, New York: Springer-Verl. 1980.

[E 5.4-1] Hamamatsu TV Co., Ltd.: Vidicon Camera C 1000, Instruction Manual.

[E 5.5-1] *Häusler, H.:* Auswertung von Moiré-Bildern mit einer digitalen Bildverarbeitungs-Anlage. VDI-Berichte Nr. 439 (1982), S. 215/22.

[E 5.5-2] *Stoehrel, H.-P.:* Moiré-Topographie mit digitaler Bildverarbeitung. VDI-Berichte Nr. 439 (1982), S. 141/46.

[E 5.5-3] *Kreifelts, Th.:* Skelettierung und Linienverfolgung in rasterdigitalisierten Linienstrukturen. GI/NTG Fachtagung „Digitale Bildverarbeitung". Informatik-Fachberichte 8. Berlin: Springer-Verl. 1977.

[E 5.5-4] *Rieger, B.:* Skelettierungsverfahren für die automatische Schreiberkennung. GI/NTG Fachtagung „Angewandte Scenenanalyse". Informatik-Fachberichte 20. Berlin: Springer-Verl. 1979.

[E 5.5-5] *Bruhn, H.,* u. *A. Felske:* Schnelle und automatische Bildanalyse von Specklegrammen mit Hilfe der Fouriertransformation (FFT) für Spannungsmessungen. VDI-Berichte Nr. 399 (1981), S. 13/17.

[E 5.5-6] *Saackel, L. R.:* Digitale Bildverarbeitung mit softwareorientierten Systemen. VDI-Berichte 399 (1981), S. 1/44.

[E 5.5-7] *Gerlach, H.-D.:* Elektronische Hilfsmittel zur Automatisierung spannungsoptischer Messungen. Diss. Univ. Karlsruhe 1968.

[E 5.5-8] *Müller, R. K., M. Graupp* u. *W. Grötzinger:* Digitale Bildverarbeitung als Hilfsmittel in der Spannungsoptik. VDI-Berichte Nr. 399 (1981), S. 9/11.

[E 5.5-9] *Schärf, R.* u. *U. Thönnessen:* Untersuchungen zur rechnergestützten Verarbeitung holographischer Interferenzmuster. Forschungsinst. f. Informationsverarbeitung und Mustererkennung (FIM), Karlsruhe, Bericht 69 (1979).

E 6 Versuchstechnik und Meßwertverarbeitung

[E 6.4-1] *Rohrbach, Chr.:* Handbuch für elektrisches Messen mechanischer Größen. Düsseldorf: VDI-Verl. 1967.

[E 6.4-2] Handbuch der industriellen Meßtechnik. Hrsg. *P. Profos.* Essen: Vulkan-Verl. 1974.

[E 6.4-3] *Hofmann, D.:* Handbuch der Meßtechnik und Qualitätssicherung. Berlin: VEB Verlag Technik 1979.

E 7 Kalibrieren von Spannungs- und Dehnungsmeßeinrichtungen

[E 7.1-1] VDI/VDE-Richtlinie 2600, Bl. 1 bis 6 (1973): Metrologie (Meßtechnik).

[E 7.1-2] *Wagner, F. E.:* Selbstkalibrierende Systeme; Teil 1. Messen und Prüfen/Automatik (1981) Nr. 10, S. 666/72.

[E 7.2-1] *Gaffney, E. S., P. L. Riersgard* u. *N. G. McCaffrey:* Stress level indicator for real-time, in-situ stress gage calibration, Final report. Contract No. DNA 001-78-C-0177. Pacifica Technology, Del Mar, California, August 1979.

[E 7.2-2] *Czaika, N.:* Geberdynamik. In: *Chr. Rohrbach:* Handbuch für elektrisches Messen mechanischer Größen. Düsseldorf: VDI-Verl. 1967, S. 110.

[E 7.2-3] *Aitken, G. W., D. G. Albert* u. *P. W. Richmond:* Dynamic testing of free field stress gages in frozen soil. Special Report 80-30, United States Army, Corps of Engineers, Cold Regions Research and Engineering Laboratory, Hanover, New Hampshire, July 1980.

[E 7.3-1] *Rohrbach, Chr.:* Handbuch für elektrisches Messen mechanischer Größen. Düsseldorf: VDI-Verl. 1976, S. 455/57.

[E 7.3-2] *Freise, H.:* Eichung von Dehnungsgebern. In: Handbuch der Spannungs- und Dehnungsmessung. Hrsg. *K. Fink* u. *Chr. Rohrbach.* Düsseldorf: VDI-Verl. 1958, S. 305/17.

[E 7.3-3] *Hillmann, W.,* u. *H. Voigtländer:* Ein neues Wegaufnehmerprüfgerät. Z. ind. Fertig. 66 (1976), S. 77/79.

[E 7.3-4] *Pfender, M., H. H. Emschermann* u. *W. Feucht:* Entwicklung, Erprobung und Begutachtung mechanischer Dehnungsmeß-Geräte und -Verfahren. ERP-Forschungsvorhaben Berlin Az 355 a + N (1961).

[E 7.3-5] *Butler, T. R.:* Calibration of displacement transducers. U.S. Atomic Energy Commission, Techn. Inf. Center, Y-DN-17 (1972).

[E 7.3-6] Fa. Spindler u. Hoyer GmbH. u. Co., Göttingen: Prospekte.

[E 7.3-7] *Knapp, J.,* u. *E. Altmann:* Prüfeinrichtung für elektrische Wegaufnehmer. Materialprüf. 18 (1976) Nr. 6, S. 203/07.

[E 7.3-8] *Post, G. E. W.,* u. *A. R. B. McNeill:* High sensitivity extensometer calibrator. Australian Defence Scientific Service, Defence Standards Laboratories, Maribyrnoug Victoria, Report 570, 1973.

[E 7.3-9] *Smookler, S.,* u. *J. V. Kline:* Interferometric calibration of a strainmeter transducer. Bulletin of the Seismological Soc. of America Vol. 61 (1971) No. 4, S. 937/55.

[E 7.3-10] *Czaika, N., N. Mayer, C. Amberg, G. Magiera, G. Andreae* u. *W. Markowski:* Zur Meßtechnik für die Sicherheitsbeurteilung und -überwachung von Spannbeton-Reaktordruckbehältern. Forschungsbericht 50, Bundesanst. f. Mat. Prüfg. 1978, S. 19.

[E 7.3-11] Hersteller: Carl Schenck AG, Darmstadt.

[E 7.3-12] *Huggenberger, A. U.,* u. *S. Schwaigerer:* Meßverfahren und Meßeinrichtungen für Verformungsmessungen. In: Handbuch der Werkstoffprüfung. Bd. I. Prüf- und Meßeinrichtungen. Hrsg. *E. Siebel* u. *N. Ludwig.* 2. Aufl. Berlin, Göttingen, Heidelberg: Springer-Verl. 1958, S. 511.

[E 7.3-13] *Rohrbach, Chr.,* u. *N. Czaika:* Das Kriechen von Dehnungsmeßstreifen als rheologisches Problem. Materialprüf. 2 (1960) Nr. 3, S. 98/105.

[E 7.3-14] *Bergqvist, B.:* Precision determination of gauge factor values for resistance strain gauges. 1. Principles and Bending Rig, Techn. Note HU-1347, Flygtekniska Försöksanstalten (FFA), Stockholm 1972.

[E 7.3-15] Strain gages, bonded resistance. National Aerospace Standard (NAS) 942, Aerospace Industries Ass. of America, Ind., Washington 1963.

[E 7.3-16] *Nisbet, J. S., J. N. Braman* u. *H. J. Torpley:* High frequency strain gauge and accelerometer calibration. J. Acoust. Soc. Am. 32 (1960), S. 71/75.

[E 7.3-17] *Fink, K.:* Eine dynamische Eichung von Dehnungsmeßstreifen. Arch. Eisenhüttenws. 21 (1950), S. 137/42.

[E 7.3-18] VDI/VDE-Richtlinie 2635, Blatt 1: Dehnungsmeßstreifen mit metallischem Meßgitter. Kenngrößen und Prüfbedingungen, S. 22.

[E 7.3-19] ASTM-Standard E 251-67: Standard methods of test for performance characteristics of bonded resistance strain gages.

[E 7.3-20] National Aerospace Standard 942: Strain-gages, bonded resistance.

[E 7.3-21] *McClintock, R. M.:* Strain gauge calibration device for extreme temperatures. Rev. of Scient. Instr., Vol. 30 (1959), S. 715/18.

[E 7.3-22] Electronics Division, Baldwin-Lima-Hamilton Corporation, Waltham, Massachusetts: Transverse sensitivity of bonded strain gages.

[E 7.3-23] Nach Angaben der Firma Hottinger Baldwin Meßtechnik GmbH (1969).

[E 7.3-24] British Standards Institution, Draft for Development 6: 1972: Methods for calibration of bonded electric resistance strain gauges.

[E 7.3-25] *Watson, R. B.,* u. *D. Post:* Precision strain standard by moiré interferometry for strain-gage calibration. Exp. Mech. Vol. 22 (1982) Nr. 7, S. 256/61.

[E 7.3-26] *Andreae, G.:* Über das Verhalten von Dehnungsmeßstreifen bei großen Dehnungen. Materialprüf. 13 (1971) Nr. 4, S. 117/23.

[E 7.3-27] *Rohrbach, Chr.,* u. *E. Knublauch:* Dehnungsmessung mit Meßstreifen bei hohen Temperaturen. Materialprüf. 10 (1968) Nr. 4, S. 105/15.

[E 7.3-28] *Böhm, W.,* u. *N. Rosche:* Bestimmung von DSM-Eigenschaften bei höheren Temperaturen mit einer rechnergesteuerten Prüfeinrichtung. VDI-Berichte Nr. 366 (1980), S. 51/53.

[E 7.3-29] *Rohrbach, Chr.,* u. *N. Czaika:* Über das Dauerschwingverhalten von Dehnungsmeßstreifen. Materialprüf. 3 (1961) Nr. 4, S. 125/36.

[E 7.3-30] *Dally, J. W., A. J. Durelli* u. *V. J. Parks:* Further studies of stresscoat under dynamic loading. Proc. Soc. Exp. Stress Anal. 15 (1958) Nr. 2, S. 57/66.

[E 7.3-31] *Okubo, S., A. J. Durelli* u. *J. W. Dally:* A dynamic strain calibration device. Proc. Soc. Exp. Stress Anal. 15 (1958) Nr. 2, S. 67/72.

F Werkstoffe, Bauteile und Konstruktionen unter Spannungen und Verformungen

F 1 Verhalten von Werkstoffen, Bauteilen und Konstruktionen

[F 1.2-1] *Hofstötter, P.:* Identifizierung von Fließkurvenverläufen im Rahmen der Auswertung statischer Dehnungsmessungen. VDI-Berichte Nr. 399 (1981), S. 133/39.

[F 1.3-1] *Hofstötter, P.:* Einsatz der experimentellen Spannungsanalyse zur Begutachtung von Bauteilen; Sicherheitstechnische Bauteilbegutachtung. Köln: Verlag TÜV Rheinland 1975 (Sonderdruck).

[F 1.3-2] *Birkel, E.:* Die metallischen Werkstoffe des Maschinenbaues. Berlin, Göttingen, Heidelberg: Springer-Verl. 1953, S. 26.

[F 1.3-3] *Machatti, H.:* Beitrag zur Relaxation und zum Kriechen. Österr. Ingenieur-Zeitschrift (1977) H. 7, S. 213/20.

[F 1.3-4] *Hoepfner, M.:* Einführung in das Einheitliche Technische Vorschriftenwerk. Beton, Straßenw. (1982) Nr. 8, S. 17/22.

[F 1.3-5] *Rühl, K.:* Die Tragfähigkeit metallischer Baukörper. Berlin: Verl. W. Ernst & Sohn 1962, S. 110.

[F 1.3-6] *Becker, G. W., J. Meißner, H. Oberst* u. *H. Thorn:* Elastische und viskose Eigenschaften von Werkstoffen. Deutscher Verband für Materialprüfung (1963), S. 17 ff.

[F 1.4-1] *Schleicher, E.:* Taschenbuch für Bauingenieure. Berlin, Göttingen, Heidelberg: Springer-Verl. 1949, S. 1535.

[F 1.4-2] *Wellinger, K.,* u. *H. Dietmann:* Festigkeitsberechnung. Stuttgart: Alfred-Kröner Verlag 1961, S. 22.

[F 1.4-3] *Reckling, K. A.:* Plastizitätstheorie und ihre Anwendung auf Festigkeitsprobleme. Berlin, Heidelberg, New York: Springer-Verl. 1967, S. 12.

[F 1.5-1] *Hennicke, H. W.:* Grundelemente der Festigkeit und des Bruchverhaltens von keramischen Werkstoffen. In: Handbuch der Keramik. Freiburg: Verlag Schmidt 1982, Kap. III K 1.

[F 1.5-2] *Hennicke, H. W.,* u. *W. Plentz:* Untersuchungen zum Bruchverhalten feuerfester Werkstoffe mit grob-keramischem Gefüge durch Rißöffnungsmethoden. Keramische Zeitschrift (1982) H. 34, S. 208/10.

[F 1.5-3] *Hossdorf, H.:* Modellstatik. Wiesbaden, Berlin: Bauverlag 1971.

[F 1.5-4] *Stiglat, K.:* Zur Tragfähigkeit von Mauerwerk aus Sandstein. Die Bautechnik (1984) H. 2, S. 51/59.

[F 1.5-5] *Schubert, P.,* u. *H. Glitza:* E-Modul-Werte, Querdehnungszahlen und Bruchdehnungswerte von Mauerwerk. Die Bautechnik (1981) H. 6, S. 181/85.

[F 1.5-6] *Wesche, K.,* u. *P. Schubert:* Zum Verformungsverhalten von Mauerwerk. Der Bauingenieur (1971) H. 12, S. 439/44.

[F 1.5-7] *Seetzen, J.:* Technologie der Abschirmbetone. Düsseldorf: Werner Verl. 1960, S. 47.

[F 1.5-8] *Bareš, R.:* Temperatureinflussung der Elastizität und Festigkeit von Kunststoff-Betonen. Zement-Kalk-Gips (1983) H. 2, S. 80/87.

[F 1.5-9] *Bareš, R.:* Einige physikalische Eigenschaften der Kunststoff-Betone. Zement-Kalk-Gips (1973) H. 4, S. 188/93.

[F 1.5-10] *Klöcker, W., H. Niesel* u. *M. Will:* Polyesterbeton und -kunststein. Betonwerk + Fertigteil-Technik (1974) H. 7, S. 490/96; (1975) H. 4, S. 157/60; (1975) H. 5, S. 252/55.

[F 1.5-11] *Krämer, H.,* u. *L. Capeller:* Kunstharzbeton. Haus der Technik – Vortragsveröffentlichungen Nr. 126. Vulkanverl. Dr. W. Classen 1967, S. 5/10.

[F 1.5-12] *Schmidt, M.:* Stahlfaserspritzbeton. Beton (1983) H. 9, S. 333/37.

[F 1.5-13] *Kollmann, F.:* Technologie des Holzes und der Holzwerkstoffe. Bd. I. Berlin, Göttingen, Heidelberg: Springer-Verl. u. München: J. F. Bergmann 1951.

[F 1.5-14] *Oberst, H.:* Elastische und viskose Eigenschaften von Werkstoffen. Berlin, Köln, Frankfurt: Beuth Vertrieb 1963.

[F 1.5-15] *Wolf, K. A.:* Struktur und physikalisches Verhalten der Kunststoffe. Berlin, Göttingen, Heidelberg: Springer-Verl. 1962.

[F 1.5-16] *Müller, R. K.:* Handbuch der Modellstatik. Berlin, Heidelberg, New York: Springer-Verl. 1971, S. 294.

[F 1.5-17] *Wischers, G.:* Faserbewehrter Beton. Beton (1974) H. 3 u. 4, S. 95/99 u. 137/41.

[F 1.5-18] *Meyer, A.:* Glasfaserbeton. Betonwerk + Fertigteiltechnik (1973) H. 9, S. 625/31.

[F 1.5-19] *Sächtling, H. J.:* Kunststofftaschenbuch. 22. Aufl. München, Wien: Carl Hanser Verl. 1983, S. 48.

[F 1.5-20] *Selden, P. H.:* Glasfaserverstärkte Kunststoffe. Berlin, Heidelberg, New York: Springer-Verl. 1967.

F 2 Beispiele für die Beurteilung von Bauteilen und Konstruktionen aus Stahl

[F 2-1] *Hofstötter, P.:* Einsatz der experimentellen Spannungsanalyse zur Begutachtung von Bauteilen, Sicherheitstechnische Bauteilbegutachtung. Köln: Verlag TÜV Rheinland 1975.

[F 2-2] Richtlinien zur Durchführung und Auswertung von Dehnungsmessungen mit Dehnungsmeßstreifen (DMS). VdTÜV-Merkblatt Berechnung 803. Ausg. Juni 1979.

[F 2-3] *Hofstötter, P.:* Identifizierung von Fließkurvenverläufen im Rahmen der Auswertung statischer Dehnungsmesssungen. VDI-Berichte Nr. 399 (1981), S. 133 ff.

[F 2.5-1] *Mai, E.,* u. *P. Hofstötter:* Beanspruchungsverhältnisse in Speisewasserbehältern mit aufgesetzten Entgasern. VGB Kraftwerkstechnik 55 (1975) H. 5, S. 321 ff.

[F 2.6-1] *Hofstötter, P.:* Untersuchung gekapselter Hochtemperatur-Dehnungsmeßstreifen unter Anwendung zweier Kalibrierverfahren. TÜ Technische Überwachung 24 (1983) Nr. 4, S. 162/5.

Sachwortverzeichnis

Die halbfetten Zahlen verweisen auf eine ausführlichere Information zu dem betreffenden Sachwort

Sandor Kaliszky

Plastizitätslehre

Theorie und technische Anwendungen.

Deutschspr. Ausg. unter Mitarb. v.
Theodor Lehmann
1984. XVI, 497 S., 231 Abb.,
8 Tab. — 24 x 16,8 cm. Gb.
DM 160,00
(3-18-400447-3)

Der erste Teil des Buches befaßt sich
mit der allgemeinen Theorie und den
Grundsätzen der aus vollständig plastischen Stoffen bestehenden Körper,
während im zweiten Teil die Anwendung der Theorie in der Ingenieurpraxis dargestellt ist. Außer der Untersuchung von Konstruktionen und Körpern, die sich im ebenen Formände-
rungs- und Spannungszustand befinden, behandelt das Buch besonders
eingehend die mit der Berechnung
der Tragfähigkeit und der Bemessung
von Stabkonstruktionen, Platten und
Schalen zusammenhängenden
Fragen.

 **VDI** VERLAG   Postfach 8228
4000 Düsseldorf 1

Dr.-Ing. Herbert Jüttemann

Einführung in das elektrische Messen nichtelektrischer Größen.

2. neubearb. u. erw. Auflage 1988. 387 Seiten,
501 Abb., 5 Tab. DIN A5.
DM 68.-
ISBN 3-18-400789-8

Behandlung von Meßeinrichtungen für Temperatur (Widerstandsthermometer, Thermoelemente, Pyrometer), Dehnungen (Dehnungsmeßstreifen), Lichtstrom, Druck, Füllstand, Weg, Drehwinkel, Durchfluß, ph-Wert und Gasanalyse.

Ausführliche Beschreibung kapazitiver und induktiver Geber.

Erklärung von Meßbrücken, Kompensatoren, Verstärkern, Anzeigegeräten, Schreibern und Oszillographen.

Änderungen gegenüber der ersten Auflage: Umstellung auf die neuen Einheiten; Weglassen veralteter Meßgeräte und Meßverfahren, Einsetzen neuer Meßeinrichtungen. Ergänzende Abschnitte (geringfügige Änderungen möglich): Chemische Meßverfahren, Strahlungsmeßverfahren, digitale Meßwertverarbeitung, Ermittlung von Fehlergrenzen.

VDI VERLAG Postfach 8228
4000 Düsseldorf 1